建筑工程常用数据系列手册

建筑结构常用数据手册（第二版）

上册

《建筑工程常用数据系列手册》编写组　编

中国建筑工业出版社

图书在版编目（CIP）数据

建筑结构常用数据手册．上册/《建筑工程常用数据系列手册》编写组编．—2版．—北京：中国建筑工业出版社，2006

（建筑工程常用数据系列手册）

ISBN 978-7-112-08779-2

Ⅰ．建…　Ⅱ．建…　Ⅲ．建筑结构—数据—技术手册　Ⅳ．TU3-62

中国版本图书馆 CIP 数据核字(2006)第 113601 号

建筑工程常用数据系列手册

建筑结构常用数据手册（第二版）

上册

《建筑工程常用数据系列手册》编写组　编

*

中国建筑工业出版社出版、发行（北京西郊百万庄）

新　华　书　店　经　销

北京密云红光制版公司制版

北京市彩桥印刷有限责任公司印刷

*

开本：850×1168 毫米　1/32　印张：28⅞　插页：2　字数：800 千字

2007 年 7 月第二版　　2007 年 7 月第四次印刷

印数：10001—13000 册　　定价：**50.00** 元（附网络下载）

ISBN 978-7-112-08779-2

（15443）

本社网址：http://www.cabp.com.cn

网上书店：http://www.china-building.com.cn

该书为建筑工程常用数据系列手册之一——《建筑结构常用数据手册》的上册。

该书按国家现行标准对第一版的内容进行了订正和补充，包括结构计算常用基本数据、一般结构的内力计算、高层钢筋混凝土结构、混凝土结构、砌体结构、建筑抗震设计等方面的内容。该书可供广大建筑结构设计人员、施工人员、监理人员、管理人员在工作中查阅使用，也可作为大中专院校相关专业师生的学习参考书。

责任编辑：刘 江 范业庶
责任设计：崔兰萍
责任校对：张树梅 兰曼利

本书附配套素材，下载地址如下：
www.cabp.com.cn/td/cabp15443.rar

第二版说明

《建筑工程常用数据系列手册》自 1997 年 10 月出版以来，由于内容新颖，覆盖面广，数据准确翔实，查阅方便实用，受到建筑行业广大读者的欢迎，多次重印。随着我国建筑行业科学技术水平的进一步发展，不断对建筑的新技术、新工艺、新材料、新设备提出新的需求，国家和行业的标准规范也随之更新修订。为适应客观发展的需要，本系列手册在第一版的基础上，作了较大的更改和补充，对第一版保留部分的内容按照现行标准规范，特别是将建设部 2000 年 4 月发布的《工程建设标准强制性条文》的全部内容按不同专业分别全部增补到各分册的有关章节中，补充革新了许多新技术、新材料内容，更加突出了本套手册作为资料性工具书的特色。在跨入 21 世纪之际，以其崭新的面貌奉献给土木建筑行业的广大读者。

为方便读者选购、查阅，本系列手册共分为六个分册，第一分册为《建筑设计常用数据手册》，第二分册为《建筑结构常用数据手册》（上、下册），第三分册为《建筑施工常用数据手册》，第四分册为《暖通空调常用数据手册》，第五分册为《给水排水常用数据手册》，第六分册为《建筑电气常用数据手册》。

限于我们的能力和水平，这套系列手册难免存在不足之处和缺点，欢迎广大读者提出意见和建议。

中国建筑工业出版社

本书第二版说明

本书是 1997 年出版的《建筑工程常用数据系列手册——建筑结构常用数据手册（第二版)》的上册。

为适应建筑结构在材料、技术、结构形式以及设计方面的飞速发展和满足新规范和新技术标准的要求，本书第二版做了较大的更新、补充和调整，力求内容较新，涵盖面广，使用便捷。篇幅上较第一版有了很大的增加，为了更好满足读者的需要，将书分为上册、下册。本书为上册，主要包括“结构计算常用基本数据”、“一般结构的内力计算”、“高层钢筋混凝土结构”、“混凝土结构”、“砌体结构”、“建筑抗震设计”等方面的内容。全书以表格为主，个别处为便于使用，有少量文字叙述。本书在编写过程中，参考了大量的设计规范、规程及其他同行的作品，在此表示衷心的感谢。

本书可供广大建筑结构设计人员、施工人员、监理人员、管理人员在工作中查阅使用，也可作为大中专院校相关专业师生的学习参考书。

建筑工程常用数据系列手册编委会

主　编　苗若愚

副主编　何一民

编　委　袁培霖　王成祥　朱　林

　　　　　王海山　秦万城

本书编写人员名单

主　编　王成祥　庞　江　史万春　秦绪久

编写人员

第1章　王成祥　庞　江

第2章　王成祥　庞　江

第3章　史万春　杜　俐

第4章　王成祥　庞　江　葛长春　张　辉　庞　平

第5章　史万春　杜　俐　史万恒　张塞北　秦绪久

第6章　史万春　杜　俐

目录

1 结构计算常用基本数据

1.1 双曲线函数

(1) $\sinh x=\frac{e^{x}-e^{-x}}{2}$; (2) $\cosh x=\frac{e^{x}+e^{-x}}{2}$;

(3) $\tanh x=\frac{\sinh x}{\cosh x}=\frac{e^{x}-e^{-x}}{e^{x}+e^{-x}}$; (4) $\sinh(-x)=-\sinh x$;

(5) $\cosh(-x)=\cosh x$; (6) $\tanh(-x)=-\tanh x$;

(7) $\cosh^{2}x-\sinh^{2}x=1$;

(8) $\sinh(x\pm y)=\sinh x\cosh y\pm\cosh x\sinh y$;

(9) $\cosh(x\pm y)=\cosh x\cosh y\pm\sinh x\sinh y$;

(10) $\tanh(x\pm y)=\frac{\tanh x\pm\tanh y}{1\pm\tanh x\tanh y}$;

(11) $\sinh x\pm\sinh y=2\sinh\frac{x\pm y}{2}\cosh\frac{x\mp y}{2}$;

(12) $\cosh x+\cosh y=2\cosh\frac{x+y}{2}\cosh\frac{x-y}{2}$;

(13) $\cosh x-\cosh y=2\sinh\frac{x+y}{2}\sinh\frac{x-y}{2}$;

(14) $\cosh x\pm\sinh x=\frac{1\pm\tanh\left(\frac{x}{2}\right)}{1\mp\tanh\left(\frac{x}{2}\right)}$;

(15) $\tanh x\pm\tanh y=\frac{\sinh(x\pm y)}{\cosh x\cosh y}$;

(16) $\sinh 2x=2\sinh x\cosh x$;

(17) $\cosh 2x = \cosh^2 x + \sinh^2 x$; (18) $\tanh 2x = \dfrac{2\tanh x}{1+\tanh^2 x}$;

(19) $\sinh\dfrac{x}{2} = \pm\sqrt{\dfrac{\cosh x - 1}{2}}$; (20) $\cosh\dfrac{x}{2} = \sqrt{\dfrac{\cosh x + 1}{2}}$;

(21) $\tanh\dfrac{x}{2} = \pm\sqrt{\dfrac{\cosh x - 1}{\cosh x + 1}}$; (22) $\sinh x = -i\sin ix$;

(23) $\cosh x = \cos ix$; (24) $\tanh x = -i\tan ix$;

(25) $\sin x = -i\sinh ix$; (26) $\cos x = \cosh ix$;

(27) $\tan x = -i\tanh ix$。

式中　$i = \sqrt{-1}$

双曲线函数互换式　　　　**表 1.1-1**

	$\sinh x$	$\cosh x$	$\tanh x$
$\sinh x$	—	$\sqrt{\cosh^2 x - 1}$	$\dfrac{\tanh x}{\sqrt{1-\tanh^2 x}}$
$\cosh x$	$\sqrt{\sinh^2 x + 1}$	—	$\dfrac{1}{\sqrt{1-\tanh^2 x}}$
$\tanh x$	$\dfrac{\sinh x}{\sqrt{\sinh^2 x + 1}}$	$\dfrac{\sqrt{\cosh^2 x - 1}}{\cosh x}$	—

1.2　常用力学公式及数表

1.2.1　截面力学特性的计算公式

截面力学特性计算公式　　　　**表 1.2-1**

序号 名称	定义或关系	图　例	公　式
1 惯性矩	截面对任一轴的惯性矩：等于各微面积 dA 与它到该轴距离平方的乘积的总和	(图：y、x、dA、0、x 轴)	$I_x = \int_A y^2 \mathrm{d}A$ $I_y = \int_A x^2 \mathrm{d}A$
2 惯性积	截面对 x 轴及 y 轴的惯性积：等于各微面积 dA 与它到两轴距离的乘积的总和		$I_{xy} = \int_A xy \mathrm{d}A$

续表

序号名称	定义或关系	图例	公式
3 平行轴的惯性矩	截面对平行于形心轴 x 和 y 而相距 a 和 b 的 x' 和 y' 轴的惯性矩：等于本身形心轴的惯性矩与本图形面积及面积形心至 x' 和 y' 轴距离平方乘积的代数和		$I'_x = I_x + a^2A$ $I'_y = I_y + b^2A$
4 平行轴的惯性积			$I_{x'y'} = I_{xy} + abA$
5 惯性矩转轴公式	两轴（通过任一点0）旋转 α 角（以逆时针方向为正）后惯性矩的关系		$I_{x'} = I_x\cos^2\alpha + I_y\sin^2\alpha - I_{xy}\sin2\alpha$ $I_{y'} = I_x\sin^2\alpha + I_y\cos^2\alpha + I_{xy}\sin2\alpha$
6 截面的主形心轴	通过截面形心并且有一定方位角 α_0 的两个互相垂直的轴 x_0 和 y_0 称为主形心轴		主形心轴的方位角 α_0 $\tan2\alpha_0 = \dfrac{2I_{xy}}{I_y - I_x}$
7 主形心轴的惯性矩	截面对主形心轴 x_0 和 y_0 的主形心惯性矩，一个为最大，另一个为最小		$I_{x0} = I_x\cos^2\alpha_0 + I_y\sin^2\alpha_0 - I_{xy}\sin2\alpha_0$ $I_{y0} = I_x\sin^2\alpha_0 + I_y\cos^2\alpha_0 + I_{xy}\sin2\alpha_0$
8 组合截面的惯性矩	组合截面的惯性矩等于各组成部分惯性矩的和		$I_x = I_{x_1} + I_{x_2} + \cdots\cdots I_{x_n}$ $= \sum_{i=1}^{n} I_{x_i}$

续表

序号 名称	定义或关系	图　例	公　式
9 极惯 性矩	截面对任一点0的极惯性矩；等于各微面积dA与它到0点距离的平方乘积的总和，并等于经过该点的相互垂直的任一对轴的惯性矩的总和	y, x, dA, 0, ρ, y, x	$I_\rho = \int_A \rho^2 dA = I_x + I_y$ 式中　$\rho = \sqrt{x^2+y^2}$——微面积dA到0点的距离
10 截面 的回 转半 径			$r_x = \sqrt{\frac{I_x}{A}}$；$r_y = \sqrt{\frac{I_y}{A}}$ 式中　r_x、r_y——分别为截面对x、y轴的回转半径； I_x、I_y——分别为截面对x、y轴的惯性矩； A——截面面积
11 截面弹 性抵抗 矩系数 （截面 系数）		y_0, 0, x_0, y_1, y_2	$W_{x_1} = \frac{I_{x_0}}{y_1}$ $W_{x_2} = \frac{I_{x_0}}{y_2}$ 式中　W_{x_1}、W_{x_2}——分别为截面上、下边缘的截面系数； I_{x_0}——截面对形心轴x_0的惯性矩； y_1、y_2——分别为形心到截面上、下边缘的距离

1.2.2 常用图形的几何及力学特征表

常用图形的几何及力学特征表 表 1.2-2

序号	截面简图	截面积（A）	图示轴线到边缘距离（y；x）	对图示轴线的惯性矩、截面系数及回转半径（I、W及r）
1	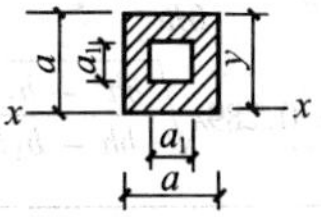	$a^2-a_1^2$	$y=a$	$I_x=\frac{1}{12}[4a^4-3a_1^2a^2-a_1^4]$
2	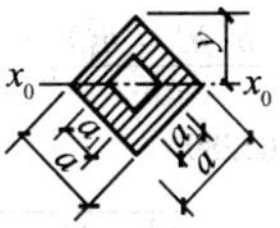	$a^2-a_1^2$	$y=\frac{a}{\sqrt{2}}$	$I_{x_0}=\frac{a^4-a_1^4}{12}$； $W_{x_0}=0.118\frac{a^4-a_1^4}{a}$； $r_{x_0}=0.289\sqrt{a^2+a_1^2}$
3	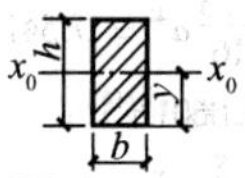	bh	$y=\frac{h}{2}$	$I_{x_0}=\frac{bh^3}{12}$；$W_{x_0}=\frac{1}{6}bh^2$； $r_{x_0}=0.289h$
4	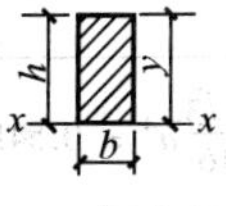	bh	$y=h$	$I_x=\frac{bh^3}{3}$
5	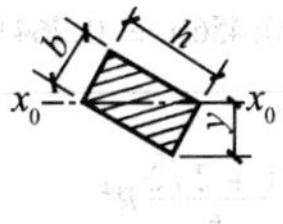	bh	$y=\frac{bh}{\sqrt{b^2+h^2}}$	$I_{x_0}=\frac{b^3h^3}{6(b^2+h^2)}$； $r_{x_0}=\frac{bh}{\sqrt{6(b^2+h^2)}}$ $W_{x_0}=\frac{b^2h^2}{6\sqrt{b^2+h^2}}$
6	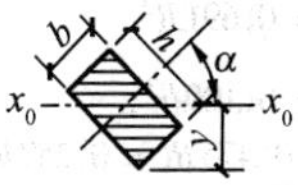	bh	$y=\frac{1}{2}(h\cos\alpha+b\sin\alpha)$	$I_{x_0}=\frac{bh}{12}(h^2\cos^2\alpha+b^2\sin^2\alpha)$

续表

序号	截面简图	截面积 (A)	图示轴线到边缘距离 (y; x)	对图示轴线的惯性矩、截面系数及回转半径 (I、W 及 r)
7	x_0 h h_1 y x_0 b_1 b	$bh - b_1h_1$	$y = \frac{h}{2}$	$I_{x_0} = \frac{bh^3 - b_1h_1^3}{12}$; $W_{x_0} = \frac{bh^3 - b_1h_1^3}{6h}$; $r_{x_0} = 0.289\sqrt{\frac{bh^3 - b_1h_1^3}{bh - b_1h_1}}$
8	x_0 h h_1 y x_0 b	$b(h - h_1)$	$y = \frac{h}{2}$	$I_{x_0} = \frac{b(h^3 - h_1^3)}{12}$; $W_{x_0} = \frac{b(h^3 - h_1^3)}{6h}$; $r_{x_0} = 0.289 \times \sqrt{h^2 + hh_1 + h_1^2}$
9	正六角形 x_0 h y x_0 a	$\frac{3\sqrt{3}}{2}a^2 = 2.598a^2$ $\frac{\sqrt{3}}{2}h^2 = 0.866h^2$	$y = \frac{\sqrt{3}}{2}a = 0.866a = 0.5h$	$I_{x_0} = \frac{5\sqrt{3}}{16}a^4 = 0.541a^4 = 0.0601h^4$; $W_{x_0} = \frac{5}{8}a^3 = 0.120h^3$; $r_{x_0} = 0.456a = 0.264h$
10	正六角形 x_0 a x_0 h y	$\frac{3\sqrt{3}}{2}a^2 = 2.598a^2$; $\frac{\sqrt{3}}{2}h^2 = 0.866h^2$	$y = a = \frac{h}{\sqrt{3}} = 0.577h$	$I_{x_0} = \frac{5\sqrt{3}}{16}a^4 = 0.541a^4 = 0.0601h^4$; $W_{x_0} = 0.541a^3 = 0.104h^3$; $r_{x_0} = 0.456a = 0.264h$
11	正八角形 x_0 h R y x_0	$2\sqrt{2}R^2 = 2.828R^2$; $\frac{2\sqrt{2}}{2+\sqrt{2}}h^2 = 0.828h^2$	$y = \frac{\sqrt{2+\sqrt{2}}}{2}R = 0.924R = 0.5h$	$I_{x_0} = \frac{1+2\sqrt{2}}{6}R^4 = 0.638R^4 = 0.0547h^4$; $W_{x_0} = 0.691R^3 = 0.109h^3$; $r_{x_0} = 0.475R = 0.257h$

续表

序号	截面简图	截面积（A）	图示轴线到边缘距离（y；x）	对图示轴线的惯性矩、截面系数及回转半径（I、W及r）
12	正八角形  x_0 a R_1 R y x_0	$2.828R^2$ $3.314R^2$ $4.828a^2$	$y = R$ $= 1.082R_1$ $= 1.307a$	$I_{x_0} = 0.638R^4$ $= 0.876R_1^4$ $= 1.860a^4$; $W_{x_0} = 0.638R^3$ $= 0.809R_1^3$ $= 1.423a^3$; $r_{x_0} = 0.475R$ $= 0.514R_1 = 0.621a$
13	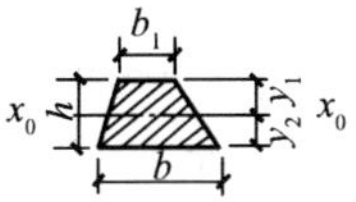 b_1 x_0 h y_2 y_1 x_0 b	$\frac{h(b+b_1)}{2}$	$y_1 = \frac{h(b_1+2b)}{3(b_1+b)}$; $y_2 = \frac{h(b+2b_1)}{3(b+b_1)}$	$I_{x_0} = \frac{h^3(b^2+4bb_1+b_1^2)}{36(b+b_1)}$; $W_{x_0} = \frac{b^2+4bb_1+b_1^2}{12(2b+b_1)}h^2$; $r_{x_0} = \frac{h}{6(b+b_1)} \times \sqrt{2(b^2+4bb_1+b_1^2)}$
14	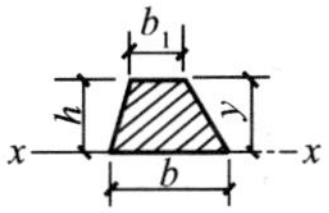 b_1 h y x x b	$\frac{h(b+b_1)}{2}$	$y = h$	$I_x = \frac{h^3(b+3b_1)}{12}$
15	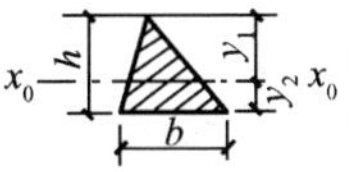 x_0 h y_1 y_2 x_0 b	$\frac{bh}{2}$	$y_1 = \frac{2h}{3}$ $y_2 = \frac{h}{3}$	$I_{x_0} = \frac{bh^3}{36}$; $W_{x_0 1} = \frac{bh^2}{24}$; $W_{x_0 2} = \frac{bh^2}{12}$; $r_{x_0} = 0.236h$
16	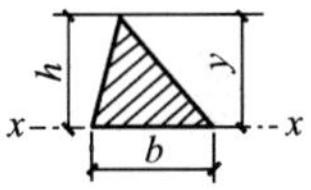 h y x x b	$\frac{bh}{2}$	$y = h$	$I_x = \frac{bh^3}{12}$
17	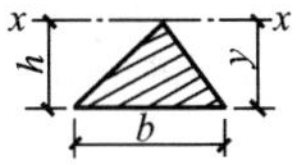 x x h y b	$\frac{bh}{2}$	$y = h$	$I_x = \frac{bh^3}{4}$

续表

序号	截面简图	截面积（A）	图示轴线到边缘距离（y；x）	对图示轴线的惯性矩、截面系数及回转半径（I、W及r）
18	等腰三角形 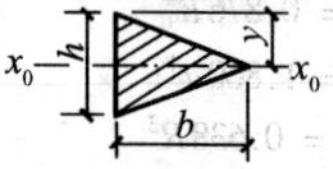	$\frac{bh}{2}$	$y=\frac{h}{2}$	$I_{x_0}=\frac{bh^3}{48}$；$W_{x_0}=\frac{bh^3}{24}$； $r_{x_0}=0.204h$
19	等边三角形 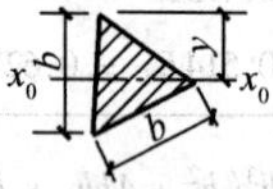	$\frac{\sqrt{3}b^2}{4}=$ $0.433b^2$	$y=\frac{b}{2}$	$I_{x_0}=\frac{b^4}{32\sqrt{3}}=0.018b^4$； $W_{x_0}=0.0361b^3$； $r_{x_0}=0.204b$
20	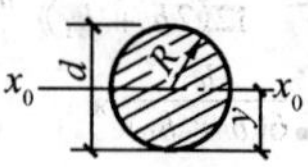	$\frac{\pi d^2}{4}=$ $0.785d^2$； $\pi R^2=$ $3.142R^2$	$y=\frac{d}{2}=R$	$I_{x_0}=\frac{\pi d^4}{64}=0.0491d^4$； $W_{x_0}=0.0982d^3$； $r_{x_0}=\frac{1}{4}d$
21	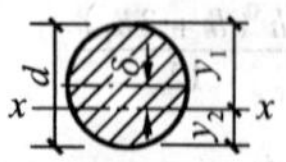	$\frac{\pi d^2}{4}=$ $0.785d^2$	$y_1=\frac{d}{2}+\delta$ $y_2=\frac{d}{2}-\delta$	$I_x=\frac{\pi d^2}{64}(d^2+16\delta^2)$
22		$\frac{\pi(d^2-d_1^2)}{4}$ $=0.785$ $(d^2-d_1^2)$	$y=\frac{d}{2}$	$I_{x_0}=\frac{\pi(d^4-d_1^4)}{64}$ $=0.0491(d^4-d_1^4)$； $W_{x_0}=0.0982\frac{d^4-d_1^4}{d}$； $r_{x_0}=\frac{\sqrt{d^2+d_1^2}}{4}$
23	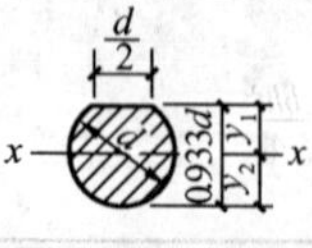	$0.763d^2$	$y_1=0.433d$； $y_2=\frac{d}{2}$	$I_x=0.0443d^4$

续表

序号	截面简图	截面积 (A)	图示轴线到边缘距离 (y; x)	对图示轴线的惯性矩、截面系数及回转半径 (I、W及r)
24	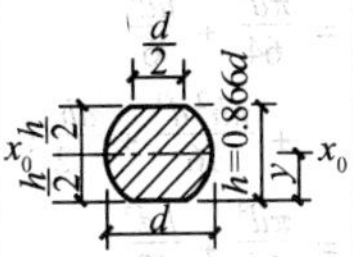	$0.740d^2$	$y = \frac{h}{2}$ $= 0.433d$	$I_{x_0} = 0.0395d^4$; $W_{x_0} = 0.0912d^3$; $r_{x_0} = 0.231d$
25	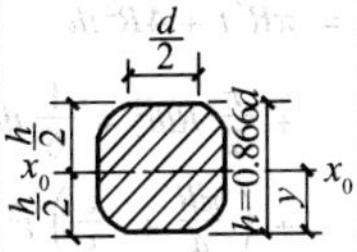	$0.695d^2$	$y = \frac{h}{2}$ $= 0.433d$	$I_{x_0} = 0.0389d^4$; $W_{x_0} = 0.0898d^3$; $r_{x_0} = 0.237d$
26	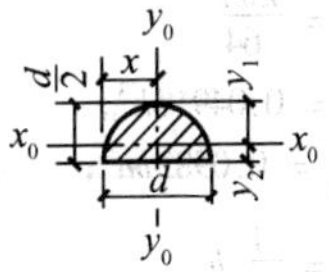	$\frac{\pi d^2}{8} =$ $0.393d^2$	$y_1 = \frac{d(3\pi - 4)}{6\pi}$ $= 0.288d$ $y_2 = \frac{2d}{3\pi}$ $= 0.212d$	$I_{x_0} = \frac{d^4(9\pi^2 - 64)}{1152\pi}$ $= 0.00686d^4$
			$x = 0.5d$	$I_{y_0} = 0.0245d^4$
27	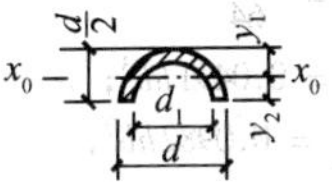	$\frac{\pi}{8}(d^2 - d_1^2)$ $= 0.393(d^2$ $- d_1^2)$	$y_1 = \frac{d}{2} - y_2$; $y_2 = \frac{2}{3\pi}$ $\times \frac{(d^3 - d_1^3)}{(d^2 - d_1^2)}$	$I_{x_0} =$ $\frac{9\pi^2(d^4 - d_1^4)(d^2 - d_1^2)}{1152\pi(d^2 - d_1^2)}$ $- \frac{64(d^3 - d_1^3)^2}{1152\pi(d^2 - d_1^2)}$
28	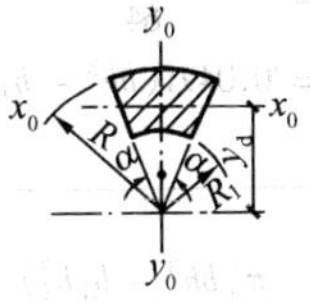	$\alpha(R^2 - R_1^2)$	$y_d = \frac{2}{3} \times$ $\frac{R^3 - R_1^3}{R^2 - R_1^2} \times \frac{\sin\alpha}{\alpha}$	$I_{x_0} = \frac{1}{4}\left(\alpha + \sin\alpha\cos\alpha\right.$ $\left.- \frac{16\sin^2\alpha}{9\alpha}\right) \times (R^4 - R_1^4)$ $- \frac{4\sin^2\alpha R^2 R_1^2(R - R_1)}{9\alpha(R + R_1)}$ $I_{y_0} = \frac{1}{4}(\alpha - \sin\alpha\cos\alpha)$ $\times (R^4 - R_1^4)$

续表

序号	截面简图	截面积 (A)	图示轴线到边缘距离（y；x）	对图示轴线的惯性矩、截面系数及回转半径（I、W及r）
29	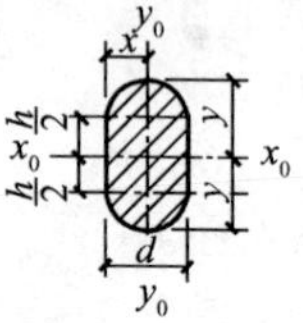	$\frac{\pi}{4}d^2+hd$	$y=\frac{1}{2}(h+d)$ $x=\frac{1}{2}d$	$I_{x_0}=\frac{\pi d^4}{64}+\frac{hd^3}{6}+\frac{\pi h^2 d^2}{16}+\frac{dh^3}{12}$； $I_{y_0}=\frac{\pi d^4}{64}+\frac{hd^3}{12}$
30	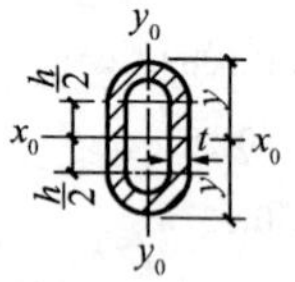	$2(\pi R+h)t$	$y=R+\frac{h+t}{2}$	$I_{x_0}=\pi R^3 t+4R^2 th+\frac{\pi}{2}Rth^2+\frac{1}{6}th^3+\left(\frac{\pi R}{4}+\frac{h}{3}\right)t^3$
31	椭圆 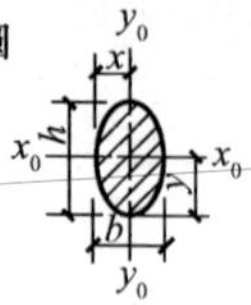	$\frac{\pi bh}{4}=0.785bh$	$y=\frac{1}{2}h$	$I_{x_0}=\frac{\pi bh^3}{64}=0.0491bh^3$； $W_{x_0}=0.0982bh^2$； $r_{x_0}=\frac{1}{4}h$
			$x=\frac{1}{2}b$	$I_{y_0}=\frac{\pi hb^3}{64}=0.0491hb^3$； $W_{y_0}=0.0982hb^2$； $r_{y_0}=\frac{1}{4}b$
32	椭圆 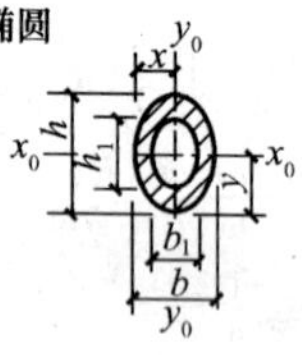	$\frac{\pi(bh-b_1h_1)}{4}=0.785(bh-b_1h_1)$	$y=\frac{1}{2}h$	$I_{x_0}=\frac{\pi(bh^3-b_1h_1^3)}{64}=0.0491(bh^3-b_1h_1^3)$
			$x=\frac{1}{2}b$	$I_{y_0}=\frac{\pi(bh^3-b_1h_1^3)}{64}=0.0491(bh^3-b_1h_1^3)$

续表

序号	截面简图	截面积（A）	图示轴线到边缘距离（y；x）	对图示轴线的惯性矩、截面系数及回转半径（I、W及r）
33	椭圆 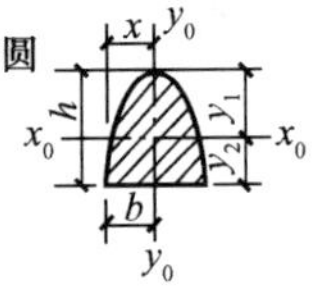	$\frac{\pi bh}{2}=1.571bh$	$y_1=h\left(1-\frac{4}{3\pi}\right)=0.576h$；$y_2=\frac{4}{3\pi}h=0.424h$	$I_{x_0}=\frac{9\pi^2-64}{72\pi}bh^3=0.11bh^3$
			$x=b$	$I_{y_0}=\frac{1}{8}\pi hb^3=0.393hb^3$
34	椭圆 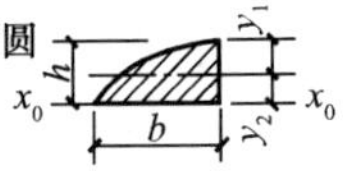	$\frac{\pi bh}{4}=0.785bh$	$y_1=h\left(1-\frac{4}{3\pi}\right)=0.576h$；$y_2=\frac{4}{3\pi}h=0.424h$	$I_{x_0}=\frac{9\pi^2-64}{144\pi}bh^3=0.0549bh^3$
35	椭圆 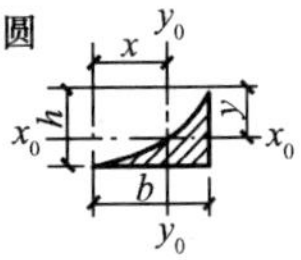	$bh\left(1-\frac{\pi}{4}\right)=0.215bh$	$y=\frac{h}{6\left(1-\frac{\pi}{4}\right)}=0.777h$	$I_{x_0}=\left(\frac{1}{3}-\frac{\pi}{16}-\frac{1}{36-9\pi}\right)bh^3=0.00755bh^3$
			$x=\frac{b}{6\left(1-\frac{\pi}{4}\right)}=0.777b$	$I_{y_0}=\left(\frac{1}{3}-\frac{\pi}{16}-\frac{1}{36-9\pi}\right)hb^3=0.00755hb^3$
36	二次抛物线 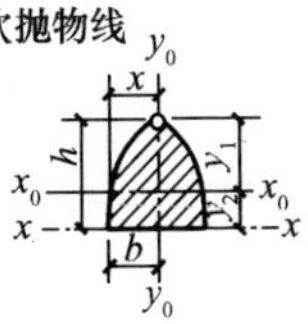	$\frac{4}{3}bh$	$y_1=\frac{3}{5}h$；$y_2=\frac{2}{5}h$	$I_{x_0}=\frac{16}{175}bh^3$；$I_x=\frac{32}{105}bh^3$
			$x=b$	$I_{y_0}=\frac{4}{15}hb^3$

续表

序号	截面简图	截面积（A）	图示轴线到边缘距离（y；x）	对图示轴线的惯性矩、截面系数及回转半径（I、W及r）
37	二次抛物线 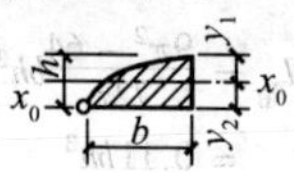	$\frac{2}{3}bh$	$y_1=\frac{5}{8}h$； $y_2=\frac{3}{8}h$	$I_{x_0}=\frac{19}{480}bh^3$
38	二次抛物线 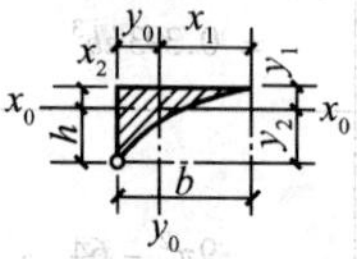	$\frac{1}{3}bh$	$y_1=\frac{1}{4}h$； $y_2=\frac{3}{4}h$ $x_1=\frac{7}{10}b$； $x_2=\frac{3}{10}b$	$I_{x_0}=\frac{1}{80}bh^3$ $I_{y_0}=\frac{37}{2100}hb^3$
39	n次抛物线 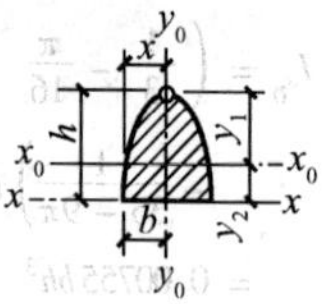	$\frac{2n}{n+1}bh$	$y_1=\frac{n+1}{2n+1}h$； $y_2=\frac{n}{2n+1}h$ $x=b$	$I_{x_0}=\frac{2n^3bh^3}{(3n+1)(2n+1)^2}$； $I_x=\frac{4n^3bh^3}{(n+1)(2n+1)(3n+1)}$ $I_{y_0}=\frac{2n}{3(n+3)}hb^3$
40	n次抛物线 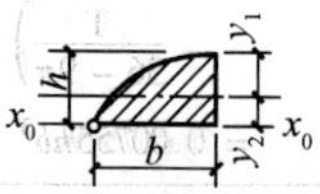	$\frac{n}{n+1}bh$	$y_1=\frac{n+3}{2(n+2)}h$； $y_2=\frac{n+1}{2(n+2)}h$	$I_{x_0}=\frac{n(n^2+4n+7)bh^3}{12(n+3)(n+2)^2}$
41	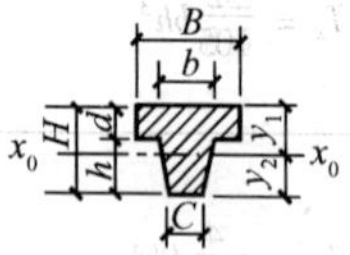	$Bd+\frac{h}{2}(b+C)$	$y_1=\frac{3d(Bd+bh+Ch)}{6Bd+3h(b+C)}+\frac{h^2(b+2C)}{6Bd+3h(b+C)}$； $y_2=H-y_1$	$I_{x_0}=\frac{1}{12}[4Bd^3+(b+3C)h^3]-\left[Bd+\frac{h}{2}(b+C)\right](y_1-d)^2$

续表

序号	截面简图	截面积 (A)	图示轴线到边缘距离（y；x）	对图示轴线的惯性矩、截面系数及回转半径（I、W及r）
42	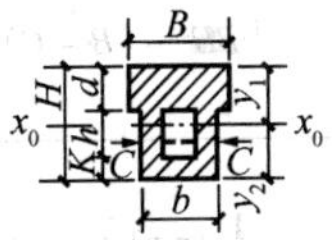	$Bd+2Ch+bK$	$y_1=H-y_2$; $y_2=\frac{1}{2}\left[\frac{2CH^2+(b-2C)K^2}{Bd+2Ch+bK}+\frac{(B-2C)(2H-d)d}{Bd+2Ch+bK}\right]$	$I_{x_0}=\frac{1}{3}[by_2^3+By_1^3-(b-2C)(y_2-K)^3-(B-2C)(y_1-d)^3]$
43	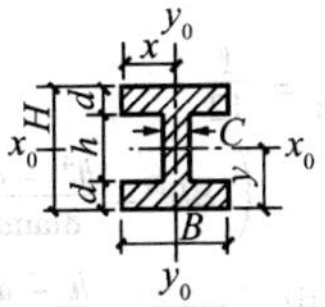	$Ch+2Bd$	$y=\frac{1}{2}H$	$I_{x_0}=\frac{1}{12}[BH^3-(B-C)h^3]$; $W_{x_0}=\frac{BH^3-h^3(B-C)}{6h}$
			$x=\frac{1}{2}B$	$I_{y_0}=\frac{1}{12}(hC^3+2dB^3)$
44	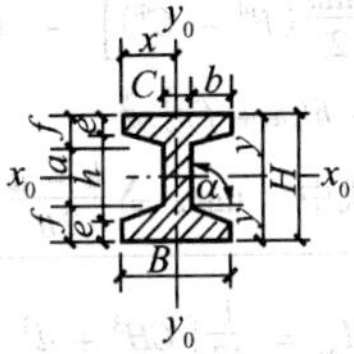	$CH+2b(e+f)$	$y=\frac{1}{2}H$	$I_{x_0}=\frac{1}{12}\left[BH^3-\frac{h^4-a^4}{4\tan\alpha}\right]$ 式中 $\tan\alpha=\frac{h-a}{B-C}$
			$x=\frac{1}{2}B$	$I_{y_0}=\frac{1}{12}\left[B^3(H-h)+aC^3+\frac{\tan\alpha}{4}(B^4-C^4)\right]$ 式中 $\tan\alpha=\frac{h-a}{B-C}$
45	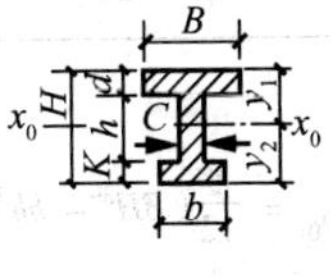	$Bd+Ch+bK$	$y_1=H-y_2$; $y_2=\frac{1}{2}\left[\frac{CH^2+(b-C)K^2}{Bd+Ch+bK}+\frac{(B-C)(2H-d)d}{Bd+Ch+bK}\right]$	$I_{x_0}=\frac{1}{3}[by_2^3+By_1^3-(b-C)(y_2-K)^3-(B-C)(y_1-d)^3]$

续表

序号	截面简图	截面积（A）	图示轴线到边缘距离（y；x）	对图示轴线的惯性矩、截面系数及回转半径（I、W及r）
46	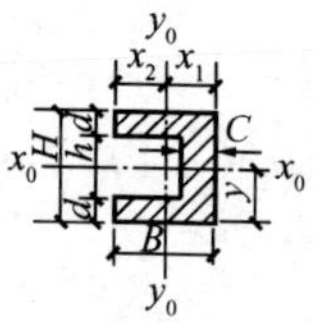	$BH-h(B-C)$	$y=\frac{1}{2}H$	$I_{x_0}=\frac{1}{12}[BH^3-(B-C)h^3]$
			$x_1=B-x_2$; $x_2=\frac{1}{2}\left[\frac{B^2H-h(B-C)^2}{BH-h(B-C)}\right]$	$I_{y_0}=\frac{1}{3}(2B^3d+hC^3)-[BH-h(B-C)]x_1^2$
47	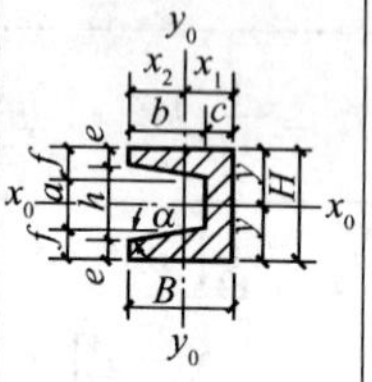	$CH+b(e+f)$	$y=\frac{1}{2}H$	$I_{x_0}=\frac{1}{12}\left(BH^3-\frac{h^4-a^4}{8\tan\alpha}\right)$ 式中 $\tan\alpha=\frac{h-a}{2b}$
			$x_1=\frac{6B^2e+3hC^2}{6[CH+b(e+f)]}+\frac{2b(b+3C)(f-e)}{6[CH+b(e+f)]}$; $x_2=B-x_1$	$I_{y_0}=\frac{1}{3}\left[2eB^3+aC^3+\frac{\tan\alpha}{2}(B^4-C^4)\right]-[CH+b(e+f)]x_1^2$ 式中 $\tan\alpha=\frac{h-a}{2b}$
48	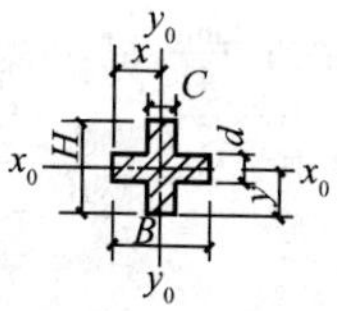	$CH+d(B-C)$	$y=\frac{1}{2}H$	$I_{x_0}=\frac{1}{12}[CH^3+d^3(B-C)]$
			$x=\frac{1}{2}B$	$I_{y_0}=\frac{1}{12}[dB^3+C^3(H-d)]$
49	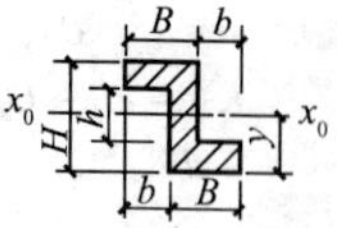	$BH-bh$	$y=\frac{1}{2}H$	$I_{x_0}=\frac{1}{12}(BH^3-bh^3)$

续表

序号	截面简图	截面积 (A)	图示轴线到边缘距离（y；x）	对图示轴线的惯性矩、截面系数及回转半径（I、W 及 r）
50	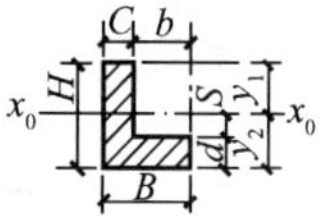	$CH+bd$	$y_1=H-y_2$; $y_2=\frac{1}{2}\times\frac{CH^2+bd^2}{CH+bd}$	$I_{x_0}=\frac{1}{3}(By_2^3-bS^3+Cy_1^3)$
51	n 次抛物线 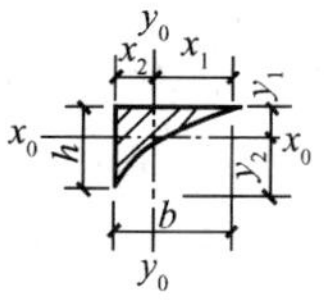	$\frac{1}{n+1}bh$	$y_1=\frac{1}{n+2}h$; $y_2=\frac{n+1}{n+2}h$	$I_{x_0}=\frac{bh^3}{(n+3)(n+2)^2}$
			$x_1=\frac{3n+1}{2(2n+1)}b$; $x_2=\frac{n+1}{2(2n+1)}b$	$I_{y_0}=\frac{(7n^2+4n+1)}{12(3n+1)(2n+1)^2}hb^3$
52	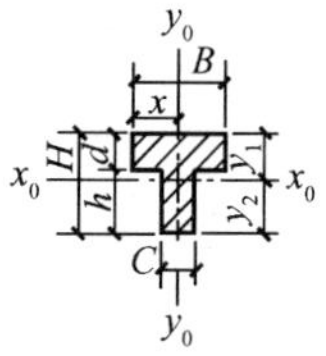	$Bd+hC$	$y_1=\frac{1}{2}\times\frac{CH^2+d^2(B-C)}{Bd+hC}$ $y_2=H-y_1$	$I_{x_0}=\frac{1}{3}[Cy_2^3+By_1^3-(B-C)(y_1-d)^3]$
			$x=\frac{1}{2}B$	$I_{y_0}=\frac{1}{12}(dB^3+hC^3)$
53	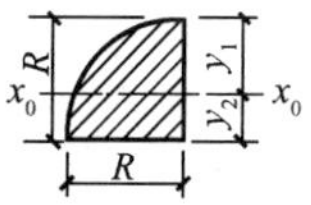	$\frac{\pi}{4}R^2=0.785R^2$	$y_1=\left(1-\frac{4}{3\pi}\right)R=0.576R$; $y_2=\frac{4}{3\pi}R=0.424R$	$I_{x_0}=\frac{9\pi^2-64}{144\pi}R^4=0.0549R^4$
54	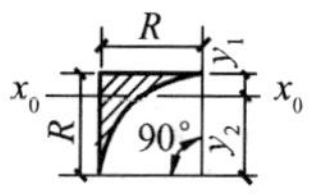	$R^2\left(1-\frac{\pi}{4}\right)=0.215R^2$	$y_1=0.223R$; $y_2=\frac{R}{6\left(1-\frac{\pi}{4}\right)}=0.777R$	$I_{x_0}=R^4\left(\frac{1}{3}-\frac{\pi}{16}-\frac{1}{36-9\pi}\right)=0.00755R^4$

续表

序号	截面简图	截面积（A）	图示轴线到边缘距离（y；x）	对图示轴线的惯性矩、截面系数及回转半径（I、W及r）
55		$\frac{R^2}{2}(2\alpha - \sin2\alpha)$	$y_d = \frac{4R}{3} \times \frac{\sin^3\alpha}{2\alpha - \sin2\alpha}$； $y_1 = R - y_d$； $y_2 = R(1 - \cos\alpha) - y_1$	$I_{x_0} = \frac{R^4}{72}\left[18\alpha - 9\sin2\alpha\cos2\alpha - \frac{64\sin^6\alpha}{2\alpha - \sin2\alpha}\right]$ $I_x = \frac{R^4}{8}(2\alpha - \sin2\alpha\cos2\alpha)$
			$x = R\sin\alpha$	$I_{y_0} = \frac{R^4}{24}[6\alpha - \sin2\alpha(3 + 2\sin^2\alpha)]$
56		αR^2	$y_1 = R - y_2$； $y_2 = \frac{2}{3} \times \frac{R\sin\alpha}{\alpha}$	$I_{x_0} = \frac{R^4}{4}\left(\alpha + \sin\alpha\cos\alpha - \frac{16\sin^2\alpha}{9\alpha}\right)$
			$x = R\sin\alpha$	$I_{y_0} = \frac{R^4}{4}(\alpha - \sin\alpha\cos\alpha)$
57		αR^2	$y = R$	$I_x = \frac{R^4}{4}(\alpha + \sin\alpha\cos\alpha)$； $I_{y_0} = \frac{R^4}{4}(\alpha - \sin\alpha\cos\alpha)$

1.2.3　几种常用截面的几何及力学特征表

（1）矩形截面特征表（表1.2-3）

（2）T形、十字形、I形截面特征表（表1.2-4～表1.2-7）

（3）管柱截面特征表（表1.2-8）

（4）双肢柱截面特征表（表1.2-9、表1.2-10）

矩形柱截面几何特征表 **表 1.2-3**

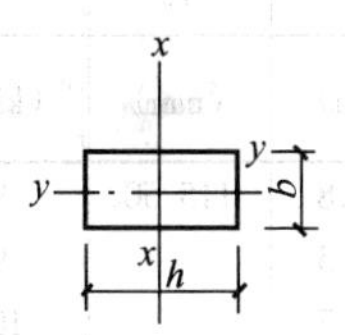

A——截面积；
I_x——对 $x-x$ 轴的惯性矩；
I_y——对 $y-y$ 轴的惯性矩；
r_x——对 $x-x$ 轴的回转半径；
r_y——对 $y-y$ 轴的回转半径；
g——每米长标准自重（按钢筋混凝土表观密度为 $2500kg/m^3$ 计算）。

b	h	A	I_x	I_y	r_x	r_y	g
(mm)	(mm)	$\times 10^2$ (mm^2)	$\times 10^8$ (mm^4)	$\times 10^8$ (mm^4)	(mm)	(mm)	(kN/m)
300	150	450	0.84	3.38	43.40	86.70	1.13
	200	600	2.00	4.50	57.80		1.50
	250	750	3.91	5.63	72.30		1.88
	300	900	6.75	6.75	86.60		2.25
	350	1050	10.70	7.87	101.00		2.63
	400	1200	16.00	9.00	115.50		3.00
	450	1350	22.78	10.13	129.90		3.38
	500	1500	31.25	11.25	144.30		3.75
	550	1650	41.59	12.38	158.80		4.13
	600	1800	54.00	13.50	173.20		4.50
350	350	1225	12.5	12.5	101.00	101.00	3.06
	400	1400	18.7	14.3	115.50		3.50
	450	1575	26.6	16.1	129.90		3.94
	500	1750	36.4	17.9	144.30		4.38
	550	1925	48.5	19.6	158.80		4.81
	600	2100	63.0	21.4	173.20		5.25
	650	2275	80.2	23.2	187.60		5.69
	700	2450	100.1	25.0	202.10		6.13
400	400	1600	21.3	21.3	115.50	115.50	4.00
	450	1800	30.4	24.0	129.90		4.50
	500	2000	41.6	26.6	144.30		5.00
	550	2200	55.5	29.3	158.80		5.50
	600	2400	72.0	32.0	173.20		6.00
	650	2600	91.5	34.6	187.60		6.50
	700	2800	114.2	37.4	202.10		7.00
	750	3000	140.5	40.0	216.50		7.50
	800	3200	170.6	42.7	231.00		8.00
	850	3400	204.4	45.4	245.40		8.50

续表

b	h	A	I_x	I_y	r_x	r_y	g
(mm)	(mm)	$\times 10^2$ (mm^2)	$\times 10^8$ (mm^4)	$\times 10^8$ (mm^4)	(mm)	(mm)	(kN/m)
400	900	3600	243.0	48.0	259.8	115.50	9.0
	950	3800	285.5	50.6	274.3		9.5
	1000	4000	333.3	53.4	288.7		10.00
450	450	2025	34.2	34.2	129.9	129.9	5.06
	500	2250	46.9	38.0	144.3		5.63
	550	2475	62.4	41.8	158.8		6.19
	600	2700	81.0	45.6	173.2		6.75
	650	2925	103.0	49.4	187.6		7.31
	700	3150	128.6	53.2	202.1		7.88
	750	3375	158.2	57.0	216.5		8.44
	800	3600	192.0	60.8	230.0		9.0
500	500	2500	52.1	52.1	144.3	144.30	6.25
	550	2750	69.2	57.3	158.8		6.88
	600	3000	90.0	62.5	173.2		7.50
	650	3250	114.4	67.7	187.5		8.13
	700	3500	143.0	72.9	202.1		8.75
	750	3750	175.8	78.1	216.5		9.38
	800	4000	213.6	83.3	231.1		10.00
	850	4250	255.8	88.5	245.4		10.63
	900	4500	304.0	93.8	259.8		11.25
	950	4750	357.0	99.0	274.3		11.88
	1000	5000	416.7	104.1	288.7		12.50
	1050	5250	482.0	109.3	303.1		13.13
	1100	5500	555.0	114.6	317.6		13.75
	1150	5750	634.0	119.8	332.0		14.38
	1200	6000	720.0	125.0	346.4		15.00
600	600	3600	108.0	108.0	173.2	173.20	9.00
	650	3900	137.3	117.0	187.6		9.75
	700	4200	171.5	126.0	202.1		10.50
	750	4500	210.9	135.0	216.5		11.25
	800	4800	256.0	144.0	231.0		12.00
	850	5100	307.1	153.0	245.4		12.75
	900	5400	364.5	162.0	259.8		13.50

续表

b	h	A	I_x	I_y	r_x	r_y	g
(mm)	(mm)	$\times 10^2$ (mm^2)	$\times 10^8$ (mm^4)	$\times 10^8$ (mm^4)	(mm)	(mm)	(kN/m)
600	950	5700	428.7	171.0	274.3	173.20	14.25
	1000	6000	500.0	180.0	288.7		15.00
	1050	6300	578.8	189.0	303.1		15.75
	1100	6600	665.5	198.0	317.6		16.50
	1150	6900	760.4	207.0	332.0		17.25
	1200	7200	864.0	216.0	346.4		18.00
	1250	7500	976.6	225.0	360.9		18.75
	1300	7800	1098.5	234.0	375.3		19.50
	1400	8400	1372.0	252.0	404.2		21.00

T形截面特征表 **表1.2-4**

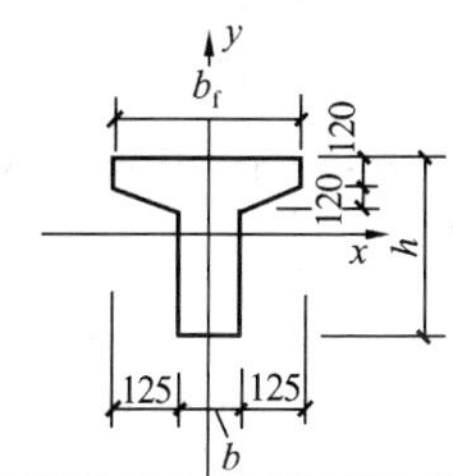

A——截面积；

I_x、I_y——分别为对 $x-x$ 轴、$y-y$ 轴的惯性矩；

r_x、r_y——分别为对 $x-x$ 轴、$y-y$ 轴的回转半径；

g——每米长标准自重（按钢筋混凝土表观密度为 $2500kg/m^3$ 计算）。

b_f	b	h	A	I_x	I_y	r_x	r_y	g
(mm)	(mm)	(mm)	$\times 10^2$ (mm^2)	$\times 10^8$ (mm^4)	$\times 10^8$ (mm^4)	(mm)	(mm)	(kN/m)
500	250	300	1200	14.87	19.14	111.30	126.30	3.00
		350	1325	25.09	19.80	137.62	122.22	3.31
		400	1450	39.40	20.44	164.84	118.74	3.63
		450	1575	58.39	21.09	192.54	115.73	3.94
		500	1700	82.67	21.74	220.51	113.10	4.25
		550	1825	112.82	22.40	248.64	110.78	4.56

续表

b_f (mm)	b (mm)	h (mm)	A $\times 10^2$ (mm^2)	I_x $\times 10^8$ (mm^4)	I_y $\times 10^8$ (mm^4)	r_x (mm)	r_y (mm)	g (kN/m)
500	250	600	1950	149.47	23.05	276.86	108.71	4.88
		650	2075	193.19	23.70	305.13	106.87	5.19
		700	2200	244.57	24.35	333.42	105.20	5.50
		750	2325	304.22	25.00	361.73	103.70	5.81
		800	2450	372.73	25.65	390.04	102.32	6.13
550	300	300	1350	18.09	26.33	115.78	139.65	3.38
		350	1500	30.68	27.45	143.01	135.29	3.75
		400	1650	48.22	28.58	170.95	131.61	4.13
		450	1800	71.44	29.70	199.22	128.46	4.50
		500	1950	101.07	30.83	227.67	125.74	4.88
		550	2100	137.84	31.95	256.20	123.35	5.25
		600	2250	182.47	33.08	284.77	121.25	5.63
		650	2400	235.66	34.20	313.36	119.38	6.00
		700	2550	298.14	35.33	341.93	117.70	6.38
		750	2700	370.63	36.45	370.50	116.19	6.75
		800	2850	453.84	37.58	399.05	114.83	7.13
		850	3000	548.49	38.70	427.59	113.58	7.50
		900	3150	655.29	39.83	456.10	112.44	7.88
		950	3300	774.95	40.95	484.60	111.40	8.25
		1000	3450	908.19	42.08	513.07	110.44	8.63

T形截面的形心及惯性矩系数表 **表 1.2-5**

$$\alpha = \frac{d}{d_0};\ \beta = \frac{b_0}{b};\ y_0 = K_1 d_0;\ I = \frac{bd_0^3}{K_2};$$

$$K_1 = \frac{\alpha^2 + \beta(1-\alpha^2)}{2[\alpha + \beta(1-\alpha)]};$$

$$K_2 = \frac{1}{\frac{1}{12}[\alpha^3 + \beta(1-\alpha)^3] + \alpha\left(K_1 - \frac{\alpha}{2}\right)^2 + \beta(1-\alpha)\left(\frac{1+\alpha}{2} - K_1\right)^2}$$

系数	β \ α	0.08	0.09	0.10	0.11	0.12	0.13	0.14	0.16	0.18	0.20	0.24	0.28	0.32	0.36
K_1	0.15	0.357	0.346	0.337	0.329	0.322	0.315	0.310	0.300	0.293	0.288	0.281	0.279	0.281	0.285
	0.16	0.364	0.354	0.345	0.337	0.330	0.324	0.318	0.308	0.301	0.295	0.288	0.286	0.287	0.291
	0.17	0.371	0.361	0.352	0.345	0.337	0.331	0.325	0.316	0.308	0.302	0.295	0.292	0.293	0.296
	0.18	0.377	0.368	0.359	0.351	0.344	0.338	0.333	0.323	0.315	0.309	0.302	0.298	0.298	0.301
	0.19	0.383	0.374	0.365	0.358	0.351	0.345	0.339	0.330	0.322	0.316	0.308	0.304	0.304	0.306
	0.20	0.388	0.380	0.371	0.364	0.357	0.351	0.346	0.336	0.328	0.322	0.314	0.310	0.309	0.311
	0.22	0.398	0.390	0.382	0.375	0.369	0.363	0.357	0.348	0.340	0.334	0.325	0.321	0.319	0.321
	0.24	0.407	0.399	0.392	0.385	0.379	0.373	0.368	0.359	0.351	0.345	0.336	0.331	0.329	0.330
	0.26	0.415	0.407	0.400	0.394	0.388	0.383	0.377	0.369	0.361	0.355	0.346	0.340	0.338	0.338
	0.28	0.422	0.414	0.408	0.402	0.396	0.391	0.386	0.378	0.370	0.364	0.355	0.349	0.347	0.346
	0.30	0.428	0.421	0.415	0.409	0.404	0.399	0.394	0.386	0.379	0.373	0.364	0.358	0.355	0.354

续表

系数	β \ α	0.08	0.09	0.10	0.11	0.12	0.13	0.14	0.16	0.18	0.20	0.24	0.28	0.32	0.36
K_1	0.32	0.433	0.427	0.421	0.416	0.411	0.406	0.401	0.393	0.387	0.381	0.372	0.366	0.362	0.361
	0.34	0.438	0.432	0.427	0.422	0.417	0.412	0.408	0.400	0.394	0.388	0.379	0.373	0.370	0.368
	0.36	0.443	0.437	0.432	0.427	0.423	0.418	0.414	0.407	0.401	0.395	0.386	0.380	0.377	0.375
	0.38	0.447	0.442	0.437	0.432	0.428	0.424	0.420	0.413	0.407	0.402	0.393	0.387	0.383	0.382
	0.40	0.451	0.446	0.441	0.437	0.433	0.429	0.425	0.419	0.413	0.408	0.399	0.394	0.390	0.388
	0.42	0.454	0.450	0.445	0.441	0.437	0.434	0.430	0.424	0.418	0.418	0.405	0.400	0.396	0.394
	0.44	0.457	0.453	0.449	0.445	0.442	0.438	0.435	0.429	0.424	0.419	0.411	0.405	0.402	0.399
	0.46	0.461	0.457	0.453	0.449	0.446	0.442	0.439	0.434	0.428	0.424	0.416	0.411	0.407	0.405
	0.48	0.463	0.460	0.456	0.453	0.449	0.446	0.443	0.438	0.433	0.429	0.422	0.416	0.412	0.410
	0.50	0.466	0.462	0.459	0.456	0.453	0.450	0.447	0.442	0.437	0.433	0.426	0.421	0.418	0.415
	0.52	0.468	0.465	0.462	0.459	0.456	0.453	0.451	0.446	0.442	0.438	0.431	0.426	0.422	0.420
	0.54	0.471	0.468	0.465	0.462	0.459	0.457	0.454	0.450	0.445	0.442	0.436	0.431	0.427	0.425
	0.56	0.473	0.470	0.467	0.465	0.462	0.460	0.457	0.453	0.449	0.446	0.440	0.435	0.432	0.429
	0.58	0.475	0.472	0.470	0.467	0.465	0.463	0.460	0.456	0.453	0.449	0.444	0.439	0.436	0.434
	0.60	0.477	0.474	0.472	0.470	0.467	0.465	0.463	0.460	0.456	0.453	0.448	0.443	0.440	0.438
K_2	0.15	44.6	43.4	42.4	41.7	41.0	40.5	40.1	39.4	39.0	38.7	38.5	38.5	38.5	38.3
	0.16	42.8	41.6	40.7	40.0	39.3	38.8	38.4	37.7	37.3	37.0	36.8	36.8	36.7	36.6
	0.17	41.1	40.1	39.2	38.4	37.8	37.3	36.9	36.2	35.8	35.5	35.3	35.2	35.2	35.1
	0.18	39.7	38.6	37.8	37.1	36.4	35.9	35.5	34.9	34.4	34.2	33.9	33.8	33.8	33.7
	0.19	38.3	37.3	36.5	35.8	35.2	34.7	34.3	33.7	33.2	32.9	32.6	32.6	32.6	32.5
	0.20	37.1	36.1	35.3	34.7	34.1	33.6	33.2	32.6	32.1	31.8	31.5	31.4	31.4	31.4

续表

系数	α / β	0.08	0.09	0.10	0.11	0.12	0.13	0.14	0.16	0.18	0.20	0.24	0.28	0.32	0.36
K_2	0.22	34.9	34.0	33.3	32.6	32.1	31.6	31.2	30.6	30.2	29.9	29.6	29.4	29.4	29.4
	0.24	33.0	32.2	31.5	30.9	30.4	30.0	29.6	29.0	28.6	28.3	27.9	27.8	27.7	27.7
	0.26	31.3	30.6	29.9	29.4	28.9	28.5	28.1	27.6	27.2	26.8	26.5	26.3	26.3	26.3
	0.28	29.9	29.2	28.6	28.1	27.6	27.2	26.9	26.3	25.9	25.6	25.3	25.1	25.1	25.1
	0.30	28.6	27.9	27.4	26.9	26.5	26.1	25.8	25.2	24.8	24.5	24.2	24.0	24.0	24.0
	0.32	27.4	26.8	26.3	25.8	25.4	25.1	24.8	24.3	23.9	23.6	23.2	23.1	23.0	23.0
	0.34	26.3	25.7	25.3	24.8	24.5	24.1	23.9	23.4	23.0	22.7	22.4	22.2	22.1	22.1
	0.36	25.3	24.8	24.4	24.0	23.6	23.3	23.0	22.6	22.2	22.0	21.6	21.4	21.4	21.3
	0.38	24.4	23.9	23.5	23.2	22.8	22.5	22.3	21.9	21.5	21.3	20.9	20.7	20.6	20.6
	0.40	23.6	23.1	22.8	22.4	22.1	21.8	21.6	21.2	20.9	20.6	20.3	20.1	20.0	20.0
	0.42	22.8	22.4	22.0	21.7	21.4	21.2	21.0	20.6	20.3	20.0	19.7	19.5	19.4	19.4
	0.44	22.1	21.7	21.4	21.1	20.8	20.6	20.4	20.0	19.7	19.5	19.2	19.0	18.9	18.9
	0.46	21.4	21.1	20.8	20.5	20.2	20.0	19.8	19.5	19.2	19.0	18.7	18.5	18.4	18.4
	0.48	20.8	20.5	20.2	19.9	19.7	19.5	19.3	19.0	18.7	18.5	18.2	18.0	18.0	17.9
	0.50	20.2	19.9	19.6	19.4	19.2	19.0	18.8	18.5	18.3	18.1	17.8	17.6	17.5	17.5
	0.52	19.6	19.4	19.1	18.9	18.7	18.5	18.4	18.1	17.9	17.7	17.4	17.2	17.1	17.1
	0.54	19.1	18.9	18.6	18.4	18.3	18.1	17.9	17.7	17.5	17.3	17.0	16.9	16.8	16.7
	0.56	18.6	18.4	18.2	18.0	17.8	17.7	17.5	17.3	17.1	16.9	16.7	16.5	16.4	16.4
	0.58	18.2	18.0	17.8	17.6	17.4	17.3	17.2	16.9	16.7	16.6	16.3	16.2	16.1	16.1
	0.60	17.7	17.5	17.4	17.2	17.0	16.9	16.8	16.6	16.4	16.2	16.0	15.9	15.8	15.8

十字形截面特征表　　表 1.2-6

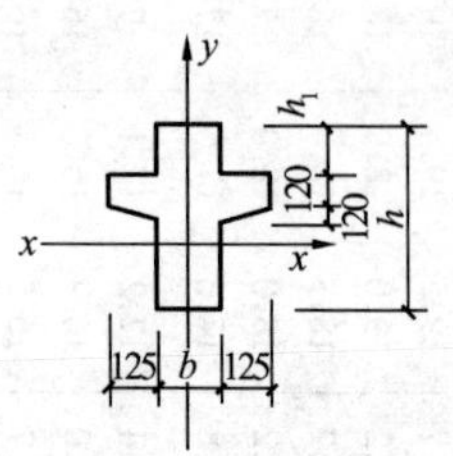

A——截面积；

I_x、I_y——分别为对 $x-x$ 轴、$y-y$ 轴的惯性矩；

r_x、r_y——分别为对 $x-x$ 轴、$y-y$ 轴的回转半径；

g——每米长标准自重（按钢筋混凝土表观密度为 2500kg/m^3 计算）。

b	h_1	h	A	I_x	I_y	r_x	r_y	g
(mm)	(mm)	(mm)	$\times 10^2$ (mm^2)	$\times 10^8$ (mm^4)	$\times 10^8$ (mm^4)	(mm)	(mm)	(kN/m)
250	120	400	1450	24.26	20.44	129.34	118.74	3.63
		450	1575	41.73	21.09	162.78	115.73	3.94
		500	1700	68.24	21.74	200.36	113.10	4.25
		550	1825	105.70	22.40	240.66	110.78	4.56
		600	1950	156.00	23.05	282.84	108.71	4.88
		650	2075	221.03	23.70	326.38	106.87	5.19
		700	2200	302.69	24.35	370.92	105.20	5.50
		750	2325	402.85	25.00	416.25	103.70	5.88
		800	2450	523.40	25.65	462.20	102.32	6.13
	180	500	1700	46.04	21.74	164.56	113.10	4.25
		550	1825	71.95	22.40	198.56	110.78	4.56
		600	1950	108.60	23.05	235.99	108.71	4.88
		650	2075	157.89	23.70	275.85	106.69	5.19
		700	2200	221.71	24.35	317.45	105.20	5.5
		750	2325	301.95	25.00	360.38	103.70	5.88
		800	2450	400.50	25.65	404.31	102.32	6.13
300	120	400	1650	28.80	28.58	132.12	131.61	4.13
		450	1800	49.77	29.70	166.29	128.46	4.50
		500	1950	81.53	30.83	204.47	125.74	4.88

续表

b	h_1	h	A	I_x	I_y	r_x	r_y	g
(mm)	(mm)	(mm)	$\times 10^2$ (mm^2)	$\times 10^8$ (mm^4)	$\times 10^8$ (mm^4)	(mm)	(mm)	(kN/m)
300	120	550	2100	126.34	31.95	245.28	123.35	5.25
		600	2250	186.49	33.09	287.90	121.25	5.63
		650	2400	264.23	34.20	331.81	119.38	6.00
		700	2550	361.83	35.33	376.69	117.70	6.33
		750	2700	481.54	36.45	422.31	116.19	6.75
		800	2850	625.63	37.58	468.53	114.83	7.13
		850	3000	796.35	38.70	515.22	113.58	7.50
		900	3150	995.95	39.83	562.29	112.44	7.88
		950	3300	1226.69	40.95	609.69	111.40	8.25
		1000	3450	1490.82	42.08	657.36	110.44	8.63
	180	500	1950	54.92	30.83	167.82	125.74	4.88
		550	2100	86.04	31.95	204.42	123.35	5.25
		600	2250	130.00	33.08	240.36	121.25	5.63
		650	2400	189.02	34.20	280.64	119.38	6.00
		700	2550	265.41	35.33	322.62	117.70	6.37
		750	2700	361.42	36.45	365.87	116.19	6.75
		800	2850	479.31	37.58	410.10	114.83	7.13
		850	3000	621.34	38.70	455.10	113.58	7.50
		900	3150	789.77	39.83	500.72	112.44	7.88
		950	3300	986.85	40.95	546.85	111.40	8.25
		1000	3450	1214.83	42.08	593.4	110.44	8.63

I形截面特征表　　表 1.2-7

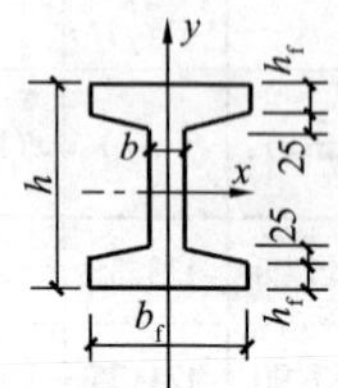

A——截面积；

I_x、I_y——对 $x-x$ 轴、$y-y$ 轴惯性矩；

r_x、r_y——对 $x-x$ 轴、$y-y$ 轴回转半径；

g——每米长标准自重（按钢筋混凝土表观密度为 2500kg/m^3 计算）。

b_f (mm)	h (mm)	b (mm)	h_f (mm)	A $\times 10^2$ (mm^2)	I_x $\times 10^8$ (mm^4)	I_y $\times 10^8$ (mm^4)	r_x (mm)	r_y (mm)	g (kN/m)
300	400	60	60	588	12.68	3.31	147.00	75.00	1.47
		60	80	684	14.01	4.20	143.00	78.00	1.71
		80	80	727	14.18	4.25	140.00	77.00	1.82
	500	60	60	648	22.3	3.33	185.00	72.00	1.62
		60	80	744	25.0	4.22	183.00	75.00	1.86
		80	80	807	25.52	4.30	178.00	73.00	2.02
	600	60	60	708	35.16	3.35	223.00	69.00	1.77
		60	80	804	39.71	4.24	222.00	73.00	2.01
		80	80	887	40.90	4.34	215.00	70.00	2.22
350	400	60	60	660	14.66	5.23	149.00	89.00	1.65
		60	80	776	16.27	6.65	145.00	93.00	1.94
		80	80	819	16.43	6.70	142.00	91.00	2.05
	500	60	60	720	25.64	5.25	189.00	85.00	1.80
		60	80	836	28.91	6.67	186.00	89.00	2.09
		80	80	899	29.43	6.74	181.00	87.00	2.25
	600	60	60	780	40.24	5.26	227.00	82.00	1.95
		60	80	896	45.73	6.69	226.00	86.00	2.24
		80	80	979	46.92	6.79	219.00	83.00	2.45
	700	80	80	1059	69.31	6.83	256.00	80.00	2.65
	800	80	80	1139	97.00	6.87	292.00	78.00	2.85
400	400	60	60	733	16.64	7.78	151.00	103.00	1.83
		60	80	869	18.52	9.91	146.00	107.00	2.17
		80	80	912	18.68	9.96	143.00	105.00	2.28
		100	100	1075	19.99	12.15	136.00	106.00	2.69
	500	60	60	793	28.99	7.80	191.00	99.00	1.98
		60	80	929	32.81	9.92	188	103	2.32
		80	80	992	33.33	10.0	183	100	2.48
		100	100	1175	36.47	12.23	176	102	2.94

续表

b_f (mm)	h (mm)	b (mm)	h_f (mm)	A $\times 10^2$ (mm^2)	I_x $\times 10^8$ (mm^4)	I_y $\times 10^8$ (mm^4)	r_x (mm)	r_y (mm)	g (kN/m)
400	600	60	60	853	45.31	7.82	231	96	2.13
			80	989	51.75	9.94	229	100	2.47
		80	80	1072	52.94	10.04	222	97	2.68
		100	100	1275	58.82	12.31	215	98	3.19
		120	100	1350	59.64	12.12	210	95	3.38
	700	60	80	1049	77.11	9.38	271	95	2.62
		80	80	1152	77.91	10.09	261	94	2.88
		△100	100	1375	87.47	11.93	252	93	3.44
		120	100	1470	89.26	12.26	246	91	3.68
	800	80	80	1232	108.64	10.13	297	91	3.08
		100	100	1475	123.14	12.48	289	92	3.69
			△150	1775	143.8	17.26	285	99	4.44
		120	200	2150	158.31	22.78	271	103	5.38
	△900	100	150	1875	195.38	17.34	323	96	4.69
		120	200	2270	217.93	22.93	310	101	5.68
	△1000	100	150	1975	256.34	17.43	360	94	4.94
		120	200	2390	288.90	23.07	348	98	5.98
	△1100	120	150	2230	334.94	18.03	388	90	5.58
			200	2510	371.82	23.22	385	96	6.28
	1200	120	200	2630	467.29	23.36	422	94	6.58
500	400	120	100	1335	24.97	23.69	137	133	3.34
	500	120	100	1455	45.5	23.83	177	128	3.64
	600	120	100	1575	73.30	23.98	216	123	3.91
	700	120	100	1695	108.89	23.19	254	117	4.24
	△1000	120	200	2815	356.37	44.17	356	125	7.04
	1100	120	200	2935	457.08	44.31	395	123	7.34
	△1200	120	200	3055	572.45	44.45	433	121	7.64
	△1300	120	200	3175	703.1	44.6	471	119	7.94
	△1400	120	200	3295	849.64	44.74	508	117	8.24
	△1500	120	200	3415	1012.65	44.89	545	115	8.54
	△1600	120	200	3535	1192.73	45.03	581	113	8.84
600	△1800	150	250	5063	2127.91	96.50	648	138	12.66
	△2000	150	250	5363	2785.72	97.07	721	135	13.41

注：带△者为精确值，其余为平均翼缘厚度算得者。

管柱截面特征表　　**表 1.2-8**

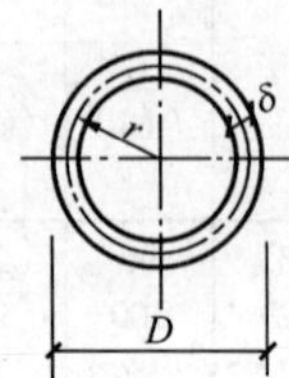

A——管柱截面积；

$\bar{r}$——平均半径；

I_0——管柱截面对对称轴的惯性矩；

r_0——管柱截面对对称轴的回转半径；

g——每米长标准自重（按钢筋混凝土表观密度为 2500kg/m³ 计算）。

D (mm)	δ (mm)	A $\times 10^2$ (mm²)	I_0 $\times 10^8$ (mm⁴)	r_0 (mm)	$\bar{r}$ (mm)	g (kN/m)
300	50	392.7	3.19	90.1	125	0.98
	60	452.4	3.46	87.5	120	1.13
	70	505.8	3.66	85.00	115	1.26
	80	552.9	3.79	82.8	110	1.38
350	50	471.2	5.45	107.5	150.0	1.18
	60	546.6	6.04	104.7	145	1.37
	70	615.8	6.41	102.0	140	1.54
	80	678.6	6.73	99.6	135	1.70
	90	735.1	6.96	97.3	130	1.84
	100	785.4	7.12	95.2	125.0	1.96
400	50	549.8	8.59	125.0	175.0	1.37
	60	640.9	9.55	122.1	170	1.60
	70	725.7	10.33	119.3	165	1.81
	80	804.3	10.94	116.6	160	2.01
	90	876.5	11.42	114.1	155	2.19
	100	942.5	11.78	111.8	150	2.36
450	50	628.3	12.77	142.5	200	1.57
	60	735.1	14.31	139.5	195	1.84
	70	835.7	15.60	136.6	190	2.09
	80	929.9	16.66	133.8	185	2.32
	90	1017.9	17.53	131.2	180	2.54
	100	1099.6	18.22	128.7	175	2.75
500	50	706.9	18.12	160.1	225	1.77
	60	829.4	20.45	157.0	220	2.07
	70	945.6	22.44	154.0	215	2.36
	80	1055.6	24.13	151.2	210	2.64
	90	1159.2	25.54	148.4	205	2.90
	100	1256.6	26.71	145.8	200	3.14

续表

D (mm)	δ (mm)	A ×10² (mm²)	I_0 ×10⁸ (mm⁴)	r_0 (mm)	$\bar{r}$ (mm)	g (kN/m)
550	50	785.4	24.80	177.7	250	1.96
	60	923.6	28.14	174.5	245	2.31
	70	1055.6	31.06	171.5	240	2.64
	80	1181.2	33.57	168.6	235	2.95
	90	1300.6	35.73	165.7	230	3.25
	100	1413.7	37.56	163.0	225	3.53

双肢矩形柱截面特征表 **表 1.2-9**

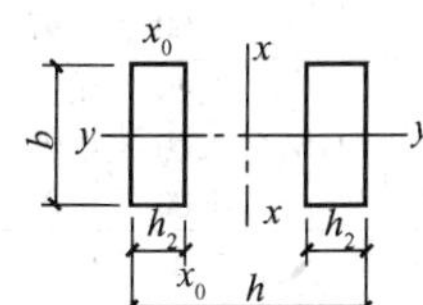

A——双肢截面积；

I_d——单肢对 x_0-x_0 轴的惯性矩；

r_d——单肢对 x_0-x_0 转的回转半径；

I_x——双肢对 $x-x$ 轴的惯性矩；

r_x——双肢对 $x-x$ 轴的回转半径；

I_y——双肢对 $y-y$ 轴的惯性矩；

r_y——双肢对 $y-y$ 轴的回转半径；

g——每米长标准重量（按钢筋混凝土表观密度为 2500kg/m³ 计算）。

$$\psi=\frac{S(h-h_2)}{I}=1-\frac{2I_d}{I_x}$$

b (mm)	h (mm)	h_2 (mm)	A ×10² (mm²)	I_d ×10⁸ (mm⁴)	I_x ×10⁸ (mm⁴)	I_y ×10⁸ (mm⁴)	r_d (mm)	r_x (mm)	r_y (mm)	g (kN/m)	ψ
300	500	100	600	0.25	24.50	4.50	28.9	202	87	1.50	0.980
	600	120	720	0.43	42.34	5.40	34.6	243	87	1.80	0.980
	700	120	720	0.43	61.42	5.40	34.6	292	87	1.80	0.986
		150	900	0.84	69.75	6.75	43.3	278	87	2.25	0.976
	800	120	720	0.43	84.1	5.40	34.6	342	87	1.80	0.990
		150	900	0.84	96.75	6.75	43.3	328	87	2.25	0.983
350	500	100	700	0.29	28.58	7.15	28.9	202	101	1.75	0.980
	600	120	840	0.50	49.39	8.58	34.6	243	101	2.10	

续表

b (mm)	h (mm)	h_2 (mm)	A ×10^2 (mm^2)	I_d ×10^8 (mm^4)	I_x ×10^8 (mm^4)	I_y ×10^8 (mm^4)	r_d (mm)	r_x (mm)	r_y (mm)	g (kN/m)	ψ
350	700	120	840	0.50	71.65	8.58	34.6	292	101	2.10	0.986
		150	1050	0.99	81.39	10.72	43.3	278		2.63	0.976
	800	120	840	0.50	98.11	8.58	34.6	342	101	2.10	0.990
		150	1050	0.99	112.88	10.72	43.3	328		2.63	0.983
	900	150	1050	0.99	149.63	10.72	43.3	378	101	2.63	0.987
		200	1400	2.33	176.17	14.29	57.7	355		3.50	0.974
	1000	150	1050	0.99	191.63	10.72	43.3	427	101	2.63	0.990
		200	1400	2.33	228.67	14.29	57.7	404		3.50	0.980
400	500	100	800	0.33	32.67	10.67	28.9	202	116	2.00	0.980
	600	120	960	0.58	56.45	12.80	34.6	243	116	2.40	0.979
		150	1200	1.13	63.0	16.0	43.3	229		3.00	0.964
	700	120	960	0.58	81.89	12.80	34.6	292	116	2.40	0.986
		150	1200	1.13	93.00	16.0	43.3	278		3.00	0.976
	800	120	960	0.58	112.13	12.80	34.6	342	116	2.40	0.990
		150	1200	1.13	129.0	16.0	43.3	328		3.00	0.982
		200	1600	2.67	149.3	21.33	57.7	306		4.00	0.964
	900	150	1200	1.13	171.0	16.0	43.3	378	116	3.00	0.987
		200	1600	2.67	201.4	21.33	57.7	355		4.00	0.973
	1000	150	1200	1.13	219.0	16.00	43.3	427	116	3.00	0.990
		200	1600	2.67	261.3	21.33	57.7	404		4.00	0.98
		250	2000	5.21	291.7	26.66	72.2	382		5.00	0.965
	1100	200	1600	2.67	329.33	21.33	57.7	454	116	4.00	0.984
		250	2000	5.21	371.67	26.77	72.2	431		5.00	0.972
	1200	200	1600	2.67	405.33	21.33	57.7	503	116	4.00	0.987
		250	2000	5.21	461.67	26.77	72.2	480		5.00	0.977
500	500	100	1000	0.42	40.83	20.83	28.9	202	144	2.50	0.979
	600	120	1200	0.72	70.56	25.00	34.6	243	144	3.00	0.980
		150	1500	1.41	78.75	31.25	43.3	229		3.75	0.964
	700	150	1500	1.41	116.25	31.25	43.3	278	144	3.75	0.976
		200	2000	3.33	131.75	41.60	57.7	257		5.00	0.949
	800	150	1500	1.41	161.25	31.25	43.4	328	144	3.75	0.983
		200	2000	3.33	187.0	41.6	57.7	306		5.00	0.964
	900	200	2000	3.33	251.67	41.6	57.7	355	144	5.00	0.974

续表

b (mm)	h (mm)	h_2 (mm)	A $\times 10^2$ (mm^2)	I_d $\times 10^8$ (mm^4)	I_x $\times 10^8$ (mm^4)	I_y $\times 10^8$ (mm^4)	r_d (mm)	r_x (mm)	r_y (mm)	g (kN/m)	ψ
500	900	250	2500	6.51	277.4	52.1	72.2	333	144	6.25	0.953
	1000	200	2000	3.33	326.7	41.6	57.7	404	144	5.00	0.980
		250	2500	6.51	364.6	52.1	72.2	382		6.25	0.964
	1200	200	2000	3.33	506.4	41.6	57.7	503	144	5.00	0.987
		250	2500	6.51	577.1	52.1	72.2	480		6.25	0.977
	1400	200	2000	3.33	726.7	41.6	57.7	603	144	5.00	0.991
		250	2500	6.51	839.6	52.1	72.2	580		6.25	0.984
		300	3000	11.25	930.0	62.5	86.6	557		7.50	0.976
	1600	250	2500	6.51	1152.1	52.1	72.2	679	144	6.25	0.988
		300	3000	11.25	1290.0	62.5	86.6	656		7.50	0.983
600	600	150	1800	1.69	94.5	54.0	43.3	229	173	4.50	0.964
	700	150	1800	1.69	139.5	54.0	43.3	278	173	4.50	0.976
		200	2400	4.00	158.0	72.0	57.7	256		6.00	0.950
	800	150	1800	1.69	193.5	54.0	43.3	328	173	4.50	0.982
		200	2400	4.00	224.0	72.0	57.7	306		6.00	0.965
	900	200	2400	4.00	302.0	72.0	57.7	355	173	6.00	0.974
		250	3000	7.81	332.5	90.0	72.2	333		7.50	0.953
	1000	200	2400	4.00	392.0	72.0	57.7	404	173	6.00	0.980
		250	3000	7.81	437.5	90.0	72.2	382		7.50	0.964
	1200	200	2400	4.00	608.0	72.0	57.7	503	173	7.50	0.987
		250	3000	7.81	692.5	90.0	72.2	480		9.00	0.977
	1400	250	3000	7.81	1007.5	90.0	72.2	580	173	7.50	0.985
		300	3600	13.5	1116.0	108.0	86.6	557		9.00	0.976
	1600	250	3000	7.81	1382.5	90.0	72.2	679	173	7.50	0.989
		300	3600	13.5	1548.0	108.0	86.6	656		9.00	0.982
	1800	300	3600	13.50	2052.0	108.0	86.6	755	173	9.00	0.987
		350	4200	21.40	2250.5	126.0	101.0	732		1.050	0.981
	2000	300	3600	13.50	2628.0	108.0	86.6	854	173	9.00	0.990
		350	4200	21.40	2901.5	126.0	101.0	831		10.50	0.985
		400	4800	32.00	3136.0	144.0	115.5	808		12.00	0.980

双肢管柱截面特征表　　　**表 1.2-10**

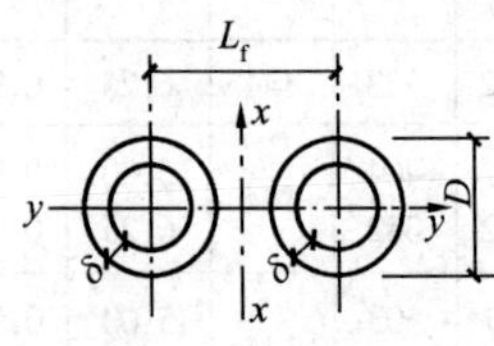

A——总面积；
I_x——双肢对 $x-x$ 轴的惯性矩；
I_y——双肢对 $y-y$ 轴的惯性矩；
I_d——单肢对对称轴的惯性矩；
r_x——双肢对 $x-x$ 轴的回转半径；
r_y——双肢对 $y-y$ 轴的回转半径；
r_d——单肢对对称轴的回转半径；
g——每米长标准自重（按钢筋混凝土表观密度为 2500kg/m³ 计算）。

$$\psi = \frac{SL_f}{I} = 1 - \frac{2I_d}{I_x}$$

D (mm)	L_f (mm)	δ (mm)	A $\times 10^2$ (mm^2)	I_d $\times 10^8$ (mm^4)	I_x $\times 10^8$ (mm^4)	I_y $\times 10^8$ (mm^4)	$r_d = r_y$ (mm)	r_x (mm)	g (kN/m)	ψ
300	400	50	784	3.19	37.80	6.38	90.1	220	1.96	0.831
		60	904	3.46	43.10	6.92	87.5	218	2.26	0.840
		70	1012	3.66	47.80	7.32	85.0	217	2.53	0.847
	450	50	784	3.19	46.10	6.38	90.1	243	1.96	0.862
		60	904	3.46	52.60	6.92	87.5	241	2.26	0.869
		70	1012	3.66	58.60	7.32	85.0	240	2.53	0.875
	500	50	784	3.19	55.40	6.38	90.1	266	1.96	0.885
		60	904	3.46	63.00	6.92	87.5	265	2.26	0.890
		70	1012	3.66	70.60	7.32	85.0	264	2.53	0.896
400	500	50	1100	8.59	85.90	17.18	125.0	280	2.75	0.800
		60	1280	9.55	99.10	19.10	122.1	278	3.20	0.807
		80	1610	10.94	122.50	21.88	116.6	276	4.03	0.821
		100	1884	11.78	141.60	23.56	111.8	274	4.71	0.834
	550	50	1100	8.59	100.00	17.18	125.0	302	2.75	0.828
		60	1280	9.55	115.90	19.10	122.1	300	3.20	0.835
		80	1610	10.94	143.80	21.88	116.6	298	4.03	0.848
		100	1884	11.78	166.00	23.56	111.8	296	4.71	0.858
	600	50	1100	8.59	116.20	17.18	125.0	325	2.75	0.852
		60	1280	9.55	134.30	19.10	122.1	323	3.20	0.858
		80	1610	10.94	167.00	21.88	116.6	321	4.03	0.869
		100	1884	11.78	192.50	23.56	111.8	319	4.71	0.878
500	600	50	1414	18.12	163.20	36.24	160.1	340	3.54	0.778
		60	1658	20.45	189.80	40.90	157.0	338	4.15	0.785
		80	2110	24.13	238.20	48.26	151.2	336	5.28	0.797
		100	2512	26.71	279.40	53.42	145.8	334	6.28	0.809

续表

D (mm)	L_f (mm)	δ (mm)	A $\times 10^2$ (mm^2)	I_d $\times 10^8$ (mm^4)	I_x $\times 10^8$ (mm^4)	I_y $\times 10^8$ (mm^4)	$r_d = r_y$ (mm)	r_x (mm)	g (kN/m)	ψ
500	800	50	1414	18.12	262.20	36.24	160.1	430	3.54	0.862
		60	1658	20.45	305.80	40.90	157.0	420	4.15	0.866
		80	2110	24.13	386.20	48.26	151.2	427	5.28	0.875
		100	2512	26.71	455.40	53.42	145.8	425	6.28	0.883
	1000	50	1414	18.12	390.20	36.24	160.1	525	3.54	0.907
		60	1658	20.45	455.80	40.90	157.0	524	4.15	0.910
		80	2110	24.13	576.20	48.26	151.2	523	5.28	0.916
		100	2512	26.71	681.40	53.42	145.8	521	6.28	0.922
	1200	50	1414	18.12	545.20	36.24	160.1	621	3.54	0.934
		60	1658	20.45	637.80	40.90	157.0	620	4.15	0.936
		80	2110	24.13	808.20	48.26	151.2	618	5.28	0.940
		100	2512	26.71	958.40	53.42	145.8	617	6.28	0.44
	1500	50	1414	18.12	832.20	36.24	160.1	767	3.54	0.956
		60	1658	20.45	972.80	40.90	157.0	766	4.15	0.958
		80	2110	24.13	1238.20	48.26	151.2	765	5.28	0.961
		100	2512	26.71	1463.40	53.42	145.8	764	6.28	0.964

1.2.4 立体图形计算公式（见表 1.2-11）

立体图形计算公式表 **表 1.2-11**

V——容积、体积； S——表面积；

A_s——侧面积； A_b——底面积；

x——形心离底面的距离； G——形心点。

序号	简 图	容积及有关数值
1	正方形体	$V = a^3$; $S = 6a^2$; $A_s = 4a^2$; $x = \frac{a}{2}$; $d = \sqrt{3}a$

续表

序号	简　图	容积及有关数值	
2	长方柱体 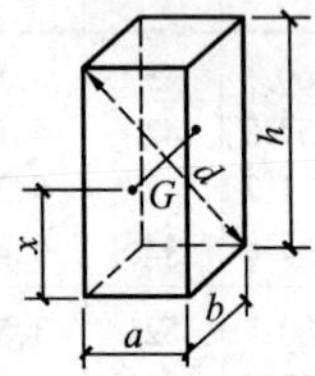	$V = abh$; $S = 2(ab + ah + bh)$; $A_s = 2h(a + b)$; $x = \frac{h}{2}$; $d = \sqrt{a^2 + b^2 + h^2}$	
3	正多角形柱体 a——边长; n——边数; h——高度; A_b——底面积	$V = A_b h$; $S = 2A_b + nha$; $A_s = nha$; $x = \frac{h}{2}$	
4	截头圆柱体 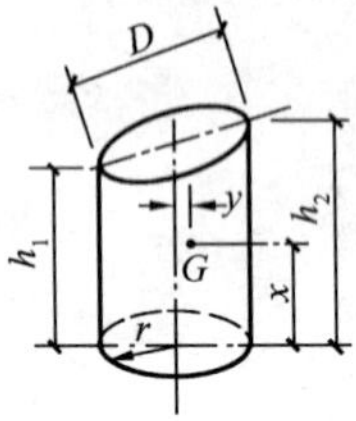	$V = \pi r^2 \frac{h_1 + h_2}{2}$; $A_s = \pi r(h_1 + h_2)$; $D = \sqrt{4r^2 + (h_2 - h_1)^2}$; $x = \frac{h_1 + h_2}{4} + \frac{(h_2 - h_1)^2}{16(h_1 + h_2)}$; $y = \frac{r(h_2 - h_1)}{4(h_1 + h_2)}$	
5	圆柱体　中空圆柱体 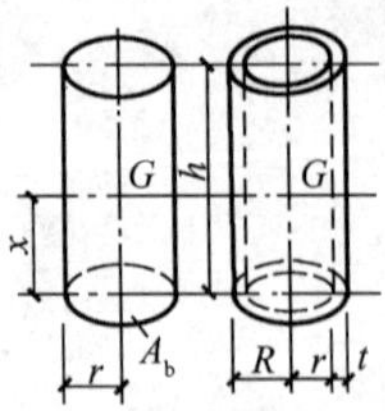	圆柱体 $V = \pi r^2 h = A_b h$; $S = 2\pi r(r + h)$; $A_s = 2\pi rh$; $x = \frac{h}{2}$	中空圆柱体 $V = \pi h(R^2 - r^2)$ $= \pi ht(2R - t)$ $= \pi ht(2r + t)$; $x = \frac{h}{2}$

续表

序号	简　　图	容积及有关数值
6	正六角形柱体 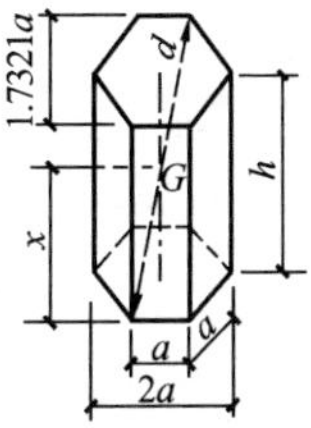	$V=2.5981a^2h$; $S=5.1962a^2+6ah$; $A_s=6ah$; $x=\frac{h}{2}$; $d=\sqrt{h^2+4a^2}$
7	圆　锥　体 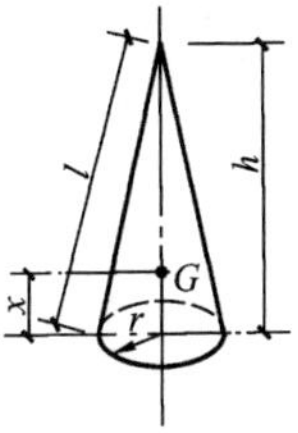	$V=\frac{\pi r^2h}{3}$; $A_s=\pi rl$; $l=\sqrt{r^2+h^2}$; $x=\frac{h}{4}$
8	角　锥　体 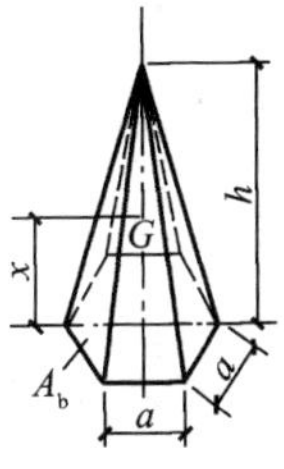	$V=\frac{A_bh}{3}$; $x=\frac{h}{4}$
9	截头角锥体 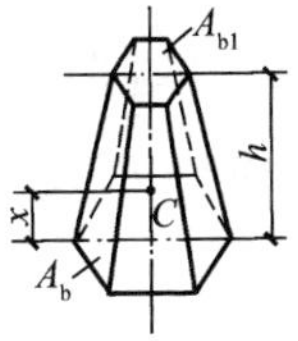	$V=\frac{h}{3}(A_b+A_{b_1}+\sqrt{A_bA_{b_1}})$; $x=\frac{h}{4}\times\frac{A_b+2\sqrt{A_bA_{b_1}}+3A_{b_1}}{A_b+\sqrt{A_bA_{b_1}}+A_{b_1}}$

续表

序号	简　图	容积及有关数值
10	截头圆锥体 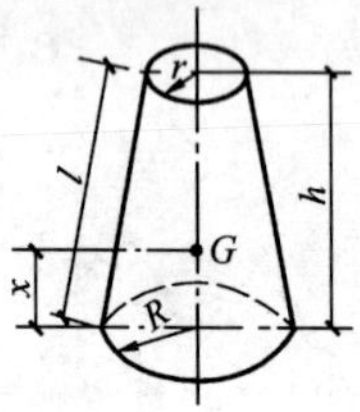	$V=\frac{\pi h}{3}(R^2+Rr+r^2)$ $=\frac{\pi h}{4}\left(a^2+\frac{1}{3}b^2\right)$； $A_s=\pi la$； $a=R+r$ $b=R-r$； $l=\sqrt{b^2+h^2}$； $x=\frac{h}{4}\times\frac{R^2+2Rr+3r^2}{R^2+Rr+r^2}$
11	圆　球　体 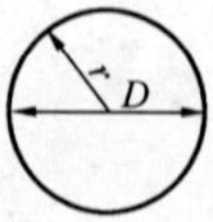	$V=\frac{4\pi r^3}{3}=\frac{\pi D^3}{6}$； $S=4\pi r^2=\pi D^2$
12	削　球　体 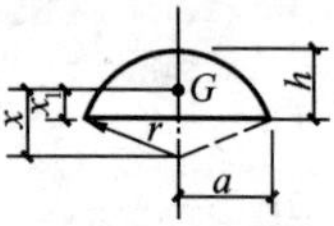	$V=\frac{\pi h}{6}(3a^2+h^2)=\frac{\pi h^2}{3}(3r-h)$； $A_s=2\pi rh=\pi(a^2+h^2)$； $S=\pi h(4r-h)$； $a^2=h(2r-h)$； $x=\frac{3}{4}\times\frac{(2r-h)^2}{3r-h}$； $x_1=\frac{h}{4}\times\frac{4r-h}{3r-h}$
13	长方棱台体 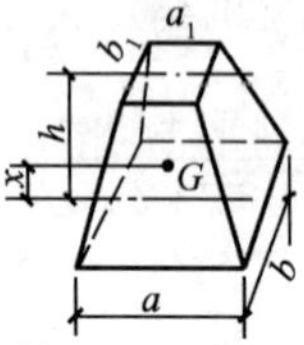	$V=\frac{h}{6}[(2a+a_1)b+(2a_1+a)b_1]$ $=\frac{h}{6}[ab+(a+a_1)(b+b_1)+a_1b_1]$； $x=\frac{h}{2}\times\frac{ab+ab_1+a_1b+3a_1b_1}{2ab+ab_1+a_1b+2a_1b_1}$

续表

序号	简　图	容积及有关数值
14	圆环体 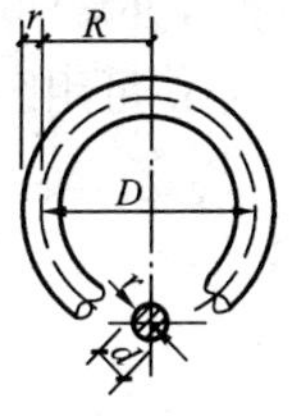 $D=2R;\ d=2r$	$V=2\pi^2Rr^2=\frac{1}{4}\pi^2Dd^2$; $S=4\pi^2Rr=\pi^2Dd$
15	球状楔 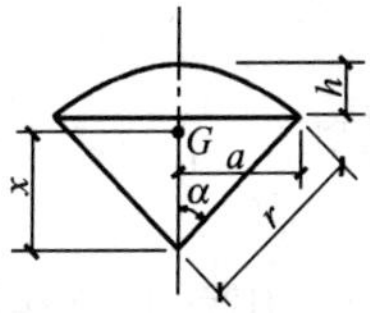	$V=\frac{2\pi r^2h}{3}$; $A_s=a\pi r$; $S=\pi r(2h+a)$; $x=\frac{3}{8}(2r-h)$; $a=r\sin\alpha$; $h=r(1-\cos\alpha)$
16	球带体 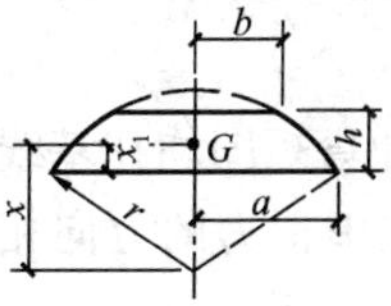	$V=\frac{\pi h}{6}(3a^2+3b^2+h^2)$; $A_s=2\pi rh$; $r^2=a^2+\left(\frac{a^2-b^2-h^2}{2h}\right)^2$; $x=\frac{3}{2}\times\frac{a^4-b^4}{h(3a^2+3b^2+h^2)}$; $x_1=\frac{h}{2}\times\frac{2a^2+4b^2+h^2}{3a^2+3b^2+h^2}$

1.2.5 积分公式 $\int\overline{M}_iM_x\mathrm{d}x$ 的图乘公式——计算受弯构件变形的用表

（1）制表说明

1）计算受弯构件的位移时，常用如下公式：

$$\Delta_{ik} = \Sigma \frac{1}{EI}\int \overline{M}_i M_k \mathrm{d}x$$

该积分式中包含两个弯矩图形，即$\overline{M}_i$图和M_k图。$\overline{M}_i$是由单位虚拟荷载引起的弯矩图，M_k是由荷载产生的弯矩图。只要有一个弯矩图形是直线或折线变化，则积分公式可用图形相乘来代替，即：

$$\int \overline{M}_i M_k \mathrm{d}x = \Omega \bar{y}$$

式中　Ω——M_k图的面积；

$\bar{y}$——对应于M_k图形心处，在$\overline{M}_i$图上的纵标。

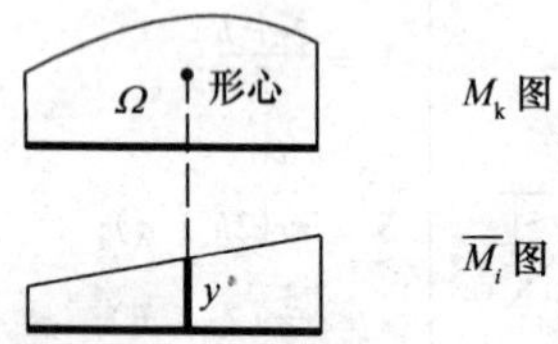

上式说明：计算弯矩引起的位移时，可用荷载弯矩图（M_k图）的面积，乘以其形心所对应的单位弯矩图（$\overline{M}_i$图）中的纵标$\bar{y}$值，再除以杆的抗弯刚度EI即可。

2）当$\overline{M}_i$图是由几根直线组成时，则须将$\overline{M}_i$图分成几个直线段，同时还须将M_k图相对应也分成几段，分别求出各区段的$\Omega \bar{y}$值，再叠加。

正负号规定：若两个弯矩图同号，即弯矩图均在基线的同一侧时，乘积$\Omega \bar{y}$为正，且说明位移与单位虚拟力的方向相同；否则为负，且说明位移与单位虚拟力的方向相反。

$\bar{y}$必须从直线图形上取得。如果两个图形都是直线，则$\bar{y}$可取自任一图形。

3）图乘法计算位移的适用条件

杆件的EI为常数，一般为材料相同的等截面直杆；各杆段的$\overline{M}_i$图和M_k图中至少有一个为直线。

（2）积分公式$\int \overline{M}_i M_k \mathrm{d}x$的图乘公式表（表1.2-12）

积分公式 $\int \overline{M}_i M_k dx$ 的图乘公式 **表 1.2-12**

$\overline{M}_i$ 图形 / M_k 图形	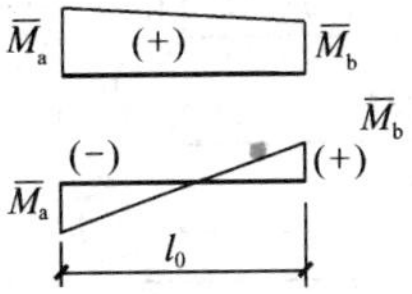 $\overline{M}_a$ (+) $\overline{M}_b$; $\overline{M}_a$ (−) (+) $\overline{M}_b$; l_0	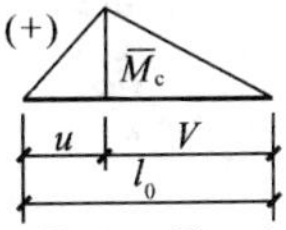 (+) $\overline{M}_c$; u, V, l_0; Ⅰ $u \geqslant a$ Ⅱ $u \leqslant a$
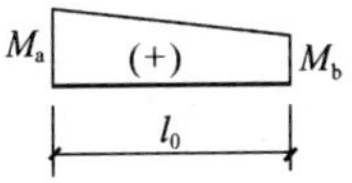 M_a (+) M_b; l_0	$\frac{l_0}{6}(2\overline{M}_a M_a + 2\overline{M}_b M_b + \overline{M}_a M_b + \overline{M}_b M_a)$	$\frac{\overline{M}_c}{6}[M_a(u+2v)+M_b \times (2u+v)]$
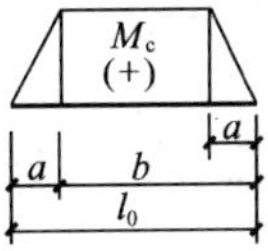 M_c (+); a, b, a, l_0	$\frac{b}{2}M_c(\overline{M}_a+\overline{M}_b)$	Ⅰ $\frac{l_0}{6}\overline{M}_c M_c\left(3-\frac{a^2}{uv}\right)$ Ⅱ $\frac{l_0}{6}\overline{M}_c M_c\left(\frac{3b}{v}-\frac{u^2}{av}\right)$
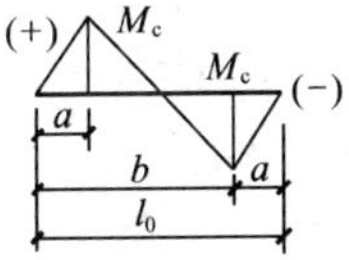 (+) M_c, M_c (−); a, b, a, l_0	$\frac{b}{6}M_c(\overline{M}_a-\overline{M}_b)$	Ⅰ $\frac{l_0}{6}\overline{M}_c M_c\frac{v-u}{b-a}\left(1-\frac{a^2}{uv}\right)$ Ⅱ $\frac{l_0}{6}\overline{M}_c M_c\frac{b}{v}\left(1-\frac{u^2}{ab}\right)$
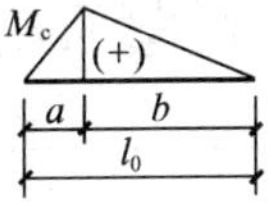 M_c (+); a, b, l_0	$\frac{M_c}{6}[\overline{M}_a(a+2b)+\overline{M}_b (2a+b)]$	Ⅰ $\frac{l_0}{6}\overline{M}_c M_c\left[2-\frac{(u-a)^2}{ub}\right]$ Ⅱ $\frac{l_0}{6}\overline{M}_c M_c\left[2-\frac{(v-b)^2}{va}\right]$
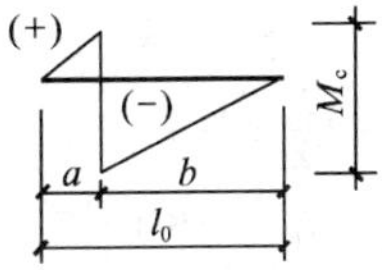 (+) (−) M_c; a, b, l_0	$\frac{l_0}{6}M_c\left[\overline{M}_a\left(1-\frac{3b^2}{l_0^2}\right)-\overline{M}_b\left(1-\frac{3a^2}{l_0^2}\right)\right]$	Ⅰ $\frac{l_0}{6}\overline{M}_c M_c\left(\frac{3a^2}{ul_0}-\frac{v}{l_0}-1\right)$ Ⅱ $\frac{l_0}{6}\overline{M}_c M_c\left(1+\frac{u}{l_0}-\frac{3b^2}{vl_0}\right)$

续表

$\overline{M}_i$ 图形 / M_k 图形	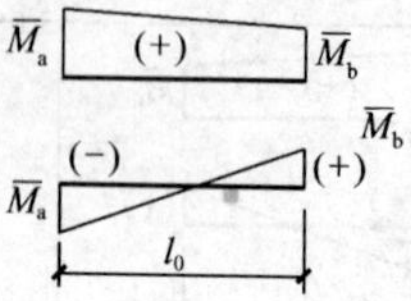 $\overline{M}_a$ (+) $\overline{M}_b$；$\overline{M}_a$ (−) (+) $\overline{M}_b$，l_0	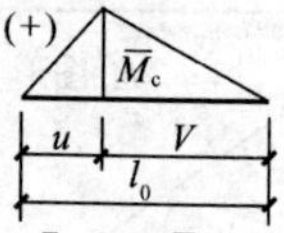 (+) $\overline{M}_c$，u，V，l_0；Ⅰ $u \geqslant a$ Ⅱ $u \leqslant a$
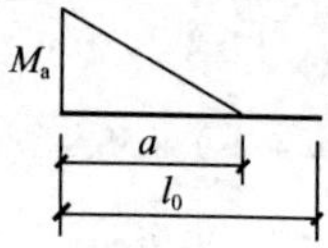 M_a，a，l_0	$\frac{a}{2}M_a\left[\overline{M}_a - \frac{a}{3l_0}(\overline{M}_a - \overline{M}_b)\right]$	
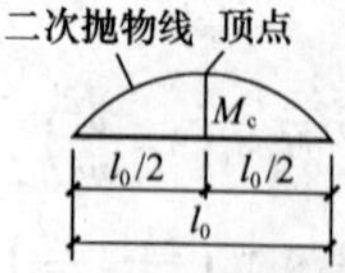 二次抛物线 顶点 M_c，$l_0/2$，$l_0/2$，l_0	$\frac{l_0}{3}M_c(\overline{M}_a + \overline{M}_b)$	$\frac{l_0}{3}\overline{M}_c M_c\left(1 + \frac{uv}{l_0^2}\right)$ $u = v = \frac{l_0}{2}$: $\frac{5l_0}{12}\overline{M}_c M_c$
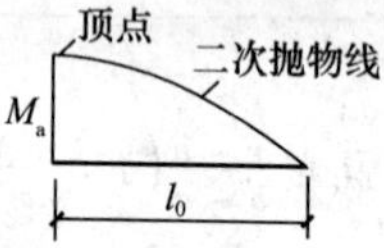 顶点 二次抛物线 M_a，l_0	$\frac{l_0}{12}M_a(5\overline{M}_a + 3\overline{M}_b)$	$\frac{l_0}{12}\overline{M}_c M_a\left(3 + \frac{3v}{l_0} - \frac{v^2}{l_0^2}\right)$ $u = v = \frac{l_0}{2}$: $\frac{17l_0}{48}\overline{M}_c M_a$
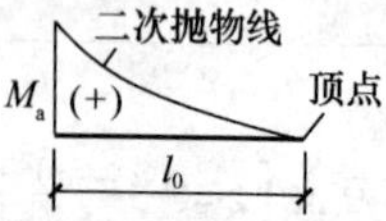 二次抛物线 M_a (+) 顶点 l_0	$\frac{l_0}{12}M_a(3\overline{M}_a + \overline{M}_b)$	$\frac{l_0}{12}\overline{M}_c M_a\left(1 + \frac{v}{l_0} + \frac{v^2}{l_0^2}\right)$ $u = v = \frac{l_0}{2}$: $\frac{7l_0}{48}\overline{M}_c M_a$
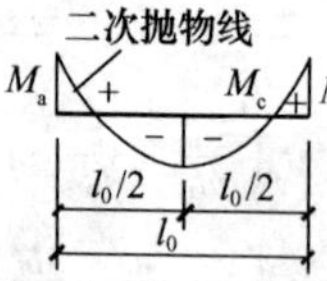 二次抛物线 M_a + M_c + M_b，− −，$l_0/2$，$l_0/2$，l_0	$\frac{l_0}{6}[\overline{M}_a(M_a + 2M_c) + \overline{M}_b(M_b + 2M_c)]$	$\frac{\overline{M}_c}{6l_0}[M_a v^2 + M_b u^2 + 2M_c(l_0^2 + uv)]$ $u = v = \frac{l_0}{2}$: $\frac{l_0\overline{M}_c}{24} \times (M_a + M_b + 10M_c)$

续表

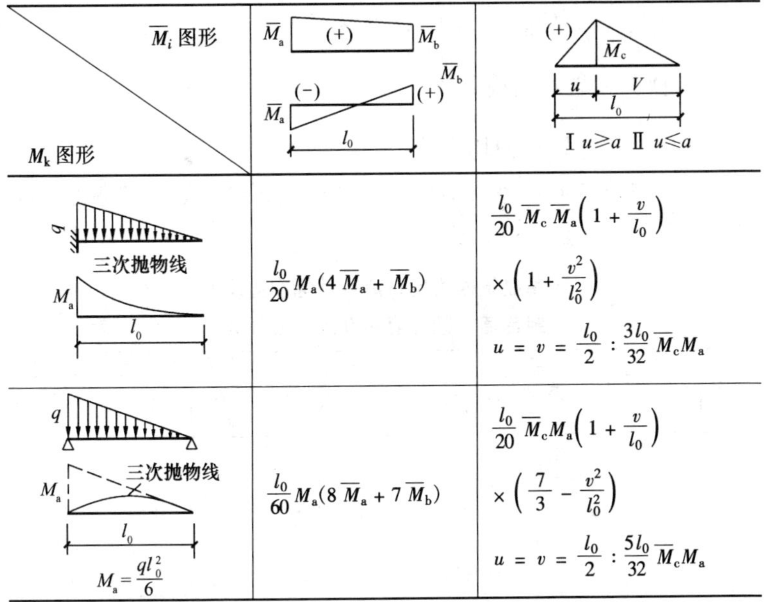

1.3 建筑结构荷载

1.3.1 基本组合的荷载分项系数及荷载组合系数

(1) 基本组合的荷载分项系数（见表1.3-1）

荷载分项系数 γ **表1.3-1**

荷载分类	荷载分项系数 γ	
永久荷载	当其效应对结构不利时	对由可变荷载效应控制的组合，应取1.2； 对由永久荷载效应控制的组合，应取1.35
	当其效应对结构有利时	一般情况下应取1.0； 对结构的倾覆、滑移或漂浮验算，应按有关的结构设计规范的规定采用
可变荷载	一般情况下应取1.4； 对标准值大于4kN/m² 的工业房屋楼面结构的活荷载应取1.3	

注：对于某些特殊情况，可按建筑结构有关设计规范的规定确定。

(2) 荷载组合系数

荷载组合系数按各节的规定采用。

1.3.2　楼面和地面活荷载

(1) 民用建筑楼面均布活荷载

民用建筑楼面均布活荷载的标准值及其组合值、频遇值和准永久值系数，按表1.3-2采用。

民用建筑楼面均布活荷载标准值及其组合值、频遇值和准永久值系数　　**表 1.3-2**

项次	类　别	标准值 (kN/m^2)	组合值系数 ψ_c	频遇值系数 ψ_f	准永久值系数 ψ_q
1	(1) 住宅、宿舍、旅馆、办公楼、医院病房、托儿所、幼儿园			0.5	0.4
	(2) 教室、试验室、阅览室、会议室、医院门诊室	2.0	0.7	0.6	0.5
2	食堂、餐厅、一般资料档案室	2.5	0.7	0.6	0.5
3	(1) 礼堂、剧场、影院、有固定座位的看台	3.0	0.7	0.5	0.3
	(2) 公共洗衣房	3.0	0.7	0.6	0.5
4	(1) 商店、展览厅、车站、港口、机场大厅及其旅客等候室	3.5	0.7	0.6	0.5
	(2) 无固定座位的看台	3.5	0.7	0.5	0.3
5	(1) 健身房、演出舞台	4.0	0.7	0.6	0.5
	(2) 舞厅	4.0	0.7	0.6	0.3
6	(1) 书库、档案室、贮藏室	5.0			
	(2) 密集柜书库	12.0	0.9	0.9	0.8
7	通风机房、电梯机房	7.0	0.9	0.9	0.8
8	汽车通道及停车库				
	(1) 单向板楼盖(板跨不小于2m)				
	客车	4.0	0.7	0.7	0.6
	消防车	35.0	0.7	0.7	0.6
	(2) 双向板楼盖（板跨不小于6m×6m）和无梁楼盖（柱网尺寸不小于6m×6m）				
	客车	2.5	0.7	0.7	0.6
	消防车	20.0	0.7	0.7	0.6

续表

项次	类　别	标准值 (kN/m²)	组合值系数 ψ_c	频遇值系数 ψ_f	准永久值系数 ψ_q
9	厨房(1) 一般的 (2) 餐厅的	2.0 4.0	0.7 0.7	0.6 0.7	0.5 0.7
10	浴室、厕所、盥洗室： (1) 第1项中的民用建筑 (2) 其他民用建筑	2.0 2.5	0.7 0.7	0.5 0.6	0.4 0.5
11	走廊、门厅、楼梯： (1) 宿舍、旅馆、医院病房托儿所、幼儿园、住宅 (2) 办公楼、教室、餐厅、医院门诊部 (3) 当人流可能密集时	2.0 2.5 3.5	0.7 0.7 0.7	0.5 0.6 0.5	0.4 0.5 0.3
12	阳台： (1) 一般情况 (2) 当人群有可能密集时	2.5 3.5	0.7	0.6	0.5

注：1. 本表所给各项活荷载适用于一般使用条件，当使用荷载较大或情况特殊时，应按实际情况采用；

2. 第6项书库活荷载当书架高度大于2m时，书库活荷载尚应按每米书架高度不小于2.5kN/m² 确定；

3. 第8项中的客车活荷载只适用于停放载人少于9人的客车；消防车活荷载是适用于满载总重为300kN的大型车辆；当不符合本表的要求时，应将车轮的局部荷载按结构效应的等效原则，换算为等效均布荷载；

4. 第11项楼梯活荷载，对预制楼梯踏步平板，尚应按1.5kN集中荷载验算；

5. 本表各项荷载不包括隔墙自重和二次装修荷载。对固定隔墙的自重应按恒荷载考虑，当隔墙位置可灵活自由布置时，非固定隔墙的自重应取每延米长墙重（kN/m）的1/3作为楼面活荷载的附加值（kN/m²）计入，附加值不小于1.0kN/m²。

(2) 楼面均布活荷载标准值折减系数（见表1.3-3）

设计楼面梁、墙、柱及基础时，表1.3-2中的楼面活荷载标准值在下列情况下应乘以规定的折减系数。

楼面活荷载标准值折减系数　　**表 1.3-3**

<table>
<tr><th>构件名称</th><th>表 1.3-2 中的序号</th><th>折 减 说 明</th><th>折减系数</th></tr>
<tr><td rowspan="6">楼面梁</td><td>第 1（1）项</td><td>当楼面梁从属面积超过 25m² 时</td><td>0.9</td></tr>
<tr><td>第 1（2）～7 项</td><td>当楼面梁从属面积超过 50m² 时</td><td>0.9</td></tr>
<tr><td rowspan="3">第 8 项</td><td>对单向板楼盖的次梁和槽形板的纵肋</td><td>0.8</td></tr>
<tr><td>对单向板楼盖的主梁</td><td>0.6</td></tr>
<tr><td>对双向板楼盖的梁</td><td>0.8</td></tr>
<tr><td>第 9～12 项</td><td>应采用与所属房屋类别相同的折减系数</td><td>—</td></tr>
<tr><td rowspan="5">墙、柱
基础</td><td>第 1（1）项</td><td>按表 1.3-4 的规定采用</td><td>—</td></tr>
<tr><td>第 1（2）～7 项</td><td>应采用与其楼面梁相同的折减系数</td><td>—</td></tr>
<tr><td rowspan="2">第 8 项</td><td>对单向板楼盖</td><td>0.5</td></tr>
<tr><td>对双向板楼盖和无梁楼盖</td><td>0.8</td></tr>
<tr><td>第 9～12 项</td><td>应采用与所属房屋类别相同的折减系数</td><td>—</td></tr>
</table>

注：楼面梁的从属面积应按梁两侧各延伸二分之一梁间距的范围内的实际面积确定。

活荷载按楼层的折减系数　　**表 1.3-4**

墙、柱、基础计算截面以上的层数	1	2～3	4～5	6～8	9～20	>20
计算截面以上各楼层活荷载总和的折减系数	1.0 (0.9)	0.85	0.70	0.65	0.60	0.55

注：当楼面梁的从属面积超过 25m² 时，应采用括号内的系数。

(3)《建筑结构荷载规范》（GB 50009—2001）中未作规定的楼（地）面均布活荷载

对表 1.3-5～表 1.3-15 列出的一些《建筑结构荷载规范》所未规定的活荷载及其准永久值系数、组合值系数，若工程中实际状况与表列状况适合，可按表列数据取用。

1）医院建筑中布置有医疗设备的楼（地）面活荷载（见表 1.3-5)。

有医疗设备的楼（地）面均布活荷载　　表 1.3-5

项次	类　别	标准值 (kN/m²)	准永久值系数 ψ_q	组合值系数 ψ_c
1	X光室： （1）30mA 移动式 X 光机 （2）200mA 诊断 X 光机 （3）200kV 治疗机 （4）X 光存片室	 2.5 4.0 3.0 5.0	 0.5 0.5 0.5 0.8	0.7
2	口腔科： （1）201 型治疗台及电动脚踏升降椅 （2）205 型、206 型治疗台及 3704 型椅	 3.0 4.0	 0.5 0.5	0.7
3	消毒室： （1）1602 型消毒柜 （2）2616 型治疗台及 3704 型椅	 6.0 5.0	 0.8 0.8	0.7
4	手术室： 3000 型、3008 型万能手术床及 3001 型骨科手术台	3.0	0.5	0.7
5	产房： 设 3009 型产床	2.5	0.5	0.7
6	血库： 设 D-101 型冰箱	5.0	0.8	0.7

注：当医疗设备型号与表中不符时，应按实际情况采用。

2）商业仓库库房楼（地）面均布活荷载（见表 1.3-6）。

商业仓库库房楼（地）面均布活荷载　　表 1.3-6

项次	类　别	标准值 (kN/m²)	准永久值系数 ψ_q	组合值系数 ψ_c	备　注
1	储存重度较大商品的楼面	20	0.8	0.9	考虑起重量 1000kg 以内的叉车作业
2	储存重度较轻商品的楼面	15	0.8		
3	储存轻泡商品的楼面	8～10	0.8		—
4	综合商品仓库的楼面	15	0.8		考虑起重量 1000kg 以内的叉车作业
5	各类库房的底层地面	20～30	0.8		
6	单层五金原材料库的库房地面	60～80	0.8		考虑载货汽车入库
7	单层包装糖车的库房地面	40～45	0.8		

续表

项次	类别	标准值 (kN/m²)	准永久值系数 ψ_q	组合值系数 ψ_c	备注
8	穿堂、走道、收发整理间楼面	10	0.5	0.7	—
		15	0.5		考虑起重量1000kg以内的叉车作业
9	楼梯	3.5	0.5	0.7	—

注：1. 笨重商品（大于 $10kN/m^3$）：如五金原材料、工具、圆钉、钢丝等；
2. 重度较大商品（$5\sim10kN/m^3$）：如小五金、纸张、包装食糖、肥皂、食品罐头、电线、电工器材等；
3. 重度较轻商品（$2\sim5kN/m^3$）：如针棉织品、纺织品、文化用品、搪瓷玻璃制品、塑料制品等；
4. 轻泡商品（小于 $2kN/m^3$）：如胶鞋、铝制品、灯泡、电视机、洗衣机、电冰箱等；
5. 综合仓库储存商品的包装重度一般可采用 $4\sim5kN/m^3$；
6. 一般情况下，商业仓库库房楼（地）面均布活荷载可按表 1.3-6 取用；
7. 本表摘自中华人民共和国商业部标准《商业仓库设计规范》(SBJ 01—88)。

3）物资仓库库房楼（地）面均布活荷载（见表 1.3-7）。

物资仓库库房等效均布活荷载标准值　表 1.3-7

库房		楼面地面	等效均布活荷载(kN/m²)	准永久值系数 ψ_q	组合值系数 ψ_c	备注
名称	物资类别					
金属库	—	地面	120.0	—	0.9	—
机电产品库	一、二类机电产品	地面	35.0	—		—
	三类机电产品	楼面	9.0/5.0	0.85		堆码、货架
	车库	楼(地)面	4.0	0.80		—
化工、轻工物资库	一、二类化工轻工物资	地面	35.0	—		—
	三类化工轻工物资	楼、地面	18.0/30.0	0.85		—
建筑材料库	—	楼/地面	20.0/30.0	0.85		—
楼梯	—	—	4.0	0.50	0.7	—

注：1. 物资类别参见表 1.3-8；
2. 设计仓库的楼面梁、柱、墙及基础时，楼面等效均布活荷载标准值不折减；
3. 本表摘自中华人民共和国行业标准《物资仓库设计规范》(GBJ 09—95)。

常见生产资料分类表 **表 1.3-8**

物资类别		示　　例
金属物资	黑色金属	型材、异型材、板材、管材、线材、丝材、钢轨及配件车轮、钢带、钢锭、钢坯、生铁、铸铁管、金属锰
	有色金属	型材、板材、管材、丝材、带材、金属锭、汞
机电产品	一　类	锅炉、破碎机、推土机、挖土机、汽车、拖拉机、起重机、锻压设备、汽轮机、发电机、卷扬机、空气压缩机、木工机床、金属切削机床
	二　类	水泵、风机、乙炔发生器、阀门、风动工具、电动葫芦、台钻、砂轮机、电动机、电焊机、手提式电钻、材料试验机、钢瓶、变压器、电缆、高压电器、低压电器
	三　类	机床附件、磨具、磨料、量具、刃具、轴承、成分分析仪器、医疗器械、电工仪表、工业自动化仪表、光学仪器、实验室仪器
化工、轻工物资	一　类	一级易燃液体、压缩气体及液化气体、腐蚀性液体、自燃物品 一级易燃固体、遇水燃烧物、一般氧化剂、剧毒品、腐蚀性固体
	二　类	二级氧化剂、二级易燃固体、二级易燃液体、化肥、纯碱、油漆
	三　类	橡胶原料及制品、人造橡胶、塑料原料及制品、纸浆及纸张
建筑材料		水泥、油毡、玻璃、沥青、卫生陶瓷、生石灰、大理石、砖、瓦、砂、碎石
木　材		原木、板、方木、枕木、胶合板
煤　炭		煤、泥炭、焦炭

4）若干特种用途建筑物的楼面活荷载（见表 1.3-9）。

特种用途建筑物楼面活荷载补充 **表 1.3-9**

序号	楼　面　用　途	均布活荷载标准值（kN/m^2）	准永久值系数 ψ_q	组合值系数 ψ_c
1	阶梯教室	3	0.6	0.7
2	微机电子计算机房	3	0.5	0.7
3	大中型电子计算机房	≥5，或按实际	0.7	0.7
4	银行金库及票据仓库	10	0.9	0.9

续表

<table>
<tr><th>序号</th><th colspan="2">楼 面 用 途</th><th>均布活荷载标准值（kN/m^2）</th><th>准永久值系数 ψ_q</th><th>组合值系数 ψ_c</th></tr>
<tr><td>5</td><td colspan="2">制冷机房</td><td>8</td><td>0.9</td><td>0.7</td></tr>
<tr><td>6</td><td colspan="2">水泵房</td><td>10</td><td>0.9</td><td>0.7</td></tr>
<tr><td>7</td><td colspan="2">变配电房</td><td>10</td><td>0.9</td><td>0.7</td></tr>
<tr><td>8</td><td colspan="2">发电机房</td><td>10</td><td>0.9</td><td>0.7</td></tr>
<tr><td>9</td><td colspan="2">设浴缸、坐便器的卫生间</td><td>4</td><td>0.5</td><td>0.7</td></tr>
<tr><td>10</td><td colspan="2">有分隔的蹲便器公共卫生间（包括填料、隔墙）</td><td>8</td><td>0.6</td><td>0.7</td></tr>
<tr><td>11</td><td colspan="2">管道转换层</td><td>4</td><td>0.6</td><td>0.7</td></tr>
<tr><td>12</td><td colspan="2">电梯井道下有人到达房间的顶板</td><td>≥5</td><td>0.5</td><td>0.7</td></tr>
<tr><td rowspan="2">13</td><td rowspan="2">通风机平台</td><td>≤5 号通风机</td><td>6</td><td rowspan="2">0.85</td><td rowspan="2">0.7</td></tr>
<tr><td>8 号通风机</td><td>8</td></tr>
</table>

注：1. 室内地下室顶板须考虑施工时堆放材料或作临时工场的荷载，该荷载宜控制在 $5kN/m^2$ 以内；

2. 计算地下室外墙时，其室外地面荷载取值不应低于 $10kN/m^2$，如室外地面为行车道，则应考虑行车荷载。

5）自动扶梯荷载

自动扶梯支承处的荷载应根据厂家的产品规格取用。当不能确定产品规格时，可选用图 1.3-1 中的最大值。自动扶梯支承处的荷载 R 上下各两个，同楼层两 R 间的距离当扶梯净宽 W = 600mm、800mm、1000mm 时，分别为 800mm、1000mm、1200mm。在荷载 R 中已包括活荷载［其值等于扶梯净宽（以米计）×自动扶梯水平投影长度的一半（以米计）×$4kN/m^2$］。

6）汽车活荷载

汽车活荷载以汽车车队表示，分为汽车－10 级、汽车－15 级、汽车－20 级和汽车－超 20 级四个等级。

车队的纵向排列应符合图 1.3-2 的规定。

车队的横向排列应符合图 1.3-3 的规定。

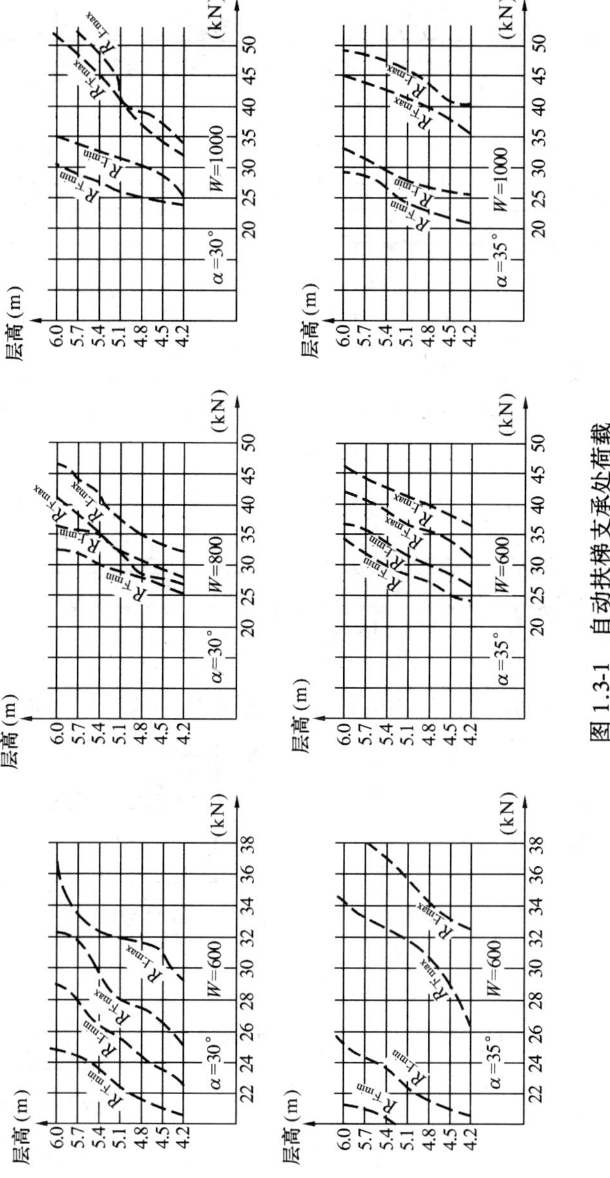

图 1.3-1　自动扶梯支承处荷载

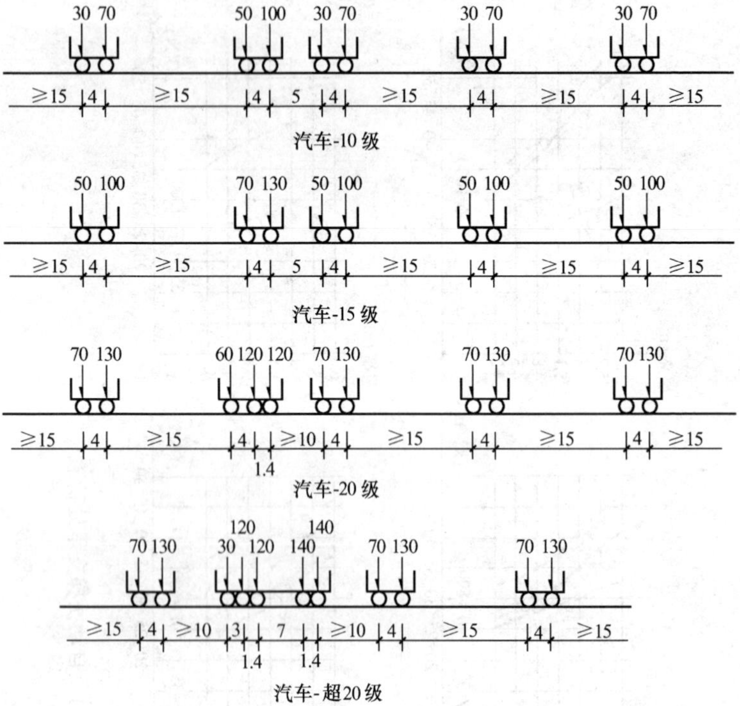

汽车-10级

汽车-15级

汽车-20级

汽车-超20级

图 1.3-2　各级汽车车队的纵向排列（轴重力单位：kN；尺寸单位：m）

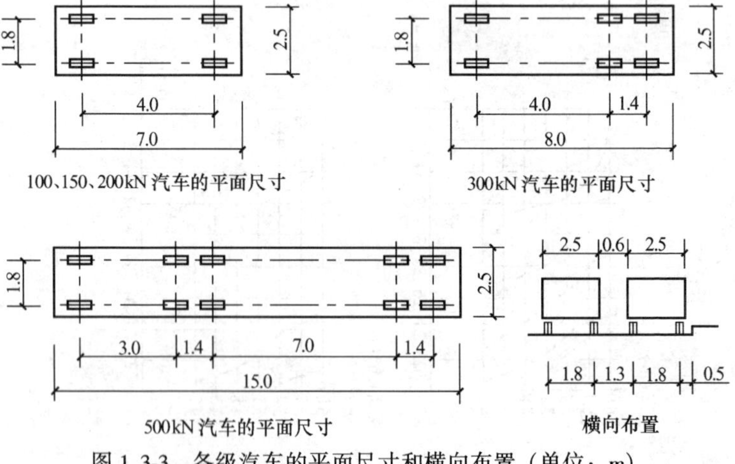

图 1.3-3　各级汽车的平面尺寸和横向布置（单位：m）

各级汽车荷载主要技术指标见表 1.3-10。

各级汽车荷载主要技术指标　　　　表 1.3-10

主要指标	单位	汽车－10级 主车	汽车－10级 重车 汽车－10级 主车	汽车－10级 重车 汽车－20级 主车	汽车－20级 重车 汽车－超20级 主车	汽车－超20级 重车
一辆汽车总重力	kN	100	150	200	300	550
一行汽车车队中重车辆数	辆	—	1	1	1	1
前轴重力	kN	30	50	70	60	30
中轴重力	kN	—	—	—	—	2×120
后轴重力	kN	70	100	130	2×120	2×140
轴　距	m	4.0	4.0	4.0	4.0+1.4	3+1.4+7+1.4
轮　距	m	1.8	1.8	1.8	1.8	1.8
前轮着地宽度及长度	m	0.25×0.20	0.25×0.20	0.3×0.2	0.3×0.2	0.3×0.2
中、后轮着地宽度及长度	m	0.5×0.2	0.5×0.2	0.6×0.2	0.6×0.2	0.6×0.2
车辆外形尺寸（长×宽）	m	7×2.5	7×2.5	7×2.5	8×2.5	15×2.5

注：1. 目前，国内车辆的起（载）重量均用“t”或“kg”表示；

2. 本图、表内容摘自中华人民共和国行业标准《城市桥梁设计准则》（CJJ 11—93）。

7）电信建筑楼面等效均布活荷载（见表 1.3-11）

电信建筑楼面等效均布活荷载值，系据目前已有的有代表性的通信设备的重量、排列方式及建筑结构的不同梁板布置，按内力（弯矩、剪力）等值的原则计算确定。

表 1.3-11 中的移动通信机房的数值，也适用于无线寻呼机房。

表 1.3-11 中内容摘自中华人民共和国行业标准《电信专用房屋设计规范》（YD 5003—94）。

电信建筑楼面等效均布活荷载 **表 1.3-11**

序号	房间名称		标准值（kN/m^2）							准永久值系数 ψ_q	组合值系数 ψ_c
			板			次梁			主梁		
			板跨 ≥1.9m	板跨 ≥2.5m	板跨 ≥3.0m	次梁间距 ≥1.9m	次梁间距 ≥2.5m	次梁间距 ≥3.0m			
1	电力室	有不间断电源开间	16.00	15.00	13.00	11.00	9.00	8.00	6.00	0.8	0.7
		无不间断电源开间（单机重量大于 10kN 时）	13.00	11.00	9.00	8.00	7.00	7.00	6.00		
		无不间断电源开间（单机重量小于 10kN 时）	9.00	7.00	6.00	5.00	4.00	4.00	4.00		
2	蓄电池室	一般电池（48V 电池组单层双列摆放 GFD-3000）	13.00	12.00	11.00	11.00	11.00	9.00	7.00		
		阀控式密闭电池（48V 电池组四层单列摆放 GM-3045）	10.00	8.00	8.00	8.00	8.00	8.00	7.00		
		阀控式密闭电池（48V 电池组四层双列摆放 GM-3045）	16.00	14.00	13.00	13.00	13.00	13.00	10.00		
3	高压配电室		7.00	7.00	6.00	5.00	5.00	5.00	4.00	0.8	0.7
4	低压配电室		8.00	7.00	6.00	6.00	6.00	6.00	4.00		
5	载波机室		10.00	8.00	7.00	7.00	7.00	7.00	6.00		

续表

<table>
<tr><th rowspan="3">序号</th><th rowspan="3" colspan="3">房 间 名 称</th><th colspan="7">标准值（kN/m²）</th><th rowspan="3">准永久值系数 ψ_q</th><th rowspan="3">组合值系数 ψ_c</th></tr>
<tr><th colspan="3">板</th><th colspan="3">次 梁</th><th rowspan="2">主梁</th></tr>
<tr><th>板跨 ≥1.9m</th><th>板跨 ≥2.5m</th><th>板跨 ≥3.0m</th><th>次梁间距 ≥1.9m</th><th>次梁间距 ≥2.5m</th><th>次梁间距 ≥3.0m</th></tr>
<tr><td rowspan="2">6</td><td rowspan="2">数字传输设备室</td><td colspan="2">单面排列</td><td>10.00</td><td>9.00</td><td>8.00</td><td>8.00</td><td>7.00</td><td>7.00</td><td>6.00</td><td rowspan="9">0.8</td><td rowspan="9">0.7</td></tr>
<tr><td colspan="2">背靠背排列</td><td>13.00</td><td>12.00</td><td>10.00</td><td>9.00</td><td>9.00</td><td>9.00</td><td>7.00</td></tr>
<tr><td>7</td><td colspan="3">数字微波室</td><td>10.00</td><td>8.00</td><td>7.00</td><td>7.00</td><td>7.00</td><td>7.00</td><td>6.00</td></tr>
<tr><td>8</td><td colspan="3">模拟微波机房</td><td>4.00</td><td>4.00</td><td>4.00</td><td>4.00</td><td>4.00</td><td>4.00</td><td>4.00</td></tr>
<tr><td>9</td><td colspan="3">自动转报室</td><td>4.00</td><td>3.00</td><td>3.00</td><td>3.00</td><td>3.00</td><td>3.00</td><td>3.00</td></tr>
<tr><td>10</td><td colspan="3">载波电报机室</td><td>5.00</td><td>4.00</td><td>4.00</td><td>4.00</td><td>4.00</td><td>4.00</td><td>3.00</td></tr>
<tr><td>11</td><td colspan="3">模拟半自动交换台室，人工有绳台室，电传报房</td><td>3.00</td><td>3.00</td><td>3.00</td><td>3.00</td><td>3.00</td><td>3.00</td><td>3.00</td></tr>
<tr><td rowspan="2">12</td><td rowspan="2">程控机房</td><td>程控交换机室</td><td>机架高度 2.4m 以下</td><td colspan="3">6.00</td><td colspan="4"></td></tr>
<tr><td colspan="2">计算机室，话务员座席室，半自动业务监控室</td><td colspan="3">4.50</td><td colspan="4"></td></tr>
</table>

续表

序号	房间名称		标准值（kN/m²）							准永久值系数 ψ_q	组合值系数 ψ_c
			板			次梁			主梁		
			板跨 ≥1.9m	板跨 ≥2.5m	板跨 ≥3.0m	次梁间距 ≥1.9m	次梁间距 ≥2.5m	次梁间距 ≥3.0m			
13	测量室	303 总配线架室	7.00	6.00	5.00	5.00	4.00	4.00	4.00	0.8	0.7
		202 总配线架室	5.00	4.50	4.50	4.00	4.00	4.00	4.00		
		6000 回线总配线架室	9.00	8.00	7.00	6.00	5.00	4.00	4.00		
		4000 回线总配线架室	7.00	6.00	5.00	5.00	4.00	4.00	4.00		
14	地球站机房	GCE 室	13.00	13.00	13.00	10.00	10.00	10.00	6.00		
		HPA 室（高功放室）	13.00	12.00	10.00	6.00	6.00	6.00	6.00		
15	移动通信机房	有阀控式密闭电池时	10.00	8.00	8.00	8.00	8.00	8.00	6.00		
		无阀控式密闭电池时	5.00	4.00	4.00	4.00	4.00	4.00	4.00		
16	楼梯		3.50							0.40	0.7

注：1. 表列荷载适用于按单向板配筋的现浇板及板跨方向与机架排列方向（荷载作用面的长边）相垂直的预制板等楼面结构，按双向板配筋的现浇板亦可参照使用；

2. 表列荷载不包括隔墙、吊顶荷载；

3. 由于不间断电源设备的重量较重、设计时也可按照电源设备的重量、底面尺寸、排列方式等对设备作用处的楼面进行结构处理；

4. 搬运单件重量较重的机器时，应验算沿途的楼板结构承载力；

5. 设计墙、柱、基础时，表列楼面活荷载可采用与设计主梁相同的荷载。

8）冷库库房楼（地）面均布活荷载（见表 1.3-12）及冷库吊运轨道活荷载（见表 1.3-13）。

冷库库房楼面和地面均布活荷载标准值及准永久值系数　　表 1.3-12

序号	房　间　名　称	标准值（kN/m^2）	准永久值系数
1	人行楼梯间	3.5	0.3
2	冷却间、冻结间	15	0.6
3	运货穿堂、站台、收发货间	15	0.4
4	冷却物冷藏间	15	0.8
5	冻结物冷藏间	20	0.8
6	制冰池	20	0.8
7	冰　库	$9h$	0.8
8	专用于装隔热材料的阁楼	1.5	0.8

注：1. 本表第 2～5 项适用于堆货高度不超过 5m 的库房，并已包括叉车运行荷载在内，储存冰蛋、桶装油脂及块装分割肉等密度大的货物时，其楼面和地面活荷载应按实际情况确定；

2. 单层库房冻结物冷藏间堆货高度达 6m 时，地面均布活荷载标准值可采用 $30kN/m^2$；

3. h 为堆冰高度，按米计；

4. 楼板下有吊重时，按实际情况另加。

5. 压缩机房操作平台无设备区域的操作荷载，包括操作人员及一般检修工具的重量，可按均布活荷载考虑，采用 $2kN/m^2$。设备按实际荷载确定；

6. 氨压缩机及其他设备设置于楼面时，荷载应按实际重量考虑。压缩机等振动设备动力系数取 1.3；

7. 表中数据摘自中华人民共和国国家标准《冷库设计规范》（GB 50072—2001）。

冷库吊运轨道活荷载标准值及准永久值系数　　表 1.3-13

序号	吊运食品名称	标准值（kN/m）	准永久值系数
1	猪、羊白条肉	4.5	0.6
2	冻鱼（每盘 15kg）	6	0.75
3	冻鱼（每盘 20kg）	7.5	0.75
4	牛两分胴体轨道	7.5	0.6
5	牛四分胴体轨道	5	0.6

注：1. 本表数值包括滑轮和吊具重量；

2. 当吊运轨道直接吊在楼板下，设计现浇或预制梁板时，应按吊点负荷面积将本表数值折算成集中荷载；设计现浇无梁楼盖时，可折算成均布荷载。

四层及四层以上的库房及穿堂，其梁、柱和基础活荷载的折减系数宜按表 1.3-14 采用。

库房和穿堂梁、柱及基础活荷载折减系数　　表 1.3-14

项　目	结 构 部 位		
	梁	柱	基础
穿　堂	0.7	0.7	0.5
库　房	1	0.8	0.8

9）民用锅炉房楼地面均布活荷载

锅炉房楼地面的荷载，应根据工艺设备安装和检修的要求确定，也可按表 1.3-15 选用。

锅炉房楼、地面上的荷载　　表 1.3-15

编号	名　称	活荷载（kN/m^2）
1	锅炉房地面	10
2	锅炉房楼面	6～12
3	辅助间楼面	4～8
4	运煤间楼面	4
5	除氧间楼面	4

注：1. 运煤间楼面上有皮带装置部分，由工艺提供荷载或按 $10kN/m^2$ 计算；
2. 表中内容摘自中国工程建设标准化协会标准《高效燃煤锅炉房设计规程》（CECS 150:2003）。

10）防空地下室结构荷载组合及常用结构等效静荷载标准值

（A）防空地下室结构荷载组合（见表 1.3-16）

防空地下室结构荷载组合　　表 1.3-16

结构部位	抗力等级	荷 载 组 合
顶　板	6、5、4B、4	顶板核爆动荷载标准值，顶板静荷载标准值（包括覆土、战时不拆迁的固定设备、顶板自重及其他静荷载）
外　墙	6	顶板传来的核爆动荷载标准值、静荷载标准值，上部建筑物自重标准值，外墙自重标准值；核爆动荷载产生的水平动荷载标准值，土压力，水压力标准值

续表

结构部位	抗力等级	荷载组合
外墙	5	顶板传来的核爆动荷载标准值、静荷载标准值；当上部建筑物外墙为钢筋混凝土承重墙时，上部建筑物自重取全部标准值；其他结构形式，上部建筑物自重取标准值之半；外墙自重标准值；核爆动荷载产生的水平动荷载标准值，土压力、水压力标准值
	4B、4	顶板传来的核爆动荷载标准值、静荷载标准值；当上部建筑物外墙为钢筋混凝土承重墙时，上部建筑物自重取全部标准值；其他结构形式，不计入上部建筑物自重；外墙自重标准值；核爆动荷载产生的水平动荷载标准值，土压力、水压力标准值
内承重墙（柱）	6	顶板传来的核爆动荷载标准值、静荷载标准值，上部建筑物自重标准值，内承重墙（柱）自重标准值
	5	顶板传来的核爆动荷载标准值、静荷载标准值；当上部建筑物为砌体结构时，上部建筑物自重取标准值之半；其他结构形式，上部建筑物自重取全部的标准值；内承重墙（柱）自重标准值
	4B	顶板传来的核爆动荷载标准值、静荷载标准值；当上部建筑物外墙为钢筋混凝土承重墙时，上部建筑物自重取全部的标准值；当上部建筑物为砌体结构时，不计入上部建筑物自重；其他结构形式，上部建筑物自重取标准值之半；内承重墙（柱）自重标准值
	4	顶板传来的核爆动荷载标准值、静荷载标准值；当上部建筑物外墙为钢筋混凝土承重墙时，上部建筑物自重取全部的标准值；其他结构形式，不计入上部建筑物自重；内承重墙（柱）自重标准值
基础	6	底板核爆动荷载标准值（条、柱、桩基为墙柱传来的核爆动荷载标准值）； 上部建筑物自重标准值，顶板传来静荷载标准值，地下室墙身自重标准值
	5	底板核爆动荷载标准值（条、柱、桩基为墙柱传来的核爆动荷载标准值）； 当上部建筑物为砌体结构时，上部建筑物自重取标准值之半；其他结构形式，上部建筑物自重取全部的标准值； 顶板传来静荷载标准值，地下室墙身自重标准值

续表

结构部位	抗力等级	荷载组合
基础	4B	底板核爆动荷载标准值（条、柱、桩基为墙柱传来的核爆动荷载标准值）； 当上部建筑物外墙为钢筋混凝土承重墙时，上部建筑物自重取全部标准值；当上部建筑物为砌体结构时，不计入上部建筑物自重；其他结构形式，上部建筑物自重取标准值之半； 顶板传来静荷载标准值，地下室墙身自重标准值
	4	底板核爆动荷载标准值（条、柱、桩基为墙柱传来的核爆动荷载标准值）； 当上部建筑物外墙为钢筋混凝土承重墙时，上部建筑物自重取全部标准值；其他结构形式，不计入上部建筑物自重； 顶板传来静荷载标准值，地下室墙身自重标准值

注：1. 上部建筑物自重标准值，系指防空地下室上部建筑物的墙体和楼板传来的静荷载标准值，即墙体、屋盖、楼板自重及战时不拆迁的固定设备等；

2. 当地下水位以下无桩基防空地下室基础采用箱基或筏基，且按本表规定建筑物自重大于水的浮力，则地基反力按不计入浮力确定时，底板荷载组合中可不计入水压力；若地基反力按计入浮力确定时，底板荷载组合中应计入水压力。对地下水位以下带桩基的防空地下室，底板荷载组合中应计入水压力；

3. 本表摘自《人民防空地下室设计规范》(GB 50038—94，内部发行，2003年版)。

（B）常用结构等效静荷载标准值（见表1.3-17～表1.3-20）

（a）当防空地下室的顶板为钢筋混凝土梁板结构，且按允许延性比［β］等于3计算时，顶板上的等效静荷载标准值 q_{e1} 可按表1.3-17采用。当条件不符合时，可按《人民防空地下室设计规范》(GB 50038—94）中第4.2～4.4节公式计算等效静荷载标准值。

顶板等效静荷载标准值 q_{e1}（kN/m²）　　表1.3-17

顶板覆土厚度 h（m）	顶板区格最大短边净跨 l_0（m）	抗力等级			
		6	5	4B	4
$h\leqslant0.5$	$3.0\leqslant l_0\leqslant9.0$	（55）60	（100）120	240	360
$0.5<h\leqslant1.0$	$3.0\leqslant l_0\leqslant4.5$	（65）70	（120）140	310	460
	$4.5<l_0\leqslant6.0$	（60）70	（115）135	285	425
	$6.0<l_0\leqslant7.5$	（60）65	（110）130	275	410
	$7.5<l_0\leqslant9.0$	（60）65	（110）130	265	400

续表

顶板覆土厚度 h（m）	顶板区格最大短边净跨 l_0（m）	抗力等级			
		6	5	4B	4
$1.0<h\leqslant1.5$	$3.0\leqslant l_0\leqslant4.5$	（70）75	（135）145	320	480
	$4.5<l_0\leqslant6.0$	（65）70	（120）135	300	450
	$6.0<l_0\leqslant7.5$	（60）70	（115）135	290	430
	$7.5<l_0\leqslant9.0$	（60）70	（115）130	280	415

注：1. 表中带括号项为计入上部建筑物影响的顶板等效静荷载标准值；

2. 见表 1.3-16 注第 3 项。

（b）防空地下室土中外墙的等效静荷载标准值 q_{e2}，当未计入上部建筑物对外墙影响时，可按表 1.3-18、表 1.3-19 采用；当按《人民防空地下室设计规范》（GB 50038—94）第 4.2.7 条的规定应计入上部建筑物影响时，土中外墙的等效静荷载标准值 q_{e2} 应按表 1.3-18、表 1.3-19 规定数值乘以系数 λ 采用。6 级时，$\lambda=1.1$；5 级时，$\lambda=1.2$；4B 级时，$\lambda=1.25$。

非饱和土中外墙等效静荷载标准值 q_{e2}（kN/m^2） 表 1.3-18

土的类别		抗力等级					
		6		5		4B	4
		砖砌体	钢筋混凝土	砖砌体	钢筋混凝土	钢筋混凝土	钢筋混凝土
碎石土		15~25	10~15	30~50	20~35	40~65	55~90
砂土	粗砂、中砂	25~35	15~25	50~70	35~45	65~90	90~125
	细砂、粉砂	25~30	15~20	40~60	30~40	55~75	80~110
粉土		30~40	20~25	55~65	35~50	70~90	100~130
黏性土红黏土	坚硬、硬塑	20~35	10~25	30~60	25~45	40~85	60~125
	可塑	35~55	25~40	60~100	45~75	85~145	125~215
	软塑	55~60	40~45	100~105	75~85	145~165	215~240
老性黏土	坚硬、硬塑	20~40	15~25	40~80	25~50	50~100	65~125
	可塑	40~70	25~45	80~135	50~85	100~165	125~220
	软塑	70~80	45~50	135~150	85~95	165~185	220~250

续表

土的类别	抗力等级					
	6		5		4B	4
	砖砌体	钢筋混凝土	砖砌体	钢筋混凝土	钢筋混凝土	钢筋混凝土
湿陷性黄土	15~30	10~25	30~65	25~45	40~85	60~120
淤泥质土	50~55	40~45	90~100	70~80	140~160	210~240

注：1. 表内砖砌体数值系按防空地下室净高≤3m，开间≤5.4m；钢筋混凝土墙数值系按计算高度≤5m计算确定；

2. 砖砌体按弹性工作阶段计算，钢筋混凝土墙按弹塑性工作阶段计算，[β]取2.0；

3. 碎石土及砂土，密实、颗粒粗的取小值；黏性土，液性指数低的取小值；

4. 见表1.3-16注第3项。

饱和土中钢筋混凝土外墙等效静荷载标准值 q_{e2}（kN/m^2）　　表1.3-19

土的类别	抗力等级			
	6	5	4B	4
碎石土、砂土	45~55	80~105	185~240	280~360
粉土、黏性土、老黏性土、红黏土、淤泥质土	45~60	80~115	185~265	280~400

注：1. 表中数值系按外墙计算高度≤4m，允许延性比［β］取2.0确定；

2. 含气量 $\alpha_1 \leqslant 0.1\%$时取大值；

3. 见表1.3-16注第3项。

（c）对按《人民防空地下室设计规范》（GB 50038—94）规定，高出室外地面的抗力等级为6级防空地下室，直接承受空气冲击波单向作用的钢筋混凝土外墙按弹塑性工程阶段设计时，其等效静荷载标准值 q_{e2}取130kN/m^2。

（d）无桩基的防空地下室钢筋混凝土底板的等效静荷载标准值 q_{e3}可按表1.3-20采用。

（e）当防空地下室基础采用桩基且按单桩允许承载力设计时，除桩本身应计入上部墙、柱传来的核爆动荷载的荷载组合验算强度外，底板上的等效静荷载标准值可按下列规定确定：

钢筋混凝土底板等效静荷载标准值 q_{e3}（kN/m²） 表 1.3-20

顶板覆土厚度 h（m）	顶板短边净跨 l_0（m）	抗力等级			
		6		5	
		地下水位以上	地下水位以下	地下水位以上	地下水位以下
$h \leqslant 0.5$	$3.0 \leqslant l_0 \leqslant 9.0$	40	40~50	75	75~95
$0.5 < h \leqslant 1.0$	$3.0 \leqslant l_0 \leqslant 4.5$	50	50~60	90	90~115
	$4.5 < l_0 \leqslant 6.0$	45	45~55	85	85~110
	$6.0 < l_0 \leqslant 7.5$	45	45~55	85	85~105
	$7.5 < l_0 \leqslant 9.0$	45	45~55	80	80~100
$1.0 < h \leqslant 1.5$	$3.0 \leqslant l_0 \leqslant 4.5$	55	55~70	105	105~130
	$4.5 < l_0 \leqslant 6.0$	50	50~60	90	90~115
	$6.0 < l_0 \leqslant 7.5$	45	45~60	90	90~110
	$7.5 < l_0 \leqslant 9.0$	45	45~55	85	85~105
$h \leqslant 0.5$	$3.0 \leqslant l_0 \leqslant 9.0$	140	160~200	210	240~300
$0.5 < h \leqslant 1.0$	$3.0 \leqslant l_0 \leqslant 4.5$	190	215~270	280	320~400
	$4.5 < l_0 \leqslant 6.0$	170	195~245	255	290~365
	$6.0 < l_0 \leqslant 7.5$	160	185~230	245	280~350
	$7.5 < l_0 \leqslant 9.0$	155	180~225	235	265~335
$1.0 < h \leqslant 1.5$	$3.0 \leqslant l_0 \leqslant 4.5$	205	235~295	305	350~440
	$4.5 < l_0 \leqslant 6.0$	190	215~270	280	320~400
	$6.0 < l_0 \leqslant 7.5$	175	200~250	260	300~375
	$7.5 < l_0 \leqslant 9.0$	165	190~240	250	285~355

注：1. 表中 6 级防空地下室底板的等效静荷载标准值对计入或不计入上部建筑物影响均适用；
2. 表中 5 级防空地下室底板的等效静荷载标准值按计入上部建筑物影响计算，对不计入上部建筑物影响计算时，可按表中数值除以 0.95 后采用；
3. 位于地下水位以下的底板，含气量 $\alpha_1 \leqslant 0.1\%$时取大值；
4. 见表 1.3-16 注第 3 项。

其一，在非饱和土中，当为端承桩时，底板可不计入等效静荷载值；当为非端承桩时，底板上的等效静荷载标准值：对抗力等级为 6 级时可取 12kN/m²，对抗力等级为 5 级时可取 25kN/m²。

其二，在饱和土中，设有端承桩或非端承桩时，其底板上的等效静荷载标准值：对抗力等级为 6 级时可取 25kN/m²，对抗力等级为 5 级时可取 50kN/m²。

11）几种荷载规范未明确的荷载值确定方法（见表 1.3-21）。

几种荷载规范未明确的荷载值确定方法　　表 1.3-21

荷载类型	荷载值确定方法
地下水压力	(1) 设计地下防水结构所考虑的地下水压力应根据地质勘察资料并结合工程所在地的历史水位变化情况确定。 (2) 当地质勘察报告中未明确提出设防水位及水压分布情况时，宜采取以下措施： 1）对重要工程应进行水文试验，并经专家论证后确定； 2）对一般工程的设防水位及水压分布应取建筑物设计使用年限内可能产生的最高水位和最大水压。 (3) 水位不急剧变化的水压力按永久荷载考虑；水位急剧变化的水压力按可变荷载考虑
土压力	(1) 计算钢筋混凝土或砌体结构的地下室侧墙受弯及受剪承载力时，土压力引起的效应为永久荷载效应，当考虑由可变荷载效应控制的组合时，土压力的荷载分项系数取 1.2；当考虑由永久荷载效应控制的组合时，其荷载分项系数取 1.35。 (2) 地下室侧墙承受的土压力宜取静止土压力
隔墙荷载	(1) 计算支承隔墙的楼板和次梁时，满跨长度的隔墙重量宜按下列原则取用： 1）挠度计算：对无洞口隔墙，当为砖、陶粒空心砌块或加气混凝土砌体等时，可不考虑隔墙自重。当为石膏板或板条墙时，可取其自重的 40%计算； 2）弯曲承载力计算：对无洞口或洞口在板（梁）跨中 1/3 范围内，且洞口上的砌体高度不小于 500mm 的隔墙，可取隔墙自重的 40%或取板（梁）跨度的 1/3 作为隔墙高度的隔墙自重，取两者中较大者作为板（梁）的每延米均布荷载计算，否则按实际自重计算； 3）剪切承载力计算：不论何种隔墙，均按实际自重计算。 (2) 在现浇钢筋混凝土楼盖的建筑中，当隔墙位置在设计中没有明确定位或允许灵活布置时，可将隔墙每延米自重的 30%作为每平方米楼面的均布荷载标准值计算，且不宜小于 1.0kN/m²，其准永久值系数可取 0.5。 (3) 当隔墙顺着预制板跨度方向布置，且预制板间灌缝质量有可靠保证时，当隔墙作用于一块板上时，隔墙荷载的 50%可由墙下预制板承受，其左右相邻的板各承受 25%；当隔墙作用于两块板上时，隔墙荷载各承受 50%，并按第（1）条规定计算荷载

续表

荷载类型	荷载值确定方法
其他荷载	(1) 当设备、物料荷载较大时，应分析其外形尺寸、设备间距、底盘尺寸、物料堆放等情况，应对楼板、次梁、主梁分别采用不同的荷载值。 (2) 直接支承有振动设备的梁，应验算其自振频率，以避免与设备振动频率接近。 (3) 当地面堆料荷载较大时，应考虑堆料对地基不均匀沉降的影响。当地面等效均布荷载小于表 1.3-22 中的数值时，可以不考虑堆料对地基不均匀沉降的影响 (4) 多层砌体房屋的预制楼板，应考虑施工堆放材料的自重荷载(一般可取 3kN/m²)。此项荷载为临时荷载标准值，不与使用活荷载及建筑装修荷载同时考虑。 (5) 计算叠合梁第一阶段的内力时，施工荷载标准值一般按 1.0kN/m² 采用，悬挑梁按 1.5kN/m² 采用。

可不考虑堆料对地基不均匀沉降的地面荷载值　表 1.3-22

地基压缩模量 E_s（MPa）	≤5	6	7	8	9	10
地面荷载标准值（kN/m²）	30	35	40	45	50	55

对楼面活荷载标准值大于 2.0kN/m² 或跨度相差较大的房屋建筑，按弹性方法计算框架和连续梁（板）的内力时，应考虑活荷载的不利布置。

考虑活荷载不利组合的房屋，不应将连续梁支座左右剪力的最大值相加传至主梁。

(4) 工业建筑楼面活荷载

1) 工业建筑楼面在生产使用或安装检修时，由设备、管道、运输工具及可能拆移的隔墙产生的局部荷载，均应按实际情况考虑，可采用等效均布活荷载代替。

注：①楼面等效均布活荷载，包括计算次梁、主梁和基础时的楼面活荷载，可分别按《建筑结构荷载规范》（GB 50009—2001）附录 B 的规定确定；

②对于一般金工车间、仪器仪表生产车间、半导体器件车间、棉纺织车间、轮胎厂准备车间和粮食加工车间，当缺乏资料时，可按表 1.3-23 ~ 表 1.3-28 采用。煤炭工业建（构）筑物可按表 1.3-29 ~ 表 1.3-3 采用。

2）工业建筑楼面（包括工作平台）上无设备区域的操作荷载，包括操作人员、一般工具、零星原料和成品的自重，可按均布活荷载考虑，采用2.0kN/m²。

生产车间的楼梯活荷载，可按实际情况采用，但不宜小于3.5kN/m²。

3）工业建筑楼面活荷载的组合值系数、频遇值系数和准永久值系数，除《建筑结构荷载规范》（GB 50009—2001）附录C中给出的以外，应按实际情况采用；但在任何情况下，组合值和频遇值系数不应小于0.7，准永久值系数不应小于0.6。

金工车间楼面均布活荷载　　表1.3-23

序号	项目	标准值（kN/m²）					组合值系数 ψ_c	频遇值系数 ψ_f	准永久值系数 ψ_q	代表性机床型号
		板		次梁（肋）		主梁				
		板跨≥1.2m	板跨≥2.0m	梁间距≥1.2m	梁间距≥2.0m					
1	一类金工	22.0	14.0	14.0	10.0	9.0	1.0	0.95	0.85	CW6180、X53K、X63W、B690、M1080、Z35A
2	二类金工	18.0	12.0	12.0	9.0	8.0	1.0	0.95	0.85	C6163、X52K、X62W、B6090、M1050A、Z3040
3	三类金工	16.0	10.0	10.0	8.0	7.0	1.0	0.95	0.85	C6140、X51K、X61W、B6050、M1040、Z3025

续表

<table>
<tr><th rowspan="3">序号</th><th rowspan="3">项目</th><th colspan="5">标 准 值 (kN/m²)</th><th rowspan="3">组合值系数 ψ_c</th><th rowspan="3">频遇值系数 ψ_f</th><th rowspan="3">准永久值系数 ψ_q</th><th rowspan="3">代表性机床型号</th></tr>
<tr><th colspan="2">板</th><th colspan="2">次梁（肋）</th><th rowspan="2">主梁</th></tr>
<tr><th>板跨 ≥1.2m</th><th>板跨 ≥2.0m</th><th>梁间距 ≥1.2m</th><th>梁间距 ≥2.0m</th></tr>
<tr><td>4</td><td>四类金工</td><td>12.0</td><td>8.0</td><td>8.0</td><td>6.0</td><td>5.0</td><td>1.0</td><td>0.95</td><td>0.85</td><td>C6132、X50A、X60W、B635－1 M1010、Z32K</td></tr>
</table>

注：1. 表列荷载适用于单向支承的现浇梁板及预制槽形板等楼面结构，对于槽形板，表列板跨系指槽形板纵肋间距；
2. 表列荷载不包括隔墙和吊顶自重；
3. 表列荷载考虑了安装、检修和正常使用情况下的设备（包括动力影响）和操作荷载；
4. 设计墙、柱、基础时，表列楼面活荷载可采用与设计主梁相同的荷载。

仪器仪表生产车间楼面均布活荷载　　表 1.3-24

<table>
<tr><th rowspan="3">序号</th><th rowspan="3" colspan="2">车间名称</th><th colspan="4">标 准 值 (kN/m²)</th><th rowspan="3">组合值系数 ψ_c</th><th rowspan="3">频遇值系数 ψ_f</th><th rowspan="3">准永久值系数 ψ_q</th><th rowspan="3">附 注</th></tr>
<tr><th colspan="2">板</th><th rowspan="2">次梁（肋）</th><th rowspan="2">主梁</th></tr>
<tr><th>板跨 ≥1.2m</th><th>板跨 ≥2.0m</th></tr>
<tr><td>1</td><td rowspan="3">光学车间</td><td>光学加工</td><td>7.0</td><td>5.0</td><td>5.0</td><td>4.0</td><td>0.8</td><td>0.8</td><td>0.7</td><td>代表性设备 H015 研磨机、ZD-450 型及 GZD300 型镀膜机、Q8312 型透镜抛光机</td></tr>
<tr><td>2</td><td>较大型光学仪器装配</td><td>7.0</td><td>5.0</td><td>5.0</td><td>4.0</td><td>0.8</td><td>0.8</td><td>0.7</td><td>代表性设备 C0502A 精整车床，万能工具显微镜</td></tr>
<tr><td>3</td><td>一般光学仪器装配</td><td>4.0</td><td>4.0</td><td>4.0</td><td>3.0</td><td>0.7</td><td>0.7</td><td>0.6</td><td>产品在装配桌上装配</td></tr>
</table>

续表

序号	车间名称	标准值(kN/m²) 板 板跨≥1.2m	板跨≥2.0m	次梁(肋)	主梁	组合值系数 ψ_c	频遇值系数 ψ_f	准永久值系数 ψ_q	附注
4	较大型光学仪器装配	7.0	5.0	5.0	4.0	0.8	0.8	0.7	产品在楼面上装配
5	一般光学仪器装配	4.0	4.0	4.0	3.0	0.7	0.7	0.6	产品在装配桌上装配
6	小模数齿轮加工，晶体元件（宝石）加工	7.0	5.0	5.0	4.0	0.8	0.8	0.7	代表性设备YM3680滚齿机，宝石平面磨床
7	车间仓库 一般仪器仓库	4.0	4.0	4.0	3.0	1.0	0.95	0.85	
8	车间仓库 较大型仪器仓库	7.0	7.0	7.0	6.0	1.0	0.95	0.85	

注：见表1.3-23注。

半导体器件车间楼面均布活荷载　　表1.3-25

序号	车间名称	标准值(kN/m²) 板 板跨≥1.2m	板 板跨≥2.0m	次梁(肋) 梁间距≥1.2m	次梁(肋) 梁间距≥2.0m	主梁	组合值系数 ψ_c	频遇值系数 ψ_f	准永久值系数 ψ_q	代表性设备单件自重(kN)
1	半导体器件车间	10.0	8.0	8.0	6.0	5.0	1.0	0.95	0.85	14.0～18.0
2		8.0	6.0	6.0	5.0	4.0	1.0	0.95	0.85	9.0～12.0
3		6.0	5.0	5.0	4.0	3.0	1.0	0.95	0.85	4.0～8.0
4		4.0	4.0	3.0	3.0	3.0	1.0	0.95	0.85	≤3.0

注：见表1.3-23注。

棉纺织造车间楼面均布活荷载　　表1.3-26

序号	车间名称	标准值(kN/m²) 板 板跨≥1.2m	板 板跨≥2.0m	次梁(肋) 间距≥1.2m	次梁(肋) 间距≥2.0m	主梁	组合值系数 ψ_c	频遇值系数 ψ_f	准永久值系数 ψ_q	代表性设备
1	梳棉间	12.0	8.0	10.0	7.0	5.0	0.8	0.8	0.7	FA201，203
		15.0	10.0	12.0	8.0					FA221A
2	粗纱间	8.0 (15.0)	6.0 (10.0)	6.0 (8.0)	5.0	4.0				FA401，415A，421 TJFA458A

续表

<table>
<tr><th rowspan="3">序号</th><th rowspan="3" colspan="2">车间名称</th><th colspan="5">标准值(kN/m²)</th><th rowspan="3">组合值系数 ψ_c</th><th rowspan="3">频遇值系数 ψ_f</th><th rowspan="3">准永久值系数 ψ_q</th><th rowspan="3">代表性设备</th></tr>
<tr><th colspan="2">板</th><th colspan="2">次梁(肋)</th><th rowspan="2">主梁</th></tr>
<tr><th>板跨 ≥1.2m</th><th>板跨 ≥2.0m</th><th>间距 ≥1.2m</th><th>间距 ≥2.0m</th></tr>
<tr><td>3</td><td colspan="2">细纱间
络筒间</td><td>6.0
(10.0)</td><td>5.0</td><td>5.0</td><td>5.0</td><td>4.0</td><td rowspan="4">0.8</td><td rowspan="4">0.8</td><td rowspan="4">0.7</td><td>FA705,506,507A
GA013,015
ESPERO</td></tr>
<tr><td>4</td><td colspan="2">捻线间
整经间</td><td>8.0</td><td>6.0</td><td>6.0</td><td>5.0</td><td>4.0</td><td>FA705,721,762
ZC-L-180
D3-1000-180</td></tr>
<tr><td rowspan="2">5</td><td rowspan="2">织布间</td><td>有梭织机</td><td>12.5</td><td>6.5</td><td>6.5</td><td>5.5</td><td>4.4</td><td>GA615-150
GA615-180</td></tr>
<tr><td>剑杆织机</td><td>18.0</td><td>9.0</td><td>10.0</td><td>6.0</td><td>4.5</td><td>GA731-190, 733-190
TP600-200
SOMET-190</td></tr>
</table>

注:括号内的数值仅用于粗纱机机头部位局部楼面。

轮胎厂准备车间楼面均布荷载 表 1.3-27

<table>
<tr><th rowspan="3">序号</th><th rowspan="3">车间名称</th><th colspan="4">标准值(kN/m²)</th><th rowspan="3">组合值系数 ψ_c</th><th rowspan="3">频遇值系数 ψ_f</th><th rowspan="3">准永久值系数 ψ_q</th><th rowspan="3">代表性设备</th></tr>
<tr><th colspan="2">板</th><th rowspan="2">次梁(肋)</th><th rowspan="2">主梁</th></tr>
<tr><th>板跨 ≥1.2m</th><th>板跨 ≥2.0m</th></tr>
<tr><td>1</td><td rowspan="2">准备车间</td><td>14.0</td><td>14.0</td><td>12.0</td><td>10.0</td><td>1.0</td><td>0.95</td><td>0.85</td><td>炭黑加工投料</td></tr>
<tr><td>2</td><td>10.0</td><td>8.0</td><td>8.0</td><td>6.0</td><td>1.0</td><td>0.95</td><td>0.85</td><td>化工原料加工配合、密炼机炼胶</td></tr>
</table>

注:1. 密炼机检修用的电葫芦荷载未计入,设计时应另行考虑;

2. 炭黑加工投料活荷载系考虑兼作炭黑仓库使用的情况,若不兼作仓库时,上述荷载应予降低;

3. 见表 1.3-23 注。

粮食加工车间楼面均布活荷载 **表 1.3-28**

序号		车间名称	标准值（kN/m^2）							组合值系数 ψ_c	频遇值系数 ψ_f	准永久值系数 ψ_q	代表性设备
			板			次梁			主梁				
			板跨≥2.0m	板跨≥2.5m	板跨≥3.0m	梁间距≥2.0m	梁间距≥2.5m	梁间距≥3.0m					
1	面粉厂	拉丝车间	14.0	12.0	12.0	12.0	12.0	12.0	12.0	1.0	0.95	0.85	JMN10 拉丝机
2	面粉厂	磨子间	12.0	10.0	9.0	10.0	9.0	8.0	9.0	1.0	0.95	0.85	MF011 磨粉机
3	面粉厂	麦间及制粉车间	5.0	5.0	4.0	5.0	4.0	4.0	4.0	1.0	0.95	0.85	SX011 振动筛 GF031 擦麦机 GF011 打麦机
4	面粉厂	吊平筛的顶层	2.0	2.0	2.0	6.0	6.0	6.0	6.0	1.0	0.95	0.85	SL011 平筛
5	面粉厂	洗麦车间	14.0	12.0	10.0	10.0	9.0	9.0	9.0	1.0	0.95	0.85	洗麦机
6	米厂	砻谷机及碾米车间	7.0	6.0	5.0	5.0	4.0	4.0	4.0	1.0	0.95	0.85	LG09 胶辊砻谷机
7	米厂	清理车间	4.0	3.0	3.0	4.0	3.0	3.0	3.0	1.0	0.95	0.85	组合清理筛

注：1. 当拉丝车间不可能满布磨辊时，主梁活荷载可按 $10kN/m^2$ 采用；
2. 吊平筛的顶层荷载系按设备吊在梁下考虑的；
3. 米厂清理车间采用 SX011 振动筛时，等效均布活荷载可按面粉厂麦间的规定采用；
4. 见表 1.3-23 注。

煤炭工业矿井地面建（构）筑物楼面均布活荷载的标准值及其组合值、频遇值和准永久值系数　　表 1.3-29

<table>
<tr><th colspan="3">建筑物名称</th><th>标准值（kN/m^2）</th><th>组合值系数</th><th>频遇值系数</th><th>准永久值系数</th><th>适用条件</th></tr>
<tr><td rowspan="5">多绳摩擦式提升机井塔</td><td rowspan="3">提升机大厅</td><td>提升机直径≤2.25m</td><td>10.0</td><td>1.0</td><td>0.95</td><td>0.85</td><td rowspan="3">指提升机安装检修区的平均值，当有 2 台及以上时，按较大的 1 台取</td></tr>
<tr><td>提升机直径=2.8m、3.25m</td><td>15.0</td><td>1.0</td><td>0.95</td><td>0.85</td></tr>
<tr><td>提升机直径=3.5m、4.0m</td><td>20.0</td><td>1.0</td><td>0.95</td><td>0.85</td></tr>
<tr><td colspan="2">导向轮及有设备的楼层</td><td>6.0</td><td>0.9</td><td>0.9</td><td>0.8</td><td>指有较重设备或部件时</td></tr>
<tr><td colspan="2">其他楼层</td><td>4.0</td><td>0.7</td><td>0.7</td><td>0.6</td><td></td></tr>
<tr><td colspan="3">井口楼层或地面</td><td>10.0</td><td>1.0</td><td>0.95</td><td>0.85</td><td></td></tr>
<tr><td colspan="2" rowspan="2">单绳缠绕式提升机房</td><td>直径≤3.5m</td><td>10.0</td><td>1.0</td><td>0.95</td><td>0.85</td><td rowspan="2">指提升机安装检修区的平均值</td></tr>
<tr><td>直径=4.0m</td><td>15.0</td><td>1.0</td><td>0.95</td><td>0.85</td></tr>
<tr><td colspan="3">窄轨翻车机房楼层</td><td>5.0</td><td>1.0</td><td>0.95</td><td>0.85</td><td></td></tr>
<tr><td colspan="3">矿车栈桥、斜井箕斗栈桥</td><td>5.0</td><td>1.0</td><td>0.9</td><td>0.8</td><td></td></tr>
<tr><td colspan="2" rowspan="2">输送机栈桥、卸煤栈桥</td><td>胶带宽 $B\leqslant 1000mm$</td><td>2.5</td><td>1.0</td><td>0.9</td><td>0.8</td><td rowspan="2">包括输送机设备及煤重，不包括头尾轮转动装置及拉紧装置重量</td></tr>
<tr><td>胶带宽 $B>1000mm$</td><td>3.0</td><td>1.0</td><td>0.9</td><td>0.8</td></tr>
<tr><td colspan="3">主井井楼、选矸楼、筛分楼及煤仓、装车仓、装车点、转载点（站）</td><td>4.5</td><td>0.9</td><td>0.9</td><td>0.8</td><td></td></tr>
<tr><td colspan="3">装车添煤平台</td><td>4.5</td><td>1.0</td><td>1.0</td><td>1.0</td><td></td></tr>
<tr><td colspan="3" rowspan="2">更衣室、洗浴室、任务交待室</td><td>3.0</td><td>0.7</td><td>0.7</td><td>0.6</td><td>包括走廊、楼梯、门厅、厕所，大浴池按实际采用</td></tr>
<tr><td>4.0</td><td>0.9</td><td>0.9</td><td>0.85</td><td>用于库房</td></tr>
<tr><td colspan="3">矿灯房</td><td>3.0</td><td>1.0</td><td>0.95</td><td>0.85</td><td></td></tr>
<tr><td colspan="3" rowspan="2">器材库</td><td>5.0</td><td>1.0</td><td>0.95</td><td>0.85</td><td>劳保用品、仪表</td></tr>
<tr><td>12.0</td><td>1.0</td><td>0.95</td><td>0.85</td><td>其他存放较重物品（或按实际采用）</td></tr>
<tr><td colspan="3">井架天轮平台、检修平台</td><td>5.0</td><td>0.8</td><td>0.8</td><td>0.7</td><td></td></tr>
</table>

续表

<table>
<tr><th colspan="2">建筑物名称</th><th>标准值(kN/m²)</th><th>组合值系数</th><th>频遇值系数</th><th>准永久值系数</th><th>适用条件</th></tr>
<tr><td colspan="2">装车操作平台、无设备的操作平台、钢梯及其他休息平台</td><td>2.0</td><td>0.7</td><td>0.7</td><td>0.6</td><td></td></tr>
<tr><td colspan="2">变电所</td><td>4.0</td><td>0.8</td><td>0.8</td><td>0.7</td><td>或按实际采用</td></tr>
<tr><td rowspan="3">锅炉房</td><td>锅炉间</td><td>8.0</td><td>1.0</td><td>0.95</td><td>0.8</td><td rowspan="3">或按实际采用</td></tr>
<tr><td>给水处理辅助楼层</td><td>4.0</td><td>0.8</td><td>0.8</td><td>0.7</td></tr>
<tr><td>浴室、休息室</td><td>2.5</td><td>0.7</td><td>0.7</td><td>0.6</td></tr>
</table>

注：1. 当按事故荷载计算提升机大厅的支承梁时，对无设备区域楼面活荷载可取2.0kN/m²；

2. 本表摘自《煤炭工业矿井设计规范》(GB 50215—2005)。

煤炭洗选工程建筑物与构筑物楼面均布活荷载　　表 1.3-30

<table>
<tr><th colspan="2">类　　别</th><th>标准值(kN/m²)</th><th>准永久值系数(ψ_q)</th><th>备　　注</th></tr>
<tr><td rowspan="3">标准轨距翻车机房</td><td>标高±0.000平面</td><td>10.0</td><td>0.85</td><td></td></tr>
<tr><td>翻车机楼层</td><td>10.0</td><td>0.85</td><td></td></tr>
<tr><td>其他部分</td><td>5.0</td><td>0.7</td><td></td></tr>
<tr><td colspan="2">窄轨矿车翻车机房楼层</td><td>5.0</td><td>0.85</td><td></td></tr>
<tr><td colspan="2">栈　　桥</td><td>5.0</td><td>0.80</td><td></td></tr>
<tr><td rowspan="2">胶带输送机栈桥、卸煤栈桥</td><td>胶带宽 $B \leqslant 1000$mm</td><td>2.5</td><td>0.80</td><td>包括输送机设备及煤重，不包括头，尾轮传动装置和拉紧装置</td></tr>
<tr><td>胶带宽 $B > 1000$mm</td><td>3.0</td><td>0.80</td><td>(同上)</td></tr>
<tr><td rowspan="2">链板输送机栈桥</td><td>17型、20型B</td><td>2.5</td><td>0.80</td><td></td></tr>
<tr><td>40型、75型</td><td>3.5</td><td>0.80</td><td></td></tr>
<tr><td rowspan="2">标准轨距受煤坑</td><td>±0.000楼面</td><td>10.0</td><td>0.35</td><td></td></tr>
<tr><td>其他部分</td><td>4.0</td><td>0.70</td><td></td></tr>
<tr><td colspan="2">选矸楼、筛分楼、煤仓、装车煤仓、原煤仓、装车点、转载站、斗式提升机、准备车间</td><td>4.5</td><td>0.80</td><td></td></tr>
</table>

续表

类别		标准值 (kN/m²)	准永久值系数 (ψ_q)	备注
装车添煤平台		4.5	1.00	
主厂房、浮选车间、干燥车间		5.0	0.70	布置重介分选机和其他检修场地楼面活荷载标准值取 10kN/m²
装车操作平台、其他无设备操作平台		2.0	0.60	
挡土墙、地道顶板上的地面荷载		10.0	0.80	当有车辆通行或有堆煤时，应按实际荷载取值
浴室、更衣室		3.0	0.60	包括走廊、门厅、厕所。浴室中如有大池，按实际荷载取值
材料库		5.0	0.85	当存放荷载较大时，按实际采用
变电所		4.0	0.70	
锅炉房	锅炉平台	8.0	0.80	
	附属间	4.0	0.70	
	休息室、浴室	2.5	0.60	

注：1. 安装孔附近楼板均布活荷载标准值按 10kN/m² 采用。安装孔周围小梁，在梁的跨中还应验算本层起吊设备的最大部件重量；

2. 表中所列数据不包括备注栏中未注明的设备自重、物料和冲击荷载；

3. 本表摘自《煤炭洗选工程设计规范》(GB 50359—2005)。

煤炭工业露天矿地面建筑物楼面均布活荷载标准值及组合值、频遇值和准永久值系数　　表 1.3-31

建（构）筑物名称	内容及说明	活荷载 (kN/m²)	组合值系数	频遇率系数	准永久值系数
卸煤栈桥人行道		5	0.9	0.7	0.60
卸煤栈桥、卸车车位的桥面	另按重载车的运输荷载或卸货荷载核算	10		0.9	0.80
分流站、驱动站	另按设备最大零件重的 1.3 倍核算有关的梁	10		0.7	0.60

续表

建（构）筑物名称		内容及说明	活荷载 (kN/m²)	组合值系数	频遇率系数	准永久值系数
带式输送机栈桥	$B \leqslant 1m$	输送带、机架及物料的重量（不包括驱动装置、拉紧装置重量）	2.5	0.9	0.9	0.85
	$B > 1m$		3.0			
强力带式输送机栈桥	$B \leqslant 1m$	输送带、机架及物料的重量（不包括驱动装置、拉紧装置重量）	3.0			
	$1m < B \leqslant 1.4m$		4.0			
	$1.4m < B \leqslant 2.0m$		5.0			

注：1. 表中 B 为输送机输送带宽度；

2. 本表摘自《煤炭工业露天矿设计规范》（GB 50197—2005）。

1.3.3　屋面活荷载

（1）房屋建筑的屋面，其水平投影面上的屋面均布活荷载，应按表 1.3-32 采用。

屋面均布活荷载，不应与雪荷载同时组合。

屋面均布活荷载　　**表 1.3-32**

项次	类　　别	标准值 (kN/m²)	组合值系数 ψ_c	频遇值系数 ψ_f	准永久值系数 ψ_q
1	不上人的屋面	0.5	0.7	0.5	0
2	上人的屋面	2.0	0.7	0.5	0.4
3	屋顶花园	3.0	0.7	0.6	0.5

注：1. 不上人的屋面，当施工或维修荷载较大时，应按实际情况采用；对不同结构应按有关设计规范的规定，将标准值作 0.2kN/m² 的增减；

2. 上人的屋面，当兼作其他用途时，应按相应楼面活荷载采用；

3. 对于因屋面排水不畅、堵塞等引起的积水荷载，应采取构造措施加以防止；必要时，应按积水的可能深度确定屋面活荷载；

4. 屋顶花园活荷载不包括花圃土石等材料自重。

（2）屋面直升机停机坪荷载应根据直升机总重按局部荷载考虑，同时其等效均布荷载不低于 5.0kN/m²。

局部荷载应按直升机实际最大起飞重量确定，当没有机型技术资料时，一般可依据轻、中、重三种类型的不同要求，按表1.3-33规定选用局部荷载标准值及作用面积。

局部荷载标准值及作用面积 **表 1.3-33**

类型	最大起飞重量（kN）	局部荷载标准值（kN）	作用面积	组合值系数 ψ_c	频遇值系数 ψ_f	准永久值系数 ψ_q
轻型	20	20	0.2m×0.2m			
中型	40	40	0.25m×0.25m	0.7	0.6	0
重型	60	60	0.3m×0.3m			

（3）一部分轻型直升机的有关数据参考表1.3-34。

一些轻型直升机的技术数据 **表 1.3-34**

机型	生产国	空重（kN）	最大起飞重量（kN）	尺寸			
				旋翼直径（m）	机长（m）	机宽（m）	机高（m）
Z-9（直9）	中国	19.75	40.00	11.68	13.29		3.31*
SA360 海豚	法国	18.23	34.00	11.68	11.40		3.50
SA315 美洲驼	法国	10.14	19.50	11.02	12.92		3.09
SA350 松鼠	法国	12.88	24.00	10.69	12.99	1.08	3.02
SA341 小羚羊	法国	9.17	18.00	10.50	11.97		3.15
BK-117	西德	16.50	28.50	11.00	13.00	1.60	3.36
B0-105	西德	12.56	24.00	9.84	8.56		3.00
山猫	英、法	30.70	45.35	12.80	12.06		3.66
S-76	美国	25.40	46.70	13.41	13.22	2.13	4.41
贝尔-205	美国	22.55	43.09	14.63	17.40		4.42
贝尔-206	美国	6.60	14.51	10.16	9.50		2.91
贝尔-500	美国	6.64	13.61	8.05	7.49	2.71	2.59
贝尔-222	美国	22.04	35.60	12.12	12.50	3.18	3.51
A109A	意大利	14.66	24.50	11.00	13.05	1.42	3.30

注：1. 直9主轮距2.03m，前后轮距3.61m；
2. 表中技术数据摘自《简明高层钢筋混凝土结构设计手册》（第二版），李国胜编著，中国建筑工业出版社出版。

1.3.4 屋面积灰荷载

（1）设计生产中有大量排灰的厂房及其邻近建筑时，对于具有一定除尘设施和保证清灰制度的机械、冶金、水泥等的厂房屋面，其水平投影面上的屋面积灰荷载，应分别按表1.3-35和表1.3-36采用。

屋面积灰荷载　　表1.3-35

<table>
<tr><th rowspan="3">项次</th><th rowspan="3">类　　别</th><th colspan="3">标准值（kN/m²）</th><th rowspan="3">组合值系数 ψ_c</th><th rowspan="3">频遇值系数 ψ_f</th><th rowspan="3">准永久值系数 ψ_q</th></tr>
<tr><th rowspan="2">屋面无挡风板</th><th colspan="2">屋面有挡风板</th></tr>
<tr><th>挡风板内</th><th>挡风板外</th></tr>
<tr><td>1</td><td>机械厂铸造车间（冲天炉）</td><td>0.50</td><td>0.75</td><td>0.30</td><td rowspan="8">0.9</td><td rowspan="8">0.9</td><td rowspan="8">0.8</td></tr>
<tr><td>2</td><td>炼钢车间（氧气转炉）</td><td>—</td><td>0.75</td><td>0.30</td></tr>
<tr><td>3</td><td>锰、铬铁合金车间</td><td>0.75</td><td>1.00</td><td>0.30</td></tr>
<tr><td>4</td><td>硅、钨铁合金车间</td><td>0.30</td><td>0.50</td><td>0.30</td></tr>
<tr><td>5</td><td>烧结室、一次混合室</td><td>0.50</td><td>1.00</td><td>0.20</td></tr>
<tr><td>6</td><td>烧结厂通廊及其他车间</td><td>0.30</td><td>—</td><td>—</td></tr>
<tr><td>7</td><td>水泥厂有灰源车间（窑房、磨房、联合贮库、烘干房、破碎房）</td><td>1.00</td><td>—</td><td>—</td></tr>
<tr><td>8</td><td>水泥厂无灰源车间（空气压缩机站、机修间、材料库、配电站）</td><td>0.50</td><td>—</td><td>—</td></tr>
</table>

注：1. 表中的积灰均布荷载，仅应用于屋面坡度 $\alpha \leqslant 25°$；当 $\alpha \geqslant 45°$时，可不考虑积灰荷载；当 $25° < \alpha < 45°$时，可按插值法取值；

2. 清灰设施的荷载另行考虑；

3. 对第1～4项的积灰荷载，仅应用于距烟囱中心20m半径范围内的屋面；当邻近建筑在该范围内时，其积灰荷载对第1、3、4项应按车间屋面无挡风板的采用，对第2项应按车间屋面挡风板外的采用。

高炉邻近建筑的屋面积灰荷载　　表1.3-36

<table>
<tr><th rowspan="3">高炉容积（m³）</th><th colspan="3">标准值（kN/m²）</th><th rowspan="3">组合值系数 ψ_c</th><th rowspan="3">频遇值系数 ψ_f</th><th rowspan="3">准永久值系数 ψ_q</th></tr>
<tr><th colspan="3">屋面离高炉距离（m）</th></tr>
<tr><th>≤50</th><th>100</th><th>200</th></tr>
<tr><td><255</td><td>0.50</td><td>—</td><td>—</td><td rowspan="3">1.0</td><td rowspan="3">1.0</td><td rowspan="3">1.0</td></tr>
<tr><td>255～620</td><td>0.75</td><td>0.30</td><td>—</td></tr>
<tr><td>>620</td><td>1.00</td><td>0.50</td><td>0.30</td></tr>
</table>

注：1. 表1.3-35中的注1和注2也适用本表；

2. 当邻近建筑屋面离高炉距离为表内中间值时，可按插入法取值。

(2) 对于屋面上易形成灰堆处，当设计屋面板、檩条时，积灰荷载标准值可乘以下列规定的增大系数：

在高低跨处两倍于屋面高差但不大于6.0m的分布宽度内取2.0;

在天沟处不大于3.0m的分布宽度内取1.4。

(3) 积灰荷载应与雪荷载或不上人的屋面均布活荷载两者中的较大值同时考虑。

1.3.5 施工和检修荷载及栏杆水平荷载

(1) 设计屋面板、檩条、钢筋混凝土挑檐、雨篷和预制小梁时，施工或检修集中荷载（人和小工具的自重）应取1.0kN，并应在最不利位置处进行验算。

注：1. 对于轻型构件或较宽构件，当施工荷载超过上述荷载时，应按实际情况验算，或采用加垫板、支撑等临时设施承受；

2. 当计算挑檐、雨篷承载力时，应沿板宽每隔1.0m取一个集中荷载；在验算挑檐、雨篷倾覆时，应沿板宽每隔2.5~3.0m取一个集中荷载。

(2) 楼梯、看台、阳台和上人屋面等的栏杆顶部水平荷载，应按下列规定采用：

1) 住宅、宿舍、办公楼、旅馆、医院、托儿所、幼儿园，应取0.5kN/m;

2) 学校、食堂、剧场、电影院、车站、礼堂、展览馆或体育场，应取1.0kN/m。

(3) 当采用荷载准永久组合时，可不考虑施工和检修荷载及栏杆水平荷载。

1.3.6 工作平台活荷载

生产车间的各种工作平台，在生产使用或检修、安装时由设备、运输工具等重物所引起的局部荷载、集中荷载均应按实际情况考虑，或用等效均布活荷载代替。

对机械化运输系统、工业锅炉房、煤气站等工作平台的均布活荷载可参照表1.3-37采用。

工作平台均布活荷载　　**表1.3-37**

序号	项　目	标准值 (kN/m²)	备　注
1. 机械化运输系统			
(1)	混砂机操作平台 (A) 允许堆放辅料 (B) 不允许堆放辅料	 10.0 2.5～5.0	
(2)	胶带机走廊（走道）	1.5	
(3)	圆盘给料机操作平台	1.5	平台上不直接安装设备
(4)	圆盘给料机支承平台 (A) ϕ1000 (B) ϕ1500 (C) ϕ2000	 10.0 20.0 30.0	 平台上直接安装设备 平台上直接安装设备 平台上直接安装设备
(5)	斗式提升机上部检修、操作平台	1.5	
(6)	胶带机头尾平台	2.0～5.0	包括胶带机组合件负荷
(7)	悬链冷却廊	10.0	贮存一部分零件时
(8)	胶带给料机平台	1.5	上挂斗口压力按实际情况另加
(9)	其它单个设备操作平台	1.5	①集中荷载按具体情况定 ②检修时按最大零件重量放在最不利位置考虑
(10)	一般设备检修平台	4.0	有较重设备时按实际情况采用
(11)	无设备不准存堆物料的操作平台	1.5	
2. 吊车部分			
(1)	吊车检修平台	4.0	
(2)	吊车安全走道、休息平台、过道	2.0	系工艺无要求的一般操作平台
3. 工业锅炉房（不包括设备集中荷载）			
(1)	操作层楼面	6.0～12.0	根据锅炉型号、安装和检修、操作要求确定

续表

序号	项　目	标准值 (kN/m²)	备　注
(2)	运煤层楼面	3.0	在胶带机头部装置设备部分为 10.0kN/m²
(3)	水箱间和水泵间的楼面或安装水箱水泵设备时的屋面	5.0	水处理间的楼面和屋面如安装设备时，其荷载与楼面同
4. 煤气站			
(1)	操作层	5.0	设备安装时的集中荷载按工艺资料
(2)	煤气发生炉贮煤斗上的运煤通廊	3.0	如考虑通廊上堆放煤时按实际加大
(3)	运煤走廊栈桥部分	2.0	胶带头尾架按具体资料考虑
(4)	破碎及筛选间楼面	5.0	设备安装及动力影响另行考虑
(5)	机器间（当有二层工作面时）	5.0	当设有焦油机时，荷载需按实际情况加大
(6)	洗涤塔、电器滤清器等操作平台	2.0	
5. 工艺、公用平台			
(1)	通风机平台（包括设备荷载） (A) ≤6号 (B) 8号 (C) 10号	 6.0 8.0 10.0	计算主梁时的荷载折减系数采用 0.8； 计算梁底砖墙局部承压及基础时，采用 0.6，但不小于 4kN/m²； 按此荷载取值时，一般不需按最不利荷载计算梁板
(2)	冲天炉加料平台 (A) 允许堆放物料（在平台上加料） (B) 不允许堆放物料（机械化加料）	 20.0 5.0	
(3)	电炉操作平台（包括电弧炉、平炉）	20.0～30.0	系局部荷载，具体荷载应与工艺核定

注：序号 1 中的（2）、（3）、（5）、（8）、（9）、（11）仅用于钢平台，当为钢筋混凝土平台时，一般取 2.5kN/m²。

1.3.7　动力系数

(1) 有关规定

1）建筑结构设计动力计算，在有充分设计依据时，可将重物或设备的荷载乘以动力系数后按静力计算。

2）搬运和装卸重物以及车辆起动和刹车的动力系数，可采用1.1～1.3。其动力荷载只考虑传至楼板和梁。

(2) 常用机械设备动力系数按表1.3-38参考采用。

常用机械设备动力系数　　**表1.3-38**

序号	项　　目	动力系数	备　　注
1	胶带输送机 (1) 头尾部平台 (2) 中间部平台	 1.3 1.1	
2	各种传动装置及减速器底脚	1.3	
3	螺旋给料机	1.1	
4	圆盘给料机	1.3	包括料重压力
5	摆动式给料机 (1) 双联 (2) 单联	 1.5～2.0 1.4	 包括料斗压力
6	电磁振动给料机	1.3	
7	螺旋输送机（不带传动）	1.1	
8	刮板输送机 (1) 头尾部 (2) 中间部	 1.4 1.2	 包括张力影响
9	其他固定式输送机	1.3	埋刮板或鳞板输送机等
10	胶带机双滚筒卸料小车	1.2	尚应考虑皮带压力影响
11	干燥或冷却滚筒	1.4	包括料重
12	滚筒筛或多角筛	1.5	包括料重
13	惯性筛 (1) 带弹簧吊架 (2) 缓冲垫座	 1.3～1.5 1.5～2.0	 包括10%料重 包括10%料重
14	曲板筛、悬挂筛	2.0	包括料重

续表

序号	项 目	动力系数	备 注
15	气力输送 (1) 吸送式 (2) 压送式 (3) 脉冲式	 1.2 1.5~2.0 1.2	系指发送，卸料装置部位
16	单斗提升机或冲天炉加料机 (1) 传动部分支承（包括立柱） (2) 中下部支承	 1.4 1.2	 考虑张力影响 考虑张力影响
17	旋风分离器	1.4	包括料重
18	高落差溜槽溜管	1.4	包括料重
19	各种起重机支架 (1) 手动 (2) 轻中型、普通电动单轨 (3) 重型、特重型 (4) 龙门式起重机	 1.0 1.1 1.3~1.5 1.3	 包括起重量 包括起重量 包括起重量 包括起重量
20	混砂机	2.0	包括料重
21	松砂机	1.5	
22	球磨机	2.5	
23	鼓风机 (1) >2 大气压 (2) 1~2 大气压 (3) <1 大气压	 3.0 2.0 1.2	
24	离心泵、电动机 (1) ≤400r/min (2) 500r/min (3) 750r/min (4) 1000r/min	 1.2 1.25 1.6 2.0	
25	冷却机	1.5	
26	减速机	1.2	
27	各种除尘器	1.1	感应颤动

(3) 直升机在屋面上的荷载，也应乘以动力系数，对具有液压轮胎起落架的直升机可取 1.4；其动力荷载只传至楼板和梁。

1.3.8 吊车荷载

(1) 吊车竖向和水平荷载，可按表 1.3-39 规定采用。

吊车竖向和水平荷载　　表 1.3-39

<table>
<tr><th>荷载分类</th><th colspan="2">荷　载　值</th></tr>
<tr><td>竖向荷载标准值</td><td colspan="2">应采用吊车最大轮压或最小轮压</td></tr>
<tr><td rowspan="2">纵向和横向水平荷载</td><td>纵向水平荷载标准值</td><td>吊车纵向水平荷载标准值，应按作用在一边轨道上所有刹车轮的最大轮压之和的10%采用；该项荷载的作用点位于刹车轮与轨道的接触点，其方向与轨道方向一致</td></tr>
<tr><td>横向水平荷载标准值</td><td>吊车横向水平荷载标准值，应取横行小车重量与额定起重量之和的下列百分数，并乘以重力加速度：
1）软钩吊车：
—当额定起重量不大于10t时，应取12%；
—当额定起重量为16～50t时，应取10%；
—当额定起重量不小于75t时，应取8%。
2）硬钩吊车：应取20%。
横向水平荷载应等分于桥架的两端，分别由轨道上的车轮平均传至轨道，其方向与轨道垂直，并考虑正反两个方向的刹车情况。
注：1. 悬挂吊车的水平荷载应由支撑系统承受，可不计算；
2. 手动吊车及电动葫芦可不考虑水平荷载</td></tr>
</table>

（2）多台吊车的组合

1）计算排架考虑多台吊车竖向荷载时，对一层吊车单跨厂房的每个排架，参与组合的吊车台数不宜多于2台；对一层吊车的多跨厂房的每个排架，不宜多于4台。

考虑多台吊车水平荷载时，对单跨或多跨厂房的每个排架，参与组合的吊车台数不应多于2台。

注：当情况特殊时，应按实际情况考虑。

2）计算排架时，多台吊车的竖向荷载和水平荷载的标准值，应乘以表1.3-40中规定的折减系数。

多台吊车的荷载折减系数　　表 1.3-40

参与组合的吊车台数	吊车工作级别	
	A1～A5	A6～A8
2	0.9	0.95
3	0.85	0.90
4	0.8	0.85

注：对于多层吊车的单跨或多跨厂房，计算排架时，参与组合的吊车台数及荷载的折减系数，应按实际情况考虑。

(3) 吊车荷载的动力系数

当计算吊车梁及其连接的承载力时，吊车竖向荷载应乘以动力系数（表 1.3-41）。

吊车荷载的动力系数 表 1.3-41

吊 车 种 类	动力系数
悬挂吊车（包括电动葫芦）及工作级别 A1～A5 的软钩吊车	1.05
工作级别为 A6～A8 的软钩吊车、硬钩吊车和其他特种吊车	1.1

(4) 吊车荷载的组合值、频遇值及准永久值系数（表 1.3-42）

吊车荷载的组合值、频遇值及准永久值系数 表 1.3-42

吊车工作级别	组合值系数 ψ_c	频遇值系数 ψ_f	准永久值系数 ψ_q
软钩吊车			
工作级别 A1～A3	0.7	0.6	0.5
工作级别 A4、A5	0.7	0.7	0.6
工作级别 A6、A7	0.7	0.7	0.7
硬钩吊车及工作级别 A8 的软钩吊车	0.95	0.95	0.95

厂房排架设计时，在荷载准永久组合中不考虑吊车荷载。但在吊车梁按正常使用极限状态设计时，可采用吊车荷载的准永久值。

1.3.9 雪荷载

(1) 雪荷载标准值及基本雪压

1) 全国基本雪压分布图（见图 1.3-4）。

2) 屋面水平投影面上的雪荷载标准值，应按下式计算：

$$s_k = \mu_r s_0 \tag{1-1}$$

式中　s_k——雪荷载标准值（kN/m^2）；

μ_r——屋面积雪分布系数；

s_0——基本雪压（kN/m^2）。

3）基本雪压应按“全国各城市的50年一遇的雪压”采用（见表1.3-63）。

对雪荷载敏感的结构，基本雪压应适当提高，并应由有关的结构设计规范具体规定。

4）当城市或建设地点的基本雪压值在表1.3-63中未给出时，基本雪压值可根据当地年最大雪深或雪压资料，按基本雪压定义，通过统计分析确定，分析时应考虑样本数量的影响。当地没有雪压和雪深资料时，可根据附近地区规定的基本雪压或长期资料，通过气象和地形条件的对比分析确定；也可按全国基本雪压分布图（如图1.3-4所示）近似确定。

5）山区的雪荷载应通过实际调查后确定。当无实测资料时，可按当地邻近空旷平坦地面的雪荷载乘以系数1.2采用。

6）雪荷载的组合值、频遇值、准永久值系数（见表1.3-43）。

雪荷载的组合值系数、频遇值系数、准永久值系数　表1.3-43

系数名称	系　数　值	
组合值系数（ψ_c）	0.7	
频遇值系数（ψ_f）	0.6	
准永久值系数（ψ_q）	Ⅰ类地区	0.5
	Ⅱ类地区	0.2
	Ⅲ类地区	0

注：1. 雪荷载分区见雪荷载准永久值系数分区图（图1.3-5）或表1.3-60；

2. 表中数据摘自中华人民共和国国家标准《建筑结构荷载规范》（GB 50009—2001）。

（2）屋面积雪分布

1）屋面积雪分布系数应根据不同类别的屋面形式，按表1.3-44采用。

屋面积雪分布系数 **表 1.3-44**

项次	类 别	屋面形式及积雪分布系数 μ_r
1	单跨单坡屋面	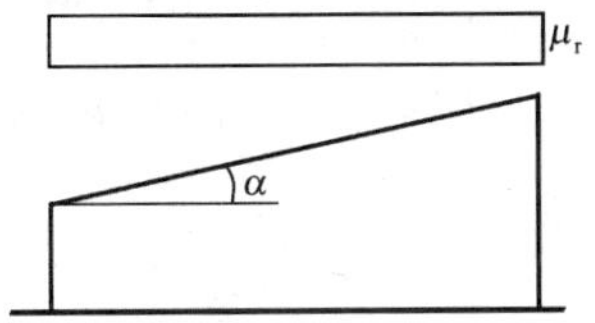 μ_r；α <table><tr><td>α</td><td>≤25°</td><td>30°</td><td>35°</td><td>40°</td><td>45°</td><td>≥50°</td></tr><tr><td>μ_r</td><td>1.0</td><td>0.8</td><td>0.6</td><td>0.4</td><td>0.2</td><td>0</td></tr></table>
2	单跨双坡屋面	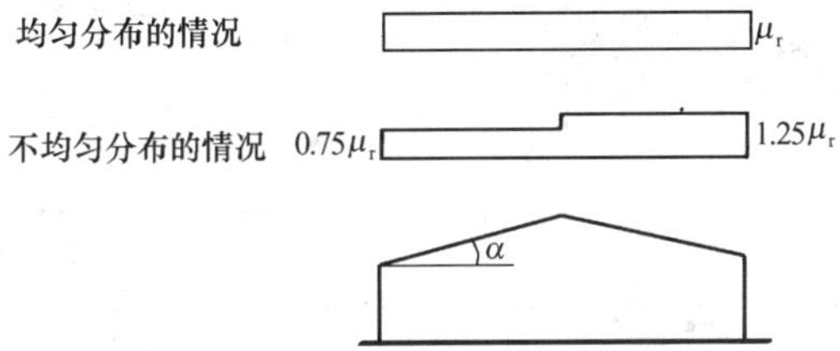 均匀分布的情况 μ_r 不均匀分布的情况 $0.75\mu_r$ $1.25\mu_r$ α μ_r 按第一项规定采用
3	拱形屋面	μ_r $\mu_r=\frac{l}{8f}$ $(0.4\leqslant\mu_r\leqslant1.0)$ 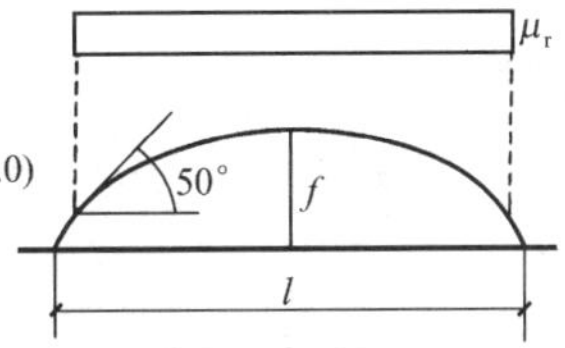 50° f l
4	带天窗的屋面	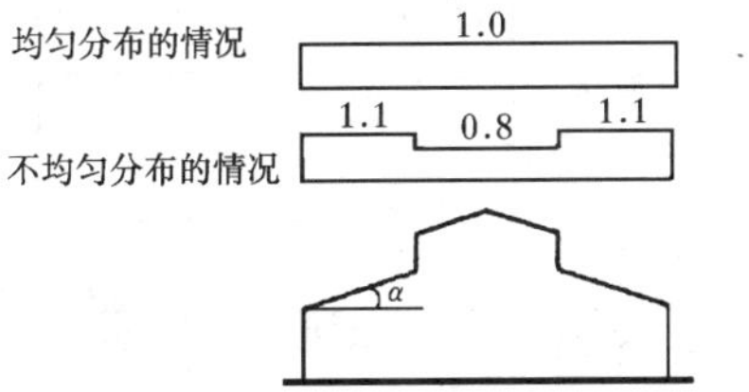 均匀分布的情况 1.0 不均匀分布的情况 1.1 0.8 1.1 α

续表

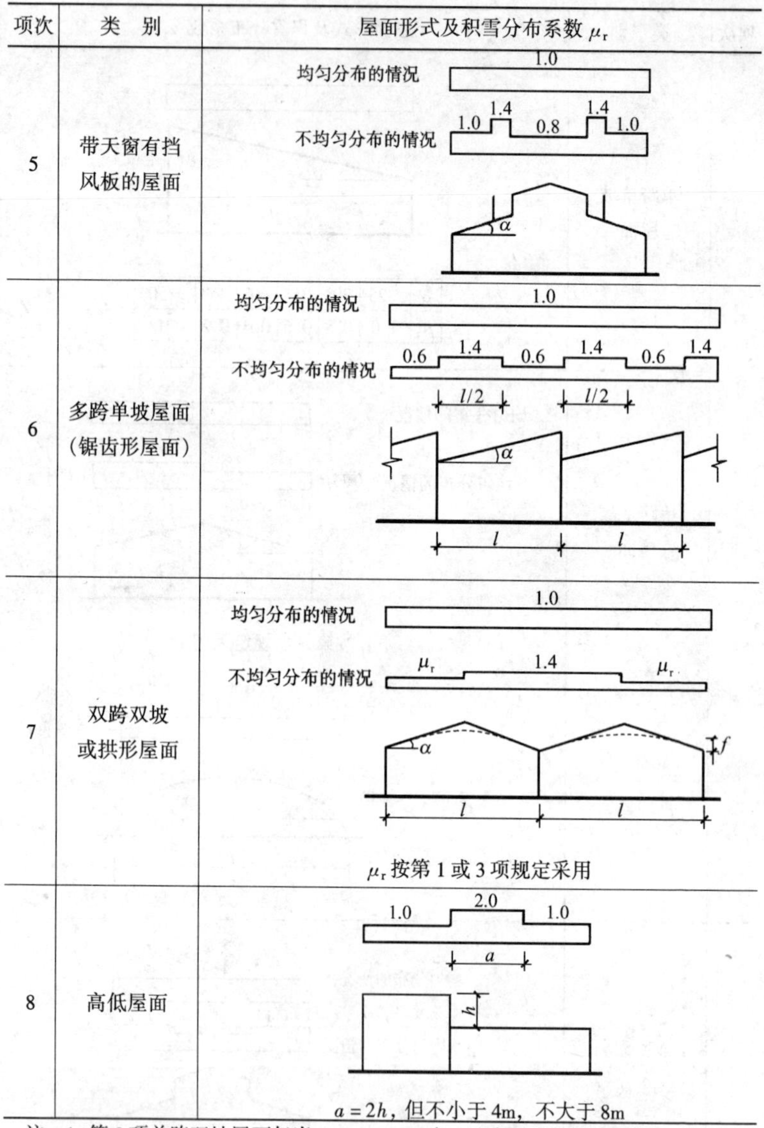

项次	类　别	屋面形式及积雪分布系数 μ_r
5	带天窗有挡风板的屋面	均匀分布的情况：1.0 不均匀分布的情况：1.0，1.4，0.8，1.4，1.0 α
6	多跨单坡屋面（锯齿形屋面）	均匀分布的情况：1.0 不均匀分布的情况：0.6，1.4，0.6，1.4，0.6，1.4 $l/2$，$l/2$ α l，l
7	双跨双坡或拱形屋面	均匀分布的情况：1.0 不均匀分布的情况：μ_r，1.4，μ_r α，f l，l μ_r 按第 1 或 3 项规定采用
8	高低屋面	1.0，2.0，1.0 a h $a = 2h$，但不小于 4m，不大于 8m

注：1. 第 2 项单跨双坡屋面仅当 $20° \leqslant \alpha \leqslant 30°$时，可采用不均匀分布情况；
2. 第 4、5 项只适用于坡度 $\alpha \leqslant 25°$的一般工业厂房屋面；
3. 第 7 项双跨双坡或拱形屋面，当 $\alpha \leqslant 25°$或 $f/l \leqslant 0.1$ 时，只采用均匀分布情况；
4. 多跨屋面的积雪分布系数，可参照第 7 项的规定采用。

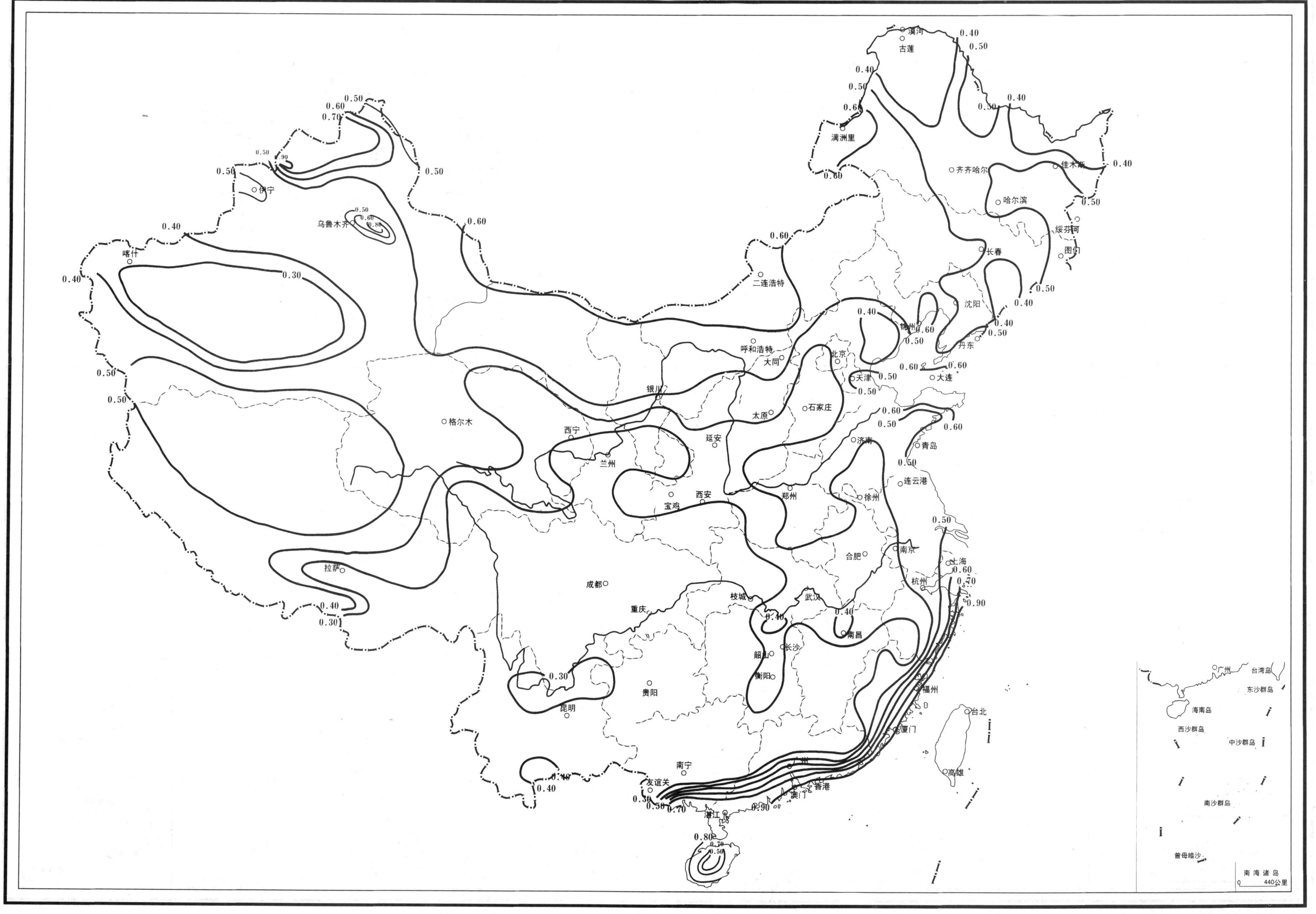

图 1.3-6　全国基本风压分布图(单位:kN/m²)

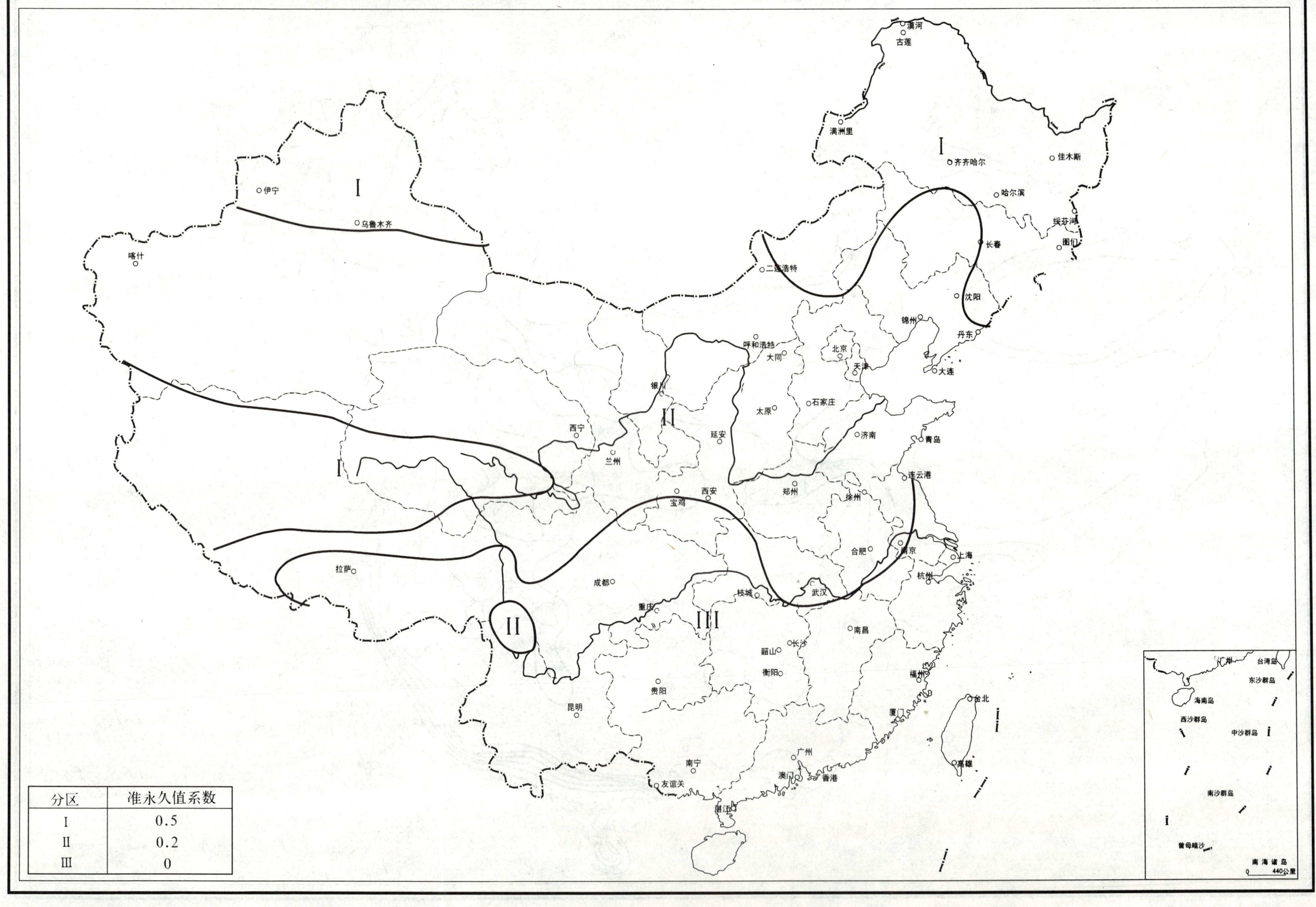

分区	准永久值系数
Ⅰ	0.5
Ⅱ	0.2
Ⅲ	0

图 1.3-5　雪荷载准永久值系数分区图

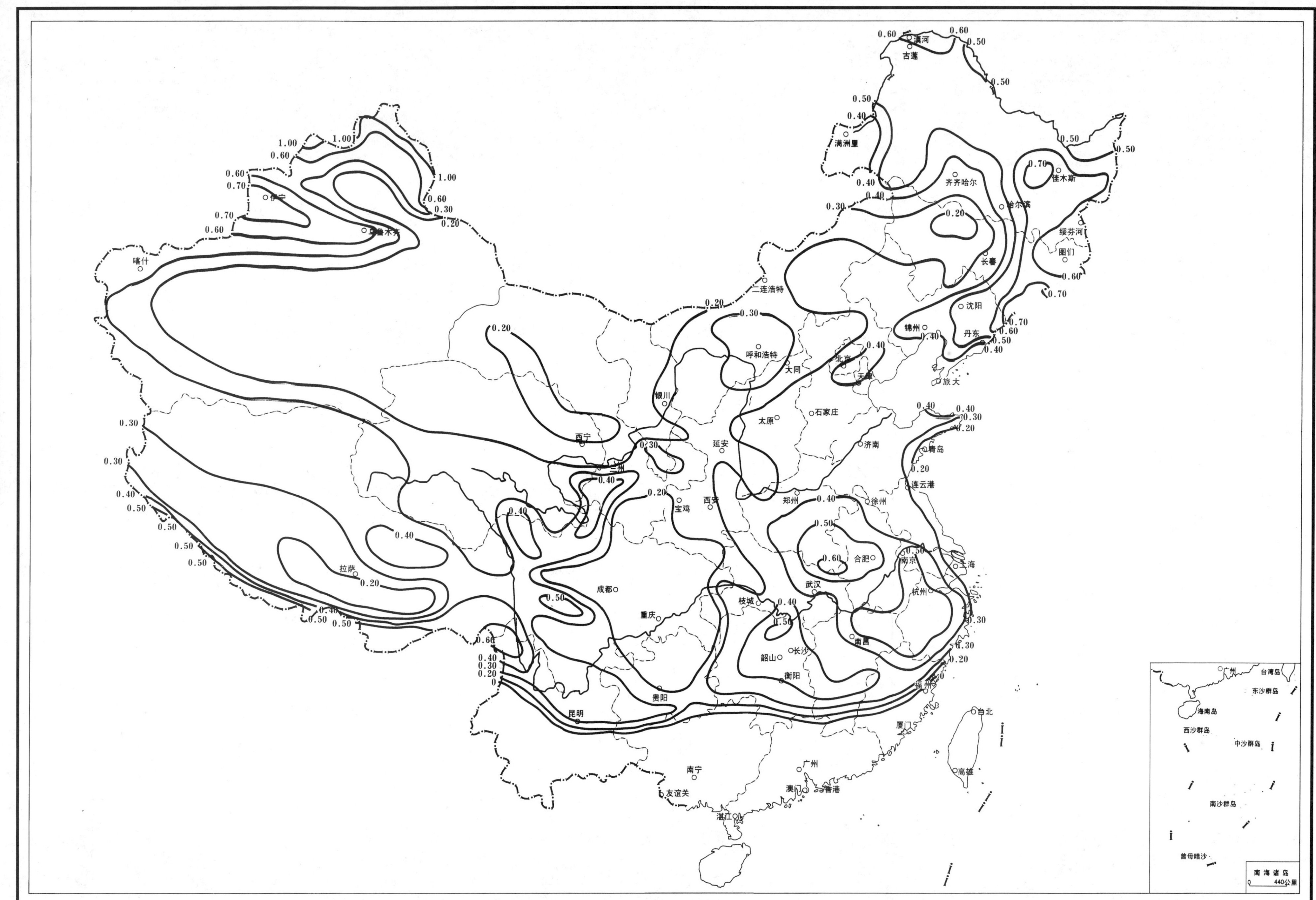

图 1.3-4　全国基本雪压分布图(单位:kN/m²)

2）设计建筑结构及屋面的承重构件时，可按下列规定采用积雪的分布情况：

（A）屋面板和檩条按积雪不均匀分布的最不利情况采用；

（B）屋架和拱壳可分别按积雪全跨均匀分布情况、不均匀分布的情况和半跨的均匀分布的情况采用；

（C）框架和柱可按积雪全跨的均匀分布情况采用。

1.3.10 风荷载

（1）风荷载标准值及基本风压

1）全国基本风压分布图（见图 1.3-6）

2）垂直于建筑物表面上的风荷载标准值，应按下列公式计算：

（A）当计算主要承重结构时

$$w_k = \beta_z \mu_s \mu_z w_0 \tag{1-2}$$

式中 w_k——风荷载标准值（kN/m²）；

β_z——高度 z 处的风振系数；

μ_s——风荷载体型系数；

μ_z——风压高度变化系数；

w_0——基本风压（kN/m²）。

（B）当计算围护结构时

$$w_k = \beta_{gz} \mu_{s1} \mu_z w_0 \tag{1-3}$$

式中 β_{gz}——高度 z 处的阵风系数。

μ_{s1}——局部风压体型系数。

3）基本风压按“全国各城市的 50 年一遇的风压”采用（见表 1.3-63），但不得低于 0.3kN/m²。

对于高层建筑、高耸建筑以及对风荷载比较敏感的其他结构，基本风压应适当提高，并应按有关的结构设计规范具体规定。

4）当城市或建筑地点的基本风压在“全国基本风压分布图”

上没有给出时，基本风压值可根据当地年最大风速资料，按基本风压定义，通过统计分析确定，分析时应考虑样本数量的影响。当地没有风速资料时，可根据附近地区规定的基本风压或长期资料，通过气象和地形条件的对比分析确定；也可以按“全国基本风压分布图”（见图1.3-6）近似确定。

5）风荷载的组合值，频遇值和准永久值系数（见表1.3-45）。

风荷载的组合值系数、频遇值系数、准永久值系数　　表1.3-45

序　号	系数名称	系数值
1	组合值系数（ψ_c）	0.6
2	频遇值系数（ψ_f）	0.4
3	准永久值系数（ψ_q）	0

6）高层建筑的基本风压调整系数（表1.3-46）。

高层建筑的基本风压调整系数　　表1.3-46

高层建筑分类	调整系数
一般高层建筑	1.1
特别重要和有特殊要求的高层建筑	1.2

注：表中数据摘自中华人民共和国行业标准《高层民用建筑钢结构技术规程》（JGJ 99—98）。

7）导线、绳索基本风压调整系数（见表1.3-47）。

导线、绳索基本风压调整系数　　表1.3-47

跨长（m）	调整系数
≤150	1.0
300	0.8
450	0.7

注：1. 中间值按插入法计算；
2. 表中系数未考虑风的脉动影响。

（2）风压高度变化系数

1）地面粗糙度分类（表 1.3-48）。

地面粗糙度分类 **表 1.3-48**

类 别	内 容
A	指近海海面和海岛、海岸、湖岸和沙漠地区
B	指田野、乡村、丛林、丘陵以及房屋比较稀疏的乡镇和城市郊区
C	指有密集建筑群的城市市区
D	指有密集建筑群且房屋高度较高的城市市区

2）风压高度变化系数确定的方法（表 1.3-49）。

风压高度变化系数确定的方法 **表 1.3-49**

地形分类	确 定 方 法
平坦或稍有起伏的地形	风压高度变化系数应根据地面粗糙度分类，按表 1.3-48 确定
山 区	风压高度变化系数除按平坦地面的粗糙度类别，由表 1.3-48 确定外，还应考虑地形条件的修正，修正系数 η 按下述规定采用： 1. 对于山峰和山坡，其顶部 B 处的修正系数可按下述公式采用： $\eta_B = \left[1 + \kappa\tan\alpha\left(1 - \frac{z}{2.5H}\right)\right]^2$ (1-4) 式中 $\tan\alpha$——山峰或山坡在迎风面一侧的坡度；当 $\tan\alpha > 0.3$ 时，取 $\tan\alpha = 0.3$； κ——系数，对山峰取 3.2，对山坡取 1.4； H——山顶或山坡全高（m）； z——建筑物计算位置离建筑物地面的高度（m）；当 $z > 2.5H$ 时，取 $z = 2.5H$。 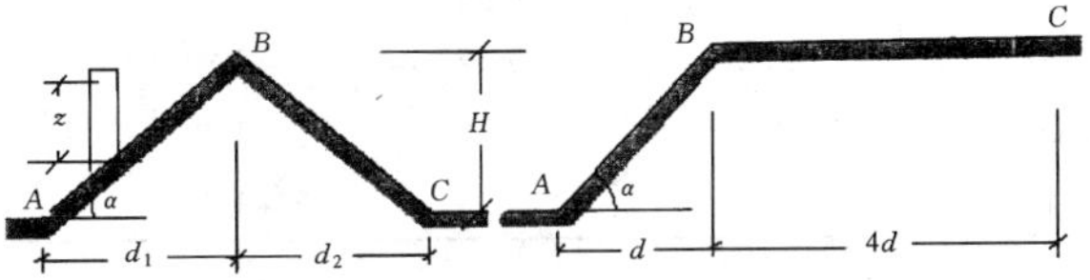 图 1.3-7 山峰和山坡的示意 对于山峰和山坡的其他部位，可按图 1.3-7 所示，取 A、C 处的修正系数 η_A、η_C 为 1，AB 间和 BC 间的修正系数按 η 的线性插值确定。 2. 山间盆地、谷地等闭塞地形 $\eta = 0.75 \sim 0.85$； 对于与风向一致的谷口、山口 $\eta = 1.20 \sim 1.50$
远海海面和海岛	风压高度变化系数除按 A 类粗糙度类别，由表 1.3-48 确定外，还应考虑远海海面和海岛的修正系数（表 1.3-51）

3）风压高度变化系数 μ_z（见表1.3-50）。

风压高度变化系数 μ_z　　表1.3-50

离地面或海平面高度（m）	地面粗糙度类别			
	A	B	C	D
5	1.17	1.00	0.74	0.62
10	1.38	1.00	0.74	0.62
15	1.52	1.14	0.74	0.62
20	1.63	1.25	0.84	0.62
30	1.80	1.42	1.00	0.62
40	1.92	1.56	1.13	0.73
50	2.03	1.67	1.25	0.84
60	2.12	1.77	1.35	0.93
70	2.20	1.86	1.45	1.02
80	2.27	1.95	1.54	1.11
90	2.34	2.02	1.62	1.19
100	2.40	2.09	1.70	1.27
150	2.64	2.38	2.03	1.61
200	2.83	2.61	2.30	1.92
250	2.99	2.80	2.54	2.19
300	3.12	2.97	2.75	2.45
350	3.12	3.12	2.94	2.68
400	3.12	3.12	3.12	2.91
≥450	3.12	3.12	3.12	3.12

4）远海海面和海岛的修正系数 η（表1.3-51）。

远海海面和海岛的修正系数 η　　表1.3-51

距海岸距离（km）	η
<40	1.0
40~60	1.0~1.1
60~100	1.1~1.2

（3）风荷载体型系数

1）一般规定（见表1.3-52）。

确定风荷载体型系数的一般规定 **表 1.3-52**

建筑物、构筑物体型类别	体型系数确定方法
建筑物和构筑物与表 1.3-53 中体型类同时	可按表 1.3-53 的规定采用
建筑物和构筑物与表 1.3-53 中体型不同时	可参考有关资料采用
建筑物和构筑物与表 1.3-53 中体型不同且无参考资料可以借鉴时	宜由风洞试验确定
重要且体型复杂的建筑物和构筑物	应由风洞试验确定

2）风荷载体型系数（表 1.3-53）

风荷载体型系数 **表 1.3-53**

项次	类　别	体型及体型系数 μ_s
1	封闭式落地双坡屋面	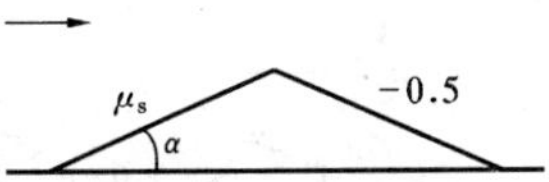 μ_s　α　−0.5 α | μ_s: 0° | 0; 30° | +0.2; ≥60° | +0.8 中间值按插入法计算
2	封闭式双坡屋面	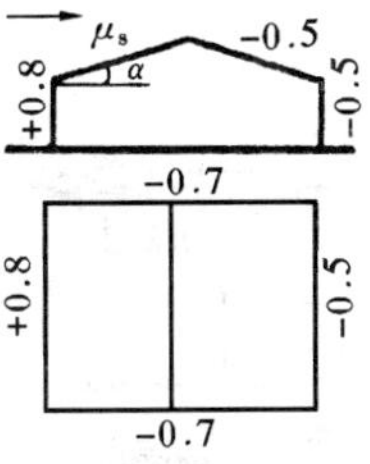 μ_s　α　−0.5　+0.8　−0.5 −0.7　+0.8　−0.5　−0.7 α | μ_s: ≤15° | −0.6; 30° | 0; ≥60° | +0.8 中间值按插入法计算
3	封闭式落地拱形屋面	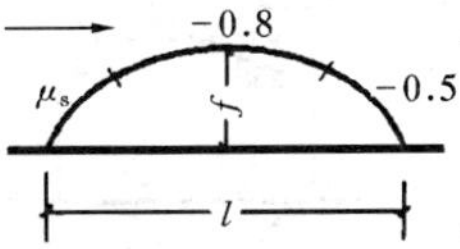 μ_s　−0.8　−0.5　f　l f/l | μ_s: 0.1 | +0.1; 0.2 | +0.2; 0.5 | +0.6 中间值按插入法计算

续表

项次	类别	体型及体型系数 μ_s
4	封闭式拱形屋面	μ_s −0.8 −0.5 +0.8 −0.5 f l f/l / μ_s: 0.1 / −0.8; 0.2 / 0; 0.5 / +0.6 中间值按插入法计算
5	封闭式单坡屋面	μ_s α +0.8 −0.5; −0.5 +0.8 −0.5 迎风坡面的 μ_s 按第2项采用
6	封闭式高低双坡屋面	μ_s α −0.6 −0.6 +0.8 −0.5; −0.2 +0.6 −0.5 +0.8 −0.5 迎风坡面的 μ_s 按第2项采用
7	封闭式带天窗双坡屋面	−0.2 +0.6 −0.7 −0.6 −0.6 +0.8 −0.5 带天窗的拱形屋面可按本图采用
8	封闭式双跨双坡屋面	μ_s α −0.5 −0.4 −0.4 +0.8 −0.4 迎风坡面的 μ_s 按第2项采用

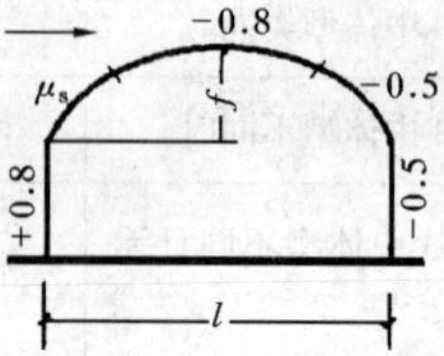

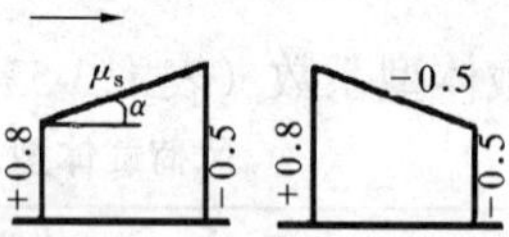

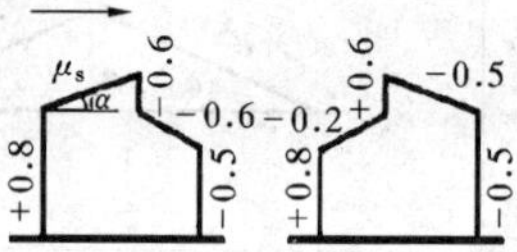

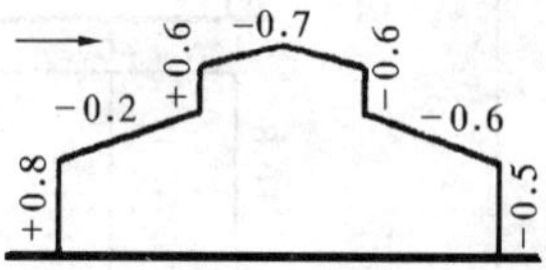

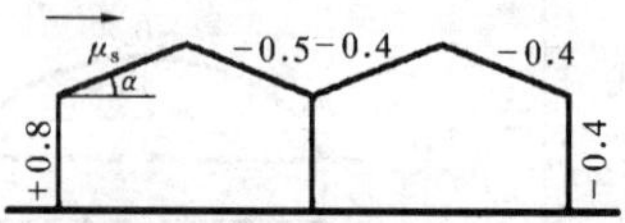

续表

项次	类 别	体型及体型系数 μ_s
9	封闭式不等高不等跨的双跨双坡屋面	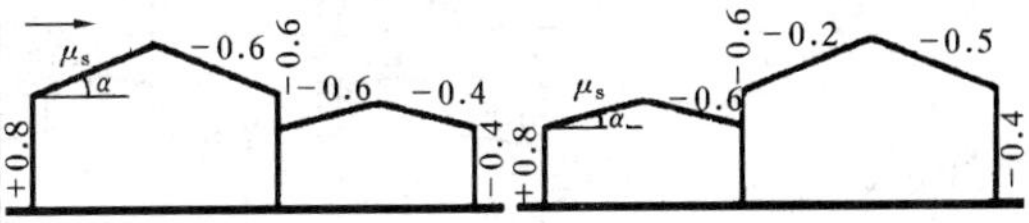 迎风坡面的 μ_s 按第 2 项采用
10	封闭式不等高不等跨的三跨双坡屋面	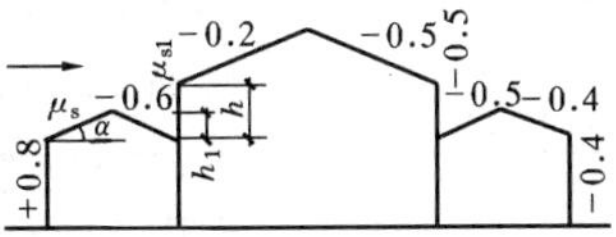 迎风坡面的 μ_s 按第 2 项采用 中跨上部迎风墙面的 μ_{s1} 按下式采用： $\mu_{s1}=0.6\ (1-2h_1/h)$ 但当 $h_1=h$ 时，取 $\mu_{s1}=-0.6$
11	封闭式带天窗带坡的双坡屋面	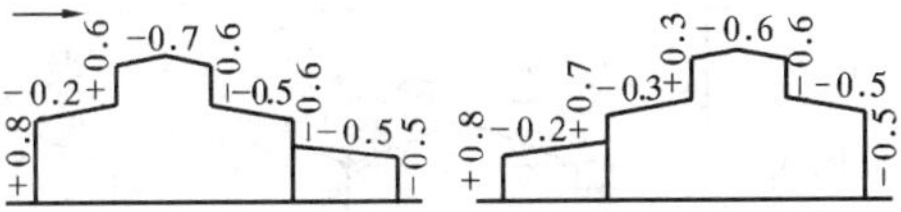
12	封闭式带天窗带双坡的双坡屋面	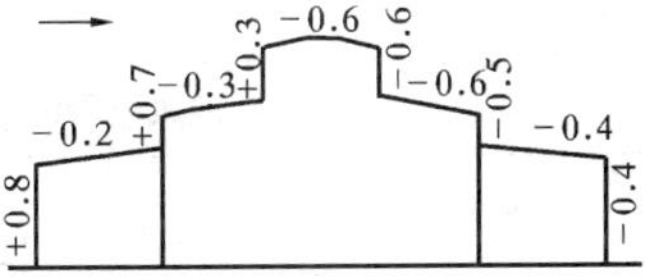
13	封闭式不等高不等跨且中跨带天窗的三跨双坡屋面	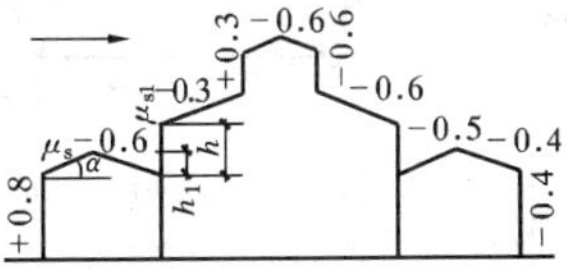 迎风坡面的 μ_s 按第 2 项采用 中跨上部迎风墙面的 μ_{s1} 按下式采用： $\mu_{s1}=0.6\ (1-2h_1/h)$ 但当 $h_1=h$ 时，取 $\mu_{s1}=-0.6$

续表

项次	类　别	体型及体型系数 μ_s
14	封闭式带天窗的双跨双坡屋面	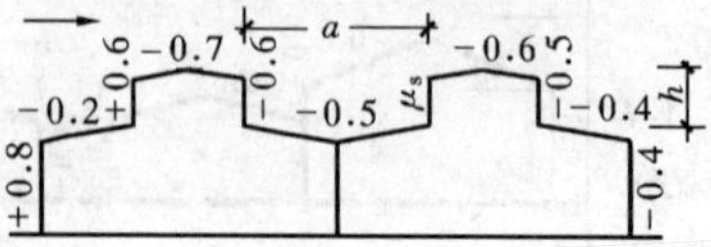 迎风面第2跨的天窗面的 μ_s 按下列采用： 当 $a\leqslant 4h$ 时，取 $\mu_s=0.2$ 当 $a>4h$ 时，取 $\mu_s=0.6$
15	封闭式带女儿墙的双坡屋面	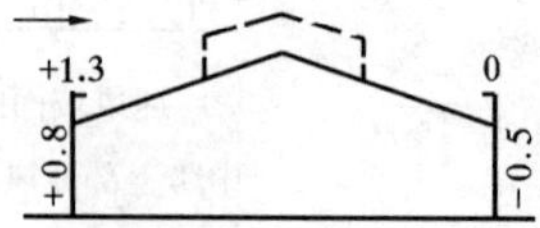 当女儿墙高度有限时，屋面上的体型系数可按无女儿墙的屋面采用
16	封闭式带雨篷的双坡屋面	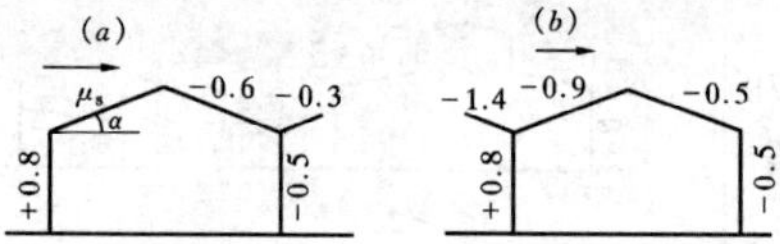 (a)　(b) 迎风坡面的 μ_s 按第2项采用
17	封闭式对立两个带雨篷的双坡屋面	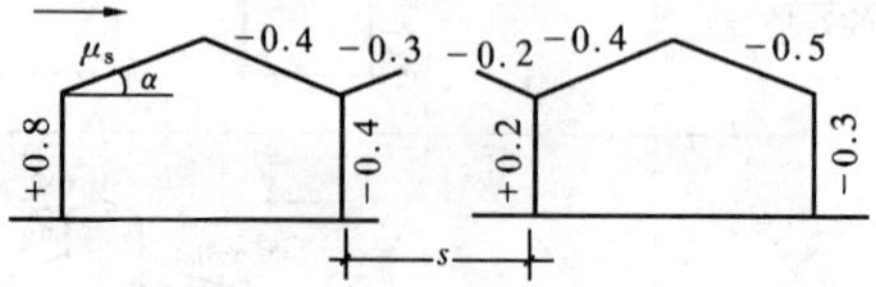 本图适用于 s 为8～20m，迎风坡面的 μ_s 按第2项采用
18	封闭式带下沉天窗的双坡屋面或拱形屋面	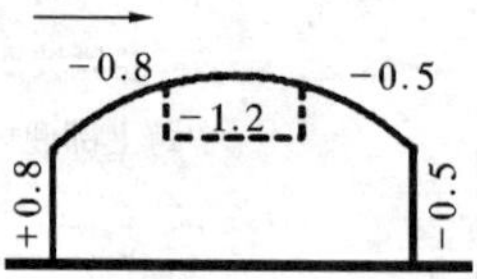

续表

项次	类别	体型及体型系数 μ_s
19	封闭式带下沉天窗的双跨双坡或拱形屋面	
20	封闭式带天窗挡风板的屋面	
21	封闭式带天窗挡风板的双跨屋面	
22	封闭式锯齿形屋面	 迎风坡面的 μ_s 按第 2 项采用。 齿面增多或减少时，可均匀地在（1）、（2）、（3）三个区段内调节
23	封闭式复杂多跨屋面	 天窗面的 μ_s 按下列采用： 当 $a \leqslant 4h$ 时，取 $\mu_s = 0.2$ 当 $a > 4h$ 时，取 $\mu_s = 0.6$

续表

项次	类　别	体型及体型系数 μ_s
24	靠山封闭式双坡屋面	(a)　本图适用于 $H_m/H \geqslant 2$ 及 $s/H = 0.2 \sim 0.4$ 的情况；(b)　见下列体型系数表

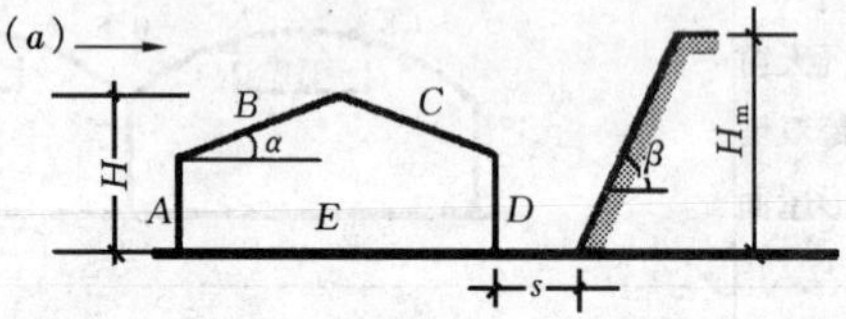

(a)

本图适用于 $H_m/H \geqslant 2$ 及 $s/H = 0.2 \sim 0.4$ 的情况

体型系数 μ_s:

β	α	A	B	C	D	
30°	15°	+0.9	-0.4	0	+0.2	-0.2
	30°	+0.9	+0.2	-0.2	-0.2	-0.3
	60°	+1.0	+0.7	-0.4	-0.2	-0.5
60°	15°	+1.0	+0.3	+0.4	+0.5	+0.4
	30°	+1.0	+0.4	+0.3	+0.4	+0.2
	60°	+1.0	+0.8	-0.3	0	-0.5
90°	15°	+1.0	+0.5	+0.7	+0.8	+0.6
	30°	+1.0	+0.6	+0.8	+0.9	+0.7
	60°	+1.0	+0.9	-0.1	+0.2	-0.4

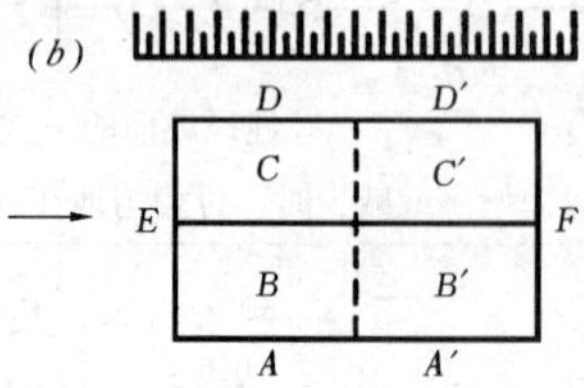

(b)

体型系数 μ_s:

β	A B D	E	A′B′C′D′	F
15°	-0.8	+0.9	-0.2	-0.2
30°	-0.9	+0.9	-0.2	-0.2
60°	-0.9	+0.9	-0.2	-0.2

续表

<table>
<tr><th>项次</th><th>类 别</th><th>体型及体型系数 μ_s</th></tr>
<tr><td>25</td><td>靠山封闭式带天窗的双坡屋面</td><td>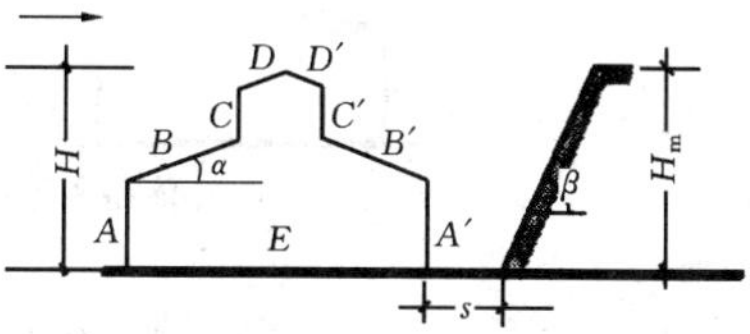
D D′
C C′
B B′
α
H
A E A′
β
H_m
s

本图适用于 $H_m/H \geqslant 2$ 及 $s/H=0.2\sim0.4$ 的情况
体型系数 μ_s:
<table>
<tr><th>β</th><th>A</th><th>B</th><th>C</th><th>D</th><th>D′</th><th>C′</th><th>B′</th><th>A′</th><th>E</th></tr>
<tr><td>30°</td><td>+0.9</td><td>+0.2</td><td>-0.6</td><td>-0.4</td><td>-0.3</td><td>-0.3</td><td>-0.3</td><td>-0.2</td><td>-0.5</td></tr>
<tr><td>60°</td><td>+0.9</td><td>+0.6</td><td>+0.1</td><td>+0.1</td><td>+0.2</td><td>+0.2</td><td>+0.2</td><td>+0.4</td><td>+0.1</td></tr>
<tr><td>90°</td><td>+1.0</td><td>+0.8</td><td>+0.6</td><td>+0.2</td><td>+0.6</td><td>+0.6</td><td>+0.6</td><td>+0.8</td><td>+0.6</td></tr>
</table></td></tr>
<tr><td>26</td><td>单面开敞式双坡屋面</td><td>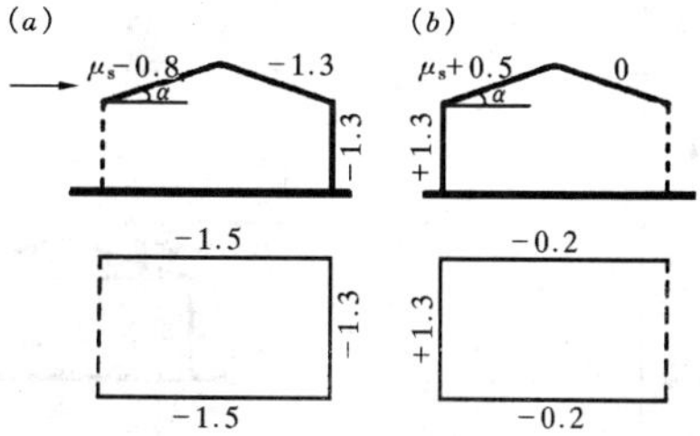
(a)
μ_s-0.8
-1.3
α
-1.3
-1.5
-1.3
-1.5
(b)
μ_s+0.5
0
α
+1.3
-0.2
+1.3
-0.2

迎风坡面的 μ_s 按第2项采用</td></tr>
</table>

续表

<table>
<tr><th>项次</th><th>类　别</th><th>体型及体型系数 μ_s</th></tr>
<tr><td>27</td><td>双面开敞及四面开敞式双坡屋面</td><td>(a) 两端有山墙 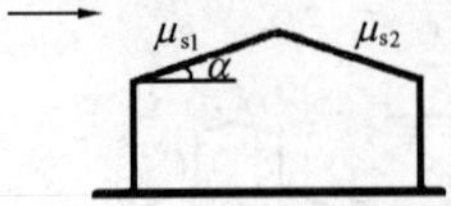　(b) 四面开敞 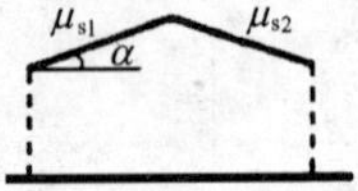
μ_{s1}　α　μ_{s2}
体型系数 μ_s:
α | μ_{s1} | μ_{s2}
≤10° | −1.3 | −0.7
30° | +1.6 | +0.4
中间值按插入法计算
注：1. 本图屋面对风有过敏反应，设计时应考虑 μ_s 值变号的情况；
2. 纵向风荷载对屋面所引起的总水平力：
当 $\alpha \geqslant 30°$时，为 $0.05Aw_h$
当 $\alpha < 30°$时，为 $0.10Aw_h$
A 为屋面的水平投影面积，w_h 为屋面高度 h 处的风压；
3. 当室内堆放物品或房屋处于山坡时，屋面吸力应增大，可按第 26 项（a）采用</td></tr>
<tr><td>28</td><td>前后纵墙半开敞双坡屋面</td><td>μ_{s1}　α　μ_{s2}
迎风坡面的 μ_s 按第 2 项采用
本图适用于墙的上部集中开敞面积≥10%且<50%的房屋。
当开敞面积达 50%时，背风墙面的系数改为 −1.1</td></tr>
</table>

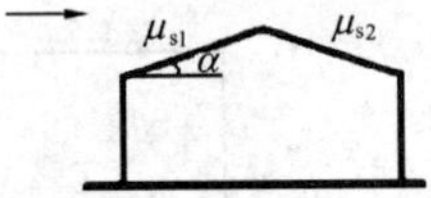

续表

<table>
<tr><th>项次</th><th>类 别</th><th>体型及体型系数 μ_s</th></tr>
<tr><td>29</td><td>单坡及
双坡顶盖</td><td>
(a)
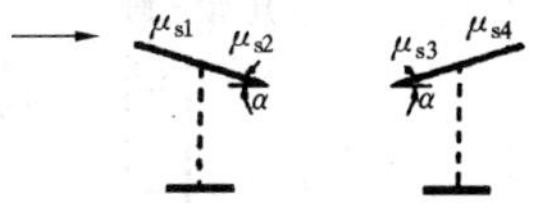

<table>
<tr><th>α</th><th>μs1</th><th>μs2</th><th>μs3</th><th>μs4</th></tr>
<tr><td>≤10°</td><td>-1.3</td><td>-0.5</td><td>+1.3</td><td>+0.5</td></tr>
<tr><td>30°</td><td>-1.4</td><td>-0.6</td><td>+1.4</td><td>+0.6</td></tr>
</table>
中间值按插入法计算
(b)
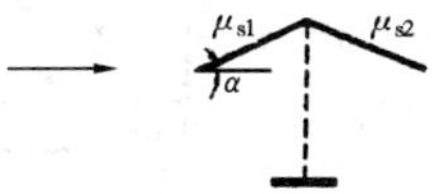

体型系数按第 27 项采用
(c)
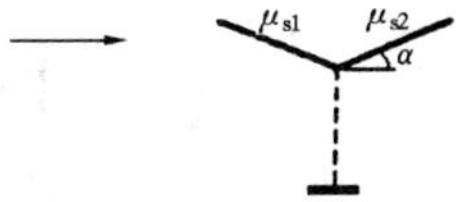

<table>
<tr><th>α</th><th>μs1</th><th>μs2</th></tr>
<tr><td>≤10°</td><td>+1.0</td><td>+0.7</td></tr>
<tr><td>30°</td><td>-1.6</td><td>-0.4</td></tr>
</table>
中间值按插入法计算
注：(b)、(c) 应考虑第 27 项注 1 和注 2
</td></tr>
<tr><td>30</td><td>封闭式房屋
和构筑物</td><td>
(a)正多边形(包括矩形)平面
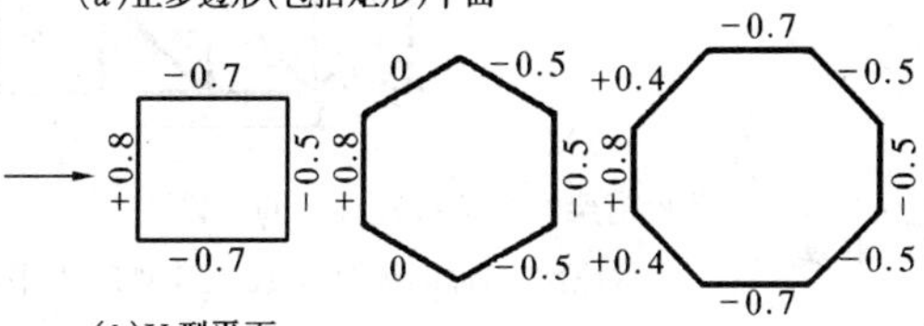

(b)Y 型平面
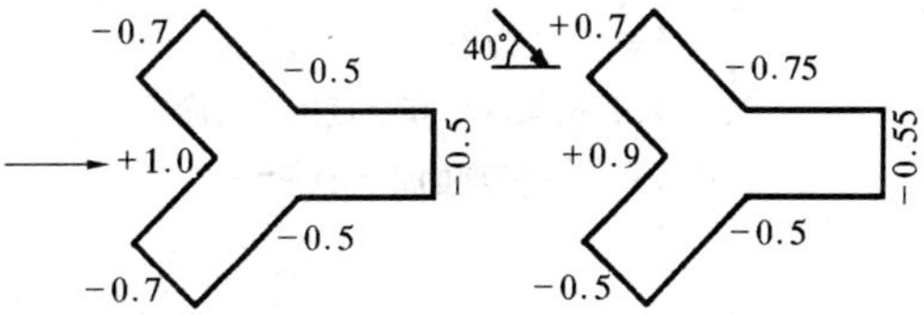

</td></tr>
</table>

续表

项次	类　别	体型及体型系数 μ_s
30	封闭式房屋和构筑物	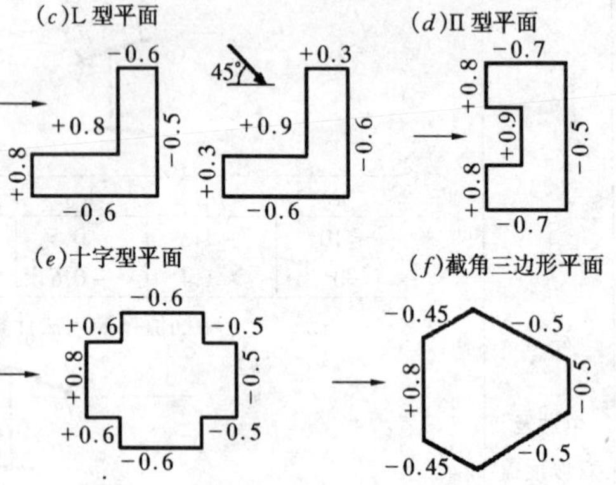 (c)L 型平面 −0.6 +0.8 −0.5 +0.8 −0.6 45° +0.3 +0.9 −0.6 +0.3 −0.6 (d)Π 型平面 −0.7 +0.8 +0.9 −0.5 +0.8 −0.7 (e)十字型平面 −0.6 +0.6 −0.5 +0.8 −0.5 +0.6 −0.5 −0.6 (f)截角三边形平面 −0.45 −0.5 +0.8 −0.5 −0.45 −0.5
31	各种截面的杆件	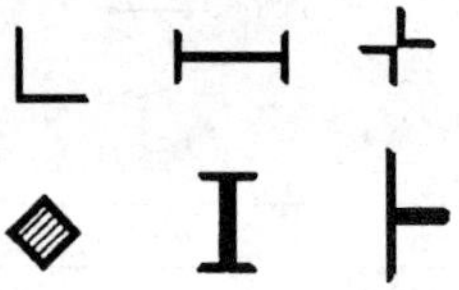 $\mu_s=+1.3$
32	桁架	(a) 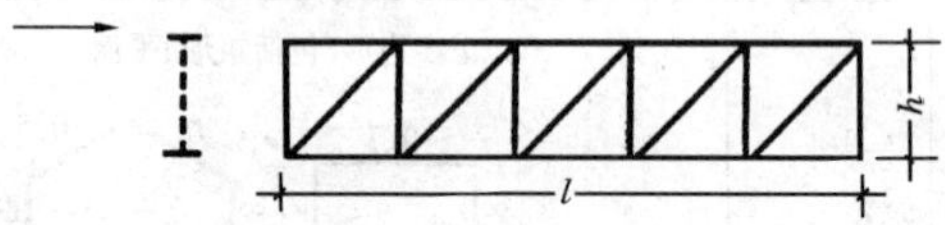 h l 单榀桁架的体型系数 $\mu_{st}=\phi\mu_s$ μ_s 为桁架构件的体型系数，对型钢杆件按第 31 项采用，对圆管杆件按第 36（b）项采用 $\phi=A_n/A$ 为桁架的挡风系数 A_n 为桁架杆件和节点挡风的净投影面积 $A=hl$ 为桁架的轮廓面积

续表

<table>
<tr><th>项次</th><th>类 别</th><th>体型及体型系数 μ_s</th></tr>
<tr><td>32</td><td>桁架</td><td>(b) 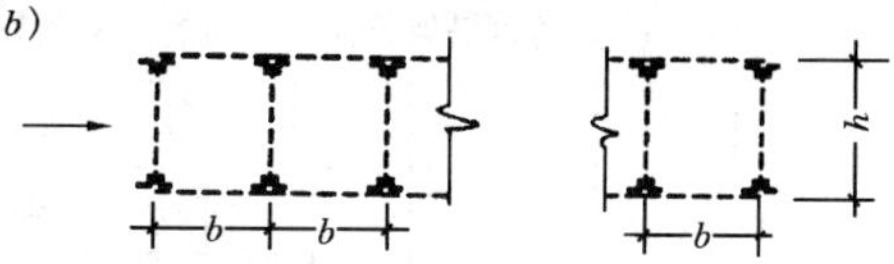
b b b h
n 榀平行桁架的整体体型系数
$$\mu_{stw} = \mu_{st}\frac{1-\eta^n}{1-\eta}$$
μ_{st}为单榀桁架的体型系数，η 按下表采用

ϕ \ b/h	≤1	2	4	6
≤0.1	1.00	1.00	1.00	1.00
0.2	0.85	0.90	0.93	0.97
0.3	0.66	0.75	0.80	0.85
0.4	0.50	0.60	0.67	0.73
0.5	0.33	0.45	0.53	0.62
0.6	0.15	0.30	0.40	0.50

</td></tr>
<tr><td>33</td><td>独立墙壁及围墙</td><td>+1.3</td></tr>
<tr><td>34</td><td>塔架</td><td> 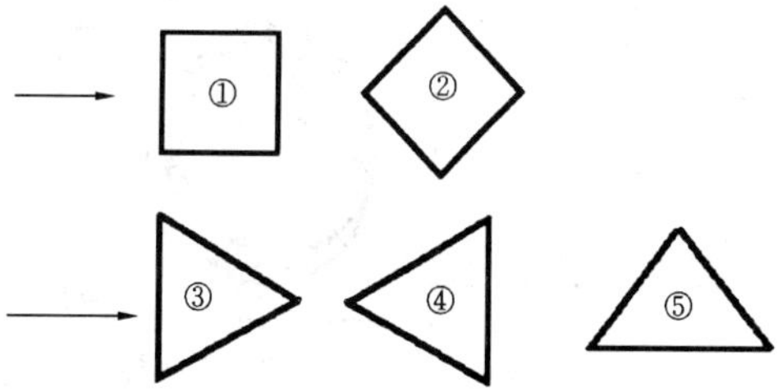① ② ③ ④ ⑤</td></tr>
</table>

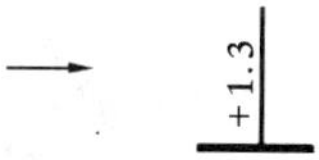

续表

<table>
<tr><th>项次</th><th>类 别</th><th>体型及体型系数 μ_s</th></tr>
<tr><td>34</td><td>塔架</td><td>

（a）角钢塔架整体计算时的体型系数 μ_s

挡风系数 ϕ	方形			三角形风向③④⑤
	风向①	风向② 单角钢	风向② 组合角钢	
≤0.1	2.6	2.9	3.1	2.4
0.2	2.4	2.7	2.9	2.2
0.3	2.2	2.4	2.7	2.0
0.4	2.0	2.2	2.4	1.8
0.5	1.9	1.9	2.0	1.6

（b）管子及圆钢塔架整体计算时的体型系数 μ_s

当 $\mu_z w_0 d^2 \leqslant 0.002$ 时，μ_s 按角钢塔架的 μ_s 值乘以 0.8 采用；

当 $\mu_z w_0 d^2 \geqslant 0.015$ 时，μ_s 按角钢塔架的 μ_s 值乘以 0.6 采用；

中间值按插值法计算

</td></tr>
<tr><td>35</td><td>旋转壳顶</td><td>

(a) $f/l > \frac{1}{4}$

$\mu_s = 0.5\sin^2\phi\sin\psi - \cos^2\phi$

(b) $f/l \leqslant \frac{1}{4}$

$\mu_s = -\cos^2\phi$

</td></tr>
</table>

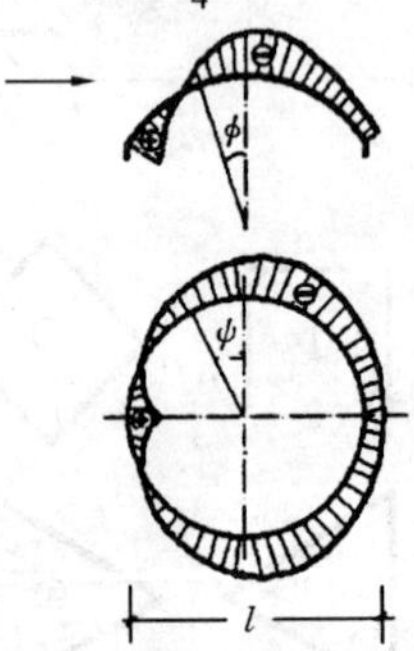

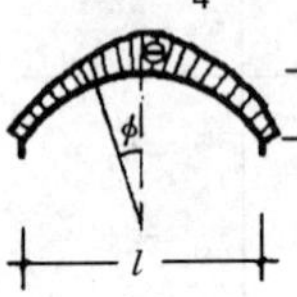

续表

<table>
<tr><th>项次</th><th>类 别</th><th>体型及体型系数 μ_s</th></tr>
<tr><td>36</td><td>圆截面构筑物（包括烟囱、塔桅等）</td><td>

（a）局部计算时表面分布的体型系数 μ_s

d　H　α

	$H/d \geqslant 25$	$H/d=7$	$H/d=1$
0°	+1.0	+1.0	+1.0
15°	+0.8	+0.8	+0.8
30°	+0.1	+0.1	+0.1
45°	−0.9	−0.8	−0.7
60°	−1.9	−1.7	−1.2
75°	−2.5	−2.2	−1.5
90°	−2.6	−2.2	−1.7
105°	−1.9	−1.7	−1.2
120°	−0.9	−0.8	−0.7
135°	−0.7	−0.6	−0.5
150°	−0.6	−0.5	−0.4
165°	−0.6	−0.5	−0.4
180°	−0.6	−0.5	−0.4

表中数值适用于 $\mu_z w_0 d^2 \geqslant 0.015$ 的表面光滑情况，其中 w_0 以 kN/m² 计，d 以 m 计

（b）整体计算时的体型系数 μ_s

$\mu_z w_0 d^2$	表面情况	$H/d \geqslant 25$	$H/d=7$	$H/d=1$
$\geqslant 0.015$	$\Delta \approx 0$	0.6	0.5	0.5
	$\Delta = 0.02d$	0.9	0.8	0.7
	$\Delta = 0.08d$	1.2	1.0	0.8
$\leqslant 0.002$		1.2	0.8	0.7

中间值按插值法计算；Δ 为表面凸出高度

</td></tr>
</table>

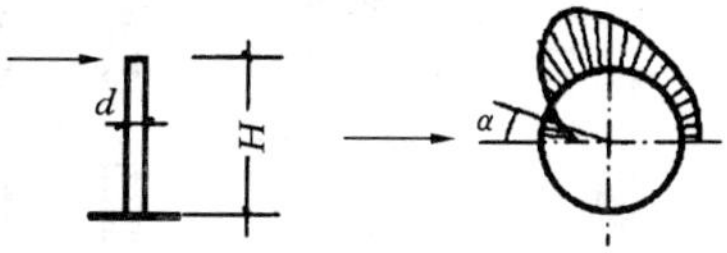

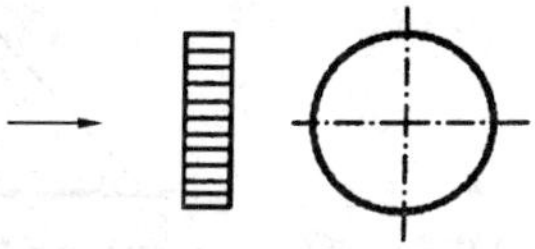

续表

<table>
<tr><th>项次</th><th>类 别</th><th>体型及体型系数 μ_s</th></tr>
<tr><td>37</td><td>架空管道</td><td>本图适用于 $\mu_z w_0 d^2 \geqslant 0.015$ 的情况
(a) 上下双管 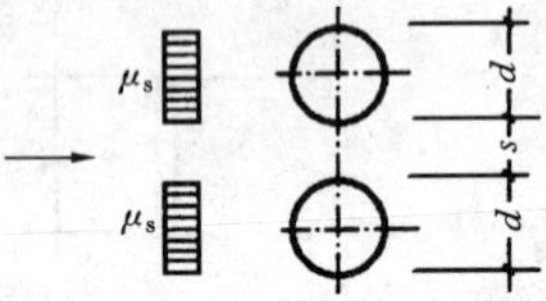

s/d	≤0.25	0.5	0.75	1.0	1.5	2.0	≥3.0
μ_s	+1.2	+0.9	+0.75	+0.7	+0.65	+0.63	+0.6

(b) 前后双管

s/d	≤0.25	0.5	1.5	3.0	4.0	6.0	8.0	≥10.0
μ_s	+0.68	+0.86	+0.94	+0.99	+1.08	+1.11	+1.14	+1.20

表列 μ_s 值为前后两管之和，其中前管为 0.6
(c) 密排多管
$\mu_s = +1.4$
μ_s值为各管之总和</td></tr>
<tr><td>38</td><td>拉索</td><td>风荷载水平分量 w_x 的体型系数 μ_{sx} 及垂直分量 w_y 的体型系数 μ_{sy}:

α	μ_{sx}	μ_{sy}	α	μ_{sx}	μ_{sy}
0°	0	0	50°	0.60	0.40
10°	0.05	0.05	60°	0.85	0.40
20°	0.10	0.10	70°	1.10	0.30
30°	0.20	0.25	80°	1.20	0.20
40°	0.35	0.40	90°	1.25	0

</td></tr>
</table>

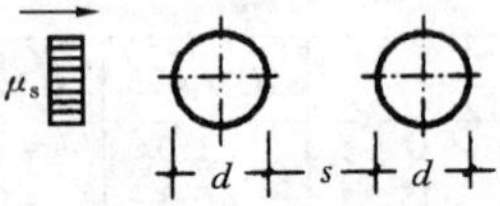

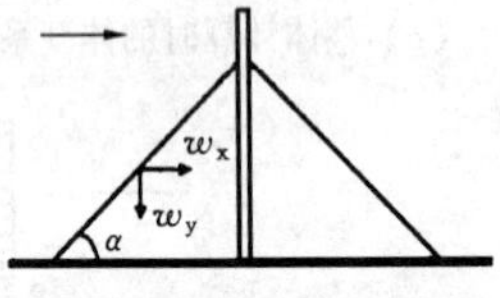

注：原《建筑结构荷载规范》(GBJ 9—87)中关于封闭式皮带通廊的体型及风载体型系数在 GB 50009—2001 中取消，在实际工程设计中，由各行业据以往经验自定其体型系数。

3）当多个建筑物，特别是群集的高层建筑物，相互间距较近时，宜考虑风力相互干扰的群体效应；一般可将单独建筑物的体型系数 μ_s 乘以相互干扰增大系数，该系数可参考类似条件的试验资料确定；必要时宜通过风洞试验得出。

4）验算围护构件及其连接的强度时，可按下列规定采用局部风压体型系数 μ_{s1}（表1.3-54）。

局部风压体型系数 **表1.3-54**

位置	系数	
外表面	正压区	按风荷载体型系数表采用（表1.3-53）
	负压区	—对墙面，取 -1.0； —对墙角边，取 -1.8； —对屋面局部部位（周边和屋面坡度大于10°的屋脊部位），取 -2.2； —对檐口、雨篷、遮阳板等突出构件，取 -2.0。 注：对墙角边和屋面局部部位的作用宽度为房屋宽度的0.1或房屋平均高度的0.4，取其小者，但不小于1.5m
内表面	对封闭式建筑物，按外表面风压的正负情况取 -0.2或0.2	

（4）顺风向风振和风振系数

1）对于高度大于30m且高宽比大于1.5的房屋，和基本自振周期 T_1 大于0.25s的各种高耸结构以及大跨度屋盖结构，均应考虑风压脉动对结构发生顺风向风振的影响。风振计算应按随机振动理论进行，结构的自振周期应按结构动力学计算。

注：近似的基本自振周期 T_1 可按《建筑结构荷载规范》（GB 50009—2001）附录E计算。

2）对于一般悬臂型结构，例如构架、塔架、烟囱等高耸结构，以及高度大于30m，高宽比大于1.5且可忽略扭转影响的高层建筑，均可仅考虑第一振型的影响，结构的风荷载可按公式

1-2通过风振系数来计算，结构在 z 高度处的风振系数 β_z 可按下式计算：

$$\beta_z = 1 + \frac{\xi \nu \varphi_z}{\mu_z} \tag{1-5}$$

式中　ξ——脉动增大系数；

ν——脉动影响系数；

φ_z——振型系数；

μ_z——风压高度变化系数。

3）脉动增大系数，可按表 1.3-55 确定。

脉动增大系数 ξ　　**表 1.3-55**

$w_0 T_1^2$（kNs^2/m^2）	0.01	0.02	0.04	0.06	0.08	0.10	0.20	0.40	0.60
钢　结　构	1.47	1.57	1.69	1.77	1.83	1.88	2.04	2.24	2.36
有填充墙的房屋钢结构	1.26	1.32	1.39	1.44	1.47	1.50	1.61	1.73	1.81
混凝土及砌体结构	1.11	1.14	1.17	1.19	1.21	1.23	1.28	1.34	1.38
$w_0 T_1^2$（kNs^2/m^2）	0.80	1.00	2.00	4.00	6.00	8.00	10.00	20.00	30.00
钢　结　构	2.46	2.53	2.80	3.09	3.28	3.42	3.54	3.91	4.14
有填充墙的房屋钢结构	1.88	1.93	2.10	2.30	2.43	2.52	2.60	2.85	3.01
混凝土及砌体结构	1.42	1.44	1.54	1.65	1.72	1.77	1.82	1.96	2.06

注：计算 $w_0 T_1^2$ 时，对地面粗糙度 B 类地区可直接代入基本风压，而对 A 类、C 类和 D 类地区应按当地的基本风压分别乘以 1.38、0.62 和 0.32 后代入。

4）脉动影响系数，可按下列情况分别确定。

（A）结构迎风面宽度远小于其高度的情况（如高耸结构等）：

（a）若外形、质量沿高度比较均匀，脉动系数可按表 1.3-56 确定。

脉动影响系数 ν **表 1.3-56**

总高度 H(m)		10	20	30	40	50	60	70	80	90	100	150	200	250	300	350	400	450
粗糙度类别	A	0.78	0.83	0.86	0.87	0.88	0.89	0.89	0.89	0.89	0.89	0.87	0.84	0.82	0.79	0.79	0.79	0.79
	B	0.72	0.79	0.83	0.85	0.87	0.88	0.89	0.89	0.90	0.90	0.89	0.88	0.86	0.84	0.83	0.83	0.83
	C	0.64	0.73	0.78	0.82	0.85	0.87	0.88	0.90	0.91	0.91	0.93	0.93	0.92	0.91	0.90	0.89	0.91
	D	0.53	0.65	0.72	0.77	0.81	0.84	0.87	0.89	0.91	0.92	0.97	1.00	1.01	1.01	1.01	1.00	1.00

(b) 当结构迎风面和侧风面的宽度沿高度按直线或接近直线变化，而质量沿高度按连续规律变化时，表 1.3-56 中的脉动影响系数应再乘以修正系数 θ_B 和 θ_ν。θ_B 应为构筑物迎风面在 z 高度处的宽度 B_z 与底部宽度 B_0 的比值；θ_ν 可按表 1.3-57 确定。

修 正 系 数 θ_ν **表 1.3-57**

B_H/B_0	1	0.9	0.8	0.7	0.6	0.5	0.4	0.3	0.2	≤0.1
θ_ν	1.00	1.10	1.20	1.32	1.50	1.75	2.08	2.53	3.30	5.60

注：B_H、B_0 分别为构筑物迎风面在顶部和底部的宽度。

(B) 结构迎风面宽度较大时，应考虑宽度方向风压空间相关性的情况（如高层建筑等）：若外形、质量沿高度比较均匀，脉动影响系数可根据总高度 H 及其与迎风面宽度 B 的比值，按表 1.3-58 确定。

脉动影响系数 ν **表 1.3-58**

H/B	粗糙度类别	总 高 度 H (m)							
		≤30	50	100	150	200	250	300	350
≤0.5	A	0.44	0.42	0.33	0.27	0.24	0.21	0.19	0.17
	B	0.42	0.41	0.33	0.28	0.25	0.22	0.20	0.18
	C	0.40	0.40	0.34	0.29	0.27	0.23	0.22	0.20
	D	0.36	0.37	0.34	0.30	0.27	0.25	0.24	0.22
1.0	A	0.48	0.47	0.41	0.35	0.31	0.27	0.26	0.24
	B	0.46	0.46	0.42	0.36	0.36	0.29	0.27	0.26
	C	0.43	0.44	0.42	0.37	0.34	0.31	0.29	0.28
	D	0.39	0.42	0.42	0.38	0.36	0.33	0.32	0.31

续表

H/B	粗糙度类别	总　高　度　H（m）							
		≤30	50	100	150	200	250	300	350
2.0	A	0.50	0.51	0.46	0.42	0.38	0.35	0.33	0.31
	B	0.48	0.50	0.47	0.42	0.40	0.36	0.35	0.33
	C	0.45	0.49	0.48	0.44	0.42	0.38	0.38	0.36
	D	0.41	0.46	0.48	0.46	0.46	0.44	0.42	0.39
3.0	A	0.53	0.51	0.49	0.42	0.41	0.38	0.38	0.36
	B	0.51	0.50	0.49	0.46	0.43	0.40	0.40	0.38
	C	0.48	0.49	0.49	0.48	0.46	0.43	0.43	0.41
	D	0.43	0.46	0.49	0.49	0.48	0.47	0.46	0.45
5.0	A	0.52	0.53	0.51	0.49	0.46	0.44	0.42	0.39
	B	0.50	0.53	0.52	0.50	0.48	0.45	0.44	0.42
	C	0.47	0.50	0.52	0.52	0.50	0.48	0.47	0.45
	D	0.43	0.48	0.52	0.53	0.53	0.52	0.51	0.50
8.0	A	0.53	0.54	0.53	0.51	0.48	0.46	0.43	0.42
	B	0.51	0.53	0.54	0.52	0.50	0.49	0.46	0.44
	C	0.48	0.51	0.54	0.53	0.52	0.52	0.50	0.48
	D	0.43	0.48	0.54	0.53	0.55	0.55	0.54	0.53

5）振型系数

（A）结构振型系数应按实际工程由结构动力学计算得出。在此仅给出截面沿高度不变的两类结构第1至第4的振型系数和截面沿高度规律变化的高耸结构第1振型系数的近似值。在一般情况下，对顺风向响应可仅考虑第1振型的影响，对横风向的共振响应，应验算第1至第4振型的频率，因此列出相应的前4个振型系数。

（B）迎风面宽度远小于其高度的高耸结构，其振型系数可按表 1.3-59 采用。

高耸结构的振型系数 表 1.3-59

相对高度 z/H	振型序号			
	1	2	3	4
0.1	0.02	-0.09	0.23	-0.39
0.2	0.06	-0.30	0.61	-0.75
0.3	0.14	-0.53	0.76	-0.43
0.4	0.23	-0.68	0.53	0.32
0.5	0.34	-0.71	0.02	0.71
0.6	0.46	-0.59	-0.48	0.33
0.7	0.59	-0.32	-0.66	-0.40
0.8	0.79	0.07	-0.40	-0.64
0.9	0.86	0.52	0.23	-0.05
1.0	1.00	1.00	1.00	1.00

(C) 迎风面宽度较大的高层建筑，当剪力墙和框架均起主要作用时，其振型系数可按表 1.3-60 采用。

高层建筑的振型系数 表 1.3-60

相对高度 z/H	振型序号			
	1	2	3	4
0.1	0.02	-0.09	0.22	-0.38
0.2	0.08	-0.30	0.58	-0.73
0.3	0.17	-0.50	0.70	-0.40
0.4	0.27	-0.68	0.46	0.33
0.5	0.38	-0.63	-0.03	0.68
0.6	0.45	-0.48	-0.49	0.29
0.7	0.67	-0.18	-0.63	-0.47
0.8	0.74	0.17	-0.34	-0.62
0.9	0.86	0.58	0.27	-0.02
1.0	1.00	1.00	1.00	1.00

(D) 对截面沿高度规律变化的高耸结构，其第1振型系数可按表1.3-61采用。

高耸结构的第1振型系数　　表1.3-61

相对高度 z/H	高耸结构				
	$B_H/B_0=1.0$	0.8	0.6	0.4	0.2
0.1	0.02	0.02	0.01	0.01	0.01
0.2	0.06	0.06	0.05	0.04	0.03
0.3	0.14	0.12	0.11	0.09	0.07
0.4	0.23	0.21	0.19	0.16	0.13
0.5	0.34	0.32	0.29	0.26	0.21
0.6	0.46	0.44	0.41	0.37	0.31
0.7	0.59	0.57	0.55	0.51	0.45
0.8	0.79	0.71	0.69	0.66	0.61
0.9	0.86	0.86	0.85	0.83	0.80
1.0	1.00	1.00	1.00	1.00	1.00

6）阵风系数

计算围护结构风荷载时的阵风系数应按表1.3-62确定。

阵风系数 β_{gz}　　表1.3-62

离地面高度(m)	地面粗糙度类别			
	A	B	C	D
5	1.69	1.88	2.30	3.21
10	1.63	1.78	2.10	2.76
15	1.60	1.72	1.99	2.54
20	1.58	1.69	1.92	2.39
30	1.54	1.64	1.83	2.21
40	1.52	1.60	1.77	2.09
50	1.51	1.58	1.73	2.01
60	1.49	1.56	1.69	1.94
70	1.48	1.54	1.66	1.89
80	1.47	1.53	1.64	1.85
90	1.47	1.52	1.62	1.81
100	1.46	1.51	1.60	1.78
150	1.43	1.47	1.54	1.67
200	1.42	1.44	1.50	1.60
250	1.40	1.42	1.46	1.55
300	1.39	1.41	1.44	1.51

7）横风向风振

横风向风振的计算按相关规范的规定要求进行。

8）全国各城市的50年一遇雪压和风压（表1.3-63）

全国各城市的50年一遇雪压和风压

表 1.3-63

省市名	城市名	海拔高度 (m)	风压 (kN/m²)			雪压 (kN/m²)			雪荷载准永久值系数分区
			$n=10$	$n=50$	$n=100$	$n=10$	$n=50$	$n=100$	
北京		54.0	0.30	0.45	0.50	0.25	0.40	0.45	Ⅱ
天津	天津市	3.3	0.30	0.50	0.60	0.25	0.40	0.45	Ⅱ
	塘沽	3.2	0.40	0.55	0.60	0.20	0.35	0.40	Ⅱ
上海		2.8	0.40	0.55	0.60	0.10	0.20	0.25	Ⅲ
重庆		259.1	0.25	0.40	0.45				
河北	石家庄市	80.5	0.25	0.35	0.40	0.20	0.30	0.35	Ⅱ
	蔚县	909.5	0.20	0.30	0.35	0.20	0.30	0.35	Ⅱ
	邢台市	76.8	0.20	0.30	0.35	0.25	0.35	0.40	Ⅱ
	丰宁	659.7	0.30	0.40	0.45	0.15	0.25	0.30	Ⅱ
	围场	842.8	0.35	0.45	0.50	0.20	0.30	0.35	Ⅱ
	张家口市	724.2	0.35	0.55	0.60	0.15	0.25	0.30	Ⅱ
	怀来	536.8	0.25	0.35	0.40	0.15	0.20	0.25	Ⅱ
	承德市	377.2	0.30	0.40	0.45	0.20	0.30	0.35	Ⅱ
	遵化	54.9	0.30	0.40	0.45	0.25	0.40	0.50	Ⅱ
	青龙	227.2	0.25	0.30	0.35	0.25	0.40	0.45	Ⅱ

续表

省市名	城市名	海拔高度（m）	风压（kN/m²）			雪压（kN/m²）			雪荷载准永久值系数分区
			$n=10$	$n=50$	$n=100$	$n=10$	$n=50$	$n=100$	
河北	秦皇岛市	2.1	0.35	0.45	0.50	0.15	0.25	0.30	Ⅱ
	霸县	9.0	0.25	0.40	0.45	0.20	0.30	0.35	Ⅱ
	唐山市	27.8	0.30	0.40	0.45	0.20	0.35	0.40	Ⅱ
	乐亭	10.5	0.30	0.40	0.45	0.25	0.40	0.45	Ⅱ
	保定市	17.2	0.30	0.40	0.45	0.20	0.35	0.40	Ⅱ
	饶阳	18.9	0.30	0.35	0.40	0.20	0.30	0.35	Ⅱ
	沧州市	9.6	0.30	0.40	0.45	0.20	0.30	0.35	Ⅱ
	黄骅	6.6	0.30	0.40	0.45	0.20	0.30	0.35	Ⅱ
	南宫市	27.4	0.25	0.35	0.40	0.15	0.25	0.30	Ⅱ
山西	太原市	778.3	0.30	0.40	0.45	0.25	0.35	0.40	Ⅱ
	右玉	1345.8				0.20	0.30	0.35	Ⅱ
	大同市	1067.2	0.35	0.55	0.65	0.15	0.25	0.30	Ⅱ
	河曲	861.5	0.30	0.50	0.60	0.20	0.30	0.35	Ⅱ
	五寨	1401.0	0.30	0.40	0.45	0.20	0.25	0.30	Ⅱ
	兴县	1012.6	0.25	0.45	0.55	0.20	0.25	0.30	Ⅱ

续表

省市名	城市名	海拔高度（m）	风压（kN/m²）			雪压（kN/m²）			雪荷载准永久值系数分区
			$n=10$	$n=50$	$n=100$	$n=10$	$n=50$	$n=100$	
山西	原平	828.2	0.30	0.50	0.60	0.20	0.30	0.35	Ⅱ
	离石	950.8	0.30	0.45	0.50	0.20	0.30	0.35	Ⅱ
	阳泉市	741.9	0.30	0.40	0.45	0.20	0.35	0.40	Ⅱ
	榆社	1041.4	0.20	0.30	0.35	0.20	0.30	0.35	Ⅱ
	隰县	1052.7	0.25	0.35	0.40	0.20	0.30	0.35	Ⅱ
	介休	743.9	0.25	0.40	0.45	0.20	0.30	0.35	Ⅱ
	临汾市	449.5	0.25	0.40	0.45	0.15	0.25	0.30	Ⅱ
	长治县	991.8	0.30	0.50	0.60				
	运城市	376.0	0.30	0.40	0.45	0.15	0.25	0.30	Ⅱ
	阳城	659.5	0.30	0.45	0.50	0.20	0.30	0.35	Ⅱ
内蒙古	呼和浩特市	1063.0	0.35	0.55	0.60	0.25	0.40	0.45	Ⅱ
	额右旗拉布达林	581.4	0.35	0.50	0.60	0.35	0.45	0.50	Ⅰ
	牙克石市图里河	732.6	0.30	0.40	0.45	0.40	0.60	0.70	Ⅰ
	满洲里市	661.7	0.50	0.65	0.70	0.20	0.30	0.35	Ⅰ
	海拉尔市	610.2	0.45	0.65	0.75	0.35	0.45	0.50	Ⅰ

续表

省市名	城市名	海拔高度（m）	风压（kN/m²）			雪压（kN/m²）			雪荷载准永久值系数分区
			$n=10$	$n=50$	$n=100$	$n=10$	$n=50$	$n=100$	
内蒙古	鄂伦春小二沟	286.1	0.30	0.40	0.45	0.35	0.50	0.55	Ⅰ
	新巴尔虎右旗	554.2	0.45	0.60	0.65	0.25	0.40	0.45	Ⅰ
	新巴尔虎左旗阿木古朗	642.0	0.40	0.55	0.60	0.25	0.35	0.40	Ⅰ
	牙克石市博克图	739.7	0.40	0.55	0.60	0.35	0.55	0.65	Ⅰ
	扎兰屯市	306.5	0.30	0.40	0.45	0.35	0.55	0.65	Ⅰ
	科右翼前旗阿尔山	1027.4	0.35	0.50	0.55	0.45	0.60	0.70	Ⅰ
	科右翼前旗索伦	501.8	0.45	0.55	0.60	0.25	0.35	0.40	Ⅰ
	乌兰浩特市	274.7	0.40	0.55	0.60	0.20	0.30	0.35	Ⅰ
	东乌珠穆沁旗	838.7	0.35	0.55	0.65	0.20	0.30	0.35	Ⅰ
	额济纳旗	940.50	0.40	0.60	0.70	0.05	0.10	0.15	Ⅱ
	额济纳旗拐子湖	960.0	0.45	0.55	0.60	0.05	0.10	0.10	Ⅱ
	阿左旗巴彦毛道	1328.1	0.40	0.55	0.60	0.05	0.10	0.15	Ⅱ
	阿拉善右旗	1510.1	0.45	0.55	0.60	0.05	0.10	0.10	Ⅱ
	二连浩特市	964.7	0.55	0.65	0.70	0.15	0.25	0.30	Ⅱ
	那仁宝力格	1181.6	0.40	0.55	0.60	0.20	0.30	0.35	Ⅰ

续表

省市名	城市名	海拔高度（m）	风压（kN/m²）			雪压（kN/m²）			雪荷载准永久值系数分区
			$n=10$	$n=50$	$n=100$	$n=10$	$n=50$	$n=100$	
内蒙古	达茂旗满都拉	1225.2	0.50	0.75	0.85	0.15	0.20	0.25	Ⅱ
	阿巴嘎旗	1126.1	0.35	0.50	0.55	0.25	0.35	0.40	Ⅰ
	苏尼特左旗	1111.4	0.40	0.50	0.55	0.25	0.35	0.40	Ⅰ
	乌拉特后旗海力素	1509.6	0.45	0.50	0.55	0.10	0.15	0.20	Ⅱ
	苏尼特右旗朱日和	1150.8	0.50	0.65	0.75	0.15	0.20	0.25	Ⅱ
	乌拉特中旗海流图	1288.0	0.45	0.60	0.65	0.20	0.30	0.35	Ⅱ
	百灵庙	1376.6	0.50	0.75	0.85	0.25	0.35	0.40	Ⅱ
	四子王旗	1490.1	0.40	0.60	0.70	0.30	0.45	0.55	Ⅱ
	化德	1482.7	0.45	0.75	0.85	0.15	0.25	0.30	Ⅱ
	杭锦后旗陕坝	1056.7	0.30	0.45	0.50	0.15	0.20	0.25	Ⅱ
	包头市	1067.2	0.35	0.55	0.60	0.15	0.25	0.30	Ⅱ
	集宁市	1419.3	0.40	0.60	0.70	0.25	0.35	0.40	Ⅱ
	阿拉善左旗吉兰泰	1031.8	0.35	0.50	0.55	0.5	0.10	0.15	Ⅱ
	临河市	1039.3	0.30	0.50	0.60	0.15	0.25	0.30	Ⅱ
	鄂托克旗	1380.3	0.35	0.55	0.65	0.15	0.20	0.20	Ⅱ

续表

省市名	城市名	海拔高度（m）	风压（kN/m²）			雪压（kN/m²）			雪荷载准永久值系数分区
			$n=10$	$n=50$	$n=100$	$n=10$	$n=50$	$n=100$	
内蒙古	东胜市	1460.4	0.30	0.50	0.60	0.25	0.35	0.40	Ⅱ
	阿腾席连	1329.3	0.40	0.50	0.55	0.20	0.30	0.35	Ⅱ
	巴彦浩特	1561.4	0.40	0.60	0.70	0.15	0.20	0.25	Ⅱ
	西乌珠穆沁旗	995.9	0.45	0.55	0.60	0.30	0.40	0.45	Ⅰ
	扎鲁特鲁北	265.0	0.40	0.55	0.60	0.20	0.30	0.35	Ⅱ
	巴林左旗林东	484.4	0.40	0.55	0.60	0.20	0.30	0.35	Ⅱ
	锡林浩特市	989.5	0.40	0.55	0.60	0.25	0.40	0.45	Ⅰ
	林西	799.0	0.45	0.60	0.70	0.25	0.40	0.45	Ⅰ
	开鲁	241.0	0.40	0.55	0.60	0.20	0.30	0.35	Ⅱ
	通辽市	178.5	0.40	0.55	0.60	0.20	0.30	0.35	Ⅱ
	多伦	1245.4	0.40	0.55	0.60	0.20	0.30	0.35	Ⅰ
	翁牛特旗乌丹	631.8				0.20	0.30	0.35	Ⅱ
	赤峰市	571.1	0.30	0.55	0.65	0.20	0.30	0.35	Ⅱ
	敖汉旗宝国图	400.5	0.40	0.50	0.55	0.25	0.40	0.45	Ⅱ

续表

省市名	城市名	海拔高度（m）	风压（kN/m²）			雪压（kN/m²）			雪荷载准永久值系数分区
			$n=10$	$n=50$	$n=100$	$n=10$	$n=50$	$n=100$	
辽宁	沈阳市	42.8	0.40	0.55	0.60	0.30	0.50	0.55	Ⅰ
	彰武	79.4	0.35	0.45	0.50	0.20	0.30	0.35	Ⅱ
	阜新市	144.0	0.40	0.60	0.70	0.25	0.40	0.45	Ⅱ
	开原	98.2	0.30	0.45	0.50	0.30	0.40	0.45	Ⅰ
	清原	234.1	0.25	0.40	0.45	0.35	0.50	0.60	Ⅰ
	朝阳市	169.2	0.40	0.55	0.60	0.30	0.45	0.55	Ⅱ
	建平县叶柏寿	421.7	0.30	0.35	0.40	0.25	0.35	0.40	Ⅱ
	黑山	37.5	0.45	0.65	0.75	0.30	0.45	0.50	Ⅱ
	锦州市	65.9	0.40	0.60	0.70	0.30	0.40	0.45	Ⅱ
	鞍山市	77.3	0.30	0.50	0.60	0.30	0.40	0.45	Ⅱ
	本溪市	185.2	0.35	0.45	0.50	0.40	0.55	0.60	Ⅰ
	抚顺市章党	118.5	0.30	0.45	0.50	0.35	0.45	0.50	Ⅰ
	桓仁	240.3	0.25	0.30	0.35	0.35	0.50	0.55	Ⅰ
	绥中	15.3	0.25	0.40	0.45	0.25	0.35	0.40	Ⅱ
	兴城市	8.8	0.35	0.45	0.50	0.20	0.30	0.35	Ⅱ

续表

省市名	城市名	海拔高度（m）	风压（kN/m²）			雪压（kN/m²）			雪荷载准永久值系数分区
			$n=10$	$n=50$	$n=100$	$n=10$	$n=50$	$n=100$	
辽宁	营口市	3.3	0.40	0.60	0.70	0.30	0.40	0.45	Ⅱ
	盖县熊岳	20.4	0.30	0.40	0.45	0.25	0.40	0.45	Ⅱ
	本溪县草河口	233.4	0.25	0.45	0.55	0.35	0.55	0.60	Ⅰ
	岫岩	79.3	0.30	0.45	0.50	0.35	0.50	0.55	Ⅱ
	宽甸	260.1	0.30	0.50	0.60	0.40	0.60	0.70	
	丹东市	15.1	0.35	0.55	0.65	0.30	0.40	0.45	Ⅱ
	瓦房店市	29.3	0.35	0.50	0.55	0.20	0.30	0.35	Ⅱ
	新金县皮口	43.2	0.35	0.50	0.55	0.20	0.30	0.35	Ⅱ
	庄河	34.8	0.35	0.50	0.55	0.25	0.35	0.40	Ⅱ
	大连市	91.5	0.40	0.65	0.75	0.25	0.40	0.45	Ⅱ
吉林	长春市	236.8	0.45	0.65	0.75	0.25	0.35	0.40	Ⅰ
	白城市	155.4	0.45	0.65	0.75	0.15	0.20	0.25	Ⅱ
	乾安	146.3	0.35	0.45	0.50	0.15	0.20	0.25	Ⅱ
	前郭尔罗斯	134.7	0.30	0.45	0.50	0.15	0.25	0.30	Ⅱ
	通榆	149.5	0.35	0.50	0.55	0.15	0.20	0.25	Ⅱ

续表

省市名	城市名	海拔高度（m）	风压（kN/m²）			雪压（kN/m²）			雪荷载准永久值系数分区
			$n=10$	$n=50$	$n=100$	$n=10$	$n=50$	$n=100$	
吉林	长岭	189.3	0.30	0.45	0.50	0.15	0.20	0.25	Ⅱ
	扶余市三岔河	196.6	0.35	0.55	0.65	0.20	0.30	0.35	Ⅰ
	双辽	114.9	0.35	0.50	0.55	0.20	0.30	0.35	Ⅱ
	四平市	164.2	0.40	0.55	0.60	0.20	0.35	0.40	Ⅰ
	磐石市烟筒山	271.6	0.30	0.40	0.45	0.25	0.40	0.45	Ⅰ
	吉林市	183.4	0.40	0.50	0.55	0.30	0.45	0.50	Ⅰ
	蛟河	295.0	0.30	0.45	0.50	0.40	0.65	0.75	Ⅰ
	敦化市	523.7	0.30	0.45	0.50	0.30	0.50	0.60	Ⅰ
	梅河口市	339.9	0.30	0.40	0.45	0.30	0.45	0.50	Ⅰ
	桦甸	263.8	0.30	0.40	0.45	0.40	0.65	0.75	Ⅰ
	靖宇	549.2	0.25	0.35	0.40	0.40	0.60	0.70	Ⅰ
	抚松县东岗	774.2	0.30	0.40	0.45	0.60	0.90	1.05	Ⅰ
	延吉市	176.8	0.35	0.50	0.55	0.35	0.55	0.65	Ⅰ
	通化市	402.9	0.30	0.50	0.60	0.50	0.80	0.90	Ⅰ
	浑江市临江	332.7	0.20	0.30	0.35	0.45	0.70	0.80	Ⅰ
	集安市	177.7	0.20	0.30	0.35	0.45	0.70	0.80	Ⅰ
	长白	1016.7	0.35	0.45	0.50	0.40	0.60	0.70	Ⅰ

续表

省市名	城市名	海拔高度（m）	风压（kN/m²）			雪压（kN/m²）			雪荷载准永久值系数分区
			$n=10$	$n=50$	$n=100$	$n=10$	$n=50$	$n=100$	
黑龙江	哈尔滨市	142.3	0.35	0.55	0.65	0.30	0.45	0.50	Ⅰ
	漠河	296.0	0.25	0.35	0.40	0.50	0.65	0.70	Ⅰ
	塔河	357.4	0.25	0.30	0.35	0.45	0.60	0.65	Ⅰ
	新林	494.6	0.25	0.35	0.40	0.40	0.50	0.55	Ⅰ
	呼玛	177.4	0.30	0.50	0.60	0.35	0.45	0.50	Ⅰ
	加格达奇	371.7	0.25	0.35	0.40	0.40	0.55	0.60	Ⅰ
	黑河市	166.4	0.35	0.50	0.55	0.45	0.60	0.65	Ⅰ
	嫩江	242.2	0.40	0.55	0.60	0.40	0.55	0.60	Ⅰ
	孙吴	234.5	0.40	0.60	0.70	0.40	0.55	0.60	Ⅰ
	北安市	269.7	0.30	0.50	0.60	0.40	0.55	0.60	Ⅰ
	克山	234.6	0.30	0.45	0.50	0.30	0.50	0.55	Ⅰ
	富裕	162.4	0.30	0.40	0.45	0.25	0.35	0.40	Ⅰ
	齐齐哈尔市	145.9	0.35	0.45	0.50	0.25	0.40	0.45	Ⅰ
	海伦	239.2	0.35	0.55	0.65	0.30	0.40	0.45	Ⅰ
	明水	249.2	0.35	0.45	0.50	0.25	0.40	0.45	Ⅰ

续表

省市名	城市名	海拔高度（m）	风压（kN/m²）			雪压（kN/m²）			雪荷载准永久值系数分区
			$n=10$	$n=50$	$n=100$	$n=10$	$n=50$	$n=100$	
黑龙江	伊春市	240.9	0.25	0.35	0.40	0.45	0.60	0.65	Ⅰ
	鹤岗市	227.9	0.30	0.40	0.45	0.45	0.65	0.70	Ⅰ
	富锦	64.2	0.30	0.45	0.50	0.35	0.45	0.50	Ⅰ
	泰来	149.5	0.30	0.45	0.50	0.20	0.30	0.35	Ⅰ
	绥化市	179.6	0.35	0.55	0.65	0.35	0.50	0.60	Ⅰ
	安达市	149.3	0.35	0.55	0.65	0.20	0.30	0.35	Ⅰ
	铁力	210.5	0.25	0.35	0.40	0.50	0.75	0.85	Ⅰ
	佳木斯市	81.2	0.40	0.65	0.75	0.45	0.65	0.70	Ⅰ
	依兰	100.1	0.45	0.65	0.75				
	宝清	83.0	0.30	0.40	0.45	0.35	0.50	0.55	Ⅰ
	通河	108.6	0.35	0.50	0.55	0.50	0.75	0.85	Ⅰ
	尚志	189.7	0.35	0.55	0.60	0.40	0.55	0.60	Ⅰ
	鸡西市	233.6	0.40	0.55	0.65	0.45	0.65	0.75	Ⅰ
	虎林	100.2	0.35	0.45	0.50	0.50	0.70	0.80	Ⅰ
	牡丹江市	241.4	0.35	0.50	0.55	0.40	0.60	0.65	Ⅰ
	绥芬河市	496.7	0.40	0.60	0.70	0.40	0.55	0.60	Ⅰ

续表

省市名	城市名	海拔高度（m）	风压（kN/m²）			雪压（kN/m²）			雪荷载准永久值系数分区
			$n=10$	$n=50$	$n=100$	$n=10$	$n=50$	$n=100$	
山东	济南市	51.6	0.30	0.45	0.50	0.20	0.30	0.35	Ⅱ
	德州市	21.2	0.30	0.45	0.50	0.20	0.35	0.40	Ⅱ
	惠民	11.3	0.40	0.50	0.55	0.25	0.35	0.40	Ⅱ
	寿光县羊角沟	4.4	0.30	0.45	0.50	0.15	0.25	0.30	Ⅱ
	龙口市	4.8	0.45	0.60	0.65	0.25	0.35	0.40	Ⅱ
	烟台市	46.7	0.40	0.55	0.60	0.30	0.40	0.45	Ⅱ
	威海市	46.6	0.45	0.65	0.75	0.30	0.45	0.50	Ⅱ
	荣成市成山头	47.7	0.60	0.70	0.75	0.25	0.40	0.45	Ⅱ
	莘县朝城	42.7	0.35	0.45	0.50	0.25	0.35	0.40	Ⅱ
	泰安市泰山	1533.7	0.65	0.85	0.95	0.40	0.55	0.60	Ⅱ
	泰安市	128.8	0.30	0.40	0.45	0.20	0.35	0.40	Ⅱ
	淄博市张店	34.0	0.30	0.40	0.45	0.30	0.45	0.50	Ⅱ
	沂源	304.5	0.30	0.35	0.40	0.20	0.30	0.35	Ⅱ
	潍坊市	44.1	0.30	0.40	0.45	0.25	0.35	0.40	Ⅱ
	莱阳市	30.5	0.30	0.40	0.45	0.15	0.25	0.30	Ⅱ

续表

省市名	城市名	海拔高度（m）	风压（kN/m²）			雪压（kN/m²）			雪荷载准永久值系数分区
			$n=10$	$n=50$	$n=100$	$n=10$	$n=50$	$n=100$	
山东	青岛市	76.0	0.45	0.60	0.70	0.15	0.20	0.25	Ⅱ
	海阳	65.2	0.40	0.55	0.60	0.10	0.15	0.15	Ⅱ
	荣城市石岛	33.7	0.40	0.55	0.65	0.10	0.15	0.15	Ⅱ
	菏泽市	49.7	0.25	0.40	0.45	0.20	0.30	0.35	Ⅱ
	兖州	51.7	0.25	0.40	0.45	0.25	0.35	0.45	Ⅱ
	莒县	107.4	0.25	0.35	0.40	0.20	0.35	0.40	Ⅱ
	临沂	87.9	0.30	0.40	0.45	0.25	0.40	0.45	Ⅱ
	日照市	16.1	0.30	0.40	0.45				
江苏	南京市	8.9	0.25	0.40	0.45	0.40	0.65	0.75	Ⅱ
	徐州市	41.0	0.25	0.35	0.40	0.25	0.35	0.40	Ⅱ
	赣榆	2.1	0.30	0.45	0.50	0.25	0.35	0.40	Ⅱ
	盱眙	34.5	0.25	0.35	0.40	0.20	0.30	0.35	Ⅱ
	淮阴市	17.5	0.25	0.40	0.45	0.25	0.40	0.45	Ⅱ
	射阳	2.0	0.30	0.40	0.45	0.15	0.20	0.25	Ⅲ
	镇江	26.5	0.30	0.40	0.45	0.25	0.35	0.40	Ⅲ

续表

省市名	城市名	海拔高度（m）	风压（kN/m²）			雪压（kN/m²）			雪荷载准永久值系数分区
			$n=10$	$n=50$	$n=100$	$n=10$	$n=50$	$n=100$	
江苏	无锡	6.7	0.30	0.45	0.50	0.30	0.40	0.45	Ⅲ
	泰州	6.6	0.25	0.40	0.45	0.25	0.35	0.40	Ⅲ
	连云港	3.7	0.35	0.55	0.65	0.25	0.40	0.45	Ⅱ
	盐城	3.6	0.25	0.45	0.55	0.20	0.35	0.40	Ⅲ
	高邮	5.4	0.25	0.40	0.45	0.20	0.35	0.40	Ⅲ
	东台市	4.3	0.30	0.40	0.45	0.20	0.30	0.35	Ⅲ
	南通市	5.3	0.30	0.45	0.50	0.15	0.25	0.30	Ⅲ
	启东县吕泗	5.5	0.35	0.50	0.55	0.10	0.20	0.25	Ⅲ
	常州市	4.9	0.25	0.40	0.45	0.20	0.35	0.40	Ⅲ
	溧阳	7.2	0.25	0.40	0.45	0.30	0.50	0.55	Ⅲ
	吴县东山	17.5	0.30	0.45	0.50	0.25	0.40	0.45	Ⅲ
浙江	杭州市	41.7	0.30	0.45	0.50	0.30	0.45	0.50	Ⅲ
	临安县天目山	1505.9	0.55	0.70	0.80	0.100	0.160	0.185	Ⅱ
	平湖县乍浦	5.4	0.35	0.45	0.50	0.25	0.35	0.40	Ⅲ
	慈溪市	7.1	0.30	0.45	0.50	0.25	0.35	0.40	Ⅲ

续表

省市名	城市名	海拔高度 (m)	风压 (kN/m²)			雪压 (kN/m²)			雪荷载准永久值系数分区
			$n=10$	$n=50$	$n=100$	$n=10$	$n=50$	$n=100$	
浙江	嵊泗	79.6	0.85	1.30	1.55				
	嵊泗县嵊山	124.6	0.95	1.50	1.75				
	舟山市	35.7	0.50	0.85	1.00	0.30	0.50	0.60	Ⅲ
	金华市	62.6	0.25	0.35	0.40	0.35	0.55	0.65	Ⅲ
	嵊县	104.3	0.25	0.40	0.50	0.35	0.55	0.65	Ⅲ
	宁波市	4.2	0.30	0.50	0.60	0.20	0.30	0.35	Ⅲ
	象山县石浦	128.4	0.75	1.20	1.40	0.20	0.30	0.35	Ⅲ
	衢州市	66.9	0.25	0.35	0.40	0.30	0.50	0.60	Ⅲ
	丽水市	60.8	0.20	0.30	0.35	0.30	0.45	0.50	Ⅲ
	龙泉	198.4	0.20	0.30	0.35	0.35	0.55	0.65	Ⅲ
	临海市括苍山	1383.1	0.60	0.90	1.05	0.40	0.60	0.70	Ⅲ
	温州市	6.0	0.35	0.60	0.70	0.25	0.35	0.40	Ⅲ
	椒江市洪家	1.3	0.35	0.55	0.65	0.20	0.30	0.35	Ⅲ
	椒江市下大陈	86.2	0.90	1.40	1.65	0.25	0.35	0.40	Ⅲ
	玉环县坎门	95.9	0.70	1.20	1.45	0.20	0.35	0.40	Ⅲ
	瑞安市北麂	42.3	0.95	1.60	1.90				

续表

省市名	城市名	海拔高度（m）	风压（kN/m²）			雪压（kN/m²）			雪荷载准永久值系数分区
			$n=10$	$n=50$	$n=100$	$n=10$	$n=50$	$n=100$	
安徽	合肥市	27.9	0.25	0.35	0.40	0.40	0.60	0.70	Ⅱ
	砀山	43.2	0.25	0.35	0.40	0.25	0.40	0.45	Ⅱ
	亳州市	37.7	0.25	0.45	0.55	0.25	0.40	0.45	Ⅱ
	宿县	25.9	0.25	0.40	0.50	0.25	0.40	0.45	Ⅱ
	寿县	22.7	0.25	0.35	0.40	0.30	0.50	0.55	Ⅱ
	蚌埠市	18.7	0.25	0.35	0.40	0.30	0.45	0.55	Ⅱ
	滁县	25.3	0.25	0.35	0.40	0.25	0.40	0.45	Ⅱ
	六安市	60.5	0.20	0.35	0.40	0.35	0.55	0.60	Ⅱ
	霍山	68.1	0.20	0.35	0.40	0.40	0.60	0.65	Ⅱ
	巢县	22.4	0.25	0.35	0.40	0.30	0.45	0.50	Ⅱ
	安庆市	19.8	0.25	0.40	0.45	0.20	0.35	0.40	Ⅲ
	宁国	89.4	0.25	0.35	0.40	0.30	0.50	0.55	Ⅲ
	黄山	1840.4	0.50	0.70	0.80	0.35	0.45	0.50	Ⅲ
	黄山市	142.7	0.25	0.35	0.40	0.30	0.45	0.50	Ⅲ
	阜阳市	30.6				0.35	0.55	0.60	Ⅱ

续表

省市名	城市名	海拔高度（m）	风压（kN/m²）			雪压（kN/m²）			雪荷载准永久值系数分区
			$n=10$	$n=50$	$n=100$	$n=10$	$n=50$	$n=100$	
江西	南昌市	46.7	0.30	0.45	0.55	0.30	0.45	0.50	Ⅲ
	修水	146.8	0.20	0.30	0.35	0.25	0.40	0.50	Ⅲ
	宜春市	131.3	0.20	0.30	0.35	0.25	0.40	0.45	Ⅲ
	吉安	76.4	0.25	0.30	0.35	0.25	0.35	0.45	Ⅲ
	宁冈	263.1	0.20	0.30	0.35	0.30	0.45	0.50	Ⅲ
	遂川	126.1	0.20	0.30	0.35	0.30	0.45	0.55	Ⅲ
	赣州市	123.8	0.20	0.30	0.35	0.20	0.35	0.40	Ⅲ
	九江	36.1	0.25	0.35	0.40	0.30	0.40	0.45	Ⅲ
	庐山	1164.5	0.40	0.55	0.60	0.55	0.75	0.85	Ⅲ
	波阳	40.1	0.25	0.40	0.45	0.35	0.60	0.70	Ⅲ
	景德镇市	61.5	0.25	0.35	0.40	0.25	0.35	0.40	Ⅲ
	樟树市	30.4	0.20	0.30	0.35	0.25	0.40	0.45	Ⅲ
	贵溪	51.2	0.20	0.30	0.35	0.35	0.50	0.60	Ⅲ
	玉山	116.3	0.20	0.30	0.35	0.35	0.55	0.65	Ⅲ
	南城	80.8	0.25	0.30	0.35	0.20	0.35	0.40	Ⅲ
	广昌	143.8	0.20	0.30	0.35	0.30	0.45	0.50	Ⅲ
	寻乌	303.9	0.25	0.30	0.35				

续表

省市名	城市名	海拔高度(m)	风压(kN/m²)			雪压(kN/m²)			雪荷载准永久值系数分区
			$n=10$	$n=50$	$n=100$	$n=10$	$n=50$	$n=100$	
福建	福州市	83.8	0.40	0.70	0.85				
	邵武市	191.5	0.20	0.30	0.35	0.25	0.35	0.40	Ⅲ
	铅山县七仙山	1401.9	0.55	0.70	0.80	0.40	0.60	0.70	Ⅲ
	浦城	276.9	0.20	0.30	0.35	0.35	0.55	0.65	Ⅲ
	建阳	196.9	0.25	0.35	0.40	0.35	0.50	0.55	Ⅲ
	建瓯	154.9	0.25	0.35	0.40	0.25	0.35	0.40	Ⅲ
	福鼎	36.2	0.35	0.70	0.90				
	泰宁	342.9	0.20	0.30	0.35	0.30	0.50	0.60	Ⅲ
	南平市	125.6	0.20	0.35	0.45				
	福鼎县台山	106.6	0.75	1.00	1.10				
	长汀	310.0	0.20	0.35	0.40	0.15	0.25	0.30	Ⅲ
	上杭	197.9	0.25	0.30	0.35				
	永安市	206.0	0.25	0.40	0.45				
	龙岩市	342.3	0.20	0.35	0.45				
	德化县九仙山	1653.5	0.60	0.80	0.90	0.25	0.40	0.50	Ⅲ

续表

省市名	城市名	海拔高度（m）	风压（kN/m²）			雪压（kN/m²）			雪荷载准永久值系数分区
			$n=10$	$n=50$	$n=100$	$n=10$	$n=50$	$n=100$	
福建	屏南	896.5	0.20	0.30	0.35	0.25	0.45	0.50	Ⅲ
	平潭	32.4	0.75	1.30	1.60				
	崇武	21.8	0.55	0.80	0.90				
	厦门市	139.4	0.50	0.80	0.95				
	东山	53.3	0.80	1.25	1.45				
陕西	西安市	397.5	0.25	0.35	0.40	0.20	0.25	0.30	Ⅱ
	榆林市	1057.5	0.25	0.40	0.45	0.20	0.25	0.30	Ⅱ
	吴旗	1272.6	0.25	0.40	0.50	0.15	0.20	0.20	Ⅱ
	横山	1111.0	0.30	0.40	0.45	0.15	0.25	0.30	Ⅱ
	绥德	929.7	0.30	0.40	0.45	0.20	0.35	0.40	Ⅱ
	延安市	957.8	0.25	0.35	0.40	0.15	0.25	0.30	Ⅱ
	长武	1206.5	0.20	0.30	0.35	0.20	0.30	0.35	Ⅱ
	洛川	1158.3	0.25	0.35	0.40	0.25	0.35	0.40	Ⅱ
	铜川市	978.9	0.20	0.35	0.40	0.15	0.20	0.25	Ⅱ
	宝鸡市	612.4	0.20	0.35	0.40	0.15	0.20	0.25	Ⅱ

续表

省市名	城市名	海拔高度（m）	风压（kN/m²）			雪压（kN/m²）			雪荷载准永久值系数分区
			$n=10$	$n=50$	$n=100$	$n=10$	$n=50$	$n=100$	
陕西	武功	447.8	0.20	0.35	0.40	0.20	0.25	0.30	Ⅱ
	华阴县华山	2064.9	0.40	0.50	0.55	0.50	0.70	0.75	Ⅱ
	略阳	794.2	0.25	0.35	0.40	0.10	0.15	0.15	Ⅲ
	汉中市	508.4	0.20	0.30	0.35	0.15	0.20	0.25	Ⅲ
	佛坪	1087.7	0.25	0.30	0.35	0.15	0.25	0.30	Ⅲ
	商州市	742.2	0.25	0.30	0.35	0.20	0.30	0.35	Ⅱ
	镇安	693.7	0.20	0.30	0.35	0.20	0.30	0.35	Ⅲ
	石泉	484.9	0.20	0.30	0.35	0.20	0.30	0.35	Ⅲ
	安康市	290.8	0.30	0.45	0.50	0.10	0.15	0.20	Ⅲ
甘肃	兰州市	1517.2	0.20	0.30	0.35	0.10	0.15	0.20	Ⅱ
	吉诃德	966.5	0.45	0.55	0.60				
	安西	1170.8	0.40	0.55	0.60	0.10	0.20	0.25	Ⅱ
	酒泉市	1477.2	0.40	0.55	0.60	0.20	0.30	0.35	Ⅱ
	张掖市	1482.7	0.30	0.50	0.60	0.05	0.10	0.15	Ⅱ
	武威市	1530.9	0.35	0.55	0.65	0.15	0.20	0.25	Ⅱ

续表

省市名	城市名	海拔高度(m)	风压(kN/m²)			雪压(kN/m²)			雪荷载准永久值系数分区
			$n=10$	$n=50$	$n=100$	$n=10$	$n=50$	$n=100$	
甘肃	民勤	1367.0	0.40	0.50	0.55	0.05	0.10	0.10	Ⅱ
	乌鞘岭	3045.1	0.35	0.40	0.45	0.35	0.55	0.60	Ⅱ
	景泰	1630.5	0.25	0.40	0.45	0.10	0.15	0.20	Ⅱ
	靖远	1398.2	0.20	0.30	0.35	0.15	0.20	0.25	Ⅱ
	临夏市	1917.0	0.20	0.30	0.35	0.15	0.25	0.30	Ⅱ
	临洮	1886.6	0.20	0.30	0.35	0.30	0.50	0.55	Ⅱ
	华家岭	2450.6	0.30	0.40	0.45	0.25	0.40	0.45	Ⅱ
	环县	1255.6	0.20	0.30	0.35	0.15	0.25	0.30	Ⅱ
	平凉市	1346.6	0.25	0.30	0.35	0.15	0.25	0.30	Ⅱ
	西峰镇	1421.0	0.20	0.30	0.35	0.25	0.40	0.45	Ⅱ
	玛曲	3471.4	0.25	0.30	0.35	0.15	0.20	0.25	Ⅱ
	夏河县合作	2910.0	0.25	0.30	0.35	0.25	0.40	0.45	Ⅱ
	武都	1079.1	0.25	0.35	0.40	0.05	0.10	0.15	Ⅲ
	天水市	1141.7	0.20	0.35	0.40	0.15	0.20	0.25	Ⅱ
	马宗山	1962.7				0.10	0.15	0.20	Ⅱ

续表

省市名	城市名	海拔高度（m）	风压（kN/m^2）			雪压（kN/m^2）			雪荷载准永久值系数分区
			$n=10$	$n=50$	$n=100$	$n=10$	$n=50$	$n=100$	
甘肃	敦煌	1139.0				0.10	0.15	0.20	Ⅱ
	玉门市	1526.0				0.15	0.20	0.25	Ⅱ
	金塔县鼎新	1177.4				0.05	0.10	0.15	Ⅱ
	高台	1332.2				0.05	0.10	0.15	Ⅱ
	山丹	1764.6				0.15	0.20	0.25	Ⅱ
	永昌	1976.1				0.10	0.15	0.20	Ⅱ
	榆中	1874.1				0.15	0.20	0.25	Ⅱ
	会宁	2012.2				0.20	0.30	0.35	Ⅱ
	岷县	2315.0				0.10	0.15	0.20	Ⅱ
宁夏	银川市	1111.4	0.40	0.65	0.75	0.15	0.20	0.25	Ⅱ
	惠农	1091.0	0.45	0.65	0.70	0.05	0.10	0.10	Ⅱ
	陶乐	1101.6				0.05	0.10	0.10	Ⅱ
	中卫	1225.7	0.30	0.45	0.50	0.05	0.10	0.15	Ⅱ
	中宁	1183.3	0.30	0.35	0.40	0.10	0.15	0.20	Ⅱ
	盐池	1347.8	0.30	0.40	0.45	0.20	0.30	0.35	Ⅱ

续表

省市名	城市名	海拔高度(m)	风压（kN/m^2）			雪压（kN/m^2）			雪荷载准永久值系数分区
			$n=10$	$n=50$	$n=100$	$n=10$	$n=50$	$n=100$	
宁夏	海源	1854.2	0.25	0.30	0.35	0.25	0.40	0.45	Ⅱ
	同心	1343.9	0.20	0.30	0.35	0.10	0.10	0.15	Ⅱ
	固原	1753.0	0.25	0.35	0.40	0.30	0.40	0.45	Ⅱ
	西吉	1916.5	0.20	0.30	0.35	0.15	0.20	0.20	Ⅱ
青海	西宁市	2261.2	0.25	0.35	0.40	0.15	0.20	0.25	Ⅱ
	茫崖	3138.5	0.30	0.40	0.45	0.05	0.10	0.10	Ⅱ
	冷湖	2733.0	0.40	0.55	0.60	0.05	0.10	0.10	Ⅱ
	祁连县托勒	3367.0	0.30	0.40	0.45	0.20	0.25	0.30	Ⅱ
	祁连县野牛沟	3180.0	0.30	0.40	0.45	0.15	0.20	0.20	Ⅱ
	祁连	2787.4	0.30	0.35	0.40	0.10	0.15	0.15	Ⅱ
	格尔木市小灶火	2767.0	0.30	0.40	0.45	0.05	0.10	0.10	Ⅱ
	大柴旦	3173.2	0.30	0.40	0.45	0.10	0.15	0.15	Ⅱ
	德令哈市	2981.5	0.25	0.35	0.40	0.10	0.15	0.20	Ⅱ
	刚察	3301.5	0.25	0.35	0.40	0.20	0.25	0.30	Ⅱ
	门源	2850.0	0.25	0.35	0.40	0.15	0.25	0.30	Ⅱ

续表

省市名	城市名	海拔高度 (m)	风压 (kN/m²)			雪压 (kN/m²)			雪荷载准永久值系数分区
			$n=10$	$n=50$	$n=100$	$n=10$	$n=50$	$n=100$	
青海	格尔木市	2807.6	0.30	0.40	0.45	0.10	0.20	0.25	Ⅱ
	都兰县诺木洪	2790.4	0.35	0.50	0.60	0.05	0.10	0.10	Ⅱ
	都兰	3191.1	0.30	0.45	0.55	0.20	0.25	0.30	Ⅱ
	乌兰县茶卡	3087.6	0.25	0.35	0.40	0.15	0.20	0.25	Ⅱ
	共和县恰卜恰	2835.0	0.25	0.35	0.40	0.10	0.15	0.15	Ⅱ
	贵德	2237.1	0.25	0.30	0.35	0.05	0.10	0.10	Ⅱ
	民和	1813.9	0.20	0.30	0.35	0.10	0.10	0.15	Ⅱ
	唐古拉山五道梁	4612.2	0.35	0.45	0.50	0.20	0.25	0.30	Ⅰ
	兴海	3323.2	0.25	0.35	0.40	0.15	0.20	0.20	Ⅱ
	同德	3289.4	0.25	0.30	0.35	0.20	0.30	0.35	Ⅱ
	泽库	3662.8	0.25	0.30	0.35	0.30	0.40	0.45	Ⅱ
	格尔木市托托河	4533.1	0.40	0.50	0.55	0.25	0.35	0.40	Ⅰ
	治多	4179.0	0.25	0.30	0.35	0.15	0.20	0.25	Ⅰ
	杂多	4066.4	0.25	0.35	0.40	0.20	0.25	0.30	Ⅱ
	曲麻莱	4231.2	0.25	0.35	0.40	0.15	0.25	0.30	Ⅰ

续表

省市名	城市名	海拔高度（m）	风压（kN/m²）			雪压（kN/m²）			雪荷载准永久值系数分区
			$n=10$	$n=50$	$n=100$	$n=10$	$n=50$	$n=100$	
青海	玉树	3681.2	0.20	0.30	0.35	0.15	0.20	0.25	Ⅱ
	玛多	4272.3	0.30	0.40	0.45	0.25	0.35	0.40	Ⅰ
	称多县清水河	4415.4	0.25	0.30	0.35	0.20	0.25	0.30	Ⅰ
	玛沁县仁峡姆	4211.1	0.30	0.35	0.40	0.15	0.25	0.30	Ⅰ
	达日县吉迈	3967.5	0.25	0.35	0.40	0.20	0.25	0.30	Ⅰ
	河南	3500.0	0.25	0.40	0.45	0.20	0.25	0.30	Ⅱ
	久治	3628.5	0.20	0.30	0.35	0.20	0.25	0.30	Ⅱ
	昂欠	3643.7	0.25	0.30	0.35	0.10	0.20	0.25	Ⅱ
	班玛	3750.0	0.20	0.30	0.35	0.15	0.20	0.25	Ⅱ
新疆	乌鲁木齐市	917.9	0.40	0.60	0.70	0.60	0.80	0.90	Ⅰ
	阿勒泰市	735.3	0.40	0.70	0.85	0.85	1.25	1.40	Ⅰ
	博乐市阿拉山口	284.8	0.95	1.35	1.55	0.20	0.25	0.25	Ⅰ
	克拉玛依市	427.3	0.65	0.90	1.00	0.20	0.30	0.35	Ⅰ
	伊宁市	662.5	0.40	0.60	0.70	0.70	1.00	1.15	Ⅰ
	昭苏	1851.0	0.25	0.40	0.45	0.55	0.75	0.85	Ⅰ

续表

省市名	城市名	海拔高度（m）	风压（kN/m²）			雪压（kN/m²）			雪荷载准永久值系数分区
			$n=10$	$n=50$	$n=100$	$n=10$	$n=50$	$n=100$	
新疆	乌鲁木齐县达板城	1103.5	0.55	0.80	0.90	0.15	0.20	0.20	Ⅰ
	和静县巴音布鲁克	2458.0	0.25	0.35	0.40	0.45	0.65	0.75	Ⅰ
	吐鲁番市	34.5	0.50	0.85	1.00	0.15	0.20	0.25	Ⅱ
	阿克苏市	1103.8	0.30	0.45	0.50	0.15	0.25	0.30	Ⅱ
	库车	1099.0	0.35	0.50	0.60	0.15	0.25	0.30	Ⅱ
	库尔勒市	931.5	0.30	0.45	0.50	0.15	0.25	0.30	Ⅱ
	乌恰	2175.7	0.25	0.35	0.40	0.35	0.50	0.60	Ⅱ
	喀什市	1288.7	0.35	0.55	0.65	0.30	0.45	0.50	Ⅱ
	阿合奇	1984.9	0.25	0.35	0.40	0.25	0.35	0.40	Ⅱ
	皮山	1375.4	0.20	0.30	0.35	0.15	0.20	0.25	Ⅱ
	和田	1374.6	0.25	0.40	0.45	0.10	0.20	0.25	Ⅱ
	民丰	1409.3	0.20	0.30	0.35	0.10	0.15	0.15	Ⅱ
	民丰县安的河	1262.8	0.20	0.30	0.35	0.05	0.05	0.05	Ⅱ
	于田	1422.0	0.20	0.30	0.35	0.10	0.15	0.15	Ⅱ
	哈密	737.2	0.40	0.60	0.70	0.15	0.20	0.25	Ⅱ

续表

省市名	城市名	海拔高度（m）	风压（kN/m²）			雪压（kN/m²）			雪荷载准永久值系数分区
			$n=10$	$n=50$	$n=100$	$n=10$	$n=50$	$n=100$	
新疆	哈巴河	532.6				0.55	0.75	0.85	Ⅰ
	吉木乃	984.1				0.70	1.00	1.15	Ⅰ
	福海	500.9				0.30	0.45	0.50	Ⅰ
	富蕴	807.5				0.65	0.95	1.05	Ⅰ
	塔城	534.9				0.95	1.35	1.55	Ⅰ
	和布克赛尔	1291.6				0.25	0.40	0.45	Ⅰ
	青河	1218.2				0.55	0.80	0.90	Ⅰ
	托里	1077.8				0.55	0.75	0.85	Ⅰ
	北塔山	1653.7				0.55	0.65	0.70	Ⅰ
	温泉	1354.6				0.35	0.45	0.50	Ⅰ
	精河	320.1				0.20	0.30	0.35	Ⅰ
	乌苏	478.7				0.40	0.55	0.60	Ⅰ
	石河子	442.9				0.50	0.70	0.80	Ⅰ
	蔡家湖	440.5				0.40	0.50	0.55	Ⅰ
	奇台	793.5				0.55	0.75	0.85	Ⅰ

续表

省市名	城市名	海拔高度（m）	风压（kN/m²）			雪压（kN/m²）			雪荷载准永久值系数分区
			$n=10$	$n=50$	$n=100$	$n=10$	$n=50$	$n=100$	
新疆	巴仑台	1752.5				0.20	0.30	0.35	Ⅱ
	七角井	873.2				0.05	0.10	0.15	Ⅱ
	库米什	922.4				0.05	0.10	0.10	Ⅱ
	焉耆	1055.8				0.15	0.20	0.25	Ⅱ
	拜城	1229.2				0.20	0.30	0.35	Ⅱ
	轮台	976.1				0.15	0.25	0.30	Ⅱ
	吐尔格特	3504.4				0.35	0.50	0.55	Ⅱ
	巴楚	1116.5				0.10	0.15	0.20	Ⅱ
	柯坪	1161.8				0.05	0.10	0.15	Ⅱ
	阿拉尔	1012.2				0.05	0.10	0.10	Ⅱ
	铁干里克	846.0				0.10	0.15	0.15	Ⅱ
	若羌	888.3				0.10	0.15	0.20	Ⅱ
	塔吉克	3090.9				0.15	0.25	0.30	Ⅱ
	莎车	1231.2				0.15	0.20	0.25	Ⅱ
	且末	1247.5				0.10	0.15	0.20	Ⅱ
	红柳河	1700.0				0.10	0.15	0.15	Ⅱ

续表

省市名	城市名	海拔高度（m）	风压（kN/m²）			雪压（kN/m²）			雪荷载准永久值系数分区
			$n=10$	$n=50$	$n=100$	$n=10$	$n=50$	$n=100$	
河南	郑州市	110.4	0.30	0.45	0.50	0.25	0.40	0.45	Ⅱ
	安阳市	75.5	0.25	0.45	0.55	0.25	0.40	0.45	Ⅱ
	新乡市	72.7	0.30	0.40	0.45	0.20	0.30	0.35	Ⅱ
	三门峡市	410.1	0.25	0.40	0.45	0.15	0.20	0.25	Ⅱ
	卢氏	568.8	0.20	0.30	0.35	0.20	0.30	0.35	Ⅱ
	孟津	323.3	0.30	0.45	0.50	0.30	0.40	0.50	Ⅱ
	洛阳市	137.1	0.25	0.40	0.45	0.25	0.35	0.40	Ⅱ
	栾川	750.1	0.20	0.30	0.35	0.25	0.40	0.45	Ⅱ
	许昌市	66.8	0.30	0.40	0.45	0.25	0.40	0.45	Ⅱ
	开封市	72.5	0.30	0.45	0.50	0.20	0.30	0.35	Ⅱ
	西峡	250.3	0.25	0.35	0.40	0.20	0.30	0.35	Ⅱ
	南阳市	129.2	0.25	0.35	0.40	0.30	0.45	0.50	Ⅱ
	宝丰	136.4	0.25	0.35	0.40	0.20	0.30	0.35	Ⅱ
	西华	52.6	0.25	0.45	0.55	0.30	0.45	0.50	Ⅱ
	驻马店市	82.7	0.25	0.40	0.45	0.30	0.45	0.50	Ⅱ
	信阳市	114.5	0.25	0.35	0.40	0.35	0.55	0.65	Ⅱ
	商丘市	50.1	0.20	0.35	0.45	0.30	0.45	0.50	Ⅱ
	固始	57.1	0.20	0.35	0.40	0.35	0.50	0.60	Ⅱ

续表

省市名	城市名	海拔高度（m）	风压（kN/m²）			雪压（kN/m²）			雪荷载准永久值系数分区
			$n=10$	$n=50$	$n=100$	$n=10$	$n=50$	$n=100$	
湖北	武汉市	23.3	0.25	0.35	0.40	0.30	0.50	0.60	Ⅱ
	郧县	201.9	0.20	0.30	0.35	0.25	0.40	0.45	Ⅱ
	房县	434.4	0.20	0.30	0.35	0.20	0.30	0.35	Ⅲ
	老河口市	90.0	0.20	0.30	0.35	0.25	0.35	0.40	Ⅱ
	枣阳市	125.5	0.25	0.40	0.45	0.25	0.40	0.45	Ⅱ
	巴东	294.5	0.15	0.30	0.35	0.15	0.20	0.25	Ⅲ
	钟祥	65.8	0.20	0.30	0.35	0.25	0.35	0.40	Ⅱ
	麻城市	59.3	0.20	0.35	0.45	0.35	0.55	0.65	Ⅱ
	恩施市	457.1	0.20	0.30	0.35	0.15	0.20	0.25	Ⅲ
	巴东县绿葱坡	1819.3	0.30	0.35	0.40	0.55	0.75	0.85	Ⅲ
	五峰县	908.4	0.20	0.30	0.35	0.25	0.35	0.40	Ⅲ
	宜昌市	133.1	0.20	0.30	0.35	0.20	0.30	0.35	Ⅲ
	江陵县荆州	32.6	0.20	0.30	0.35	0.25	0.40	0.45	Ⅱ
	天门市	34.1	0.20	0.30	0.35	0.25	0.35	0.45	Ⅱ
	来凤	459.5	0.20	0.30	0.35	0.15	0.20	0.25	Ⅲ
	嘉鱼	36.0	0.20	0.35	0.45	0.25	0.35	0.40	Ⅲ
	英山	123.8	0.20	0.30	0.35	0.25	0.40	0.45	Ⅲ
	黄石市	19.6	0.25	0.35	0.40	0.25	0.35	0.40	Ⅲ

续表

省市名	城市名	海拔高度（m）	风压（kN/m²）			雪压（kN/m²）			雪荷载准永久值系数分区
			$n=10$	$n=50$	$n=100$	$n=10$	$n=50$	$n=100$	
湖南	长沙市	44.9	0.25	0.35	0.40	0.30	0.45	0.50	Ⅲ
	桑植	322.2	0.20	0.30	0.35	0.25	0.35	0.40	Ⅲ
	石门	116.9	0.25	0.30	0.35	0.25	0.35	0.40	Ⅲ
	南县	36.0	0.25	0.40	0.50	0.30	0.45	0.50	Ⅲ
	岳阳市	53.0	0.25	0.40	0.45	0.35	0.55	0.65	Ⅲ
	吉首市	206.6	0.20	0.30	0.35	0.20	0.30	0.35	Ⅲ
	沅陵	151.6	0.20	0.30	0.35	0.20	0.35	0.40	Ⅲ
	常德市	35.0	0.25	0.40	0.50	0.30	0.50	0.60	Ⅱ
	安化	128.3	0.20	0.30	0.35	0.30	0.45	0.50	Ⅱ
	沅江市	36.0	0.25	0.40	0.45	0.35	0.55	0.65	Ⅲ
	平江	106.3	0.20	0.30	0.35	0.25	0.40	0.45	Ⅲ
	芷江	272.2	0.20	0.30	0.35	0.25	0.35	0.45	Ⅲ
	雪峰山	1404.9				0.50	0.75	0.85	Ⅱ
	邵阳市	248.6	0.20	0.30	0.35	0.20	0.30	0.35	Ⅲ
	双峰	100.0	0.20	0.30	0.35	0.25	0.40	0.45	Ⅲ

续表

省市名	城市名	海拔高度（m）	风压（kN/m²）			雪压（kN/m²）			雪荷载准永久值系数分区
			$n=10$	$n=50$	$n=100$	$n=10$	$n=50$	$n=100$	
湖南	南岳	1265.9	0.60	0.75	0.85	0.45	0.65	0.75	Ⅲ
	通道	397.5	0.25	0.30	0.35	0.15	0.25	0.30	Ⅲ
	武岗	341.0	0.20	0.30	0.35	0.20	0.30	0.35	Ⅲ
	零陵	172.6	0.25	0.40	0.45	0.15	0.25	0.30	Ⅲ
	衡阳市	103.2	0.25	0.40	0.45	0.20	0.35	0.40	Ⅲ
	道县	192.2	0.25	0.35	0.40	0.15	0.20	0.25	Ⅲ
	郴州市	184.9	0.20	0.30	0.35	0.20	0.30	0.35	Ⅲ
广东	广州市	6.6	0.30	0.50	0.60				
	南雄	133.8	0.20	0.30	0.35				
	连县	97.6	0.20	0.30	0.35				
	韶关	69.3	0.20	0.35	0.45				
	佛岗	67.8	0.20	0.30	0.35				
	连平	214.5	0.20	0.30	0.35				
	梅县	87.8	0.20	0.30	0.35				
	广宁	56.8	0.20	0.30	0.35				

续表

省市名	城市名	海拔高度（m）	风压（kN/m²）			雪压（kN/m²）			雪荷载准永久值系数分区
			$n=10$	$n=50$	$n=100$	$n=10$	$n=50$	$n=100$	
广东	高要	7.1	0.30	0.50	0.60				
	河源	40.6	0.20	0.30	0.35				
	惠阳	22.4	0.35	0.55	0.60				
	五华	120.9	0.20	0.30	0.35				
	汕头市	1.1	0.50	0.80	0.95				
	惠来	12.9	0.45	0.75	0.90				
	南澳	7.2	0.50	0.80	0.95				
	信宜	84.6	0.35	0.60	0.70				
	罗定	53.3	0.20	0.30	0.35				
	台山	32.7	0.35	0.55	0.65				
	深圳市	18.2	0.45	0.75	0.90				
	汕尾	4.6	0.50	0.85	1.00				
	湛江市	25.3	0.50	0.80	0.95				
	阳江	23.3	0.45	0.70	0.80				
	电白	11.8	0.45	0.70	0.80				
	台山县上川岛	21.5	0.75	1.05	1.20				
	徐闻	67.9	0.45	0.75	0.90				

续表

省市名	城市名	海拔高度（m）	风压（kN/m²）			雪压（kN/m²）			雪荷载准永久值系数分区
			$n=10$	$n=50$	$n=100$	$n=10$	$n=50$	$n=100$	
广西	南宁市	73.1	0.25	0.35	0.40				
	桂林市	164.4	0.20	0.30	0.35				
	柳州市	96.8	0.20	0.30	0.35				
	蒙山	145.7	0.20	0.30	0.35				
	贺山	108.8	0.20	0.30	0.35				
	百色市	173.5	0.25	0.45	0.55				
	靖西	739.4	0.20	0.30	0.35				
	桂平	42.5	0.20	0.30	0.35				
	梧州市	114.8	0.20	0.30	0.35				
	龙州	128.8	0.20	0.30	0.35				
	灵山	66.0	0.20	0.30	0.35				
	玉林	81.8	0.20	0.30	0.35				
	东兴	18.2	0.45	0.75	0.90				
	北海市	15.3	0.45	0.75	0.90				
	涠州岛	55.2	0.70	1.00	1.15				

续表

省市名	城市名	海拔高度（m）	风压（kN/m²）			雪压（kN/m²）			雪荷载准永久值系数分区
			$n=10$	$n=50$	$n=100$	$n=10$	$n=50$	$n=100$	
海南	海口市	14.1	0.45	0.75	0.90				
	东方	8.4	0.55	0.85	1.00				
	儋县	168.7	0.40	0.70	0.85				
	琼中	250.9	0.30	0.45	0.55				
	琼海	24.0	0.50	0.85	1.05				
	三亚市	5.5	0.50	0.85	1.05				
	陵水	13.9	0.50	0.85	1.05				
	西沙岛	4.7	1.05	1.80	2.20				
	珊瑚岛	4.0	0.70	1.10	1.30				
四川	成都市	506.1	0.20	0.30	0.35	0.10	0.10	0.15	Ⅲ
	石渠	4200.0	0.25	0.30	0.35	0.30	0.45	0.50	Ⅱ
	若尔盖	3439.6	0.25	0.30	0.35	0.30	0.40	0.45	Ⅱ
	甘孜	3393.5	0.35	0.45	0.50	0.25	0.40	0.45	Ⅱ
	都江堰市	706.7	0.20	0.30	0.35	0.15	0.25	0.30	Ⅲ
	绵阳市	470.8	0.20	0.30	0.35				

续表

省市名	城市名	海拔高度（m）	风压（kN/m²）			雪压（kN/m²）			雪荷载准永久值系数分区
			$n=10$	$n=50$	$n=100$	$n=10$	$n=50$	$n=100$	
四川	雅安市	627.6	0.20	0.30	0.35	0.10	0.20	0.20	Ⅲ
	资阳	357.0	0.20	0.30	0.35				
	康定	2615.7	0.30	0.35	0.40	0.30	0.50	0.55	Ⅱ
	汉源	795.9	0.20	0.30	0.35				
	九龙	2987.3	0.20	0.30	0.35	0.15	0.20	0.20	Ⅲ
	越西	1659.0	0.25	0.30	0.35	0.15	0.25	0.30	Ⅲ
	昭觉	2132.4	0.25	0.30	0.35	0.25	0.35	0.40	Ⅲ
	雷波	1474.9	0.20	0.30	0.35	0.20	0.30	0.35	Ⅲ
	宜宾市	340.8	0.20	0.30	0.35				
	盐源	2545.0	0.20	0.30	0.35	0.20	0.30	0.35	Ⅲ
	西昌市	1590.9	0.20	0.30	0.35	0.20	0.30	0.35	Ⅲ
	会理	1787.1	0.20	0.30	0.35				
	万源	674.0	0.20	0.30	0.35	0.50	0.10	0.15	Ⅲ
	阆中	382.6	0.20	0.30	0.35				
	巴中	358.9	0.20	0.30	0.35				

续表

省市名	城市名	海拔高度（m）	风压（kN/m²）			雪压（kN/m²）			雪荷载准永久值系数分区
			$n=10$	$n=50$	$n=100$	$n=10$	$n=50$	$n=100$	
四川	达县市	310.4	0.20	0.35	0.45				
	奉节	607.3	0.25	0.35	0.40	0.20	0.35	0.40	Ⅲ
	遂宁市	278.2	0.20	0.30	0.35				
	南充市	309.3	0.20	0.30	0.35				
	梁平	454.6	0.20	0.30	0.35				
	万县市	186.7	0.15	0.30	0.35				
	内江市	347.1	0.25	0.40	0.50				
	涪陵市	273.5	0.20	0.30	0.35				
	泸州市	334.8	0.20	0.30	0.35				
	叙永	377.5	0.20	0.30	0.35				
	德格	3201.2				0.15	0.20	0.25	Ⅱ
	色达	3893.9				0.30	0.40	0.45	Ⅱ
	道孚	2957.2				0.15	0.20	0.25	Ⅱ
	阿坝	3275.1				0.25	0.40	0.45	Ⅱ
	马尔康	2664.4				0.15	0.25	0.30	Ⅱ

续表

省市名	城市名	海拔高度（m）	风压（kN/m²）			雪压（kN/m²）			雪荷载准永久值系数分区
			$n=10$	$n=50$	$n=100$	$n=10$	$n=50$	$n=100$	
四川	红原	3491.6				0.25	0.40	0.45	Ⅱ
	小金	2369.2				0.10	0.15	0.15	Ⅱ
	松潘	2850.7				0.20	0.30	0.35	Ⅱ
	新龙	3000.0				0.10	0.15	0.15	Ⅱ
	理塘	3948.9				0.35	0.50	0.60	Ⅱ
	稻城	3727.7				0.20	0.30	0.35	Ⅲ
	峨眉山	3047.4				0.40	0.50	0.55	Ⅱ
	金佛山	1905.9				0.35	0.50	0.60	Ⅱ
贵州	贵阳市	1074.3	0.20	0.30	0.35	0.10	0.20	0.25	Ⅲ
	威宁	2237.5	0.25	0.35	0.40	0.25	0.35	0.40	Ⅲ
	盘县	1515.2	0.25	0.35	0.40	0.25	0.35	0.45	Ⅲ
	桐梓	972.0	0.20	0.30	0.35	0.10	0.15	0.20	Ⅲ
	习水	1180.2	0.20	0.30	0.35	0.15	0.20	0.25	Ⅲ
	毕节	1510.6	0.20	0.30	0.35	0.15	0.25	0.30	Ⅲ
	遵义市	843.9	0.20	0.30	0.35	0.10	0.15	0.20	Ⅲ

续表

省市名	城市名	海拔高度 (m)	风压 (kN/m²)			雪压 (kN/m²)			雪荷载准永久值系数分区
			$n=10$	$n=50$	$n=100$	$n=10$	$n=50$	$n=100$	
贵州	湄潭	791.8				0.15	0.20	0.25	Ⅲ
	思南	416.3	0.20	0.30	0.35	0.10	0.20	0.25	Ⅲ
	铜仁	279.7	0.20	0.30	0.35	0.20	0.30	0.35	Ⅲ
	黔西	1251.8				0.15	0.20	0.25	Ⅲ
	安顺市	1392.9	0.20	0.30	0.35	0.20	0.30	0.35	Ⅲ
	凯里市	720.3	0.20	0.30	0.35	0.15	0.20	0.25	Ⅲ
	三穗	610.5				0.20	0.30	0.35	Ⅲ
	兴仁	1378.5	0.20	0.30	0.35	0.20	0.35	0.40	Ⅲ
	罗甸	440.3	0.20	0.30	0.35				
	独山	1013.3				0.20	0.30	0.35	Ⅲ
	榕江	285.7				0.10	0.15	0.20	Ⅲ
云南	昆明市	1891.4	0.20	0.30	0.35	0.20	0.30	0.35	Ⅲ
	德钦	3485.0	0.25	0.35	0.40	0.60	0.90	1.05	Ⅱ
	贡山	1591.3	0.20	0.30	0.35	0.50	0.85	1.00	Ⅱ
	中甸	3276.1	0.20	0.30	0.35	0.50	0.80	0.90	Ⅱ

续表

省市名	城市名	海拔高度（m）	风压（kN/m²）			雪压（kN/m²）			雪荷载准永久值系数分区
			$n=10$	$n=50$	$n=100$	$n=10$	$n=50$	$n=100$	
云南	维西	2325.6	0.20	0.30	0.35	0.40	0.55	0.65	Ⅲ
	昭通市	1949.5	0.25	0.35	0.40	0.15	0.25	0.30	Ⅲ
	丽江	2393.2	0.25	0.30	0.35	0.20	0.30	0.35	Ⅲ
	华坪	1244.8	0.25	0.35	0.40				
	会泽	2109.5	0.25	0.35	0.40	0.25	0.35	0.40	Ⅲ
	腾冲	1654.6	0.20	0.30	0.35				
	泸水	1804.9	0.20	0.30	0.35				
	保山市	1653.5	0.20	0.30	0.35				
	大理市	1990.5	0.45	0.65	0.75				
	元谋	1120.2	0.25	0.35	0.40				
	楚雄市	1772.0	0.20	0.35	0.40				
	曲靖市沾益	1898.7	0.25	0.30	0.35	0.25	0.40	0.45	Ⅲ
	瑞丽	776.6	0.20	0.30	0.35				
	景东	1162.3	0.20	0.30	0.35				
	玉溪	1636.7	0.20	0.30	0.35				

续表

省市名	城市名	海拔高度（m）	风压（kN/m²）			雪压（kN/m²）			雪荷载准永久值系数分区
			$n=10$	$n=50$	$n=100$	$n=10$	$n=50$	$n=100$	
云南	宜良	1532.1	0.25	0.40	0.50				
	泸西	1704.3	0.25	0.30	0.35				
	孟定	511.4	0.25	0.40	0.45				
	临沧	1502.4	0.20	0.30	0.35				
	澜沧	1054.8	0.20	0.30	0.35				
	景洪	552.7	0.20	0.40	0.50				
	思茅	1302.1	0.25	0.45	0.55				
	元江	400.9	0.25	0.30	0.35				
	勐腊	631.9	0.20	0.30	0.35				
	江城	1119.5	0.20	0.40	0.50				
	蒙自	1300.7	0.25	0.30	0.35				
	屏边	1414.1	0.20	0.30	0.35				
	文山	1271.6	0.20	0.30	0.35				
	广南	1249.6	0.25	0.35	0.40				

续表

省市名	城市名	海拔高度(m)	风压(kN/m²)			雪压(kN/m²)			雪荷载准永久值系数分区
			$n=10$	$n=50$	$n=100$	$n=10$	$n=50$	$n=100$	
西藏	拉萨市	3658.0	0.20	0.30	0.35	0.10	0.15	0.20	Ⅲ
	班戈	4700.0	0.35	0.55	0.65	0.20	0.25	0.30	Ⅰ
	安多	4800.0	0.45	0.75	0.90	0.20	0.30	0.35	Ⅰ
	那曲	4507.0	0.30	0.45	0.50	0.30	0.40	0.45	Ⅰ
	日喀则市	3836.0	0.20	0.30	0.35	0.10	0.15	0.15	Ⅲ
	乃东县泽当	3551.7	0.20	0.30	0.35	0.10	0.15	0.15	Ⅲ
	隆子	3860.0	0.30	0.45	0.50	0.10	0.15	0.20	Ⅲ
	索县	4022.8	0.25	0.40	0.45	0.20	0.25	0.30	Ⅰ
	昌都	3306.0	0.20	0.30	0.35	0.15	0.20	0.20	Ⅱ
	林芝	3000.0	0.25	0.35	0.40	0.10	0.15	0.15	Ⅲ
	葛尔	4278.0				0.10	0.15	0.15	Ⅰ
	改则	4414.9				0.20	0.30	0.35	Ⅰ
	普兰	3900.0				0.50	0.70	0.80	Ⅰ
	申扎	4672.0				0.15	0.20	0.20	Ⅰ
	当雄	4200.0				0.25	0.35	0.40	Ⅱ
	尼木	3809.4				0.15	0.20	0.25	Ⅲ
	聂拉木	3810.0				1.85	2.90	3.35	Ⅰ
	定日	4300.0				0.15	0.25	0.30	Ⅱ
	江孜	4040.0				0.10	0.10	0.15	Ⅲ

续表

省市名	城市名	海拔高度 (m)	风压（kN/m²）			雪压（kN/m²）			雪荷载准永久值系数分区
			$n=10$	$n=50$	$n=100$	$n=10$	$n=50$	$n=100$	
西藏	错那	4280.0				0.50	0.70	0.80	Ⅲ
	帕里	4300.0				0.60	0.90	1.05	Ⅱ
	丁青	3873.1				0.25	0.35	0.40	Ⅱ
	波密	2736.0				0.25	0.35	0.40	Ⅲ
	察隅	2327.6				0.35	0.55	0.65	Ⅲ
台湾	台北	8.0	0.40	0.70	0.85				
	新竹	8.0	0.50	0.80	0.95				
	宜兰	9.0	1.10	1.85	2.30				
	台中	78.0	0.50	0.80	0.90				
	花莲	14.0	0.40	0.70	0.85				
	嘉义	20.0	0.50	0.80	0.95				
	马公	22.0	0.85	1.30	1.55				
	台东	10.0	0.65	0.90	1.05				
	冈山	10.0	0.55	0.80	0.95				
	恒春	24.0	0.70	1.05	1.20				
	阿里山	2406.0	0.25	0.35	0.40				
	台南	14.0	0.60	0.85	1.00				
香港	香港	50.0	0.80	0.90	0.95				
	横澜岛	55.0	0.95	1.25	1.40				
澳门		57.0	0.75	0.85	0.90				

1.3.11 常用材料和构件的自重

常用材料和构件的自重见表1.3-64。

常用材料和构件的自重表 **表1.3-64**

名称	自重	备注
	1. 木材	kN/m³
杉木	4	随含水率而不同
冷杉、云杉、红松、华山松、樟子松、铁杉、拟赤杨、红椿、杨木、枫杨	4~5	随含水率而不同
马尾松、云南松、油松、赤松、广东松、桤木、枫香、柳木、檫木、秦岭落叶松、新疆落叶松	5~6	随含水率而不同
东北落叶松、陆均松、榆木、桦木、水曲柳、苦楝、木荷、臭椿	6~7	随含水率而不同
锥木（栲木）、石栎、槐木、乌墨	7~8	随含水率而不同
青冈栎（楮木）、栎木（柞木）、桉树、木麻黄	8~9	随含水率而不同
普通木板条、椽檩木料	5	随含水率而不同
锯末	2~2.5	加防腐剂时为3kN/m³
木丝板	4~5	
软木板	2.5	
刨花板	6	
	2. 胶合板材	kN/m²
胶合三夹板（杨木）	0.019	
胶合三夹板（椴木）	0.022	
胶合三夹板（水曲柳）	0.028	
胶合五夹板（杨木）	0.03	
胶合五夹板（椴木）	0.034	
胶合五夹板（水曲柳）	0.04	
甘蔗板（按10mm厚计）	0.03	常用厚度为13,15,19,25mm
隔声板（按10mm厚计）	0.03	常用厚度为13，20mm
木屑板（按10mm厚计）	0.12	常用厚度为6，10mm
	3. 金属矿产	kN/m³
铸铁	72.5	

续表

名　　称	自　重	备　　注
3. 金属矿产　kN/m³		
锻铁	77.5	
铁矿渣	27.6	
赤铁矿	25~30	
钢	78.5	
紫铜、赤铜	89	
黄铜、青铜	85	
硫化铜矿	42	
铝	27	
铝合金	28	
锌	70.5	
亚锌矿	40.5	
铅	114	
方铅矿	74.5	
金	193	
白金	213	
银	105	
锡	73.5	
镍	89	
水银	136	
钨	189	
镁	18.5	
锑	66.6	
水晶	29.5	
硼砂	17.5	
硫矿	20.5	
石棉矿	24.6	
石棉	10	压实
石棉	4	松散，含水量不大于15%
石垩（高岭土）	22	
石膏矿	25.5	
石膏	13~14.5	粗块堆放 $\varphi=30°$ 细块堆放 $\varphi=40°$
石膏粉	9	
4. 土、砂、砂砾、岩石　kN/m³		
腐殖土	15~16	干，$\varphi=40°$；湿，$\varphi=35°$；很湿，$\varphi=25°$

续表

名　称	自重	备　注
粘　土	13.5	干，松，空隙比为 1.0
粘　土	16	干，$\varphi = 40°$，压实
粘　土	18	湿，$\varphi = 35°$，压实
粘　土	20	很湿，$\varphi = 25°$，压实
砂　土	12.2	干，松
砂　土	16	干，$\varphi = 35°$，压实
砂　土	18	湿，$\varphi = 35°$，压实
砂　土	20	很湿，$\varphi = 25°$，压实
砂　土	14	干，细砂
砂　土	17	干，细砂
卵　石	16~18	干
粘土夹卵石	17~18	干，松
砂夹卵石	15~17	干，松
砂夹卵石	16~19.2	干，压实
砂夹卵石	18.9~19.2	湿
浮　石	6~8	干
浮石填充料	4~6	
砂　岩	23.6	
页　岩	28	
页　岩	14.8	片石堆置
泥灰石	14	$\varphi = 40°$
花岗岩、大理石	28	
花岗岩	15.4	片石堆置
石灰石	26.4	
石灰石	15.2	片石堆置
贝壳石灰岩	14	
白云石	16	片石堆置，$\varphi = 48°$
滑　石	27.1	
火石(燧石)	35.2	
云斑石	27.6	
玄武岩	29.5	
长石	25.5	
角闪石、绿石	30	
角闪石、绿石	17.1	片石堆置
碎石子	14~15	堆置
岩粉	16	黏土质或石灰质的

续表

名称	自重	备注
多孔黏土	5~8	作填充料用，$\varphi=35°$
硅藻土填充料	4~6	
辉绿岩板	29.5	
5. 砖及砌块 kN/m³		
普通砖	18	240mm×115mm×53mm(684块/m³)
普通砖	19	机器制
缸砖	21~21.5	230mm×110mm×65mm(609块/m³)
红缸砖	20.4	
耐火砖	19~22	230mm×110mm×65mm(609块/m³)
耐酸瓷砖	23~25	230mm×113mm×65mm(590块/m³)
灰砂砖	18	砂:白灰=92:8
煤渣砖	17~18.5	
矿渣砖	18.5	硬矿渣:烟灰:石灰=75:15:10
焦渣砖	12~14	
烟灰砖	14~15	炉渣:电石渣:烟灰=30:40:30
黏土坯	12~15	
锯末砖	9	
焦渣空心砖	10	290mm×290mm×140mm(85块/m³)
水泥空心砖	9.8	290mm×290mm×140mm(85块/m³)
水泥空心砖	10.3	300mm×250mm×110mm(121块/m³)
水泥空心砖	9.6	300mm×250mm×160mm(83块/m³)
蒸压粉煤灰砖	14.0~16.0	干重度
陶粒空心砌块	5.0	长600、400mm，宽150、250mm，高250、200mm
	6.0	390mm×290mm×190mm
粉煤灰轻渣空心砌块	7.0~8.0	390mm×190mm×190mm，390mm×240mm×190mm
蒸压粉煤灰加气混凝土砌块	5.5	
混凝土空心小砌块	11.8	390mm×190mm×190mm
碎砖	12	堆置
水泥花砖	19.8	200mm×200mm×24mm(1042块/m³)
瓷面砖	19.8	150mm×150mm×8mm(5556块/m³)
陶瓷锦砖	0.12kN/m²	厚5mm

续表

名　　称	自重	备　　注
6. 石灰、水泥、灰浆及混凝土　kN/m³		
生石灰块	11	堆置，$\varphi=30°$
生石灰粉	12	堆置，$\varphi=35°$
熟石灰膏	13.5	
石灰砂浆、混合砂浆	17	
水泥石灰焦渣砂浆	14	
石灰炉渣	10～12	
水泥炉渣	12～14	
石灰焦渣砂浆	13	
灰土	17.5	石灰:土=3:7，夯实
稻草石灰泥	16	
纸筋石灰泥	16	
石灰锯末	3.4	石灰:锯末=1:3
石灰三合土	17.5	石灰、砂子、卵石
水泥	12.5	轻质松散，$\varphi=20°$
水泥	14.5	散装，$\varphi=30°$
水泥	16	袋装压实，$\varphi=40°$
矿渣水泥	14.5	
水泥砂浆	20	
水泥蛭石砂浆	5～8	
石棉水泥浆	19	
膨胀珍珠岩砂浆	7～15	
石膏砂浆	12	
碎砖混凝土	18.5	
素混凝土	22～24	振捣或不振捣
矿渣混凝土	20	
焦渣混凝土	16～17	承重用
焦渣混凝土	10～14	填充用
铁屑混凝土	28～65	
浮石混凝土	9～14	
沥青混凝土	20	
无砂大孔性混凝土	16～19	
泡沫混凝土	4～6	
加气混凝土	5.5～7.5	单块
石灰粉煤灰加气混凝土	6.0～6.5	
钢筋混凝土	24～25	

续表

名 称	自 重	备 注
碎砖钢筋混凝土	20	
钢丝网水泥	25	用于承重结构
水玻璃耐酸混凝土	20~23.5	
粉煤灰陶砾混凝土	19.5	
7. 沥青、煤灰、油料 kN/m^3		
石油沥青	10~11	根据相对密度
柏油	12	
煤沥青	13.4	
煤焦油	10	
无烟煤	15.5	整体
无烟煤	9.5	块状堆放，$\varphi=30°$
无烟煤	8	碎块堆放，$\varphi=35°$
煤末	7	堆放，$\varphi=15°$
煤球	10	堆放
褐煤	12.5	
褐煤	7~8	堆放
泥炭	7.5	
泥炭	3.2~3.4	堆放
木炭	3~5	
煤焦	12	
煤焦	7	堆放，$\varphi=45°$
焦渣	10	
煤灰	6.5	
煤灰	8	压实
石墨	20.8	
煤蜡	9	
油蜡	9.6	
原油	8.8	
煤油	8	
煤油	7.2	桶装，相对密度 0.82~0.89
润滑油	7.4	
汽油	6.7	
汽油	6.4	桶装，相对密度 0.72~0.76
动物油、植物油	9.3	
豆油	8	大铁桶装，每桶 360kg
8. 杂项 kN/m^3		
普通玻璃	25.6	

续表

名　　称	自重	备　　注
钢丝玻璃	26	
泡沫玻璃	3~5	
玻璃棉	0.5~1	作绝缘层填充料用
岩棉	0.5~2.5	
沥青玻璃棉	0.8~1	导热系数0.035~0.047[W/(m·K)]
玻璃棉板(管套)	1~1.5	导热系数0.035~0.047[W/(m·K)]
玻璃钢	14~22	
矿渣棉	1.2~1.5	松散，导热系数0.031~0.044[W/(m·K)]
矿渣棉制品(板、砖、管)	3.5~4	导热系数0.047~0.07[W/(m·K)]
沥青矿渣棉	1.2~1.6	导热系数0.041~0.052[W/(m·K)]
膨胀珍珠岩粉料	0.8~2.5	干，松散，导热系数0.052~0.076[W/(m·K)]
水泥珍珠岩制品、憎水珍珠岩制品	3.5~4	强度1N/mm² 导热系数0.058~0.081[W/(m·K)]
膨胀蛭石	0.8~2	导热系数0.052~0.07[W/(m·K)]
沥青蛭石制品	3.5~4.5	导热系数0.81~0.105[W/(m·K)]
水泥蛭石制品	4~6	导热系数0.093~0.14[W/(m·K)]
聚氯乙烯板(管)	13.6~16	
聚苯乙烯泡沫塑料	0.5	导热系数不大于0.035[W/(m·K)]
石棉板	13	含水率不大于3%
乳化沥青	9.8~10.5	
软性橡胶	9.3	
白磷	18.3	
松香	10.7	
磁	24	
酒精	7.85	100%纯
酒精	6.6	桶装，相对密度0.79~0.82
盐酸	12	浓度40%
硝酸	15.1	浓度91%
硫酸	17.9	浓度87%
火碱	17	浓度60%
氯化铵	7.5	袋装堆放
尿素	7.5	袋装堆放
碳酸氢铵	8	袋装堆放
水	10	温度4℃密度最大时
冰	8.96	

续表

名　称	自　重	备　注
书籍	5	书架藏置
道林纸	10	
报纸	7	
宣纸类	4	
棉花、棉纱	4	压紧平均重量
稻草	1.2	
建筑碎料(建筑垃圾)	15	
9. 食品　kN/m^3		
稻谷	6	$\varphi=35°$
大米	8.5	散放
豆类	7.5～8	$\varphi=20°$
豆类	6.8	袋装
小麦	8	$\varphi=25°$
面粉	7	
玉米	7.8	$\varphi=28°$
小米、高粱	7	散装
小米、高粱	6	袋装
芝麻	4.5	袋装
鲜果	3.5	散装
鲜果	3	箱装
花生	2	袋装带壳
罐头	4.5	箱装
酒、酱、油、醋	4	成瓶箱装
豆饼	9	圆饼放置,每块28kg
矿盐	10	成块
盐	8.6	细粒散放
盐	8.1	袋装
砂糖	7.5	散装
砂糖	7	袋装
10. 砌体　kN/m^3		
浆砌细方石	26.4	花岗岩,方整石块
浆砌细方石	25.6	石灰石
浆砌细方石	22.4	砂岩
浆砌毛方石	24.8	花岗岩,上下面大致平整
浆砌毛方石	24	石灰石

续表

名　　称	自　重	备　　注
浆砌毛方石	20.8	砂岩
干砌毛石	20.8	花岗岩,上下面大致平整
干砌毛石	20	石灰石
干砌毛石	17.6	砂岩
浆砌普通砖	18	
浆砌机砖	19	
浆砌缸砖	21	
浆砌耐火砖	22	
浆砌矿渣砖	21	
浆砌焦渣砖	12.5~14	
土坯砖砌体	16	
黏土砖空斗砌体	17	中填碎瓦砾,一眠一斗
黏土砖空斗砌体	13	全斗
黏土砖空斗砌体	12.5	不能承重
黏土砖空斗砌体	15	能承重
粉煤灰泡沫砌块砌体	8~8.5	粉煤灰:电石渣:废石膏=74:22:4
三合土	17	灰:砂:土=1:1:9~1:1:4
11. 隔墙与墙面　kN/m^2		
双面抹灰板条隔墙	0.9	每面抹灰厚16~24mm,龙骨在内
单面抹灰板条隔墙	0.5	灰厚16~24mm,龙骨在内
C形轻钢龙骨隔墙	0.27	两层12mm纸面石膏板,无保温层
	0.32	两层12mm纸面石膏板,中填岩棉保温板50mm
	0.38	三层12mm纸面石膏板,无保温层
	0.43	三层12mm纸面石膏板,中填岩棉保温板50mm
	0.49	四层12mm纸面石膏板,无保温层
	0.54	四层12mm纸面石膏板,中填岩棉保温板50mm
贴瓷砖墙面	0.5	包括水泥砂浆打底,共厚25mm
水泥粉刷墙面	0.36	20mm厚,水泥粗砂
水磨石墙面	0.55	25mm厚,包括打底
水刷石墙面	0.5	25mm厚,包括打底
石灰粗砂粉刷	0.34	20mm厚

续表

名　　称	自　重	备　　注
剁假石墙面	0.5	25mm 厚，包括打底
外墙拉毛墙面	0.7	包括 25mm 水泥砂浆打底
12. 屋架、门窗　kN/m²		
木屋架	$0.07+0.007l$	按屋面水平投影面积计算，跨度 l 以 m 计
钢屋架	$0.12+0.011l$	无天窗，包括支撑，按屋面水平投影面积计算，跨度 l 以 m 计
木框玻璃窗	0.2～0.3	
钢框玻璃窗	0.4～0.45	
木门	0.1～0.2	
钢铁门	0.4～0.45	
13. 屋顶　kN/m²		
黏土平瓦屋面	0.55	按实际面积计算，下同
水泥平瓦屋面	0.5～0.55	
小青瓦屋面	0.9～1.1	
冷摊瓦屋面	0.5	
石板瓦屋面	0.46	厚 6.3mm
石板瓦屋面	0.71	厚 9.5mm
石板瓦屋面	0.96	厚 12.1mm
麦秸泥灰顶	0.16	以 10mm 厚计
石棉板瓦	0.18	仅瓦自重
波形石棉瓦	0.2	1820mm×725mm×8mm
镀锌薄钢板	0.05	24 号
瓦楞铁	0.05	26 号
彩色钢板波形瓦	0.12～0.13	0.6mm 厚彩色钢板
拱型彩色钢板屋面	0.3	包括保温及灯具重 0.15kN/m²
有机玻璃屋面	0.06	厚 1.0mm
玻璃屋顶	0.3	9.5mm 夹丝玻璃，框架自重在内
玻璃砖顶	0.65	框架自重在内
油毡防水层（包括改性沥青防水卷材）	0.05	一层油毡刷油两遍
	0.25～0.3	四层做法，一毡二油上铺小石子
	0.3～0.35	六层做法，二毡三油上铺小石子
	0.35～0.4	八层做法，三毡四油上铺小石子
捷罗克防水层	0.1	厚 8mm
屋顶天窗	0.35～0.4	9.5mm 夹丝玻璃，框架自重在内

续表

名　　称	自　重	备　　注
14. 顶棚　kN/m²		
钢丝网抹灰吊顶	0.45	
麻刀灰板条顶棚	0.45	吊木在内，平均灰厚20mm
砂子灰板条顶棚	0.55	吊木在内，平均灰厚25mm
苇箔抹灰顶棚	0.48	吊木龙骨在内
松木板顶棚	0.25	吊木在内
三夹板顶棚	0.18	吊木在内
马粪纸顶棚	0.15	吊木及盖缝条在内
木丝板吊顶棚	0.26	厚25mm，吊木及盖缝条在内
木丝板吊顶棚	0.29	厚30mm，吊木及盖缝条在内
隔声纸板顶棚	0.17	厚10mm，吊木及盖缝条在内
隔声纸板顶棚	0.18	厚13mm，吊木及盖缝条在内
隔声纸板顶棚	0.2	厚20mm，吊木及盖缝条在内
V形轻钢龙骨吊顶	0.12	一层9mm纸面石膏板，无保温层
	0.17	二层9mm纸面石膏板，有厚50mm的岩棉板保温层
	0.20	二层9mm纸面石膏板，无保温层
	0.25	二层9mm纸面石膏板，有厚50mm的岩棉板保温层
V形轻钢龙骨及铝合金龙骨吊顶	0.1～0.12	一层矿棉吸声板厚15 mm，无保温层
顶棚上铺焦渣锯末绝缘层	0.2	厚50mm焦渣、锯末按1:5混合
15. 地面　kN/m²		
地板格栅	0.2	仅格栅自重
硬木地板	0.2	厚25mm，剪刀撑、钉子等自重在内，不包括格栅自重
松木地板	0.18	
小瓷砖地面	0.55	包括水泥粗砂打底
水泥花砖地面	0.6	砖厚25mm，包括水泥粗砂打底
水磨石地面	0.65	10mm面层，20mm水泥砂浆打底
油地毡	0.02～0.03	油地纸，地板表面用
木块地面	0.7	加防腐油膏铺砌厚76mm
菱苦土地面	0.28	厚20mm
铸铁地面	4～5	60mm碎石垫层，60mm面层
缸砖地面	1.7～2.1	60mm砂垫层，53mm面层，平铺
缸砖地面	3.3	60mm砂垫层，115mm面层，侧铺

续表

名　　称	自　重	备　　注
黑砖地面	1.5	砂垫层,平铺
16. 建筑用压型钢板　kN/m²		
单波型 V-300(S-30)	0.12	波高 173mm,板厚 0.8mm
双波型 W-500	0.11	波高 130mm,板厚 0.8mm
三波型 V-200	0.135	波高 70mm,板厚 1mm
多波型 V-125	0.065	波高 35mm,板厚 0.6mm
多波型 V-115	0.079	波高 35mm,板厚 0.6mm
17. 建筑墙板　kN/m²		
彩色钢板金属幕墙板	0.11	两层,彩色钢板厚 0.6mm,聚苯乙烯芯材厚 25mm
金属绝热材料(聚氨酯)复合板	0.14	板厚 40mm,钢板厚 0.6mm
	0.15	板厚 60mm,钢板厚 0.6mm
	0.16	板厚 80mm,钢板厚 0.6mm
彩色钢板夹聚苯乙烯保温板	0.12~0.15	两层,彩色钢板厚 0.6mm,聚苯乙烯芯材板厚 50~250mm
彩色钢板岩棉夹心板	0.24	板厚 100mm,两层彩色钢板,Z 型龙骨岩棉芯材
	0.25	板厚 120mm,两层彩色钢板 Z 型龙骨岩棉芯材
GRC 增强水泥聚苯复合保温板	1.13	
GRC 空心隔墙板	0.3	长 2400~2800mm,宽 600mm,厚 60mm
GRC 内隔墙板	0.35	长 2400~2800mm,宽 600mm,厚 60mm
轻质 GRC 保温板	0.14	3000mm×600mm×60mm
轻质 GRC 空心隔墙板	0.17	3000mm×600mm×60mm
轻质大型墙板(太空板系列)	0.7~0.9	6000mm×1500mm×120mm,高强水泥发泡芯材
轻质条型墙板(太空板系列),　厚度 80mm	0.4	标准规格 3000mm×1000(1200、1500)mm 高强水泥发泡
厚度 100mm 厚度 120mm	0.45 0.5	芯材,按不同檩距及荷载配有不同钢骨架及冷拔钢丝网
GRC 墙板	0.11	厚 10mm
钢丝网岩棉夹芯复合板(GY 板)	1.1	岩棉芯材厚 50mm,双面钢丝网水泥砂浆各厚 25mm
硅酸钙板	0.08	板厚 6mm
	0.10	板厚 8mm

续表

名　　称	自　重	备　　注
	0.12	板厚 10mm
泰柏板	0.95	板厚 100mm,钢丝网片夹聚苯乙烯保温层,每面抹水泥砂浆厚 20mm
蜂窝复合板	0.14	厚 75mm
石膏珍珠岩空心条板	0.45	长 2500~3000mm,宽 600mm,厚 60mm
加强型水泥石膏聚苯保温板	0.17	3000mm×600mm×60mm
玻璃幕墙	1.0~1.5	一般可按单位面积玻璃自重增大 20%~30%采用

常用墙体自重见表 1.3-65。常用厚度钢筋混凝土实心板自重见表 1.3-66。常用钢筋混凝土梁自重见表 1.3-67。

墙体自重表　　　　**表 1.3-65**

类别	墙厚(mm)	自重(kN/m²)			备　　注
		无粉刷	单面粉刷	双面粉刷	
实心砖墙	120	2.28	2.62	2.96	
	180	3.42	3.76	4.10(4.26)[4.46]	
	240	4.56	4.90	5.24(5.40)[5.60]	
	370	6.94	7.28	7.62(7.78)[7.98]	
	490	9.32	9.66	10.00(10.16)[10.36]	
空斗砖墙	240	3.61	3.95	4.29(4.45)[4.65]	一眠一斗
	240	3.42	3.76	4.10(4.26)[4.46]	一眠二斗
	240	3.34	3.68	4.02(4.18)[4.38]	一眠三斗
	240	3.12	3.46	3.80(3.96)[4.16]	无眠空斗
空心砖墙	90	1.37	1.71	2.05	空心率 20%
	180	2.74	3.08	3.42(3.58)[3.78]	空心率 20%
	190	2.89	3.23	3.57(3.73)[3.93]	空心率 20%
	300	4.57	4.91	5.25(5.41)[5.61]	空心率 20%

续表

类别	墙厚(mm)	自重(kN/m²)			备　　注
		无粉刷	单面粉刷	双面粉刷	
钢筋混凝土墙	60	1.50	1.84	2.18(2.34)[2.54]	
	80	2.00	2.34	2.68(2.84)[3.04]	
	100	2.50	2.84	3.18(3.34)[3.54]	
	120	3.00	3.34	3.68(3.84)[4.04]	
	140	3.50	3.84	4.18(4.34)[4.54]	
	150	3.75	4.09	4.43(4.54)[4.74]	
	160	4.00	4.34	4.68(4.84)[5.04]	
	180	4.50	4.84	5.18(5.34)[5.54]	
	200	5.00	5.34	5.68(5.84)[6.04]	
	250	6.25	6.59	6.93(7.09)[7.29]	
加气混凝土墙	100	0.70	1.04	1.38	
	125	0.88	1.22	1.56	
	150	1.05	1.39	1.73	
加气混凝土墙	175	1.23	1.57	1.91	
	200	1.40	1.74	2.08(2.24)[2.44]	
	250	1.75	2.09	2.43(2.59)[2.79]	
复合墙体	310	2.89	3.23	3.57(3.73)[3.93]	250厚加气混凝土+60厚黏土砖
	320	3.68	4.02	4.36(4.52)[4.72]	200厚加气混凝土+120厚黏土砖
	370	4.03	4.37	4.71(4.87)[5.07]	250厚加气混凝土+120厚黏土砖

注:1. 粉刷按水泥石灰混合砂浆20mm厚0.3kN/m²计算;

2. (　)内数字为一面按注1计算,另一面按水刷石(或贴瓷砖)墙面25厚0.5kN/m²计算;

3. [　]内数字为一面按注1计算;另一面按外墙为拉毛墙面25厚0.70kN/m²计算;

4. 加气混凝土按7.0kN/m³计算;砖按19.0kN/m³计算;无眠空斗砖墙按13.0kN/m³计算,钢筋混凝土按25kN/m³计算。

钢筋混凝土实心板自重表　　表 1.3-66

板厚 (mm)	自重 (kN/m^2)	板厚 (mm)	自重 (kN/m^2)	板厚 (mm)	自重 (kN/m^2)
50	1.25	110	2.75	170	4.25
60	1.50	120	3.00	180	4.60
70	1.75	130	3.25	190	4.75
80	2.00	140	3.50	200	5.00
90	2.25	150	3.75	250	6.25
100	2.50	160	4.00	300	7.50

注:钢筋混凝土按 $25kN/m^3$ 计算。

钢筋混凝土梁自重表(kN/m)　　表 1.3-67

梁宽 b(mm) / 梁高 h(mm)	120	150	180	200	250	300	350
150	0.45	0.56	0.68	0.75	0.94	1.13	1.31
180	0.54	0.68	0.81	0.90	1.13	1.35	1.58
200	0.60	0.75	0.90	1.00	1.25	1.50	1.75
240	0.72	0.90	1.08	1.20	1.50	1.80	2.10

注:钢筋混凝土按 $25kN/m^3$ 计算。

2　一般结构的内力计算

2.1　梁的内力计算

符号说明：

R——支座反力，作用方向向上者为正；

V——剪力，对邻近截面所产生的力矩沿顺时针方向者为正；

M——弯矩，截面下部受拉者为正，弯矩图位于受拉边；

w——挠度，梁的变位向下者为正；

x——计算截面距梁 A 端的距离；

l_0——计算跨度。

2.1.1　单跨梁的内力计算

(1) 悬臂梁（表 2.1-1）

(2) 简支梁（表 2.1-2）

(3) 一端简支另一端固定梁（表 2.1-3）

(4) 两端固定梁（表 2.1-4）

(5) 带悬臂的梁（表 2.1-5）

2.1.2　连续梁的内力计算

连续梁内力计算一般分为弹性和塑性内力重分布两种计算方法。

(1) 连续梁的弹性计算

弹性设计是依据结构构件的某一截面出现屈服，就认为整个结构失去承载能力。常应用于比较重要结构的结构设计中。如直接承受动荷载的结构，要求不出现裂缝的结构构件等。

悬　臂　梁　　　　　　　　　　　　　　表 2.1-1

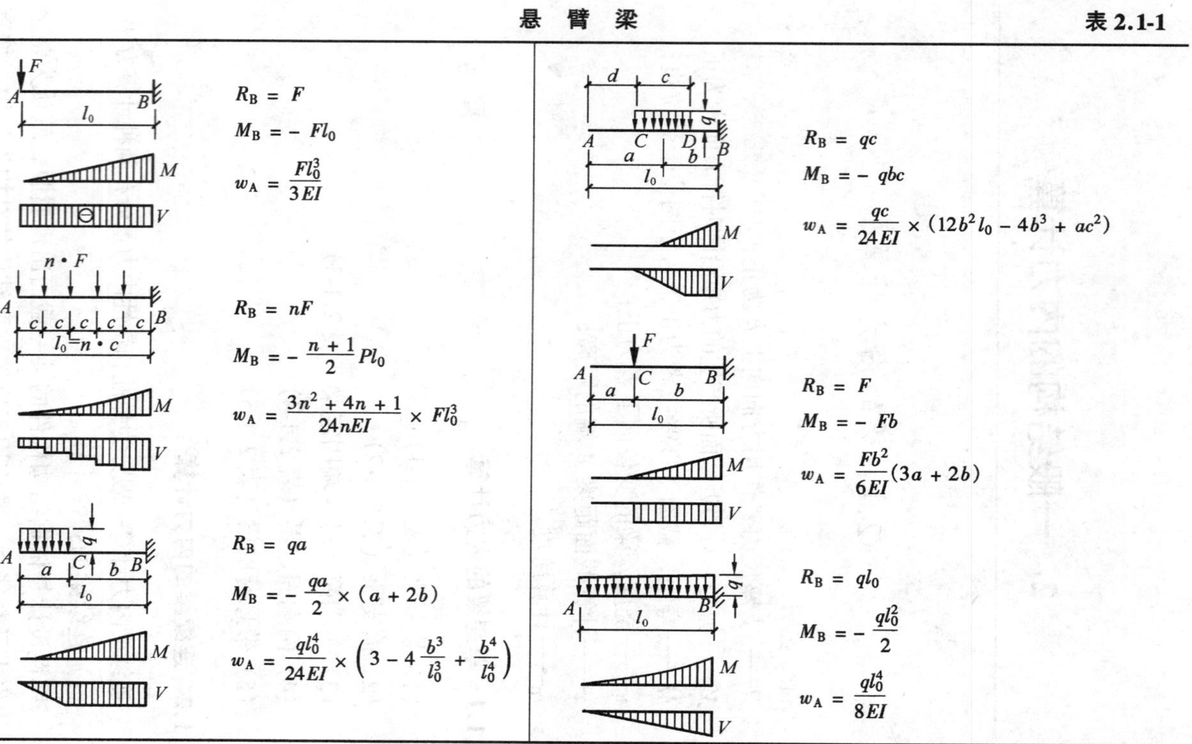

简图	公式	简图	公式
	$R_B = F$ $M_B = -Fl_0$ $w_A = \dfrac{Fl_0^3}{3EI}$		$R_B = qc$ $M_B = -qbc$ $w_A = \dfrac{qc}{24EI} \times (12b^2 l_0 - 4b^3 + ac^2)$
	$R_B = nF$ $M_B = -\dfrac{n+1}{2} Pl_0$ $w_A = \dfrac{3n^2 + 4n + 1}{24nEI} \times Fl_0^3$		$R_B = F$ $M_B = -Fb$ $w_A = \dfrac{Fb^2}{6EI}(3a + 2b)$
	$R_B = qa$ $M_B = -\dfrac{qa}{2} \times (a + 2b)$ $w_A = \dfrac{ql_0^4}{24EI} \times \left(3 - 4\dfrac{b^3}{l_0^3} + \dfrac{b^4}{l_0^4}\right)$		$R_B = ql_0$ $M_B = -\dfrac{ql_0^2}{2}$ $w_A = \dfrac{ql_0^4}{8EI}$

续表

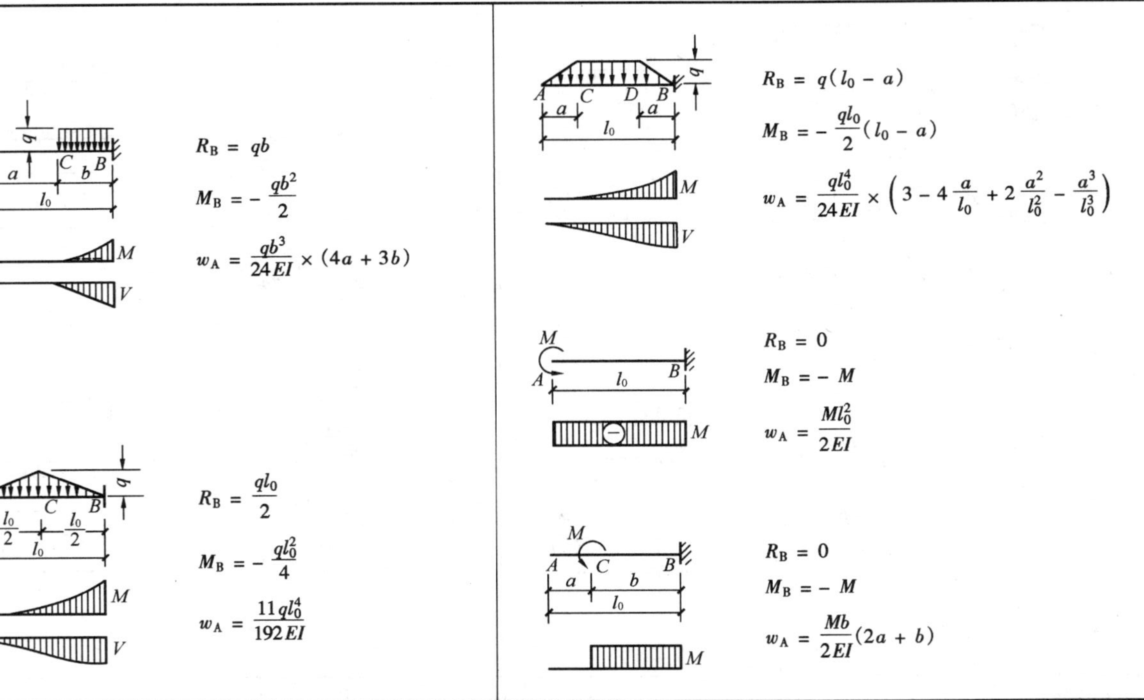

$R_B = qb$ $M_B = -\dfrac{qb^2}{2}$ $w_A = \dfrac{qb^3}{24EI} \times (4a + 3b)$	$R_B = q(l_0 - a)$ $M_B = -\dfrac{ql_0}{2}(l_0 - a)$ $w_A = \dfrac{ql_0^4}{24EI} \times \left(3 - 4\dfrac{a}{l_0} + 2\dfrac{a^2}{l_0^2} - \dfrac{a^3}{l_0^3}\right)$
$R_B = \dfrac{ql_0}{2}$ $M_B = -\dfrac{ql_0^2}{4}$ $w_A = \dfrac{11ql_0^4}{192EI}$	$R_B = 0$ $M_B = -M$ $w_A = \dfrac{Ml_0^2}{2EI}$
	$R_B = 0$ $M_B = -M$ $w_A = \dfrac{Mb}{2EI}(2a + b)$

表 2.1-2

简　支　梁

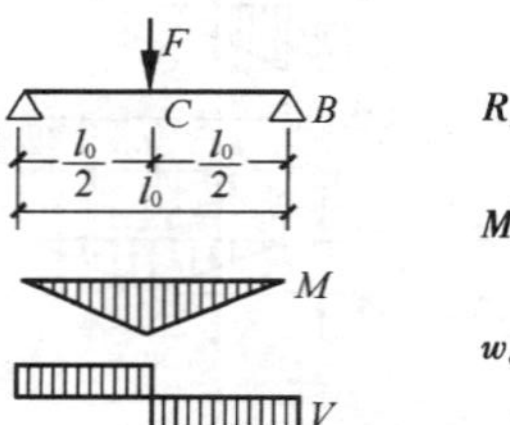

$R_A = R_B = \dfrac{F}{2}$

$M_c = M_{max} = \dfrac{Fl_0}{4}$

$w_c = w_{max} = \dfrac{Fl_0^3}{48EI}$

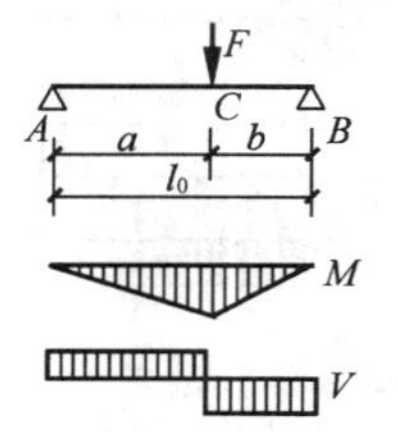

$R_A = \dfrac{Fb}{l_0}$; $R_B = \dfrac{Fa}{l_0}$

$M_c = M_{max} = \dfrac{Fab}{l_0}$

$w_c = \dfrac{Fa^2b^2}{3EIl_0}$

当 $a > b$ 时，在 $x = \dfrac{1}{2}l_0$ 处

$w = \dfrac{Fb}{48EI}(3l_0^2 - 4b^2)$

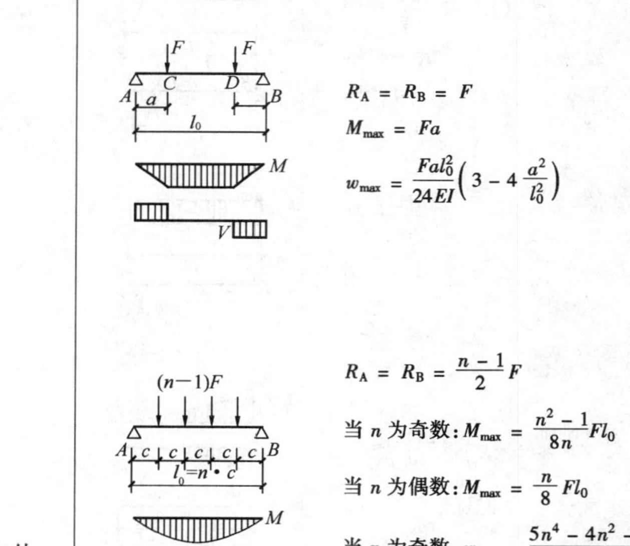

$R_A = R_B = F$

$M_{max} = Fa$

$w_{max} = \dfrac{Fal_0^2}{24EI}\left(3 - 4\dfrac{a^2}{l_0^2}\right)$

$R_A = R_B = \dfrac{n-1}{2}F$

当 n 为奇数：$M_{max} = \dfrac{n^2-1}{8n}Fl_0$

当 n 为偶数：$M_{max} = \dfrac{n}{8}Fl_0$

当 n 为奇数：$w_{max} = \dfrac{5n^4-4n^2-1}{384n^3EI}Fl_0^3$

当 n 为偶数：$w_{max} = \dfrac{5n^4-4}{384nEI}Fl_0^3$

续表

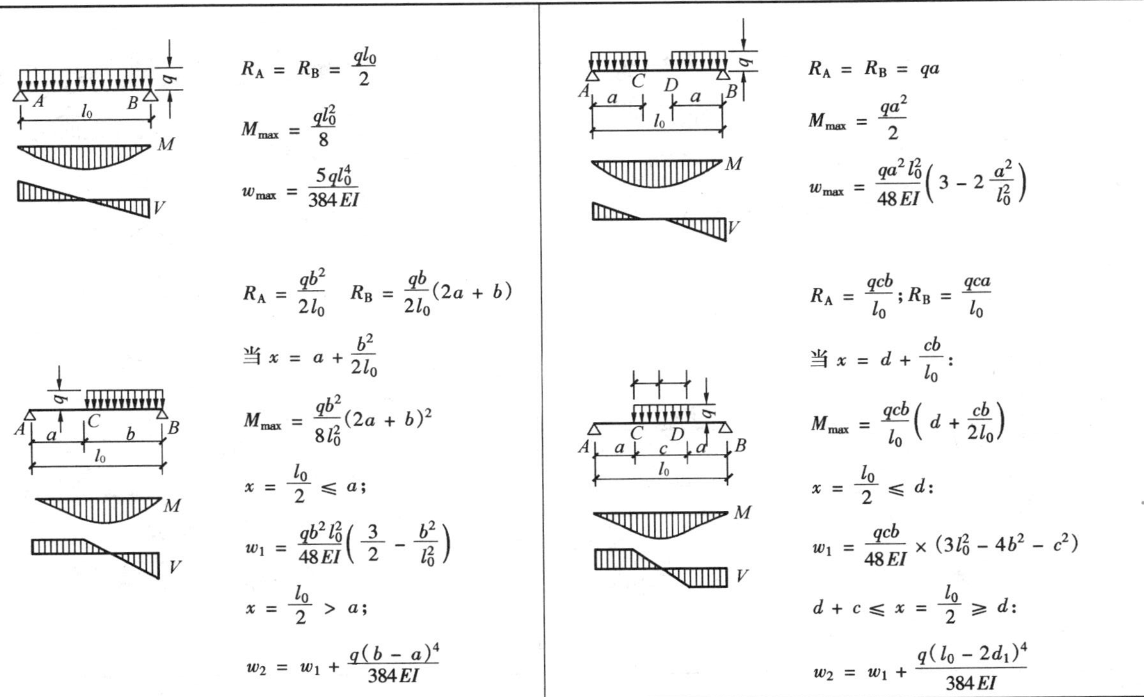

简图	计算公式	简图	计算公式
	$R_A = R_B = \frac{ql_0}{2}$ $M_{max} = \frac{ql_0^2}{8}$ $w_{max} = \frac{5ql_0^4}{384EI}$		$R_A = R_B = qa$ $M_{max} = \frac{qa^2}{2}$ $w_{max} = \frac{qa^2 l_0^2}{48EI}\left(3 - 2\frac{a^2}{l_0^2}\right)$
	$R_A = \frac{qb^2}{2l_0}$　$R_B = \frac{qb}{2l_0}(2a + b)$ 当 $x = a + \frac{b^2}{2l_0}$ $M_{max} = \frac{qb^2}{8l_0^2}(2a + b)^2$ $x = \frac{l_0}{2} \leqslant a$; $w_1 = \frac{qb^2 l_0^2}{48EI}\left(\frac{3}{2} - \frac{b^2}{l_0^2}\right)$ $x = \frac{l_0}{2} > a$; $w_2 = w_1 + \frac{q(b - a)^4}{384EI}$		$R_A = \frac{qcb}{l_0}$; $R_B = \frac{qca}{l_0}$ 当 $x = d + \frac{cb}{l_0}$: $M_{max} = \frac{qcb}{l_0}\left(d + \frac{cb}{2l_0}\right)$ $x = \frac{l_0}{2} \leqslant d$: $w_1 = \frac{qcb}{48EI} \times (3l_0^2 - 4b^2 - c^2)$ $d + c \leqslant x = \frac{l_0}{2} \geqslant d$: $w_2 = w_1 + \frac{q(l_0 - 2d_1)^4}{384EI}$

续表

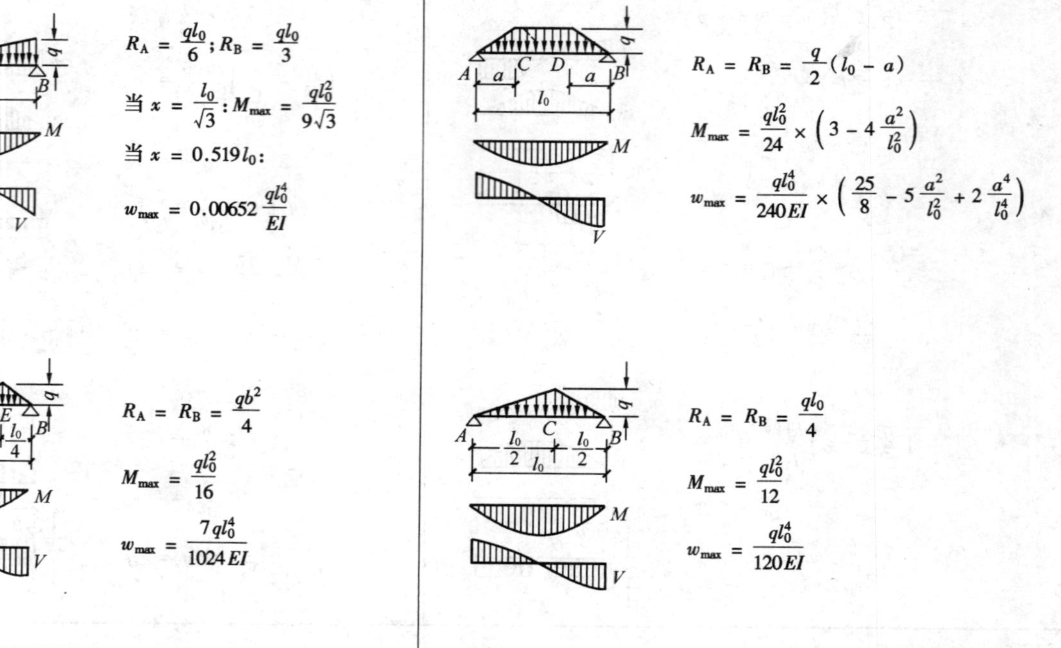

$R_A = \frac{ql_0}{6}; R_B = \frac{ql_0}{3}$ 当 $x = \frac{l_0}{\sqrt{3}}: M_{max} = \frac{ql_0^2}{9\sqrt{3}}$ 当 $x = 0.519 l_0$: $w_{max} = 0.00652 \frac{ql_0^4}{EI}$	$R_A = R_B = \frac{q}{2}(l_0 - a)$ $M_{max} = \frac{ql_0^2}{24} \times \left(3 - 4\frac{a^2}{l_0^2}\right)$ $w_{max} = \frac{ql_0^4}{240EI} \times \left(\frac{25}{8} - 5\frac{a^2}{l_0^2} + 2\frac{a^4}{l_0^4}\right)$
$R_A = R_B = \frac{qb^2}{4}$ $M_{max} = \frac{ql_0^2}{16}$ $w_{max} = \frac{7ql_0^4}{1024EI}$	$R_A = R_B = \frac{ql_0}{4}$ $M_{max} = \frac{ql_0^2}{12}$ $w_{max} = \frac{ql_0^4}{120EI}$

续表

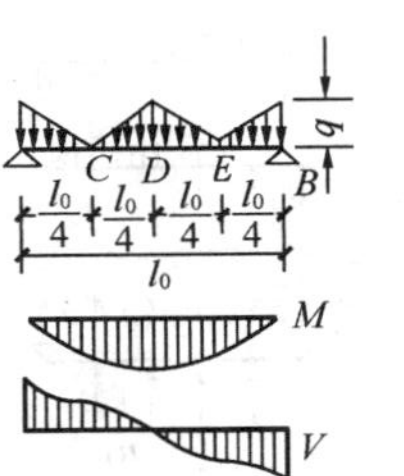	$R_A = R_B = \frac{ql_0}{4}$ $M_{max} = \frac{ql_0^2}{16}$ $w_{max} = \frac{19ql_0^4}{3072EI}$	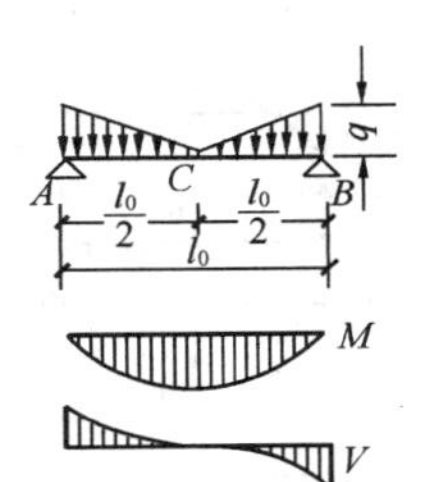	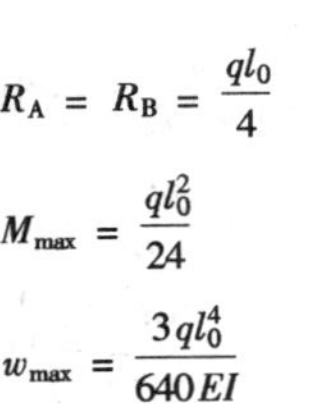 $R_A = R_B = \frac{ql_0}{4}$ $M_{max} = \frac{ql_0^2}{24}$ $w_{max} = \frac{3ql_0^4}{640EI}$
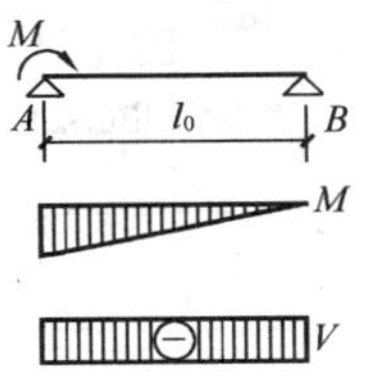	$R_A = -R_B = \frac{M}{l_0}$ $M_{max} = M$ 当 $x = 0.423l_0$： $w_{max} = 0.0642\frac{Ml_0^2}{EI}$ $x = \frac{l_0}{2}: w = \frac{Ml_0}{16EI}$	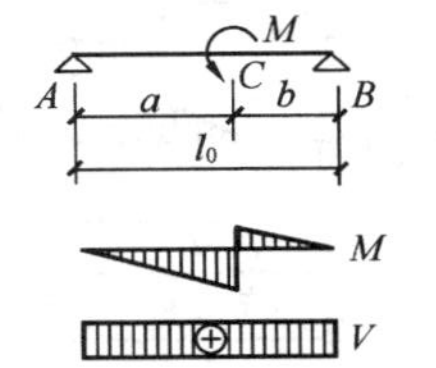	$R_A = -R_B = \frac{M}{l_0}$ $M_{c左} = \frac{a}{l_0}M$ $M_{c右} = -\frac{b}{l_0}M$ 若 $a \geqslant b, x = \frac{l_0}{2}$： $w = \frac{Ma}{16EI}(a+2b)$

一端简支另一端固定梁　　表 2.1-3

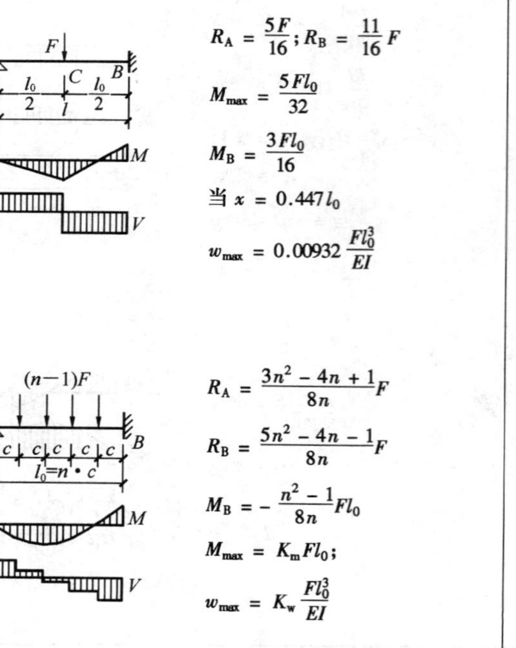

$R_A = \frac{5F}{16}$；$R_B = \frac{11}{16}F$

$M_{max} = \frac{5Fl_0}{32}$

$M_B = \frac{3Fl_0}{16}$

当 $x = 0.447 l_0$

$w_{max} = 0.00932 \frac{Fl_0^3}{EI}$

$R_A = \frac{3n^2 - 4n + 1}{8n}F$

$R_B = \frac{5n^2 - 4n - 1}{8n}F$

$M_B = -\frac{n^2 - 1}{8n}Fl_0$

$M_{max} = K_m Fl_0$；

$w_{max} = K_w \frac{Fl_0^3}{EI}$

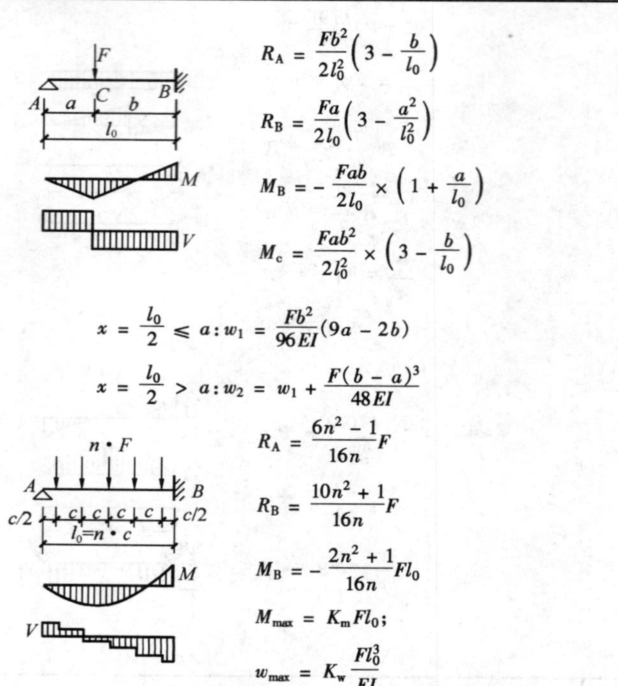

$R_A = \frac{Fb^2}{2l_0^2}\left(3 - \frac{b}{l_0}\right)$

$R_B = \frac{Fa}{2l_0}\left(3 - \frac{a^2}{l_0^2}\right)$

$M_B = -\frac{Fab}{2l_0} \times \left(1 + \frac{a}{l_0}\right)$

$M_c = \frac{Fab^2}{2l_0^2} \times \left(3 - \frac{b}{l_0}\right)$

$x = \frac{l_0}{2} \leqslant a : w_1 = \frac{Fb^2}{96EI}(9a - 2b)$

$x = \frac{l_0}{2} > a : w_2 = w_1 + \frac{F(b-a)^3}{48EI}$

$R_A = \frac{6n^2 - 1}{16n}F$

$R_B = \frac{10n^2 + 1}{16n}F$

$M_B = -\frac{2n^2 + 1}{16n}Fl_0$

$M_{max} = K_m Fl_0$；

$w_{max} = K_w \frac{Fl_0^3}{EI}$

续表

n	2	3	4	5
x/l_0	0.500	0.333	0.500	0.400
K_m	0.156	0.222	0.266	0.360
x/l_0	0.447	0.423	0.426	0.423
K_w	0.00932	0.0152	0.0209	0.0265

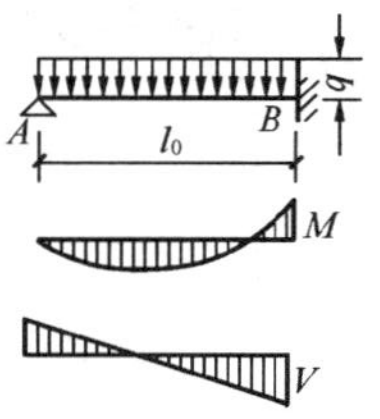

$R_A = \frac{3ql_0}{8}$；$R_B = \frac{5ql_0}{8}$

$M_B = -\frac{ql_0^2}{8}$

当 $x = \frac{3}{8}l_0$：$M_{max} = \frac{9ql_0^2}{128}$

当 $x = 0.422l_0$：$w_{max} = 0.00542\frac{ql_0^4}{EI}$

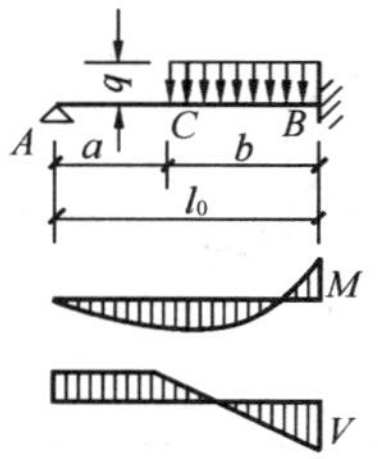

$R_A = \frac{qb^3}{8l_0^2}\left(4 - \frac{b}{l_0}\right)$

$R_B = \frac{qb}{8}\left(8 - 4\frac{b^2}{l_0^2} + \frac{b^3}{l_0^3}\right)$

$M_B = -\frac{qb^2}{8}\left(2 - \frac{b}{l_0}\right)^2$

当 $x = a + \frac{R_A}{q}$：$M_{max} = R_A\left(a + \frac{R_A}{2q}\right)$

n	2	3	4	5
x/l_0	0.250	0.500	0.375	0.300
K_m	0.180	0.219	0.307	0.359
x/l_0	0.405	0.423	0.418	0.421
K_w	0.0116	0.0168	0.0221	0.0274

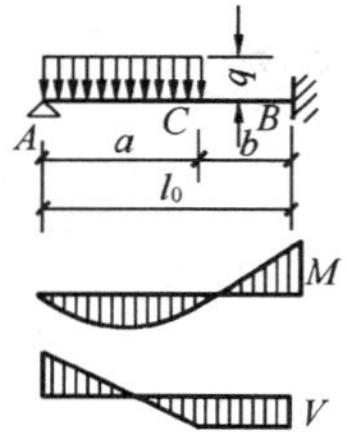

$R_A = \frac{qa}{8}\left(8 - 6\frac{a}{l_0} + \frac{a^3}{l_0^3}\right)$

$R_B = \frac{qa^2}{8l_0}\left(6 - \frac{a^2}{l_0^2}\right)$

$M_B = -\frac{qa^2}{8}\left(2 - \frac{a^2}{l_0^2}\right)$

当 $x = \frac{R_A}{q}$：$M_{max} = \frac{R_A^2}{2q}$

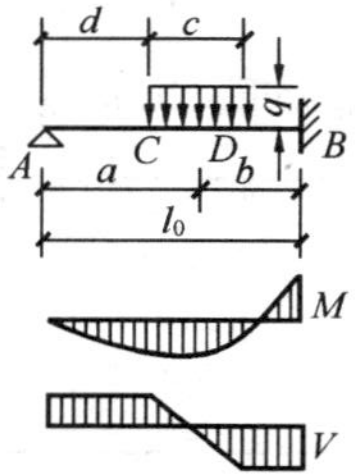

$R_A = \frac{qc}{8l_0^3}(12b^2l_0 - 4b^3 + 4c^2)$

$R_B = qc - R_A$

$M_B = R_Al_0 - qcb$

当 $x = d + \frac{R_A}{q}$：$M_{max} = R_A\left(d + \frac{R_A}{2q}\right)$

续表

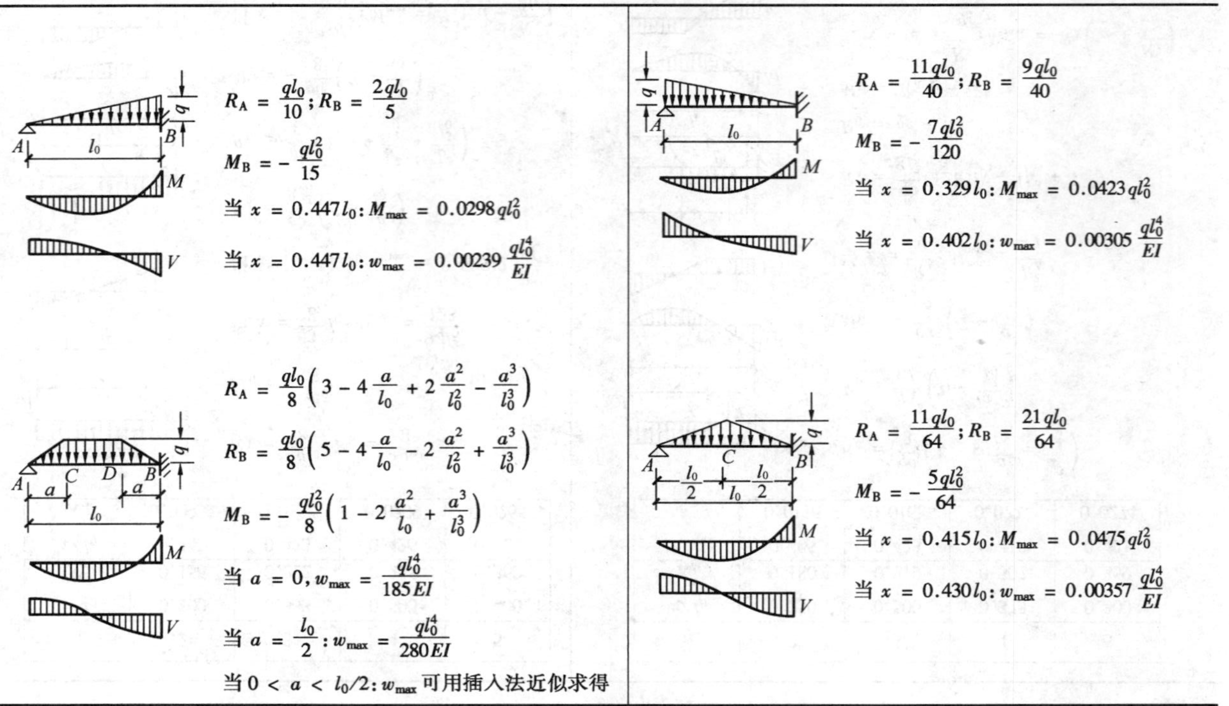

$R_A = \frac{ql_0}{10}$; $R_B = \frac{2ql_0}{5}$ $M_B = -\frac{ql_0^2}{15}$ 当 $x = 0.447l_0$: $M_{max} = 0.0298ql_0^2$ 当 $x = 0.447l_0$: $w_{max} = 0.00239\frac{ql_0^4}{EI}$	$R_A = \frac{11ql_0}{40}$; $R_B = \frac{9ql_0}{40}$ $M_B = -\frac{7ql_0^2}{120}$ 当 $x = 0.329l_0$: $M_{max} = 0.0423ql_0^2$ 当 $x = 0.402l_0$: $w_{max} = 0.00305\frac{ql_0^4}{EI}$
$R_A = \frac{ql_0}{8}\left(3 - 4\frac{a}{l_0} + 2\frac{a^2}{l_0^2} - \frac{a^3}{l_0^3}\right)$ $R_B = \frac{ql_0}{8}\left(5 - 4\frac{a}{l_0} - 2\frac{a^2}{l_0^2} + \frac{a^3}{l_0^3}\right)$ $M_B = -\frac{ql_0^2}{8}\left(1 - 2\frac{a^2}{l_0} + \frac{a^3}{l_0^3}\right)$ 当 $a = 0$, $w_{max} = \frac{ql_0^4}{185EI}$ 当 $a = \frac{l_0}{2}$: $w_{max} = \frac{ql_0^4}{280EI}$ 当 $0 < a < l_0/2$: w_{max} 可用插入法近似求得	$R_A = \frac{11ql_0}{64}$; $R_B = \frac{21ql_0}{64}$ $M_B = -\frac{5ql_0^2}{64}$ 当 $x = 0.415l_0$: $M_{max} = 0.0475ql_0^2$ 当 $x = 0.430l_0$: $w_{max} = 0.00357\frac{ql_0^4}{EI}$

续表

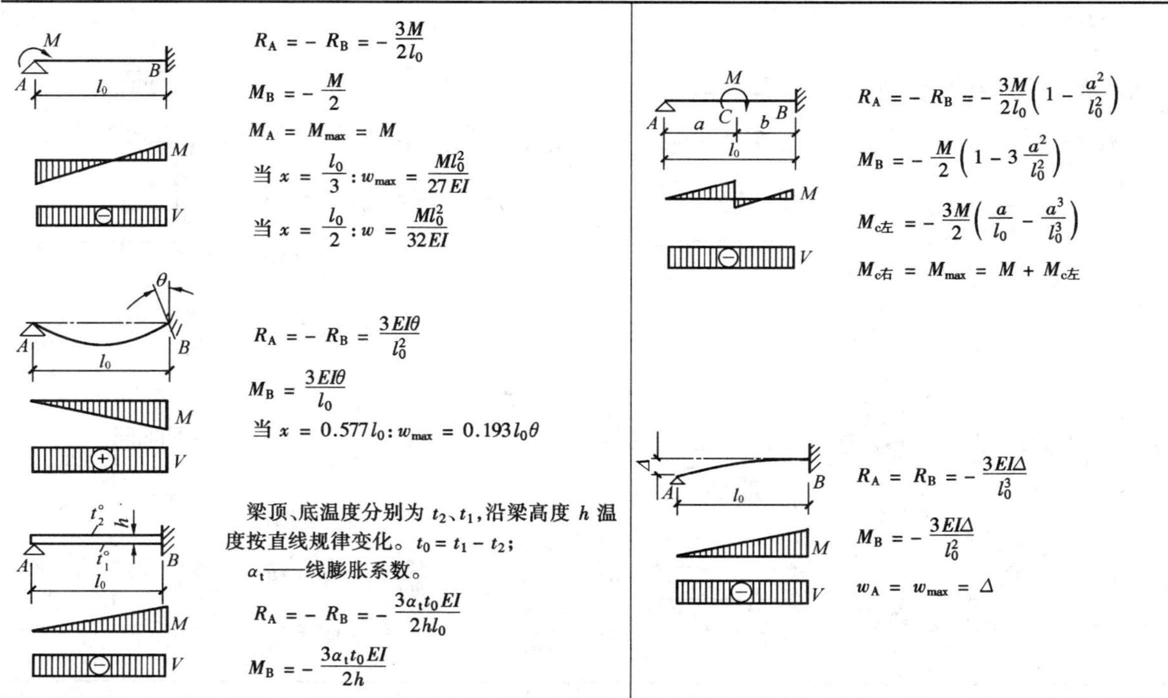

	$R_A = -R_B = -\frac{3M}{2l_0}$ $M_B = -\frac{M}{2}$ $M_A = M_{max} = M$ 当 $x = \frac{l_0}{3}: w_{max} = \frac{Ml_0^2}{27EI}$ 当 $x = \frac{l_0}{2}: w = \frac{Ml_0^2}{32EI}$		$R_A = -R_B = -\frac{3M}{2l_0}\left(1 - \frac{a^2}{l_0^2}\right)$ $M_B = -\frac{M}{2}\left(1 - 3\frac{a^2}{l_0^2}\right)$ $M_{c左} = -\frac{3M}{2}\left(\frac{a}{l_0} - \frac{a^3}{l_0^3}\right)$ $M_{c右} = M_{max} = M + M_{c左}$
	$R_A = -R_B = \frac{3EI\theta}{l_0^2}$ $M_B = \frac{3EI\theta}{l_0}$ 当 $x = 0.577l_0: w_{max} = 0.193l_0\theta$		$R_A = R_B = -\frac{3EI\Delta}{l_0^3}$ $M_B = -\frac{3EI\Delta}{l_0^2}$ $w_A = w_{max} = \Delta$
	梁顶、底温度分别为 t_2、t_1，沿梁高度 h 温度按直线规律变化。$t_0 = t_1 - t_2$； α_t——线膨胀系数。 $R_A = -R_B = -\frac{3\alpha_t t_0 EI}{2hl_0}$ $M_B = -\frac{3\alpha_t t_0 EI}{2h}$		

两端固定梁 表 2.1-4

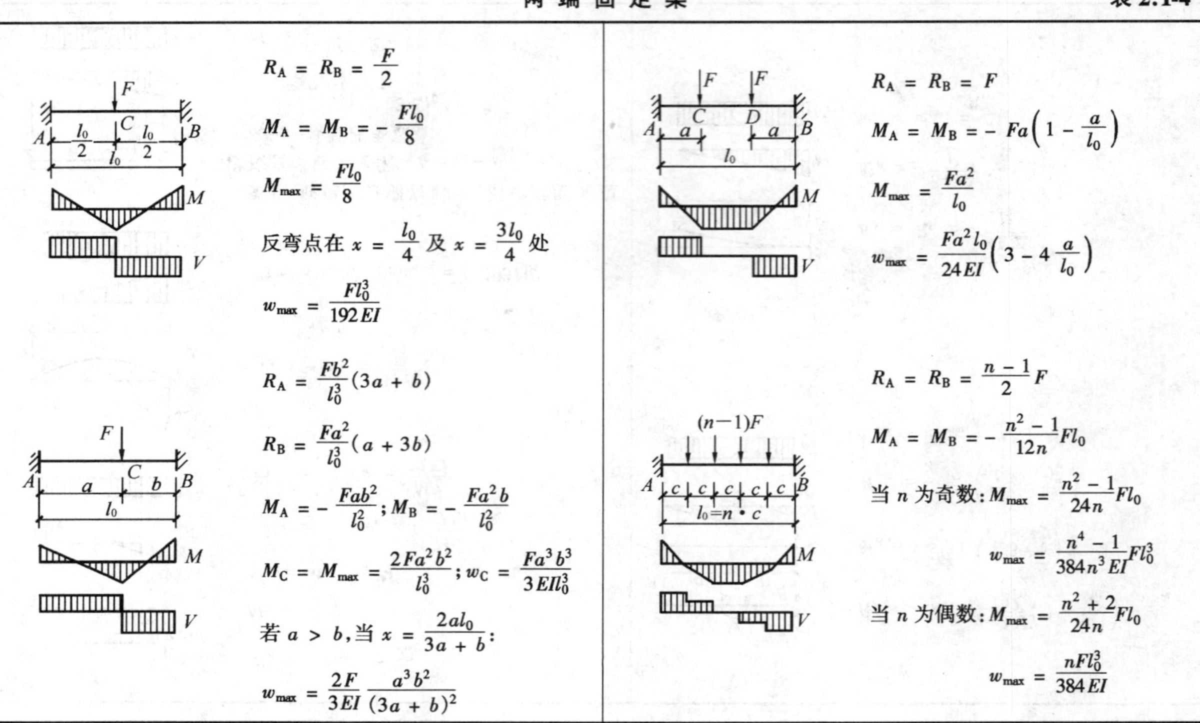

$R_A = R_B = \frac{F}{2}$

$M_A = M_B = -\frac{Fl_0}{8}$

$M_{max} = \frac{Fl_0}{8}$

反弯点在 $x = \frac{l_0}{4}$ 及 $x = \frac{3l_0}{4}$ 处

$w_{max} = \frac{Fl_0^3}{192EI}$

$R_A = R_B = F$

$M_A = M_B = -Fa\left(1 - \frac{a}{l_0}\right)$

$M_{max} = \frac{Fa^2}{l_0}$

$w_{max} = \frac{Fa^2 l_0}{24EI}\left(3 - 4\frac{a}{l_0}\right)$

$R_A = \frac{Fb^2}{l_0^3}(3a + b)$

$R_B = \frac{Fa^2}{l_0^3}(a + 3b)$

$M_A = -\frac{Fab^2}{l_0^2}$；$M_B = -\frac{Fa^2 b}{l_0^2}$

$M_C = M_{max} = \frac{2Fa^2 b^2}{l_0^3}$；$w_C = \frac{Fa^3 b^3}{3EIl_0^3}$

若 $a > b$，当 $x = \frac{2al_0}{3a + b}$：

$w_{max} = \frac{2F}{3EI}\frac{a^3 b^2}{(3a + b)^2}$

$R_A = R_B = \frac{n-1}{2}F$

$M_A = M_B = -\frac{n^2 - 1}{12n}Fl_0$

当 n 为奇数：$M_{max} = \frac{n^2 - 1}{24n}Fl_0$

$w_{max} = \frac{n^4 - 1}{384n^3 EI}Fl_0^3$

当 n 为偶数：$M_{max} = \frac{n^2 + 2}{24n}Fl_0$

$w_{max} = \frac{nFl_0^3}{384EI}$

续表

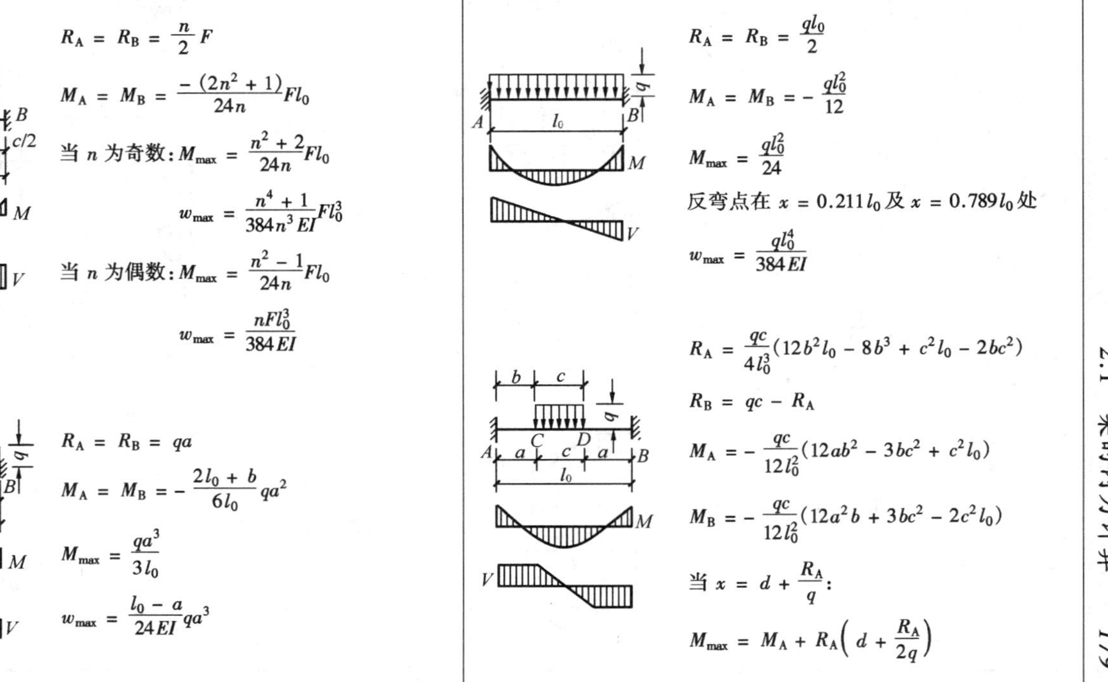

$$R_A = R_B = \frac{n}{2}F$$

$$M_A = M_B = \frac{-(2n^2+1)}{24n}Fl_0$$

当 n 为奇数：$M_{max} = \frac{n^2+2}{24n}Fl_0$

$$w_{max} = \frac{n^4+1}{384n^3EI}Fl_0^3$$

当 n 为偶数：$M_{max} = \frac{n^2-1}{24n}Fl_0$

$$w_{max} = \frac{nFl_0^3}{384EI}$$

$$R_A = R_B = qa$$

$$M_A = M_B = -\frac{2l_0+b}{6l_0}qa^2$$

$$M_{max} = \frac{qa^3}{3l_0}$$

$$w_{max} = \frac{l_0-a}{24EI}qa^3$$

$$R_A = R_B = \frac{ql_0}{2}$$

$$M_A = M_B = -\frac{ql_0^2}{12}$$

$$M_{max} = \frac{ql_0^2}{24}$$

反弯点在 $x = 0.211l_0$ 及 $x = 0.789l_0$ 处

$$w_{max} = \frac{ql_0^4}{384EI}$$

$$R_A = \frac{qc}{4l_0^3}(12b^2l_0 - 8b^3 + c^2l_0 - 2bc^2)$$

$$R_B = qc - R_A$$

$$M_A = -\frac{qc}{12l_0^2}(12ab^2 - 3bc^2 + c^2l_0)$$

$$M_B = -\frac{qc}{12l_0^2}(12a^2b + 3bc^2 - 2c^2l_0)$$

当 $x = d + \frac{R_A}{q}$：

$$M_{max} = M_A + R_A\left(d + \frac{R_A}{2q}\right)$$

续表

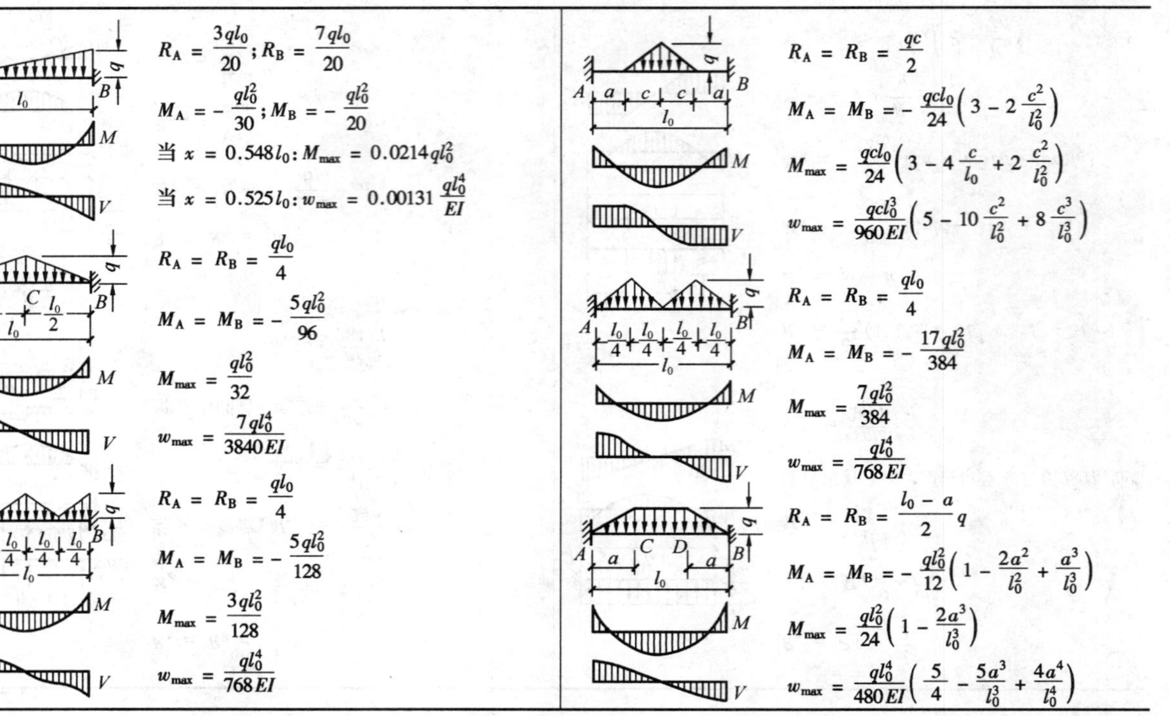

$R_A = \frac{3ql_0}{20}; R_B = \frac{7ql_0}{20}$ $M_A = -\frac{ql_0^2}{30}; M_B = -\frac{ql_0^2}{20}$ 当 $x = 0.548l_0: M_{max} = 0.0214ql_0^2$ 当 $x = 0.525l_0: w_{max} = 0.00131\frac{ql_0^4}{EI}$	$R_A = R_B = \frac{qc}{2}$ $M_A = M_B = -\frac{qcl_0}{24}\left(3 - 2\frac{c^2}{l_0^2}\right)$ $M_{max} = \frac{qcl_0}{24}\left(3 - 4\frac{c}{l_0} + 2\frac{c^2}{l_0^2}\right)$ $w_{max} = \frac{qcl_0^3}{960EI}\left(5 - 10\frac{c^2}{l_0^2} + 8\frac{c^3}{l_0^3}\right)$
$R_A = R_B = \frac{ql_0}{4}$ $M_A = M_B = -\frac{5ql_0^2}{96}$ $M_{max} = \frac{ql_0^2}{32}$ $w_{max} = \frac{7ql_0^4}{3840EI}$	$R_A = R_B = \frac{ql_0}{4}$ $M_A = M_B = -\frac{17ql_0^2}{384}$ $M_{max} = \frac{7ql_0^2}{384}$ $w_{max} = \frac{ql_0^4}{768EI}$
$R_A = R_B = \frac{ql_0}{4}$ $M_A = M_B = -\frac{5ql_0^2}{128}$ $M_{max} = \frac{3ql_0^2}{128}$ $w_{max} = \frac{ql_0^4}{768EI}$	$R_A = R_B = \frac{l_0 - a}{2}q$ $M_A = M_B = -\frac{ql_0^2}{12}\left(1 - \frac{2a^2}{l_0^2} + \frac{a^3}{l_0^3}\right)$ $M_{max} = \frac{ql_0^2}{24}\left(1 - \frac{2a^3}{l_0^3}\right)$ $w_{max} = \frac{ql_0^4}{480EI}\left(\frac{5}{4} - \frac{5a^3}{l_0^3} + \frac{4a^4}{l_0^4}\right)$

续表

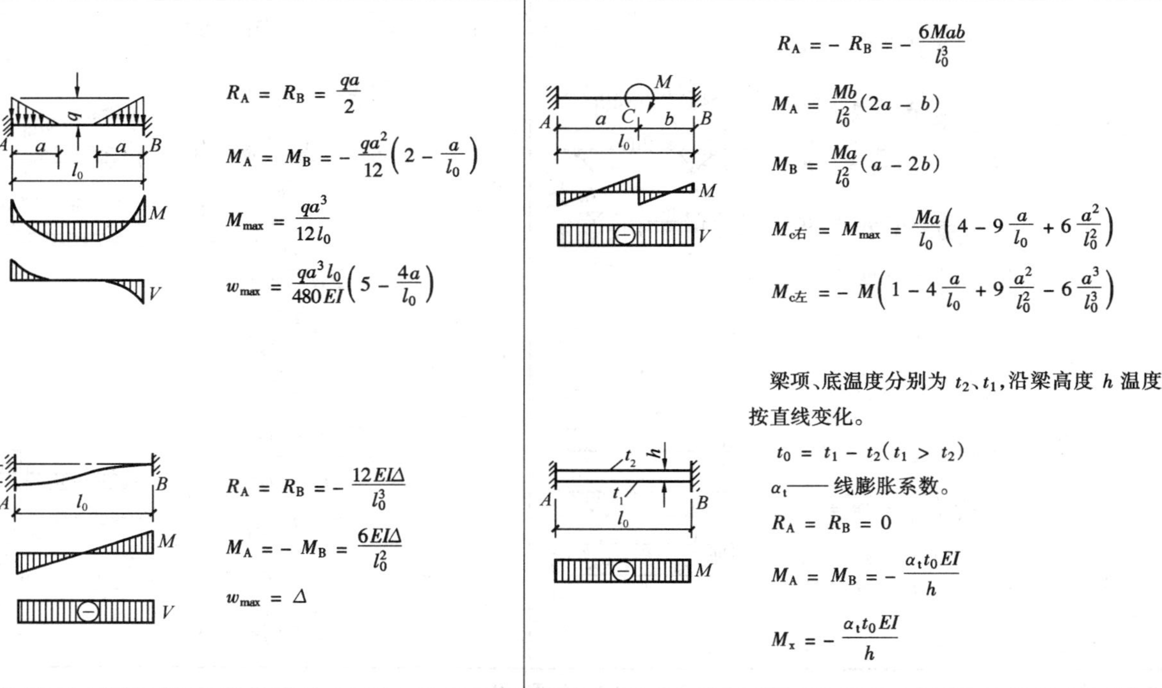

$R_A = R_B = \frac{qa}{2}$ $M_A = M_B = -\frac{qa^2}{12}\left(2 - \frac{a}{l_0}\right)$ $M_{max} = \frac{qa^3}{12l_0}$ $w_{max} = \frac{qa^3 l_0}{480EI}\left(5 - \frac{4a}{l_0}\right)$	$R_A = -R_B = -\frac{6Mab}{l_0^3}$ $M_A = \frac{Mb}{l_0^2}(2a - b)$ $M_B = \frac{Ma}{l_0^2}(a - 2b)$ $M_{c右} = M_{max} = \frac{Ma}{l_0}\left(4 - 9\frac{a}{l_0} + 6\frac{a^2}{l_0^2}\right)$ $M_{c左} = -M\left(1 - 4\frac{a}{l_0} + 9\frac{a^2}{l_0^2} - 6\frac{a^3}{l_0^3}\right)$
$R_A = R_B = -\frac{12EI\Delta}{l_0^3}$ $M_A = -M_B = \frac{6EI\Delta}{l_0^2}$ $w_{max} = \Delta$	梁项、底温度分别为 t_2、t_1，沿梁高度 h 温度按直线变化。 $t_0 = t_1 - t_2 (t_1 > t_2)$ α_t——线膨胀系数。 $R_A = R_B = 0$ $M_A = M_B = -\frac{\alpha_t t_0 EI}{h}$ $M_x = -\frac{\alpha_t t_0 EI}{h}$

带悬臂的梁　　　表 2.1-5

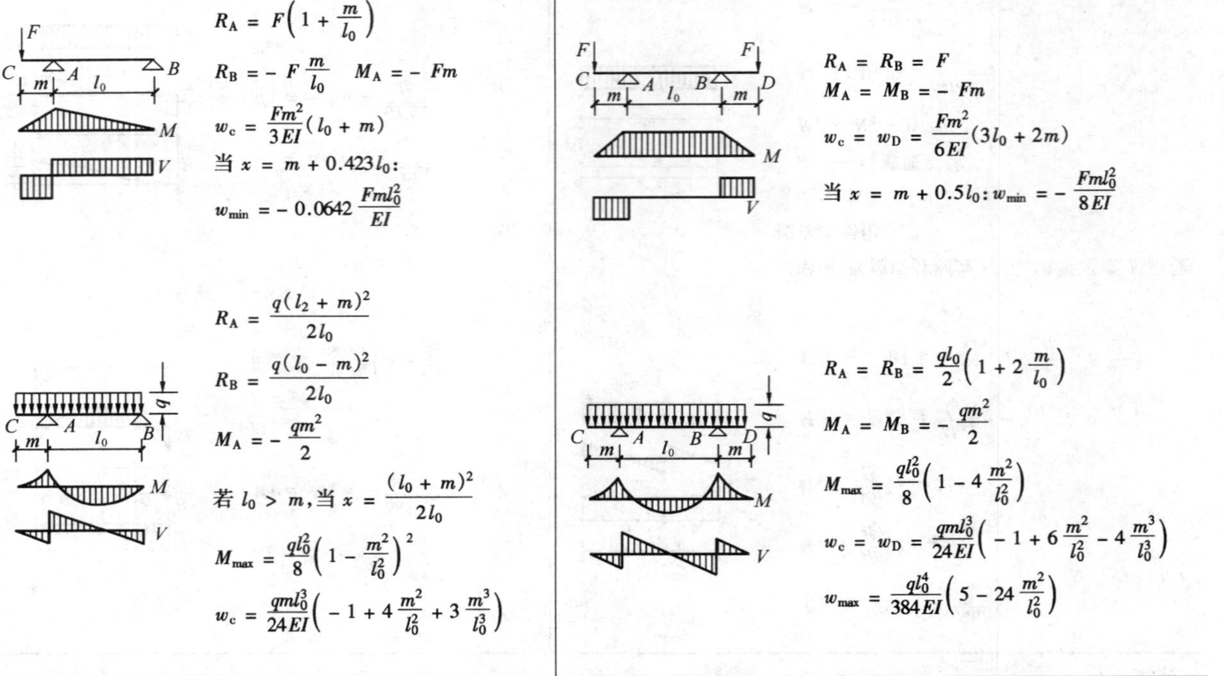

$R_A = F\left(1+\frac{m}{l_0}\right)$ $R_B = -F\frac{m}{l_0}$　$M_A = -Fm$ $w_c = \frac{Fm^2}{3EI}(l_0+m)$ 当 $x = m + 0.423l_0$: $w_{min} = -0.0642\frac{Fml_0^2}{EI}$	$R_A = R_B = F$ $M_A = M_B = -Fm$ $w_c = w_D = \frac{Fm^2}{6EI}(3l_0+2m)$ 当 $x = m + 0.5l_0$: $w_{min} = -\frac{Fml_0^2}{8EI}$
$R_A = \frac{q(l_2+m)^2}{2l_0}$ $R_B = \frac{q(l_0-m)^2}{2l_0}$ $M_A = -\frac{qm^2}{2}$ 若 $l_0 > m$，当 $x = \frac{(l_0+m)^2}{2l_0}$ $M_{max} = \frac{ql_0^2}{8}\left(1-\frac{m^2}{l_0^2}\right)^2$ $w_c = \frac{qml_0^3}{24EI}\left(-1+4\frac{m^2}{l_0^2}+3\frac{m^3}{l_0^3}\right)$	$R_A = R_B = \frac{ql_0}{2}\left(1+2\frac{m}{l_0}\right)$ $M_A = M_B = -\frac{qm^2}{2}$ $M_{max} = \frac{ql_0^2}{8}\left(1-4\frac{m^2}{l_0^2}\right)$ $w_c = w_D = \frac{qml_0^3}{24EI}\left(-1+6\frac{m^2}{l_0^2}-4\frac{m^3}{l_0^3}\right)$ $w_{max} = \frac{ql_0^4}{384EI}\left(5-24\frac{m^2}{l_0^2}\right)$

续表

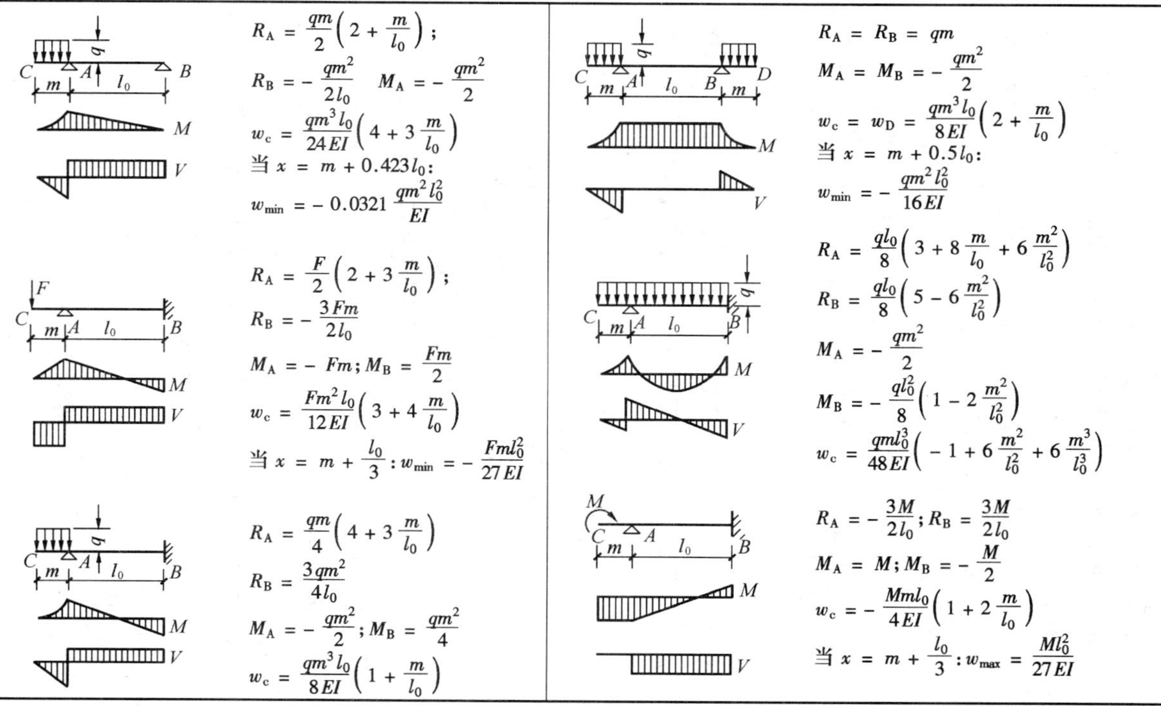

$R_A = \frac{qm}{2}\left(2 + \frac{m}{l_0}\right)$； $R_B = -\frac{qm^2}{2l_0}$ $M_A = -\frac{qm^2}{2}$ $w_c = \frac{qm^3 l_0}{24EI}\left(4 + 3\frac{m}{l_0}\right)$ 当 $x = m + 0.423l_0$： $w_{min} = -0.0321\frac{qm^2 l_0^2}{EI}$	$R_A = R_B = qm$ $M_A = M_B = -\frac{qm^2}{2}$ $w_c = w_D = \frac{qm^3 l_0}{8EI}\left(2 + \frac{m}{l_0}\right)$ 当 $x = m + 0.5l_0$： $w_{min} = -\frac{qm^2 l_0^2}{16EI}$
$R_A = \frac{F}{2}\left(2 + 3\frac{m}{l_0}\right)$； $R_B = -\frac{3Fm}{2l_0}$ $M_A = -Fm; M_B = \frac{Fm}{2}$ $w_c = \frac{Fm^2 l_0}{12EI}\left(3 + 4\frac{m}{l_0}\right)$ 当 $x = m + \frac{l_0}{3}$：$w_{min} = -\frac{Fml_0^2}{27EI}$	$R_A = \frac{ql_0}{8}\left(3 + 8\frac{m}{l_0} + 6\frac{m^2}{l_0^2}\right)$ $R_B = \frac{ql_0}{8}\left(5 - 6\frac{m^2}{l_0^2}\right)$ $M_A = -\frac{qm^2}{2}$ $M_B = -\frac{ql_0^2}{8}\left(1 - 2\frac{m^2}{l_0^2}\right)$ $w_c = \frac{qml_0^3}{48EI}\left(-1 + 6\frac{m^2}{l_0^2} + 6\frac{m^3}{l_0^3}\right)$
$R_A = \frac{qm}{4}\left(4 + 3\frac{m}{l_0}\right)$ $R_B = \frac{3qm^2}{4l_0}$ $M_A = -\frac{qm^2}{2}; M_B = \frac{qm^2}{4}$ $w_c = \frac{qm^3 l_0}{8EI}\left(1 + \frac{m}{l_0}\right)$	$R_A = -\frac{3M}{2l_0}; R_B = \frac{3M}{2l_0}$ $M_A = M; M_B = -\frac{M}{2}$ $w_c = -\frac{Mml_0}{4EI}\left(1 + 2\frac{m}{l_0}\right)$ 当 $x = m + \frac{l_0}{3}$：$w_{max} = \frac{Ml_0^2}{27EI}$

1）连续梁最不利内力的荷载布置

（A）恒载应满布各跨；

（B）计算某跨跨中最大正弯矩 M_{max}时，应在该跨满布活载，并在左右两侧隔跨布置活载；

（C）计算某跨跨中最小正弯矩 M_{min}时，应在该跨的左、右相邻两跨布置活载，然后隔跨布置活载；

（D）计算某支座的最大负弯矩 M_{max}及支座左、右剪力 V_{max}时，应在该支座相邻两跨布置活载，然后隔跨布置活载。

2）两跨不等跨连续梁在均布荷载作用下的最大内力系数（见表 2.1-6）。

说明：

（A）表 2.1-6 中分别给出图示三种荷载情况的内力系数，如需考虑活荷载的不利布置参见 1)，可利用叠加的方法求出其不利内力。

（B）内力计算

$$M = Kql_{01}^2;V = Kql_{n1};R = Kql_{01}$$

式中　M、V、R——分别为弯矩、剪力、支座反力；

K——系表中相应系数；

l_{01}、l_{n1}——分别为较小跨的计算跨度、净跨度。

3）三跨连续梁（两边跨相等）在均布荷载作用下的最大内力系数（见表 2.1-7）。

说明：

（A）表 2.1-7 中分别给出图示四种荷载情况的内力系数，如需考虑活荷载的不利布置，可参见 2.1.2-（1）-1）利用叠加的方法求出其不利内力。

（B）内力计算

$$弯矩\ M = Kql_{01}^2$$

$$剪力\ V = Kql_{n1}$$

式中　K——为表中相应系数。

两跨不等跨连续梁在均布荷载作用下的最大内力系数 **表 2.1-6**

荷载①　荷载②　荷载③

荷载情况	荷载①								荷载②		荷载③	
n	M_B	M_1	M_2	V_A	V_{B1}	V_{B2}	R_B	V_C	M_1	V_A	M_2	V_C
1.0	-0.1250	0.0703	0.0703	0.3750	-0.6250	0.6250	1.2500	-0.3750	0.0957	0.4375	0.0957	-0.4375
1.1	-0.1388	0.0653	0.0898	0.3613	-0.6387	0.6761	1.3149	-0.4239	0.0970	0.4405	0.1142	-0.4780
1.2	-0.1550	0.0595	0.1108	0.3450	-0.6550	0.7292	1.3842	-0.4708	0.0982	0.4432	0.1343	-0.5182
1.3	-0.1738	0.0532	0.1333	0.3263	-0.6737	0.7836	1.4574	-0.5164	0.0993	0.4457	0.1558	-0.5582
1.4	-0.1950	0.0465	0.1527	0.3050	-0.6950	0.8393	1.5343	-0.5607	0.1003	0.4479	0.1788	-0.5979
1.5	-0.2188	0.0396	0.1825	0.2813	-0.7187	0.8958	1.6146	-0.6042	0.1013	0.4500	0.2032	-0.6375
1.6	-0.2450	0.0325	0.2092	0.2550	-0.7450	0.9531	1.6981	-0.6469	0.1021	0.4519	0.2291	-0.6769
1.7	-0.2738	0.0256	0.2374	0.2263	-0.7737	1.0110	1.7848	-0.6890	0.1029	0.4537	0.2564	-0.7162
1.8	-0.3050	0.0190	0.2669	0.1950	-0.8050	1.0694	1.8745	-0.7306	0.1037	0.4554	0.2850	-0.7554
1.9	-0.3388	0.0130	0.2978	0.1613	-0.8387	1.1283	1.9670	-0.7717	0.1044	0.4569	0.3155	-0.7944
2.0	-0.3750	0.0078	0.3301	0.1250	-0.8750	1.1875	2.0625	-0.8125	0.1050	0.4583	0.3472	-0.8333
2.25	-0.4766	0.0027	0.4170	0.0234	-0.9766	1.3368	2.3134	-0.9132	0.1065	0.4615	0.4327	-0.9303
2.5	-0.5938	负　值	0.5126	-0.0938	-1.0938	1.4875	2.5813	-1.0125	0.1078	0.4643	0.5272	-1.0268

三跨连续梁(两边跨相等)在均布荷载作用下的最大内力系数　　**表 2.1-7**

A 1 B 2 C 1 D；l_{01}　$nl_{01}=l_{02}$　l_{01}

荷载①: b
荷载②: b
荷载③: b
荷载④: b

	荷载①						荷载②			荷载③		荷载④
n	M_B	M_1	M_2	V_A	V_{B1}	V_{B2}	M_B	V_{B1}	V_{B2}	M_1	V_A	M_2
0.4	−0.0831	0.0869	−0.0631	0.4169	−0.5831	0.2000	−0.0962	−0.5962	0.4608	0.0890	0.4219	0.0150
0.5	−0.0804	0.0880	−0.0491	0.4196	−0.5804	0.2500	−0.0947	−0.5947	0.4502	0.0918	0.4286	0.0223
0.6	−0.0800	0.0882	−0.0350	0.4200	−0.5800	0.3000	−0.0952	−0.5952	0.4603	0.0943	0.4342	0.0308
0.7	−0.0819	0.0874	−0.0206	0.4181	−0.5819	0.3500	−0.0979	−0.5979	0.4825	0.0964	0.4390	0.0403
0.8	−0.0859	0.0857	−0.0059	0.4141	−0.5859	0.4000	−0.1021	−0.6021	0.5116	0.0982	0.4432	0.0509
0.9	−0.0918	0.0833	0.0095	0.4082	−0.5918	0.4500	−0.1083	−0.6083	0.5456	0.0998	0.4468	0.0625
1.0	−0.1000	0.0800	0.0250	0.4000	−0.6000	0.5000	−0.1167	−0.6167	0.5833	0.1013	0.4500	0.0750
1.1	−0.1100	0.0761	0.0413	0.3900	−0.6100	0.5500	−0.1267	−0.6267	0.6233	0.1025	0.4528	0.0885
1.2	−0.1218	0.0715	0.0582	0.3782	−0.6218	0.6000	−0.1385	−0.6385	0.6651	0.1037	0.4554	0.1029
1.3	−0.1355	0.0664	0.0758	0.3645	−0.6355	0.6500	−0.1522	−0.6522	0.7082	0.1047	0.4576	0.1182
1.4	−0.1510	0.0609	0.0940	0.3490	−0.6510	0.7000	−0.1676	−0.6676	0.7525	0.1057	0.4597	0.1344
1.5	−0.1683	0.0550	0.1130	0.3317	−0.6683	0.7500	−0.1848	−0.6848	0.7976	0.1065	0.4615	0.1514
1.6	−0.1874	0.0489	0.1327	0.3127	−0.6873	0.8000	−0.2037	−0.7037	0.8434	0.1073	0.4632	0.1694
1.7	−0.2082	0.0426	0.1531	0.2918	−0.7082	0.8500	−0.2244	−0.7244	0.8897	0.1080	0.4648	0.1883
1.8	−0.2308	0.0362	0.1742	0.2692	−0.7308	0.9000	−0.2468	−0.7468	0.9366	0.1087	0.4662	0.2080
1.9	−0.2552	0.0300	0.1961	0.2448	−0.7552	0.9500	−0.2710	−0.7710	0.9846	0.1093	0.4675	0.2286
2.0	−0.2813	0.0239	0.2188	0.2188	−0.7812	1.0000	−0.2969	−0.7969	1.0312	0.1099	0.4688	0.2500
2.25	−0.3540	0.0106	0.2788	0.1462	−0.8538	1.1250	−0.3691	−0.8691	1.1511	0.1111	0.4714	0.3074
2.5	−0.4375	0.0019	0.3437	0.0625	−0.9375	1.2500	−0.4521	−0.9521	1.2722	0.1122	0.4737	0.3701

4）三跨不等跨连续梁在均布荷载作用下的弯矩系数（见表2.1-8～表2.1-10）。

说明：

（A）表2.1-8～表2.1-10中分别给出图示三种荷载情况的弯矩系数，如需考虑活荷载的不利布置（参见2.1.2（1）），可利用叠加的方法求出其不利内力。

（B）内力计算

$$M_B = K_B q l_{02}^2$$

$$M_C = K_C q l_{02}^2$$

式中 K_B、K_C——分别为每格上、下行数字；

M_B、M_C——分别为B、C两支座处的弯矩设计值。

表中 $m = l_{01}/l_{02}$、$n = l_{03}/l_{02}$。

（C）求出支座弯矩后，即可利用静力平衡条件求出跨中弯矩。

5）等跨梁在常用荷载作用下的弯矩及剪力系数（见表2.1-11～表2.1-14）。

说明：

（A）本表格已考虑了活载的最不利布置；

（B）适用于等跨或跨度差≤10%的多跨连续梁的内力计算；

当为均布、三角形、梯形荷载时：

$$M_{max} = (\alpha g + \beta q) l_0^2$$

$$M_{min} = (\alpha g + \gamma q) l_0^2 \quad \text{（为跨中最小弯矩）}$$

$$V_{max} = (\alpha g + bq) l_n$$

当为集中荷载时：

$$M_{max} = (\alpha G + \beta Q) l_0$$

$$M_{min} = (\alpha G + \gamma Q) l_0 \quad \text{（为跨中最小弯矩）}$$

$$V_{max} = aG + bQ$$

三跨不等跨连续梁在均布

A、B、C、D；$l_{01}=ml_{02}$　l_{02}　$l_{03}=nl_{02}$

$m = l_{01}/l_{02}$　$M_B = -K_B q l_{02}^2$　K_B 为每格上行数字

$n = l_{03}/l_{02}$　$M_C = -K_C q l_{02}^2$　K_C 为每格下行数字

m \ n	0.3	0.4	0.5	0.6	0.7	0.8	0.9	1.0	1.1
0.3	−0.071	−0.072	−0.072	−0.071	−0.069	−0.065	−0.061	−0.056	−0.050
	−0.071	−0.069	−0.070	−0.073	−0.079	−0.087	−0.098	−0.111	−0.127
0.4	−0.069	−0.070	−0.070	−0.069	−0.067	−0.064	−0.061	−0.055	−0.050
	−0.072	−0.070	−0.070	−0.074	−0.079	−0.087	−0.098	−0.111	−0.127
0.5	−0.070	−0.070	−0.070	−0.069	−0.067	−0.065	−0.061	−0.057	−0.052
	−0.072	−0.070	−0.070	−0.073	−0.079	−0.087	−0.098	−0.111	−0.126
0.6	−0.073	−0.074	−0.073	−0.072	−0.071	−0.068	−0.065	−0.061	−0.056
	−0.071	−0.069	−0.069	−0.072	−0.078	−0.086	−0.097	−0.110	−0.125
0.7	−0.079	−0.079	−0.079	−0.078	−0.076	−0.074	−0.071	−0.067	−0.062
	−0.069	−0.067	−0.067	−0.071	−0.076	−0.084	−0.095	−0.108	−0.124
0.8	−0.087	−0.087	−0.087	−0.086	−0.084	−0.082	−0.079	−0.076	−0.071
	−0.065	−0.064	−0.065	−0.068	−0.074	−0.082	−0.093	−0.106	−0.122
0.9	−0.098	−0.098	−0.098	−0.097	−0.095	−0.093	−0.090	−0.087	−0.082
	−0.061	−0.060	−0.061	−0.065	−0.071	−0.079	−0.090	−0.103	−0.119
1.0	−0.111	−0.111	−0.111	−0.110	−0.108	−0.106	−0.103	−0.100	−0.096
	−0.056	−0.055	−0.057	−0.061	−0.067	−0.076	−0.087	−0.100	−0.116
1.1	−0.127	−0.127	−0.126	−0.125	−0.124	−0.122	−0.119	−0.116	−0.112
	−0.050	−0.050	−0.052	−0.056	−0.062	−0.071	−0.082	−0.096	−0.112
1.2	−0.145	−0.145	−0.145	−0.144	−0.142	−0.140	−0.137	−0.134	−0.131
	−0.043	−0.043	−0.046	−0.050	−0.057	−0.066	−0.078	−0.091	−0.108
1.3	−0.166	−0.166	−0.165	−0.164	−0.163	−0.161	−0.158	−0.155	−0.151
	−0.035	−0.036	−0.039	−0.044	−0.051	−0.060	−0.072	−0.086	−0.103
1.4	−0.190	−0.189	−0.189	−0.187	−0.186	−0.184	−0.181	−0.178	−0.175
	−0.025	−0.027	−0.031	−0.036	−0.044	−0.054	−0.066	−0.080	−0.097
1.5	−0.216	−0.215	−0.214	−0.213	−0.211	−0.209	−0.207	−0.204	−0.201
	−0.016	−0.018	−0.022	−0.028	−0.037	−0.047	−0.059	−0.074	−0.091
1.6	−0.244	−0.243	−0.243	−0.241	−0.240	−0.237	−0.235	−0.232	−0.229
	−0.005	−0.008	−0.013	−0.020	−0.028	−0.039	−0.052	−0.067	−0.084
1.7	−0.275	−0.274	−0.273	−0.272	−0.270	−0.268	−0.266	−0.263	−0.260
	+0.007	+0.005	−0.003	−0.010	−0.019	−0.031	−0.044	−0.059	−0.077
1.8	−0.309	−0.308	−0.307	−0.305	−0.303	−0.301	−0.299	−0.296	−0.293
	+0.020	+0.015	+0.008	0.000	−0.010	−0.021	−0.035	−0.051	−0.069
1.9	−0.345	−0.343	−0.342	−0.341	−0.339	−0.337	−0.334	−0.332	−0.320
	+0.034	+0.028	+0.020	+0.011	+0.001	−0.011	−0.026	−0.042	−0.061
2.0	−0.383	−0.382	−0.380	−0.379	−0.377	−0.375	−0.372	−0.370	−0.366
	+0.049	+0.041	+0.033	+0.023	+0.012	−0.001	−0.016	−0.033	−0.052

荷载作用下的弯矩系数（一） 表 2.1-8

1.2	1.3	1.4	1.5	1.6	1.7	1.8	1.9	2.0
-0.013 -0.145	-0.035 -0.166	-0.025 -0.190	-0.016 -0.216	-0.005 -0.244	0.007 -0.275	0.020 -0.309	0.034 -0.345	0.049 -0.383
-0.043 -0.145	-0.036 -0.166	-0.027 -0.189	-0.018 -0.215	-0.008 -0.243	0.003 -0.274	0.015 -0.308	0.028 -0.343	0.041 -0.382
-0.046 -0.145	-0.039 -0.166	-0.031 -0.189	-0.022 -0.211	-0.013 -0.243	-0.003 -0.273	0.008 -0.306	0.020 -0.342	0.033 -0.381
-0.050 -0.144	-0.044 -0.164	-0.036 -0.187	-0.028 -0.213	-0.020 -0.241	-0.010 -0.272	0.000 -0.305	0.011 -0.341	0.023 -0.379
-0.057 -0.142	-0.051 -0.163	-0.044 -0.186	-0.037 -0.214	-0.028 -0.240	-0.019 -0.270	-0.010 -0.303	0.001 -0.339	0.012 -0.377
-0.066 -0.140	-0.060 -0.161	-0.054 -0.184	-0.047 -0.209	-0.039 -0.238	-0.031 -0.268	-0.021 -0.301	-0.011 -0.337	-0.001 -0.375
-0.078 -0.137	-0.072 -0.158	-0.066 -0.181	-0.059 -0.207	-0.052 -0.235	-0.044 -0.266	-0.035 -0.299	-0.026 -0.334	-0.016 -0.372
-0.091 -0.134	-0.086 -0.155	-0.080 -0.178	-0.074 -0.204	-0.067 -0.232	-0.059 -0.263	-0.051 -0.296	-0.042 -0.331	-0.033 -0.370
-0.108 -0.130	-0.103 -0.151	-0.097 -0.175	-0.091 -0.201	-0.084 -0.229	-0.077 -0.259	-0.069 -0.293	-0.061 -0.328	-0.052 -0.366
-0.126 -0.126	-0.122 -0.147	-0.116 -0.171	-0.110 -0.197	-0.104 -0.225	-0.097 -0.256	-0.089 -0.289	-0.081 -0.325	-0.073 -0.363
-0.147 -0.121	-0.143 -0.143	-0.138 -0.166	-0.132 -0.192	-0.126 -0.221	-0.119 -0.252	-0.112 -0.285	-0.104 -0.321	-0.096 -0.359
-0.171 -0.116	-0.166 -0.138	-0.161 -0.161	-0.156 -0.188	-0.150 -0.216	-0.144 -0.247	-0.136 -0.281	-0.129 -0.317	-0.121 -0.355
-0.197 -0.110	-0.192 -0.132	-0.188 -0.156	-0.182 -0.182	-0.176 -0.211	-0.170 -0.242	-0.164 -0.276	-0.156 -0.312	-0.149 -0.350
-0.225 -0.104	-0.221 -0.126	-0.216 -0.150	-0.211 -0.177	-0.205 -0.205	-0.199 -0.237	-0.193 -0.271	-0.186 -0.307	-0.179 -0.345
-0.256 -0.097	-0.252 -0.119	-0.247 -0.143	-0.242 -0.170	-0.237 -0.199	-0.231 -0.231	-0.225 -0.265	-0.218 -0.301	-0.211 -0.340
-0.289 -0.089	-0.285 -0.112	-0.281 -0.137	-0.276 -0.164	-0.271 -0.193	-0.265 -0.225	-0.259 -0.259	-0.252 -0.295	-0.245 -0.334
-0.325 -0.081	-0.321 -0.104	-0.316 -0.129	-0.312 -0.156	-0.307 -0.186	-0.301 -0.218	-0.295 -0.252	-0.289 -0.289	-0.287 -0.328
-0.363 -0.073	-0.359 -0.096	-0.355 -0.121	-0.350 -0.149	-0.345 -0.179	-0.340 -0.211	-0.331 -0.245	-0.328 -0.282	-0.327 -0.321

三跨不等跨连续梁在均布荷载作用下的弯矩系数(二)　　　　**表 2.1-9**

$m = l_{01}/l_{02}$　　$M_B = -K_B q l_{02}^2$　　K_B 为每格上行数字

$n = l_{03}/l_{02}$　　$M_C = -K_C q l_{02}^2$　　K_C 为每格下行数字

m \ n	0.3	0.4	0.5	0.6	0.7	0.8	0.9	1.0	1.1	1.2	1.3	1.4	1.5	1.6	1.7	1.8	1.9	2.0
0.3	0.069 0.069	0.072 0.064	0.071 0.059	0.075 0.055	0.077 0.051	0.078 0.048	0.079 0.045	0.080 0.043	0.081 0.040	0.081 0.038	0.082 0.036	0.083 0.035	0.083 0.033	0.084 0.032	0.084 0.031	0.085 0.029	0.085 0.028	0.086 0.027
0.4	0.064 0.072	0.066 0.066	0.068 0.061	0.069 0.057	0.070 0.053	0.072 0.050	0.073 0.047	0.074 0.045	0.074 0.042	0.075 0.040	0.076 0.038	0.076 0.036	0.077 0.035	0.077 0.033	0.078 0.032	0.078 0.031	0.079 0.030	0.079 0.028
0.5	0.059 0.074	0.061 0.068	0.062 0.062	0.064 0.058	0.065 0.054	0.066 0.051	0.067 0.048	0.068 0.045	0.069 0.043	0.070 0.041	0.070 0.039	0.071 0.037	0.071 0.036	0.072 0.034	0.072 0.033	0.073 0.032	0.073 0.030	0.074 0.029
0.6	0.055 0.075	0.057 0.069	0.058 0.064	0.060 0.060	0.061 0.056	0.062 0.056	0.063 0.049	0.064 0.047	0.064 0.044	0.065 0.042	0.066 0.040	0.066 0.038	0.067 0.037	0.067 0.035	0.068 0.034	0.068 0.033	0.068 0.031	0.069 0.030
0.7	0.051 0.077	0.053 0.070	0.054 0.065	0.056 0.061	0.057 0.057	0.058 0.053	0.059 0.050	0.060 0.048	0.060 0.045	0.061 0.043	0.061 0.041	0.062 0.039	0.063 0.038	0.063 0.036	0.063 0.035	0.064 0.033	0.064 0.032	0.064 0.031
0.8	0.048 0.078	0.050 0.072	0.051 0.066	0.052 0.062	0.053 0.058	0.054 0.054	0.055 0.051	0.056 0.049	0.057 0.046	0.057 0.044	0.058 0.042	0.058 0.040	0.059 0.038	0.059 0.037	0.060 0.035	0.060 0.034	0.060 0.033	0.061 0.032
0.9	0.015 0.079	0.047 0.073	0.048 0.067	0.049 0.063	0.050 0.059	0.051 0.055	0.052 0.052	0.053 0.049	0.053 0.047	0.054 0.045	0.055 0.042	0.055 0.041	0.056 0.039	0.056 0.037	0.056 0.036	0.057 0.035	0.057 0.034	0.057 0.032
1.0	0.043 0.080	0.044 0.074	0.045 0.068	0.047 0.064	0.048 0.060	0.049 0.056	0.049 0.053	0.050 0.050	0.051 0.047	0.051 0.045	0.052 0.044	0.052 0.042	0.053 0.040	0.053 0.038	0.053 0.037	0.054 0.035	0.054 0.034	0.054 0.033

续表

m \ n	0.3	0.4	0.5	0.6	0.7	0.8	0.9	1.0	1.1	1.2	1.3	1.4	1.5	1.6	1.7	1.8	1.9	2.0
1.1	0.040 0.081	0.042 0.074	0.043 0.069	0.044 0.064	0.045 0.060	0.046 0.057	0.047 0.053	0.047 0.051	0.048 0.048	0.049 0.046	0.049 0.044	0.050 0.042	0.050 0.040	0.050 0.038	0.051 0.037	0.051 0.035	0.051 0.034	0.052 0.033
1.2	0.038 0.081	0.040 0.075	0.041 0.070	0.042 0.065	0.043 0.061	0.044 0.057	0.045 0.054	0.045 0.051	0.046 0.049	0.046 0.046	0.047 0.044	0.047 0.042	0.048 0.040	0.048 0.039	0.048 0.037	0.049 0.036	0.049 0.035	0.049 0.033
1.3	0.037 0.082	0.038 0.076	0.039 0.070	0.040 0.064	0.041 0.061	0.042 0.058	0.042 0.055	0.043 0.052	0.044 0.049	0.044 0.047	0.045 0.045	0.045 0.043	0.045 0.041	0.046 0.039	0.046 0.038	0.046 0.036	0.047 0.035	0.047 0.034
1.4	0.035 0.083	0.036 0.076	0.037 0.071	0.038 0.066	0.039 0.062	0.040 0.058	0.041 0.055	0.041 0.052	0.042 0.050	0.042 0.047	0.043 0.045	0.043 0.043	0.043 0.041	0.044 0.040	0.044 0.038	0.044 0.037	0.045 0.035	0.045 0.034
1.5	0.033 0.083	0.035 0.077	0.036 0.071	0.037 0.067	0.038 0.063	0.038 0.059	0.039 0.056	0.039 0.053	0.040 0.050	0.040 0.048	0.041 0.045	0.041 0.043	0.042 0.042	0.042 0.040	0.042 0.038	0.043 0.037	0.043 0.036	0.043 0.034
1.6	0.032 0.084	0.033 0.077	0.034 0.072	0.035 0.067	0.036 0.063	0.037 0.059	0.037 0.056	0.038 0.053	0.038 0.050	0.039 0.048	0.039 0.046	0.040 0.044	0.040 0.042	0.040 0.040	0.041 0.039	0.041 0.037	0.041 0.036	0.041 0.035
1.7	0.031 0.084	0.032 0.078	0.033 0.072	0.034 0.068	0.035 0.063	0.035 0.060	0.036 0.056	0.036 0.053	0.037 0.051	0.037 0.048	0.038 0.046	0.038 0.044	0.038 0.042	0.039 0.041	0.039 0.039	0.039 0.038	0.040 0.036	0.040 0.035
1.8	0.029 0.085	0.031 0.078	0.032 0.073	0.033 0.068	0.033 0.064	0.034 0.060	0.035 0.057	0.035 0.054	0.036 0.051	0.036 0.049	0.036 0.046	0.037 0.044	0.037 0.043	0.037 0.041	0.038 0.039	0.038 0.038	0.038 0.037	0.038 0.035
1.9	0.028 0.085	0.030 0.079	0.030 0.073	0.031 0.068	0.032 0.064	0.033 0.060	0.033 0.057	0.034 0.054	0.034 0.051	0.035 0.049	0.035 0.047	0.035 0.045	0.036 0.043	0.036 0.041	0.036 0.040	0.037 0.038	0.037 0.037	0.037 0.036
2.0	0.027 0.086	0.028 0.079	0.029 0.074	0.030 0.069	0.031 0.064	0.032 0.061	0.032 0.057	0.033 0.054	0.033 0.052	0.033 0.049	0.034 0.047	0.034 0.045	0.034 0.043	0.034 0.041	0.035 0.040	0.035 0.038	0.035 0.037	0.036 0.036

三跨不等跨连续梁在均布荷载作用下的弯矩系数(三)　　表 2.1-10

$M_B = -KM_C$　　表内数值为 β　　$m = \frac{l_{01}}{l_{02}}$

$M_C = -\beta q l_{02}^2$　　最后一行为 K　　$n = \frac{l_{03}}{l_{02}}$

m \ n	0.3	0.4	0.5	0.6	0.7	0.8	0.9	1.0	1.1	1.2	1.3	1.4	1.5	1.6	1.7	1.8	1.9	2.0
0.3	0.001	0.001	0.001	0.001	0.001	0.001	0.001	0.001	0.001	0.001	0.001	0.001	0.001	0.001	0.001	0.000	0.000	0.000
0.4	0.003	0.002	0.002	0.002	0.002	0.002	0.002	0.002	0.001	0.001	0.001	0.001	0.001	0.001	0.001	0.001	0.001	0.001
0.5	0.005	0.004	0.004	0.004	0.003	0.003	0.003	0.003	0.003	0.003	0.002	0.002	0.002	0.002	0.002	0.002	0.002	0.002
0.6	0.007	0.007	0.006	0.006	0.005	0.005	0.005	0.005	0.004	0.004	0.004	0.004	0.004	0.003	0.003	0.003	0.003	0.003
0.7	0.011	0.010	0.009	0.009	0.008	0.008	0.007	0.007	0.006	0.006	0.006	0.006	0.005	0.005	0.005	0.005	0.005	0.004
0.8	0.015	0.014	0.013	0.012	0.011	0.011	0.010	0.010	0.009	0.009	0.008	0.008	0.008	0.007	0.007	0.007	0.006	0.006
0.9	0.021	0.019	0.018	0.016	0.015	0.014	0.014	0.013	0.012	0.012	0.011	0.011	0.010	0.010	0.009	0.009	0.009	0.008
1.0	0.027	0.025	0.023	0.021	0.020	0.019	0.018	0.017	0.016	0.015	0.014	0.014	0.013	0.013	0.012	0.012	0.011	0.011

续表

m \ n	0.3	0.4	0.5	0.6	0.7	0.8	0.9	1.0	1.1	1.2	1.3	1.4	1.5	1.6	1.7	1.8	1.9	2.0
1.1	0.034	0.031	0.029	0.027	0.025	0.24	0.022	0.021	0.020	0.019	0.018	0.017	0.017	0.016	0.015	0.015	0.014	0.014
1.2	0.041	0.038	0.035	0.033	0.031	0.028	0.027	0.026	0.025	0.024	0.022	0.021	0.021	0.020	0.019	0.018	0.018	0.017
1.3	0.050	0.046	0.043	0.040	0.038	0.035	0.033	0.032	0.030	0.029	0.027	0.026	0.025	0.024	0.023	0.022	0.021	0.021
1.4	0.060	0.055	0.051	0.048	0.045	0.042	0.040	0.038	0.036	0.034	0.033	0.031	0.030	0.029	0.028	0.027	0.026	0.025
1.5	0.070	0.065	0.060	0.056	0.053	0.050	0.047	0.044	0.042	0.040	0.038	0.037	0.035	0.034	0.032	0.031	0.030	0.029
1.6	0.082	0.076	0.070	0.065	0.061	0.058	0.055	0.052	0.049	0.047	0.045	0.043	0.041	0.039	0.038	0.036	0.035	0.034
1.7	0.094	0.087	0.081	0.075	0.071	0.067	0.065	0.060	0.057	0.054	0.052	0.049	0.047	0.045	0.044	0.042	0.041	0.039
1.8	0.107	0.095	0.092	0.086	0.081	0.076	0.072	0.068	0.065	0.062	0.059	0.056	0.054	0.052	0.050	0.048	0.046	0.045
1.9	0.122	0.113	0.105	0.098	0.092	0.086	0.082	0.077	0.073	0.070	0.069	0.064	0.061	0.059	0.057	0.054	0.053	0.051
2.0	0.137	0.127	0.118	0.110	0.103	0.097	0.092	0.087	0.083	0.079	0.075	0.072	0.069	0.066	0.064	0.061	0.059	0.057
K	2.6	2.8	3.0	3.2	3.4	3.6	3.8	4.0	4.2	4.4	4.6	4.8	5.0	5.2	5.4	5.6	5.8	6.0

等跨梁在常用荷载作用下的弯矩及剪力系数(一) 表 2.1-11

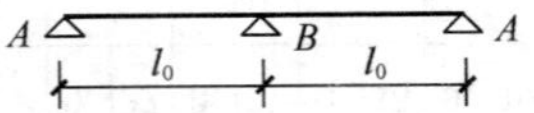

双跨梁

荷载		M_1		M_B		V_A		V_B	
		α	β	α	β	a	b	a	b
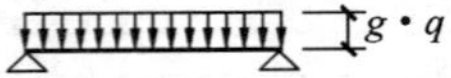 $g \cdot q$		0.070	0.096	−0.125	−0.125	0.375	0.437	−0.625	−0.625
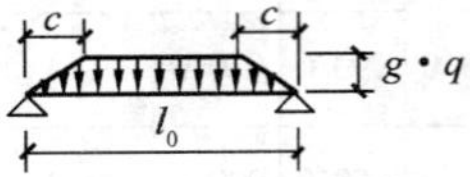 c/l_0	0.10	0.069	0.094	−0.123	−0.123	0.330	0.389	−0.573	−0.573
	0.20	0.067	0.091	−0.116	−0.116	0.285	0.342	−0.516	−0.516
	0.25	0.065	0.088	−0.112	−0.112	0.265	0.320	−0.486	−0.486
	0.30	0.063	0.085	−0.106	−0.106	0.245	0.297	−0.456	−0.456
	0.35	0.060	0.081	−0.100	−0.100	0.225	0.276	−0.425	−0.425
	0.40	0.056	0.076	−0.093	−0.093	0.207	0.254	−0.393	−0.393
	0.45	0.052	0.071	−0.086	−0.086	0.190	0.233	−0.361	−0.361
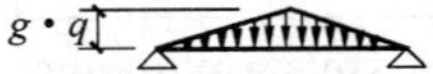 $g \cdot q$		0.047	0.064	−0.078	−0.078	0.172	0.211	−0.328	−0.328
 $g \cdot q$		0.029	0.046	−0.0665	−0.0665	0.184	0.200	−0.316	−0.316
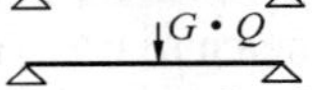 $G \cdot Q$		0.156	0.203	−0.188	−0.188	0.312	0.406	−0.688	−0.688
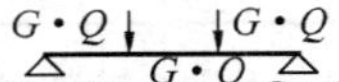 $G \cdot Q$		0.222	0.273	−0.333	−0.333	0.667	0.833	−1.334	−1.334
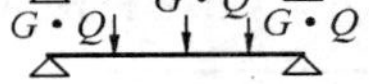 $G \cdot Q$		0.265	0.383	−0.469	−0.469	1.042	1.266	−1.958	−1.958

表 2.1-12

等跨梁在常用荷载作用下的弯矩及剪力系数(二)

A 1 B 2 B 1 C；l_0 l_0 l_0

三跨梁

荷载		M_1		M_B		M_2			V_A		V_{B1}		V_{B2}	
		α	β	α	β	α	β	γ	a	b	a	b	a	b
$g \cdot q$		0.080	0.101	−0.100	−0.117	0.025	0.075	−0.050	0.400	0.450	−0.600	−0.617	0.500	0.583
c，c，$g \cdot q$，l_0；c/l_0	0.10	0.079	0.100	−0.098	−0.115	0.025	0.074	−0.049	0.352	0.401	−0.548	−0.564	0.450	0.532
	0.20	0.076	0.096	−0.093	−0.109	0.025	0.072	−0.047	0.307	0.354	−0.493	−0.509	0.400	0.478
	0.25	0.074	0.093	−0.089	−0.104	0.025	0.070	−0.045	0.286	0.330	−0.464	−0.480	0.375	0.450
	0.30	0.071	0.089	−0.085	−0.099	0.025	0.068	−0.043	0.265	0.308	−0.435	−0.449	0.350	0.421
	0.35	0.068	0.085	−0.080	−0.094	0.025	0.065	−0.041	0.246	0.286	−0.405	−0.418	0.325	0.392
	0.40	0.064	0.080	−0.075	−0.087	0.024	0.061	−0.038	0.226	0.263	−0.374	−0.387	0.300	0.363
	0.45	0.059	0.074	−0.069	−0.081	0.023	0.057	−0.035	0.207	0.240	−0.344	−0.355	0.275	0.333
$g \cdot q$		0.054	0.068	−0.063	−0.073	0.021	0.052	−0.031	0.188	0.219	−0.313	−0.323	0.250	0.302
$g \cdot q$		0.036	0.049	−0.0531	−0.062	0.010	0.036	−0.027	0.197	0.224	−0.303	−0.312	0.250	0.295
$G \cdot Q$		0.175	0.213	−0.150	−0.175	0.100	0.175	−0.075	0.350	0.425	−0.650	−0.675	0.500	0.625
$G \cdot Q$，$G \cdot Q$		0.244	0.289	−0.267	−0.311	0.067	0.200	−0.133	0.733	0.866	−1.267	−1.311	1.000	1.222
$G \cdot Q$，$G \cdot Q$，$G \cdot Q$		0.313	0.406	−0.375	−0.437	0.125	0.313	−0.188	1.125	1.313	−1.875	−1.938	1.500	1.812

等跨梁在常用荷载作用下

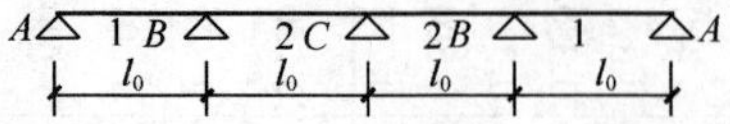

四跨梁

荷载			M_1		M_B		M_2		
			α	β	α	β	α	β	γ
 均布荷载 g·q			0.077	0.100	-0.107	-0.121	0.036	0.081	-0.045
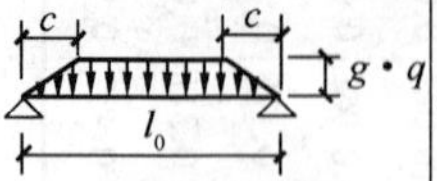 梯形荷载 g·q（c, l_0）	c/l_0	0.10	0.076	0.099	-0.105	-0.118	0.036	0.080	-0.044
		0.20	0.073	0.094	-0.100	-0.112	0.035	0.077	-0.042
		0.25	0.071	0.091	-0.095	-0.107	0.035	0.075	-0.040
		0.30	0.069	0.088	-0.091	-0.102	0.034	0.072	-0.038
		0.35	0.065	0.084	-0.085	-0.096	0.033	0.069	-0.036
		0.40	0.062	0.079	-0.080	-0.090	0.032	0.065	-0.034
		0.45	0.057	0.073	-0.074	-0.083	0.030	0.061	-0.031
三角形荷载 g·q			0.052	0.069	-0.067	-0.075	0.028	0.056	-0.028
双三角形荷载 g·q			0.034	0.0483	-0.057	-0.064	0.015	0.039	-0.024
跨中集中荷载 G·Q			0.169	0.210	-0.161	-0.181	0.116	0.183	-0.067
两个集中荷载 G·Q, G·Q			0.238	0.286	-0.286	-0.321	0.111	0.222	-0.111
三个集中荷载 G·Q, G·Q, G·Q			0.299	0.400	-0.402	-0.452	0.165	0.333	-0.167

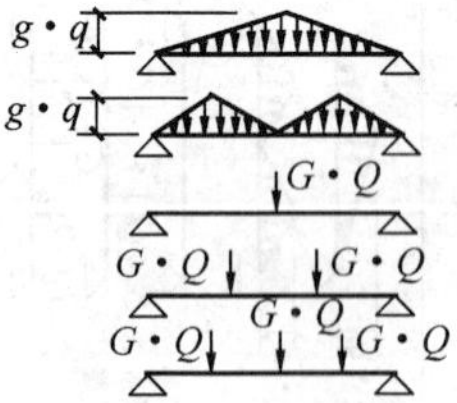

的弯矩及剪力系数（三） 表 2.1-13

M_C		V_A		V_{B1}		V_{B2}		V_C	
α	β	a	b	a	b	a	b	a	b
-0.071	-0.107	0.393	0.446	-0.607	-0.620	0.536	0.603	-0.464	-0.571
-0.070	-0.105	0.345	0.398	-0.555	-0.568	0.485	0.550	-0.415	-0.522
-0.067	-0.100	0.300	0.350	-0.500	-0.512	0.433	0.495	-0.367	-0.466
-0.064	-0.096	0.280	0.328	-0.472	-0.482	0.406	0.466	-0.343	-0.440
-0.061	-0.091	0.259	0.305	-0.441	-0.452	0.380	0.437	-0.320	-0.410
-0.057	-0.085	0.240	0.283	-0.410	-0.420	0.351	0.406	-0.296	-0.380
-0.053	-0.080	0.220	0.260	-0.380	-0.390	0.327	0.376	-0.273	-0.353
-0.049	-0.074	0.202	0.238	-0.349	-0.358	0.300	0.443	-0.250	-0.323
-0.045	-0.067	0.183	0.216	-0.317	-0.325	0.272	0.313	-0.228	-0.294
-0.038	-0.057	0.193	0.222	-0.307	-0.314	0.269	0.305	-0.231	-0.288
-0.107	-0.161	0.339	0.420	-0.661	-0.681	0.553	0.654	-0.446	-0.607
-0.191	-0.286	0.714	0.857	-1.286	-1.321	1.095	1.274	-0.905	-1.190
-0.268	-0.402	1.098	1.299	-1.902	-1.952	1.634	1.885	-1.366	-1.768

等跨梁在常用荷载作用下

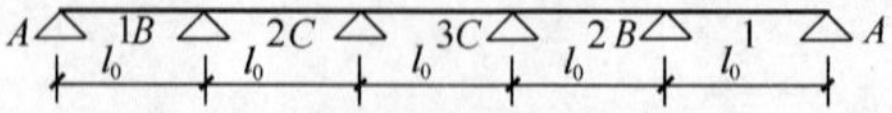

五跨梁

荷载			M_1		M_B		M_2		M_C	
			α	β	α	β	α	β	α	β
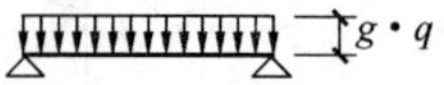 均布荷载 g·q			0.078	0.100	-0.105	-0.120	0.033	0.079	-0.080	-0.111
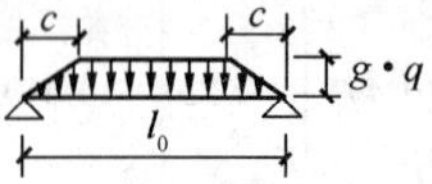 梯形荷载 g·q（c，l_0）	c/l_0	0.10	0.077	0.099	-0.103	-0.117	0.033	0.078	-0.078	-0.090
		0.20	0.074	0.095	-0.098	-0.111	0.032	0.075	-0.074	-0.104
		0.25	0.072	0.092	-0.094	-0.106	0.032	0.073	-0.071	-0.099
		0.30	0.069	0.088	-0.089	-0.101	0.031	0.070	-0.068	-0.094
		0.35	0.066	0.084	-0.084	-0.096	0.030	0.067	-0.064	-0.089
		0.40	0.062	0.079	-0.079	-0.089	0.029	0.064	-0.060	-0.083
		0.45	0.057	0.074	-0.072	-0.082	0.028	0.059	-0.055	-0.076
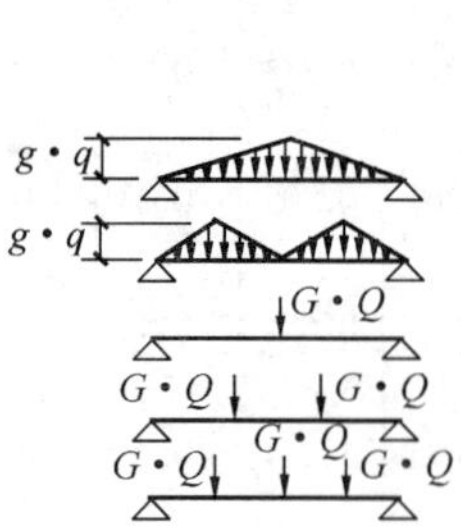 三角形荷载 g·q			0.053	0.068	-0.066	-0.075	0.026	0.055	-0.050	-0.070
双三角形荷载 g·q			0.035	0.049	-0.056	-0.064	0.014	0.038	-0.042	-0.059
跨中集中荷载 G·Q			0.171	0.211	-0.158	-0.179	0.112	0.181	-0.118	-0.167
两个集中荷载 G·Q，G·Q			0.240	0.287	-0.281	-0.319	0.100	0.216	-0.211	-0.297
三个集中荷载 G·Q，G·Q，G·Q			0.302	0.401	-0.395	-0.449	0.155	0.327	-0.296	-0.417

的弯矩及剪力系数（四） **表 2.1-14**

M_{B3}		V_A		V_{B1}		V_{B2}		V_{C1}		V_{C2}	
α	β	a	b	a	b	a	b	a	b	a	b
0.046	0.086	0.395	0.448	−0.606	−0.620	0.526	0.598	−0.474	−0.576	0.500	0.591
0.045	0.085	0.317	0.399	−0.553	−0.567	0.475	0.545	−0.426	−0.525	0.450	0.539
0.044	0.082	0.302	0.351	−0.498	−0.511	0.425	0.491	−0.376	−0.470	0.400	0.485
0.043	0.079	0.282	0.328	−0.468	−0.481	0.398	0.462	−0.352	−0.442	0.375	0.456
0.010	0.076	0.261	0.305	−0.439	−0.452	0.371	0.433	−0.329	−0.414	0.350	0.427
0.010	0.073	0.211	0.283	−0.409	−0.420	0.315	0.403	−0.305	−0.385	0.325	0.397
0.039	0.069	0.222	0.261	−0.376	−0.389	0.319	0.373	−0.281	−0.367	0.300	0.366
0.037	0.061	0.204	0.239	−0.316	−0.356	0.292	0.344	−0.258	−0.328	0.275	0.339
0.034	0.059	0.184	0.217	−0.316	−0.325	0.266	0.316	−0.234	−0.301	0.250	0.310
0.021	0.012	0.194	0.222	−0.306	−0.313	0.264	0.302	−0.237	−0.291	0.250	0.309
0.132	0.191	0.342	0.421	−0.653	−0.679	0.510	0.617	−0.460	−0.615	0.500	0.637
0.122	0.228	0.719	0.860	−1.281	−1.319	1.070	1.262	−0.930	−1.204	1.000	1.213
0.204	0.352	1.105	1.302	−1.895	−1.919	1.599	1.867	−1.401	−1.787	1.500	1.811

式中　g、q 及 G、Q——分别为线荷载中的恒荷载、活荷载及集中荷载中的恒荷载、活荷载；

M、V——分别为活荷载最不利布置时的最不利内力；

l_0、l_n——分别为不同支座形式时的计算跨度、净跨度。

(C) 内力的正负号：

M：使截面上部受压、下部受拉者为正；

V：对邻近截面所产生的力矩顺时针方向者为正。

6) 各种荷载化成具有相同支座弯矩的等效均布荷载（见表2.1-15)。

各种荷载化成具有相同支座弯矩的等效均布荷载　　表 2.1-15

实际荷载	支座弯矩等效均布荷载 q_E	实际荷载	支座弯矩等效均布荷载 q_E
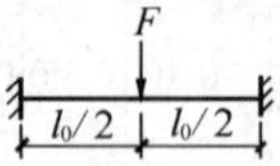 F；$l_0/2$，$l_0/2$	$\frac{3}{2l_0}F$	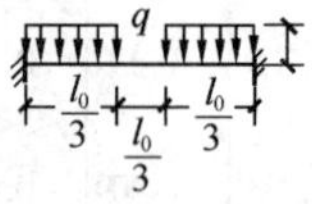 q；$\frac{l_0}{3}$，$\frac{l_0}{3}$，$\frac{l_0}{3}$	$\frac{14q}{27}$
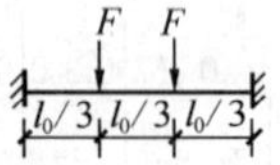 F F；$l_0/3$，$l_0/3$，$l_0/3$	$\frac{8F}{3l_0}$	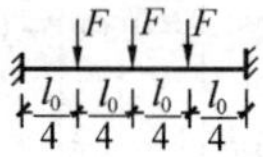 F F F；$\frac{l_0}{4}$，$\frac{l_0}{4}$，$\frac{l_0}{4}$，$\frac{l_0}{4}$	$\frac{15F}{4l_0}$
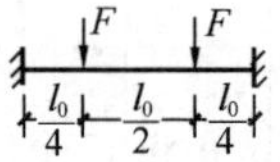 F F；$\frac{l_0}{4}$，$\frac{l_0}{2}$，$\frac{l_0}{4}$	$\frac{9F}{4l_0}$	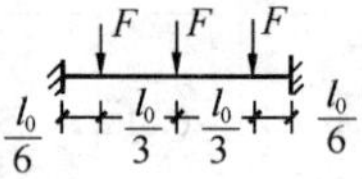 F F F；$\frac{l_0}{6}$，$\frac{l_0}{3}$，$\frac{l_0}{3}$，$\frac{l_0}{6}$	$\frac{19F}{6l_0}$
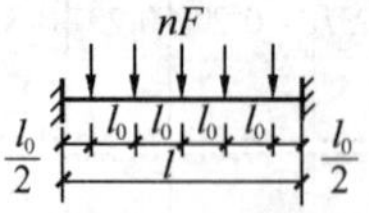 nF；$\frac{l_0}{2}$，l_0，l_0，l_0，l_0，$\frac{l_0}{2}$；l	$\frac{2n^2+1}{2n}\times\frac{F}{l_0}$	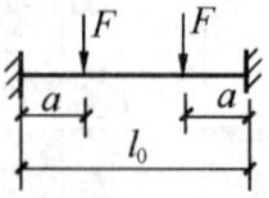 F F；a，a；l_0	$12\frac{a}{l_0^2}\left(1-\frac{a}{l_0}\right)F$
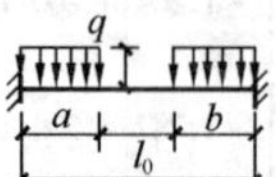 q；a，b；l_0	$\frac{n^2-1}{n}\times\frac{F}{l_0}$	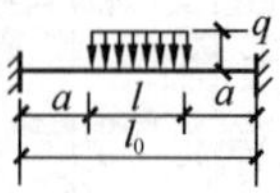 q；a，l，a；l_0	$\frac{c}{2l_0}\left(3-\frac{c^2}{l_0^2}\right)q$

续表

实际荷载	支座弯矩等效均布荷载 q_E	实际荷载	支座弯矩等效均布荷载 q_E
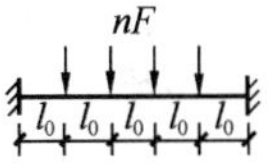 nF; l_0 l_0 l_0 l_0 l_0	$2\frac{a^2}{l_0^2}\left(3-2\frac{a}{l_0}\right)q$	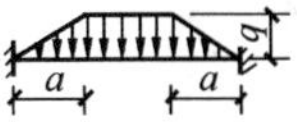 q; a a	$\left(1-2\frac{a^2}{l_0^2}+\frac{a^3}{l_0^3}\right)q$
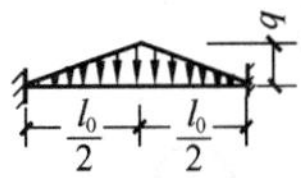 q; $\frac{l_0}{2}$ $\frac{l_0}{2}$	$\frac{5q}{8}$	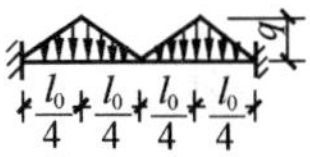 q; $\frac{l_0}{4}$ $\frac{l_0}{4}$ $\frac{l_0}{4}$ $\frac{l_0}{4}$	$\frac{17q}{32}$
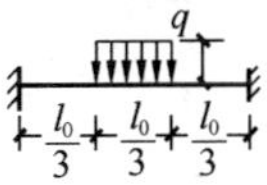 q; $\frac{l_0}{3}$ $\frac{l_0}{3}$ $\frac{l_0}{3}$	$\frac{13q}{27}$	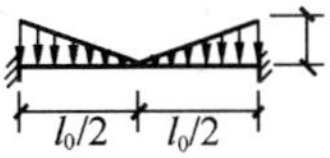 $l_0/2$ $l_0/2$	$\frac{3q}{8}$
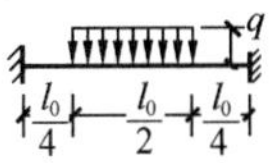 q; $\frac{l_0}{4}$ $\frac{l_0}{2}$ $\frac{l_0}{4}$	$\frac{11q}{16}$	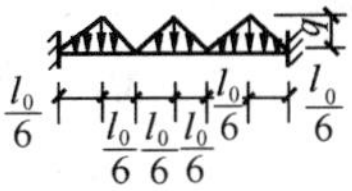 q; $\frac{l_0}{6}$ $\frac{l_0}{6}$ $\frac{l_0}{6}$ $\frac{l_0}{6}$ $\frac{l_0}{6}$ $\frac{l_0}{6}$	$\frac{37q}{72}$

7）梁跨内最大弯矩计算公式（见表2.1-16）。

梁跨内最大弯距计算公式　　表2.1-16

荷载及弯矩图	跨内最大弯矩
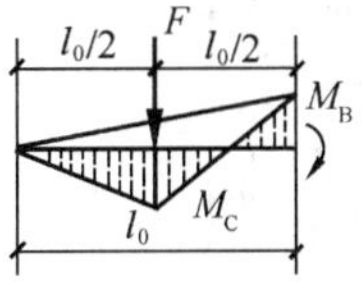 $l_0/2$ F $l_0/2$; M_B; l_0 M_C	当 $\lvert M_B\rvert\leqslant\frac{Fl_0}{2}$ 时：$M_C=\frac{1}{2}\left(\frac{Fl_0}{2}-M_B\right)$
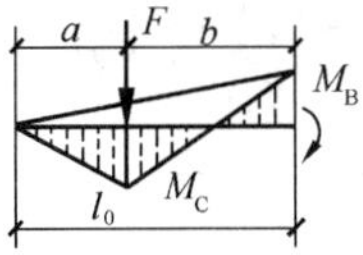 a F b; M_B; l_0 M_C	当 $Fb\geqslant M_B\geqslant-Fa$ 时：$M_C=\frac{a}{l_0}(Fb-M_B)$
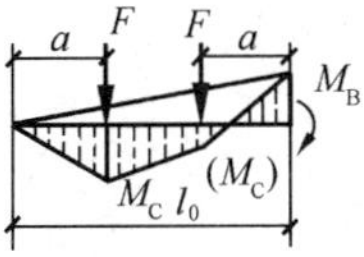 a F F a; M_B; M_C l_0 (M_C)	当 $Fl\geqslant M_B\geqslant0$ 时：$M_C=Fa-\frac{a}{l_0}M_B$； 当 $0\geqslant M_B\geqslant Fl_0$ 时：$M_C=Fa-\left(1-\frac{a}{l_0}\right)M_B$

续表

荷载及弯矩图	跨内最大弯矩
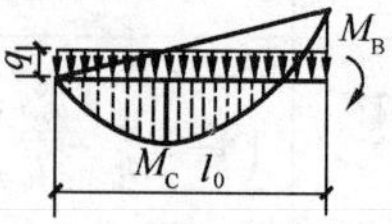 q, M_B, M_C, l_0	当 $\lvert M_B \rvert \leqslant \frac{ql_0^2}{2}$ 时：$M_C = \frac{Fl_0^2}{2}\left(\frac{1}{2} - \frac{M_B}{ql_0^2}\right)^2$
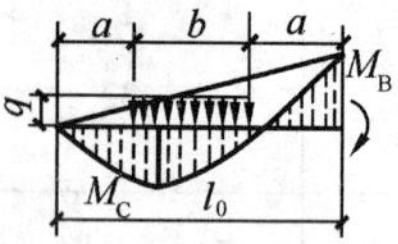 a, b, a, q, M_B, M_C, l_0	当 $\lvert M_B \rvert \leqslant \frac{qbl_0}{2}$ 时： $M_C = \frac{q}{2}\left(\frac{b}{2} - \frac{M_B}{ql_0}\right) \times \left(\frac{l_0 + 2a}{2} - \frac{M_B}{ql_0}\right)$
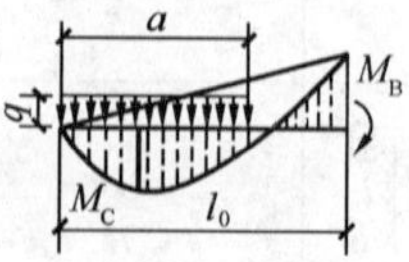 a, q, M_B, M_C, l_0	当 $\frac{qa(2l_0 - a)}{2} \geqslant M_B \geqslant -\frac{qa^2}{2}$ 时： $M_C = \frac{q}{2}\left[\frac{a}{l_0}\left(l_0 - \frac{a}{2}\right) - \frac{M_B}{ql_0}\right]^2$
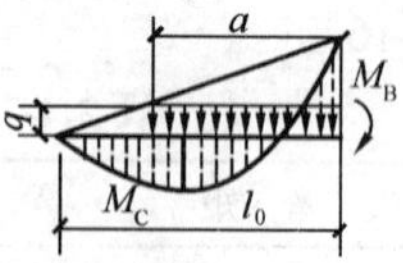 a, q, M_B, M_C, l_0	当 $\frac{qa^2}{2} \geqslant M_B \geqslant \frac{qa(2l_0 - a)}{2}$ 时： $M_C = \frac{q}{2}\left[\frac{a^2}{2l_0} - \frac{M_B}{ql_0}\right)$ $\times \left[\left(\frac{a^2}{2l_0} - \frac{M_B}{ql_0}\right) + 2(l_0 - a)\right]$
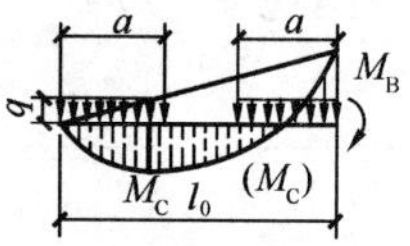 a, a, q, M_B, M_C, l_0, (M_C)	当 $qal_0 \geqslant M_B \geqslant 0$ 时：　$M_C = \frac{q}{2}\left(a - \frac{M_B}{ql_0}\right)^2$ 当 $0 \geqslant M_B \geqslant -qal_0$ 时：$M_C = \frac{q}{2}\left(a + \frac{M_B}{ql_0}\right)^2 - M_B$
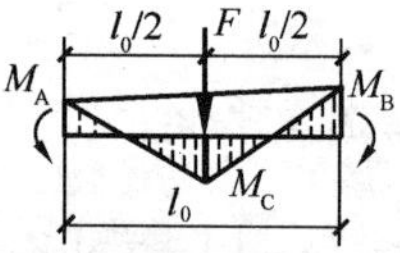 $l_0/2$, F, $l_0/2$, M_A, M_B, M_C, l_0	当 $\lvert M_B - M_A \rvert \leqslant \frac{Fl_0}{2}$ 时： $M_C = \frac{Fl_0}{4} - \frac{M_A + M_B}{2}$

续表

荷载及弯矩图	跨内最大弯矩
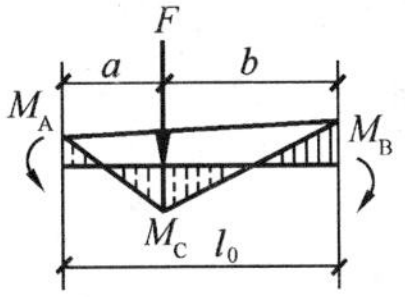 F, a, b, M_A, M_B, M_C, l_0	当 $Fb \geqslant M_B - M_A \geqslant -Fa$ 时： $M_C = \frac{1}{l_0}(Fab - M_B a - M_A b)$
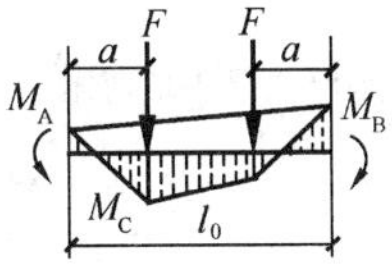 F, F, a, a, M_A, M_B, M_C, l_0	当 $Fl_0 \geqslant M_B - M_A \geqslant 0$ 时： $M_C = Fa - \frac{1}{l_0}[M_B a + (l_0 - a)M_A]$
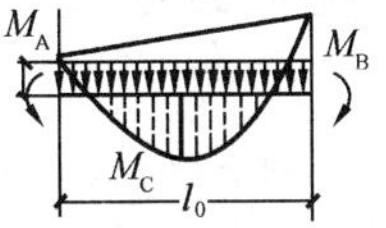 M_A, M_B, M_C, l_0	当 $\lvert M_B - M_A \rvert \leqslant \frac{ql_0^2}{2}$ 时： $M_C = \frac{q}{2}\left(\frac{l_0}{2} - \frac{M_B - M_A}{ql_0}\right)^2 - M_A$
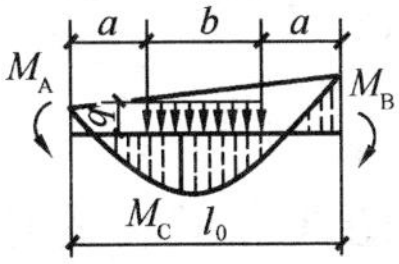 a, b, a, M_A, M_B, q, M_C, l_0	当 $\lvert M_B - M_A \rvert \leqslant \frac{qbl_0}{2}$ 时： $M_C = \frac{q}{2}\left(\frac{b}{2} - \frac{M_B - M_A}{ql_0}\right)$ $\times \left(\frac{l_0 + 2a}{2} - \frac{M_B - M_A}{ql_0}\right) - M_A$
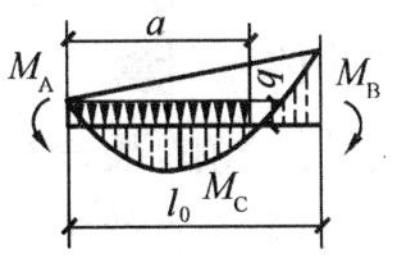 a, M_A, M_B, q, l_0, M_C	当 $\frac{qa(2l_0 - a)}{2} \geqslant M_B - M_A \geqslant \frac{-qa^2}{2}$ 时： $M_C = \frac{q}{2}\left[\frac{a}{l_0}\left(l_0 - \frac{a}{2}\right) - \frac{M_B - M_A}{ql_0}\right]^2 - M_A$
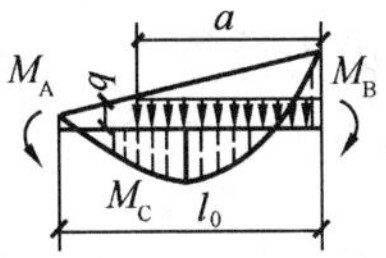 a, M_A, q, M_B, M_C, l_0	当 $\frac{qa^2}{2} \geqslant M_B - M_A \geqslant -\frac{qa(2l_0 - a)}{2}$ 时： $M_C = \frac{q}{2}\left[\frac{a^2}{2l_0} - \frac{M_B - M_A}{ql_0} + 2(l_0 - a)\right]$ $\times \left(\frac{a^2}{2l_0} - \frac{M_B - M_A}{ql_0}\right) - M_A$

续表

荷载及弯矩图	跨 内 最 大 弯 矩
(图：M_A、M_B、a、a、q、M_C、l_0)	当 $qal_0 \geqslant M_B - M_A \geqslant 0$ 时： $M_C = \frac{q}{2}\left(a - \frac{M_B - M_A}{ql_0}\right)^2 - M_A$

注：1. 公式中 M_A、M_B 以其实际方向同图示方向者取为正号；

2. 若求得的 M_C 为负值，则跨中无正弯矩，此时 M_C 为跨内最小负弯矩。

（2）等跨连续梁的塑性计算

1）一般计算规定

（A）计算跨度 l_0，对于钢筋混凝土结构可参见表 4.3-1 确定。

（B）对于计算跨度相差≤20%的不等跨多跨连续梁板可近似按等跨连续梁板计算。计算跨度的确定：计算跨中弯矩可采用本跨的 l_0；计算支座弯矩可采用相邻两跨 l_0 的平均值；计算支座边剪力可采用本跨净跨度 l_n。

（C）按塑性计算的构件宜采用 HPB 235 钢筋、HRB 335 钢筋，且应使截面相对受压区高度 $\xi = x_1/h_0 \leqslant 0.35$，其目的是使塑性铰有较充分的转动过程，避免受压区混凝土的过早破坏。

（D）对于直接承受动荷载的结构，以及要求不出现裂缝的结构构件，不应考虑塑性内力重分布，应按弹性体系计算。

塑性计算只能用于超静定结构之中。原理是结构的某一截面的屈服，并不意味整个结构失去承载力，仅是出现一个承担屈服时的弯矩的塑性铰。此时结构仍为几何不变体系，具有承载能力，而静定结构则不然。

2）均布荷载作用下单向多跨连续板塑性内力计算

$$M = \alpha(g + q)l_0^2$$

式中　α——弯矩系数（按表 2.1-17 取值）；

g——均布恒荷载设计值；

q——均布活荷载设计值。

单向多跨连续板塑性内力系数 **表 2.1-17**

计 算 简 图	截面	1	B	2	C	3
$g+q$ A 1 B 2 C 3 C' 2 B' 1 A'	α	$\frac{1}{11}$	$-\frac{1}{14}$	$\frac{1}{16}$	$-\frac{1}{16}$	$\frac{1}{16}$

3）均布荷载作用下单向多跨连续次梁塑性内力计算

$$M = \alpha(g + q)l_0^2$$

$$V = \beta(g + q)l_{\mathrm{n}}$$

式中 α——弯矩系数（按表 2.1-18 取值）；

β——剪力系数（按表 2.1-18 取值）。

单向多跨连续次梁塑性内力系数 **表 2.1-18**

计 算 简 图	截面	A	1	B左右	2	C左右	3
$g+q$ A 1 B 2 C 3 C' 2 B' 1 A'	α		$\frac{1}{11}$	$-\frac{1}{11}$	$\frac{1}{16}$	$-\frac{1}{16}$	$\frac{1}{16}$
	β	0.4		−0.6	0.5	−0.5	0.5

4）在梯形（三角形）荷载作用下连续次梁塑性内力计算

$$M = \alpha(g + q)l_0^2$$

$$V = \beta\left(1 - \frac{\alpha}{l_0}\right)(g + q)l_{\mathrm{n}}$$

式中 α、β——分别为弯矩、剪力系数（按表 2.1-19 取值）。

2.1.3 井字梁、密肋梁内力计算

井字楼盖（梁格在 1.5～3.9m 左右）、双向密肋楼盖（梁格在 1.5m 以内）是肋梁楼盖结构的两种结构形式。特点是两个方向梁高度相等，且同位相交。常用于大空间的多、高层建筑的楼、屋盖上，亦适用于局部的门厅、会议室等处。

梯形（三角形）荷载下连续次梁塑性内力系数　　表 2.1-19

计算简图	系数	$\frac{a}{l_0}$	A	1	B左右	2	C左右	3
	α	0		$\frac{1}{11}$	$-\frac{1}{11}$	$\frac{1}{16}$	$-\frac{1}{16}$	$\frac{1}{16}$
		0.25		$\frac{1}{12}$	$-\frac{1}{12}$	$\frac{1}{17}$	$-\frac{1}{17}$	$\frac{1}{17}$
		0.30		$\frac{1}{13}$	$-\frac{1}{13}$	$\frac{1}{18}$	$-\frac{1}{18}$	$\frac{1}{18}$
		0.35		$\frac{1}{14}$	$-\frac{1}{14}$	$\frac{1}{19}$	$-\frac{1}{19}$	$\frac{1}{19}$
		0.40		$\frac{1}{15}$	$-\frac{1}{15}$	$\frac{1}{20}$	$-\frac{1}{20}$	$\frac{1}{20}$
		0.45		$\frac{1}{16}$	$-\frac{1}{16}$	$\frac{1}{21}$	$-\frac{1}{21}$	$\frac{1}{21}$
		0.50		$\frac{1}{17}$	$-\frac{1}{17}$	$\frac{1}{24}$	$-\frac{1}{24}$	$\frac{1}{24}$
	β		0.4		−0.6	0.5	−0.5	0.5

肋梁可以是正交，也可以是斜交。四周最好为承重墙，使两个方向的梁都支承在刚性支点上或将两个方向的梁都支承在柱子上。当梁柱间距不同时，可在柱间设置主梁，使肋梁支承在柱间刚度较大的主梁上。

井字楼盖、双向密肋楼盖宜用于正方形平面。当平面为长方形时，长短边之比宜$\leqslant$1.5。当长短边之比$>$1.5时，宜采用斜交井字梁。

梁跨度 l_0：对于普通钢筋混凝土　　宜 $l_0 \leqslant 12$m；
对于预应力混凝土　　宜 $l_0 \leqslant 15$m。

梁高 h 的确定：据梁截面形式、梁间中距、面荷载设计值查表 2.1-20 得出跨高比 β 值，再乘以相应修正系数（α_1——混凝土强度等级修正系数（按表 2.1-21 取值）；α_2——挠度修正系数（按表 2.1-22 取值），即为允许跨高比［β］值。即：

$$h \geqslant \frac{l_{01}}{[\beta]} = \frac{l_{01}}{\alpha_1 \alpha_2 \beta}$$

式中 $\beta = l_{01}/h$ 为井字梁跨高比；

l_{01}——井字梁短向跨度；

l_{02}——井字梁长向跨度；

h——梁截面高度；

q——计算均布荷载。

所列的跨高比 β 值适用于 C20 混凝土、允许挠度值 $[w] = l_1/400$、在均布荷载作用下的四边简支井字梁。当不符合上述条件时，从表 2.1-20 中查得的跨高比 β 值后，再乘以相应的修正系数 α_1、α_2，见表 2.1-21、表 2.1-22。对于已知梁间中距及荷载为表的中间值时，可以采用插值方法加以解决。另外，对于其他支承条件的井字梁，可按具体实际酌情掌握。

梁格布置：井字楼盖一般控制在 1.5～3.9m 左右，常用 2.1～3.0m 左右；双向密肋楼盖一般在 1.0m、1.2m、1.5m 左右。

井字梁跨高比 β 值 **表 2.1-20**

梁截面 / 梁间中距(m) / q（kN/m²）	T 形					矩 形				
	1.5	2.0	2.5	3.0	3.5	1.5	2.0	2.5	3.0	3.5
3	28	27	25	24	23	25	24	23	22	20
4	26	25	24	23	22	23	22	21	20	19
5	25	24	22	22	20	22	21	20	19	18
6	24	22	21	20	19	21	20	19	18	17
7	22	20	19	19	18	20	19	18	17	16
8	21	19	18	18	17	18	17	16	16	15
9	20	18	17	17	16	17	16	15	15	14
10	19	17	16	16	15	16	15	14	14	13
15	17	16	15	14	13	15	14	13	12	12
20	15	14	13	13	12	14	13	12	11	11
25	14	13	12	12	11	12	12	11	10	10
30	13	12	11	11	10	11	11	10	9	9
40	11	11	10	10	9	10	10	9	9	8

注：1. 当 $l_{02}/l_{01} = 1.4～1.5$ 时，β 值应减去 1.5～2.5 用；

2. 当 $l_{02}/l_{01} = 1.3～1.4$ 时，β 值应减去 1.0～1.5 用。

修正系数 α_1 值　　表 2.1-21

混凝土强度等级	C15	C20	C25	C30	C40	C50	C60
α_1	0.970	1.000	1.024	1.036	1.062	1.078	1.088

修正系数 α_2 值　　表 2.1-22

$l_1/[f]$	200	250	300	350	400	500	600	700	800	900	1000
α_2	1.189	1.125	1.074	1.034	1.000	0.946	0.903	0.870	0.841	0.816	0.796

(1) 不考虑扭转，井字梁、双向密肋梁的内力计算

1) 计算一般规定：

(A) 跨中最大弯矩用表中 M 栏的系数，乘数分别为：

$$M_A、M_{A1} \sim M_{A6} = (\text{表中系数}) \times (g+q)ab^2$$

$$M_B、M_{B1} \sim M_{B5} = (\text{表中系数}) \times (g+q)a^2b$$

式中　a——A 梁格间的中心间距离；

b——B 梁格间的中心间距离。

(B) 梁端剪力用表中 V 栏内的系数，乘数均为 $(g+q) \times ab$：

$$V_A \text{ 或 } V_B = (\text{表中系数}) \times (g+q)ab$$

(C) 楼盖的最大挠度 w_{max} 用表中 w 栏内的系数，乘数为 $(g+q)a^4b/EI$：

$$w_{max} = (\text{表中系数}) \times (g+q)a^4b/EI$$

(D) g、q 分别为楼盖上单位面积上的均布恒荷载（且含梁自重折算，为面荷载部分）、均布活荷载设计值，计算中近似假定荷载集中在梁交点处［$F=(g+q)ab$］。为减少误差，计算最大剪力时，一律增加一项梁端节点荷载［$0.25(g+q)ab$］；

(E) 表中数据计算时，假定井字梁四边均为简支边，作用均布荷载，梁网格布置如表中图所示。

2) 正交井字梁计算用表（见表 2.1-23）

正交井字梁计算内力系数　　**表 2.1-23**

简图	梁号 \ b/a	0.8		1.0		1.2	
		M	V	M	V	M	V
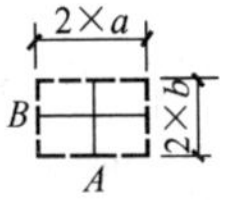 2×a, 2×b	A	0.33	0.58	0.25	0.50	0.19	0.44
	B	0.17	0.42	0.25	0.50	0.32	0.57
	w	0.057		0.084		0.107	
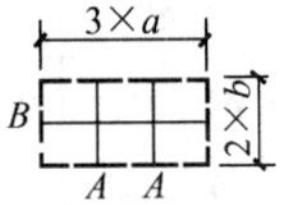 3×a, 2×b	A	0.45	0.71	0.42	0.67	0.37	0.62
	B	0.09	0.34	0.16	0.41	0.26	0.51
	w	0.08		0.15		0.23	
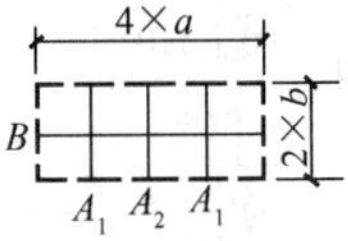 4×a, 2×b	A_1	0.44	0.69	0.42	0.67	0.40	0.65
	A_2	0.56	0.81	0.55	0.80	0.53	0.78
	B	0.08	0.33	0.12	0.37	0.18	0.43
	w	0.10		0.19		0.31	
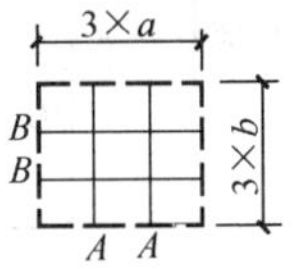 3×a, 3×b	A	0.66	0.91	0.50	0.75	0.37	0.62
	B	0.34	0.59	0.50	0.75	0.63	0.88
	w	0.31		0.44		0.55	
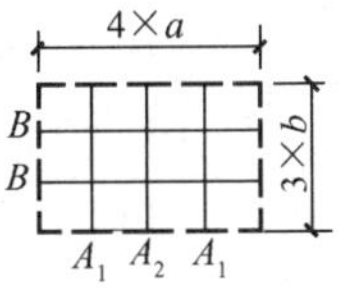 4×a, 3×b	A_1	0.75	1.00	0.66	0.91	0.55	0.80
	A_2	1.02	1.27	0.91	1.16	0.78	1.03
	B	0.24	0.49	0.43	0.64	0.67	0.81
	w	0.44		0.76		1.12	
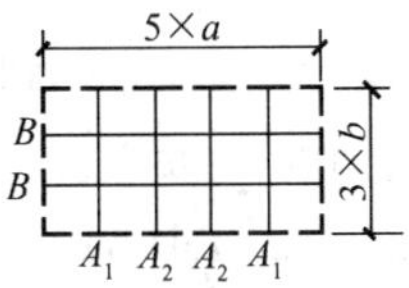 5×a, 3×b	A_1	0.72	0.97	0.66	0.91	0.60	0.85
	A_2	1.07	1.32	1.02	1.27	0.95	1.20
	B	0.21	0.46	0.32	0.57	0.50	0.70
	w	0.48		0.87		1.38	

续表

简　图	b/a 梁号	0.8		1.0		1.2	
		M	V	M	V	M	V
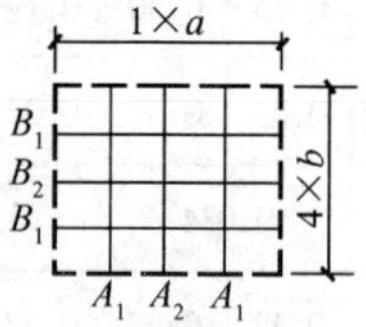 $1\times a$，$4\times b$	A_1	1.11	1.12	0.83	0.92	0.59	0.75
	A_2	1.58	1.46	1.17	1.17	0.84	0.94
	B_1	0.54	0.71	0.83	0.92	1.06	1.08
	B_2	0.77	0.89	1.17	1.17	1.51	1.41
	w	1.29		1.90		2.41	
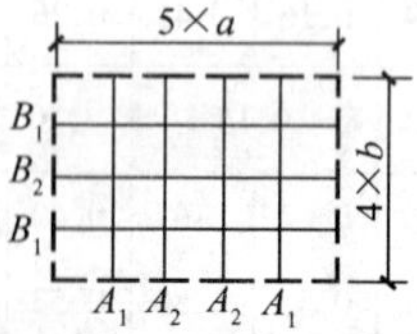 $5\times a$，$4\times b$	A_1	1.21	1.19	1.02	1.05	0.83	0.91
	A_2	1.91	1.69	1.64	1.50	1.34	1.29
	B_1	0.40	0.62	0.71	0.81	1.03	1.02
	B_2	0.57	0.76	1.00	1.03	1.46	1.31
	w	1.57		2.63		3.75	
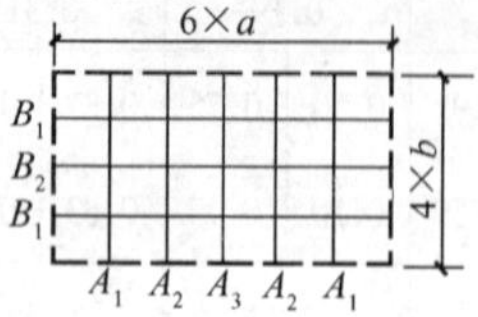 $6\times a$，$4\times b$	A_1	1.18	1.17	1.06	1.08	0.93	0.98
	A_2	1.95	1.72	1.79	1.60	1.59	1.46
	A_3	2.20	1.89	2.04	1.78	1.83	1.63
	B_1	0.26	0.57	0.54	0.73	0.89	0.91
	B_2	0.36	0.70	0.76	0.91	1.26	1.16
	w	1.76		3.23		5.02	
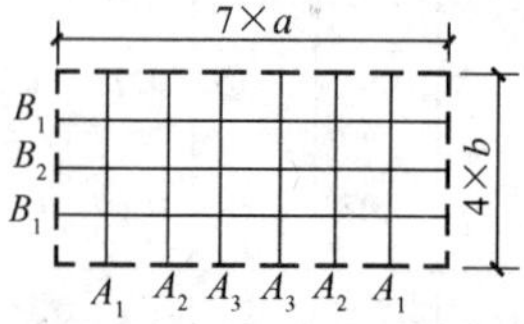 $7\times a$，$4\times b$	A_1	1.14	1.14	1.03	1.06	0.94	0.99
	A_2	1.90	1.68	1.79	1.60	1.66	1.51
	A_3	2.22	1.91	2.15	1.86	2.03	1.77
	B_1	0.16	0.56	0.38	0.68	0.69	0.83
	B_2	0.23	0.68	0.54	0.84	0.98	1.05
	w	1.82		3.43		5.57	
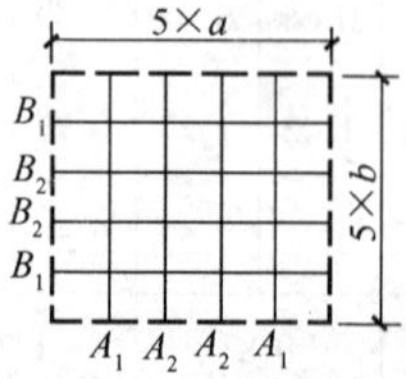 $5\times a$，$5\times b$	A_1	1.42	1.26	1.06	1.03	0.76	0.84
	A_2	2.29	1.82	1.72	1.47	1.25	1.18
	B_1	0.70	0.80	1.06	1.03	1.36	1.22
	B_2	1.15	1.12	1.72	1.47	2.19	1.76
	w	3.02		4.41		5.58	

续表

简图	b/a 梁号	0.8		1.0		1.2	
		M	V	M	V	M	V
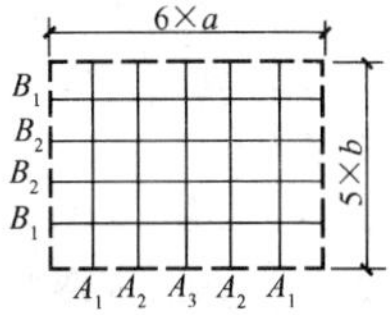 6×a，5×b	A_1	1.52	1.32	1.26	1.15	1.00	0.99
	A_2	2.58	2.00	2.16	1.74	1.73	1.47
	A_3	2.95	2.20	2.48	1.93	2.00	1.64
	B_1	0.57	0.72	0.99	0.94	1.42	1.17
	B_2	0.92	0.98	1.61	1.33	2.31	1.67
	w	3.78		6.24		8.73	
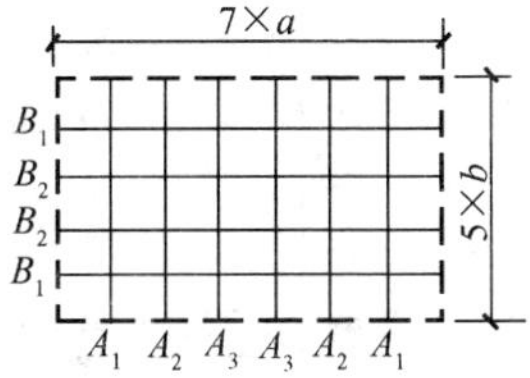 7×a，5×b	A_1	1.51	1.31	1.32	1.19	1.13	1.06
	A_2	2.61	2.02	2.33	1.84	2.01	1.65
	A_3	3.16	2.35	2.86	2.17	2.49	1.94
	B_1	0.42	0.67	0.81	0.86	1.27	1.08
	B_2	0.68	0.90	1.31	1.19	2.06	1.52
	w	4.10		7.21		10.90	
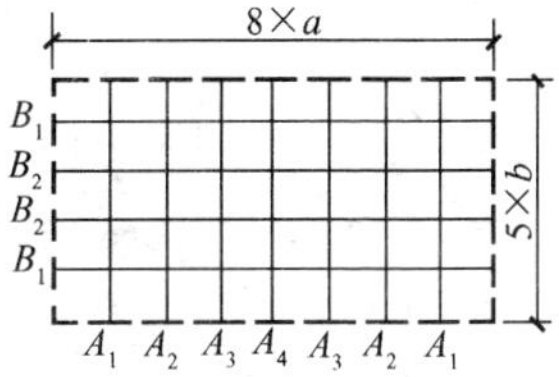 8×a，5×b	A_1	1.46	1.29	1.31	1.18	1.16	1.09
	A_2	2.56	1.99	2.35	1.86	2.12	1.71
	A_3	3.17	2.36	2.99	2.24	2.73	2.09
	A_4	3.36	2.47	3.20	2.37	2.93	2.21
	B_1	0.28	0.65	0.62	0.81	1.07	1.00
	B_2	0.45	0.86	1.01	1.10	1.73	1.39
	w	4.32		8.10		12.71	
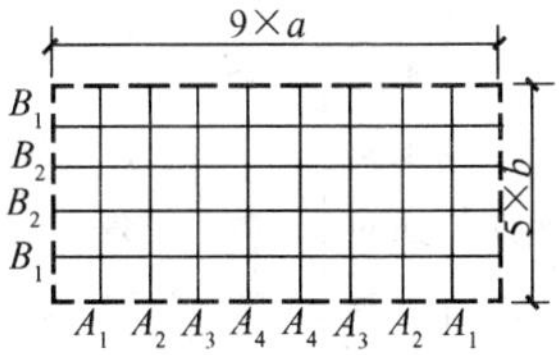 9×a，5×b	A_1	1.43	1.26	1.28	1.16	1.16	1.08
	A_2	2.50	1.95	2.31	1.83	2.13	1.72
	A_3	3.11	2.32	2.98	2.24	2.80	2.13
	A_4	3.37	2.48	3.30	2.43	3.13	2.33
	B_1	0.18	0.64	0.46	0.78	0.86	0.94
	B_2	0.30	0.85	0.75	1.05	1.39	1.29
	w	4.38		8.32		13.62	

续表

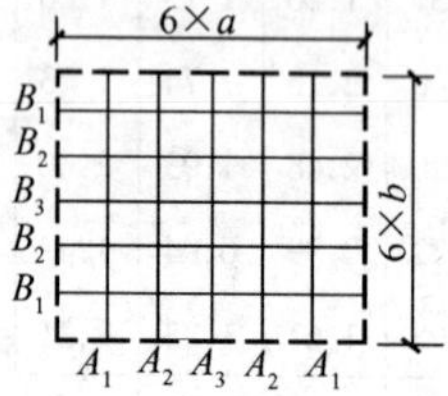

简　图	b/a	0.8		1.0		1.2	
	梁号	M	V	M	V	M	V
6×a; 6×b; B_1 B_2 B_3 B_2 B_1; A_1 A_2 A_3 A_2 A_1	A_1	1.83	1.38	1.35	1.12	0.97	0.92
	A_2	3.16	2.09	2.35	1.69	1.68	1.35
	A_3	3.64	2.33	2.71	1.88	1.95	1.50
	B_1	0.89	0.88	1.35	1.12	1.75	1.33
	B_2	1.54	1.28	2.35	1.69	3.02	2.02
	B_3	1.79	1.42	2.71	1.88	3.48	2.55
	w	6.91		10.19		12.91	
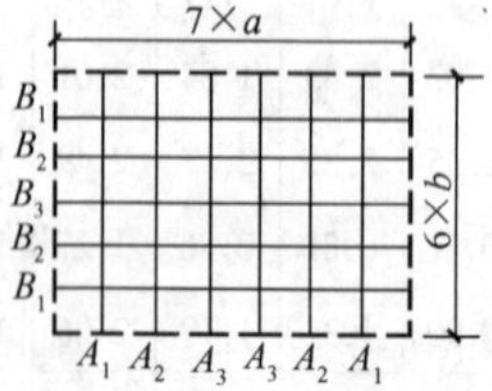 7×a; 6×b; B_1 B_2 B_3 B_2 B_1; A_1 A_2 A_3 A_3 A_2 A_1	A_1	1.93	1.43	1.57	1.23	1.23	1.05
	A_2	3.44	2.23	2.82	1.92	2.21	1.61
	A_3	4.24	2.62	3.50	2.26	2.76	1.90
	B_1	0.73	0.80	1.24	1.05	1.75	1.29
	B_2	1.27	1.16	2.16	1.56	3.03	1.95
	B_3	1.47	1.27	2.49	1.72	3.50	2.16
	w	8.10		13.12		18.93	
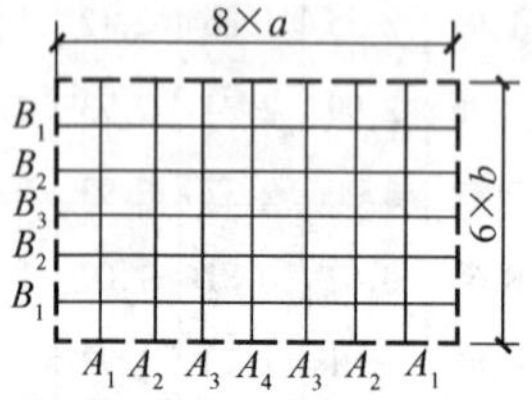 8×a; 6×b; B_1 B_2 B_3 B_2 B_1; A_1 A_2 A_3 A_4 A_3 A_2 A_1	A_1	1.92	1.42	1.65	1.27	1.38	1.12
	A_2	3.48	2.25	3.03	2.03	2.55	1.78
	A_3	4.44	2.73	3.92	2.47	3.32	2.17
	A_4	4.76	2.88	4.23	2.62	3.59	2.30
	B_1	0.57	0.75	1.08	0.97	1.66	1.21
	B_2	0.99	1.07	1.87	1.42	2.88	1.81
	B_3	1.14	1.17	2.17	1.57	3.33	2.00
	w	8.98		15.58		22.98	
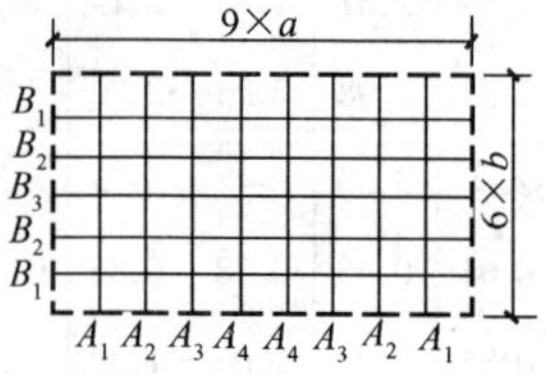 9×a; 6×b; B_1 B_2 B_3 B_2 B_1; A_1 A_2 A_3 A_4 A_4 A_3 A_2 A_1	A_1	1.88	1.40	1.66	1.28	1.45	1.16
	A_2	3.43	2.23	3.08	2.05	2.71	1.86
	A_3	4.45	2.73	4.08	2.55	3.62	2.32
	A_4	4.93	2.96	4.58	2.79	4.10	2.55
	B_1	0.43	0.72	0.89	0.91	1.45	1.13
	B_2	0.74	1.02	1.54	1.32	2.52	1.67
	B_3	0.86	1.12	1.78	1.45	2.92	1.84
	w	9.33		16.89		26.25	

续表

简图	b/a 梁号	0.8 M	0.8 V	1.0 M	1.0 V	1.2 M	1.2 V
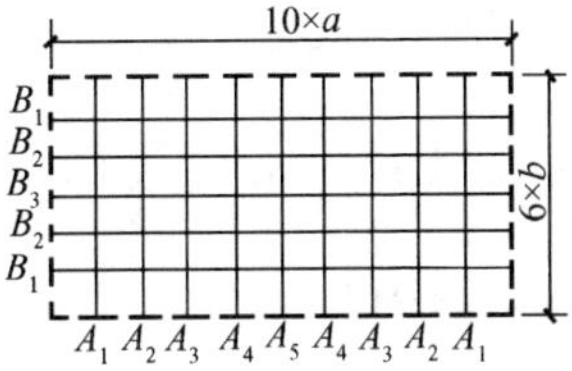 10×a, 6×b; $B_1 B_2 B_3 B_2 B_1$; $A_1 A_2 A_3 A_4 A_5 A_4 A_3 A_2 A_1$	A_1	1.84	1.38	1.64	1.27	1.46	1.17
	A_2	3.35	2.19	3.05	2.04	2.76	1.89
	A_3	4.37	2.69	4.09	2.55	3.75	2.39
	A_4	4.92	2.96	4.70	2.85	4.35	2.68
	A_5	5.09	3.04	4.90	2.95	4.56	2.78
	B_1	0.30	0.71	0.70	0.88	1.23	1.07
	B_2	0.51	1.00	1.21	1.26	2.14	1.56
	B_3	0.59	1.09	1.39	1.38	2.47	1.72
	w	9.53		17.94		28.88	
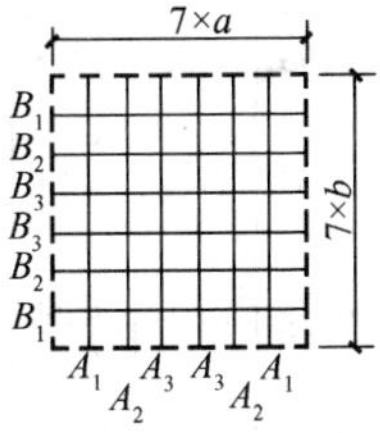 7×a, 7×b; $B_1 B_2 B_3 B_3 B_2 B_1$; $A_1 A_2 A_3 A_3 A_2 A_1$	A_1	2.14	1.47	1.59	1.20	1.14	0.98
	A_2	3.84	2.30	2.86	1.86	2.05	1.50
	A_3	4.76	2.71	3.56	2.19	2.57	1.75
	B_1	1.04	0.94	1.59	1.20	2.04	1.42
	B_2	1.89	1.42	2.86	1.86	3.67	2.23
	B_3	2.36	1.66	3.56	2.19	4.56	2.62
	w	12.49		18.47		23.21	
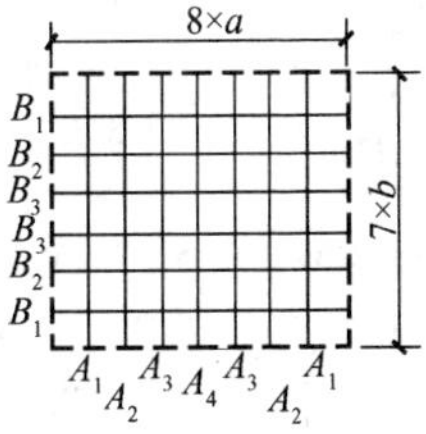 8×a, 7×b; $B_1 B_2 B_3 B_3 B_2 B_1$; $A_1 A_2 A_3 A_4 A_3 A_2 A_1$	A_1	2.24	1.51	1.80	1.30	1.40	1.10
	A_2	4.10	2.42	3.32	2.07	2.58	1.73
	A_3	5.30	2.95	4.32	2.52	3.37	2.10
	A_4	5.71	3.12	4.67	2.67	3.65	2.22
	B_1	0.90	0.87	1.52	1.13	2.12	1.39
	B_2	1.63	1.30	2.74	1.74	3.82	2.16
	B_3	2.03	1.51	3.42	2.04	4.76	2.54
	w	14.68		23.58		32.28	

续表

简　图	b/a 梁号	0.8		1.0		1.2	
		M	V	M	V	M	V
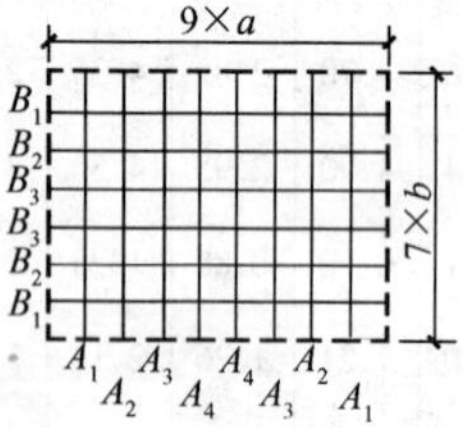 $9\times a$，$7\times b$	A_1	2.25	1.52	1.90	1.34	1.57	1.17
	A_2	4.16	2.45	3.55	2.17	2.94	1.89
	A_3	5.49	3.03	4.75	2.71	3.95	2.35
	A_4	6.16	3.32	5.37	2.98	4.48	2.59
	B_1	0.73	0.82	1.34	1.06	2.01	1.32
	B_2	1.32	1.21	2.42	1.61	3.62	2.04
	B_3	1.65	1.40	3.03	1.88	4.52	2.39
	w	15.95		27.14		39.85	
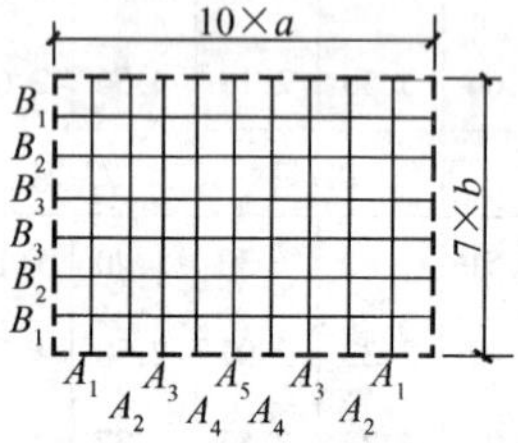 $10\times a$，$7\times b$	A_1	2.21	1.50	1.93	1.35	1.66	1.21
	A_2	4.11	2.42	3.63	2.21	3.14	1.98
	A_3	5.49	3.03	4.93	2.79	4.29	2.51
	A_4	6.30	3.38	5.73	3.14	5.02	2.83
	A_6	6.56	3.50	6.00	3.25	5.27	2.93
	B_1	0.57	0.79	1.15	1.00	1.84	1.25
	B_2	1.03	1.16	2.07	1.51	3.32	1.91
	B_3	1.29	1.33	2.59	1.75	4.15	2.23
	w	16.86		30.08		45.79	

3）斜交井字梁计算用表（见表 2.1-24）

斜交井字梁的最大弯矩及剪力系数 **表 2.1-24**

梁名	乘数	周边简支 AA	周边简支 BB	周边固定 AA	周边固定 BB	周边半固定 AA	周边半固定 BB
最大弯矩	qal^2	0.0747	0.0382	−0.0365 0.0365	−0.0156 0.0260	−0.0268 0.0447	−0.0152 0.0293
最大剪力	qa^2	0.8472	0.3056	0.8333	0.3333	0.8224	0.3552

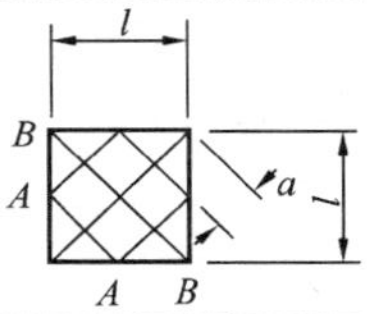

(Plan: square grid $l \times l$, beams A and B at spacing a)

梁名	乘数	周边简支 AA	周边简支 BB	周边固定 AA	周边固定 BB	周边半固定 AA	周边半固定 BB
最大弯矩	qal^2	0.1023	−0.0128 0.0582	−0.0442 0.0442	−0.0567 0.0326	−0.0333 0.0555	−0.0444 0.0375
最大剪力	qa^2	1.0682	0.7159	0.9571	0.8571	0.9603	0.8274

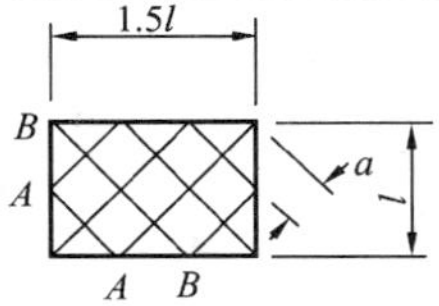

(Plan: rectangular grid $1.5l \times l$, beams A and B at spacing a)

续表

梁　名	乘数	周边简支			周边固定			周边半固定		
		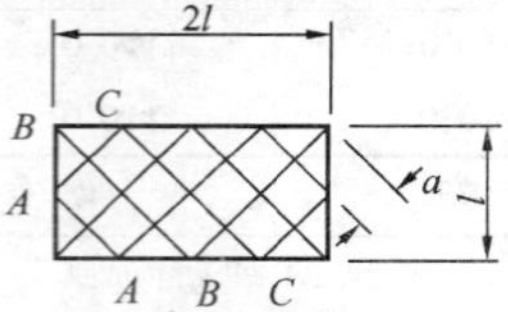 								
梁　名		AA	BB	CC	AA	BB	CC	AA	BB	CC
最大弯矩	qal^2	0.1177	−0.0238 0.0868	0.0766	−0.0464 0.0464	−0.0685 0.0345	−0.0602 0.0409	−0.0355 0.0592	−0.0544 0.0403	−0.0491 0.0481
最大剪力	qa^2	1.1914	0.9447	0.6128	0.9926	1.0074	0.8088	1.0079	0.9900	0.7779

梁　名	乘数	周边简支			周边固定			周边半固定		
		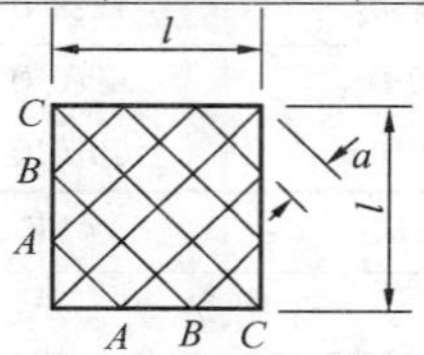 								
梁　名		AA	BB	CC	AA	BB	CC	AA	BB	CC
最大弯矩	qal^2	0.0729	0.0378	−0.0308 0.0425	−0.0266 0.0266	−0.0396 0.0257	−0.0214 0.0244	−0.0207 0.0345	−0.0314 0.0280	−0.0233 0.0283
最大剪力	qa^2	1.5615	0.8403	1.0694	1.2059	1.0882	0.5882	1.2437	1.0353	0.6795

续表

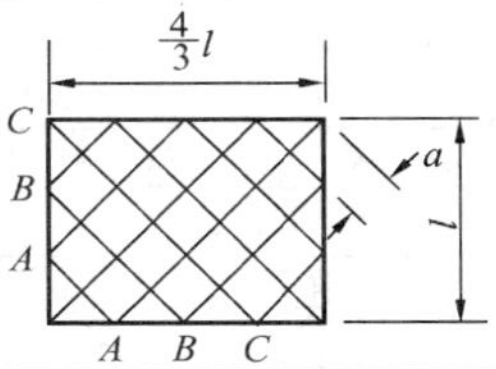

梁 名	乘数	周边简支 AA	周边简支 BB	周边简支 CC	周边固定 AA	周边固定 BB	周边固定 CC	周边半固定 AA	周边半固定 BB	周边半固定 CC
最大弯矩	qal^2	0.0929	0.0610	−0.0503 0.0526	−0.0294 0.0294	−0.0559 0.0320	−0.0453 0.0290	−0.0235 0.0392	−0.0446 0.0349	−0.0382 0.0335
最大剪力	qa^2	1.9221	1.3485	1.4390	1.3098	1.4965	0.9224	1.3800	1.4469	0.8715

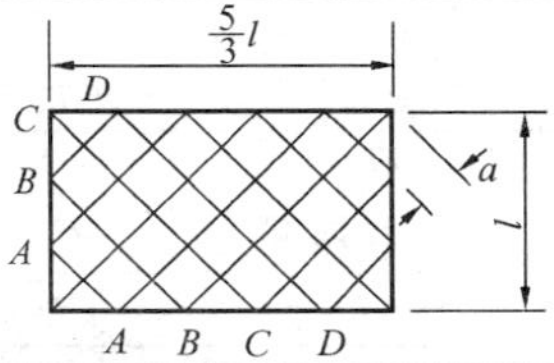

梁 名	乘数	周边简支 AA	周边简支 BB	周边简支 CC	周边简支 DD	周边固定 AA	周边固定 BB	周边固定 CC	周边固定 DD	周边半固定 AA	周边半固定 BB	周边半固定 CC	周边半固定 DD
最大弯矩	qal^2	0.1068	0.0801	−0.0642 0.0627	0.0654	−0.0306 0.0306	−0.0624 0.0351	−0.0640 0.0312	−0.0473 0.0348	−0.0248 0.0414	−0.0506 0.0384	−0.0537 0.0365	−0.0412 0.0400
最大剪力	qa^2	2.1729	1.6911	1.6910	0.8893	1.3516	1.6552	1.3573	0.8364	1.4419	1.6277	1.3122	0.7787

续表

梁名	乘数	周边简支				周边固定				周边半固定			
		AA	*BB*	*CC*	*DD*	*AA*	*BB*	*CC*	*DD*	*AA*	*BB*	*CC*	*DD*
最大弯矩	qal^2	0.1162	0.0927	−0.0736 0.0734	−0.0067 0.0747	−0.0311 0.0311	−0.0651 0.0364	−0.0712 0.0343	−0.0669 0.0374	−0.0254 0.0424	−0.0532 0.0402	−0.0604 0.0404	−0.0575 0.0431
最大剪力	qa^2	2.3419	1.9182	1.8595	1.0811	1.3685	1.7173	1.5171	1.2856	1.4697	1.7065	1.4954	1.2360

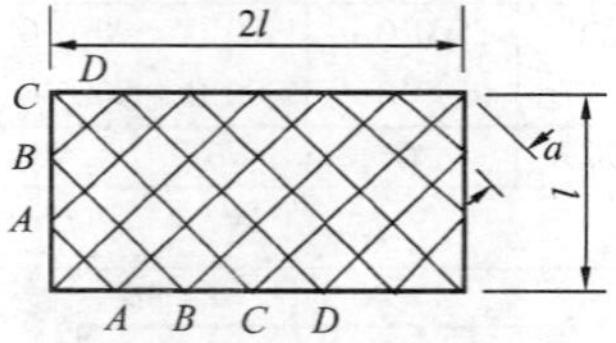

梁名	乘数	周边简支				周边固定				周边半固定			
		AA	*BB*	*CC*	*DD*	*AA*	*BB*	*CC*	*DD*	*AA*	*BB*	*CC*	*DD*
最大弯矩	qal^2	0.0713	0.0456	0.0426	−0.0487 0.0389	−0.0189 0.0189	−0.0421 0.0247	−0.0324 0.0243	−0.0234 0.0231	−0.0157 0.0262	−0.0338 0.0267	−0.0281 0.0275	−0.0279 0.0259
最大剪力	qa^2	2.5315	1.7095	0.8503	2.0037	1.4615	1.8744	0.9487	1.0692	1.5893	1.8027	0.8953	1.0746

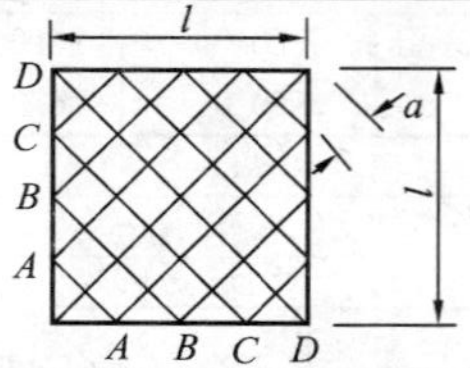

续表

梁名	乘数	周边简支				周边固定				周边半固定			
		AA	BB	CC	DD	AA	BB	CC	DD	AA	BB	CC	DD
最大弯矩	qal^2				-0.0654	-0.0200	-0.0501	-0.0523	-0.0348	-0.0170	-0.0407	-0.0441	-0.0338
		0.0864	0.0642	0.0533	0.0469	0.0200	0.0288	0.0294	0.0269	0.0283	0.0312	0.0331	0.0301
最大剪力	qa^2	3.0146	2.3032	1.2306	2.4349	1.5297	2.2008	1.6858	1.2501	1.6996	2.1525	1.6135	1.2831

梁名	乘数	周边简支					周边固定					周边半固定				
		AA	BB	CC	DD	EE	AA	BB	CC	DD	EE	AA	BB	CC	DD	EE
最大弯矩	qal^2			-0.0003	-0.0785	-0.0209	-0.0205	-0.0540	-0.0620	-0.0567	-0.0359	-0.0177	-0.0444	-0.0527	-0.0494	-0.0333
		0.0981	0.0783	0.0619	0.0587	0.0572	0.0205	0.0310	0.0325	0.0307	0.0317	0.0294	0.0339	0.0366	0.0347	0.0354
最大剪力	qa^2	3.3886	2.7546	1.8292	2.7637	1.5769	1.5613	2.3568	2.0280	1.5191	0.8631	1.7575	2.3348	1.9799	1.4429	0.9645

续表

乘数		1.75l × l														
		周边简支					周边固定					周边半固定				
梁名		AA	BB	CC	DD	EE	AA	BB	CC	DD	EE	AA	BB	CC	DD	EE
最大弯矩	qal^2	0.1070	0.0889	−0.0022 0.0685	−0.0885 0.0682	−0.0297 0.0650	−0.0207 0.0207	−0.0560 0.0321	−0.0668 0.0342	−0.0672 0.0339	−0.0589 0.0342	−0.0180 0.0300	−0.0464 0.0354	−0.0573 0.0387	−0.0587 0.0384	−0.0521 0.0383
最大剪力	qa^2	3.6725	3.0943	2.2703	3.0833	1.7957	1.5766	2.4329	2.1850	1.8692	1.4268	1.7883	2.4304	2.1637	1.8185	1.3419

乘数		2l × l																	
		周边简支						周边固定						周边半固定					
梁名		AA	BB	CC	DD	EE	FF	AA	BB	CC	DD	EE	FF	AA	BB	CC	DD	EE	FF
最大弯矩	qal^2	0.1136	0.0968	−0.0036 0.0736	−0.0960 0.0755	−0.0362 0.0733	0.0738	−0.0208 0.0208	−0.0570 0.0328	−0.0691 0.0351	−0.0721 0.0357	−0.0696 0.0356	−0.0599 0.0369	−0.0182 0.0304	−0.0475 0.0362	−0.0597 0.0398	−0.0635 0.0406	−0.0618 0.0400	−0.0536 0.0414
最大剪力	qa^2	3.8846	3.3469	2.5951	3.3227	1.9561	1.3913	1.5841	2.4707	2.2597	2.0262	1.7825	1.3797	1.8048	2.4810	2.2579	2.0030	1.7242	1.2867

(2) 考虑扭转刚度、主次梁竖向刚度井字梁、双向密肋梁的内力计算

1) 内力计算的一般规定:

(A) 方形网格、不考虑活荷载影响的均布荷载作用和周边上的边均布弯矩 M 的作用。对于周边有附加弯矩，当双向对称作用时，可仅按作用于一边计算后再叠加。

(B) 四角为柱支承时，通过柱的主梁（或主肋梁）的梁高（h_b）和梁宽（b_b），可能等于或大于次梁（或次肋梁）的梁高（h_r）和梁宽（b_r），通常设计时要求 $h_b = h_r$。

(C) 竖向刚度的影响

竖向刚度可用梁截面惯性矩 I 来相对表达。对现浇梁板应考虑整体作用。具体计算数据:

对矩形梁　$I_{矩} = \frac{1}{12} bh^3$;

对 T 形梁　可近似取 $I_T = 2.0 \times I_{矩}$;

对 Γ 形梁　可近似取 $I_\Gamma = 1.5 \times I_{矩}$;

对密肋梁截面为梯形时，可近似取 $b = \frac{b_1 + b_2}{2}$ 后按矩形梁计算（b_1、b_2 分别为梯形截面上、下底宽);

对翼缘板厚 h_f 小于梁高 h 较多，如 $h_f \leqslant \frac{1}{10} h$ 时，按矩形梁 $I_{矩}$ 计算。

表格中考虑主梁（I_b）、次梁（I_r）的刚度可能不同，取 $I_b/I_r = 1$、2、4 三种情况。

(D) 扭转刚度的影响

侧向扭转刚度对井字梁、密肋楼盖的内力和变形有一定影响。与 I_t/I 相对比值有关。其中 I_t 为钢筋混凝土或密肋梁的侧向相对抗扭刚度，I 为其竖向相对刚度。

对于矩形梁，可取

$$I_t = \left[\frac{1}{3} - 0.21 \times \frac{b}{h} \times \left(1 - \frac{1}{12} \times \frac{b^4}{h^4} \right) \right] \times b^3 h$$

$$\frac{I_t}{I}=\frac{12b^2\left[\frac{1}{3}-0.21\times\frac{b}{h}\times\left(1-\frac{1}{12}\times\frac{b^4}{h^4}\right)\right]}{h^2}$$

$$=12a^2\left[\frac{1}{3}-0.21a\times\left(1-\frac{a^4}{12}\right)\right]$$

式中　$a=\frac{b}{h}$

常用梁高宽比 h/b 约为1.8~2.8。

当 $h/b=1.8$ 时，$I_t/I\approx0.8$；$h/b=2.8$ 时，$I_t/I\approx0.4$。

当 h/b 在1.8~2.8之间，I_t/I 则在0.4~0.8之间，此时相对扭转刚度对内力、变形的影响仅差2%左右。

当 $h/b\leqslant2.0$ 时，取 $I_t/I=0.8$；当 $h/b>2.0$ 时，取 $I_t/I=0.4$。

考虑 $I_t/I=0$、0.4、0.8三种情况，当 $I_t/I>0.8$ 时，按 $I_t/I=0.8$ 查表；$I_t/I=0$ 情况，用于扭转刚度很小的梁及单跨梁。

(E) 刚度组合表

当 I_b/I_r 及 I_t/I 中计算的是主梁或主肋梁时，采用表中 b 栏数值；计算的是次梁或次肋梁时，采用 r 栏数值。

2) 计算公式

(A) 均布荷载作用时

$$M_{max}=(\text{表中系数})\times a^3(g+q)(\text{kN}\cdot\text{m})$$

$$V_{max}=(\text{表中系数})\times a^2(g+q)(\text{kN})$$

$$w_{max}=(\text{表中系数})\times10^9\times\frac{a^5(g_k+q_k)}{B}(\text{mm})$$

$$w=(\text{表中系数})\times10^9\times\frac{a^5(g_k+q_k)}{B}(\text{mm})$$

式中　M_{max}——跨中最大弯矩设计值（kN·m）；

V_{max}——最大剪力设计值（kN）；

w_{max}——由荷载标准值计算的最大挠度（mm）；

w——由荷载标准值计算的主梁挠度（mm）；

a——井字梁或双向密肋楼板正方形网格的长度（m）；

q_k、q——单位面积上的活荷载标准值、设计值（kN/m^2）；

g_k、g——单位面积上的恒荷载标准值、设计值（含梁自重折算成面荷载部分）（kN/m^2）；

E——弹性模量（kN/mm^2）；

I——截面惯性距（mm^4）；

B——井字梁刚度($kN \cdot mm^2$)，按弹性理论计算 $B = EI$。

（B）边均布弯矩 M

跨中、支座计算弯矩 M_m、M_s = (表中系数) × $[M]$($kN \cdot m$)

计算剪力　V = (表中系数) × $\frac{[M]}{a}$　(kN)

计算挠度　w = (表中系数) × $10^9 \frac{a^2[M]}{B}$　(mm)

设计挠度　$w_0 = 3.0 \times$ 计算挠度 w

式中　$[M]$——边均布节点弯矩（$kN \cdot m$）；

a——井字梁或双向密肋楼板正方形网格长度（m）；

B——井字梁或双向密肋梁的刚度（$kN \cdot mm^2$），

$$B = EI;$$

E——混凝土弹性模量（kN/mm^2）；

I——截面惯性矩（mm^4）。

（C）计算公式注意事项

计算内力和变形时，是按弹性状态，不开裂的刚度 I 计算的。当为钢筋混凝土受弯构件进入弹塑性状态时，截面出现裂缝，长期荷载作用时，裂缝及变形将更大，刚度将降低；当为钢筋混凝土连续梁时，支座受拉区可能开裂，刚度亦降低，此时支座负弯矩（$M_支$）将减小，跨中正弯矩（$M_中$）将相应增大。

考虑上述因素，设计变形值取为

$$w_0 = 3.0w$$

式中　w_0——弹塑性状态下的设计变形值；

w——弹性状态下的计算变形值。

对于连续跨梁板，则将跨中弯矩（$M_中$）计算值提高 1.1～

1.2倍作为跨中设计值。

3）计算例题

（A）已知某教学楼实验室钢筋混凝土单跨井字梁网格为3×4，网格长度 $a=2.7\text{m}$（见图2.1-1）；板厚采用80mm，建筑做法：水磨石楼面，20mm厚水泥砂浆抹天棚。混凝土C30，$E=3.0\times10^4\text{N/mm}^2=3.0\times10\text{kN/mm}^2$；主次梁截面相同。

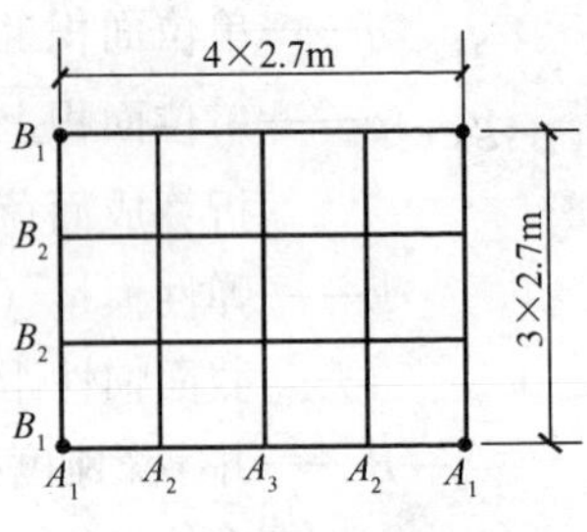

图2.1-1　平面图

求：设计梁截面尺寸；各梁内力；最大挠度。

解：

①确定梁截面尺寸、几何性质及力学特征

$h\geqslant l_0/17=3\times2700/17=476\text{mm}$，

$$\text{取 } b\times h=250\times500\text{mm}^2$$

$$I=2.0\times\left(\frac{1}{12}\times bh^3\right)=2.0\times\left(\frac{1}{12}\times250\times500^3\right)$$

$$=52.08\times10^8\text{mm}^4$$

$E=3.0\times10\text{kN/mm}^2$

$B=EI=52.08\times10^8\times3.0\times10=15.624\times10^{10}\text{kN}\cdot\text{mm}^2$

$I_b/I_r=1.0$；$h/b=500/250=2.0$，$I_t/I=0.8$

②荷载汇集

恒荷载标准值　$g_k=5.36\text{kN/m}^2$（含梁自重）

设计值　$g=5.36\times1.2=6.43\text{kN/m}^2$

活荷载标准值　$g_k=2.0\text{kN/m}^2$

设计值　$q=2.0\times1.4=2.8\text{kN/m}^2$

③计算各梁内力（查表2.1-25）

A_1 梁　$M_{max}=1.172\times a^3\times(g+q)$

$=1.172\times2.7^3\times(6.43+2.8)$

$=212.92\text{kN}\cdot\text{m}$

$V_{max}=1.425\times a^2\times(g+q)$

$=1.425\times2.7^2\times(6.43+2.8)$

$=95.88\text{kN}$

A_2 梁 $M_{max} = 0.657 \times 2.7^3 \times (6.43 + 2.8) = 119.36\text{kN} \cdot \text{m}$

$V_{max} = 0.788 \times 2.7^2 \times (6.43 + 2.8) = 53.02\text{kN}$

A_3 梁 $M_{max} = 0.483 \times 2.7^3 \times (6.43 + 2.8) = 87.75\text{kN} \cdot \text{m}$

$V_{max} = 0.573 \times 2.7^2 \times (6.43 + 2.8) = 38.55\text{kN}$

B_1 梁 $M_{max} = 1.656 \times 2.7^3 \times 9.23 = 300.85\text{kN} \cdot \text{m}$

$V_{max} = 1.575 \times 2.7^2 \times 9.23 = 105.98\text{kN}$

B_2 梁 $M_{max} = 1.344 \times 2.7^3 \times 9.23 = 244.17\text{kN} \cdot \text{m}$

$V_{max} = 1.050 \times 2.7^2 \times 9.23 = 70.65\text{kN}$

④计算各梁挠度

B_1 梁

$$w_{max} = 2.63 \times 10^9 \times \frac{a^5(g_k + q_k)}{B} = 2.63 \times 10^9 \times \frac{2.7^5(5.36 + 2.0)}{15.624 \times 10^{10}} = 17.77\text{mm}$$

$$w_0 = 3.0 \times f = 3.0 \times 17.77 = 53.31\text{mm}$$

$$\frac{w_0}{l_0} = \frac{53.31}{(2.7 \times 4) \times 1000} = 0.049 \doteq \frac{1}{203} > \frac{1}{300}$$

按《混凝土结构设计规范》(GB 50010—2002)规定，当$l_0 > 9.0$m时，$[w] = \frac{l_0}{300}$。当不满足时，宜采取预先起拱的施工措施。

(B) 已知条件均同 (A)，A 方向梁外伸 2.7m，外伸端部一锁口梁。经计算，B_1 梁上的各 A 梁端部计算简图中均作用一边均布节点弯矩（见图 2.1-2 及图 2.1-3）：

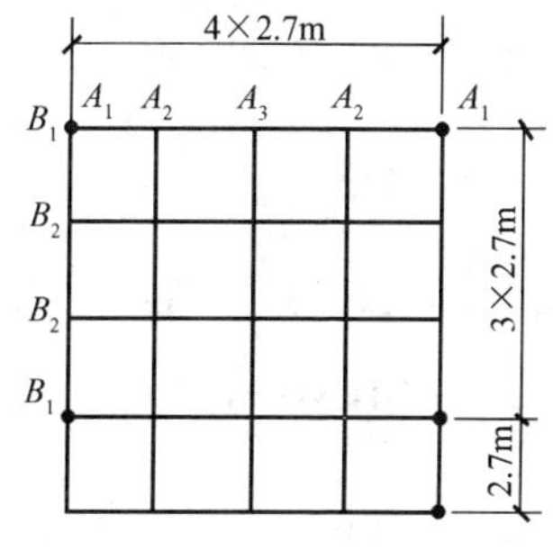

图 2.1-2 平面

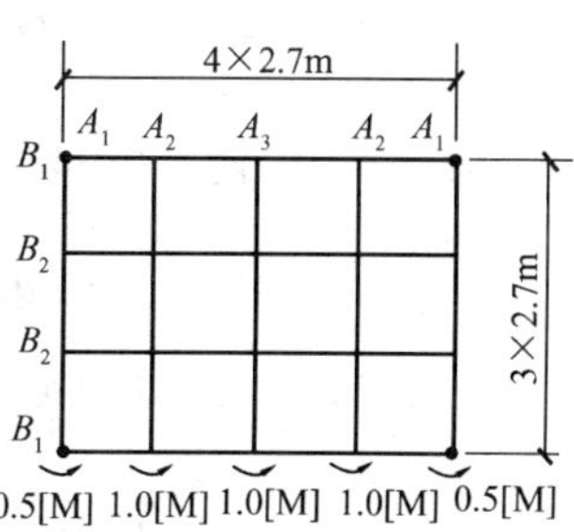

图 2.1-3 平面计算简图

$$[M_k]=(5.36+2)\times\left(\frac{2.7}{2}\times\frac{2.7}{2}\times2.7+\frac{2.7}{2}\times2.7\times\frac{2.7}{2}\right)$$

$$=7.36\times9.842=72.43\text{kN}\cdot\text{m}$$

$$[M]=(6.43+2.80)\times9.842=90.84\text{kN}\cdot\text{m}$$

求：各梁内力及计算挠度。

解：

①梁截面尺寸、几何性质及力学特征均同（A）;

②计算各梁内力（查表2.1-32）

A_1 梁　$M_s=-0.644\times[M]$

$$=-0.644\times90.84=-58.50\text{kN}\cdot\text{m}$$

$$V_s=-0.229\times\frac{[M]}{a}=-0.229\times\frac{90.84}{2.7}$$

$$=-7.70\text{kN}$$

$$M_m=-0.240\times90.84=-21.80\text{kN}\cdot\text{m}$$

A_2 梁　$M_s=-0.904\times90.84=-82.12\text{kN}\cdot\text{m}$

$$V_s=0.316\times\frac{90.84}{2.7}=10.63\text{kN}$$

$$M_m=-0.280\times90.84=-25.44\text{kN}\cdot\text{m}$$

A_3 梁　$M_s=-0.906\times90.84=-82.30\text{kN}\cdot\text{m}$

$$V_s=0.242\times\frac{90.84}{2.7}=8.14\text{kN}$$

$$M_m=-0.294\times90.84=-26.71\text{kN}\cdot\text{m}$$

B_1 梁　$M=0.370\times90.84=33.61\text{kN}\cdot\text{m}$

$$V=0.437\times\frac{90.84}{2.7}=14.70\text{kN}$$

B_2梁 $M=-0.071\times90.84=-6.45\text{kN}\cdot\text{m}$

$$V=-0.020\times\frac{90.84}{2.7}=0.67\text{kN}$$

B_3梁 $M=-0.136\times90.84=-12.3\text{kN}\cdot\text{m}$

$$V=0.104\times\frac{90.84}{2.7}=3.50\text{kN}$$

B_4梁 $M=-0.304\times90.84=-27.62\text{kN}\cdot\text{m}$

$$V=-0.314\times\frac{90.84}{2.7}=-10.56\text{kN}$$

③计算挠度

A_1梁 $w=-3.83\times10^9\times\dfrac{a^2\times[M_k]}{B}$

$$w=-3.83\times10^9\times\frac{2.7^2\times72.43}{15.624\times10^{10}}=-12.94\text{mm}$$

A_3梁 $w=-2.86\times10^9\times\dfrac{2.7^2\times72.43}{15.624\times10^{10}}=-9.64\text{mm}$

B_1梁 $w=5.65\times10^9\times\dfrac{2.7^2\times72.43}{15.624\times10^{10}}=19.04\text{mm}$

说明：1. 当梁除作用边端部均布弯矩外，还作用其他荷载时，可分别求出各相应荷载时的内力及挠度后，利用叠加原理再相加。

2. 设计挠度 $w_0=3.0\times$计算挠度 w。

4）计算表格

表 2.1-25～表 2.1-31 单跨、四角柱、均布荷载；

表 2.1-32～表 2.1-38 单跨、四角柱、边均布弯矩；

表 2.1-39～表 2.1-42 单跨、周边简支、均布荷载；

表 2.1-43～表 2.1-45 单跨、周边简支、边均布弯矩。

单跨四角柱(一) **表 2.1-25**

均 布 荷 载 (1)

简图	$\frac{I_b}{I_r}$	$\frac{I_t}{I}$		A_1		A_2								A_2	A_1
		b	r	M_{max}	V_{max}	M_{max}	V_{max}							w_{max}	w
3×a, 3×a; A_1 A_2 A_2 A_1	1	0.8	0.8	0.925	1.125	0.617	0.750							1.25	0.74
		0.0	0.0	1.000	1.125	0.500	0.750							1.25	0.83
	2	0.4	0.8	1.000	1.125	0.500	0.750							0.83	0.42
		0.8	0.8	1.000	1.125	0.500	0.750							0.83	0.42
		0.0	0.0	1.000	1.125	0.500	0.750							0.83	0.42
	4	0.4	0.8	1.091	1.125	0.431	0.750							0.57	0.23
		0.8	0.8	1.108	1.125	0.410	0.750							0.55	0.23
		0.0	0.0	1.000	1.125	0.500	0.750							0.63	0.21
	$\frac{I_b}{I_r}$	$\frac{I_t}{I}$		A_1		A_2		A_3		B_1		B_2		B_2	B_1
		b	r	M_{max}	V_{max}	M_{max}	V_{max}	M_{max}	V_{max}	M_{max}	V_{max}	M_{max}	V_{max}	w_{max}	w
4×a, 3×a; A_1 A_2 A_3 A_2 A_1; B_1 B_2 B_2 B_1	1	0.8	0.8	1.172	1.425	0.657	0.788	0.483	0.573	1.656	1.575	1.344	1.050	3.04	2.63
		0.0	0.0	1.360	1.475	0.529	0.779	0.222	0.472	1.751	1.515	1.249	1.110	3.03	2.85
	2	0.4	0.8	1.197	1.336	0.547	0.784	0.528	0.761	2.023	1.664	0.978	0.961	2.04	1.60
		0.8	0.8	1.189	1.334	0.551	0.785	0.534	0.761	2.020	1.666	0.980	0.959	2.05	1.60
		0.0	0.0	1.218	1.343	0.531	0.781	0.502	0.752	2.033	1.657	0.967	0.968	2.03	1.61
	4	0.4	0.8	1.249	1.258	0.493	0.794	0.569	0.896	2.302	1.742	0.698	0.883	1.36	0.91
		0.8	0.8	1.283	1.263	0.469	0.787	0.539	0.901	2.317	1.737	0.683	0.888	1.34	0.92
		0.0	0.0	1.093	1.218	0.567	0.817	0.680	0.930	2.247	1.782	0.753	0.843	1.45	0.88

续表

图示	$\frac{I_b}{I_r}$	$\frac{I_t}{I}$		A_1		A_2		A_3		B_1		B_2		B_2	B_1
		b	r	M_{max}	V_{max}	M_{max}	V_{max}	M_{max}	V_{max}	M_{max}	V_{max}	M_{max}	V_{max}	w_{max}	w
$5\times a$；$3\times a$；B_1 B_2 B_2 B_1；A_1 A_2 A_3 A_3 A_2 A_1	1	0.8	0.8	1.428	1.726	0.739	0.863	0.428	0.531	2.402	2.024	2.135	1.351	6.36	6.00
		0.0	0.0	1.704	1.829	0.650	0.900	0.146	0.396	2.443	1.921	2.058	1.454	6.40	6.27
	2	0.4	0.8	1.395	1.550	0.588	0.817	0.534	0.758	3.035	2.200	1.472	1.175	4.24	3.79
		0.8	0.8	1.375	1.546	0.594	0.821	0.545	0.759	3.031	2.204	1.475	1.171	4.24	3.79
		0.0	0.0	1.446	1.571	0.567	0.817	0.488	0.738	3.042	2.179	1.458	1.196	4.22	3.82
	4	0.4	0.8	1.382	1.388	0.522	0.808	0.622	0.928	3.540	2.362	0.972	1.013	2.71	2.21
		0.8	0.8	1.427	1.397	0.502	0.798	0.593	0.930	3.549	2.353	0.962	1.022	2.69	2.22
		0.0	0.0	1.208	1.333	0.575	0.825	0.717	0.967	3.508	2.417	0.992	0.958	2.78	2.18
	$\frac{I_b}{I_r}$	$\frac{I_t}{I}$		A_1		A_2		A_3						A_3	A_1
		b	r	M_{max}	V_{max}	M_{max}	V_{max}	M_{max}	V_{max}	M_{max}	V_{max}	M_{max}	V_{max}	w_{max}	w
$4\times a$；$4\times a$；A_1 A_2 A_3 A_2 A_1；A_1 A_2 A_3 A_2 A_1	1	0.8	0.8	2.023	2.000	1.405	1.090	1.144	0.820					5.03	3.19
		0.0	0.0	2.379	2.000	1.243	1.121	0.757	0.757					5.00	3.86
	2	0.4	0.8	2.405	2.000	1.081	1.018	1.029	0.965					3.54	1.90
		0.8	0.8	2.388	2.000	1.091	1.019	1.043	0.962					3.55	1.89
		0.0	0.0	2.479	2.000	1.042	1.021	0.958	0.958					3.48	1.97
	4	0.4	0.8	2.692	2.000	0.846	0.969	0.925	1.063					2.51	1.07
		0.8	0.8	2.726	2.000	0.825	0.965	0.898	1.071					2.47	1.09
		0.0	0.0	2.532	2.000	0.937	0.968	1.064	1.064					2.70	1.00

单跨四角柱(二)　　表 2.1-26

均　布　荷　载　(2)

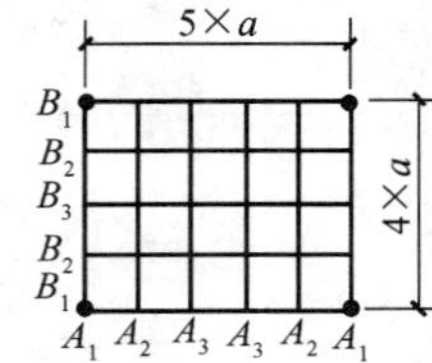

$\frac{I_b}{I_r}$	$\frac{I_t}{I}$		A_1		A_2		A_3		B_1		B_2	
	b	r	M_{max}	V_{max}	M_{max}	V_{max}	M_{max}	V_{max}	M_{max}	V_{max}	M_{max}	V_{max}
1	0.8	0.8	2.436	2.447	1.548	1.191	1.016	0.738	2.355	2.553	2.233	1.402
	0.0	0.0	3.100	2.545	1.453	1.266	0.448	0.565	3.145	2.455	2.059	1.490
2	0.4	0.8	2.791	2.345	1.172	1.073	1.037	0.956	3.591	2.655	1.642	1.256
	0.8	0.8	2.751	2.340	1.187	1.079	1.063	0.956	3.569	2.660	1.652	1.255
	0.0	0.0	2.975	2.375	1.123	1.078	0.902	0.921	3.669	2.625	1.589	1.278
4	0.4	0.8	3.011	2.234	0.935	1.011	1.054	1.130	4.212	2.766	1.185	1.130
	0.8	0.8	3.063	2.240	0.914	1.002	1.024	1.134	4.236	2.760	1.169	1.130
	0.0	0.0	2.780	2.193	1.014	1.022	1.207	1.161	4.093	2.807	1.241	1.105

$\frac{I_b}{I_r}$	$\frac{I_t}{I}$		B_3		B_3	B_1
	b	r	M_{max}	V_{max}	w_{max}	w
1	0.8	0.8	1.995	1.089	8.70	7.05
	0.0	0.0	1.593	1.110	8.78	8.10
2	0.4	0.8	1.580	1.179	6.13	4.48
	0.8	0.8	1.597	1.170	6.15	4.44
	0.0	0.0	1.485	1.197	6.04	4.61
4	0.4	0.8	1.245	1.208	4.28	2.63
	0.8	0.8	1.224	1.220	4.23	2.65
	0.0	0.0	1.332	1.174	4.46	2.55

续表

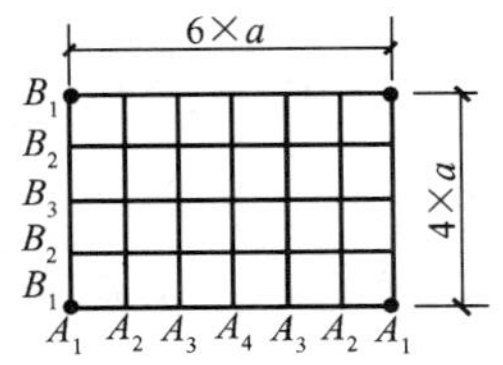

$\frac{I_b}{I_r}$	$\frac{I_t}{I}$		A_1		A_2		A_3		A_4			
	b	r	M_{max}	V_{max}	M_{max}	V_{max}	M_{max}	V_{max}	M_{max}	V_{max}		
1	0.8	0.8	2.868	2.893	1.748	1.322	1.003	0.734	0.763	0.600		
	0.0	0.0	3.780	3.064	1.780	1.484	0.438	0.556	0.041	0.291		
2	0.4	0.8	3.187	2.696	1.272	1.137	1.052	0.961	0.979	0.915		
	0.8	0.8	3.118	2.684	1.287	1.145	1.086	0.962	1.019	0.918		
	0.0	0.0	3.482	2.760	1.236	1.156	0.893	0.914	0.778	0.839		
4	0.4	0.8	3.306	2.465	0.994	1.040	1.119	1.153	1.162	1.184		
	0.8	0.8	3.365	2.475	0.978	1.029	1.092	1.153	1.131	1.186		
	0.0	0.0	3.061	2.408	1.047	1.045	1.240	1.183	1.305	1.127		
$\frac{I_b}{I_r}$	$\frac{I_t}{I}$		B_1		B_2		B_3		B_3		B_1	
	b	r	M_{max}	V_{max}	M_{max}	V_{max}	M_{max}	V_{max}	w_{max}		w	
1	0.8	0.8	3.947	3.107	3.438	1.716	3.230	1.355	16.03		14.75	
	0.0	0.0	4.158	2.936	3.346	1.848	2.993	1.432	16.18		16.13	
2	0.4	0.8	5.296	3.304	2.491	1.497	2.427	1.398	11.32		9.76	
	0.8	0.8	5.279	3.316	2.500	1.493	2.442	1.381	11.35		9.70	
	0.0	0.0	5.367	3.240	2.454	1.539	2.357	1.443	11.20		9.96	
4	0.4	0.8	6.434	3.535	1.698	1.288	1.736	1.353	7.71		5.89	
	0.8	0.8	6.450	3.525	1.688	1.292	1.723	1.367	7.67		5.91	
	0.0	0.0	6.377	3.592	1.730	1.255	1.787	1.306	7.88		5.81	

单跨四角柱(三) 表 2.1-27

均 布 荷 载 (3)

$\frac{I_b}{I_r}$	$\frac{I_t}{I}$		A_1		A_2		A_3		A_3	A_1
	b	r	M_{max}	V_{max}	M_{max}	V_{max}	M_{max}	V_{max}	w_{max}	w
1	0.8	0.8	3.385	3.125	2.402	1.512	1.849	0.988	12.82	8.27
	0.0	0.0	4.114	3.125	2.273	1.636	1.114	0.864	13.20	10.54
2	0.4	0.8	4.151	3.125	1.783	1.331	1.610	1.169	9.16	5.16
	0.8	0.8	4.095	3.125	1.799	1.337	1.644	1.163	9.19	5.03
	0.0	0.0	4.398	3.125	1.705	1.352	1.398	1.148	8.99	5.53
4	0.4	0.8	4.760	3.125	1.333	1.201	1.429	1.299	6.51	2.98
	0.8	0.8	4.799	3.125	1.316	1.195	1.403	1.305	6.46	3.01
	0.0	0.0	4.553	3.125	1.394	1.197	1.553	1.303	6.74	2.84

$\frac{I_b}{I_r}$	$\frac{I_t}{I}$		A_1		A_2		A_3		A_4	
	b	r	M_{max}	V_{max}	M_{max}	V_{max}	M_{max}	V_{max}	M_{max}	V_{max}
1	0.8	0.8	3.964	3.712	2.654	1.666	1.808	0.968	1.510	0.808
	0.0	0.0	5.162	3.838	2.715	1.894	0.955	0.783	0.335	0.468
2	0.4	0.8	4.733	3.610	1.932	1.416	1.635	1.172	1.530	1.107
	0.8	0.8	4.631	3.601	1.948	1.427	1.683	1.170	1.587	1.105
	0.0	0.0	5.199	3.669	1.871	1.454	1.349	1.120	1.163	1.016
4	0.4	0.8	5.250	3.470	1.441	1.253	1.541	1.343	1.576	1.368
	0.8	0.8	5.297	3.475	1.427	1.245	1.517	1.345	1.550	1.372
	0.0	0.0	5.010	3.441	1.485	1.253	1.651	1.360	1.710	1.394

续表

$\frac{I_b}{I_r}$	$\frac{I_t}{I}$		B_1		B_2		B_3		B_3	B_1
	b	r	M_{max}	V_{max}	M_{max}	V_{max}	M_{max}	V_{max}	w_{max}	w
1	0.8	0.8	4.545	3.788	3.637	1.839	3.069	1.248	20.68	
	0.0	0.0	5.288	3.662	3.552	2.014	2.410	1.199	21.28	
2	0.4	0.8	6.051	3.890	2.701	1.592	2.498	1.393	14.96	
	0.8	0.8	5.998	3.900	2.718	1.597	2.534	1.379	15.00	
	0.0	0.0	6.343	3.831	2.628	1.638	2.280	1.406	14.69	
4	0.4	0.8	7.319	4.030	1.932	1.385	1.999	1.460	10.61	
	0.8	0.8	7.347	4.025	1.922	1.383	1.982	1.467	10.56	
	0.0	0.0	7.188	4.059	1.975	1.372	2.087	1.444	10.84	

$\frac{I_b}{I_r}$	$\frac{I_t}{I}$		A_1		A_2		A_3		A_4		A_4	A_1
	b	r	M_{max}	V_{max}	M_{max}	V_{max}	M_{max}	V_{max}	M_{max}	V_{max}	w_{max}	w
1	0.8	0.8	5.235	4.500	3.945	2.005	2.999	1.221	2.643	1.049	29.05	19.41
	0.0	0.0	6.716	4.500	4.085	2.288	2.057	1.083	1.285	0.758	30.04	25.75
2	0.4	0.8	6.841	4.500	2.915	1.694	2.542	1.397	2.404	1.319	21.38	12.59
	0.8	0.8	6.734	4.500	2.933	1.707	2.598	1.388	2.471	1.310	21.45	12.33
	0.0	0.0	7.493	4.500	2.856	1.757	2.185	1.368	1.934	1.251	20.87	13.93
4	0.4	0.8	8.105	4.500	2.113	1.460	2.180	1.521	2.205	1.538	15.50	7.43
	0.8	0.8	8.137	4.500	2.105	1.456	2.165	1.524	2.188	1.542	15.46	7.47
	0.0	0.0	7.942	4.500	2.144	1.455	2.262	1.523	2.305	1.544	15.74	7.26

单跨四角柱(四)　　　　　　**表 2.1-28**

均 布 荷 载 (4)

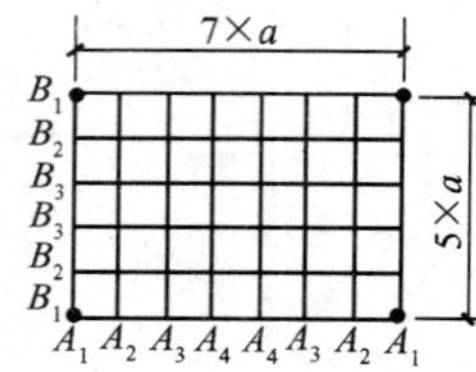

$\frac{I_b}{I_r}$	$\frac{I_t}{I}$		A_1		A_2		A_3		A_4		
	b	r	M_{max}	V_{max}	M_{max}	V_{max}	M_{max}	V_{max}	M_{max}	V_{max}	
1	0.8	0.8	4.565	4.300	2.965	1.845	1.872	0.998	1.320	0.733	
	0.0	0.0	6.153	4.521	3.261	2.207	1.083	0.844	0.004	0.303	
2	0.4	0.8	5.330	4.100	2.097	1.510	1.685	1.192	1.472	1.073	
	0.8	0.8	5.180	4.081	2.108	1.525	1.738	1.192	1.545	1.078	
	0.0	0.0	6.008	4.217	2.083	1.581	1.383	1.137	1.026	0.940	
4	0.4	0.8	5.717	3.815	1.530	1.297	1.613	1.368	1.656	1.395	
	0.8	0.8	5.761	3.822	1.521	1.290	1.596	1.367	1.635	1.396	
	0.0	0.0	5.504	3.779	1.552	1.295	1.687	1.381	1.757	1.421	
$\frac{I_b}{I_r}$	$\frac{I_t}{I}$		B_1		B_2		B_3		B_3		B_1
	b	r	M_{max}	V_{max}	M_{max}	V_{max}	M_{max}	V_{max}	w_{max}		w
1	0.8	0.8	5.787	4.450	4.914	2.169	4.420	1.506	32.49		29.19
	0.0	0.0	6.303	4.228	4.831	2.390	3.867	1.507	33.52		33.46
2	0.4	0.8	7.948	4.650	3.647	1.855	3.454	1.620	23.61		19.93
	0.8	0.8	7.899	4.669	3.660	1.858	3.485	1.598	23.65		19.75
	0.0	0.0	8.176	4.533	3.576	1.925	3.249	1.667	23.34		20.77
4	0.4	0.8	9.894	4.935	2.537	1.569	2.579	1.622	16.47		12.36
	0.8	0.8	9.909	4.928	2.531	1.568	2.569	1.629	16.43		12.38
	0.0	0.0	9.820	4.971	2.558	1.553	2.623	1.600	16.63		12.24

续表

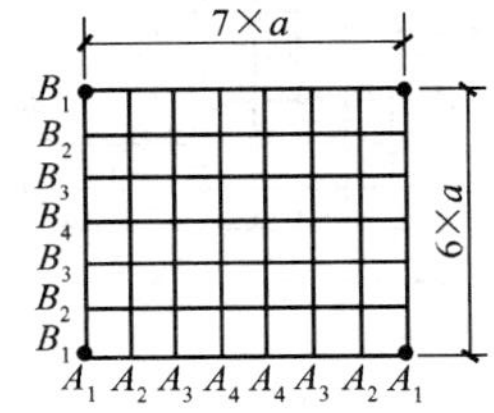

$\frac{I_b}{I_r}$	$\frac{I_t}{I}$		A_1		A_2		A_3		A_4		B_1	
	b	r	M_{max}	V_{max}	M_{max}	V_{max}	M_{max}	V_{max}	M_{max}	V_{max}	M_{max}	V_{max}
1	0.8	0.8	5.984	5.224	4.350	2.205	3.064	1.244	2.354	0.952	6.575	5.276
	0.0	0.0	8.213	5.368	4.867	2.650	2.108	1.099	0.562	0.508	7.873	5.132
2	0.4	0.8	7.669	5.125	3.154	1.809	2.613	1.418	2.315	1.273	8.923	5.375
	0.8	0.8	7.497	5.112	3.166	1.828	2.680	1.414	2.408	1.271	8.813	5.388
	0.0	0.0	8.739	5.211	3.167	1.911	2.192	1.370	1.652	1.134	9.551	5.289
4	0.4	0.8	8.847	4.965	2.264	1.525	2.308	1.561	2.332	1.575	10.983	5.535
	0.8	0.8	8.870	4.967	2.260	1.521	2.299	1.561	2.321	1.576	10.997	5.533
	0.0	0.0	8.724	4.954	2.277	1.522	2.354	1.565	2.396	1.584	10.905	5.546
$\frac{I_b}{I_r}$	$\frac{I_t}{I}$		B_2		B_3		B_4		B_4		B_1	
	b	r	M_{max}	V_{max}	M_{max}	V_{max}	M_{max}	V_{max}	w_{max}		w	
1	0.8	0.8	5.247	2.348	4.354	1.479	4.017	1.295	41.62		32.93	
	0.0	0.0	5.365	2.683	3.423	1.400	2.680	1.070	43.48		41.54	
2	0.4	0.8	3.920	1.975	3.539	1.630	3.397	1.541	30.84		22.33	
	0.8	0.8	3.934	1.988	3.592	1.613	3.463	1.523	30.91		21.97	
	0.0	0.0	3.851	2.065	3.153	1.639	2.891	1.515	30.27		24.28	
4	0.4	0.8	2.788	1.665	2.820	1.697	2.833	1.706	22.26		13.72	
	0.8	0.8	2.784	1.664	2.813	1.699	2.824	1.709	22.24		13.75	
	0.0	0.0	2.801	1.660	2.856	1.693	2.877	1.703	22.41		13.62	

单跨四角柱(五)　　**表 2.1-29**

均　布　荷　载 (5)

$\frac{I_b}{I_r}$	$\frac{I_t}{I}$		A_1		A_2		A_3		A_4		A_5	
	b	r	M_{max}	V_{max}	M_{max}	V_{max}	M_{max}	V_{max}	M_{max}	V_{max}	M_{max}	V_{max}
1	0.8	0.8	6.763	5.947	4.819	2.427	3.239	1.304	2.232	0.917	1.897	0.812
	0.0	0.0	9.629	6.206	5.746	3.050	2.456	1.221	0.346	0.426	−0.354	0.197
2	0.4	0.8	8.524	5.755	3.418	1.936	2.721	1.458	2.275	1.254	2.126	1.195
	0.8	0.8	8.283	5.730	3.418	1.958	2.793	1.454	2.384	1.257	2.246	1.202
	0.0	0.0	9.990	5.925	3.537	2.090	2.314	1.420	1.529	1.079	1.263	0.974
4	0.4	0.8	9.572	5.432	2.401	1.586	2.408	1.591	2.412	1.594	2.414	1.595
	0.8	0.8	9.576	5.432	2.401	1.586	2.407	1.591	2.411	1.594	2.412	1.595
	0.0	0.0	9.551	5.429	2.402	1.586	2.414	1.592	2.421	1.596	2.424	1.597

$\frac{I_b}{I_r}$	$\frac{I_t}{I}$		B_1		B_2		B_3		B_4		B_4	B_1
	b	r	M_{max}	V_{max}	M_{max}	V_{max}	M_{max}	V_{max}	M_{max}	V_{max}	w_{max}	w
1	0.8	0.8	8.076	6.053	6.932	2.695	6.102	1.734	5.786	1.536	61.83	54.70
	0.0	0.0	9.163	5.794	7.051	3.083	5.404	1.898	4.767	1.596	64.33	65.37
2	0.4	0.8	11.530	6.245	5.246	2.257	4.865	1.865	4.722	1.767	46.22	38.36
	0.8	0.8	11.442	6.270	5.257	2.270	4.912	1.840	4.781	1.739	46.29	37.86
	0.0	0.0	12.115	6.075	5.196	2.374	4.543	1.911	4.295	1.779	45.57	40.90
4	0.4	0.8	14.758	6.568	3.695	1.870	3.699	1.874	3.700	1.875	33.14	24.29
	0.8	0.8	14.759	6.568	3.694	1.870	3.698	1.875	3.699	1.876	33.13	24.29
	0.0	0.0	14.749	6.571	3.696	1.869	3.703	1.873	3.705	1.874	33.16	24.27

续表

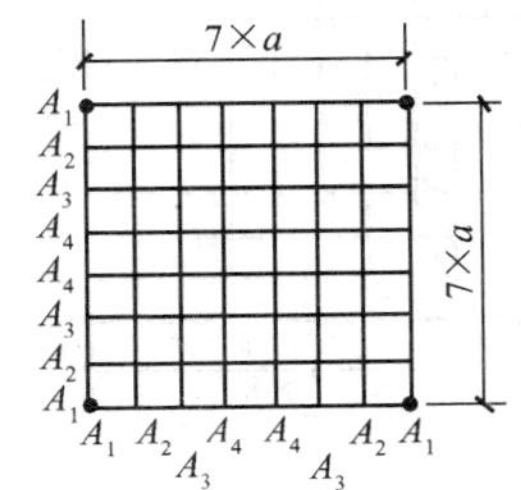

$\frac{I_b}{I_r}$	$\frac{I_t}{I}$		A_1		A_2		A_3		A_4		A_4	A_1
	b	r	M_{max}	V_{max}	M_{max}	V_{max}	M_{max}	V_{max}	M_{max}	V_{max}	w_{max}	w
1	0.8	0.8	7.453	6.125	5.695	2.561	4.411	1.499	3.686	1.190	55.12	37.12
	0.0	0.0	9.718	6.125	6.250	3.071	3.349	1.392	1.684	0.788	58.57	50.89
2	0.4	0.8	9.957	6.125	4.217	2.107	3.634	1.654	3.307	1.489	41.21	24.87
	0.8	0.8	9.766	6.125	4.224	2.129	3.703	1.643	3.406	1.479	41.27	24.27
	0.0	0.0	11.140	6.125	4.227	2.239	3.127	1.633	2.506	1.378	40.54	28.29
4	0.4	0.8	12.000	6.125	3.000	1.750	3.000	1.750	3.000	1.750	30.00	15.00
	0.8	0.8	12.000	6.125	3.000	1.750	3.000	1.750	3.000	1.750	30.00	15.00
	0.0	0.0	12.000	6.125	3.000	1.750	3.000	1.750	3.000	1.750	30.00	15.00

单跨四角柱(六)

表 2.1-30

均 布 荷 载 (6)

$\frac{I_b}{I_r}$	$\frac{I_t}{I}$ b	r	A_1 M_{max}	A_1 V_{max}	A_2 M_{max}	A_2 V_{max}	A_3 M_{max}	A_3 V_{max}	A_4 M_{max}	A_4 V_{max}	A_5 M_{max}	A_5 V_{max}
1	0.8	0.8	8.390	6.982	6.236	2.803	4.598	1.558	3.509	1.142	3.133	1.032
	0.0	0.0	11.613	7.138	7.362	3.526	3.672	1.492	1.191	0.643	0.329	0.410
2	0.4	0.8	11.039	6.890	4.547	2.252	3.769	1.697	3.254	1.464	3.075	1.396
	0.8	0.8	10.758	6.875	4.540	2.281	3.845	1.688	3.377	1.459	3.214	1.395
	0.0	0.0	12.832	7.000	4.703	2.448	3.239	1.674	2.265	1.291	1.926	1.174
4	0.4	0.8	12.997	6.715	3.194	1.830	3.148	1.793	3.117	1.776	3.106	1.771
	0.8	0.8	12.967	6.713	3.197	1.834	3.156	1.793	3.128	1.775	3.118	1.770
	0.0	0.0	13.151	6.727	3.188	1.835	3.103	1.791	3.046	1.767	3.027	1.760

$\frac{I_b}{I_r}$	$\frac{I_t}{I}$ b	r	B_1 M_{max}	B_1 V_{max}	B_2 M_{max}	B_2 V_{max}	B_3 M_{max}	B_3 V_{max}	B_4 M_{max}	B_4 V_{max}	B_4 w_{max}	B_1 w
1	0.8	0.8	9.019	7.018	7.422	2.922	6.149	1.757	5.413	1.429	76.36	60.91
	0.0	0.0	11.252	6.862	7.990	3.492	5.206	1.855	3.556	1.078	81.11	79.53
2	0.4	0.8	12.754	7.110	5.611	2.405	4.995	1.896	4.643	1.714	57.68	42.42
	0.8	0.8	12.584	7.125	5.617	2.430	5.062	1.876	4.741	1.694	57.74	41.60
	0.0	0.0	14.017	7.000	5.639	2.567	4.501	1.913	3.845	1.646	56.83	47.29
4	0.4	0.8	16.134	7.285	3.988	1.974	3.950	1.940	3.929	1.927	42.09	26.56
	0.8	0.8	16.115	7.287	3.991	1.976	3.958	1.938	3.938	1.924	42.13	26.52
	0.0	0.0	16.240	7.273	3.978	1.980	3.911	1.944	3.873	1.928	41.89	26.76

续表

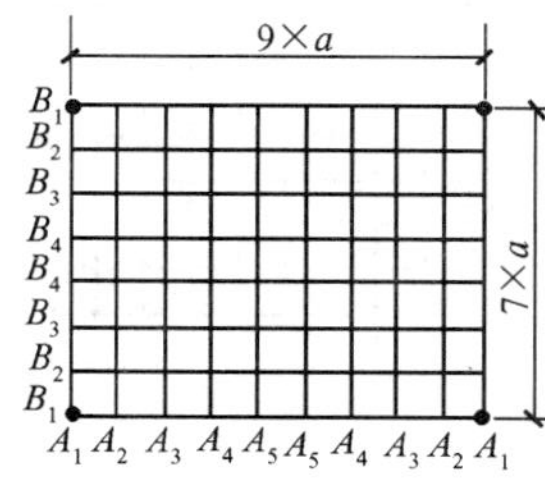

$\frac{I_b}{I_r}$	$\frac{I_t}{I}$		A_1		A_2		A_3		A_4		A_5	
	b	r	M_{max}	V_{max}	M_{max}	V_{max}	M_{max}	V_{max}	M_{max}	V_{max}	M_{max}	V_{max}
1	0.8	0.8	9.359	7.839	6.845	3.064	4.889	1.643	3.484	1.137	2.773	0.943
	0.0	0.0	13.412	8.121	8.550	4.008	4.260	1.666	1.171	0.624	0.389	0.207
2	0.4	0.8	12.153	7.659	4.908	2.409	3.949	1.757	3.259	1.462	2.906	1.338
	0.8	0.8	11.781	7.630	4.881	2.441	4.023	1.748	3.395	1.461	3.072	1.346
	0.0	0.0	14.523	7.877	5.241	2.680	3.476	1.759	2.206	1.265	1.557	1.044
4	0.4	0.8	13.988	7.309	3.381	1.909	3.279	1.833	3.205	1.795	3.167	1.779
	0.8	0.8	13.915	7.302	3.384	1.918	3.296	1.833	3.229	1.794	3.194	1.778
	0.0	0.0	14.351	7.348	3.380	1.922	3.199	1.830	3.069	1.775	3.002	1.750
$\frac{I_b}{I_r}$	$\frac{I_t}{I}$		B_1		B_2		B_3		B_4		B_4	B_1
	b	r	M_{max}	V_{max}	M_{max}	V_{max}	M_{max}	V_{max}	M_{max}	V_{max}	w_{max}	w
1	0.8	0.8	10.757	7.911	9.159	3.288	7.991	2.013	7.318	1.663	105.10	91.32
	0.0	0.0	12.542	7.629	9.630	3.922	7.151	2.356	5.684	1.675	111.69	113.34
2	0.4	0.8	15.582	8.091	7.019	2.704	6.427	2.139	6.090	1.941	79.94	65.48
	0.8	0.8	15.424	8.120	7.021	2.731	6.485	2.112	6.177	1.912	79.96	64.47
	0.0	0.0	16.670	7.873	7.036	2.896	5.959	2.193	5.338	1.914	79.26	71.46
4	0.4	0.8	20.244	8.442	4.980	2.197	4.915	2.131	4.878	2.106	58.04	42.19
	0.8	0.8	20.211	8.448	4.984	2.201	4.926	2.127	4.893	2.099	58.11	42.10
	0.0	0.0	20.408	8.402	4.963	2.212	4.849	2.145	4.784	2.116	57.63	42.62

单跨四角柱(七)　　表 2.1-31

均布荷载 (7)

$\frac{I_b}{I_r}$	$\frac{I_t}{I}$		A_1		A_2		A_3		A_4		A_5		A_5	A_4
	b	r	M_{max}	V_{max}	M_{max}	V_{max}	M_{max}	V_{max}	M_{max}	V_{max}	M_{max}	V_{max}	w_{max}	w
1	0.8	0.8	10.061	8.000	8.037	3.177	6.346	1.815	5.179	1.377	4.763	1.263	98.61	67.73
	0.0	0.8	13.606	8.000	9.304	3.980	5.465	1.775	2.748	0.906	1.764	0.678	105.41	95.29
2	0.4	0.8	14.055	8.000	6.017	2.566	5.163	1.943	4.581	1.685	4.375	1.612	75.26	46.71
	0.8	0.8	13.784	8.000	6.008	2.600	5.241	1.927	4.710	1.672	4.521	1.602	75.32	45.48
	0.0	0.0	16.168	8.000	6.222	2.798	4.597	1.949	3.477	1.543	3.078	1.422	74.05	54.46
4	0.4	0.8	17.466	8.000	4.255	2.072	4.157	1.994	4.091	1.959	4.067	1.949	55.54	28.75
	0.8	0.8	17.408	8.000	4.260	2.080	4.174	1.993	4.114	1.956	4.092	1.945	55.63	28.63
	0.0	0.0	17.801	8.000	4.243	2.085	4.065	1.997	3.943	1.950	3.900	1.935	54.97	29.37

单跨四角柱(八) 表 2.1-32

边均布弯矩 $M(1)$

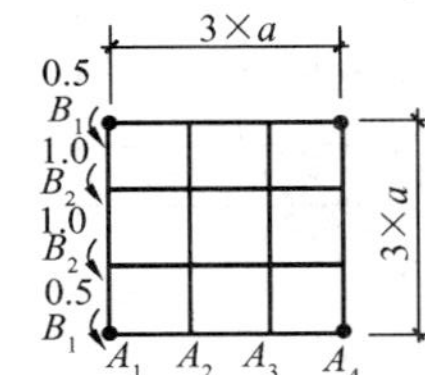

$\frac{I_b}{I_r}$	$\frac{I_t}{I}$ b	r	A_1 M	A_1 V	A_2 M	A_2 V	A_3 M	A_3 V	A_4 M	A_4 V
1	0.8	0.8	0.270	0.335	0.010	-0.046	-0.079	-0.084	-0.165	-0.205
	0.0	0.0	0.388	0.388	-0.013	-0.013	-0.138	-0.138	-0.238	-0.238
2	0.4	0.8	0.362	0.431	-0.073	-0.168	-0.088	-0.100	-0.164	-0.162
	0.8	0.8	0.297	0.392	-0.054	-0.157	-0.067	-0.082	-0.146	-0.153
	0.0	0.0	0.482	0.482	-0.145	-0.145	-0.155	-0.155	-0.182	-0.182
4	0.4	0.8	0.332	0.460	-0.110	-0.247	-0.079	-0.099	-0.143	-0.115
	0.8	0.8	0.277	0.393	-0.079	-0.216	-0.054	-0.075	-0.121	-0.103
	0.0	0.0	0.553	0.553	-0.238	-0.238	-0.183	-0.183	-0.133	-0.133

$\frac{I_b}{I_r}$	$\frac{I_t}{I}$ b	r	B_1 M_s	B_1 V_s	B_1 M_m	B_2 M_s	B_2 V_s	B_2 M_m	A_1 w	A_2 w	B_1 w
1	0.8	0.8	-0.600	0.165	-0.254	-0.900	0.335	-0.246	1.96	-3.71	-3.78
	0.0	0.0	-0.500	0.113	-0.265	-1.000	0.388	-0.238	3.23	-3.47	-3.37
2	0.4	0.8	-0.631	0.069	-0.341	-0.869	0.431	-0.159	1.36	-2.97	-2.35
	0.8	0.8	-0.703	0.108	-0.342	-0.797	0.392	-0.158	1.08	-2.88	-2.46
	0.0	0.0	-0.500	0.018	-0.318	-1.000	0.482	-0.182	2.01	-3.22	-2.01
4	0.4	0.8	-0.736	0.040	-0.414	-0.764	0.460	-0.086	0.68	-2.29	-1.42
	0.8	0.8	-0.844	0.107	-0.416	-0.656	0.393	-0.084	0.50	-2.07	-1.50
	0.0	0.0	-0.500	-0.053	-0.368	-1.000	0.553	-0.133	1.15	-3.11	-1.14

续表

边均布弯矩 $M(1)$

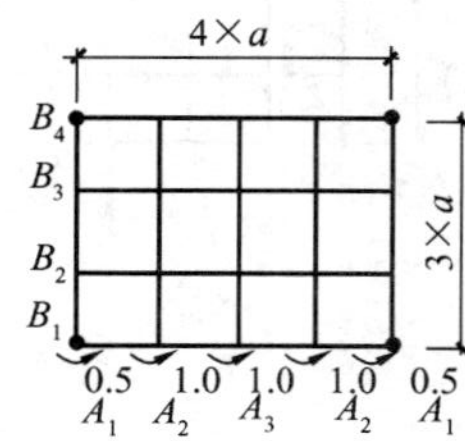

$\frac{I_b}{I_r}$	$\frac{I_t}{I}$ b	r	A_1 M_s	A_1 V_s	A_1 M_m	A_2 M_s	A_2 V_s	A_2 M_m	A_3 M_s	A_3 V_s	A_3 M_m	B_1 M	B_1 V
1	0.8	0.8	-0.644	0.229	-0.240	-0.904	0.316	-0.280	-0.906	0.242	-0.294	0.370	0.437
	0.0	0.0	-0.500	0.147	-0.262	-1.000	0.385	-0.263	-1.000	0.271	-0.283	0.656	0.520
2	0.4	0.8	-0.671	0.120	-0.341	-0.878	0.396	-0.209	-0.901	0.301	-0.232	0.514	0.547
	0.8	0.8	-0.767	0.160	-0.353	-0.815	0.364	-0.204	-0.836	0.286	-0.219	0.436	0.507
	0.0	0.0	-0.500	0.063	-0.294	-1.000	0.456	-0.232	-1.000	0.295	-0.283	0.752	0.604
4	0.4	0.8	-0.800	0.073	-0.446	-0.787	0.425	-0.142	-0.827	0.338	-0.159	0.555	0.594
	0.8	0.8	-0.940	0.141	-0.466	-0.693	0.373	-0.131	-0.726	0.305	-0.139	0.446	0.526
	0.0	0.0	-0.500	0.001	-0.326	-1.000	0.506	-0.205	-1.000	0.318	-0.272	0.824	0.665

$\frac{I_b}{I_r}$	$\frac{I_t}{I}$ b	r	B_2 M	B_2 V	B_3 M	B_3 V	B_4 M	B_4 V	A_1 w	A_3 w	B_1 w
1	0.8	0.8	0.071	-0.026	-0.136	-0.104	-0.304	-0.314	-3.83	-2.86	5.65
	0.0	0.0	0.143	0.055	-0.252	-0.171	-0.546	-0.405	-3.20	-1.46	10.66
2	0.4	0.8	-0.019	-0.142	-0.139	-0.116	-0.357	-0.289	-2.40	-2.87	4.00
	0.8	0.8	-0.016	-0.137	-0.115	-0.104	-0.305	-0.267	-2.59	-2.88	3.26
	0.0	0.0	-0.017	0.081	-0.220	-0.150	-0.514	-0.373	-1.86	-2.81	6.15
4	0.4	0.8	-0.084	-0.235	-0.126	-0.119	-0.346	-0.240	-1.52	-2.84	2.11
	0.8	0.8	-0.067	-0.214	-0.097	-0.102	-0.282	-0.210	-1.67	-2.58	1.62
	0.0	0.0	-0.125	-0.171	-0.223	-0.154	-0.476	-0.341	-1.03	-3.79	3.38

单跨四角柱(九) **表 2.1-33**

边均布弯矩 $M(2)$

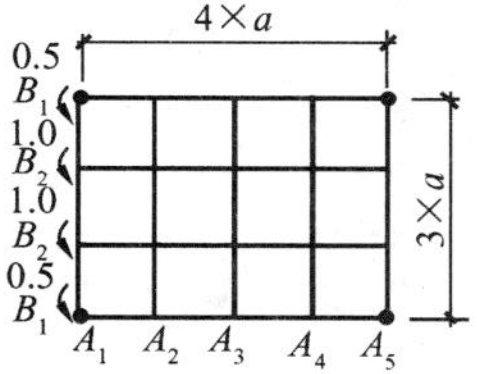

$\frac{I_b}{I_r}$	$\frac{I_t}{I}$ b	r	A_1 M	A_1 V	A_2 M	A_2 V	A_3 M	A_3 V	A_4 M	A_4 V	A_5 M	A_5 V
1	0.8	0.8	0.228	0.282	0.012	−0.050	−0.030	−0.035	−0.061	−0.050	−0.120	−0.146
	0.0	0.0	0.320	0.320	−0.020	−0.020	−0.070	−0.070	−0.081	−0.081	−0.150	−0.150
2	0.4	0.8	0.330	0.394	−0.072	−0.169	−0.070	−0.081	−0.049	−0.040	−0.104	−0.105
	0.8	0.8	0.241	0.356	−0.054	−0.159	−0.050	−0.062	−0.040	−0.030	−0.098	−0.105
	0.0	0.0	0.442	0.442	−0.143	−0.143	−0.135	−0.135	−0.072	−0.072	−0.093	−0.093
4	0.4	0.8	0.312	0.438	−0.112	−0.249	−0.080	−0.097	−0.038	−0.026	−0.081	−0.066
	0.8	0.8	0.258	0.370	−0.081	−0.218	−0.052	−0.072	−0.026	−0.015	−0.077	−0.066
	0.0	0.0	0.538	0.538	−0.233	−0.233	−0.186	−0.186	−0.080	−0.080	−0.039	−0.039

$\frac{I_b}{I_r}$	$\frac{I_t}{I}$ b	r	B_1 M_s	B_1 V_s	B_1 M_m	B_2 M_s	B_2 V_s	B_2 M_m	A_1 w	A_3 w	B_1 w
1	0.8	0.8	−0.591	0.093	−0.375	−0.909	0.282	−0.375	1.66	−7.46	−7.21
	0.0	0.0	−0.500	0.055	−0.370	−1.000	0.320	−0.380	2.67	−7.44	−6.85
2	0.4	0.8	−0.627	−0.019	−0.508	−0.873	0.394	−0.242	1.23	−5.25	−4.67
	0.8	0.8	−0.697	0.019	−0.509	−0.803	0.356	−0.241	0.98	−5.17	−4.77
	0.0	0.0	−0.500	−0.067	−0.492	−1.000	0.442	−0.258	1.84	−5.51	−4.38
4	0.4	0.8	−0.735	−0.063	−0.616	−0.765	0.438	−0.134	0.63	−3.47	−2.83
	0.8	0.8	−0.842	0.005	−0.616	−0.658	0.370	−0.134	0.46	−3.29	−2.89
	0.0	0.0	−0.500	−0.163	−0.592	−1.000	0.538	−0.158	1.12	−4.13	−2.59

续表

边均布弯矩 $M(2)$

$\frac{I_b}{I_r}$	$\frac{I_t}{I}$		A_1			A_2			A_3			B_1	
	b	r	M_s	V_s	M_m	M_s	V_s	M_m	M_s	V_s	M_m	M	V
1	0.8	0.8	−0.693	0.302	−0.212	−0.906	0.315	−0.291	−0.901	0.216	−0.331	0.455	0.531
	0.0	0.0	−0.500	0.169	−0.270	−1.000	0.396	−0.259	−1.000	0.268	−0.304	0.933	0.665
2	0.4	0.8	−0.714	0.183	−0.319	−0.881	0.390	−0.228	−0.905	0.261	−0.287	0.643	0.651
	0.8	0.8	−0.833	0.226	−0.335	−0.825	0.360	−0.224	−0.842	0.247	−0.274	0.541	0.607
	0.0	0.0	−0.500	0.089	−0.284	−1.000	0.467	−0.228	−1.000	0.278	−0.322	1.022	0.745
4	0.4	0.8	−0.857	0.125	−0.440	−0.798	0.417	−0.168	−0.845	0.292	−0.226	0.711	0.709
	0.8	0.8	−1.034	0.196	−0.476	−0.714	0.372	−0.157	−0.752	0.266	−0.200	0.572	0.638
	0.0	0.0	−0.500	0.034	−0.301	−1.000	0.514	−0.205	−1.000	0.286	−0.328	1.086	0.800
$\frac{I_b}{I_r}$	$\frac{I_t}{I}$		B_2		B_3		B_4		B_2	B_1			
	b	r	M	V	M	V	M	V	w	w			
1	0.8	0.8	0.111	−0.004	−0.150	−0.115	−0.369	−0.412	−1.37	10.45			
	0.0	0.0	0.268	−0.108	−0.334	−0.209	−0.867	−0.565	2.87	23.75			
2	0.4	0.8	0.039	−0.124	−0.139	−0.121	−0.501	−0.406	−1.92	7.68			
	0.8	0.8	0.310	−0.122	−0.118	−0.113	−0.418	−0.373	−2.19	6.23			
	0.0	0.0	0.083	−0.039	−0.234	−0.156	−0.872	−0.550	−0.65	13.10			
4	0.4	0.8	−0.028	−0.221	−0.117	−0.124	−0.535	−0.364	−2.61	4.22			
	0.8	0.8	−0.024	−0.207	−0.094	−0.114	−0.427	−0.317	−2.51	3.27			
	0.0	0.0	−0.032	−0.132	−0.195	−0.136	−0.860	−0.532	−2.88	6.98			

单跨四角柱(十)

表 2.1-34

边均布弯矩 $M(3)$

$\frac{I_b}{I_r}$	$\frac{I_t}{I}$		A_1		A_2		A_3		A_4		A_5	
	b	r	M	V	M	V	M	V	M	V	M	V
1	0.8	0.8	0.202	0.251	-0.004	-0.059	-0.019	-0.030	-0.022	-0.015	-0.045	-0.034
	0.0	0.0	0.285	0.285	-0.034	-0.034	-0.062	-0.062	-0.029	-0.029	-0.042	-0.042
2	0.4	0.8	0.310	0.371	-0.075	-0.172	-0.065	-0.077	-0.034	-0.023	-0.026	-0.017
	0.8	0.8	0.251	0.334	-0.056	-0.163	-0.045	-0.060	-0.025	-0.014	-0.024	-0.015
	0.0	0.0	0.417	0.417	-0.145	-0.145	-0.127	-0.127	-0.051	-0.051	-0.022	-0.022
4	0.4	0.8	0.330	0.424	-0.114	-0.250	-0.079	-0.096	-0.035	-0.022	-0.017	-0.006
	0.8	0.8	0.247	0.357	-0.082	-0.219	-0.051	-0.071	-0.022	-0.010	-0.013	-0.003
	0.0	0.0	0.522	0.522	-0.231	-0.231	-0.177	-0.177	-0.070	-0.070	-0.016	-0.016

$\frac{I_b}{I_r}$	$\frac{I_t}{I}$		A_6		B_1			B_2			B_2	B_1
	b	r	M	V	M_s	V_s	M_m	M_s	V_s	M_m	w	w
1	0.8	0.8	-0.094	-0.116	-0.588	0.049	-0.310	-0.913	0.251	-0.291	-10.53	-10.35
	0.0	0.0	-0.117	-0.117	-0.500	0.015	-0.324	-1.000	0.285	-0.276	-10.44	-10.20
2	0.4	0.8	-0.076	-0.082	-0.626	-0.071	-0.420	-0.875	0.371	-0.180	-7.09	-6.82
	0.8	0.8	-0.074	-0.083	-0.695	-0.034	-0.413	-0.805	0.334	-0.187	-7.08	-6.87
	0.0	0.0	-0.072	-0.072	-0.500	-0.117	-0.434	-1.000	0.417	-0.166	-7.11	-6.69
4	0.4	0.8	-0.055	-0.051	-0.734	-0.124	-0.502	-0.766	0.424	-0.098	-4.40	-4.11
	0.8	0.8	-0.056	-0.053	-0.841	-0.057	-0.494	-0.659	0.357	-0.106	-4.33	-4.14
	0.0	0.0	-0.028	-0.028	-0.500	-0.222	-0.528	-1.000	0.522	-0.072	-4.59	-4.00

续表

边均布弯矩 $M(3)$

$\frac{I_b}{I_r}$	$\frac{I_t}{I}$		A_1		A_2		A_3		A_4		A_5			
	b	r	M	V	M	V	M	V	M	V	M	V		
1	0.8	0.8	0.311	0.361	0.083	−0.020	−0.042	−0.036	−0.126	−0.081	−0.226	−0.224		
	0.0	0.0	0.498	0.405	0.133	0.087	−0.091	−0.060	−0.208	−0.137	−0.331	−0.254		
2	0.4	0.8	0.456	0.487	−0.015	−0.142	−0.099	−0.087	−0.106	−0.070	−0.237	−0.189		
	0.8	0.8	0.389	0.451	−0.011	−0.138	−0.077	−0.073	−0.088	−0.059	−0.213	−0.181		
	0.0	0.0	0.651	0.529	−0.025	−0.087	−0.180	−0.122	−0.170	−0.113	−0.276	−0.208		
4	0.4	0.8	0.510	0.554	−0.089	−0.239	−0.125	−0.118	−0.084	−0.057	−0.212	−0.141		
	0.8	0.8	0.408	0.488	−0.069	−0.218	−0.092	−0.097	−0.062	−0.042	−0.185	−0.131		
	0.0	0.0	0.778	0.630	−0.144	−0.185	−0.255	−0.176	−0.171	−0.115	−0.208	−0.156		
$\frac{I_b}{I_r}$	$\frac{I_t}{I}$		B_1			B_2			B_3			B_1	B_3	A_1
	b	r	M_s	V_s	M_m	M_s	V_s	M_m	M_s	V_s	M_m	w	w	w
1	0.8	0.8	−0.623	0.140	−0.375	−0.915	0.264	−0.412	−0.924	0.193	−0.426	−7.42	−7.98	4.80
	0.0	0.0	−0.500	0.095	−0.356	−1.000	0.312	−0.418	−1.000	0.186	−0.453	−6.64	−8.00	8.20
2	0.4	0.8	−0.661	0.013	−0.533	−0.884	0.356	−0.304	−0.910	0.263	−0.325	−6.33	−4.95	3.56
	0.8	0.8	−0.752	0.049	−0.547	−0.823	0.326	−0.298	−0.849	0.251	−0.310	−6.17	−5.16	2.92
	0.0	0.0	−0.500	−0.029	−0.472	−1.000	0.407	−0.334	−1.000	0.244	−0.388	−6.95	−4.23	5.36
4	0.4	0.8	−0.795	−0.054	−0.690	−0.789	0.398	−0.202	−0.830	0.313	−0.217	−4.84	−3.16	1.94
	0.8	0.8	−0.937	0.012	−0.711	−0.697	0.347	−0.191	−0.732	0.281	−0.197	−4.45	−3.32	1.48
	0.0	0.0	−0.500	−0.130	−0.575	−1.000	0.482	−0.262	−1.000	0.297	−0.325	−6.41	−2.52	3.20

单跨四角柱(十一) **表 2.1-35**

边均布弯矩 $M(4)$

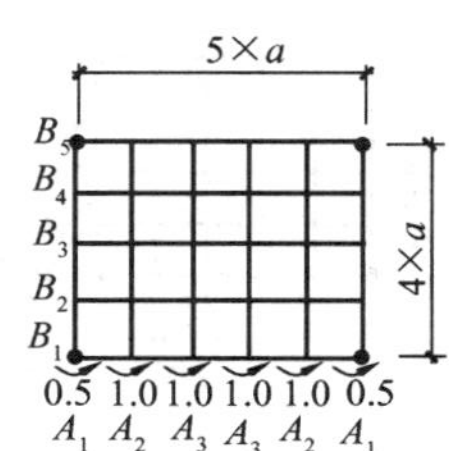

$\frac{I_b}{I_r}$	$\frac{I_t}{I_r}$		A_1			A_2			A_3			B_1	
	b	r	M_s	V_s	M_m	M_s	V_s	M_m	M_s	V_s	M_m	M	V
1	0.8	0.8	-0.658	0.192	-0.360	-0.918	0.263	-0.427	-0.925	0.171	-0.463	0.387	0.433
	0.8	0.0	-0.500	0.128	-0.339	-1.000	0.324	-0.420	-1.000	0.173	-0.491	0.670	0.497
2	0.4	0.8	-0.693	0.057	-0.527	-0.888	0.347	-0.332	-0.919	0.222	-0.391	0.564	0.568
	0.8	0.8	-0.805	0.092	-0.554	-0.835	0.319	-0.327	-0.862	0.214	-0.370	0.484	0.533
	0.0	0.0	-0.500	0.009	-0.435	-1.000	0.409	-0.350	-1.000	0.207	-0.465	0.824	0.616
4	0.4	0.8	-0.845	-0.024	-0.714	-0.802	0.386	-0.239	-0.852	0.263	-0.298	0.643	0.649
	0.8	0.8	-1.017	0.041	-0.757	-0.720	0.343	-0.226	-0.763	0.242	-0.266	0.523	0.584
	0.0	0.0	-0.500	-0.086	-0.522	-1.000	0.472	-0.294	-1.000	0.238	-0.434	0.949	0.711

$\frac{I_b}{I_r}$	$\frac{I_t}{I_r}$		B_2		B_3		B_4		B_5		A_1	A_3	B_1
	b	r	M	V	M	V	M	V	M	V	w	w	w
1	0.8	0.8	0.138	-0.001	-0.031	-0.033	-0.167	-0.099	-0.293	-0.301	-7.48	-8.23	9.04
	0.0	0.0	0.258	0.163	-0.070	-0.048	-0.315	-0.178	-0.544	-0.367	-6.39	-8.14	17.25
2	0.4	0.8	0.049	-0.123	-0.078	-0.081	-0.138	-0.086	-0.363	-0.278	-5.02	-6.93	6.78
	0.8	0.8	0.043	-0.121	-0.064	-0.071	-0.117	-0.077	-0.317	-0.263	-5.32	-6.78	5.63
	0.0	0.0	0.073	-0.047	-0.143	-0.097	-0.226	-0.128	-0.527	-0.343	-3.95	-7.55	10.63
4	0.4	0.8	-0.032	-0.226	-0.107	-0.117	-0.107	-0.073	-0.368	-0.233	-3.30	-5.79	3.81
	0.8	0.8	-0.025	-0.211	-0.083	-0.102	-0.084	-0.061	-0.308	-0.210	-3.56	-5.32	2.99
	0.0	0.0	-0.060	-0.149	-0.209	-0.141	-0.195	-0.111	-0.484	-0.309	-2.32	-7.57	6.12

续表

边均布弯矩 $M(4)$

$\frac{I_b}{I_r}$	$\frac{I_t}{I}$		A_1		A_2		A_3		A_4		A_5		A_6	
	b	r	M	V	M	V	M	V	M	V	M	V	M	V
1	0.8	0.8	0.269	0.314	0.073	-0.029	-0.015	-0.024	-0.050	-0.026	-0.101	-0.061	-0.177	-0.175
	0.0	0.0	0.417	0.344	0.103	0.078	-0.058	-0.039	-0.092	-0.057	-0.139	-0.093	-0.231	-0.181
2	0.4	0.8	0.418	0.450	-0.019	-0.146	-0.086	-0.079	-0.073	-0.045	-0.070	-0.042	-0.170	-0.139
	0.8	0.8	0.356	0.416	-0.015	-0.143	-0.065	-0.066	-0.056	-0.034	-0.061	-0.036	-0.160	-0.138
	0.0	0.0	0.596	0.488	-0.031	-0.091	-0.164	-0.111	-0.134	-0.088	-0.097	-0.067	-0.170	-0.132
4	0.4	0.8	0.483	0.531	-0.091	-0.241	-0.123	-0.116	-0.079	-0.051	-0.048	-0.026	-0.141	-0.097
	0.8	0.8	0.384	0.464	-0.072	-0.221	-0.090	-0.095	-0.054	-0.035	-0.036	-0.018	-0.133	-0.096
	0.0	0.0	0.753	0.610	-0.142	-0.184	-0.251	-0.173	-0.177	-0.119	-0.090	-0.062	-0.094	-0.073

$\frac{I_b}{I_r}$	$\frac{I_t}{I}$		B_1			B_2			B_3			A_1	A_3	B_1
	b	r	M_s	V_s	M_m	M_s	V_s	M_m	M_s	V_s	M_m	w	w	w
1	0.8	0.8	-0.614	0.086	-0.327	-0.920	0.232	-0.318	-0.932	0.164	-0.309	4.18	-12.19	-12.06
	0.0	0.0	-0.500	0.056	-0.345	-1.000	0.272	-0.309	-1.000	0.145	-0.293	6.92	-11.69	-11.08
2	0.4	0.8	-0.656	-0.050	-0.473	-0.887	0.331	-0.221	-0.914	0.239	-0.212	3.27	-9.43	-8.25
	0.8	0.8	-0.745	-0.016	-0.470	-0.828	0.302	-0.224	-0.856	0.229	-0.214	2.68	-9.30	-8.49
	0.0	0.0	-0.500	-0.088	-0.470	-1.000	0.379	-0.222	-1.000	0.217	-0.215	4.92	-9.93	-7.45
4	0.4	0.8	-0.793	-0.131	-0.603	-0.791	0.382	-0.135	-0.832	-0.297	-0.124	1.83	-6.93	-5.27
	0.8	0.8	-0.933	-0.064	-0.600	-0.699	0.331	-0.138	-0.736	-0.266	-0.126	1.39	-6.55	-5.45
	0.0	0.0	-0.500	-0.210	-0.591	-1.000	0.468	-0.141	-1.000	-0.285	-0.136	3.09	-8.42	-4.60

单跨四角柱(十二)

表 2.1-36

边均布弯矩 $M(5)$

$\frac{I_b}{I_r}$	$\frac{I_t}{I}$ b	r	A_1 M_s	A_1 V_s	A_1 M_m	A_2 M_s	A_2 V_s	A_2 M_m	A_3 M_s	A_3 V_s	A_3 M_m	A_4 M_s	A_4 V_s	A_4 M_m
1	0.8	0.8	−0.696	0.248	−0.340	−0.920	0.265	−0.431	−0.923	0.164	−0.479	−0.923	0.147	−0.500
	0.0	0.0	−0.500	0.155	−0.331	−1.000	0.335	−0.412	−1.000	0.180	−0.493	−1.000	0.161	−0.527
2	0.4	0.8	−0.727	0.106	−0.510	−0.890	0.345	−0.341	−0.928	0.209	−0.420	−0.925	0.179	−0.457
	0.8	0.8	−0.856	0.143	−0.546	−0.842	0.319	−0.338	−0.867	0.202	−0.400	−0.870	0.173	−0.431
	0.0	0.0	−0.500	0.036	−0.475	−1.000	0.417	−0.342	−1.000	0.210	−0.477	−1.000	0.175	−0.535
4	0.4	0.8	−0.892	0.016	−0.714	−0.809	0.383	−0.255	−0.862	0.246	−0.340	−0.872	0.209	−0.382
	0.8	0.8	−1.091	0.081	−0.777	−0.736	0.343	−0.245	−0.779	0.228	−0.308	−0.787	0.196	−0.342
	0.0	0.0	−0.500	−0.054	−0.484	−1.000	0.477	−0.291	−1.000	0.233	−0.459	−1.000	0.188	−0.531

$\frac{I_b}{I_r}$	$\frac{I_t}{I}$ b	r	B_1 M	B_1 V	B_2 M	B_2 V	B_3 M	B_3 V	B_4 M	B_4 V	B_5 M	B_5 V	A_1 w	A_3 w	B_1 w
1	0.8	0.8	0.444	0.502	0.194	0.012	−0.026	−0.032	−0.216	−0.110	−0.395	−0.373	−7.49	−8.46	16.20
	0.0	0.0	0.936	0.595	0.438	0.141	−0.044	−0.042	−0.472	−0.219	−0.859	−0.475	−6.28	−8.33	35.54
2	0.4	0.8	0.669	0.644	0.108	−0.110	−0.066	−0.077	−0.180	−0.095	−0.531	−0.363	−5.02	−7.51	12.39
	0.8	0.8	0.578	0.607	0.092	−0.109	−0.058	−0.069	−0.156	−0.088	−0.457	−0.341	−5.39	−7.36	10.33
	0.0	0.0	1.099	0.714	0.203	−0.015	−0.099	−0.083	−0.306	−0.145	−0.896	−0.471	−3.79	−8.12	21.01
4	0.4	0.8	0.794	0.734	0.016	−0.216	−0.098	−0.113	−0.137	−0.081	−0.575	−0.325	−3.35	−6.75	7.20
	0.8	0.8	0.656	0.669	0.011	−0.203	−0.081	−0.102	−0.112	−0.073	−0.474	−0.290	−3.69	−6.23	5.71
	0.0	0.0	1.224	0.804	0.045	−0.123	−0.152	−0.118	−0.228	−0.109	−0.889	−0.454	−2.18	−8.60	11.74

续表

边均布弯矩 $M(5)$

$\frac{I_b}{I_r}$	$\frac{I_t}{I}$ b	r	A_1 M	A_1 V	A_2 M	A_2 V	A_3 M	A_3 V	A_4 M	A_4 V	A_5 M	A_5 V	A_6 M	A_6 V	A_7 M	A_7 V
1	0.8	0.8	0.240	0.283	0.060	−0.038	−0.011	−0.023	−0.023	−0.014	−0.040	−0.017	−0.082	−0.048	−0.145	−0.144
	0.0	0.0	0.370	0.309	0.078	0.009	−0.060	−0.041	−0.058	−0.036	−0.050	−0.031	−0.095	−0.064	−0.185	−0.146
2	0.4	0.8	0.391	0.426	−0.025	−0.150	−0.083	−0.078	−0.059	−0.038	−0.043	−0.021	−0.047	−0.027	−0.134	−0.112
	0.8	0.8	0.332	0.393	−0.020	−0.147	−0.063	−0.066	−0.043	−0.027	−0.034	−0.015	−0.044	−0.025	−0.128	−0.113
	0.0	0.0	0.560	0.460	−0.038	−0.096	−0.160	−0.109	−0.116	−0.076	−0.064	−0.043	−0.050	−0.035	−0.132	−0.103
4	0.4	0.8	0.464	0.515	−0.094	−0.242	−0.123	−0.116	−0.075	−0.049	−0.041	−0.019	−0.028	−0.012	−0.104	−0.076
	0.8	0.8	0.367	0.449	−0.074	−0.223	−0.089	−0.095	−0.050	−0.033	−0.028	−0.011	−0.023	−0.009	−0.103	−0.078
	0.0	0.0	0.730	0.593	−0.141	−0.183	−0.244	−0.168	−0.165	−0.111	−0.081	−0.056	−0.035	−0.025	−0.062	−0.050

$\frac{I_b}{I_r}$	$\frac{I_t}{I}$ b	r	B_1 M_s	B_1 V_s	B_1 M_m	B_2 M_s	B_2 V_s	B_2 M_m	B_3 M_s	B_3 V_s	B_3 M_m	A_1 w	A_3 w	B_1 w
1	0.8	0.8	−0.608	0.050	−0.401	−0.923	0.211	−0.400	−0.937	0.145	−0.397	3.73	−17.82	−17.49
	0.0	0.0	−0.500	0.025	−0.404	−1.000	0.248	−0.399	−1.000	0.122	−0.396	6.17	−17.67	−16.82
2	0.4	0.8	−0.654	−0.093	−0.584	−0.888	0.314	−0.280	−0.916	0.224	−0.272	3.06	−13.09	−12.21
	0.8	0.8	−0.741	−0.059	−0.581	−0.838	0.286	−0.282	−0.859	0.214	−0.274	2.50	−13.02	−12.39
	0.0	0.0	−0.500	−0.127	−0.580	−1.000	0.361	−0.282	−1.000	0.199	−0.277	4.63	−13.37	−11.64
4	0.4	0.8	−0.791	−0.181	−0.749	−0.792	0.371	−0.172	−0.834	0.287	−0.160	1.76	−8.90	−7.79
	0.8	0.8	−0.931	−0.115	−0.745	−0.701	0.321	−0.174	−0.738	0.256	−0.163	1.33	−8.65	−7.93
	0.0	0.0	−0.500	−0.260	−0.744	−1.000	0.456	−0.173	−1.000	0.273	−0.166	3.00	−9.82	−7.33

单跨四角柱(十三) **表 2.1-37**

边均布弯矩 $M(6)$

$\frac{I_b}{I_r}$	$\frac{I_t}{I}$ b	r	A_1 M	A_1 V	A_2 M	A_2 V	A_3 M	A_3 V	A_4 M	A_4 V	A_5 M	A_5 V	A_6 M	A_6 V
1	0.8	0.8	0.334	0.372	0.133	0.058	−0.012	−0.015	−0.068	−0.032	−0.148	−0.081	−0.235	−0.234
	0.0	0.0	0.533	0.409	0.215	0.146	−0.008	−0.017	−0.130	−0.065	−0.240	−0.136	−0.370	−0.259
2	0.4	0.8	0.510	0.518	0.046	0.031	−0.056	−0.071	−0.089	−0.053	−0.110	−0.062	−0.270	−0.205
	0.8	0.8	0.440	0.485	0.041	0.020	−0.043	−0.061	−0.072	−0.043	−0.095	−0.055	−0.244	−0.199
	0.0	0.0	0.727	0.552	0.058	0.115	−0.122	−0.086	−0.165	−0.090	−0.165	−0.096	−0.331	−0.224
4	0.4	0.8	0.602	0.614	−0.036	−0.229	−0.104	−0.116	−0.097	−0.065	−0.078	−0.044	−0.257	−0.161
	0.8	0.8	0.488	0.551	−0.027	−0.215	−0.078	−0.100	−0.072	−0.050	−0.061	−0.035	−0.227	−0.152
	0.0	0.0	0.899	0.677	−0.070	0.085	−0.219	−0.147	−0.208	−0.118	−0.141	−0.083	−0.261	−0.173
$\frac{I_b}{I_r}$	$\frac{I_t}{I}$ b	r	B_1 M_s	B_1 V_s	B_1 M_m	B_2 M_s	B_2 V_s	B_2 M_m	B_3 M_s	B_3 V_s	B_3 M_m	A_1 w	A_2 w	B_1 w
1	0.8	0.8	−0.640	0.128	−0.328	−0.924	0.231	−0.338	−0.936	0.141	−0.335	7.89	−11.93	−12.21
	0.0	0.0	−0.500	0.091	−0.346	−1.000	0.284	−0.329	−1.000	0.124	−0.325	13.86	−10.98	−10.67
2	0.4	0.8	−0.683	−0.018	−0.490	−0.892	0.321	−0.253	−0.925	0.197	−0.256	6.14	−9.88	−8.50
	0.8	0.8	−0.788	0.015	−0.499	−0.840	0.293	−0.254	−0.873	0.191	−0.252	5.13	−9.82	−8.87
	0.0	0.0	−0.500	−0.052	−0.456	−1.000	0.378	−0.259	−1.000	0.174	−0.284	9.42	−10.21	−7.11
4	0.4	0.8	−0.840	−0.114	−0.655	−0.805	0.368	−0.172	−0.856	0.246	−0.173	3.56	−8.03	−5.62
	0.8	0.8	−1.008	−0.051	−0.665	−0.724	0.325	−0.170	−0.769	0.226	−0.165	2.79	−7.59	−5.94
	0.0	0.0	−0.500	−0.177	−0.571	−1.000	0.454	−0.195	−1.000	0.223	−0.233	5.81	−9.90	−4.41

续表

边均布弯矩 $M(6)$

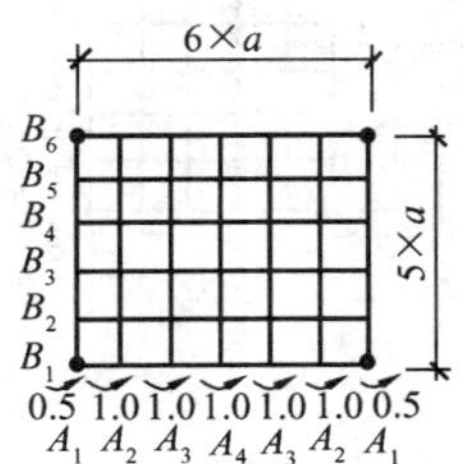

$\frac{I_b}{I_r}$	$\frac{I_t}{I}$ b	r	A_1 M_s	A_1 V_s	A_1 M_m	A_2 M_s	A_2 V_s	A_2 M_m	A_3 M_s	A_3 V_s	A_3 M_m	A_4 M_s	A_4 V_s	A_4 M_m	B_1 M	B_1 V
1	0.8	0.8	-0.668	0.171	-0.317	-0.926	0.233	-0.348	-0.936	0.136	-0.355	-0.939	0.118	-0.360	0.388	0.429
	0.0	0.0	-0.500	0.122	-0.345	-1.000	0.297	-0.335	-1.000	0.129	-0.344	-1.000	0.104	-0.356	0.711	0.478
2	0.4	0.8	-0.710	0.021	-0.488	-0.894	0.318	-0.271	-0.929	0.185	-0.291	-0.935	0.154	-0.302	0.601	0.580
	0.8	0.8	-0.830	0.053	-0.497	-0.847	0.292	-0.272	-0.880	0.179	-0.235	-0.886	0.152	-0.293	0.526	0.547
	0.0	0.0	-0.500	0.020	-0.434	-1.000	0.380	-0.268	-1.000	0.170	-0.323	-1.000	0.133	-0.351	0.922	0.620
4	0.4	0.8	-0.881	-0.086	-0.674	-0.812	0.363	-0.196	-0.868	0.228	-0.217	-0.878	0.192	-0.228	0.733	0.686
	0.8	0.8	-1.074	-0.025	-0.699	-0.739	0.324	-0.193	-0.788	0.212	-0.203	-0.797	0.180	-0.210	0.610	0.625
	0.0	0.0	-0.500	0.140	-0.528	-1.000	0.455	-0.215	-1.000	0.207	-0.293	-1.000	0.161	-0.329	1.107	0.740

$\frac{I_b}{I_r}$	$\frac{I_t}{I}$ b	r	B_2 M	B_2 V	B_3 M	B_3 V	B_4 M	B_4 V	B_5 M	B_5 V	B_6 M	B_6 V	A_1 w	A_4 w	B_1 w
1	0.8	0.8	0.195	0.041	0.036	-0.010	-0.090	-0.035	-0.205	-0.095	-0.324	-0.293	-12.27	-11.06	14.29
	0.0	0.0	0.374	0.106	0.066	-0.001	-0.180	-0.070	-0.386	-0.172	-0.584	-0.341	-10.30	-8.68	27.43
2	0.4	0.8	0.107	-0.114	-0.032	-0.063	-0.109	-0.054	-0.158	-0.075	-0.409	-0.273	-8.57	-9.84	11.18
	0.8	0.8	0.094	-0.114	-0.026	-0.056	-0.093	-0.046	-0.138	-0.069	-0.363	-0.262	-9.06	-9.89	9.45
	0.0	0.0	0.176	-0.302	-0.059	-0.066	-0.192	-0.084	-0.255	-0.115	-0.593	-0.326	-6.72	-9.66	17.81
4	0.4	0.8	0.011	-0.220	-0.090	-0.111	-0.118	-0.068	-0.113	-0.056	-0.423	-0.232	-5.80	-8.91	6.65
	0.8	0.8	0.009	-0.208	-0.072	-0.099	-0.093	-0.057	-0.092	-0.048	-0.362	-0.214	-6.24	-8.44	5.32
	0.0	0.0	0.024	0.134	-0.163	-0.123	-0.224	-0.103	-0.195	-0.088	-0.549	-0.292	-4.12	-10.90	10.67

单跨四角柱(十四) 表 2.1-38

边均布弯矩 $M(7)$

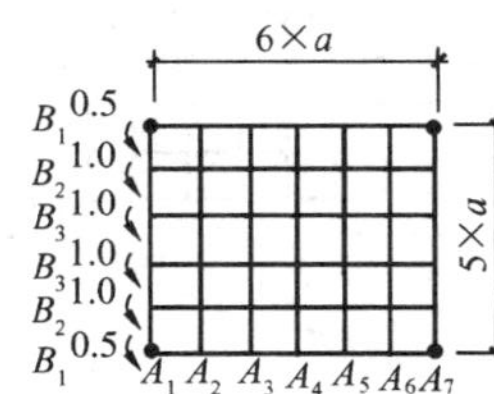

$\frac{I_b}{I_r}$	$\frac{I_t}{I}$		A_1		A_2		A_3		A_4		A_5		A_6		A_7	
	b	r	M	V	M	V	M	V	M	V	M	V	M	V	M	V
1	0.8	0.8	0.271	0.332	0.119	-0.019	0.023	-0.013	-0.026	-0.015	-0.068	-0.027	-0.126	-0.060	-0.199	-0.192
	0.0	0.0	0.454	0.356	0.176	0.046	-0.003	-0.015	-0.068	-0.034	-0.106	-0.053	-0.175	-0.100	-0.277	-0.199
2	0.4	0.8	0.442	0.484	0.039	-0.132	-0.050	-0.069	-0.067	-0.042	-0.071	-0.034	-0.083	-0.044	-0.210	-0.162
	0.8	0.8	0.382	0.452	0.036	-0.132	-0.037	-0.060	-0.052	-0.033	-0.059	-0.027	-0.075	-0.040	-0.196	-0.160
	0.0	0.0	0.667	0.512	0.045	-0.065	-0.116	-0.083	-0.139	-0.075	-0.119	-0.066	-0.109	-0.065	-0.230	-0.160
4	0.4	0.8	0.543	0.591	-0.039	-0.232	-0.102	-0.115	-0.092	-0.061	-0.069	-0.036	-0.054	-0.026	-0.188	-0.121
	0.8	0.8	0.440	0.528	-0.030	-0.218	-0.076	-0.100	-0.066	-0.047	-0.050	-0.025	-0.043	-0.021	-0.174	-0.119
	0.0	0.0	0.867	0.655	-0.071	-0.156	-0.215	-0.145	-0.204	-0.116	-0.143	-0.083	-0.085	-0.051	-0.148	-0.103

$\frac{I_b}{I_r}$	$\frac{I_t}{I}$		B_1			B_2			B_3			A_1	A_4	B_1
	b	r	M_s	V_s	M_m	M_s	V_s	M_m	M_s	V_s	M_m	w	w	w
1	0.8	0.8	-0.630	0.085	-0.405	-0.928	0.209	-0.421	-0.943	0.122	0.425	6.99	-18.46	-17.88
	0.0	0.0	-0.500	0.060	-0.397	-1.000	0.259	-0.418	-1.000	0.098	-0.435	11.89	-18.17	-16.58
2	0.4	0.8	-0.678	-0.067	-0.612	-0.894	0.303	-0.316	-0.928	0.181	-0.322	5.68	-14.39	-12.81
	0.8	0.8	-0.779	-0.036	-0.617	-0.843	0.276	-0.317	-0.878	0.176	-0.317	4.75	-14.30	-13.13
	0.0	0.0	-0.500	-0.096	-0.576	-1.000	0.358	-0.324	-1.000	0.155	-0.351	8.67	-14.85	-11.56
2	0.4	0.8	-0.836	-0.174	-0.823	-0.806	0.356	-0.213	-0.858	0.235	-0.214	3.38	-10.64	-8.51
	0.8	0.8	-1.002	-0.112	-0.832	-0.726	0.313	-0.212	-0.772	0.215	-0.206	2.64	-10.24	-8.79
	0.0	0.0	-0.500	-0.238	-0.755	-1.000	0.442	-0.232	-1.000	0.212	-0.263	5.61	-12.32	-7.42

续表

边均布弯矩 $M(7)$

$\frac{I_b}{I_r}$	$\frac{I_t}{I}$ b	r	A_1 M	A_1 V	A_2 M	A_2 V	A_3 M	A_3 V	A_4 M	A_4 V	A_5 M	A_5 V	A_6 M	A_6 V	A_7 M	A_7 V
1	0.8	0.8	0.342	0.379	0.181	−0.006	0.057	−0.005	−0.029	−0.013	−0.101	−0.033	−0.181	−0.081	−0.270	−0.240
	0.0	0.0	0.581	0.468	0.313	0.077	0.082	0.004	−0.072	−0.029	−0.182	−0.066	−0.297	−0.135	−0.425	−0.261
2	0.4	0.8	0.549	0.536	0.099	−0.120	−0.020	−0.060	−0.075	−0.041	−0.102	−0.041	−0.129	−0.058	−0.323	−0.216
	0.8	0.8	0.483	0.506	0.088	−0.120	−0.014	−0.053	−0.061	−0.033	−0.087	−0.035	−0.115	−0.054	−0.295	−0.211
	0.0	0.0	0.821	0.564	0.154	−0.041	−0.050	−0.063	−0.150	−0.065	−0.177	−0.073	−0.189	−0.088	−0.409	−0.235
4	0.4	0.8	0.690	0.655	0.007	−0.223	−0.088	−0.110	−0.108	−0.064	−0.097	−0.045	−0.086	−0.039	−0.317	−0.175
	0.8	0.8	0.574	0.595	0.006	−0.211	−0.069	−0.098	−0.083	−0.052	−0.075	−0.035	−0.076	−0.033	−0.283	−0.167
	0.0	0.0	1.049	0.707	0.015	−0.138	−0.167	−0.126	−0.225	−0.103	−0.196	−0.086	−0.141	−0.066	−0.337	−0.188

$\frac{I_b}{I_r}$	$\frac{I_t}{I}$ b	r	B_1 M_s	B_1 V_s	B_1 M_m	B_2 M_s	B_2 V_s	B_2 M_m	B_3 M_s	B_3 V_s	B_3 M_m	B_4 M_s	B_4 V_s	B_4 M_m	A_1 w	A_4 w	B_1 w
1	0.8	0.8	−0.652	0.122	−0.398	−0.930	0.212	−0.432	−0.944	0.118	−0.445	−0.948	0.099	−0.451	12.69	−18.95	−18.05
	0.0	0.0	−0.500	0.092	−0.383	−1.000	0.272	−0.421	−1.000	0.100	−0.458	−1.000	0.072	−0.476	22.72	−18.60	−16.15
2	0.4	0.8	−0.700	−0.036	−0.618	−0.897	0.300	−0.337	−0.933	0.168	−0.360	−0.940	0.138	−0.371	10.25	−15.55	−13.07
	0.8	0.8	−0.815	−0.006	−0.630	−0.851	0.274	−0.338	−0.887	0.164	−0.352	−0.894	0.136	−0.360	8.72	−15.43	−13.53
	0.0	0.0	−0.500	−0.064	−0.548	−1.000	0.363	−0.338	−1.000	0.147	−0.400	−1.000	0.109	−0.429	15.96	−16.26	−11.09
4	0.4	0.8	−0.874	−0.155	−0.859	−0.814	0.350	−0.242	−0.871	0.216	−0.262	−0.882	0.180	−0.273	6.27	−12.42	−8.91
	0.8	0.8	−1.064	−0.095	−0.884	−0.742	0.311	−0.239	−0.793	0.200	−0.249	−0.803	0.169	−0.255	5.02	−11.84	−9.35
	0.0	0.0	−0.500	−0.207	−0.719	−1.000	0.439	−0.260	−1.000	0.194	−0.336	−1.000	0.148	−0.371	10.14	−14.97	−7.11

单跨周边简支(一)　　表 2.1-39

均 布 荷 载 (1)

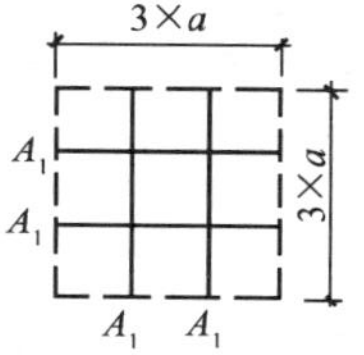

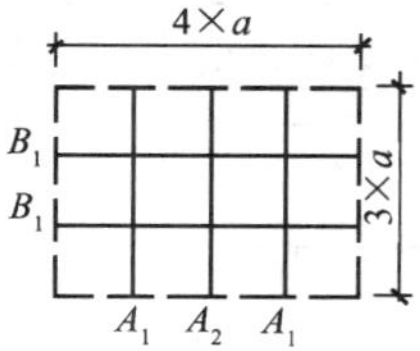

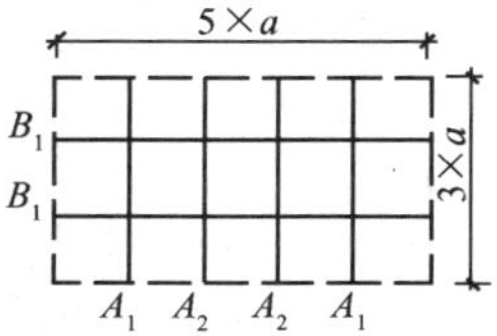

$\frac{I_t}{I}$	3×a × 3×a			4×a × 3×a							5×a × 3×a						
	A_1			A_1		A_2		B_1		A_2	A_1		A_2		B_1		A_2
	M_{max}	V_{max}	w_{max}	M_{max}	V_{max}	M_{max}	V_{max}	M_{max}	V_{max}	w_{max}	M_{max}	V_{max}	M_{max}	V_{max}	M_{max}	V_{max}	w_{max}
0.0	0.500	0.750	0.417	0.654	0.904	0.908	1.158	0.438	0.642	0.757	0.665	0.915	1.021	1.271	0.314	0.564	0.851
0.8	0.500	0.750	0.382	0.635	0.885	0.862	1.112	0.434	0.684	0.684	0.652	0.902	0.968	1.218	0.380	0.630	0.781

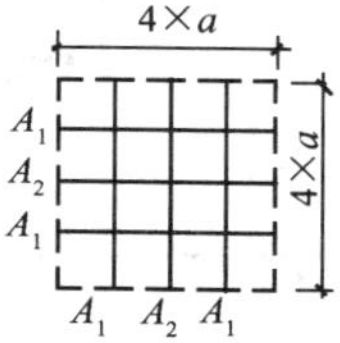

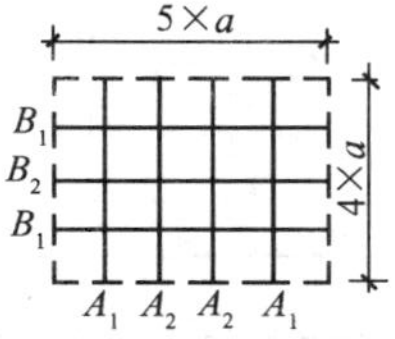

续表

均布荷载（1）													
$\frac{I_t}{I}$	A_1		A_2		A_2	A_1		A_2		B_1		B_2		A_2
	M_{max}	V_{max}	M_{max}	V_{max}	w_{max}	M_{max}	V_{max}	M_{max}	V_{max}	M_{max}	V_{max}	M_{max}	V_{max}	w_{max}
0.0	0.828	0.914	1.172	1.172	1.898	1.020	1.049	1.637	1.498	0.706	0.814	1.000	1.029	2.612
0.8	0.715	0.919	1.004	1.163	1.643	0.889	1.031	1.407	1.434	0.636	0.866	0.896	1.090	2.262

$\frac{I_t}{I}$	A_1		A_2		A_2	A_1		A_2		A_3		B_1		B_2		A_3
	M_{max}	V_{max}	M_{max}	V_{max}	w_{max}	M_{max}	V_{max}	M_{max}	V_{max}	M_{max}	V_{max}	M_{max}	V_{max}	M_{max}	V_{max}	w_{max}
0.0	1.064	1.032	1.718	1.468	4.368	1.057	1.076	1.789	1.604	2.040	1.779	0.549	0.727	0.776	0.907	3.229
0.8	0.926	1.044	1.479	1.457	3.682	0.945	1.060	1.572	1.532	1.784	1.680	0.562	0.812	0.763	1.013	2.840

单跨周边简支(二) **表 2.1-40**

均布荷载 (2)

$6\times a$, $5\times a$; B_1 B_2 B_2 B_1; A_1 A_2 A_3 A_2 A_1

$7\times a$, $5\times a$; B_1 B_2 B_2 B_1; A_1 A_2 A_3 A_3 A_2 A_1

$\frac{I_t}{I}$	A_1		A_2		A_3		A_1		A_2		A_3	
	M_{max}	V_{max}	M_{max}	V_{max}	M_{max}	V_{max}	M_{max}	V_{max}	M_{max}	V_{max}	M_{max}	V_{max}
0.0	1.257	1.151	2.158	1.737	2.480	1.934	1.316	1.188	2.331	1.844	2.864	2.168
0.8	1.095	1.139	1.852	1.672	2.117	1.844	1.168	1.174	2.032	1.765	2.475	2.042
$\frac{I_t}{I}$	B_1		B_2		A_3		B_1		B_2		A_3	
	M_{max}	V_{max}	M_{max}	V_{max}	w_{max}		M_{max}	V_{max}	M_{max}	V_{max}	w_{max}	
0.0	0.991	0.944	1.608	1.325	6.231		0.808	0.861	1.311	1.189	7.169	
0.8	0.846	1.002	1.352	1.290	5.248		0.748	0.954	1.196	1.314	6.137	

续表

均布荷载 (2)												
(6×a 网格图：A_1 A_2 A_3 A_2 A_1)					(7×a × 6×a 网格图：B_1 B_2 B_3 B_2 B_1；A_1 A_2 A_3 A_3 A_2 A_1)							
$\frac{I_t}{I}$	A_1		A_2		A_1		A_2		A_3		B_1	
	M_{max}	V_{max}	M_{max}	V_{max}	M_{max}	V_{max}	M_{max}	V_{max}	M_{max}	V_{max}	M_{max}	V_{max}
0.0	1.355	1.124	2.350	1.688	1.567	1.230	2.816	1.919	3.501	2.262	1.243	1.048
0.8	1.112	1.143	1.914	1.680	1.299	1.226	2.312	1.860	2.859	2.162	1.039	1.110
$\frac{I_t}{I}$	A_3		A_3		B_2		B_3				A_3	
	M_{max}	V_{max}	w_{max}		M_{max}	V_{max}	M_{max}	V_{max}			w_{max}	
0.0	2.714	1.876	10.174		2.157	1.555	2.493	1.722			12.96	
0.8	2.204	1.854	8.392		1.794	1.624	2.069	1.789			10.72	

表 2.1-41

单跨周边简支（三）

均布荷载 (3)

7×a
7×a
A_1 A_2 A_3 A_3 A_2 A_1
A_1 A_2 A_3 A_3 A_2 A_1

8×a
6×a
B_1 B_2 B_3 B_2 B_1
A_1 A_2 A_3 A_4 A_3 A_2 A_1

$\frac{I_t}{I}$	A_1		A_2		A_1		A_2		A_3		A_4	
	M_{max}	V_{max}	M_{max}	V_{max}	M_{max}	V_{max}	M_{max}	V_{max}	M_{max}	V_{max}	M_{max}	V_{max}
0.0	1.587	1.200	2.860	1.862	1.651	1.273	3.028	2.026	3.920	2.469	4.226	2.616
0.8	1.311	1.226	2.344	1.861	1.397	1.264	2.534	1.949	3.258	2.332	3.504	2.456
$\frac{I_t}{I}$	A_3		A_3		B_1		B_2		B_3		A_4	
	M_{max}	V_{max}	w_{max}		M_{max}	V_{max}	M_{max}	V_{max}	M_{max}	V_{max}	w_{max}	
0.0	3.565	2.188	18.17		1.079	0.970	1.875	1.421	2.168	1.567	15.53	
0.8	2.909	2.163	14.80		0.935	1.069	1.595	1.554	1.840	1.708	13.00	

续表

均 布 荷 载 (3)

$\frac{I_t}{I}$	A_1		A_2		A_3		A_1		A_2		A_3		A_4	
	M_{max}	V_{max}	M_{max}	V_{max}	M_{max}	V_{max}	M_{max}	V_{max}	M_{max}	V_{max}	M_{max}	V_{max}	M_{max}	V_{max}
0.0	1.861	1.264	3.442	2.006	4.502	2.440	1.801	1.295	3.319	2.065	4.320	2.519	4.669	2.669
0.8	1.491	1.298	2.743	2.013	3.572	2.416	1.495	1.299	2.730	2.015	3.532	2.420	3.807	2.551
$\frac{I_t}{I}$	A_4				A_4		B_1		B_2		B_3		B_4	
	M_{max}	V_{max}			w_{max}		M_{max}	V_{max}	M_{max}	V_{max}	M_{max}	V_{max}	w_{max}	
0.0	4.875	2.582			32.79		1.516	1.133	2.740	1.741	3.423	2.037	23.53	
0.8	3.861	2.547			26.41		1.233	1.199	2.207	1.813	2.741	2.104	19.19	

单跨周边简支(四)

表 2.1-42

均布荷载 (4)

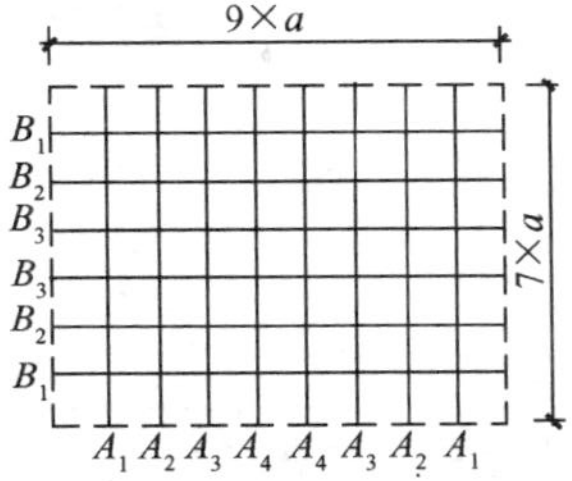

$\frac{I_t}{I}$	A_1		A_2		A_3		A_4	
	M_{max}	V_{max}	M_{max}	V_{max}	M_{max}	V_{max}	M_{max}	V_{max}
0.0	1.903	1.341	3.554	2.170	4.749	2.709	5.369	2.976
0.8	1.603	1.338	2.965	2.101	3.933	2.572	4.429	2.798
$\frac{I_t}{I}$	B_1		B_2		B_3		A_4	
	M_{max}	V_{max}	M_{max}	V_{max}	M_{max}	V_{max}	w_{max}	
0.0	1.341	1.062	2.423	1.614	3.027	1.879	26.94	
0.8	1.125	1.164	2.015	1.751	2.502	2.027	22.23	

单跨周边简支(五)

表 2.1-43

边均布弯矩 M (1)

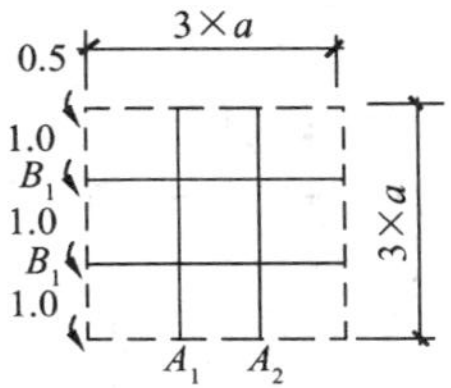

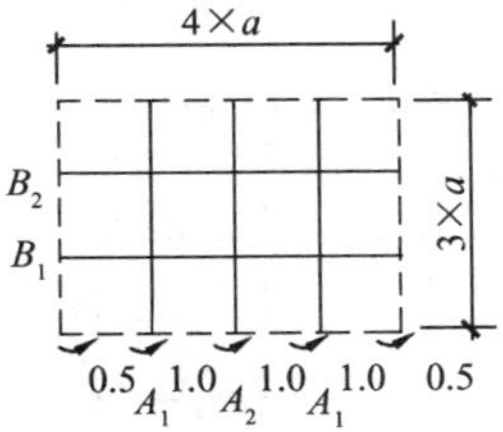

$\frac{I_t}{I}$	A_1		A_2		B_1		B_1	A_1		A_2		B_1		B_2		B_1
	M	V	M	V	M	V	w	M	V	M	V	M	V	M	V	w
0.0	−0.363	−0.363	−0.238	−0.238	−0.054	−0.654	−0.302	−0.161	−0.576	−0.245	−0.356	−0.269	−0.291	−0.257	−0.179	−0.515
0.8	−0.313	−0.379	−0.212	−0.230	−0.019	−0.679	−0.283	−0.116	−0.605	−0.189	−0.395	−0.244	−0.332	−0.226	−0.196	−0.473

续表

边均布弯矩 M (1)

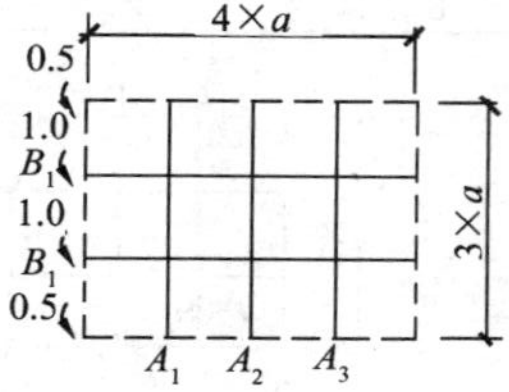

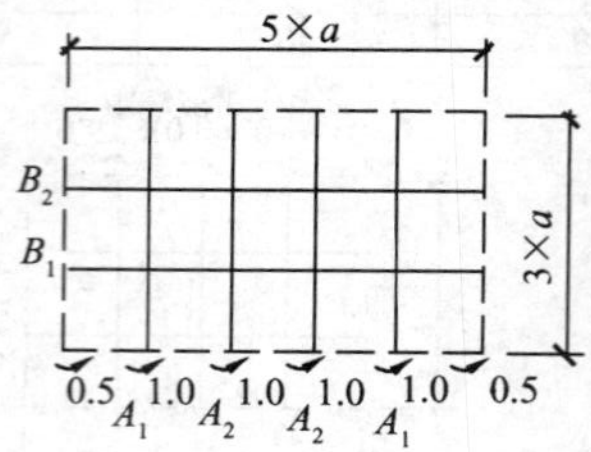

$\frac{I_t}{I}$	A_1		A_2		A_3		B_1		B_1	A_1		A_2		B_1		B_2		B_1
	M	V	M	V	M	V	M	V	w	M	V	M	V	M	V	M	V	w
0.0	−0.360	−0.360	−0.263	−0.263	−0.110	−0.110	−0.002	0.679	−0.219	−0.172	0.573	−0.326	0.301	−0.176	−0.247	−0.176	−0.130	−0.569
0.8	−0.314	−0.376	−0.239	−0.249	−0.107	−0.103	0.025	0.698	−0.203	−0.136	0.598	−0.272	0.338	−0.150	−0.300	−0.146	−0.162	−0.529

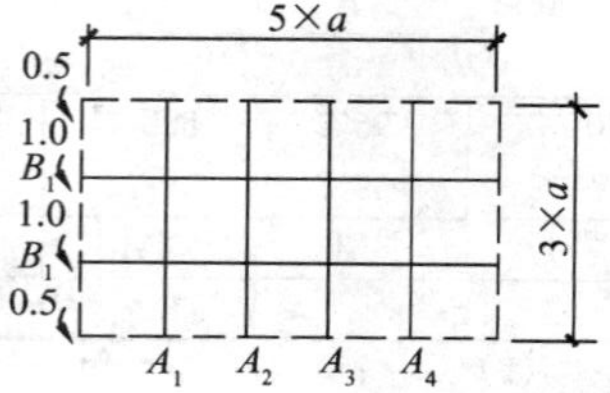

续表

边 均 布 弯 矩 M (1)											
$\frac{I_t}{I}$	A_1		A_2		A_3		A_4		B_1		B_1
	M	V	M	V	M	V	M	V	M	V	w
0.0	−0.354	−0.354	−0.251	−0.251	−0.101	−0.101	−0.023	−0.023	0.077	0.678	−0.209
0.8	−0.309	−0.371	−0.232	−0.240	−0.105	−0.097	−0.032	−0.026	0.081	0.699	−0.196

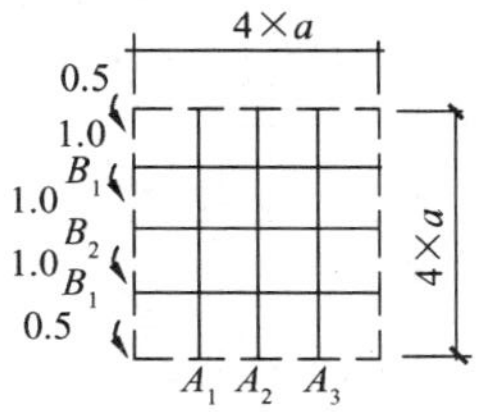

$\frac{I_t}{I}$	A_1		A_2		A_3		B_1		B_2		B_2
	M	V	M	V	M	V	M	V	M	V	w
0.0	−0.323	−0.329	−0.382	−0.268	−0.213	−0.146	−0.138	0.599	−0.212	0.388	−0.586
0.8	−0.288	−0.360	−0.329	−0.265	−0.185	−0.135	−0.092	0.620	−0.156	0.416	−0.513

单跨周边简支（六） 表 2.1-44

边均布弯矩 M (2)

$\frac{I_x}{I}$	A_1		A_2		A_3		A_4	
	M	V	M	V	M	V	M	V
0.0	−0.321	−0.328	−0.392	−0.275	−0.261	−0.180	−0.119	−0.084
0.8	−0.289	−0.359	−0.342	−0.270	−0.229	−0.161	−0.107	−0.073

$\frac{I_x}{I}$	B_1		B_2		B_2
	M	V	M	V	w
0.0	0.010	0.613	0.017	0.408	−0.602
0.8	0.028	0.630	0.038	0.430	−0.533

$\frac{I_x}{I}$	A_1		A_2		B_1		B_2		B_3		B_2
	M	V	M	V	M	V	M	V	M	V	w
0.0	−0.085	0.568	−0.144	0.293	−0.253	−0.295	−0.327	−0.220	−0.202	−0.117	−0.819
0.8	−0.051	0.592	−0.094	0.329	−0.212	−0.339	−0.268	−0.239	−0.167	−0.121	−0.714

续表

边均布弯矩 M (2)									
	$\frac{I_t}{I}$	A_1		A_2		A_3		A_4	
		M	V	M	V	M	V	M	V
$6\times a$; $4\times a$; 0.5, 1.0, B_1, 1.0, B_2, 1.0, B_1, 0.5; A_1 A_2 A_3 A_4 A_5	0.0 0.8	−0.315 −0.286	−0.324 −0.356	−0.381 −0.336	−0.267 −0.265	−0.251 −0.226	−0.173 −0.157	−0.124 −0.119	−0.088 −0.078
	$\frac{I_t}{I}$	A_5		B_1		B_2		B_2	
		M	V	M	V	M	V	w	
	0.0 0.8	−0.046 −0.048	−0.033 −0.030	0.025 0.040	0.614 0.632	0.037 0.054	0.410 0.435	−0.382 −0.346	
	$\frac{I_t}{I}$	A_1		A_2		A_3		B_1	
		M	V	M	V	M	V	M	V
$6\times a$; $4\times a$; B_3, B_2, B_1; 0.5 1.0 1.0 1.0 1.0 1.0 0.5; A_1 A_2 A_3 A_2 A_1	0.0 0.8	−0.213 −0.168	0.562 0.536	−0.422 −0.353	0.271 0.306	−0.512 −0.430	0.212 0.250	−0.169 −0.150	−0.270 −0.323
	$\frac{I_t}{I}$	B_2		B_3		B_2			
		M	V	M	V	w			
	0.0 0.8	−0.251 −0.216	−0.180 −0.214	−0.177 −0.149	−0.086 −0.103	−1.020 −0.900			

单跨周边简支（七） 表 2.1-45

边均布弯矩 M （3）

$\frac{I_t}{I}$	A_1		A_2		A_3		A_4	
	M	V	M	V	M	V	M	V
0.0	−0.279	−0.311	−0.387	−0.258	−0.310	−0.184	−0.162	−0.098
0.8	−0.234	−0.350	−0.317	−0.266	−0.255	−0.172	−0.135	−0.087
$\frac{I_t}{I}$	B_1		B_2		B_2			
	M	V	M	V	w			
0.0	−0.071	0.582	−0.120	0.315	−0.967			
0.8	−0.035	0.600	−0.069	0.342	−0.831			

$\frac{I_t}{I}$	A_1		A_2		A_3		B_1	
	M	V	M	V	M	V	M	V
0.0	−0.115	0.565	−0.219	0.276	−0.265	0.217	−0.215	−0.293
0.8	−0.074	0.585	−0.152	0.306	−0.189	0.250	−0.185	−0.340
$\frac{I_t}{I}$	B_2		B_3		B_4		B_2	
	M	V	M	V	M	V	w	
0.0	−0.344	−0.227	−0.318	−0.155	−0.179	−0.082	−1.354	
0.8	−0.288	−0.250	−0.260	−0.159	−0.147	−0.081	−1.158	

续表

边 均 布 弯 矩 M (3)

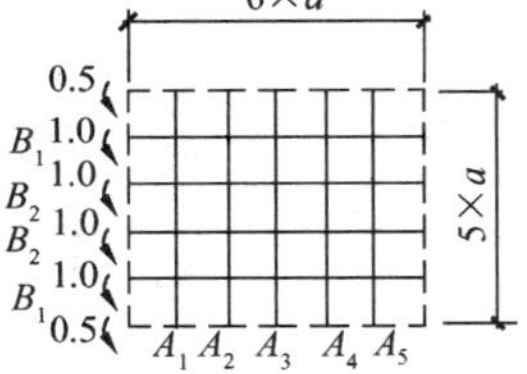

图示	$\frac{I_t}{I}$	A_1		A_2		A_3		A_4	
		M	V	M	V	M	V	M	V
$6\times a$（横）, $5\times a$（竖）; B_1 0.5, 1.0; B_2 1.0; B_2 1.0; B_1 1.0, 0.5; A_1 A_2 A_3 A_4 A_5	0.0	−0.279	−0.311	−0.392	−0.261	−0.331	−0.197	−0.216	−0.131
	0.8	−0.236	−0.350	−0.325	−0.268	−0.277	−0.181	−0.184	−0.112
	$\frac{I_t}{I}$	A_5		B_1		B_2		B_2	
		M	V	M	V	M	V	w	
	0.0	−0.103	−0.064	−0.046	0.590	−0.080	0.329	−0.804	
	0.8	−0.089	−0.053	−0.017	0.606	−0.041	0.350	−0.686	

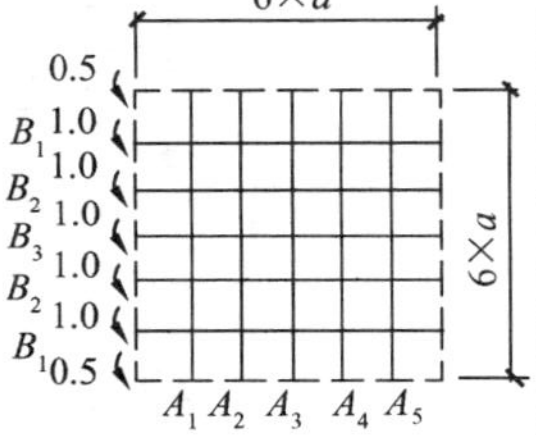

图示	$\frac{I_t}{I}$	A_1		A_2		A_3		A_4		A_5	
		M	V	M	V	M	V	M	V	M	V
$6\times a$（横）, $6\times a$（竖）; B_1 0.5, 1.0; B_2 1.0; B_3 1.0; B_2 1.0; B_1 1.0, 0.5; A_1 A_2 A_3 A_4 A_5	0.0	−0.231	−0.301	−0.381	−0.246	−0.382	−0.187	−0.280	−0.133	−0.143	−0.070
	0.8	−0.198	−0.345	−0.317	−0.262	−0.311	−0.182	−0.227	−0.119	−0.117	−0.060
	$\frac{I_t}{I}$	B_1		B_2		B_3		B_3			
		M	V	M	V	M	V	w			
	0.0	−0.099	0.574	−0.191	0.290	−0.233	0.234	−1.357			
	0.8	−0.061	0.591	−0.130	0.314	−0.164	0.259	−1.127			

2.1.4　水平与垂直曲梁计算

(1) 折线形梁

1) 简图（图 2.1-4）

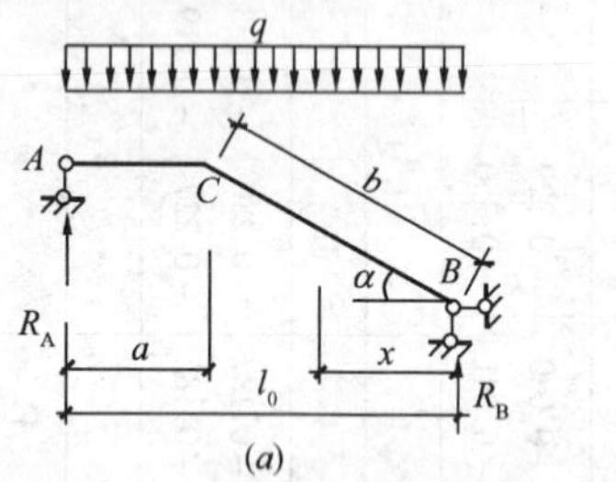

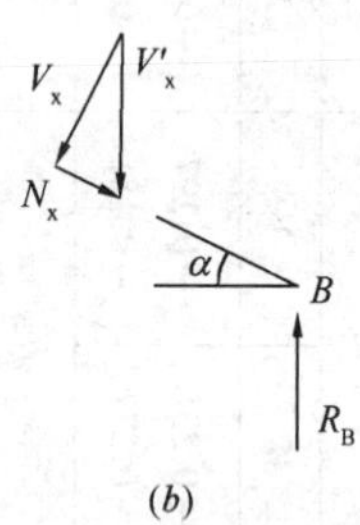

图 2.1-4　折线形梁

2) 内力

反力　$R_A = R_B = \frac{1}{2} q l_0$

弯矩　$M_x = \frac{qx}{2}(l_0 - x)$

$$M_{xmax} = \frac{1}{8} q l_0^2 \quad \left(\text{在 } x = \frac{l_0}{2} \text{ 处}\right)$$

$$M_c = \frac{qa}{2}(l_0 - a) \quad (\text{在 C 点处})$$

剪力　$V_x = V'_x \cos\alpha$

$$= \frac{q}{2}(-l_0 + 2x)\cos\alpha$$

轴力　$N_x = \frac{q}{2}(l_0 - 2x)\sin\alpha$　　(压力)

式中　q——水平投影长度上的均布荷载设计值。

(2) 水平曲梁

1) 制表说明

(A) 表 2.1-47 为圆弧梁和折线梁在对称竖向荷载作用下的内力计算公式。梁的两端为固定支座，沿梁轴线为等截面。

(B) 内力有弯矩、剪力和扭矩。

连续水平圆弧梁在均布荷载作用下的弯矩、剪力及扭矩 表 2.1-46

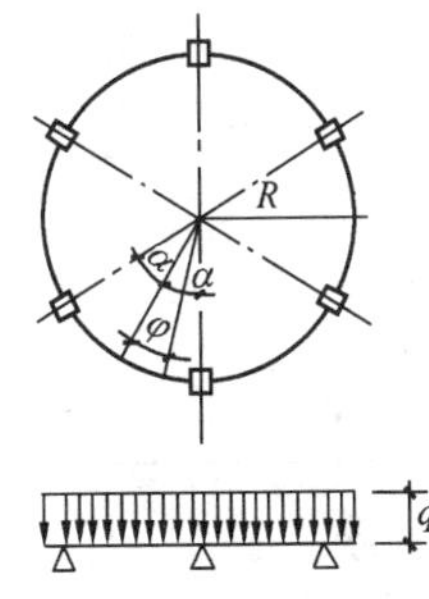

公式：因荷载及支点均对称，扭矩在支座及跨中点均为零

$$最大剪力 = \frac{R\pi q}{n}$$

$$任意点弯矩 = \left(\frac{\pi}{n}\frac{\cos\varphi}{\sin} - 1\right) qR^2$$

$$跨度中点弯矩 = \left(\frac{\pi}{n}\frac{1}{\sin} - 1\right) qR^2$$

$$支座弯矩 = \left(\frac{\pi}{n}\mathrm{ctg}\alpha - 1\right) qR^2$$

$$任意点扭矩 = \left(\frac{\pi}{n}\frac{\sin\varphi}{\sin\alpha} - \varphi\right) qR^2$$

式中 n——支座数量

圆弧梁支柱数	最大剪力	弯矩		最大扭矩	支柱轴线与最大扭矩截面间的中心角
		在二支柱间的跨中	支 柱 上		
3	$1.047qR$	$0.209200qR^2$	$-0.395400qR^2$	$0.082768qR^2$	25° 47′ 28″
4	$0.785qR$	$0.110721qR^2$	$-0.214602qR^2$	$0.033125qR^2$	19° 11′ 59″
6	$0.524qR$	$0.047198qR^2$	$-0.093100qR^2$	$0.009470qR^2$	12° 43′ 26″
8	$0.393qR$	$0.026172qR^2$	$-0.051941qR^2$	$0.003945qR^2$	9° 31′ 55″
10	$0.314qR$	$0.016641qR^2$	$-0.033118qR^2$	$0.002009qR^2$	7° 37′ 8″
12	$0.262qR$	$0.011514qR^2$	$-0.022953qR^2$	$0.001159qR^2$	6° 20′ 47″
16	$0.196qR$	$0.006457qR^2$	$-0.012882qR^2$	$0.000487qR^2$	4° 45′ 27″
18	$0.176qR$	$0.005096qR^2$	$-0.010174qR^2$	$0.000342qR^2$	4° 13′ 42″
20	$0.157qR$	$0.004126qR^2$	$-0.008236qR^2$	$0.000249qR^2$	3° 48′ 20″
24	$0.131qR$	$0.002864qR^2$	$-0.005716qR^2$	$0.000145qR^2$	3° 10′ 15″
30	$0.105qR$	$0.001832qR^2$	$-0.003215qR^2$	$0.000073qR^2$	2° 32′ 12″

水平圆弧梁和折线梁计算公式 表 2.1-47

序号	简 图	计 算 公 式
1	q, C, R, R, θ, θ, φ	$M_c = K_1 qR^2$ $K_1 = \frac{4(\lambda+1)\sin\theta - 2\theta(\lambda+1) + (\lambda-1)\sin2\theta - 4\lambda\theta\cos\theta}{2\theta(\lambda+1) - (\lambda-1)\sin2\theta}$ $M_\varphi = M_c\cos\varphi - qR^2(1-\cos\varphi)$ $T_\varphi = M_c\sin\varphi - qR^2(\varphi - \sin\varphi)$

续表

序号	简　　图	计　算　公　式
2	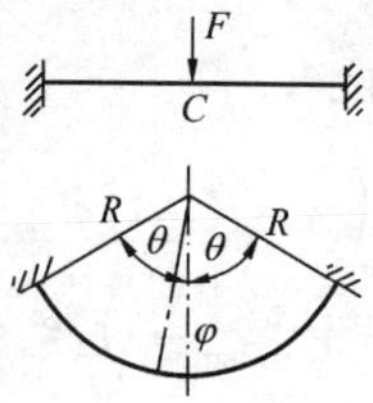	$M_c = K_2 FR$ $K_2 = \frac{(\lambda-1)\cos(2\theta-1)+4\lambda(1-\cos\theta)}{4\theta(\lambda+1)-2(\lambda-1)\sin2\theta}$ $M_\varphi = M_c\cos\varphi - \frac{F}{2}R\sin\varphi$ $T_\varphi = M_c\sin\varphi - \frac{I}{2}FR(1-\cos\varphi)$
3	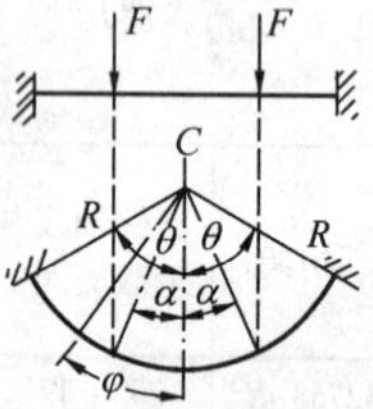	$M_c = K_3 FR$ $K_3 = \frac{(\lambda-1)\cos(2\theta-\alpha)-2(\lambda+1)(\theta-\alpha)\sin\alpha}{2\theta(\lambda+1)-(\lambda-1)\sin2\theta}$ $\frac{+(3\lambda+1)\cos\alpha-4\lambda\cos\theta}{2\theta(\lambda+1)-(\lambda-1)\sin2\theta}$ 当 $\varphi\leqslant\alpha$ 时：$M_\varphi = M_c\cos\varphi$　$T_\varphi = M_c\sin\varphi$ 当 $\varphi>\alpha$ 时：$M_\varphi = M_c\cos\varphi - FR\sin(\varphi-\alpha)$ $T_\varphi = M_c\sin\varphi - FR[1-\cos(\varphi-\alpha)]$
4	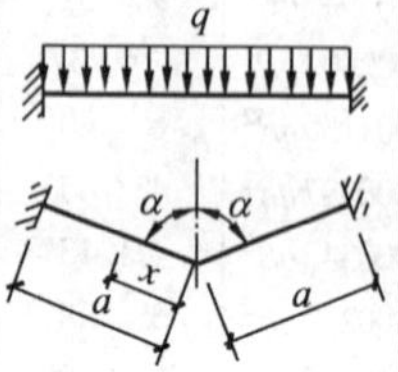	$M_x = \frac{qa^2}{6}\cdot\frac{\sin^2\alpha}{\sin^2\alpha+\lambda\cos^2\alpha} - \frac{1}{2}qx^2$ $T_x = \frac{qa^2}{6}\cdot\frac{\sin\alpha\cos\alpha}{\sin^2\alpha+\lambda\cos^2\alpha}$
5	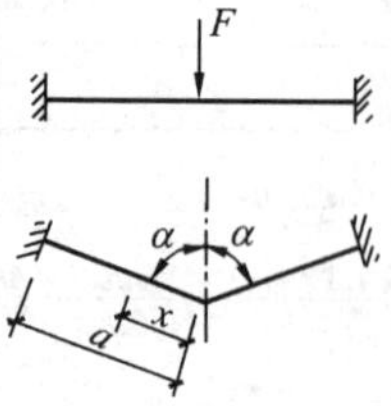	$M_x = \frac{Fa}{4}\cdot\frac{\sin^2\alpha}{\sin^2\alpha+\lambda\cos^2\alpha} - \frac{1}{2}Fx$ $T_x = \frac{Fa}{4}\cdot\frac{\sin^2\alpha\cos\alpha}{\sin^2\alpha+\lambda\cos^2\alpha}$

续表

序号	简图	计算公式
6	F F A C D B α α a_1 x a	$x \leqslant a_1$ 时：$M_x = \dfrac{F}{2} \cdot \dfrac{(a-a_1)^2}{a} \cdot \dfrac{\sin^2\alpha}{\sin^2\alpha + \lambda\cos^2\alpha}$ $x > a_1$ 时： $M_x = \dfrac{F}{2} \cdot \dfrac{(a-a_1)^2}{a} \cdot \dfrac{\sin^2\alpha}{\sin^2\alpha + \lambda\cos^2\alpha} F(x-a_1)$ $T_x = \dfrac{F}{2} \cdot \dfrac{(a-a_1)^2}{a} \cdot \dfrac{\sin\alpha\cos\alpha}{\sin^2\alpha + \lambda\cos^2\alpha}$

注：钢筋混凝土矩形截面 λ 值见表 2.1-49。

最大扭矩对圆弧梁发生在梁的反弯点处，对折线梁沿杆长不变。

由于对称性，最大剪力等于梁上总荷载设计值的一半，表中不再列出计算公式。

(C) 因曲梁是超静定空间结构，其弯矩和扭矩与梁的材料和截面几何性质有关，公式中用 λ 表述。

$$\lambda = \frac{EI}{GI_p} = \frac{\text{截面抗弯刚度}}{\text{截面抗扭刚度}}$$

对矩形截面：$I = bh^3/12$；$I_p = \xi hb^3$。

式中系数 ξ 可由表 2.1-49 查出，$G = \dfrac{E}{2(1+\nu)}$，对钢筋混凝土构件 $\nu = 1/6$。

表 2.1-49 系按上述条件编制钢筋混凝土矩形截面的 λ 值。

对 T 形、L 形等截面，λ 值也可按 h/b 近似查用本表。

(D) 表内公式中单独出现的角 θ、α 和 φ 等，都应以弧度 (rad) 表示。

$$1\text{ 弧度} = (180/\pi)^\circ \text{ 或 } 1^\circ = \pi/180\text{ 弧度}$$

(E) 表中 M_C 是跨度中点的正弯矩。

M_ϕ、M_x 是任意截面上的弯矩，以使梁上部纤维受压为正；T_ϕ、T_x 是任意截面上的扭矩。

2) 水平圆弧梁和折线梁计算公式

3）计算例题

一单跨钢筋混凝土固端圆弧梁，梁截面 $h/b=2.0$，圆心角 $2\theta=90°$，满跨承受均布荷载 $g+q=5.0\text{kN/m}$，半径 $R=2.7\text{m}$，求内力。

解： $\theta = 45° = 0.7854\text{rad}, 2\theta = 1.5708\text{rad}$

$$\sin2\theta = 1, \sin\theta = \cos\theta = 0.707$$

由 $h/b = 2.0$ 查表 2.1-49 得 $\lambda = 3.39$

$$(g+q)R^2 = 5\times2.7^2 = 36.45\text{kN}\cdot\text{m}$$

利用表 2.1-47 中公式得：

(A) $M_c = K_1(g+q)R^2$

$$= \frac{4(\lambda+1)\sin\theta + 2\theta(\lambda+1) + (\lambda-1)\sin2\theta - 4\lambda\cos\theta}{2\theta(\lambda+1) - (\lambda-1)\sin2\theta}$$

$$\times(g+q)R^2 = \{[4(3.39+1)\times0.707 - 2\times0.7854 \times 4.39 + 2.39\times1 - 4\times3.39\times0.7854\times0.707] /1.5708\times4.39 - 2.39\times1\}\times36.45 = 36.45\times\frac{0.382}{4.51}$$

$$= 3.09\text{kN}\cdot\text{m}(\text{最大正弯矩})$$

(B) 最大负弯矩发生在支座截面

$$\phi = \theta = 45°$$

$$M_\theta = M_c\cos\theta - (g+q)R^2(1-\cos\theta)$$

$$= 3.09\times0.707 - 36.45\times(1-0.707)$$

$$= -8.495\text{kN}\cdot\text{m}$$

(C) 确定反弯点位置及最大扭矩

由 $M_\phi = 0$ 解得

$$\cos\varphi = \frac{(g+q)R^2}{M_c + (g+q)R^2} = \frac{36.45}{3.09+36.45} = 0.92185$$

由三角函数表中查得反弯点处 $\phi = 22°48' = 0.39797\text{rad}$

$$\sin22°48' = 0.38751$$

最大扭矩

$$T_{\max} = M_c\sin22°48' - (g+q)R^2(0.39797 - 0.38751)$$
$$= 3.09 \times 0.38751 - 36.45 \times 0.01046$$
$$= 0.816\text{kN} \cdot \text{m}$$

(D) 最大剪力

圆弧梁弧长 = $2\theta R$

$$V_{\max} = \frac{1}{2}(2\theta R) \cdot (g+q)$$
$$= 0.7854 \times 2.7 \times 5.0 = 10.603\text{kN}$$

(3) 均布荷载作用下特定圆心角固端圆弧梁的内力计算

说明：

(A) 符号

M_c——跨中最大正弯矩；

M_θ——支座最大负弯矩；

β——反弯点处角度；

T_β——反弯点处最大扭矩；

C——中点；

$V_{\max}$——最大剪力；

V_β——反弯点处剪力；

s——反弯点；

R——半径；

q——均布线荷载设计值。

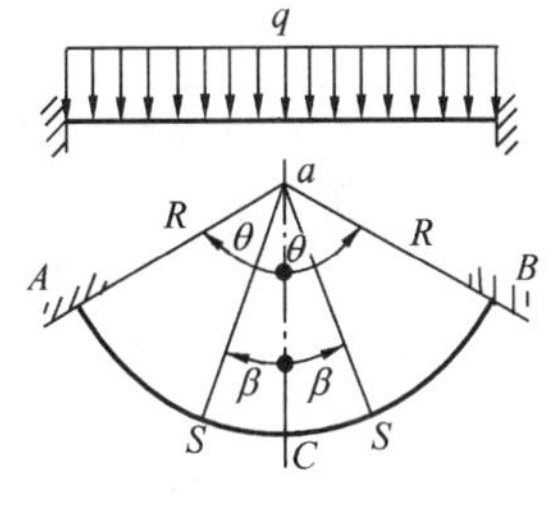

图 2.1-5

(B) 当圆心角 $2\theta = 180°$时，梁中内力与 λ 值无关，可由下列公式计算：

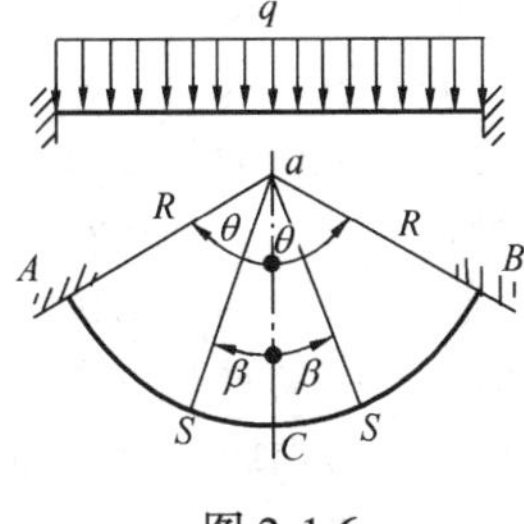

图 2.1-6

$$M_c = \frac{4-\pi}{\pi}qR^2 = 0.273qR^2$$
$$M_\theta = -qR^2$$
$$\beta = 38°15' = 0.67\text{rad}$$
$$T_\beta = 0.12qR^2$$
$$V_{\max} = \theta qR = 1.57qR$$
$$V_\beta = \beta qR = 0.67qR$$

(C) 若干特定圆心角固端圆弧梁内力计算及计算系数（见表 2.1-48）

跨中最大正弯矩　$M_c = c_1 qR^2$;

支座最大负弯矩　$M_\theta = c_2 qR^2$;

反弯点处最大扭矩　$T_\beta = c_3 qR^2$;

符号意义同前，c_1、c_2、c_3 为计算系数查表 2.1-48 取值（表 2.1-48 可线性内插）。

特定圆心角的计算系数　　**表 2.1-48**

λ值	系数 \ 圆心角 2θ	45°	60°	72°	90°	120°	150°
0.5	c_1	0.02536	0.04456	0.06337	0.09653	0.16068	0.22528
	c_2	−0.05269	−0.09538	−0.13971	−0.22463	−0.41966	−0.68288
	c_3	0.00376	0.00870	0.01463	0.02713	0.05676	0.09193
	β	12.77°	16.8°	19.88°	24.22°	30.5°	35.3°
1.0	c_1	0.02511	0.04383	0.06196	0.09353	0.15399	0.21701
	c_2	−0.05292	−0.09601	−0.14086	−0.22676	−0.42301	−0.68502
	c_3	0.00371	0.00849	0.01415	0.02590	0.05339	0.08719
	β	12.7°	16.66°	19.67°	23.88°	29.94°	34.75°
1.38	c_1	0.02493	0.04332	0.06100	0.09158	0.15008	0.21266
	c_2	−0.05309	−0.09646	−0.14163	−0.22814	−0.42496	−0.68614
	c_3	0.00367	0.00834	0.01383	0.02512	0.05146	0.08472
	β	12.66°	16.57°	19.52°	23.64°	29.6°	34.45°
1.69	c_1	0.02479	0.04293	0.06028	0.09017	0.14744	0.20989
	c_2	−0.05322	−0.09680	−0.14222	−0.22913	−0.42628	−0.68686
	c_3	0.00364	0.00823	0.01359	0.02455	0.05015	0.08316
	β	12.63°	16.5°	19.41°	23.47°	29.37°	34.26°
2.04	c_1	0.02464	0.04251	0.05952	0.08874	0.14489	0.20735
	c_2	−0.05336	−0.09716	−0.14283	−0.23015	−0.42756	−0.68752
	c_3	0.00361	0.00811	0.01334	0.02398	0.04891	0.08173
	β	12.59°	16.42°	19.3°	23.29°	29.14°	34.08°

续表

λ值 \ 系数 \ 圆心角 2θ		45°	60°	72°	90°	120°	150°
2.44	c_1	0.02447	0.04205	0.05872	0.08728	0.14243	0.20500
	c_2	-0.05351	-0.09756	-0.14348	-0.23118	-0.42879	-0.68812
	c_3	0.00357	0.00789	0.01307	0.02341	0.04771	0.08042
	β	12.55°	16.33°	19.17°	23.11°	28.92°	33.91°
2.9	c_1	0.02428	0.04156	0.05787	0.08580	0.14006	0.20283
	c_2	-0.05369	-0.09798	-0.14416	-0.23223	-0.42997	-0.68868
	c_3	0.00353	0.00784	0.01280	0.02283	0.04657	0.07921
	β	12.5°	16.24°	19.04°	22.93°	28.7°	33.76°
3.39	c_1	0.02409	0.04108	0.05706	0.08441	-0.13795	0.20097
	c_2	-0.05386	-0.09840	-0.14482	-0.23321	-0.43103	-0.68917
	c_3	0.00349	0.00771	0.01253	0.02229	0.04556	0.07818
	β	12.45°	16.15°	18.91°	22.76°	28.5°	33.63°
4.88	c_1	0.02356	0.03979	0.05498	0.08107	0.13327	0.19708
	c_2	-0.05436	-0.09951	-0.14650	-0.23557	-0.43337	-0.69017
	c_3	0.00337	0.00735	0.01186	0.02101	0.04335	0.07603
	β	12.32°	15.9°	18.58°	22.33°	28.07°	33.35°
6.65	c_1	0.02301	0.03856	0.05309	0.07827	0.12971	0.19432
	c_2	-0.05487	-0.10059	-0.14803	-0.23755	-0.43514	-0.69089
	c_3	0.00326	0.00702	0.01127	0.01995	0.04168	0.07452
	β	12.17°	15.66°	18.27°	21.96°	27.73°	33.14°
8.0	c_1	0.02263	0.03777	0.05195	0.07666	0.12781	0.19290
	c_2	-0.05521	-0.10127	-0.14896	-0.23869	-0.43609	-0.69125
	c_3	0.00318	0.00681	0.01091	0.01936	0.04080	0.07374
	β	12.08°	15.51°	18.08°	21.75°	27.54°	33.04°

续表

λ值	系数 \ 圆心角 2θ	45°	60°	72°	90°	120°	150°
1　0.0	c_1	0.02214	0.03680	0.05058	0.07483	0.12576	0.19141
	c_2	−0.05566	−0.10211	−0.15006	−0.23998	−0.43712	−0.69164
	c_3	0.00308	0.00655	0.01049	0.01868	0.03985	0.07293
	β	11.95°	15.31°	17.85°	21.5°	27.34°	32.93°

钢筋混凝土矩形截面 ξ、λ 值　　表 2.1-49

h/b	1.0	1.2	1.4	1.6	1.8	2.0	2.2	2.4
ξ	0.141	0.165	0.187	0.204	0.218	0.229	0.238	0.246
λ	1.38	1.69	2.04	2.44	2.90	3.40	3.96	4.56
h/b	2.6	2.8	3.0	3.2	3.4	3.6	3.8	4.0
ξ	0.253	0.258	0.263	0.268	0.272	0.275	0.278	0.281
λ	5.20	5.91	6.65	7.43	8.26	9.17	10.10	11.06

注：ξ 和 λ 说明见 2.1.4 中（2）水平曲梁。

2.1.5　钢筋混凝土等跨等截面连续深梁内力计算

（1）适用条件

1）适用于钢筋混凝土等跨等截面连续深梁计算内力。

2）荷载分为均布荷载和跨中作用集中荷载时连续深梁最不利内力。

3）深梁计算跨度与深梁高度比值（l_0/h）分为：1.0、1.5、2.0、2.5 四种情况。

（2）符号说明

g、q——分别为恒、活均布线荷载设计值；

G、Q——分别为恒、活集中荷载设计值；

α、β、γ、ξ、η——分别为相应荷载的最不利内力系数；

h、l_0——分别为连续深梁的截面高度、计算跨度。

（3）计算表格（表 2.1-50 ~ 表 2.1-51）

均布荷载作用下连续深梁最不利内力系数表　　表 2.1.50

计算简图	l_0/h	内力系数	A	1	B左右	2
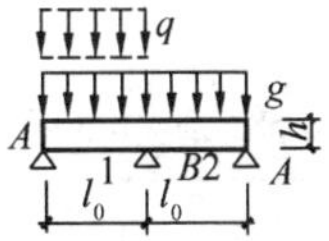	1.0	α		0.106	−0.039	
		β		0.115	−0.039	
		γ		−0.01	0	
		ξ	0.461		−0.539　0.539	
		η	0.480		−0.539　0.539	
	1.5	α		0.089	−0.078	
		β		0.106	−0.078	
		γ		−0.02	0	
		ξ	0.422		−0.578　0.578	
		η	0.461		−0.578　0.578	
	2.0	α		0.079	−0.101	
		β		0.101	−0.101	
		γ		−0.025	0	
		ξ	0.399		−0.601　0.601	
		η	0.449		−0.601　0.6017	
	2.5	α		0.075	−0.112	
		β		0.099	−0.112	
		γ		−0.028	0	
		ξ	0.388		−0.612　0.612	
		η	0.444		−0.612　0.612	

q　g　A　1　B2　A　h　l_0　l_0

$M_{max} = (\alpha g + \beta q) l_0^2$

$M_{min} = (\alpha g + \gamma q) l_0^2$

$V_{max} = (\xi g + \eta q) l_0$

续表

计算简图	l_0/h	内力系数	截面位置 A	1	B左右	2
$M_{max} = (\alpha g + \beta q)l^2$ $M_{min} = (\alpha g + \gamma q)l^2$ $V_{max} = (\xi g + \eta q)l_0$	1.0	α		0.095	−0.063	0.062
		β		0.116	−0.080	0.142
		γ		−0.023	0.017	−0.080
		ξ	0.437		−0.563　0.500	
		η	0.482		−0.580　0.511	
	1.5	α		0.085	−0.087	0.038
		β		0.105	−0.087	0.097
		γ		−0.023	−0.018	−0.059
		ξ	0.413		−0.587　0.50	
		η	0.459		−0.587　0.522	
	2.0	α		0.082	−0.096	0.029
		β		0.101	−0.096	0.083
		γ		−0.022	−0.003	−0.054
		ξ	0.404		−0.596　0.50	
		η	0.449		−0.596　0.548	
	2.5	α		0.080	−0.100	0.025
		β		0.100	−0.105	0.078
		γ		−0.023	0.005	−0.053
		ξ	0.40		−0.60　0.50	
		η	0.447		−0.605　0.563	

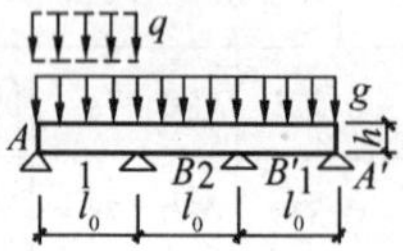

续表

计算简图	l_0/h	内力系数	截面位置					
			A	1	B左右	2		
	1.0	α		0.094	-0.067	0.046	-0.091	
		β		0.110	-0.083	0.137	-0.098	
		γ		-0.018	0.017	-0.091	0.014	
		ξ	0.433		-0.567	0.475	-0.525	0.525
		η	0.469		-0.567	0.533	-0.567	0.567
	1.5	α		0.086	-0.085	0.035	-0.096	
		β		0.105	-0.085	0.097	-0.096	
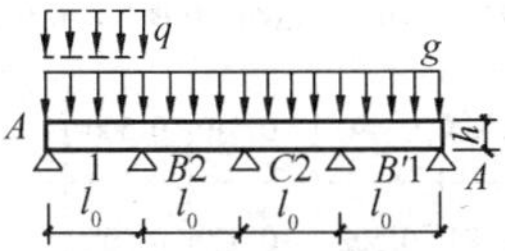		γ		-0.022	0.001	-0.062	-0.019	
		ξ	0.415		-0.585	0.488	-0.512	0.512
		η	0.459		-0.585	0.500	-0.521	0.521
	2.0	α		0.082	-0.095	0.032	-0.091	
$M_{max} = (\alpha g + \beta q) l^2$		β		0.101	-0.095	0.083	-0.091	
$M_{min} = (\alpha g + \gamma q) l^2$		γ		-0.023	0.001	-0.051	-0.003	
$V_{max} = (\xi g + \eta q) l_0$		ξ	0.405		-0.595	0.504	-0.496	0.496
		η	0.449		-0.595	0.543	-0.539	0.539
	2.5	α		0.080	-0.101	0.032	-0.085	
		β		0.099	-0.105	0.080	-0.096	
		γ		-0.024	0.004	-0.048	0.005	
		ξ	0.399		-0.601	0.516	-0.484	0.484
		η	0.446		-0.605	0.568	-0.553	0.553

续表

计　算　简　图	l_0/h	内力系数	截面位置 A	1	B左右		2	C左右		3
q, g; A 1 B2 C3 C′2 B′1 A; h; l_0 l_0 l_0 l_0 l_0 $M_{max}=(\alpha g+\beta q)l_0^2$ $M_{min}=(\alpha g+\gamma q)l_0^2$ $V_{max}=(\xi g+\eta q)l_0$	1.0	α		0.094	−0.066		0.045	−0.095		0.030
		β		0.110	−0.082		0.137	−0.095		0.132
		γ		−0.018	0.017		−0.085	0.01		−0.069
		ξ	0.434		−0.566	0.471		−0.529	0.500	
		η	0.469		−0.571	0.519		−0.558	0.588	
	1.5	α		0.086	−0.084		0.036	−0.094		0.031
		β		0.105	−0.084		0.097	−0.094		0.096
		γ		−0.022	0.001		−0.061	0.001		−0.056
		ξ	0.416		−0.584	0.490		−0.510	0.500	
		η	0.459		−0.584	0.502		−0.520	0.508	
	2.0	α		0.082	−0.095		0.033	−0.090		0.035
		β		0.101	−0.095		0.083	−0.090		0.083
		γ		−0.023	0.001		−0.050	0.001		−0.047
		ξ	0.405		−0.595	0.506		−0.594	0.500	
		η	0.449		−0.595	0.543		−0.537	0.534	
	2.5	α		0.080	−0.101		0.031	−0.087		0.038
		β		0.099	−0.105		0.080	−0.096		0.082
		γ		−0.024	0.004		−0.048	0.005		−0.044
		ξ	0.399		−0.601	0.514		−0.486	0.500	
		η	0.446		−0.605	0.566		−0.553	0.557	

跨中集中荷载作用下连续深梁最不利内力系数表 **表 2.1-51**

计算简图	l_0/h	内力系数	截面位置 A	截面位置 1	截面位置 B左右	截面位置 2
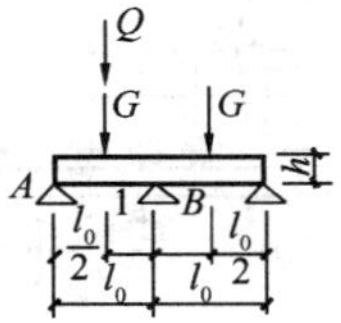	1.0	α		0.207	−0.086	
		β		0.229	−0.086	
		γ		−0.022	0	
		ξ	0.414		−0.586 / 0.586	
		η	0.457		−0.586 / 0.586	
$M_{max}=(\alpha g+\beta Q)l_0$	1.5	α		0.189	−0.122	
$M_{min}=(\alpha g+\gamma Q)l_0$		β		0.219	−0.122	
$V_{max}=\xi g+\eta Q$		γ		−0.031	0	
		ξ	0.377		−0.623 / 0.623	
		η	0.439		−0.623 / 0.623	
	2.0	α		0.176	−0.148	
		β		0.213	−0.148	
		γ		−0.037	0	
		ξ	0.353		−0.647 / 0.647	
		η	0.426		−0.647 / 0.647	
	2.5	α		0.170	−0.162	
		β		0.210	0.162	
		γ		−0.04	0	
		ξ	0.338		−0.662 / 0.662	
		η	0.419		−0.662 / 0.662	

续表

计算简图	l_0/h	内力系数	截面位置 A	1	B左右	2
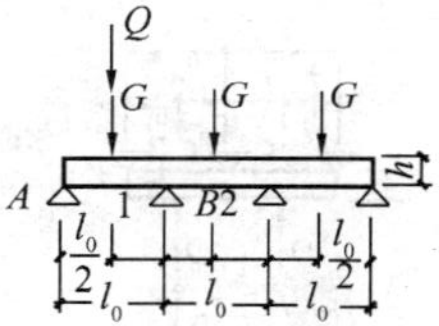 $M_{max}=(\alpha G+\beta Q)l_0$ $M_{min}=(\alpha G+\gamma Q)l_0$ $V_{max}=(\xi G+\eta Q)$	1.0	α		0.173	−0.133	0.117
		β		0.217	−0.133	0.245
		γ		−0.038	0	−0.128
		ξ	0.438		−0.562　0.500	
		η	0.439		−0.572　0.506	
	1.5	α		0.189	−0.122	0.128
		β		0.219	−0.122	0.204
		γ		−0.093	0	−0.076
		ξ	0.440		−0.560　0.500	
		η	0.485		−0.608　0.548	
	2.0	α		0.185	−0.101	0.119
		β		0.215	−0.101	0.191
		γ		−0.030	0	−0.072
		ξ	0.44		−0.560　0.500	
		η	0.499		−0.63　0.570	
	2.5	α		0.182	−0.135	0.113
		β		0.215	−0.143	0.184
		γ		−0.032	0.007	−0.071
		ξ	0.443		−0.557　0.500	
		η	0.507		−0.643　0.586	

续表

计算简图	l_0/h		内力系数	截面位置			
				A	1	B左右	2
	1.0	α		0.200	−0.10	0.139	−0.123
		β		0.222	−0.10	0.242	−0.123
		γ		−0.022	0	−0.103	0
		ξ	0.441	−0.559	0.477	−0.523	0.523
		η	0.445	−0.559	0.516	−0.549	0.549
	1.5	α		0.185	−0.119	0.128	−0.126
		β		0.220	−0.12	0.203	−0.126
		γ		−0.035	0.01	−0.075	0
		ξ	0.393	−0.607	0.493	−0.507	0.507
		η	0.439	−0.607	0.544	−0.553	0.553
$M_{max} = (\alpha G + \beta Q) l_0$ $M_{min} = (\alpha G + \gamma Q) l_0$ $V_{max} = \xi G + \eta Q$	2.0	α		0.185	−0.13	0.124	−0.126
		β		0.215	−0.131	0.191	−0.126
		γ		−0.03	0.001	−0.066	0
		ξ	0.370	−0.63	0.509	−0.491	0.491
		η	0.429	−0.63	0.569	−0.562	0.562
	2.5	α		0.182	−0.137	0.123	−0.117
		β		0.215	−0.143	0.188	−0.132
		γ		−0.033	0.006	−0.065	0.015
		ξ	0.357	−0.643	0.520	−0.480	0.480
		η	0.422	−0.643	0.592	−0.574	0.574

续表

计算简图	l_0/h		内力系数	截面位置				
				A	1		B左右	2
Q, G, G, G, G, G; A 1 B 2 C 3; h; $\frac{l_0}{2}$ l_0 l_0 l_0 l_0 l_0 $\frac{l_0}{2}$	1.0	α		0.202	−0.101	0.134	−0.124	0.126
		β		0.222	−0.101	0.235	−0.124	0.235
		γ		−0.02	0	−0.102	0	−0.108
		ξ	0.414	−0.586	0.534	−0.466	0.50	
		η	0.452	−0.594	0.543	−0.519	0.50	
$M_{max}=(\alpha G+\beta Q)l_0$	1.5	α		0.187	−0.125	0.119	−0.137	0.113
$M_{min}=(\alpha G+\gamma Q)l_0$		β		0.221	−0.101	0.200	−0.138	0.199
$V_{max}=\xi G+\eta Q$		γ		−0.033	0.002	−0.091	0.001	−0.006
		ξ	0.375	−0.625	0.488	−0.512	0.5	
		η	0.44	−0.627	0.541	−0.555	0.555	
	2.0	α		0.179	0.142	0.113	−0.132	0.118
		β		0.212	−0.143	0.185	−0.133	0.185
		γ		−0.033	0.001	0.072	0.001	−0.067
		ξ	0.358	−0.642	0.510	−0.490	0.500	
		η	0.424	−0.643	0.577	−0.568	0.567	
	2.5	α		0.180	−0.151	0.110	−0.128	0.122
		β		0.211	−0.159	0.182	−0.147	0.187
		γ		−0.031	0.008	−0.072	0.019	−0.065
		ξ	0.349	−0.651	0.522	−0.478	0.500	
		η	0.421	−0.659	0.605	−0.584	0.593	

2.2 板的内力计算

2.2.1 双向板的弹性计算

(1) 均布荷载作用下单跨双向矩形板的弹性计算

1) 说明

(A) 表 2.2-1 为均布荷载作用下双向矩形板的弯矩系数，板中单位宽度弯矩为：

$$m = 表中系数 \times ql_0^2$$

式中 l_0——对表①~⑥取矩形板的短边长度；对表⑦~⑨取矩形板的长边长度；
对表⑩~⑬取自由边的长度。

(B) 表中符号为：

m_{ac}、m_{bc}——板中平行于 a、b 方向的跨中弯矩；

m_{a0}、m_{b0}——自由边中点平行于 a、b 方向的跨中弯矩；

m_a^0、m_b^0——固定边中点平行于 a、b 方向的固定端弯矩；

m_{a0}^0、m_{b0}^0——平行于 a、b 方向自由边上固定端的支座弯矩。

(C) 表中系数是按弹性理论取泊桑比 $\nu=0$ 得出。$\nu=0$ 的材料实际上是不存在的，当 $\nu\neq0$ 时，支座边的弯矩仍可用表中系数求出，而跨中弯矩则应按下列公式计算：

平行于 a、b 方向的跨中弯矩：

$$m_{ac}^{(\nu)} = m_{ac} + \nu m_{bc}$$

$$m_{bc}^{(\nu)} = m_{bc} + \nu m_{ac}$$

式中 m_{ac}，m_{bc}分别为按表中系数（$\nu=0$ 时）求得的平行于 a 和 b 方向的跨中弯矩。有自由边的板不能应用上述两个公式。对钢筋混凝土板可取 $\nu=1/6$。

均布荷载作用下的弯矩计算系数表　　表 2.2-1

m = 表中系数 · ql_0^2		① l = 短边		② l = 短边			③ l = 短边			④ l = 短边			
		m_{ac}	m_{bc}	m_a^0	m_{ac}	m_{bc}	m_a^0	m_{ac}	m_{bc}	m_a^0	m_b^0	m_{ac}	m_{bc}
$\frac{a}{b}$	0.50	0.0965	0.0174	−0.1214	0.0584	0.0060	−0.0845	0.0414	0.0017	−0.1177	−0.0782	0.0560	0.0079
	0.55	0.0892	0.0210	−0.1188	0.0562	0.0083	−0.0843	0.0408	0.0029	−0.1136	−0.0779	0.0529	0.0105
	0.60	0.0820	0.0243	−0.1159	0.0538	0.0105	−0.0837	0.0400	0.0043	−0.1093	−0.0776	0.0496	0.0130
	0.65	0.0750	0.0273	−0.1126	0.0512	0.0127	−0.0828	0.0391	0.0058	−0.1047	−0.0773	0.0462	0.0153
	0.70	0.0683	0.0298	−0.1089	0.0485	0.0149	−0.0816	0.0380	0.0073	−0.0996	−0.0768	0.0426	0.0171
	0.75	0.0619	0.0318	−0.1050	0.0457	0.0168	−0.0801	0.0366	0.0083	−0.0940	−0.0759	0.0390	0.0188
	0.80	0.0560	0.0334	−0.1008	0.0428	0.0187	−0.0784	0.0350	0.0103	−0.0882	−0.0746	0.0355	0.0203
	0.85	0.0506	0.0348	−0.0965	0.0400	0.0205	−0.0765	0.0335	0.0119	−0.0325	−0.0731	0.0322	0.0216
	0.90	0.0456	0.359	−0.0922	0.0372	0.0221	−0.0744	0.0319	0.0134	−0.0773	−0.0714	0.0291	0.0226
	0.95	0.0410	0.0365	−0.0880	0.0345	0.0234	−0.0722	0.0302	0.0147	−0.0724	−0.0696	0.0262	0.0232
	1.00	0.0368	0.0368	−0.0839	0.0318	0.0243	−0.0698	0.0285	0.0158	−0.0677	−0.0677	0.0234	0.0234
$\frac{b}{a}$	0.95	0.0365	0.0410	−0.0881	0.0327	0.0282	−0.0745	0.0297	0.0189	−0.0696	−0.0724	0.0232	0.0262
	0.90	0.0359	0.0456	−0.0924	0.0330	0.0323	−0.0796	0.0307	0.0225	−0.0714	−0.0773	0.0226	0.0291
	0.85	0.0348	0.0506	−0.0967	0.0328	0.0369	−0.0849	0.0314	0.0267	−0.0731	−0.0825	0.0216	0.0322
	0.80	0.0334	0.0560	−0.1011	0.0324	0.0423	−0.0902	0.0318	0.0316	−0.0746	−0.0882	0.0203	0.0355
	0.75	0.0318	0.0619	−0.1055	0.0319	0.0485	−0.0957	0.0320	0.0374	−0.0759	−0.0940	0.0188	0.0390
	0.70	0.0298	0.0683	−0.1096	0.0309	0.0553	−0.1011	0.0319	0.0442	−0.0768	−0.0996	0.0171	0.0426
	0.65	0.0273	0.0750	−0.1133	0.0292	0.0627	−0.1063	0.0310	0.0519	−0.0773	−0.1047	0.0153	0.0462
	0.60	0.0243	0.0820	−0.1165	0.0269	0.0707	−0.1111	0.0292	0.0604	−0.0776	−0.1033	0.0130	0.0496
	0.55	0.0210	0.0892	−0.1192	0.0240	0.0792	−0.1154	0.0266	0.0697	−0.0779	−0.1136	0.0105	0.0529
	0.50	0.0174	0.0965	−0.1215	0.0204	0.0880	−0.1190	0.0234	0.0791	−0.0782	−0.1177	0.0079	0.0560

续表

m = 表中系数 · ql_0^2		⑤ l = 短边 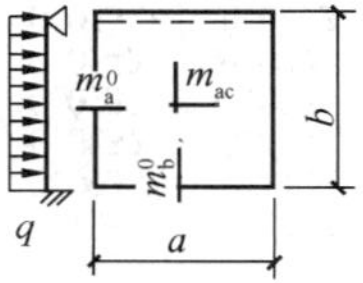				⑥ l = 短边 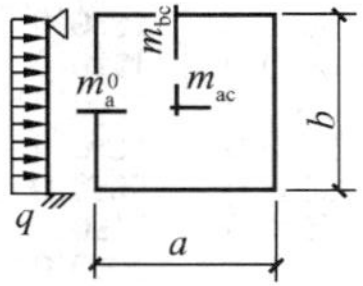				⑦ l = 长边 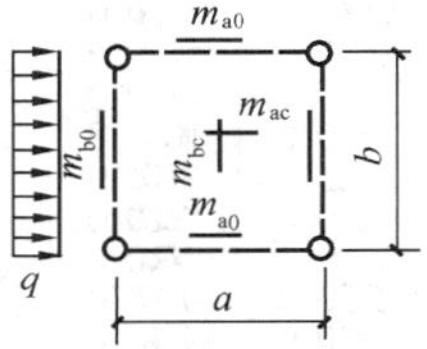			
		m_a^0	m_b^0	m_{ac}	m_{bc}	m_a^0	m_b^0	m_{ac}	m_{bc}	m_{ac}	m_{bc}	m_{a0}	m_{b0}
$\frac{a}{b}$	0.50	−0.0836	−0.0563	0.0409	0.0028	−0.0826	−0.0560	0.0401	0.0038	0.0152	0.1218	0.0655	0.1300
	0.55	−0.0826	−0.0564	0.0398	0.0041	−0.0806	−0.0561	0.0385	0.0055	0.0205	0.1213	0.0731	0.1322
	0.60	−0.0813	−0.0566	0.0385	0.0059	−0.0784	−0.0562	0.0367	0.0076	0.0270	0.1206	0.0811	0.1345
	0.65	−0.0796	−0.0569	0.0370	0.0075	−0.0759	−0.0565	0.0346	0.0096	0.0341	0.1198	0.0894	0.1369
	0.70	−0.0774	−0.0572	0.0352	0.0091	−0.0731	−0.0568	0.0322	0.0114	0.0421	0.1188	0.0979	0.1395
	0.75	−0.0748	−0.0571	0.0333	0.0107	−0.0698	−0.0564	0.0297	0.0129	0.0510	0.1176	0.1070	0.1425
	0.80	−0.0720	−0.0568	0.0313	0.0123	−0.0661	−0.0558	0.0271	0.0143	0.0607	0.1161	0.1166	0.1459
	0.85	−0.0691	−0.0564	0.0292	0.0138	−0.0620	−0.0550	0.0246	0.0156	0.0713	0.1143	0.1267	0.1494
	0.90	−0.0660	−0.0560	0.0270	0.0151	−0.0580	−0.0540	0.0222	0.0167	0.0821	0.1120	0.1374	0.1532
	0.95	−0.0628	−0.0556	0.0249	0.0161	−0.0543	−0.0527	0.0198	0.0173	0.0936	0.1091	0.1485	0.1568
	1.00	−0.0596	−0.0551	0.0228	0.0167	−0.0511	−0.0511	0.0176	0.0176	0.1055	0.1055	0.1604	0.1604
$\frac{b}{a}$	0.95	−0.0626	−0.0599	0.0230	0.0193	−0.0527	−0.0543	0.0173	0.0198	0.1091	0.0936	0.1568	0.1485
	0.90	−0.0655	−0.0652	0.0231	0.0222	−0.0540	−0.0580	0.0167	0.0222	0.1120	0.0821	0.1532	0.1374
	0.85	−0.0682	−0.0710	0.0229	0.0254	−0.0550	−0.0620	0.0156	0.0246	0.1143	0.0713	0.1494	0.1267
	0.80	−0.0706	−0.0773	0.0224	0.0289	−0.0558	−0.0661	0.0143	0.0271	0.1161	0.0607	0.1459	0.1166
	0.75	−0.0727	−0.0839	0.0214	0.0327	−0.0564	−0.0698	0.0129	0.0297	0.1176	0.0510	0.1425	0.1070
	0.70	−0.0743	−0.0907	0.0198	0.0368	−0.0568	−0.0731	0.0114	0.0322	0.1188	0.0421	0.1395	0.0979
	0.65	−0.0755	−0.0978	0.0177	0.0411	−0.0565	−0.0759	0.0096	0.0346	0.1198	0.0341	0.1369	0.0894
	0.60	−0.0765	−0.1046	0.0153	0.0452	−0.0562	−0.0784	0.0076	0.0367	0.1206	0.0270	0.1345	0.0811
	0.55	−0.0774	−0.1101	0.0127	0.0492	−0.0561	−0.0806	0.0055	0.0385	0.1213	0.0205	0.1322	0.0731
	0.50	−0.0782	−0.1140	0.0098	0.0535	−0.0560	−0.0826	0.0038	0.0401	0.1218	0.0152	0.1300	0.0655

续表

m = 表中系数 $\cdot ql_0^2$		⑧ l = 长边 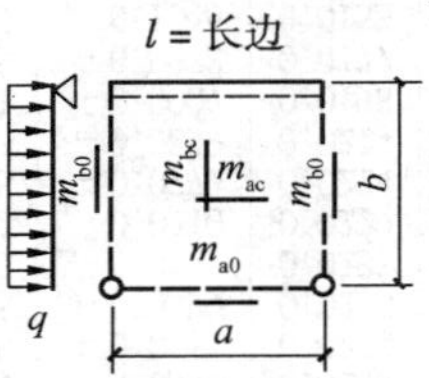				⑨ l = 长边 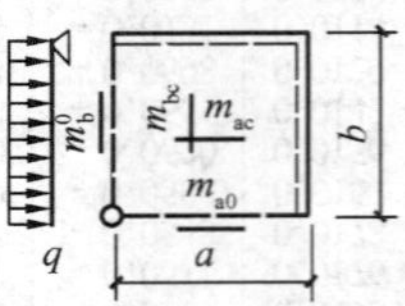				⑩ l = 自由边 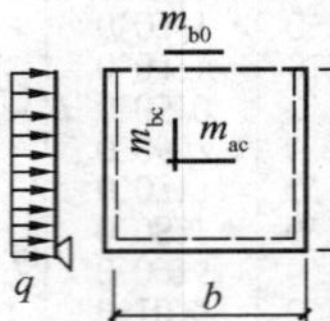			
		m_{ac}	m_{bc}	m_{a0}	m_{b0}	m_{ac}	m_{bc}	m_{a0}	m_{b0}	a/b	m_{ac}	m_{bc}	m_{b0}
$\frac{a}{b}$	0.50	0.0075	0.1231	0.0644	0.1278	0.0238	0.0272	0.0381	0.0513	0.35	0.0126	0.0150	0.0290
	0.55	0.0102	0.1228	0.0709	0.1289	0.0274	0.0313	0.0451	0.0589	0.40	0.0151	0.0194	0.0363
	0.60	0.0131	0.1224	0.0773	0.1300	0.0310	0.0352	0.0523	0.0661	0.45	0.0174	0.0243	0.0436
	0.65	0.0162	0.1219	0.0836	0.1310	0.0346	0.0389	0.0597	0.0730	0.50	0.0192	0.0295	0.0510
	0.70	0.0195	0.1214	0.0899	0.1321	0.0383	0.0425	0.0672	0.0796	0.55	0.0206	0.0346	0.0583
	0.75	0.0231	0.1208	0.0962	0.1333	0.0421	0.0458	0.0749	0.0859	0.60	0.0217	0.0396	0.0651
	0.80	0.0268	0.1202	0.1025	0.1345	0.0459	0.0490	0.0828	0.0919	0.65	0.0224	0.0446	0.0716
	0.85	0.0305	0.1195	0.1089	0.1358	0.0497	0.0521	0.0905	0.0975	0.70	0.0228	0.0493	0.0774
	0.90	0.0343	0.1188	0.1152	0.1370	0.0535	0.0551	0.0981	0.1028	0.75	0.0230	0.0538	0.0828
	0.95	0.0383	0.1180	0.1216	0.1382	0.0572	0.0579	0.1056	0.1079	0.80	0.0231	0.0581	0.0875
	1.00	0.0425	0.1172	0.1280	0.1394	0.0607	0.0607	0.1128	0.1128	0.85	0.0230	0.0622	0.0917
$\frac{b}{a}$	0.95	0.0421	0.1051	0.1205	0.1269	0.0579	0.0572	0.1079	0.1056	0.90	0.0228	0.0661	0.0955
	0.90	0.0414	0.0938	0.1129	0.1149	0.0551	0.0535	0.1028	0.0981	0.95	0.0223	0.0693	0.0992
	0.85	0.0405	0.0832	0.1052	0.1034	0.0521	0.0497	0.0975	0.0905	1.00	0.0216	0.0733	0.1026
	0.80	0.0393	0.0733	0.0975	0.0924	0.0490	0.0459	0.0919	0.0828	1.10	0.0204	0.0797	0.1076
	0.75	0.0375	0.0642	0.0898	0.0819	0.0458	0.0421	0.0859	0.0749	1.20	0.0189	0.0853	0.1119
	0.70	0.0354	0.0557	0.0822	0.0721	0.0425	0.0383	0.0796	0.0672	1.30	0.0175	0.0902	0.1148
	0.65	0.0331	0.0479	0.0746	0.0630	0.0389	0.0346	0.0730	0.0597	1.40	0.0161	0.0944	0.1172
	0.60	0.0305	0.0408	0.0670	0.0544	0.0352	0.0310	0.0661	0.0523	1.50	0.0148	0.0979	0.1191
	0.55	0.0277	0.0344	0.0593	0.0462	0.0313	0.0274	0.0589	0.0451	1.75	0.0116	0.1051	0.1213
	0.50	0.0246	0.0284	0.0516	0.0384	0.0272	0.0238	0.0513	0.0381	2.00	0.0088	0.1106	0.1232

续表

$m=$ 表中系数$\cdot ql_0^2$	⑪ $l=$自由边 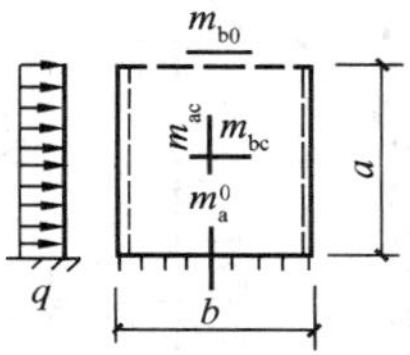				⑫ $l=$自由边 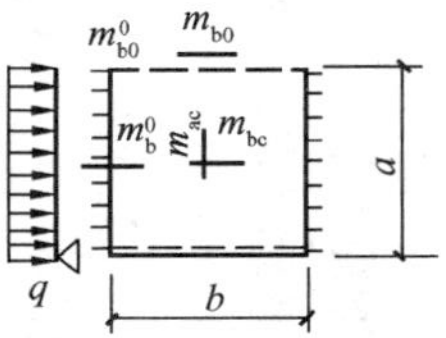					⑬ $l=$自由边 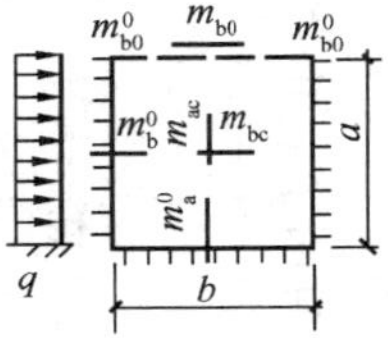					
a/b	m_{ac}	m_{bc}	m_{b0}	m_a^0	m_{ac}	m_{bc}	m_{b0}	m_b^0	m_{b0}^0	m_{ac}	m_{bc}	m_{b0}	m_a^0	m_b^0	m_{b0}^0
0.35	−0.0041	0.0026	0.0088	−0.0468	0.0093	0.0131	0.0240	−0.0405	−0.0785	−0.0023	0.0047	0.0126	−0.0396	−0.0165	−0.0471
0.40	−0.0029	0.0044	0.0133	−0.0560	0.0102	0.0158	0.0281	−0.0451	−0.0834	−0.0006	0.0067	0.0171	−0.0453	−0.0206	−0.0563
0.45	−0.0016	0.0072	0.0189	−0.0649	0.0109	0.0185	0.0315	−0.0494	−0.0874	0.0012	0.0087	0.0210	−0.0486	−0.0262	−0.0655
0.50	0.0000	0.0104	0.0255	−0.0734	0.0114	0.0210	0.0342	−0.0534	−0.0895	0.0029	0.0108	0.0246	−0.0511	−0.0319	−0.0742
0.55	0.0020	0.0138	0.0325	−0.0811	0.0119	0.0232	0.0364	−0.0571	−0.0900	0.0044	0.0131	0.0279	−0.0526	−0.0369	−0.0783
0.60	0.0043	0.0174	0.0395	−0.0878	0.0122	0.0253	0.0382	−0.0605	−0.0901	0.0056	0.0154	0.0309	−0.0538	−0.0415	−0.0815
0.65	0.0066	0.0214	0.0465	−0.0935	0.0120	0.0271	0.0396	−0.0635	−0.0900	0.0066	0.0175	0.0335	−0.0548	−0.0460	−0.0840
0.70	0.0087	0.0256	0.0535	−0.0992	0.0115	0.0286	0.0406	−0.0662	−0.0897	0.0074	0.0194	0.0356	−0.0556	−0.0496	−0.0858
0.75	0.0105	0.0300	0.0606	−0.1036	0.0109	0.0300	0.0412	−0.0686	−0.0892	0.0081	0.0212	0.0372	−0.0560	−0.0528	−0.0869
0.80	0.0121	0.0345	0.0676	−0.1077	0.0103	0.0314	0.0415	−0.0706	−0.0884	0.0087	0.0229	0.0385	−0.0562	−0.0559	−0.0872
0.85	0.0135	0.0388	0.0736	−0.1111	0.0098	0.0326	0.0416	−0.0724	−0.0872	0.0091	0.0244	0.0395	−0.0563	−0.0589	−0.0873
0.90	0.0148	0.0429	0.0787	−0.1138	0.0094	0.0336	0.0417	−0.0740	−0.0860	0.0092	0.0258	0.0402	−0.0562	−0.0618	−0.0872
0.95	0.0159	0.0470	0.0835	−0.1160	0.0090	0.0344	0.0418	−0.0754	−0.0848	0.0091	0.0271	0.0408	−0.0561	−0.0647	−0.0870
1.00	0.0169	0.0510	0.0881	−0.1177	0.0085	0.0351	0.0419	−0.0767	−0.0843	0.0090	0.0283	0.0413	−0.0560	−0.0675	−0.0866
1.10	0.0177	0.0584	0.0959	−0.1201	0.0074	0.0359	0.0419	−0.0789	−0.0840	0.0085	0.0303	0.0415	−0.0559	−0.0703	−0.0858
1.20	0.0183	0.0652	0.1024	−0.1219	0.0061	0.0365	0.0418	−0.0806	−0.0838	0.0077	0.0321	0.0416	−0.0558	−0.0731	−0.0849
1.30	0.0182	0.0715	0.1074	−0.1229	0.0047	0.0371	0.0418	−0.0817	−0.0836	0.0067	0.0337	0.0417	−0.0557	−0.0759	−0.0842
1.40	0.0179	0.0774	0.1117	−0.1236	0.0035	0.0377	0.0417	−0.0823	−0.0835	0.0059	0.0351	0.0417	−0.0556	−0.0785	−0.0838
1.50	0.0172	0.0828	0.1149	−0.1242	0.0025	0.0383	0.0417	−0.0826	−0.0834	0.0052	0.0362	0.0417	−0.0556	−0.0805	−0.0836
1.75	0.0149	0.0940	0.1192	−0.1248	0.0015	0.0400	0.0417	−0.0830	−0.0833	0.0030	0.0381	0.0417	−0.0556	−0.0823	−0.0834
2.00	0.0120	0.1018	0.1222	−0.1250	0.0008	0.0417	0.0417	−0.0833	−0.0833	0.0015	0.0395	0.0417	−0.0556	−0.0833	−0.0833

（D）表中支座符号为

固定边　　自由边

简支边　　角点支承

（E）弯矩的正负号规定为：当荷载垂直向下，正弯矩表示板的下部纤维受拉。

2）计算用表

（2）局部荷载作用下双向矩形板的弹性计算

1）说明

（A）表 2.2-2 为作用于板中心的局部荷载作用下，双向矩形板的弯矩系数。板中单位宽度弯矩 m 为：

$$m = 表中系数 \times F$$

当 F 的单位为 kN 时，弯矩单位为 kN·m/m。

（B）其他说明与表 2.2-1 相同。

2）四边简支板局部均布荷载作用下的弯矩系数（表 2.2-2）

3）四边固定板集中荷载作用下的弯矩系数（表 2.2-3）

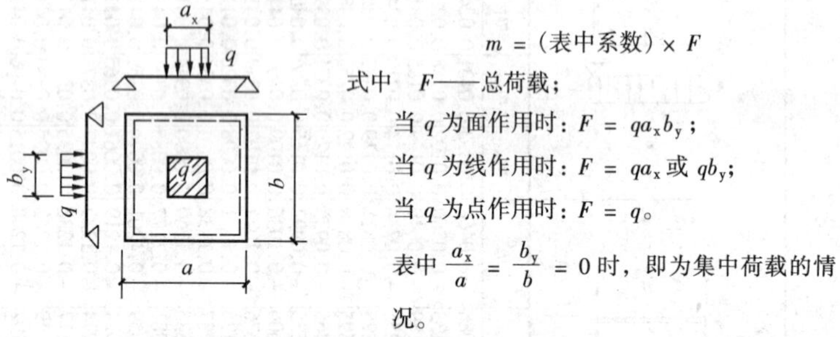

$$m = （表中系数）\times F$$

式中　F——总荷载；

当 q 为面作用时：$F = qa_xb_y$；

当 q 为线作用时：$F = qa_x$ 或 qb_y；

当 q 为点作用时：$F = q$。

表中 $\frac{a_x}{a} = \frac{b_y}{b} = 0$ 时，即为集中荷载的情况。

四边简支板局部荷载作用下的弯矩系数　　表 2.2-2

$\frac{a_x}{a}$	$\frac{b}{a}$	$\frac{b_y}{b}$ = 1.0		0.8		0.6		0.4		0.2		0.0	
		m_{ac}	m_{bc}	m_{ac}	m_{bc}	m_{ac}	m_{bc}	m_{ac}	m_{bc}	m_{ac}	m_{bc}	m_{ac}	m_{bc}
0.0	1.00	0.102	0.059	0.123	0.072	0.148	0.091	0.177	0.121	0.217	0.176	0.251	0.251
	1.20	0.106	0.045	0.128	0.056	0.154	0.073	0.185	0.101	0.228	0.155	0.267	0.232
	1.40	0.107	0.034	0.130	0.042	0.155	0.057	0.187	0.084	0.233	0.137	0.277	0.214

续表

$\frac{a_x}{a}$	$\frac{b}{a}$	$\frac{b_y}{b}$											
		1.0		0.8		0.6		0.4		0.2		0.0	
		m_{ac}	m_{bc}	m_{ac}	m_{bc}	m_{ac}	m_{bc}	m_{ac}	m_{bc}	m_{ac}	m_{bc}	m_{ac}	m_{bc}
0.0	1.60	0.106	0.025	0.128	0.032	0.154	0.045	0.186	0.070	0.234	0.122	0.282	0.200
	1.80	0.103	0.018	0.124	0.024	0.150	0.035	0.183	0.059	0.232	0.110	0.283	0.188
	2.00	0.099	0.013	0.120	0.018	0.145	0.028	0.179	0.050	0.229	0.100	0.283	0.178
0.2	1.00	0.087	0.058	0.105	0.071	0.123	0.089	0.143	0.117	0.164	0.164	0.176	0.217
	1.20	0.093	0.044	0.112	0.055	0.133	0.071	0.155	0.098	0.179	0.146	0.194	0.203
	1.40	0.096	0.033	0.115	0.042	0.137	0.056	0.161	0.082	0.188	0.129	0.207	0.190
	1.60	0.095	0.025	0.115	0.031	0.137	0.044	0.163	0.068	0.193	0.116	0.214	0.179
	1.80	0.093	0.018	0.113	0.023	0.135	0.035	0.162	0.058	0.194	0.105	0.218	0.170
	2.00	0.090	0.013	0.109	0.017	0.132	0.027	0.159	0.049	0.193	0.096	0.220	0.162
0.4	1.00	0.069	0.054	0.083	0.067	0.096	0.084	0.108	0.108	0.117	0.143	0.121	0.177
	1.20	0.077	0.042	0.092	0.052	0.108	0.067	0.122	0.091	0.134	0.129	0.139	0.167
	1.40	0.081	0.031	0.097	0.040	0.114	0.053	0.130	0.076	0.145	0.115	0.151	0.157
	1.60	0.082	0.023	0.099	0.030	0.116	0.042	0.134	0.064	0.151	0.104	0.159	0.149
	1.80	0.081	0.017	0.098	0.022	0.116	0.033	0.135	0.054	0.154	0.095	0.164	0.143
	2.00	0.079	0.012	0.095	0.017	0.114	0.026	0.134	0.046	0.155	0.087	0.166	0.137
0.6	1.00	0.055	0.050	0.066	0.061	0.076	0.076	0.084	0.096	0.089	0.123	0.091	0.148
	1.20	0.063	0.038	0.076	0.048	0.088	0.061	0.098	0.081	0.105	0.111	0.108	0.139
	1.40	0.068	0.029	0.082	0.036	0.095	0.048	0.107	0.068	0.115	0.100	0.119	0.131
	1.60	0.070	0.021	0.084	0.027	0.098	0.038	0.111	0.058	0.122	0.091	0.126	0.125
	1.80	0.069	0.016	0.084	0.020	0.098	0.030	0.113	0.049	0.125	0.083	0.130	0.120
	2.00	0.068	0.011	0.082	0.015	0.097	0.024	0.113	0.042	0.127	0.077	0.133	0.116
0.8	1.00	0.045	0.043	0.053	0.053	0.061	0.066	0.067	0.083	0.071	0.105	0.072	0.123
	1.20	0.052	0.034	0.063	0.042	0.072	0.053	0.080	0.070	0.085	0.095	0.087	0.116
	1.40	0.057	0.025	0.068	0.032	0.079	0.042	0.088	0.059	0.094	0.085	0.097	0.109
	1.60	0.059	0.019	0.070	0.024	0.082	0.033	0.092	0.050	0.100	0.077	0.103	0.104
	1.80	0.059	0.014	0.071	0.018	0.083	0.026	0.094	0.043	0.103	0.071	0.107	0.100
	2.00	0.058	0.010	0.069	0.013	0.082	0.021	0.095	0.037	0.105	0.066	0.109	0.097
1.0	1.00	0.036	0.036	0.043	0.045	0.050	0.055	0.054	0.069	0.058	0.087	0.059	0.102
	1.20	0.043	0.028	0.052	0.035	0.059	0.045	0.065	0.059	0.070	0.078	0.071	0.096
	1.40	0.047	0.021	0.056	0.027	0.065	0.035	0.072	0.050	0.077	0.071	0.079	0.090
	1.60	0.049	0.016	0.058	0.020	0.068	0.028	0.076	0.042	0.082	0.064	0.085	0.086
	1.80	0.049	0.011	0.059	0.015	0.068	0.022	0.078	0.036	0.085	0.059	0.088	0.083
	2.00	0.048	0.008	0.058	0.011	0.068	0.018	0.078	0.031	0.086	0.055	0.090	0.080

四边固定板集中荷载作用下的弯矩系数　　表 2.2-3

示意图	b/a	m_{ac}	m_{bc}	m_a^0	m_b^0
m=(表中系数)·F	1.00	0.108	0.108	−0.094	−0.094
	1.10	0.118	0.104	−0.113	−0.083
	1.20	0.128	0.100	−0.126	−0.074
	1.30	0.136	0.096	−0.139	−0.063
	1.40	0.143	0.092	−0.149	−0.055
	1.50	0.150	0.088	−0.156	−0.047
	1.60	0.156	0.086	−0.162	−0.040
	1.70	0.160	0.083	−0.167	−0.035
	1.80	0.162	0.080	−0.171	−0.030
	1.90	0.165	0.078	−0.174	−0.026
	2.00	0.168	0.076	−0.176	−0.022

(3) 等跨连续双向矩形板弹性计算

计算方法

(A) 适用条件

承受均布荷载的两个方向连续双向板满足：支承梁刚度很大、忽略竖向变形；忽略梁的抗扭刚度；同一方向相邻最小跨与最大跨之比大于 0.75 时，可简化为单跨双向矩形板，利用表 2.2-1 计算。

(B) 跨中弯矩

求连续区格板跨中最大弯矩,应考虑活荷载的最不利布置。即本区格布置活荷载,其余每隔一区格布置活荷载(棋盘式布置)。

为能利用单跨双向矩形板表格计算，可将其板带上的荷载布置情况分解为：满布各跨的对称荷载($g+q/2$)和向上及向下作用逐跨交替的反对称荷载($\pm q/2$),作用于各相应区格上，分别计算内力，最后叠加即是。

在对称荷载($g+q/2$)作用下，两跨之间的中间支座可视为固定边。边区格按实际情况考虑。

在反对称荷载($\pm q/2$)作用下，所有内区格均视为四边简支边考虑。边区格按实际情况考虑。

最后叠加上述两种结果，即为最大跨中弯矩。

(C) 支座弯矩

可近似地假定活荷载满布所有区格时为最不利。中间区格按四边固定，边区格按实际支承情况考虑，求出相应的支座弯矩即是。

当相邻两区格计算跨度不同时，取其平均跨度计算其支座弯矩。

(D) 对于四边与梁整体连接的板，应考虑周边支承梁对板产生的水平推力的有利影响。设计时将计算所得弯矩值据下列情况乘以折减系数（图 2.2-1）：

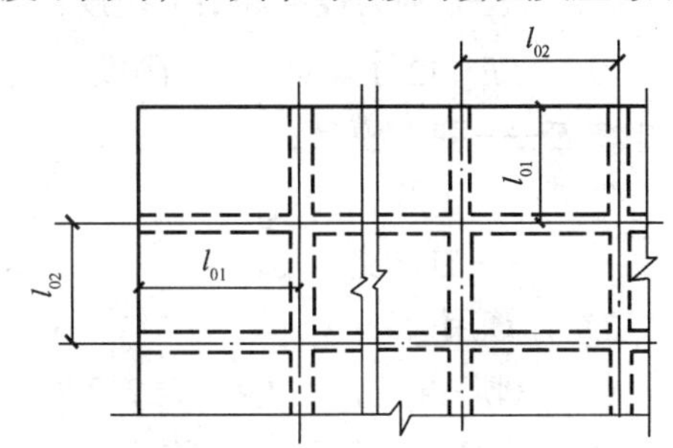

图 2.2-1 折减系数

(a) 中间跨的跨中截面及中间支座上取 0.8；

(b) 边跨的跨中截面及自楼板边缘算起的第二支座上：

当 $l_{02}/l_{01}<1.5$ 时取 0.8；

当 $1.5\leqslant l_{02}/l_{01}<2$ 时取 0.9。

式中 l_{01}——垂直于楼板边缘方向的计算跨度；

l_{02}——平行于楼板边缘方向的计算跨度。

(c) 对于楼板的角区格不应减少。

(4) 钢筋混凝土圆形板和环形板的弹性计算

1) 说明

(A) 表 2.2-4～表 2.2-7 为泊桑比 $\nu=\frac{1}{6}$（可用于钢筋混凝土板）的圆形板的弯矩系数和挠度系数；

表 2.2-8～表 2.2-11 为环形板的弯矩和挠度系数；

表 2.2-12～表 2.2-14 为悬挑板的弯矩和挠度系数；

表 2.2-15～表 2.2-17 为圆心加柱的圆形板的弯矩系数。

(B) 符号说明

q——轴对称均布荷载或轴对称环形均布荷载；

m_0——轴对称环形均布力矩；

m_r、m_t——分别为单位板宽的径向和切向弯矩；

m_r^0、m_t^0——分别为周边支座固定时支座处单位板宽的径向和切向弯矩；

ω、ω_{max}——分别为挠度和最大挠度；

$B = Eh^3/12(1-\nu^2)$——刚度；

式中　E——弹性模量；

h——板厚；

ν——泊桑比。

2）计算用表

（A）圆形板（表 2.2-4 ~ 表 2.2-7）

（B）环形板（表 2.2-8 ~ 表 2.2-11）

（C）悬挑圆形板（表 2.2-12 ~ 表 2.2-14）

（D）圆心加柱的圆形板（表 2.2-15 ~ 表 2.2-17）

表 2.2-4

$\rho = \frac{x}{R}, \nu = \frac{1}{6}$;

挠度 $= \omega =$ 表中系数 $\times \frac{qR^4}{B}$;

弯矩 $=$ 表中系数 $\times qR^2$。

ρ	0.0	0.1	0.2	0.3	0.4
ω	0.0156	0.0153	0.0144	0.0129	0.0110
m_r	0.0729	0.0709	0.0650	0.0551	0.0412
m_t	0.0729	0.0720	0.0692	0.0645	0.0579

ρ	0.5	0.6	0.7	0.8	0.9	1.0
ω	0.0088	0.0064	0.0041	0.0020	0.0006	0
m_r	0.0234	0.0017	−0.0241	−0.0538	−0.0874	−0.1250
m_t	0.0495	0.0392	0.0270	0.0129	−0.0030	−0.0208

表 2.2-5

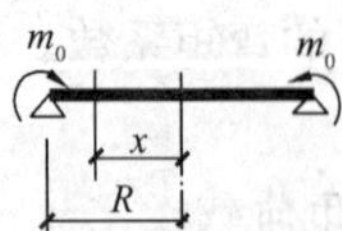

$\rho = \frac{x}{R}, \nu = \frac{1}{6}$;

挠度 $=$ 表中系数 $\times \frac{m_0R^2}{B}$;

弯矩：$m_r = m_t = m_0$

ρ	0.0	0.1	0.2	0.3	0.4	0.5	0.6	0.7	0.8	0.9	1.0
ω	0.4286	0.4243	0.4114	0.3900	0.3600	0.3214	0.2743	0.2186	0.1543	0.0814	0

表 2.2-6

$\rho=\frac{x}{R}$，$\beta=\frac{r}{R}$，$\nu=\frac{1}{6}$；

挠度 = 表中系数 × $\frac{qr^2R^2}{B}$；弯矩 = 表中系数 × qr^2。

	ρ	β										
		0.0	0.1	0.2	0.3	0.4	0.5	0.6	0.7	0.8	0.9	1.0
m_r	0.0	∞	0.9211	0.7173	0.5965	0.5089	0.4391	0.3802	0.3285	0.2818	0.2385	0.1979
	0.1	0.6716	0.7232	0.6679	0.5745	0.4965	0.4312	0.3747	0.3245	0.2787	0.2361	0.1959
	0.2	0.4694	0.4819	0.5194	0.5086	0.4594	0.4075	0.3582	0.3124	0.2694	0.2288	0.1900
	0.3	0.3512	0.3564	0.3722	0.3986	0.3976	0.3679	0.3308	0.2922	0.2539	0.2166	0.1801
	0.4	0.2673	0.2700	0.2782	0.2919	0.3110	0.3125	0.2923	0.2639	0.2323	0.1994	0.1662
	0.5	0.2022	0.2037	0.2084	0.2162	0.2272	0.2412	0.2428	0.2275	0.2044	0.1775	0.1484
	0.6	0.1490	0.1499	0.1527	0.1573	0.1638	0.1721	0.1823	0.1831	0.1704	0.1506	0.1267
	0.7	0.1040	0.1046	0.1062	0.1089	0.1127	0.1176	0.1235	0.1306	0.1302	0.1188	0.1009
	0.8	0.0651	0.0654	0.0663	0.0677	0.0698	0.0724	0.0756	0.0794	0.0838	0.0822	0.0712
	0.9	0.0307	0.0309	0.0312	0.0318	0.0327	0.0338	0.0351	0.0367	0.0385	0.0406	0.0376
	1.0	0	0	0	0	0	0	0	0	0	0	0
m_t	0.0	∞	0.9211	0.7173	0.5965	0.5089	0.4391	0.3802	0.3285	0.2818	0.2385	0.1979
	0.1	0.8799	0.8273	0.6939	0.5861	0.5031	0.4351	0.3776	0.3266	0.2803	0.2374	0.1970
	0.2	0.6778	0.6642	0.6236	0.5548	0.4855	0.4241	0.3698	0.3209	0.2759	0.2339	0.1942
	0.3	0.5595	0.5532	0.5343	0.5027	0.4562	0.4054	0.3568	0.3113	0.2686	0.2281	0.1895
	0.4	0.4756	0.4718	0.4605	0.4416	0.4152	0.3791	0.3386	0.2979	0.2583	0.2200	0.1829
	0.5	0.4105	0.4079	0.4001	0.3871	0.3688	0.3451	0.3151	0.2807	0.2451	0.2096	0.1745
	0.6	0.3573	0.3554	0.3495	0.3396	0.3258	0.3081	0.2865	0.2596	0.2290	0.1969	0.1642
	0.7	0.3124	0.3108	0.3060	0.2981	0.2870	0.2728	0.2553	0.2348	0.2100	0.1818	0.1520
	0.8	0.2734	0.2721	0.2681	0.2614	0.2521	0.2401	0.2254	0.2080	0.1880	0.1645	0.1379
	0.9	0.2391	0.2379	0.2344	0.2286	0.2204	0.2100	0.1972	0.1820	0.1646	0.1448	0.1220
	1.0	0.2083	0.2073	0.2042	0.1990	0.1917	0.1823	0.1708	0.1573	0.1417	0.1240	0.1042
ω_{max}	0.0	0.1696	0.1672	0.1616	0.1533	0.1444	0.1337	0.1220	0.1095	0.0964	0.0829	0.0692
m_r^0	1.0	-0.2500	-0.2488	-0.2450	-0.2388	-0.2300	-0.2188	-0.2050	-0.1888	-0.1700	-0.1488	-0.1250
m_t^0	1.0	-0.0417	-0.0415	-0.0408	-0.0398	-0.0383	-0.0365	-0.0342	-0.0315	-0.0283	-0.0248	-0.0208

表 2.2-7

$\rho=\frac{x}{R}$，$\beta=\frac{r}{R}$，$\nu=\frac{1}{6}$；挠度 = 表中系数 × $\frac{qrR^2}{B}$；q 为环形均布荷载；弯矩 = 表中系数 × qr。

	ρ	β										
		0.0	0.1	0.2	0.3	0.4	0.5	0.6	0.7	0.8	0.9	1.0
m_r	0.0	∞	1.5494	1.1388	0.8919	0.7095	0.5606	0.4313	0.3143	0.2052	0.1010	0
	0.1	1.3432	1.5494	1.1388	0.8919	0.7095	0.5606	0.4313	0.3143	0.2052	0.1010	0
	0.2	0.9388	0.9888	1.1388	0.8919	0.7095	0.5606	0.4313	0.3143	0.2052	0.1010	0
	0.3	0.7023	0.7234	0.7866	0.8919	0.7095	0.5606	0.4313	0.3143	0.2052	0.1010	0
	0.4	0.5345	0.5454	0.5783	0.6329	0.7095	0.5606	0.4313	0.3143	0.2052	0.1010	0
	0.5	0.4043	0.4106	0.4293	0.4606	0.5043	0.5606	0.4313	0.3143	0.2052	0.1010	0
	0.6	0.2980	0.3017	0.3128	0.3313	0.3572	0.3906	0.4313	0.3143	0.2052	0.1010	0
	0.7	0.2081	0.2102	0.2167	0.2276	0.2428	0.2623	0.2861	0.3143	0.2052	0.1010	0
	0.8	0.1302	0.1313	0.1349	0.1407	0.1489	0.1595	0.1724	0.1876	0.2052	0.1010	0
	0.9	0.0615	0.0619	0.0634	0.0659	0.0693	0.0737	0.0791	0.0854	0.0927	0.1010	0
	1.0	0	0	0	0	0	0	0	0	0	0	0
m_t	0.0	∞	1.5494	1.1388	0.8919	0.7095	0.5606	0.4313	0.3143	0.2052	0.1010	0
	0.1	1.7598	1.5494	1.1388	0.8919	0.7095	0.5606	0.4313	0.3143	0.2052	0.1010	0
	0.2	1.3555	1.3013	1.1388	0.8919	0.7095	0.5606	0.4313	0.3143	0.2052	0.1010	0
	0.3	1.1190	1.0938	1.0181	0.8919	0.7095	0.5606	0.4313	0.3143	0.2052	0.1010	0
	0.4	0.9512	0.9361	0.8908	0.8152	0.7095	0.5606	0.4313	0.3143	0.2052	0.1010	0
	0.5	0.8210	0.8106	0.7783	0.7273	0.6543	0.5606	0.4313	0.3143	0.2052	0.1010	0
	0.6	0.7146	0.7068	0.6832	0.6438	0.5887	0.5179	0.4313	0.3143	0.2052	0.1010	0
	0.7	0.6247	0.6184	0.5984	0.5677	0.5234	0.4664	0.3967	0.3143	0.2052	0.1010	0
	0.8	0.5468	0.5415	0.5255	0.4988	0.4614	0.4134	0.3546	0.2852	0.2052	0.1010	0
	0.9	0.4781	0.4735	0.4585	0.4362	0.4036	0.3617	0.3105	0.2500	0.1802	0.1010	0
	1.0	0.4167	0.4125	0.4000	0.3792	0.3500	0.3125	0.2667	0.2125	0.1500	0.0792	0
ω_{max}	0.0	0.3393	0.3301	0.3096	0.2817	0.2483	0.2111	0.1712	0.1293	0.0864	0.0431	0
m_r^0	1.0	−0.5000	−0.4950	−0.4800	−0.4550	−0.4200	−0.3750	−0.3200	−0.2550	−0.1800	−0.0950	0
m_t^0	1.0	−0.0833	−0.0825	−0.0800	−0.0758	−0.0700	−0.0625	−0.0533	−0.0425	−0.0300	−0.0158	0

表 2.2-8

$\rho=\frac{x}{R}$，$\beta=\frac{r}{R}$，$\nu=\frac{1}{6}$；

挠度 = 表中系数 × $\frac{qR^4}{B}$；弯矩 = 表中系数 × qR^2。

	ρ	β										
		0.0	0.1	0.2	0.3	0.4	0.5	0.6	0.7	0.8	0.9	1.0
m_r	0.0	—										
	0.1	0.1959	0									
	0.2	0.1900	0.1394	0								
	0.3	0.1801	0.1573	0.0939	0							
	0.4	0.1662	0.1535	0.1181	0.0651	0						
	0.5	0.1484	0.1407	0.1189	0.0862	0.0455	0					
	0.6	0.1267	0.1218	0.1080	0.0871	0.0610	0.0314	0				
	0.7	0.1009	0.0979	0.0894	0.0763	0.0598	0.0410	0.0207	0			
	0.8	0.0712	0.0695	0.0646	0.0571	0.0476	0.0366	0.0247	0.0124	0		
	0.9	0.0376	0.0368	0.0347	0.0314	0.0272	0.0223	0.0169	0.0113	0.0056	0	
	1.0	0	0	0	0	0	0	0	0	0	0	0
m_t	0.0	—										
	0.1	0.1970	0.3812									
	0.2	0.1942	0.2371	0.3525								
	0.3	0.1895	0.2070	0.2535	0.3170							
	0.4	0.1829	0.1920	0.2156	0.2466	0.2774						
	0.5	0.1745	0.1799	0.1937	0.2110	0.2264	0.2350					
	0.6	0.1642	0.1678	0.1768	0.1875	0.1959	0.1981	0.1907				
	0.7	0.1520	0.1547	0.1612	0.1685	0.1735	0.1731	0.1644	0.1449			
	0.8	0.1379	0.1401	0.1453	0.1509	0.1544	0.1532	0.1448	0.1270	0.0978		
	0.9	0.1220	0.1239	0.1284	0.1333	0.1363	0.1351	0.1277	0.1121	0.0866	0.0494	
	1.0	0.1042	0.1059	0.1101	0.1148	0.1179	0.1173	0.1113	0.0981	0.0761	0.0438	0
ω_{max}	$\rho=\beta$	0.0692	0.0728	0.0764	0.0760	0.0705	0.0602	0.0463	0.0307	0.0159	0.0045	0
m_r^0	1.0	−0.1250	−0.1241	−0.1201	−0.1113	−0.0971	−0.0782	−0.0568	−0.0356	−0.0173	−0.0047	0
m_t^0	1.0	−0.0208	−0.0207	−0.0200	−0.0186	−0.0162	−0.0130	−0.0095	−0.0059	−0.0029	−0.0008	0

表 2.2-9

$\rho=\dfrac{x}{R}$，$\beta=\dfrac{r}{R}$，$\nu=\dfrac{1}{6}$；挠度 = 表中系数 × $\dfrac{qrR^2}{B}$；

q 为环形均布荷载；弯矩 = 表中系数 × qr。

	ρ	β = 0.0	0.1	0.2	0.3	0.4	0.5	0.6	0.7	0.8	0.9	1.0
m_r	0.0	—										
	0.1	1.3432	0									
	0.2	0.9388	0.6132	0								
	0.3	0.7023	0.5651	0.3068	0							
	0.4	0.5345	0.4633	0.3291	0.1698	0						
	0.5	0.4043	0.3636	0.2870	0.1960	0.0989	0					
	0.6	0.2980	0.2739	0.2284	0.1745	0.1170	0.0584	0				
	0.7	0.2081	0.1939	0.1673	0.1358	0.1021	0.0678	0.0336	0			
	0.8	0.1302	0.1225	0.1082	0.0911	0.0729	0.0544	0.0359	0.0177	0		
	0.9	0.0615	0.0583	0.0523	0.0452	0.0376	0.0298	0.0221	0.0146	0.0072	0	
	1.0	0	0	0	0	0	0	0	0	0	0	0
m_t	0.0	∞										
	0.1	1.7598	3.1302									
	0.2	1.3555	1.7083	2.3726								
	0.3	1.1190	1.2833	1.5928	1.9602							
	0.4	0.9512	1.0495	1.2348	1.4548	1.6893						
	0.5	0.8210	0.8888	1.0166	1.1683	1.3301	1.4949					
	0.6	0.7146	0.7659	0.8624	0.9771	1.0993	1.2238	1.3479				
	0.7	0.6247	0.6660	0.7437	0.8359	0.9343	1.0346	1.1344	1.2326			
	0.8	0.5468	0.5816	0.6471	0.7248	0.8077	0.8922	0.9763	1.0591	1.1398		
	0.9	0.4781	0.5084	0.5655	0.6333	0.7056	0.7793	0.8527	0.9248	0.9952	1.0636	
	1.0	0.4167	0.4438	0.4949	0.5556	0.6203	0.6862	0.7519	0.8165	0.8795	0.9407	1.0000
ω_{max}	$\rho=\beta$	0.3393	0.3734	0.4013	0.4091	0.3969	0.3666	0.3199	0.2586	0.1841	0.0976	0
m_r^0	1.0	−0.5000	−0.5200	−0.5399	−0.5388	−0.5108	−0.4575	−0.3839	−0.2964	−0.2004	−0.1005	0
m_t^0	1.0	−0.0833	−0.0867	−0.0900	−0.0898	−0.0851	−0.0762	−0.0640	−0.0494	−0.0334	−0.0168	0

表 2.2-10

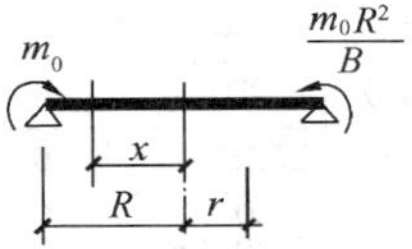

$\rho=\frac{x}{R}$，$\beta=\frac{r}{R}$，$\nu=\frac{1}{6}$；挠度 = 表中系数 × $\frac{m_0R^2}{B}$；

m_0 为环形均布弯矩；弯矩 = 表中系数 × m_0。

	ρ	β										
		0.0	0.1	0.2	0.3	0.4	0.5	0.6	0.7	0.8	0.9	1.0
m_r	0.0	—										
	0.1	1.0000	0									
	0.2	1.0000	0.7576	0								
	0.3	1.0000	0.8979	0.5787	0							
	0.4	1.0000	0.9470	0.7812	0.4808	0						
	0.5	1.0000	0.9697	0.8750	0.7033	0.4286	0					
	0.6	1.0000	0.9820	0.9259	0.8242	0.6614	0.4074	0				
	0.7	1.0000	0.9895	0.9566	0.8971	0.8017	0.6531	0.4145	0			
	0.8	1.0000	0.9943	0.9766	0.9444	0.8929	0.8125	0.6836	0.4596	0		
	0.9	1.0000	0.9976	0.9902	0.9768	0.9553	0.9218	0.8681	0.7746	0.5830	0	
	1.0	1.0000	1.0000	1.0000	1.0000	1.0000	1.0000	1.0000	1.0000	1.0000	1.0000	1.0000
m_t	0.0	—										
	0.1	1.0000	2.0202									
	0.2	1.0000	1.2626	2.0833								
	0.3	1.0000	1.1223	1.5046	2.1978							
	0.4	1.0000	1.0732	1.3021	1.7170	2.3810						
	0.5	1.0000	1.0505	1.2083	1.4945	1.9524	2.6667					
	0.6	1.0000	1.0382	1.1574	1.3736	1.7196	2.2593	3.1250				
	0.7	1.0000	1.0307	1.1267	1.3007	1.5792	2.0136	2.7105	3.9216			
	0.8	1.0000	1.0259	1.1068	1.2534	1.4881	1.8542	2.4414	3.4620	5.5556		
	0.9	1.0000	1.0226	1.0931	1.2210	1.4256	1.7449	2.2569	3.1469	4.9726	10.5263	
	1.0	1.0000	1.0202	1.0833	1.1978	1.3810	1.6667	2.1250	2.9216	4.5556	9.5263	∞
ω_{max}	$\rho=\beta$	0.4286	0.4565	0.5090	0.5715	0.6380	0.7058	0.7734	0.8398	0.9046	0.9676	—

表 2.2-11

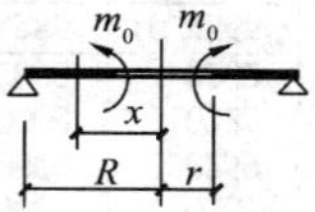

$\rho=\frac{x}{R}$，$\beta=\frac{r}{R}$，$\nu=\frac{1}{6}$；挠度 = 表中系数 × $\frac{m_0R^2}{B}$；

m_0 为环形均布弯矩；弯矩 = 表中系数 × m_0。

	ρ	β										
		0.0	0.1	0.2	0.3	0.4	0.5	0.6	0.7	0.8	0.9	1.0
m_r	0.0	—										
	0.1	0	1.0000									
	0.2	0	0.2424	1.0000								
	0.3	0	0.1021	0.4213	1.0000							
	0.4	0	0.0530	0.2188	0.5192	1.0000						
	0.5	0	0.0303	0.1250	0.2967	0.5714	1.0000					
	0.6	0	0.0180	0.0741	0.1758	0.3386	0.5926	1.0000				
	0.7	0	0.0105	0.0434	0.1029	0.1983	0.3469	0.5855	1.0000			
	0.8	0	0.0057	0.0234	0.0556	0.1071	0.1875	0.3164	0.5404	1.0000		
	0.9	0	0.0024	0.0098	0.0232	0.0447	0.0782	0.1319	0.2254	0.4170	1.0000	
	1.0	0	0	0	0	0	0	0	0	0	0	—
m_t	0.0	—										
	0.1	0	−1.0202									
	0.2	0	−0.2626	−1.0833								
	0.3	0	−0.1223	−0.5046	−1.1978							
	0.4	0	−0.0732	−0.3021	−0.7170	−1.3810						
	0.5	0	−0.0505	−0.2083	−0.4945	−0.9524	−1.6667					
	0.6	0	−0.0382	−0.1574	−0.3736	−0.7196	−1.2593	−2.1250				
	0.7	0	−0.0307	−0.1267	−0.3007	−0.5792	−1.0136	−1.7105	−2.9216			
	0.8	0	−0.0259	−0.1068	−0.2534	−0.4881	−0.8542	−1.4414	−2.4620	−4.5556		
	0.9	0	−0.0226	−0.0931	−0.2210	−0.4256	−0.7449	−1.2569	−2.1469	−3.9726	−9.5263	
	1.0	0	−0.0202	−0.0833	−0.1978	−0.3810	−0.6667	−1.1250	−1.9216	−3.5556	−8.5263	−∞
ω_{max}	$\rho=\beta$	0	−0.0322	−0.0976	−0.1815	−0.2780	−0.3844	−0.4991	−0.6212	−0.7503	−0.8861	—
m_r^0	1.0	0	0.0287	0.0909	0.1918	0.3137	0.4444	0.5745	0.6975	0.8101	0.9110	1.0000
m_t^0	1.0	0	0.0039	0.0152	0.0320	0.0523	0.0741	0.0957	0.1163	0.1350	0.1518	0.1667

表 2.2-12

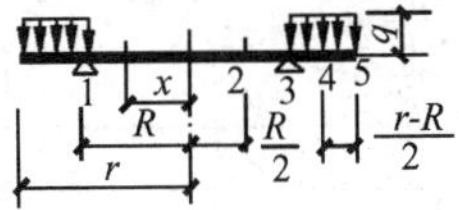

$\rho=\frac{x}{R},\beta=\frac{r}{R},\nu=\frac{1}{6}$；挠度 = 表中系数 × $\frac{qR^4}{B}$；

弯矩 = 表中系数 × qR^2 。

β	截面位置					
	1点～3点 ($\rho<1$)	4点 $\left(\rho=\frac{\beta+1}{2}\right)$		5点（$\rho=\beta$）		
	$m_r=m_t$	m_r	m_t	m_r	m_t	ω
1.0	0	0	0	0	0	0.0000
1.1	-0.0049	-0.0011	-0.0042	0	-0.0038	0.0004
1.2	-0.0194	-0.0039	-0.0161	0	-0.0140	0.0035
1.3	-0.0434	-0.0081	-0.0349	0	-0.0293	0.0118
1.4	-0.0768	-0.0132	-0.0603	0	-0.0490	0.0282
1.5	-0.1200	-0.0192	-0.0919	0	-0.0723	0.0559
1.6	-0.1729	-0.0260	-0.1293	0	-0.0990	0.0981
1.7	-0.2360	-0.0335	-0.1725	0	-0.1288	0.1582
1.8	-0.3095	-0.0417	-0.2213	0	-0.1613	0.2401
1.9	-0.3935	-0.0506	-0.2755	0	-0.1966	0.3477
2.0	-0.4884	-0.0602	-0.3351	0	-0.2344	0.4852
2.1	-0.5944	-0.0705	-0.3999	0	-0.2747	0.6572
2.2	-0.7117	-0.0815	-0.4700	0	-0.3174	0.8684

$\rho = \frac{x}{R}, \beta = \frac{r}{R}, \nu = \frac{1}{6}$;　　　　**表 2.2-13**

挠度 = 表中系数 × $\frac{qR^4}{B}$;

弯矩 = 表中系数 × qR^2。

<table>
<tr><th rowspan="3">β</th><th colspan="11">截 面 位 置</th></tr>
<tr><th colspan="2">1 点（ρ=0）</th><th colspan="2">2 点（ρ=0.5）</th><th colspan="2">3 点（ρ=1）</th><th colspan="2">4 点 $\left(\rho = \frac{\beta+1}{2}\right)$</th><th colspan="2">5 点（ρ=β）</th><th>1 点（ρ=0）</th></tr>
<tr><th>m_r</th><th>m_t</th><th>m_r</th><th>m_t</th><th>m_r</th><th>m_t</th><th>m_r</th><th>m_t</th><th>m_r</th><th>m_t</th><th>ω</th></tr>
<tr><td>1.0</td><td>0.1979</td><td>0.1979</td><td>0.1484</td><td>0.1745</td><td>0</td><td>0.1042</td><td>0</td><td>0.1042</td><td>0</td><td>0.1042</td><td>0.0692</td></tr>
<tr><td>1.1</td><td>0.1889</td><td>0.1889</td><td>0.1394</td><td>0.1654</td><td>−0.0090</td><td>0.0951</td><td>−0.0042</td><td>0.0903</td><td>0</td><td>0.0861</td><td>0.0653</td></tr>
<tr><td>1.2</td><td>0.1820</td><td>0.1820</td><td>0.1325</td><td>0.1586</td><td>−0.0159</td><td>0.0883</td><td>−0.0069</td><td>0.0792</td><td>0</td><td>0.0723</td><td>0.0624</td></tr>
<tr><td>1.3</td><td>0.1767</td><td>0.1767</td><td>0.1272</td><td>0.1532</td><td>−0.0213</td><td>0.0829</td><td>−0.0086</td><td>0.0702</td><td>0</td><td>0.0616</td><td>0.0601</td></tr>
<tr><td>1.4</td><td>0.1724</td><td>0.1724</td><td>0.1229</td><td>0.1490</td><td>−0.0255</td><td>0.0787</td><td>−0.0096</td><td>0.0627</td><td>0</td><td>0.0531</td><td>0.0583</td></tr>
<tr><td>1.5</td><td>0.1690</td><td>0.1690</td><td>0.1195</td><td>0.1455</td><td>−0.0289</td><td>0.0752</td><td>−0.0102</td><td>0.0565</td><td>0</td><td>0.0463</td><td>0.0568</td></tr>
<tr><td>1.6</td><td>0.1662</td><td>0.1662</td><td>0.1167</td><td>0.1427</td><td>−0.0317</td><td>0.0724</td><td>−0.0105</td><td>0.0512</td><td>0</td><td>0.0407</td><td>0.0556</td></tr>
<tr><td>1.7</td><td>0.1639</td><td>0.1639</td><td>0.1144</td><td>0.1404</td><td>−0.0341</td><td>0.0701</td><td>−0.0106</td><td>0.0466</td><td>0</td><td>0.0360</td><td>0.0546</td></tr>
<tr><td>1.8</td><td>0.1619</td><td>0.1619</td><td>0.1124</td><td>0.1385</td><td>−0.0360</td><td>0.0682</td><td>−0.0105</td><td>0.0426</td><td>0</td><td>0.0322</td><td>0.0538</td></tr>
<tr><td>1.9</td><td>0.1603</td><td>0.1603</td><td>0.1108</td><td>0.1368</td><td>−0.0377</td><td>0.0665</td><td>−0.0103</td><td>0.0392</td><td>0</td><td>0.0289</td><td>0.0531</td></tr>
<tr><td>2.0</td><td>0.1589</td><td>0.1589</td><td>0.1094</td><td>0.1354</td><td>−0.0391</td><td>0.0651</td><td>−0.0101</td><td>0.0362</td><td>0</td><td>0.0260</td><td>0.0525</td></tr>
<tr><td>2.1</td><td>0.1576</td><td>0.1576</td><td>0.1082</td><td>0.1342</td><td>−0.0403</td><td>0.0639</td><td>−0.0099</td><td>0.0335</td><td>0</td><td>0.0236</td><td>0.0519</td></tr>
<tr><td>2.2</td><td>0.1566</td><td>0.1566</td><td>0.1071</td><td>0.1332</td><td>−0.0413</td><td>0.0628</td><td>−0.0096</td><td>0.0311</td><td>0</td><td>0.0215</td><td>0.0515</td></tr>
</table>

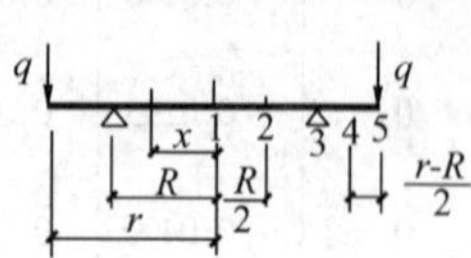

$\rho = \frac{x}{R}, \beta = \frac{r}{R}, \nu = \frac{1}{6}$;　　　　**表 2.2-14**

挠度 = 表中系数 × $\frac{qR^3}{B}$;

弯矩 = 表中系数 × qR;

q 为环形均布荷载。

<table>
<tr><th rowspan="3">β</th><th colspan="6">截 面 位 置</th></tr>
<tr><th>1 点～3 点（ρ<1）</th><th colspan="2">4 点 $\left(\rho = \frac{\beta+1}{2}\right)$</th><th colspan="3">5 点（ρ=β）</th></tr>
<tr><th>$m_r = m_t$</th><th>m_r</th><th>m_t</th><th>m_r</th><th>m_t</th><th>ω</th></tr>
<tr><td>1.0</td><td>0</td><td>0</td><td>0</td><td>0</td><td>0</td><td>0</td></tr>
<tr><td>1.1</td><td>−0.1009</td><td>−0.0483</td><td>−0.0909</td><td>0</td><td>−0.0795</td><td>0.0089</td></tr>
<tr><td>1.2</td><td>−0.2040</td><td>−0.0939</td><td>−0.1807</td><td>0</td><td>−0.1528</td><td>0.0370</td></tr>
<tr><td>1.3</td><td>−0.3095</td><td>−0.1375</td><td>−0.2696</td><td>0</td><td>−0.2212</td><td>0.0864</td></tr>
<tr><td>1.4</td><td>−0.4176</td><td>−0.1796</td><td>−0.3579</td><td>0</td><td>−0.2857</td><td>0.1592</td></tr>
<tr><td>1.5</td><td>−0.5284</td><td>−0.2206</td><td>−0.4456</td><td>0</td><td>−0.3472</td><td>0.2577</td></tr>
<tr><td>1.6</td><td>−0.6418</td><td>−0.2608</td><td>−0.5330</td><td>0</td><td>−0.4062</td><td>0.3838</td></tr>
<tr><td>1.7</td><td>−0.7578</td><td>−0.3004</td><td>−0.6201</td><td>0</td><td>−0.4632</td><td>0.5398</td></tr>
<tr><td>1.8</td><td>−0.8764</td><td>−0.3395</td><td>−0.7068</td><td>0</td><td>−0.5185</td><td>0.7279</td></tr>
<tr><td>1.9</td><td>−0.9976</td><td>−0.3782</td><td>−0.7933</td><td>0</td><td>−0.5724</td><td>0.9501</td></tr>
<tr><td>2.0</td><td>−1.1212</td><td>−0.4166</td><td>−0.8796</td><td>0</td><td>−0.6250</td><td>1.2086</td></tr>
<tr><td>2.1</td><td>−1.2472</td><td>−0.4549</td><td>−0.9657</td><td>0</td><td>−0.6766</td><td>1.5056</td></tr>
<tr><td>2.2</td><td>−1.3755</td><td>−0.4930</td><td>−1.0516</td><td>0</td><td>−0.7273</td><td>1.8431</td></tr>
</table>

表 2.2-15

$\rho = \frac{x}{R}, \beta = \frac{r}{R}, \nu = \frac{1}{6}$；

弯矩 = 表中系数 × qR^2。

	m_r					m_t				
ρ \ β	0.05	0.10	0.15	0.20	0.25	0.05	0.10	0.15	0.20	0.25
0.05	−0.3674					−0.0612				
0.10	−0.1360	−0.2497				−0.1244	−0.0416			
0.15	−0.0613	−0.1167	−0.1876			−0.1030	−0.0736	−0.0313		
0.20	−0.0198	−0.0539	−0.0970	−0.1470		−0.0788	−0.0671	−0.0487	−0.0245	
0.25	0.0077	−0.0160	−0.0456	−0.0797	−0.1175	−0.0570	−0.0539	−0.0459	−0.0343	−0.0196
0.30	0.0270	0.0094	−0.0124	−0.0373	−0.0649	−0.0405	−0.0402	−0.0375	−0.0323	−0.0251
0.40	0.0510	0.0400	0.0267	0.0116	−0.0050	−0.0141	−0.0169	−0.0186	−0.0191	−0.0184
0.50	0.0617	0.0544	0.0456	0.0357	0.0249	0.0038	0.0001	−0.0030	0.0054	−0.0072
0.60	0.0630	0.0580	0.0521	0.0455	0.0384	0.0153	0.0115	0.0081	0.0050	0.0025
0.70	0.0566	0.0533	0.0494	0.0452	0.0405	0.0218	0.0182	0.0148	0.0117	0.0090
0.80	0.0435	0.0416	0.0393	0.0367	0.0340	0.0239	0.0206	0.0175	0.0147	0.0122
0.90	0.0245	0.0236	0.0226	0.0214	0.0202	0.0223	0.0194	0.0167	0.0142	0.0120
1.00	0	0	0	0	0	0.0173	0.0149	0.0126	0.0104	0.0086

表 2.2-16

$\rho=\frac{x}{R}, \beta=\frac{r}{R}, \nu=\frac{1}{6}$；

弯矩 = 表中系数 × qR^2。

ρ \ β	m_r					m_t				
	0.05	0.10	0.15	0.20	0.25	0.05	0.10	0.15	0.20	0.25
0.05	−0.2098					−0.0350				
0.10	−0.0709	−0.1433				−0.0680	−0.0239			
0.15	−0.0258	−0.0614	−0.1088			−0.0535	−0.0403	−0.0181		
0.20	−0.0012	−0.0229	−0.0514	−0.0862		−0.0383	−0.0348	−0.0268	−0.0144	
0.25	0.0143	−0.0002	−0.0193	−0.0425	−0.0698	−0.0257	−0.0259	−0.0238	−0.0190	−0.0116
0.30	0.0245	0.0143	0.0008	−0.0156	−0.0349	−0.0154	−0.0174	−0.0178	−0.0167	−0.0139
0.40	0.0344	0.0293	0.0224	0.0137	0.0033	−0.0010	−0.0037	−0.0060	−0.0075	−0.0084
0.50	0.0347	0.0326	0.0294	0.0250	0.0196	0.0073	0.0049	0.0026	0.0005	−0.0012
0.60	0.0275	0.0275	0.0268	0.0253	0.0231	0.0109	0.0090	0.0072	0.0051	0.0038
0.70	0.0140	0.0156	0.0167	0.0174	0.0176	0.0105	0.0093	0.0081	0.0069	0.0058
0.80	−0.0052	−0.0023	0.0004	0.0027	0.0047	0.0067	0.0062	0.0057	0.0052	0.0046
0.90	−0.0296	−0.0256	−0.0217	−0.0179	−0.0144	−0.0001	0	0.0002	0.0003	0.0005
1.00	−0.0589	−0.0540	−0.0490	−0.0441	−0.0393	−0.0098	−0.0090	−0.0082	−0.0074	−0.0066

表 2.2-17

$\rho = \frac{x}{R}, \beta = \frac{r}{R}, \nu = \frac{1}{6}$；弯矩 = 表中系数 × m_0；

m_0 为环形均布弯矩。

ρ \ β	m_r 0.05	m_r 0.10	m_r 0.15	m_r 0.20	m_r 0.25	m_t 0.05	m_t 0.10	m_t 0.15	m_t 0.20	m_t 0.25
0.05	−2.6777					−0.4463				
0.10	−1.1056	−1.9702				−0.9576	−0.3284			
0.15	−0.6024	−1.0236	−1.6076			−0.8403	−0.6163	−0.2679		
0.20	−0.3148	−0.5739	−0.9286	−1.3770		−0.6877	−0.5986	−0.4467	−0.2295	
0.25	−0.1128	−0.2927	−0.5361	−0.8415	−1.2142	−0.5432	−0.5173	−0.4512	−0.3476	−0.2024
0.30	0.0437	−0.0903	−0.2697	−0.4934	−0.7650	−0.4257	−0.4236	−0.4006	−0.3546	−0.2830
0.40	0.2807	0.1974	0.0876	−0.0478	−0.2108	−0.2225	−0.2439	−0.2577	−0.2620	−0.2555
0.50	0.4592	0.4037	0.3312	0.2427	0.1367	−0.0595	−0.0877	−0.1133	−0.1350	−0.1519
0.60	0.6030	0.5653	0.5167	0.4576	0.3873	0.0757	0.0469	0.0182	−0.0088	−0.0338
0.70	0.7235	0.6987	0.6670	0.6286	0.5830	0.1911	0.1639	0.1360	0.1086	0.0821
0.80	0.8273	0.8125	0.7936	0.7708	0.7439	0.2916	0.2670	0.2415	0.2162	0.1912
0.90	0.9186	0.9118	0.9032	0.8929	0.8808	0.3806	0.3591	0.3367	0.3144	0.2925
1.00	1.0000	1.0000	1.0000	1.0000	1.0000	0.4604	0.4420	0.4231	0.4045	0.3863

(5) 均布荷载作用下双向悬挑板的弹性计算（表 2.2-18）

均布荷载作用下双向悬挑板的弹性计算系数　　表 2.2-18

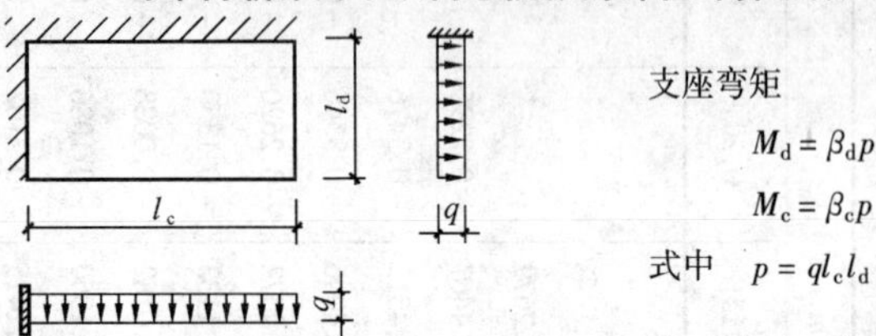

支座弯矩

$$M_d = \beta_d p$$

$$M_c = \beta_c p$$

式中　$p = q l_c l_d$

l_c/l_d	1.0	1.1	1.2	1.3	1.4	1.5	1.6	1.7	1.8	1.9	2.0
β_d	0.250	0.269	0.281	0.286	0.284	0.278	0.271	0.262	0.254	0.245	0.235
β_c	0.250	0.221	0.196	0.167	0.144	0.124	0.107	0.091	0.079	0.069	0.060

2.2.2　双向板的塑性计算

(1) 均布荷载作用下钢筋混凝土双向矩形板的塑性计算（表 2.2-19）

1) 计算方法

(A) 适用条件

假定板为四边支承的正交异性板，采用极限平衡法计算弯矩系数，主要适用于四边支承的钢筋混凝土板考虑塑性内力重分布的计算。

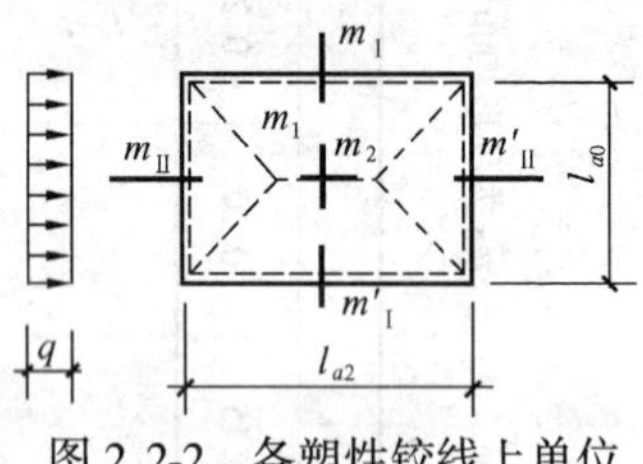

图 2.2-2　各塑性铰线上单位长度的弯矩示意

(B) 图 2.2-2 中 m_1、m_2、m_{I}、m_{II}、m'_{I}、m'_{II} 分别为各塑性铰线上单位长度的弯矩。

各种系数：$\alpha = m_2/m_1$，$\beta_1 = m_{\mathrm{I}}/m_1$，$\beta'_1 = m'_{\mathrm{I}}/m_1$，$\beta_2 = m_{\mathrm{II}}/m_2$，$\beta'_2 = m'_{\mathrm{II}}/m_2$。

对于固定边，按 $\beta = 2$ 计算；

对于简支边，按 $\beta = 0$ 计算。

(C) 当跨中钢筋在支座处不减少时，弯矩 m_1 按下式计算：$m_1 = \xi q l_{01}^2$。

当跨中钢筋的有效面积在距支座 $l_1/4$ 范围内由于弯起或切

断而减少 50%时，弯矩 m_1 按下式计算：$m_1 = c\xi q l_{01}^2$。

其他各截面内力为：

$$m_2 = \alpha m_1; m_{\mathrm{I}} = \beta_1 m_1; m'_{\mathrm{I}} = \beta'_1 m_1;$$

$$m_{\mathrm{II}} = \beta_2 m_2; m'_{\mathrm{II}} = \beta'_2 m_2。$$

2）塑性计算弯矩系数表（表 2.2-19）

塑性计算弯矩系数表 **表 2.2-19**

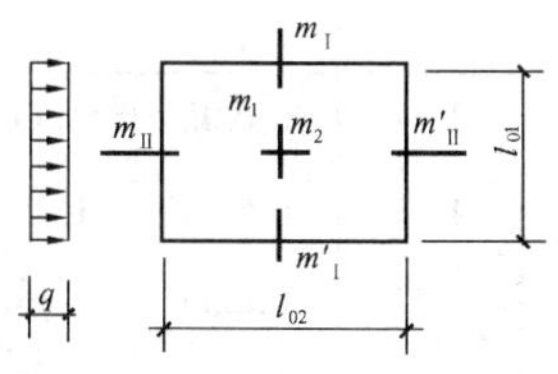

当跨中钢筋在支座处不减少时：

$m_1 = \xi q l_{01}^2$;

当跨中钢筋的有效面积在距支座 $l_{01}/4$ 范围内减少 50%时：

$m_1 = c\xi q c l_{01}^2$;

$m_2 = \alpha m_1$;

$m_{\mathrm{I}} = \beta_1 m_1; m'_{\mathrm{I}} = \beta'_1 m_1$;

$m_{\mathrm{II}} = \beta_2 m_2; m'_{\mathrm{II}} = \beta'_2 m_2$。

支座类型 / 计算系数 $\lambda = \frac{l_{02}}{l_{01}}$	α	$\beta_1 = \beta'_1 = \beta_2 = \beta'_2 = 2$		$\beta'_1 = \beta_2 = \beta'_2 = 2$, $\beta_1 = 0$		$\beta_1 = \beta'_1 = \beta'_2 = 2$, $\beta_2 = 0$	
		ξ	c	ξ	c	ξ	c
1.00	1.00	0.0139	1.09	0.0173	1.11	0.0173	1.11
1.05	0.90	0.0153	1.09	0.0194	1.11	0.0187	1.11
1.10	0.85	0.0164	1.09	0.0210	1.11	0.0198	1.10
1.15	0.75	0.0179	1.08	0.0234	1.11	0.0213	1.10
1.20	0.70	0.0190	1.08	0.0251	1.10	0.0223	1.09
1.25	0.65	0.0201	1.08	0.0269	1.10	0.0233	1.09
1.30	0.60	0.0212	1.08	0.0287	1.10	0.0244	1.09
1.35	0.55	0.0223	1.07	0.0306	1.10	0.0254	1.08
1.40	0.50	0.0234	1.07	0.0325	1.10	0.0264	1.08
1.45	0.50	0.0239	1.07	0.0333	1.09	0.0268	1.08
1.50	0.45	0.0250	1.07	0.0352	1.09	0.0278	1.07
1.55	0.40	0.0261	1.06	0.0372	1.09	0.0288	1.07
1.60	0.40	0.0265	1.06	0.0378	1.09	0.0291	1.07
1.65	0.35	0.0276	1.06	0.0399	1.08	0.0301	1.06
1.70	0.35	0.0280	1.06	0.0405	1.08	0.0304	1.06
1.75	0.35	0.0283	1.06	0.0410	1.08	0.0307	1.06
1.80	0.35	0.0286	1.06	0.0416	1.08	0.0309	1.06
1.85	0.30	0.0297	1.05	0.0436	1.08	0.0318	1.06
1.90	0.30	0.0299	1.05	0.0441	1.07	0.0321	1.05
1.95	0.25	0.0310	1.05	0.0461	1.07	0.0331	1.05
2.00	0.25	0.0313	1.05	0.0466	1.07	0.0332	1.05

续表

支座类型 / 计算系数		$\beta_1=\beta_2=2$, $\beta'_1=\beta'_2=0$		$\beta_1=\beta'_1=2$, $\beta_2=\beta'_2=0$		$\beta_1=\beta'_1=0$ $\beta_2=\beta'_2=2$	
$\lambda=\frac{l_{02}}{l_{01}}$	α	ξ	c	ξ	c	ξ	c
1.00	1.00	0.0223	1.14	0.0216	1.14	0.0216	*1.15
1.05	0.90	0.0246	1.14	0.0230	1.13	0.0248	1.15
1.10	0.85	0.0264	1.13	0.0240	1.13	0.0273	1.15
1.15	0.75	0.0288	1.13	0.0254	1.12	0.0311	1.15
1.20	0.70	0.0306	1.13	0.0263	1.11	0.0341	1.15
1.25	0.65	0.0323	1.12	0.0272	1.10	0.0371	1.15
1.30	0.60	0.0341	1.12	0.0281	1.10	0.0404	1.15
1.35	0.55	0.0359	1.11	0.0289	1.09	0.0438	1.15
1.40	0.50	0.0377	1.11	0.0298	1.09	0.0473	1.15
1.45	0.50	0.0384	1.11	0.0301	1.08	0.0488	1.15
1.50	0.45	0.0402	1.10	0.0310	1.08	0.0525	*1.15
1.55	0.40	0.0420	1.10	0.0318	1.07	0.0564	1.15
1.60	0.40	0.0426	1.10	0.0321	1.07	0.0578	1.14
1.65	0.35	0.0444	1.09	0.0328	1.07	0.0619	1.14
1.70	0.35	0.0450	1.09	0.0331	1.07	0.0632	1.14
1.75	0.35	0.0454	1.09	0.0333	1.06	0.0644	1.14
1.80	0.35	0.0459	1.09	0.0335	1.06	0.0655	1.13
1.85	0.30	0.0477	1.08	0.0342	1.06	0.0697	1.13
1.90	0.30	0.0481	1.08	0.0344	1.06	0.0708	1.13
1.95	0.25	0.0499	1.08	0.0351	1.05	0.0753	1.13
2.00	0.25	0.0502	1.07	0.0353	1.05	0.0763	1.13

续表

支座类型 / 计算系数		$\beta_1=2,\beta'_1=\beta_2=\beta'_2=0$		$\beta_1=\beta'_1=\beta'_2=0,\beta_2=2$		$\beta_1=\beta'_1=\beta_2=\beta'_2=0$	
$\lambda=\frac{l_{02}}{l_{01}}$	α	ξ	c	ξ	c	ξ	c
1.00	1.00	0.0294	1.20	0.0294	1.20	0.0417	1.33
1.05	0.90	0.0318	1.19	0.0332	1.20	0.0459	1.32
1.10	0.85	0.0335	1.18	0.0361	1.20	0.0491	1.31
1.15	0.75	0.0358	1.17	0.0405	1.20	0.0537	1.30
1.20	0.70	0.0375	1.16	0.0438	1.20	0.0570	1.29
1.25	0.65	0.0391	1.15	0.0470	1.19	0.0603	1.28
1.30	0.60	0.0407	1.14	0.0504	1.19	0.0636	1.27
1.35	0.55	0.0423	1.14	0.0539	1.19	0.0670	1.26
1.40	0.50	0.0438	1.13	0.0575	1.19	0.0703	1.25
1.45	0.50	0.0445	1.12	0.0590	1.18	0.0717	1.24
1.50	0.45	0.0460	1.12	0.0626	1.18	0.0751	1.23
1.55	0.40	0.0475	1.11	0.0664	1.18	0.0784	1.22
1.60	0.40	0.0480	1.11	0.0677	1.17	0.0795	1.21
1.65	0.35	0.0495	1.10	0.0715	1.17	0.0829	1.20
1.70	0.35	0.0500	1.10	0.0727	1.16	0.0839	1.20
1.75	0.35	0.0504	1.10	0.0738	1.16	0.0849	1.19
1.80	0.35	0.0508	1.09	0.0749	1.16	0.0857	1.19
1.85	0.30	0.0522	1.09	0.0787	1.15	0.0890	1.18
1.90	0.30	0.0526	1.09	0.0797	1.15	0.0897	1.17
1.95	0.25	0.0540	1.08	0.0836	1.15	0.0931	1.17
2.00	0.25	0.0542	1.08	0.0845	1.14	0.0938	1.16

注：表中 c 值，基本是随 $\lambda=\frac{l_{02}}{l_{01}}$ 值的递增而递减，此数为了与全表相协调，故将尾数做了调整。

（2）钢筋混凝土圆形板的塑性计算

1）说明

（A）表 2.2-20 为圆形板按极限平衡法计算的弯矩系数，适用于周边支承的钢筋混凝土圆形板考虑塑性内力重分布的计算。

（B）符号说明

m_{tu}——圆板中单位宽度的切向弯矩；

m_{ru}——圆板周边单位宽度的径向弯矩；

$\alpha = r/R$，当 $\alpha = 0$ 表示集中荷载作用，$\alpha = 1$ 表示均布荷载作用，$0 < \alpha < 1$ 表示局部均布荷载作用；

$\beta = -m_{ru}/m_{tu}$，当 $\beta = 0$ 表示周边简支，$\beta \neq 0$ 表示周边嵌固，β 可据嵌固端与板中配筋情况在 1～2.6 间选定，一般 β 取 2.0。

2）圆形板塑性计算弯矩系数（见表 2.2-20）。

圆形板按极限平衡法计算的弯矩系数表　　　　表 2.2-20

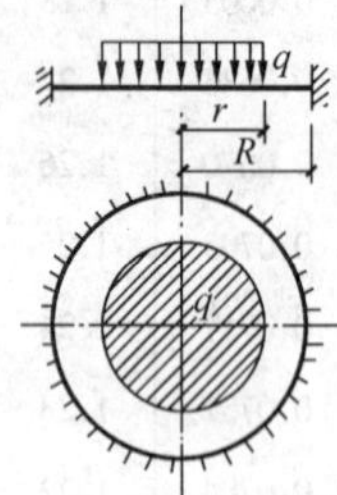

m_{tu} =（表中系数）$\cdot F$，$m_{ru} = -\beta m_{tu}$；

当 q 为面作用时 $F = q \cdot \pi r^2$；

当 q 为点作用时 $F = q$；

当 F 的单位为 kN，R、r 的单位为 m 时，m_{tu}、m_{ru}的单位为 kN·m/m

α \ β	0	1.0	1.2	1.4	1.6	1.8	2.0	2.2	2.4	2.6
0	0.1591	0.0795	0.0723	0.0663	0.0612	0.0568	0.0530	0.0497	0.0468	0.0442
0.1	0.1485	0.0742	0.0675	0.0618	0.0571	0.0530	0.0495	0.0464	0.0436	0.0412
0.2	0.1379	0.0689	0.0626	0.0574	0.0530	0.0492	0.0459	0.0431	0.0405	0.0383
0.3	0.1273	0.0636	0.0578	0.0530	0.0489	0.0454	0.0424	0.0397	0.0374	0.0353
0.4	0.1167	0.0583	0.0530	0.0486	0.0448	0.0416	0.0389	0.0364	0.0343	0.0324
0.5	0.1061	0.0530	0.0482	0.0442	0.0408	0.0378	0.0353	0.0331	0.0312	0.0294
0.6	0.0954	0.0477	0.0434	0.0397	0.0367	0.0341	0.0318	0.0298	0.0280	0.0265
0.7	0.0848	0.0424	0.0385	0.0353	0.0326	0.0303	0.0282	0.0265	0.0249	0.0235
0.8	0.0742	0.0371	0.0337	0.0309	0.0285	0.0265	0.0247	0.0232	0.0218	0.0206
0.9	0.0636	0.0318	0.0289	0.0265	0.0244	0.0227	0.0212	0.0198	0.0187	0.0176
1.0	0.0530	0.0265	0.0241	0.0221	0.0204	0.0189	0.0176	0.0165	0.0156	0.0147

2.3 排架柱内力计算

2.3.1 计算柱顶铰支的单阶柱反力公式（表 2.3-1）

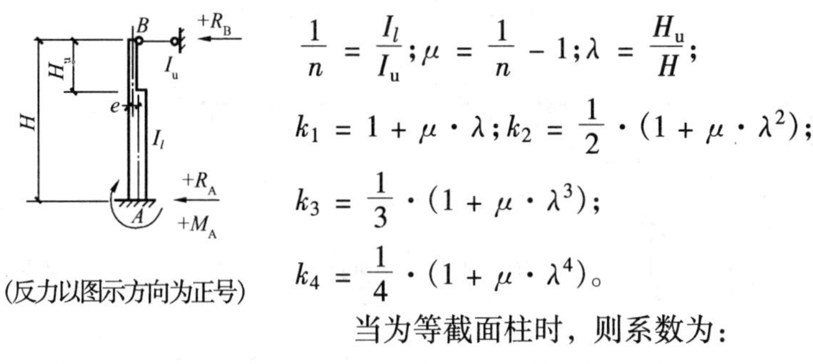

（反力以图示方向为正号）

计算系数：

$$\frac{1}{n}=\frac{I_l}{I_u};\mu=\frac{1}{n}-1;\lambda=\frac{H_u}{H};$$

$$k_1=1+\mu\cdot\lambda;k_2=\frac{1}{2}\cdot(1+\mu\cdot\lambda^2);$$

$$k_3=\frac{1}{3}\cdot(1+\mu\cdot\lambda^3);$$

$$k_4=\frac{1}{4}\cdot(1+\mu\cdot\lambda^4)。$$

当为等截面柱时，则系数为：

$$\frac{1}{n}=1,\ \mu=0,\ k_1=1,\ k_2=\frac{1}{2},\ k_3=\frac{1}{3},\ k_4=\frac{1}{4}。$$

计算柱顶铰支单阶柱反力公式 **表 2.3-1**

公式	
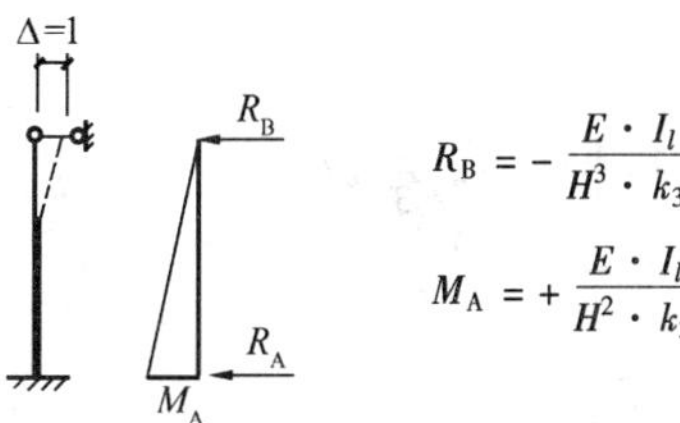	$R_B=-\frac{E\cdot I_l}{H^3\cdot k_3}$ $M_A=+\frac{E\cdot I_l}{H^2\cdot k_3}$
αH, T, R_B, R_A, M_A	$R_B=+\frac{T}{k_3}\cdot\left[k_3-\alpha\cdot k_2+\frac{1}{n}\cdot\frac{\alpha^3}{6}\right]$ $M_A=(1-\alpha)\cdot T\cdot H-R_B\cdot H$

续表

公　　式
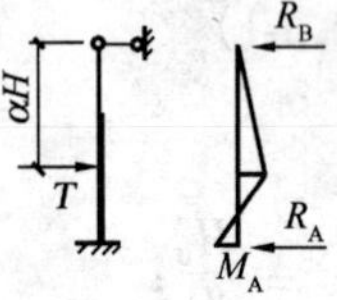 $R_{\mathrm{B}}=+\dfrac{T}{6\cdot k_3}\cdot(1-\alpha)^2\cdot(2+\alpha)$ $M_{\mathrm{A}}=[(1-\alpha)\cdot T-R_{\mathrm{B}}]\cdot H$
$R_{\mathrm{B}}=+\dfrac{1}{2}\cdot\dfrac{k_4}{k_3}\cdot q\cdot H$ $M_{\mathrm{A}}=\left[\dfrac{q\cdot H}{2}-R_{\mathrm{B}}\right]\cdot H$
$R_{\mathrm{B}}=+\dfrac{\alpha}{k_3}\cdot\left[k_3-\dfrac{\alpha}{2}\cdot k_2+\dfrac{1}{n}\cdot\dfrac{\alpha^3}{24}\right]\cdot q\cdot H$ $M_{\mathrm{A}}=\left[\dfrac{\alpha}{2}\cdot(2-\alpha)\cdot qH-R_{\mathrm{B}}\right]\cdot H$
$R_{\mathrm{B}}=+\dfrac{1}{8\cdot k_3}\cdot\left[4\cdot k_4+\dfrac{\alpha}{3}\cdot(8-6\cdot\alpha+\alpha^3)-1\right]\cdot qH$ $M_{\mathrm{A}}=\left[\dfrac{\alpha}{2}\cdot(2-\alpha)\cdot qH-R_{\mathrm{B}}\right]\cdot H$
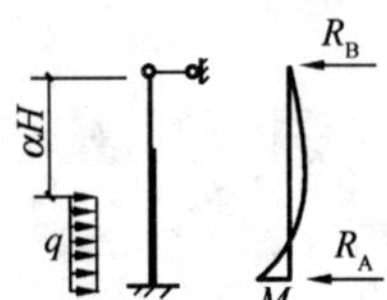 $R_{\mathrm{B}}=+\dfrac{1}{24\cdot k_3}\cdot(1-\alpha)^3\cdot(3+\alpha)\cdot q\cdot H$ $M_{\mathrm{A}}=\left[\dfrac{1}{2}\cdot(1-\alpha)^2\cdot qH-R_{\mathrm{B}}\right]\cdot H$

续表

公式	
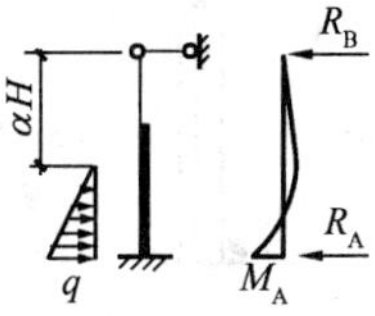	$R_B = +\frac{1}{120\cdot k_3}\cdot(1-\alpha)^3\cdot(4+\alpha)\cdot q\cdot H$ $M_A = \left[\frac{1}{6}\cdot(1-\alpha)^2\cdot q\cdot H - R_B\right]\cdot H$
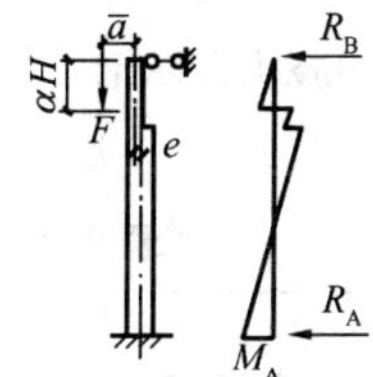	$R_B = -\frac{1}{2\cdot k_3}\cdot\left[\bar{a}\cdot\left(2\cdot k_2-\frac{\alpha^2}{n}\right)+e\cdot(1-\lambda^2)\right]\cdot\frac{F}{H}$ $M_A = -F(\bar{a}+e)-R_B\cdot H$
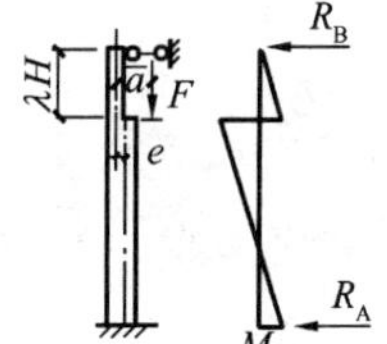	$R_B = +\frac{1}{2\cdot k_3}\cdot(1-\lambda^2)\cdot(\bar{a}-e)\cdot\frac{F}{H}$ $M_A = F\cdot(\bar{a}-e)-R_B\cdot H$
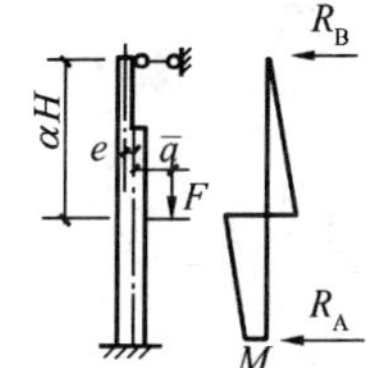	$R_B = +\frac{1}{2\cdot k_3}\cdot(1-a^2)\cdot\frac{F\cdot\bar{a}}{H}$ $M_A = F\cdot\bar{a}-R_B\cdot H$

2.3.2 计算柱顶铰支的二阶柱反力公式（表 2.3-2）

计算系数：

$$\frac{1}{n_1}=\frac{I_3}{I_1};\frac{1}{n_2}=\frac{I_3}{I_2};\mu_1=\frac{1}{n_1}-\frac{1}{n_2};\mu_2=\frac{1}{n_2}-1;$$

$$\lambda=\frac{H_{u1}}{H};\beta=\frac{b}{H};k_1=1+\mu_2\cdot\beta;$$

$$k_2 = \frac{1}{2} \cdot (1 + \mu_2 \cdot \beta^2);$$

$$k_3 = \frac{1}{3} \cdot (1 + \mu_2 \cdot \beta^3);$$

$$k_4 = \frac{1}{4} \cdot (1 + \mu_2 \cdot \beta^4);$$

$$\bar{k}_1 = 1 + \mu_1 \cdot \lambda + \mu_2 \cdot \beta;$$

$$\bar{k}_2 = \frac{1}{2} \cdot (1 + \mu_1 \cdot \lambda^2 + \mu_2 \cdot \beta^2);$$

$$\bar{k}_3 = \frac{1}{3} \cdot (1 + \mu_1 \cdot \lambda^3 + \mu_2 \cdot \beta^3);$$

$$\bar{k}_4 = \frac{1}{4} \cdot (1 + \mu_1 \cdot \lambda^4 + \mu_2 \cdot \beta^4)。$$

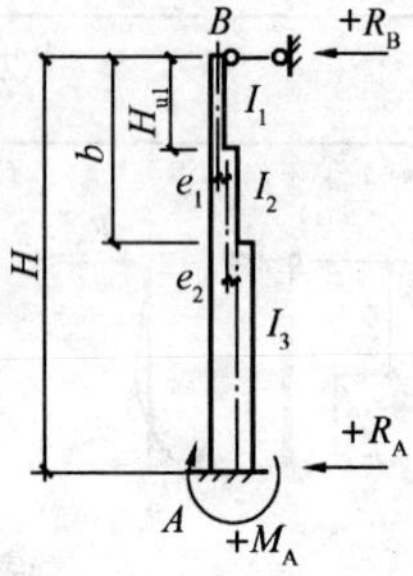

(反力以图示方向为正号)

计算柱顶铰支的二阶柱反力公式　　表 2.3-2

公式
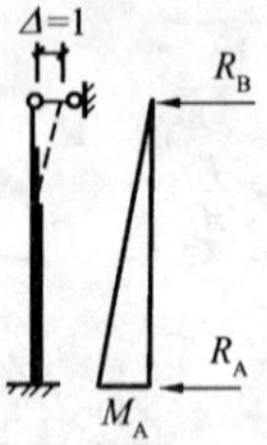 $R_B = -\dfrac{E \cdot I_3}{H^3 \cdot \bar{\bar{k}}_3}$ $M_A = +\dfrac{E \cdot I_3}{H^2 \cdot \bar{\bar{k}}_3}$
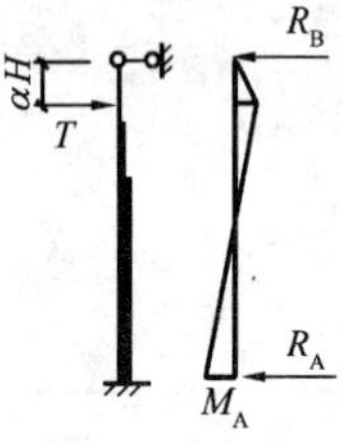 $R_B = +\dfrac{T}{\bar{\bar{k}}_3} \cdot \left[\bar{k}_3 - \alpha \cdot \bar{k}_2 + \dfrac{1}{n_1} \cdot \dfrac{\alpha^3}{6} \right]$ $M_A = [(1-\alpha) \cdot T - R_B] \cdot H$
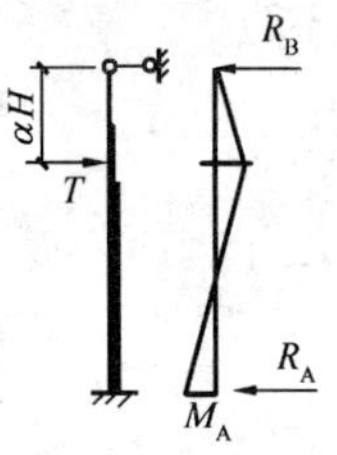 $R_B = +\dfrac{T}{\bar{\bar{k}}_3} \cdot \left[k_3 - \alpha \cdot k_2 + \dfrac{1}{n_2} \cdot \dfrac{\alpha^3}{6} \right]$ $M_A = [(1-\alpha) \cdot T - R_B] \cdot H$

续表

公　　式

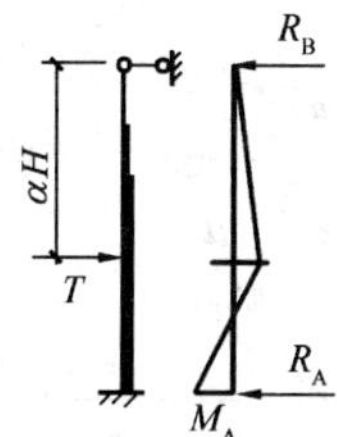

$$R_B = + \frac{T}{6 \cdot \bar{k}_3} \cdot (1 + \alpha)^2 \cdot (2 + \alpha)$$

$$M_A = [(1 - \alpha) \cdot T - R_B] \cdot H$$

$$R_B = + \frac{1}{2} \cdot \frac{\bar{k}_4}{\bar{k}_3} \cdot q \cdot H$$

$$M_A = \left[\frac{1}{2} \cdot q \cdot h - R_B \right] \cdot H$$

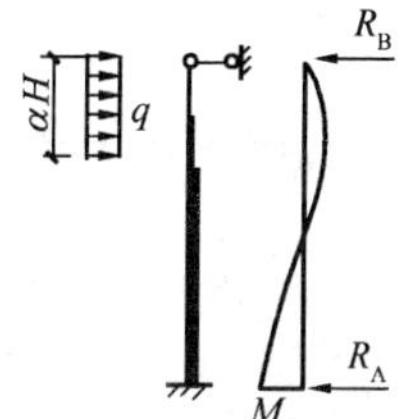

$$R_B = + \frac{1}{\bar{k}_3} \cdot \left[\frac{1}{8} \cdot \mu_1 \cdot \lambda^4 + \alpha \cdot k_3 - \frac{\alpha^2}{2} \cdot k_2 + \frac{1}{n_2} \cdot \frac{\alpha^4}{24} \right] \cdot q \cdot H$$

$$M_A = \left[\frac{\alpha}{2} \cdot (2 - \alpha) \cdot q \cdot H - R_B \right] \cdot H$$

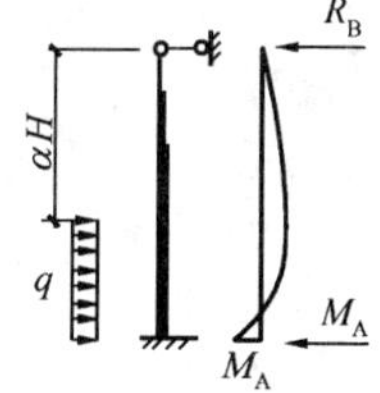

$$R_B = + \frac{1}{24 \cdot \bar{k}_3} \cdot (1 - \alpha)^3 \cdot (3 + \alpha)$$

$$M_A = \left[\frac{1}{2} \cdot (1 - \alpha)^2 \cdot q \cdot H - R_B \right] \cdot H$$

续表

公式	
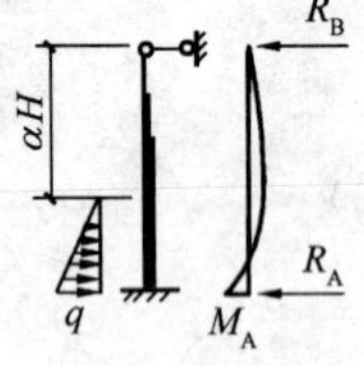	$R_B = +\frac{1}{120\cdot\bar{k}_3}\cdot(1-\alpha)^3\cdot(4+\alpha)$ $M_A = \left[\frac{1}{6}\cdot(1-\alpha)^2\cdot q\cdot H - R_B\right]\cdot H$
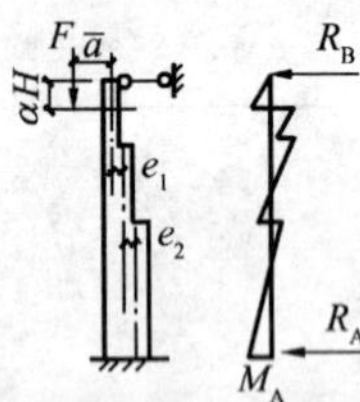	$R_B = -\frac{1}{2\cdot\bar{k}_3}\cdot\left[\frac{\bar{a}}{n_1}\cdot(\lambda^2-\alpha^2)+(\bar{a}+e_1)\right.$ $\left.\cdot\left(2\cdot k_2-\frac{\lambda_2}{n_2}\right)+e_2\cdot(1-\beta^2)\right]\cdot\frac{F}{H}$ $M_A = -F\cdot(\bar{a}+e_1+e_2)-R_B\cdot H$
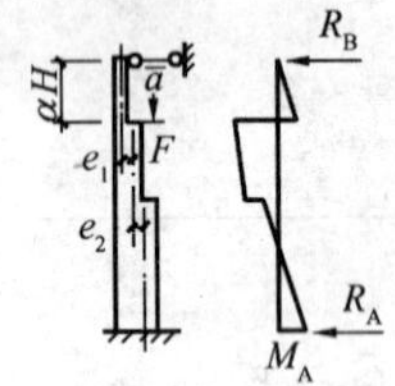	$R_B = +\frac{1}{2\cdot\bar{k}_3}\cdot\left[(\bar{a}-e_1)\cdot\left(2\cdot k_2-\frac{\lambda_2}{n_2}\right)\right.$ $\left.-e_2\cdot(1-\beta^2)\right]\cdot\frac{F}{H}$ $M_A = F\cdot(\bar{a}-e_1-e_2)-R_B\cdot H$
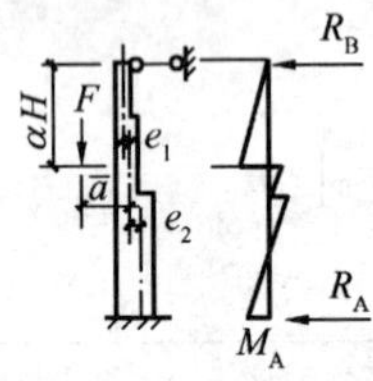	$R_B = -\frac{1}{2\cdot\bar{k}_3}\cdot\left[\frac{\bar{a}}{n_2}\cdot(\beta^2-\alpha^2)+(\bar{a}+e_2)\right.$ $\left.\cdot(1-\beta^2)\right]\cdot\frac{F}{H}$ $M_A = -F\cdot(\bar{a}+e_2)-R_B\cdot H$
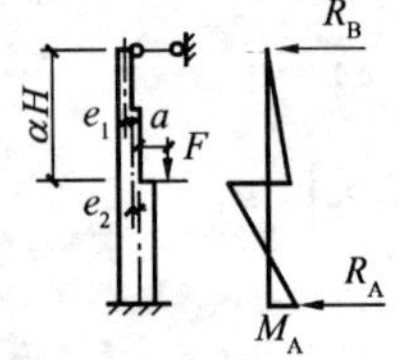	$R_B = +\frac{1}{2\cdot\bar{k}_3}\cdot(1-\beta^2)\cdot(\bar{a}-e_2)\cdot\frac{F}{H}$ $M_A = F\cdot(a-e_2)-R_B\cdot H$

续表

公　　式
$R_B = +\dfrac{\bar{a}}{2\cdot\bar{k}_3}\cdot(1-\alpha^2)\cdot\dfrac{F}{H}$ $M_A = F\cdot\bar{a} - R_B\cdot H$

2.3.3 具有两个不动铰支点的单阶和二阶变截面柱的反力计算公式（表 2.3-3）

2.3.4 计算柱形常数 k 及 $\bar{k}$ 值用表（表 2.3-4）

（1）计算单阶变截面柱的四个形常数（图 2.3-1）

具有两个不动铰支点的单阶和二阶变截面柱的反力计算公式　　表 2.3-3

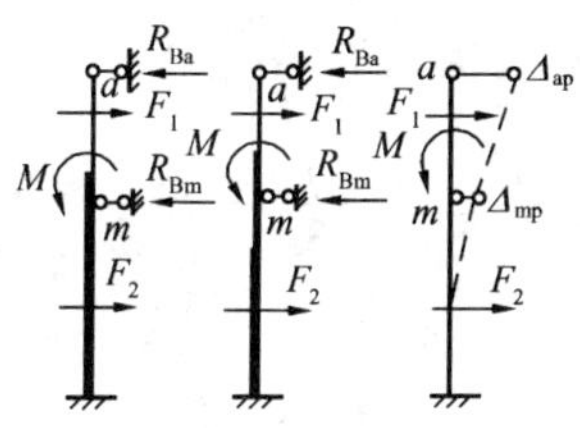

通式：

$$R_{Ba} = \frac{\delta_{mm}\cdot\Delta_{aF} - \delta_{am}\cdot\Delta_{mF}}{\delta_{aa}\cdot\delta_{mm} - \delta_{am}^2}$$

$$R_{Bm} = \frac{\delta_{aa}\cdot\Delta_{mF} - \delta_{am}\cdot\Delta_{aF}}{\delta_{aa}\cdot\delta_{mm} - \delta_{am}^2}$$

式中　δ_{aa}——为独立柱在 a 点作用 $F=1$ 时的 a 点位移；

δ_{am}——为独立柱在 m 点作用 $F=1$ 时的 a 点位移；

δ_{mm}——为独立柱在 m 点作用 $F=1$ 时的 m 点位移；

Δ_{aF}——为独立柱受外荷载引起的 a 点位移；

Δ_{mF}——为独立柱受外荷载引起的 m 点位移；

计算这些位移值可用表 2.3-5 及表 2.3-6 的公式

$$k_1 = 1 + \mu \cdot \lambda;$$

$$k_2 = \frac{1}{2} \cdot (1 + \mu \cdot \lambda^2);$$

$$k_3 = \frac{1}{3} \cdot (1 + \mu \cdot \lambda^3);$$

$$k_4 = \frac{1}{4} \cdot (1 + \mu \cdot \lambda^4);$$

可按 μ 及 λ 比值从下表查得。

等截面柱的四个形常数，因 $\mu=0$，

故 $k_1=1$，$k_2=\frac{1}{2}$，$k_3=\frac{1}{3}$ 及 $k_4=\frac{1}{4}$；

或从下表中 $\mu=0$ 一行查得。

图 2.3-1

$\mu = \frac{I_l}{I_u} - 1$；$\lambda = \frac{H_u}{H}$

（2）计算二阶变截面柱的八个形常数（图 2.3-2）

$$\overline{k}_1 = 1 + \mu_1 \cdot \lambda + \mu_2\beta = (1 + \mu_1\lambda) + (1 + \mu_2\beta) - 1$$

$$= (k_1)' + (k_1)'' - 1.000;$$

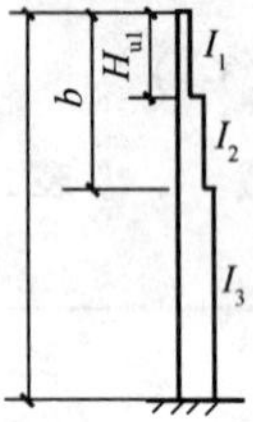

图 2.3-2

$$\mu_1 = \frac{I_3}{I_1} - \frac{I_3}{I_2};$$

$$\mu_2 = \frac{I_3}{I_2} - 1;$$

$$\lambda = \frac{H_{u1}}{H}; \beta = \frac{b}{H}$$

$$\overline{k}_2 = \frac{1}{2} \cdot (1 + \mu_1\lambda^2 + \mu_2\beta^2)$$

$$= \frac{1 + \mu_1\lambda^2}{2} + \frac{1 + \mu_2\beta^2}{2} - \frac{1}{2}$$

$$= (k_2)' + (k_2)'' - 0.500;$$

$$\overline{k}_3 = \frac{1}{3} \cdot (1 + \mu_1\lambda^3 + \mu_2\beta^3)$$

$$= \frac{1 + \mu_1\lambda^3}{3} + \frac{1 + \mu_2\beta^3}{3} - \frac{1}{3}$$

$$= (k_3)' + (k_3)'' - 0.333;$$

$$\overline{k}_4 = \frac{1}{4} \cdot (1 + \mu_1\lambda^4 + \mu_2\beta^4)$$

$$= \frac{1 + \mu_1\lambda^4}{4} + \frac{1 + \mu_2\beta^4}{4} - \frac{1}{4}$$

$$= (k_4)' + (k_4)'' - 0.250;$$

$$k_1 = 1 + \mu_2\beta; k_2 = \frac{1}{2} \cdot (1 + \mu_2\beta^2);$$

$$k_3 = \frac{1}{3} \cdot (1 + \mu_2\beta^3); k_4 = \frac{1}{4} \cdot (1 + \mu_2\beta^4);$$

可根据上列各个 $\overline{k}$ 及 k 的式子结构，分别以 μ_1、λ 及 μ_2、β 比值从下表中查得相应的（k_i）′及（k_i）″ = k_i，然后按上式确定形常数 $\overline{k}$ 及 k 值。

计算柱形常数 k 及 $\overline{k}$ 值用表　　表 2.3-4

μ_i \ $\lambda_1(\beta)$		0.10	0.20	0.25	0.30	0.35	0.40	0.50	0.60	0.80
0.0	k_1	1.000	1.000	1.000	1.000	1.000	1.000	1.000	1.000	1.000
	k_2	0.500	0.500	0.500	0.500	0.500	0.500	0.500	0.500	0.500
	k_3	0.333	0.333	0.333	0.333	0.333	0.333	0.333	0.333	0.333
	k_4	0.250	0.250	0.250	0.250	0.250	0.250	0.250	0.250	0.250
1.0	k_1	1.100	1.200	1.250	1.300	1.350	1.400	1.500	1.600	1.800
	k_2	0.505	0.520	0.531	0.545	0.561	0.580	0.625	0.680	0.820
	k_3	0.334	0.336	0.338	0.342	0.348	0.355	0.375	0.405	0.504
	k_4	0.250	0.250	0.251	0.252	0.254	0.256	0.266	0.282	0.352
2.0	k_1	1.200	1.400	1.500	1.600	1.700	1.800	2.000	2.200	2.600
	k_2	0.510	0.540	0.563	0.590	0.623	0.660	0.750	0.860	1.140
	k_3	0.334	0.339	0.344	0.351	0.362	0.376	0.417	0.477	0.675
	k_4	0.250	0.251	0.252	0.254	0.258	0.263	0.281	0.314	0.455
3.0	k_1	1.300	1.600	1.750	1.900	2.050	2.200	2.500	2.800	3.400
	k_2	0.515	0.560	0.594	0.635	0.684	0.740	0.875	1.040	1.460
	k_3	0.334	0.341	0.349	0.360	0.378	0.397	0.458	0.549	0.845
	k_4	0.250	0.251	0.253	0.256	0.261	0.269	0.297	0.361	0.557
4.0	k_1	1.400	1.800	2.000	2.200	2.400	2.600	3.000	3.400	4.200
	k_2	0.520	0.580	0.625	0.680	0.745	0.820	1.000	1.220	1.780
	k_3	0.335	0.344	0.354	0.369	0.390	0.419	0.500	0.621	1.016
	k_4	0.250	0.252	0.254	0.258	0.265	0.276	0.313	0.377	0.660
5.0	k_1	1.500	2.000	2.250	2.500	2.750	3.000	3.500	4.000	5.000
	k_2	0.525	0.600	0.656	0.725	0.806	0.900	1.125	1.400	2.100
	k_3	0.335	0.347	0.359	0.378	0.405	0.440	0.542	0.693	1.187
	k_4	0.250	0.252	0.255	0.260	0.269	0.282	0.328	0.409	0.762
6.0	k_1	1.600	2.200	2.500	2.800	3.100	3.400	4.000	4.600	5.800
	k_2	0.530	0.620	0.687	0.770	0.867	0.980	1.250	1.580	2.420
	k_3	0.335	0.349	0.364	0.386	0.419	0.461	0.583	0.765	1.357
	k_4	0.250	0.252	0.256	0.262	0.273	0.288	0.344	0.441	0.864

续表

μ_i \ $\lambda_1(\beta)$		0.10	0.20	0.25	0.30	0.35	0.40	0.50	0.60	0.80
7.0	k_1	1.700	2.400	2.750	3.100	3.450	3.800	4.500	5.200	6.600
	k_2	0.535	0.640	0.719	0.815	0.928	1.060	1.375	1.760	2.740
	k_3	0.336	0.352	0.370	0.396	0.434	0.483	0.625	0.837	1.528
	k_4	0.250	0.253	0.257	0.264	0.277	0.295	0.359	0.473	0.967
8.0	k_1	1.800	2.600	3.000	3.400	3.800	4.200	5.000	5.800	7.400
	k_2	0.540	0.660	0.750	0.860	0.990	1.140	1.500	1.940	3.060
	k_3	0.336	0.355	0.375	0.405	0.448	0.504	0.667	0.909	1.699
	k_4	0.250	0.253	0.258	0.266	0.280	0.301	0.375	0.504	1.069
9.0	k_1	1.900	2.800	3.250	3.700	4.150	4.600	5.500	6.400	8.200
	k_2	0.545	0.680	0.782	0.905	1.051	1.220	1.625	2.120	3.380
	k_3	0.336	0.357	0.380	0.414	0.462	0.525	0.708	0.981	1.869
	k_4	0.250	0.254	0.259	0.268	0.284	0.308	0.391	0.536	1.172
11.0	k_1	2.100	3.200	3.750	4.300	4.850	5.400	6.500	7.600	9.800
	k_2	0.555	0.720	0.844	0.995	1.176	1.380	1.875	2.480	4.020
	k_3	0.337	0.363	0.391	0.432	0.491	0.568	0.792	1.125	2.211
	k_4	0.250	0.254	0.261	0.272	0.291	0.320	0.422	0.600	1.376
13.0	k_1	2.300	3.600	4.250	4.900	5.550	6.200	7.500	8.800	11.400
	k_2	0.565	0.760	0.906	1.085	1.298	1.540	2.125	2.840	4.660
	k_3	0.338	0.368	0.401	0.450	0.520	0.611	0.875	1.269	2.552
	k_4	0.250	0.255	0.263	0.276	0.299	0.333	0.453	0.663	1.581
15.0	k_1	2.500	4.000	4.750	5.500	6.250	7.000	8.500	10.000	13.000
	k_2	0.575	0.800	0.967	1.175	1.420	1.700	2.375	3.200	5.300
	k_3	0.338	0.373	0.411	0.468	0.548	0.653	0.958	1.413	2.893
	k_4	0.250	0.256	0.265	0.280	0.306	0.346	0.484	0.727	1.786
17.0	k_1	2.700	4.400	5.250	6.100	6.950	7.800	9.500	11.200	14.600
	k_2	0.585	0.840	1.031	1.265	1.541	1.860	2.625	3.560	5.940
	k_3	0.339	0.379	0.422	0.486	0.577	0.696	1.042	1.557	3.235
	k_4	0.250	0.257	0.267	0.284	0.314	0.359	0.516	0.791	1.991
19.0	k_1	2.900	4.800	5.750	6.700	7.650	8.600	10.500	12.400	16.200
	k_2	0.595	0.880	1.095	1.355	1.661	2.020	2.875	3.920	6.580
	k_3	0.340	0.384	0.432	0.504	0.606	0.739	1.125	1.701	3.576
	k_4	0.250	0.258	0.269	0.288	0.321	0.372	0.547	0.854	2.196

2.3.5 计算单阶变截面柱位移公式（表 2.3-5）

计算系数：

$\frac{1}{n}=\frac{I_l}{I_u}$；$\mu=\frac{1}{n}-1$；$\lambda=\frac{H_u}{H}$；$k_1=1+\mu\cdot\lambda$；$k_2=\frac{1}{2}\cdot(1+\mu\cdot\lambda^2)$；$k_3=\frac{1}{3}\cdot(1+\mu\cdot\lambda^3)$；$k_4=\frac{1}{4}\cdot(1+\mu\cdot\lambda^4)$。

当为等截面柱时，则系数为：$\frac{1}{n}=1$；$\mu=0$；$k_1=1$，$k_2=\frac{1}{2}$；$k_3=\frac{1}{3}$；$k_4=\frac{1}{4}$。

计算单阶变截面柱位移公式 **表 2.3-5**

公式
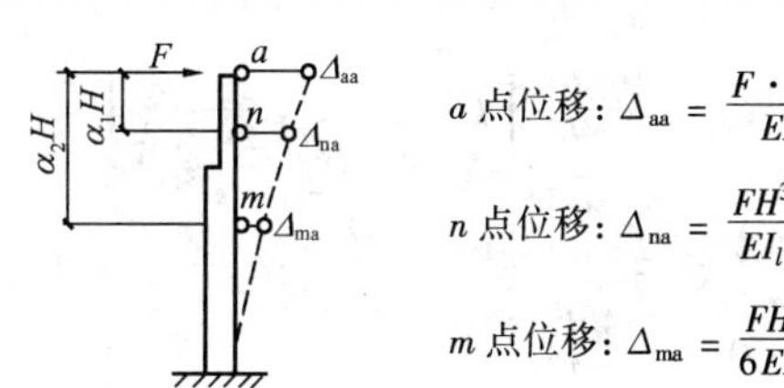 a 点位移：$\Delta_{aa}=\frac{F\cdot H^3}{EI_l}\cdot k_3$ n 点位移：$\Delta_{na}=\frac{FH^3}{EI_l}\cdot\left[k_3-\alpha_1\cdot k_2+\frac{1}{n}\cdot\frac{\alpha_1^3}{6}\right]$ m 点位移：$\Delta_{ma}=\frac{FH^3}{6EI_l}\cdot(1-\alpha_2)^2\cdot(2+\alpha_2)$
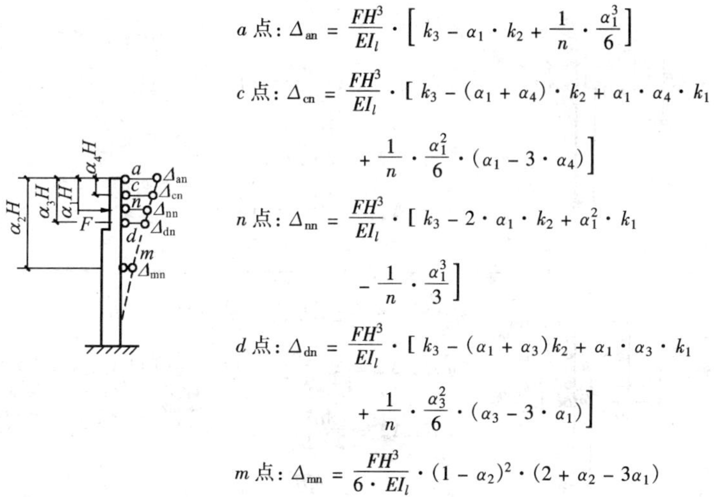 a 点：$\Delta_{an}=\frac{FH^3}{EI_l}\cdot\left[k_3-\alpha_1\cdot k_2+\frac{1}{n}\cdot\frac{\alpha_1^3}{6}\right]$ c 点：$\Delta_{cn}=\frac{FH^3}{EI_l}\cdot\left[k_3-(\alpha_1+\alpha_4)\cdot k_2+\alpha_1\cdot\alpha_4\cdot k_1+\frac{1}{n}\cdot\frac{\alpha_1^2}{6}\cdot(\alpha_1-3\cdot\alpha_4)\right]$ n 点：$\Delta_{nn}=\frac{FH^3}{EI_l}\cdot\left[k_3-2\cdot\alpha_1\cdot k_2+\alpha_1^2\cdot k_1-\frac{1}{n}\cdot\frac{\alpha_1^3}{3}\right]$ d 点：$\Delta_{dn}=\frac{FH^3}{EI_l}\cdot\left[k_3-(\alpha_1+\alpha_3)k_2+\alpha_1\cdot\alpha_3\cdot k_1+\frac{1}{n}\cdot\frac{\alpha_3^2}{6}\cdot(\alpha_3-3\cdot\alpha_1)\right]$ m 点：$\Delta_{mn}=\frac{FH^3}{6\cdot EI_l}\cdot(1-\alpha_2)^2\cdot(2+\alpha_2-3\alpha_1)$

续表

公　　式

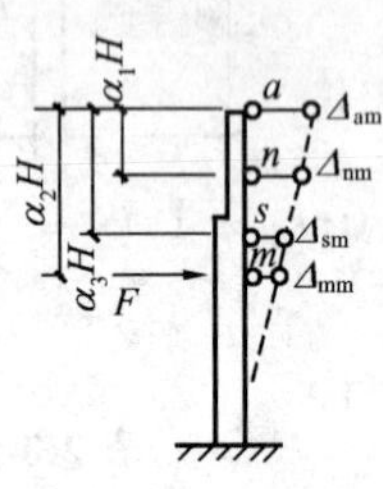

a 点: $\Delta_{am}=\dfrac{FH^3}{6\cdot E\cdot I_l}\cdot(1-\alpha_2)^2\cdot(2+\alpha_2)$

n 点: $\Delta_{nm}=\dfrac{FH^3}{6\cdot EI_l}\cdot(1-\alpha_2)^2\cdot(2+\alpha_2-3\cdot\alpha_1)$

s 点: $\Delta_{sm}=\dfrac{F\cdot H^3}{6\cdot EI_l}\cdot(1-\alpha_2)^2\cdot(2+\alpha_2-3\cdot\alpha_3)$

m 点: $\Delta_{mm}=\dfrac{F\cdot H^3}{3\cdot EI_l}\cdot(1-\alpha_2)^3$

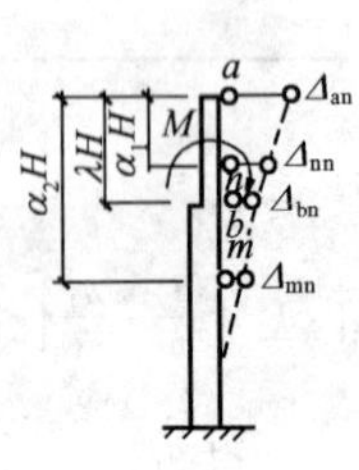

a 点: $\Delta_{an}=\dfrac{M\cdot H^2}{E\cdot I_l}\cdot\left(k_2-\dfrac{1}{n}\cdot\dfrac{\alpha_1^2}{2}\right)$

n 点: $\Delta_{nn}=\dfrac{MH^2}{E\cdot I_l}\cdot\left[k_2-\alpha_1\cdot k_1+\dfrac{1}{n}\cdot\dfrac{\alpha_1^2}{2}\right]$

b 点: $\Delta_{bn}=\dfrac{MH^2}{2\cdot E\cdot I_l}\cdot(1-\lambda)^2$

m 点: $\Delta_{mn}=\dfrac{MH^2}{2\cdot EI_l}\cdot(1-\alpha_2)^2$

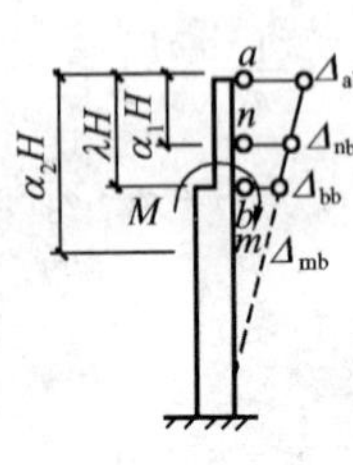

a 点: $\Delta_{ab}=\dfrac{MH^2}{2\cdot EI_l}\cdot(1-\lambda^2)$

n 点: $\Delta_{nb}=\dfrac{MH^2}{2\cdot E\cdot I_l}\cdot(1-\lambda)\cdot(1+\lambda-2\cdot\alpha_1)$

m 点: $\Delta_{mb}=\dfrac{M\cdot H^2}{2\cdot EI_l}\cdot(1-\alpha_2)^2$

b 点: $\Delta_{bb}=\dfrac{MH^2}{2\cdot EI_l}\cdot(1-\lambda)^2$

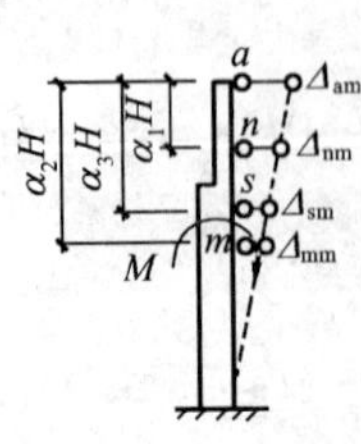

a 点: $\Delta_{am}=\dfrac{M\cdot H^2}{2\cdot E\cdot I_l}\cdot(1-\alpha_2^2)$

n 点: $\Delta_{nm}=\dfrac{MH^2}{2\cdot E\cdot I_l}\cdot(1-\alpha_2)\cdot(1+\alpha_2-2\cdot\alpha_1)$

s 点: $\Delta_{sm}=\dfrac{MH^2}{2\cdot EI_l}\cdot(1-\alpha_2)(1+\alpha_2-2\cdot\alpha_3)$

m 点: $\Delta_{mm}=\dfrac{MH^2}{2\cdot EI_l}\cdot(1-\alpha_2)^2$

续表

公　　式	
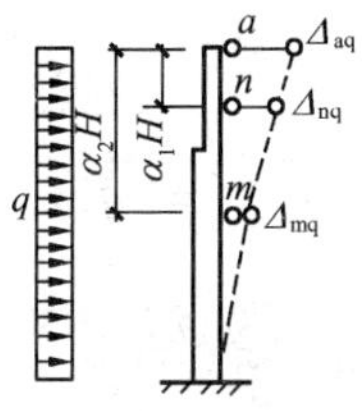	a 点：$\Delta_{aq}=\dfrac{qH^4}{2\cdot EI_l}\cdot k_4$ n 点：$\Delta_{nq}=\dfrac{qH^4}{2\cdot E\cdot I_l}\cdot\left[k_4-\alpha_1\cdot k_3+\dfrac{1}{n}\cdot\dfrac{\alpha_1^4}{2}\right]$ m 点：$\Delta_{mq}=\dfrac{qH^4}{24\cdot EI_l}\cdot[3-4\cdot\alpha_2+\alpha_2^4]$
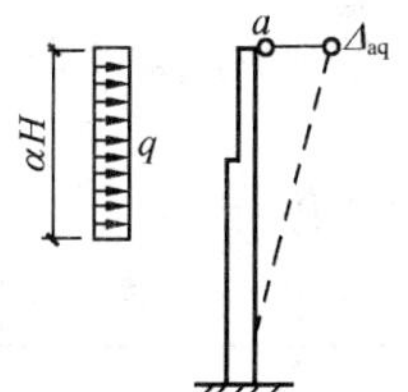	（1）当 $0\leqslant\alpha\leqslant\lambda$ 时，柱顶 a 点位移： $\Delta_{aq}=\dfrac{q\cdot H^4}{E\cdot I_l}\cdot\alpha\cdot\left[k_3-\dfrac{1}{2}\cdot\alpha\cdot k_2+\dfrac{1}{n}\cdot\dfrac{\alpha^3}{24}\right]$ （2）当 $\lambda\leqslant\alpha\leqslant1$ 时，柱顶 a 点位移： $\Delta_{aq_1}=\dfrac{q\cdot H^4}{8\cdot EI_l}\cdot\left[4\cdot k_4+\dfrac{\alpha}{3}\cdot(8-6\cdot\alpha+\alpha^3)-1\right.$
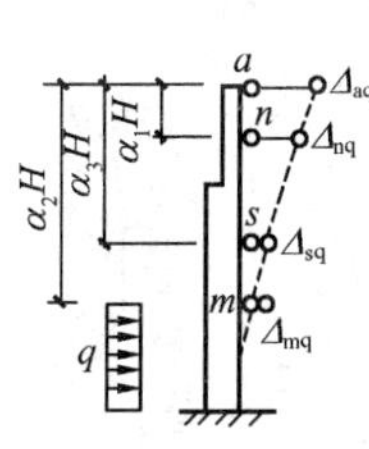	a 点：$\Delta_{aq}=\dfrac{q\cdot H^4}{24\cdot EI_l}\cdot(1-\alpha_2)^3\cdot(3+\alpha_2)$ n 点：$\Delta_{nq}=\dfrac{q\cdot H^4}{24\cdot EI_l}\cdot(1-\alpha_2)^3\cdot(3+\alpha_2-4\cdot\alpha_1)$ s 点：$\Delta_{sq}=\dfrac{q\cdot H^4}{24\cdot EI_l}\cdot(1-\alpha_2)^3\cdot(3+\alpha_2-4\cdot\alpha_3)$ m 点：$\Delta_{mq}=\dfrac{q\cdot H^4}{8\cdot EI_l}\cdot(1-\alpha_2)^4$
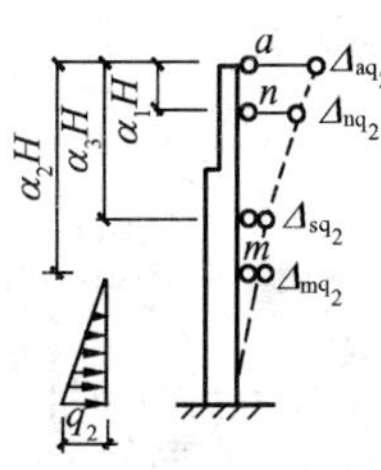	a 点：$\Delta_{aq_2}=\dfrac{q_2\cdot H^4}{120\cdot EI_l}\cdot(1-\alpha_2)^3\cdot(4+\alpha_2)$ n 点：$\Delta_{nq_2}=\dfrac{q_2\cdot H^4}{120\cdot EI_l}\cdot(1-\alpha_2)^3\cdot(4+\alpha_2-5\cdot\alpha_1)$ s 点：$\Delta_{sq_2}=\dfrac{q_2\cdot H^4}{120\cdot EI_l}\cdot(1-\alpha_2)^3\cdot(4+\alpha_2-5\cdot\alpha_1)$ m 点：$\Delta_{mq_2}=\dfrac{q_2\cdot H^4}{30\cdot EI_l}\cdot(1-\alpha_2)^4$

2.3.6　计算二阶变截面柱位移公式（表 2.3-6）

计算系数：

$$\frac{1}{n_1}=\frac{I_3}{I_1};\frac{1}{n_2}=\frac{I_3}{I_2};\mu_1=\frac{1}{n_1}-\frac{1}{n_2};\mu_2=\frac{1}{n_2}-1;\lambda=\frac{H_{u1}}{H};$$

$$\beta=\frac{b}{H};k_1=1+\mu_2\cdot\beta;k_2=\frac{1}{2}\cdot(1+\mu_2\cdot\beta^2);k_3=\frac{1}{3}\cdot(1+\mu_2\cdot\beta^3);k_4=\frac{1}{4}\cdot(1+\mu_2\cdot\beta^4);\overline{k}_1=1+\mu_1\cdot\lambda+\mu_2\cdot\beta;\overline{k}_2=\frac{1}{2}(1+\mu_1\cdot\lambda^2+\mu_2\cdot\beta^2);\overline{k}_3=\frac{1}{3}\cdot(1+\mu_1\cdot\lambda^3+\mu_2\cdot\beta^3);$$

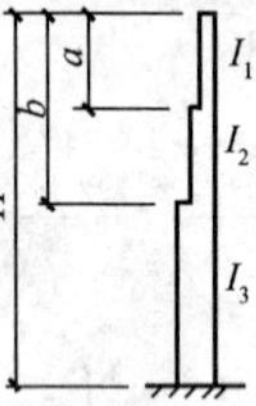

$$\overline{k}_4=\frac{1}{4}\cdot(1+\mu_1\cdot\lambda^4+\mu_2\cdot\beta^4)。$$

计算二阶变截面柱位移公式　　　　表 2.3-6

公　　式
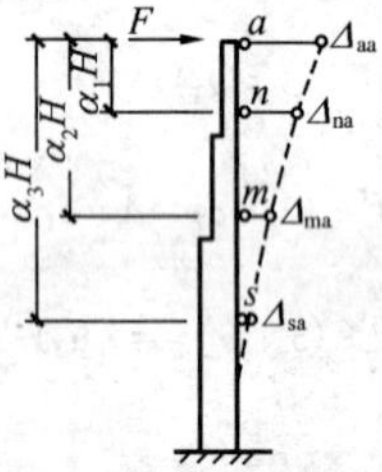 a 点：$\Delta_{aa}=\frac{F\cdot H^3}{E\cdot I_3}\cdot\overline{k}_3$ n 点：$\Delta_{na}=\frac{F\cdot H^3}{E\cdot I_3}\cdot\left[\overline{k}_3-\alpha_1\cdot\overline{k}_2+\frac{1}{n_1}\cdot\frac{\alpha_1^3}{6}\right]$ m 点：$\Delta_{ma}=\frac{F\cdot H^3}{E\cdot I_3}\cdot\left[k_3-\alpha_2\cdot k_2+\frac{1}{n_2}\cdot\frac{\alpha_2^3}{6}\right]$ s 点：$\Delta_{sa}=\frac{F\cdot H^3}{6\cdot E\cdot I_3}\cdot(1+\alpha_3)^2\cdot(2+\alpha_2)$
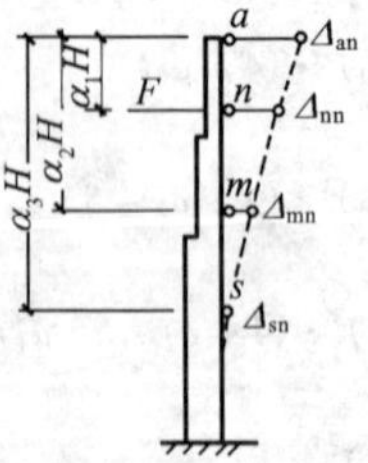 a 点：$\Delta_{an}=\frac{FH^3}{E\cdot I_3}\cdot\left[\overline{k}_3-\alpha_1\cdot\overline{k}_2+\frac{1}{n_1}\cdot\frac{\alpha_1^3}{6}\right]$ n 点：$\Delta_{nn}=\frac{F\cdot H^3}{E\cdot I_3}\cdot\left[\overline{k}_3-2\cdot\alpha_1\cdot\overline{k}_2+\alpha_1^2\cdot\overline{k}_1-\frac{1}{n_1}\cdot\frac{\alpha_1^3}{3}\right]$ m 点：$\Delta_{mn}=\frac{FH^3}{E\cdot I_3}\cdot\left[k_3-(\alpha_1+\alpha_2)\cdot k_2+\alpha_1\cdot\alpha_2\cdot k_1+\frac{1}{n_2}\cdot\frac{\alpha_2^2}{6}\cdot(\alpha_2-3\cdot\alpha_1)\right]$ s 点：$\Delta_{sn}=\frac{FH^3}{6\cdot E\cdot I_3}\cdot(1-\alpha_3)^2\cdot(2+\alpha_3-3\cdot\alpha_1)$

续表

公式	
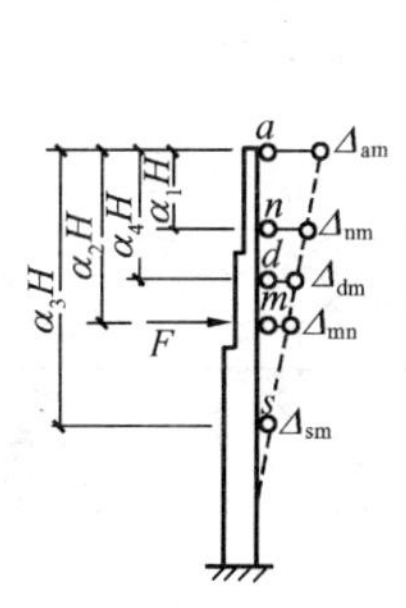	a 点：$\Delta_{am}=\frac{F\cdot H^3}{E\cdot I_3}\cdot\left[k_3-\alpha_2\cdot k_2+\frac{1}{n_2}\cdot\frac{\alpha_2^3}{6}\right]$ n 点：$\Delta_{nm}=\frac{F\cdot H^3}{E\cdot I_3}\cdot\left[k_3-(\alpha_1+\alpha_2)\cdot k_2+\alpha_1\cdot\alpha_2\cdot k_1+\frac{1}{n_2}\cdot\frac{\alpha_2^2}{6}\cdot(\alpha_2-3\cdot\alpha_1)\right]$ m 点：$\Delta_{mm}=\frac{F\cdot H^3}{E\cdot I_3}\cdot\left[k_3-2\cdot\alpha_2\cdot k_2+\alpha_2^2\cdot k_1-\frac{1}{n_2}\cdot\frac{\alpha_2^3}{3}\right]$ d 点：$\Delta_{dm}=\frac{F\cdot H^3}{E\cdot I_3}\cdot\left[k_3-(\alpha_2+\alpha_4)\cdot k_2+\alpha_2\cdot\alpha_4\cdot k_1+\frac{1}{n_2}\cdot\frac{\alpha_2^2}{6}\cdot(\alpha_2-3\cdot\alpha_4)\right]$ s 点：$\Delta_{sm}=\frac{FH^3}{6\cdot E\cdot I_3}\cdot(1-\alpha_3)^3\cdot(2+\alpha_3-3\cdot\alpha_2)$
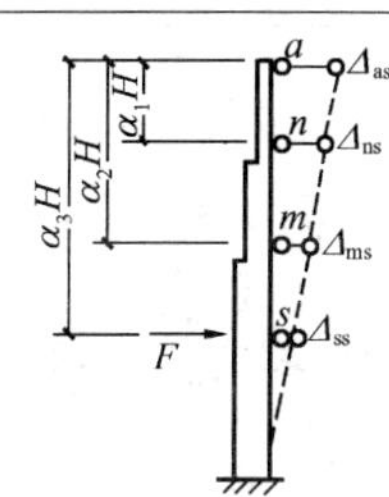	a 点：$\Delta_{as}=\frac{F\cdot H^3}{6\cdot E\cdot I_3}\cdot(1-\alpha_3)^2\cdot(2+\alpha_3)$ n 点：$\Delta_{ns}=\frac{FH^3}{6\cdot E\cdot I_3}\cdot(1-\alpha_3)^2\cdot(2+\alpha_3-3\cdot\alpha_1)$ m 点：$\Delta_{ms}=\frac{F\cdot H^3}{6\cdot E\cdot I_3}\cdot(1-\alpha_3)^2\cdot(2+\alpha_3-3\cdot\alpha_2)$ s 点：$\Delta_{ss}=\frac{FH^3}{3\cdot E\cdot I_3}\cdot(1-\alpha_3)^3$
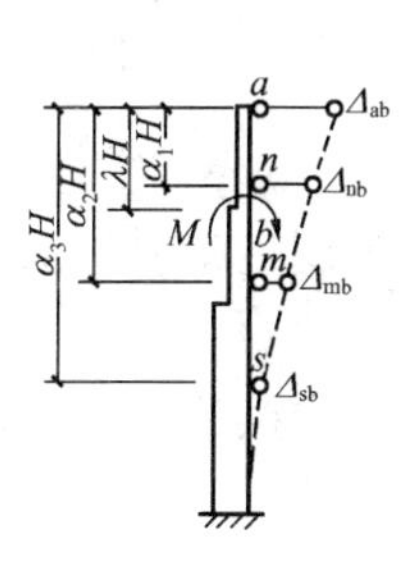	a 点：$\Delta_{ab}=\frac{M\cdot H^2}{E\cdot I_3}\cdot\left[k_2-\frac{1}{n_2}\cdot\frac{\lambda^2}{2}\right]$ n 点：$\Delta_{nb}=\frac{MH^2}{E\cdot I_3}\cdot\left[k_2-\alpha_1\cdot k_1-\frac{1}{n_2}\cdot\frac{\lambda}{2}\cdot(\lambda-2\cdot\alpha_1)\right]$ m 点：$\Delta_{mb}=\frac{MH^2}{E\cdot I_3}\cdot\frac{3}{2}\cdot\left[k_3-2\cdot\alpha_2k_2+\alpha_2^2\cdot k_1-\frac{1}{n_2}\cdot\frac{\alpha_2^3}{3}\right]$ s 点：$\Delta_{sb}=\frac{MH^2}{2\cdot EI_3}\cdot(1-\alpha_3)^2$

续表

公　　　式	
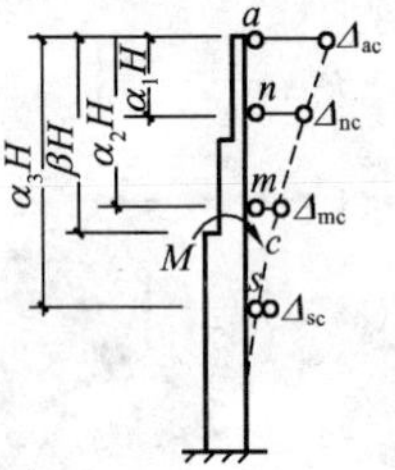	a 点：$\Delta_{ac}=\dfrac{MH^2}{2\cdot E\cdot I_3}\cdot(1-\beta^2)$ n 点：$\Delta_{nc}=\dfrac{MH^2}{2\cdot E\cdot I_3}\cdot(1-\beta)\cdot(1+\beta-2\cdot\alpha_1)$ m 点：$\Delta_{mc}=\dfrac{MH^2}{2\cdot EI_3}\cdot(1-\beta)\cdot(1+\beta-2\cdot\alpha_2)$ s 点：$\Delta_{sc}=\dfrac{MH^2}{2\cdot E\cdot I_3}\cdot(1-\alpha^3)^2$
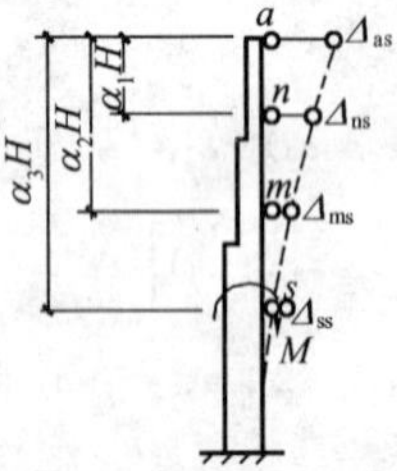	a 点：$\Delta_{as}=\dfrac{MH^2}{2EI_3}\cdot(1-\alpha_3^2)$ n 点：$\Delta_{ns}=\dfrac{MH^2}{2\cdot EI_3}\cdot(1-\alpha_3)\cdot(1+\alpha_3-2\cdot\alpha_1)$ m 点：$\Delta_{ms}=\dfrac{MH^2}{2\cdot EI_3}\cdot(1-\alpha_3)\cdot(1+\alpha_3-2\cdot\alpha_2)$ s 点：$\Delta_{ss}=\dfrac{MH^2}{2\cdot E\cdot I_3}\cdot(1-\alpha_3)^2$
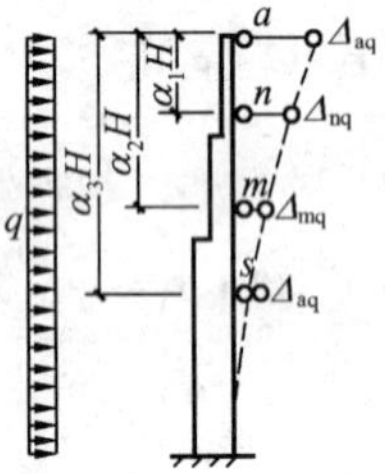	a 点：$\Delta_{aq}=\dfrac{qH^4}{2\cdot EI_3}\cdot\overline{k}_4$ n 点：$\Delta_{nq}=\dfrac{qH^4}{2\cdot EI_3}\cdot\left[\overline{k}_4-4\cdot\alpha_1\cdot\overline{k}_3+\dfrac{1}{n_1}\cdot\dfrac{\alpha_1^4}{12}\right]$ m 点：$\Delta_{mq}=\dfrac{qH^4}{2\cdot EI_3}\cdot\left[k_4-4\cdot\alpha_2\cdot k_3+\dfrac{1}{n_2}\cdot\dfrac{\alpha_2^4}{12}\right]$ s 点：$\Delta_{sq}=\dfrac{qH^4}{8\cdot EI_3}\cdot\left[(1-\alpha_4^3)-\dfrac{4}{3}\cdot\alpha_3\cdot(1-\alpha_3^3)\right]$

2.4　拱的内力计算

具有曲线外形，且即使在竖向荷载作用下仍使支座引起水平反力（水平推力）的结构，称为拱式结构。

拱的种类：按含铰的数目区分为无铰拱、二铰拱和三铰拱。

按曲线的弯曲程度区分为圆拱和抛物线拱。

按几何组成分析区分为静定体系和超静定体系。

应用范围：

无铰拱：常用于桥梁工程和水工结构及一般民用建筑中。为三次超静定结构。

二铰拱：常用于构造为铰支承的长跨桥梁和大跨度屋盖结构中，为一次超静定结构。

三铰拱：常用于工业与民用建筑结构中，为静定结构。

2.4.1 圆拱的内力计算

(1) 圆拱的几何数据（表 2.4-1、表 2.4-2）

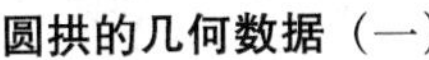

圆拱的几何数据（一） **表 2.4-1**

$$r=\frac{l_0^2+4f^2}{8f}$$

$$e=r-f$$

$$s=2r\alpha_0$$

$$x=\frac{l_0}{2}-r\sin\alpha$$

$$y=r\cos\alpha-e$$

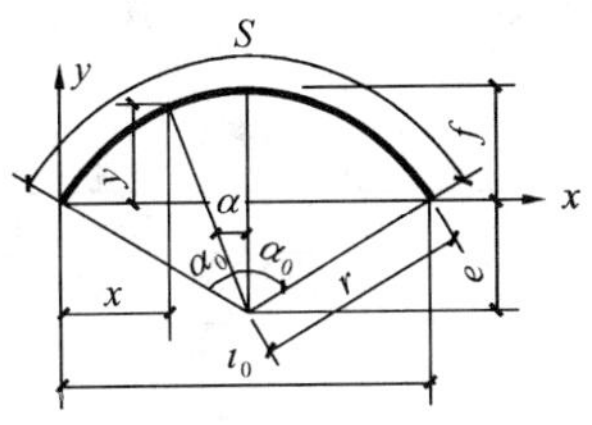

$\frac{f}{l_0}$	项 目	$\frac{x}{l_0}$									
		0.05	0.10	0.15	0.20	0.25	0.30	0.35	0.40	0.45	0.50
0.1	y/f	0.196	0.369	0.520	0.649	0.757	0.845	0.913	0.961	0.990	1.000
	$\sin\alpha$	0.346	0.308	0.269	0.231	0.192	0.154	0.115	0.077	0.038	0
	$\cos\alpha$	0.938	0.951	0.963	0.973	0.981	0.988	0.993	0.997	0.999	1.000
0.2	y/f	0.217	0.398	0.550	0.675	0.778	0.859	0.922	0.965	0.992	1.000
	$\sin\alpha$	0.621	0.552	0.483	0.414	0.345	0.276	0.207	0.138	0.069	0
	$\cos\alpha$	0.784	0.834	0.876	0.910	0.939	0.961	0.978	0.990	0.998	1.000
0.3	y/f	0.259	0.449	0.597	0.714	0.806	0.878	0.933	0.970	0.993	1.000
	$\sin\alpha$	0.794	0.706	0.618	0.529	0.441	0.353	0.265	0.176	0.088	0
	$\cos\alpha$	0.608	0.708	0.786	0.848	0.897	0.936	0.964	0.984	0.996	1.000

续表

$\frac{f}{l_0}$	项目	$\frac{x}{l_0}$									
		0.05	0.10	0.15	0.20	0.25	0.30	0.35	0.40	0.45	0.50
0.4	y/f	0.332	0.520	0.655	0.758	0.837	0.899	0.944	0.975	0.994	1.000
	$\sin\alpha$	0.878	0.780	0.683	0.585	0.488	0.390	0.293	0.195	0.098	0
	$\cos\alpha$	0.479	0.625	0.730	0.811	0.873	0.921	0.956	0.981	0.995	1.000
0.5	y/f	0.436	0.600	0.714	0.800	0.866	0.916	0.954	0.980	0.995	1.000
	$\sin\alpha$	0.900	0.800	0.700	0.600	0.500	0.400	0.300	0.200	0.100	0
	$\cos\alpha$	0.436	0.600	0.714	0.800	0.866	0.916	0.954	0.980	0.995	1.000

圆拱的几何数据（二）　　表 2.4-2

f/l_0	0.1	0.2	0.3	0.4	0.5
$\sin\alpha_0$	5/13	20/29	15/17	40/41	1.0
$\cos\alpha_0$	12/13	21/29	8/17	9/14	0
$2\alpha_0$	45°14′24″	87°12′20″	123°50′32″	154°38′22″	180°00′00″
s/l_0	1.026	1.103	1.225	1.383	1.571
r/l_0	1.300	0.725	0.567	0.513	0.500
e/l_0	1.200	0.525	0.267	0.113	0

（2）无铰等截面圆拱内力计算（表 2.4-3）

（3）双铰等截面圆拱内力计算（表 2.4-4）

表 2.4-3

无铰等截面圆拱内力计算表

除右图所示者外，其他的符号为：

V_c、H_c、M_c——点的剪力、轴向力及弯矩；

G——半跨拱的自重；

d——等截面拱的高度；

g——拱体材料的表观密度；

g_1——拱背充填材料的表观密度，拱的截面宽度为单位长。

表中项目 = 表中系数 × 表中乘数

简图	项目	f/l_0					乘数
		0.1	0.2	0.3	0.4	0.5	
全跨均布荷载 q (A, B)；$R_A=R_B$；$V_c=0$；$H_A=H_B=H_c$；$M_A=M_B$	R_A	0.50000	0.50000	0.50000	0.50000	0.50000	ql_0
	H_A	1.26093	0.63782	0.43421	0.33558	0.27583	ql_0
	M_A	0.00131	0.00414	0.00925	0.01649	0.02467	ql_0^2
	M_c	0.00022	0.00158	0.00399	0.00726	0.01175	ql_0^2
半跨（$l_0/2$）均布荷载 q (A, B)；$R_A=V_c$；$H_A=H_B=H_c$	R_A	0.18853	0.19162	0.19680	0.20355	0.21101	$ql_0/2$
	V_B	0.81147	0.80338	0.80320	0.79645	0.78899	$ql_0/2$
	H_A	1.26093	0.63782	0.43421	0.33558	0.27583	$ql_0/2$
	M_A	0.03204	0.03333	0.03585	0.03971	0.04416	$ql_0/2$
	M_B	−0.02943	−0.02505	−0.01735	−0.00674	0.00517	$ql_0^2/2$
	M_c	0.00021	0.00158	0.00399	0.00726	0.01175	$ql_0^2/2$

续表

简　　图	项目	f/l_0					乘　数
		0.1	0.2	0.3	0.4	0.5	
$R_A=R_B$；$V_C=0$；$H_A=H_B=H_C$；$M_A=M_B$	R_A	1.00000	1.00000	1.00000	1.00000	1.00000	G_1
	H_A	1.09958	0.55637	0.38117	0.29819	0.25308	G_1
	M_A	−0.02641	−0.02206	−0.01419	−0.00397	−0.00852	$G_1 l_0$
	M_C	−0.01070	−0.01030	−0.00972	−0.00833	−0.00599	$G_1 l_0$
	G_1	0.01640	0.03124	0.04313	0.05090	0.05365	$G_1 l_0^2$
自重 $R_A=R_B$；$V_C=0$；$H_A=H_B=H_C$；$M_A=M_B$	R_A	1.00000	1.00000	1.00000	1.00000	1.00000	G
	H_A	2.48476	1.20645	0.77364	0.54391	0.40147	G
	M_A	0.00186	0.00582	0.01378	0.02200	0.03100	Gl_0
	M_C	−0.00005	0.00198	0.00435	0.00836	0.01330	Gl_0
	G	0.51323	0.55173	0.61248	0.69161	0.78540	Gdl_0
$R_A=R_B$；$H_A=H_B$；$H_c=H_A+qf$；$M_A=M_B$	R_A	0	0	0	0	0	qf
	H_A	−0.57184	−0.56746	−0.56888	−0.56350	−0.55300	qf
	M_A	−0.01151	−0.02237	−0.03383	−0.04364	−0.05044	qfl_0
	M_C	−0.00433	−0.00888	−0.01317	−0.01824	−0.02394	qfl_0
$R_B=-R_A$；$V_C=R_A$；$H_C=H_A$	R_A	0.02486	0.04855	0.07063	0.08992	0.10532	qf
	H_A	0.21408	0.21455	0.21556	0.21825	0.22350	qf
	H_B	−0.78592	−0.78545	−0.78444	−0.78175	−0.77650	qf
	M_A	0.00682	0.01454	0.02277	0.03322	0.04630	qfl_0
	M_B	−0.01832	−0.03691	−0.05660	−0.07686	−0.09838	qfl_0
	M_c	−0.00216	−0.00410	−0.00658	−0.00912	−0.01279	qfl_0

续表

简　　图	项目	f/l_0					乘　数
		0.1	0.2	0.3	0.4	0.5	
$R_A=R_B$；$H_A=H_B$；$H_C=H_A=qf/2$；$M_A=M_B$	R_A	0	0	0	0	0	$qf/2$
	H_A	−0.75989	−0.75679	−0.75857	−0.75246	−0.73600	$qf/2$
	M_A	−0.01273	−0.02502	−0.03795	−0.04919	−0.05660	$qfl_0/2$
	M_c	−0.00372	−0.00699	−0.01038	−0.01488	−0.02193	$qfl_0/2$
$R_H=-R_A$；$V_C=R_A$；$H_C=H_A$	R_A	0.01311	0.02561	0.03736	0.04795	0.05821	$qf/2$
	H_A	0.12006	0.12020	0.12072	0.12377	0.13200	$qf/2$
	H_B	−0.87994	−0.87980	−0.87928	−0.87623	−0.86800	$qf/2$
	M_A	0.00375	0.00802	0.01234	0.01810	0.02593	$qfl_0/2$
	M_B	−0.01647	−0.03304	−0.05030	−0.06728	−0.08253	$qfl_0/2$
	M_c	−0.00170	−0.00322	−0.00520	−0.00743	−0.01097	$qfl_0/2$
$R_A=R_B=V_c$；$H_A=H_B=H_c$；$M_A=M_B$	R_A	0.50000	0.50000	0.50000	0.50000	0.50000	F
	H_A	2.34606	1.16774	0.77402	0.57689	0.45512	F
	M_A	0.03249	0.03526	0.04014	0.04663	0.05326	Fl_0
	M_c	0.04789	0.05171	0.05793	0.06587	0.07570	Fl_0
$R_B=-R_A$；$H_B=-H_A$；$M_B=-M_A$	R_A	0.07444	0.14570	0.21105	0.26919	0.31975	W
	H_A	0.50000	0.50000	0.50000	0.50000	0.50000	W
	M_A	0.01278	0.02715	0.04452	0.06540	0.09013	Wl_0

双铰等截面圆拱内力计算表

表 2.4-4

除右图所示者外，其他的符号为：

V_c、H_c、M_c——拱顶 C 点的剪力，轴向力及弯矩；

G——半跨拱的自重；　　g——拱体材料的表观密度；拱的截面宽度为单位长；

d——拱的截面高度；　　g_1——拱背填充材料的表观密度。

项目 = 表中系数 × 表中乘数

简　图	项目	f/l_0					乘　数
		0.1	0.2	0.3	0.4	0.5	
$R_A=R_B$；$V_c=0$；$H_A=H_B=H_c$	R_A	0.50000	0.50000	0.50000	0.50000	0.50000	$q\,l_0$
	H_A	1.24298	0.61053	0.39464	0.28269	0.21221	$q\,l_0$
	M_c	0.00070	0.00289	0.00661	0.01192	0.01890	$q\,l_0^2$
$l_0/2$；$R_A=V_c$；$H_A=H_B=H_c$	R_A	0.25000	0.25000	0.25000	0.25000	0.25000	$q\,l_0/2$
	R_B	0.75000	0.75000	0.75000	0.75000	0.75000	$q_0/2$
	H_A	0.62149	0.30527	0.19732	0.14135	0.10611	$q\,l_0$
	M_c	0.00035	0.00145	0.00330	0.00596	0.00945	$q\,l_0^2$

续表

简图	项目	f/l_0					乘数
		0.1	0.2	0.3	0.4	0.5	
A B $R_A=R_B$；$V_c=0$；$H_A=H_B=H_c$	R_A	1.00000	1.00000	1.00000	1.00000	1.00000	G_1
	H_A	1.40393	0.68587	0.43601	0.30750	0.23026	G_1
	M_c	-0.01637	-0.01588	-0.01335	-0.00940	-0.00344	$G_1 l_0$
	G_1	0.01640	0.03125	0.04313	0.05090	0.05365	$g_1 l_0^2$
自重 A B $R_A=R_B$；$V_c=0$；$H_A=H_B=H_c$	R_A	1.00000	1.00000	1.00000	1.00000	1.00000	G
	H_A	2.45835	1.16714	0.71335	0.47213	0.31831	G
	M_c	0.00087	0.00376	0.00843	0.01474	0.02404	Gl_0
	G	0.51323	0.55173	0.61248	0.69161	0.78540	gdl_0
q A f B q $R_A=R_B$；$H_A=H_B$；$H_c=H_A+qf$	R_A	0	0	0	0	0	qf
	H_A	-0.42978	-0.42767	-0.42659	-0.42549	-0.42441	qf
	M_c	-0.00702	-0.01447	-0.02202	-0.02981	-0.03779	qfl_0
A f B q $R_B=-R_A$；$V_c=R_A$；$H_c=H_A$	R_A	0.05000	0.10000	0.150000	0.20000	-0.25000	qf
	H_A	0.28510	0.28616	0.28671	0.28726	0.28779	qf
	H_B	-0.71490	-0.71384	-0.71329	-0.71274	-0.71221	qf
	M_c	-0.00351	-0.00723	-0.01101	-0.01490	-0.01890	qfl_0

续表

简　　图	项 目	f/l_0					乘　数
		0.1	0.2	0.3	0.4	0.5	
$R_A = R_B$； $H_A = H_B$； $H_c = H_A + qf/2$	R_A	0	0	0	0	0	$qf/2$
	H_A	−0.62597	−0.60259	−0.60112	−0.59996	−0.59883	$qf/2$
	M_c	−0.00407	−0.01282	−0.01966	−0.02668	−0.03392	$qfl_0/2$
$R_B = -R_A$； $V_c = R_A$； $H_c = H_A$	R_A	0.03333	0.06667	0.10000	0.13333	0.16667	$qf/2$
	H_A	0.18789	0.19871	0.19944	0.20002	0.20059	$qf/2$
	H_B	−0.81211	−0.80129	−0.80056	−0.79998	−0.79941	$qf/2$
	M_c	−0.00212	−0.00641	−0.00983	−0.01334	−0.01696	$qfl_0/2$
$R_A = R_B = V_c$； $H_A = H_B = H_c$	R_A	0.50000	0.50000	0.50000	0.50000	0.50000	F
	H_A	1.93700	0.94439	0.60412	0.42796	0.31831	F
	M_c	0.05630	0.06112	0.06876	0.07882	0.09085	Fl_0

(4) 三铰拱的内力计算

三铰拱是静定结构，支座反力和截面内力均可由静力平衡条件求得。

受竖向荷载作用的三铰拱其反力、内力计算公式：

1）支座竖向反力：

$$V_A = V_A^0 = \frac{M_B}{l_0}$$

$$V_B = V_B^0 = \frac{M_A}{l_0}$$

式中 V_A、V_B——拱支座 A 和 B 的竖向反力（图 2.4-1）；

V_A^0、V_B^0——与拱等跨且受同样荷载的简支梁支座 A 和 B 的竖向反力（图 2.4-1）；

M_A、M_B——荷载对支座 A 和 B 的力矩。

2）支座水平推力：

$$H = \frac{M_c^0}{f}$$

式中 M_c^0——与拱等跨且受同样荷载的简支梁相应于铰 C 处的弯矩（图 2.4-1）；

f——拱的矢高。

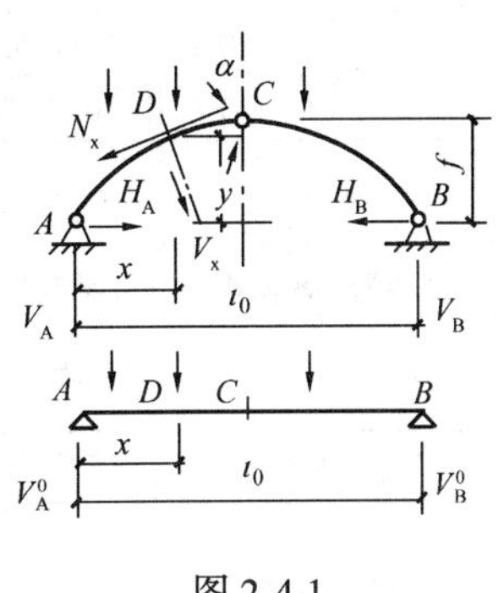

图 2.4-1

3）任意截面 D 上的内力（截面离左支座水平距离为 x）：

$M_x = M_x^0 - H_y$（使拱的底部纤维受拉为正）

$V_x = V_x^0\cos\alpha - H\sin\alpha$（使杆件顺时针转动为正）

$N_x = V_x^0\sin\alpha + H\cos\alpha$（压力为正）

式中 M_x^0、V_x^0——与拱等跨且受同样荷载的简支梁相应截面上的弯矩和剪力（图 2.4-1）；

y——所考虑截面处拱轴的高度；

α——所考虑截面处拱轴的倾角。

2.4.2　抛物线拱的内力计算

（1）抛物线拱的几何数据（见表 2.4-5）。

（2）无铰抛物线拱内力计算（见表 2.4-6）。

（3）双铰抛物线拱内力计算（见表 2.4-7）。

抛物线拱的几何数据　　　　表 2.4-5

拱轴方程式：$y=\dfrac{4fx(l_0-x)}{l_0^2}$；

斜率　$\tan\alpha=\dfrac{dy}{dx}=\dfrac{4f(l_0-2x)}{l_0^2}$；

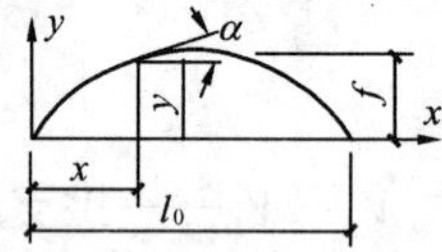

截面位置 = 表中系数 × 表中乘数

截面位置	0	1	2	3	4	5	6	7	8	9	10	乘　数
x	0	0.05	0.10	0.15	0.20	0.25	0.30	0.35	0.40	0.45	0.50	l_0
y	0	0.19	0.36	0.51	0.64	0.75	0.84	0.91	0.96	0.99	1.00	f
$\tan\alpha$	4.00	3.60	3.20	2.80	2.40	2.00	1.60	1.20	0.80	0.40	0	f/l_0

无铰抛物线拱内力计算表　　　　表 2.4-6

拱轴为二次抛物线，截面为等截面或沿跨度变化很小时适用。不考虑轴力对变位的影响时，$K=1.0$；考虑轴力影响时，$K=\dfrac{1}{1+\nu}$，$\nu=\dfrac{45}{4}\cdot\dfrac{I}{Af^2}$。

荷载形式	竖向反力和推力	弯　矩
al_0　F　bl_0 l_0	$R_A=b^2(1+2a)F$ $R_B=a^2(1+2b)F$ $H=\dfrac{15}{4}\cdot\dfrac{Fl_0}{f}a^2b^2K$	$M_A=Fl_0ab^2\left(\dfrac{5a}{2}K-1\right)$ $M_B=Fl_0a^2b\left(\dfrac{5b}{2}K-1\right)$ 当 $0\leqslant 1\leqslant\dfrac{1}{2}$： $M_c=\dfrac{Fl_0}{2}a^2\left(1-\dfrac{5b^2}{2}K\right)$
$\dfrac{l_0}{2}$　F l_0	$R_A=R_B=\dfrac{F}{2}$ $H=\dfrac{15}{64}\cdot\dfrac{Fl_0}{f}K$	$M_A=M_B=\dfrac{Fl_0}{8}\left(\dfrac{5}{4}K-1\right)$ $M_c=\dfrac{Fl_0}{8}\left(1-\dfrac{5}{8}K\right)$ 当 $K=1$： $M_A=M_B=\dfrac{Fl_0}{32}$； $M_c=\dfrac{3}{64}Fl_0$

续表

荷载形式	竖向反力和推力	弯　矩
W C f	$R_A=-R_B=-\frac{3}{4}\cdot\frac{Wf}{l_0}$ $H_A=-\frac{W}{2}$ $H_B=\frac{W}{2}$	$M_A=-\frac{Wf}{8}$ $M_B=-M_A$ $M_c=0$
C q	$R_A=-R_B=-\frac{qf^2}{4l_0}$ $H_A=-\frac{11}{14}qf$ $H_B=\frac{3}{14}qf$	$M_A=-\frac{51}{280}qf^2$ $M_B=\frac{19}{280}qf^2$ $M_c=-\frac{3}{140}qf^2$
q	$R_A=R_B=\frac{1}{2}ql_0$ $H=\frac{ql_0^2}{8f}K$ 当 $K=1$: $H=\frac{ql_0^2}{8f}$	$M_A=M_B=-\frac{ql_0^2}{12}(1-K)$ $M_c=\frac{ql_0^2}{24}(1-K)$ 当 $K=1$: $M_A=M_B=M_c=0$
$l_0/2$ q	$R_A=\frac{13}{32}ql_0$ $R_B=\frac{3}{32}ql_0$ $H=\frac{ql_0^2}{16f}K$ 当 $K=1$: $H=\frac{ql_0^2}{16f}$	$M_A=-\frac{ql_0^2}{192}(3+11\nu)K$ $M_B=\frac{ql_0^2}{192}(3-5\nu)K$; $M_c=\frac{ql_0^2}{48}\nu K$ 当 $K=1$: $M_A=-M_B=-\frac{ql_0^2}{64}$; $M_c=0$
al_0 bl_0 q A B	$R_A=\frac{ql_0}{2}a[1+b(1+ab)]$ $R_B=\frac{ql_0}{2}a^2(1-b^2)$ $H=\frac{ql_0^2}{8f}a^3[1+3b(1+2b)]K$	$M_A=-\frac{ql_0^2}{12}a^2[6b^3+\nu(1+2b+3b^2]K$ $M_B=\frac{ql_0^2}{12}a^3[6b^2-\nu(1-3b)]K$ 当 $a\leqslant0.5$ 及 $K=1$: $M_c=-\frac{ql_0^2}{8}a^3(2-5a+2a^2)$

续表

荷载形式	竖向反力和推力	弯　矩
	$R_A = R_B = \frac{ql_0}{6}$ $H = \frac{ql_0^2}{56f}K$ 当 $K=1$: $H = \frac{ql_0^2}{56f}$	$M_A = M_B = -\frac{ql_0^2}{420}(7\nu+2)K$ $M_c = -\frac{ql_0^2}{1680}(3-7\nu)K$ 当 $K=1$: $(x=0.233l_0)\ M_{max} = \frac{ql_0^2}{509}$
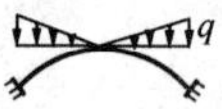	$R_A = R_B = \frac{ql_0}{4}$ 当 $K=1$; $H = \frac{5}{128}\cdot\frac{ql_0^2}{f}$	当 $K=1$: $M_A = M = -\frac{ql_0^2}{192}$ $M_c = -\frac{ql_0^2}{384}$
 θ	$R_A = -\frac{6EI}{l_0^2}\theta$ $R_B = \frac{6EI}{l_0^2}\theta$ $H = \frac{15}{2}\cdot\frac{EI}{fl_0}\theta$	$M_A = \frac{9EI}{l_0}\theta$ $M_B = \frac{3EI}{l_0}\theta$ $M_c = -\frac{3}{2}\cdot\frac{EI}{l_0}\theta$
 θ　θ	$R_A = R_B = 0$ $H = \frac{15EI}{fl_0}\theta$	$M_A = M_B = \frac{12EI}{l_0}\theta$ $M_c = -\frac{3EI}{l_0}\theta$
 θ　θ	$R_A = -\frac{12EI}{l_0^2}\theta$ $R_B = \frac{12EI}{l_0^2}\theta$ $H = 0$	$M_A = \frac{6EI}{l_0}\theta$ $M_B = -\frac{6EI}{l_0}\theta$ $M_c = 0$
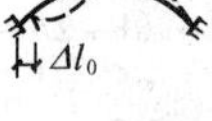 Δl_0	$R_A = R_B = 0$ $H = \frac{45}{4}\cdot\frac{EI}{f^2 l_0}\Delta l_0$	$M_A = M_B = \frac{15}{2}\cdot\frac{EI}{fl}\Delta l_0$ $M_c = -\frac{15}{4}\cdot\frac{EI}{fl_0}\Delta l_0$
均匀加热$t°$ 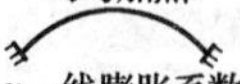 α—线膨胀系数	$R_A = R_B = 0$ $H = \frac{45}{4}\cdot\frac{EI\alpha t}{f^2}K$	$M_A = M_B = \frac{15}{2}\cdot\frac{EI\alpha t}{f}K$ $M_c = -\frac{15}{4}\cdot\frac{EI\alpha t}{f}K$

双铰抛物线拱内力计算表

表 2.4-7

1. 拱截面惯性矩的变化：$I_x = \frac{I}{\cos\alpha}$

I_x——任意截面 x 处的截面惯性矩；

I——拱顶的截面惯性矩；

α——截面 x 处拱轴线切线的倾角。

2. 拱为等截面时，下表结果可近似采用。

3. 表中结果除特别注明者外，对有拉杆和无拉杆都适用。

荷载形式	反力和弯矩
$\alpha \leq 1/2$	$H_A = H_B = 0.625 \frac{Fl_0}{f} K(a - 2a^3 + a^4)$ $V_A = F(1-a) \quad V_B = Fa$ $M_c = \frac{Fl_0}{8}[4a - 5K(a - 2a^3 + a^4)]$
	$H_A = H_B = \frac{25}{128} \cdot \frac{Fl_0}{f} K \qquad V_A = V_B = \frac{1}{2} F$ $M_c = \left(0.25 - \frac{25}{128} K\right) Fl_0$

续表

荷载形式	反力和弯矩
al_0, q, C, $\alpha \leqslant 1/2$, A, B	$H_A = H_B = \frac{q\,l_0^2}{16f}K(5a^2 - 5a^4 + 2a^5)$ $V_A = qal_0\left(1 - \frac{a}{2}\right)$ $V_B = \frac{ql_0}{2}a^2$ $M_c = \frac{ql_0^2}{4}\left[a^2 - \frac{K}{4}(5a^2 - 5a^4 + 2a^5)\right]$
A $l_0/2$, q, m C, A, B, $l_0/4$	$H_A = H_B = \frac{ql_0^2}{16f}K\left(V_A = \frac{3}{8}ql_0\right)$ $V_B = \frac{1}{8}ql_0$ $M_c = \frac{ql_0^2}{16}(1 - K)$, $K = 1$ $M_c = 0$ $M_m = \left(\frac{1}{16} - \frac{3}{64}K\right)ql_0^2$
q, C, A, B	$H_A = H_B = \frac{ql_0^2}{8f}K$ $V_A = V_B = \frac{ql_0}{2}$ $M_c = \frac{ql_0^2}{8}(1 - K)$ 当 $K = 1: M_c = 0$
$l/2$, q, C, A, B	$H_A = H_B = 0.0228\frac{ql_0^2}{f}K$ $V_A = \frac{5}{24}ql_0$ $V_B = \frac{1}{24}ql_0$ $M_c = \frac{ql_0^2}{48} = -0.0228ql_0^2K$

续表

荷载形式	反力和弯矩
二次抛物线 q C A B	$H_A = H_B = 0.024\dfrac{ql_0^2}{f}K$ $V_A = V_B = \dfrac{ql_0}{6}$
(无拉杆) C q A B	$H_A = -0.714qf$，$H_B = 0.286qf$ $V_A = -V_B = -\dfrac{qf^2}{2l_0}$，$M_c = -0.0357qf^2$
(无拉杆) C q A B	$H_A = -0.401qf$，$H_B = 0.099qf$ $V_A = -V_B = -\dfrac{qf^2}{6l_0}$，$M_c = -0.0159qf^2$
(有拉杆) C A Z Z q B	$V_A = -V_B = -\dfrac{qf^2}{2l_0}$，$H = -qf$ $Z = \dfrac{16qf^3}{7(8f^2+15\beta)}$，$M_c = \dfrac{qf^2}{4} - Zf$

续表

荷载形式	反力和弯矩
(有拉杆) A Z C Z B	$V_A = -V_B = -\frac{qf^2}{6l_0}, H = -\frac{1}{2}qf, Z = \frac{0.792qf^3}{8f^2+15\beta}$ $M_c = \frac{1}{12}qf^2 - Zf$
(有拉杆) C q A Z Z B	$V_A = -V_B = \frac{qf^2}{2l_0}, H = qf, Z = \frac{40qf^3}{7(8f^2+15\beta)}$ $M_c = -\frac{3}{4}qf^2 - Zf$
(有拉杆) C A Z Z B q	$V_A = -V_B = \frac{qf^2}{6l_0}, H = \frac{1}{2}qf, Z = \frac{3.208qf^3}{8f^2+15\beta}$ $M_c = -\frac{5}{12}qf^2 - Zf$
(有拉杆) C A Z Z B W	$V_A = V_B = 0, H = W, Z = \frac{8Wf^2}{8f^2+15\beta}$ $M_c = -(W+Z)f$

续表

荷载形式	反力和弯矩
al_0 M C A B	$H_A = H_B = \frac{5M}{8f}K(1-6a^2+4a^3)$ $V_A = -V_B = -\frac{M}{l_0}$
C M A B	$H_A = H_B = 0.625\frac{M}{f}K$ $V_A = -V_B = \frac{M}{l_0}$ $M_c = (0.5-0.625K)M$
均匀加热 $t°$ C A B	$H_A = \frac{15}{8}\cdot\frac{EI\alpha_t t}{f^2}K = H_B$ $V_A = V_B = 0$ $M_c = -Hf$ α_t——线膨胀系数
支座相对水平位移 A B Δl_0	$H_A = H_B = \frac{15}{8}\cdot\frac{EI\cdot\Delta l_0}{f^2 l_0}K$ $V_A = V_B = 0$ $M_c = -Hf$

注：表 2.4-7 中的 K 按表 2.4-8 采用，根据是否需要考虑拱身内的轴力对变位的影响及拱在拱脚处是否具有拉杆，分别采用不同的 K 值。系数 K 只考虑单位变位（即赘余力公式的分母）有轴力影响。K 式中的 n 是与 f/l 有关的系数，见表 2.4-9。

系数 ***K*** 值表　　表 2.4-8

	无拉杆时	有拉杆时
考虑轴力影响时	$K=\dfrac{1}{1+\dfrac{15nI}{8Af^2}}$	$K=\dfrac{1}{1+\dfrac{15}{8f^2}\left(\dfrac{nI}{A}+\beta\right)}$
不考虑轴力影响时	$K=1$	$K=\dfrac{1}{1+15\beta/8f^2}$

表中其他符号的意义为：

$$\beta = EA/E_1A_1$$

E、E_1——拱体和拉杆的弹性模量；

A、A_1——拱顶处拱体的截面积和拉杆的截面积。

系数 ***n*** 值表　　表 2.4-9

f/l_0	1/4	1/5	1/6	1/7	1/8	1/9	1/10	1/15	1/20
n	0.7852	0.8434	0.8812	0.9110	0.9306	0.9424	0.9521	0.9706	0.9888

3 高层钢筋混凝土结构

3.1 一 般 规 定

3.1.1 房屋适用高度和高宽比

钢筋混凝土高层建筑结构的最大适用高度和高宽比应分为A级和B级。B级高度高层建筑结构的最大适用高度和高宽比可较A级适当放宽，其结构抗震等级、有关的计算和构造措施应相应加严，并应符合《高层建筑混凝土结构技术规程》（JGJ3—2002）以下简称《高规》的有关条文的规定。

（1）A级高度钢筋混凝土乙类和丙类高层建筑的最大适用高度应符合表3.1-1的规定，具有较多短肢剪力墙的剪力墙结构的最大适用高度尚应符合《高规》第7.1.2条的规定。B级高度钢筋混凝土乙类和丙类高层建筑的最大适用高度应符合表3.1-2的规定。

A级高度钢筋混凝土高层建筑的最大适用高度（m）　　表3.1-1

结构体系		非抗震设计	抗震设防烈度			
			6度	7度	8度	9度
框架		70	60	55	45	25
框架-剪力墙		140	130	120	100	50
剪力墙	全部落地剪力墙	150	140	120	100	60
	部分框支剪力墙	130	120	100	80	不应采用

续表

结构体系		非抗震设计	抗震设防烈度			
			6度	7度	8度	9度
筒体	框架-核心筒	160	150	130	100	70
	筒中筒	200	180	150	120	80
板柱-剪力墙		70	40	35	30	不应采用

注：1. 房屋高度指室外地面至主要屋面高度，不包括局部突出屋面的楼梯间、电梯机房、水箱、构架等高度；

2. 表中框架不含异形柱框架结构；

3. 部分框支剪力墙结构指地面以上有部分框支剪力墙的剪力墙结构；

4. 平面和竖向均不规则的结构或Ⅳ类场地上的结构，最大适用高度应适当降低；

5. 甲类建筑，6、7、8度时宜按本地区抗震设防烈度提高一度后符合本表的要求，9度时应专门研究；

6. 9度抗震设防、房屋高度超过本表数值时，结构设计应有可靠依据，并采取有效措施。

B级高度钢筋混凝土高层建筑的最大适用高度（m）　表3.1-2

结构体系		非抗震设计	抗震设防烈度		
			6度	7度	8度
框架-剪力墙		170	160	140	120
剪力墙	全部落地剪力墙	180	170	150	130
	部分框支剪力墙	150	140	120	100
筒体	框架-核心筒	220	210	180	140
	筒中筒	300	280	230	170

注：1. 房屋高度指室外地面至主要屋面高度，不包括局部突出屋面的电梯机房、水箱、构架等高度；

2. 部分框支剪力墙结构指地面以上有部分框支剪力墙的剪力墙结构；

3. 平面和竖向均不规则的建筑或位于Ⅳ类场地的建筑，表中数值应适当降低；

4. 甲类建筑，6、7度时宜按本地区设防烈度提高一度后符合本表的要求，8度时应专门研究；

5. 当房屋高度超过表中数值时，结构设计应有可靠依据，并采取有效措施。

（2）A级高度钢筋混凝土高层建筑结构的高宽比不宜超过表3.1-3的数值；B级高度钢筋混凝土高层建筑结构的高宽比不宜

超过表 3.1-4 的数值。

A 级高度钢筋混凝土高层建筑结构适用的最大高宽比 表 3.1-3

结构体系	非抗震设计	抗震设防烈度		
		6 度、7 度	8 度	9 度
框架、板柱-剪力墙	5	4	3	2
框架-剪力墙	5	5	4	3
剪力墙	6	6	5	4
筒中筒、框架-核心筒	6	6	5	4

B 级高度钢筋混凝土高层建筑结构适用的最大高宽比 表 3.1-4

非抗震设计	抗震设防烈度	
	6 度、7 度	8 度
8	7	6

3.1.2 建筑平面形状的比例限值

钢筋混凝土高层建筑结构在一个独立结构单元内宜使结构平面形状简单、规则，刚度和承载力分布均匀。不应采用严重不规

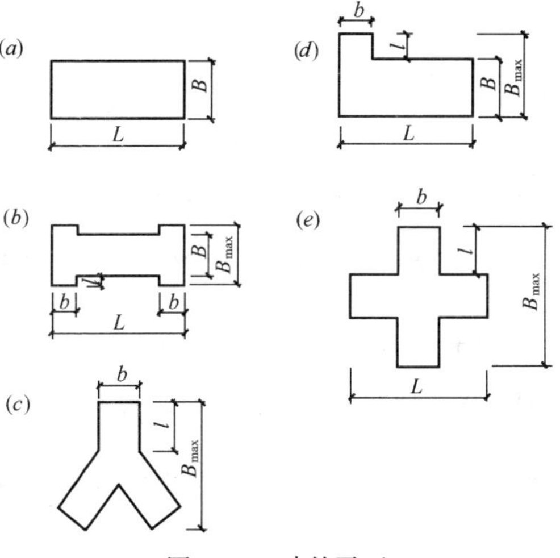

图 3.1-1 建筑平面

则的平面布置。平面长度不宜过长，突出部分长度 l 不宜过大（图 3.1-1）；A 级高度钢筋混凝土高层建筑的 L、l 等值宜满足表 3.1-5 的要求。

L、l 的限值　　**表 3.1-5**

设防烈度	L/B	l/B_{max}	l/b
6、7 度	≤6.0	≤0.35	≤2.0
8、9 度	≤5.0	≤0.30	≤1.5

3.1.3　建筑立面收进部分尺寸限值

钢筋混凝土高层建筑结构的竖向体型宜规则、均匀，避免有过大的外挑和内收。结构的侧向刚度宜下大上小，逐渐均匀变化，不应采用竖向布置严重不规则的结构。抗震设计时，结构竖向抗侧力构件宜上下连续贯通，当结构上部楼层收进 $H_1/H>0.2$ 时，宜满足 $B_1/B\geqslant0.75$（图 3.1-2a、b）；当上部结构楼层相对于下部楼层外挑时，宜满足 $B/B_1\geqslant0.9$，且水平外挑尺寸 a 不宜大于 4m（图 3.1-2c、d）。H_1 为上部楼层收进部位到室外地面的高度。

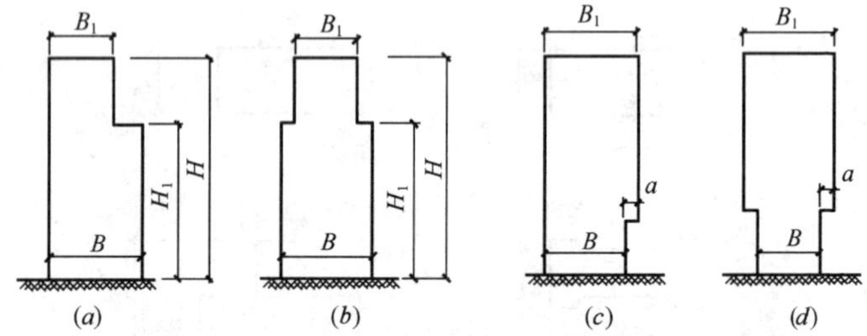

图 3.1-2　结构竖向收进和外挑示意

3.1.4　钢筋混凝土高层建筑结构伸缩缝的最大间距限值

（1）钢筋混凝土高层建筑结构伸缩缝的最大间距宜符合表 3.1-6 的规定。

（2）当采用下列构造措施和施工措施减少温度和混凝土收缩

对结构的影响时，可适当放宽伸缩缝的间距。

伸缩缝的最大间距 **表 3.1-6**

结构体系	施工方法	最大间距（m）
框架结构	现 浇	55
剪力墙结构	现 浇	45

注：1. 框架-剪力墙的伸缩缝间距可根据结构的具体布置情况取表中框架结构与剪力墙结构之间的数值；

2. 当屋面无保温或隔热措施、混凝土的收缩较大或室内结构因施工外露时间较长时，伸缩缝间距应适当减小；

3. 位于气候干燥地区、夏季炎热且暴雨频繁地区的结构，伸缩缝的间距宜适当减小。

1）顶层、底层、山墙和纵墙端开间等温度变化影响较大的部位提高配筋率；

2）顶层加强保温隔热措施，外墙设置外保温层；

3）每 30 ~ 40m 间距留出施工后浇带，带宽 800 ~ 1000mm，钢筋采用搭接接头，后浇带混凝土宜在两个月后浇灌；

4）顶部楼层改用刚度较小的结构形式或顶部设局部温度缝，将结构划分为长度较短的区段；

5）采用收缩小的水泥，减少水泥用量，在混凝土中加入适宜的外加剂；

6）提高每层楼板的构造配筋率或采用部分预应力结构。

3.1.5 防震缝的最小宽度

抗震设计时，当建筑物平面形状复杂而又无法调整其平面形状和结构布置使之成为较规则的结构时，宜设置防震缝将其划分为较简单的几个结构单元。防震缝的最小宽度应符合下列规定：

（1）高度不超过 15m 时取 70mm，当房屋的高度超过 15m 时，各结构类型防震缝宽度增加值按表 3.1-7 确定。

（2）防震缝两侧结构体系不同时，防震缝宽度应按不利的结构类型确定。防震缝两侧的房屋高度不同时，防震缝宽度应按较低的房屋高度确定；

房屋高度超过 15m 防震缝宽度增加值（mm）　表 3.1-7

设防烈度		6	7	8	9
高度每增加值（m）		5	4	3	2
结构类型	框架	20	20	20	20
	框架-剪力墙	14	14	14	14
	剪力墙	10	10	10	10

（3）当相邻结构的基础存在较大沉降差时，宜增大防震缝的宽度。

3.1.6　水平位移限值和舒适度要求

（1）水平位移限值

1）按弹性方法计算的楼层层间最大位移与层高之比 $\Delta u/h$ 宜符合以下规定：

（A）高度不大于 150m 的钢筋混凝土高层建筑，$\Delta u/h$ 不宜大于表 3.1-8 的限值；

楼层层间最大位移与层高之比的限值　表 3.1-8

结构类型	$\Delta u/h$ 限值
框架	1/550
框架-剪力墙、框架-核心筒、板柱-剪力墙	1/800
筒中筒、剪力墙	1/1000
框支层	1/1000

（B）高度等于或大于 250m 的钢筋混凝土高层建筑，$\Delta u/h$ 不宜大于 1/500；

（C）高度在 150～250m 之间的钢筋混凝土高层建筑，$\Delta u/h$ 的限值按（A）款和（B）款的限值线性插值取用。

注：楼层层间最大位移 Δu 以楼层最大的水平位移差计算，不扣除整体弯曲变形。抗震设计时，本条规定的楼层位移计算不考虑偶然偏心的影响。

2）高层建筑结构在罕遇地震作用下薄弱层弹塑性变形验算，应符合下列规定：

（A）下列结构应进行弹塑性变形验算：

(a) 7~9度时楼层屈服强度系数小于0.5的框架结构；

(b) 甲类建筑和9度抗震设防的乙类建筑结构；

(c) 采用隔震和消能减震技术的建筑结构。

(B) 下列结构宜进行弹塑性变形验算：

(a) 《高规》表3.3.4所列高度范围且不满足第4.4.2~4.4.5条规定的高层建筑结构；

(b) 7度Ⅲ、Ⅳ类场地和8度抗震设防的乙类建筑结构；

(c) 板柱-剪力墙结构。

注：楼层屈服强度系数为按构件实际配筋和材料强度标准值计算的楼层受剪承载力与按罕遇地震作用计算的楼层弹性地震剪力的比值。

(C) 结构薄弱层（部位）层间弹塑性位移应符合下式要求：

$$\Delta u_p \leqslant [\theta_p]h \tag{3-1}$$

式中 Δu_p——层间弹塑性位移；

$[\theta_p]$——层间弹塑性位移角限值，可按表3.1-9采用；对框架结构，当轴压比小于0.40时，可提高10%；当柱子全高的箍筋构造采用比《高规》中框架柱箍筋最小含箍特征值大30%时，可提高20%，但累计不超过25%；

h——层高。

层间弹塑性位移角限值　　表3.1-9

结构类别	$[\theta_p]$
框架结构	1/50
框架-剪力墙结构、框架-核心筒结构、板柱-剪力墙结构	1/100
剪力墙结构和筒中筒结构	1/120
框支层	1/120

(2) 舒适度要求

高层建筑物在风荷载作用下将产生振动，过大的振动加速度将使在高楼内居住的人们感觉不舒适，甚至不能忍受，两者的关系见表3.1-10。

舒适度与风振加速度关系　表 3.1-10

不舒适的程度	建筑物的加速度
无感觉	$<0.005g$
有　感	$0.005g \sim 0.015g$
扰　人	$0.015g \sim 0.05g$
十分扰人	$0.05g \sim 0.15g$
不能忍受	$>0.15g$

高度超过 150m 的高层建筑结构应具有良好的使用条件，满足舒适度要求，按现行国家标准《建筑结构荷载规范》（GB 50009）规定的 10 年一遇的风荷载取值，必要时可通过专门风洞试验结果计算确定的顺风向与横风向结构顶点最大加速度 a_{max} 不应超过表 3.1-11 的限值。

结构顶点最大加速度限值 a_{max}　表 3.1-11

使用功能	a_{max}（m/s^2）
住宅、公寓	0.15
办公、旅馆	0.25

3.1.7　抗震等级

（1）抗震设计时，高层建筑钢筋混凝土结构构件应根据设防烈度，结构类型和房屋高度采用不同的抗震等级，并应符合相应的计算和构造措施要求。A 级高度丙类建筑钢筋混凝土结构的抗震等级应按表 3.1-12 确定。当本地区的设防烈度为 9 度时，A 级高度乙类建筑的抗震等级应按 3.1.7（2）规定的特一级采用，甲类建筑应采取更有效的抗震措施。

注："特一级和一、二、三、四级"即"抗震等级为特一级和一、二、三、四级"的简称。

A 级高度的高层建筑结构抗震等级　表 3.1-12

结构类型		烈度						
		6度		7度		8度		9度
框架	高度（m）	≤30	>30	≤30	>30	≤30	>30	≤25
	框架	四	三	三	二	二	一	一

续表

结构类型		烈度 6度		7度		8度		9度
框架-剪力墙	高度（m）	≤60	>60	≤60	>60	≤60	>60	≤50
	框架	四	三	三	二	二	一	一
	剪力墙	三		二		一	一	一
剪力墙	高度（m）	≤80	>80	≤80	>80	≤80	>80	≤60
	剪力墙	四	三	三	二	二	一	一
框支剪力墙	非底部加强部位剪力墙	四	三	三	二	二		不应采用
	底部加强部位剪力墙	三	二	二		一		
	框支框架	二		二	一	一		
筒体	框架-核心筒 框架	三		二		一		一
	框架-核心筒 核心筒	二		二		一		一
	核心筒 内筒 外筒	三		二		一		一
板柱-剪力墙	板柱的柱	三		二		一		不应采用
	剪力墙	二		二		二		

注：1. 接近或等于高度分界时，应结合房屋不规则程度及场地、地基条件适当确定抗震等级；

2. 底部带转换层的筒体结构，其框支框架的抗震等级应按表中框支剪力墙结构的规定采用；

3. 板柱-剪力墙结构中框架的抗震等级应与表中“板柱的柱”相同。

（2）抗震设计时，B级高度丙类建筑钢筋混凝土结构的抗震等级应按表3.1-13确定。

B级高度的高层建筑结构抗震等级　　表3.1-13

结构类型		烈度 6度	7度	8度
框架-剪力墙	框架	二	一	一
	剪力墙	二	一	特一
剪力墙	剪力墙	二	一	一
框支剪力墙	非底部加强部位剪力墙	二	一	一
	底部加强部位剪力墙	二	一	特一
	框支框架	一	特一	特一
框架-核心筒	框架	二	一	一
	筒体	二	一	特一

续表

结构类型		烈度		
		6度	7度	8度
筒中筒	外　筒	二	一	特一
	内　筒	二	一	特一

注：底部带转换层的筒体结构，其框支框架和底部加强部位筒体的抗震等级应按表中框支剪力墙结构的规定采用。

（3）抗震设计的高层建筑，当地下室顶层作为上部结构的嵌固端时，地下一层的抗震等级应按上部结构采用，地下一层以下结构的抗震等级可根据具体情况采用三级或四级，地下室柱截面每侧的纵向钢筋面积除应符合计算要求外，不应少于地上一层对应柱每侧纵向钢筋面积的1.1倍；地下室中超出上部主楼范围且无上部结构的部分，其抗震等级可根据具体情况采用三级或四级。9度抗震设计时，地下室结构的抗震等级不应低于二级。

（4）抗震设计时，与主楼连为整体的裙楼的抗震等级不应低于主楼的抗震等级；主楼结构在裙房顶部上、下各一层应适当加强抗震构造措施。

3.1.8　结构重力荷载的估算

在建筑物的初步设计阶段，对其重力荷载可进行估算，据统计，可按表3.1-14采用。

结构重力荷载估算值（kN/m^2）　　**表3.1-14**

结构类型	填充墙材料	重力荷载
框　架	轻　质	10～12
	机制砖	12～14
框架-剪力墙	轻　质	12～14
	机制砖	12～16
剪力墙-筒体	混凝土	15～18

3.1.9　剪力墙的数量估算

框架-剪力墙结构中剪力墙的数量，在方案阶段可依表3.1-15

初算。

底层结构截面面积与楼面面积之比　　表 3.1-15

设 计 条 件	$\frac{A_w+A_c}{A_1}$	$\frac{A_w}{A_1}$
7°、Ⅱ类土	3%～5%	2%～3%
8°、Ⅱ类土	4%～6%	3%～4%

表中　A_w——剪力墙截面面积（m^2）；

A_c——柱截面面积（m^2）；

A_1——楼面面积（m^2）。

当设防烈度、场地情况不同时，可根据表中数值适当增减。层数多、高度大的框架-剪力墙结构，宜取表中的上限值。剪力墙纵横两个方向的总量在上述范围内，两个方向剪力墙的数量宜接近。

3.2 框架在水平荷载（风荷载或水平地震作用）作用下的内力和位移计算的 D 值法

3.2.1 框架柱的侧移刚度 D 值的确定

框架柱的侧移刚度 D 值按下式计算

$$D = \alpha \frac{12 i_c}{h^2} \tag{3-2}$$

式中　h——层高；

i_c——柱的线刚度，$i_c = \frac{EI_c}{h}$；

E——柱混凝土弹性模量；

I_c——柱截面惯性矩；

α——梁、柱刚度对 D 值的修正系数，其计算公式依不同情况按表 3.2-1 采用。

α值计算表　　**表 3.2-1**

楼层		简图	K	α
一般柱	边柱	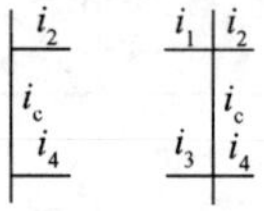	$K=\dfrac{i_1+i_2+i_3+i_4}{2i_c}$	$\alpha=\dfrac{K}{2+K}$
底层柱	固结	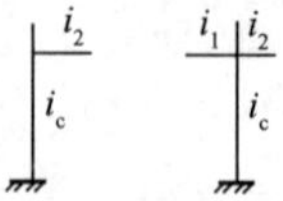	$K=\dfrac{i_1+i_2}{i_c}$	$\alpha=\dfrac{0.5+K}{2+K}$
	铰结	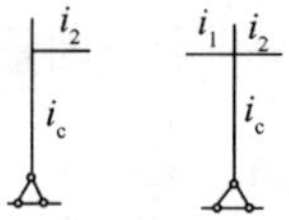	$K=\dfrac{i_1+i_2}{i_c}$	$\alpha=\dfrac{0.5K}{1+2K}$
	铰结有连梁	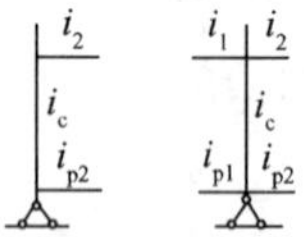	$K=\dfrac{i_1+i_2+i_{p1}+i_{p2}}{2i_c}$	$\alpha=\dfrac{K}{2+K}$

注：边柱情况下，式中 i_1，i_3 或 i_{p1}取 0 值。

3.2.2　框架柱反弯点位置的确定

框架柱反弯点距柱下端的距离为：

$$\overline{Y} = Yh = (y_0 + y_1 + y_2 + y_3)h \tag{3-3}$$

式中　y_0——标准反弯点高度比；

y_1——计算柱上下横梁相对线刚度变化的修正值；

y_2——计算柱上层层高变化的修正值；

y_3——计算柱下层层高变化的修正值。

上述各 y 值见表 3.2-2 ~ 表 3.2-5。

均布水平荷载下各层柱标准反弯点高度比 y_0 表 3.2-2

n	j \ K	0.1	0.2	0.3	0.4	0.5	0.6	0.7	0.8	0.9	1.0	2.0	3.0	4.0	5.0
1	1	0.80	0.75	0.70	0.65	0.65	0.60	0.60	0.60	0.60	0.55	0.55	0.55	0.55	0.55
2	2	0.45	0.40	0.35	0.35	0.35	0.35	0.40	0.40	0.40	0.40	0.45	0.45	0.45	0.45
	1	0.95	0.80	0.70	0.70	0.65	0.65	0.65	0.60	0.60	0.60	0.55	0.55	0.55	0.50
3	3	0.15	0.20	0.20	0.25	0.30	0.30	0.30	0.35	0.35	0.35	0.40	0.45	0.45	0.45
	2	0.55	0.50	0.45	0.45	0.45	0.45	0.45	0.45	0.45	0.45	0.45	0.50	0.50	0.50
	1	1.00	0.85	0.80	0.75	0.70	0.70	0.65	0.65	0.65	0.60	0.55	0.55	0.55	0.55
4	4	−0.05	0.05	0.15	0.20	0.25	0.30	0.30	0.35	0.35	0.35	0.40	0.45	0.45	0.45
	3	0.25	0.30	0.30	0.35	0.35	0.40	0.40	0.40	0.40	0.45	0.45	0.50	0.50	0.50
	2	0.65	0.55	0.50	0.50	0.45	0.45	0.45	0.45	0.45	0.45	0.50	0.50	0.50	0.50
	1	1.10	0.90	0.80	0.75	0.70	0.70	0.55	0.65	0.55	0.60	0.55	0.55	0.55	0.55
5	5	−0.20	0.00	0.15	0.20	0.25	0.30	0.30	0.30	0.35	0.35	0.40	0.45	0.45	0.45
	4	0.10	0.20	0.25	0.30	0.35	0.35	0.40	0.40	0.40	0.40	0.45	0.45	0.50	0.50
	3	0.40	0.40	0.40	0.40	0.40	0.45	0.45	0.45	0.45	0.45	0.50	0.50	0.50	0.50
	2	0.65	0.55	0.50	0.50	0.50	0.50	0.50	0.50	0.50	0.50	0.50	0.50	0.50	0.50
	1	1.20	0.95	0.80	0.75	0.75	0.70	0.70	0.65	0.65	0.65	0.55	0.55	0.55	0.55

续表

n	K / j	0.1	0.2	0.3	0.4	0.5	0.6	0.7	0.8	0.9	1.0	2.0	3.0	4.0	5.0
6	6	-0.30	0.00	0.10	0.20	0.25	0.25	0.30	0.30	0.35	0.35	0.40	0.45	0.45	0.45
	5	0.00	0.20	0.25	0.30	0.35	0.35	0.40	0.40	0.40	0.40	0.45	0.45	0.50	0.50
	4	0.20	0.30	0.35	0.35	0.40	0.40	0.40	0.45	0.45	0.45	0.45	0.50	0.50	0.50
	3	0.40	0.40	0.40	0.45	0.45	0.45	0.45	0.45	0.45	0.45	0.50	0.50	0.50	0.50
	2	0.70	0.60	0.55	0.50	0.50	0.50	0.50	0.50	0.50	0.50	0.50	0.50	0.50	0.50
	1	1.20	0.95	0.85	0.80	0.75	0.70	0.70	0.65	0.65	0.65	0.55	0.55	0.55	0.55
7	7	-0.35	-0.05	0.10	0.20	0.20	0.25	0.30	0.30	0.35	0.35	0.40	0.45	0.45	0.45
	6	-0.10	0.15	0.25	0.30	0.35	0.35	0.35	0.40	0.40	0.40	0.45	0.45	0.50	0.50
	5	0.10	0.25	0.30	0.35	0.40	0.40	0.40	0.45	0.45	0.45	0.50	0.50	0.50	0.50
	4	0.30	0.35	0.40	0.40	0.40	0.45	0.45	0.45	0.45	0.45	0.50	0.50	0.50	0.50
	3	0.50	0.45	0.45	0.45	0.45	0.45	0.45	0.45	0.45	0.45	0.50	0.50	0.50	0.50
	2	0.75	0.60	0.55	0.50	0.50	0.50	0.50	0.50	0.50	0.50	0.50	0.50	0.50	0.50
	1	1.20	0.95	0.85	0.80	0.75	0.70	0.70	0.65	0.65	0.65	0.55	0.55	0.55	0.55
8	8	-0.35	-0.15	0.10	0.10	0.25	0.25	0.30	0.30	0.35	0.35	0.40	0.45	0.45	0.45
	7	-0.10	0.15	0.25	0.30	0.35	0.35	0.40	0.40	0.40	0.40	0.45	0.50	0.50	0.50
	6	0.05	0.25	0.30	0.35	0.40	0.40	0.45	0.45	0.45	0.45	0.45	0.50	0.50	0.50
	5	0.20	0.30	0.35	0.40	0.40	0.45	0.45	0.45	0.45	0.45	0.50	0.50	0.50	0.50
	4	0.35	0.40	0.40	0.45	0.45	0.45	0.45	0.45	0.45	0.45	0.50	0.50	0.50	0.50
	3	0.50	0.45	0.45	0.45	0.45	0.45	0.45	0.45	0.50	0.50	0.50	0.50	0.50	0.50
	2	0.75	0.60	0.55	0.55	0.50	0.50	0.50	0.50	0.50	0.50	0.50	0.50	0.50	0.50
	1	1.20	1.00	0.85	0.80	0.75	0.70	0.70	0.65	0.65	0.65	0.55	0.55	0.55	0.55

续表

n	j \ K	0.1	0.2	0.3	0.4	0.5	0.6	0.7	0.8	0.9	1.0	2.0	3.0	4.0	5.0
9	9	−0.40	−0.05	0.10	0.20	0.25	0.25	0.30	0.30	0.35	0.35	0.45	0.45	0.45	0.45
	8	−0.15	0.15	0.25	0.30	0.35	0.35	0.35	0.40	0.40	0.40	0.45	0.45	0.50	0.50
	7	0.05	0.25	0.30	0.35	0.40	0.40	0.40	0.45	0.45	0.45	0.45	0.50	0.50	0.50
	6	0.15	0.30	0.35	0.40	0.40	0.45	0.45	0.45	0.45	0.45	0.50	0.50	0.50	0.50
	5	0.25	0.35	0.40	0.40	0.45	0.45	0.45	0.45	0.45	0.45	0.50	0.50	0.50	0.50
	4	0.40	0.40	0.40	0.45	0.45	0.45	0.45	0.45	0.45	0.45	0.50	0.50	0.50	0.50
	3	0.55	0.45	0.45	0.45	0.45	0.45	0.45	0.45	0.50	0.50	0.50	0.50	0.50	0.50
	2	0.80	0.65	0.55	0.55	0.50	0.50	0.50	0.50	0.50	0.50	0.50	0.50	0.50	0.50
	1	1.20	1.00	0.85	0.80	0.75	0.70	0.70	0.65	0.65	0.65	0.55	0.55	0.55	0.55
10	10	−0.40	−0.05	0.10	0.20	0.25	0.30	0.30	0.30	0.30	0.35	0.40	0.45	0.45	0.45
	9	−0.15	0.15	0.25	0.30	0.35	0.35	0.40	0.40	0.40	0.40	0.45	0.45	0.50	0.50
	8	−0.00	0.25	0.30	0.35	0.40	0.40	0.40	0.45	0.45	0.45	0.45	0.50	0.50	0.50
	7	−0.10	0.30	0.35	0.40	0.40	0.40	0.45	0.45	0.45	0.45	0.50	0.50	0.50	0.50
	6	0.20	0.35	0.40	0.40	0.45	0.45	0.45	0.45	0.45	0.45	0.50	0.50	0.50	0.50
	5	0.30	0.40	0.40	0.45	0.45	0.45	0.45	0.45	0.45	0.50	0.50	0.50	0.50	0.50
	4	0.40	0.40	0.45	0.45	0.45	0.45	0.45	0.45	0.45	0.50	0.50	0.50	0.50	0.50
	3	0.55	0.50	0.45	0.45	0.45	0.50	0.50	0.50	0.50	0.50	0.50	0.50	0.50	0.50
	2	0.80	0.65	0.55	0.55	0.55	0.50	0.50	0.50	0.50	0.50	0.50	0.50	0.50	0.50
	1	1.30	1.00	0.85	0.80	0.75	0.70	0.70	0.65	0.65	0.65	0.60	0.55	0.55	0.55

续表

n	j \ K	0.1	0.2	0.3	0.4	0.5	0.6	0.7	0.8	0.9	1.0	2.0	3.0	4.0	5.0
11	11	−0.40	0.05	0.10	0.20	0.25	0.30	0.30	0.30	0.35	0.35	0.40	0.45	0.45	0.45
	10	−0.15	0.15	0.25	0.30	0.35	0.35	0.40	0.40	0.40	0.40	0.45	0.45	0.50	0.50
	9	0.00	0.25	0.30	0.35	0.40	0.40	0.40	0.45	0.45	0.45	0.45	0.50	0.50	0.50
	8	0.10	0.30	0.35	0.40	0.40	0.45	0.45	0.45	0.45	0.45	0.50	0.50	0.50	0.50
	7	0.20	0.35	0.40	0.45	0.45	0.45	0.45	0.45	0.45	0.45	0.50	0.50	0.50	0.50
	6	0.25	0.35	0.40	0.45	0.45	0.45	0.45	0.45	0.45	0.45	0.50	0.50	0.50	0.50
	5	0.35	0.40	0.40	0.45	0.45	0.45	0.45	0.45	0.45	0.45	0.50	0.50	0.50	0.50
	4	0.40	0.45	0.45	0.45	0.45	0.45	0.45	0.50	0.50	0.50	0.50	0.50	0.50	0.50
	3	0.55	0.50	0.50	0.50	0.50	0.50	0.50	0.50	0.50	0.50	0.50	0.50	0.50	0.50
	2	0.80	0.65	0.60	0.55	0.55	0.50	0.50	0.50	0.50	0.50	0.50	0.50	0.50	0.50
	1	1.30	1.00	0.85	0.80	0.75	0.70	0.70	0.65	0.65	0.65	0.60	0.55	0.55	0.55
12以上	自上1	−0.40	−0.05	0.10	0.20	0.25	0.30	0.30	0.30	0.35	0.35	0.40	0.45	0.45	0.45
	2	−0.15	0.15	0.25	0.30	0.35	0.35	0.40	0.40	0.40	0.40	0.45	0.45	0.50	0.50
	3	0.00	0.25	0.30	0.35	0.40	0.40	0.40	0.45	0.45	0.45	0.50	0.50	0.50	0.50
	4	0.10	0.30	0.35	0.40	0.40	0.45	0.45	0.45	0.45	0.45	0.50	0.50	0.50	0.50
	5	0.20	0.35	0.30	0.40	0.45	0.45	0.45	0.45	0.45	0.45	0.50	0.50	0.50	0.50
	6	0.25	0.35	0.30	0.45	0.45	0.45	0.45	0.45	0.45	0.45	0.50	0.50	0.50	0.50
	7	0.30	0.40	0.40	0.45	0.45	0.45	0.45	0.45	0.50	0.50	0.50	0.50	0.50	0.50
12以上	8	0.35	0.40	0.45	0.45	0.45	0.45	0.45	0.50	0.50	0.50	0.50	0.50	0.50	0.50
	中间	0.40	0.40	0.45	0.45	0.45	0.45	0.50	0.50	0.50	0.50	0.50	0.50	0.50	0.50
	4	0.45	0.45	0.45	0.45	0.50	0.50	0.50	0.50	0.50	0.50	0.50	0.50	0.50	0.50
	3	0.60	0.50	0.50	0.50	0.50	0.50	0.50	0.50	0.50	0.50	0.50	0.50	0.50	0.50
	2	0.80	0.65	0.60	0.55	0.55	0.50	0.50	0.50	0.50	0.50	0.50	0.50	0.50	0.50
	自下1	1.30	1.00	1.85	0.80	0.75	0.70	0.70	0.65	0.65	0.55	0.55	0.55	0.55	0.55

表 3.2-3

倒三角形荷载下各层柱标准反弯点高度比 y_0

n	j \ K	0.1	0.2	0.3	0.4	0.5	0.6	0.7	0.8	0.9	1.0	2.0	3.0	4.0	5.0
1	1	0.80	0.75	0.70	0.65	0.65	0.60	0.60	0.60	0.50	0.55	0.55	0.55	0.55	0.55
2	2	0.50	0.45	0.40	0.40	0.40	0.40	0.40	0.40	0.40	0.45	0.45	0.45	0.45	0.50
	1	1.00	0.85	0.75	0.70	0.70	0.65	0.65	0.65	0.60	0.60	0.55	0.55	0.55	0.55
3	3	0.25	0.25	0.25	0.30	0.30	0.35	0.35	0.35	0.40	0.40	0.45	0.45	0.45	0.50
	2	0.60	0.50	0.50	0.50	0.50	0.45	0.45	0.45	0.45	0.45	0.50	0.50	0.50	0.50
	1	1.15	0.90	0.80	0.75	0.75	0.70	0.70	0.65	0.65	0.85	0.60	0.55	0.55	0.55
4	4	0.10	0.15	0.20	0.25	0.30	0.30	0.35	0.35	0.35	0.40	0.45	0.45	0.45	0.45
	3	0.35	0.35	0.35	0.40	0.40	0.40	0.40	0.45	0.45	0.45	0.45	0.50	0.50	0.50
	2	0.70	0.60	0.55	0.50	0.50	0.50	0.50	0.50	0.50	0.50	0.50	0.50	0.50	0.50
	1	1.20	0.95	0.85	0.80	0.75	0.70	0.70	0.70	0.65	0.65	0.55	0.55	0.55	0.50
5	5	0.05	0.10	0.20	0.25	0.30	0.30	0.35	0.35	0.35	0.35	0.40	0.45	0.45	0.45
	4	0.20	0.25	0.35	0.35	0.40	0.40	0.40	0.40	0.40	0.45	0.45	0.50	0.50	0.50
	3	0.45	0.40	0.45	0.45	0.45	0.45	0.45	0.45	0.45	0.45	0.50	0.50	0.50	0.50
	2	0.75	0.60	0.55	0.55	0.50	0.50	0.50	0.60	0.50	0.50	0.50	0.50	0.50	0.50
	1	1.30	1.00	0.85	0.80	0.75	0.70	0.70	0.65	0.65	0.65	0.65	0.55	0.55	0.55
6	6	−0.15	0.05	0.15	0.20	0.25	0.30	0.30	0.35	0.35	0.35	0.40	0.45	0.45	0.45
	5	0.10	0.25	0.30	0.35	0.35	0.40	0.40	0.40	0.45	0.45	0.45	0.50	0.50	0.50
	4	0.30	0.35	0.40	0.40	0.45	0.45	0.45	0.45	0.45	0.45	0.50	0.50	0.50	0.50
	3	0.50	0.45	0.45	0.45	0.45	0.45	0.45	0.45	0.45	0.50	0.50	0.50	0.50	0.50
	2	0.80	0.65	0.55	0.55	0.55	0.55	0.50	0.50	0.50	0.50	0.50	0.50	0.50	0.50
	1	1.30	1.00	0.85	0.80	0.75	0.70	0.70	0.65	0.65	0.65	0.60	0.55	0.55	0.55

续表

n	K / j	0.1	0.2	0.3	0.4	0.5	0.6	0.7	0.8	0.9	1.0	2.0	3.0	4.0	5.0
7	7	-0.20	0.05	0.15	0.20	0.25	0.30	0.30	0.35	0.35	0.35	0.45	0.45	0.45	0.45
	6	0.05	0.20	0.30	0.35	0.35	0.40	0.40	0.40	0.40	0.45	0.45	0.50	0.50	0.50
	5	0.20	0.30	0.35	0.40	0.40	0.45	0.45	0.45	0.45	0.45	0.50	0.50	0.50	0.50
	4	0.35	0.40	0.40	0.45	0.45	0.45	0.45	0.45	0.45	0.45	0.50	0.50	0.50	0.50
	3	0.55	0.50	0.50	0.50	0.50	0.50	0.50	0.50	0.50	0.50	0.50	0.50	0.50	0.50
	2	0.80	0.65	0.60	0.55	0.55	0.55	0.50	0.50	0.50	0.50	0.50	0.50	0.50	0.50
	1	1.30	1.00	0.90	0.80	0.75	0.70	0.70	0.70	0.65	0.65	0.60	0.55	0.55	0.55
8	8	-0.20	0.05	0.15	0.20	0.25	0.30	0.30	0.35	0.35	0.35	0.45	0.45	0.45	0.45
	7	0.00	0.20	0.30	0.35	0.35	0.40	0.40	0.40	0.40	0.45	0.45	0.50	0.50	0.50
	6	0.15	0.30	0.35	0.40	0.40	0.45	0.45	0.45	0.45	0.45	0.50	0.50	0.50	0.50
	5	0.30	0.45	0.40	0.45	0.45	0.45	0.45	0.45	0.45	0.45	0.50	0.50	0.50	0.50
	4	0.40	0.45	0.45	0.45	0.45	0.45	0.45	0.50	0.50	0.50	0.50	0.50	0.50	0.50
	3	0.60	0.50	0.50	0.50	0.50	0.50	0.50	0.50	0.50	0.50	0.50	0.50	0.50	0.50
	2	0.85	0.65	0.60	0.55	0.55	0.55	0.50	0.50	0.50	0.50	0.50	0.50	0.50	0.50
	1	1.30	1.00	0.90	0.80	0.75	0.70	0.70	0.70	0.65	0.65	0.60	0.55	0.55	0.55
9	9	-0.25	0.00	0.15	0.20	0.25	0.30	0.30	0.35	0.35	0.40	0.45	0.45	0.45	0.45
	8	0.00	0.20	0.30	0.35	0.35	0.40	0.40	0.40	0.40	0.45	0.45	0.50	0.50	0.50
	7	0.15	0.30	0.35	0.40	0.40	0.45	0.45	0.45	0.45	0.45	0.50	0.50	0.50	0.50
	6	0.25	0.35	0.40	0.40	0.45	0.45	0.45	0.45	0.45	0.50	0.50	0.50	0.50	0.50
	5	0.35	0.40	0.45	0.45	0.45	0.45	0.45	0.45	0.50	0.50	0.50	0.50	0.50	0.50
	4	0.45	0.45	0.05	0.45	0.45	0.50	0.50	0.50	0.50	0.50	0.50	0.50	0.50	0.50
	3	0.65	0.50	0.50	0.50	0.50	0.50	0.50	0.50	0.50	0.50	0.50	0.50	0.50	0.50
	2	0.80	0.65	0.65	0.55	0.55	0.55	0.55	0.50	0.50	0.50	0.50	0.50	0.50	0.50
	1	1.35	1.00	1.00	0.80	0.75	0.75	0.70	0.70	0.65	0.65	0.60	0.55	0.55	0.55

续表

n	j \ K	0.1	0.2	0.3	0.4	0.5	0.6	0.7	0.8	0.9	1.0	2.0	3.0	4.0	5.0
10	10	−0.25	0.00	0.15	0.20	0.25	0.30	0.30	0.35	0.35	0.40	0.45	0.45	0.45	0.45
	9	−0.05	0.20	0.30	0.35	0.35	0.40	0.40	0.40	0.40	0.45	0.45	0.50	0.50	0.50
	8	0.10	0.30	0.35	0.40	0.40	0.40	0.45	0.45	0.45	0.45	0.50	0.50	0.50	0.50
	7	0.20	0.35	0.40	0.40	0.45	0.45	0.45	0.45	0.45	0.50	0.50	0.50	0.50	0.50
	6	0.30	0.40	0.40	0.45	0.45	0.45	0.45	0.45	0.45	0.50	0.50	0.50	0.50	0.50
	5	0.40	0.45	0.45	0.45	0.45	0.45	0.45	0.50	0.50	0.50	0.50	0.50	0.50	0.50
	4	0.50	0.45	0.45	0.45	0.50	0.50	0.50	0.50	0.50	0.50	0.50	0.50	0.50	0.50
	3	0.60	0.55	0.50	0.50	0.50	0.50	0.50	0.50	0.50	0.50	0.50	0.50	0.50	0.50
	2	0.85	0.65	0.60	0.55	0.55	0.55	0.55	0.50	0.50	0.50	0.50	0.50	0.50	0.50
	1	1.35	1.00	0.90	0.80	0.75	0.75	0.70	0.70	0.65	0.65	0.60	0.55	0.55	0.55
11	11	−0.25	0.00	0.15	0.20	0.25	0.30	0.30	0.30	0.35	0.35	0.45	0.45	0.45	0.45
	10	−0.05	0.20	0.25	0.30	0.35	0.40	0.40	0.40	0.40	0.45	0.45	0.50	0.50	0.50
	9	0.10	0.30	0.35	0.40	0.40	0.40	0.45	0.45	0.45	0.45	0.50	0.50	0.50	0.50
	8	0.20	0.35	0.40	0.40	0.45	0.45	0.45	0.45	0.45	0.45	0.50	0.50	0.50	0.50
	7	0.25	0.40	0.40	0.45	0.45	0.45	0.45	0.45	0.45	0.50	0.50	0.50	0.50	0.50
	6	0.35	0.40	0.45	0.45	0.45	0.45	0.45	0.50	0.50	0.50	0.50	0.50	0.50	0.50
	5	0.40	0.44	0.45	0.45	0.45	0.50	0.50	0.50	0.50	0.50	0.50	0.50	0.50	0.50
	4	0.50	0.50	0.50	0.50	0.50	0.50	0.50	0.50	0.50	0.50	0.50	0.50	0.50	0.50
	3	0.65	0.55	0.50	0.50	0.50	0.50	0.50	0.50	0.50	0.50	0.50	0.50	0.50	0.50
	2	0.85	0.65	0.60	0.55	0.55	0.55	0.55	0.50	0.50	0.50	0.50	0.50	0.50	0.50
	1	0.35	1.50	0.90	0.80	0.75	0.75	0.70	0.70	0.65	0.65	0.60	0.55	0.55	0.55

续表

n	K / j	0.1	0.2	0.3	0.4	0.5	0.6	0.7	0.8	0.9	1.0	2.0	3.0	4.0	5.0
12以上	自上1	-0.30	0.00	0.15	0.20	0.25	0.30	0.30	0.30	0.35	0.35	0.40	0.45	0.45	0.45
	2	-0.10	0.20	0.25	0.30	0.35	0.40	0.40	0.40	0.40	0.40	0.45	0.45	0.45	0.50
	3	0.05	0.25	0.35	0.40	0.40	0.40	0.45	0.45	0.45	0.45	0.45	0.50	0.50	0.50
	4	0.15	0.30	0.40	0.40	0.45	0.45	0.45	0.45	0.45	0.45	0.45	0.50	0.50	0.50
	5	0.25	0.30	0.40	0.45	0.45	0.45	0.45	0.45	0.45	0.45	0.50	0.50	0.50	0.50
	6	0.30	0.40	0.40	0.45	0.45	0.45	0.45	0.50	0.50	0.50	0.50	0.50	0.50	0.50
	7	0.35	0.40	0.40	0.45	0.45	0.45	0.50	0.50	0.50	0.50	0.50	0.50	0.50	0.50
	8	0.35	0.45	0.45	0.45	0.50	0.50	0.50	0.50	0.50	0.50	0.50	0.50	0.50	0.50
	中间	0.45	0.45	0.50	0.45	0.50	0.50	0.50	0.50	0.50	0.50	0.50	0.50	0.50	0.50
	4	0.55	0.50	0.50	0.50	0.50	0.50	0.50	0.50	0.50	0.50	0.50	0.50	0.50	0.50
	3	0.65	0.55	0.50	0.50	0.50	0.50	0.50	0.50	0.50	0.50	0.50	0.50	0.50	0.50
	2	0.70	0.70	0.60	0.55	0.55	0.55	0.55	0.50	0.50	0.50	0.50	0.50	0.50	0.50
	自下1	1.35	1.05	0.70	0.80	0.75	0.70	0.70	0.70	0.65	0.65	0.60	0.55	0.55	0.55

上下梁相对刚度变化时修正值 y_1 **表 3.2-4**

K / α_1	0.1	0.2	0.3	0.4	0.5	0.6	0.7	0.8	0.9	1.0	2.0	3.0	4.0	5.0
0.4	0.55	0.40	0.30	0.25	0.20	0.20	0.20	0.15	0.15	0.15	0.05	0.05	0.05	0.05

续表

α_1 \ K	0.1	0.2	0.3	0.4	0.5	0.6	0.7	0.8	0.9	1.0	2.0	3.0	4.0	5.0
0.5	0.45	0.30	0.20	0.20	0.15	0.15	0.15	0.10	0.10	0.10	0.05	0.05	0.05	0.05
0.6	0.30	0.20	0.15	0.15	0.10	0.10	0.10	0.10	0.05	0.05	0.05	0.05	0.00	0.00
0.7	0.20	0.15	0.10	0.10	0.10	0.05	0.05	0.05	0.05	0.05	0.05	0.00	0.00	0.00
0.8	0.15	0.10	0.05	0.05	0.05	0.05	0.05	0.05	0.05	0.00	0.00	0.00	0.00	0.00
0.9	0.05	0.05	0.05	0.05	0.00	0.00	0.00	0.00	0.00	0.00	0.00	0.00	0.00	0.00

注：对于底层柱不考虑 α_1 值，所以不作此项修正。

上下层柱高度变化时的修正值 y_2 和 y_3

表 3.2-5

α_2	α_3 \ K	0.1	0.2	0.3	0.4	0.5	0.6	0.7	0.8	0.9	1.0	2.0	3.0	4.0	5.0
2.0		0.25	0.15	0.15	0.10	0.10	0.10	0.10	0.10	0.05	0.05	0.05	0.05	0.0	0.0
1.8		0.20	0.15	0.10	0.10	0.10	0.05	0.05	0.05	0.05	0.05	0.05	0.0	0.0	0.0
1.6	0.4	0.15	0.10	0.10	0.05	0.05	0.05	0.05	0.05	0.05	0.05	0.05	0.0	0.0	0.0
1.4	0.6	0.10	0.05	0.05	0.05	0.05	0.05	0.05	0.05	0.05	0.0	0.0	0.0	0.0	0.0
1.2	0.8	0.05	0.05	0.05	0.0	0.0	0.0	0.0	0.0	0.0	0.0	0.0	0.0	0.0	0.0
1.0	1.0	0.0	0.0	0.0	0.0	0.0	0.0	0.0	0.0	0.0	0.0	0.0	0.0	0.0	0.0
0.8	1.2	−0.05	−0.05	−0.05	0.0	0.0	0.0	0.0	0.0	0.0	0.0	0.0	0.0	0.0	0.0
0.6	1.4	−0.10	−0.05	−0.05	−0.05	−0.05	−0.05	−0.05	−0.05	−0.05	−0.05	0.0	0.0	0.0	0.0
0.4	1.6	−0.15	−0.10	−0.10	−0.05	−0.05	−0.05	−0.05	−0.05	−0.05	−0.05	0.0	0.0	0.0	0.0
	1.8	−0.20	−0.15	−0.10	−0.10	−0.10	−0.05	−0.05	−0.05	−0.05	−0.05	−0.05	0.0	0.0	0.0
	2.0	−0.25	−0.15	−0.15	−0.10	−0.10	−0.10	−0.10	−0.05	−0.05	−0.05	−0.05	−0.05	0.0	0.0

注：y_2——按 α_2 查表求得，上层较高时为正值，但对于最上层，不考虑 y_2 修正值；

y_3——按 α_3 查表求得，对于最下层，不考虑 y_3 修正值。

3.2.3　框架水平位移计算

框架结构的水平位移分为两部分：梁柱弯曲变形产生的 u_{m} 和柱子轴向变形产生的 u_{n}，即

$$u = u_{\mathrm{m}} + u_{\mathrm{n}} \tag{3-4}$$

u_{m} 可由 D 值法求得，框架第 i 层由于梁柱弯曲变形产生的层间变形为：

$$u_{\mathrm{m}i} = V_i / D_i \tag{3-5}$$

式中　V_i——第 i 层的楼层剪力；

D_i——第 i 层所有柱抗推刚度之和，即 $D_i = \Sigma D_{ij}$。

框架的顶点由于梁柱弯曲变形产生的变形为：

$$u_{\mathrm{m}} = \sum_{i=1}^{n} u_{\mathrm{m}i} \tag{3-6}$$

求柱子轴向变形产生的水平位移 u_{n} 时，假定：

（1）在水平力作用下中柱轴力很小，仅边柱发生轴向变形；

（2）柱截面由底到顶线性变化。

此时框架顶点的侧向位移可按下式计算：

$$u_{\mathrm{n}} = \frac{V_0 H^3}{E_{\mathrm{c1}} A_{\mathrm{c1}} B^2} F_{\mathrm{n}} \tag{3-7}$$

式中　V_0——底部剪力；

B——框架的宽度，即边柱间距；

E_{c1}——框架底层柱的混凝土弹性模量；

A_{c1}——框架底层边柱截面面积；

F_{n}——位移系数，取决于水平力形式，顶层柱与底层柱的轴向刚度比，见表 3.2-6；

H——框架总高度。

位移系数 F_n 值 **表 3.2-6**

s_N	F_n		
	顶点集中荷载	均布荷载	三角形分布荷载
0.00	1.0000	0.3333	0.5000
0.05	0.9592	0.3256	0.4872
0.10	0.9273	0.3188	0.4761
0.15	0.9002	0.3127	0.4661
0.20	0.8764	0.3071	0.4570
0.25	0.8551	0.3019	0.4486
0.30	0.8359	0.2970	0.4409
0.35	0.8152	0.2925	0.4336
0.40	0.8019	0.2882	0.4268
0.45	0.7867	0.2842	0.4204
0.50	0.7725	0.2803	0.4143
0.55	0.7593	0.2767	0.4085
0.60	0.7467	0.2732	0.4030
0.65	0.7349	0.2699	0.3978
0.70	0.7237	0.2667	0.3928
0.75	0.7131	0.2636	0.3880
0.80	0.7029	0.2607	0.3834
0.85	0.6932	0.2579	0.3789
0.90	0.6840	0.2551	0.3747
0.95	0.6751	0.2525	0.3706
1.00	0.6667	0.2500	0.3666

3.3 框架—剪力墙协同工作计算图表法

协同工作计算的目的是将沿竖向结构任一计算截面的内力分配给总框架和总剪力墙。根据理论分析的计算公式可绘制出图表，依图表查出分配的内力。图表中的框架-剪力墙结构的刚度特征值 λ 可按下列公式计算：

当计算简图中连杆与总剪力墙为铰接时：

$$\lambda = H\sqrt{\frac{C_f}{EI_w}} \tag{3-8}$$

当计算简图中连杆与总剪力墙为刚接时：

$$\lambda = H\sqrt{\frac{C_f + C_b}{EI_w}} \tag{3-9}$$

式中　H——框剪结构总高度（m）；

C_f——框架柱的总抗侧刚度（kN），即 $C_f = h\Sigma D_i$；

EI_w——剪力墙总等效抗弯刚度（kN·m²），即

$$EI_w = \Sigma EI_{wi};$$

C_b——连杆总约束刚度（kN），即 $C_b = \Sigma\frac{m_{abi}}{h}$；

m_{abi}——第 i 连杆 a 端刚域的梁端刚度；

h——层高。

有了 λ 即可查得剪力墙任意计算截面的位移系数 $y(\zeta)/f_H$，弯矩系数 $M_w(\zeta)/M_0$，剪力系数 $V_w(\zeta)/V_0$。f_H、M_0、V_0 是在指定水平荷载作用下剪力墙的顶点位移、基底截面弯矩和基底剪力值。

任意计算截面框架的总剪力可由下式确定：

$$V_f(\zeta) = V_p(\zeta) - V_w(\zeta) \tag{3-10}$$

在抗震设计时，对规则的框架-剪力墙结构，如总剪力墙 V_f

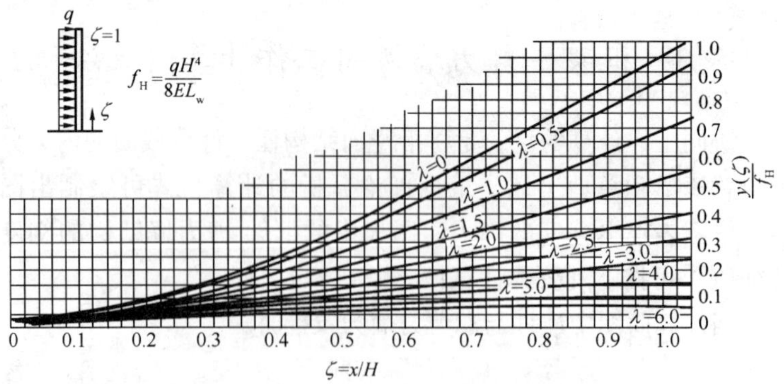

图 3.3-1　均布荷载位移系数

$<0.2V_0$，则需对 V_f 进行调整。调整的原则为：取 $1.5V_{fmax}$ 和 $0.2V_0$ 中的较小值。V_{fmax} 为各层框架部分承担的总剪力中的最大值。

剪力墙的位移、总弯矩、总剪力在各种水平荷载作用下的系数见图 3.3-1～图 3.3-9。

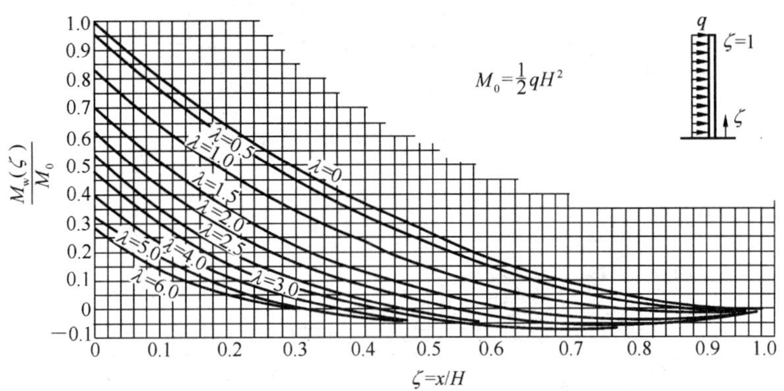

图 3.3-2　均布荷载剪力墙弯矩系数

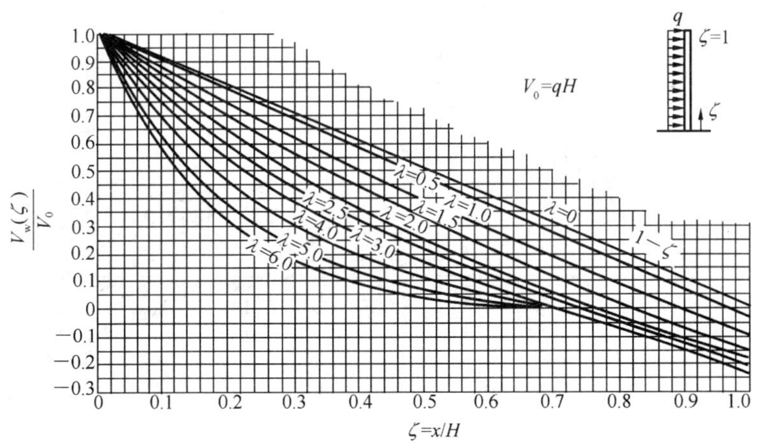

图 3.3-3　均布荷载剪力墙剪力系数

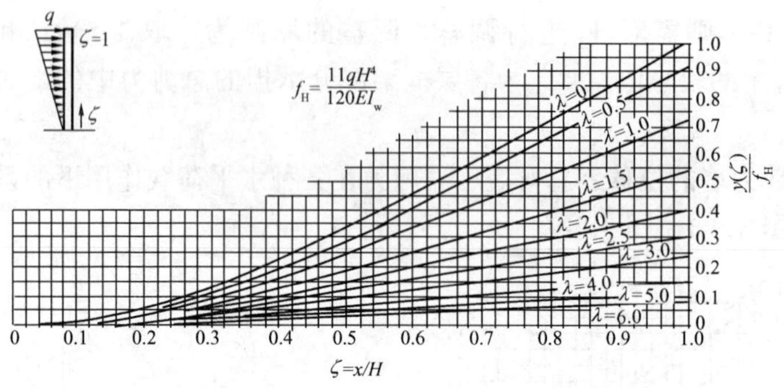

图 3.3-4　倒三角形荷载位移系数

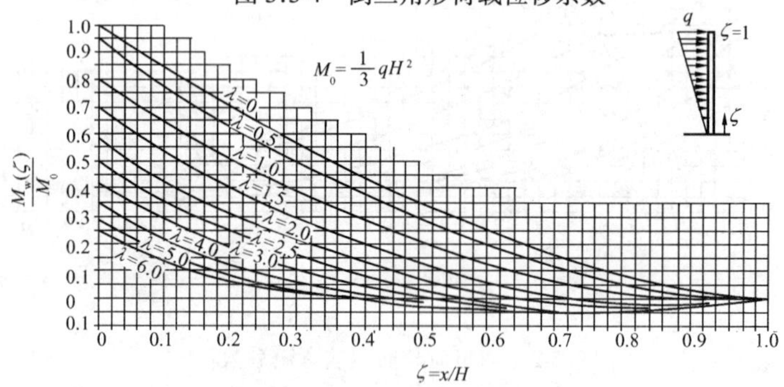

图 3.3-5　倒三角荷载墙弯矩系数

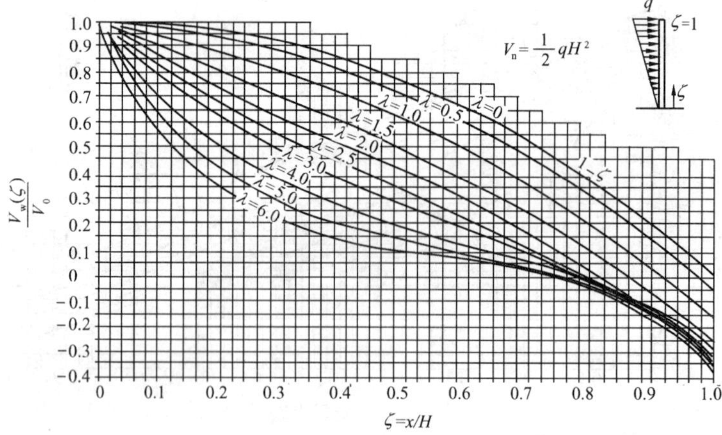

图 3.3-6　倒三角荷载墙剪力系数

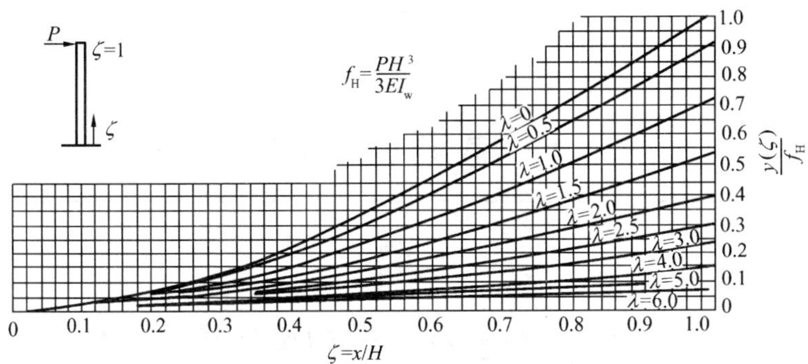

图 3.3-7 集中荷载位移系数

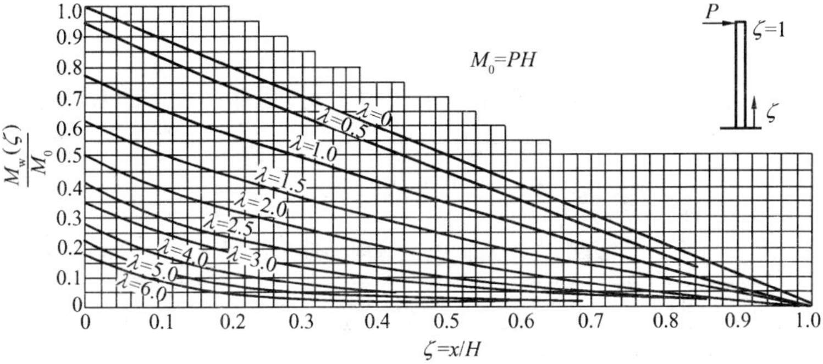

$M_0=PH$

$\frac{M_w(\zeta)}{M_0}$

$\zeta=x/H$

图 3.3-8 集中荷载墙弯矩系数

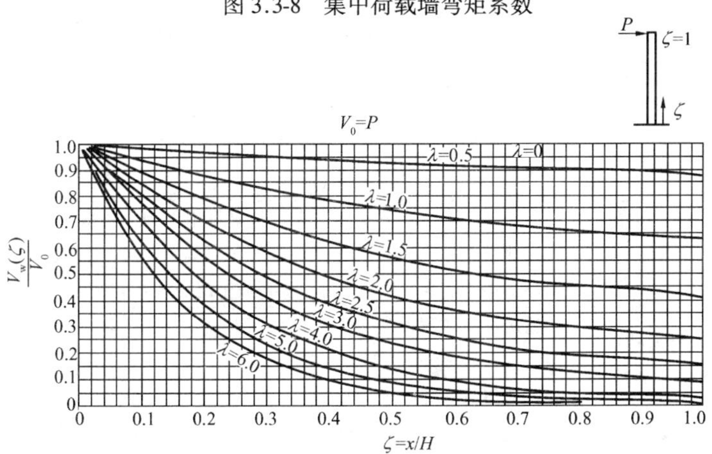

图 3.3-9 集中荷载墙剪力系数

4 混凝土结构

4.1 材料及一般构造规定

4.1.1 水泥

一般土木建筑工程常用的水泥有：硅酸盐水泥、普通硅酸盐水泥、矿渣硅酸盐水泥、火山灰质硅酸盐水泥、粉煤灰硅酸盐水泥、复合硅酸盐水泥等。其适用范围见表 4.1-1。

水泥在土木建筑工程中的适用范围　　表 4.1-1

水泥名称	适　用　范　围
硅酸盐水泥	配制高强度混凝土，先张法预应力混凝土制品、道路及低温下施工的工程。 不适用于大体积混凝土、受化学及海水侵蚀的工程
普通硅酸盐水泥（普通水泥）	适用性较强，无特殊要求的工程都可使用
矿渣硅酸盐水泥（矿渣水泥）	适用于地面、地下水中各种混凝土工程，高温车间建筑。 不适用于需要早强、受冻融循环或干湿交替的工程
火山灰质硅酸盐水泥（火山灰水泥）	适用于地下、水下工程，大体积混凝土工程，一般工业与民用建筑工程。 不适用于需要早强、受冻融循环或干湿交替的工程
粉煤灰硅酸盐水泥（粉煤灰水泥）	适用于大体积混凝土工程、地下工程、一般工业与民用建筑工程。 不适用范围同矿渣水泥
复合硅酸盐水泥（复合水泥）	适用于一般混凝土工程、工业与民用建筑工程。 不适用于耐腐蚀工程

4.1.2 外加剂

(1) 外加剂分类

外加剂分类见表4.1-2。

外加剂的分类 表4.1-2

类别		使用效果
减水剂	普通减水剂	减水，提高强度或改善和易性
	高效减水剂（流化剂或称超塑化剂）	配制流动混凝土，或早强、高强混凝土
引气剂		增加含气量,改善和易性,提高抗冻性
调凝剂	缓凝剂	延缓凝结时间，降低水化热
	早强剂（促凝剂）	提高混凝土早期强度
	速凝剂	速凝，提高早期强度
防冻剂		使混凝土在负温下水化,达到预期强度
阻锈剂		减缓、抑制钢筋锈蚀
防水剂		提高混凝土抗渗性，防止潮气渗透
膨胀剂		减少干缩

(2) 减水剂

减水剂主要种类及适用范围见表4.1-3。

(3) 引气剂及引气减水剂

掺引气剂及引气减水剂的混凝土的含气量见表4.1-4。

减水剂主要种类和适用范围 表4.1-3

项目	说明
种类	1. 木质素磺酸盐类：如木质素磺酸钙、木质素磺酸钠； 2. 多环芳香族磺酸盐类：如萘和萘的同系磺化物与甲醛缩合的盐类； 3. 水溶性树脂磺酸盐类：如磺化三聚氰胺树脂、磺化古玛隆树脂； 4. 其他如腐殖酸等
适用范围	1. 减水剂可用于现浇或预制的混凝土、钢筋混凝土及预应力混凝土； 2. 普通减水剂宜用于日最低气温5℃以上施工的混凝土，不宜单独用于蒸养混凝土； 3. 高效减水剂可用于日最低气温0℃以上施工的混凝土，并适用于制备大流动性混凝土、高强混凝土以及蒸养混凝土； 4. 在用硬石膏或工业废料石膏作调凝剂的水泥中，掺用木质素磺酸盐减水剂时应先作水泥适应性试验，合格后方可使用

掺引气剂及引气减水剂混凝土的含气量 表 4.1-4

粗骨料最大粒径（mm）	混凝土含气量（%）	粗骨料最大粒径（mm）	混凝土含气量（%）
10	7.0	40	4.5
15	6	50	4.0
20	5.5	80	3.5
25	5.0	150	3.0

（4）缓凝剂及缓凝减水剂

缓凝剂及缓凝减水剂种类及适用范围见表 4.1-5。常用掺量按表 4.1-6 的规定采用。

缓凝剂、缓凝减水剂种类及适用范围 表 4.1-5

名称	说明
种类	醣类：如糖钙等； 木质素磺酸盐类：如木质素磺酸钙、木质素磺酸钠等； 羟基羧酸及其盐类：如柠檬酸、酒石酸钾钠等； 无机盐类：如锌盐、硼酸盐、磷酸盐等； 其他：如胺盐及其衍生物、纤维素醚等
适用范围	1. 缓凝剂及缓凝减水剂，可用于大体积混凝土、炎热气候条件下施工的混凝土以及需长时间停放或长距离运输的混凝土； 2. 缓凝剂及缓凝减水剂不宜用于日最低气温 5℃以下施工的混凝土，也不宜单独用于有早强要求的混凝土及蒸养混凝土； 3. 柠檬酸、酒石酸钾钠等缓凝剂，不宜单独使用于水泥用量较低、水灰比较大的贫混凝土； 4. 在用硬石膏或工业废料石膏作调凝剂的水泥中掺用醣类缓凝剂时，应先作水泥适应性试验，合格后方可使用

缓凝剂及缓凝减水剂常用掺量 表 4.1-6

类别	掺量（水泥重量%）	类别	掺量（水泥重量%）
醣类	0.1～0.3	羟基羧酸盐类	0.03～0.1
木质素磺酸盐类	0.2～0.3	无机盐类	0.1～0.2

(5) 早强剂及早强减水剂

早强剂及早强减水剂种类及适用范围见表4.1-7。早强剂掺量见表4.1-8。常用复合早强剂，早强减水剂的组分与剂量见表4.1-9。

早强剂、早强减水剂种类及适用范围 表4.1-7

项目	说明
适用范围	1. 早强剂及早强减水剂，可用于蒸养混凝土及常温、低温和负温（最低气温不低于-5℃）条件下施工的有早强或防冻要求的混凝土工程。 2. 在下列结构中，不得在钢筋混凝土中采用氯盐、含氯盐的复合早强剂及早强减水剂： （1）相对湿度大于80%的环境中使用的结构、处于水位升降部位的结构、露天结构或经常受水淋的结构； （2）与镀锌钢材或铝铁相接触部位的结构，以及有外露预埋铁件而无防护措施的结构； （3）与含有酸、碱或硫酸等侵蚀性介质相接触的结构； （4）经常处于环境温度为60℃以上的结构； （5）使用冷拉钢筋或冷拔低碳钢丝配筋的结构； （6）给水排水构筑物、薄壁结构、工作级别A4～A8级吊车的吊车梁、屋架、落锤或锻锤基础等结构； （7）电解车间和距高压直流电源100m以内的结构； （8）靠近高压电源，如电站、变电所的结构； （9）预应力混凝土结构； （10）含有活性骨料的混凝土结构。 3. 含有强电解质无机盐类的早强剂，如硫酸盐等早强减水剂，不得用于下列结构： （1）与镀锌钢材或铝铁相接触部位的结构，以及有外露预埋铁件而无防护措施的结构； （2）使用直流电源的工厂及使用电气化运输设施的钢筋混凝土结构； （3）含有活性骨料的混凝土结构。 4. 对混凝土的耐久性或其他性能有特殊要求的混凝土工程，选择早强剂或早强减水剂品种及掺量，应通过试验确定
种类	氯盐类：如氯化钙、氯化钠等； 硫酸盐类：如硫酸钠、硫代硫酸钠等； 有机胺类：如三乙醇胺、三异丙醇胺等； 其他：如甲酸盐等

早强剂掺量　　表 4.1-8

混凝土种类及使用条件		早强剂品种	掺量（水泥重量%）
预应力混凝土		硫酸钠	1
		三乙醇胺	0.05
钢筋混凝土	室内正常环境	氯　盐	1
		硫酸钠	2
		硫酸钠与缓凝减水剂复合使用	3
		三乙醇胺	0.05
	二类环境（潮湿环境）	硫酸钠	1.5
		三乙醇胺	0.05
有饰面要求的混凝土		硫酸钠	1
无筋混凝土		氯　盐	3

注：1. 在预应力混凝土中，由于其他原材料带入的氯离子含量，不应大于水泥用量的 0.06%；在潮湿环境下的钢筋混凝土中，尚应满足混凝土耐久性的基本要求的规定；

2. 表中氯盐含量，以无水氯化钙计。

常用复合早强剂、早强减水剂的组分与剂量　　表 4.1-9

类　型	外加剂组分	常用剂量（以水泥重量%）
复合早强剂	三乙醇胺+氯化钠	(0.03～0.05)+0.5
	三乙醇胺+氯化钠+亚硝酸钠	0.05+(0.3～0.5)+(1～2)
	硫酸钠+亚硝酸钠+氯化钠+氯化钙	(1～1.5)+(1～3)+(0.3～0.5)+(0.3～0.5)
	硫酸钠+氯化钠	(0.5～1.5)+(0.3～0.5)
	硫酸钠+亚硝酸钠	(0.5～1.5)+1.0
	硫酸钠+三乙醇胺	(0.5～1.5)+0.05
	硫酸钠+二水石膏+三乙醇胺	(1～1.5)+2+0.05
	亚硝酸钠+二水石膏+三乙醇胺	1+2+0.05
早强减水剂	硫酸钠+萘系减水剂	(1～3)+(0.5～1.0)
	硫酸钠+木质素减水剂	(1～3)+(0.15～0.25)
	硫酸钠+糖钙减水剂	(1～3)+(0.05～0.12)

注：1. 早强减水剂用来提高混凝土早期抗冻害能力时，硫酸钠的用量可取 3%，减水剂掺量应取表中的上限值；

2. 使用复合早强剂及早强减水剂的剂量，尚应满足混凝土耐久性的基本要求的规定。

(6) 防冻剂

1) 防冻剂种类及适用范围见表4.1-10。

2) 防冻组分掺量见表4.1-11。

防冻剂种类及适用范围 表4.1-10

项目	说明
种类	1. 氯盐类：用氯盐（氯化钙、氯化钠）或以氯盐为主的与其他早强剂、引气剂、减小剂复合的外加剂； 2. 氯盐阻锈类：氯盐与阻锈剂（亚硝酸钠）为主复合的外加剂； 3 无氯盐类：以亚硝酸盐、硝酸盐、碳酸盐、乙酸钠或尿素为主复合的外加剂
适用范围	1. 防冻剂可用于负温条件下施工的混凝土； 2. 氯盐类防冻剂可用于混凝土工程，并应符合有关限制条件； 3. 氯盐阻锈类防冻剂，可用于钢筋混凝土工程，并应符合有关限制条件； 4. 无氯盐类防冻剂，可用于钢筋混凝土工程和预应力混凝土工程；但硝酸盐、亚硝酸盐、碳酸盐类外加剂不得用于预应力混凝土工程，以及与镀锌钢材或与铝铁相接触部位的钢筋混凝土结构； 5. 含有六价铬盐、亚硝酸盐等有毒防冻剂，严禁用于饮水工程及与食品接触的部位； 6. 对水工、桥梁及抗冻性有特殊要求的混凝土工程，选择抗冻剂品种及掺量时应通过试验确定

防冻组分掺量 表4.1-11

防冻剂类别	防冻组分掺量
氯盐类	氯盐掺量不得大于拌合水重量的7%
氯盐阻锈类	总量不得大于拌合水重量的15%； 当氯盐掺量为水泥重量的0.5%～1.5%时，亚硝酸钠与氯盐之比应大于1； 当氯盐掺量为水泥重量的1.5%～3%时，亚硝酸钠与氯盐之比应大于1.3
无氯盐类	总量不得大于拌合水重量的20%；其中亚硝酸钠、亚硝酸钙、硝酸钠、硝酸钙均不得大于水泥重量的8%，尿素不得大于水泥重量的4%，碳酸钾不得大于水泥重量的10%

(7) 膨胀剂

1）膨胀剂的使用目的和适用范围见表 4.1-12 的规定。

膨胀剂的使用目的和适用范围　　　　表 4.1-12

膨胀剂种类	膨胀混凝土		
	种　类	使用目的	适用范围
硫铝酸钙类、氧化钙类、氧化钙-硫铝酸钙类、氧化镁类	补偿收缩混凝土	减少混凝土干缩裂缝、提高抗裂性和抗渗性	屋面防水、地下防水、贮罐、水池、基础后浇缝、混凝土构件补强、防水堵漏、预填骨料混凝土、钢筋混凝土、预应力混凝土等
	填充用膨胀混凝土	提高机械设备和构件的安装质量，加快安装速度	机械设备的底座灌浆、地脚螺栓的固定、梁柱接头的浇筑、管道接头的填充和防水堵漏等
	自应力混凝土	提高抗裂及抗渗性	仅用于常温下使用的自应力钢筋混凝土压力管

2）膨胀混凝土的性能要求应满足表 4.1-13 和表 4.1-14 的要求。

补偿收缩混凝土的性能　　　　表 4.1-13

项　目	纵向限制膨胀率（10^{-4}）	纵向限制干缩率（10^{-4}）	抗压强度（N/mm^2）
龄　期	14d	6个月	28d
性能指标	>1.5	<4.5	>20

填充用膨胀混凝土性能　　　　表 4.1-14

项　目	竖向自由膨胀率（%）		干缩后的剩余竖向自由膨胀率（%）	抗压强度（N/mm^2）	
	快速膨胀型	缓慢膨胀型			
龄　期	24h	14d	6个月	3d	28d
性能指标	0.1~0.5	0.1~0.2	>0.05	>14	>30

3）膨胀混凝土水泥用量见表 4.1-15。

膨胀混凝土水泥用量 **表 4.1-15**

膨胀混凝土种类	最小水泥用量（kg/m³）	最大水泥用量（kg/m³）
补偿收缩混凝土	300	—
填充用膨胀混凝土	300	700
自应力混凝土	500	—

4）膨胀剂的常用掺量，可按表 4.1-16 选用。

膨胀剂的常用掺量 **表 4.1-16**

膨胀混凝土（砂浆）种类	膨 胀 剂 名 称	掺量（水泥重量%）
补偿收缩混凝土	明矾石膨胀剂	13 ~ 17
	硫铝酸钙膨胀剂	8 ~ 10
	氧化钙膨胀剂	3 ~ 5
	氧化钙-硫铝酸钙复合膨胀剂	8 ~ 12
填充用膨胀混凝土	明矾石膨胀剂	10 ~ 13
	硫铝酸钙膨胀剂	8 ~ 10
	氧化钙膨胀剂	3 ~ 5
	氧化钙-硫铝酸钙复合膨胀剂	8 ~ 10
	铁屑膨胀剂	30 ~ 35
自应力混凝土	硫铝酸钙膨胀剂	15 ~ 25
	氧化钙-硫铝酸钙复合膨胀剂	15 ~ 25

注：内掺法指实际水泥用量（C'）与膨胀剂用量（P）之和为计算水泥用量（C），即 $C = C' + P$。

4.1.3 混凝土

（1）普通混凝土的配合比设计

1）混凝土配制强度的确定

混凝土配制强度应按下式计算

$$f_{cu,0} \geqslant f_{cu,k} + 1.645\sigma \tag{4-1}$$

式中 $f_{cu,0}$——混凝土配制强度（N/mm²）；

$f_{cu,k}$——混凝土立方体抗压强度标准值（N/mm^2）；

σ——混凝土强度标准差（N/mm^2），按表 4.1-17 取用。

σ 值（N/mm^2） **表 4.1-17**

混凝土强度等级	低于 C20	C20～C35	高于 C35
σ	4.0	5.0	6.0

注：在采用本表时，施工单位可根据实际情况对 σ 值作适当调整。

2）混凝土用水量的确定

每立方米干硬性和塑性混凝土的用水量可按下列规定选取：

（A）水灰比在 0.40～0.80 范围时，根据骨料的品种、粒径及施工要求的混凝土拌合物稠度，其用水量可按表 4.1-18 及表 4.1-19 选用；混凝土浇筑时的坍落度，宜按表 4.1-20 选用。

干硬性混凝土的用水量（kg/m^3） **表 4.1-18**

拌合物稠度		卵石最大粒径（mm）			碎石最大粒径（mm）		
项　目	指　标	10	20	40	16	20	40
维勃稠度（s）	16～20	175	160	145	180	170	155
	11～15	180	165	150	185	175	160
	5～10	185	170	155	190	180	165

塑性混凝土的用水量（kg/m^3） **表 4.1-19**

拌合物稠度		卵石最大粒径（mm）				碎石最大粒径（mm）			
项　目	指　标	10	20	31.5	40	16	20	31.5	40
坍落度（mm）	10～30	190	170	160	150	200	185	175	165
	35～50	200	180	170	160	210	195	185	175
	55～70	210	190	180	170	220	205	195	185
	75～90	215	195	185	175	230	215	205	195

注：1. 本表用水量系采用中砂时的平均取值。采用细砂时，每立方米混凝土用水量可增加 5～10kg；采用粗砂时，则可减少 5～10kg；

2. 掺用各种外加剂或掺合料时，用水量应相应调整。

（B）水灰比小于 0.40 的混凝土以及采用特殊成型工艺的混凝土用水量应通过试验确定。

流动性和大流动性混凝土的用水量宜以表 4.1-20 中坍落度 90mm 的用水量为基础，按坍落度每增加 20mm 用水量增加 5kg，计算出混凝土的用水量。

混凝土浇筑时的坍落度（mm）　　**表 4.1-20**

结　构　种　类	坍　落　度
基础或地面等的垫层、无配筋的大体积结构（挡土墙、基础等）或配筋稀疏的结构	10～30
板、梁和大型及中型截面的柱子等	30～50
配筋密列的结构（薄壁、斗仓、筒仓、细柱等）	50～70
配筋特密的结构	70～90

注：1. 本表规定的坍落度系指采用机械振捣时混凝土的坍落度；采用人工振捣混凝土时其值可适当增大；

2. 当需要配制大坍落度的混凝土时，应掺用外加剂；

3. 曲面或斜面结构混凝土的坍落度应根据实际需要另行选定。

3）混凝土水灰比和水泥用量的确定

适合混凝土配制强度的水灰比，应按下式计算

$$W/C = \frac{Af_{ce}}{f_{cu,0} + ABf_{ce}} \tag{4-2}$$

式中　W/C——水灰比；

A、B——回归系数，应根据工程所用的水泥和骨料，并通过试验建立水灰比与混凝土强度关系式确定。当无试验统计资料时，对碎石混凝土，A 可取 0.48，B 可取 0.52；对卵石混凝土，A 可取 0.50，B 可取 0.61；

f_{ce}——水泥的实际强度（N/mm^2），当无水泥强度数据时，可取 $f_{ce}=\gamma_c f_{ce,k}$，其中 γ_c 为水泥强度等级标准值的富余系数，可按水泥的品种、产地、

牌号统计得出；$f_{ce,k}$为水泥强度等级的标准值。

混凝土的最大水灰比和最小水泥用量应符合表 4.1-21 的规定，混凝土的最大水泥用量不得大于 550kg/m^3。

混凝土的最大水灰比和最小水泥用量　　表 4.1-21

<table>
<tr><th rowspan="2" colspan="2">环境条件</th><th rowspan="2">结构物类别</th><th colspan="3">最大水灰比值</th><th colspan="3">最小水泥用量（kg）</th></tr>
<tr><th>素混凝土</th><th>钢筋混凝土</th><th>预应力混凝土</th><th>素混凝土</th><th>钢筋混凝土</th><th>预应力混凝土</th></tr>
<tr><td colspan="2">干燥环境</td><td>正常的居住或办公用房屋内部件</td><td>不作规定</td><td>0.65</td><td>0.60</td><td>200</td><td>260</td><td>300</td></tr>
<tr><td rowspan="2">潮湿环境</td><td>无冻害</td><td>高湿度的室内构件、室外部件、在非侵蚀性土和（或）水中的部件</td><td>0.70</td><td>0.60</td><td>0.60</td><td>225</td><td>280</td><td>300</td></tr>
<tr><td>有冻害</td><td>经受冻害的室外部件、在非侵蚀性土和（或）水中且经受冻害的部件、高湿度且经受冻害的室内部件</td><td>0.55</td><td>0.55</td><td>0.55</td><td>250</td><td>280</td><td>300</td></tr>
<tr><td colspan="2">有冻害和除冰剂的潮湿环境</td><td>经受冻害和除冰剂作用的室内和室外部件</td><td>0.50</td><td>0.50</td><td>0.50</td><td>300</td><td>300</td><td>300</td></tr>
</table>

注：1. 当采用活性掺合料取代部分水泥时，表中的最大水灰比及最小水泥用量即为替代前的水灰比和水泥用量；

2. 配制 C15 级及其以下等级的混凝土，可不受本表限制。

4）混凝土的砂率见表 4.1-22

混凝土的砂率（%）　　表 4.1-22

水灰比（W/C）	卵石最大粒径（mm）			碎石最大粒径（mm）		
	10	20	40	10	20	40
0.40	26～32	25～31	24～30	30～35	29～34	27～32
0.50	30～35	29～34	28～33	33～38	32～37	30～35
0.60	33～38	32～37	31～36	36～41	35～40	33～38
0.70	36～41	35～40	34～39	39～44	38～43	36～41

注：1. 本表数值系中砂的选用砂率，对细砂或粗砂，可相应减小或增大砂率；

2. 只用一个单粒级粗骨料配制混凝土时，砂率应适当增大；

3. 对薄壁构件，砂率取偏大值；

4. 本表中的砂率系指砂与骨料总量的重量比。

5）供试配用的抗渗混凝土其最大水灰比应符合表 4.1-23 的规定：

抗渗混凝土最大水灰比 **表 4.1-23**

抗渗等级	最大水灰比	
	C20～C30 混凝土	C30 以上混凝土
P6	0.60	0.55
P8～P12	0.55	0.50
＞P12	0.50	0.45

6）抗冻混凝土的最小含气量见表 4.1-24。

抗冻混凝土的最大水灰比见表 4.1-25。

抗冻混凝土的最小含气量 **表 4.1-24**

粗骨料最大粒径（mm）	最小含气量（%）
40	4.5
25	5.0
20	5.5

注：含气量的百分比为体积比。

抗冻混凝土的最大水灰比 **表 4.1-25**

抗冻等级	无引气剂时	掺引气剂时
F50	0.55	0.60
F100	—	0.55
F150 及以上	—	0.50

（2）混凝土设计指标

1）混凝土轴心抗压、轴心抗拉强度标准植 f_{ck}、f_{tk} 应按表 4.1-26 确定。

混凝土强度标准值（N/mm^2） **表 4.1-26**

强度种类	混凝土强度等级													
	C15	C20	C25	C30	C35	C40	C45	C50	C55	C60	C65	C70	C75	C80
f_{ck}	10.0	13.4	16.7	20.1	23.4	26.8	29.6	32.4	35.5	38.5	41.5	44.5	47.4	50.2
f_{tk}	1.27	1.54	1.78	2.01	2.20	2.39	2.51	2.64	2.74	2.85	2.93	2.99	3.05	3.11

2）混凝土轴心抗压、轴心抗拉强度设计值 f_c、f_t 应按表

4.1-27 采用。

混凝土强度设计值（N/mm²）　　表 4.1-27

强度种类	混凝土强度等级													
	C15	C20	C25	C30	C35	C40	C45	C50	C55	C60	C65	C70	C75	C80
f_c	7.2	9.6	11.9	14.3	16.7	19.1	21.1	23.1	25.3	27.5	29.7	31.8	33.8	35.9
f_t	0.91	1.10	1.27	1.43	1.57	1.71	1.80	1.89	1.96	2.04	2.09	2.14	2.18	2.22

注：1. 计算现浇钢筋混凝土轴心受压及偏心受压构件时，如截面的长边或直径小于 300mm，则表中混凝土的强度设计值应乘以系数 0.8；当构件质量（如混凝土成型、截面和轴线尺寸等）确有保证时，可不受此限制；

2. 离心混凝土的强度设计值应按专门标准取用。

3）混凝土受压或受拉的弹性模量 E_c 应按表 4.1-28 采用。

混凝土弹性模量（$\times 10^4$N/mm²）　　表 4.1-28

混凝土强度等级	C15	C20	C25	C30	C35	C40	C45	C50	C55	C60	C65	C70	C75	C80
E_c	2.20	2.55	2.80	3.00	3.15	3.25	3.35	3.45	3.55	3.60	3.65	3.70	3.75	3.80

4）混凝土轴心抗压、轴心抗拉疲劳强度设计值 f_c^f、f_t^f 应按表 4.1-27 中的混凝土强度设计值乘以相应的疲劳强度修正系数 γ_ρ 确定。修正系数 γ_ρ 应根据不同疲劳应力比值 ρ_c^f 按表 4.1-29 采用。

混凝土疲劳强度修正系数　　表 4.1-29

ρ_c^f	$\rho_c^f < 0.2$	$0.2 \leqslant \rho_c^f < 0.3$	$0.3 \leqslant \rho_c^f < 0.4$	$0.4 \leqslant \rho_c^f < 0.5$	$\rho_c^f \geqslant 0.5$
γ_ρ	0.74	0.80	0.86	0.93	1.0

混凝土疲劳应力比值 ρ_c^f 应按下列公式计算：

$$\rho_c^f = \frac{\sigma_{c,\min}^f}{\sigma_{c,\max}^f} \tag{4-3}$$

式中　$\sigma_{c,\min}^f$、$\sigma_{c,\max}^f$——构件疲劳验算时，截面同一纤维上的混凝土最小应力、最大应力。

当采用蒸汽养护时，养护温度不宜超过 60℃；超过时，应按计算需要的混凝土强度设计值提高 20%。

5）混凝土疲劳变形模量 E_c^f 应按表 4.1-30 采用。

混凝土疲劳变形模量（$\times 10^4 N/mm^2$）　　表 4.1-30

混凝土强度等级	C20	C25	C30	C35	C40	C45	C50	C55	C60	C65	C70	C75	C80
E_c^f	1.1	1.2	1.3	1.4	1.5	1.55	1.6	1.65	1.7	1.75	1.8	1.85	1.9

6）当温度在 0℃到 100℃范围内时，混凝土线膨胀系数 α_c 可采用 1×10^{-5}/℃。

混凝土泊松比 v_c 可采用 0.2。

混凝土剪变模量 G_c 可按表 4.1-28 中混凝土弹性模量的 0.4 倍采用。

（3）混凝土强度等级的选用

钢筋混凝土和预应力混凝土结构的混凝土强度等级不应低于表 4.1-31 的要求。

结构的混凝土最低强度等级　　表 4.1-31

序号	类　　别	混凝土强度等级
1	有可靠工程经验时，处于一类环境中的结构及临时性结构	C15
2	采用 HRB335 级钢筋的钢筋混凝土结构及叠合构件的叠合层	* C20
3	采用 HRB400 和 RRB400 级钢筋的结构、承受重复荷载的构件及抗震等级为二、三级的结构	C20
4	预应力混凝土结构、抗震等级为一级的框架梁柱节点及框支梁、框支柱	C30
5	采用预应力钢绞线、钢丝、热处理钢筋作预应力筋的结构	* C40

注　1. 带有 * 号者为结构不宜低于该强度等级的数值；

2. 结构的混凝土最低强度等级，尚应满足结构耐久性要求，见表 4.1-33。

（4）混凝土的耐久性

1）混凝土结构的耐久性应根据表 4.1-32 的环境类别和设计使用年限进行设计。

混凝土结构的环境类别　　表 4.1-32

环境类别		条　件
一		室内正常环境
二	*a*	室内潮湿环境，非严寒和非寒冷地区的露天环境、与无侵蚀性的水或土壤直接接触的环境
	b	严寒和寒冷地区的露天环境、与无侵蚀性的水或土壤直接接触的环境
三		使用除冰盐的环境，严寒和寒冷地区冬季水位变动的环境，滨海室外环境
四		海水环境
五		受人为或自然的侵蚀性物质影响的环境

注：严寒与寒冷地区的划分应符合下列规定：

严寒地区：最冷月平均温度≤-10℃，日平均温度≤5℃的天数≥145d；

寒冷地区：最冷月平均温度 0℃～-10℃，日平均温度≤5℃的天数为 90～145d。

2）一类、二类和三类环境中，设计使用年限为 50 年的结构混凝土应符合表 4.1-33 的规定。

结构混凝土耐久性的基本要求　　表 4.1-33

环境类别		最大水灰比	最小水泥用量 (kg/m³)	最低混凝土强度等级	最大氯离子含量（%）	最大碱含量 (kg/m³)
一		0.65	225	C20	1.0	不限制
二	*a*	0.60	250	C25	0.3	3.0
	b	0.55	275	C30	0.2	3.0
三		0.50	300	C30	0.1	3.0

注：1. 氯离子含量系指其占水泥用量的百分率；

2. 预应力构件混凝土中的最大氯离子含量为 0.06%，最小水泥用量为 300kg/m³；最低混凝土强度等级应按表中规定提高两个等级；
3. 素混凝土构件的最小水泥用量不应少于表中数值减 25kg/m³；
4. 当混凝土中加入活性掺合料或能提高耐久性的外加剂时，可适当降低最小水泥用量；
5. 当有可靠工程经验时，处于一类和二类环境中的最低混凝土强度等级可降低一个等级；
6. 当使用非碱活性骨料时，对混凝土中的碱含量可不作限制。

3）混凝土的抗冻等级

混凝土的抗冻等级宜由试验确定，并应符合表 4.1-34 的规定。

混凝土抗冻等级（F_i）的允许值　　表 4.1-34

结构类别 / 工作条件 / 气候条件	地表水取水头部		其　他
	冻融循环总次数		地表水取水头部的水位涨落区以上部位及露明的水池等
	≤50	>50	
最冷月平均气温低于 -15℃	F200	F250	F100
最冷月平均气温在 -5～-15℃	F150	F200	F50

注：1. 混凝土抗冻等级 F_i 系指龄期为 28d 的混凝土试件，在进行相应要求冻融循环总次数 i 次作用后，其强度降低不大于 25%，重量损失不超过 5%；

2. 气温应根据连续 5 年以上的实测资料，统计其平均值确定；

3. 冻融循环总次数系指一年内气温从 +5℃以上降至 -5℃以下，然后回升至 +5℃以上的交替次数。对于地表水取水头部，尚应考虑一年中月平均气温低于 -5℃期间，因水位涨落而产生的冻融交替次数，此时水位每涨落一次应按一次冻融计算。

4）混凝土的抗渗等级

（A）防水混凝土的设计抗渗等级，应符合表 4.1-35 的规定。

防水混凝土设计抗渗等级　　表 4.1-35

工程埋置深度（m）	设计抗渗等级	工程埋置深度（m）	设计抗渗等级
<10	P6	20～30	P10
10～20	P8	30～40	P12

注：1. 本表适用于Ⅳ、Ⅴ级围岩（土层及软弱围岩）；

2. 山岭隧道防水混凝土的抗渗等级可按铁道部门的有关规范执行；

3. 此表摘自国家人民防空办公室主编《地下工程防水技术规范》（GB 50108—2001）。

（B）有抗渗要求的混凝土结构，防水混凝土的抗渗等级也可根据地下水的最大水头与混凝土壁厚的比值，按表 4.1-36 选用，其设计抗渗等级不应小于 P6。

防水混凝土抗渗等级　表 4.1-36

最大水头(H)与防水混凝土壁厚(h)的比值(H/h)	设计抗渗等级(MPa)	最大水头(H)与防水混凝土壁厚(h)的比值(H/h)	设计抗渗等级(MPa)
$\frac{H}{h}<10$	P6	$25\leqslant\frac{H}{h}<35$	P16
$10\leqslant\frac{H}{h}<15$	P8	$\frac{H}{h}\geqslant35$	P20
$15\leqslant\frac{H}{h}<25$	P12		

设计抗渗等级是由字母 P 和混凝土的抗渗压力（MPa）表达的，如抗渗等级 P8 表示其设计抗渗压力为 0.8MPa。

4.1.4　钢筋

（1）钢筋的机械性能、化学成分

1）热轧钢筋的机械性能与化学成分。

（A）热轧钢筋的机械性能应符合表 4.1-37 的规定。

钢筋的机械性能　表 4.1-37

种类		公称直径(mm)	屈服点 σ_s (N/mm²)	抗拉强度 σ_b (N/mm²)	伸长率 δ_s (%)	冷弯 d—弯曲直径 a—钢筋公称直径
钢筋级别	牌号		不小于			
HPB235	Q235	8～20	235	370	25	180° $d=a$
HRB335	20MnSi	6～25 28～50	335	490	16	180° $d=3a$ 180° $d=4a$
HRB400	20MnSiV 20MnSiNb 20MnTi	6～25 28～50	400	570	14	180° $d=4a$ 180° $d=5a$
RRB400	K20MnSi	8～25 28～40	440	600	14	90° $d=3a$ 90° $d=4a$

注：也可利用牌号为 Q235 的盘条作为该级别的钢筋。

（B）热轧钢筋的化学成分（熔炼分析）应符合表 4.1-38 的规定。

钢筋的化学成分 **表 4.1-38**

钢筋级别	牌号	化学成分（%）							
		C	Si	Mn	V	Nb	Ti	P	S
								不大于	
HPB235	Q235	0.14~0.22	0.12~0.30	0.30~0.65				0.045	0.050
HRB335	20MnSi	0.17~0.25	0.40~0.80	1.20~1.60	—		—	0.045	0.045
HRB400	20MnSiV	0.17~0.25	0.20~0.80	1.20~1.60	0.40~0.12		—	0.045	0.045
	20MnSiNb	0.17~0.25	0.20~0.80	1.20~1.60		0.02~0.04		0.045	0.045
	20MnTi	0.17~0.25	0.17~0.37	1.20~1.60	—		0.02~0.05	0.045	0.045
RRB400	K20MnSi	0.17~0.25	0.40~0.80	1.20~1.60				0.045	0.045

注：钢中铬、镍、铜的残余含量应各不大于 0.30%，其总量不大于 0.60%。经需方同意，铜的残余含量可不大于 0.35%。

（C）成品钢筋的化学元素允许与表 4.1-38 的规定有下列偏差，见表 4.1-39。

钢的化学成分允许偏差值（%） **表 4.1-39**

种类	C	Si	Mn	V	Ti	Nb	P	S
HPB235	+0.03 -0.02	±0.03	+0.05 -0.03				+0.005	+0.005
HRB335 HRB400 RRB400	±0.02	±0.05	+0.10 -0.08	+0.02 -0.01	±0.02	±0.005	+0.005	+0.005

注：表中“+”值为上偏差，“-”值为下偏差。同一熔炼号的成品分折，同一元素只允许有单向偏差。

2）热处理钢筋的机械性能与化学成分。

（A）预应力混凝土结构用的热处理钢筋的机械性能应符合表4.1-40的规定

预应力混凝土用热处理钢筋的机械性能　　表4.1-40

公称直径（mm）	牌　号	机械性能		
		屈服强度 $\sigma_{0.2}$（N/mm²）	抗拉强度 σ_b（N/mm²）	伸长率 δ_{10}（%）
		不小于		
6	40Si2Mn	1325	1470	6
8.2	48Si2Mn			
10	45Si2Cr			

（B）钢的化学成分（熔炼分析）应符合表4.1-41的规定。

钢的化学成分（熔炼分折）　　表4.1-41

牌　号	化学成分（%）					
	C	Si	Mn	Cr	P	S
					不大于	
40Si2Mn	0.36～0.45	1.40～1.90	0.80～1.20	—	0.045	0.045
48Si2Mn	0.44～0.53	1.40～1.90	0.80～1.20	—	0.045	0.045
45Si2Cr	0.41～0.51	1.55～1.95	0.40～0.70	0.30～0.60	0.045	0.045

注：1. 成品钢筋化学成分的允许偏差应符合CB 1591—79的有关规定。成品Cr的允许偏差应不大于±0.05%；

2. 40Si2Mn、48Si2Mn钢中Cr、Ni残余含量各不得大于0.20%，Cu残余含量不得大于0.30%：45Si2Cr钢中Ni、Cu残余含量各不得大于0.30%。供方可不进行残余元素分析，但应保证符合以上规定。

3）预应力钢丝

预应力钢丝的代号：冷拉钢丝为RCD；消除应力钢丝（光面）为S；消除应力刻痕钢丝为SI；消除应力螺旋肋钢丝为SH。如直径为4.8mm，抗拉强度为1670MPa，I级松弛的消除应力螺旋肋钢丝其标记为：预应力钢丝 4.8—1670—SH—I—GB/T 5223—1995。

(A) 消除应力光面及螺旋肋钢丝的力学性能应符合表4.1-42的规定。

消除应力光面及螺旋肋钢丝的力学性能　　表4.1-42

<table>
<tr><th rowspan="3">公称直径(mm)</th><th rowspan="3">抗拉强度 σ_b (MPa)不小于</th><th rowspan="3">规定非比例伸长应力 σ_p (MPa)不小于</th><th rowspan="3">伸长率(L_0=100mm)(%)不小于</th><th colspan="2">弯曲次数</th><th colspan="3">松　弛</th></tr>
<tr><th rowspan="2">(次数/180°)不小于</th><th rowspan="2">弯曲半径(mm)</th><th rowspan="2">初始应力相当于公称抗拉强度的百分数(%)</th><th colspan="2">1000h应力损失(%)不大于</th></tr>
<tr><th>Ⅰ级松弛</th><th>Ⅱ级松弛</th></tr>
<tr><td>4.00</td><td rowspan="2">1470
1570
1670
1770</td><td rowspan="2">1250
1330
1410
1500</td><td rowspan="6">4</td><td>3</td><td>10</td><td rowspan="2">60</td><td rowspan="2">4.5</td><td rowspan="2">1.0</td></tr>
<tr><td>5.00</td><td rowspan="5">4</td><td rowspan="2">15</td></tr>
<tr><td>6.00</td><td>1570
1670</td><td>1330
1420</td><td>70</td><td>8</td><td>2.5</td></tr>
<tr><td>7.00</td><td rowspan="3">1470
1570</td><td rowspan="3">1250
1330</td><td rowspan="2">20</td><td rowspan="3">80</td><td rowspan="3">12</td><td rowspan="3">4.5</td></tr>
<tr><td>8.00</td></tr>
<tr><td>9.00</td><td>25</td></tr>
</table>

注：1. Ⅰ级松弛即普通松弛，Ⅱ级松弛即低松弛，它们分别适用所有钢丝；

2. 屈服强度 $\sigma_{0.2}$ 值不小于公称抗拉强度的85%。

(B) 刻痕钢丝的力学性能应符合表4.1-43的规定。

刻痕钢丝的力学性能　　表4.1-43

<table>
<tr><th rowspan="3">公称直径(mm)</th><th rowspan="3">抗拉强度 σ_b (MPa)不小于</th><th rowspan="3">规定非比例伸长应力 σ_p (MPa)不小于</th><th rowspan="3">伸长率(L_0=100mm)(%)不小于</th><th colspan="2">弯曲次数</th><th colspan="3">松　弛</th></tr>
<tr><th rowspan="2">(次数/180°)不小于</th><th rowspan="2">弯曲半径(mm)</th><th rowspan="2">初始应力相当于公称抗拉强度的百分数(%)</th><th colspan="2">1000h应力损失(%)不大于</th></tr>
<tr><th>Ⅰ级松弛</th><th>Ⅱ级松弛</th></tr>
<tr><td>≤5.00</td><td>1470
1570</td><td>1250
1340</td><td rowspan="2">4</td><td rowspan="2">3</td><td>15</td><td rowspan="2">70</td><td rowspan="2">8</td><td rowspan="2">2.5</td></tr>
<tr><td>>5.00</td><td>1470
1570</td><td>1250
1340</td><td>20</td></tr>
</table>

注：规定非比例伸长应力 $\sigma_{p0.2}$ 值不小于公称抗拉强度的85%。

（C）冷拉钢丝的尺寸及力学性能见表 4.1-44。

冷拉钢丝的尺寸及力学性能　　表 4.1-44

公称直径（mm）	抗拉强度 σ_b（MPa）不小于	规定非比例伸长应力 σ_b（MPa）不小于	伸长率（%）（$L_0=100mm$）不小于	弯曲次数	
				（次数/180°）不小于	弯曲半径（mm）
3.00	1470	1100	2	4	7.5
	1570	1180			
4.00	1670	1250			10
5.00	1470	1100	3	5	15
	1570	1180			
	1670	1250			

注：规定非比例伸长应力 $\sigma_{p0.2}$ 值不小于公称抗拉强度的 75%。

4）钢绞线

钢绞线的力学性能应符合表 4.1-45 的规定。

钢绞线的力学性能　　表 4.1-45

钢绞线结构	钢绞线公称直径（mm）	强度级别（MPa）	整根钢绞线的最大负荷（kN）	屈服载荷（kN）	伸长率（%）	1000h 松弛率（%）不大于			
						Ⅰ级松弛		Ⅱ级松弛	
						初始负荷			
			不小于			70%公称最大负荷	80%公称最大负荷	70%公称最大负荷	80%公称最大负荷
1×2	5.00	1570	15.4	13.1	3.5	8.0	12	2.5	4.5
		1720	16.9	14.3					
		1860	18.2	15.5					
	5.80	1570	20.7	17.6					
		1720	22.7	19.3					
		1860	24.6	20.9					
	8.00	1470	37.2	31.6					
		1570	39.7	33.7					
		1720	43.5	37.0					
		1860	47.1	40.0					
	10.00	1470	58.1	49.4					
		1570	62.0	52.7					
		1720	67.9	57.7					
		1860	73.5	62.5					
	12.00	1470	83.6	71.1					
		1570	89.6	75.9					
		1720	97.9	83.2					

续表

钢绞线结构	钢绞线公称直径(mm)	强度级别(MPa)	整根钢绞线的最大负荷（kN）	屈服载荷（kN）	伸长率（%）	1000h松弛率（%）不大于			
						Ⅰ级松弛		Ⅱ级松弛	
						初始负荷			
			不小于			70%公称最大负荷	80%公称最大负荷	70%公称最大负荷	80%公称最大负荷
1×3	6.20	1570	31.1	26.4	3.5	8.0	12	2.5	4.5
		1720	34.1	29.0					
		1860	36.8	31.3					
	6.50	1570	33.3	28.3					
		1720	36.5	31.0					
		1860	39.4	33.5					
	8.60	1470	55.9	47.5					
		1570	59.7	50.7					
		1720	65.4	55.6					
		1860	70.7	60.1					
	10.80	1470	87.2	74.1					
		1570	93.1	79.1					
		1720	102	86.7					
		1860	110	93.5					
	12.90	1470	126	107					
		1570	134	114					
		1720	147	125					
	8.74	1570	60.6	51.5	3.5	8.0			
1×7	标准型 9.5	1860	102	86.6	3.5	8.0	12	2.5	4.5
	标准型 11.10	1860	138	117					
	标准型 12.70	1860	184	156					
	标准型 15.20	1720	239	203					
		1860	259	220					
	模拔型 12.70	1860	209	178					
	模拔型 15.20	1820	300	255					

注：1. Ⅰ级松弛即普通松弛级，Ⅱ级松弛即低松弛级；
2. 屈服负荷不小于整根钢绞线公称最大负荷的85%；
3. 表中公称直径8.74的1×3绞线只适用刻痕钢绞线。

5）冷轧带肋钢筋

（A）冷轧带肋钢筋的化学成分应符合表 4.1-46 的规定。

冷轧带肋钢筋的化学成分　　表 4.1-46

钢筋牌号	盘条牌号	化学成分（%）					
		C	Si	Mn	V、Ti	S	P
CRB550	Q215	0.09～0.15	≤0.30	0.25～0.55	—	≤0.050	≤0.045
CRB650	Q235	0.14～0.22	≤0.30	0.30～0.65	—	≤0.050	≤0.045
CRB800	24MnTi	0.19～0.27	0.17～0.37	1.20～1.60	Ti：0.01～0.05	≤0.045	≤0.045
	20MnSi	0.17～0.25	0.40～0.80	1.20～1.60	—	≤0.045	≤0.045
CRB970	41MnSiV	0.37～0.45	0.60～1.10	1.00～1.40	V：0.05～0.12	≤0.045	≤0.045
	60	0.57～0.65	0.17～0.37	0.50～0.80	—	≤0.035	≤0.035
RB1170	70Ti	0.66～0.70	0.17～0.37	0.60～1.00	Ti：0.01～0.05	≤0.045	≤0.045
	70	0.67～0.75	0.17～0.37	0.50～0.80	—	≤0.035	≤0.035

注：60 钢、70 钢的 Ni、Cr、Cu 含量各不大于 0.25%。

（B）冷轧带肋钢筋的力学性能应符合表 4.1-47 的要求。

当进行冷弯试验时受弯曲部位表面不得产生裂纹。钢筋的强屈比 $\sigma_b/\sigma_{0.2}$应不小于 1.05。

冷轧带肋钢筋的力学性能　　表 4.1-47

牌号	σ_b（MPa）不小于	伸长率（%）不小于		弯曲试验 180°	反复弯曲次数	松弛率初始应力 $\sigma_{con}=0.7\sigma_b$	
		δ_{10}	δ_{100}			1000h（%）不大于	10h（%）不大于
CRB550	550	8.0	—	$D=3d$	—	—	—
CRB650	650	—	4.0	—	3	8	5
CRB800	800	—	4.0	—	3	8	5
CRB970	970	—	4.0	—	3	8	5
CRB1170	1170	—	4.0	—	3	8	5

注：表中 D 为弯心直径，d 为钢筋公称直径。

(C) 冷轧带肋钢筋及预应力冷轧带肋钢筋的抗拉强度标准值（f_{stk}或f_{ptk}）及强度设计值f_y或f_{py}及f'_y或f'_{py}应按表4.1-48采用。

冷轧带肋钢筋及预应力冷轧带肋钢筋的抗拉强度标准值及强度设计值（N/mm²）　表4.1-48

钢筋级别	f_{stk}或f_{ptk}	f_y或f_{py}	f'_y或f'_{py}
550级	550	360	360
650级	650	430	380
800级	800	530	380

注：1. 成盘供应的550级冷轧带肋钢筋经机械调直后，抗拉强度设计值应降低20N/mm²，但抗压强度设计值应不大于相应的抗拉强度设计值；

2. 在钢筋混凝土结构中，轴心受拉和小偏心受拉构件的钢筋抗拉强度设计值应按310N/mm²取用。

6）冷轧扭钢筋

冷轧扭钢筋的力学性能见表4.1-49。

冷轧扭钢筋的力学性能　表4.1-49

抗拉强度σ_b（N/mm²）	伸长率δ_{10}（%）	冷弯180°（弯心直径＝3d）
≥580	≥4.5	受弯曲部位表面不得产生裂纹

冷轧扭钢筋的强度标准值、设计值和弹性模量应按表4.1-50采用。

冷轧扭钢筋的强度标准值、设计值和弹性模量（N/mm²）　表4.1-50

抗拉强度标准值f_{stk}	抗拉强度设计值f_y	抗压强度设计值f'_y	弹性模量E_s
≥580	360	360	1.9×10^5

7）冷拔钢丝

冷拔钢丝包括冷拔低碳钢丝和冷拔低合金钢丝。

预应力混凝土构件中的预应力筋应采用甲级冷拔低碳钢丝或冷拔低合金钢丝；乙级冷拔低碳钢丝主要用作焊接骨架、焊接网、架立筋、箍筋和构造钢筋。

甲级冷拔低碳钢丝和冷拔低合金钢丝用盘条技术条件应符合表4.1-51的要求。

冷拔钢丝用盘条技术条件　表4.1-51

盘条种类	直径(mm)	抗拉强度(N/mm^2)	伸长率(δ_5)(%)
甲级冷拔低碳钢丝用盘条	6.5 8.0	375~460	≥26
冷拔低合金钢丝用盘条	6.5	≥550	≥23

冷拔钢丝直径允许偏差(mm)　表4.1-52

钢丝直径	直径允许偏差	钢丝直径	直径允许偏差
5	±0.10	4	±0.08

钢丝的伸长率和反复弯曲应符合表4.1-53的要求。

冷拔钢丝伸长率和反复弯曲指标　表4.1-53

钢丝种类	直径(mm)	伸长率(%)	反复弯曲180°(次数)
冷拔低碳钢丝	5	≥3.0	≥4
	4	≥2.5	
冷拔低合金钢丝	5	≥4.0	≥4

注：1. 以每5t为一批，从每批冷拔钢丝中任意抽取5%的盘数（但不少于5盘），进行反复弯曲试验；
2. 伸长率测量标距为100mm。

8）环氧树脂涂层钢筋

环氧树脂涂层钢筋代号、适用范围、使用规定见表4.1-54。

环氧树脂涂层钢筋代号、适用范围、使用规定　表4.1-54

项目	说明
代号	环氧树脂涂层钢筋的型号由产品的名称代号（GHT—环氧树脂涂层钢筋）、特性代号（原钢筋代号）、主参数代号（钢筋直径，mm）、改型序号（*A*、*B*、*C*…）表示。例如：用直径为20mm、强度等级代号为HRB335热轧带肋钢筋制作的环氧树脂涂层钢筋，在第一次变型更新后，其产品型号为“GHT·HRB335—20A”
适用范围	环氧树脂涂层钢筋适用于处在潮湿环境或侵蚀性介质中的工业与民用房屋、一般构筑物及道路、桥梁、港口，码头等的钢筋混凝土结构中

续表

项 目	说 明
使用规定	1. 涂层钢筋与混凝土之间的粘结强度，应取为无涂层钢筋粘结强度的 80%； 2. 涂层钢筋的锚固长度应取为不小于设计规范规定的相同等级和规格的无涂层钢筋锚固长度的 1.25 倍； 3. 涂层钢筋的绑扎搭接长度，对受拉钢筋，应取为不小于设计规范规定的相同等级和规格的无涂层钢筋锚固长度的 1.5 倍且不小于 375mm；对受压钢筋，应取为不小于有关设计规范规定的相同等级和规格的无涂层钢筋的锚固长度的 1.0 倍，且不小于 250mm； 4. 当涂层钢筋进行弯曲加工时，对直径 d 不大于 20mm 的钢筋，其弯曲直径不应小于 $4d$；对直径 d 大于 20mm 的钢筋，其弯曲直径不应小于 $6d$； 5. 在施工中，应根据具体工艺采取有效措施，使钢筋涂层不受损坏，对在施工操作中造成的少量涂层破损，必须用涂层修补材料及时修补

(2) 钢筋的设计指标

1) 钢筋的强度标准值应具有不小于 95% 的保证率。

热轧钢筋的强度标准值系根据屈服强度确定，用 f_{yk} 表示。预应力钢绞线、钢丝和热处理钢筋的强度标准值系根据极限抗拉强度确定，用 f_{ptk} 表示。

普通钢筋的强度标准值应按表 4.1-55 采用；预应力钢筋的强度标准值应按表 4.1-56 采用。

普通钢筋强度标准值（N/mm²） **表 4.1-55**

种 类		符 号	d (mm)	f_{yk}
热轧钢筋	HPB235 (Q235)	Φ	8~20	235
	HRB335 (20MnSi)	Φ̲	6~50	335
	HRB400 (20MnSiV、20MnSiNb、20MnTi)	Φ	6~50	400
	RRB400 (K20MnSi)	$Φ^{R}$	8~40	400

注：1. 热轧钢筋直径 d 系指公称直径；
2. 当采用直径大于 40mm 的钢筋时，应有可靠的工程经验；
3. 直径 6mm 的光面钢筋，可按低碳钢热轧圆盘条（GB/T 701—1997）牌号为 Q235 的钢筋选用。

预应力钢筋强度标准值（N/mm²）　表 4.1-56

种类		符号	d（mm）	f_{ptk}
钢绞线	1×3	Φ^S	8.6、10.8	1860、1720、1570
			12.9	1720、1570
	1×7		9.5、11.1、12.7	1860
			15.2	1860、1720
消除应力钢丝	光面	Φ^P	4、5	1770、1670、1570
			6	1670、1570
	螺旋肋	Φ^H	7、8、9	1570
	刻痕	Φ^I	5、7	1570
热处理钢筋	40Si2Mn	Φ^{HT}	6	1470
	48Si2Mn		8.2	
	45Si2Cr		10	

注：1. 钢绞线直径 d 系指钢绞线外接圆直径，即现行国家标准《预应力混凝土用钢绞线》（GB/T 5224）中的公称直径 D_g，钢丝和热处理钢筋的直径 d 均指公称直径；

2. 消除应力光面钢丝直径 d 为 4～9mm，消除应力螺旋肋钢丝直径 d 为 4～8mm。

2）普通钢筋的抗拉强度设计值 f_y 及抗压强度设计值 f'_y 应按表 4.1-57 采用；预应力钢筋的抗拉强度设计值 f_{py} 及抗压强度设计值 f'_{py} 应按表 4.1-58 采用。

普通钢筋强度设计值（N/mm²）　表 4.1-57

种类		符号	f_y	f'_y
热轧钢筋	HPB235（Q235）	Φ	210	210
	HRB335（20MnSi）	$\underline{\Phi}$	300	300
	HRB400（20MnSiV、20MnSiNb、20MnTi）	$\underline{\underline{\Phi}}$	360	360
	RRB400（K20MnSi）	$\underline{\underline{\Phi}}^R$	360	360

注：在钢筋混凝土结构中，轴心受拉和小偏心受拉构件的钢筋抗拉强度设计值大于 300N/mm² 时，仍应按 300N/mm² 取用。

当构件中配有不同种类的钢筋时，每种钢筋应采用各自的强度设计值。

钢筋弹性模量 E_s 应按表 4.1-59 采用。

预应力钢筋强度设计值（N/mm²） 表 4.1-58

种类		符号	f_{ptk}	f_{py}	f'_{py}
钢绞线	1×3	ϕ^S	1860	1320	390
			1720	1220	
			1570	1110	
	1×7		1860	1320	390
			1720	1220	
消除应力钢丝	光面 螺旋肋	ϕ^P ϕ^H	1770	1250	410
			1670	1180	
			1570	1110	
	刻痕	ϕ^I	1570	1110	410
热处理钢筋	40Si2Mn	ϕ^{HT}	1470	1040	400
	48Si2Mn				
	45Si2Cr				

注：当预应力钢绞线、钢丝的强度标准值不符合表 4.1-56 的规定时，其强度设计值应进行换算。

钢筋弹性模量（×10⁵N/mm²） 表 4.1-59

种类	E_s
HPB235 级钢筋	2.1
HRB335 级钢筋、HRB400 级钢筋、RRB400 级钢筋、热处理钢筋	2.0
消除应力钢丝（光面钢丝、螺旋肋钢丝、刻痕钢丝）	2.05
钢绞线	1.95

注：必要时钢绞线可采用实测的弹性模量。

3）普通钢筋和预应力钢筋的疲劳应力幅限值 Δf_y^f 和 Δf_{py}^f 应由钢筋疲劳应力比值 ρ_s^f、ρ_p^f 分别按表 4.1-60 及表 4.1-61 采用。

普通钢筋疲劳应力幅限值（N/mm²） 表 4.1-60

疲劳应力比值	Δf_y^f		
	HPB235 级钢筋	HRB335 级钢筋	HRB400 级钢筋
$-1.0 \leq \rho_s^f < -0.6$	160	—	—
$-0.6 \leq \rho_s^f < -0.4$	155	—	—
$-0.4 \leq \rho_s^f < 0$	150	—	—
$0 \leq \rho_s^f < 0.1$	145	165	165
$0.1 \leq \rho_s^f < 0.2$	140	155	155
$0.2 \leq \rho_s^f < 0.3$	130	150	150

续表

疲劳应力比值	Δf_y^f		
	HPB235 级钢筋	HRB335 级钢筋	HRB400 级钢筋
$0.3 \leqslant \rho_s^f < 0.4$	120	135	145
$0.4 \leqslant \rho_s^f < 0.5$	105	125	130
$0.5 \leqslant \rho_s^f < 0.6$	—	105	115
$0.6 \leqslant \rho_s^f < 0.7$	—	85	95
$0.7 \leqslant \rho_s^f < 0.8$	—	65	70
$0.8 \leqslant \rho_s^f < 0.9$	—	40	45

注：1. 当纵向受拉钢筋采用闪光接触对焊接头时，其接头处钢筋疲劳应力幅限值应按表中数值乘以系数 0.8 取用；

2. RRB400 级钢筋应经试验验证后，方可用于需作疲劳验算的构件。

预应力钢筋疲劳应力幅限值（N/mm²）　　**表 4.1-61**

种　类			Δf_{py}^f	
			$0.7 \leqslant \rho_p^f < 0.8$	$0.8 \leqslant \rho_p^f < 0.9$
消除应力钢丝	光 面	$f_{ptk} = 1770$、1670	210	140
		$f_{ptk} = 1570$	200	130
	刻 痕	$f_{ptk} = 1570$	180	120
钢 绞 线			120	105

注：1. 当 $\rho_p^f \geqslant 0.9$ 时，可不作钢筋疲劳验算；

2. 当有充分依据时，可对表中规定的疲劳应力幅限值作适当调整。

普通钢筋疲劳应力比值 ρ_s^f 应按下列公式计算：

$$\rho_s^f = \frac{\sigma_{s,min}^f}{\sigma_{s,max}^f} \tag{4-4}$$

式中　$\sigma_{s,min}^f$、$\sigma_{s,max}^f$——构件疲劳验算时，同一层钢筋的最小应力、最大应力。

预应力钢筋疲劳应力比值 ρ_p^f 应按下列公式计算：

$$\rho_p^f = \frac{\sigma_{p,min}^f}{\sigma_{p,max}^f} \tag{4-5}$$

式中　$\sigma_{p,min}^f$、$\sigma_{p,max}^f$——构件疲劳验算时，同一层预应力钢筋的最小应力、最大应力。

4.1.5　钢筋的锚固

（1）当计算中充分利用钢筋的受拉强度时，受拉钢筋的锚固长度应按下列公式计算：

普通钢筋

$$l_a = \alpha \frac{f_y}{f_t} d \tag{4-6}$$

预应力钢筋

$$l_a = \alpha \frac{f_{py}}{f_t} d \tag{4-7}$$

式中　l_a——受拉钢筋的锚固长度；

f_y、f_{py}——普通钢筋、预应力钢筋的抗拉强度设计值，按表4.1-57及表4.1-58采用；

f_t——混凝土轴心抗拉强度设计值，按表4.1-27采用；当混凝土强度等级高于C40时，按C40取值；

d——钢筋的公称直径；

α——钢筋的外形系数，按表4.1-62取用。

钢筋的外形系数　表4.1-62

钢筋类型	光面钢筋	带肋钢筋	刻痕钢丝	螺旋肋钢丝	三股钢绞线	七股钢绞线
α	0.16	0.14	0.19	0.13	0.16	0.17

注：光面钢筋系指HPB235及盘条Q235级钢筋，其末端应做180°弯钩，弯后平直段长度不应小于$3d$，但作受压钢筋时可不做弯钩；带肋钢筋系指HRB335级、HRB400级钢筋及RRB400级余热处理钢筋。

（2）当符合下列条件时，计算的锚固长度应进行修正：

1）当HRB335、HRB400和RRB400级钢筋的直径大于25mm时，其锚固长度应乘以修正系数1.1；

2）HRB335、HRB400和RRB400级的环氧树脂涂层钢筋，其锚固长度应乘以修正系数1.25；

3）当钢筋在混凝土施工过程中易受扰动（如滑模施工）时，

其锚固长度应乘以修正系数 1.1；

4）当 HRB335、HRB400 和 RRB400 级钢筋在锚固区的混凝土保护层厚度大于钢筋直径的 3 倍且配有箍筋时，其锚固长度可乘以修正系数 0.8；

5）除构造需要的锚固长度外，当受力钢筋的实际配筋面积大于其设计计算面积时，如有充分依据和可靠措施，其锚固长度可乘以设计计算面积与实际配筋面积的比值。但对有抗震设防要求及直接承受动力荷载的结构构件，不得采用此项修正；

6）当采用骤然放松预应力钢筋的施工工艺时，先张法预应力钢筋的锚固长度应从距构件末端 $0.25l_{tr}$ 处开始计算，此处 l_{tr} 为预应力传递长度应根据相关规范确定。

经上述修正后的锚固长度不应小于按公式（4-6）、（4-7）计算的锚固长度的 0.7 倍，且不应小于 250mm。

（3）非抗震及四级抗震等级的结构，当计算中充分利用钢筋的受拉强度时，纵向受拉钢筋的锚固长度 l_a（l_{aE}）应不小于表 4.1-63 中横线以上的数值，并满足下列规定：四级抗震等级：$l_{aE}=l_a$。

非抗震及四级抗震等级结构钢筋的最小锚固长度 l_a（mm）　表 4.1-63

序号	混凝土强度等级 / 钢筋直径 d（mm）		C15		C20		C25		C30		C35		≥C40	
			≤25	>25	≤25	>25	≤25	>25	≤25	>25	≤25	>25	≤25	>25
1	钢筋种类	HPB235	$\frac{37d}{26d}$		$\frac{31d}{22d}$		$\frac{27d}{19d}$		$\frac{24d}{17d}$		$\frac{22d}{15d}$		$\frac{20d}{14d}$	
2		HRB335			$\frac{38d}{27d}$	$\frac{42d}{30d}$	$\frac{33d}{23d}$	$\frac{37d}{26d}$	$\frac{30d}{21d}$	$\frac{32d}{23d}$	$\frac{27d}{19d}$	$\frac{30d}{21d}$	$\frac{25d}{17d}$	$\frac{27d}{19d}$
3		HRB400 RRB400			$\frac{46d}{32d}$	$\frac{51d}{36d}$	$\frac{40d}{28d}$	$\frac{44d}{31d}$	$\frac{36d}{25d}$	$\frac{39d}{27d}$	$\frac{32d}{23d}$	$\frac{36d}{25d}$	$\frac{30d}{21d}$	$\frac{33d}{23d}$

注：1. 表中横线以下的数值为当计算中充分利用钢筋的受压强度时，非抗震结构受压钢筋的锚固长度 l_a；

2. RRB400 级钢筋仅用于非抗震结构；

3. 纵向受拉钢筋的锚固长度在任何情况下不应小于 250mm。

（4）一、二级抗震等级的结构，当计算中充分利用受拉钢筋的强度时，其最小锚固长度 l_{aE}应满足下列规定或取表 4.1-64 的数值。

一、二级抗震等级：$l_{aE}=1.15l_a$。

一、二级抗震等级结构钢筋的最小锚固长度 l_{aE}（mm） 表 4.1-64

序号	混凝土强度等级		C20		C25		C30		C35		≥C40	
	钢筋直径 d（mm）		≤25	>25	≤25	>25	≤25	>25	≤25	>25	≤25	>25
1	钢筋种类	HRB335	(44d)	(49d)	(38d)	(42d)	34d	37d	31d	34d	29d	31d
2		HRB400	(53d)	(58d)	(46d)	(51d)	41d	45d	37d	41d	34d	38d

注：括号内数值仅用于二级抗震等级的结构。

（5）三级抗震等级的结构，当计算中充分利用受拉钢筋的强度时，其最小锚固长度 l_{aE}应满足下列规定或取表 4.1-65 规定的数值。

三级抗震等级：$l_{aE}=1.05l_a$。

三级抗震等级结构的最小锚固长度 l_{aE}（mm） 表 4.1-65

序号	混凝土强度等级		C20		C25		C30		C35		≥C40	
	钢筋直径 d（mm）		≤25	>25	≤25	>25	≤25	>25	≤25	>25	≤25	>25
1	钢筋种类	HRB335	40d	44d	35d	39d	31d	34d	28d	31d	26d	29d
2		HRB400	48d	53d	42d	46d	37d	41d	34d	37d	31d	34d

（6）当 HRB335、HRB400 和 RRB400 级纵向受拉钢筋末端采用机械锚固措施时，包括附加锚固端头在内的锚固长度可取为按公式（4-6）计算的锚固长度的 0.7 倍。

机械锚固的形式及构造要求宜按图 4.1-1 采用。

采用机械锚固措施时，锚固长度范围内的箍筋不应少于 3 个，其直径不应小于纵向钢筋直径的 0.25 倍，其间距不应大于纵向钢筋直径的 5 倍。当纵向钢筋的混凝土保护层厚度不小于钢筋公称直径的 5 倍时，可不配置上述箍筋。

（7）当计算中充分利用纵向钢筋的受压强度时，其锚固长度不应小于本节规定的受拉锚固长度的 0.7 倍。

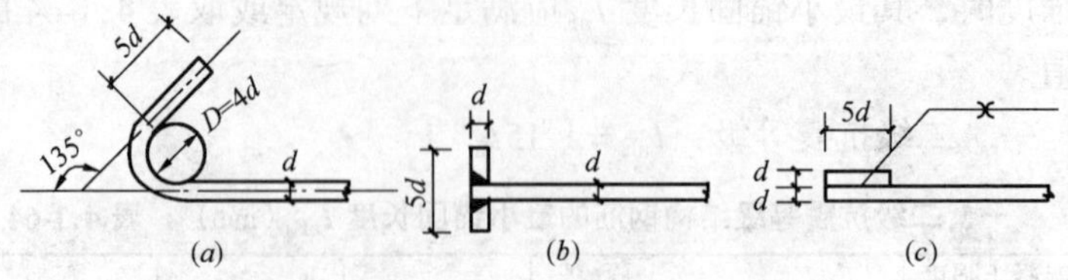

图 4.1-1　钢筋机械锚固的形式及构造要求
（a）末端带 135°弯钩；（b）末端与钢板穿孔塞焊；（c）末端与短钢筋双面贴焊

（8）对承受重复荷载的预制构件，应将纵向非预应力受拉钢筋末端焊接在钢板或角钢上，钢板或角钢应可靠地锚固在混凝土中。钢板或角钢的尺寸应按计算确定，其厚度不宜小于 10mm。

4.1.6　钢筋的连接

（1）绑扎搭接接头

1）位于同一连接区段内的受拉钢筋搭接接头面积百分率见表 4.1-66。

接头百分率限值　　表 4.1-66

构件类别	数据限值
梁、板、墙类构件	不宜大于 25%
柱类构件	不宜大于 50%

注：当工程中确有必要增大受拉钢筋搭接接头面积百分率时，对梁类构件不应大于 50%；对板、墙、柱类构件可据实际情况放宽。

纵向受拉钢筋绑扎搭接接头的搭接长度应根据位于同一连接区段内的搭接钢筋面积百分率按下列公式计算：

$$l_l = \zeta l_{\mathrm{a}} \tag{4-8}$$

式中　l_l——纵向受拉钢筋的搭接长度；

l_{a}——纵向受拉钢筋的锚固长度，按有关规定确定；

ζ——纵向受拉钢筋搭接长度修正系数，按表 4.1-67 取用。

纵向受拉钢筋搭接长度修正系数 **表 4.1-67**

纵向搭接钢筋接头面积百分率（%）	≤25	50	100
ζ	1.2	1.4	1.6

1）在任何情况下，纵向受拉钢筋绑扎搭接接头的搭接长度均不应小于 300mm。

2）构件中的纵向受压钢筋，当采用搭接连接时，其受压搭接长度不应小于上面 1）款确定的纵向受拉钢筋搭接长度的 0.7 倍，且在任何情况下不应小于 200mm。

3）在纵向受力钢筋搭接长度范围内应配置箍筋，其直径不应小于搭接钢筋较大直径的 0.25 倍。当钢筋受拉时，箍筋间距不应大于搭接钢筋较小直径的 5 倍，且不应大于 100mm；当钢筋受压时，箍筋间距不应大于搭接钢筋较小直径的 10 倍，且不应大于 200mm。当受压钢筋直径 $d>25$mm 时，尚应在搭接接头两个端面外 100mm 范围内各设置两个箍筋。

4）非抗震及四级抗震等级的结构，当计算中充分利用钢筋的强度时，纵向受拉钢筋的绑扎搭接长度 l_l 不应小于表 4.1-68 的数值。非抗震结构受压钢筋的绑扎搭接长度 l_l 不应小于表 4.1-69 的数值。

非抗震及四级抗震等级结构受拉钢筋

绑扎搭接最小长度 l_l（mm） **表 4.1-68**

<table>
<tr><td rowspan="2">序号</td><td colspan="4">混凝土强度等级</td><td colspan="2">C15</td><td colspan="2">C20</td><td colspan="2">C25</td><td colspan="2">C30</td><td colspan="2">C35</td><td colspan="2">≥C40</td></tr>
<tr><td colspan="4">钢筋直径 d（mm）</td><td>≤25</td><td>>25</td><td>≤25</td><td>>25</td><td>≤25</td><td>>25</td><td>≤25</td><td>>25</td><td>≤25</td><td>>25</td><td>≤25</td><td>>25</td></tr>
<tr><td rowspan="3">1</td><td rowspan="9">钢筋种类</td><td rowspan="3">HPB235</td><td rowspan="9">同一区段内搭接钢筋面积百分率（%）</td><td>≤25</td><td colspan="2">45d</td><td colspan="2">37d</td><td colspan="2">32d</td><td colspan="2">28d</td><td colspan="2">26d</td><td colspan="2">24d</td></tr>
<tr><td>50</td><td colspan="2">52d</td><td colspan="2">43d</td><td colspan="2">37d</td><td colspan="2">33d</td><td colspan="2">30d</td><td colspan="2">28d</td></tr>
<tr><td>100</td><td colspan="2">59d</td><td colspan="2">49d</td><td colspan="2">43d</td><td colspan="2">38d</td><td colspan="2">35d</td><td colspan="2">32d</td></tr>
<tr><td rowspan="3">2</td><td rowspan="3">HRB335</td><td>≤25</td><td colspan="2"></td><td>46d</td><td>51d</td><td>40d</td><td>44d</td><td>36d</td><td>39d</td><td>32d</td><td>36d</td><td>30d</td><td>33d</td></tr>
<tr><td>50</td><td colspan="2"></td><td>54d</td><td>59d</td><td>47d</td><td>51d</td><td>41d</td><td>46d</td><td>38d</td><td>41d</td><td>35d</td><td>38d</td></tr>
<tr><td>100</td><td colspan="2"></td><td>61d</td><td>68d</td><td>53d</td><td>59d</td><td>47d</td><td>52d</td><td>43d</td><td>47d</td><td>40d</td><td>44d</td></tr>
<tr><td rowspan="3">3</td><td rowspan="3">HRB400
RRB400</td><td>≤25</td><td colspan="2"></td><td>55d</td><td>61d</td><td>48d</td><td>53d</td><td>43d</td><td>47d</td><td>39d</td><td>43d</td><td>36d</td><td>39d</td></tr>
<tr><td>50</td><td colspan="2"></td><td>64d</td><td>71d</td><td>56d</td><td>61d</td><td>50d</td><td>55d</td><td>45d</td><td>50d</td><td>42d</td><td>46d</td></tr>
<tr><td>100</td><td colspan="2"></td><td>74d</td><td>81d</td><td>64d</td><td>70d</td><td>57d</td><td>62d</td><td>52d</td><td>57d</td><td>47d</td><td>52d</td></tr>
</table>

注：RRB400 级钢筋仅用于非抗震结构。

非抗震结构受压钢筋绑扎搭接最小长度 l_l（mm）　表 4.1-69

序号	混凝土强度等级				C15		C20		C25		C30		C35		≥C40	
	钢筋直径 d（mm）				≤25	>25	≤25	>25	≤25	>25	≤25	>25	≤25	>25	≤25	>25
1	钢筋种类	HPB235	同一区段内搭接钢筋面积百分率（%）	≤25	32d		26d		23d		20d		18d		17d	
				50	36d		30d		26d		23d		21d		20d	
				100	41d		34d		30d		27d		25d		23d	
2		HRB335		≤25			32d	36d	28d	31d	25d	28d	23d	25d	21d	23d
				50			38d	41d	33d	36d	29d	32d	27d	29d	25d	27d
				100			43d	48d	37d	41d	33d	36d	30d	33d	28d	31d
3		HRB400 RRB400		≤25			39d	43d	34d	37d	30d	33d	27d	30d	25d	28d
				50			45d	50d	39d	43d	35d	39d	32d	35d	30d	33d
				100			52d	57d	45d	49d	40d	44d	37d	40d	33d	36d

5）由于抗震结构承受反复的地震作用，当钢筋采用绑扎搭接接头时，其搭接长度均应按受拉钢筋的搭接长度考虑，并应满足下式规定或取表 4.1-70 及表 4.1-71 规定的数值。

$$l_{lE} = \zeta l_{aE} \tag{4-9}$$

式中　ζ——纵向受拉钢筋搭接长度修正系数，按表 4.1-67 采用。

一、二级抗震等级结构受拉钢筋

绑扎搭接长度 l_{lE}（mm）　表 4.1-70

序号	混凝土强度等级				C20		C25		C30		C35		≥C40	
	钢筋直径 d（mm）				≤25	>25	≤25	>25	≤25	>25	≤25	>25	≤25	>25
1	钢筋种类	HRB335	同一区段内搭接钢筋面积百分率（%）	≤25	（53d）	（58d）	（46d）	（51d）	41d	45d	37d	41d	34d	38d
				50	（62d）	（68d）	（54d）	（59d）	48d	52d	43d	48d	40d	44d
2		HRB400		≤25	（64d）	（70d）	（55d）	（61d）	49d	54d	45d	49d	41d	45d
				50	（74d）	（81d）	（64d）	（71d）	57d	63d	52d	57d	48d	52d

注：括号内数值仅用于二级抗震等级的结构。

三级抗震等级结构受拉钢筋绑扎搭接长度 l_{lE}（mm）　表 4.1-71

序号	混凝土强度等级				C20		C25		C30		C35		≥C40	
	钢筋直径 d（mm）				≤25	>25	≤25	>25	≤25	>25	≤25	>25	≤25	>25
1	钢筋种类	HRB335	同一区段内搭接钢筋面积百分率（%）	≤25	48d	53d	42d	46d	37d	41d	34d	37d	31d	34d
				50	56d	62d	49d	54d	43d	48d	40d	44d	36d	40d
2		HRB400		≤25	58d	64d	50d	55d	45d	49d	41d	45d	37d	41d
				50	68d	74d	59d	64d	52d	57d	47d	52d	44d	48d

（2）机械连接接头

1）种类

国内外常用的钢筋机械连接的方法有以下 6 种：

（A）挤压套筒接头

（B）锥螺纹套筒接头

（C）直螺纹套筒接头

（D）熔融金属充填套筒接头

（E）水泥灌浆充填套筒接头

（F）受压钢筋端面平接头

2）一般规定

（A）钢筋机械连接接头的设计应满足接头强度（屈服强度及抗拉强度）及变形性能的要求。

（B）钢筋机械连接件（如套筒或连接套等）的屈服承载力和抗拉承载力的标准值不应小于被连接钢筋的屈服承载力和抗拉承载力标准值的 1.10 倍。

（C）钢筋接头应根据接头的性能等级和应用场合，对静力单向拉伸性能、高应力反复拉压、大变形反复拉压、抗疲劳、耐低温等各项性能确定相应的检验项目。

（D）接头按静力单向拉伸性能、高应力和大变形条件下反复拉、压性能分为下列 3 个类型：

Ⅰ型　接头抗拉强度达到被连接钢筋的实际抗拉强度或

1.10倍钢筋抗拉强度标准值，并具有高延性及反复拉压性能。

Ⅱ型　接头抗拉强度达到或超过钢筋抗拉强度标准值，并具有高延性及反复拉压性能。

Ⅲ型　接头抗拉强度达到或超过钢筋屈服强度标准值的1.35倍，并具有一定延性和反复拉压性能。

Ⅰ型、Ⅱ型、Ⅲ型接头的性能应符合表4.1-72的规定。

接头性能检验指标　　表4.1-72

等级		Ⅰ型	Ⅱ型	Ⅲ型
单向拉伸	强度	$f^0_{mst} \geqslant f^0_{st}$或$\geqslant 1.10 f_{stk}$	$f^0_{mst} \geqslant f_{stk}$	$f^0_{mst} \geqslant 1.35 f_{yk}$
	极限应变	$\varepsilon_u \geqslant 0.04$	$\varepsilon_u \geqslant 0.04$	$\varepsilon_u \geqslant 0.02$
	非弹性变形	$u \leqslant 0.10$mm ($d \leqslant 32$mm) $u \leqslant 0.15$mm ($d > 32$mm)	$u \leqslant 0.10$mm ($d \leqslant 32$mm) $u \leqslant 0.15$mm ($d > 32$mm)	$u \leqslant 0.10$mm ($d \leqslant 32$mm) $u \leqslant 0.15$mm ($d > 32$mm)
高应力反复拉压	强度	$f^0_{mst} \geqslant f^0_{st}$或$\geqslant 1.10 f_{sth}$	$f^0_{mst} \geqslant f_{stk}$	$f^0_{mst} \geqslant 1.35 f_{yk}$
	残余变形	$u_{20} \leqslant 0.3$mm	$u_{20} \leqslant 0.3$mm	$u_{20} \leqslant 0.3$mm
大变形反复拉压	强度	$f^0_{mst} \geqslant f^0_{st}$或$\geqslant 1.10 f_{stk}$	$f^0_{mst} \geqslant f_{stk}$	$f^0_{mst} \geqslant 1.35 f_{yk}$
	残余变形	$u_4 \leqslant 0.3$mm 且 $u_8 \leqslant 0.6$mm	$u_4 \leqslant 0.3$mm 且 $u_8 \leqslant 0.6$mm	$u_4 \leqslant 0.6$mm

注：f^0_{mst}——机械连接接头的抗拉强度实测值；

f^0_{st}——接头试件中钢筋的实测抗拉强度；

f_{stk}——钢筋抗拉强度标准值；

f_{yk}——钢筋屈服强度标准值；

ε_u——受拉接头试件极限应变；

ε_{yk}——钢筋在屈服强度标准值下的应变；

u——接头单向拉伸至规定的钢筋应力时接头的非弹性变形；

u_4、u_8、u_{20}——接头反复拉压4、8、20次后的残余变形。

(E) 对直接承受动力荷载的结构，其接头应满足设计要求的抗疲劳性能。当无专门要求时，对连接HRB335级钢筋的接头，其疲劳性能应能经受应力幅为100N/mm^2、上限应力为

180N/mm^2 的 200 万次循环加载。对连接 HRB400 级钢筋的接头，其疲劳性能应能经受应力幅为 100N/mm^2、上限应力为 190N/mm^2 的 200 万次循环加载。RRB400 级钢筋，不用于需作疲劳验算的构件。

（F）当混凝土结构中钢筋接头部位的温度低于 -10℃时，应进行专门的试验。

（G）接头等级的选定应符合下列规定：

（a）混凝土结构中要求充分发挥钢筋强度或对延性要求较高的部位，应采用Ⅱ型或Ⅰ型接头；

（b）混凝土结构中钢筋受力较小或对接头延性要求不高的部位，可采用Ⅲ型接头。

（H）钢筋连接件的混凝土保护层厚度宜满足现行国家标准《混凝土结构设计规范》（GB 50010—2002）中受力钢筋混凝土保护层最小厚度的要求，且不得小于 15mm。连接件之间的横向净距不宜小于 25mm。

（I）纵向受力钢筋机械连接接头宜相互错开。钢筋机械连接接头连接区段的长度应取 35d（d 为纵向钢筋的较大直径）。位于同一连接区段范围内的有接头的受力钢筋截面面积占受力钢筋总截面面积的百分率，根据接头等级、接头设置部位应符合下列要求：

（a）接头宜设置在结构构件受力较小区，当需要在高应力区设置接头时，在同一连接区段内Ⅲ型接头的接头面积百分率不应大于 25%；Ⅱ型接头的接头面积百分率不应大于 50%；Ⅰ型接头的接头面积百分率可不受限制。

（b）接头宜避开有抗震设防要求的框架的梁端、柱端箍筋加密区；当无法避开时，应选用Ⅱ型或Ⅰ型接头，且接头百分率不应大于 50%。

（c）受拉钢筋的受力较小部位或纵向受压钢筋，接头面积百分率可不受限制。

（d）直接承受动力荷载的结构构件中，接头应满足设计要求的抗疲劳性能，且接头面积百分率不应大于50%。

（e）对具有钢筋接头的构件进行试验并取得可靠数据时，接头的应用范围可根据工程实际情况进行适当调整。

（J）不同直径钢筋连接时，被连接钢筋的直径相差不应大于5mm或钢筋直径规格的二级。

（3）钢筋的焊接接头

1）一般规定

钢筋的电阻点焊、闪光对焊、电弧焊、电渣压力焊、气压焊和埋弧压力焊等6种焊接方法适用范围见表4.1-73。

焊接方法及适用范围　　表4.1-73

项次	焊接方法			接头形式	适用范围	
					钢筋牌号	直径（mm）
1	电阻点焊				HPB235 HRB335 HRB400	8~16 6~16 6~16
2	闪光对焊			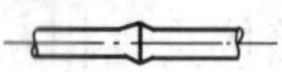	HPB235 HRB335 HRB400 RRB400	8~20 6~40 6~40 10~32
3	电弧焊	帮条焊	双面焊	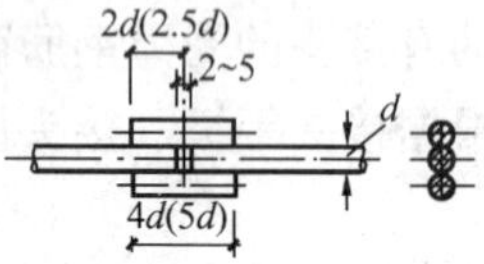 2d(2.5d) 2~5 d 4d(5d)	HPB235 HRB335 HRB400 RRB400	10~20 10~40 10~40 10~25
			单面焊	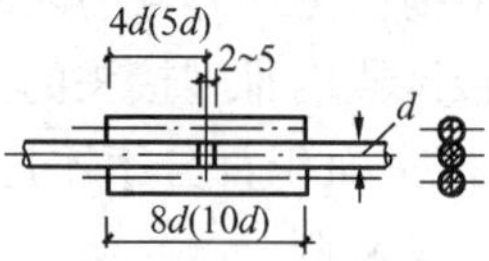 4d(5d) 2~5 d 8d(10d)	HPB235 HRB335 HRB400 RRB400	10~20 10~40 10~40 10~25
		搭接焊	双面焊	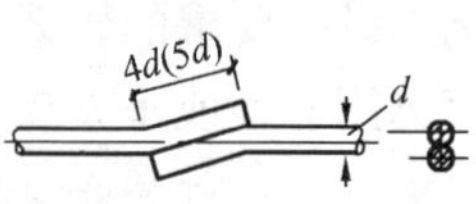 4d(5d) d	HPB235 HRB335 HRB400 RRB400	10~20 10~40 10~40 10~25
			单面焊	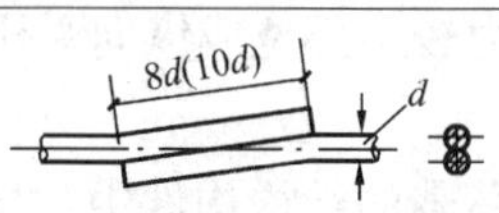 8d(10d) d	HPB235 HRB335 HRB400 RRB400	10~20 10~40 10~40 10~25

续表

项次	焊接方法	接头形式		适用范围	
				钢筋牌号	直径（mm）
3	电弧焊	熔槽帮条焊	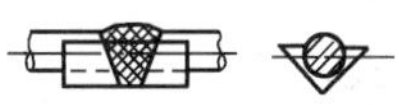	HPB235 HRB335、HRB400 RRB400	20 20～40 20～25
		坡口焊	平焊	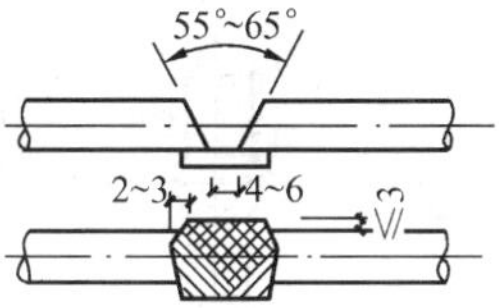 HPB235 HRB335 HRB400 RRB400	18～20 18～40 18～40 18～25
			立焊	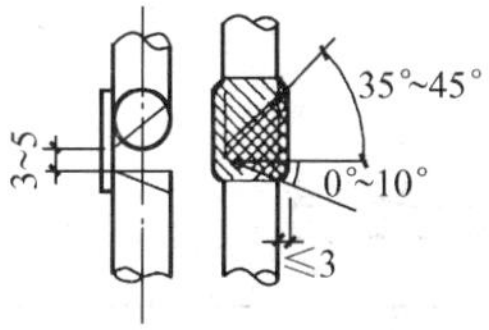 HPB235 HRB335 HRB400 RRB400	18～20 18～40 18～40 18～25
		钢筋与钢板搭接焊	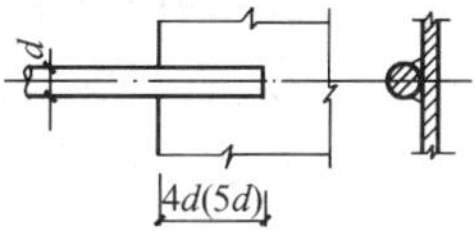	HPB235 HRB335 HRB400	8～20 8～40 8～25
		窄间隙焊		HPB235 HRB335 HRB400	16～20 16～40 16～40
		预埋件电弧焊	角焊	 HPB235 HRB335 HRB400	20 20～25 6～25
			穿孔塞焊	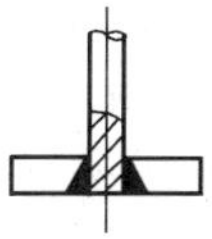 HPB235 HRB335 HRB400	20 20～25 6～25

续表

项次	焊接方法	接头形式	适用范围	
			钢筋牌号	直径（mm）
4	电渣压力焊		HPB235 HRB335 HRB400	16～20 16～32 16～32
5	气压焊		HPB235 HRB335 HRB400	14～20 14～40 14～40
6	预埋件钢筋埋弧压力焊		HPB235 HRB335 HRB400	8～20 6～25 16～25

弯曲试验可在万能试验机、手动或电动液压弯曲试验器上进行；焊缝应处于弯曲中心点，弯心直径和弯曲角应符合表4.1-74的规定，当弯至90°时，应至少有2个试件不发生破断。

闪光对焊接头弯曲试验指标　　表4.1-74

钢筋级别	弯心直径（mm）	弯曲角
HPB235	$2d$	90°
HRB335	$4d$	90°
HRB400、RRB400	$5d$	90°

注：1. d 为钢筋直径（mm）；
2. 直径大于25mm的钢筋对焊接头，弯心直径应增加1倍钢筋直径。

2）钢筋电弧焊接头外观检查结果应符合下列要求：

（A）焊缝表面应平整，不得有凹陷或焊瘤。

（B）焊接接头区域不得有肉眼可见的裂纹。

（C）咬边深度、气孔、夹渣等缺陷的允许值及接头尺寸的允许偏差，应符合表4.1-75的规定。

钢筋电弧焊接头尺寸偏差及缺陷允许值　　表 4.1-75

名称		单位	接头形式		
			帮条焊	搭接焊钢筋与钢板搭接焊	坡口焊窄间隙焊熔槽帮条焊
帮条沿接头中心线的纵向偏移		(mm)	$0.3d$	—	—
接头处弯折角		(°)	3	3	3
接头处钢筋轴线的偏移		(mm)	$0.1d$	$0.1d$	$0.1d$
焊缝厚度		(mm)	$+0.05d$ 0	$+0.05d$ 0	—
焊缝宽度		(mm)	$+0.1d$ 0	$+0.1d$ 0	—
焊缝长度		(mm)	$-0.3d$	$-0.3d$	—
横向咬边深度		(mm)	0.5	0.5	0.5
在长 $2d$ 焊缝表面上的气孔及夹渣	数量	(个)	2	2	—
	面积	(mm^2)	6	6	—
在全部焊缝表面上的气孔及夹渣	数量	(个)	—	—	2
	面积	(mm^2)	—	—	6

注：d 为钢筋直径（mm）。

3）焊条

(A) 结构钢焊条性能应符合国家标准《碳钢焊条》(GB/T 5117)及《低合金钢焊条》(GB/T 5118)的规定。

(B) 电弧焊接用的焊条，一般依钢材强度等级选用相应的焊条。同时还需根据钢材的焊接性能、焊接结构的尺寸、形状、坡口和焊缝的受力情况等因素进行综合考虑。

一般情况下，可按表 4.1-76 选用。

钢筋电弧焊接焊条型号　　表 4.1-76

钢筋级别	电弧焊接头型式			
	帮条焊、搭接焊	坡口焊、熔槽帮条焊、预埋件穿孔塞焊	窄间隙焊	钢筋与钢板搭接焊、预埋件T型角焊
HPB235	E4303	E4303	E4316、E4315	E4303
HRB335	E4303	E5003	E5016、E5015	E4303
HRB400	E5003	E5503	E6016、E6015	E5003
RRB400			—	—

（C）对同一强度等级的酸性焊条或碱性焊条的选用，主要取决于焊接件的结构形状（简单或复杂）、截面大小（刚度大小）、工作条件（恒荷载或活荷载）和钢材抗裂性能等因素。通常要求塑性好、冲击韧性高、低温性能好、抗裂性能强的可选用碱性焊条。如直流电源有困难，可选用交直流两用的碱性焊条。

（D）对于低碳钢与低合金钢或低合金钢与低合金钢之间的异种钢材焊接接头，一般选用与强度等级较低的钢材相应的焊接材料。

（E）中碳钢焊接，由于钢材含碳量较高，增大了发生焊接裂纹的倾向，可选用低氢焊条或选用使焊缝金属具有良好塑性及高韧性的焊条，并将焊件预热和缓冷却处理。

（F）常用焊条型号划分见表 4.1-77。

常用焊条型号　　　　**表 4.1-77**

<table>
<tr><th>焊条型号</th><th>药皮类型</th><th>焊接位置</th><th>电流种类</th></tr>
<tr><td colspan="4">E43 系列——熔敷金属抗拉强度≥420MPa</td></tr>
<tr><td>E4300</td><td>特殊型</td><td rowspan="5">平、立、仰、横焊</td><td rowspan="3">交流或直流正、反接</td></tr>
<tr><td>E4301</td><td>钛铁矿型</td></tr>
<tr><td>E4303</td><td>钛钙型</td></tr>
<tr><td>E4310</td><td>高纤维素钠型</td><td>直流反接</td></tr>
<tr><td>E4311</td><td>高纤维素钾型</td><td>交流或直流反接</td></tr>
<tr><td>E4312</td><td>高钛钠型</td><td rowspan="4">平、立、仰、横焊</td><td>交流或直流正接</td></tr>
<tr><td>E4313</td><td>高钛钾型</td><td>交流或直流正、反接</td></tr>
<tr><td>E4315</td><td>低氢钠型</td><td>直流反接</td></tr>
<tr><td>E4316</td><td>低氢钾型</td><td>交流或直流反接</td></tr>
<tr><td rowspan="2">E4320</td><td rowspan="3">氧化铁型</td><td>平　焊</td><td>交流或直流正、反接</td></tr>
<tr><td>水平角焊</td><td>交流或直流正接</td></tr>
<tr><td>E4322</td><td>平　焊</td><td>交流或直流正接</td></tr>
<tr><td>E4323</td><td>铁粉钛钙型</td><td rowspan="2">平、水平角焊</td><td rowspan="2">交流或直流正、反接</td></tr>
<tr><td>E4324</td><td>铁粉钛型</td></tr>
<tr><td rowspan="2">E4327</td><td rowspan="2">铁粉氧化铁型</td><td>平　焊</td><td>交流或直流正、反接</td></tr>
<tr><td>水平角焊</td><td>交流或直流正接</td></tr>
<tr><td>E4328</td><td>铁粉低氢型</td><td>平、水平角焊</td><td>交流或直流反接</td></tr>
<tr><td colspan="4">E50 系列——熔敷金属抗拉强度≥490MPa</td></tr>
</table>

续表

焊条型号	药皮类型	焊接位置	电流种类
E5001	钛铁矿型	平、立、仰、横焊	交流或直流正、反接
E5003	钛钙型		
E5010	高纤维素钠型		直流反接
E5011	高纤维素钾型		交流或直流反接
E5014	铁粉钛型		交流或直流正、反接
E5015	低氢钠型		直流反接
E5016	低氢钾型		交流或直流反接
E5018	铁粉低氢钾型		
E5018M	铁粉低氢型		直流反接
E5023	铁粉钛钙型	平、水平角焊	交流或直流正、反接
E5024	铁粉钛型		交流或直流正、反接
E5027	铁粉氧化铁型		交流或直流正接
E5028	铁粉低氢型		交流或直流反接
E5048		平、仰、横、向下立焊	
E60 系列——熔敷金属抗拉强度≥590MPa			
E6000	特殊型	平、立、仰、横焊	交流或直流正、反接
E6010	高纤维素钠型		直流反接
E6011	高纤维素钾型		交流或直流反接
E6013	高钛钾型		交流或直流正、反接
E6015	低氢钠型		直流反接
E6016	低氢钾型		交流或直流反接
E6018	铁粉低氢型		

注：碳钢焊条型号编制方法：字母“E”表示焊条；前两位数字表示熔敷金属抗拉强度的最小值；第三位数字表示焊条的焊接位置，“0”及“1”表示焊条适用于全位置焊接（平、立、仰、横焊），“2”表示焊条适用于平焊及水平角焊，“4”表示焊条适用于向下立焊；第三位和第四位数字组合时表示焊接电流种类及药皮类型。在第四位数字后附加“R”表示耐吸潮焊条；附加“M”表示耐吸潮和力学性能有特殊规定的焊条；附加“－1”表示冲击性能有特殊规定的焊条。

（G）在电渣压力焊和埋弧压力焊中所用的熔剂可采用HJ431焊剂。常用焊剂见表4.1-78。

常用焊剂牌号及主要用途　表4.1-78

牌号	焊剂类型	主 要 用 途	电流种类
HJ350	中锰中硅中氟	焊接低碳钢及普通低合金钢结构	交直流
HJ360	中锰高硅中氟	焊接低碳钢及普通低合金钢结构	
HJ430	高锰高硅低氟	焊接重要的低碳钢及普通低合金钢结构	
HJ431	高锰高硅低氟	焊接重要的低碳钢及普通低合金钢结构	
HJ433	高锰高硅低氟	焊接低碳钢结构	

注：牌号前“HJ”表示埋弧焊及电渣焊用熔炼焊剂；牌号第一位数字1、2、3、4分别表示无锰、低锰、中锰、高锰；第二位数字1~9分别依次表示低硅低氟、中硅低氟、高硅低氟、低硅中氟、中硅中氟、高硅中氟、低硅高氟、中硅高氟和其他等；牌号第三位数字表示同一类型焊剂的不同牌号。

4.1.7　钢筋的弯钩

（1）钢筋的弯钩

1）绑扎骨架的受力钢筋，应在末端设置弯钩，但下列钢筋的末端可不设置弯钩：

带肋纹的钢筋；

焊接骨架及焊接网中的光面钢筋；

绑扎骨架中的受压光面钢筋。

2）下列绑扎骨架中不受力或按构造配置的纵向附加钢筋的末端可不做弯钩：

板的分布钢筋；

梁内不受力的架立钢筋；

梁柱内按构造配置的纵向附加钢筋。

3）弯钩的形式可分为三种：半圆弯钩、直弯钩和斜弯钩（图4.1-2）。半圆弯钩用于光圆钢筋。直弯钩，只用在柱钢筋的底部。斜弯钩主要用于钢筋的机械锚固。

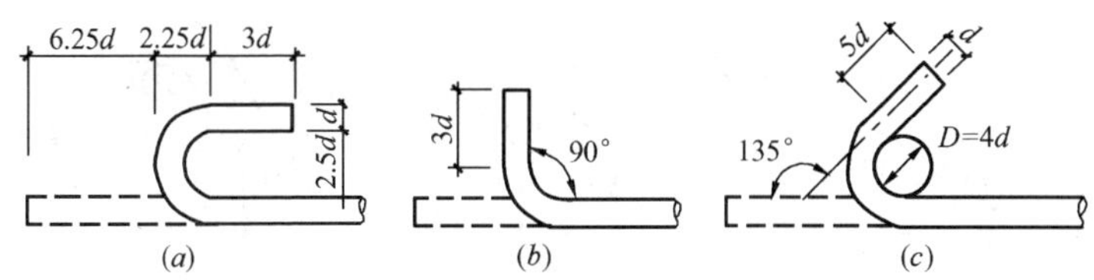

图 4.1-2 钢筋弯钩形式及其增长长度

（a）半圆弯钩；（b）直弯钩；（c）斜弯钩

（2）钢筋的弯折

1）HRB335、HRB400 及 RRB400 级钢筋末端需作 90°或 135°弯折时，钢筋的弯曲直径 $D \geqslant 4d$（HRB335）或 $5d$（HRB400 及 RRB400），见图 4.1-3。平直部分长度应按设计要求确定。

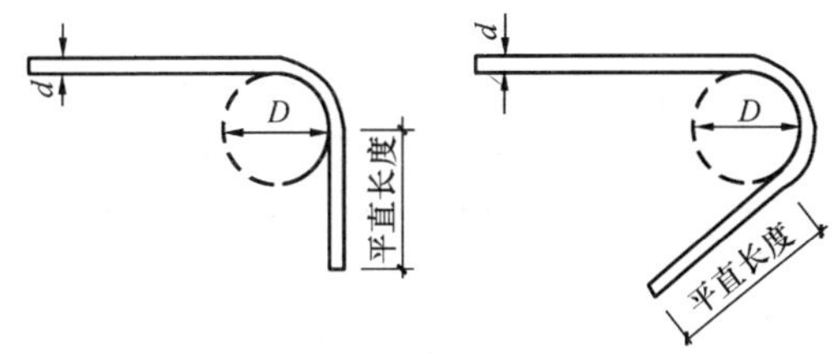

图 4.1-3 钢筋末端 90°或 135°弯折示意图

2）弯起钢筋中间部位弯折处的弯曲直径 $D \geqslant 5d$，见图 4.1-4,各边长关系见表 4.1-79。

弯起钢筋斜长系数表 **表 4.1-79**

弯起角度	$\alpha=30°$	$\alpha=45°$	$\alpha=60°$
斜边长度 s	$2h$	$1.41h$	$1.15h$
底边长度 l	$1.732h$	h	$0.575h$
增加长度	$0.268h$	$0.41h$	$0.575h$

（3）箍筋的弯钩

1）梁箍筋的弯钩

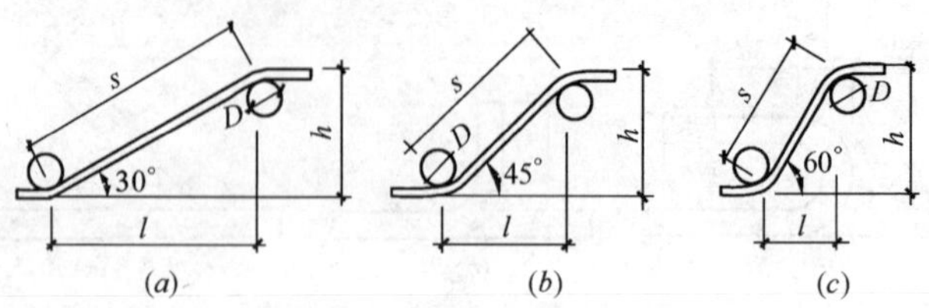

图 4.1-4　弯起钢筋斜长计算简图

（a）弯起角度 30°；（b）弯起角度 45°；（c）弯起角度 60°

（A）当梁采用开口箍时，用 HRB235 级钢筋制作的箍筋其末端应做成 180°弯钩，弯钩的弯曲直径应大于受力钢筋直径，且不小于箍筋直径的 2.5 倍（图 4.1-5a）。

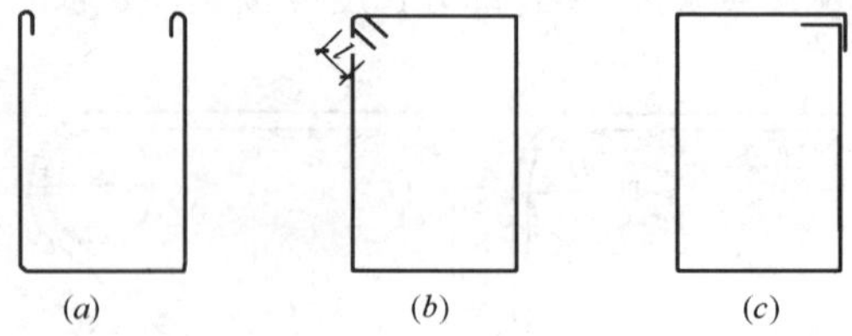

图 4.1-5

（a）开口箍；（b）常用封闭式箍；（c）可用于非地震区

（B）箍筋的末端带有 135°弯钩的封闭式箍筋，为最常用的形式（图 4.1-5b），在弯钩的末端应加平直段 l。

平直段长度：抗震、抗扭　　$l \geqslant 10d$；

高层建筑框架梁抗震　　$l \geqslant 10d$ 和 75mm 的较大值；

其他情况　　$l \geqslant 5d$。

在非抗震时，也可采用末端带有 90°弯钩的封闭式箍筋，弯钩末端应加平直段 $l \geqslant 5d$（图 4.1-5c），这种箍筋形式在工程中已很少采用。

2）柱箍筋弯钩

柱箍筋应做成封闭式，箍筋的末端应做成 135°弯钩，弯钩的末端应加平直段（图 4.1-5b）。

平直段长度：抗震 $l \geqslant 10d$；

其他情况 $l \geqslant 5d$；

柱中全部纵向受力钢筋的配筋率超过3%时 $l \geqslant 10d$

非抗震时，也可采用末端带有90°弯钩的封闭式箍筋，弯钩末端应加平直段 $l \geqslant 5d$（图4.1-5c），但这种箍筋形式在工程中已很少采用。

当柱中全部纵向受力钢筋的配筋率大于3%时，箍筋也可采用闪光对焊焊成封闭环式。

4.1.8 混凝土保护层

混凝土保护层的最小厚度取决于构件的受力钢筋粘结锚固性能、耐久性和防火要求。

（1）纵向受力的普通钢筋及预应力钢筋，其混凝土保护层厚度（钢筋外边缘至混凝土表面的距离）不应小于钢筋的公称直径，且应符合表4.1-80的规定。

纵向受力钢筋的混凝土保护层最小厚度（mm） **表4.1-80**

环境类别		板、墙、壳			梁			柱		
		≤C20	C25～C45	≥C50	≤C20	C25～C45	≥C50	C20	C25～C45	≥C50
一		20	15	15	30	25	25	30	30	30
二	a	—	20	20	—	30	30	—	30	30
	b	—	25	20	—	35	30	—	35	30
三		—	30	25	—	40	35	—	40	35

注：基础中纵向受力钢筋的混凝土保护层厚度不应小于40mm；当无垫层时不应小于70mm。

（2）处于一类环境且由工厂生产的预制构件，当混凝土强度等级不低于C20时，其保护层厚度可按表4.1-80中规定减少5mm，但预应力钢筋的保护层厚度不应小于15mm；处于二类环境且由工厂生产的预制构件，当表面采取有效保护措施时，保护层厚度可按表4.1-80中一类环境数值取用。

预制钢筋混凝土受弯构件钢筋端头的保护层厚度不应小于

10mm；预制肋形板主肋钢筋的保护层厚度应按梁的数值取用。

（3）板、墙、壳中分布钢筋的保护层厚度不应小于表 4.1-80 中相应数值减 10mm，且不应小于 10mm；梁、柱中箍筋和构造钢筋的保护层厚度不应小于 15mm。

（4）当梁、柱中纵向受力钢筋的混凝土保护层厚度大于 40mm 时，应对保护层采取有效的防裂构造措施（图 4.1-6）。

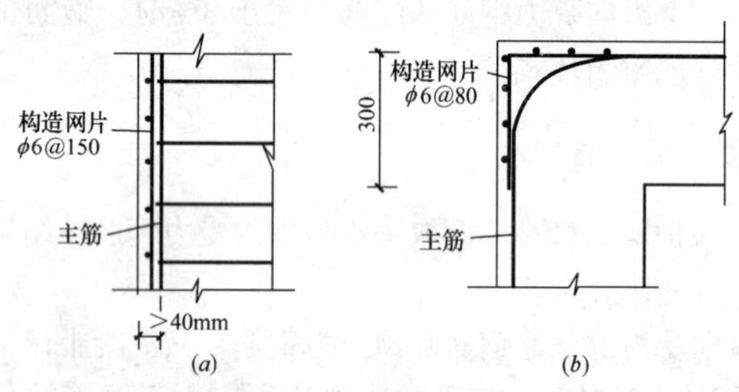

图 4.1-6　厚保护层中的表面配筋

（*a*）保护层厚度大于 40mm；（*b*）角节点的厚保护层

处于二、三类环境中的悬臂板，其上表面应采取有效的保护措施。

（5）对有防火要求的建筑物，其混凝土保护层厚度尚应符合现行国家有关标准的要求。处于四、五类环境中的建筑物，其混凝土保护层厚度尚应符合国家现行有关标准的要求。

（6）一类环境中设计使用年限为 100 年的结构混凝土，其混凝土保护层厚度应符合相关特殊规定。

（7）地下工程防水技术规范（GB 50108—2001）第 4.1.6 条尚规定：

防水混凝土结构，迎水面钢筋保护层厚度不应小于 50mm。

4.1.9　配筋率

（1）纵向钢筋的最小配筋率 ρ_{min}。

1）钢筋混凝土结构构件中纵向受力钢筋的配筋百分率不应

小于表 4.1-81 规定的数值。

钢筋混凝土结构构件中纵向受力钢筋的最小配筋百分率 ρ_{min}（%）　　表 4.1-81

受力类型		最小配筋百分率
受压构件	全部纵向钢筋	0.6
	一侧纵向钢筋	0.2
受弯构件、偏心受拉、轴心受拉构件一侧的受拉钢筋		0.2 和 $45f_t/f_y$ 中的较大值

注：1. 受压构件全部纵向钢筋最小配筋百分率，当采用 HRB400 级、RRB400 级钢筋时，应按表中规定减小 0.1；当混凝土强度等级为 C60 及以上时，应按表中规定增大 0.1；

2. 偏心受拉构件中的受压钢筋，应按受压构件一侧纵向钢筋考虑；

3. 受压构件的全部纵向钢筋和一侧纵向钢筋的配筋率以及轴心受拉构件和小偏心受拉构件一侧受拉钢筋的配筋率应按构件的全截面面积计算；受弯构件、大偏心受拉构件一侧受拉钢筋的配筋率应按全截面面积扣除受压翼缘面积 $(b'_f-b)h'_f$ 后的截面面积计算；

4. 当钢筋沿构件截面周边布置时，“一侧纵向钢筋”系指沿受力方向两个对边中的一边布置的纵向钢筋。

受弯构件、偏心受拉、轴心受拉构件一侧受拉钢筋的最小配筋百分率见表 4.1-82。

一侧受拉钢筋的最小配筋百分率 ρ_{min}（%）　　表 4.1-82

混凝土强度等级			C15	C20	C25	C30	C35	C40	C45	C50	C55	C60	C65	C70	C75	C80
钢筋 f_y (N/mm²)	HPB235	210	0.20	0.24	0.27	0.31	0.34	0.37	0.39	0.41	0.42	0.44	0.45	0.46	0.47	0.48
	HRB335	300	—	0.20	0.20	0.21	0.24	0.26	0.27	0.28	0.29	0.31	0.31	0.32	0.33	0.33
	HRB400 RRB400	360	—	0.20	0.20	0.20	0.20	0.21	0.22	0.24	0.25	0.25	0.26	0.27	0.27	0.28

2）框架梁纵向受拉钢筋的配筋率不应小于表 4.1-83 规定的数值，或不小于表 4.1-84 中的数值。

框架梁纵向受拉钢筋的最小配筋百分率 ρ_{min}（%）　表 4.1-83

抗震等级	梁中位置	
	支座	跨中
一　级	0.4 和 $80f_t/f_y$ 中的较大值	0.3 和 $65f_t/f_y$ 中的较大值
二　级	0.3 和 $65f_t/f_y$ 中的较大值	0.25 和 $55f_t/f_y$ 中的较大值
三、四级	0.25 和 $55f_t/f_y$ 中的较大值	0.2 和 $45f_t/f_y$ 中的较大值

框架梁纵向受拉钢筋最小配筋百分率 ρ_{min}（%）　表 4.1-84

抗震等级	钢筋种类	梁中位置	混凝土强度等级												
			C20	C25	C30	C35	C40	C45	C50	C55	C60	C65	C70	C75	C80
一级	HRB335	支座			0.40	0.419	0.456	0.48	0.504	0.523	0.544	0.557	0.571		
		跨中			0.31	0.34	0.371	0.39	0.41	0.425	0.442	0.453	0.464		
	HRB400	支座			0.40	0.40	0.40	0.40	0.42	0.436	0.453	0.464	0.476		
		跨中			0.30	0.30	0.309	0.325	0.341	0.354	0.368	0.377	0.386		
二级	HRB335	支座	0.30	0.30	0.31	0.34	0.371	0.39	0.41	0.425	0.442	0.453	0.464	0.472	0.481
		跨中	0.25	0.25	0.262	0.288	0.314	0.33	0.347	0.359	0.374	0.383	0.392	0.40	0.407
	HRB400	支座	0.30	0.30	0.30	0.30	0.309	0.325	0.341	0.354	0.368	0.377	0.386	0.394	0.40
		跨中	0.25	0.25	0.25	0.25	0.261	0.275	0.289	0.299	0.312	0.319	0.327	0.333	0.339
三、四级	HRB335	支座	0.25	0.25	0.262	0.288	0.314	0.33	0.347	0.359	0.374	0.383	0.392	0.40	0.407
		跨中	0.20	0.20	0.215	0.235	0.257	0.27	0.284	0.294	0.306	0.314	0.321	0.327	0.333
	HRB400	支座	0.25	0.25	0.25	0.25	0.261	0.275	0.289	0.299	0.312	0.319	0.327	0.333	0.339
		跨中	0.20	0.20	0.20	0.20	0.214	0.225	0.236	0.245	0.255	0.261	0.268	0.273	0.278

3）框架柱和框支柱中全部纵向受力钢筋的配筋百分率不应小于表 4.1-85 规定的数值，同时，每一侧配筋率不应小于 0.2%；对Ⅳ类场地上较高的高层建筑，最小配筋百分率应按表中数值增加 0.1 采用。

柱全部纵向受力钢筋最小配筋百分率 ρ_{min}（%）　表 4.1-85

柱类型	抗震等级			
	一　级	二　级	三　级	四　级
框架中柱、边柱	1.0	0.8	0.7	0.6
框架角柱、框支柱	1.2	1.0	0.9	0.8

注：柱全部纵向受力钢筋最小配筋百分率，当采用 HRB400 级钢筋时，应按表中数值减小 0.1；当混凝土强度等级为 C60 及以上时，应按表中数值增加 0.1。

4）对卧置于地基上的混凝土板，板中受拉钢筋的最小配筋率可适当降低，但不应小于0.15%。

5）深梁钢筋的最小配筋百分率，不宜小于表4.1-86规定的数值。

深梁中钢筋的最小配筋百分率 ρ_{min}（%）　　表4.1-86

钢筋种类	纵向受拉钢筋	水平分布钢筋	竖向分布钢筋
HPB235	0.25	0.25	0.20
HRB335、HRB400、RRB400	0.20	0.20	0.15

注：当集中荷载作用于连续深梁上部1/4高度范围内且 $l_0/h>1.5$ 时，竖向分布钢筋最小配筋百分率应增加0.05。

6）梁内受扭纵向钢筋的配筋率不应小于 $0.6\sqrt{\frac{T}{Vb}}\frac{f_t}{f_y}$。当T/(Vb)>2.0时取T/(Vb)=2.0，式中V、T为剪力、扭矩设计值；b为矩形截面宽度、*T*形或*I*字形截面的腹板宽度。

7）牛腿承受竖向力所需的纵向受拉钢筋配筋率，按全截面计算不应小于0.2%及 $0.45f_t/f_y$。

8）预应力混凝土受弯构件中的纵向受拉钢筋配筋率应符合下列要求：

$$M_u \geqslant M_{cr} \tag{4-10}$$

式中 M_u——构件的正截面受弯承载力设计值按混凝土结构设计规范（*GB* 50010—2002）公式（7.2.1-1）、（7.2.2-2）或公式（7.2.5）计算，但应取等号，并将M以 M_u 代替；

M_{cr}——构件的正截面开裂弯矩值。

（2）纵向钢筋最大配筋率

1）单筋矩形截面梁的最大配筋百分率，不应大于表4.1-87规定的数值。

单筋矩形截面梁的最大配筋百分率 ρ_{max}（%）　　表 4.1-87

钢筋种类	混凝土强度等级									
	C15	C20	C25	C30	C35	C40	C45	C50	C55	C60
HPB235	2.15	2.86	3.54	4.23	4.93	5.62				
HRB335		1.81	2.23	2.67	3.10	3.54	3.88	4.24		
HRB400 RRB400		1.42	1.75	2.10	2.44	2.78	3.05	3.32	3.41	3.49

注：表中最大配筋率系按 $\rho=\xi\alpha_1\beta_c f_c/f_y$ 计算而得的，取：

$$\xi=\frac{\beta_1}{1+\dfrac{f_y}{E_s\varepsilon_{cu}}}$$

2）为了提高框架梁的抗震性能，保证框架梁有足够的曲率延性，考虑地震作用组合的框架梁，计入纵向受压钢筋的梁端混凝土受压区高度，应符合下列要求：

一级抗震等级　　$x\leqslant 0.25h_0$　　（4-11）

二、三级抗震等级　　$x\leqslant 0.35h_0$　　（4-12）

且纵向受拉钢筋的配筋率不应大于 2.5%

梁端纵向受拉钢筋的最大配筋百分率也可按表 4.1-88 选取。此时表中梁端纵向受拉钢筋百分率没有计入纵向受压钢筋，当框架梁端有受压钢筋时，应使受拉受压钢筋的总量计算所得的配筋百分率≤2.5%。

抗震结构框架梁端最大配筋百分率 ρ_{max}（%）　　表 4.1-88

钢筋种类	抗震等级	混凝土强度等级												
		C20	C25	C30	C35	C40	C45	C50	C55	C60	C65	C70	C75	C80
HRB335	一			1.19	1.39	1.59	1.76	1.93	2.02	2.10	2.16			
	二、三	1.12	1.39	1.67	1.95	2.23	2.46							
HRB400	一			0.99	1.16	1.33	1.47	1.60	1.68	1.75	1.80	1.84	1.86	1.87
	二、三	0.93	1.16	1.39	1.62	1.86	2.05	2.24	2.35	2.45				

3）地震区框架柱中全部纵向受力钢筋配筋率不应大于 5%；

当按一级抗震等级设计，且柱的剪跨比 $\lambda \leqslant 2$ 时，柱每侧纵向钢筋的配筋率不宜大于 1.2%。

(3) 箍筋和分布钢筋的最小配筋百分率

地震区框架梁端箍筋加密长度范围内箍筋间距和箍筋最小直径按本手册第 6 章规定执行，承受地震作用的框架梁，沿梁全长箍筋的配筋率 ρ_{sv}应符合下列规定：

一级抗震等级 $\rho_{sv} \geqslant 0.30 f_t / f_{yv}$

二级抗震等级 $\rho_{sv} \geqslant 0.28 f_t / f_{yv}$

三、四级抗震等级 $\rho_{sv} \geqslant 0.26 f_t / f_{yv}$

或不小于表 4.1-89 规定的数值。

梁的箍筋最小配筋百分率 $\rho_{sv,mim}$（%） **表 4.1-89**

抗震等级或受力类型			混凝土强度等级							
			C15	C20	C25	C30	C35	C40	C45	C50
一级		HPB235				0.204	0.224	0.244	0.257	0.270
		HRB335				0.143	0.157	0.171	0.180	0.189
		HRB400				0.119	0.131	0.143	0.150	0.158
二级		HPB235		0.147	0.169	0.191	0.209	0.228	0.240	0.252
		HRB335		0.103	0.119	0.133	0.147	0.160	0.168	0.176
		HRB400		0.085	0.099	0.111	0.122	0.133	0.140	0.147
三、四级		HPB235		0.136	0.157	0.177	0.194	0.212	0.223	0.234
		HRB335		0.095	0.110	0.124	0.136	0.148	0.156	0.164
		HRB400		0.079	0.092	0.103	0.113	0.124	0.130	0.137
非抗震	受剪	HPB235	0.104	0.126	0.145	0.163	0.179	0.195	0.206	0.216
		HRB335		0.088	0.102	0.114	0.126	0.137	0.144	0.151
		HRB400		0.073	0.085	0.095	0.105	0.114	0.120	0.126
	弯剪扭	HPB235	0.121	0.147	0.169	0.191	0.209	0.228	0.240	0.252
		HRB335		0.103	0.119	0.133	0.147	0.160	0.168	0.176
		HRB400		0.085	0.099	0.111	0.122	0.133	0.140	0.147

4.1.10 伸缩缝、沉降缝、防震缝

（1）伸缩缝

1）素混凝土结构伸缩缝的最大间距，可按表4.1-90的规定采用。整片的素混凝土墙壁式结构，其伸缩缝宜做成贯通式，将基础断开。

素混凝土结构伸缩缝最大间距（m）　　表4.1-90

结构类别	室内或土中	露天
装配式结构	40	30
现浇式结构（配有构造钢筋）	30	20
现浇式结构（未配构造钢筋）	20	10

2）钢筋混凝土结构伸缩缝的最大间距宜符合表4.1-91的规定。

钢筋混凝土结构伸缩缝最大间距（m）　　表4.1-91

结构类别		室内或土中	露天
排架结构	装配式	100	70
框架结构	装配式	75	50
	现浇式	55	35
剪力墙结构	装配式	65	40
	现浇式	45	30
挡土墙、地下室墙壁等类结构	装配式	40	30
	现浇式	30	20

注：1. 装配整体式结构房屋的伸缩缝间距宜按表中现浇式的数值取用；
2. 框架-剪力墙结构或框架-核心筒结构房屋的伸缩缝间距可根据结构的具体布置情况取表中框架结构与剪力墙结构之间的数值；
3. 当屋面无保温或隔热措施时，框架结构、剪力墙结构的伸缩缝间距宜按表中露天栏的数值取用；
4. 现浇挑檐、雨罩等外露结构的伸缩缝间距不宜大于12m。

（2）沉降缝

1）建筑物沉降缝的作用及位置见表4.1-92。

建筑物的沉降缝 **表 4.1-92**

序号	项目	内容
1	沉降缝的作用	防止地基不均匀沉降时可能造成房屋破坏所采取的一种措施
2	沉降缝的设置	建筑物的下列部位，宜设置沉降缝： （1）建筑平面的转折部位； （2）高度差异（或荷载差异）处； （3）长高比过大的砌体承重结构或钢筋混凝土框架结构的适当部位； （4）地基土的压缩性有显著差异处； （5）建筑结构或基础类型不同处； （6）分期建造房屋的交界处

2）房屋沉降缝的宽度

房屋沉降缝应有足够的宽度，一般可按表 4.1-93 采用。

房屋沉降缝的宽度 **表 4.1-93**

序号	房屋层数	沉降缝宽度（mm）	序号	房屋层数	沉降缝宽度（mm）
1	二～三	50～80	3	五层以上	不小于 120
2	四～五	80～120			

注：在沉降缝处房屋应连同基础一起断开。缝内一般不填塞材料，当必须填塞时，应防止缝内两侧因房屋内倾而相互挤压影响沉降效果。

（3）防震缝

各类房屋设置防震缝的条件和宽度，一般可按表 4.1-94 采用。

各类房屋设置防震缝的条件和宽度 **表 4.1-94**

序号	房屋类别	设缝条件	防震缝宽度
1	多层和高层钢筋混凝土房屋	1. 房屋平面局部突出部分的长度大于宽度及总长的 30% 2. 房屋立面局部收进的尺寸大于该方向总尺寸的 30% 3. 房屋有较大错层时 4. 各部分结构的刚度或荷载相差悬殊时 5. 地基不均匀，各部分的沉降差过大时	1. 框架结构房屋，当高度 $H \leqslant 15m$ 时，采用 70mm；当 $H > 15m$ 时，6、7、8、9 度相应每增加高度 5m、4m、3m 和 2m，宜加宽 20mm 2. 框架-抗震墙结构房屋防震缝宽度，可采用第一款数值的 70%，且不宜小于 70mm 3. 抗震墙结构房屋防震缝宽度，可采用第一款数值的 50%，且不宜小于 70mm

续表

<table>
<tr><th>序号</th><th colspan="2">房屋类别</th><th>设 缝 条 件</th><th>防 震 缝 宽 度</th></tr>
<tr><td rowspan="2">2</td><td rowspan="2">单层工业厂房</td><td>钢筋混凝土柱</td><td rowspan="2">厂房体型复杂或有贴建房屋和构筑物</td><td>1. 在厂房纵横跨交接处、大柱网厂房或不设柱间支撑的厂房可采用：100～150mm
2. 其他情况可采用50～90mm</td></tr>
<tr><td>砖　柱</td><td>1. 轻型屋盖（指木屋盖和轻钢屋架、瓦楞铁、石棉瓦屋面的屋盖），可不设防震缝
2. 钢筋混凝土屋盖厂房与贴建的建（构）筑物间可采用：50～70mm</td></tr>
<tr><td>3</td><td colspan="2">单层空旷房屋（如影剧院、俱乐部、礼堂、食堂等）</td><td colspan="2">大厅、前厅、舞台之间，不宜设防震缝；大厅与两侧附属房屋之间可不设防震缝，但不设缝时应加强连接</td></tr>
</table>

4.2　建筑结构安全等级及允许变形值

4.2.1　建筑结构的安全等级

根据建筑结构破坏后果的严重程度，建筑结构划分为三个安全等级，设计时应据具体情况，按表4.2-1的规定选用。

建筑结构的安全等级　　表4.2-1

安全等级	破坏后果	建筑物类型
一　级	很严重	重要的建筑物
二　级	严　重	一般的建筑物
三　级	不严重	次要的建筑物

注：对有特殊要求的建筑物，其安全等级应根据具体情况另行确定。

4.2.2 允许变形值

（1）受弯构件的挠度限值

受弯构件的最大挠度应按荷载效应的标准组合并考虑荷载长期作用影响进行计算，其计算结果不应超过表 4.2-2 规定的挠度限值。

受弯构件的挠度限值 **表 4.2-2**

构件类型	挠度限值
吊车梁：手动吊车	$l_0/500$
电动吊车	$l_0/600$
屋盖、楼盖及楼梯构件：	
当 $l_0<7$m 时	$l_0/200$（$l_0/250$）
当 7m$\leqslant l_0\leqslant$9m 时	$l_0/250$（$l_0/300$）
当 $l_0>9$m 时	$l_0/300$（$l_0/400$）

注：1. 表中 l_0 为构件的计算跨度；

2. 表中括号内的数值适用于使用上对挠度有较高要求的构件；

3. 如果构件制作时预先起拱，且使用上也允许，则在验算挠度时，可将计算所得的挠度值减去起拱值；对预应力混凝土构件，尚可减去预加力所产生的反拱值；

4. 计算悬臂构件的挠度限值时，其计算跨度 l_0 按实际悬臂长度的 2 倍取用。

（2）结构构件的裂缝控制等级及最大裂缝宽度限值

结构构件正截面的裂缝控制等级分为三级。其等级的划分应符合下列规定：

一级——严格要求不出现裂缝的构件，按荷载效应标准组合计算时，构件受拉边缘混凝土不应产生拉应力；

二级——一般要求不出现裂缝的构件，按荷载效应标准组合计算时，构件受拉边缘混凝土拉应力不应大于混凝土轴心抗拉强度标准值；按荷载效应准永久组合计算时，构件受拉边缘混凝土不宜产生拉应力，当有可靠经验时可适当放松；

三级——允许出现裂缝的构件，按荷载效应标准组合并考虑长期作用影响计算时，构件的最大裂缝宽度不应超过表4.2-3规定的最大裂缝宽度限值。

结构构件应根据结构类别和表4.1-32“混凝土结构的环境类别”的规定，按表4.2-3的规定选用不同的裂缝控制等级及最大裂缝宽度限值 w_{lim}。

结构构件的裂缝控制等级及最大裂缝宽度限值　　表4.2-3

环境类别	钢筋混凝土结构		预应力混凝土结构	
	裂缝控制等级	w_{lim}（mm）	裂缝控制等级	w_{lim}（mm）
一	三	0.3（0.4）	三	0.2
二	三	0.2	二	—
三	三	0.2	一	—

注：1. 表中的规定适用于采用热轧钢筋的钢筋混凝土构件和采用预应力钢丝、钢绞线及热处理钢筋的预应力混凝土构件；当采用其他类别的钢丝或钢筋时，其裂缝控制要求可按专门标准确定；

2. 对处于年平均相对湿度小于60%地区一类环境下的受弯构件，其最大裂缝宽度限值可采用括号内的数值；

3. 在一类环境下，对钢筋混凝土屋架、托架及需作疲劳验算的吊车梁，其最大裂缝宽度限值应取为0.2mm；对钢筋混凝土屋面梁和托梁，其最大裂缝宽度限值应取为0.3mm；

4. 在一类环境下，对预应力混凝土屋面梁、托梁、屋架、托架、屋面板和楼板，应按二级裂缝控制等级进行验算；在一类和二类环境下，对需作疲劳验算的预应力混凝土吊车梁，应按一级裂缝控制等级进行验算；

5. 表中规定的预应力混凝土构件的裂缝控制等级和最大裂缝宽度限值仅适用于正截面的验算；预应力混凝土构件的斜截面裂缝控制验算应符合《混凝土结构设计规范》GB 50010—2002第8章的要求；

6. 对于烟囱、筒仓和处于液体压力下的结构构件，其裂缝控制要求应符合专门标准的有关规定；

7. 对于处于四、五类环境下的结构构件，其裂缝控制要求应符合专门标准的有关规定；

8. 表中的最大裂缝宽度限值用于验算荷载作用引起的最大裂缝宽度。

4.3 梁板的计算

4.3.1 梁板计算的一般规定

(1) 梁、板的计算跨度 l_0

计算跨度是指相邻支座支反力之间的距离，其值与反力分布有关，即与支承长度 a 和构件本身刚度有关。

(2) 梁的计算跨度 l_0 的具体计算规定（见表 4.3-1）

梁、板的计算跨度 l_0 **表 4.3-1**

<table>
<tr><th rowspan="2">跨数</th><th rowspan="2" colspan="2">支座情形</th><th colspan="2">计算跨度 l_0</th></tr>
<tr><th>板</th><th>梁</th></tr>
<tr><td>单跨</td><td colspan="2">两端简支
一端简支，一端与梁整体连接
两端与梁整体连接</td><td>$l_0=l_n+h$
$l_0=l_n+0.5h$
$l_0=l_n$</td><td>$l_0=l_n+a\leqslant 1.05l_n$</td></tr>
<tr><td rowspan="3">多跨</td><td colspan="2">两端简支</td><td>当 $a\leqslant 0.1l_c$ 时，$l_0=l_c$
当 $a>0.1$ 时 l_c，
$l_0=1.1l_n$</td><td>当 $a'\leqslant 0.05l_c$ 时，$l_0=l_c$
当 $a'>0.05l_0$ 时，
$l_0=1.05l_n$</td></tr>
<tr><td>一端入墙内另端与梁整体连接</td><td>按塑性计算
按弹性计算</td><td>$l_0=l_n+0.5h$
$l_0=l_n+(h+a')/2$</td><td>$l_0=l_n+0.5a$
$l_0=l_c\leqslant 1.025l_n+0.5a$</td></tr>
<tr><td>两端均与梁整体连结</td><td>按塑性计算
按弹性计算</td><td>$l_0=l_n$
$l_0=l_c$</td><td>$l_0=l_n$
$l_0=l_c$</td></tr>
</table>

注：1. l_n—支座间净距离；l_c—支座中心间的距离；h—板的厚度；a—边支座宽度；a'—中间支座宽度；l_0—计算跨度；

2. 当求多跨连续梁、板支座弯矩时，取该支座相邻两跨计算跨度的较大值（按弹性计算方法时）或平均值（按塑性计算方法时）进行计算。

(3) 梁、板构件一般不需要作挠度验算的最大跨高比

一般不作挠度验算的梁、板截面最小高度　　表 4.3-2

构件类型		简支	两端连续	悬臂
平板	单向板	$l_0/35$	$l_0/40$	$l_0/12$
	双向板	$l_0/45$	$l_0/50$	
肋形板（包括空心板）		$l_0/20$	$l_0/25$	$l_0/10$
整体肋形梁	次梁	$l_0/15$	$l_0/20$　常用　$l_0/18\sim12$	$l_0/8$
	主梁	$l_0/12$	$l_0/15$　常用　$l_0/14\sim8$	$l_0/6$
独立梁		$l_0/12$	$l_0/15$ 常用 $l_0/14\sim8$	$l_0/6$

注：1. l_0 为板、梁的计算跨度（双向板为短向计算跨度）；

2. 梁的跨度大于 9m 时，表中梁的各项数值应乘以系数 1.2；

3. 单向板板厚 h 不宜小于：屋顶板 60mm，民用建筑 70mm，工业建筑 80mm，双向板板厚 h 不宜小于 80mm。

(4) 梁截面适宜高宽比 h/b

矩形截面：$h/b\leqslant2\sim3.5$；

T 形截面：$h/b\leqslant2.5\sim4.0$。

(5) 受弯构件翼缘计算宽度

1) 强度计算时，受弯构件位于受压区的翼缘计算宽度 b'_f（按表 4.3-3 所列各项最小值取用）。

T 形及倒 L 形截面受弯构件翼缘计算宽度 b'_f　　表 4.3-3

序号	考虑情况	T形截面		倒L形截面肋形梁（板）	截面简图
		肋形梁（板）	独立梁		
1	按跨度 l_0 考虑	$\frac{1}{3}l_0$	$\frac{1}{3}l_0$	$\frac{1}{6}l_0$	b'_f　h'_f　h_0　b
2	按梁（肋）净距 s_n 考虑	$b+s_n$	—	$b+\frac{s_n}{2}$	

续表

序号	考虑情况		T形截面 肋形梁（板）	T形截面 独立梁	倒L形截面肋形梁（板）	截面简图
3	按翼缘高度 h'_f 考虑	当 $h'_f/h_0 \geqslant 0.1$	—	$b+12h'_f$	—	
		当 $0.1>h'_f/h_0 \geqslant 0.05$	$b+12h'_f$	$b+6h'_f$	$b+5h'_f$	
		当 $h'_f/h_0<0.05$	$b+12h'_f$	b	$b+5h'_f$	

注：1. 如肋形梁在梁跨内设有间距小于纵肋间距的横肋时，则可不遵守表中序号 3 的规定；

2. 对有加腋的 T 形和倒 L 形截面，当受压区加腋的高度 $h_h \geqslant h'_f$ 且加腋的宽度 $b_h \leqslant 3h_h$ 时，则其翼缘计算宽度可按表中序号 3 的规定分别增加 $2b_h$（T 形截面）和 b_h（倒 L 形截面）见图 4.3-1；

3. 独立梁受压区的翼缘板在荷载作用下，经验算沿纵肋方向可能产生裂缝时，则计算宽度取用腹板宽度 b；

4. 表中 b 为梁的腹板宽度。

2）验算挠度及裂缝宽度时，T 形、I 字形及倒 L 形截面受弯构件的翼缘计算宽度的规定。

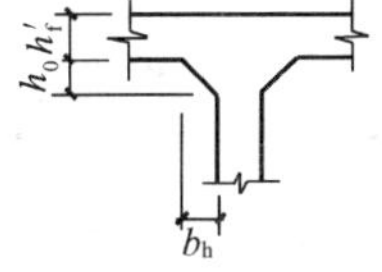

图 4.3-1 有加腋的 T 形截面

在验算挠度及裂缝宽度时，若翼缘的计算宽度缺少试验资料及设计经验时，T 形截面肋形梁、独立 T 形梁及倒 L 形截面肋形梁的受拉、受压翼缘计算宽度 b_f 及 b'_f 均可按表 4.3-3 采用。I 字形截面的受拉、受压翼缘计算宽度 b_f 和 b'_f 仍可照表 4.3-3 有关 T 形截面 b'_f 的规定采用。倒 L 形截面独立梁受拉，受压翼缘计算宽度 b_f 和 b'_f 按表 4.3-4 所列各项中的最小值取用。

倒L形截面独立梁翼缘计算宽度 b_f 及 b'_f　　表 4.3-4

考虑情况		b_f 及 b'_f
按计算跨度 l_0 考虑		$\frac{1}{6}l_0$
按翼缘高度 h_f 及 h'_f 考虑	$\frac{h'_f}{h_0}$ 或 $\frac{h_f}{h_0} \geqslant 0.1$	$b+5h'_f$ 或 $b+5h_f$
	$0.1 > \frac{h'_f}{h_0}$ 或 $\frac{h_f}{h_0} \geqslant 0.05$	$b+2.5h'_f$ 或 $b+2.5h_f$
	$\frac{h_f}{h_0}$ 或 $\frac{h_f}{h_0} < 0.05$	b

4.3.2　受弯构件正截面承载力计算

(1) 一般规定

1) 受拉钢筋和受压混凝土同时达到其强度设计值时的相对界限受压区高度 ξ_b 按表 4.3-5 确定。

相对界限受压区高度（ξ_b）　　表 4.3-5

混凝土强度等级 / 钢筋级别 / ξ_b	C15	C20	C25	C30	C35	C40	C45
HPB235	0.614	0.614	0.614	0.614	0.614	0.614	0.614
HRB335	0.55	0.55	0.55	0.55	0.55	0.55	0.55
HRB400	0.518	0.518		0.518	0.518	0.518	0.518
混凝土强度等级 / 钢筋级别 / ξ_b	C50	C55	C60	C65	C70	C75	C80
HPB235	0.614	0.604	0.594	0.584	0.575	0.565	0.555
HRB335	0.55	0.54	0.531	0.522	0.512	0.503	0.493
HRB400	0.518	0.508	0.499	0.49	0.481	0.472	0.463

对采用无屈服点钢筋（热处理钢筋、钢丝和钢铰线）的钢筋混凝土构件的 ξ_b 值可按下式计算：

$$\xi_b = \frac{x_b}{h_0} = \frac{0.8}{1.6\frac{f_s + \sigma_{p0}}{0.0033E_s}} \tag{4-13}$$

注：在截面受拉区内配置有不同种类或不同预应力值的钢筋的受弯构件，其相对界限受压区高度应分别计算，并取其较小值。

2）梁、板等受弯构件的最小配筋率 ρ_{min}（%）见表 4.3-6。

梁、板等受弯构件的最小配筋率 ρ_{min}（%）　　表 4.3-6

	C15	C20	C25	C30	C35	C40	C45
HPB235	0.20	0.24	0.27	0.31	0.34	0.37	0.39
HRB335	0.20	0.20	0.20	0.21	0.24	0.26	0.27
HRB400	0.20	0.20	0.20	0.20	0.20	0.21	0.23
	C50	C55	C60	C65	C70	C75	C80
HPB235	0.41	0.42	0.44	0.45	0.46	0.47	0.48
HRB335	0.28	0.29	0.31	0.31	0.32	0.33	0.33
HRB400	0.24	0.25	0.26	0.26	0.27	0.27	0.28

3）梁、板等受弯构件的最大配筋率 ρ_{max}（%）见表 4.3-7。

梁、板等受弯构件的最大配筋率 ρ_{max}（%）　　表 4.3-7

	C15	C20	C25	C30	C35	C40	C45
HPB235	2.105	2.807	3.479	4.181	4.882	5.584	6.169
HRB335	1.320	1.760	2.182	2.622	3.062	3.502	3.868
HRB400	1.035	1.380	1.711	2.056	2.401	2.746	3.034
	C50	C55	C60	C65	C70	C75	C80
HPB235	6.753	7.205	7.627	8.018	8.354	8.636	8.919
HRB335	4.235	4.512	4.771	5.009	5.212	5.381	5.550
HRB400	3.321	3.537	3.737	3.921	4.077	4.207	4.336

（2）板宽 $b = 1000$mm 弯矩配筋表

1）制表公式

$$M = \frac{\rho(\%) f_y}{10^5}\left(1 - \frac{\rho(\%)}{200} \cdot \frac{f_y}{\alpha_1 f_c}\right) h_0^2 \tag{4-14}$$

$$A_s = 10 h_0 \rho(\%) \tag{4-15}$$

式中　M——弯矩（kN·m）；

A_s——配筋面积（mm^2）；

h_0——截面有效高度（mm）；b = 板宽（1000mm）。

ρ——配筋率（%）；

α_1——系数，当混凝土强度等级不超过 C50 时，α_1 取为 1.0，当混凝土强度等级为 C80 时，α_1 取为 0.94，其间接线性内插法确定。

2）各表格适用范围（表 4.3-8）

b = 1000mm 宽钢筋混凝土板弯矩配筋表适用范围　表 4.3-8

序　号	计算表编号	混　凝　土		钢　　筋	
		强度等级	f_c（N/mm^2）	级　　别	强度 f_c（N/mm^2）
1	附表 4.3-1	C20	9.6	HPB235	210
2	附表 4.3-2			HRB335	300
3	附表 4.3-3			HRB400	360
4	附表 4.3-4	C25	11.9	HPB235	210
5	附表 4.3-5			HRB335	300
6	附表 4.3-6			HRB400	360
7	附表 4.3-7	C30	14.3	HPB235	210
8	附表 4.3-8			HRB335	300
9	附表 4.3-9			HRB400	360
10	附表 4.3-10	C35	16.7	HPB235	210
11	附表 4.3-11			HRB335	300
12	附表 4.3-12			HRB400	360
13	附表 4.3-13	C40	19.1	HPB235	210
14	附表 4.3-14			HRB335	300
15	附表 4.3-15			HRB400	360

注：附表 4.3-1 ~ 附表 4.3-15 为本书配套素材，可由中国建筑工业出版社网站下载。

3）注意事项

（A）附表主要功能为已知混凝土强度等级、钢筋类别、板厚及每米（$b=1000$mm）板宽弯矩设计值（或受力钢筋截面面积）查表选用受力钢筋面积 A_s（或求每米板宽受弯承载力设计值），构件的环境类别为一类。

（B）附表中查得的数值为 $b=1000$mm 宽板内的钢筋面积。

（C）附表适用于单跨或多跨的单向板。当用于按弹性计算的双向板时，需注意以下问题：

（a）跨中受力钢筋下层按板厚查表，上层可按 $h-10$mm 查表；

（b）支座受力钢筋上层按板厚 h 查表，下层按 $h-10$mm 查表。

（D）附表中最后一行的钢筋面积不是该板所能承受的最大弯矩所需的钢筋面积。

（E）板的有效高度 h_0（mm）的计算方法

附表由软件计算形成，其默认的钢筋间距为 100～200mm，h_0（mm）的计算采用以下默认规则：

（a）$h_0=h-$保护层厚度-5mm；用于计算钢筋面积≤ϕ10@70，取用的钢筋直径 $d\leqslant 10$mm 时；

（b）$h_0=h-$保护层厚度-10mm；用于计算钢筋面积>ϕ10@70，取用的钢筋直径 10mm$\leqslant d\leqslant$20mm 时；

（c）$h_0=h-$保护层厚度-15mm；用于计算钢筋面积>ϕ20@100，取用的钢筋直径 $d>20$mm 时。

4）计算表格（见附表 4.3-1～附表 4.3-15，可由中国建筑工业出版社网站下载）。

（3）单块或多跨连续双向板（按塑性计算方法）配筋表（见附表 4.3-16～附表 4.3-21）

1）制表公式：

令 $l_{02}/l_{01}=\lambda, h_{01}=h_0, h_{02}=0.9h_{01}, \alpha=A_{s2}/A_{s1}$

$$\beta=A_{s\mathrm{I}}/A_{s1}=A'_{s\mathrm{I}}/A_{s1}=A_{s\mathrm{II}}/A_{s2}=A'_{s\mathrm{II}}/A_{s2}$$

则　当双向板四边支座为固定端时：

$$A_{s1}=\frac{(g+q)l_{01}^{2}(3\lambda-1)}{21.6f_{y}h_{01}\left[\left(\lambda-\frac{1}{4}\right)+0.675\alpha+\lambda\beta+\alpha\beta\right]} \tag{4-16}$$

令

$$K_{1}=\frac{21.6f_{y}\left[\left(\lambda-\frac{1}{4}\right)+0.675\alpha+\lambda\beta+\alpha\beta\right]}{3\lambda-1}$$

则　$A_{s1}=\dfrac{(g+q)\ l_{01}^{2}}{K_{1}h_{01}}$　继而可求出

$$A_{s2}=\alpha A_{s1},A_{s\mathrm{I}}=A'_{s\mathrm{I}}=\beta A_{s1};A_{s\mathrm{II}}=A'_{s\mathrm{II}}=\beta A_{s2}$$

式中　h_{01}、h_{02}——分别为沿 l_{01}、l_{02}方向跨中受力钢筋的有效高度；支座处取 $h_{0\mathrm{I}}=h_{0\mathrm{II}}=h_{01}$；

l_{01}、l_{02}——分别为沿板短边方向、长边方向的计算跨度；

f_{y}——受力钢筋抗拉强度设计值（本附表采用 HPB235 级钢筋，$f_{y}=210\mathrm{N/mm^{2}}$ 计算，如为 HRB335 级钢筋，表中查出的数值应乘以修正系数 210/300）。

A_{s1}、A_{s2}——分别为相应于 l_{01}、l_{02}跨度方向跨中沿板宽单位长度内的钢筋面积；

$A_{s\mathrm{I}}$、$A'_{s\mathrm{I}}$、$A_{s\mathrm{II}}$、$A'_{s\mathrm{II}}$——分别为沿 l_{02}、l_{02}跨度方向支座沿板宽单位长度内的钢筋面积；

$K_{1}\cdots\cdots K_{i}$——与 f_{y}、λ、α、β 及支座支承形式有关的综合系数。

当板支承形式为其他情况时，同理可求出相应的 $K_{2}\cdots\cdots K_{i}$，均列入表 4.3-9 中。

若双向板的支座钢筋（$A_{s\mathrm{I}}$、$A'_{s\mathrm{I}}$、$A_{s\mathrm{II}}$、$A'_{s\mathrm{II}}$）为已知时，则

$$A_{s1}=\frac{(g+q)l_{01}^2(3\lambda-1)}{21.6h_{01}f_y\left(\lambda-\frac{1}{4}+0.675\alpha\right)}-\frac{\lambda(A_{s\mathrm{I}}+A'_{s\mathrm{I}})+A_{s\mathrm{II}}+A'_{s\mathrm{II}}}{2\lambda-\frac{1}{2}+1.35\alpha} \tag{4-17}$$

令 $$K_x=\frac{21.6f_y(\lambda-0.25+0.675\alpha)}{3\lambda-1}$$

$$K_x^F=2\lambda-0.5+1.35\alpha$$

则 $$A_{s1}=\frac{(g+q)l_{01}^2}{K_xh_{01}}-\frac{\lambda(A_{s\mathrm{I}}+A'_{s\mathrm{I}})+A_{s\mathrm{II}}+A'_{s\mathrm{II}}}{K_x^F}$$

$$A_{s2}=\alpha A_{s1}$$

其他各种情形的 A_{s1} 及 K_x^F 均可按上述方法求出，列入表4.3-9中。

2）适用范围

本附表适用于单块或多跨连续双向板的塑性内力计算。

对于多跨连续双向板可先从中间区格开始计算（中间区格即为四边支座均为固定端情况），中间区格计算完毕后按类似的方法计算相邻区格（此时，与中间区格相连的支座处的弯矩值按已知情况进行计算）。

3）板截面有效高度

$$h_{01}=h_{0\mathrm{I}}=h_{0\mathrm{II}}=h-20\text{mm};$$

$$h_{02}=h-30\text{mm}。$$

4）注意事项：

（A）本附表按 $f_y=210\text{N/mm}^2$（HPB235级钢筋）制表，若为HRB335级钢筋时，查出的数值乘以修正系数210/300即可。

（B）查表4.3-9时注意，已知支座钢筋面积的板边应视为简支边；l_{02}特指长边，l_{01}特指短边；故本块板的长边在相邻板块中可能是短边；公式中（$g+q$）单位为 kN/m^2，l_{0i}的单位为 m，h_{0i}的单位为 mm，A_{si}的单位为 mm^2/m。

（C）对于四边与梁整体连接的板，应考虑周边支承梁对板产生的水平推力的有利影响。

（D）具体计算方法

据 $\lambda=l_{02}/l_{01}$及周边支座支承条件查表 4.3-9：

（a）当四边支座钢筋面积未知时，可查出 K_i 及 α、β 后，算出 A_{s1}，再据制表公式，即可算出：$A_{s2}=\alpha A_{s1}$；$A_{s\mathrm{I}}=A'_{s\mathrm{I}}=\beta A_{s1}$；$A_{s\mathrm{II}}=A'_{s\mathrm{II}}=\beta A_{s2}$。

（b）当支座钢筋面积为已知时，可查出 K_x、K_x^F 及 α、β 得：

$$A_{s1}=\frac{(g+q)l_{01}^2}{K_x h_{01}}-\frac{\lambda(A_{s\mathrm{I}}+A'_{s\mathrm{I}})+A_{s\mathrm{II}}+A'_{s\mathrm{II}}}{K_x^F}$$

此时所谓钢筋面积为已知是指已求出的相邻支座的钢筋面积，其他未知者为零。

继而算出其他值，如 A_{s2}、$A_{s\mathrm{I}}$或 $A_{s\mathrm{II}}$等。

5）计算表格（见表 4.3-9）

（4）单筋矩形截面梁弯矩配筋表

1）制表公式

$$M=\frac{\rho}{10^8}f_y\left(1-\frac{\rho}{200}\cdot\frac{f_y}{\alpha_1 f_c}\right)bh_0^2 \tag{4-18}$$

$$A_s=\frac{\rho}{100}bh_0 \tag{4-19}$$

式中　M——弯矩（kN·m）；

b、h、h_0——梁截面宽、高、有效高度（mm）；

A_s——梁纵向钢筋截面面积（mm^2）；

ρ——配筋率（%）；

α_1——系数，当混凝土强度不超过 C50 时，α_1 取为 1.0，当混凝土强度等级为 C80 时，α_1 取为 0.94，其间按线性内插法确定。

双向板塑性计算系数表 **表 4.3-9**

序号			1		2		3		4	
双向板的支承情况			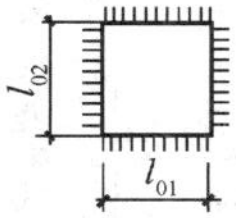		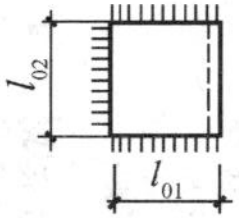		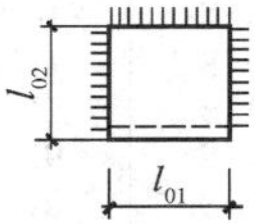		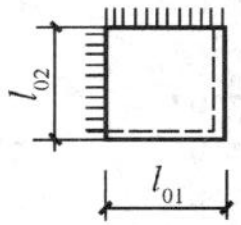	
$\lambda = l_{02}/l_{01}$	α	β	$K_1 \times 10^{-3}$	K_1^F	$K_2 \times 10^{-3}$	K_2^F	$K_3 \times 10^{-3}$	K_3^F	$K_4 \times 10^{-3}$	K_4^F
1.00	1.00	1.9	11.87	—	9.71	8.57	9.71	8.57	7.56	6.67
1.02	1.00	1.9	11.65	—	9.52	8.64	9.56	8.68	7.42	6.74
1.04	1.00	1.9	11.44	—	9.33	8.72	9.41	8.80	7.30	6.92
1.06	0.95	1.9	10.98	—	8.89	8.54	9.10	8.75	7.01	6.74
1.08	0.95	1.9	10.80	—	8.73	8.62	8.98	8.87	6.90	6.81
1.10	0.90	1.9	10.38	—	8.32	8.44	8.70	8.82	6.63	6.73
1.12	0.90	1.9	10.23	—	8.18	8.52	8.59	9.93	6.54	6.81
1.14	0.90	1.9	10.08	—	8.05	8.59	8.48	9.05	6.45	6.88
1.16	0.85	1.9	9.71	—	7.69	8.41	8.23	9.00	6.22	6.80
1.18	0.85	1.9	9.58	—	7.58	8.49	8.14	9.12	6.14	6.88
1.20	0.80	1.9	9.24	—	7.25	8.31	7.91	9.07	5.92	6.79
1.22	0.80	1.9	9.13	—	7.15	8.39	7.83	9.19	5.86	6.87
1.24	0.80	1.9	9.03	—	7.06	8.43	7.76	9.30	5.79	6.95
1.26	0.75	1.9	8.71	—	6.76	8.29	7.55	9.26	5.60	6.86
1.28	0.75	1.9	8.62	—	6.68	8.37	7.48	9.37	5.54	6.94
1.30	0.70	1.9	8.33	—	6.40	8.19	7.29	9.33	5.36	6.86

续表

序号			1		2		3		4	
双向板的支承情况										
$\lambda = l_{02}/l_{01}$	α	β	$K_1 \times 10^{-3}$	K_1^F	$K_2 \times 10^{-3}$	K_2^F	$K_3 \times 10^{-3}$	K_3^F	$K_4 \times 10^{-3}$	K_4^F
1.32	0.70	1.9	8.25	—	6.33	8.26	7.23	9.44	5.31	6.93
1.34	0.70	1.9	8.18	—	6.26	8.34	7.18	9.56	5.27	7.01
1.36	0.65	1.9	7.91	—	6.01	8.16	7.00	9.51	5.10	6.93
1.38	0.65	1.9	7.85	—	5.95	8.24	6.95	9.63	5.06	7.00
1.40	0.60	1.9	7.60	—	5.71	8.06	6.79	9.58	4.90	6.92
1.42	0.60	1.4	6.13	—	4.75	6.83	5.55	9.98	4.17	5.99
1.44	0.60	1.4	6.09	—	4.71	6.90	5.51	8.07	4.14	6.06
1.46	0.55	1.4	5.90	—	4.53	6.75	5.39	8.03	4.02	5.98
1.48	0.55	1.4	5.86	—	4.50	6.82	5.36	8.12	3.99	6.05
1.50	0.55	1.4	5.83	—	4.47	6.89	5.33	8.22	3.97	6.12
1.52	0.50	1.4	5.66	—	4.30	6.75	5.21	8.18	3.85	6.05
1.54	0.50	1.4	5.62	—	4.27	6.82	5.18	8.27	3.83	6.12
1.56	0.50	1.4	5.59	—	4.24	6.89	5.16	8.37	3.81	6.19
1.58	0.50	1.4	5.56	—	4.22	6.95	5.13	8.47	3.79	6.25
1.60	0.50	1.4	5.53	—	4.19	7.02	5.11	8.56	3.77	6.32
1.62	0.45	1.4	5.38	—	4.04	6.88	5.01	8.52	3.67	6.25
1.64	0.45	1.4	5.35	—	4.02	6.95	4.99	8.62	3.66	6.32
1.66	0.45	1.4	5.32	—	4.00	7.02	4.96	8.71	3.64	6.39
1.68	0.45	1.4	5.30	—	3.98	7.09	4.94	8.81	3.62	6.46
1.70	0.45	1.4	5.27	—	3.96	7.15	4.93	8.90	3.61	6.52

续表

序　　号			1		2		3		4	
双向板的支承情况										
$\lambda = l_{02}/l_{01}$	α	β	$K_1 \times 10^{-3}$	K_1^F	$K_2 \times 10^{-3}$	K_2^F	$K_3 \times 10^{-3}$	K_3^F	$K_4 \times 10^{-3}$	K_4^F
1.72	0.40	1.4	5.14	—	3.82	7.01	4.83	8.86	3.52	6.45
1.74	0.40	1.4	5.12	—	3.81	7.08	4.81	8.96	3.51	6.52
1.76	0.40	1.4	5.09	—	3.79	7.15	4.80	9.05	3.49	6.59
1.78	0.40	1.4	5.07	—	3.77	7.22	4.78	9.15	3.48	6.66
1.80	0.40	1.4	5.05	—	3.76	7.29	4.77	9.25	3.47	6.73
1.82	0.35	1.4	4.93	—	3.63	7.15	4.68	9.20	3.38	6.66
1.84	0.35	1.4	4.91	—	3.62	7.21	4.67	9.30	3.37	6.72
1.86	0.35	1.4	4.90	—	3.61	7.28	4.65	9.40	3.36	6.79
1.88	0.35	1.4	4.88	—	3.59	7.35	4.64	9.49	3.35	6.80
1.90	0.35	1.4	4.86	—	3.58	7.42	4.63	9.59	3.34	6.93
1.92	0.30	1.4	4.75	—	3.47	7.28	4.55	9.55	3.27	6.86
1.94	0.30	1.4	4.73	—	3.46	7.35	4.54	9.64	3.26	6.93
1.96	0.30	1.4	4.72	—	3.45	7.41	4.53	9.74	3.25	6.99
1.98	0.30	1.4	4.71	—	3.43	7.48	4.51	9.83	3.24	7.06
2.00	0.30	1.4	4.69	—	3.42	7.55	4.50	9.93	3.23	7.13

续表

序号			5		6		7		8		9		
双向板的支承情况													
$\lambda = l_{02}/l_{01}$	α	β	$K_5 \times 10^{-3}$	K_5^F	$K_6 \times 10^{-3}$	K_6^F	$K_7 \times 10^{-3}$	K_7^F	$K_8 \times 10^{-3}$	K_8^F	$K_9 \times 10^{-3}$	K_9^F	l_{02}/l_{01}
1.00	1.00	1.9	7.56	6.67	7.56	6.67	5.40	4.77	4.40	4.77	3.25	2.37	1.00
1.02	1.00	1.9	7.47	6.78	7.38	6.71	5.33	4.84	4.29	4.81	3.20	2.91	1.02
1.04	1.00	1.9	7.38	6.90	7.22	6.75	5.26	4.92	4.18	4.85	3.15	2.95	1.04
1.06	0.95	1.9	7.23	6.94	6.79	6.53	5.13	4.93	4.91	4.72	3.03	2.92	1.06
1.08	0.95	1.9	7.15	7.06	6.65	6.57	5.07	5.01	4.82	4.76	2.99	2.96	1.08
1.10	0.90	1.9	7.01	7.11	6.26	6.35	4.95	5.02	4.57	4.64	2.89	2.93	1.10
1.12	0.90	1.9	6.94	7.22	6.14	6.39	4.90	5.10	4.50	4.68	2.85	2.97	1.12
1.14	0.90	1.9	6.88	7.34	6.02	6.43	4.85	5.17	4.42	4.72	2.82	3.01	1.14
1.16	0.85	1.9	6.76	7.39	5.68	6.26	4.74	5.18	4.20	4.60	2.73	2.98	1.16
1.18	0.85	1.9	6.70	7.50	5.58	6.25	4.70	5.26	4.14	4.64	2.70	3.02	1.18
1.20	0.80	1.9	6.59	7.55	5.26	6.03	4.60	5.27	3.94	4.51	2.61	2.99	1.20
1.22	0.80	1.9	6.54	7.67	5.18	6.07	4.56	5.35	3.88	4.55	2.59	3.03	1.22
1.24	0.80	1.9	6.49	7.78	5.10	6.11	4.53	5.43	3.83	4.59	2.56	3.07	1.24
1.26	0.75	1.9	6.39	7.83	4.81	5.89	4.44	5.44	3.65	4.47	2.48	3.04	1.26
1.28	0.75	1.9	6.35	7.95	4.74	5.93	4.40	5.52	3.60	4.51	2.46	3.08	1.28
1.30	0.70	1.9	6.25	8.00	4.47	5.72	4.32	5.53	3.43	4.39	2.39	3.06	1.30

续表

序　　号			5		6		7		8		9		
双向板的支承情况													
$\lambda = l_{02}/l_{01}$	α	β	$K_5 \times 10^{-3}$	K_5^F	$K_6 \times 10^{-3}$	K_6^F	$K_7 \times 10^{-3}$	K_7^F	$K_8 \times 10^{-3}$	K_8^F	$K_9 \times 10^{-3}$	K_9^F	l_{02}/l_{01}
1.32	0.70	1.9	6.22	8.11	4.41	5.76	4.29	5.60	3.39	4.43	2.37	3.10	1.33
1.34	0.70	1.9	6.18	8.23	4.35	5.80	4.27	5.68	3.35	4.47	2.35	3.14	1.34
1.36	0.65	1.9	6.09	8.28	4.11	5.58	4.19	5.69	3.20	4.34	2.29	3.11	1.36
1.38	0.65	1.9	6.06	8.39	4.06	5.62	4.17	5.77	3.17	4.38	2.27	3.15	1.38
1.40	0.60	1.9	5.98	8.44	3.83	5.40	4.10	5.78	3.02	4.26	2.21	3.12	1.40
1.42	0.60	1.4	4.96	7.14	3.37	4.84	3.58	5.15	2.78	4.00	2.20	3.16	1.42
1.44	0.60	1.4	4.94	7.23	3.33	4.88	3.56	5.22	2.76	4.04	2.19	3.20	1.44
1.46	0.55	1.4	4.87	7.26	3.16	4.71	3.50	5.21	2.64	3.94	2.13	3.17	1.46
1.48	0.55	1.4	4.85	7.35	3.13	4.75	3.48	5.28	2.62	3.98	2.12	3.21	1.48
1.50	0.55	1.4	4.83	7.45	3.10	4.79	3.47	5.35	2.61	4.02	2.11	3.25	1.50
1.52	0.50	1.4	4.76	7.48	2.94	4.62	3.41	5.35	2.50	3.92	2.05	3.22	1.52
1.54	0.50	1.4	4.75	7.57	2.92	4.66	3.39	5.42	2.48	3.96	2.04	3.26	1.54
1.56	0.50	1.4	4.73	7.67	2.90	4.70	3.38	5.49	2.47	4.00	2.04	3.30	1.56
1.58	0.50	1.4	4.71	7.77	2.88	4.74	3.37	5.55	2.45	4.04	2.03	3.34	1.58
1.60	0.50	1.4	4.69	7.86	2.85	4.78	3.36	5.62	2.44	4.08	2.02	3.38	1.60
1.62	0.45	1.4	4.64	7.89	2.71	4.61	3.30	5.62	2.34	3.98	1.97	3.35	1.62
1.64	0.45	1.4	4.62	7.99	2.69	4.65	3.29	5.69	2.33	4.02	1.96	3.39	1.64
1.66	0.45	1.4	4.61	8.08	2.68	4.69	3.28	5.76	2.32	4.06	1.96	3.43	1.66
1.68	0.45	1.4	4.59	8.18	2.66	4.73	3.27	5.83	2.30	4.10	1.95	3.47	1.68
1.70	0.45	1.4	4.58	8.27	2.64	4.77	3.26	5.89	2.29	4.14	1.94	3.51	1.70

续表

序号			5		6		7		8		9		
双向板的支承情况			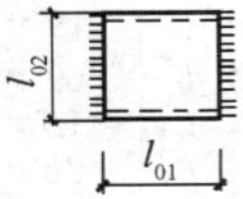		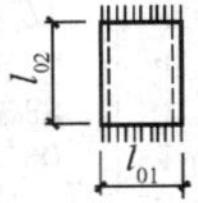		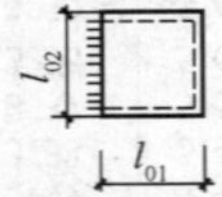		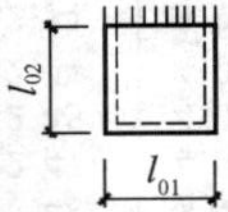		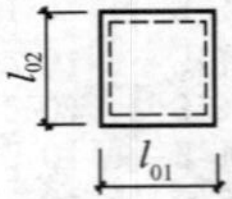		
$\lambda = l_{02}/l_{01}$	α	β	$K_5 \times 10^{-3}$	K_5^F	$K_6 \times 10^{-3}$	K_6^F	$K_7 \times 10^{-3}$	K_7^F	$K_8 \times 10^{-3}$	K_8^F	$K_9 \times 10^{-3}$	K_9^F	l_{02}/l_{01}
1.72	0.40	1.4	4.53	8.30	2.51	4.61	3.21	5.89	2.21	4.05	1.90	3.49	1.72
1.74	0.40	1.4	4.51	8.40	2.50	4.65	3.20	5.96	2.20	4.09	1.90	3.53	1.74
1.76	0.40	1.4	4.50	8.49	2.48	4.69	3.20	6.03	2.19	4.13	1.89	3.57	1.76
1.78	0.40	1.4	4.49	8.50	2.47	4.73	3.19	6.10	2.18	4.17	1.88	3.61	1.78
1.80	0.40	1.4	4.48	8.69	2.46	4.77	3.18	6.17	2.17	4.21	1.88	3.65	1.80
1.82	0.35	1.4	4.43	8.71	2.34	4.60	3.14	6.17	2.09	4.11	1.84	3.62	1.82
1.84	0.35	1.4	4.42	8.81	2.33	4.64	3.13	6.23	2.08	4.15	1.84	3.66	1.84
1.86	0.35	1.4	4.41	8.91	2.32	4.68	3.12	6.30	2.07	4.19	1.83	3.70	1.86
1.88	0.35	1.4	4.40	9.00	2.31	4.72	3.11	6.37	2.07	4.23	1.83	3.74	1.88
1.90	0.35	1.4	4.39	9.10	2.30	4.76	3.11	6.44	2.06	4.27	1.82	3.78	1.90
1.92	0.30	1.4	4.35	9.13	2.19	4.59	3.07	6.44	1.99	4.17	1.79	3.75	1.92
1.94	0.30	1.4	4.34	9.22	2.18	4.63	3.06	6.51	1.98	4.21	1.78	3.79	1.94
1.96	0.30	1.4	4.33	9.32	2.17	4.67	3.06	6.57	1.97	4.25	1.78	3.83	1.96
1.98	0.30	1.4	4.32	9.41	2.16	4.71	3.05	6.64	1.97	4.29	1.78	3.87	1.98
2.00	0.30	1.4	4.31	9.51	2.15	4.75	3.04	6.71	1.96	4.33	1.77	3.91	2.00

2）各表格适用范围（表 4.3-10）

单筋矩形截面梁弯矩配筋表适用范围　　表 4.3-10

序号	计算表编号	混凝土		钢筋	
		强度等级	f_c（N/mm^2）	级别	强度 f_y（N/mm^2）
1	附表 4.3-16	C20	9.6	HPB235	210
2	附表 4.3-17			HRB335	300
3	附表 4.3-18	C25	11.9	HRB335	300
4	附表 4.3-19			HRB400	360
5	附表 4.3-20	C30	14.3	HRB335	300
6	附表 4.3-21			HRB400	360

注：附表 4.3-16～附表 4.3-21 为本书配套素材，可由中国建筑工业出版社网站下载。

3）梁截面有效高度 h_0（mm）

梁的配筋表由程序自动生成，梁的截面有效高度 h_0(mm)，在表中已经考虑自动排列一排、多排钢筋，程序采用的默认规则如下：

（A）梁纵向钢筋取值范围为 10mm$\leqslant d \leqslant$25mm。a_s = 保护层厚度 + $d/2$，d 为钢筋直径 10～20mm，程序中取 d = 20mm。当梁下部纵筋为一排钢筋：$h_0 = h$ − 保护层厚度 − 10mm；双排钢筋：$h_0 = h$ − 保护层厚度 − 35mm，以此类推。

（B）按计算所得的钢筋面积，按照最大直径为 d = 25mm 和梁宽、保护层厚度等已知条件求出 h_0（mm）。钢筋的净距取 30mm。核查钢筋面积后，求出梁的弯矩值。

（C）本表中默认钢筋依照梁下部钢筋构造要求排列，若用于查表求梁的上部纵筋(弯矩)时，梁上部纵筋的净距应$\leqslant$30mm。

4）使用注意事项

（A）本表主要用于已知矩形截面梁宽 b、高 h、混凝土强度等级、钢筋级别及弯矩设计值 M（或受力钢筋面积 A_s），求受力钢筋面积 A_s（或求该梁截面受弯承载力设计值 M_u），构件的环境类别为一类。

（B）当实际梁截面宽 b 与表中梁截面宽（b）不同时，可按下列方法求所需的钢筋截面面积 A_s：

（a）先求出梁宽换算系数：$\gamma = \frac{(b)}{b}$；

(b) 将弯矩设计值 M 乘以换算系数 γ 得 (M)，然后按 (b)、(M) 和梁高 h 查附表 4.3-16 ~ 附表 4.3-21 得 (A_s) 值；

(c) 将查附表 4.3-16 ~ 附表 4.3-21 得出的 (A_s) 值乘以 $\frac{1}{\gamma}$，即可求出实际梁宽为 b、弯矩设计值为 M 时的 A_s 值：

$$A_s = (A_s)/\gamma \tag{4-20}$$

(C) 当钢筋强度设计值 f_y 与表 4.3-10 中钢筋强度设计值 (f_y) 不同时，钢筋截面面积 A_s 应按强度设计值进行换算：

$$A_s = (A_s)(f_y)/f_y \tag{4-21}$$

5) 单筋矩形截面梁弯矩配筋表（见附表 4.3-16 ~ 附表 4.3-21,可由中国建筑工业出版社网站下载）

(5) 受弯构件斜截面承载力计算

1) 一般规定（表 4.3-11）

梁中箍筋的最大间距 s_{max} 与最小直径 d_{min}　　表 4.3-11

项次	梁高 h (mm)	s_{max} (mm)		d_{min} (mm)
		$V > 0.7f_tbh_0$	$V \leqslant 0.7f_tbh_0$	
1	$150 < h \leqslant 300$	150	200	6
2	$200 < h \leqslant 500$	200	300	6
3	$500 < h \leqslant 800$	250	350	6
4	$h > 800$	300	500	8

注：1. 梁中配有计算的受压钢筋时，箍筋应做成封闭环式，其间距不应大于 $15d$（d 为受压钢筋的最小直径），同时不应大于 400mm；

2. 当一排内的纵向受压钢筋多于 5 根且直径大于 18mm 时，箍筋间距不应大于 $10d$；

3. 当梁中配有计算用纵向受压钢筋时，箍筋直径≥0.25D（D 为纵筋直径）。

2) 制表公式

(A) 截面限制条件：

$$[V] \leqslant 0.25\beta_c f_c bh_0/10^3 (h_w/b \leqslant 4) \tag{4-22}$$

$$[V] \leqslant 0.2\beta_c f_c bh_0/10^3 (h_w/b \geqslant 6) \tag{4-23}$$

（B）梁仅配箍筋时承载力：$V_{cs}=(0.7f_tbh_0+1.25f_{yv}h_0A_{sv}/s)/10^3$ （4-24）

（C）梁不配箍筋时承载力：$V_c=0.7\beta_hf_tbh_0/10^3$ （4-25）

（D）承载力 V_{cs}范围：$V_c<V_{cs}\leqslant[V]$

式中 V，V_{cs}，$[V_{max}]$——kN；

b、h、h_0——mm；

A_{sv}——mm^2。

3）各表格适用范围（表4.3-12）

受弯构件斜截面承载力表适用范围 **表 4.3-12**

序号	计算表编号	混凝土		箍筋	
		强度等级	f_c（N/mm^2）	级别	强度 f_{yv}（N/mm^2）
1	附表4.3-22	C20	9.6	HPB235	210
2	附表4.3-23	C25	11.9	HPB235	210
3	附表4.3-24	C30	14.3	HPB235	210
4	附表4.3-25	C35	16.7	HPB235	210
5	附表4.3-26	C40	19.1	HPB235	210

注：附表4.3-22～附表4.3-26为本书配套素材，可由中国建筑工业出版社网站下载。

4）注意事项

（A）一排钢筋：$h_0=h-$保护层厚度$-10mm$；双排钢筋：$h_0=h-$保护层厚度$-35mm$。

（B）受弯构件斜截面抗剪承载力表中已按规范要求配置箍筋，箍筋肢数按以下规则：当梁宽$b=300mm$时，箍筋肢数取3肢；$b<300mm$时，箍筋肢数取2；$b>300mm$时，箍筋肢数取4。

（C）表中数据是按单排主筋计算的，如主筋为双排或多排时，表中的数值应乘以相应的调整系数k，$k=h_0$（多排）$/h_0$（单排）。

5）矩形、T形和I形梁斜截面受剪承载力计算表（见附表4.3-22～附表4.3-26，可从中国建筑工业出版社网站下载）。

(6) 弯起钢筋、附加横向钢筋承载力表

1) 弯起钢筋受剪承载力表(见表4.3-13)。

弯起钢筋受剪承载力表(kN)　　表4.3-13

钢筋级别 / 弯起角度 / 弯起钢筋直径(mm) / 承载力(kN)	HPB235		HRB335		HRB400	
	45°	60°	45°	60°	45°	60°
10	9.3	11.4	13.3	16.3	16.0	19.6
12	13.4	16.5	19.2	23.5	23.0	28.2
14	18.3	22.4	26.1	32.0	31.3	38.4
16	23.9	29.3	34.1	41.8	40.9	50.1
18	30.2	37.0	43.2	52.9	51.8	63.5
20	37.3	45.7	53.3	65.3	64.0	78.4
22	45.2	55.3	64.5	79.0	77.4	94.8
25	58.3	71.4	83.3	102.0	100.0	122.4
28	73.1	89.6	104.5	128.0	125.4	153.6
30	84.0	102.8	120.0	146.9	143.9	176.3
32	95.5	117.0	136.5	167.2	163.8	200.6

2) 附加横向钢筋承载能力表(见表4.3-14、图4.3-2)。

附加箍筋承受集中荷载能力(kN)　　表4.3-14

箍筋直径(mm)	HPB235钢筋				HPB235钢筋			
	双肢箍		四肢箍		双肢箍		四肢箍	
	每边各一根	每边各二根	每边各一根	每边各二根	每边各一根	每边各二根	每边各一根	每边各二根
6	23.77	47.54	47.54	95.09	35.09	70.18	70.18	140.37
8	42.25	84.50	84.50	169.01	62.37	124.74	124.74	249.49
10	65.94	131.88	131.88	263.76	97.34	194.68	194.68	389.36
12	95.00	190.01	190.01	380.02	140.24	280.49	280.49	560.98

注:1. 按$[F]=f_{yv}\cdot nA_{sv1}$(kN),n——箍筋肢数,A_{sv1}——为单肢箍筋的截面面积;

2. 布置在图4.3-2中s范围内,一般间距为50mm。

3）附加吊筋承受集中荷载承载力表（见表4.3-15、图4.3-3）。

每根附加吊筋承受集中荷载承载力表（kN）　　表 4.3-15

吊筋直径(mm) \ 承载力(kN) \ 弯起角度 \ 钢筋级别	HPB235		HRB335		HRB400	
	45°	60°	45°	60°	45°	60°
10	23.3	28.6	33.3	40.8	40.0	49.0
12	33.6	41.1	48.0	58.8	57.6	70.5
14	45.7	56.0	65.3	80.0	78.4	96.0
16	59.7	73.1	85.3	104.5	102.4	125.4
18	75.6	92.6	108.0	132.2	129.6	158.7
20	93.3	114.3	133.3	163.2	159.9	195.9
22	112.9	138.3	161.3	197.5	193.5	237.0
25	145.8	178.5	208.3	255.1	249.9	306.1
28	182.9	224.0	261.2	320.0	313.5	383.9
30	209.9	257.1	299.9	367.3	359.9	440.8
32	238.8	292.5	341.2	417.9	409.5	501.5

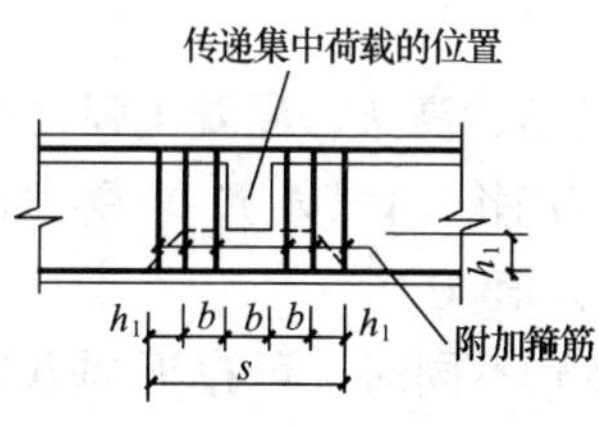

图 4.3-2　附加箍筋范围

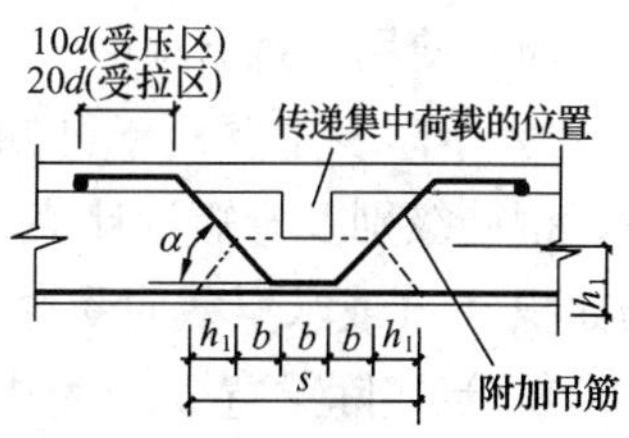

图 4.3-3　附加吊筋范围

4.4　钢筋混凝土宽扁梁计算

4.4.1　宽扁梁正截面承载力计算表（附表 4.4-1 ~ 附表 4.4-6）

（1）制表公式（同普通梁）。

（2）适用范围（见表 4.4-1）。

宽扁梁正截面承载力计算表的适用范围　　　表 4.4-1

序号	计算表编号	混凝土		钢筋	
		强度等级	f_c（N/mm²）	级别	f_y（N/mm²）
1	附表 4.4-1	C20	9.6	HRB335	300
2	附表 4.4-2	C20	9.6	HRB400	360
3	附表 4.4-3	C25	11.9	HRB335	300
4	附表 4.4-4	C25	11.9	HRB400	360
5	附表 4.4-5	C30	14.3	HRB335	300
6	附表 4.4-6	C30	14.3	HRB400	360

注：附表 4.4-1 ~ 附表 4.4-6 为本书配套素材，可从中国建筑工业出版社网站下载。

（3）梁截面有效高度。

梁的截面有效高度 h_0（mm），为了在附表中区别单排、双排钢筋，当钢筋为双排时，在钢筋面积前加“-”，以示区别。单排钢筋：$h_0 = h -$ 保护层厚度 $- 10$mm；双排钢筋：$h_0 = h -$ 保护层厚度 $- 35$mm。

（4）使用注意事项。

1）本附表主要用于已知宽扁梁宽 b、高 h、混凝土强度等级、钢筋级别及弯矩设计值 M（或受力钢筋面积 A_s），求受力钢筋面积 A_s（或求梁截面受弯承载力设计值 M_u）。

2）当实际梁宽 b 与表中梁宽（b）不同时，可按下列方法求所需的钢筋面积 A_s：

（A）先求出梁宽换算系数：$\gamma = (b)/b$；

(B) 将弯矩值 M 乘以系数 γ 得 (M), 然后按 (b)、(M) 和梁高 h 查表可得 (A_s) 值。

(C) 将 (A_s) 除以 γ, 即可求出实际梁宽为 b、弯矩设计值为 M 时的 A_s 值。

3) 当钢筋强度设计值 f_y 与表中的钢筋强度设计值 f_y 不同时，钢筋面积按等强度换算。

4) 弯矩表格中钢筋为单排，但设计中要求排为双排时，应将表中的 A_s 乘以修正系数 β (见表 4.4-2)。

修正系数 β **表 4.4-2**

梁高 h (mm)	400	450	500	550，600，650	700
β	1.14	1.11	1.09	1.08	1.05

(5) 宽扁梁截面尺寸确定与构造要求 (见表 4.4-3)。

截面尺寸确定与构造要求 **表 4.4-3**

项目 / 内容 / 条件	梁高 h_b	梁宽 b_b	腰筋 直径 (mm)	腰筋 间距 (mm)
限制条件	$\geqslant l_0/25$	$\leqslant 2.5h_b$	$2\phi12$	$\leqslant 200$
	$\geqslant 15d$	$\leqslant 2.5b_c$		

项目 / 内容 / 条件	箍筋 肢距 (mm)	箍筋 间距 (mm)	箍筋 加密区间距 (mm)	纵筋 配筋率	纵筋 间距 (mm)
限制条件	$\leqslant 300$	$\leqslant 200$	$\leqslant 150$	$\geqslant 0.3\%$	$\leqslant 100$

注：l_0——梁计算跨度；d——柱纵筋直径。

(6) 宽扁梁的正截面计算、斜截面计算和刚度分析按现行《混凝土结构设计规范》(GB 50010—2002) 执行。

(7) 宽扁梁弯矩配筋表 (见附表 4.4-1 ~ 附表 4.4-6，可从中国建筑工业出版社网站下载)。

4.4.2　宽扁梁斜截面抗剪承载力表（附表 4.4-7～附表4.4-9）

（1）制表公式

1）截面限制条件：　　$[V] \leqslant 0.25\beta_c f_c bh_0/10^3$　　（4-26）

$$b \leqslant 2b_c, b \leqslant b_c + h, h > 16d,$$

2）梁仅配箍筋时承载力：

$$V_{cs} = (0.7f_t bh_0 + 1.25f_{yv}h_0 A_{sv}/s)/10^3 \quad (4\text{-}27)$$

3）梁不配箍筋时承载力：

$$V_c = 0.7\beta_h f_t bh_0/10^3 \quad (4\text{-}28)$$

4）抗剪承载力 V_{cs}范围：$V_c < V_{cs} \leqslant [V]$

式中 V、V_{cs}、$[V_{max}]$——kN；b、h、h_0——mm；A_{sv}——mm^2。

b_c 为柱截面宽度，圆柱取 $0.8D$；d 为柱纵筋直径；D 为圆柱直径；其他符号同普通梁。

（2）各表格适用范围（表 4.4-4）

宽扁梁斜截面抗剪承载力表适用范围　　　　表 4.4-4

序号	计算表编号	混凝土		钢　筋	
		强度等级	f_c（N/mm^2）	级　别	f_{yv}（N/mm^2）
1	附表 4.4-7	C20	9.6	HPB235	210
2	附表 4.4-8	C25	11.9	HPB235	210
3	附表 4.4-9	C30	14.3	HPB235	210

注：附表 4.4-7～附表 4.4-9 为本书配套素材，可从中国建筑工业出版社网站下载。

（3）注意事项

1）单排钢筋：$h_0 = h$ - 保护层厚度 - 15mm；双排钢筋：$h_0 = h$ - 保护层厚度 - 35mm。

2）宽扁梁斜截面抗剪承载力表中 h 为梁高，b 为梁宽，n 为箍筋肢数。

3）表中斜截面抗剪承载力数据是按单排钢筋计算的，如主筋为双排或多排时，表中的数值应乘以相应的调整系数 k，$k = h_0$（多排）/ h_0（单排）。

(4) 宽扁梁斜截面抗剪承载力表（见附表 4.4-7 ~ 附表 4.4-9，可从中国建筑工业出版社网站下载）。

4.5 受压构件承载力计算

4.5.1 柱混凝土强度等级

柱混凝土强度等级选用参考表（见表 4.5-1）。

柱混凝土强度等级参考表 **表 4.5-1**

柱的类型及使用情况		混凝土强度等级						
		C20	C25	C30	C35	C40	C45	C50
现浇	多层框架柱	✓	✓	✓				
	高层框架柱			✓	✓	✓	✓	✓
预制	一般单层厂房柱及露天栈桥柱	✓	✓	✓				
	双肢柱、吊车起重量≥50t 或柱距≥12m 的柱			✓	✓	✓		

4.5.2 单层厂房柱截面形式

单层厂房柱截面形式参见表 4.5-2。

单层厂房柱截面形式选择参考表 **表 4.5-2**

截面形式	截 面 高 度 h（mm）适 用 范 围				
	≤500	600 ~ 800	900 ~ 1100	1200 ~ 1600	>1600
矩形柱	✓	✓			
I 形柱		✓	✓	✓	
双肢柱				✓	✓

注：1. 承受较大水平荷载的柱、宜采用钢筋混凝土双肢柱；
2. 设有悬臂吊车的柱宜采用矩形柱。

4.5.3 6m 柱距单层厂房柱截面尺寸

6m 柱距单层厂房矩形柱、I 形柱截面尺寸的确定，宜符合表

4.5-3 的要求。

矩形及工形截面柱　　　　**表 4.5-3**

<table>
<tr><th rowspan="3">柱 的 类 型</th><th colspan="4">截 面 尺 寸</th></tr>
<tr><th rowspan="2">宽度 b</th><th colspan="3">高 度 h</th></tr>
<tr><th>$Q\leqslant 10t$</th><th>$10t<Q<30t$</th><th>$30t\leqslant Q\leqslant 50t$</th></tr>
<tr><td>有吊车厂房下柱</td><td>$\geqslant\frac{H_l}{25}$</td><td>$\geqslant\frac{H_l}{14}$</td><td>$\geqslant\frac{H_l}{12}$</td><td>$\geqslant\frac{H_l}{10}$</td></tr>
<tr><td>露天吊车柱</td><td>$\geqslant\frac{H_l}{25}$</td><td>$\geqslant\frac{H_l}{10}$</td><td>$\geqslant\frac{H_l}{8}$</td><td>$\geqslant\frac{H_l}{7}$</td></tr>
<tr><td>单跨无吊车厂房</td><td>$\geqslant\frac{H}{30}$</td><td colspan="3">$\geqslant\frac{1.5H}{25}$</td></tr>
<tr><td>多跨无吊车厂房</td><td>$\geqslant\frac{H}{30}$</td><td colspan="3">$\geqslant\frac{1.25H}{25}$</td></tr>
<tr><td>山墙柱（仅承受风荷载及自重）</td><td>$\geqslant\frac{H_b}{40}$</td><td colspan="3">$\geqslant\frac{H_l}{25}$</td></tr>
<tr><td>山墙柱（同时承受由联系梁传来的墙重）</td><td>$\geqslant\frac{H_b}{30}$</td><td colspan="3">$\geqslant\frac{H_l}{25}$</td></tr>
</table>

注：1. 表中 H_l、H 见图 4.5-1。

2. H_b 为山墙壁柱从基础顶面至柱平面外（柱宽 b 方向）支撑点的距离。

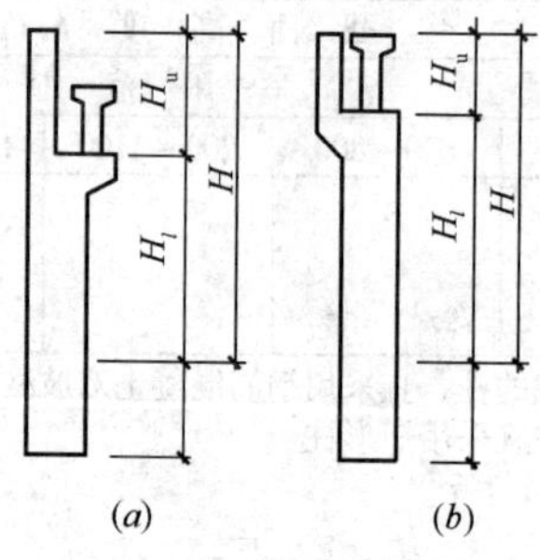

图 4.5-1

（a）厂房柱；（b）露天吊车柱

4.5.4 柱的计算长度

(1) 刚性屋盖单层房屋排架柱、露天吊车柱和栈桥柱，其计算长度可按表 4.5-4 取用。

刚性屋盖单层房屋排架柱、露天吊车柱和栈桥柱的计算长度 l_0 **表 4.5-4**

柱的类别		排架方向	垂直排架方向	
			有柱间支撑	无柱间支撑
无吊车房屋柱	单跨	$1.5H$	$1.0H$	$1.2H$
	两跨及多跨	$1.25H$	$1.0H$	$1.2H$
有吊车房屋柱	上柱	$2.0H_u$	$1.25H_u$	$1.5H_u$
	下柱	$1.0H_l$	$0.8H_l$	$1.0H_l$
露天吊车柱和栈桥柱		$2.0H_l$	$1.0H_l$	—

注：1. 表中 H 为从基础顶面算起的柱子全高；H_l 为从基础顶面至装配式吊车梁底面或现浇式吊车梁顶面的柱子下部高度；H_u 为从装配式吊车梁底面或现浇式吊车梁顶面算起的柱子上部高度；
2. 表中有吊车房屋排架柱的计算长度，当计算中不考虑吊车荷载时，可按无吊车房屋的计算长度采用，但上柱的计算长度仍按有吊车房屋采用；
3. 表中有吊车房屋排架柱的上柱在排架方向的计算长度，仅适用于 $H_u/H_l \geqslant 0.3$ 的情况；当 $H_u/H_l < 0.3$ 时，计算长度宜采用 $2.5H_u$。

(2) 一般多层房屋中梁柱为刚接的框架结构，各层柱的计算长度可按表 4.5-5 取用。

框架结构各层柱段的计算长度 l_0 **表 4.5-5**

楼盖类型	柱的类别	l_0
现浇楼盖	底层柱	$1.0H$
	其余各层柱	$1.25H$
装配式楼盖	底层柱	$1.25H$
	其余各层柱	$1.5H$

注：表中 H 对底层柱为从基础顶面到一层楼盖顶面的高度；对其余各层柱为上、下两层楼盖顶面之间的高度。

(3) 当水平荷载产生的弯矩设计值占总弯矩设计值的 75%

以上时，框架柱的计算长度 l_0 可按下列两个公式计算，并取其中的较小值：

$$l_0 = [1 + 0.15(\psi_u + \psi_l)]H \quad (4\text{-}29)$$

$$l_0 = (2 + 0.2\psi_{min})H \quad (4\text{-}30)$$

式中　ψ_u、ψ_l——柱的上端、下端节点处交汇的各柱线刚度之和与交汇的各梁线刚度之和的比值；

ψ_{min}——比值 ψ_u、ψ_l 中的较小值；

H——柱的高度，按表 4.5-5 的注采用。

（4）山墙柱的计算长度可按表 4.5-6 取用。

山墙柱的计算长度 l_0　　**表 4.5-6**

柱的类型	柱顶铰接	柱顶及变阶处均铰接
上　柱	$2.0H_u$	$1.5H_u$
下　柱	$1.1H_l$	$0.8H_l$

注：山墙柱与砖墙有锚筋连接时，可不进行柱平面外的计算。当无砖墙时，柱平面外的计算长度可取 $1.0H_b$。

4.5.5　轴心受压构件的稳定系数

钢筋混凝土轴心受压构件的稳定系数 φ 按表 4.5-7 确定。

钢筋混凝土轴心受压构件的稳定系数 φ　　**表 4.5-7**

l_0/b	≤8	10	12	14	16	18	20	22	24	26	28
l_0/d	≤7	8.5	10.5	12	14	15.5	17	19	21	22.5	24
l_0/i	≤28	35	42	48	55	62	69	76	83	90	97
φ	1.0	0.98	0.95	0.92	0.87	0.81	0.75	0.70	0.65	0.60	0.56
l_0/b	30	32	34	36	38	40	42	44	46	48	50
l_0/d	26	28	29.5	31	33	34.5	36.5	38	40	41.5	43
l_0/i	104	111	118	125	132	139	146	153	160	167	174
φ	0.52	0.48	0.44	0.40	0.36	0.32	0.29	0.26	0.23	0.21	0.19

注：表中 l_0 为构件的计算长度，对钢筋混凝土柱可按本节 4.5.4 条的规定确定；b 为矩形截面的短边尺寸；d 为圆形截面的直径；i 为截面最小回转半径。

4.5.6 矩形、T形、I形、环形和圆形截面偏心受压构件偏心距增大系数 η

(1) 制表公式

$$\eta = 1 + \frac{1}{1400 e_i / h_0}\left(\frac{l_0}{h}\right)^2 \zeta_1 \zeta_2$$

$$= 1 + K\zeta_1 \qquad (4\text{-}31)$$

$$\zeta_1 = 0.5 f_c A / N \qquad (4\text{-}32)$$

$$\zeta_2 = 1.15 - 0.01 \frac{l_0}{h} \qquad (4\text{-}33)$$

$$K = \frac{1}{1400 e_i / h_0}\left(\frac{l_0}{h}\right)^2 \zeta_2 \qquad (4\text{-}34)$$

式中 l_0——构件的计算长度，可按表4.5-4、表4.5-5、表4.5-6确定；对无侧移结构的偏心受压构件，可取两端不动支点之间的轴线长度；

h——截面高度；对环形截面，取外直径 d；对圆形截面，取直径 d；

h_0——截面有效高度；对环形截面，取 $h_0 = r_2 + r_s$；对圆形截面，取 $h_0 = r + r_s$；其中，r_1、r_2 分别为环形截面内圆、外圆的半径；r 为圆形截面的半径；r_s 为纵向钢筋重心所在圆周的半径；

ζ_1——偏心受压构件的截面曲率修正系数；当 $\zeta_1 > 1.0$ 时，取 $\zeta_1 = 1.0$；

ζ_2——偏心受压构件长细比对截面曲率的影响系数；当 $l_0/h < 15$ 时，取 $\zeta_2 = 1.0$；

A——构件的截面面积；对T形、I形截面，均取 $A = bh + 2(b'_f - b)h'_f$。

注：当偏心受压构件的长细比 $l_0/i \leqslant 17.5$ 时，可取 $\eta = 1.0$。

(2) 偏心距增大系数 η 中的计算系数 K

偏心距增大系数 η 中的计算系数 K 值按表4.5-8确定。

矩形、T形、I形、环形和圆形截面偏心距增大系数 η 中的计算系数 K 值 表 4.5-8

$\frac{e_i}{h_0}$ \ $\frac{l_0}{h}$	≤4	5	6	7	8	9	10	11	12	13	14	15	16	17	18	19	20	21	22	23	24	25	26	27	28
0.02	0.57	0.89	1.29	1.75	2.29	2.89	3.57	4.32	5.14	6.04	7.00	8.04	9.05	10.11	11.22	12.38	13.57	14.81	16.08	17.38	18.72	20.09	21.49	22.91	24.36
0.04	0.29	0.45	0.64	0.88	1.14	1.45	1.79	2.16	2.57	3.02	3.50	4.02	4.53	5.06	5.61	6.19	6.79	7.40	8.04	8.69	9.36	10.04	10.74	11.46	12.18
0.06	0.19	0.30	0.43	0.58	0.76	0.96	1.19	1.44	1.71	2.01	2.33	2.68	3.02	3.37	3.74	4.13	4.52	4.93	5.36	5.79	6.24	6.70	7.16	7.64	8.12
0.08	0.14	0.22	0.32	0.44	0.57	0.72	0.89	1.08	1.29	1.51	1.75	2.01	2.26	2.53	2.81	3.09	3.39	3.70	4.02	4.35	4.68	5.02	5.37	5.73	6.09
0.10	0.11	0.18	0.26	0.35	0.46	0.58	0.71	0.86	1.03	1.21	1.40	1.61	1.81	2.02	2.24	2.48	2.71	2.96	3.22	3.48	3.74	4.02	4.30	4.58	4.87
0.12	0.10	0.15	0.21	0.29	0.38	0.48	0.60	0.72	0.86	1.01	1.17	1.34	1.51	1.69	1.87	2.06	2.26	2.47	2.68	2.90	3.12	3.35	3.58	3.82	4.06
0.14	0.08	0.13	0.18	0.25	0.33	0.41	0.51	0.62	0.73	0.86	1.00	1.15	1.29	1.44	1.60	1.77	1.94	2.12	2.30	2.48	2.67	2.87	3.07	3.27	3.48
0.16	0.07	0.11	0.16	0.22	0.29	0.36	0.45	0.54	0.64	0.75	0.88	1.00	1.13	1.26	1.40	1.55	1.70	1.85	2.01	2.17	2.34	2.51	2.69	2.86	3.05
0.18	0.06	0.10	0.14	0.19	0.25	0.32	0.40	0.48	0.57	0.67	0.78	0.89	1.01	1.12	1.25	1.38	1.51	1.64	1.79	1.93	2.08	2.23	2.39	2.55	2.71
0.20	0.06	0.09	0.13	0.17	0.23	0.29	0.36	0.43	0.51	0.60	0.70	0.80	0.91	1.01	1.12	1.24	1.36	1.48	1.61	1.74	1.87	2.01	2.15	2.29	2.44
0.22	0.05	0.08	0.12	0.16	0.21	0.26	0.32	0.39	0.47	0.55	0.64	0.73	0.82	0.92	1.02	1.13	1.23	1.35	1.46	1.58	1.70	1.83	1.95	2.08	2.21
0.24	0.05	0.07	0.11	0.15	0.19	0.24	0.30	0.36	0.43	0.50	0.58	0.67	0.75	0.84	0.94	1.03	1.13	1.23	1.34	1.45	1.56	1.67	1.79	1.91	2.03
0.26	0.04	0.07	0.10	0.13	0.18	0.22	0.27	0.33	0.40	0.46	0.54	0.62	0.70	0.78	0.86	0.95	1.04	1.14	1.24	1.34	1.44	1.55	1.65	1.76	1.87
0.28	0.04	0.06	0.09	0.13	0.16	0.21	0.26	0.31	0.37	0.43	0.50	0.57	0.65	0.72	0.80	0.88	0.97	1.06	1.15	1.24	1.34	1.43	1.53	1.64	1.74
0.30	0.04	0.06	0.09	0.12	0.15	0.19	0.24	0.29	0.34	0.40	0.47	0.54	0.60	0.67	0.75	0.83	0.90	0.99	1.07	1.16	1.25	1.34	1.43	1.53	1.62

续表

$\frac{e_i}{h_0}$ \ $\frac{l_0}{h}$	≤4	5	6	7	8	9	10	11	12	13	14	15	16	17	18	19	20	21	22	23	24	25	26	27	28
0.32	0.04	0.06	0.08	0.11	0.14	0.18	0.22	0.27	0.32	0.38	0.44	0.50	0.57	0.63	0.70	0.77	0.85	0.93	1.00	1.09	1.17	1.26	1.34	1.43	1.52
0.34	0.03	0.05	0.08	0.10	0.13	0.17	0.21	0.25	0.30	0.36	0.41	0.47	0.53	0.59	0.66	0.73	0.80	0.87	0.95	1.02	1.10	1.18	1.26	1.35	1.43
0.36	0.03	0.05	0.07	0.10	0.13	0.16	0.20	0.24	0.29	0.34	0.39	0.45	0.50	0.56	0.62	0.69	0.75	0.82	0.89	0.97	1.04	1.12	1.19	1.27	1.35
0.38	0.03	0.05	0.07	0.09	0.12	0.15	0.19	0.23	0.27	0.32	0.37	0.42	0.48	0.53	0.59	0.65	0.71	0.78	0.85	0.91	0.99	1.06	1.13	1.21	1.28
0.40	0.03	0.04	0.06	0.09	0.11	0.14	0.18	0.22	0.26	0.30	0.35	0.40	0.45	0.51	0.56	0.62	0.68	0.74	0.80	0.87	0.94	1.00	1.07	1.15	1.22
0.42	0.03	0.04	0.06	0.08	0.11	0.14	0.17	0.21	0.24	0.29	0.33	0.38	0.43	0.48	0.53	0.59	0.65	0.71	0.77	0.83	0.89	0.96	1.02	1.09	1.16
0.44	0.03	0.04	0.06	0.08	0.10	0.13	0.16	0.20	0.23	0.27	0.32	0.37	0.41	0.46	0.51	0.56	0.62	0.67	0.73	0.79	0.85	0.91	0.98	1.04	1.11
0.46	0.02	0.04	0.06	0.08	0.10	0.13	0.16	0.19	0.22	0.26	0.30	0.35	0.39	0.44	0.49	0.54	0.59	0.64	0.70	0.76	0.81	0.87	0.93	1.00	1.06
0.48	0.02	0.04	0.05	0.07	0.10	0.12	0.15	0.18	0.21	0.25	0.29	0.33	0.38	0.42	0.47	0.52	0.57	0.62	0.67	0.72	0.78	0.84	0.90	0.95	1.01
0.50	0.02	0.04	0.05	0.07	0.09	0.12	0.14	0.17	0.21	0.24	0.28	0.32	0.36	0.40	0.45	0.50	0.54	0.59	0.64	0.70	0.75	0.80	0.86	0.92	0.97
0.52	0.02	0.03	0.05	0.07	0.09	0.11	0.14	0.17	0.20	0.23	0.27	0.31	0.35	0.39	0.43	0.48	0.52	0.57	0.62	0.67	0.72	0.77	0.83	0.88	0.94
0.54	0.02	0.03	0.05	0.06	0.08	0.11	0.13	0.16	0.19	0.22	0.26	0.30	0.34	0.37	0.42	0.46	0.50	0.55	0.60	0.64	0.69	0.74	0.80	0.85	0.90
0.56	0.02	0.03	0.05	0.06	0.08	0.10	0.13	0.15	0.18	0.22	0.25	0.29	0.32	0.36	0.40	0.44	0.48	0.53	0.57	0.62	0.67	0.72	0.77	0.82	0.87
0.58	0.02	0.03	0.04	0.06	0.08	0.10	0.12	0.15	0.18	0.21	0.24	0.28	0.31	0.35	0.39	0.43	0.47	0.51	0.55	0.60	0.65	0.69	0.74	0.79	0.84
0.60	0.02	0.03	0.04	0.06	0.08	0.10	0.12	0.14	0.17	0.20	0.23	0.27	0.30	0.34	0.37	0.41	0.45	0.49	0.54	0.58	0.62	0.67	0.72	0.76	0.81

续表

$\frac{e_i}{h_0}$ \ $\frac{l_0}{h}$	≤4	5	6	7	8	9	10	11	12	13	14	15	16	17	18	19	20	21	22	23	24	25	26	27	28
0.62	0.02	0.03	0.04	0.06	0.07	0.09	0.12	0.14	0.17	0.19	0.23	0.26	0.29	0.33	0.36	0.40	0.44	0.48	0.52	0.56	0.60	0.65	0.69	0.74	0.79
0.64	0.02	0.03	0.04	0.05	0.07	0.09	0.11	0.14	0.16	0.19	0.22	0.25	0.28	0.32	0.35	0.39	0.42	0.46	0.50	0.54	0.58	0.63	0.67	0.72	0.76
0.66	0.02	0.03	0.04	0.05	0.07	0.09	0.11	0.13	0.16	0.18	0.21	0.24	0.27	0.31	0.34	0.38	0.41	0.45	0.49	0.53	0.57	0.61	0.65	0.69	0.74
0.68	0.02	0.03	0.04	0.05	0.07	0.09	0.11	0.13	0.15	0.18	0.21	0.24	0.27	0.30	0.33	0.36	0.40	0.44	0.47	0.51	0.55	0.59	0.63	0.67	0.72
0.70	0.02	0.03	0.04	0.05	0.07	0.08	0.10	0.12	0.15	0.17	0.20	0.23	0.26	0.29	0.32	0.35	0.39	0.42	0.46	0.50	0.53	0.57	0.61	0.65	0.70
0.72	0.02	0.02	0.04	0.05	0.06	0.08	0.10	0.12	0.14	0.17	0.19	0.22	0.25	0.28	0.31	0.34	0.38	0.41	0.45	0.48	0.52	0.56	0.60	0.64	0.68
0.74	0.02	0.02	0.03	0.05	0.06	0.08	0.10	0.12	0.14	0.16	0.19	0.22	0.24	0.27	0.30	0.33	0.37	0.40	0.43	0.47	0.51	0.54	0.58	0.62	0.66
0.76	0.02	0.02	0.03	0.05	0.06	0.08	0.09	0.11	0.14	0.16	0.18	0.21	0.24	0.27	0.30	0.33	0.36	0.39	0.42	0.46	0.49	0.53	0.57	0.60	0.64
0.78	0.01	0.02	0.03	0.04	0.06	0.07	0.09	0.11	0.13	0.15	0.18	0.21	0.23	0.26	0.29	0.32	0.35	0.38	0.41	0.45	0.48	0.52	0.55	0.59	0.62
0.80	0.01	0.02	0.03	0.04	0.06	0.07	0.09	0.11	0.13	0.15	0.17	0.20	0.23	0.25	0.28	0.31	0.34	0.37	0.40	0.43	0.47	0.50	0.54	0.57	0.61
0.84	0.01	0.02	0.03	0.04	0.05	0.07	0.09	0.10	0.12	0.14	0.17	0.19	0.22	0.24	0.27	0.29	0.32	0.35	0.38	0.41	0.45	0.48	0.51	0.55	0.58
0.88	0.01	0.02	0.03	0.04	0.05	0.07	0.08	0.10	0.12	0.14	0.16	0.18	0.21	0.23	0.26	0.28	0.31	0.34	0.37	0.40	0.43	0.46	0.49	0.52	0.55
0.92	0.01	0.02	0.03	0.04	0.05	0.06	0.08	0.09	0.11	0.13	0.15	0.17	0.20	0.22	0.24	0.27	0.30	0.32	0.35	0.38	0.41	0.44	0.47	0.50	0.53
0.96	0.01	0.02	0.03	0.04	0.05	0.06	0.07	0.09	0.11	0.13	0.15	0.17	0.19	0.21	0.23	0.26	0.28	0.31	0.33	0.36	0.39	0.42	0.45	0.48	0.51
1.00	0.01	0.02	0.03	0.04	0.05	0.06	0.07	0.09	0.10	0.12	0.14	0.16	0.18	0.20	0.22	0.25	0.27	0.30	0.32	0.35	0.37	0.40	0.43	0.46	0.49

续表

$\frac{e_i}{h_0}$ \ $\frac{l_0}{h}$	≤4	5	6	7	8	9	10	11	12	13	14	15	16	17	18	19	20	21	22	23	24	25	26	27	28
1.05	0.01	0.02	0.02	0.03	0.04	0.06	0.07	0.08	0.10	0.11	0.13	0.15	0.17	0.19	0.21	0.24	0.26	0.28	0.31	0.33	0.36	0.38	0.41	0.44	0.46
1.10	0.01	0.02	0.02	0.03	0.04	0.05	0.06	0.08	0.09	0.11	0.13	0.15	0.16	0.18	0.20	0.23	0.25	0.27	0.29	0.32	0.34	0.37	0.39	0.42	0.44
1.15	0.01	0.02	0.02	0.03	0.04	0.05	0.06	0.08	0.09	0.10	0.12	0.14	0.16	0.18	0.20	0.22	0.24	0.26	0.28	0.30	0.33	0.35	0.37	0.40	0.42
1.20	0.01	0.01	0.02	0.03	0.04	0.05	0.06	0.07	0.09	0.10	0.12	0.13	0.15	0.17	0.19	0.21	0.23	0.25	0.27	0.29	0.31	0.33	0.36	0.38	0.41
1.30	0.01	0.01	0.02	0.03	0.04	0.04	0.05	0.07	0.08	0.09	0.11	0.12	0.14	0.16	0.17	0.19	0.21	0.23	0.25	0.27	0.29	0.31	0.33	0.35	0.37
1.40	0.01	0.01	0.02	0.03	0.03	0.04	0.05	0.06	0.07	0.09	0.10	0.11	0.13	0.14	0.16	0.18	0.19	0.21	0.23	0.25	0.27	0.29	0.31	0.33	0.35
1.50	0.01	0.01	0.02	0.02	0.03	0.04	0.05	0.06	0.07	0.08	0.09	0.11	0.12	0.13	0.15	0.17	0.18	0.20	0.21	0.23	0.25	0.27	0.29	0.31	0.32
1.60	0.01	0.01	0.02	0.02	0.03	0.04	0.04	0.05	0.06	0.08	0.09	0.10	0.11	0.13	0.14	0.15	0.17	0.19	0.20	0.22	0.23	0.25	0.27	0.29	0.30
1.80	0.01	0.01	0.01	0.02	0.03	0.03	0.04	0.05	0.06	0.07	0.08	0.09	0.10	0.11	0.12	0.14	0.15	0.16	0.18	0.19	0.21	0.22	0.24	0.25	0.27
2.00	0.01	0.01	0.01	0.02	0.02	0.03	0.04	0.04	0.05	0.06	0.07	0.08	0.09	0.10	0.11	0.12	0.14	0.15	0.16	0.17	0.19	0.20	0.21	0.23	0.24
2.20	0.01	0.01	0.01	0.02	0.02	0.03	0.03	0.04	0.05	0.05	0.06	0.07	0.08	0.09	0.10	0.11	0.12	0.13	0.15	0.16	0.17	0.18	0.20	0.21	0.22
2.40	0.00	0.01	0.01	0.01	0.02	0.02	0.03	0.04	0.04	0.05	0.06	0.07	0.08	0.08	0.09	0.10	0.11	0.12	0.13	0.14	0.16	0.17	0.18	0.19	0.20
2.60	0.00	0.01	0.01	0.01	0.02	0.02	0.03	0.03	0.04	0.05	0.05	0.06	0.07	0.08	0.09	0.10	0.10	0.11	0.12	0.13	0.14	0.15	0.17	0.18	0.19
2.80	0.00	0.01	0.01	0.01	0.02	0.02	0.03	0.03	0.04	0.04	0.05	0.06	0.06	0.07	0.08	0.09	0.10	0.11	0.11	0.12	0.13	0.14	0.15	0.16	0.17
3.00	0.00	0.01	0.01	0.01	0.02	0.02	0.02	0.03	0.03	0.04	0.05	0.05	0.06	0.07	0.07	0.08	0.09	0.10	0.11	0.12	0.12	0.13	0.14	0.15	0.16

4.5.7　轴心受压柱承载力计算

（1）适用范围

1）混凝土强度等级:C15,C20,C25,C30,C35,C40,C45,C50;

2）普通钢筋种类：HPB235，HRB335，HRB400（RRB400）;

3）环境类别：一类；混凝土保护层厚度为30mm。

（2）制表公式

$$\left[\frac{N}{\varphi}\right] = 0.9(f_c A + f'_y A'_s) \tag{4-35}$$

式中　$\left[\frac{N}{\varphi}\right]$——允许轴向力设计值。

（3）使用说明

纵向钢筋的组合考虑了最小配筋率、最少根数、最小直径、钢筋的最大间距和最大配筋率，选用人亦可根据表中组合钢筋面积另行组合。

（4）方形、矩形截面柱轴心受压配筋，见表4.5-9，圆形截面柱轴心受压配筋，见表4.5-10。

（5）应用举例

【例 4.5-1】　方形柱 $b=400$mm，$h=400$mm，轴向力设计值 $N=1800$kN，$l_0=6400$mm，C20，HRB335钢筋，求配筋。

【解】　$l_0/b = \frac{6400}{400} = 16$　查表4.5-7　$\varphi = 0.87$

$$\frac{N}{\varphi} = \frac{1800}{0.87} = 2067\text{kN}$$

查表4.5-9，采用8Φ20。

【例 4.5-2】　圆柱截面 $d=500$mm，轴向力设计值 $N=2010$kN，$l_0=6500$mm，C20，HRB335钢筋，求配筋。

【解】　$l_0/d = \frac{6500}{500} = 13$

查表4.5-7，线性内插得 $\varphi=0.895$

$$\frac{N}{\varphi} = \frac{2010}{0.895} = 2245.8\text{kN}$$

查表4.5-10，采用8Φ18。

方形、矩形截面柱轴心受压配筋表 **表 4.5-9**

柱宽 b (mm)	柱高 h (mm)	纵钢筋	面积 (mm^2)	允许纵向力[N/φ](kN)															
				HPB235		HRB335							HRB400(RRB400)						
				C15	C20	C20	C25	C30	C35	C40	C45	C50	C20	C25	C30	C35	C40	C45	C50
400	400	8Φ16	1608	1340	1686	1816	2147	2493	2839	3184	3472	3760	1903	2234	2580	2925	3271	3559	3847
		8Φ18	2035	1421	1767	1932	2263	2608	2954	3300	3588	3876	2041	2373	2718	3064	3409	3697	3985
		8Φ20	2513	1511	1857	2060	2392	2737	3083	3428	3716	4004	2196	2527	2873	3219	3564	3852	4140
		8Φ22	3041	1611	1957	2203	2534	2880	3225	3571	3859	4147	2367	2698	3044	3390	3735	4023	4311
		8Φ25	3619	1720	2066	2359	2690	3036	3381	3727	4015	4303	2554	2886	3231	3577	3922	4210	4498
	450	8Φ16	1608	1470	1859	1989	2362	2750	3139	3528	3852	4176	2076	2448	2837	3226	3615	3939	4263
		8Φ18	2035	1551	1939	2104	2477	2866	3255	3643	3967	4291	2214	2587	2976	3364	3753	4077	4401
		8Φ20	2513	1641	2030	2233	2606	2995	3383	3772	4096	4420	2369	2742	3130	3519	3908	4232	4556
		8Φ22	3041	1741	2129	2376	2748	3137	3526	3915	4239	4563	2540	2913	3301	3690	4079	4403	4727
		8Φ25	3619	1850	2239	2532	2904	3293	3682	4071	4395	4719	2727	3100	3489	3877	4266	4590	4914
	500	8Φ16	1608	1600	2032	2162	2576	3008	3440	3872	4232	4592	2249	2663	3095	3527	3959	4319	4679
		8Φ18	2035	1680	2112	2277	2691	3123	3555	3987	4347	4707	2387	2801	3233	3665	4097	4457	4817
		8Φ20	2513	1771	2203	2406	2820	3252	3684	4116	4476	4836	2542	2956	3388	3820	4252	4612	4972
		8Φ22	3041	1870	2302	2549	2963	3395	3827	4259	4619	4979	2713	3127	3559	3991	4423	4783	5143
		8Φ25	3619	1980	2412	2705	3119	3551	3983	4415	4775	5135	2900	3314	3746	4178	4610	4970	5330
		8Φ28	4926	2227	2659	3058	3472	3904	4336	4768	5128	5488	3324	3738	4170	4602	5034	5394	5754

续表

柱宽 b (mm)	柱高 h (mm)	纵钢筋	面积 (mm^2)	允许纵向力[N/φ](kN)															
				HPB235		HRB335							HRB400(RRB400)						
				C15	C20	C20	C25	C30	C35	C40	C45	C50	C20	C25	C30	C35	C40	C45	C50
400	550	8Φ16	1608	1729	2204	2335	2790	3265	3740	4216	4612	5008	2421	2877	3352	3827	4302	4698	5094
		8Φ18	2035	1810	2285	2450	2905	3381	3856	4331	4727	5123	2560	3015	3490	3966	4441	4837	5233
		8Φ20	2513	1900	2375	2579	3034	3509	3985	4460	4856	5252	2715	3170	3645	4120	4596	4992	5388.
		8Φ22	3041	2000	2475	2721	3177	3652	4127	4602	4998	5394	2886	3341	3816	4291	4767	5163	5559
		8Φ25	3619	2109	2584	2877	3333	3808	4283	4758	5154	5550	3073	3528	4003	4479	4954	5350	5746
		8Φ28	4926	2356	2831	3230	3686	4161	4636	5111	5507	5903	3496	3952	4427	4902	5377	5773	6169
	600	8Φ16	1608	1859	2377	2507	3004	3523	4041	4559	4991		2594	3091	3609	4128	4646	5078	5510
		8Φ18	2035	1939	2458	2623	3120	3638	4156	4675	5107	5539	2733	3229	3748	4266	4785	5217	5649
		8Φ20	2513	2030	2548	2752	3248	3767	4285	4804	5236	5668	2887	3384	3903	4421	4939	5371	5803
		8Φ22	3041	2129	2648	2894	3391	3909	4428	4946	5378	5810	3058	3555	4074	4592	5110	5542	5974
		8Φ25	3619	2239	2757	3050	3547	4065	4584	5102	5534	5966	3246	3742	4261	4779	5298	5730	6162
		8Φ28	4926	2486	3004	3403	3900	4418	4937	5455	5887	6319	3669	4166	4684	5203	5721	6153	6585
500	500	8Φ16	1608	1924	2464	2594	3111	3651	4191	4731	5181		2681	3198	3738	4278	4818	5268	5718
		8Φ18	2035	2004	2544	2709	3227	3767	4307	4847	5297	5747	2819	3337	3877	4417	4957	5407	5857
		8Φ20	2513	2095	2635	2838	3356	3896	4436	4976	5426	5876	2974	3491	4031	4571	5111	5561	6011
		8Φ22	3041	2194	2734	2981	3498	4038	4578	5118	5568	6018	3145	3662	4202	4742	5282	5732	6182
		8Φ25	3619	2304	2844	3137	3654	4194	4734	5274	5724	6174	3332	3850	4390	4930	5470	5920	6370
		8Φ28	4926	2551	3091	3490	4007	4547	5087	5627	6077	6527	3756	4273	4813	5353	5893	6343	6793
		12Φ25	5428	2646	3186	3625	4143	4683	5223	5763	6213	6663	3918	4436	4976	5516	6056	6506	6956

续表

柱宽 b (mm)	柱高 h (mm)	纵钢筋	面积 (mm^2)	允许纵向力[N/φ](kN)																
				HPB235		HRB335							HRB400(RRB400)							
				C15	C20	C20	C25	C30	C35	C40	C45	C50	C20	C25	C30	C35	C40	C45	C50
500	550	8Φ18	2035	2166	2760	2925	3494	4088	4682	5276	5771	6266	3035	3604	4198	4792	5386	5881	6376
		8Φ20	2513	2257	2851	3054	3623	4217	4811	5405	5900	6395	3190	3759	4353	4947	5541	6036	6531
		8Φ22	3041	2356	2950	3197	3766	4360	4954	5548	6043	6538	3361	3930	4524	5118	5712	6207	6702
		8Φ25	3619	2466	3060	3353	3922	4516	5110	5704	6199	6694	3548	4117	4711	5305	5899	6394	6889
		8Φ28	4926	2713	3307	3706	4275	4869	5463	6057	6552	7047	3972	4541	5135	5729	6323	6818	7313
		12Φ25	5428	2808	3402	3841	4410	5004	5598	6192	6687	7182	4134	4704	5298	5892	6486	6981	7476
	600	8Φ18	2035	2328	2976	3141	3762	4410	5058	5706	6246		3251	3872	4520	5168	5816	6356	6896
		8Φ20	2513	2419	3067	3270	3891	4539	5187	5835	6375	6915	3406	4027	4675	5323	5971	6511	7051
		8Φ22	3041	2518	3166	3413	4034	4682	5330	5978	6518	7058	3577	4198	4846	5494	6142	6682	7222
		8Φ25	3619	2628	3276	3569	4190	4838	5486	6134	6674	7214	3764	4385	5033	5681	6329	6869	7409
		8Φ28	4926	2875	3523	3922	4543	5191	5839	6487	7027	7567	4188	4809	5457	6105	6753	7293	7833
		12Φ25	5428	2970	3618	4057	4678	5326	5974	6622	7162	7702	4350	4971	5619	6267	6915	7455	7995
		12Φ28	7389	3340	3988	4587	5208	5856	6504	7152	7692	8232	4986	5607	6255	6903	7551	8091	8631
	650	8Φ18	2035	2490	3192	3357	4030	4732	5434	6136			3467	4140	4842	5544	6246	6831	7416
		8Φ20	2513	2581	3283	3486	4159	4861	5563	6265	6850	7435	3622	4295	4997	5699	6401	6986	7571
		8Φ22	3041	2680	3382	3629	4301	5003	5705	6407	6992	7577	3793	4466	5168	5870	6572	7157	7742

续表

柱宽 b (mm)	柱高 h (mm)	纵钢筋	面积 (mm²)	允许纵向力[N/φ](kN)															
				HPB235		HRB335							HRB400(RRB400)						
				C15	C20	C20	C25	C30	C35	C40	C45	C50	C20	C25	C30	C35	C40	C45	C50
500	650	8Φ25	3619	2790	3492	3785	4457	5159	5861	6563	7148	7733	3980	4653	5355	6057	6759	7344	7929
		8Φ28	4926	3037	3739	4138	4810	5512	6214	6916	7501	8086	4404	5076	5778	6480	7182	7767	8352
		12Φ25	5428	3132	3834	4273	4946	5648	6350	7052	7637	8222	4566	5239	5941	6643	7345	7930	8515
		12Φ28	7389	3502	4204	4803	5475	6177	6879	7581	8166	8751	5202	5874	6576	7278	7980	8565	9150
	700	8Φ20	2513	2743	3499	3702	4427	5183	5939	6695	7325	7955	3838	4562	5318	6074	6830	7460	8090
		8Φ22	3041	2842	3598	3845	4569	5325	6081	6837	7467	8097	4009	4733	5489	6245	7001	7631	8261
		8Φ25	3619	2952	3708	4001	4725	5481	6237	6993	7623	8253	4196	4921	5677	6433	7189	7819	8449
		8Φ28	4926	3199	3955	4354	5078	5834	6590	7346	7976	8606	4620	5344	6100	6856	7612	8242	8872
		12Φ25	5428	3294	4050	4489	5214	5970	6726	7482	8112	8742	4782	5507	6263	7019	7775	8405	9035
		12Φ28	7389	3664	4420	5019	5743	6499	7255	8011	8641	9271	5418	6142	6898	7654	8410	9040	9670
	750	10Φ18	2544	2910	3720	3927	4703	5513	6323	7133	7808		4064	4840	5650	6460	7270	7945	8620
		10Φ20	3141	3023	3833	4088	4864	5674	6484	7294	7969	8644	4257	5034	5844	6654	7464	8139	8814
		10Φ22	3801	3148	3958	4266	5042	5852	6662	7472	8147	8822	4471	5247	6057	6867	7677	8352	9027
		10Φ25	4523	3285	4095	4461	5237	6047	6857	7667	8342	9017	4705	5481	6291	7101	7911	8586	9261
		10Φ28	6157	3593	4403	4902	5678	6488	7298	8108	8783	9458	5235	6011	6821	7631	8441	9116	9791
		12Φ25	5428	3456	4266	4705	5481	6291	7101	7911	8586	9261	4998	5775	6585	7395	8205	8880	9555
		12Φ28	7389	3826	4636	5235	6011	6821	7631	8441	9116	9791	5634	6410	7220	8030	8840	9515	10190

续表

柱宽 b (mm)	柱高 h (mm)	纵钢筋	面积 (mm^2)	允许纵向力[N/φ](kN)															
				HPB235		HRB335							HRB400(RRB400)						
				C15	C20	C20	C25	C30	C35	C40	C45	C50	C20	C25	C30	C35	C40	C45	C50
600	600	8Φ20	2513	2807	3585	3788	4534	5311	6089	6866	7514	8162	3924	4669	5447	6225	7002	7650	8298
		8Φ22	3041	2907	3685	3931	4676	5454	6231	7009	7657	8305	4095	4840	5618	6396	7173	7821	8469
		8Φ25	3619	3016	3794	4087	4832	5610	6387	7165	7813	8461	4282	5028	5805	6583	7360	8008	8656
		8Φ28	4926	3263	4041	4440	5185	5963	6740	7518	8166	8814	4706	5451	6229	7006	7784	8432	9080
		12Φ25	5428	3358	4136	4576	5321	6098	6876	7654	8302	8950	4869	5614	6392	7169	7947	8596	9243
		12Φ28	7389	3729	4506	5105	5850	6628	7405	8183	8831	9479	5504	6249	7027	7804	8582	9230	9878
	650	8Φ20	2513	3002	3844	4048	4855	5697	6540	7382	8084		4183	4991	5833	6676	7518	8220	8922
		8Φ22	3041	3101	3944	4190	4997	5840	6682	7525	8227	8929	4354	5162	6004	6847	7689	8391	9093
		8Φ25	3619	3211	4053	4346	5154	5996	6838	7681	8383	9085	4542	5349	6191	7034	7876	8578	9280
		8Φ28	4926	3458	4300	4699	5506	6349	7191	8034	8736	9438	4965	5772	6615	7457	8300	9002	9704
		12Φ25	5428	3553	4395	4835	5642	6485	7327	8169	8871	9573	5128	5935	6778	7620	8462	9164	9866
		12Φ28	7389	3923	4766	5364	6171	7014	7856	8699	9401	10103	5763	6570	7413	8255	9098	9800	10502
	700	8Φ22	3041	3296	4203	4449	5319	6226	7133	8040	8796	9552	4614	5483	6390	7297	8205	8961	9717
		8Φ25	3619	3405	4312	4605	5475	6382	7289	8196	8952	9708	4801	5670	6577	7485	8392	9148	9904
		8Φ28	4926	3652	4559	4958	5828	6735	7642	8549	9305	10061	5224	6094	7001	7908	8815	9571	10327
		12Φ25	5428	3747	4654	5094	5963	6871	7778	8685	9441	10197	5387	6257	7164	8071	8978	9734	10490
		12Φ28	7389	4118	5025	5623	6493	7400	8307	9214	9970	10726	6022	6892	7799	8706	9613	10369	11125

续表

柱宽 b (mm)	柱高 h (mm)	纵钢筋	面积 (mm^2)	允许纵向力[N/φ](kN)															
				HPB235		HRB335							HRB400(RRB400)						
				C15	C20	C20	C25	C30	C35	C40	C45	C50	C20	C25	C30	C35	C40	C45	C50
600	750	10Φ20	3141	3509	4481	4736	5667	6639	7611	8583	9393	10203	4905	5837	6809	7781	8753	9563	10373
		10Φ22	3801	3634	4606	4914	5845	6817	7789	8761	9571	10381	5119	6051	7023	7995	8967	9777	10587
		10Φ25	4523	3771	4743	5109	6040	7012	7984	8956	9766	10576	5353	6285	7257	8229	9201	10011	10821
		10Φ28	6157	4079	5051	5550	6482	7454	8426	9398	10208	11018	5883	6814	7786	8758	9730	10540	11350
		12Φ25	5428	3942	4914	5353	6285	7257	8229	9201	10011	10821	5646	6578	7550	8522	9494	10304	11114
		12Φ28	7389	4312	5284	5883	6814	7786	8758	9730	10540	11350	6282	7213	8185	9157	10129	10939	11749
	800	10Φ20	3141	3704	4740	4995	5989	7025	8062	9099	9963		5165	6158	7195	8232	9269	10133	10997
		10Φ22	3801	3828	4865	5173	6167	7203	8240	9277	10141	11005	5378	6372	7409	8446	9482	10346	11210
		10Φ25	4523	3965	5002	5368	6362	7399	8435	9472	10336	11200	5612	6606	7643	8680	9716	10580	11444
		10Φ28	6157	4274	5310	5809	6803	7840	8876	9913	10777	11641	6142	7135	8172	9209	10246	11110	11974
		12Φ25	5428	4136	5173	5612	6606	7643	8680	9716	10580	11444	5906	6899	7936	8973	10010	10874	11738
		12Φ28	7389	4506	5543	6142	7135	8172	9209	10246	11110	11974	6541	7534	8571	9608	10645	11509	12373
700	700	8Φ22	3041	3749	4808	5054	6068	7127	8185	9244			5218	6233	7291	8350	9408	10290	11172
		8Φ25	3619	3859	4917	5210	6225	7283	8341	9400	10282	11164	5406	6420	7478	8537	9595	10477	11359
		8Φ28	4926	4106	5164	5563	6577	7636	8694	9753	10635	11517	5829	6843	7902	8960	10019	10901	11783
		12Φ25	5428	4201	5259	5699	6713	7772	8830	9888	10770	11652	5992	7006	8065	9123	10181	11063	11945
		12Φ28	7389	4571	5630	6228	7242	8301	9359	10418	11300	12182	6627	7641	8700	9758	10817	11699	12581

圆形截面柱轴心受压配筋表 **表 4.5-10**

直径 (mm)	纵钢筋	面积 (mm^2)	允许轴向力[N/φ](kN)															
			HPB235		HRB335							HRB400(RRB400)						
			C15	C20	C20	C25	C30	C35	C40	C45	C50	C20	C25	C30	C35	C40	C45	C50
400	8Φ12	904	985	1256	1330	1590	1861	2133	2404	2630	2856	1378	1639	1910	2181	2453	2679	2905
	8Φ14	1231	1047	1318	1418	1678	1949	2221	2492	2718	2945	1484	1744	2016	2287	2559	2785	3011
	8Φ16	1608	1118	1389	1520	1780	2051	2323	2594	2820	3046	1606	1867	2138	2409	2681	2907	3133
	8Φ18	2035	1199	1470	1635	1895	2166	2438	2709	2936	3162	1745	2005	2276	2548	2819	3045	3272
	8Φ20	2513	1289	1560	1764	2024	2295	2567	2838	3064	3291	1900	2160	2431	2703	2974	3200	3426
	8Φ22	3041	1389	1660	1906	2166	2438	2709	2981	3207	3433	2071	2331	2602	2874	3145	3371	3597
	10Φ18	2544	1295	1566	1772	2032	2304	2575	2847	3073	3299	1910	2170	2441	2713	2984	3210	3437
	10Φ20	3141	1408	1679	1933	2194	2465	2736	3008	3234	3460	2103	2363	2635	2906	3178	3404	3630
	10Φ22	3801	1508	1771	2079	2331	2594	2857	3121	3340	3559	2284	2536	2799	3063	3326	3545	3765
500	8Φ14	1231	1505	1929	2028	2435	2859	3283	3707			2095	2501	2926	3350	3774	4127	4481
	8Φ16	1608	1576	2000	2130	2537	2961	3385	3809	4162	4516	2217	2624	3048	3472	3896	4249	4603
	8Φ18	2035	1657	2081	2246	2652	3076	3500	3924	4278	4631	2356	2762	3186	3610	4034	4388	4741
	8Φ20	2513	1747	2171	2375	2781	3205	3629	4053	4407	4760	2510	2917	3341	3765	4189	4542	4896
	8Φ22	3041	1847	2271	2517	2923	3348	3772	4196	4549	4903	2681	3088	3512	3936	4360	4713	5067
	8Φ25	3619	1956	2380	2673	3080	3504	3928	4352	4705	5059	2869	3275	3699	4123	4547	4901	5254

续表

直径(mm)	纵钢筋	面积(mm^2)	允许轴向力[N/φ](kN)															
			HPB235		HRB335							HRB400(RRB400)						
			C15	C20	C20	C25	C30	C35	C40	C45	C50	C20	C25	C30	C35	C40	C45	C50
500	10Φ18	2544	1753	2177	2383	2789	3214	3638	4062	4415	4769	2520	2927	3351	3775	4199	4553	4906
	10Φ20	3141	1866	2290	2544	2951	3375	4746	4223	4576	4930	2714	3120	3544	3969	4393	4746	5099
	10Φ22	3801	1990	2414	2722	3129	3553	3977	4401	4755	5108	2928	3334	3758	4182	4606	4960	5313
	10Φ25	4523	2127	2551	2917	3324	3748	4950	4596	4950	5303	3162	3568	3992	4416	4840	5194	5547
	12Φ20	3769	1984	2408	2714	3120	3544	3969	4393	4746	5099	2917	3324	3748	4172	4596	4950	5303
	12Φ22	4561	2134	2558	2928	3334	3758	4182	4606	4960	5313	3174	3580	4004	4429	4853	5206	5560
	14Φ20	4398	2103	2527	2883	3290	3714	4138	4562	4916	5269	3121	3527	3952	4376	4800	5153	5507
550	14Φ20	4398	2370	2883	3240	3732	4245	4758	5271	5699	6126	3477	3969	4482	4995	5509	5936	6364
	14Φ22	5321	2545	3058	3489	3981	4494	5007	5520	5948	6376	3776	4268	4781	5295	5808	6235	6663
600	8Φ18	2035	2216	2827	2992	3577	4188	4799	5410	5918	6427	3102	3687	4298	4909	5519	6028	6537
	8Φ20	2513	2307	2917	3121	3706	4317	4928	5538	6047	6556	3257	3842	4453	5063	5674	6183	6692
	8Φ22	3041	2406	3017	3263	3849	4459	5070	5681	6190	6699	3428	4013	4624	5234	5845	6354	6863
	8Φ25	3619	2516	3126	3420	4005	4616	5226	5837	6346	6855	3615	4200	4811	5422	6032	6541	7050
	10Φ18	2544	2313	2923	3129	3715	4325	4936	5547	6056	6565	3267	3852	4463	5074	5684	6193	6702
	10Φ20	3141	2425	3036	3291	3876	4487	5097	5708	6217	6726	3460	4046	4656	5267	5878	6387	6896
	10Φ22	3801	2550	3161	3469	4054	4665	5275	5886	6395	6904	3674	4259	4870	5481	6091	6600	7109
	10Φ25	4523	2687	3297	3664	4249	4860	5471	6081	6590	7099	3908	4493	5104	5715	6326	6835	7343

续表

直径(mm)	纵钢筋	面积(mm^2)	允许轴向力[N/φ](kN)															
			HPB235		HRB335							HRB400(RRB400)						
			C15	C20	C20	C25	C30	C35	C40	C45	C50	C20	C25	C30	C35	C40	C45	C50
600	12Φ20	3769	2544	3155	3460	4046	4656	5267	5878	6387	6896	3664	4249	4860	5471	6081	6590	7099
	12Φ22	4561	2694	3305	3674	4259	4870	5481	6091	6600	7109	3920	4506	5116	5727	6338	6847	7356
	12Φ25	5428	2858	3468	3908	4493	5104	5715	6326	6835	7343	4201	4787	5397	6008	6619	7128	7637
	14Φ20	4398	2663	3274	3630	4215	4826	5437	6047	6556	7065	3867	4453	5063	5674	6285	6794	7303
	14Φ22	5321	2838	3448	3879	4465	5075	5686	6297	6806	7315	4167	4752	5363	5973	6584	7093	7602
	14Φ25	6333	3029	3639	4152	4738	5348	5959	6570	7079	7588	4494	5080	5690	6301	6912	7421	7930
	16Φ20	5026	2782	3392	3800	4385	4996	5606	6217	6726	7235	4071	4656	5267	5878	6488	6997	7506
	16Φ22	6082	2981	3592	4085	4670	5281	5891	6502	7011	7520	4413	4998	5609	6220	6830	7339	7848
700	8Φ20	2513	2968	3800	4003	4800	5631	6462	7294	7986		4139	4935	5767	6598	7429	8122	8815
	8Φ22	3041	3068	3899	4146	4942	5774	6605	7436	8129	8822	4310	5106	5938	6769	7600	8293	8986
	8Φ25	3619	3177	4009	4302	5098	5930	6761	7592	8285	8978	4497	5294	6125	6956	7788	8480	9173
	10Φ18	2544	2974	3806	4012	4808	5640	6471	7302	7995		4149	4946	5777	6608	7439	8132	8825
	10Φ20	3141	3087	3918	4173	4969	5801	6632	7463	8156	8849	4342	5139	5970	6802	7633	8326	9018
	10Φ22	3801	3212	4043	4351	5148	5979	6810	7641	8334	9027	4556	5353	6184	7015	7847	8539	9232
	10Φ25	4523	3348	4180	4546	5343	6174	7005	7836	8529	9222	4790	5587	6418	7249	8081	8773	9466
	12Φ20	3769	3206	4037	4342	5139	5970	6802	7633	8326	9018	4546	5343	6174	7005	7836	8529	9222
	12Φ22	4561	3355	4187	4556	5353	6184	7015	7847	8539	9232	4803	5599	6430	7262	8093	8786	9478
	12Φ25	5428	3519	4351	4790	5587	6418	7249	8081	8773	9466	5083	5880	6711	7543	8374	9067	9759

续表

直径(mm)	纵钢筋	面积(mm^2)	允许轴向力[N/φ](kN)															
			HPB235		HRB335							HRB400(RRB400)						
			C15	C20	C20	C25	C30	C35	C40	C45	C50	C20	C25	C30	C35	C40	C45	C50
700	14Φ20	4398	3325	4156	4512	5309	6140	6971	7803	8495	9188	4750	5546	6377	7209	8040	8733	9425
	14Φ22	5321	3499	4330	4761	5558	6389	7221	8052	8745	9437	5049	5845	6677	7508	8339	9032	9725
	14Φ25	6333	3690	4522	5035	5831	6662	7494	8325	9018	9710	5377	6173	7004	7836	8667	9360	10052
	16Φ20	5026	3443	4275	4682	5478	6310	7141	7972	8665	9358	4953	5750	6581	7412	8244	8936	9629
	16Φ22	6082	3643	4474	4967	5763	6595	7426	8257	8950	9643	5295	6092	6923	7754	8586	9278	9971
	16Φ25	7238	3861	4693	5279	6076	6907	7738	8569	9262	9955	5670	6466	7298	8129	8960	9653	10346
	18Φ20	5654	3562	4393	4851	5648	6479	7311	8142	8835	9527	5157	5953	6785	7616	8447	9140	9833
	18Φ22	6842	3787	4618	5172	5969	6800	7631	8462	9155	9848	5541	6338	7169	8001	8832	9525	10217
	18Φ25	8143	4032	4864	5523	6320	7151	7982	8814	9506	10199	5963	6760	7591	8422	9253	9946	10639
800	8Φ25	3619	3941	5026	5320	6360	7446	8532	9617	10522	11427	5515	6556	7641	8727	9813	10718	11622
	10Φ20	3141	3850	4936	5191	6231	7317	8403	9488			5360	6401	7487	8572	9658	10563	11468
	10Φ22	3801	3975	5061	5369	6409	7495	8581	9666	10571	11476	5574	6615	7700	8786	9872	10777	11681
	10Φ25	4523	4112	5197	5564	6604	7690	8776	9862	10766	11671	5808	6849	7934	9020	10106	11011	11915
	12Φ20	3769	3969	5055	5360	6401	7487	8572	9658	10563	11468	5564	6604	7690	8776	9862	10766	11671
	12Φ22	4561	4119	5205	5574	6615	7700	8786	9872	10777	11681	5820	6861	7947	9032	10118	11023	11928
	12Φ25	5428	4283	5368	5808	6849	7934	9020	10106	11011	11915	6101	7142	8228	9313	10399	11304	12209

续表

直径(mm)	纵钢筋	面积(mm^2)	允许轴向力[N/φ](kN)															
			HPB235		HRB335							HRB400(RRB400)						
			C15	C20	C20	C25	C30	C35	C40	C45	C50	C20	C25	C30	C35	C40	C45	C50
800	14Φ20	4398	4088	5174	5530	6570	7656	8742	9828	10732	11637	5767	6808	7894	8979	10065	10970	11875
	14Φ22	5321	4263	5348	5779	6820	7906	8991	10077	10982	11887	6067	7107	8193	9279	10364	11269	12174
	14Φ25	6333	4454	5539	6052	7093	8179	9264	10350	11255	12160	6394	7435	8521	9606	10692	11597	12502
	16Φ20	5026	4207	5292	5700	6740	7826	8912	9997	10902	11807	5971	7012	8097	9183	10269	11174	12078
	16Φ22	6082	4406	5492	5985	7025	8111	9197	10282	11187	12092	6313	7354	8439	9525	10611	11516	12420
	16Φ25	7238	4625	5710	6297	7337	8423	9509	10594	11499	12404	6688	7728	8814	9900	10985	11890	12795
	18Φ20	5654	4325	5411	5869	6910	7995	9081	10167	11072	11977	6175	7215	8301	9387	10472	11377	12282
	18Φ22	6842	4550	5636	6190	7230	8316	9402	10488	11392	12297	6559	7600	8686	9771	10857	11762	12667
	18Φ25	8143	4796	5881	6541	7582	8667	9753	10839	11744	12648	6981	8021	9107	10193	11278	12183	13088
	20Φ20	6283	4444	5530	6039	7079	8165	9251	10337	11241	12146	6378	7419	8504	9590	10676	11581	12485
	20Φ22	7602	4694	5779	6395	7436	8521	9607	10693	11598	12502	6806	7846	8932	10018	11103	12008	12913
	20Φ25	9047	4967	6052	6785	7826	8912	9997	11083	11988	12893	7274	8314	9400	10486	11572	12476	13381
	22Φ20	6911	4563	5649	6209	7249	8335	9421	10506	11411	12316	6582	7622	8708	9794	10879	11784	12689
	22Φ22	8362	4837	5923	6600	7641	8727	9812	10898	11803	12708	7052	8093	9178	10264	11350	12255	13159
	22Φ25	9952	5138	6223	7030	8070	9156	10242	11327	12232	13137	7567	8608	9693	10779	11865	12770	13674

4.5.8　矩形截面对称配筋单向偏心受压柱承载力计算表（附表4.5-1～附表4.5-4）

（1）适用范围

1）混凝土强度等级：C20，C25，C30，C35，C40，C45，C50；

2）普通钢筋种类：HPB235，HRB335，HRB400（RRB400）；

3）环境类别：一类；混凝土保护层厚度为30mm。

（2）制表公式

$$N \leqslant f_c bx + f'_y A'_s - \sigma_s A_s \tag{4-36}$$

$$Ne \leqslant f_c bx\left(h_0 - \frac{x}{2}\right) + f'_y A'_s(h_0 - a'_s) \tag{4-37}$$

$$e = \eta e_i + 0.5h - a_s \tag{4-38}$$

$$e_i = e_0 + e_a \tag{4-39}$$

$$\omega = \frac{N}{f_c bh_0} \tag{4-40}$$

$$\lambda = \frac{N\eta(e_0 + e_a)}{f_c bh_0^2} \tag{4-41}$$

$$A_s = A'_s = \beta bh_0 \frac{f_c}{f_y} \times 10^{-3} \tag{4-42}$$

式中　$e_0 = \dfrac{M}{N}$；

e_a——附加偏心距，其值应取20mm和偏心方向截面最大尺寸的1/30两者中的较大值。

（3）使用说明

1）当 $\xi \leqslant \xi_b$ 时，为大偏心受压；当 $\xi > \xi_b$ 时，为小偏心受压。采用本图表时，不必判断偏心受压的大小，直接按 ω、λ 值查附表4.5-1～附表4.5-4得 β 值（附表4.5-1～附表4.5-4为本书配套素材，可从中国建筑工业出版社网站下载），然后按公式（4-42）算得 A_s 值。

2）β 的取值范围见表4.5-11。

β_{max}及β_{min}表　　表 4.5-11

钢筋 \ 混凝土强度等级		C15	C20	C25	C30	C35	C40	C45	C50
HPB235	β_{max}	729.2	546.9	441.2	—	—	—	—	—
	β_{min}	58.3	43.8	35.3	—	—	—	—	—
HRB335	β_{max}	—	781.3	630.3	524.5	449.1	392.7	355.5	324.7
	β_{min}	—	62.5	50.4	42.0	35.9	31.4	28.4	26.0
HRB400 RRB400	β_{max}	—	937.5	756.3	629.4	538.9	471.2	426.5	389.6
	β_{min}	—	75.0	60.5	50.4	43.1	37.7	34.1	31.2

注：本表所列 β_{max}及 β_{min}值根据 $0.2\% \leqslant \rho \leqslant 2.5\%$求得。

3）当附表 4.5-1 ~ 附表 4.5-4 查得的 $\beta < \beta_{min}$时，取 $\beta = \beta_{min}$，当 $\beta > \beta_{max}$时，应重新调整截面尺寸。

4）单向偏心受压柱，尚应按轴心受压柱验算垂直于弯矩作用平面的受压承载力（考虑 φ 的影响系数）。

（4）矩形截面对称配筋单向偏心受压柱承载力计算

矩形截面对称配筋单向偏心受压柱承载力计算，见附表 4.5-1 ~ 附表 4.5-4（附表 4.5-1 ~ 附表 4.5-4 为本书配套素材，可从中国建筑工业出版社网站下载）。

（5）应用举例

【例 4.5-3】　矩形截面偏心受压柱，$b = 350$mm，$h = 500$mm，柱的计算长度 $l_0 = 3500$mm，$a_s = a'_s = 40$mm，C25，HRB400 钢筋，柱承受的轴向力设计值为 $N = 805$kN，弯矩设计值为 $M = 320$kN·m，求对称配筋的钢筋面积。

（1）弯矩作用平面内计算

【解】　$\dfrac{l_0}{h} = \dfrac{3500}{500} = 7 \quad e_0 = \dfrac{M}{N} = \dfrac{320 \times 10^6}{800 \times 10^3} = 400\text{mm}$

$h_0 = 460\text{mm}$

$500/30 = 16.7\text{mm} < 20\text{mm}$

取　$e_a = 20\text{mm} \quad e_i = e_0 + e_a = 420\text{mm}$

$\frac{e_i}{h_0}=\frac{420}{460}=0.91$　$\zeta_1=\frac{0.5\times11.9\times350\times500}{805\times10^3}=1.29>1.0$，取 $\zeta_1=1$

查表 4.5-8，$K=0.04$　$\eta=1.04$

$$\omega=\frac{N}{f_c bh_0}=\frac{805\times10^3}{11.9\times350\times460}=0.42$$

$$\lambda=\omega\frac{\eta e_i}{h_0}=0.42\times1.04\times0.91=0.397$$

$$\frac{a_s}{h_0}=\frac{40}{460}=0.087$$

查附表 4.5-1，$\beta\approx281.3$，$\beta_{min}=60.5<\beta<\beta_{max}=756.3$

$$A_s=A'_s$$

$$=\beta bh_0\frac{f_c}{f_y}\times10^{-3}=281.3\times350\times460\times\frac{11.9}{360}\times10^{-3}$$

$$=1497.1\text{mm}^2$$

配筋　4Φ22（一侧）（1520mm^2）

（2）弯矩作用平面外复核：

$$\frac{l_0}{b}=\frac{3500}{350}=10$$

查表 4.5-7，$\varphi=0.98$

$$\frac{N}{\varphi}=\frac{800}{0.98}=816.3$$

查表 4.5-9

配 8Φ22 时，$\left[\frac{N}{\varphi}\right]=2859\text{kN}>816.3\text{kN}$（满足）

4.6　板受冲切承载力计算

（1）适用范围

1）混凝土强度等级：C20、C25、C30、C35、C40、C45、C50；

2）钢筋混凝土楼板（屋盖）受冲切承载力见表 4.6-2 ~ 表 4.6-4；

3）钢筋混凝土基础板受冲切承载力见表 4.6-5～表 4.6-7；

4）冲切荷载作用点分板中、板边、板角区三种情况，见图 4.6-1 示意；

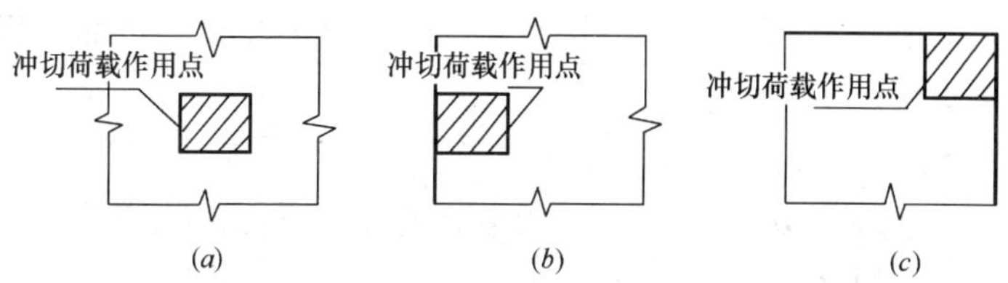

图 4.6-1 冲切荷载作用点示意图

（a）作用于板中；（b）作用于板边；（c）作用于板角

注：冲切荷载作用面积为矩形时，长边与短边尺寸的比值表中设定为 $\beta_s \leqslant 2$。

5）截面有效高度 h_0 见表 4.6-1。

截面有效高度 h_0 表 **表 4.6-1**

板厚 h（mm）	120～220	250～500	300～1000	1100～1600
楼 板	$h_0 = h - 25$mm	$h_0 = h - 30$mm		
基础板			$h_0 = h - 50$mm	$h_0 = h - 55$mm

（2）使用说明

1）在局部荷载或集中反力作用下，当 $F_l \leqslant F_c$ 时，板可不配置箍筋或弯起钢筋；

式中 F_l——局部荷载设计值或集中力设计值（当计算无梁楼盖柱帽处的受冲切承载力时，取柱所受的轴向力设计值减去柱顶冲切破坏锥体范围内的荷载设计值）；

F_c——板受冲切承载力，见表 4.6-2～表 4.6-7。

2）受冲切截面（基础板除外）应符合下列条件：$F_l \leqslant F_{max}$；F_{max}见表 4.6-2～表 4.6-4；

3）受冲切截面（基础板除外）当 $F_c < F_l \leqslant F_{max}$时，按公式（4-43）、式（4-44）配置箍筋或弯起钢筋

$$F_l \leqslant F_{cs} + 0.8F_{sv}(\text{当配置箍筋时}) \tag{4-43}$$

$$F_l \leqslant F_{cs} + F_{sb}(\text{当配置弯起钢筋时}) \quad (4\text{-}44)$$

式中 F_{cs}——见表 4.6-2 ~ 表 4.6-4;

$F_{sv}=f_{yv}A_{svu}$见附加箍筋表 4.3-14 中 F 数值,

式中 A_{svu}为与呈 45°冲切破坏锥体斜截面相交的全部箍筋截面面积;

$F_{sb}=0.8f_{yv}\cdot A_{sbu}\cdot\sin\alpha$ 见表 4.3-13 中受剪承载力值,

式中 $A_{sbu}\cdot\sin\alpha$ 为与呈 45°冲切破坏锥体斜截面相交的全部弯筋截面面积;

(3) 表中仅列出混凝土强度等级为 C20 的数据,当强度等级不为 C20 时,应将按表 C20 查得的数据乘以系数 $f_t/1.1$ 后采用;

(4) 受冲切承载力表中数据均按一排纵向受拉钢筋计算,当纵向受拉钢筋为两排或 h_0 为其他数值时,表中数据均按一排纵向受拉钢筋计算;当纵向受拉钢筋为两排或 h_0 为其他数值时,表内数值均应乘以$\frac{\text{将采用的 } h_0}{\text{按表 4.6-1 查得的 } h_0}$系数进行修正;

(5) 查冲切承载力表时应注意:表中 u 为局部荷载或集中力与板接触部分面积之周长,见图 4.6-2。

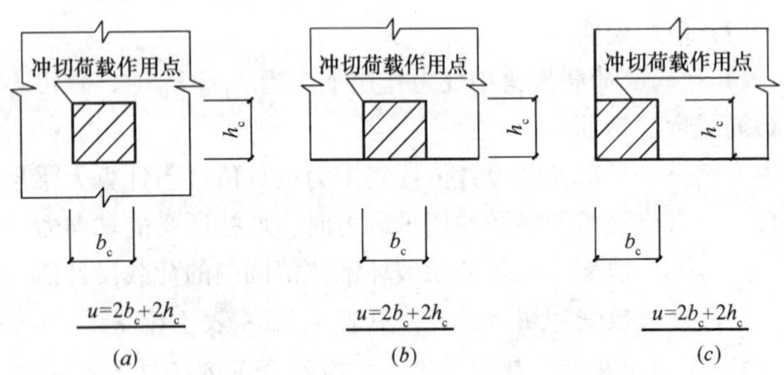

图 4.6-2 冲切荷载与板接触面周长计算示意图

(a) 作用于板中;(b) 作用于板边;(c) 作用于板角

【例 4.6-1】 已知:楼板厚 $h=150$mm,楼板中部作用集中力设计值 $F_l=152.0$kN,集中力作用面积为 300mm × 200mm(矩

形)，C30级混凝土，$a_s = 30$mm。

验算：楼板是否满足抗冲切要求。

【解】 集中力作用面之周长 $u = 2 \times (300 + 200) = 1000$mm

截面有效高度 h_0 修正系数 = (150 − 30)/(150 − 25) = 0.96

混凝土强度等级修正系数 = 1.43/1.1 = 1.3

查表4.6-2得出未经修正的 $F_c = 144$kN

修正后的 $F_c = 0.96 \times 1.3 \times 144 = 179.7$kN $> F_l = 152.0$kN，满足要求。

【例4.6-2】 已知：基础板厚 $h = 600$mm，基础板角部作用的混凝土矩形柱截面为400mm × 400mm，柱底端集中力设计值 $F_l = 495.0$kN，C20级混凝土，$a_s = 50$mm。

验算：基础底板是否满足抗冲切要求。

【解】 柱截面周长 $u = 2 \times 400 = 800$mm

查表4.6-7得 $F_c = 572$kN $> F_l = 495.0$kN；满足要求。

【例4.6-3】 已知：楼板厚 $h = 200$mm，楼板中部作用集中力设计值 $F_l = 455.0$kN，集中力作用面积为500mm × 500mm（正方形)，C20级混凝土，$a_s = 25$mm。

验算：楼板是否满足抗冲切要求；若不满足，计算所需配置的箍筋或弯起钢筋的数量。

【解】 集中力作用面积之周长 $u = 4 \times 500 = 2000$mm

查表4.6-2得 $F_c = 364$kN、$F_{max} = 546$kN

因 $F_c < F_l = 455.0$kN $< F_{max}$ 故需配置箍筋或弯起钢筋。

(1) 当配置箍筋时：

查表4.6-2得 $F_{cs} = 182$kN

配置 ϕ8 双肢箍筋，每侧5根（四侧)，查表4.3-14得 $F_{sv} = 5 \times 4 \times 21.1 = 422$kN

故：$F_{cs} + 0.8F_{sv} = 182 + 0.8 \times 422 = 519.6$kN $> F_l = 460$kN 满足要求。

(2) 当配置弯起钢筋时：

查表4.6-2得 $F_{cs} = 182$kN

配置Φ 12 弯起钢筋（$\alpha = 30°$），每侧 6 根（四侧），

查表 4.3-13 得 $F_{sb} = 6 \times 4 \times 13.6 = 326.4\text{kN}$

故：$F_{cs} + F_{sb} = 182 + 326.4 = 508.4\text{kN} > F_l = 460\text{kN}$　满足要求。

楼板受冲切承载力表（作用点于板中）　　**表 4.6-2**

混凝土强度等级：C20（单位：板厚 h—mm；局部荷载或集中力与板接触面之周长 u—mm；局部荷载或集中力设计值 F—kN）

h	150			160			180		
u	F_{max}	F_c	F_{cs}	F_{max}	F_c	F_{cs}	F_{max}	F_c	F_{cs}
400	130	87	43	147	98	49	183	122	61
800	188	125	63	209	139	70	254	169	85
1000	217	144	72	240	160	80	290	193	97
1200	245	164	82	271	181	90	326	217	109
1400	274	183	91	302	202	101	362	241	121
1600	303	202	101	334	222	111	397	265	132
1800	332	221	111	365	243	122	433	289	144
2000	361	241	120	396	264	132	469	313	156
2200	375	250	125	424	283	141	505	337	168
2400	390	260	130	440	293	147	541	360	180
2600	404	270	135	455	304	152	566	377	189
2800	419	279	140	471	314	157	584	389	195
3000	433	289	144	486	324	162	602	401	201
3200	448	298	149	502	335	167	619	413	206
3400	462	308	154	518	345	173	637	425	212
3600	476	318	159	533	356	178	655	437	218
3800	491	327	164	549	366	183	673	449	224
4000	505	337	168	564	376	188	691	461	230
4200	520	347	173	580	387	193	709	473	236
4400	534	356	178	596	397	199	727	485	242
4600	549	366	183	611	407	204	745	496	248
4800	563	375	188	627	418	209	763	508	254
5000	578	385	193	642	428	214	781	520	260
5200	592	395	197	658	439	219	798	532	266
5400	606	404	202	674	449	225	816	544	272
5600	621	414	207	689	459	230	834	556	278
5800	635	424	212	705	470	235	852	568	284
6000	650	433	217	720	480	240	870	580	290
6200	664	443	221	736	491	245	888	592	296
6400	679	452	226	752	501	251	906	604	302

续表

h	200			220			250		
u	F_{max}	F_c	F_{cs}	F_{max}	F_c	F_{cs}	F_{max}	F_c	F_{cs}
400	222	148	74	266	177	89	325	217	108
800	303	202	101	356	237	119	427	285	142
1000	344	229	115	401	267	134	478	318	159
1200	384	256	128	446	297	149	529	352	176
1400	424	283	141	491	327	164	579	386	193
1600	465	310	155	536	357	179	630	420	210
1800	505	337	168	581	387	194	681	454	227
2000	546	364	182	626	417	209	732	488	244
2200	586	391	195	671	447	224	783	522	261
2400	627	418	209	716	477	239	833	556	278
2600	667	445	222	761	508	254	884	590	295
2800	707	472	236	806	538	269	935	623	312
3000	728	485	243	851	568	284	986	657	329
3200	748	499	249	887	592	296	1037	691	346
3400	768	512	256	910	607	303	1088	725	363
3600	788	526	263	932	622	311	1128	752	376
3800	809	539	270	955	637	318	1154	769	385
4000	829	552	276	977	652	326	1179	786	393
4200	849	566	283	1000	667	333	1204	803	401
4400	869	579	290	1023	682	341	1230	820	410
4600	889	593	296	1045	697	348	1255	837	418
4800	910	606	303	1068	712	356	1281	854	427
5000	930	620	310	1090	727	363	1306	871	435
5200	950	633	317	1113	742	371	1331	888	444
5400	970	647	323	1135	757	378	1357	905	452
5600	990	660	330	1158	772	386	1382	922	461
5800	1011	674	337	1180	787	393	1408	938	469
6000	1031	687	344	1203	802	401	1433	955	478
6200	1051	701	350	1225	817	408	1459	972	486
6400	1071	714	357	1248	832	416	1484	989	495

续表

h	280			300			350		
u	F_{max}	F_c	F_{cs}	F_{max}	F_c	F_{cs}	F_{max}	F_c	F_{cs}
400	404	270	135	462	308	154	621	414	207
800	520	347	173	586	391	195	769	513	256
1000	578	385	193	649	432	216	843	562	281
1200	635	424	212	711	474	237	917	611	306
1400	693	462	231	773	516	258	991	660	330
1600	751	501	250	836	557	279	1064	710	355
1800	809	539	270	898	599	299	1138	759	379
2000	866	578	289	960	640	320	1212	808	404
2200	924	616	308	1023	682	341	1286	857	429
2400	982	655	327	1085	723	362	1360	907	453
2600	1040	693	347	1148	765	383	1434	956	478
2800	1097	732	366	1210	807	403	1508	1005	503
3000	1155	770	385	1272	848	424	1582	1055	527
3200	1213	809	404	1335	890	445	1656	1104	552
3400	1271	847	424	1397	931	466	1730	1153	577
3600	1328	886	443	1459	973	486	1804	1202	601
3800	1386	924	462	1522	1015	507	1878	1252	626
4000	1444	963	481	1584	1056	528	1951	1301	650
4200	1473	982	491	1647	1098	549	2025	1350	675
4400	1502	1001	501	1696	1131	565	2099	1400	700
4600	1530	1020	510	1728	1152	576	2173	1449	724
4800	1559	1040	520	1759	1173	586	2247	1498	749
5000	1588	1059	529	1790	1193	597	2321	1547	774
5200	1617	1078	539	1821	1214	607	2380	1587	793
5400	1646	1097	549	1852	1235	617	2417	1611	806
5600	1675	1117	558	1884	1256	628	2454	1636	818
5800	1704	1136	568	1915	1277	638	2491	1661	830
6000	1733	1155	578	1946	1297	649	2528	1685	843
6200	1761	1174	587	1977	1318	659	2565	1710	855
6400	1790	1194	597	2008	1339	669	2602	1735	867

续表

h	400			450			500		
u	F_{max}	F_c	F_{cs}	F_{max}	F_c	F_{cs}	F_{max}	F_c	F_{cs}
400	803	536	268	1009	673	336	1238	825	413
800	974	650	325	1203	802	401	1455	970	485
1000	1060	707	353	1300	867	433	1563	1042	521
1200	1145	764	382	1397	931	466	1672	1115	557
1400	1231	821	410	1494	996	498	1781	1187	594
1600	1316	877	439	1591	1061	530	1889	1259	630
1800	1402	934	467	1688	1125	563	1998	1332	666
2000	1487	991	496	1785	1190	595	2106	1404	702
2200	1573	1048	524	1882	1255	627	2215	1477	738
2400	1658	1105	553	1979	1319	660	2323	1549	774
2600	1744	1162	581	2076	1384	692	2432	1621	811
2800	1829	1219	610	2173	1449	724	2541	1694	847
3000	1915	1276	638	2270	1514	757	2649	1766	883
3200	2000	1333	667	2367	1578	789	2758	1838	919
3400	2085	1390	695	2464	1643	821	2866	1911	955
3600	2171	1447	724	2561	1708	854	2975	1983	992
3800	2256	1504	752	2658	1772	886	3083	2056	1028
4000	2342	1561	781	2755	1837	918	3192	2128	1064
4200	2427	1618	809	2852	1902	951	3301	2200	1100
4400	2513	1675	838	2949	1966	983	3409	2273	1136
4600	2598	1732	866	3046	2031	1015	3518	2345	1173
4800	2684	1789	895	3143	2096	1048	3626	2417	1209
5000	2769	1846	923	3240	2160	1080	3735	2490	1245
5200	2855	1903	952	3337	2225	1112	3843	2562	1281
5400	2940	1960	980	3435	2290	1145	3952	2635	1317
5600	3026	2017	1009	3532	2354	1177	4061	2707	1354
5800	3111	2074	1037	3629	2419	1210	4169	2779	1390
6000	3179	2120	1060	3726	2484	1242	4278	2852	1426
6200	3222	2148	1074	3823	2548	1274	4386	2924	1462
6400	3265	2177	1088	3920	2613	1307	4495	2997	1498

楼板受冲切承载力表（作用点于板边）　　表 4.6-3

混凝土强度等级：C20（单位：板厚 h—mm；
局部荷载或集中力与板接触面之周长 u—mm；
局部荷载或集中力设计值 F—kN）

h	150			160			180		
u	F_{max}	F_c	F_{cs}	F_{max}	F_c	F_{cs}	F_{max}	F_c	F_{cs}
400	94	63	31	104	70	35	127	85	42
800	152	101	51	167	111	56	199	132	66
1000	180	120	60	198	132	66	235	156	78
1200	209	140	70	229	153	76	270	180	90
1400	238	159	79	260	174	87	306	204	102
1600	267	178	89	292	194	97	342	228	114
1800	283	189	94	319	213	106	378	252	126
2000	298	199	99	335	223	112	414	276	138
2200	312	208	104	350	234	117	433	289	144
2400	327	218	109	366	244	122	451	300	150
2600	341	227	114	382	254	127	469	312	156
2800	356	237	119	397	265	132	487	324	162
3000	370	247	123	413	275	138	504	336	168
3200	384	256	128	428	286	143	522	348	174
3400	399	266	133	444	296	148	540	360	180
3600	413	276	138	460	306	153	558	372	186
3800	428	285	143	475	317	158	576	384	192
4000	442	295	147	491	327	164	594	396	198
4200	457	304	152	506	338	169	612	408	204
4400	471	314	157	522	348	174	630	420	210
4600	485	324	162	538	358	179	648	432	216
4800	500	333	167	553	369	184	666	444	222
5000	514	343	171	569	379	190	683	456	228
5200	529	353	176	584	390	195	701	468	234
5400	543	362	181	600	400	200	719	479	240
5600	558	372	186	616	410	205	737	491	246
5800	572	381	191	631	421	210	755	503	252
6000	587	391	196	647	431	216	773	515	258
6200	601	401	200	662	442	221	791	527	264
6400	615	410	205	678	452	226	809	539	270

续表

h	200			220			250		
u	F_{max}	F_c	F_{cs}	F_{max}	F_c	F_{cs}	F_{max}	F_c	F_{cs}
400	152	101	51	178	119	59	213	142	71
800	232	155	77	268	179	89	315	210	105
1000	273	182	91	313	209	104	366	244	122
1200	313	209	104	358	239	119	417	278	139
1400	354	236	118	403	269	134	468	312	156
1600	394	263	131	448	299	149	518	346	173
1800	435	290	145	493	329	164	569	379	190
2000	475	317	158	538	359	179	620	413	207
2200	515	344	172	583	389	194	671	447	224
2400	543	362	181	628	419	209	722	481	241
2600	563	376	188	666	444	222	772	515	257
2800	584	389	195	689	459	230	823	549	274
3000	604	403	201	711	474	237	856	571	285
3200	624	416	208	734	489	245	882	588	294
3400	644	430	215	756	504	252	907	605	302
3600	664	443	221	779	519	260	933	622	311
3800	685	456	228	801	534	267	958	639	319
4000	705	470	235	824	549	275	983	656	328
4200	725	483	242	846	564	282	1009	673	336
4400	745	497	284	869	579	290	1034	689	345
4600	766	510	255	891	594	297	1060	706	353
4800	786	524	262	914	609	305	1085	723	362
5000	806	537	269	936	624	312	1110	740	370
5200	826	551	275	959	639	320	1136	757	379
5400	846	564	282	981	654	327	1161	774	387
5600	867	578	289	1004	669	335	1187	791	396
5800	887	591	296	1026	684	342	1212	808	404
6000	907	605	302	1049	699	350	1237	825	412
6200	927	618	309	1072	714	357	1263	842	421
6400	947	632	316	1094	729	365	1288	859	429

续表

h	280			300			350		
u	F_{max}	F_c	F_{cs}	F_{max}	F_c	F_{cs}	F_{max}	F_c	F_{cs}
400	260	173	87	293	195	98	384	256	128
800	375	250	125	418	279	139	532	355	177
1000	433	289	144	480	320	160	606	404	202
1200	491	327	164	543	362	181	680	453	227
1400	549	366	183	605	403	202	754	503	251
1600	606	404	202	667	445	222	828	552	276
1800	664	443	221	730	486	243	902	601	301
2000	722	481	241	792	528	264	976	650	325
2200	780	520	260	854	570	285	1050	700	350
2400	837	558	279	917	611	306	1124	749	375
2600	895	597	298	979	653	326	1198	798	399
2800	953	635	318	1042	694	347	1271	848	424
3000	1011	674	337	1104	736	368	1345	897	448
3200	1068	712	356	1166	778	389	1419	946	473
3400	1104	736	368	1229	819	410	1493	995	498
3600	1133	756	378	1277	851	426	1567	1045	522
3800	1162	775	387	1308	872	436	1641	1094	547
4000	1191	794	397	1339	893	446	1715	1143	572
4200	1220	813	407	1371	914	457	1781	1188	594
4400	1249	833	416	1402	935	467	1818	1212	606
4600	1278	852	426	1433	955	478	1855	1237	618
4800	1307	871	436	1464	976	488	1892	1262	631
5000	1335	890	445	1495	997	498	1929	1286	643
5200	1364	910	455	1527	1018	509	1966	1311	655
5400	1393	929	464	1558	1038	519	2003	1335	668
5600	1422	948	474	1589	1059	530	2040	1360	680
5800	1451	967	484	1620	1080	540	2077	1385	692
6000	1480	987	493	1651	1101	550	2114	1409	705
6200	1509	1006	503	1682	1122	561	2151	1434	717
6400	1538	1025	513	1714	1142	571	2188	1459	729

续表

h	400			450			500		
u	F_{max}	F_c	F_{cs}	F_{max}	F_c	F_{cs}	F_{max}	F_c	F_{cs}
400	487	325	162	602	401	201	727	485	242
800	658	439	219	796	530	265	945	630	315
1000	744	496	248	893	595	298	1053	702	351
1200	829	553	276	990	660	330	1162	774	387
1400	915	610	305	1087	724	362	1270	847	423
1600	1000	667	333	1184	789	395	1379	919	460
1800	1085	724	362	1281	854	427	1487	992	496
2000	1171	781	390	1378	918	459	1596	1064	532
2200	1256	838	419	1475	983	492	1705	1136	568
2400	1342	895	447	1572	1048	524	1813	1209	604
2600	1427	952	476	1669	1112	556	1922	1281	641
2800	1513	1009	504	1766	1177	589	2030	1354	677
3000	1598	1066	533	1863	1242	621	2139	1426	713
3200	1684	1123	561	1960	1307	653	2247	1498	749
3400	1769	1179	590	2057	1371	686	2356	1571	785
3600	1855	1236	618	2154	1436	718	2465	1643	822
3800	1940	1293	647	2251	1501	750	2573	1715	858
4000	2026	1350	675	2348	1565	783	2682	1788	894
4200	2111	1407	704	2445	1630	815	2790	1860	930
4400	2197	1464	732	2542	1695	847	2899	1933	966
4600	2282	1521	761	2639	1759	880	3007	2005	1002
4800	2368	1578	789	2736	1824	912	3116	2077	1039
5000	2412	1608	804	2833	1889	944	3225	2150	1075
5200	2455	1637	818	2930	1953	977	3333	2222	1111
5400	2498	1665	833	3027	2018	1009	3442	2294	1147
5600	2541	1694	847	3090	2060	1030	3550	2367	1183
5800	2583	1722	861	3139	2092	1046	3659	2439	1220
6000	2626	1751	875	3187	2125	1062	3767	2512	1256
6200	2669	1779	890	3236	2157	1079	3852	2568	1284
6400	2712	1808	904	3284	2189	1095	3906	2604	1302

楼板受冲切承载力表（作用点于板角）　**表 4.6-4**

混凝土强度等级：C20（单位：板厚 h—mm；
局部荷载或集中力与板接触面之周长 u—mm；
局部荷载或集中力设计值 F—kN）

h	150			160			180		
u	F_{max}	F_c	F_{cs}	F_{max}	F_c	F_{cs}	F_{max}	F_c	F_{cs}
400	76	51	25	83	56	28	99	66	33
800	134	89	45	146	97	49	171	114	37
1000	162	108	54	177	118	59	207	138	69
1200	186	124	62	208	139	69	243	162	81
1400	200	134	67	225	150	75	278	185	93
1600	215	143	72	241	160	80	296	197	99
1800	229	153	76	256	171	85	314	209	105
2000	244	162	81	272	181	91	332	221	111
2200	258	172	86	287	192	96	350	233	117
2400	273	182	91	303	202	101	367	245	122
2600	287	191	96	318	212	106	385	257	128
2800	301	201	100	334	223	111	403	269	134
3000	316	211	105	350	233	117	421	281	140
3200	330	220	110	365	244	122	439	293	146
3400	345	230	115	381	254	127	457	305	152
3600	359	239	120	396	264	132	475	317	158
3800	374	249	125	412	275	137	493	329	164
4000	388	259	129	428	285	143	511	340	170
4200	402	268	134	443	295	148	529	352	176
4400	417	278	139	459	306	153	546	364	182
4600	431	288	144	474	316	158	564	376	188
4800	446	297	149	490	327	163	582	388	194
5000	460	307	153	506	337	169	600	400	200
5200	475	316	158	521	347	174	618	412	206
5400	489	326	163	537	358	179	636	424	212
5600	504	336	168	552	368	184	654	436	218
5800	518	345	173	568	379	189	672	448	224
6000	532	355	177	584	389	195	690	460	230
6200	547	365	182	599	399	200	708	472	236
6400	561	374	187	615	410	205	725	484	242

续表

h	200			220			250		
u	F_{max}	F_c	F_{cs}	F_{max}	F_c	F_{cs}	F_{max}	F_c	F_{cs}
400	116	77	39	134	89	45	158	105	53
800	197	131	66	224	149	75	259	173	86
1000	237	158	79	269	179	90	310	207	103
1200	278	185	93	314	209	105	361	241	120
1400	318	212	106	359	239	120	412	274	137
1600	356	237	119	404	270	135	462	308	154
1800	376	251	125	444	296	148	513	342	171
2000	397	264	132	467	311	156	562	374	187
2200	417	278	139	489	326	163	587	391	196
2400	437	291	146	512	341	171	612	408	204
2600	457	305	152	534	356	178	638	475	213
2800	478	318	159	557	371	186	663	442	221
3000	498	332	166	579	386	193	689	459	230
3200	518	345	173	602	401	201	714	476	238
3400	538	359	179	624	416	208	739	493	246
3600	558	372	186	647	431	216	765	510	255
3800	579	386	193	669	446	223	790	527	263
4000	599	399	200	692	461	231	816	544	272
4200	619	413	206	715	476	238	841	561	280
4400	639	426	213	737	491	246	866	578	289
4600	659	440	220	760	506	253	892	595	297
4800	680	453	227	782	521	261	917	612	306
5000	700	467	233	805	536	268	943	628	314
5200	720	480	240	827	551	276	968	645	323
5400	740	494	247	850	566	283	994	662	331
5600	760	507	253	872	581	291	1019	679	340
5800	781	520	260	895	596	298	1044	696	348
6000	801	534	267	917	611	306	1070	713	357
6200	821	547	274	940	627	313	1095	730	365
6400	841	561	280	962	642	321	1121	747	374

续表

h	280			300			350		
u	F_{max}	F_c	F_{cs}	F_{max}	F_c	F_{cs}	F_{max}	F_c	F_{cs}
400	188	125	63	209	139	70	266	177	89
800	303	202	101	334	222	111	414	276	138
1000	361	241	120	396	264	132	488	325	163
1200	419	279	140	458	306	153	562	375	187
1400	476	318	159	521	347	174	636	424	212
1600	534	356	178	583	389	194	710	473	237
1800	592	395	197	646	430	215	784	522	261
2000	650	433	217	708	472	236	857	572	286
2200	707	472	236	770	514	257	931	621	310
2400	744	496	248	833	555	278	1005	670	335
2600	772	515	257	869	579	290	1079	719	360
2800	801	534	267	900	600	300	1153	769	384
3000	830	553	277	931	621	310	1205	803	402
3200	859	573	286	962	641	321	1242	828	414
3400	888	592	296	993	662	331	1279	853	426
3600	917	611	306	1024	683	341	1316	877	439
3800	946	630	315	1056	704	352	1353	902	451
4000	975	650	325	1087	725	362	1390	926	463
4200	1003	669	334	1118	745	373	1427	951	476
4400	1032	688	344	1149	766	383	1464	976	488
4600	1061	707	354	1180	787	393	1501	1000	500
4800	1090	727	363	1212	808	404	1538	1025	513
5000	1119	746	373	1243	828	414	1574	1050	525
5200	1148	765	383	1274	849	425	1611	1074	537
5400	1177	784	392	1305	870	435	1648	1099	549
5600	1206	804	402	1336	891	445	1685	1124	562
5800	1234	823	411	1367	912	456	1722	1148	574
6000	1263	842	421	1399	932	466	1759	1173	586
6200	1292	861	431	1430	953	477	1796	1198	599
6400	1321	881	440	1461	974	487	1833	1222	611

续表

h	400			450			500		
u	F_{max}	F_c	F_{cs}	F_{max}	F_c	F_{cs}	F_{max}	F_c	F_{cs}
400	329	219	110	398	265	133	472	315	157
800	500	333	167	592	395	197	689	460	230
1000	585	390	195	689	459	230	798	532	266
1200	671	447	224	786	524	262	907	604	302
1400	756	504	252	883	589	294	1015	677	338
1600	842	561	281	980	653	327	1124	749	375
1800	927	618	309	1077	718	359	1232	822	411
2000	1013	675	338	1174	783	391	1341	894	447
2200	1098	732	366	1271	847	424	1449	966	483
2400	1184	789	395	1368	912	456	1558	1039	519
2600	1269	846	423	1465	977	488	1667	1111	556
2800	1355	903	452	1562	1041	521	1775	1183	592
3000	1440	960	480	1659	1106	553	1884	1256	628
3200	1526	1017	509	1756	1171	585	1992	1328	664
3400	1596	1064	532	1853	1235	618	2101	1401	700
3600	1639	1093	546	1950	1300	650	2209	1473	736
3800	1682	1121	561	2042	1362	681	2318	1545	773
4000	1724	1150	575	2091	1394	697	2427	1618	809
4200	1767	1178	589	2139	1426	713	2535	1690	845
4400	1810	1207	603	2188	1459	729	2598	1732	866
4600	1853	1235	618	2236	1491	745	2652	1768	884
4800	1895	1264	632	2285	1523	762	2706	1804	902
5000	1938	1292	646	2333	1556	778	2760	1840	920
5200	1981	1321	660	2382	1588	794	2815	1876	938
5400	2024	1349	675	2430	1620	810	2869	1913	956
5600	2066	1377	689	2479	1653	826	2923	1949	974
5800	2109	1406	703	2527	1685	842	2978	1985	993
6000	2152	1434	717	2576	1717	859	3032	2021	1011
6200	2194	1463	731	2624	1750	875	3086	2057	1029
6400	2237	1491	746	2673	1782	891	3140	2094	1047

基础板受冲切承载力表（作用点于板中） 表 4.6-5

混凝土强度等级：C20（单位：板厚 h—mm；
局部荷载或集中力与板接触面之周长 u—mm；
局部荷载或集中力设计值 F_c—kN）

u \ h (F_c)	300	350	400	450	500	550	600	650	700	750	800
400	270	370	485	616	762	924	1101	1294	1502	1725	1964
800	347	462	593	739	901	1078	1271	1478	1702	1940	2195
1000	385	508	647	801	970	1155	1355	1571	1802	2048	2310
1200	424	554	701	862	1040	1232	1440	1663	1902	2156	2426
1400	462	601	755	924	1109	1309	1525	1756	2002	2264	2541
1600	501	647	809	986	1178	1386	1609	1848	2102	2372	2657
1800	539	693	862	1047	1247	1463	1694	1940	2202	2479	2772
2000	578	739	916	1109	1317	1540	1779	2033	2302	2587	2888
2200	616	785	970	1170	1386	1617	1863	2125	2402	2695	3003
2400	655	832	1024	1232	1455	1694	1948	2218	2503	2803	3119
2600	693	878	1078	1294	1525	1771	2033	2310	2603	2911	3234
2800	732	924	1132	1355	1594	1848	2118	2402	2703	3018	3350
3000	770	970	1186	1417	1663	1925	2202	2495	2803	3126	3465
3200	809	1016	1240	1478	1733	2002	2287	2587	2903	3234	3581
3400	847	1063	1294	1540	1802	2079	2372	2680	3003	3342	3696
3600	886	1109	1348	1602	1871	2156	2456	2772	3103	3450	3812
3800	924	1155	1401	1663	1940	2233	2541	2864	3203	3557	3927
4000	963	1201	1455	1725	2010	2310	2626	2957	3303	3665	4043
4400	1001	1294	1563	1848	2148	2464	2795	3142	3504	3881	4274
4800	1040	1386	1671	1971	2287	2618	2965	3326	3704	4096	4505
5200	1078	1432	1779	2094	2426	2772	3134	3511	3904	4312	4736
5600	1117	1478	1887	2218	2564	2926	3303	3696	4104	4528	4967
6000	1155	1525	1940	2341	2703	3080	3473	3881	4304	4743	5198
6400	1194	1571	1994	2464	2841	3234	3642	4066	4505	4959	5429
6800	1232	1617	2048	2526	2980	3388	3812	4250	4705	5174	5660
7200	1271	1663	2102	2587	3119	3542	3981	4435	4905	5390	5891
7600	1309	1709	2156	2649	3188	3696	4150	4620	5105	5606	6122
8000	1348	1756	2210	2710	3257	3850	4320	4805	5305	5821	6353
8400	1386	1802	2264	2772	3326	3927	4489	4990	5506	6037	6584
8800	1425	1848	2318	2834	3396	4004	4659	5174	5706	6252	6815

续表

F_c h / u	850	900	950	1000	1100	1200	1300	1400	1500	1600
400	2208	2466	2737	3021	3593	4244	4943	5687	6475	7306
800	2454	2726	3011	3309	3907	4585	5310	6080	6894	7750
1000	2576	2856	3148	3453	4064	4756	5494	6277	7104	7972
1200	2699	2986	3285	3597	4221	4926	5678	6474	7313	8194
1400	2822	3115	3422	3740	4378	5097	5861	6671	7523	8416
1600	2944	3245	3559	3884	4535	5267	6045	6867	7732	8638
1800	3067	3375	3695	4028	4692	5437	6229	7064	7942	8861
2000	3190	3505	3832	4172	4848	5608	6413	7261	8151	9083
2200	3313	3635	3969	4316	5005	5778	6596	7458	8361	9305
2400	3435	3764	4106	4460	5162	5949	6780	7654	8571	9527
2600	3558	3894	4243	4604	5319	6119	6964	7851	8780	9749
2800	3681	4024	4380	4747	5476	6290	7148	8048	8990	9971
3000	3803	4154	4517	4891	5633	6460	7331	8245	9190	10193
3200	3926	4284	4653	5035	5790	6631	7515	8442	9409	10415
3400	4049	4414	4790	5179	5947	6801	7699	8638	9618	10637
3600	4171	4543	4927	5323	6104	6972	7882	8835	9828	10859
3800	4294	4673	5064	5467	6261	7142	8066	9032	10037	11081
4000	4417	4803	5201	5611	6417	7312	8250	9229	10247	11303
4400	4662	5063	5475	5898	6731	7653	8617	9622	10666	11747
4800	4907	5322	5748	6186	7045	7994	8985	10016	11085	12192
5200	5153	5582	6022	6474	7359	8335	9352	10409	11504	12636
5600	5398	5841	6296	6761	7673	8676	9720	10803	11923	13080
6000	5644	6101	6570	7049	7987	9017	10087	11196	12342	13524
6400	5889	6361	6843	7337	8300	9358	10455	11590	12762	13968
6800	6134	6620	7117	7625	8614	9699	10822	11984	13181	14412
7200	6380	6880	7391	7912	8928	10040	11190	12377	13600	14856
7600	6625	7140	7665	8200	9242	10381	11557	12771	14019	15300
8000	6870	7399	7938	8488	9556	10721	11925	13164	14438	15745
8400	7116	7659	8212	8776	9869	11062	12292	13558	14857	16189
8800	7361	7918	8486	9063	10183	11403	12660	13951	15276	16633

基础板受冲切承载力表（作用点于板边） **表 4.6-6**

混凝土强度等级：C20（单位：板厚 h—mm；
局部荷载或集中力与板接触面之周长 u—mm；
局部荷载或集中力设计值 F_c—kN）

u \ h (F_c)	300	350	400	450	500	550	600	650	700	750	800
400	173	231	296	370	450	539	635	739	851	970	1097
800	250	323	404	493	589	693	805	924	1051	1186	1328
1000	289	370	458	554	658	770	889	1016	1151	1294	1444
1200	327	416	512	616	728	847	974	1109	1251	1401	1559
1400	366	462	566	678	797	924	1059	1201	1351	1509	1675
1600	404	508	620	739	866	1001	1143	1294	1451	1617	1790
1800	443	554	674	801	936	1078	1228	1386	1552	1725	1906
2000	481	601	728	862	1005	1155	1313	1478	1652	1833	2021
2200	520	647	782	924	1074	1232	1398	1571	1752	1940	2137
2400	558	693	835	986	1143	1309	1482	1663	1852	2048	2252
2600	597	739	889	1047	1213	1386	1567	1756	1952	2156	2368
2800	635	785	943	1109	1282	1463	1652	1848	2052	2264	2483
3000	674	832	997	1170	1351	1540	1736	1940	2152	2372	2599
3200	712	878	1051	1232	1421	1617	1821	2033	2252	2479	2714
3400	736	924	1105	1294	1490	1694	1906	2125	2352	2587	2830
3600	756	970	1159	1355	1559	1771	1990	2218	2452	2695	2945
3800	775	1016	1213	1417	1629	1848	2075	2310	2553	2803	3061
4000	794	1051	1267	1478	1698	1925	2160	2402	2653	2911	3176
4400	833	1097	1374	1602	1836	2079	2329	2587	2853	3126	3407
4800	871	1143	1449	1725	1975	2233	2499	2772	3053	3342	3638
5200	910	1190	1502	1848	2114	2387	2668	2957	3253	3557	3869
5600	948	1236	1556	1910	2252	2541	2837	3142	3453	3773	4100
6000	987	1282	1610	1971	2365	2695	3007	3326	3654	3989	4331
6400	1025	1328	1664	2033	2434	2849	3176	3511	3854	4204	4562
6800	1064	1374	1718	2094	2503	2945	3346	3696	4054	4420	4793
7200	1102	1421	1772	2156	2573	3022	3504	3881	4254	4635	5024
7600	1141	1467	1826	2218	2642	3099	3589	4066	4454	4851	5255
8000	1179	1513	1880	2279	2711	3176	3674	4204	4655	5067	5486
8400	1218	1559	1934	2341	2781	3253	3759	4297	4855	5282	5717
8800	1256	1605	1988	2402	2850	3330	3843	4389	4967	5498	5948

续表

F_c h / u	850	900	950	1000	1100	1200	1300	1400	1500	1600
400	1227	1363	1506	1654	1953	2293	2655	3040	3447	3875
800	1472	1623	1779	1942	2267	2633	3023	3434	3866	4319
1000	1595	1752	1916	2086	2424	2804	3206	3630	4076	4541
1200	1718	1882	2053	2230	2581	2974	3390	3827	4285	4763
1400	1840	2012	2190	2374	2738	3145	3574	4024	4495	4985
1600	1963	2142	2327	2518	2895	3315	3758	4221	4704	5207
1800	2086	2272	2464	2661	3052	3486	3941	4418	4914	5430
2000	2208	2401	2600	2805	3209	3656	4125	4614	5123	5652
2200	2331	2531	2737	2949	3366	3827	4309	4811	5333	5874
2400	2454	2661	2874	3093	3523	3997	4492	5008	5543	6096
2600	2576	2791	3011	3237	3679	4168	4676	5205	5752	6318
2800	2699	2921	3148	3381	3836	4338	4860	5401	5962	6540
3000	2822	3051	3285	3525	3993	4508	5044	5598	6171	6762
3200	2944	3180	3422	3668	4150	4679	5227	5795	6381	6984
3400	3067	3310	3559	3812	4307	4849	5411	5992	6590	7206
3600	3190	3440	3695	3956	4464	5020	5595	6189	6800	7428
3800	3313	3570	3832	4100	4621	5190	5779	6385	7009	7650
4000	3435	3700	3969	4244	4778	5361	5962	6582	7219	7872
4400	3681	3959	4243	4532	5092	5702	6330	6976	7638	8316
4800	3926	4219	4517	4819	5405	6043	6697	7369	8057	8761
5200	4171	4478	4790	5107	5719	6383	7065	7763	8476	9205
5600	4417	4738	5064	5395	6033	6724	7432	8156	8895	9649
6000	4662	4998	5338	5683	6347	7065	7800	8550	9314	10093
6400	4907	5257	5612	5970	6661	7406	8167	8943	9734	10537
6800	5153	5517	5885	6258	6975	7747	8535	9337	10153	10981
7200	5398	5777	6159	6546	7288	8088	8902	9730	10572	11425
7600	5644	6036	6433	6833	7602	8429	9270	10124	10991	11870
8000	5889	6296	6707	7121	7916	8770	9637	10518	11410	12314
8400	6134	6555	6980	7409	8230	9111	10005	10911	11829	12758
8800	6380	6815	7254	7697	8544	9452	10372	11305	12248	13202

基础板受冲切承载力表（作用点于板角）　　　　**表 4.6-7**

混凝土强度等级：C20（单位：板厚 h—mm；
局部荷载或集中力与板接触面之周长 u—mm；
局部荷载或集中力设计值 F_c—kN）

u \ F_c \ h	300	350	400	450	500	550	600	650	700	750	800
400	125	162	202	246	295	347	402	462	526	593	664
800	202	254	310	370	433	501	572	647	726	809	895
1000	241	300	364	431	502	578	656	739	826	916	1011
1200	279	347	418	493	572	655	741	832	926	1024	1126
1400	318	393	472	554	641	732	826	924	1026	1132	1242
1600	356	439	526	616	710	809	911	1016	1126	1240	1357
1800	395	485	579	678	780	886	995	1109	1226	1348	1473
2000	433	531	633	739	849	963	1080	1201	1326	1455	1588
2200	472	578	687	801	918	1040	1165	1294	1426	1563	1704
2400	496	624	741	862	988	1117	1249	1386	1527	1671	1819
2600	515	670	795	924	1057	1194	1334	1478	1627	1779	1935
2800	534	705	849	986	1126	1271	1419	1571	1727	1887	2050
3000	553	728	903	1047	1195	1348	1503	1663	1827	1994	2166
3200	573	751	950	1109	1265	1425	1588	1756	1927	2102	2281
3400	592	774	977	1170	1334	1502	1673	1848	2027	2210	2397
3600	611	797	1004	1232	1403	1579	1758	1940	2127	2318	2512
3800	630	820	1031	1263	1473	1656	1842	2033	2227	2426	2628
4000	650	843	1058	1294	1542	1733	1927	2125	2327	2533	2743
4400	688	889	1112	1355	1620	1887	2096	2310	2528	2749	2974
4800	727	936	1166	1417	1689	1983	2266	2495	2728	2965	3205
5200	765	982	1219	1478	1758	2060	2382	2680	2928	3180	3436
5600	804	1028	1273	1540	1828	2137	2467	2818	3128	3396	3667
6000	842	1074	1327	1602	1897	2214	2552	2911	3291	3611	3898
6400	881	1120	1381	1663	1966	2291	2636	3003	3391	3800	4129
6800	919	1167	1435	1725	2036	2368	2721	3095	3491	3908	4346
7200	958	1213	1489	1786	2105	2445	2806	3188	3591	4016	4461
7600	996	1259	1543	1848	2174	2522	2890	3280	3691	4123	4577
8000	1035	1305	1597	1910	2244	2599	2975	3373	3791	4231	4692
8400	1073	1351	1651	1971	2313	2676	3060	3465	3891	4339	4808
8800	1112	1398	1705	2033	2382	2753	3144	3557	3991	4447	4923

续表

F_c \ h \ u	850	900	950	1000	1100	1200	1300	1400	1500	1600
400	736	811	890	971	1134	1317	1511	1717	1933	2160
800	981	1071	1163	1259	1447	1658	1879	2110	2352	2604
1000	1104	1201	1300	1403	1604	1828	2062	2307	2562	2826
1200	1227	1331	1437	1547	1761	1999	2246	2504	2771	3048
1400	1350	1460	1574	1690	1918	2169	2430	2701	2981	3270
1600	1472	1590	1711	1834	2075	2339	2614	2897	3190	3492
1800	1595	1720	1848	1978	2232	2510	2797	3094	3400	3714
2000	1718	1850	1985	2122	2389	2680	2981	3291	3609	3936
2200	1840	1980	2121	2266	2546	2851	3165	3488	3819	4158
2400	1963	2109	2258	2410	2703	3021	3349	3685	4029	4380
2600	2086	2239	2395	2554	2860	3192	3532	3881	4238	4602
2800	2208	2369	2532	2697	3017	3362	3716	4078	4448	4824
3000	2331	2499	2669	2841	3173	3533	3900	4275	4657	5046
3200	2454	2629	2806	2985	3330	3703	4084	4472	4867	5269
3400	2576	2758	2943	3129	3487	3874	4267	4668	5076	5491
3600	2699	2888	3080	3273	3644	4044	4451	4865	5286	5713
3800	2822	3018	3216	3417	3801	4214	4635	5062	5495	5935
4000	2944	3148	3353	3561	3958	4385	4819	5259	5705	6157
4400	3190	3407	3627	3848	4272	4726	5186	5652	6124	6601
4800	3435	3667	3901	4136	4586	5067	5554	6046	6543	7045
5200	3681	3927	4174	4424	4899	5408	5921	6439	6962	7489
5600	3926	4186	4448	4711	5213	5749	6289	6833	7381	7933
6000	4171	4446	4722	4999	5527	6089	6656	7227	7800	8378
6400	4417	4706	4996	5287	5841	6430	7024	7620	8220	8822
6800	4662	4965	5269	5575	6155	6771	7391	8014	8639	9266
7200	4907	5225	5543	5862	6468	7112	7758	8407	9058	9710
7600	5030	5484	5817	6150	6782	7453	8126	8801	9477	10154
8000	5153	5630	6091	6438	7096	7794	8493	9194	9896	10598
8400	5276	5760	6262	6726	7410	8135	8861	9588	10315	11042
8800	5398	5890	6399	6923	7724	8476	9228	9981	10734	11486

4.7 牛　　腿

4.7.1 竖向力作用下柱牛腿配筋表（附表 4.7-1 ~ 附表 4.7-3）

（1）适用范围

本表用于对需做疲劳验算的柱牛腿及其他竖向力作用下的牛腿和其他牛腿。适用范围见表 4.7-1。

适用范围索引　　　　表 4.7-1

表编号	混凝土强度等级	钢筋种类	牛腿宽度 b（mm）
附表 4.7-1	C20	HRB400、HPB235	350、400、500、600
附表 4.7-2	C30	HRB400、HPB235	350、400、500、600
附表 4.7-3	C40	HRB400、HPB235	400、500、600

注：附表 4.7-1 ~ 附表 4.7-3 为本书配套素材，可从中国建筑工业出版社网站下载。

（2）使用说明

1）表中符号（图 4.7-1）

F_{vk}——作用于牛腿顶部按荷载标准值组合计算的竖向力值；

F_v——作用在牛腿顶部的竖向力设计值；

a——竖向力的作用点至下柱边缘的水平距离，表中已考虑安装偏差 20mm；

b——牛腿宽度；

h——牛腿顶面至牛腿与下柱交接处截面的高度；其有效高度 h_0 按 $h_0 = h - 35$mm 计；

A_s——承受竖向力设计值所需的受拉钢筋截面面积，表中以钢筋直径和数量表示；

A_{sb}——配置弯起钢筋的直径和数量，表中符号“－”为不需配置弯起钢筋；

A_{sh}——配置水平箍筋的直径和间距。

2）表中 F_{vk}有两项，其中一项用于需做疲劳验算的柱牛腿，另一项括号内的适用于其他牛腿。

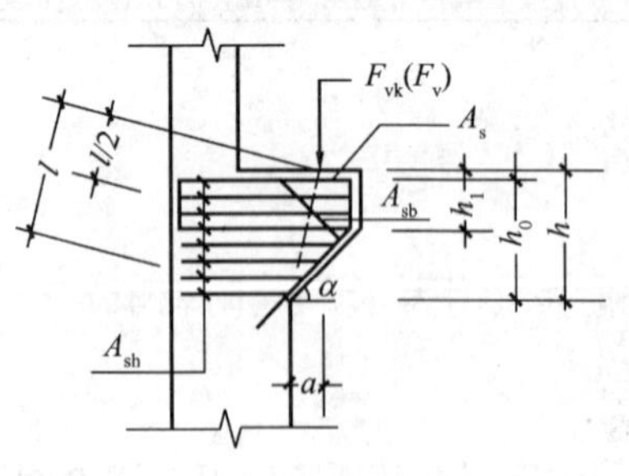

图 4.7-1

3）牛腿的外边缘高度 h_1 不应小于 $h/3$，且不应小于 200mm。

4）牛腿顶面的受压面上由竖向力 F_{vk}所引起的局部压应力不应超过 $0.75f_c$。

【例 4.7-1】 已知：支承吊车梁的牛腿，且吊车梁需做疲劳验算，b = 400mm，a = 250mm，F_{vk} = 460kN，F_v = 609.0kN，混凝土强度等级为 C30，纵向受拉钢筋、弯起钢筋采用 HRB400、箍筋采用 HPB235。

求：牛腿高度和配筋。

【解】 由 b = 400mm，a = 250mm，查附表 4.7-2。

F_{vk} = 469kN > 460kN，F_v = 693kN > 609.0kN，满足计算要求。

此时，牛腿高度 h = 800mm 纵向受拉钢筋 A_s 为 4Φ16，弯起钢筋 A_{sb}为 2Φ16，水平箍筋为 ϕ8@100。

【例 4.7-2】 已知：支承屋架的牛腿，b = 400mm，a = 100mm，F_{vk} = 250kN，F_v = 314.5kN，混凝土强度等级为 C20，纵向受拉钢筋采用 HRB400，箍筋采用 HPB235。

求：牛腿高度和配筋。

【解】 由 b = 400mm，a = 100mm，查附表 4.7-1。

F_{vk} = 260kN > 250kN，F_v = 461kN > 314.5kN，满足计算要求。

此时，牛腿高度 h = 450mm，纵向受拉钢筋 A_s 为 4Φ12，不需配置弯起钢筋，水平箍筋为 ϕ8@125。

4.7.2 竖向力和水平拉力作用下柱牛腿配筋表

(1) 各表格适用范围（表 4.7-2）

表 4.7-2

表编号	混凝土强度等级	钢筋种类	牛腿宽度（mm）
附表 4.7-4	C20	HRB400	300、400、500
附表 4.7-5	C30	HRB400	300、400、500

注：附表 4.7-4、附表 4.7-5 为本书配套素材，可从中国建筑工业出版社网站下载。

(2) 使用说明

1) 表中符号（图 4.7-2）

F_{vk}——作用于牛腿顶部按荷载标准值组合计算的竖向力值；

F_{hk}——作用于牛腿顶部按荷载标准值组合计算的水平拉力值；

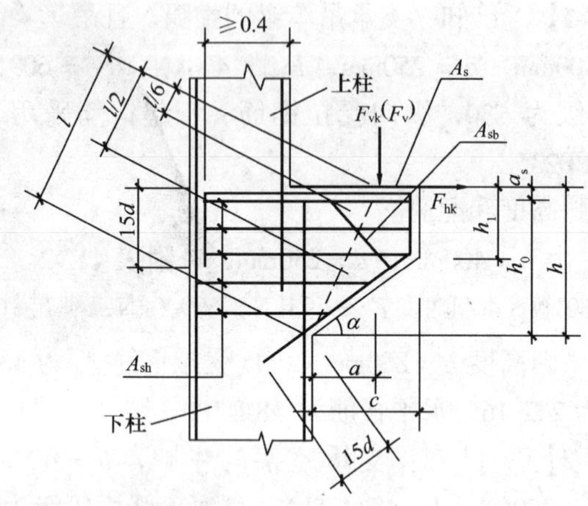

图 4.7-2

a——竖向力的作用点至下柱边缘的水平距离，表中已考虑安装偏差 20mm；

b——牛腿宽度；

h——牛腿与下柱交接处截面的高度；其有效高度 h_0 按 $h_0 = h - 35\text{mm}$ 计；

A_{s1}——承受作用在牛腿顶部的水平拉力设计值所需的钢筋截面面积，表中以钢筋直径和数量表示；

A_{s2}——承受竖向力设计值所需的受拉钢筋截面面积，表中以钢筋直径和数量表示；

A_{sb}——配置弯起钢筋的直径和数量，表中符号“ - ”为不需配置弯起钢筋；

A_{sh}——配置水平箍筋的直径和间距。

2）牛腿的外边缘高度 h_1 不应小于 $h/3$，且不应小于 200mm。

3）牛腿顶面的受压面上由竖向力 F_v 所引起的局部压应力不应超过 $0.75f_c$。

【例 4.7-3】　已知：柱牛腿，$b = 400\text{mm}$，$a = 150\text{mm}$，$F_{vk} = 296\text{kN}$，$F_{hk} = 88.8\text{kN}$，$F_v = 385\text{kN}$，$F_h = 115\text{kN}$，混凝土强度等级为

C20，纵向受拉钢筋、弯起钢筋采用 HRB400，箍筋采用 HPB235。

求：牛腿高度和配筋。

【解】 由 $b=400$mm，$a=150$mm，$F_{hk}/F_{vk}=88.8/296=0.3$，查附表 4.7-4，此时，牛腿高度 $h=600$mm 由竖向力作用所需纵向受拉钢筋为 4Φ12，弯起钢筋为 2Φ12。

由 $F_h=115$kN 查表 4.7-3，

此时在牛腿顶部水平钢筋为 2Φ18。

牛腿顶部的水平钢筋承载力表 **表 4.7-3**

A_s (mm)^2	226（2Φ12）	308（2Φ14）	402（2Φ16）	509（2Φ18）
F_h（kN）	56.5	77.0	100.5	127.3
A_s (mm)^2	628（2Φ20）	760（2Φ22）	982（2Φ25）	1232（2Φ28）
F_h（kN）	157.0	190.0	245.5	308.0

注：此表采用 HRB335 级和 HRB400 级钢筋，其钢筋抗拉强度设计值均采用 300N/mm^2。

4.8 楼 梯

4.8.1 现浇钢筋混凝土板式楼梯配筋表

图 4.8-1 所示，现浇钢筋混凝土板式楼梯配筋表主要包括：板式楼梯梯段板(TB-1)配筋选用表(见表 4.8-1)、板式楼梯平台板(PTB-1)配筋表(见表 4.8-2)、板式楼梯平台梁(PTL-1)配筋表(见表 4.8-3)。

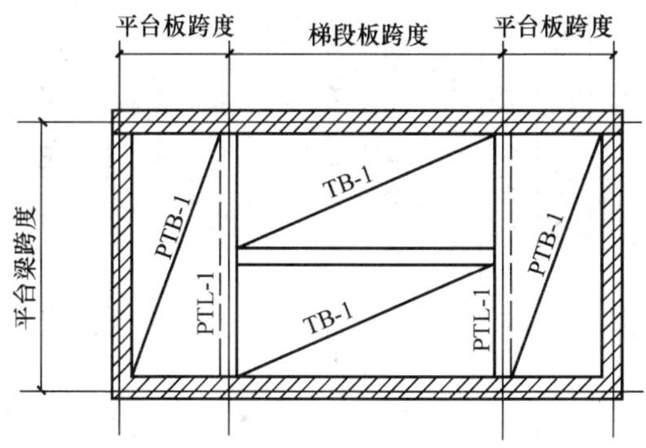

图 4.8-1 板式楼梯结构平面布置图

板式楼梯梯段板（TB-1）配筋选用表 表 4.8-1

（混凝土强度等级：C25；钢筋种类：HPB235、HRB335 级）

跨度（m）	板厚（mm）	活荷载									
		$q=2.0kN/m^2$		$q=2.50kN/m^2$		$q=3.0kN/m^2$		$q=3.5kN/m^2$		$q=4.0kN/m^2$	
		板主筋	支座负筋	板主筋	支座负筋	板主筋	支座负筋	板主筋	支座负筋	板主筋	支座负筋
2700	80	Φ12@150	ϕ8@200	Φ12@150	ϕ8@200	Φ12@150	ϕ8@200	Φ12@150	ϕ8@200	Φ12@100	ϕ8@200
	100	ϕ10@100	ϕ8@200	ϕ10@100	ϕ8@200	Φ12@200	ϕ8@200	Φ12@150	ϕ8@200	Φ12@150	ϕ8@200
3000	100	Φ12@150	ϕ8@200	Φ12@150	ϕ8@200	Φ12@150	ϕ8@200	Φ12@150	ϕ8@200	Φ12@150	ϕ8@200
	110	ϕ10@100	ϕ8@200	Φ12@150	ϕ8@200	Φ12@150	ϕ8@200	Φ12@150	ϕ8@200	Φ12@150	ϕ8@200
3300	110	Φ12@150	ϕ8@150	Φ12@120	ϕ8@150	Φ12@150	ϕ8@150	Φ12@120	ϕ8@150	Φ12@120	ϕ8@150
	120	Φ12@150	ϕ8@150	Φ12@150	ϕ8@150	Φ12@150	ϕ8@150	Φ12@150	ϕ8@150	Φ12@120	ϕ8@150
3600	120	Φ12@150	ϕ8@150	Φ12@150	ϕ8@150	Φ12@120	ϕ8@150	Φ12@120	ϕ8@200	Φ12@120	ϕ8@150
	130	Φ12@150	ϕ8@150	Φ12@150	ϕ8@150	Φ12@150	ϕ8@150	Φ12@120	ϕ8@200	Φ12@120	ϕ8@150
3900	130	Φ12@120	ϕ8@150	Φ12@120	ϕ8@150	Φ12@120	ϕ8@150	Φ12@120	ϕ8@200	Φ12@100	ϕ8@150
	140	Φ12@120	ϕ8@150	Φ12@120	ϕ8@150	Φ12@100	ϕ8@150	Φ12@120	ϕ8@200	Φ12@100	ϕ8@150
4200	140	Φ12@120	ϕ10@150	Φ12@120	ϕ10@150	Φ12@100	ϕ10@150	Φ12@100	ϕ10@150	Φ12@100	ϕ10@150
	150	Φ12@120	ϕ10@150	Φ12@120	ϕ10@150	Φ12@120	ϕ10@150	Φ12@100	ϕ10@150	Φ12@100	ϕ10@150

板式楼梯平台板（PTB-1）配筋表 **表 4.8-2**

（混凝土强度等级：C25；钢筋种类：HPB235 级）

板跨度（mm）	活荷载 $q=2.0kN/m^2$		活荷载 $q=2.5kN/m^2$		活荷载 $q=3.0kN/m^2$		活荷载 $q=3.5kN/m^2$		活荷载 $q=4.0kN/m^2$	
	板厚 t（mm）	配筋	板厚 t（mm）	配筋	板厚 t（mm）	配筋	板厚 t（mm）	配筋	板厚 t（mm）	配筋
1.35	80	ϕ6@150	80	ϕ6@150	80	ϕ6@150	80	ϕ6@150	80	ϕ6@150
1.5	80	ϕ6@150	80	ϕ6@150	80	ϕ8@200	80	ϕ8@200	80	ϕ8@200
1.65	80	ϕ8@200	80	ϕ8@200	80	ϕ8@200	80	ϕ8@150	80	ϕ8@150
1.8	100	ϕ8@200	100	ϕ8@200	100	ϕ8@200	100	ϕ8@200	100	ϕ8@150
1.95	100	ϕ8@200	100	ϕ8@200	100	ϕ8@150	100	ϕ8@150	100	ϕ8@150
2.1	100	ϕ8@150	100	ϕ8@150	100	ϕ8@150	100	ϕ8@150	100	ϕ8@100
2.25	100	ϕ8@150	100	ϕ8@150	100	ϕ8@100	100	ϕ8@100	100	ϕ8@100

板式楼梯平台梁（PTL-1）配筋表 **表 4.8-3**

（混凝土强度等级：C25；钢筋种类：主筋 HRB335 级、箍筋 HPB235 级）

平台梁（PTL-1）跨度(m)	梯段板（TB-1）跨度(m)	断面 $b \times h$		配　筋		断面 $b \times h$		配　筋		断面 $b \times h$		配　筋		断面 $b \times h$		配　筋	
		b(mm)	h(mm)	主筋	箍筋	b(mm)	h(mm)	主筋	箍筋	b(mm)	h(mm)	主筋	箍筋	b(mm)	h(mm)	主筋	箍筋
		活荷载 $q=2.0kN/m^2$				活荷载 $q=2.5kN/m^2$				活荷载 $q=3.0kN/m^2$				活荷载 $q=3.5kN/m^2$			
2.7	2.7	200	300	2Φ14	ϕ6@200	200	300	2Φ14	ϕ6@200	200	300	2Φ14	ϕ6@200	200	300	2Φ16	ϕ6@200

续表

平台梁	梯段板	断面 $b\times h$		配　筋		断面 $b\times h$		配　筋		断面 $b\times h$		配　筋		断面 $b\times h$		配　筋	
(PTL-1)	(TB-1)	b(mm)	h(mm)	主筋	箍筋	b(mm)	h(mm)	主筋	箍筋	b(mm)	h(mm)	主筋	箍筋	b(mm)	h(mm)	主筋	箍筋
跨度(m)	跨度(m)	活荷载 $q=2.0\text{kN/m}^2$				活荷载 $q=2.5\text{kN/m}^2$				活荷载 $q=3.0\text{kN/m}^2$				活荷载 $q=3.5\text{kN/m}^2$			
2.7	3.0	200	300	2Φ14	ϕ6@200	200	300	2Φ16	ϕ6@200	200	300	2Φ16	ϕ6@200	200	300	2Φ16	ϕ6@200
2.7	3.3	200	300	2Φ16	ϕ6@200	200	300	2Φ16	ϕ6@200	200	300	2Φ16	ϕ6@200	200	300	2Φ16	ϕ6@200
2.7	3.6	200	300	2Φ16	ϕ6@200	200	300	2Φ16	ϕ6@200	200	300	2Φ18	ϕ6@200	200	300	2Φ18	ϕ6@200
2.7	3.9	200	300	2Φ16	ϕ6@200	200	300	2Φ18	ϕ6@200	200	300	2Φ18	ϕ6@200	200	300	2Φ18	ϕ6@200
2.7	4.2	200	300	3Φ14	ϕ6@200	200	300	3Φ14	ϕ6@200	200	300	2Φ18	ϕ6@200	200	350	2Φ18	ϕ6@200
3.0	2.7	200	300	2Φ16	ϕ6@200	200	300	2Φ16	ϕ6@200	200	300	2Φ16	ϕ6@200	200	350	2Φ18	ϕ6@200
3.0	3.0	200	300	2Φ16	ϕ6@200	200	300	2Φ18	ϕ6@200	200	300	2Φ18	ϕ6@200	200	350	2Φ18	ϕ6@200
3.0	3.3	200	300	2Φ16	ϕ6@200	200	300	3Φ14	ϕ6@200	200	300	2Φ18	ϕ6@200	200	350	3Φ16	ϕ6@200
3.0	3.6	200	300	3Φ14	ϕ6@200	200	300	3Φ16	ϕ6@200	200	300	2Φ20	ϕ6@200	200	350	3Φ16	ϕ6@200
3.0	3.9	200	300	3Φ16	ϕ6@200	200	300	3Φ16	ϕ6@200	200	300	3Φ16	ϕ6@200	200	350	3Φ18	ϕ6@200
3.0	4.2	200	300	3Φ16	ϕ6@200	200	300	3Φ16	ϕ6@200	200	300	3Φ18	ϕ6@200	200	350	3Φ18	ϕ6@200
3.3	2.7	200	300	3Φ14	ϕ6@200	200	300	3Φ16	ϕ6@200	200	300	2Φ18	ϕ6@200	200	300	3Φ16	ϕ6@200

续表

平台梁 (PTL-1) 跨度(m)	梯段板 (TB-1) 跨度(m)	断面 $b \times h$		配筋		断面 $b \times h$		配筋		断面 $b \times h$		配筋		断面 $b \times h$		配筋	
		b(mm)	h(mm)	主筋	箍筋	b(mm)	h(mm)	主筋	箍筋	b(mm)	h(mm)	主筋	箍筋	b(mm)	h(mm)	主筋	箍筋
		活荷载 $q=2.0kN/m^2$				活荷载 $q=2.5kN/m^2$				活荷载 $q=3.0kN/m^2$				活荷载 $q=3.5kN/m^2$			
3.3	3.0	200	300	3Φ16	φ6@200	200	300	3Φ16	φ6@200	200	300	3Φ16	φ6@200	200	300	3Φ16	φ6@200
3.3	3.3	200	300	3Φ16	φ6@200	200	300	3Φ16	φ6@200	200	300	3Φ18	φ6@200	200	300	3Φ18	φ6@200
3.3	3.6	200	300	3Φ16	φ6@200	200	300	3Φ18	φ6@200	200	300	3Φ18	φ6@200	200	300	3Φ18	φ6@200
3.3	3.9	200	300	2Φ18	φ6@200	200	300	3Φ18	φ6@200	200	300	3Φ18	φ6@200	200	300	3Φ20	φ6@200
3.3	4.2	200	300	3Φ18	φ6@200	200	300	3Φ20	φ6@200	200	300	3Φ20	φ6@200	200	300	3Φ20	φ6@200
3.6	2.7	200	300	3Φ16	φ6@200	200	300	3Φ16	φ6@200	200	300	3Φ18	φ6@200	200	300	3Φ18	φ6@200
3.6	3.0	200	300	3Φ18	φ6@200	200	300	3Φ18	φ6@200	200	300	3Φ18	φ6@200	200	300	3Φ20	φ6@200
3.6	3.3	200	300	3Φ18	φ6@200	200	300	3Φ18	φ6@200	200	300	3Φ18	φ6@200	200	300	3Φ20	φ6@200
3.6	3.6	200	300	3Φ18	φ6@200	200	300	3Φ18	φ6@200	200	300	3Φ18	φ6@200	200	350	3Φ18	φ6@200
3.6	3.9	200	300	3Φ20	φ6@200	200	350	3Φ18	φ6@200	200	350	3Φ18	φ6@200	200	350	3Φ20	φ6@200
3.6	4.2	200	300	3Φ20	φ6@200	200	350	3Φ20	φ6@200	200	350	3Φ20	φ6@200	200	350	3Φ20	φ6@200

续表

平台梁 (PTL-1) 跨度(m)	梯段板 (TB-1) 跨度(m)	断面 $b\times h$		配　筋		断面 $b\times h$		配　筋		断面 $b\times h$		配　筋		断面 $b\times h$		配　筋	
		b(mm)	h(mm)	主筋	箍筋	b(mm)	h(mm)	主筋	箍筋	b(mm)	h(mm)	主筋	箍筋	b(mm)	h(mm)	主筋	箍筋
		活荷载 $q=2.0\text{kN/m}^2$				活荷载 $q=2.5\text{kN/m}^2$				活荷载 $q=3.0\text{kN/m}^2$				活荷载 $q=3.5\text{kN/m}^2$			
3.9	2.7	200	350	3Φ16	φ6@200	200	350	3Φ16	φ6@200	200	350	3Φ18	φ6@200	200	350	3Φ18	φ6@200
3.9	3.0	200	350	3Φ18	φ6@200	200	350	3Φ18	φ6@200	200	350	3Φ18	φ6@200	200	350	3Φ18	φ6@200
3.9	3.3	200	350	3Φ18	φ6@200	200	350	3Φ18	φ6@200	200	350	3Φ20	φ6@200	200	350	3Φ20	φ6@200
3.9	3.6	200	350	3Φ18	φ6@200	200	350	3Φ20	φ6@200	200	350	3Φ20	φ6@200	200	400	3Φ18	φ8@200
3.9	3.9	200	350	3Φ20	φ6@200	200	350	3Φ20	φ6@200	200	350	3Φ20	φ6@200	200	400	3Φ20	φ8@200
3.9	4.2	200	350	3Φ20	φ6@200	200	350	3Φ22	φ6@200	200	350	3Φ22	φ6@200	200	400	3Φ20	φ8@200
4.2	2.7	200	400	3Φ16	φ8@200	200	400	3Φ16	φ8@200	200	400	3Φ18	φ8@200	200	400	3Φ18	φ8@200
4.2	3.0	200	400	3Φ18	φ8@200	200	400	3Φ18	φ8@200	200	400	3Φ18	φ8@200	200	400	3Φ20	φ8@200
4.2	3.3	200	400	3Φ18	φ8@200	200	400	3Φ18	φ8@200	200	400	3Φ20	φ8@200	200	400	3Φ20	φ8@200
4.2	3.6	200	400	3Φ18	φ8@200	200	400	3Φ18	φ8@200	200	400	3Φ20	φ8@200	200	400	3Φ20	φ8@200
4.2	3.9	200	400	3Φ20	φ8@200	200	400	3Φ20	φ8@200	200	400	3Φ22	φ8@200	200	400	3Φ20	φ8@200
4.2	4.2	200	400	3Φ20	φ8@200	200	400	3Φ22	φ8@200	200	400	3Φ22	φ8@200	200	400	3Φ22	φ8@200

4.8.2 现浇钢筋混凝土梁式楼梯配筋表

（1）主要内容

现浇钢筋混凝土梁式楼梯配筋表主要包括：梁式楼梯踏步板（TB-1）配筋表（表 4.8-4）、梁式楼梯梯段梁（TL-1）配筋表（见表 4.8-5）、梁式楼梯平台板（PTB-1）配筋表（见表 4.8-6）、梁式楼梯平台梁（PTL-1）配筋表（见表 4.8-7）。

（2）配筋表编制技术条件

栏杆自重不大于　　　0.2kN/m；

50mm 厚水磨石面层　　$1.7kN/m^2$；

20mm 厚板底抹灰　　　$0.38kN/m^2$；

梯段板倾角　　　　　$\alpha = 25° \sim 35°$；

平台板（PTB-1）跨度≤平台梁（PLT-1）跨度/2。

（3）楼梯间结构平面布置图

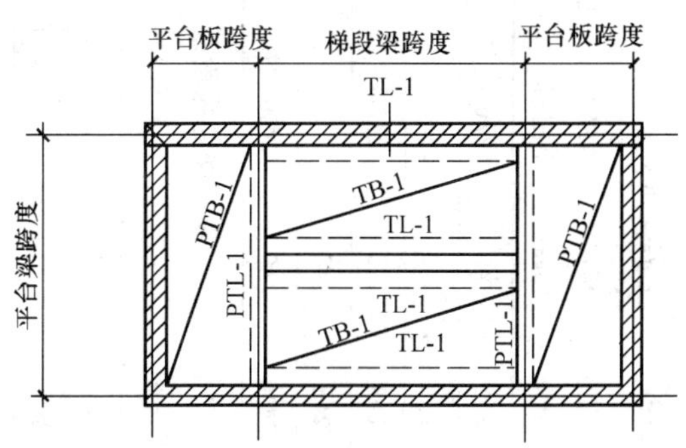

图 4.8-2　梁式楼梯结构平面布置图

（4）基本假定

1）踏步板按沿跨度方向的两端简支单向板考虑；

2）平台板按沿跨度方向的两端简支单向板考虑；

3）梯段梁按沿跨度方向的两端简支梁考虑；

4）平台梁按沿跨度方向的两端简支梁考虑。

梁式楼梯踏步（TB-1）板配筋　　表 4.8-4

（混凝土强度等级：C25；钢筋种类：HPB235 级）

板跨度 (mm)	板厚 (mm)	活荷载 $q=2.0kN/m^2$		活荷载 $q=2.0kN/m^2$		活荷载 $q=2.0kN/m^2$		活荷载 $q=2.0kN/m^2$		活荷载 $q=2.0kN/m^2$	
		板厚 (mm)	每踏步下配筋	板厚 (mm)	每踏步下配筋	板厚 (mm)	每踏步下配筋	板厚 (mm)	每踏步下配筋	板厚 (mm)	每踏步下配筋
1.2	40	40	2ϕ6	40	2ϕ6	40	2ϕ6	40	2ϕ6	40	2ϕ6
1.5	40	40	2ϕ6	40	2ϕ6	40	2ϕ6	40	2ϕ6	40	2ϕ6
1.8	40	40	2ϕ8	40	2ϕ8	40	2ϕ8	40	2ϕ8	40	2ϕ8
2.1	40	40	2ϕ8	40	2ϕ8	40	2ϕ8	40	2ϕ10	40	2ϕ10
2.4	40	40	2ϕ10	40	2ϕ10	40	2ϕ10	40	2ϕ10	40	2ϕ10

梁式楼梯梯段梁（TL-1）配筋表　　表 4.8-5

（混凝土强度等级：C25；钢筋种类：主筋 HRB335 级、箍筋 HPB235 级）

梯段梁 (TL-1) 跨度(m)	踏步板 (TB-1) 跨度(m)	梁断面 $b\times h$		配　筋		梁断面 $b\times h$		配　筋		梁断面 $b\times h$		配　筋		梁断面 $b\times h$		配　筋	
		b(mm)	h(mm)	主筋	箍筋	b(mm)	h(mm)	主筋	箍筋	b(mm)	h(mm)	主筋	箍筋	b(mm)	h(mm)	主筋	箍筋
		活荷载 $q=2.0kN/m^2$				活荷载 $q=2.5kN/m^2$				活荷载 $q=3.0kN/m^2$				活荷载 $q=3.5kN/m^2$			
2.4	1.3	200	250	2Φ14	ϕ6@200	200	250	2Φ14	ϕ6@200	200	250	2Φ14	ϕ6@200	200	250	2Φ14	ϕ6@200
2.4	1.45	200	250	2Φ14	ϕ6@200	200	250	2Φ14	ϕ6@200	200	250	2Φ14	ϕ6@200	200	250	2Φ14	ϕ6@200

续表

梯段梁(TL-1)跨度(m)	踏步板(TB-1)跨度(m)	梁断面 $b \times h$		配筋		梁断面 $b \times h$		配筋		梁断面 $b \times h$		配筋		梁断面 $b \times h$		配筋	
		b(mm)	h(mm)	主筋	箍筋	b(mm)	h(mm)	主筋	箍筋	b(mm)	h(mm)	主筋	箍筋	b(mm)	h(mm)	主筋	箍筋
		活荷载 $q=2.0\text{kN/m}^2$				活荷载 $q=2.5\text{kN/m}^2$				活荷载 $q=3.0\text{kN/m}^2$				活荷载 $q=3.5\text{kN/m}^2$			
2.4	1.6	200	250	2⌀14	ϕ6@200	200	250	2⌀14	ϕ6@200	200	250	2⌀14	ϕ6@200	200	250	2⌀14	ϕ6@200
2.4	1.75	200	250	2⌀14	ϕ6@200	200	250	2⌀14	ϕ6@200	200	250	2⌀14	ϕ6@200	200	250	2⌀14	ϕ6@200
2.4	1.9	200	250	2⌀14	ϕ6@200	200	250	2⌀14	ϕ6@200	200	250	2⌀14	ϕ6@200	200	250	2⌀14	ϕ6@200
2.4	2.05	200	250	2⌀14	ϕ6@200	200	250	2⌀14	ϕ6@200	200	250	2⌀14	ϕ6@200	200	250	2⌀14	ϕ6@200
2.7	1.3	200	250	2⌀14	ϕ6@200	200	250	2⌀14	ϕ6@200	200	250	2⌀14	ϕ6@200	200	250	2⌀14	ϕ6@200
2.7	1.45	200	250	2⌀14	ϕ6@200	200	250	2⌀14	ϕ6@200	200	250	2⌀14	ϕ6@200	200	250	2⌀14	ϕ6@200
2.7	1.6	200	250	2⌀14	ϕ6@200	200	250	2⌀14	ϕ6@200	200	250	2⌀14	ϕ6@200	200	250	2⌀14	ϕ6@200
2.7	1.75	200	250	2⌀14	ϕ6@200	200	250	2⌀14	ϕ6@200	200	250	2⌀14	ϕ6@200	200	250	2⌀14	ϕ6@200
2.7	1.9	200	250	2⌀14	ϕ6@200	200	250	2⌀14	ϕ6@200	200	250	2⌀14	ϕ6@200	200	250	2⌀14	ϕ6@200
2.7	2.05	200	250	2⌀14	ϕ6@200	200	250	2⌀14	ϕ6@200	200	250	2⌀14	ϕ6@200	200	250	2⌀14	ϕ6@200
3	1.3	200	250	2⌀14	ϕ6@200	200	250	2⌀14	ϕ6@200	200	250	2⌀14	ϕ6@200	200	250	2⌀14	ϕ6@200

续表

梯段梁(TL-1)跨度(m)	踏步板(TB-1)跨度(m)	梁断面 $b \times h$		配筋		梁断面 $b \times h$		配筋		梁断面 $b \times h$		配筋		梁断面 $b \times h$		配筋	
		b(mm)	h(mm)	主筋	箍筋	b(mm)	h(mm)	主筋	箍筋	b(mm)	h(mm)	主筋	箍筋	b(mm)	h(mm)	主筋	箍筋
		活荷载 $q=2.0kN/m^2$				活荷载 $q=2.5kN/m^2$				活荷载 $q=3.0kN/m^2$				活荷载 $q=3.5kN/m^2$			
3	1.45	200	250	2Φ14	φ6@200	200	250	2Φ14	φ6@200	200	250	2Φ14	φ6@200	200	250	2Φ14	φ6@200
3	1.6	200	250	2Φ14	φ6@200	200	250	2Φ14	φ6@200	200	250	2Φ14	φ6@200	200	250	2Φ14	φ6@200
3	1.75	200	250	2Φ14	φ6@200	200	250	2Φ14	φ6@200	200	250	2Φ14	φ6@200	200	250	2Φ14	φ6@200
3	1.9	200	250	2Φ14	φ6@200	200	250	2Φ14	φ6@200	200	250	2Φ14	φ6@200	200	250	2Φ14	φ6@200
3	2.05	200	250	2Φ14	φ6@200	200	250	2Φ14	φ6@200	200	250	2Φ14	φ6@200	200	250	2Φ14	φ6@200
3.3	1.3	200	300	2Φ14	φ6@200	200	300	2Φ14	φ6@200	200	300	2Φ14	φ6@200	200	300	2Φ14	φ6@200
3.3	1.45	200	300	2Φ14	φ6@200	200	300	2Φ14	φ6@200	200	300	2Φ14	φ6@200	200	300	2Φ14	φ6@200
3.3	1.6	200	300	2Φ14	φ6@200	200	300	2Φ14	φ6@200	200	300	2Φ14	φ6@200	200	300	2Φ14	φ6@200
3.3	1.75	200	300	2Φ14	φ6@200	200	300	2Φ14	φ6@200	200	300	2Φ14	φ6@200	200	300	2Φ14	φ6@200
3.3	1.9	200	300	2Φ14	φ6@200	200	300	2Φ14	φ6@200	200	300	2Φ14	φ6@200	200	300	2Φ14	φ6@200
3.3	2.05	200	300	2Φ14	φ6@200	200	300	2Φ14	φ6@200	200	300	2Φ14	φ6@200	200	300	2Φ14	φ6@200
3.6	1.3	200	300	2Φ14	φ6@200	200	300	2Φ14	φ6@200	200	300	2Φ14	φ6@200	200	300	2Φ14	φ6@200
3.6	1.45	200	300	2Φ14	φ6@200	200	300	2Φ14	φ6@200	200	300	2Φ14	φ6@200	200	300	2Φ14	φ6@200
3.6	1.6	200	300	2Φ14	φ6@200	200	300	2Φ14	φ6@200	200	300	2Φ14	φ6@200	200	300	2Φ14	φ6@200

续表

梯段梁 (TL-1) 跨度(m)	踏步板 (TB-1) 跨度(m)	梁断面 $b \times h$		配 筋		梁断面 $b \times h$		配 筋		梁断面 $b \times h$		配 筋		梁断面 $b \times h$		配 筋	
		b(mm)	h(mm)	主筋	箍筋	b(mm)	h(mm)	主筋	箍筋	b(mm)	h(mm)	主筋	箍筋	b(mm)	h(mm)	主筋	箍筋
		活荷载 $q = 2.0\text{kN/m}^2$				活荷载 $q = 2.5\text{kN/m}^2$				活荷载 $q = 3.0\text{kN/m}^2$				活荷载 $q = 3.5\text{kN/m}^2$			
3.6	1.75	200	300	2Φ16	φ6@200	200	300	2Φ14	φ6@200	200	300	2Φ14	φ6@200	200	300	2Φ16	φ6@200
3.6	1.9	200	300	2Φ16	φ6@200	200	300	2Φ16	φ6@200	200	300	2Φ16	φ6@200	200	300	2Φ16	φ6@200
3.6	1.9	200	300	2Φ16	φ6@200	200	300	2Φ16	φ6@200	200	300	2Φ16	φ6@200	200	300	2Φ16	φ6@200
3.9	1.3	200	300	2Φ14	φ6@200	200	300	2Φ14	φ6@200	200	300	2Φ14	φ6@200	200	300	2Φ14	φ6@200
3.9	1.45	200	300	2Φ14	φ6@200	200	300	2Φ14	φ6@200	200	300	2Φ14	φ6@200	200	300	2Φ16	φ6@200
3.9	1.6	200	300	2Φ14	φ6@200	200	300	2Φ16	φ6@200	200	300	2Φ16	φ6@200	200	300	2Φ16	φ6@200
3.9	1.75	200	300	2Φ16	φ6@200	200	300	2Φ16	φ6@200	200	300	2Φ16	φ6@200	200	300	2Φ16	φ6@200
3.9	1.9	200	300	2Φ16	φ6@200	200	300	2Φ16	φ6@200	200	300	2Φ16	φ6@200	200	300	2Φ16	φ6@200
3.9	2.05	200	300	2Φ16	φ6@200	200	300	2Φ16	φ6@200	200	300	2Φ16	φ6@200	200	300	2Φ16	φ6@200
4.2	1.3	200	350	2Φ14	φ6@200	200	350	2Φ14	φ6@200	200	350	2Φ14	φ6@200	200	350	2Φ16	φ6@200
4.2	1.45	200	350	2Φ14	φ6@200	200	350	2Φ14	φ6@200	200	350	2Φ16	φ6@200	200	350	2Φ16	φ6@200
4.2	1.6	200	350	2Φ14	φ6@200	200	350	2Φ16	φ6@200	200	350	2Φ16	φ6@200	200	350	2Φ16	φ6@200
4.2	1.6	200	350	2Φ16	φ6@200	200	350	2Φ16	φ6@200	200	350	2Φ16	φ6@200	200	350	2Φ16	φ6@200
4.2	1.9	200	350	2Φ16	φ6@200	200	350	2Φ16	φ6@200	200	350	2Φ16	φ6@200	200	350	2Φ16	φ6@200
4.2	2.05	200	350	2Φ16	φ6@200	200	350	2Φ16	φ6@200	200	350	2Φ16	φ6@200	200	350	2Φ16	φ6@200

表 4.8-6

梁式楼梯平台板（PTB-1）配筋表

（混凝土强度等级：C25；钢筋种类：HPB235 级）

板跨度 (mm)	活荷载 $q=2.0kN/m^2$		活荷载 $q=2.5kN/m^2$		活荷载 $q=3.0kN/m^2$		活荷载 $q=3.5kN/m^2$		活荷载 $q=4.0kN/m^2$	
	板厚 t（mm）	配筋（mm）	板厚 t（mm）	配筋（mm）	板厚 t（mm）	配筋（mm）	板厚 t（mm）	配筋（mm）	板厚 t（mm）	配筋（mm）
1.35	80	ϕ6@150	80	ϕ6@150	80	ϕ6@150	80	ϕ6@150	80	ϕ6@150
1.5	80	ϕ6@150	80	ϕ6@150	80	ϕ8@200	80	ϕ8@200	80	ϕ8@200
1.65	80	ϕ8@200	80	ϕ8@200	80	ϕ8@200	80	ϕ8@150	80	ϕ8@150
1.8	100	ϕ8@200	100	ϕ8@200	100	ϕ8@200	100	ϕ8@200	100	ϕ8@150
1.95	100	ϕ8@200	100	ϕ8@200	100	ϕ8@150	100	ϕ8@150	100	ϕ8@150
2.1	100	ϕ8@150	100	ϕ8@150	100	ϕ8@150	100	ϕ8@150	100	ϕ8@100
2.25	100	ϕ8@150	100	ϕ8@150	100	ϕ8@100	100	ϕ8@100	100	ϕ8@100

表 4.8-7

梁式楼梯平台梁（PTL-1）配筋表

（混凝土强度等级：C25；钢筋种类：主筋 HRB335 级、箍筋 HPB235 级）

平台梁 (PTL-1) 跨度(m)	梯段梁 (TL-1) 跨度(m)	断面 $b\times h$		配筋		断面 $b\times h$		配筋		断面 $b\times h$		配筋		断面 $b\times h$		配筋	
		b(mm)	h(mm)	主筋	箍筋	b(mm)	h(mm)	主筋	箍筋	b(mm)	h(mm)	主筋	箍筋	b(mm)	h(mm)	主筋	箍筋
		活荷载 $q=2.0kN/m^2$				活荷载 $q=2.5kN/m^2$				活荷载 $q=3.0kN/m^2$				活荷载 $q=3.5kN/m^2$			
2.70	2.40	200	300	2Φ14	ϕ6@200	200	300	2Φ16	ϕ6@200	200	300	2Φ16	ϕ6@200	200	300	3Φ14	ϕ6@200

续表

平台梁(PTL-1)跨度(m)	梯段梁(TL-1)跨度(m)	断面 $b \times h$		配筋		断面 $b \times h$		配筋		断面 $b \times h$		配筋		断面 $b \times h$		配筋	
		b(mm)	h(mm)	主筋	箍筋	b(mm)	h(mm)	主筋	箍筋	b(mm)	h(mm)	主筋	箍筋	b(mm)	h(mm)	主筋	箍筋
		活荷载 $q = 2.0\text{kN/m}^2$				活荷载 $q = 2.5\text{kN/m}^2$				活荷载 $q = 3.0\text{kN/m}^2$				活荷载 $q = 3.5\text{kN/m}^2$			
2.70	2.70	200	300	2 Φ 16	φ6@200	200	300	2 Φ 16	φ6@200	200	300	2 Φ 16	φ6@200	200	300	3 Φ 14	φ6@200
2.70	3.00	200	300	2 Φ 16	φ6@200	200	300	2 Φ 16	φ6@200	200	300	2 Φ 16	φ6@200	200	300	3 Φ 14	φ6@200
2.70	3.30	200	300	2 Φ 16	φ6@200	200	300	2 Φ 18	φ6@200	200	300	2 Φ 18	φ6@200	200	300	3 Φ 16	φ6@200
2.70	3.60	200	350	2 Φ 16	φ6@200	200	350	2 Φ 16	φ6@200	200	350	2 Φ 18	φ6@200	200	350	3 Φ 14	φ6@200
2.70	3.90	200	350	2 Φ 16	φ6@200	200	350	2 Φ 18	φ6@200	200	350	3 Φ 14	φ6@200	200	350	3 Φ 14	φ6@200
2.70	4.20	200	400	2 Φ 16	φ8@200	200	400	2 Φ 16	φ8@200	200	400	2 Φ 18	φ8@200	200	400	3 Φ 14	φ8@200
3.00	2.40	200	300	2 Φ 16	φ6@200	200	300	2 Φ 16	φ6@200	200	300	3 Φ 14	φ6@200	200	300	3 Φ 14	φ6@200
3.00	2.70	200	300	2 Φ 18	φ6@200	200	300	2 Φ 18	φ6@200	200	300	3 Φ 16	φ6@200	200	300	3 Φ 16	φ6@200
3.00	3.00	200	300	2 Φ 18	φ6@200	200	300	2 Φ 18	φ6@200	200	300	3 Φ 16	φ6@200	200	300	3 Φ 16	φ6@200
3.00	3.30	200	300	2 Φ 18	φ6@200	200	300	2 Φ 20	φ6@200	200	300	3 Φ 16	φ6@200	200	300	3 Φ 16	φ6@200
3.00	3.60	200	350	2 Φ 18	φ6@200	200	350	2 Φ 18	φ6@200	200	350	3 Φ 16	φ6@200	200	350	3 Φ 16	φ6@200
3.00	3.90	200	350	2 Φ 18	φ6@200	200	350	2 Φ 20	φ6@200	200	350	3 Φ 16	φ6@200	200	350	3 Φ 16	φ6@200
3.00	4.20	200	400	2 Φ 18	φ8@200	200	400	2 Φ 18	φ6@200	200	400	2 Φ 18	φ8@200	200	400	3 Φ 16	φ8@200
3.30	2.40	200	300	2 Φ 18	φ6@200	200	300	2 Φ 18	φ6@200	200	300	3 Φ 16	φ6@200	200	300	3 Φ 16	φ6@200

续表

平台梁 (PTL-1)	梯段梁 (TL-1)	断面 $b \times h$		配筋		断面 $b \times h$		配筋		断面 $b \times h$		配筋		断面 $b \times h$		配筋	
		b(mm)	h(mm)	主筋	箍筋	b(mm)	h(mm)	主筋	箍筋	b(mm)	h(mm)	主筋	箍筋	b(mm)	h(mm)	主筋	箍筋
跨度(m)	跨度(m)	活荷载 $q = 2.0\text{kN/m}^2$				活荷载 $q = 2.5\text{kN/m}^2$				活荷载 $q = 3.0\text{kN/m}^2$				活荷载 $q = 3.5\text{kN/m}^2$			
3.30	2.70	200	300	3Φ16	φ6@200	200	300	3Φ18	φ6@200	200	300	3Φ16	φ6@200	200	300	3Φ18	φ6@200
3.30	3.00	200	300	3Φ16	φ6@200	200	300	3Φ18	φ6@200	200	300	3Φ18	φ6@200	200	300	3Φ18	φ6@200
3.30	3.30	200	300	3Φ18	φ6@200	200	300	3Φ18	φ6@200	200	300	3Φ20	φ6@200	200	300	3Φ18	φ6@200
3.30	3.60	200	350	3Φ16	φ6@200	200	350	3Φ16	φ6@200	200	350	3Φ18	φ6@200	200	350	3Φ18	φ6@200
3.30	3.90	200	350	3Φ16	φ6@200	200	350	3Φ18	φ6@200	200	350	3Φ18	φ6@200	200	350	3Φ18	φ6@200
3.30	4.20	200	400	3Φ16	φ8@200	200	400	3Φ16	φ6@200	200	400	3Φ18	φ8@200	200	400	3Φ18	φ6@200
3.60	2.40	200	300	3Φ16	φ6@200	200	300	3Φ18	φ6@200	200	300	3Φ18	φ6@200	200	300	3Φ18	φ6@200
3.60	2.70	200	300	3Φ18	φ6@200	200	300	3Φ18	φ6@200	200	300	3Φ18	φ6@200	200	300	3Φ18	φ6@200
3.60	3.00	200	300	3Φ18	φ6@200	200	300	3Φ18	φ6@200	200	300	3Φ20	φ6@200	200	300	3Φ20	φ6@200
3.60	3.30	200	300	3Φ18	φ6@200	200	300	3Φ20	φ6@200	200	300	3Φ20	φ6@200	200	300	3Φ20	φ6@200
3.60	3.60	200	350	3Φ18	φ6@200	200	350	3Φ18	φ6@200	200	350	3Φ20	φ6@200	200	350	3Φ20	φ6@200
3.60	3.90	200	350	3Φ18	φ6@200	200	350	3Φ20	φ6@200	200	350	3Φ20	φ6@200	200	350	3Φ20	φ6@200
3.60	4.20	200	400	3Φ18	φ8@200	200	400	3Φ18	φ8@200	200	400	3Φ18	φ8@200	200	400	3Φ20	φ8@200
3.90	2.40	200	350	3Φ16	φ6@200	200	350	3Φ18	φ6@200	200	350	3Φ18	φ6@200	200	350	3Φ18	φ6@200

续表

平台梁(PTL-1)跨度(m)	梯段梁(TL-1)跨度(m)	断面 $b \times h$		配筋		断面 $b \times h$		配筋		断面 $b \times h$		配筋		断面 $b \times h$		配筋	
		b(mm)	h(mm)	主筋	箍筋	b(mm)	h(mm)	主筋	箍筋	b(mm)	h(mm)	主筋	箍筋	b(mm)	h(mm)	主筋	箍筋
		活荷载 $q=2.0\text{kN/m}^2$				活荷载 $q=2.5\text{kN/m}^2$				活荷载 $q=3.0\text{kN/m}^2$				活荷载 $q=3.5\text{kN/m}^2$			
3.90	2.70	200	350	3Φ18	ϕ6@200	200	350	3Φ20	ϕ6@200	200	350	3Φ18	ϕ6@200	200	350	3Φ20	ϕ6@200
3.90	3.00	200	350	3Φ18	ϕ6@200	200	350	3Φ18	ϕ6@200	200	350	3Φ20	ϕ6@200	200	350	3Φ20	ϕ6@200
3.90	3.30	200	350	3Φ18	ϕ6@200	200	350	3Φ20	ϕ6@200	200	350	3Φ20	ϕ6@200	200	350	3Φ20	ϕ6@200
3.90	3.60	200	350	3Φ20	ϕ6@200	200	350	3Φ20	ϕ6@200	200	350	3Φ20	ϕ6@200	200	350	3Φ22	ϕ6@200
3.90	3.90	200	350	3Φ20	ϕ6@200	200	350	3Φ20	ϕ6@200	200	350	3Φ22	ϕ6@200	200	350	3Φ22	ϕ6@200
3.90	4.20	200	400	3Φ20	ϕ8@200	200	400	3Φ20	ϕ8@200	200	400	3Φ20	ϕ8@200	200	400	3Φ22	ϕ8@200
4.20	2.40	200	400	3Φ16	ϕ8@200	200	400	3Φ18	ϕ8@200	200	400	3Φ18	ϕ8@200	200	400	3Φ18	ϕ8@200
4.20	2.70	200	400	3Φ18	ϕ8@200	200	400	3Φ18	ϕ8@200	200	400	3Φ18	ϕ8@200	200	400	3Φ20	ϕ8@200
4.20	3.00	200	400	3Φ18	ϕ8@200	200	400	3Φ18	ϕ8@200	200	400	3Φ20	ϕ8@200	200	400	3Φ20	ϕ8@200
4.20	3.30	200	400	3Φ18	ϕ8@200	200	400	3Φ20	ϕ8@200	200	400	3Φ20	ϕ8@200	200	400	3Φ20	ϕ8@200
4.20	3.60	200	400	3Φ20	ϕ8@200	200	400	3Φ20	ϕ8@200	200	400	3Φ20	ϕ8@200	200	400	3Φ22	ϕ8@200
4.20	3.90	200	400	3Φ20	ϕ8@200	200	400	3Φ20	ϕ8@200	200	400	3Φ22	ϕ8@200	200	400	3Φ22	ϕ8@200
4.20	4.20	200	400	3Φ20	ϕ8@200	200	400	3Φ22	ϕ8@200	200	400	3Φ22	ϕ8@200	200	450	3Φ22	ϕ8@200

4.8.3　螺旋楼梯

限于篇幅关系，螺旋钢筋混凝土楼梯不另列出配筋表，其已经有详尽的标准设计，为方便查询，本节仅列出其选用表，从选用表中进一步查询标准图集：《钢筋混凝土螺旋梯》（03J402）中国建筑标准设计研究所出版，即可得到相关参数及要求。

详见表 4.8-8 和表 4.8-9。

板式钢筋混凝土螺旋梯选用表　　　　**表 4.8-8**

<table>
<tr><th>序号</th><th>螺旋梯型号</th><th>层高
H（mm）</th><th>中心半径
CR（mm）</th><th>水平角
θ（°）</th><th>梯宽
W（mm）</th><th>页数</th></tr>
<tr><td>1</td><td>BLT3018A12</td><td>3000</td><td>1800</td><td>180</td><td>1200</td><td rowspan="7">46</td></tr>
<tr><td>2</td><td>BLT3021A12</td><td>3000</td><td>2100</td><td>180</td><td>1200</td></tr>
<tr><td>3</td><td>BLT3021A15</td><td>3000</td><td>2100</td><td>180</td><td>1500</td></tr>
<tr><td>4</td><td>BLT3021A18</td><td>3000</td><td>2100</td><td>180</td><td>1800</td></tr>
<tr><td>5</td><td>BLT3024A15</td><td>3000</td><td>2400</td><td>180</td><td>1500</td></tr>
<tr><td>6</td><td>BLT3024A18</td><td>3000</td><td>2400</td><td>180</td><td>1800</td></tr>
<tr><td>7</td><td>BLT3024A21</td><td>3000</td><td>2400</td><td>180</td><td>2100</td></tr>
<tr><td>8</td><td>BLT3321A12</td><td>3300</td><td>2100</td><td>180</td><td>1200</td><td rowspan="5">47</td></tr>
<tr><td>9</td><td>BLT3321A15</td><td>3300</td><td>2100</td><td>180</td><td>1500</td></tr>
<tr><td>10</td><td>BLT3324A15</td><td>3300</td><td>2400</td><td>180</td><td>1500</td></tr>
<tr><td>11</td><td>BLT3324A18</td><td>3300</td><td>2400</td><td>180</td><td>1800</td></tr>
<tr><td>12</td><td>BLT3324A21</td><td>3300</td><td>2400</td><td>180</td><td>2100</td></tr>
<tr><td>13</td><td>BLT3621A12</td><td>3600</td><td>2100</td><td>180</td><td>1200</td><td rowspan="6">48</td></tr>
<tr><td>14</td><td>BLT3624A15</td><td>3600</td><td>2400</td><td>180</td><td>1500</td></tr>
<tr><td>15</td><td>BLT3624A18</td><td>3600</td><td>2400</td><td>180</td><td>1800</td></tr>
<tr><td>16</td><td>BLT3627A15</td><td>3600</td><td>2700</td><td>180</td><td>1500</td></tr>
<tr><td>17</td><td>BLT3627A18</td><td>3600</td><td>2700</td><td>180</td><td>1800</td></tr>
<tr><td>18</td><td>BLT3627A21</td><td>3600</td><td>2700</td><td>180</td><td>2100</td></tr>
<tr><td>19</td><td>BLT3924A15</td><td>3900</td><td>2400</td><td>180</td><td>1500</td><td>49</td></tr>
<tr><td>20</td><td>BLT4224A15</td><td>4200</td><td>2400</td><td>180</td><td>1500</td><td rowspan="3">50</td></tr>
<tr><td>21</td><td>BLT4227A15</td><td>4200</td><td>2700</td><td>180</td><td>1500</td></tr>
<tr><td>22</td><td>BLT4227A18</td><td>4200</td><td>2700</td><td>180</td><td>1800</td></tr>
<tr><td>23</td><td>BLT4527A15</td><td>4500</td><td>2700</td><td>180</td><td>1500</td><td>51</td></tr>
<tr><td>24</td><td>BLT4827A15</td><td>4800</td><td>2700</td><td>180</td><td>1500</td><td>52</td></tr>
<tr><td>25</td><td>BLT3015B12</td><td>3000</td><td>1500</td><td>240</td><td>1200</td><td rowspan="3">56</td></tr>
<tr><td>26</td><td>BLT3018B15</td><td>3000</td><td>1800</td><td>240</td><td>1500</td></tr>
<tr><td>27</td><td>BLT3018B18</td><td>3000</td><td>1800</td><td>240</td><td>1800</td></tr>
</table>

续表

序号	螺旋梯型号	层高 H（mm）	中心半径 CR（mm）	水平角 θ（°）	梯宽 W（mm）	页数
28	BLT3315B12	3300	1500	240	1200	57
29	BLT3318B12	3300	1800	240	1200	
30	BLT3318B15	3300	1800	240	1500	
31	BLT3318B18	3300	1800	240	1800	
32	BLT3321B18	3300	2100	240	1800	
33	BLT3618B12	3600	1800	240	1200	58
34	BLT3618B15	3600	1800	240	1500	
35	BLT3621B12	3600	2100	240	1200	
36	BLT3621B15	3600	2100	240	1500	
37	BLT3621B18	3600	2100	240	1800	
38	BLT3918B12	3900	1800	240	1200	59
39	BLT3921B12	3900	2100	240	1200	
40	BLT3921B15	3900	2100	240	1500	
41	BLT3921B18	3900	2100	240	1800	
42	BLT3924B21	3900	2400	240	2100	
43	BLT4221B12	4200	2100	240	1200	60
44	BLT4221B15	4200	2100	240	1500	
45	BLT4224B15	4200	2400	240	1500	
46	BLT4224B18	4200	2400	240	1800	
47	BLT4224B21	4200	2400	240	2100	
48	BLT4521B12	4500	2100	240	1200	61
49	BLT4521B15	4500	2100	240	1500	
50	BLT4524B12	4500	2400	240	1200	
51	BLT4524B15	4500	2400	240	1500	
52	BLT4524B18	4500	2400	240	1800	
53	BLT4527B21	4500	2700	240	2100	
54	BLT4821B12	4800	2100	240	1200	62

续表

序号	螺旋梯型号	层高 H（mm）	中心半径 CR（mm）	水平角 θ（°）	梯宽 W（mm）	页数
55	BLT4824B15	4800	2400	240	1500	62
56	BLT4824B18	4800	2400	240	1800	
57	BLT4827B21	4800	2700	240	2100	
58	BLT5124B15	5100	2400	240	1500	63
59	BLT5124B18	5100	2400	240	1800	
60	BLT5127B18	5100	2700	240	1800	
61	BLT5127B21	5100	2700	240	2100	
62	BLT5424B15	5400	2400	240	1500	64
63	BLT5427B15	5400	2700	240	1500	
64	BLT5427B18	5400	2700	240	1800	
65	BLT5427B21	5400	2700	240	2100	
66	BLT3015C12	3000	1500	270	1200	70
67	BLT3015C15	3000	1500	270	1500	
68	BLT3315C12	3300	1500	270	1200	71
69	BLT3318C12	3300	1800	270	1200	
70	BLT3318C15	3300	1800	270	1500	
71	BLT3318C18	3300	1800	270	1800	
72	BLT3615C12	3600	1500	270	1200	72
73	BLT3618C12	3600	1800	270	1200	
74	BLT3618C15	3600	1800	270	1500	
75	BLT3618C18	3600	1800	270	1800	
76	BLT3918C12	3900	1800	270	1200	73
77	BLT3918C15	3900	1800	270	1500	
78	BLT4218C12	4200	1800	270	1200	74
79	BLT4218C15	4200	1800	270	1500	
80	BLT4221C12	4200	2100	270	1200	
81	BLT4221C15	4200	2100	270	1500	

续表

序号	螺旋梯型号	层高 H（mm）	中心半径 CR（mm）	水平角 θ（°）	梯宽 W（mm）	页数
82	BLT4221C18	4200	2100	2700	1800	74
83	BLT4521C12	4500	2100	270	1200	75
84	BLT4521C15	4500	2100	270	1500	
85	BLT4521C18	4500	2100	270	1800	
86	BLT4524C15	4500	2400	270	1500	
87	BLT4524C18	4500	2400	270	1800	
88	BLT4821C12	4800	2100	270	1200	76
89	BLT4821C15	4800	2100	270	1500	
90	BLT4821C18	4800	2100	270	1800	
91	BLT4824C12	4800	2400	270	1200	
92	BLT4824C15	4800	2400	270	1500	
93	BLT4824C18	4800	2400	270	1800	
94	BLT5124C12	5100	2400	270	1200	77
95	BLT5124C15	5100	2400	270	1500	
96	BLT5124C18	5100	2400	270	1800	
97	BLT5424C12	5400	2400	270	1200	78
98	BLT5424C15	5400	2400	270	1500	
99	BLT3315D15	3300	1500	300	1500	83
100	BLT3615D12	3600	1500	300	1200	84
101	BLT3615D15	3600	1500	300	1500	
102	BLT3618D18	3600	1800	300	1800	
103	BLT3915D12	3900	1500	300	1200	85
104	BLT3918D15	3900	1800	300	1500	
105	BLT3918D18	3900	1800	300	1800	
106	BLT4218D12	4200	1800	300	1200	86
107	BLT4218D15	4200	1800	300	1500	
108	BLT4221D15	4200	2100	300	1500	

续表

序号	螺旋梯型号	层高 H（mm）	中心半径 CR（mm）	水平角 θ（°）	梯宽 W（mm）	页数
109	BLT4221D18	4200	2100	300	1800	86
110	BLT4518D12	4500	1800	300	1200	87
111	BLT4518D15	4500	1800	300	1500	
112	BLT4521D15	4500	2100	300	1500	
113	BLT4521D18	4500	2100	300	1800	
114	BLT4818D12	4800	1800	300	1200	88
115	BLT4818D15	4800	1800	300	1500	
116	BLT4821D12	4800	2100	300	1200	
117	BLT4821D15	4800	2100	300	1500	
118	BLT4821D18	4800	2100	300	1800	
119	BLT5118D12	5100	1800	300	1200	89
120	BLT5121D15	5100	2100	300	1500	
121	BLT5121D18	5100	2100	300	1800	
122	BLT5124D18	5100	2400	300	1800	90
123	BLT5421D12	5400	2100	300	1200	
124	BLT5421D15	5400	2100	300	1500	
125	BLT5424D15	5400	2400	300	1500	
126	BLT5424D18	5400	2400	300	1800	
127	BLT3315E15	3300	1500	360	1500	95
128	BLT3315E18	3300	1500	360	1800	
129	BLT3615E15	3600	1500	360	1500	96
130	BLT3615E18	3600	1500	360	1800	
131	BLT3915E12	3900	1500	360	1200	97
132	BLT3915E15	3900	1500	360	1500	
133	BLT3918E15	3900	1800	360	1500	
134	BLT3918E18	3900	1800	360	1800	
135	BLT4215E12	4200	1500	360	1200	98

续表

序号	螺旋梯型号	层高 H（mm）	中心半径 CR（mm）	水平角 θ（°）	梯宽 W（mm）	页数
136	BLT4215E15	4200	1500	360	1500	98
137	BLT4218E18	4200	1800	360	1800	
138	BLT4515E12	4500	1500	360	1200	99
139	BLT4518E15	4500	1800	360	1500	
140	BLT4518E18	4500	1800	360	1800	
141	BLT4818E15	4800	1800	360	1500	100
142	BLT4818E18	4800	1800	360	1800	
143	BLT5118E12	5100	1800	360	1200	101
144	BLT5118E15	5100	1800	360	1500	
145	BLT5118E18	5100	1800	360	1800	
146	BLT5418E12	5400	1800	360	1200	102
147	BLT5418E15	5400	1800	360	1500	
148	BLT5421E18	5400	2100	360	1800	

中柱式钢筋混凝土螺旋梯选用表　　表 4.8-9

室外中柱式钢筋混凝土螺旋梯						
序号	螺旋梯型号	梯高（mm）	踏步数	踏步高（mm）	灰缝厚（mm）	页数
1	ZLWT-27	2700	15	180.00	10.00	9
2	ZLWT-28	2800	15	186.67	16.67	10
3	ZLWT-29	2900	16	181.25	11.25	11
4	ZLWT-30	3000	16	187.50	17.50	12
5	ZLWT-33	3300	16	206.25	16.25	13
6	ZLWT-36	3600	17	211.76	21.76	14
7	ZLWT-42	4200	24	175.00	5.00	15
8	ZLWT-48	4800	27	177.78	7.78	16
9	ZLWT-54	5400	30	180.00	10.00	17
10	ZLWT-60	6000	33	181.81	11.81	18

续表

室内中柱式钢筋混凝土螺旋梯						
序号	螺旋梯型号	梯高（mm）	踏步数	踏步高（mm）	灰缝厚（mm）	页数
11	ZLNT-27	2700	15	180.00	10.000	19
12	ZLNT-28	2800	16	175.00	5.00	20
13	ZLNT-29	2900	16	181.25	11.25	21
14	ZLNT-30	3000	17	176.47	6.47	22
15	ZLNT-33	3300	18	183.34	13.34	23
16	ZLNT-36	3600	20	180.00	10.00	24
17	ZLNT-39	3900	22	177.27	7.27	25
18	ZLNT-42	4200	24	175.00	5.00	26
19	ZLNT-48	4800	27	177.78	7.78	27
20	ZLNT-54	5400	30	180.00	10.00	28
21	ZLNT-60	6000	34	176.47	6.47	29

4.9　深受弯构件承载力计算

4.9.1　深受弯构件正截面受弯承载力表（附表 4.9-1 ~ 附表 4.9-6）

（1）适用范围：

1）混凝土强度等级：C30、C40；钢筋种类：HRB400、RRB400；

2）编制范围：深梁高度：h = 600mm、800mm、1000mm、1200mm、1500mm、1800mm；

宽度：b = 140mm、160mm、180mm、200mm、250mm、300mm；

梁的净跨：2100mm、2400mm、2700mm；

3）适用于一般结构中的连梁；

4）梁的混凝土保护层厚度 a_s 取值：当 $h \leqslant 800$mm 时，$a_s = 80$mm；

当 $800\text{mm} < h \leqslant 1500$mm，$a_s = 100$mm；

当 $h \geqslant 0.575 l_n$ 时，$a_s = 0.1 \times h$mm。

（2）使用说明：

1）按混凝土强度等级及梁的净跨查表 4.9-1；

混凝土强度等级及梁跨索引表 **表 4.9-1**

梁的净跨 l_n（mm） 混凝土强度等级	2100	2400	2700
C30	附表 4.9-1	附表 4.9-2	附表 4.9-3
C40	附表 4.9-4	附表 4.9-5	附表 4.9-6

注：附表 4.9-1 ~ 附表 4.9-6 为本书配套素材，可从中国建筑工业出版社网站下载。

2）深梁在表中查得的下部纵向钢筋宜均匀布置在梁下边缘以上 $0.2h$ 的范围内。

【例 4.9-1】 已知：矩形截面梁 $b = 250$mm、$h = 1800$mm，计算弯矩设计值 $M = 2005.0$kN·m，梁的净跨 $l_n = 2700$mm，采用混凝土强度等级为 C40，钢筋采用 HRB400 级。

求：矩形截面梁纵向受拉钢筋截面积 A_s。

【解】 根据已知条件，查表 4.9-6 得，$A_s = 4320\text{mm}^2$。

【例 4.9-2】 已知：剪力墙开门洞，门洞高为 2400mm、宽为 2100mm，墙厚 $b = 180$mm，楼层高 $H = 3200$mm，跨中计算弯矩设计值 $M = 364.0$kN·m，两排钢筋 $a_s = 80$mm，采用混凝土强度等级为 C30，钢筋 HRB400 级。

求：剪力墙连梁跨中纵向受拉钢筋截面积 A_s。

【解】 根据已知条件得知：连梁宽 $b = 180$mm，高 $h = 3200 - 2400 = 800$mm，梁的净跨 $l_n = 2100$mm，

查表 4.9-1 得：$A_s = 1872\text{mm}^2$。

4.9.2　深受弯构件斜截面受剪配筋表（附表 4.9-7～附表 4.9-12）

（1）适用范围

同 4.9.1 条。

（2）使用说明

1）按混凝土强度等级及梁的净跨查表 4.9-2。

混凝土强度等级及梁跨索引表　　**表 4.9-2**

梁的净跨 l_n（mm） 混凝土强度等级	2100	2400	2700
C30	附表 4.9-7	附表 4.9-8	附表 4.9-9
C40	附表 4.9-10	附表 4.9-11	附表 4.9-12

注：附表 4.9-7～附表 4.9-12 为本书配套素材，可从中国建筑工业出版社网站下载。

2）表中"$V \approx V_{max}$时的截面配筋"一栏表示：满足深受弯构件最小配筋率并使 V 等于并不大于 V_{max}时的配筋。

【例 4.9-3】　已知：矩形截面 $b = 250\text{mm}$，$h = 1800\text{mm}$，均布荷载作用下构件斜截面上的最大剪力设计值 $V = 1155.0\text{kN}$，梁的净跨 $l_n = 2700\text{mm}$，采用混凝土强度等级为 C40、钢筋采用 HRB400。

求：配置水平及竖向钢筋。

【解】　根据已知条件 $V = 1155.0\text{kN} < V_{max} = 1201\text{kN}$，查附表 4.9-12 得：按 $V \approx V_{max}$配置水平钢筋Φ 8@200、竖向钢筋Φ 8@200。

4.10 预应力混凝土结构

4.10.1 基本概念

(1) 预应力度

基于消压弯矩或消压轴力的预应力度定义

$$ppR = \frac{M_0}{M} \text{或} \frac{N_0}{N} \tag{4-45}$$

式中 M_0——消压弯矩，即将构件控制截面受拉边缘预压应力抵消至零时的弯矩值；

M——使用荷载（不包括预应力）下控制截面的弯矩值；

N_0——消压轴向力，即将构件控制截面受拉边缘预应力抵消到零时的轴向力值；

N——使用荷载(不包括预应力)下控制截面的轴向拉力。

当 M_0/M 大于或等于 1 时，截面不出现拉应力；当 M_o/M 小于 1 时，则截面出现拉应力，甚至可能开裂。

(2) 等效荷载

1) 二次抛物线布筋（见图 4.10-1）

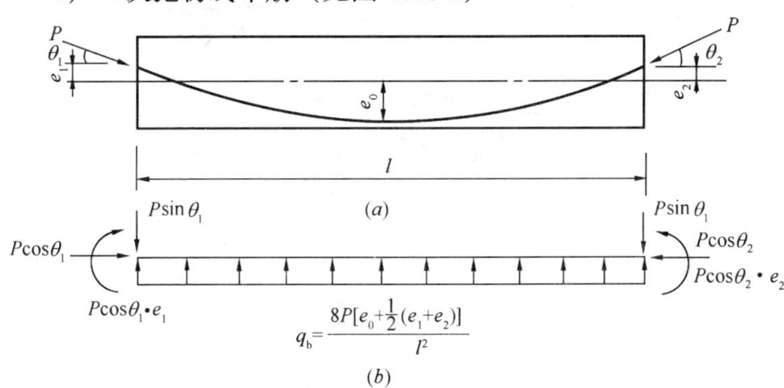

图 4.10-1 二次抛物线布筋与等效荷载

(a) 二次抛物线布筋；(b) 等效荷载

2）折线布筋（见图 4.10-2）

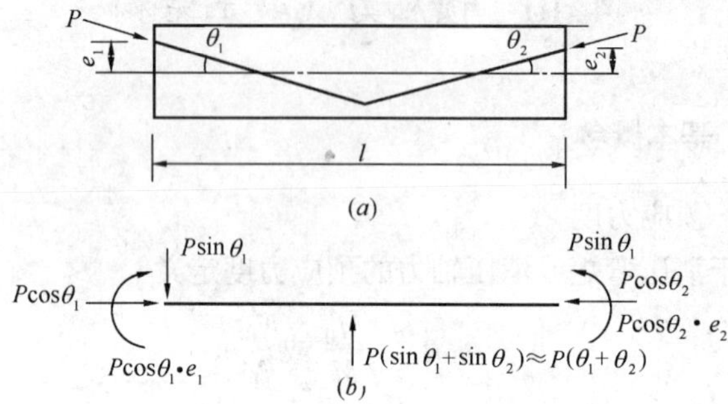

图 4.10-2　折线布筋与等效荷载

（a）折线布筋；（b）等效荷载

3）直线布筋（见图 4.10-3）

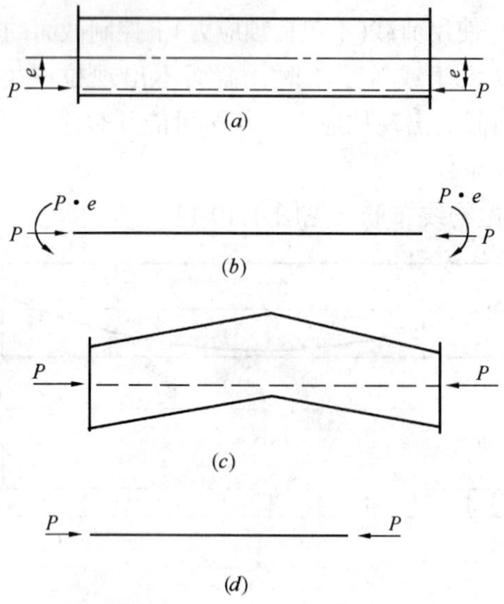

图 4.10-3　直线布筋与等效荷载

（a）、（c）直线布筋；（b）、（d）等效荷载

（3）荷载平衡法

1）平衡荷载取值

$$q_b = q_G + k_b q_Q \tag{4-46}$$

式中 q_b——所需平衡荷载值；

q_G——恒荷载；

q_Q——可变荷载（活荷载）；

k_b——小于1的系数（一般取活荷载准永久值系数）。

2）荷载平衡（等效荷载）

（A）梁、单向板

$$q_b = \frac{8P\delta}{l^2} \tag{4-47}$$

式中 P——预应力筋的有效预拉力；

δ——预应力筋的垂度；

l——构件跨度。

（B）双向板

$$q_b = \frac{8P_x\delta_x}{l_x^2} + \frac{8P_y\delta_y}{l_y^2} \tag{4-48}$$

（4）有效预应力 σ_{pe}的计算

$$\sigma_{pe} = \sigma_{con} - \sum_{i=1}^{5}\sigma_{li} \tag{4-49}$$

式中 σ_{con}——预应力筋张拉控制应力；

σ_{li}——第 i 项预应力损失值。

张拉控制应力取值见表4.10-1。

张拉控制应力限值 **表 4.10-1**

钢筋种类	张拉方法	
	先张法	后张法
消除应力钢丝、钢绞线	$0.75f_{ptk}$	$0.75f_{ptk}$
热处理钢筋	$0.70f_{ptk}$	$0.65f_{ptk}$

（5）预应力损失计算

（A）由于张拉端锚具变形和钢筋内缩引起的预应力损失 σ_{l1}。

（a）预应力直线钢筋由于锚具变形和预应力钢筋内缩引起的预应力损失值 σ_{l1} 可按下列公式计算：

$$\sigma_{l1}=\frac{a}{l}E_s \tag{4-50}$$

式中　a——张拉端锚具变形和钢筋内缩值(mm)，可按表 4.10-2 采用；

l——张拉端至锚固端之间的距离（mm）。

块体拼成的结构，其预应力损失尚应计及块体间填缝的预压变形。当采用混凝土或砂浆为填缝材料时，每条填缝的预压变形值可取为 1mm。

锚具变形和钢筋内缩值 a（mm）　　**表 4.10-2**

锚　具　类　别		a
支承式锚具（钢丝束镦头锚具等）	螺帽缝隙	1
	每块后加垫板的缝隙	1
锥塞式锚具（钢丝束的钢质锥形锚具等）		5
夹片式锚具	有顶压时	5
	无顶压时	6～8

注：1. 表中的锚具变形和钢筋内缩值也可根据实测数据确定；

2. 其他类型的锚具变形和钢筋内缩值应根据实测数据确定。

（b）抛物线形预应力钢筋可近似按圆弧形曲线预应力钢筋考虑。当其对应的圆心角 $\theta\leqslant 30°$ 时（图 4.10-4），由于锚具变形和钢筋内缩，在反向摩擦影响长度 l_f 范围内的预应力损失值 σ_{l1} 可按下列公式计算：

$$\sigma_{l1}=2\sigma_{con}l_f\left(\frac{\mu}{r_c}+\kappa\right)\left(1-\frac{x}{l_f}\right) \tag{4-51}$$

反向摩擦影响长度 l_f（m）可按下列公式计算：

$$l_f=\sqrt{\frac{aE_s}{1000\sigma_{con}(\mu/r_c+\kappa)}} \tag{4-52}$$

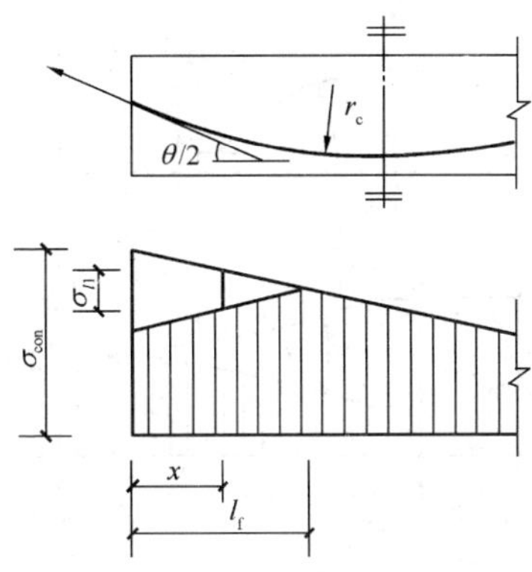

图 4.10-4 圆弧形曲线预应力钢筋的预应力损失 σ_{l1}

式中 r_c——圆弧形曲线预应力钢筋的曲率半径（m）;

μ——预应力钢筋与孔道壁之间的摩擦系数，按表 4.10-3、表 4.10-4 采用;

κ——考虑孔道每米长度局部偏差的摩擦系数，按表 4.10-3、表 4.10-4 采用;

x——张拉端至计算截面的距离（m）;

a——张拉端锚具变形和钢筋内缩值（mm），按表 4.10-2 采用;

E_s——预应力钢筋弹性模量。

（c）端部为直线（直线长度为 l_0），而后由两条圆弧形曲线（圆弧对应的圆心角 $\theta \leqslant 30°$）组成的预应力钢筋（图 4.10-5），由于锚具变形和钢筋内缩，在反向摩擦影响长度 l_f 范围内的预应力损失值 σ_{l1} 可按下列公式计算:

当 $x \leqslant l_0$ 时

$$\sigma_{l1} = 2i_1(l_1 - l_0) + 2i_2(l_f - l_1) \tag{4-53}$$

当 $l_0 < x \leqslant l_1$ 时

$$\sigma_{l1} = 2i_1(l_1 - x) + 2i_2(l_f - l_1) \tag{4-54}$$

当 $l_1 < x \leqslant l_f$ 时

$$\sigma_{l1} = 2i_2(l_f - x) \tag{4-55}$$

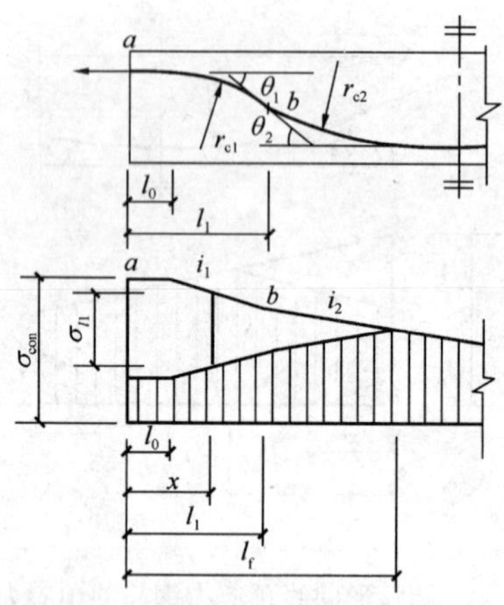

图 4.10-5　两条圆弧形曲线组成的预应力钢筋的预应力损失 σ_{l1}

反向摩擦影响长度 l_f（m）可按下列公式计算：

$$l_f = \sqrt{\frac{aE_s}{1000i_2} - \frac{i_1(l_1^2 - l_0^2)}{i_2} + l_1^2} \tag{4-56}$$

$$i_1 = \sigma_a(\kappa + \mu/r_{c1}) \tag{4-57}$$

$$i_2 = \sigma_b(\kappa + \mu/r_{c2}) \tag{4-58}$$

式中　l_1——预应力钢筋张拉端起点至反弯点的水平投影长度；

i_1、i_2——第一、二段圆弧形曲线预应力钢筋中应力近似直线变化的斜率；

r_{c1}、r_{c2}——第一、二段圆弧形曲线预应力钢筋的曲率半径；

σ_a、σ_b——预应力钢筋在 a、b 点的应力。

（d）当折线形预应力钢筋的锚固损失消失于折点 c 之外时（图 4.10-6），由于锚具变形和钢筋内缩，在反向摩擦影响长度 l_f 范围内的预应力损失值 σ_{l1}可按下列公式计算：

当 $x \leqslant l_0$ 时

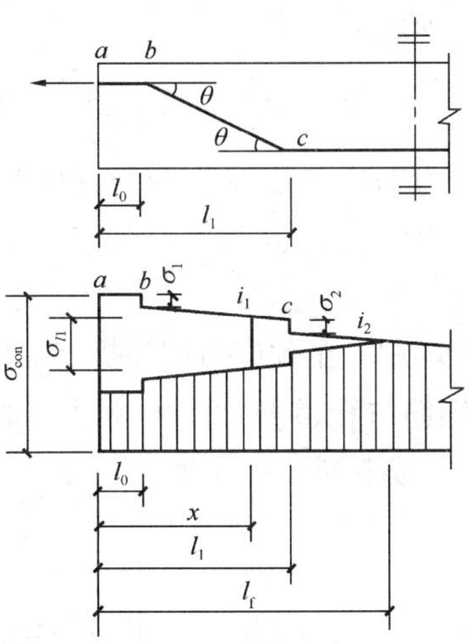

图 4.10-6　折线形预应力钢筋的预应力损失 σ_{l1}

$$\sigma_{l1} = 2\sigma_1 + 2i_1(l_1 - l_0) + 2\sigma_2 + 2i_2(l_f - l_1) \tag{4-59}$$

当 $l_0 < x \leqslant l_1$ 时

$$\sigma_{l1} = 2i_1(l_1 - x) + 2\sigma_2 + 2i_2(l_f - l_1) \tag{4-60}$$

当 $l_1 < x \leqslant l_f$ 时

$$\sigma_{l1} = 2i_2(l_f - x) \tag{4-61}$$

反向摩擦影响长度 l_f（m）可按下列公式计算：

$$l_f = \sqrt{\frac{aE_s}{1000i_2} - \frac{i_1(l_1 - l_0)^2 + 2i_1 l_0(l_1 - l_0) + 2\sigma_1 l_0 + 2\sigma_2 l_1}{i_2} + l_1^2} \tag{4-62}$$

$$i_1 = \sigma_{con}(1 - \mu\theta)\kappa \tag{4-63}$$

$$i_2 = \sigma_{con}[1 - \kappa(l_1 - l_0)](1 - \mu\theta)^2\kappa \tag{4-64}$$

$$\sigma_1 = \sigma_{con}\mu\theta \tag{4-65}$$

$$\sigma_2 = \sigma_{con}[1-\kappa(l_1-l_0)](1-\mu\theta)\mu\theta \tag{4-66}$$

式中　i_1——预应力钢筋在 bc 段中应力近似直线变化的斜率；

i_2——预应力钢筋在折点 c 以外应力近似直线变化的斜率；

l_1——张拉端起点至预应力钢筋折点 c 的水平投影长度。

（B）预应力钢筋与孔道壁之间的摩擦引起的预应力损失值 σ_{l2}（图 4.10-7），宜按下列公式计算：

$$\sigma_{l2} = \sigma_{con}\left(1-\frac{1}{e^{\kappa x+\mu\theta}}\right) \tag{4-67}$$

当（$\kappa x+\mu\theta$）$\leqslant 0.2$ 时，σ_{l2}可按下列近似公式计算：

$$\sigma_{l2} = (\kappa x+\mu\theta)\ \sigma_{con} \tag{4-68}$$

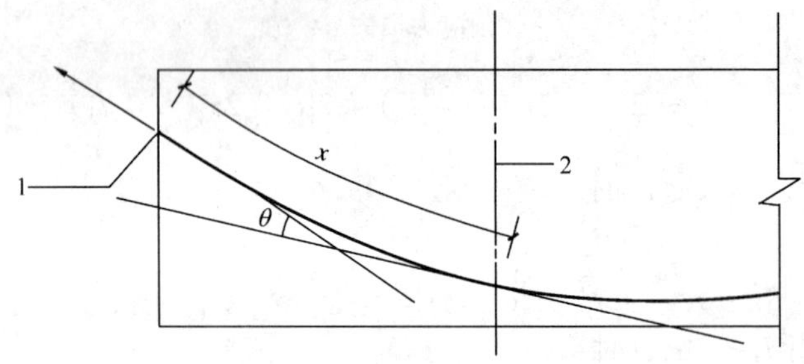

图 4.10-7　预应力摩擦损失计算

1—张拉端；2—计算截面

式中　x——张拉端至计算截面的孔道长度（m），可近似取该段孔道在纵轴上的投影长度；

θ——张拉端至计算截面曲线孔道部分切线的夹角（rad）；

κ——考虑孔道每米长度局部偏差的摩擦系数，按表4.10-3、表 4.10-4 采用；

μ——预应力钢筋与孔道壁之间的摩擦系数，按表 4.10-3、表 4.10-4 采用。

摩 擦 系 数 **表 4.10-3**

孔道成型方式	κ	μ
预埋金属波纹管	0.0015	0.25
预埋钢管	0.0010	0.30
橡胶管或钢管抽芯成型	0.0014	0.55

注：1. 表中系数也可根据实测数据确定；

2. 当采用钢丝束的钢质锥形锚具及类似形式锚具时，尚应考虑锚环口处的附加摩擦损失，其值可根据实测数据确定。

无粘结预应力筋的摩擦系数 **表 4.10-4**

无粘结预应力筋种类	κ	μ
$7\phi^s5$ 碳素钢丝	0.0035	0.10
ϕ^s15 钢绞线	0.0040	0.12

(C) 混凝土加热养护时预应力筋与张拉台座之间的温差引起的预应力损失值 σ_{l3}。

$$\sigma_{l3} = 2\Delta t \tag{4-69}$$

式中 Δt——混凝土加热养护时，受张拉的预应力钢筋与承受拉力的设备之间的温差（℃）。

(D) 由于预应力筋应力松弛引起的预应力损失值 σ_{l4}。

(a) 预应力钢丝、钢绞线

普通松弛：

$$\sigma_{l4} = 0.4\psi\left(\frac{\sigma_{con}}{f_{ptk}} - 0.5\right)\sigma_{con} \tag{4-70}$$

此处，一次张拉 $\psi = 1$，

超张拉 $\psi = 0.9$

低松弛：

当 $\sigma_{con} \leqslant 0.7f_{ptk}$时

$$\sigma_{l4} = 0.125\left(\frac{\sigma_{con}}{f_{ptk}} - 0.5\right)\sigma_{con} \tag{4-71}$$

当 $0.7f_{ptk} < \sigma_{con} \leqslant 0.8f_{ptk}$时

$$\sigma_{l4}=0.2\left(\frac{\sigma_{con}}{f_{ptk}}-0.575\right)\sigma_{con} \tag{4-72}$$

（b）热处理钢筋

一次张拉　$\sigma_{l4}=0.05\sigma_{con}$　(4-73)

超张拉　$\sigma_{l4}=0.035\sigma_{con}$　(4-74)

（E）混凝土收缩、徐变引起受拉区和受压区纵向预应力钢筋的预应力损失值 σ_{l5}、σ'_{l5} 可按下列方法确定：

对一般情况

先张法构件

$$\sigma_{l5}=\frac{45+280\dfrac{\sigma_{pc}}{f'_{cu}}}{1+15\rho} \tag{4-75}$$

$$\sigma'_{l5}=\frac{45+280\dfrac{\sigma'_{pc}}{f'_{cu}}}{1+15\rho'} \tag{4-76}$$

后张法构件

$$\sigma_{l5}=\frac{35+280\dfrac{\sigma_{pc}}{f'_{cu}}}{1+15\rho} \tag{4-77}$$

$$\sigma'_{l5}=\frac{35+280\dfrac{\sigma'_{pc}}{f'_{cu}}}{1+15\rho'} \tag{4-78}$$

式中　σ_{pc}、σ'_{pc}——在受拉区、受压区预应力钢筋合力点处的混凝土法向压应力；

f'_{cu}——施加预应力时的混凝土立方体抗压强度；

ρ、ρ'——受拉区、受压区预应力钢筋和非预应力钢筋的配筋率：对先张法构件，$\rho=(A_p+A_s)/A_0$，$\rho'=(A'_p+A'_s)/A_0$；对后张法构件，$\rho=(A_p+A_s)/A_n$，$\rho'=(A'_p+A'_s)/A_n$；对于对称配置预应力钢筋和非预应力钢筋的构件，配筋率 ρ、

ρ'应按钢筋总截面面积的一半计算。

当结构处于年平均相对湿度低于40%的环境下，σ_{l5}、σ'_{l5}值应增加30%。

(F) 环形配筋构件，由于混凝土局部挤压而引起的预应力损失 σ_{l6}。

当直径 $d \leqslant 3\text{m}$ 时，由于混凝土局部挤压，

后张法构件： $\sigma_{l6} = 30\text{N/mm}^2$

先张法构件： $\sigma_{l6} = 0$

当计算求得的预应力总损失值（σ_l）小于下列数值时，应按下列数值采用：

先张法构件：100N/mm^2

后张法构件：80N/mm^2

(6) 对采用钢绞线作无粘结预应力筋的受弯构件，在进行正截面承载力计算时，无粘结预应力筋的应力设计值 σ_{pu}宜按下列公式计算：

$$\sigma_{pu} = \sigma_{pe} + \Delta\sigma_p \tag{4-79}$$

$$\Delta\sigma_p = (240 - 335\xi_0)\left(0.45 + 5.5\frac{h}{l_0}\right) \tag{4-80}$$

$$\xi_0 = \frac{\sigma_{pe}A_p + f_yA_s}{f_cbh_p} \tag{4-81}$$

此时，应力设计值 σ_{pu}尚应符合下列条件：

$$\sigma_{pe} \leqslant \sigma_{pu} \leqslant f_{py} \tag{4-82}$$

式中 σ_{pe}——扣除全部预应力损失后，无粘结预应力筋中的有效预应力（N/mm^2）；

$\Delta\sigma_p$——无粘结预应力筋中的应力增量（N/mm^2）；

ξ_0——综合配筋指标，不宜大于0.4；

l_0——受弯构件计算跨度；

h——受弯构件截面高度；

h_p——无粘结预应力筋合力点至截面受压边缘的距离。

(7) 超静定结构中，综合弯矩、主弯矩、次弯矩关系

$$M_r = M_1 + M_2 \tag{4-83}$$

式中　M_r——综合弯矩；

M_1——主弯矩：$M_1 = N_{pe} \cdot e_p$；$N_{pe} = \sigma_{pe} \cdot A_p$；

M_2——次弯矩。

（8）预应力混凝土平板，混凝土平均预压应力不宜小于 $1.0N/mm^2$；不宜大于 $3.5N/mm^2$。

（9）承载能力计算

1）支座：　$|M| - |M_2| \leqslant M_u$

2）跨中：　$|M| + |M_2| \leqslant M_u$

式中　M——计算截面外荷载产生的弯矩值；

M_u——计算截面正截面承载能力。

4.10.2　构造部分

（1）材料

1）预应力混凝土结构的混凝土强度等级不应低于 C30，当采用钢绞线、钢丝、热处理钢筋作预应力钢筋时，混凝土强度等级不宜低于 C40。

2）预应力钢筋的选用

预应力钢筋宜采用预应力钢绞线、钢丝，也可采用热处理钢筋。

3）非预应力钢筋

非预应力钢筋宜采用 HRB400 级和 HRB335 级，也可采用 HPB235 级和 RRB400 级钢筋。

（2）后张法常用锚具

根据预应力钢筋的种类和锚固部位的不同选用。

1）钢绞线、钢绞线束：张拉端采用夹片锚具；固定端安装在结构之外（即外露）时采用夹片锚具或挤压锚具，安装在结构之内（即内藏）时可采用挤压锚具、压花锚具。

2）高强钢丝束：张拉端采用夹片锚具、镦头锚具、锥塞锚具；固定端安装在结构之外（即外露）时采用夹片锚具、镦头锚具、挤压锚具，安装在结构之内（即内藏）时采用镦头锚具、挤压锚具。

3）直径 12mm 热轧冷拉钢筋束：张拉端采用夹片锚具；固定端安装在结构之外（即外露）时采用夹片锚具，安装在结构之内（即内藏）时采用镦头锚具。

4）直径大于或等于 18mm 热轧冷拉钢筋：张拉端采用螺丝端杆锚具；固定端采用螺丝端杆锚具、帮条锚具。

5）精轧螺纹钢筋：张拉端、固定端均采用螺母。

(3) 锚具按锚固性能不同分为Ⅰ、Ⅱ类锚具。

Ⅰ类锚具：适用于承受动载、静载的结构及无粘结预应力混凝土结构。

Ⅱ类锚具：仅适用于有粘结预应力混凝土结构及预应力变化不大的部位。

(4) 锚具类型

1）螺丝端杆锚具

用于锚固 18~36mm 的冷拉 HRB335 级、HRB400 级钢筋。其组成：螺丝端杆、螺母、垫板（见图 4.10-8）。螺丝端杆和垫板尺寸见表 4.10-5，螺母尺寸见表 4.10-6。

螺丝端杆和垫板尺寸（mm） **表 4.10-5**

序号	锚具型号	预应力钢筋公称直径	螺纹 d	d_0	c	$a \times h$	d_1
1	LM18	18	M22×1.5	ϕ20	1	90×14	24
2	LM20	20	M24×2	ϕ22	1.5	90×16	26
3	LM22	22	M27×2	ϕ25	1.5	90×16	29
4	LM25	25	M30×2	ϕ28	1.5	90×20	32
5	LM28	28	M33×2	ϕ31	1.5	90×20	35
6	LM32	32	M39×3	ϕ35	2	90×22	41
7	LM36	36	M42×3	ϕ39	2	100×25	44

螺　母　尺　寸（mm）　　　　表 4.10-6

序号	锚具型号	螺纹 d	H	S	D
1	LM18	M22×1.5	32	32	36.9
2	LM20	M24×2	36	36	41.6
3	LM22	M27×2	40	41	47.3
4	LM25	M30×2	45	46	53.1
5	LM28	M33×2	50	50	57.7
6	LM32	M39×3	55	55	63.5
7	LM36	M42×3	60	65	75

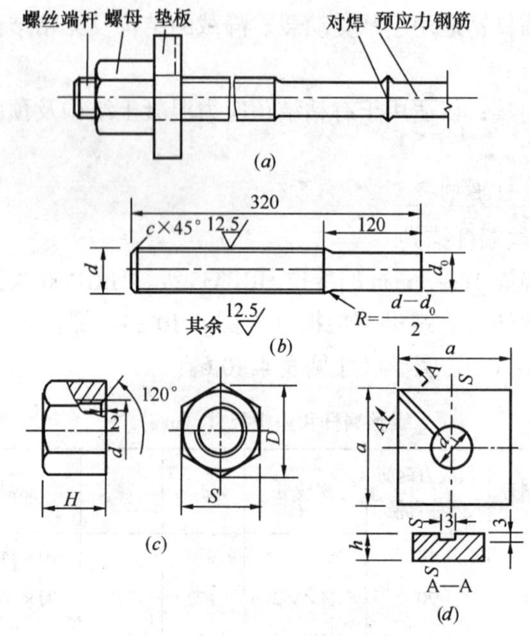

图 4.10-8　螺丝端杆锚具

（a）装配图；（b）螺丝端杆；（c）螺母；（d）垫板

锚具在结构构件上排列的最小中距为相应锚具型号的垫板平面尺寸 a 再加 10mm。锚具材料：螺丝端杆采用 Q255 钢，螺母和垫板采用 Q235。

螺丝端杆锚具的孔道直径和最小中距（mm）　　表 4.10-7

序号	锚具型号	LM18	LM20	LM22	LM25	LM28	LM32	LM36
1	孔道直径	32~37	34~39	37~42	40~45	43~48	49~54	52~57
2	孔道最小中距	100	100	100	100	100	100	110

2）帮条锚具

用于冷拉 HRB335 级、HRB400 级钢筋的非张拉端锚具。帮条锚具由帮条和衬板组成（图 4.10-9），其尺寸见表 4.10-8。

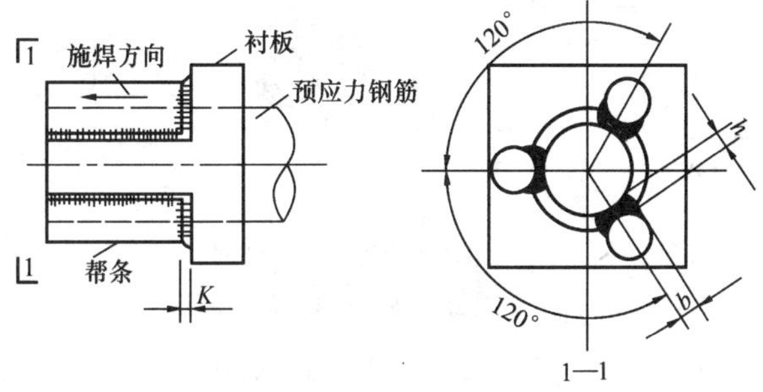

图 4.10-9　帮条锚具

帮条和衬板尺寸（mm）　　表 4.10-8

序号	预应力钢筋直径（mm）	帮条尺寸（根数×直径×长度）	衬板尺寸（厚×长×宽）	焊缝尺寸		
				b	h	k
1	18	3×14×50	15×70×70	8	4	4
2	20	3×14×50	15×70×70	10	5	4
3	22	3×16×50	15×80×80	10	5	4
4	25	3×18×55	15×80×80	12	6	4
5	28	3×20×55	20×90×90	14	7	4
6	32	3×22×55	20×100×100	14	7	6
7	36	3×25×60	20×110×110	16	8	6

3）钢质锥形锚具

用于锚固 ϕ^s5mm 碳素钢丝束。每束钢丝为 12～24 根。锚具材料：锚环采用 Q255 钢，锚塞采用 Q255 钢并经调质热处理。锚具由锚塞和锚环组成（图 4.10-10），其尺寸见表 4.10-9。钢质锥形锚具的孔道直径和最小中距见表 4.10-10。

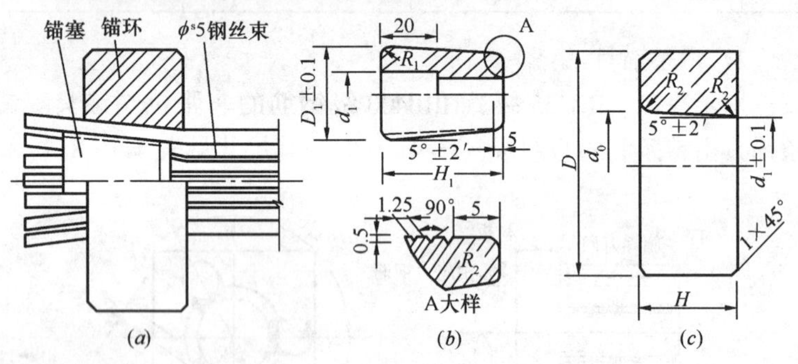

图 4.10-10 钢质锥形锚具

（a）装配图；（b）锚塞；（c）锚环

钢质锥形锚具尺寸（mm） **表 4.10-9**

序号	型号	钢丝根数	D	H	d	d_0	D_1	H_1	d_1
1	GE5-12	12	65	45	27	34.9	27	50	M8×1
2	GE5-18	18	100	50	39	47.7	40	55	M16×15
3	GE5-24	24	110	55	49	58.6	51	60	M16×15

钢质锥形锚具的孔道直径和最小中距（mm） **表 4.10-10**

序　号	锚具型号	GE5-12	GE5-18	GE5-24
1	孔道直径	40	48	55
2	孔道最小中距	75	105	115

4）锥形螺杆锚具

用于锚固 ϕ^s5mm 碳素钢丝束。每束钢丝为 14～28 根。锥形螺杆锚具由锥形螺杆、套筒、螺母、垫板组成（见图 4.10-11），其尺寸见表 4.10-11。

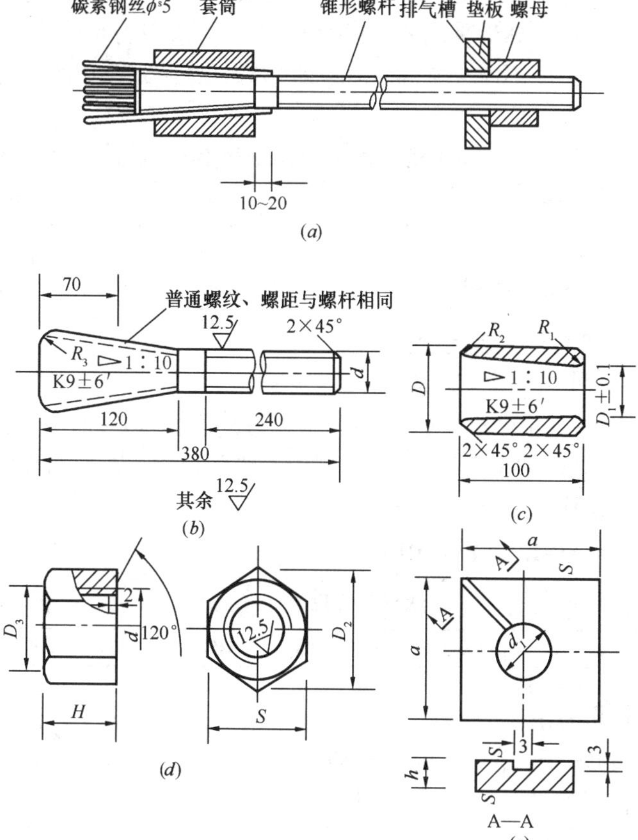

图 4.10-11 锥形螺杆锚具

(a) 装配图；(b) 锥形螺杆；(c) 套筒；(d) 螺母；(e) 垫板

锥形螺杆锚具尺寸 (mm) **表 4.10-11**

序号	锚具型号	碳素钢丝根数	螺杆	套筒		螺母				垫板	
			d	D	D_1	D_2	D_3	S	H	$a\times h$	d_1
1	ZL5-14	14	M30×2	61	40.4	53.1	43.7	45	45	90×20	32
2	ZL5-16	16	M33×2	66	43.4	57.7	47.5	50	50	90×20	35
3	ZL5-20	20	M36×2	71	46.4	63.5	52.3	55	55	100×22	38
4	ZL5-24	24	M42×2	79	52.4	69.3	57	60	60	100×25	44
5	ZL5-28	28	M45×2	85	55.4	75	62	65	65	110×28	47

锥形螺杆螺具的端杆及套筒均采用 Q255 钢制作并经调质热处理，垫板及螺母采用 Q235 制作。构件两端应将预留孔道扩大，扩大孔道长度不应小于 800mm。锥形螺杆锚具最小中距及孔道直径见表 4.10-12。

锥形螺杆锚具最小中距及孔道直径（mm）　　表 4.10-12

序号	锚具型号	ZL5-14	ZL5-16	ZL5-20	ZL5-24	ZL5-28
1	锚具最小中距	100	100	110	110	120
2	中间孔道直径	50	53	56	63	70
3	端部孔道直径	65	70	75	83	89

5）钢丝束镦头锚具

用于锚固 $\phi^s 5$mm 碳素钢丝束，每束钢丝 10～45 根或更多。镦头锚具 A 型用于张拉端，B 型用于非张拉端。A 型锚具由锚杯及螺母组成，B 型锚具由锚板组成，其外形见图 4.10-12，其尺寸见表 4.10-13 及表 4.10-14。

锚杯及螺母尺寸（mm）　　表 4.10-13

序号	锚具型号	钢丝根数	内螺纹 D_0	外螺纹 D	H	H_1	D_1
1	DM5A-10	10	M35×2	M49×2	50	20	70
2	DM5A-12	12	M37×2	M52×2	60	22	80
3	DM5A-14	14	M39×2	M55×2	60	22	85
4	DM5A-16	16	M41×2	M58×2	70	25	90
5	DM5A-18	18	M43×2	M62×2	70	25	95
6	DM5A-20	20	M46×2	M65×3	70	25	95
7	DM5A-22	22	M48×2	M68×3	75	30	100
8	DM5A-24	24	M52×2	M72×3	75	30	100
9	DM5A-28	28	M55×2	M76×3	75	30	110
10	DM5A-32	32	M57×2	M80×3	80	35	115
11	DM5A-36	36	M60×2	M84×3	85	35	120
12	DM5A-39	39	M63×2	M88×3	85	35	125
13	DM5A-42	42	M65×2	M91×3	90	40	125
14	DM5A-45	45	M68×2	M94×3	90	40	130

注：表中数据摘自华东预应力中心东南大学预应力开发部产品资料。

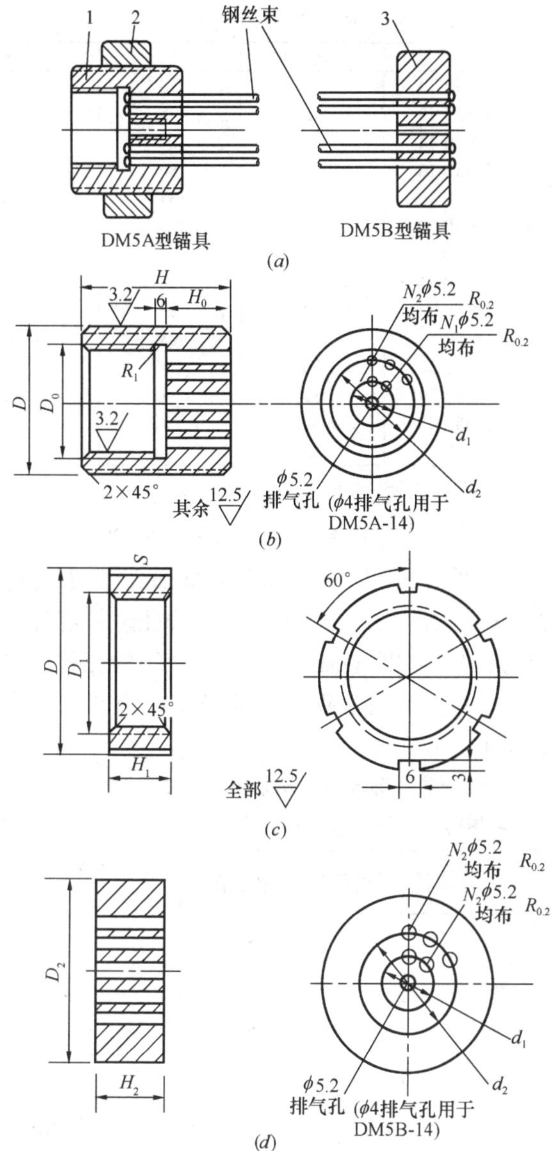

图 4.10-12 镦头锚具

(a) 装配图；(b) DM5A 锚杯；(c) DM5A 螺母；(d) DM5B 锚板

1—锚杯；2—螺母；3—锚板

锚板尺寸（mm） **表 4.10-14**

序号	锚具型号	钢丝根数	D_2	H_2
1	DM5B-10	10	70	20
2	DM5B-12	12	75	25
3	DM5B-14	14	80	25
4	DM5B-16	16	80	30
5	DM5B-18	18	85	30
6	DM5B-20	20	85	30
7	DM5B-22	22	90	35
8	DM5B-24	24	90	35
9	DM5B-28	28	95	35
10	DM5B-32	32	95	40
11	DM5B-36	36	100	40
12	DM5B-39	39	100	40
13	DM5B-42	42	110	45
14	DM5B-45	45	110	45

镦头锚具的锚环及锚板均采用 Q255 钢经调质处理加工而成。镦头锚具张拉端需要扩大孔道直径，当钢丝束两端张拉时，已镦好头一端扩孔长度 $l_1=\Delta l+H+400\sim600$mm，穿束后待镦头一端扩孔长度 $l_2=0.5\Delta l+H$，式中：Δl 为按孔道长度计算的引伸量（mm）；H 为锚杯高度（mm）；当钢丝束一端张拉时，张拉端扩孔长度为 l_1。一些常用镦头锚具的最小中距及孔道直径见表 4.10-15 及表 4.10-16。

当一端采用 A 型一端采用 B 型锚具时，
常用镦头锚具的最小中距及孔道直径（mm） **表 4.10-15**

序号	锚具型号	锚具最小中距	中间孔道直径	A 型锚具端部扩孔直径
1	DM5 $\frac{A}{B}$ – 12	95	50	64
2	DM5 $\frac{A}{B}$ – 14	95	50	64
3	DM5 $\frac{A}{B}$ – 16	100	50	68
4	DM5 $\frac{A}{B}$ – 18	100	50	68
5	DM5 $\frac{A}{B}$ – 20	100	56	76
6	DM5 $\frac{A}{B}$ – 24	110	60	80
7	DM5 $\frac{A}{B}$ – 28	115	63	89

当两端采用 A 型锚具时，常用镦头锚具的最小中距及孔道直径（mm）　表 4.10-16

序　号	锚具型号	锚具最小中距	中间孔道直径	端部扩孔直径
1	DM5A-12	95	50	64
2	DM5A-14	95	50	64
3	DM5A-16	100	50	68
4	DM5A-18	100	50	68
5	DM5A-20	105	56	76
6	DM5A-24	115	60	80
7	DM5A-28	120	63	89

6）JM12 型锚具

JM12 型锚具由锚环和夹片组成，见图 4.10-13。夹片两侧面设有带齿的半圆槽，每个类片卡在两根预应力钢筋之间，这些夹片与预应力钢筋共同组成组合式锚塞，并将预应力钢筋楔紧。适

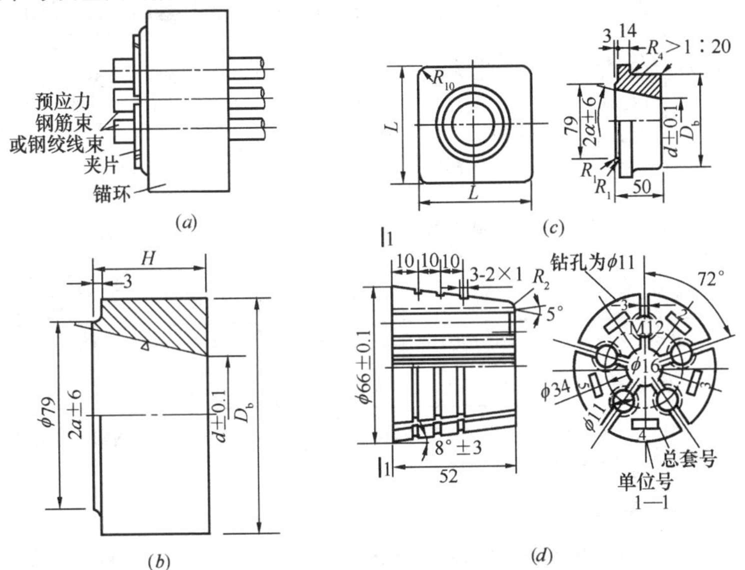

图 4.10-13　JM12 型锚具

(*a*) 装配图；(*b*) 圆锚环；(*c*) 方锚环；(*d*) 绞 JM12-5 夹片

用于锚固 3～6 根直径为 12mm 的光面或螺纹钢筋束、5～6 根 $7\phi^{j}4$mm 钢绞线组成的钢绞线束。应用这种锚具时的配套设备为 YC-60 型千斤顶。其优点是预应力筋靠得近，构件端部不扩孔，缺点为一个夹片损坏会导致整体失效。锚具采用 Q255 钢并经热处理；夹片采用 $20C_r$ 钢制作，齿为锯齿形细齿，表面经热处理。锚环尺寸见表 4.10-17。锚具最小中距及相应的孔道直径见表 4.10-18。

锚具的锚环有方形和圆形两种，圆锚环外形较简单，可在张拉时安装在构件上，但其下需另设垫板；方锚环能预埋在构件内，不另设垫板。

JM12 型锚具锚环尺寸（mm）　　**表 4.10-17**

锚具型号		圆锚环				方锚环			
		D_a	d	α	H	L	D_b	d	α
光面及螺纹钢筋用	JM12-3	ϕ90	ϕ44	5°30′	50	110	ϕ80	ϕ44	5°30′
	JM12-4	ϕ90	ϕ44	7°30′	50	110	ϕ80	ϕ44	7°30′
	JM12-5	ϕ100	ϕ50	9°30′	50	115	ϕ90	ϕ50	9°30′
	JM12-6	ϕ100	ϕ50	11°30′	50	125	ϕ100	ϕ50	11°30′
钢绞线用	绞 JM12-5	ϕ100	ϕ50	8°	55				
	绞 JM12-6	ϕ100	ϕ50	9°30′	55				

JM12 型锚具最小中距及孔道直径（mm）　　**表 4.10-18**

锚具型号	JM12-3	JM12-4	JM12-5 绞 JM12-5	JM12-6 绞 JM12-6
最小中距	120（100）	120（100）	120（100）	120（100）
孔道直径	42	42	50	50

注：表中括号内数字适用于相邻锚具只作为非张拉端锚具使用，且钢筋外露较短，不妨碍张拉操作时。

7）XM 型锚具

用于锚固单根或多根 $\phi^{j}15$ 钢绞线和 $7\phi^{s}5$ 平行碳素钢丝束。单根锚具多用于无粘结预应力混凝土结构。多根钢绞线锚具由锚板、夹片、垫板、喇叭管与螺旋筋组成（图 4.10-14 及图 4.10-

15)。锚板上有多个锥形孔，利用每个锥形孔装3个夹片夹持一根钢绞线或$7\phi^s5$mm碳素钢丝，形成独立的锚固单元，锚固可靠。锚具的尺寸见表4.10-19。几种常用的XM型锚具的最小中距及边距见表4.10-20及图4.10-16。锚板采用Q255钢经调质热处理，夹片采用$60Si_2MnA$合金钢制作，经整体淬火并回火，表面硬度为HRC53～58，齿形为三角螺纹，斜开缝。钢垫板采用Q235制作，表面上开有锚板对中用的凹槽。喇叭管由薄钢板制成，焊在钢垫板上。

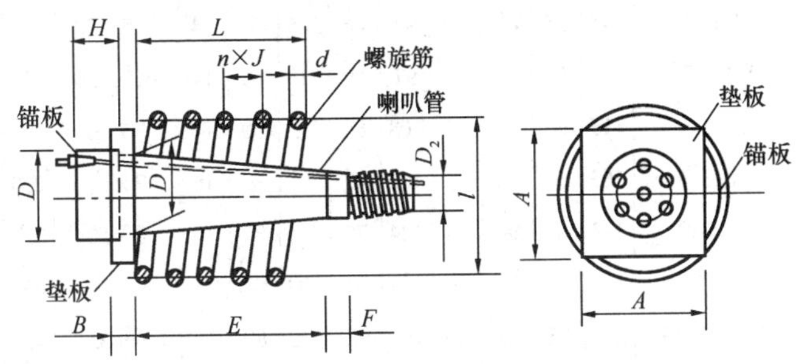

图4.10-14　XM锚具

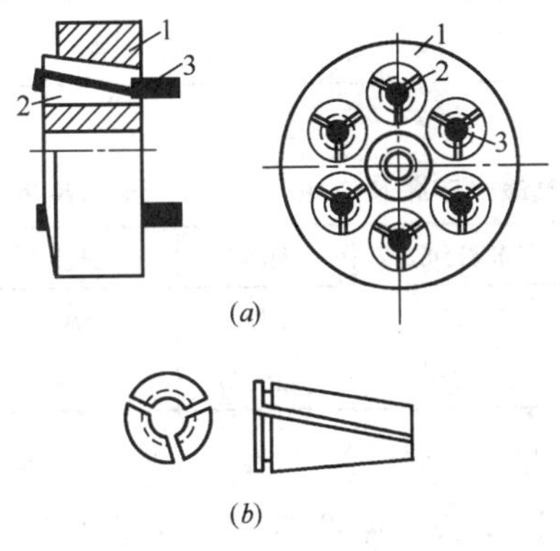

图4.10-15　XM锚具的锚板及夹片

(a) 锚板；(b) 夹片

1—锚板；2—夹片；3—钢绞线

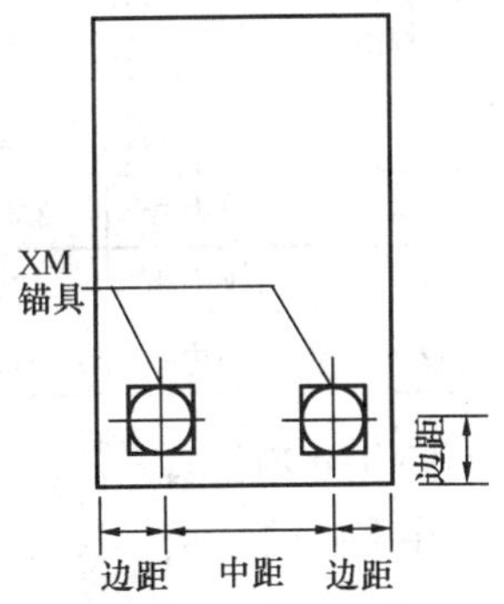

图4.10-16　XM锚具的边距及中距

XM15 型锚具、锚板、垫板、喇叭管及螺旋筋尺寸（mm） **表 4.10-19**

序号	锚具型号	锚板		垫板		喇叭管				螺旋筋			
		D	H	A	B	D_1	D_2	E	F	d	$n \times J$	I	L
1	XM15-1	44	50	65	14	20							
2	XM15-3	98	50	160	22	64	50	120	50	10	5×45	180	180
3	XM15-4	108	50	200	25	75	50	155	50	12	6.5×45	230	248
4	XM15-5	125	50	200	25	87	55	235	50	12	6.5×45	230	248
5	XM15-6	145	55	220	30	97	66	215	60	14	6.5×50	250	275
6	XM15-7	145	55	220	30	97	66	215	60	14	6.5×50	250	275
7	XM15-8	155	60	250	35	108	69	295	60	14	7×50	290	300
8	XM15-9	165	60	250	35	122	72	395	80	16	7×50	290	300
9	XM15-10	175	65	280	38	134	75	395	80	16	8×50	330	350
10	XM15-11/12	184	75	315	40	134	84	500	80	16	8.5×50	360	375
11	XM15-13/19	230	78	360	46	180	110	525	80	18	9×55	420	440
12	XM15-20/21	270	86	400	46	218	115	680	80	18	9×60	460	480
13	XM15-22/27	295	90	440	54	228	130	720	80	18	10×60	500	500
14	XM15-28/31	305	100	460	60	238	140	800	80	20	10.5×65	530	585
15	XM15-32/37	348	110	515	64	268	155	840	80	22	11×65	600	650

注：XM16 型锚具尺寸完同 XM15。

几种常用 XM 型锚具最小中距及边距（mm） **表 4.10-20**

序号	锚具型号	XM15-5	XM15-6、7	XM15-8	XM15-9
1	最小中距	250	300	330	350
2	最小边距	130	150	160	170

8）QM 型锚具

由多孔的锚板、夹片、铸铁垫板（喇叭管）与螺旋筋组成（见图 4.10-17 及图 4.10-18）。锚板的顶面为平面；锚孔为直圆锥孔；基本型夹片为直开缝，用于锚固各种强度等级钢绞线，派生型夹片为斜夹片，用于锚固钢丝束。

QM型锚具可锚固单根和多根 ϕ^j12mm、ϕ^j15mm 钢绞线和 7ϕ^s4mm、7ϕ^s5mm 平行钢丝束。多根钢绞线的 QM 型锚具各部分尺寸见表 4.10-21，锚具的最小中距、边距及孔道直径见图 4.10-19、表 4.10-22 及表 4.10-23。

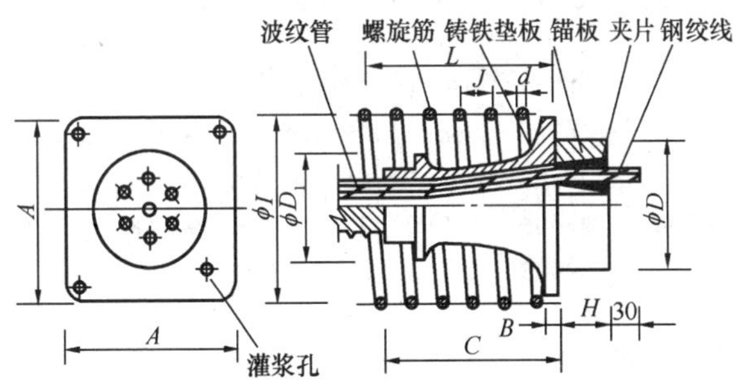

图 4.10-17　QM 锚具

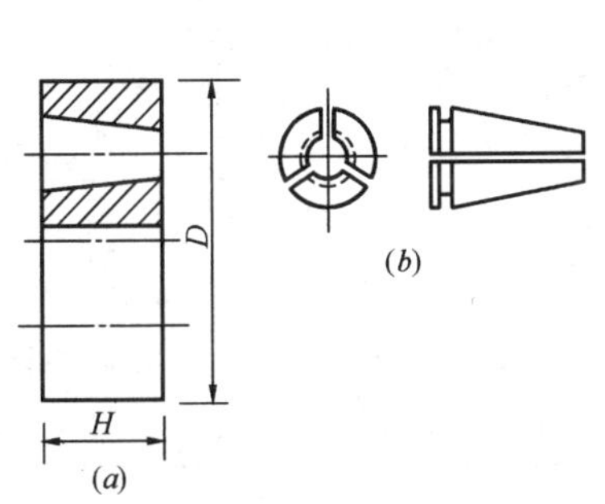

图 4.10-18　QM 锚具的锚板及夹片
（a）锚板；（b）夹片

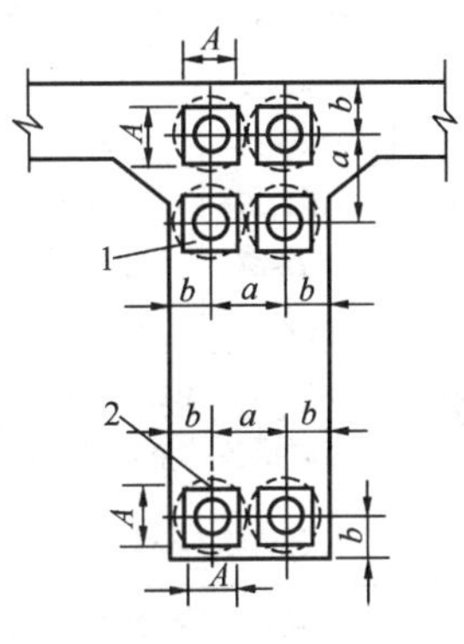

图 4.10-19　QM 锚具的边距及中距
1—垫板；2—螺旋筋；
a—中距；b 边距

QM 锚具锚板、铸铁垫板、螺旋筋尺寸（mm）　表 4.10-21

序号	锚具型号	锚固预应力钢筋数量	锚板		铸铁垫板				螺旋筋			
			D	H	A	B	C	D_1	d	$n\times J$	I	L
1	QM15-3	3ϕ^j15	90	50	150	25	135	115	10	4.5×45	160	180

续表

序号	锚具型号	锚固预应力钢筋数量	锚板		铸铁垫板				螺旋筋			
			D	H	A	B	C	D_1	d	$n\times J$	I	L
2	QM15-4	$4\phi^j15$	105	50	160	25	160	120	12	5.5×45	200	220
3	QM15-5	$5\phi^j15$	120	55	190	30	165	125	12	5.5×45	220	220
4	QM15-6、7	6、$7\phi^j15$	135	60	215	30	200	130	14	6.5×50	250	300
5	QM15-8	$8\phi^j15$	150	60	240	30	300	160	14	7.5×50	260	350
6	QM15-9	$9\phi^j15$	158	60	250	40	350	160	16	8.5×50	300	400
7	QM15-12	$12\phi^j15$	175	70	265	40	300	180	16	8.5×50	330	400
8	QM15-14	$14\phi^j15$	185	70	320	40	360	190	18	8.5×50	400	420
9	QM15-19	$19\phi^j15$	220	80	350	40	460	220	18	11×55	420	580
10	QM12-4	$4\phi^j12$	90	50	150	25	135	115	10	4.5×45	160	180
11	QM12-5	$5\phi^j12$	100	50	160	25	165	115	12	5×45	170	190
12	QM12-6、7	6、$7\phi^j12$	115	55	190	30	180	125	12	5.5×45	220	220
13	QM12-8	$8\phi^j12$	125	55	200	30	220	140	14	6.5×50	240	300
14	QM12-9	$9\phi^j12$	140	55	215	30	220	140	14	6.5×50	250	300
15	QM12-12	$12\phi^j12$	150	60	240	30	350	160	14	9.5×50	280	450
16	QM12-14	$14\phi^j12$	160	65	270	40	350	160	14	8.5×50	330	400
17	QM12-19	$19\phi^j12$	190	70	285	40	400	180	16	10.5×50	350	500
18	QM12-27	$27\phi^j12$	240	80	350	40	560	200	18	13×55	420	700
19	QM12-31	$31\phi^j12$	250	80	395	40	500	250	18	13×55	500	700

注：1. QM13 与 QM12、QM16 与 QM15 锚具具有相同外形尺寸；

2. 锚固更多数量预应力钢筋的锚具本表未列出。

QM15 锚具的最小中距、边距和孔道直径（mm）　　表 4.10-22

序号	锚具型号	QM15-3	QM15-4	QM15-5	QM15-6、7	QM15-8
1	最小中距	190	235	255	285	300
2	最小边距	110	130	140	155	160
3	孔道直径	45	50	55	65	70

序号	锚具型号	QM15-9	QM15-12	QM15-14	QM15-19
1	最小中距	340	370	440	460
2	最小边距	180	195	230	240
3	孔道直径	75	85	90	95

注：QM16 锚具的最小中距、边距和孔道直径与本表相同。

QM12 锚具的最小中距、边距和孔道直径（mm）　　表 4.10-23

序号	锚具型号	QM12-4	QM12-5	QM12-6、7	QM12-8	QM12-9
1	最小中距	190	200	250	275	285
2	最小边距	110	110	140	150	155
3	孔道直径	40	45	55	55	60
序号	锚具型号	QM12-12	QM12-14	QM12-19	QM12-27	QM12-31
1	最小中距	315	365	390	460	540
2	最小边距	170	195	205	240	280
3	孔道直径	65	70	85	95	105

注：QM13 锚具的最小中距、边距和孔道直径与本表相同。

9）OVM 锚具（摘自柳州建筑机械总厂资料）

用于锚固多根 ϕ^j12mm、ϕ^j15mm 的钢绞线及 $7\phi^s4$mm、$7\phi^s5$mm 的钢丝束。构造上基本与 QM 相同，两者区别为：将夹片改为两片式，夹片的背面上部锯有一条弹性槽；尺寸上也较小。

OVM 锚具的锚板、铸铁喇叭管、螺旋筋尺寸见表 4.10-24，其构造可参考图 4.10-17。

OVM 锚具、铸铁垫板、螺旋筋尺寸（mm）　　表 4.10-24

序号	锚具型号	锚固预应力钢筋数量	锚板		铸铁垫板			螺旋筋		
			D	H	A	C	D_1	d	$n \times J$	I
1	OVM15-3	$3\phi^j15$	90	55	140	135	100	10	4×50	150
2	OVM15-4	$4\phi^j15$	105	55	160	150	110	14	5×50	190
3	OVM15-5	$5\phi^j15$	117	55	180	165	120	14	5×50	210
4	OVM15-6、7	6、$7\phi^j15$	135	60	200	180	140	16	6×50	240
5	OVM15-9	$9\phi^j15$	157	60	230	210	160	16	6×60	270
6	OVM15-12	$12\phi^j15$	175	70	270	250	190	20	7×60	330
7	OVM15-19	$19\phi^j15$	217	90	320	310	240	20	8×60	400
8	OVM15-27	$27\phi^j15$	260	120	370	350	280	22	8×70	470

续表

序号	锚具型号	锚固预应力钢筋数量	锚板		铸铁垫板			螺 旋 筋		
			D	H	A	C	D_1	d	$n \times J$	I
9	OVM15-31	3ϕ^j15	275	130	400	360	300	22	9×70	510
10	OVM15-37	37ϕ^j15	310	140	440	440	320	22	10×70	570
11	OVM15-43	43ϕ^j15	340	150	480	490	340	22	11×70	620
12	OVM15-55	55ϕ^j15	360	180	560	580	380	25	10×80	700
13	OVM13-3	3ϕ^j12	85	50	130	130	105	10	4×50	130
14	OVM13-4	4ϕ^j12	90	50	140	135	105	10	4×50	150
15	OVM13-5	5ϕ^j12	100	55	150	145	115	12	4×50	170
16	OVM13-6、7	6、7ϕ^j12	115	55	170	160	130	14	5×50	190
17	OVM13-9	9ϕ^j12	137	60	200	200	150	16	6×60	240
18	OVM13-12	12ϕ^j12	157	60	230	230	170	16	6×60	270
19	OVM13-19	19ϕ^j12	195	70	290	300	210	20	7×60	330
20	OVM13-27	27ϕ^j12	217	85	330	340	240	20	8×60	400
21	OVM13-31	31ϕ^j12	235	95	350	370	260	20	8×60	430
22	OVM13-37	37ϕ^j12	260	110	380	370	280	22	8×70	470
23	OVM13-43	43ϕ^j12	310	130	410	400	310	22	9×70	510
24	OVM13-55	55ϕ^j12	330	140	460	460	350	22	10×70	570

（A）金属波纹管

金属波纹管是用镀锌或不镀锌低碳钢带螺旋折叠咬口制成的金属管及其连接用管。用于后张法预应力混凝土结构或构件的成孔。

圆形截面金属波纹管技术参数（mm）　　**表 4.10-25**

内　　径	40 45 50 55 60 65 70 80 85 90 95 100 105 110 120 130 135 140 150 155 160
允许偏差	+0.5　　+1.0
标准型钢带厚度	0.25　　0.30　　—
增强带厚度型钢	—　　0.40　　0.50

注：按供需双方协商亦可供应表中未列尺寸的规格。

扁形截面金属波纹管技术参数（mm） 表 4.10-26

短轴方向	长度 A	19 19 19 19	25 25 25 25
	允许偏差	+3 0	+3 0
长轴方向	长度 A	50 60 70 90	56 66 76 96
	允许偏差	±1/0	±2/0
钢带厚度		0.30	

注：1. 边可以是直线或曲线，边是圆弧时，其半径为短轴方向内径的一半；
2. 按供需双方协商亦可供应表中未列尺寸的规格。

(B) DM 型镦头锚具

DM 型镦头锚具体系包括 4 种锚具：A 型、B 型、C 型和 K 型。可锚固标准强度为 1570MPa、1670MPa 的 ϕ5mm、ϕ7mm 高强钢丝束，用于后张法预应力混凝土构件中。钢丝镦头成形采用 LD 型系列镦头器，其配套张拉千斤顶以 YC60B、YCL120A 系列为主，大吨位则可使用 YCW 系列千斤顶。

DM 型镦头锚具的构造如图 4.10-20 所示。DMA 型镦头锚具

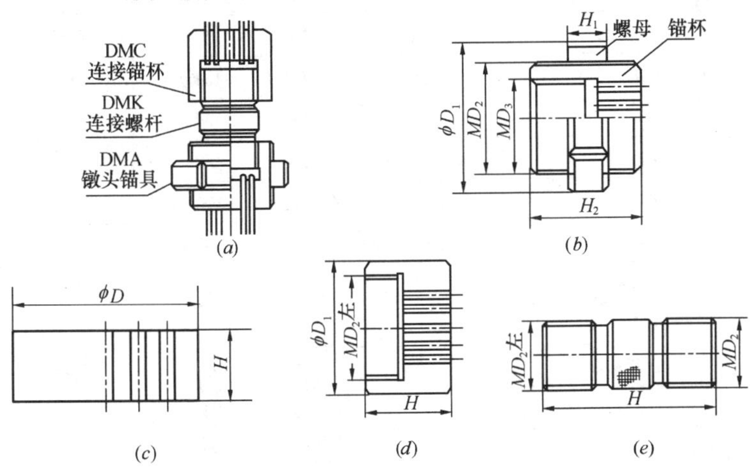

图 4.10-20 DM 型镦头锚具

(a) 锚杯连接器接长预应力筋安装示意图；(b) DMA 型锚具构造示意图；(c) DMB 型镦头锚板构造示意图；(d) DMC 型连接锚杯构造示意图；(e) DMK 型连接螺杆构造示意图

尺寸见表4.10-27，DMB型镦头锚具尺寸见表4.10-28，DMC型镦头锚具见表4.10-29，DMK型镦头锚具尺寸见表4.10-30。

DMA型镦头锚具尺寸（mm） 表4.10-27

规格 \ 代号	H_1	H_2	ϕD_1	MD_2	MD_3
DM5A-12	25	60	85	60×2	45×2
DM5A-14	25	60	85	60×2	45×2
DM5A-16	25	70	90	64×3	45×2
DM5A-18	25	70	95	64×3	45×2
DM5A-20	30	75	100	72×3	52×3
DM5A-24	30	75	110	76×3	55×3
DM5A-28	30	75	120	85×3	64×3
DM5A-36	35	85	135	95×3	70×3
DM5A-48	40	115	150	105×4	80×4
DM5A-54	40	120	155	115×4	80×4
DM5A-56	40	160	160	120×4	85×4
DM5A-84	54	160	185	134×6	98×6
DM5A-90	54	160	185	134×6	98×6
DM5A-110	80	150	200	150×4	120×4
DM5A-127	80	160	260	190×6	130×6
DM5A-139	80	160	260	190×6	130×6
DM5A-151	80	170	270	210×8	160×6
DM5A-163	90	170	270	210×8	160×6
DM7A-12	30	75	105	75×3	58×3
DM7A-13	30	75	105	75×3	58×3
DM7A-18	40	82	140	82×3	60×3
DM7A-24	50	100	150	105×4	72×4
DM7A-36	46	105	168	120×4	88×4
DM7A-48	60	138	210	138×6	100×6
DM7A-54	75	155	220	150×6	110×6

续表

规格＼代号	H_1	H_2	ϕD_1	MD_2	MD_3
DM7A-56	75	155	220	150×6	110×6
DM7A-84	85	180	250	180×6	135×6
DM7A-90	90	180	270	210×6	150×6
DM7A-110	90	180	280	215×6	150×6
DM7A-127	90	180	290	230×8	165×8
DM7A-139	100	180	320	260×8	180×8
DM7A-151	100	190	345	270×8	190×8
DM7A-163	100	190	345	270×8	190×8

DMB 型镦头锚具尺寸（mm）　　表 4.10-28

规格＼代号	ϕD	H	规格＼代号	ϕD	H
DM5B-12	80	25	DM5B-163	270	100
DM5B-14	80	25	DM7B-12	90	36
DM5B-16	85	30	DM7B-13	90	36
DM5B-18	85	35	DM7B-18	100	41
DM5B-20	90	35	DM7B-24	140	50
DM5B-24	95	35	DM7B-36	150	50
DM5B-28	105	35	DM7B-48	160	70
DM5B-36	115	42	DM7B-54	220	75
DM5B-48	135	58	DM7B-56	220	75
DM5B-54	140	60	DM7B-84	250	90
DM5B-56	140	65	DM7B-90	270	90
DM5B-84	185	70	DM7B-110	280	90
DM5B-90	185	70	DM7B-127	280	90
DM5B-110	200	100	DM7B-139	320	90
DM5B-127	260	100	DM7B-151	345	90
DM5B-139	260	100	DM7B-163	345	90
DM5B-151	270	100			

DMC 型镦头锚具尺寸（mm）　　表 4.10-29

规格＼代号	ϕD_1	MD_2 左	H	规格＼代号	ϕD_1	MD_2 左	H
DM5C-12	60	45×2	60	DM5C-163	210	160×6	170
DM5C-14	60	45×2	60	DM7C-18-Ⅰ	80	60×3	82
DM5C-16	64	45×2	70	DM7C-18-Ⅱ	82	60×3	82
DM5C-18	64	45×2	70	DM7C-24	105	72×4	100
DM5C-20	72	52×3	75	DM7C-36	120	88×4	105
DM5C-24	76	55×3	75	DM7C-48-Ⅰ	132	100×6	138
DM5C-28	85	64×3	75	DM7C-48-Ⅱ	138	100×6	138
DM5C-36	95	70×3	85	DM7C-54	150	110×6	155
DM5C-48	105	76×4	115	DM7C-56	150	110×6	155
DM5C-54	115	80×4	120	DM7C-84	180	135×6	180
DM5C-56	120	85×4	160	DM7C-90	210	150×6	180
DM5C-84	134	98×6	160	DM7C-110	215	150×6	180
DM5C-90	134	98×6	160	DM7C-127	230	165×8	180
DM5C-110	150	120×4	150	DM7C-139	260	180×8	180
DM5C-127	190	130×6	160	DM7C-151	270	190×8	190
DM5C-139	190	130×6	160	DM7C-163	270	190×8	190
DM5C-151	210	160×6	170				

DMK 型镦头锚具尺寸（mm）　　表 4.10-30

规格＼代号	MD_2 左	MD_3	H	规格＼代号	MD_2 左	MD_3	H
DM5K-12	45×2	45×2	120	DM5K-28	64×3	64×3	130
DM5K-14	45×2	45×2	120	DM5K-36	70×3	70×3	180
DM5K-16	45×2	45×2	130	DM5K-48	76×4	76×4	170
DM5K-18	45×2	45×2	130	DM5K-54	80×4	80×4	170
DM5K-20	52×3	52×3	130	DM5K-56	85×4	85×4	245
DM5K-24	55×3	55×3	120	DM5K-84	98×6	98×6	266

续表

规格＼代号	MD_2左	MD_3	H	规格＼代号	MD_2左	MD_3	H
DM5K-90	98×6	98×6	276	DM7K-54	110×6	110×6	245
DM5K-110	120×4	120×4	200	DM7K-56	110×6	110×6	245
DM5K-127	130×6	130×6	276	DM7K-84	135×6	135×6	260
DM5K-139	130×6	130×6	276	DM7K-90	150×6	150×6	260
DM5K-151	160×6	160×6	276	DM7K-110	150×6	150×6	276
DM5K-163	160×6	160×6	276	DM7K-127	165×8	165×8	276
DM7K-18	60×3	60×3	125	DM7K-139	180×8	180×8	276
DM7K-24	72×4	72×4	142	DM7K-151	190×8	190×8	276
DM7K-36	88×4	88×4	160	DM7K-163	190×8	190×8	276
DM7K-48	100×6	100×6	185				

（C）LM 型螺丝端杆锚具

LM 型螺丝端杆锚具构造见图 4.10-21，其规格见表 4.10-31。

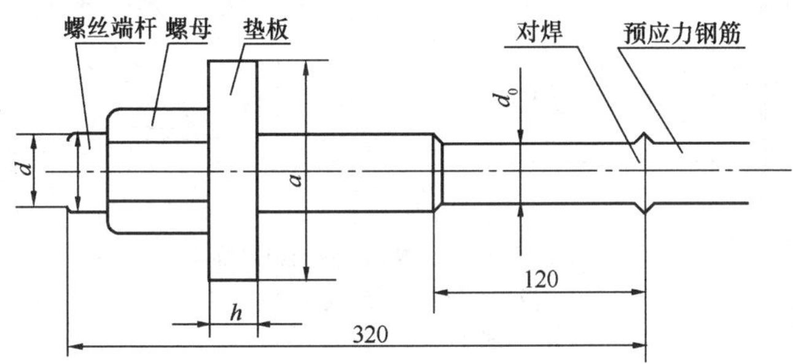

图 4.10-21　LM 型螺丝端杆锚具构造图

LM 型螺丝端杆锚具规格（mm）　　表 4.10-31

锚具规格	钢筋公称直径（mm）	d	d_0	$a \times h$
LM16	16	M20×1.5	18	90×14
LM18	18	M22×1.5	20	90×14
LM22	22	M27×2	22	90×16

续表

锚具规格	钢筋公称直径（mm）	d	d_0	$a \times h$
LM25	25	M30×2	28	90×20
LM28	28	M33×3	31	90×20
LM32	32	M39×3	35	90×22
LM36	36	M42×3	39	100×25
LM40	40	M45×3	43	110×28
LM45	45	M52×3	48	120×40

（D）OVM18 型张拉端锚具

OVM18 型张拉端锚具构造如图 4.10-22 所示。

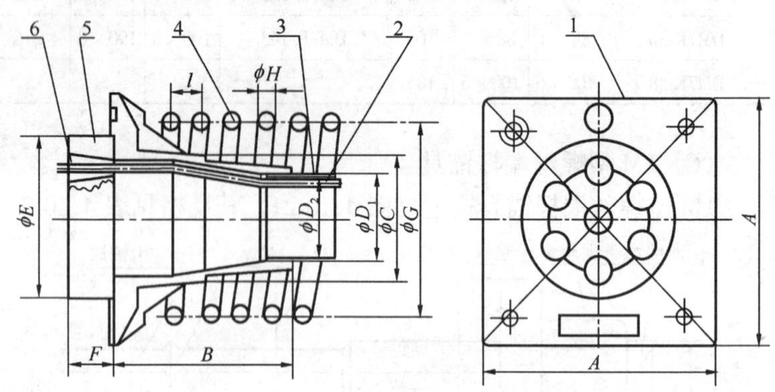

图 4.10-22　OVM18 型张拉端锚具

1—锚垫板；2—预应力筋；3—金属波纹管；

4—螺旋筋；5—锚板；6—夹片

OVM18 型张拉端锚具尺寸见表 4.10-32。

OVM18 型张拉端锚具结构尺寸（mm）　　表 4.10-32

锚具规格		3	4	5	6/7	8	9	12	15	19	22	25	27
锚垫板	A	165	210	210	240	270	270	300	360	390	420	420	470
	B	120	160	160	180	210	210	240	375	420	495	495	615
	ϕC	93	108	108	125	140	140	170	188	210	222	222	246

续表

锚具规格		3	4	5	6/7	8	9	12	15	19	22	25	27
波纹管径	ϕD_1	57	77	77	87	97	97	107	127	137	137	137	147
	ϕD_2	50	70	70	80	90	90	100	120	130	130	130	140
锚板	ϕE	105	130	135	150/157	175	185	210	235	260	275	275	310
	F	65	70	70	75	80	80	85	110	120	120	135	140
螺旋筋	ϕG	190	240	240	270	330	330	380	430	470	510	510	570
	ϕH	14	16	16	20	20	20	20	20	22	22	22	22
	I	50	60	60	60	60	60	60	60	70	70	70	70
	圈数 n	4	5	5	5	6	6	6	7	7	8	8	9

(E) OVM18 型固定端锚具

OVM18 型固定端锚具构造如图 4.10-23 所示，其结构尺寸见表 4.10-33。

OVM18 型固定端锚具的结构尺寸（mm）　　表 4.10-33

规格	3	4	5	6.7	9	12	19
A	150	170	200	220	250	270	350
B（min）	240	300	380	440	500	720	860
C	110	110	120	120	135	135	135
D	250	250	250	300	300	300	360
ϕE	190	210	210	240	240	240	270

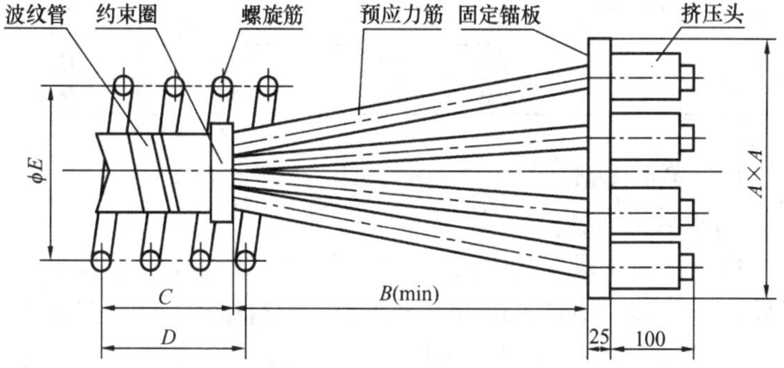

图 4.10-23　OVM18 型固定端锚具

（F）OVM22、OVM28 锚具

OVM22、OVM28 锚具分别用于外径为 21.8mm、28.6mm 由 19 根钢丝组成的高强钢绞线的单根张拉。该钢绞线单根强度大，可分别替代 ϕ25mm、ϕ32mm 精轧螺纹钢筋。锚具由夹片、锚板、锚垫板组成，可用于张拉端或固定端。该锚具使用 YC50Q、YC75Q 型千斤顶进行张拉和顶压，施工方便、可靠。

OVM22、OVM28 锚具结构示意见图 4.10-24，其尺寸参数见表 4.10-34。

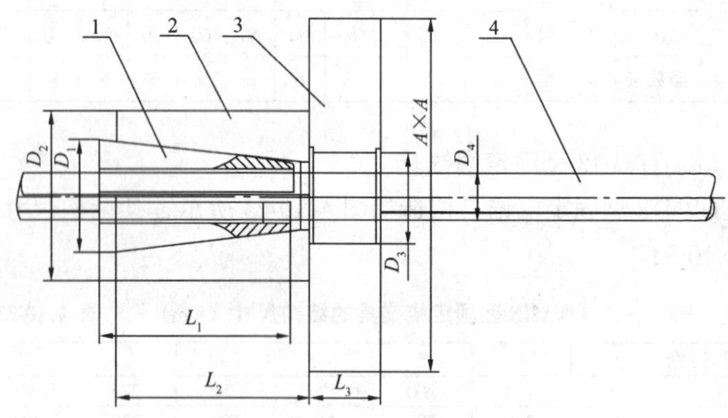

图 4.10-24　OVM22、OVM28 锚具结构示意图

1—工作夹片；2—工作锚板；3—锚垫板；4—钢绞线

OVM22、OVM28 锚具尺寸参数（mm）　　表 4.10-34

型号	D_1	D_2	D_3	D_4	L_1	L_2	L_3	$A \times A$
OVM22	ϕ44.8	ϕ65	ϕ36	ϕ21.8	75	75	28	135×135
OVM28	ϕ58.3	ϕ85	ϕ45	ϕ28.6	100	100	32	165×165

10）单根无粘结预应力钢筋锚具

（A）镦头锚具

用于锚固 7 根直径 5mm 的碳素钢丝组成的无粘结预应力钢丝束。张拉端由锚杯、螺母、承压板、塑料保护套筒、螺旋筋组成，见图 4.10-25。非张拉端由镦头锚板、螺旋筋组成，见图 4.10-26。钢丝束的长度一般不大于 24m。

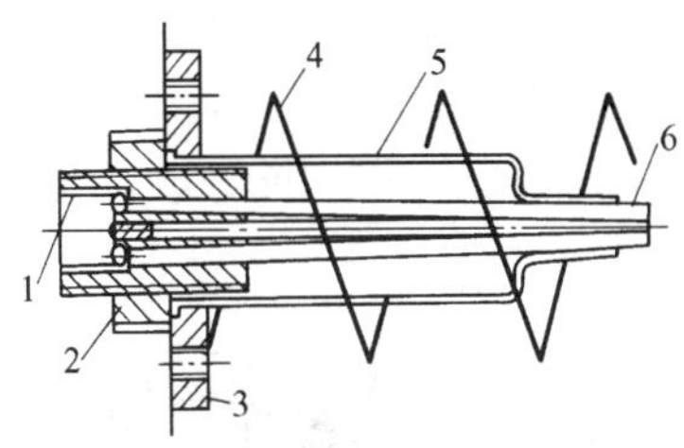

图 4.10-25 单根无粘结预应力钢筋镦头锚具张拉端

1—锚杯；2—螺母；3—承压板；4—螺旋筋；5—塑料保护套；6—无粘结预应力钢筋

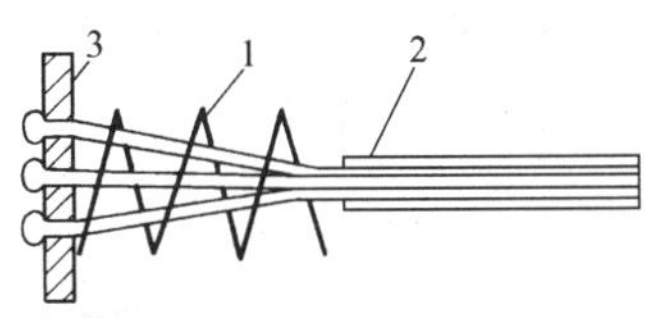

图 4.10-26 单根无粘预应力钢筋镦头锚具非张拉端

1—螺旋筋；2—无粘结预应力钢筋；3—镦头锚板

(B) 夹片锚具

用于锚固 ϕ^j15mm 钢绞线制成的无粘结预应力钢筋和 ϕ^s15mm 无粘结钢丝束。锚固钢丝束时，必须采用斜开缝的夹片。夹片锚具的张拉端有两种做法：

(a) 张拉端凸出混凝土表面时，由锚环、夹片、承压板、螺旋筋组成，见图 4.10-27；

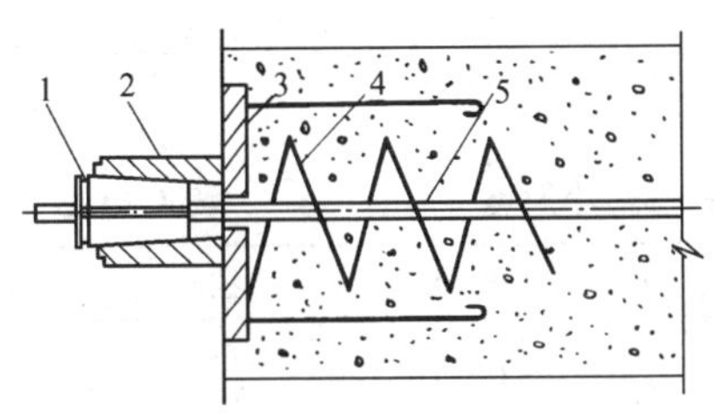

图 4.10-27 夹片锚具张拉端凸出混凝土表面

1—夹片；2—锚环；3—承压板；4—螺旋筋；5—无粘结预应力钢筋

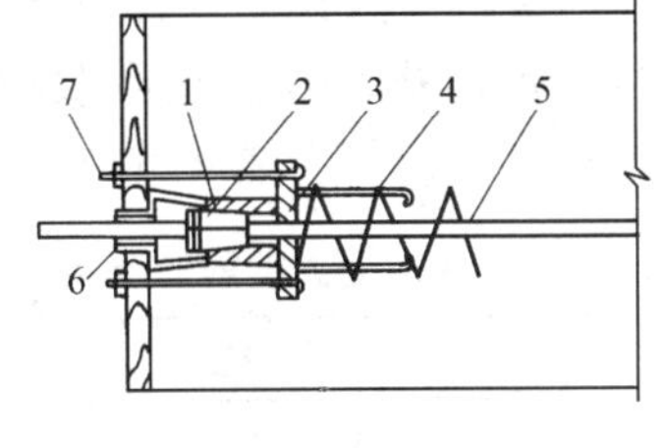

图 4.10-28 夹片锚具张拉端凹进混凝土表面

1—夹片；2—锚环；3—承压板；4—螺旋筋；5—无粘结预应力钢筋；6—塑料塞；7—钩螺丝

(b) 张拉端凹进混凝土表面时，由锚环、夹片、承压板、螺旋筋、塑料塞、钩螺丝等组成，见图4.10-28。

非张拉端有两种做法：

(a) 挤压锚具：由挤压锚、承压板、螺旋筋组成，见图4.10-29，适用于板内；

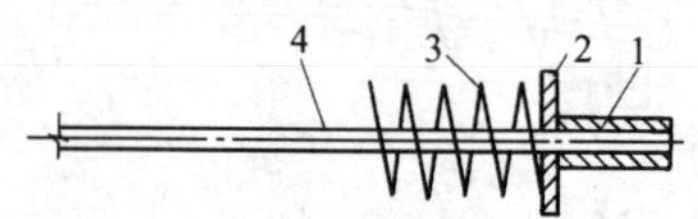

图4.10-29 非张拉埋入端挤压锚具

1—挤压锚；2—承压板；3—螺旋筋；4—无粘结预应力钢筋

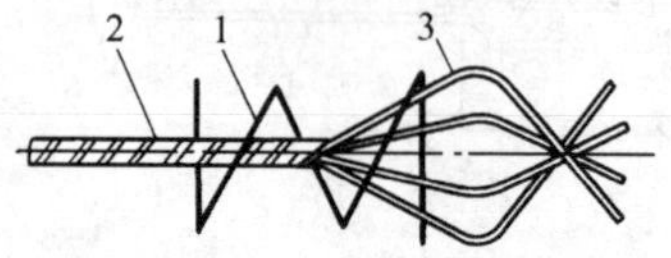

图4.10-30 非张拉埋入端压花锚具

1—螺旋筋；2—无粘结预应力钢筋；3—压花端

(b) 压花锚具：将钢绞线端部压花并配置螺旋筋（见图4.10-30），适用于梁内。

当采用镦头锚具时，锚具在构件端面上的水平和竖向最小间距可取80mm；当采用夹片式锚具时，最小间距可取60mm。

(5) 混凝土保护层

纵向受力钢筋为普通钢筋或预应力钢筋，其混凝土保护层厚度（钢筋外表面边缘至混凝土表面的距离）不应小于钢筋的公称直径，且应符合表4.10-35的规定。

纵向受力钢筋的混凝土保护层最小厚度（mm）　　表4.10-35

环境类别		板、墙、壳			梁			柱		
		≤C20	C20～C45	≥C50	≤C20	C20～C45	≥C50	≤C20	C20～C45	≥C50
一		20	15	15	30	25	25	30	30	30
二	a	—	20	20	—	30	30	—	30	30
	b	—	25	20	—	35	30	—	35	30
三		—	30	25	—	40	35	—	40	35

注：基础中纵向受力钢筋的混凝土保护层厚度不应小于40mm，当无垫层时不应小于70mm。

(6) 预应力钢筋间距及预留孔道

1) 先张法构件的预应力钢筋净距不应小于其公称直径或等效直径的1.5倍，且应符合下列规定：对热处理钢筋及钢丝，不应小于15mm；对3股钢绞线，不应小于20mm；对7股钢绞线，不应小于25mm。先张法预应力钢丝排列有困难时，可采用相同直径钢丝并筋的配筋方式（见图4.10-31）。并筋的等效直径，对双并筋应取为单筋直径的1.4倍，对三并筋应取为单筋直径的1.7倍。

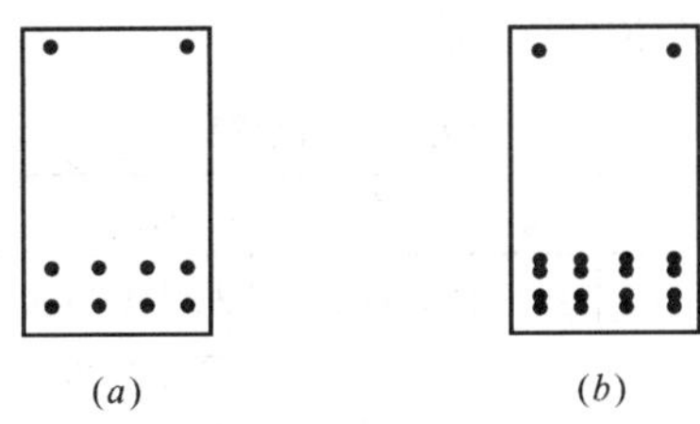

图4.10-31 预应力钢筋并筋梁配筋方式

(*a*) 钢丝数量较少时；(*b*) 钢丝数量较多时

2) 后张法构件端部预应力钢筋的预留孔道间距及直径，应根据锚具尺寸、千斤顶尺寸、混凝土浇筑与局部承压等因素确定。

3) 后张法预应力钢丝束、钢绞线束的预留孔道应符合下列规定：

(A) 孔道之间的水平净距不应小于50mm；孔道至边构件边缘的净距不应小于30mm，且不宜小于孔道直径的一半；

(B) 孔道直径应比预应力钢筋束外径、钢筋对焊接头处外径或穿过孔道锚具外径大10~15mm；

(C) 在构件两端及跨中应设置灌浆孔或排气孔，其孔距不宜大于12m。

4) 曲线预应力钢丝束、钢绞线束的曲率半径，宜按下列规定采用：

(A) 钢丝束、钢绞线束曲率半径不宜小于4m；

（B）12mm < $d \leqslant$ 25mm 的钢筋，曲率半径不宜小于 12m；

（C）折线配筋的构件，在折线弯折处的曲率半径可适当减少。

5）后张法构件的预应力钢筋孔道成型，目前常采用预埋波纹管方式。国产波纹管有单波纹与双波纹两种，见图 4.10-32。长度一般为 4～6m，如在现场使用卷管机则长度不受限制。管壁厚为 0.3mm，波纹高度：单波纹为 2.5mm，双波纹为 3.0mm。常用两种波纹管尺寸见表 4.10-36。波纹管连接可采用大一号的同类波纹管作为连接管，连接管长度为 200mm，用密封胶带或热塑料管封口，见图 4.10-33。

常用波纹管直径　　表 4.10-36

类　型		直　径（mm）											
单波纹	内径	36	39	42	45	48	51	54	57	66	69	72	75
	外径	41	44	47	50	53	56	59	62	71	74	77	80
双波纹	内径	40	50	55	60	65	70	75	80	85	90	95	100
	外径	46	56	61	66	71	76	81	86	91	96	101	106

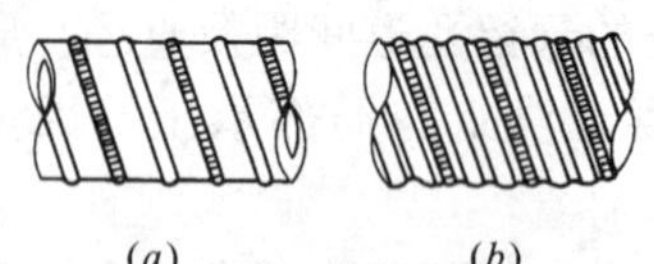

图 4.10-32　波纹管外形
（a）单波纹；（b）双波纹

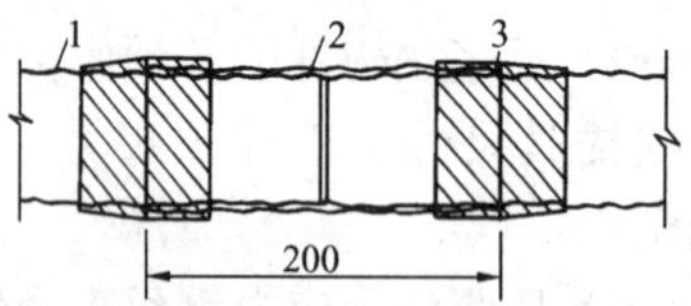

图 4.10-33　波纹管接头
1—波纹管；2—接头管；
3—密封胶带

（7）先张法构件预应力钢筋的锚固长度及预应力传递长度

1）锚固长度 l_a

受拉钢筋的锚固长度应按下列公式计算：

普通钢筋：
$$l_a = \alpha \cdot \frac{f_y}{f_t} \cdot d \tag{4-84}$$

预应力钢筋：
$$l_a = \alpha \cdot \frac{f_{py}}{f_t} \cdot d \tag{4-85}$$

式中 l_a——受拉钢筋的锚固长度；

f_y、f_{py}——普通钢筋、预应力钢筋的抗拉强度设计值；

f_t——混凝土轴心抗拉强度设计值；

d——钢筋的公称直径；

α——钢筋的外形系数，按表 4.10-37 采用。

钢筋的外形系数 **表 4.10-37**

钢筋类型	光面钢筋	带肋钢筋	刻痕钢丝	螺旋肋钢丝	三股钢绞线	七股钢绞线
α	0.16	0.14	0.19	0.13	0.16	0.17

2）预应力传递长度 l_{tr}

先张法构件预应力钢筋的预应力传递长度 l_{tr}应按下列公式计算：

$$l_{tr}=\alpha\cdot\frac{\sigma_{pe}}{f'_{tk}}\cdot d \tag{4-86}$$

式中 σ_{pe}——放张时预应力钢筋的有效预应力；

d——预应力钢筋的公称直径；

α——预应力钢筋外形系数，按表 4.10-37 取用；

f'_{tk}——与放张时混凝土立方体抗压强度 f'_{cu}相应的轴心抗拉强度标准值。

当采用骤然放松预应力钢筋的施工工艺时，l_{tr}的起点应从距构件末端 $0.25l_{tr}$处开始计算。

(8) 纵向预应力钢筋最小配筋率

预应力混凝土受弯构件中的纵向受拉钢筋配筋率应符合下列要求：

$$M_u \geqslant M_{cr} \tag{4-87}$$

式中 M_u——构件的正截面受弯承载力设计值；

M_{cr}——构件的正截面开裂弯矩值。

(9) 非预应力配筋要求

为防止施工阶段预拉区出现裂缝或裂缝过宽，在预拉区应配置非预应力钢筋，其直径不宜大于14mm，并沿构件预拉区外边缘均匀配置。

1）施工阶段预拉区不允许出现裂缝的构件，预拉区纵向钢筋的配筋率：

先张法：
$$\frac{A'_p + A'_s}{A} \geqslant 0.2\% \tag{4-88}$$

后张法：
$$\frac{A'_s}{A} \geqslant 0.2\% \tag{4-89}$$

式中　A——构件截面面积。

2）施工阶段预拉区允许出现裂缝，在预拉区不配置预应力筋的构件，预拉区非预应力钢筋配筋率：

当 $\sigma_{ct} = 2f'_{tk}$ 时，$A'_s/A \geqslant 0.4\%$

$f'_{tk} < \sigma_{ct} < 2f'_{tk}$ A'_s/A 在 $0.2\% \sim 0.4\%$ 之间插值

（10）无粘结预应力混凝土

1）非预应力钢筋

（A）单向板非预应力筋

$$A_s \geqslant 0.002bh \tag{4-90}$$

直径 $d \geqslant 8$mm，间距 $\leqslant 200$mm。

（B）梁

$$\frac{A_s f_y}{A_s f_y + \sigma_p A_p} \geqslant 0.25 \tag{4-91}$$

$$A_s = 0.003bh \tag{4-92}$$

取上面两式计算结果较大者。直径 $\geqslant 14$mm。

（C）板柱体系

（a）负弯矩区的纵向非预应力筋

每一个方向

$$A_s \geqslant 0.00075hl \tag{4-93}$$

式中 l——平行于计算纵向钢筋方向板的跨度；

h——板的厚度。

应分布在各离柱边 1.5h 的板宽范围内。至少应设置 4 根直径不小于 16mm 的钢筋。间距小于 300mm，外伸出柱边长度至少为每一边净跨的 1/6。

（b）正弯矩区的纵向非预应力筋

每一方向

$$A_s \geqslant 0.0015bh \tag{4-94}$$

在正常使用极限状态下受拉区不允许出现拉应力时，

每一方向：

$$A_s \geqslant 0.001bh \tag{4-95}$$

钢筋直径不应小于 6mm，间距不应大于 200mm。

2）经验跨高比，见表 4.10-38 及表 4.10-39。

3）梁的截面宽度

$$b = \left(\frac{1}{3} \sim \frac{1}{5}\right)h \tag{4-96}$$

同时满足：一束预应力筋 $b = 250 \sim 300$mm；

二束预应力筋 $b = 300 \sim 400$mm。

加腋梁：加腋高度取$(0.2 \sim 0.3)h$，加腋长度$(0.1 \sim 0.15)l$。

预应力混凝土楼（屋）面结构跨高比　　表 4-10-38

	简支跨		连续跨	
	屋面	楼面	屋面	楼面
单向实心板	42	38	46	42
双向实心板（支承于柱）	40	36	44	40
双向密肋（0.9m 方格）板	32	28	36	32
框架大梁（间距 6m）	15 ~ 20			
单向肋梁（间距 2 ~ 3m）	18 ~ 28			

无粘结预应力混凝土楼板跨高比　　表 4.10-39

序　号	楼　板　形　式	适用跨度（m）	跨高比
1	单向平板	7～10	40～45
2	无梁、无柱帽双向平板	7～12	40～45
3	带柱帽或托板双向平板	8～13	45～20
4	密肋板	10～15	30～35
5	梁周边支承的双向平板	10～15	45～52

4）梁中预应力钢筋布置

（A）正反抛物线形布置［如图 4.10-34（a）所示］。

$$\alpha l = (0.1 \sim 0.2) l \tag{4-97}$$

抛物线方程：$y = Ax^2$。跨中段：$A = \dfrac{2h}{(0.5-\alpha)l^2}$；梁端：$A = \dfrac{h}{l^2}$。

（B）直线与抛物线相切布置［如图 4.10-34（b）所示］。

$$l_1 = \frac{l}{2}\sqrt{2\alpha} \tag{4-98}$$

$$\alpha = 0.1 \sim 0.2$$

（C）折线布置［如图 4.10-34（c）所示］。

$$\beta l = \left(\frac{1}{4} \sim \frac{1}{3}\right) l \tag{4-99}$$

（D）正反抛物线与直线形混合布置［如图 4.10-34（d）所示］。

（E）直线与双抛物线结合布置［如图 4.10-34（e）所示］。

用于双跨框架梁：

$$l_1 = \frac{l}{2}\sqrt{1 - \frac{h_1}{h_2} + 2\alpha\frac{h_1}{h_2}} \tag{4-100}$$

式中　l——框架梁跨度。

(F) 连续与局部组合布置［如图 4.10-34 (f) 所示］。

(G) 部分预应力筋在短跨切断的布置方式（如图 4.10-34 (g) 所示）。

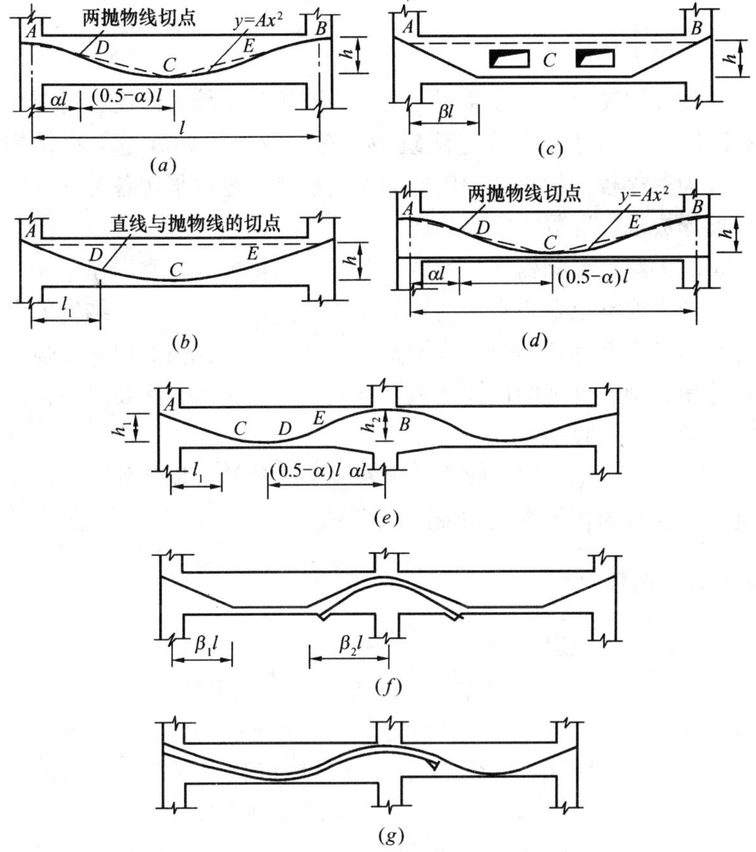

图 4.10-34　框架梁预应力钢筋布置

(a) 正反抛物线形布置；(b) 直线与抛物线相切布置；(c) 折线形布置；(d) 正反抛物线与直线形混合布置；(e) 直线与双抛物线结合布置；(f) 连续与局部组合布置；(g) 部分预应力筋在短跨切断

4.11　现浇混凝土空心楼盖

4.11.1　总则

现浇混凝土空心楼盖一般适用于要求具有较大跨度，对层高有限制的公共建筑和住宅建筑中。在工业建筑和其他工程结构中，为获得较大的跨度和较好的使用功能，也常采用各类埋入式内模形成现浇混凝土空心结构。

对大跨度预制构件，为减轻自重，也可埋入各类内模。

现浇混凝土空心楼盖结构的应用虽然较多，但由于结构的设计和施工中有许多环节与传统做法有一定区别，因而更需加强质量控制，制定合理的设计和施工方案，做好技术交底及严格执行质量检查和验收制度。

在设计、施工和验收中除应符合专门的技术规程外，还应满足国家现行的相关规范和标准、规定。

4.11.2　内模

（1）一般规定

1）用于现浇混凝土空心楼盖的内模，除应满足规格、尺寸和外观质量要求外，尚应具有符合施工要求的物理力学性能。

2）内模材料中氯化物和碱的含量应符合现行有关标准的规定，且不应含有影响环境和人身健康的有害成分。

3）实心筒体、实心块体等内模的质量应符合有关产品标准的要求。

（2）筒芯

1）筒芯的外径和长度

筒芯的外径和长度可参考表 4.11-1 取用。

2）筒芯的尺寸允许偏差

筒芯的尺寸允许偏差应符合表 4.11-2 的规定。

筒芯的外径和长度 表 4.11-1

项　目	外径和长度尺寸（mm）
外径 D	100、120、150、180、200、220、250、280、300、350、400、450、500
长度 L	500、1000、1500、2000

筒芯的尺寸允许偏差 表 4.11-2

项　　目	允许偏差（mm）	项　　目	允许偏差（mm）
长　度	0，－20	平直度（侧弯曲）	5
外　径	±3	不圆度	5
端面垂直度	5		

注：检验方法应符合相关的规定。

3）筒芯的物理力学性能

筒芯的物理力学性能应符合表 4.11-3 的要求。

筒芯物理力学性能要求 表 4.11-3

项　　目		要　　求
重量	D＝100、120、150、180、200mm	≤12kg/m
	D＝220、250、280、300、350mm	≤25kg/m
	D＝400、450、500mm	≤40kg/m
径向抗压荷载		≥1000N

注：检验方法应符合《现浇混凝土空心楼盖结构技术规程》（CECE 175：2004）附录 A 的规定。

（3）箱体

1）箱体应具有可靠的密封性。箱体外表面不得有孔洞和影响混凝土形成空腔的其他缺陷。

2）箱体的底面边长和高度参考表 4.11-4。

箱体的底面边长和高度 表 4.11-4

项　目	数　　据	备　　注
高度	150～500mm	
底面边长	400～1200mm	底面宜为正方形。边长大于 600mm 时，宜在箱体中部设置竖向孔洞

3）箱体的尺寸允许偏差

箱体的尺寸允许偏差应符合表4.11-5的规定。

箱体尺寸允许偏差 **表4.11-5**

项 目	允许偏差（mm）
边 长	0，－20
高 度	±5
表面平整度	5

注：检验方法应符合《现浇混凝土空心楼盖结构技术规程》（CECS 175：2004）附录A的规定。

4）箱体的重量

箱体的重量应符合相应产品标准的规定。

5）箱体的抗压荷载应符合表4.11-6的规定。

箱体的抗压荷载 **表4.11-6**

项 目	数 据
竖向抗压荷载	不应小于1000N
侧向抗压荷载	不应小于800N

注：检验方法应符合有关规范要求。

4.11.3 结构分析

（1）现浇混凝土空心楼盖结构分析规定见表4.11-7。

现浇混凝土空心楼盖结构分析规定 **表4.11-7**

项 目	说 明
一般规定	1）整体布置应能合理地传递所承受的荷载和作用，应具有明确的结构计算简图； 2）楼板的支承可采用梁、柱、墙； 对柱支承的楼板结构，可根据建筑、结构设计的要求确定是否设置柱帽、托板； 3）区格板内筒芯宜沿受力较大的方向顺向布置； 4）区格板布置内模后，周边板实心区域应符合相关规定； 5）楼板承受较大集中静力荷载的部位不宜布置内模。对承受较大集中动力荷载的区格板，不应采用空心楼板

续表

项　目	说　　明
结构分析要求	1）边支承板楼盖结构：楼板可仅考虑承受竖向荷载，按规范的规定进行内力分析；楼板周边支承构件应考虑承受竖向荷载、水平荷载和（或）地震作用。 2）柱支承板楼盖结构：楼板在竖向均布荷载作用下可按规范的规定进行内力分析；水平荷载、地震作用下可按规范规定进行内力分析。 3）空心楼盖结构可采用有限元方法进行内力分析。结构计算程序应经考核和验证，技术条件应符合相关规程、标准的规定。电算结果应经判断和校核，确认合理有效后，方可用于工程。 4）单向连续板按弹性分析方法求得的内力，在一跨范围内正、负弯矩之间的调幅不应超过20%；边支承双向板按弹性分析方法求得的内力，每个方向正、负弯矩之间的调幅不应超过20%。 符合直接设计法要求的柱支承楼盖，在竖向均布荷载作用下按弹性分析求得的内力，在每个方向正、负弯矩之间的调幅不应超过10%。 5）对于直接承受动力荷载的构件，以及要求不出现裂缝或处于侵蚀环境等情况中的结构，不得采用考虑弯矩调幅的分析方法

（2）现浇混凝土空心楼盖结构分析方法见表4.11-8。

表4.11-8

项　　目	说　　明
拟梁法	1）承受竖向均布荷载的柱支承楼盖结构，当采用拟梁法进行弹性分析时，拟梁宜在楼盖平面范围内统一布置。 每个区格板内拟梁的数量可根据区格板的跨度和计算要求等确定，且在各方向上均不宜少于5根。在多区格楼盖内拟梁宜取为连续梁，计算中宜考虑拟梁的挠曲和扭转对连续梁内力的影响。 2）拟梁的抗弯刚度可取拟梁所代表的楼板宽度范围内各部分的抗弯刚度之和。各部分的抗弯刚度可按下列规定： （A）梁、柱轴线上的楼板实心区域，其抗弯刚度应按实际截面计算； （B）当内模为筒芯且板顶厚度和板底厚度相等时，楼板空心区域顺筒方向、横筒方向拟梁的截面抗弯刚度取为 $E_{cs}I_{s1}$、$E_{cs}I_{s2}$，其中 E_{cs} 为楼板混凝土的弹性模量。抗弯惯性矩 I_{s1}、I_{s2}可按下列公式计算： $$I_{s1}=\frac{s_1}{b_w+D}\left[\frac{1}{12}(b_w+D)h_s^3-\frac{\pi D^4}{64}\right] \quad (4\text{-}101)$$ $$I_{s2}=\gamma\frac{s_2}{s_1}I_{s1} \quad (4\text{-}102)$$

续表

项 目	说 明
拟梁法	式中 s_1、s_2——顺筒方向、横筒方向拟梁的宽度； b_w——顺筒肋宽； D——筒芯外径； h_s——楼板厚度； γ——横筒方向拟梁抗弯刚度的计算系数：当 $D/h_s \leqslant 0.6$时，可取1.0；当 $D/h_s \geqslant 0.7$时，可取0.9；当 $0.6 < D/h_s < 0.7$时，可按线性内插法确定 3）当内模为箱体时，楼板空心区域两个方向的抗弯刚度可按实际截面计算
直接设计法	1）当承受竖向均布荷载的柱支承板楼盖结构符合下列条件时，可采用直接设计法进行内力分析： （A）在结构的每个方向至少有三跨连续板； （B）所有区格板均为矩形，各区格的长宽比不大于2； （C）两个方向相邻两跨的跨度差均不大于长跨的1/3； （D）柱子离相邻柱中心线的最大偏移在两个方向均不大于偏心方向跨度的10%； （E）可变荷载标准值不大于永久荷载标准值的2倍； （F）当柱轴线上有梁时，两个垂直方向的梁应符合下列条件： $$0.2 \leqslant \frac{\mu_1}{\mu_2} \leqslant 5 \quad (4\text{-}103)$$ 式中 μ_1、μ_2——在楼盖区格板计算方向、垂直于计算方向分别取为：$\mu_1 = \alpha_1 \frac{l_2}{l_1}$、$\mu_2 = \alpha_1 \frac{l_1}{l_2}$； l_1、l_2——区格板计算方向、垂直于计算方向轴线到轴线的跨度； α_1、α_2——计算方向、垂直于计算方向梁与板截面抗弯刚度的比值：$\alpha = \frac{E_{cb}I_b}{E_{cs}I_s}$，此处，$E_{cb}$、$E_{cs}$为梁、楼板混凝土的弹性模量；$I_b$为梁的截面抗弯惯性矩，对计算方向、垂直于计算方向按《现浇混凝土空心楼盖结构技术规程》（CECS 175:2004）第4.5.8条计算；I_s为楼板的截面抗弯惯性矩，对计算方向、垂直于计算方向按《现浇混凝土空心楼盖结构技术规程》（CECS 175:2004）第4.5.10条计算。

续表

项 目	说 明
直接设计法	（见下文）

2）当不符合上述条件时，可采用等代框架法或拟梁法。

3）柱支承板楼盖采用直接设计法进行内力分析时，应按纵、横两个方向分别计算，且均应考虑全部竖向均布荷载的作用。直接设计法的计算板带为支座中心线两侧以区格板中心线为界的板带。计算板带在计算方向一跨内的总弯矩设计值 M_0 应按下列公式计算：

$$M_0 = \frac{1}{8} q_{\mathrm{d}} b l_{\mathrm{n}}^2 \tag{4-104}$$

式中 q_{d}——考虑结构重要性系数的板面竖向均布荷载基本组合设计值；

b——计算板带的宽度：当支座中心线两侧区格板的横向跨度不等时，应取相邻两跨横向跨度的平均值；对于计算板带的一边为楼盖边时，应取区格板中心线到楼盖边缘的距离；

l_{n}——计算方向区格板净跨，取相邻柱（柱帽或墙）侧面之间的距离，且不应小于 $0.65l_1$。

4）总弯矩设计值 M_0 在计算方向大各控制截面可按下列规定分配：

（A）对内跨，正弯矩设计值取 $0.35M_0$，负弯矩设计值取 $0.65M_0$。

（B）对端跨，按下表规定的系数分配。

计算板带端跨弯矩设计值的分配系数

支座约束条件	外支座简支	在各支座处均有梁	在内支座处无梁		外支座嵌固
			无边梁	有边梁	
内支座负弯矩	0.75	0.70	0.70	0.70	0.65
外支座负弯矩	0	0.16	0.26	0.30	0.65
正弯矩	0.63	0.57	0.52	0.50	0.35

按上述方法分配弯矩时，中间支座应能抵抗支座两侧所分配负弯矩的较大值，否则应对不平衡弯矩再分配。对边梁或板边的设计，应考虑外支座负弯矩引起的扭转作用。

5）柱上板带各控制截面所承担的弯矩设计值可按第4）条规定的弯矩设计值乘以下表规定的分配系数确定。表中系数 β_{t} 按下面公式计算：

$$\beta_{\mathrm{t}} = \frac{E_{\mathrm{cb}} I_{\mathrm{t}}}{2.5 E_{\mathrm{cs}} I_{\mathrm{s}}} \tag{4-105}$$

续表

项　目	说　明
直接设计法	（见下）

式中　β_t——计算板带端支座处边梁的截面抗扭刚度与楼板的截面抗弯刚度的比值；

I_t——端支座处边梁的截面抗扭惯性矩，按下面第10）条确定。

柱上板带承受计算板带内弯矩设计值的分配系数

状　况			l_2/l_1 0.5	1.0	2.0
内支座负弯矩	$\mu_1=0$		0.75	0.75	0.75
	$\mu_1\geqslant1$		0.90	0.75	0.45
端支座负弯矩	$\mu_1=0$	$\beta_t=0$	1.00	1.00	1.00
		$\beta_t\geqslant2$	0.75	0.75	0.75
	$\mu_1\geqslant1$	$\beta_t=0$	1.00	1.00	1.00
		$\beta_t\geqslant2$	0.90	0.75	0.45
正弯矩	$\mu_1=0$		0.60	0.60	0.60
	$\mu_1\geqslant1$		0.90	0.75	0.45

注：1. 系数可采用根据表中数值的线性插值；

2. 表中 μ_1 按上面第1）条计算；

3. 当支座由墙组成，且墙的长度不小于 $3b/4$ 时，可认为负弯矩在 b 范围内均匀分布，其中 b 为计算板带的宽度。

6）计算板带中不由柱上板带承受的弯矩设计值应按比例分配给两侧的半个跨中板带；每个跨中板带应承受两个半个跨中板带分配来的弯矩设计值之和。

与支承在墙体上的柱上板带相邻的跨中板带，应承受远离墙体的半个跨中板带弯矩设计值的2倍。

7）对带梁的柱上板带，当 $\mu_1\geqslant1$ 时，梁应承受柱上板带弯矩设计值的85%；当 $0<\mu_1<1$ 时，可按线性插值确定梁承受的弯矩设计值，其中 μ_1 可按第1）条的规定计算。此外，梁还应承受直接作用在梁上的荷载产生的弯矩设计值。

8）柱支承板楼盖中，由竖向均布荷载产生的柱与楼盖之间的不平衡弯矩应按下列规定确定：

（A）对计算方向的内柱，不平衡弯矩宜考虑周边可变荷载的不利布置；

续表

<table>
<tr><th>项 目</th><th>说 明</th></tr>
<tr><td>直接设计法</td><td>（B）对计算方向的端柱，由节点受剪承担的不平衡弯矩可取 $0.3M_0$。
9）带梁的柱支承板，梁的截面抗弯惯性矩 I_b 可按 T 型或倒 L 型截面计算，抗弯惯性矩的计算截面翼缘自梁侧面向外延伸宽度可取梁的腹板净高 h_w（$h_w = h_b - h_s$，h_b 为梁高，h_s 为板厚）。计算抗弯惯性矩时，应取扣除内模后的实际截面。
无梁的柱支承板，梁的截面抗弯惯性矩 I_b 可按柱轴线上楼板实心区域实际截面计算。
10）计算截面抗扭惯性矩 I_t 时，可将计算截面分成几个矩形，按下列公式计算：
$$I_t = \Sigma\left(1 - 0.63\frac{x}{y}\right)\left(\frac{x^3 y}{3}\right) \quad (4\text{-}106)$$
式中 x、y——矩形的短边、长边边长。
柱间无梁时，I_t 计算截面可取与柱（柱帽）宽度相同的板带计算；柱间带梁时，I_t 可按下列计算截面分别计算，并取其较大值：
（A）与柱（柱帽）宽度相同的板带加上梁在板上、板下凸出的部分；
（B）第 9）条规定的抗弯惯性矩计算截面。
11）楼板的截面抗弯惯性矩 I_s 可按下列规定计算：
（A）当内模为筒芯时
顺筒方向楼板的截面抗弯惯性矩
$$I_{s,a} = \frac{b_{sol,a} h_s^3}{12} + I_{hol,a} \quad (4\text{-}107)$$
横筒方向楼板的截面抗弯惯性矩
$$I_{s,p} = \frac{b_{sol,p} h_s^3}{12} + \frac{b_{hol,p}}{b_{hol,a}} I_{hol,a} \quad (4\text{-}108)$$
式中 $b_{sol,a}$、$b_{sol,p}$——顺筒方向、横筒方向的柱轴线上楼板实心区域的宽度；
$b_{hol,a}$、$b_{hol,p}$——顺筒方向、横筒方向的计算板带中楼板空心区域的总宽度；
$I_{hol,a}$——顺筒方向的计算板带中楼板空心区域截面抗弯惯性矩。
（B）当内模为箱体时，可按计算板带楼板实际截面计算</td></tr>
<tr><td>等代框架法</td><td>1）柱支承板楼盖结构采用等代框架法进行内力分析时，应符合下列规定：
（A）等代框架可采用弯矩分配法或有限元法进行内力分析。</td></tr>
</table>

续表

项　目	说　明
等代框架法	（B）在竖向均布荷载作用下，应按纵横两个方向分别计算，且均应考虑全部荷载的作用。柱与上一层及下一层楼盖可按固接考虑，等代框架可取等代框架梁及与之相连的上、下两层柱。等代框架梁应由柱轴线两侧区格板中心线之间的楼板和梁组成；等代框架柱由柱和柱两侧横向构件组成，并应符合本表的有关规定； （C）在水平荷载、地震作用下，地震作用计算应考虑楼盖的全部永久荷载和全部竖向可变荷载。等代框架应取结构底层到顶层的所有楼盖和柱。等代框架梁的宽度宜取计算方向轴线跨度的3/4及第（B）款中规定的竖向均布荷载作用下等代框架梁宽度与垂直于计算方向柱帽宽度之和的1/2两者中的较小值；等代框架柱可取柱的实际截面； （D）在竖向均布荷载作用下，当可变荷载标准值不大于永久荷载标准值的3/4时，可不考虑可变荷载的不利布置。 2）竖向均布荷载作用下的等代框架梁截面抗弯惯性矩 I_{be} 应按下列规定确定： （A）柱（柱帽）范围以外 （a）当内模为筒芯时 顺筒方向等代框架梁截面抗弯惯性矩 $$I_{be,a} = I_{sol,a} + I_{hol,a} \quad (4\text{-}109)$$ 横筒方向等代框架梁截面抗弯惯性矩 $$I_{be,p} = I_{sol,p} + \frac{b_{hol,p}}{b_{hol,a}} I_{hol,a} \quad (4\text{-}110)$$ 式中　$I_{sol,a}$、$I_{sol,p}$——顺筒方向、横筒方向的柱轴线上实心区域（包括梁）的截面抗弯惯性矩； $b_{hol,a}$、$b_{hol,p}$——顺筒方向、横筒方向的等代框架梁宽度范围内楼板空心区域的总宽度； $I_{hol,a}$——顺筒方向的等代框架梁宽度范围内楼板空心区域截面抗弯惯性矩。 （b）当内模为箱体时，按等代框架梁范围内楼盖实际截面计算。 （B）柱中心至柱（柱帽）侧面范围内，I_{be} 可取柱（柱帽）范围以外的惯性矩除以 $(1 - c_2/b)^2$，其中 c_2 为垂直于计算方向的柱（柱帽）宽度，b 为等代框架梁的宽度。 3）水平荷载、地震作用下的等代框架梁截面抗弯惯性矩可按第2）条第（A）款确定，其中等代框架梁宽度应按第1）条第（C）款确定。

续表

项　目	说　明
等代框架法	4）承受竖向均布荷载的柱支承板楼盖结构采用等代框架法进行弹性分析时，柱截面抗弯惯性矩在板顶至板底、梁底或柱帽底范围内的惯性矩可视为无穷大，在此范围之外可按柱实际截面计算。 5）承受竖向均布荷载的柱支承板楼盖结构采用等代框架法进行弹性分析时，等代框架柱的转动刚度 K_{ce} 可按下列公式计算： $$K_{ce}=\frac{\Sigma K_c}{1+\Sigma K_c/K_t} \quad (4\text{-}111)$$ 式中　K_c——柱的转动刚度：对无柱帽且无梁的柱支承板楼盖结构 $K_c=\frac{4E_{cc}I_c}{H_c}$，其中 E_{cc} 为柱混凝土的弹性模量，I_c 为柱在计算方向的截面抗弯惯性矩，H_c 为柱的计算长度：对底层柱为从基础顶面到一层楼板顶面的距离，对其余各层柱为上、下两层楼板顶面之间的距离；对于有柱帽或带梁的柱支承板楼盖结构，应考虑柱轴线方向截面变化对 K_c 的影响； K_t——柱两侧横向构件的抗扭刚度，按第6）条公式（4-112）计算。 6）承受竖向均布荷载的柱支承板楼盖结构采用等代框架法进行弹性分析时，柱两侧横向构件的抗扭刚度 K_t 可按下列公式计算： $$K_t=\beta_b\Sigma\frac{9E_{cs}I_t}{l_2(1-c_2/l_2)^3} \quad (4\text{-}112)$$ 式中　I_t——柱两侧横向构件的截面抗扭惯性矩，按本表直接设计法第10）条计算； β_b——柱两侧横向构件的抗扭刚度增大系数：对于无梁的柱支承板 $\beta_b=1$；对于带梁的柱支承板 $\beta_b=\frac{I_{be}}{I_s}$，其中 I_s 为等代框架梁宽度范围内楼板的截面抗弯惯性矩，可按本表直接设计法第11）条确定，I_{be} 为等代框架梁在跨中的截面抗弯惯性矩，按第2）条第（A）款确定。 7）承受竖向均布荷载的柱支承板楼盖结构采用等代框架法进行弹性分析时，等代框架梁的计算弯矩沿宽度方向可采用本表直接设计法中规定的比例分配。此时，对带梁的柱支承板楼盖，应符合直接设计法第1）条第（F）款的规定。 8）承受竖向均布荷载的柱支承板楼盖结构采用等代框架法进行弹性分析时，弯矩控制截面可按下列原则确定：

续表

项　目	说　明
等代框架法	(A) 对内跨支座，弯矩控制截面可取柱（柱帽）侧面处，但与柱中心的距离不应大于 $0.175l_1$。 (B) 对有柱帽的端跨外支座，弯矩控制截面可取距柱侧面距离等于柱帽侧面与柱侧面距离 1/2 处的截面。

4.11.4　设计规定

(1) 承载力计算

1) 对现浇混凝土空心楼盖结构，各类构件的材料选择和承载力计算应符合国家现行标准《混凝土结构设计规范》（GB 50010)、《建筑抗震设计规范》(GB 50011)、《无粘结预应力混凝土结构技术规程》(JGJ 92) 等的有关规定。

空心楼板根据内力分析结果进行承载力计算时，应取空心楼板的实际截面。

2) 边支承双向板可按下列规定进行承载力计算：

(A) 当按弹性方法计算楼板内力时，对于双向板的每个方向，自板边向内 1/4 楼板短边跨度范围内的正弯矩可取相应方向楼板最大正弯矩的 1/2，中间部分的正弯矩可取相应方向楼板的最大正弯矩（图 4.11-1)；每个方向的楼板负弯矩均可取相应方向楼板的最大负弯矩。

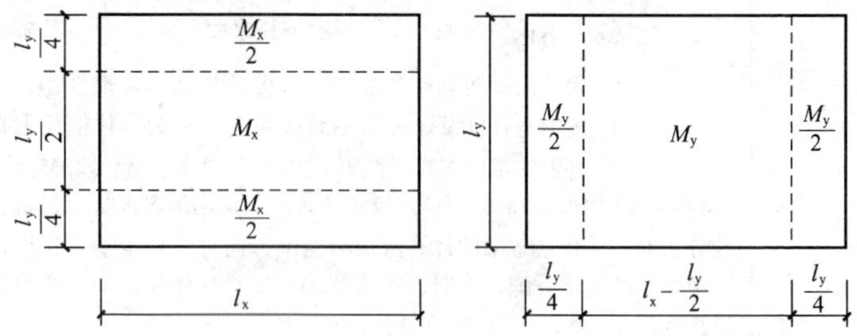

图 4.11-1　边支承双向板弹性内力分析正弯矩示意

注：图中 $l_x \geqslant l_y$，M_x、M_y 分别为 l_x、l_y 跨度方向的最大计算弯矩。

(B) 当有可靠经验时，可考虑楼盖的薄膜效应，对区格板的跨中和支座截面的计算弯矩适当折减：对中间区格板弯矩折减不应超过 20%：对边区格板，边支座截面不折减，跨中和其他支座截面弯矩折减不应超过 10%；对角区格板不折减。

3）对柱支承板楼盖结构，当需考虑水平荷载、地震作用时，在表 4.11-8 中等代框架法第 1）条第（C）款规定的等代框架梁宽度范围内的配筋计算应考虑水平荷载、地震作用效应与竖向荷载效应的组合，在楼板的其余范围可仅考虑竖向荷载效应。

4）考虑弯矩调幅的空心楼板，其正截面承载力计算中的截面受压区高度不宜大于受压区最小翼缘厚度。

对其他构件，截面受压区高度应符合中国工程建设标准化协会标准《钢筋混凝土连续梁和框架考虑内力重分布设计规程》（CECS 51：93）的相关规定。

5）当内模为筒芯时，对不配置受力箍筋的现浇混凝土边支承楼板，受剪承载力应符合下列规定：

$$V \leqslant 0.7\beta_v f_t b_w h_0 + V_p \tag{4-113}$$

式中 V——宽度（$b_w + D$）范围内的剪力设计值；

β_v——受剪计算系数。对顺筒方向取 1.3，对横筒方向取 0.6；

f_t——混凝土轴心抗拉强度设计值；

b_w——顺筒肋宽；

D——筒芯外径；

h_0——楼板截面有效高度；

V_p——预应力空心楼板中，宽度（$b_w + D$）范围内由于施加预应力所提高的受剪承载力设计值，按国家现行标准《混凝土结构设计规范》(GB 50010)和《无粘结预应力混凝土结构技术规程》(JGJ 92)的有关规定选用。

6）当内模为箱体时，对现浇混凝土空心楼盖中的肋梁，受剪承载力计算和配筋构造应符合国家标准《混凝土结构设计规范》（GB 50010—2002）第7.5节和第10.2节的有关规定。

7）对无梁的柱支承板楼盖结构，应在柱周围设置楼板实心区域，其尺寸和配筋应根据受冲切承载力计算确定。板的受冲切承载力计算除应符合国家标准《混凝土结构设计规范》（GB 50010—2002）第7.7节及附录G的有关规定外，尚应符合下列规定：

（A）在柱上板带中设置有箍筋的暗梁时，可按上述规范第7.7.3条计算受冲切承载力。

（B）当采用通过柱截面的正交型钢剪力架或抗冲切锚栓时，受冲切承载力计算及构造要求应符合现行行业标准《无粘结预应力混凝土结构技术规程》（JGJ 92）的有关规定。

（C）当设置托板、柱帽时，应选择最不利的受冲切破坏临界截面计算受冲切承载力。

（D）除按国家标准《混凝土结构设计规范》（GB 50010—2002）第7.7.5条和附录G的规定考虑板柱节点临界截面上由受剪传递的不平衡弯矩 $\alpha_0 M_{unb}$外，由弯曲传递的不平衡弯矩 $(1-\alpha_0)M_{unb}$应由有效宽度为柱（柱帽）两侧各$1.5h_s$（有托板时，h_s取托板与楼板厚度之和）截面范围内配置的纵向受拉钢筋承担。

（E）沿两个主轴方向均应有不少于两根板底钢筋贯通各柱截面，且贯通柱截面的板底钢筋截面面积应符合下列规定：

$$f_y A_s + f_{py} A_p \geqslant N_G \tag{4-114}$$

式中　A_s——贯通柱截面的板底普通钢筋截面面积；对一端在柱截面对边按受拉弯折锚固的钢筋，截面面积按一半计算；

A_p——贯通柱截面的板底预应力筋截面面积；对一端在柱截面对边锚固的钢筋，截面面积按一半计算；

N_G——在该层楼板重力荷载代表值作用下的柱轴向压力设计值；

f_y——普通钢筋抗拉强度设计值；

f_{py}——预应力筋抗拉强度设计值，对无粘结预应力筋，应按现行行业标准《无粘结预应力混凝土结构技术规程》（JGJ 92）取无粘结预应力筋的抗拉强度设计值 σ_{pu}。

8）对带梁的柱支承板楼盖结构，梁承载力和板受冲切承载力的计算应符合下列规定：

（A）梁应取其承受的全部弯矩、剪力、扭矩，按表 4.11-8 直接设计法中 9）条规定的截面进行承载力计算；

（B）当 $\mu_m \geqslant 1$ 时，板、柱节点可不计算受冲切承载力；当 $0 < \mu_m < 1$ 时，板、柱节点可按下式计算受冲切承载力（计算中不考虑梁在板上、板下凸出的部分，仅考虑楼板的截面有效高度）：

$$F_{l,eq} \leqslant F_{lu} \tag{4-115}$$

式中 $F_{l,eq}$——楼盖结构的等效集中反力设计值，按国家标准《混凝土结构设计规范》（GB 50010—2002）附录 G 确定，附录 G 公式（G.0.1-1）、（G.0.1-3）、（G.0.1-5）中 F_l、M_{unb}、$M_{unb,x}$、$M_{unb,y}$ 均应乘 $(1-\mu_m)$，μ_m 为与柱相连各梁的系数 μ 平均值，μ 按表 4.11-8 中直接设计法中有关规定计算；

F_{lu}——楼板的受冲切承载力设计值，按国家标准《混凝土结构设计规范》（GB 50010—2002）公式（7.7.1-1）的右边部分计算。

（2）挠度和裂缝控制

1）当在现浇混凝土空心楼盖的设计中采用了适宜的构件跨高比、周边约束条件和构件配筋特性，且有可靠的工程实践经验时，可不作结构构件的挠度和裂缝宽度验算。

对按表 4.11-7 中结构分析要求第 4）条考虑弯矩调幅设计的楼板，宜进行挠度和裂缝宽度验算，或采取有效的构造措施。

2）现浇混凝土空心楼盖可按区格板进行挠度验算。在楼面竖向均布荷载作用下，区格板的最大挠度计算值 $a_{f,max}$ 宜按荷载效应标准组合并考虑荷载长期作用影响的刚度采用结构力学方法计算，并应符合下列规定：

$$a_{f,max} \leqslant a_{f,lim} \tag{4-116}$$

式中 $a_{f,lim}$——楼盖、层盖构件的挠度限值，按现行国家标准《混凝土结构设计规范》（GB 50010—2002）表 3.3.2 确定。

注：如果构件制作时预先起拱，且使用上允许，则 $a_{f,max}$ 可减去起拱值；对于预应力混凝土构件，$a_{f,max}$ 尚可减去预加力所产生的反拱值。

3）受弯构件的挠度可按下列规定计算：

（A）受弯构件的刚度 B 应按国家现行标准《混凝土结构设计规范》（GB 50010）和《无粘结预应力混凝土结构技术规程》（JGJ 92）的有关规定计算；

（B）对于边支承双向板，可取短跨方向跨中最大弯矩处的刚度采用双向板弹性挠度公式计算；

（C）对于柱支承板，可取两个方向楼板中间板带跨中最大弯矩处的刚度平均值作为该板刚度采用柱支承板弹性挠度公式计算。

4）当有可靠经验时，现浇混凝土空心楼盖构件的挠度也可采用拟梁法计算，其刚度可按上面第 3）条确定。

5）在楼面竖向均布荷载作用下，现浇混凝土空心楼盖区格板的裂缝控制宜符合现行国家标准《混凝土结构设计规范》(GB 50010)的有关规定；无粘结预应力混凝土空心楼盖区格板的裂缝控制应符合现行行业标准《无粘结预应力混凝土结构技术规程》(JGJ 92)的有关规定。

6）现浇钢筋混凝土空心楼盖区格板，可按现行国家标准《混凝土结构设计规范》（GB 50010）的有关规定计算最大裂缝宽度，并按该规范公式（8.1.1-4）进行裂缝宽度验算。

4.11.5 构造要求

（1）构造要求见表 4.11-9。

构　造　要　求　表 4.11-9

项　目	说　明
一般规定	1）现浇混凝土空心楼板的体积空心率不宜小于25%，也不宜大于50%。 2）现浇混凝土空心楼板的跨高比宜符合下列规定： （A）钢筋混凝土边支承楼板：对单向板不大于30；对双向板，跨度按短边计，不大于40； （B）钢筋混凝土无梁的柱支承楼板：跨度按长边计，有柱帽时不大于35，无柱帽时不大于30； （C）预应力混凝土楼板：可较钢筋混凝土楼板适当增加。 3）当内模为筒芯时，现浇混凝土空心楼板截面的尺寸应根据计算确定，并应符合下列规定： （A）楼板的厚度不宜小于180mm； （B）筒芯顺筒肋宽与筒芯外径的比值不宜小于0.2；顺筒肋宽尺寸：对钢筋混凝土楼板不应小于50mm，对预应力混凝土楼板不应小于60mm； （C）当筒芯沿顺筒方向间断布置时，横筒肋宽不应小于50mm； （D）板顶厚度和板底厚度宜相等，且不应小于40mm； 4）当内模为箱体时，现浇混凝土空心楼板的截面尺寸应根据计算确定，并应符合下列规定： （A）楼板的厚度不宜小于250mm； （B）箱体间肋宽与箱体高度的比值不宜小于0.25；肋宽尺寸：对钢筋混凝土楼板不应小于60mm，对预应力混凝土楼板不应小于80mm； （C）板顶厚度、板底厚度不应小于50mm，且板顶厚度不应小于箱体底面边长的1/15。 5）现浇混凝土空心楼盖中的钢筋布置应符合下列规定： （A）楼板宜采用分离式配筋，跨中的板底钢筋应全部伸入支座，支座板面钢筋向跨内延伸的长度应覆盖负弯矩图并满足钢筋锚固的要求； （B）楼板中非预应力纵向受力钢筋可分区均匀布置，也可在肋宽范围内适当集中布置，在整个楼板范围内的钢筋间距均不宜大于250mm； （C）楼板中无粘结预应力筋可布置在楼板肋宽和区格板周边的楼板实心区域范围内，且应符合现行行业标准《无粘结预应力混凝土结构技术规程》（JGJ 92）的规定； （D）当内模为筒芯时，顺筒方向的纵向受力钢筋与筒芯的净距不得小于10mm；在肋宽范围内，宜根据肋宽大小设置构造钢筋；

续表

项　目	说　明
一般规定	(E) 当内模为箱体时，纵向受力钢筋与箱体的净距不得小于10mm；肋宽范围内应布置箍筋； 6) 空心楼板的纵向受力钢筋最小配筋率、温度收缩钢筋配筋构造应符合现行国家标准《混凝土结构设计规范》(GB 50010) 的有关规定。配筋率计算时，楼板截面面积应按楼板的实际截面计算。 当内模为筒芯时，边支承双向板、柱支承板的楼板空心区域横筒方向在单位宽度内的纵向受力钢筋最小配筋量和温度收缩钢筋配筋量宜与顺筒方向相同。 7) 现浇混凝土空心楼盖角部应配置附加的构造钢筋，构造钢筋应符合下列规定： (A) 楼盖角部空心楼板板顶、板底均应配置构造钢筋，配筋的范围从支座中心算起，两个方向的延伸长度均不小于所在角区格板短边跨度的1/4。构造钢筋在支座处应按受拉钢筋锚固； (B) 构造钢筋可采用正交钢筋网片，板顶、板底构造钢筋在两个方向的配筋率均不应小于0.2%，且直径不宜小于8mm，间距不宜大于200mm。 8) 当空心楼板需要开洞时，应符合国家现行标准《建筑抗震设计规范》(GB 50011)、《高层建筑混凝土结构技术规程》(JGJ 3)、《无粘结预应力混凝土结构技术规程》(JGJ 92) 的有关规定。 洞口的周边应保证至少100mm宽的实心混凝土带。在洞边应布置补偿钢筋，每方向的补偿钢筋面积不应小于切断钢筋的面积
边支承板楼盖	1) 边支承板楼盖中，梁、板的配筋构造应符合现行国家标准《混凝土结构设计规范》(GB 50010)、《建筑抗震设计规范》(GB 50011) 的有关规定。 2) 边支承板楼盖中，墙边或梁边每侧的实心板带宽度宜取$0.2h_s$，且不应小于50mm，实心板带内应配置构造钢筋。
柱支承板楼盖	1) 柱支承板楼盖中，区格板周边的楼板实心区域应符合下列规定，并应配置构造钢筋： (A) 无梁的柱支承板楼盖，柱上板带的楼板实心区域宽度不宜小于柱（柱帽）宽加两侧各100mm； (B) 带梁的柱支承板楼盖，当梁宽不大于柱宽时，同第(A)款规定；当梁宽大于柱宽时，柱上板带的楼板实心区域宽度不宜小于梁宽加两侧各100mm；

续表

项 目	说 明
柱支承板楼盖	（C）柱周围的楼板实心区域在冲切破坏锥体底面线以外不应小于$h_0/2+100$（mm），其中h_0为楼板截面有效高度。 2）柱支承板楼盖结构中，若设置柱顶托板，托板厚度不宜小于板厚的1/4。 3）柱支承板楼盖中，楼板的配筋应符合下列规定： （A）板面钢筋在边支座的锚固，应符合现行国家标准《混凝土结构设计规范》（GB 50010）中的受拉钢筋锚固的规定；无特殊要求的板底钢筋在边支座的锚固长度不得小于150mm；边支座的锚固长度从边梁内边算起，对无边梁的楼盖从边支座柱中心线算起； （B）对板的无支承自由边，垂直于自由边的钢筋应向下弯折至板底。当配置焊接钢筋网片时，宜设置U形构造钢筋并与板顶、板底的纵向受力钢筋搭接； （C）柱上板带纵向受力钢筋： （a）板面钢筋的1/2从柱（柱帽）边向区格板内延伸的长度不应小于区格板净跨的1/3，其余钢筋的延伸长度不应小于净跨的1/5。 （b）板底钢筋均应通长布置，钢筋的连接部位应设置在中间支座柱（柱帽）两边向区格板内延伸1/3净跨的范围内。 （c）板底钢筋的1/2应在边支座内锚固，锚固长度应按现行国家标准《混凝土结构设计规范》（GB 50010）关于受拉钢筋的规定确定。 （D）跨中板带纵向受力钢筋： （a）板面钢筋从柱（柱帽）边向区格板内延伸的长度不应小于区格板净跨的1/4； （b）板底钢筋均宜通长布置，钢筋的连接部位应设置在中间支座柱（柱帽）两边向区格板内延伸1/3净跨的范围内。 4）抗震设计时，对无梁的柱支承板楼盖应在柱（柱帽）宽两侧各$1.5h_s$（有托板时h_s取托板与楼板厚度之和）范围内设置暗梁。 5）抗震设计时，对无梁的柱支承板楼盖，其配筋构造应符合下列规定： （A）柱上板带内不少于1/2的钢筋应配置在暗梁内，暗梁下部钢筋不宜少于上部钢筋的1/2。暗梁内通长布置的板面钢筋不应少于1/2； （B）暗梁应采用不少于四肢的封闭箍筋，箍筋直径不应小于8mm，间距不应大于300mm； （C）暗梁的箍筋加密区长度不宜小于$3h_s$，加密区范围内箍筋肢距不应大于250mm，箍筋间距不应大于100mm。

续表

项　目	说　明
柱支承板楼盖	6）抗震设计时，对带梁的柱支承板楼盖，梁的宽度不宜大于柱（柱帽）宽与柱两侧各 $1.5h_s$ 之和。梁的配筋构造应符合国家现行标准《混凝土结构设计规范》（GB 50010）、《建筑抗震设计规范》（GB 50011）和《预应力混凝土结构抗震设计规程》（JGJ 140）的有关规定。 7）符合《现浇混凝土空心楼盖结构技术规程》（CECS 175：2004）第 4.2.2 条要求的扁梁，应根据抗震等级按国家标准《建筑抗震设计规范》（GB 50011—2001）进行抗震验算并应符合相应的构造要求。扁梁框架的梁柱节点核心区截面抗震验算应符合上述规范附录 D 第 D.2 节的有关规定。 8）抗震设防烈度为 8 度时，对无梁的柱支承板楼盖结构宜采用有柱帽或托板的板柱节点，柱帽或托板根部的厚度与板厚之和不宜小于柱纵向受力钢筋直径的 16 倍。柱帽或托板的边长不宜小于 $4h_s$ 与柱截面相应边长之和。

4.11.6　内模进场检验方法

（1）筒芯的尺寸偏差应按表 4.11-10 进行检验，尺寸量测应精确至 1mm。

筒芯尺寸偏差检验　　**表 4.11-10**

项　目	量　具	检　验　方　法
长度	钢尺	在试件两端对应点之间量测一次，计算尺寸偏差
外径	钢尺	在试件两个端面各量测一次，取偏差较大值
端面垂直度	直角尺和塞尺	在试件端面量测一次，取最大空隙值
平直度（侧弯曲）	靠尺和塞尺	在试件侧面量测一次，取最大空隙值
不圆度	钢尺	在试件端面上互相垂直的两个方向量测直径，取其差值

(2) 箱体的尺寸偏差应按表 4.11-11 进行检验，尺寸量测精确至 1mm。

箱体尺寸偏差检验　　表 4.11-11

项　目	量　具	检　验　方　法
边长、高度	钢尺	在试件两端对应点之间量测一次，计算尺寸偏差
表面平整度	靠尺和塞尺	在试件表面量测，取最大空隙值

(3) 内模的重量应按下列方法检验

1) 对筒芯

(A) 取自然干燥的试件，量测其长度 L（精确至 1mm）；

(B) 用台秤称其质量 m（精确至 0.1kg）；

(C) 重量 g 应按下列公式计算（精确至 0.1kg/m）：

$$g = \frac{m}{L} \tag{4-117}$$

2) 对箱体，取自然干燥的试件，用台秤称其重量。

(4) 筒芯的径向抗压荷载应按下列方法进行检验（图 4.11-2）：

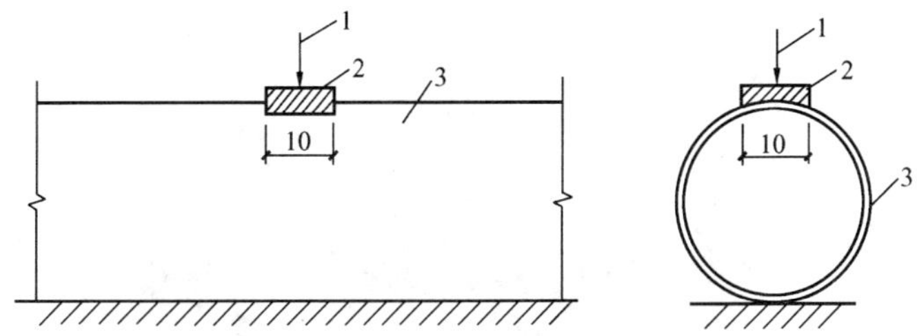

图 4.11-2　筒芯径向抗压荷载检验示意

1—1000N 荷载；2—100cm² 弧面压板；3—筒芯试件

1) 取长度为 1000mm 的自然干燥状态试件，放置在平板上。

2) 将承压面积为 $100cm^2$ 的（长度 10cm，弧线方向尺寸 10cm）弧面压板放置在试件中部位置的顶部。

3) 在弧面压板上加载 1000N，静置 10min 后卸载。

若无裂纹和破损等现象，可判定试件径向抗压荷载检验合格。

(5) 箱体抗压荷载应按下列方法进行检验：

1）取自然干燥状态箱体试件，水平放置在平板上。

2）将面积为 $100cm^2$ 的压板放置在试件上表面任意位置。

3）在压板上加载 1000N，静置 10min 后卸载。

4）将试件侧立在平板上，重复第 2）款和第 3）款的操作，但加载改为 800N。

若无裂纹和破损等现象，可判定试件抗压荷载检验合格。

(6) 内模进场验收应记录。

5 砌体结构

5.1 砌体结构的材料

5.1.1 砌体材料分类和强度等级

（1）砌体材料分类

1）块体

（A）砖：烧结普通砖、烧结多孔砖、蒸压灰砂砖、蒸压粉煤灰砖；

（B）砌块：《砌体结构设计规范》（GB 5003—2001）中的砌块指的是小型砌块，有单排孔混凝土和轻骨料混凝土砌块、双排孔或多排孔轻骨料混凝土砌块，主规格 190mm×190mm×390mm；

（C）石材：毛石和料石。料石又分为细料石、半细料石、粗料石和毛料石。

2）砂浆：水泥砂浆、混合砂浆和石灰砂浆。

3）其他材料：混凝土和钢筋。

（2）块体和砂浆的强度等级（表 5.1-1）

块体和砂浆的强度等级 **表 5.1-1**

材料名称	强度等级
烧结普通砖、烧结多孔砖	MU30、MU25、MU20、MU15、MU10
蒸压灰砂砖、蒸压粉煤灰砖	MU25、MU20、MU15、MU10
砌块	MU20、MU15、MU10、MU7.5、MU5

续表

材料名称	强度等级
石　材	MU100、MU80、MU60、MU50、MU40、MU30、MU20
砂　浆	M15、M10、M7.5、M5、M2.5

注：1. 石材的规格、尺寸及其强度等级可按表 5.1-2 的方法确定；
2. 确定蒸压粉煤灰砖和掺有粉煤灰 15%以上的混凝土砌块的强度等级时，其抗压强度应乘以自然碳化系数，当无自然碳化系数时，可取人工碳化系数的 1.15 倍；
3. 确定砂浆强度等级时应采用同类块体为砂浆强度试块底模；
4. 验算新砌筑而尚未硬结的砌体强度和稳定性时，砂浆强度按零取值。

(3) 其他材料的强度等级

在砌体结构中应用的混凝土强度等级一般为 C15、C20、C25、C30，所用的钢筋一般为 HPB235、HRB335 级钢筋及冷拔低碳钢丝。

(4) 石材的分类和强度等级确定方法

石材按其加工后的外形规则程度，可分为料石和毛石，见表 5.1-2。

石材的规格、尺寸要求　　表 5.1-2

石材名称		规格尺寸规定
料石	细料石	通过细加工，外表规则，叠砌面凹入深度不应大于 10mm，截面的宽度、高度不宜小于 200mm，且不宜小于长度的 1/4
	半细料石	规格尺寸同上，但叠砌面凹入深度不应大于 15mm
	粗料石	规格尺寸同上，但叠砌面凹入深度不应大于 20mm
	毛料石	外形大致方正，一般不加工或仅稍加修整，高度不应小于 200mm，叠砌面凹入深度不应大于 25mmm
毛石		形状不规则，中部厚度不应小于 200mm

注：砌体中的石材应选用无明显风化的天然石材。

石材的强度等级，可用边长为70mm的立方体试块的抗压强度表示。抗压强度取3个试件破坏强度的平均值。试件也可采用表5.1-3所列边长尺寸的立方体，但应对其试验结果乘以相应的换算系数后方可作为石材的强度等级。

石材强度等级的换算系数 **表5.1-3**

立方体边长（mm）	200	150	100	70	50
换算系数	1.43	1.28	1.14	1	0.86

5.1.2 砌体的计算指标

(1) 龄期为28d的以毛截面计算的各类砌体抗压强度设计值，当施工质量控制等级为B级时，应根据块体和砂浆的强度等级分别按下列规定采用。

1) 烧结普通砖和烧结多孔砖砌体的抗压强度设计值 f，应按表5.1-4采用。

烧结普通砖和烧结多孔砖砌体的抗压强度设计值 f（MPa） **表5.1-4**

砖强度等级	砂浆强度等级					砂浆强度
	M15	M10	M7.5	M5	M2.5	0
MU30	3.94	3.27	2.93	2.59	2.26	1.15
MU25	3.60	2.98	2.68	2.37	2.06	1.05
MU20	3.22	2.67	2.39	2.12	1.84	0.94
MU15	2.79	2.31	2.07	1.83	1.60	0.82
MU10	—	1.89	1.69	1.50	1.30	0.67

2) 蒸压灰砂砖和蒸压粉煤灰砖砌体的抗压强度设计值 f，应按表5.1-5采用。

3) 单排孔混凝土和轻骨料混凝土砌块砌体的抗压强度设计值 f，应按表5.1-6采用。

蒸压灰砂砖和蒸压粉煤灰砖砌体的

抗压强度设计值 *f*（MPa）　　表 5.1-5

砖强度等级	砂浆强度等级				砂浆强度
	M15	M10	M7.5	M5	0
MU25	3.60	2.98	2.68	2.37	1.05
MU20	3.22	2.67	2.39	2.12	0.94
MU15	2.79	2.31	2.07	1.83	0.82
MU10	—	1.89	1.69	1.50	0.67

单排孔混凝土和轻骨料混凝土砌块砌体的

抗压强度设计值 *f*（MPa）　　表 5.1-6

砌块强度等级	砂浆强度等级				砂浆强度
	Mb15	Mb10	Mb7.5	Mb5	0
MU20	5.68	4.95	4.44	3.94	2.33
MU15	4.61	4.02	3.61	3.20	1.89
MU10	—	2.79	2.50	2.22	1.31
MU7.5	—	—	1.93	1.71	1.01
MU5	—	—	—	1.19	0.70

注：1. 对错孔砌筑的砌体，应按表中数值乘以 0.8；
2. 对独立柱或厚度为双排组砌的砌块砌体，应按表中数值乘以 0.7；
3. 对 T 形截面砌体，应按表中数值乘以 0.85；
4. 表中轻骨料混凝土砌块为煤矸石和水泥煤渣混凝土砌块；
5. 砌筑砂浆的强度等级 Mb××等同于对应的普通砂浆的强度指标。

4）单排孔混凝土砌块对孔砌筑时，灌孔砌体的抗压强度设计值 f_g，应按下列公式计算：

$$f_g = f + 0.6\alpha f_c \tag{5-1}$$

$$\alpha = \delta\rho \tag{5-2}$$

式中　f_g——灌孔砌体的抗压强度设计值，并不应大于未灌孔砌体抗压强度设计值的 2 倍；

f——未灌孔砌体的抗压强度设计值，应按表 5.1-6 采用；

f_c——灌孔混凝土轴心抗压强度设计值；

α——砌块砌体中灌孔混凝土面积和砌体毛面积的比值；

δ——混凝土砌块的孔洞率；

ρ——混凝土砌块砌体的灌孔率，系截面灌孔混凝土面积和截面孔洞面积的比值，ρ 不应小于 33%。

砌块砌体的灌孔混凝土强度等级不应低于 Cb20，也不宜低于两倍的块体强度等级。灌孔混凝土的强度等级 Cb×× 等同于对应的混凝土强度等级 C×× 的强度指标。

灌孔砌体的抗压强度提高值 $0.6\alpha f_c$，可按表 5.1-7 采用。

单排孔混凝土砌块砌体的抗压强度提高值 $0.6\alpha f_c$（MPa）　　**表 5.1-7**

混凝土强度等级	δ \ ρ	0.33	0.40	0.50	0.60	0.70	0.80	0.90	1.00
Cb20	0.30	0.57	0.69	0.86	1.04	1.21	1.38	1.56	1.73
	0.35	0.66	0.81	1.01	1.21	1.41	1.61	1.81	2.02
	0.40	0.76	0.92	1.15	1.38	1.61	1.84	2.07	2.30
	0.45	0.86	1.04	1.30	1.56	1.81	2.07	2.33	2.59
	0.50	0.95	1.15	1.44	1.73	2.02	2.30	2.59	2.88
Cb25	0.30	0.71	0.86	1.07	1.29	1.50	1.71	1.93	2.14
	0.35	0.82	1.00	1.25	1.50	1.75	2.00	2.25	2.50
	0.40	0.94	1.14	1.43	1.71	2.00	2.28	2.57	2.86
	0.45	1.06	1.29	1.61	1.93	2.25	2.57	2.89	3.21
	0.50	1.18	1.43	1.79	2.14	2.50	2.86	3.21	3.57
Cb30	0.30	0.85	1.03	1.29	1.54	1.80	2.06	2.32	2.57
	0.35	0.99	1.20	1.50	1.80	2.10	2.40	2.70	3.00
	0.40	1.13	1.37	1.72	2.06	2.40	2.75	3.09	3.43
	0.45	1.27	1.54	1.93	2.32	2.70	3.09	3.47	3.86
	0.50	1.42	1.72	2.14	2.57	3.00	3.43	3.86	4.25

5）孔洞率不大于 35% 的双排孔或多排孔轻骨料混凝土砌块

砌体的抗压强度设计值 f，应按表 5.1-8 采用。

轻骨料混凝土砌块砌体的抗压强度设计值 f（MPa）　表 5.1-8

砌块强度等级	砂浆强度等级			砂浆强度
	Mb10	Mb7.5	Mb5	0
MU10	3.08	2.76	2.45	1.44
MU7.5	—	2.13	1.88	1.12
MU5	—	—	1.31	0.78

注：1. 表中的砌块为火山渣、浮石和陶粒轻骨料混凝土砌块；

2. 对厚度方向为双排组砌的轻骨料混凝土砌块砌体的抗压强度设计值，应按表中数值乘以 0.8；

3. 砌筑砂浆的强度等级 Mb××等同于对应的普通砂浆的强度指标。

6）块体高度为 180～350mm 的毛料石砌体的抗压强度设计值 f，应按表 5.1-9 采用。

毛料石砌体的抗压强度设计值 f（MPa）　表 5.1-9

毛料石强度等级	砂浆强度等级			砂浆强度
	M7.5	M5	M2.5	0
MU100	5.42	4.80	4.18	2.13
MU80	4.85	4.29	3.73	1.91
MU60	4.20	3.71	3.23	1.65
MU50	3.83	3.39	2.95	1.51
MU40	3.43	3.04	2.64	1.35
MU30	2.97	2.63	2.29	1.17
MU20	2.42	2.15	1.87	0.95

注：对下列各类料石砌体，应按表中数值分别乘以系数：

细料石砌体　1.5

半细料石砌体　1.3

粗料石砌体　1.2

干砌勾缝石砌体　0.8

7）毛石砌体的抗压强度设计值 f，应按表 5.1-10 采用。

毛石砌体的抗压强度设计值 f（MPa） 表 5.1-10

毛石强度等级	砂浆强度等级			砂浆强度
	M7.5	M5	M2.5	0
MU100	1.27	1.12	0.98	0.34
MU80	1.13	1.00	0.87	0.30
MU60	0.98	0.87	0.76	0.26
MU50	0.90	0.80	0.69	0.23
MU40	0.80	0.71	0.62	0.21
MU30	0.69	0.61	0.53	0.18
MU20	0.56	0.51	0.44	0.15

（2）龄期为28d的以毛截面计算的各类砌体的轴心抗拉强度设计值 f_t、弯曲抗拉强度设计值 f_{tm}和抗剪强度设计值 f_v，当施工质量控制等级为B级时，应按表5.1-11采用。

沿砌体灰缝截面破坏时砌体的轴心抗拉强度设计值 f_t、弯曲抗拉强度设计值 f_{tm}和抗剪强度设计值 f_v（MPa） 表 5.1-11

强度类别	破坏特征及砌体种类		砂浆强度等级			
			≥M10	M7.5	M5	M2.5
轴心抗拉	沿齿缝	烧结普通砖、烧结多孔砖	0.19	0.16	0.13	0.09
		蒸压灰砂砖、蒸压粉煤灰砖	0.12	0.10	0.08	0.06
		混凝土砌块	0.09	0.08	0.07	
		毛石	0.08	0.07	0.06	0.04
弯曲抗拉	沿齿缝	烧结普通砖、烧结多孔砖	0.33	0.29	0.23	0.17
		蒸压灰砂砖、蒸压粉煤灰砖	0.24	0.20	0.16	0.12
		混凝土砌块	0.11	0.09	0.08	
		毛石	0.13	0.11	0.09	0.07
	沿通缝	烧结普通砖、烧结多孔砖	0.17	0.14	0.11	0.08
		蒸压灰砂砖、蒸压粉煤灰砖	0.12	0.10	0.08	0.06
		混凝土砌块	0.08	0.06	0.05	

续表

强度类别	破坏特征及砌体种类	砂浆强度等级			
		≥M10	M7.5	M5	M2.5
抗剪	烧结普通砖、烧结多孔砖	0.17	0.14	0.11	0.08
	蒸压灰砂砖、蒸压粉煤灰砖	0.12	0.10	0.08	0.06
	混凝土和轻骨料混凝土砌块	0.09	0.08	0.06	
	毛石	0.21	0.19	0.16	0.11

注：1. 对于用形状规则的块体砌筑的砌体，当搭接长度与块体高度的比值小于1时，其轴心抗拉强度设计值 f_t 和弯曲抗拉强度设计值 f_{tm} 应按表中数值乘以搭接长度与块体高度比值后采用；
2. 对孔洞率不大于35%的双排孔或多排孔轻骨料混凝土砌块砌体的抗剪强度设计值，可按表中混凝土砌块砌体抗剪强度设计值乘以1.1；
3. 对蒸压灰砂砖、蒸压粉煤灰砖砌体，当有可靠的试验数据时，表中强度设计值，允许作适当调整；
4. 对烧结页岩砖、烧结煤矸石砖、烧结粉煤灰砖砌体，当有可靠的试验数据时，表中强度设计值，允许作适当调整。

单排孔混凝土砌块对孔砌筑时，灌孔砌体的抗剪强度设计值 f_{vg}，应按下列公式计算：

$$f_{vg} = 0.2f_g^{0.55} \tag{5-3}$$

式中 f_g——灌孔砌体的抗压强度设计值（MPa）。

单排孔对孔砌筑时灌孔砌体的抗压强度设计值 f_g 和抗剪强度设计值 f_{vg}，可按表5.1-12采用。

单排孔对孔砌筑时灌孔砌块砌体的抗压强度设计值 f_g 和抗剪强度设计值 f_{vg}　　表5.1-12

砌块 \ 计算指标 \ 混凝土 \ 砂浆		Mb20			Mb15		
		Cb40	Cb35	Cb30	Cb40	Cb35	Cb30
MU20	f_g	11.56	10.9	10.24	10.95	10.29	9.63
	f_{vg}	0.77	0.74	0.72	0.75	0.72	0.70
MU15	f_g				9.22	9.22	8.56
	f_{vg}				0.68	0.68	0.65
MU10	f_g						
	f_{vg}						

续表

砌块 \ 计算指标 \ 混凝土 \ 砂浆		Mb10					Mb7.5		
		Cb40	Cb35	Cb30	Cb25	Cb20	Cb30	Cb25	Cb20
MU20	f_g	9.9	9.56	8.9			8.39		
	f_{vg}	0.71	0.69	0.67			0.64		
MU15	f_g	8.04	8.04	7.97	7.3		7.22	6.89	
	f_{vg}	0.63	0.63	0.62	0.60		0.59	0.58	
MJ10	f_g			5.58	5.58	5.44	5.0	5.0	5.0
	f_{vg}			0.51	0.51	0.50	0.48	0.48	0.48

注：1. 表中数据系按砌块孔洞率46%和100%灌孔混凝土计算的；当砌块孔洞率相同而非100%灌孔混凝土时的数据可采用插入法求得；

2. 其他砌块孔洞率的砌体计算指标应按本章的有关规定和公式计算求得。

（3）各类砌体强度设计值应按表5.1-13乘以调整系数γ_a。

各类砌体强度调整系数γ_a　　表5.1-13

使用情况	γ_a
有吊车房屋砌体、跨度不小于9m的梁下烧结普通砖砌体、跨度不小于7.5m的梁下烧结多孔砖、蒸压灰砂砖、蒸压粉煤灰砖砌体，混凝土和轻骨料混凝土砌块砌体	0.9
对无筋砌体构件，其截面面积小于0.3m^{2}时	$A+0.7$
对配筋砌体构件，当其中砌体截面面积小于0.2m^{2}时	$A+0.8$
当砌体用水泥砂浆砌筑时，对第5.1.2条中（1）各表中的数值	0.9
当砌体用水泥砂浆砌筑时，对第5.1.2条中（2）各表中数值	0.8
当施工质量控制等级为C级时	0.89
当验算施工中房屋的构件时	1.1

注：1. 表中构件截面面积A以m^{2}计；

2. 对配筋砌体构件，当其中的砌体采用水泥砂浆砌筑时，仅对砌体的强度设计值乘以调整系数γ_a；

3. 配筋砌体不允许施工质量控制等级为C级。

对于冬期施工采用掺盐砂浆法施工的砌体，砂浆强度等级按常温施工的强度等级提高一级时，砌体强度和稳定性可不验算。

配筋砌体不得采用掺盐砂浆。

（4）砌体的弹性模量、线膨胀系数、收缩系数和摩擦系数。

1）砌体的弹性模量 E，可按表 5.1-14 采用。砌体的剪变模量 G 可按砌体弹性模量的 0.4 倍采用，即

$$G = 0.4E \tag{5-4}$$

砌体的弹性模量 E（MPa）　　**表 5.1-14**

砌体种类	砂浆强度等级			
	≥M10	M7.5	M5	M2.5
烧结普通砖、烧结多孔砖砌体	$1600f$	$1600f$	$1600f$	$1390f$
蒸压灰砂砖、蒸压粉煤灰砖砌体	$1060f$	$1060f$	$1060f$	$960f$
混凝土砌块砌体	$1700f$	$1600f$	$1500f$	—
粗料石、毛料石、毛石砌体	7300	5650	4000	2250
细料石、半细料石砌体	22000	17000	12000	6750

注：轻骨料混凝土砌块砌体的弹性模量，可按表中混凝土砌块砌体的弹性模量采用。

单排孔且对孔砌筑的混凝土砌块灌孔砌体的弹性模量，应按下列公式计算：

$$E = 1700f_g \tag{5-5}$$

式中　f_g——灌孔砌体的抗压强度设计值。

2）砌体的线膨胀系数和收缩率，可按表 5.1-15 采用。

砌体的线膨胀系数和收缩率　　**表 5.1-15**

砌体类别	线膨胀系数（10^{-6}/℃）	收缩率（mm/m）
烧结黏土砖砌体	5	-0.1
蒸压灰砂砖、蒸压粉煤灰砖砌体	8	-0.2
混凝土砌块砌体	10	-0.2
轻骨料混凝土砌块砌体	10	-0.3
料石和毛石砌体	8	—

注：表中的收缩率系由达到收缩允许标准的块体砌筑 28d 的砌体收缩率，当地方有可靠的砌体收缩试验数据时，亦可采用当地的试验数据。

3）砌体的摩擦系数，可按表5.1-16采用。

摩擦系数 **表5.1-16**

材料类别	摩擦面情况	
	干燥的	潮湿的
砌体沿砌体或混凝土滑动	0.70	0.60
木材沿砌体滑动	0.60	0.50
钢沿砌体滑动	0.45	0.35
砌体沿砂或卵石滑动	0.60	0.50
砌体沿粉土滑动	0.55	0.40
砌体沿黏性土滑动	0.50	0.30

5.2 砌体结构房屋基本设计规定

5.2.1 砌体结构房屋的静力计算规定

（1）砌体结构房屋的静力计算，根据房屋的空间工作性能分为刚性方案、刚弹性方案和弹性方案。设计时，可按表5.2-1确定静力计算方案。

房屋的静力计算方案 **表5.2-1**

	屋盖或楼盖类别	刚性方案	刚弹性方案	弹性方案
1	整体式、装配整体和装配式无檩体系钢筋混凝土屋盖或钢筋混凝土楼盖	$s<32$	$32\leqslant s\leqslant 72$	$s>72$
2	装配式有檩体系钢筋混凝土屋盖、轻钢屋盖和有密铺望板的木屋盖或木楼盖	$s<20$	$20\leqslant s\leqslant 48$	$s>48$
3	瓦材屋面的木屋盖和轻钢屋盖	$s<16$	$16\leqslant s\leqslant 36$	$s>36$

注：1. 表中 s 为房屋横墙间距，其长度单位为m；

2. 当屋盖、楼盖类别不同或横墙间距不同时，可按第5.2.1条（6）的规定确定房屋的静力计算方案；

3. 对无山墙或伸缩缝处无横墙的房屋，应按弹性方案考虑。

（2）刚性和刚弹性方案房屋的横墙应符合下列要求：

1）横墙中开有洞口时，洞口的水平截面面积不应超过横墙截面面积的50%；

2）横墙的厚度不宜小于180mm；

3）单层房屋的横墙长度不宜小于其高度，多层房屋的横墙长度不宜小于$H/2$（H为横墙总高度）。

当横墙不能同时符合上述要求时，应对横墙的刚度进行验算。如其最大水平位移值$u_{max} \leqslant \frac{H}{4000}$时，仍可视作刚性或刚弹性方案房屋的横墙。横墙的一段或其他结构构件（如框架等），若满足刚度要求，也可视作刚性或刚弹性方案房屋的横墙。

（3）刚性方案房屋的静力计算

1）单层刚性方案房屋在荷载作用下，墙、柱可视为上端不动铰支承于屋盖，下端嵌固于基础的竖向构件，见图5.2-1。

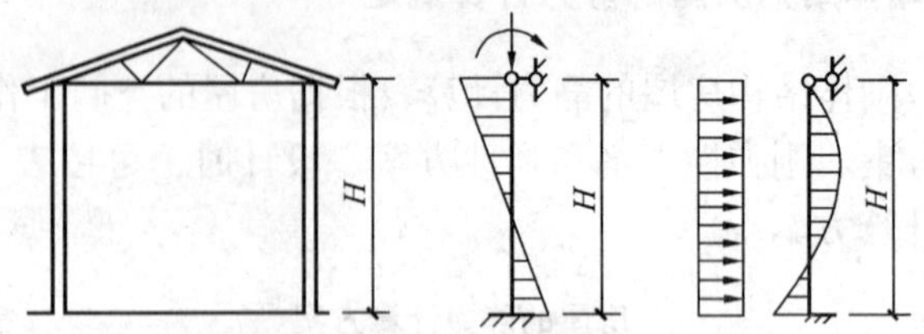

图5.2-1　刚性方案单层房屋计算简图

2）多层刚性方案房屋在竖向荷载作用下，墙、柱在每层高度范围内，可近似地视作两端铰支的竖向构件；在水平荷载作用下，墙、柱可视作竖向连续梁（见图5.2-2）。

3）对本层的竖向荷载，应考虑对墙、柱的实际偏心影响。当梁支承于墙上时，梁端支承压力N_l到墙内边的距离，对屋盖梁应取$0.33a_0$，对楼盖梁应取$0.4a_0$，a_0为梁端有效支承长度（见图5.2-3）。由上面楼层传来的荷载N_u，可视作作用于上一楼层的墙、柱的截面重心处（见图5.2-3）。

4）对于梁跨度大于9m的墙承重的多层房屋，除按上述方

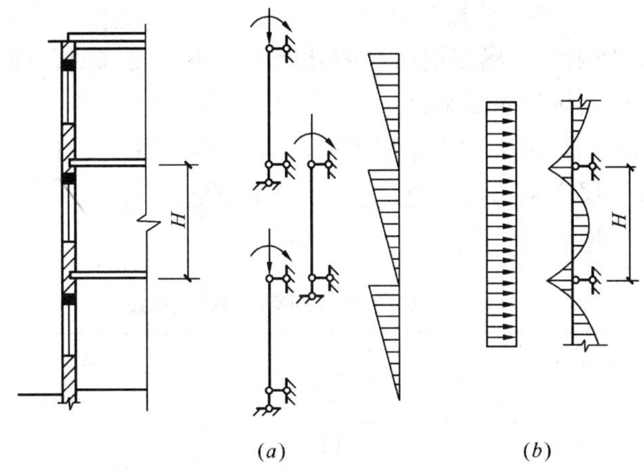

图 5.2-2 刚性方案多层房屋墙、柱的计算图
（a）墙、柱在垂直荷载作用时；（b）墙、柱在水平荷载作用时

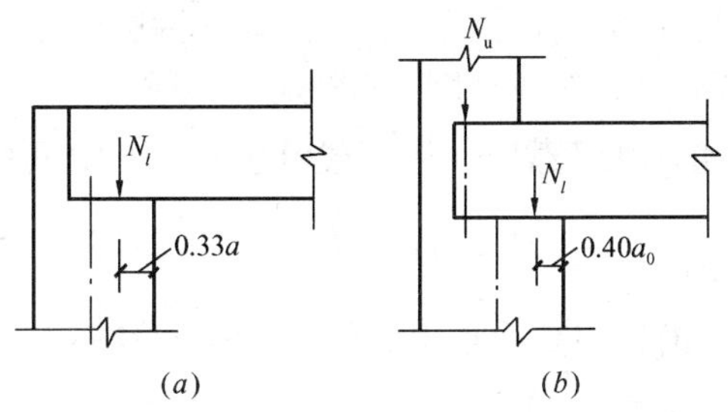

图 5.2-3 梁端支承压力位置

法计算墙体承载力外，宜再按梁两端固结计算梁端弯矩，再将其乘以修正系数 γ 后，按墙体线性刚度分到上层墙底部和下层墙顶部，修正系数 γ 可按下式计算：

$$\gamma = 0.2\sqrt{\frac{a}{h}} \tag{5-6}$$

式中 a——梁端实际支承长度；

h——支承墙体的墙厚，当上下墙厚不同时取下部墙厚；

当有壁柱时取 h_T。

5）当刚性方案多层房屋的外墙符合下列要求时，静力计算可不考虑风荷载的影响：

（A）洞口水平截面面积不超过全截面面积的2/3；

（B）层高和总高不超过表5.2-2的规定；

（C）屋面自重不小于0.8kN/m²。

外墙不考虑风荷载影响时的最大高度　　表5.2-2

基本风压值（kN/m²）	层　高（m）	总　高（m）
0.4	4.0	28
0.5	4.0	24
0.6	4.0	18
0.7	3.5	18

注：对于多层砌块房屋190mm厚的外墙，当层高不大于2.8m，总高不大于19.6m，基本风压不大于0.7kN/m²时可不考虑风荷载的影响。

当必须考虑风荷载时，风荷载引起的弯矩 M 可按下式计算：

$$M = \frac{wH_i^2}{12} \tag{5-7}$$

式中　w——沿楼层高均布风荷载设计值（kN/m²）；

H_i——层高（m）；

（4）弹性方案房屋的静力计算

1）弹性方案房屋主要适用于单层砌体结构房屋，如仓库、食堂、影剧院和无吊车或起重量较小的有吊车单层厂房等。多层砌体结构房屋不应设计为弹性方案房屋。

2）弹性方案房屋的静力计算，可按屋架、大梁与墙（柱）为铰接的，墙（柱）下端嵌固于基础，不考虑空间工作的平面排架或框架计算。

（5）刚弹性方案房屋的静力计算

1）刚弹性方案房屋适用于单层砌体结构房屋，如仓库、食堂、影剧院和无吊车或起重量较小的有吊车单层厂房等。也适用于多层砌体结构房屋，如包含有很大开间的办公楼、教学楼等，但房屋层数不宜太多，房屋高度不宜太大。

2）刚弹性方案房屋的静力计算，可按屋架、楼屋盖横梁与墙（柱）侧铰接，墙、柱下端嵌固于基础，并考虑空间工作的平面排架或框架计算。房屋各层的空间性能影响系数，可按表5.2-3采用。

房屋各层的空间性能影响系数 η_i **表 5.2-3**

屋盖或楼盖类别	横墙间距 s（m）														
	16	20	24	28	32	36	40	44	48	52	56	60	64	68	72
1	—	—	—	—	0.33	0.39	0.45	0.50	0.55	0.60	0.64	0.68	0.71	0.74	0.77
2	—	0.35	0.45	0.54	0.61	0.68	0.73	0.78	0.82	—	—	—	—	—	—
3	0.37	0.49	0.60	0.68	0.75	0.81	—	—	—	—	—	—	—	—	—

注：i 取 $1\sim n$，n 为房屋的层数。

（6）上柔下刚多层房屋静力计算

1）上柔下刚多层房屋系指顶层不符合刚性方案要求，而下面各层由相应楼盖和横墙间距可确定为刚性方案的房屋。

2）对上柔下刚多层房屋，顶层可按下端嵌固，上端铰接的单层房屋计算，其空间性能影响系数可由屋盖类别按表5.2-3采用。而下部几层结构，则按刚性方案计算。传给顶层墙底的弯矩和轴力将作用于下一层，此时下层的计算简图取为竖向简支梁。弯矩将不再传给再下一层墙、柱。

5.2.2 受压构件计算高度 H_0

（1）受压构件的计算高度 H_0，应根据房屋类别和构件支承条件等按表5.2-4采用。表中的构件高度 H 应按下列规定采用：

1）在房屋底层，为楼板顶面到构件下端支点的距离。下端支点的位置，可取在基础顶面。当埋置较深且有刚性地坪时，可取室外地面下 500mm 处；

2）在房屋其他层次，为楼板或其他水平支点间的距离；

3）对于无壁柱的山墙，可取层高加山墙尖高度的 1/2；对于带壁柱的山墙，可取壁柱处的山墙高度。

受压构件的计算高度 H_0　　表 5.2-4

<table>
<tr><td colspan="3" rowspan="2">房屋类别</td><td colspan="2">柱</td><td colspan="3">带壁柱墙或周边拉结的墙</td></tr>
<tr><td>排架方向</td><td>垂直排架方向</td><td>$s>2H$</td><td>$2H\geqslant s>H$</td><td>$s\leqslant H$</td></tr>
<tr><td rowspan="3">有吊车的单层房屋</td><td rowspan="2">变截面柱上段</td><td>弹性方案</td><td>$2.5H_u$</td><td>$1.25H_u$</td><td colspan="3">$2.5H_u$</td></tr>
<tr><td>刚性、刚弹性方案</td><td>$2.0H_u$</td><td>$1.25H_u$</td><td colspan="3">$2.0H_u$</td></tr>
<tr><td colspan="2">变截面柱下段</td><td>$1.0H_l$</td><td>$0.8H_l$</td><td colspan="3">$1.0H_l$</td></tr>
<tr><td rowspan="5">无吊车的单层和多层房屋</td><td rowspan="2">单跨</td><td>弹性方案</td><td>$1.5H$</td><td>$1.0H$</td><td colspan="3">$1.5H$</td></tr>
<tr><td>刚弹性方案</td><td>$1.2H$</td><td>$1.0H$</td><td colspan="3">$1.2H$</td></tr>
<tr><td rowspan="2">多跨</td><td>弹性方案</td><td>$1.25H$</td><td>$1.0H$</td><td colspan="3">$1.25H$</td></tr>
<tr><td>刚弹性方案</td><td>$1.10H$</td><td>$1.0H$</td><td colspan="3">$1.1H$</td></tr>
<tr><td colspan="2">刚性方案</td><td>$1.0H$</td><td>$1.0H$</td><td>$1.0H$</td><td>$0.4s+0.2H$</td><td>$0.6s$</td></tr>
</table>

注：1. 表中 H_u 为变截面柱的上段高度；H_l 为变截面柱的下段高度；

2. 对于上端为自由端的构件，$H_0=2H$；

3. 独立砖柱，当无柱间支撑时，柱在垂直排架方向的 H_0 应按表中数值乘以 1.25 后采用；

4. s—房屋横墙间距；

5. 自承重墙的计算高度应根据周边支承或拉接条件确定。

（2）对无吊车房屋的变截面柱及有吊车的房屋当荷载组合不考虑吊车作用的变截面柱，其计算高度可按表 5.2-5 规定采用。

不考虑吊车作用时变截面柱的计算高度　　表 5.2-5

变截面柱的部分	$\frac{H_u}{H}$ 的范围	计算高度 H_0
上段	—	按有吊车房屋变截面柱上段的 H_0 取，见表 5.2-4

续表

变截面柱的部分	$\frac{H_u}{H}$ 的范围	计 算 高 度 H_0
下段	$\frac{H_u}{H} \leqslant \frac{1}{3}$	按无吊车房屋的 H_0 取
	$\frac{1}{3} < \frac{H_u}{H} < \frac{1}{2}$	按无吊车房屋的 H_0 乘以修正系数 μ 取，$\mu = 1.3 - 0.3\frac{I_u}{I_l}$，$I_u$ 为变截面柱上段截面的惯性矩，I_l 为下段截面惯性矩
	$\frac{H_u}{H} \geqslant \frac{1}{2}$	按无吊车房屋的 H_0 取，但在确定高厚比时，采用上柱截面

5.3 砌体结构的构造要求

5.3.1 墙、柱的高厚比

（1）墙、柱的高厚比应按下式验算

$$\beta = \frac{H_0}{h} \leqslant \mu_1\mu_2[\beta] \tag{5-8}$$

式中 H_0——墙、柱的计算高度，应按第5.2.2条（1）采用；

h——墙厚或矩形柱与 H_0 相对应的边长；

μ_1——自承重墙允许高厚比的修正系数，对承重墙，$\mu_1 = 1.0$；

μ_2——有门窗洞口墙允许高厚比的修正系数；

$[\beta]$——墙、柱的允许高厚比，应按表5.3-1采用。

注：1. 当与墙连接的相邻两横墙间的距离 $s \leqslant \mu_1\mu_2[\beta]h$ 时，墙的高度可不受本条限制；

2. 变截面柱的高厚比可按上、下截面分别验算；其计算高度可按第5.2.2条（2）的规定采用。验算上柱的高厚比时，墙、柱的允许高厚比可按表

5.3-1 的数值乘以 1.3 后采用。

墙、柱的允许高厚比［β］值　　表 5.3-1

砂浆强度等级	墙	柱
M2.5	22	15
M5.0	24	16
≥M7.5	26	17

注：1. 毛石墙、柱允许高厚比应按表中数值降低 20%；
2. 组合砖砌体构件的允许高厚比，可按表中数值提高 20%，但不得大于 28；
3. 验算施工阶段砂浆尚未硬化的新砌砌体高厚比时，允许高厚比对墙取 14，对柱取 11。

（2）墙、柱的允许高厚比［β］

（3）自承重墙允许高厚比的修正系数 μ_1 应按表 5.3-2 采用。

自承重墙高厚比的修正系数 μ_1　　表 5.3-2

序　号	墙厚 h（mm）	墙上端有支承点	墙上端自由
1	240	1.20	1.56
2	180	1.32	1.716
3	120	1.44	1.872
4	90	1.50	1.95

注：对厚度小于 90mm 的墙，当双面用不低于 M10 的水泥砂浆抹面，包括抹面层的墙厚不小于 90mm 时，可按墙厚等于 90mm 验算高厚比。

（4）有门、窗洞口的墙，允许高厚比修正系数 μ_2 的计算公式：

$$\mu_2 = 1 - 0.4\frac{b_s}{s} \tag{5-9}$$

式中　μ_2——有门、窗洞口墙的允许高厚比修正系数，当 $\mu_2 < 0.7$ 时，取 $\mu_2 = 0.7$；

b_s——在宽度 s 范围内的门、窗洞口总宽度（图 5.3-1）；

s——相邻窗间墙或壁柱之间的距离（图 5.3-1）。

μ_2 也可查表得到，见表 5.3-3。

高厚比的修正系数 μ_2　　**表 5.3-3**

b_s/s	0	0.05	0.10	0.15	0.2	0.25	0.30	0.35
μ_2	1.0	0.98	0.96	0.94	0.92	0.90	0.88	0.86
b_s/s	0.40	0.45	0.50	0.55	0.60	0.65	0.70	≥0.75
μ_2	0.84	0.82	0.80	0.78	0.76	0.74	0.72	0.70

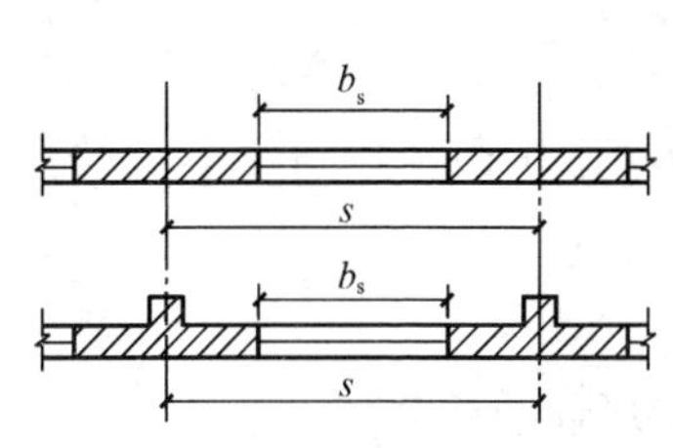

图 5.3-1　有门窗洞口的墙

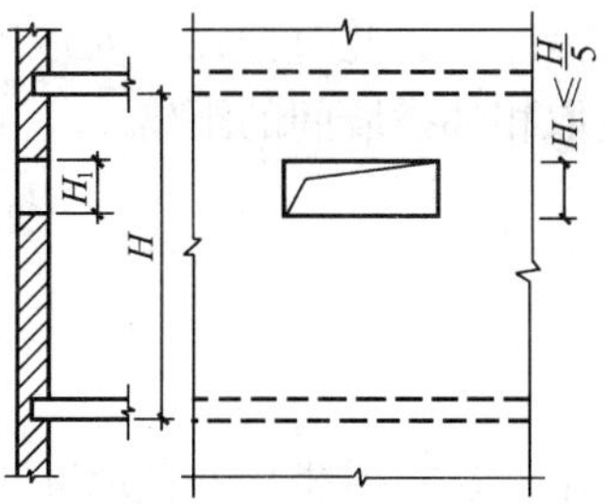

图 5.3-2　墙上洞口高度

当洞口高度 H_1 等于或小于墙高 H 的 1/5 时（图 5.3-2）可不考虑门、窗洞口的削弱，取 $\mu_2 = 1.0$。

（5）带壁柱墙和带构造柱墙的高厚比验算

1）带壁柱整片墙的高厚比验算

$$\beta = \frac{H_0}{h_T} \leqslant \mu_1\mu_2[\beta] \qquad (5\text{-}10)$$

式中　$h_T = 3.5i$ ——带壁柱墙截面的折算厚度；

$i = \sqrt{\dfrac{I}{A}}$ ——带壁柱墙截面的回转半径；

I、A ——分别为带壁柱墙的截面惯性矩和面积。

常用带壁柱墙的截面折算厚度 h_T 可查表 5.3-8～表 5.3-9。

当确定带壁柱墙的计算高度 H_0 时，增长 s 取相邻横墙间的距离。

确定截面回转半径 i 时，带壁柱墙计算截面的翼缘宽度 b_f，应按下列规定采用：

对于多层房屋，当有门窗洞口时，可取窗间墙宽度；当无门窗洞口时，每侧翼墙宽度可取壁柱高度的1/3；

对于单层房屋，可取壁柱宽加2/3墙高，但不大于窗间墙宽度和相邻壁柱间距离。

2）带构造柱整片墙的高厚比验算

当构造柱截面宽度不小于墙厚时，可按下式验算带构造柱墙的高厚比，此时公式中 h 取墙厚。H_0 按第5.2.2条确定，此时 s 应取相邻横墙间的距离。

$$\beta = \frac{H_0}{h} \leqslant \mu_c \mu_1 \mu_2 [\beta] \tag{5-11}$$

$$\mu_c = 1 + \gamma \frac{b_c}{l} \tag{5-12}$$

式中　μ_c——带构造柱墙允许高厚比提高系数；

γ——系数。对细料石、半细料石砌体，$\gamma = 0$；对混凝土砌块、粗料石、毛料石及毛石砌体，$\gamma = 1.0$；其他砌体 $\gamma = 1.5$；

b_c——构造柱沿墙长方向的宽度；

l——构造柱的间距。

当 $b_c/l > 0.25$ 时取 $b_c/l = 0.25$；当 $b_c/l < 0.05$ 时取 $b_c/l = 0$。

μ_c 值又可查表5.3-4。

带构造柱墙的提高系数 μ_c 值　　表5.3-4

γ	b_c/l								
	0	0.05	0.08	0.11	0.14	0.17	0.20	0.23	0.25
0	1.0	1.0	1.0	1.0	1.0	1.0	1.0	1.0	1.0
1.0	1.0	1.05	1.08	1.11	1.14	1.17	1.20	1.23	1.25
1.5	1.0	1.08	1.12	1.16	1.21	1.26	1.30	1.34	1.38

考虑构造柱有利作用的高厚比验算不适于施工阶段。

带构造柱墙应满足下列要求：

（A）构造柱沿墙长方向的宽度不小于180mm，沿墙厚方向的边长不小于墙厚（利用构造柱作壁柱时应不小于 1/30 柱高），主筋不少于 4ϕ12，混凝土强度等级不应低于 C15；

（B）构造柱与墙应有可靠的连接。

3）壁柱间墙或构造柱间墙的高厚比验算

壁柱间墙或构造柱间墙的高厚比，按式（5-8）验算，此时 s 应取相邻壁柱间或相邻构造柱间的距离。不论房屋的静力计算采用何种方案，确定壁柱间墙或构造柱间墙的 H_0 时，均按刚性方案考虑。构造柱作为壁柱验算构造柱间墙的高厚比时，构造柱的截面高度应≥1/30 柱高，且≥墙厚，此时柱间墙的允许高厚比不应再考虑构造柱的有利影响。

设有钢筋混凝土圈梁的带壁柱墙（图 5.3-3）或带构造柱墙，当 $b/s \geqslant 1/30$（b 为圈梁宽度）时，圈梁可视作壁柱间墙或构造柱间墙的不动铰支点（因为圈梁水平方向刚度较大，能够限制壁柱间墙体的侧向变形）。如果具体条件不允许增加圈梁宽度，可按墙体平面外等刚度的原则增加圈梁高度，以满足壁柱间墙或构造柱间墙不动铰支点的要求。

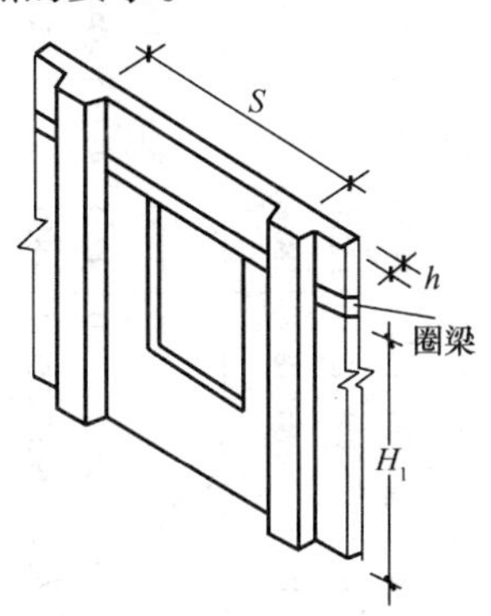

图 5.3-3　带壁柱墙的 β 计算

（6）墙、柱高厚比验算表及砖砌体截面特征表。

1）矩形截面墙、柱按高厚比验算的计算高度限值［H_0］（见表 5.3-5、表 5.3-6）。

矩形墙的计算高度限值 [H_0]（单位：mm） 表 5.3-5

砂浆强度等级 > M7.5

类别		h \ k	0.00	0.05	0.10	0.15	0.20	0.25	0.30	0.35	0.40	0.45	0.50	0.55	0.60	0.65	0. 70	0.75
承重墙		120	3120	3060	3000	2930	2870	2810	2750	2680	2620	2560	2500	2430	2370	2310	2250	2180
		240	6240	6120	5990	5870	5740	5620	5490	5370	5240	5120	4990	4870	4740	4620	4490	4370
		370	9620	9430	9240	9040	8850	8660	8470	8270	8080	7890	7700	7500	7310	7120	6930	6730
		490	12740	12490	12230	11980	11720	11470	11210	10960	10700	10450	10190	9940	9680	9430	9170	8920
		620	16120	15800	15480	15150	14830	14510	14190	13860	13540	13220	12900	12570	12250	11930	11610	11280
		740	19240	18860	18470	18090	17700	17320	16930	16550	16160	15780	15390	15010	14620	14240	13850	13470
非承重墙	上端支承	90	3510	3440	3370	3300	3230	3160	3090	3020	2950	2880	2810	2740	2670	2600	2530	2460
		120	4490	4400	4310	4220	4130	4040	3950	3860	3770	3680	3590	3500	3410	3320	3230	3140
		180	6180	6050	5930	5810	5680	5560	5440	5310	5190	5070	4940	4820	4690	4570	4450	4320
		240	7490	7340	7190	7040	6890	6740	6590	6440	6290	6140	5990	5840	5690	5540	5390	5240
	上端自由	90	4560	4470	4380	4290	4200	4110	4020	3920	3830	3740	3650	3560	3470	3380	3290	3190
		120	5840	5720	5610	5490	5370	5260	5140	5020	4910	4790	4670	4560	4440	4320	4210	4090
		180	8030	7870	7710	7550	7390	7230	7070	6910	6750	6590	6420	6260	6100	5940	5780	5620
		240	9730	9540	9350	9150	8960	8760	8570	8370	8180	7980	7790	7590	7400	7200	7010	6810

续表

类别		h \ k	0.00	0.05	0.10	0.15	0.20	0.25	0.30	0.35	0.40	0.45	0.50	0.55	0.60	0.65	0. 70	0.75
			砂浆强度等级 M5															
承重墙		120	2880	2820	2760	2710	2650	2590	2530	2480	2420	2360	2300	2250	2190	2130	2070	2020
		240	5760	5640	5530	5410	5300	5180	5070	4950	4840	4720	4610	4490	4380	4260	4150	4030
		370	8880	8700	8520	8350	8170	7990	7810	7640	7460	7280	7100	6930	6750	6570	6390	6220
		490	11760	11520	11290	11050	10820	10580	10350	10110	9880	9640	9410	9170	8940	8700	8470	8230
		620	14880	14580	14280	13990	13690	13390	13090	12800	12500	12200	11900	11610	11310	11010	10710	10420
		740	17760	17400	17050	16690	16340	15980	15630	15270	14920	14560	14210	13850	13500	13140	12790	12430
非承重墙	上端支承	90	3240	3180	3110	3050	2980	2920	2850	2790	2720	2660	2590	2530	2460	2400	2330	2270
		120	4150	4060	3980	3900	3820	3730	3650	3570	3480	3400	3320	3230	3150	3070	2990	2900
		180	5700	5590	5470	5360	5250	5130	5020	4900	4790	4680	4560	4450	4330	4220	4110	3990
		240	6910	6770	6640	6500	6360	6220	6080	5940	5810	5670	5530	5390	5250	5110	4980	4840
	上端自由	90	4210	4130	4040	3960	3880	3790	3710	3620	3540	3450	3370	3290	3200	3120	3030	2950
		120	5390	5280	5180	5070	4960	4850	4740	4640	4530	4420	4310	4210	4100	3990	3880	3770
		180	7410	7260	7120	6970	6820	6670	6520	6380	6230	6080	5930	5780	5630	5490	5340	5190
		240	8990	8810	8630	8450	8270	8090	7910	7730	7550	7370	7190	7010	6830	6650	6470	6290

续表

类别		h \ k	0.00	0.05	0.10	0.15	0.20	0.25	0.30	0.35	0.40	0.45	0.50	0.55	0.60	0.65	0.70	0.75
		砂浆强度等级 M2.5																
承重墙		120	2640	2590	2530	2480	2430	2380	2320	2270	2220	2160	2110	2060	2010	1950	1900	1850
		240	5280	5170	5070	4960	4860	4750	4650	4540	4440	4330	4220	4120	4010	3910	3800	3700
		370	8140	7980	7810	7650	7490	7330	7160	7000	6840	6670	6510	6350	6190	6020	5860	5700
		490	10780	10560	10350	10130	9920	9700	9490	9270	9060	8840	8620	8410	8190	7980	7760	7550
		620	13640	13370	13090	12820	12550	12280	12000	11730	11460	11180	10910	10640	10370	10090	9820	9550
		740	16280	15950	15630	15300	14980	14650	14330	14000	13680	13350	13020	12700	12370	12050	11720	11400
非承重墙	上端支承	90	2970	2910	2850	2790	2730	2670	2610	2550	2490	2440	2380	2320	2260	2200	2140	2080
		120	3800	3730	3650	3570	3500	3420	3350	3270	3190	3120	3040	2970	2890	2810	2740	2660
		180	5230	5120	5020	4910	4810	4700	4600	4500	4390	4290	4180	4080	3970	3870	3760	3660
		240	6340	6210	6080	5960	5830	5700	5580	5450	5320	5200	5070	4940	4820	4690	4560	4440
	上端自由	90	3860	3780	3710	3630	3550	3470	3400	3320	3240	3170	3090	3010	2930	2860	2780	2700
		120	4940	4840	4740	4650	4550	4450	4350	4250	4150	4050	3950	3850	3760	3660	3560	3460
		180	6800	6660	6520	6390	6250	6120	5980	5840	5710	5570	5440	5300	5160	5030	4890	4760
		240	8240	8070	7910	7740	7580	7410	7250	7080	6920	6750	6590	6420	6260	6100	5930	5770

注：h——墙厚。

矩形柱的计算高度限值 [H_0]（单位：mm） 表 5.3-6

砂浆强度等级 \ h（mm）	240	370	490	620	740	870	990	1120	1240	1370	1490
≥M7.5	4080	6290	8330	10540	12580	14790	16830	19040	21080	23290	25330
M5	3840	5920	7840	9920	11840	13920	15840	17920	19840	21920	23840
M2.5	3600	5550	7350	9300	11100	13050	14850	16800	18600	20550	22350

注：1. h——矩形柱短边长度；

2. 取 $\mu_1=\mu_2=1$。

说明：

（A）计算公式：承重墙时 $[H_0]=\mu_2 h[\beta]$； (5-13)

非承重墙时 $[H_0]=\mu_1\mu_2 h[\beta]$； (5-14)

（B）表中 $k=b_s/s$，h 单位为 mm。

（C）应注意，表中［H_0］为墙、柱的计算高度限值，非实际高度限值。

（D）下列情况，表中查得的［H_0］应乘以下列系数：

毛石墙、柱 0.8

组合砖砌体 1.2（但 $1.2\times[\beta]$ 应 ≤ 28）

2）T形截面砖砌体截面特征值和最小计算高度限值［H_0］（见表 5.3-7；图 5.3-4）。

说明：

（A）计算公式

$$A=b_f h_f+(h-h_f)b \tag{5-15}$$

$$y_1=\frac{0.5b_f h_f^2+b(h-h_f)(0.5h_f+0.5h)}{A} \tag{5-16}$$

$$y_2=h-y_1 \tag{5-17}$$

$$I=\frac{b_f y_1^3}{3}+\frac{(b_f-b)(h_f-y_1)^3}{3}+\frac{by_2^3}{3} \tag{5-18}$$

$$i=\sqrt{\frac{I}{A}} \tag{5-19}$$

$$h_T = 3.5i \tag{5-20}$$

$$W_1 = \frac{I}{y_1} \tag{5-21}$$

$$W_2 = \frac{I}{y_2} \tag{5-22}$$

$$[H_0] = \mu_1 \mu_2 h_T [\beta] \tag{5-23}$$

（B）此处 $\mu_1 = 1$，$\mu_2 = 0.7$

（C）应注意，表中［H_0］为最小计算高度限值，非实际高度限值。

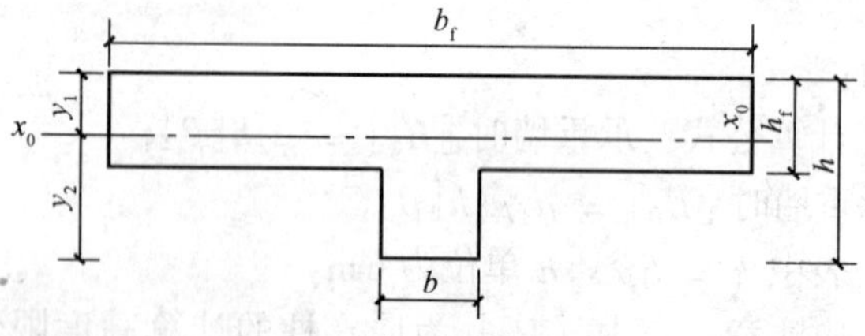

图 5.3-4　T形截面图

T形截面砖砌体截面特征值和最小计算高度限值　　表 5.3-7

$h_f = 240$（mm）　$b = 240$（mm）　$h = 370$（mm）

b_f (mm)	y_1 (mm)	y_2 (mm)	A (mm²)	W_1 (×10⁶mm³)	W_2 (×10⁶mm³)	I (×10⁸mm⁴)	h_T (mm)	$[H_0]_{min}$(mm) ≥M7.5	M5	M2.5
1000	141	229	271200	15.153	9.361	21.409	311	5660	5224	4789
1200	138	232	319200	17.307	10.304	23.898	303	5512	5088	4664
1400	136	234	367200	19.407	11.242	26.338	296	5395	4980	4565
1600	134	236	415200	21.469	12.176	28.747	291	5300	4893	4485
1800	132	238	463200	23.505	13.107	31.134	287	5222	4821	4419
2000	131	239	511200	25.520	14.036	33.506	283	5157	4760	4364
2200	130	240	559200	27.521	14.964	35.866	280	5101	4709	4317
2400	130	240	607200	29.510	15.891	38.217	278	5054	4665	4276
2600	129	241	655200	31.489	16.817	40.561	275	5012	4626	4241
2800	128	242	703200	33.461	17.742	42.900	273	4975	4593	4210
3000	128	242	751200	35.427	18.667	45.234	272	4943	4563	4183

续表

b_f (mm)	y_1 (mm)	y_2 (mm)	A (mm^2)	W_1 ($\times 10^6 mm^3$)	W_2 ($\times 10^6 mm^3$)	I ($\times 10^8 mm^4$)	h_T (mm)	$[H_0]_{min}$(mm)		
								≥ M7.5	M5	M2.5
$h_f=240$ (mm) $b=240$ (mm) $h=370$ (mm)										
3200	127	243	799200	37.387	19.592	47.565	270	4914	4536	4158
3600	126	244	895200	41.296	21.440	52.217	267	4865	4491	4117
4000	126	244	991200	45.192	23.287	56.861	265	4825	4454	4082
4400	125	245	1087200	49.078	25.133	61.499	263	4791	4422	4054
4800	125	245	1183200	52.957	26.979	66.132	262	4762	4396	4030
5200	125	245	1279200	56.831	28.825	70.761	260	4738	4373	4009
5600	124	246	1375200	60.700	30.670	75.387	259	4716	4354	3991
6000	124	246	1471200	64.565	32.515	80.011	258	4698	4336	3975

$h_f=240$ (mm) $b=240$ (mm) $h=490$ (mm)

b_f (mm)	y_1 (mm)	y_2 (mm)	A (mm^2)	W_1 ($\times 10^6 mm^3$)	W_2 ($\times 10^6 mm^3$)	I ($\times 10^8 mm^4$)	h_T (mm)	$[H_0]_{min}$(mm)		
								≥ M7.5	M5	M2.5
1000	169	321	300000	25.714	13.538	43.457	421	7667	7077	6487
1200	162	328	348000	28.818	14.265	46.755	406	7383	6816	6248
1400	157	333	396000	31.702	14.964	49.811	393	7144	6595	6045
1600	153	337	444000	34.423	15.645	52.705	381	6940	6406	5873
1800	150	340	492000	37.019	16.313	55.484	372	6765	6244	5724
2000	147	343	540000	39.517	16.973	58.178	363	6612	6103	5595
2200	145	345	588000	41.937	17.626	60.809	356	6478	5980	5481
2400	143	347	636000	44.294	18.274	63.390	349	6359	5870	5381
2600	141	349	684000	46.598	18.919	65.933	344	6254	5773	5292
2800	140	350	732000	48.860	19.560	68.444	338	6160	5686	5212
3000	139	351	780000	51.085	20.199	70.930	334	6074	5607	5140
3200	138	352	828000	53.279	20.836	73.394	330	5997	5536	5075
3600	136	354	924000	57.592	22.105	78.273	322	5863	5412	4961
4000	134	356	1020000	61.826	23.370	83.101	316	5750	5307	4865
4400	133	357	1116000	65.999	24.631	87.892	311	5653	5218	4783
4800	132	358	1212000	70.123	25.890	92.653	306	5570	5141	4713
5200	131	359	1308000	74.210	27.147	97.392	302	5497	5074	4651
5600	130	360	1404000	78.265	28.402	102.11	298	5432	5015	4597
6000	130	360	1500000	82.295	29.656	106.82	295	5376	4962	4549

续表

$h_f=240$ (mm) $b=370$ (mm) $h=370$ (mm)										
b_f (mm)	y_1 (mm)	y_2 (mm)	A (mm^2)	W_1 ($\times10^6$mm^3)	W_2 ($\times10^6$mm^3)	I ($\times10^8$mm^4)	h_T (mm)	$[H_0]_{min}$(mm)		
								≥M7.5	M5	M2.5
1000	151	219	288100	17.173	11.825	25.911	332	6041	5576	5112
1200	146	224	336100	19.531	12.798	28.608	323	5877	5425	4973
1400	143	227	384100	21.797	13.757	31.206	315	5742	5300	4858
1600	141	229	432100	23.998	14.707	33.739	309	5629	5196	4763
1800	139	231	480100	26.150	15.651	36.226	304	5533	5108	4682
2000	137	233	528100	28.265	16.590	38.680	300	5452	5032	4613
2200	135	235	576100	30.351	17.527	41.109	296	5381	4967	4553
2400	134	236	624100	32.414	18.460	43.519	292	5319	4910	4501
2600	133	237	672100	34.459	19.392	45.913	289	5265	4860	4455
2800	132	.238	720100	36.489	20.323	48.296	287	5217	4815	4414
3000	132	238	768100	38.506	21.252	50.669	284	5174	4776	4378
3200	131	239	816100	40.513	22.181	53.033	282	5135	4740	4345
3600	130	240	912100	44.502	24.035	57.743	278	5068	4679	4289
4000	129	241	1008100	48.464	25.888	62.434	275	5013	4627	4242
4400	128	242	1104100	52.406	27.738	67.110	273	4966	4584	4202
4800	127	243	1200100	56.332	29.588	71.776	271	4926	4547	4168
5200	127	243	1296100	60.247	31.436	76.433	269	4892	4515	4139
5600	126	244	1392100	64.152	33.284	81.083	267	4861	4488	4114
6000	126	244	1488100	68.049	35.131	85.728	266	4835	4463	4091

续表

$h_f=240$（mm） $b=370$（mm） $h=490$（mm）

b_f (mm)	y_1 (mm)	y_2 (mm)	A (mm^2)	W_1 ($\times10^6mm^3$)	W_2 ($\times10^6mm^3$)	I ($\times10^8mm^4$)	h_T (mm)	$[H_0]_{min}$(mm)		
								≥M7.5	M5	M2.5
1000	188	302	332500	29.983	18.690	56.415	456	8297	7659	7021
1200	180	310	380500	33.787	19.542	60.667	442	8043	7425	6806
1400	173	317	428500	37.298	20.334	64.483	429	7814	7213	6612
1600	168	322	476500	40.579	21.088	67.994	418	7609	7024	6439
1800	163	327	524500	43.677	21.814	71.285	408	7426	6855	6284
2000	160	330	572500	46.627	22.520	74.410	399	7262	6704	6145
2200	157	333	620500	49.455	23.212	77.408	391	7115	6567	6020
2400	154	336	668500	52.181	23.894	80.306	384	6982	6445	5908
2600	152	338	716500	54.821	24.566	83.125	377	6861	6333	5806
2800	150	340	764500	57.389	25.232	85.879	371	6751	6232	5713
3000	148	342	812500	59.895	25.892	88.580	365	6651	6139	5628
3200	146	344	860500	62.347	26.548	91.236	360	6559	6055	5550
3600	144	346	956500	67.118	27.849	96.443	351	6396	5904	5412
4000	142	348	1052500	71.744	29.139	101.54	344	6257	5775	5294
4400	140	350	1148500	76.258	30.422	106.56	337	6136	5664	5192
4800	138	352	1244500	80.681	31.698	111.51	331	6030	5566	5102
5200	137	353	1340500	85.032	32.970	116.41	326	5936	5480	5023
5600	136	354	1436500	89.322	34.238	121.28	322	5853	5403	4953
6000	135	355	1532500	93.561	35.503	126.11	317	5778	5334	4889

续表

$h_f=240$（mm）　$b=370$（mm）　$h=620$（mm）

b_f (mm)	y_1 (mm)	y_2 (mm)	A (mm^2)	W_1 ($\times 10^6 mm^3$)	W_2 ($\times 10^6 mm^3$)	I ($\times 10^8 mm^4$)	h_T (mm)	$[H_0]_{min}$(mm)		
								≥M7.5	M5	M2.5
1000	235	385	380600	48.457	29.480	113.64	605	11007	10160	9314
1200	222	398	428600	54.821	30.513	121.54	589	10727	9902	9076
1400	211	409	476600	60.677	31.405	128.30	574	10452	9648	8844
1600	203	417	524600	66.108	32.202	134.25	560	10190	9406	8623
1800	196	424	572600	71.178	32.932	139.59	546	9946	9181	8416
2000	190	430	620600	75.941	33.614	144.46	534	9719	8971	8224
2200	185	435	668600	80.439	34.260	148.97	522	9508	8777	8045
2400	181	439	716600	84.709	34.877	153.17	512	9313	8597	7880
2600	177	443	764600	88.778	35.472	157.14	502	9132	8430	7727
2800	174	446	812600	92.672	36.050	160.91	493	8964	8274	7585
3000	171	449	860600	96.411	36.613	164.52	484	8807	8130	7452
3200	168	452	908600	100.01	37.164	167.99	476	8662	7995	7329
3600	163	457	1004600	106.86	38.237	174.60	461	8398	7752	7106
4000	160	460	1100600	113.32	39.282	180.85	449	8166	7537	6909
4400	156	464	1196600	119.45	40.306	186.85	437	7960	7348	6735
4800	154	466	1292600	125.32	41.313	192.63	427	7776	7178	6580
5200	151	469	1388600	130.96	42.308	198.26	418	7611	7026	6440
5600	149	471	1484600	136.42	43.292	203.75	410	7463	6888	6314
6000	148	472	1580600	141.71	44.269	209.14	403	7327	6764	6200

续表

$h_f = 240$（mm） $b = 370$（mm） $h = 740$（mm）

b_f (mm)	y_1 (mm)	y_2 (mm)	A (mm^2)	W_1 ($\times 10^6 mm^3$)	W_2 ($\times 10^6 mm^3$)	I ($\times 10^8 mm^4$)	h_T (mm)	$[H_0]_{min}$(mm)		
								≥M7.5	M5	M2.5
1000	281	459	425000	68.698	42.071	193.08	746	13577	12533	11489
1200	265	475	473000	78.036	43.463	206.57	731	13312	12288	11264
1400	251	489	521000	86.722	44.616	218.00	716	13030	12028	11026
1600	240	500	569000	94.838	45.606	227.89	700	12748	11768	10787
1800	231	509	617000	102.45	46.479	236.60	685	12474	11515	10555
2000	223	517	665000	109.62	47.265	244.39	671	12212	11272	10333
2200	216	524	713000	116.40	47.984	251.44	657	11962	11042	10122
2400	210	530	761000	122.83	48.653	257.89	644	11726	10824	9922
2600	205	535	809000	128.95	49.281	263.84	632	11504	10619	9734
2800	200	540	857000	134.78	49.875	269.39	621	11294	10425	9556
3000	196	544	905000	140.36	50.443	274.59	610	11096	10242	9389
3200	192	548	953000	145.71	50.989	279.51	599	10909	10070	9231
3600	185	555	1049000	155.79	52.026	288.61	581	10566	9753	8940
4000	180	560	1145000	165.18	53.009	296.97	564	10259	9470	8680
4400	175	565	1241000	173.98	53.951	304.74	548	9982	9214	8446
4800	171	569	1337000	182.28	54.862	312.06	535	9732	8983	8235
5200	168	572	1433000	190.15	55.749	319.01	522	9504	8773	8042
5600	165	575	1529000	197.66	56.616	325.68	511	9297	8582	7866
6000	162	578	1625000	204.84	57.468	332.09	500	9106	8406	7705

续表

$h_f = 240$（mm）　$b = 490$（mm）　$h = 370$（mm）										
b_f (mm)	y_1 (mm)	y_2 (mm)	A (mm²)	W_1 ($\times 10^6 mm^3$)	W_2 ($\times 10^6 mm^3$)	I ($\times 10^8 mm^4$)	h_T (mm)	$[H_0]_{min}$(mm) ≥M7.5	M5	M2.5
1000	159	211	303700	18.668	14.037	29.646	346	6294	5809	5325
1200	154	216	351700	21.220	15.046	32.574	337	6130	5659	5187
1400	149	221	399700	23.649	16.031	35.352	329	5991	5530	5069
1600	146	224	447700	25.990	17.001	38.028	323	5871	5419	4968
1800	144	226	495700	28.262	17.961	40.633	317	5767	5324	4880
2000	142	228	543700	30.481	18.913	43.184	312	5677	5240	4804
2200	140	230	591700	32.659	19.860	45.695	308	5598	5167	4737
2400	138	232	639700	34.803	20.803	48.176	304	5528	5103	4677
2600	137	233	687700	36.920	21.743	50.631	300	5466	5045	4625
2800	136	234	735700	39.015	22.680	53.067	297	5410	4994	4578
3000	135	235	783700	41.090	23.615	55.486	295	5360	4948	4535
3200	134	236	831700	43.149	24.548	57.893	292	5315	4906	4497
3600	133	237	927700	47.228	26.411	62.673	288	5236	4833	4430
4000	132	238	1023700	51.267	28.270	67.422	284	5170	4772	4374
4400	131	239	1119700	55.274	30.127	72.146	281	5113	4720	4327
4800	130	240	1215700	59.257	31.981	76.852	278	5065	4675	4286
5200	129	241	1311700	63.220	33.833	81.544	276	5022	4636	4250
5600	128	242	1407700	67.167	35.684	86.224	274	4985	4602	4218
6000	128	242	1503700	71.102	37.535	90.895	272	4953	4572	4191

续表

$h_f=240$(mm) $b=490$(mm) $h=490$(mm)										
b_f (mm)	y_1 (mm)	y_2 (mm)	A (mm^2)	W_1 ($\times 10^6 mm^3$)	W_2 ($\times 10^6 mm^3$)	I ($\times 10^8 mm^4$)	h_T (mm)	$[H_0]_{min}$(mm)		
								≥M7.5	M5	M2.5
1000	203	287	362500	32.833	23.183	66.583	474	8633	7969	7305
1200	193	297	410500	37.176	24.182	71.792	463	8424	7776	7128
1400	185	305	458500	41.192	25.085	76.393	452	8222	7590	6957
1600	179	311	506500	44.941	25.924	80.559	441	8034	7416	6798
1800	174	316	554500	48.472	26.720	84.402	432	7859	7254	6650
2000	170	320	602500	51.822	27.484	88.001	423	7698	7106	6514
2200	166	324	650500	55.019	28.224	91.408	415	7551	6970	6389
2400	163	327	698500	58.087	28.946	94.663	407	7416	6845	6275
2600	160	330	746500	61.045	29.654	97.797	401	7291	6730	6169
2800	158	332	794500	63.907	30.350	100.83	394	7176	6624	6072
3000	156	334	842500	66.686	31.037	103.78	388	7070	6526	5982
3200	154	336	890500	69.393	31.716	106.66	383	6971	6435	5899
3600	150	340	986500	74.624	33.056	112.25	373	6795	6272	5750
4000	148	342	1082500	79.655	34.379	117.67	365	6641	6131	5620
4400	145	345	1178500	84.525	35.688	122.96	358	6507	6006	5506
4800	144	346	1274500	89.266	36.986	128.14	351	6387	5896	5405
5200	142	348	1370500	93.900	38.277	133.24	345	6281	5798	5315
5600	140	350	1466500	98.445	39.561	138.28	340	6186	5710	5234
6000	139	351	1562500	109.92	40.841	143.27	335	6100	5630	5161

续表

$h_f=240$(mm)　$b=490$(mm)　$h=620$(mm)

b_f (mm)	y_1 (mm)	y_2 (mm)	A (mm^2)	W_1 ($\times10^6mm^3$)	W_2 ($\times10^6mm^3$)	I ($\times10^8mm^4$)	h_T (mm)	$[H_0]_{min}$(mm)		
								≥M7.5	M5	M2.5
1000	255	365	426200	52.729	36.945	134.69	622	11324	10453	9582
1200	242	378	474200	59.947	38.307	144.91	612	11135	10279	9422
1400	231	389	522200	66.657	39.456	153.67	600	10927	10087	9246
1600	221	399	570200	72.930	40.460	161.34	589	10715	9891	9067
1800	213	407	618200	78.823	41.361	168.18	577	10507	9699	8890
2000	207	413	666200	84.383	42.184	174.37	566	10306	9513	8720
2200	201	419	714200	89.651	42.950	180.04	556	10114	9336	8558
2400	196	424	762200	94.660	43.670	185.28	546	9932	9168	8404
2600	191	429	810200	99.440	44.355	190.17	536	9759	9009	8258
2800	187	433	858200	104.01	45.010	194.78	527	9597	8858	8120
3000	184	436	906200	108.41	45.642	199.14	519	9443	8716	7990
3200	180	440	954200	112.63	46.254	203.29	511	9298	8583	7867
3600	175	445	1050200	120.65	47.432	211.09	496	9031	8336	7642
4000	170	450	1146200	128.17	48.562	218.36	483	8792	8116	7439
4400	166	454	1242200	135.29	49.657	225.21	471	8577	7917	7258
4800	163	457	1338200	142.06	50.724	231.74	461	8383	7738	7093
5200	160	460	1434200	148.53	51.771	238.02	451	8206	7575	6944
5600	158	462	1530200	154.75	52.800	244.08	442	8045	7426	6807
6000	155	465	1626200	160.76	53.816	249.98	434	7898	7290	6683

续表

$h_f=240$（mm）　$b=490$（mm）　$h=740$（mm）										
b_f (mm)	y_1 (mm)	y_2 (mm)	A (mm^2)	W_1 ($\times10^6mm^3$)	W_2 ($\times10^6mm^3$)	I ($\times10^8mm^4$)	h_T (mm)	$[H_0]_{min}$(mm)		
								≥M7.5	M5	M2.5
1000	307	433	485000	74.464	52.768	228.54	760	13828	12764	11700
1200	290	450	533000	84.839	54.697	246.10	752	13688	12635	11582
1400	276	464	581000	94.607	56.283	261.14	742	13505	12466	11427
1600	264	476	629000	103.83	57.627	274.24	731	13301	12278	11254
1800	254	486	677000	112.57	58.795	285.80	719	13088	12081	11075
2000	245	495	725000	120.86	59.831	296.14	707	12874	11884	10894
2200	237	503	773000	128.75	60.765	305.49	696	12663	11689	10715
2400	230	510	821000	136.28	61.619	314.00	684	12458	11499	10541
2600	224	516	869000	143.48	62.410	321.84	674	12259	11316	10373
2800	219	521	917000	150.37	63.148	329.09	663	12067	11139	10211
3000	214	526	965000	156.99	63.843	335.85	653	11884	10970	10055
3200	209	531	1013000	163.35	64.502	342.19	643	11708	10807	9906
3600	202	538	1109000	175.38	65.734	353.82	625	11378	10503	9628
4000	195	545	1205000	186.62	66.878	364.33	609	11076	10224	9372
4400	190	550	1301000	197.16	67.955	373.97	593	10800	9969	9138
4800	185	555	1397000	207.11	68.981	382.92	579	10546	9735	8924
5200	181	559	1493000	216.53	69.967	391.31	567	10313	9519	8726
5600	177	563	1589000	225.50	70.920	399.24	555	10097	9320	8544
6000	174	566	1685000	234.06	71.847	406.80	544	9898	9136	8375

续表

$h_f=240$（mm）　$b=490$（mm）　$h=870$（mm）										
b_f (mm)	y_1 (mm)	y_2 (mm)	A (mm^2)	W_1 ($\times 10^6 mm^3$)	W_2 ($\times 10^6 mm^3$)	I ($\times 10^8 mm^4$)	h_T (mm)	$[H_0]_{min}$(mm) ≥M7.5	M5	M2.5
1000	365	505	548700	101.20	73.055	369.12	908	16522	15251	13980
1200	345	525	596700	115.31	75.790	397.86	904	16449	15183	13918
1400	328	542	644700	128.75	78.025	422.67	896	16310	15056	13801
1600	314	556	692700	141.58	79.899	444.35	886	16134	14893	13651
1800	301	569	740700	153.85	81.505	463.53	876	15935	14709	13484
2000	290	580	788700	165.59	82.907	480.65	864	15725	14516	13306
2200	280	590	836700	176.86	84.149	496.07	852	15510	14317	13124
2400	272	598	884700	187.67	85.264	510.06	840	15295	14119	12942
2600	264	606	932700	198.07	86.276	522.86	829	15082	13922	12762
2800	257	613	980700	208.08	87.204	534.62	817	14873	13729	12585
3000	251	619	1028700	217.73	88.062	545.51	806	14669	13540	12412
3200	245	625	1076700	227.05	88.860	555.63	795	14470	13357	12244
3600	235	635	1172700	244.74	90.315	573.94	774	14092	13008	11924
4000	226	644	1268700	261.33	91.622	590.19	755	13739	12682	11625
4400	218	652	1364700	276.92	92.817	604.79	737	13410	12378	11347
4800	212	658	1460700	291.64	93.924	618.09	720	13103	12095	11087
5200	206	664	1556700	305.59	94.963	630.31	704	12818	11832	10846
5600	201	669	1652700	318.83	95.947	641.64	690	12551	11586	10620
6000	197	673	1748700	331.44	96.885	652.24	676	12302	11356	10410

续表

$h_f = 370$（mm） $b = 240$（mm） $h = 620$（mm）										
b_f (mm)	y_1 (mm)	y_2 (mm)	A (mm^2)	W_1 ($\times 10^6$mm^3)	W_2 ($\times 10^6$mm^3)	I ($\times 10^8$mm^4)	h_T (mm)	$[H_0]_{min}$(mm)		
								≥M7.5	M5	M2.5
1000	228	392	430000	41.598	24.238	94.950	520	9466	8738	8009
1200	222	398	504000	47.125	26.269	104.57	504	9176	8470	7764
1400	217	403	578000	52.443	28.274	113.89	491	8942	8254	7566
1600	214	406	652000	57.611	30.264	123.02	481	8750	8077	7404
1800	211	409	726000	62.672	32.244	132.00	472	8589	7929	7268
2000	208	412	800000	67.650	34.215	140.88	464	8453	7803	7153
2200	206	414	874000	72.566	36.182	149.69	458	8336	7695	7054
2400	205	415	948000	77.432	38.144	158.44	452	8235	7602	6968
2600	203	417	1022000	82.258	40.103	167.15	448	8146	7520	6893
2800	202	418	1096000	87.052	42.059	175.82	443	8068	7447	6827
3000	201	419	1170000	91.818	44.013	184.46	439	7998	7383	6768
3200	200	420	1244000	96.563	45.966	193.08	436	7936	7325	6715
3600	198	422	1392000	106.00	49.867	210.26	430	7829	7227	6624
4000	197	423	1540000	115.38	53.764	227.38	425	7740	7145	6549
4400	196	424	1688000	124.71	57.659	244.46	421	7666	7076	6486
4800	195	425	1836000	134.02	61.551	261.51	418	7602	7018	6433
5200	194	426	1984000	143.30	65.442	278.54	415	7548	6967	6386
5600	194	426	2132000	152.56	69.331	295.54	412	7500	6923	6346
6000	193	427	2280000	161.80	73.220	312.53	410	7458	6884	6311

续表

$h_f = 370$（mm） $b = 240$（mm） $h = 740$（mm）										
b_f（mm）	y_1（mm）	y_2（mm）	A（mm^2）	W_1（$\times 10^6 mm^3$）	W_2（$\times 10^6 mm^3$）	I（$\times 10^8 mm^4$）	h_T（mm）	$[H_0]_{min}$(mm)		
								≥M7.5	M5	M2.5
1000	257	483	458800	58.602	31.110	150.38	634	11532	10645	9758
1200	247	493	532800	65.712	32.856	162.09	610	11111	10256	9401
1400	239	501	606800	72.342	34.542	173.00	591	10756	9928	9101
1600	233	507	680800	78.615	36.188	183.38	574	10455	9650	8846
1800	229	511	754800	84.617	37.808	193.38	560	10196	9412	8627
2000	225	515	828800	90.408	39.408	203.09	548	9972	9205	8437
2200	221	519	902800	96.030	40.995	212.60	537	9775	9023	8271
2400	219	521	976800	101.52	42.571	221.95	528	9602	8863	8125
2600	216	524	1050800	106.89	44.139	231.17	519	9448	8721	7995
2800	214	526	1124800	112.18	45.701	240.29	512	9310	8594	7878
3000	212	528	1198800	117.38	47.257	249.33	505	9186	8480	7773
3200	211	529	1272800	122.52	48.809	258.29	499	9074	8376	7678
3600	208	532	1420800	132.64	51.903	276.06	488	8879	8196	7513
4000	206	534	1568800	142.59	54.987	293.66	479	8715	8045	7374
4400	204	536	1716800	152.42	58.063	311.14	471	8575	7916	7256
4800	203	537	1864800	162.14	61.134	328.52	465	8455	7804	7154
5200	201	539	2012800	171.78	64.200	345.83	459	8350	7707	7065
5600	200	540	2160800	181.35	67.263	363.08	454	8257	7622	6987
6000	199	541	2308800	190.88	70.323	380.29	449	8175	7546	6918

续表

$h_f=370$ (mm) $b=370$ (mm) $h=620$ (mm)										
b_f (mm)	y_1 (mm)	y_2 (mm)	A (mm²)	W_1 ($\times10^6$mm³)	W_2 ($\times10^6$mm³)	I ($\times10^8$mm⁴)	h_T (mm)	$[H_0]_{min}$(mm)		
								≥M7.5	M5	M2.5
1000	247	373	462500	47.831	31.674	118.14	559	10181	9398	8615
1200	238	382	536500	54.115	33.819	129.04	543	9879	9119	8359
1400	232	388	610500	60.067	35.909	139.34	529	9623	8883	8143
1600	227	393	684500	65.774	37.963	149.24	517	9406	8682	7959
1800	223	397	758500	71.295	39.993	158.85	507	9218	8509	7800
2000	219	401	832500	76.673	42.005	168.25	498	9056	8359	7663
2200	217	403	906500	81.937	44.005	177.50	490	8914	8228	7542
2400	214	406	980500	87.110	45.996	186.63	483	8788	8112	7436
2600	212	408	1054500	92.209	47.979	195.66	477	8677	8010	7342
2800	210	410	1128500	97.246	49.956	204.61	471	8577	7918	7258
3000	209	411	1202500	102.23	51.928	213.50	466	8488	7835	7182
3200	207	413	1276500	107.17	53.897	222.34	462	8407	7760	7114
3600	205	415	1424500	116.95	57.825	239.90	454	8266	7631	6995
4000	203	417	1572500	126.61	61.743	257.32	448	8149	7522	6895
4400	202	418	1720500	136.19	65.655	274.66	442	8048	7429	6810
4800	200	420	1868500	145.71	69.563	291.92	437	7962	7350	6737
5200	199	421	2016500	155.17	73.466	309.13	433	7887	7280	6674
5600	198	422	2164500	164.59	77.366	326.29	430	7821	7219	6618
6000	197	423	2312500	173.97	81.263	343.42	427	7763	7166	6568

续表

$h_f=370$（mm）　$b=370$（mm）　$h=740$（mm）										
b_f (mm)	y_1 (mm)	y_2 (mm)	A (mm^2)	W_1 ($\times10^6mm^3$)	W_2 ($\times10^6mm^3$)	I ($\times10^8mm^4$)	h_T (mm)	$[H_0]_{min}$(mm)		
								≥M7.5	M5	M2.5
1000	285	455	506900	68.308	42.769	194.63	686	12482	11522	10562
1200	272	468	580900	76.973	44.788	209.52	665	12098	11167	10236
1400	262	478	654900	84.984	46.676	222.95	646	11753	10849	9945
1600	254	486	728900	92.487	48.479	235.37	629	11447	10566	9686
1800	248	492	802900	99.585	50.224	247.06	614	11174	10314	9455
2000	243	497	876900	106.36	51.926	258.20	601	10930	10090	9249
2200	238	502	950900	112.86	53.598	268.92	589	10712	9888	9064
2400	234	506	1024900	119.15	55.245	279.31	578	10516	9707	8898
2600	231	509	1098900	125.25	56.874	289.43	568	10338	9543	8748
2800	228	512	1172900	131.19	58.488	299.35	559	10176	9394	8611
3000	226	514	1246900	136.99	60.090	309.09	551	10029	9258	8486
3200	223	517	1320900	142.69	61.683	318.68	544	9894	9133	8372
3600	219	521	1468900	153.78	64.844	337.53	531	9656	8913	8170
4000	216	524	1616900	164.57	67.983	356.01	519	9452	8725	7998
4400	214	526	1764900	175.12	71.105	374.22	510	9276	8562	7849
4800	211	529	1912900	185.47	74.213	392.23	501	9121	8420	7718
5200	210	530	2060900	195.67	77.312	410.08	494	8986	8294	7603
5600	208	532	2208900	205.74	80.403	427.80	487	8865	8183	7501
6000	206	534	2356900	215.71	83.488	445.41	481	8757	8083	7410

续表

$h_f = 370$（mm） $b = 370$（mm） $h = 870$（mm）

b_f (mm)	y_1 (mm)	y_2 (mm)	A (mm^2)	W_1 ($\times 10^6 mm^3$)	W_2 ($\times 10^6 mm^3$)	I ($\times 10^8 mm^4$)	h_T (mm)	$[H_0]_{min}$(mm) ≥M7.5	M5	M2.5
1000	330	540	555000	95.191	58.172	314.13	833	15155	13989	12823
1200	313	557	629000	107.46	60.371	336.30	809	14729	13596	12463
1400	299	571	703000	118.74	62.325	355.58	787	14326	13224	12122
1600	289	581	777000	129.19	64.117	372.80	767	13953	12880	11806
1800	280	590	851000	138.96	65.797	388.49	748	13610	12563	11516
2000	272	598	925000	148.17	67.394	403.02	731	13296	12273	11251
2200	266	604	999000	156.90	68.930	416.64	715	13009	12008	11008
2400	260	610	1073000	165.21	70.419	429.56	700	12745	11765	10784
2600	255	615	1147000	173.18	71.871	441.89	687	12503	11541	10580
2800	251	619	1221000	180.85	73.294	453.76	675	12280	11335	10391
3000	247	623	1295000	188.24	74.693	465.23	663	12074	11145	10216
3200	244	626	1369000	195.41	76.072	476.38	653	11883	10969	10055
3600	238	632	1517000	209.15	78.784	497.88	634	11540	10652	9765
4000	233	637	1665000	222.24	81.448	518.56	618	11242	10377	9512
4400	229	641	1813000	234.81	84.078	538.61	603	10979	10135	9290
4800	226	644	1961000	246.95	86.681	558.19	591	10747	9920	9094
5200	223	647	2109000	258.74	89.264	577.40	579	10540	9729	8918
5600	221	649	2257000	270.24	91.830	596.29	569	10354	9557	8761
6000	218	652	2405000	281.49	94.383	614.94	560	10186	9402	8619

续表

$h_f = 370$ (mm) $b = 370$ (mm) $h = 990$ (mm)										
b_f (mm)	y_1 (mm)	y_2 (mm)	A (mm^2)	W_1 ($\times 10^6 mm^3$)	W_2 ($\times 10^6 mm^3$)	I ($\times 10^8 mm^4$)	h_T (mm)	$[H_0]_{min}$(mm)		
								≥M7.5	M5	M2.5
1000	374	616	599400	123.56	75.162	462.66	972	17698	16336	14975
1200	354	636	673400	139.91	77.744	494.74	949	17266	15938	14610
1400	337	653	747400	154.97	79.952	522.15	925	16837	15542	14246
1600	323	667	821400	168.95	81.908	546.13	902	16425	15162	13898
1800	312	678	895400	182.01	83.686	567.55	881	16037	14804	13570
2000	302	688	969400	194.28	85.334	586.98	861	15675	14469	13263
2200	294	696	1043400	205.85	86.883	604.86	843	15337	14157	12977
2400	287	703	1117400	216.83	88.357	621.48	825	15023	13867	12712
2600	280	710	1191400	227.28	89.771	637.09	809	14730	13597	12464
2800	275	715	1265400	237.27	91.136	651.86	794	14458	13346	12234
3000	270	720	1339400	246.84	92.463	665.94	780	14204	13111	12018
3200	265	725	1413400	256.06	93.757	679.42	767	13966	12892	11817
3600	258	732	1561400	273.53	96.268	704.95	744	13535	12494	11453
4000	251	739	1709400	289.94	98.702	728.98	723	13155	12143	11131
4400	246	744	1857400	305.47	101.08	751.88	704	12816	11830	10845
4800	242	748	2005400	320.29	103.41	773.89	688	12513	11551	10588
5200	238	752	2153400	334.49	105.71	795.19	673	12241	11299	10358
5600	234	756	2301400	348.18	107.98	815.92	659	11994	11071	10149
6000	231	759	2449400	361.43	110.22	836.19	647	11770	10864	9959

续表

$h_f=370$（mm） $b=490$（mm） $h=620$（mm）

b_f (mm)	y_1 (mm)	y_2 (mm)	A (mm^2)	W_1 ($\times10^6mm^3$)	W_2 ($\times10^6mm^3$)	I ($\times10^8mm^4$)	h_T (mm)	$[H_0]_{min}$(mm)		
								≥M7.5	M5	M2.5
1000	262	358	492500	52.281	38.289	137.03	584	10625	9808	8991
1200	252	368	566500	59.238	40.574	149.30	568	10341	9546	8750
1400	244	376	640500	65.775	42.768	160.68	554	10089	9313	8537
1600	238	382	714500	71.996	44.901	171.46	542	9868	9109	8350
1800	233	387	788500	77.969	46.995	181.79	531	9672	8928	8184
2000	229	391	862500	83.747	49.058	191.80	522	9499	8769	8038
2200	226	394	936500	89.367	51.101	201.57	513	9345	8626	7908
2400	223	397	1010500	94.859	53.127	211.14	506	9208	8499	7791
2600	220	400	1084500	100.24	55.141	220.55	499	9084	8385	7687
2800	218	402	1158500	105.54	57.144	229.85	493	8972	8282	7592
3000	216	404	1232500	110.76	59.139	239.03	487	8871	8189	7506
3200	214	406	1306500	115.92	61.128	248.14	482	8779	8103	7428
3600	211	409	1454500	126.07	65.090	266.15	473	8617	7954	7291
4000	209	411	1602500	136.06	69.036	283.95	466	8479	7827	7175
4400	207	413	1750500	145.91	72.971	301.59	459	8361	7718	7075
4800	205	415	1898500	155.67	76.897	319.12	454	8259	7623	6988
5200	204	416	2046500	165.34	80.816	336.55	449	8169	7540	6912
5600	202	418	2194500	174.94	84.730	353.91	444	8089	7467	6845
6000	201	419	2342500	184.49	88.639	371.21	441	8019	7402	6785

续表

$h_f=370$ (mm)　$b=490$ (mm)　$h=740$ (mm)

b_f (mm)	y_1 (mm)	y_2 (mm)	A (mm^2)	W_1 ($\times 10^6 mm^3$)	W_2 ($\times 10^6 mm^3$)	I ($\times 10^8 mm^4$)	h_T (mm)	$[H_0]_{min}$(mm)		
								≥M7.5	M5	M2.5
1000	307	433	551300	74.825	52.956	229.47	714	12996	11996	10997
1200	292	448	625300	84.705	55.296	247.57	696	12675	11700	10725
1400	281	459	699300	93.843	57.426	263.63	680	12368	11417	10465
1600	272	468	773300	102.39	59.419	278.23	664	12083	11153	10224
1800	264	476	847300	110.44	61.315	291.75	649	11820	10911	10002
2000	258	482	921300	118.09	63.142	304.46	636	11580	10689	9798
2200	252	488	995300	125.41	64.917	316.54	624	11360	10486	9612
2400	248	492	1069300	132.44	66.652	328.11	613	11158	10300	9442
2600	244	496	1143300	139.23	68.357	339.27	603	10973	10129	9285
2800	240	500	1217300	145.81	70.036	350.11	594	10803	9972	9141
3000	237	503	1291300	152.21	71.696	360.67	585	10646	9827	9008
3200	234	506	1365300	158.46	73.339	371.00	577	10501	9693	8885
3600	229	511	1513300	170.54	76.587	391.11	563	10241	9453	8665
4000	225	515	1661300	182.20	79.795	410.64	550	10015	9245	8474
4400	222	518	1809300	193.51	82.974	429.74	539	9817	9062	8307
4800	219	521	1957300	204.54	86.130	448.50	530	9643	8901	8159
5200	217	523	2105300	215.35	89.270	467.01	521	9487	8758	8028
5600	215	525	2253300	225.96	92.396	485.29	514	9348	8629	7910
6000	213	527	2401300	236.41	95.512	503.41	507	9223	8514	7804

续表

$h_f=370$（mm） $b=490$（mm） $h=870$（mm）										
b_f (mm)	y_1 (mm)	y_2 (mm)	A (mm^2)	W_1 (×10^{6}mm^3)	W_2 (×10^{6}mm^3)	I (×10^{8}mm^4)	h_T (mm)	$[H_0]_{min}$(mm)		
								≥M7.5	M5	M2.5
1000	358	512	615000	103.87	72.730	372.17	861	15670	14465	13259
1200	340	530	689000	117.89	75.510	400.44	844	15357	14176	12994
1400	325	545	763000	130.86	77.913	424.88	826	15032	13875	12719
1600	312	558	837000	142.95	80.061	446.48	808	14712	13580	12449
1800	302	568	911000	154.29	82.030	465.94	792	14406	13298	12190
2000	293	577	985000	164.99	83.868	483.75	776	14117	13031	11945
2200	286	584	1059000	175.14	85.607	500.25	761	13845	12780	11715
2400	279	591	1133000	184.80	87.268	515.70	747	13590	12545	11499
2600	273	597	1207000	194.03	88.870	530.29	734	13352	12325	11298
2800	268	602	1281000	202.90	90.423	544.17	721	13129	12119	11109
3000	264	606	1355000	211.43	91.936	557.45	710	12920	11926	10933
3200	260	610	1429000	219.68	93.417	570.23	699	12725	11746	10767
3600	253	617	1577000	235.40	96.300	594.58	680	12369	11417	10466
4000	247	623	1725000	250.28	99.105	617.64	662	12053	11126	10199
4400	242	628	1873000	264.46	101.85	639.73	647	11772	10867	9961
4800	238	632	2021000	278.06	104.55	661.05	633	11521	10634	9748
5200	234	636	2169000	291.19	107.22	681.77	621	11294	10425	9556
5600	231	639	2317000	303.90	109.86	702.00	609	11088	10235	9382
6000	228	642	2465000	316.27	112.48	721.83	599	10901	10062	9224

续表

$h_f = 370$（mm）　$b = 490$（mm）　$h = 990$（mm）										
b_f (mm)	y_1 (mm)	y_2 (mm)	A (mm^2)	W_1 ($\times 10^6 mm^3$)	W_2 ($\times 10^6 mm^3$)	I ($\times 10^8 mm^4$)	h_T (mm)	$[H_0]_{min}$(mm)		
								≥M7.5	M5	M2.5
1000	408	582	673800	134.32	94.237	548.29	998	18171	16773	15375
1200	386	604	747800	152.80	97.689	589.94	983	17892	16515	15139
1400	368	622	821800	170.01	100.58	625.62	966	17576	16224	14872
1600	353	637	895800	186.13	103.09	656.79	948	17248	15922	14595
1800	340	650	969800	201.28	105.32	684.50	930	16923	15621	14320
2000	329	661	1043800	215.60	107.34	709.47	912	16607	15330	14052
2200	320	670	1117800	229.16	109.22	732.25	896	16304	15050	13796
2400	311	679	1191800	242.07	110.97	753.26	880	16014	14782	13551
2600	304	686	1265800	254.37	112.62	772.79	865	15739	14529	13318
2800	297	693	1339800	266.15	114.20	791.10	850	15479	14288	13097
3000	291	699	1413800	277.44	115.71	808.38	837	15232	14060	12889
3200	286	704	1487800	288.31	117.17	824.78	824	14998	13844	12691
3600	277	713	1635800	308.89	119.96	855.42	800	14567	13446	12326
4000	269	721	1783800	328.17	122.63	883.77	779	14179	13088	11997
4400	263	727	1931800	346.35	125.20	910.37	760	13828	12765	11701
4800	257	733	2079800	363.61	127.69	935.58	742	13510	12471	11432
5200	253	737	2227800	380.07	130.13	959.69	726	13221	12204	11187
5600	248	742	2375800	395.86	132.52	982.90	712	12957	11960	10963
6000	245	745	2523800	411.05	134.87	1005.4	699	12714	11736	10758

3）十字形截面砖砌体截面特征值和最小计算高度限值［H_0］（见表5.3-8；图5.3-5）。

说明：

（A）计算公式

$$A = bh_1 + h_f b_f + bh_2 \quad (5\text{-}24)$$

$$y_1 = \frac{\dfrac{bh_1^2}{2} + h_f b_f\left(h_1 + \dfrac{h_f}{2}\right) + bh_2\left(h_1 + h_f + \dfrac{h_2}{2}\right)}{A} \quad (5\text{-}25)$$

$$y_2 = h_1 + h_f + h_2 - y_1 \quad (5\text{-}26)$$

$$I = \frac{1}{12}bh_1^3 + bh_1\left(y_1 - \frac{h_1}{2}\right)^2 + \frac{1}{12}b_f h_f^3 + b_f h_f\left(y_1 - h_1 - \frac{h_f}{2}\right)^2 + \frac{1}{12}bh_2^3 + bh_2\left(y_2 - \frac{h_2}{2}\right)^2 \quad (5\text{-}27)$$

$$i = \sqrt{\frac{I}{A}}$$

$$h_T = 3.5i$$

$$W_1 = \frac{I}{y_1}$$

$$W_2 = \frac{I}{y_2}$$

$$[H_0] = \mu_1 \mu_2 h_T [\beta]$$

（B）此处 $\mu_1 = 1$，$\mu_2 = 0.7$，$h_f = 240\text{mm}$。

（C）应注意，表中［H_0］为最小计算高度限值，非实际高度限值。

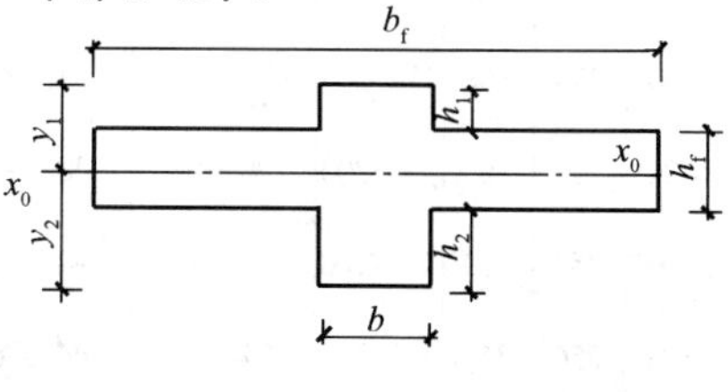

图5.3-5　十字形截面图

十字形截面砖砌体截面特征值和最小计算高度限值　　表 5.3-8

$b=240$（mm）　$h_1=130$（mm）　$h_2=250$（mm）

b_f (mm)	y_1 (mm)	y_2 (mm)	A (mm^2)	W_1 ($\times 10^6 mm^3$)	W_2 ($\times 10^6 mm^3$)	I ($\times 10^8 mm^4$)	h_T (mm)	$[H_0]_{min}$(mm)		
								≥M7.5	M5	M2.5
1000	277	343	331200	17.307	21.437	59.371	469	8529	7873	7217
1200	274	346	379200	17.890	22.658	61.980	447	8144	7517	6891
1400	271	349	427200	18.482	23.817	64.520	430	7828	7226	6624
1600	269	351	475200	19.080	24.931	67.012	416	7564	6983	6401
1800	267	353	523200	19.683	26.013	69.470	403	7340	6776	6211
2000	266	354	571200	20.290	27.069	71.902	393	7147	6597	6047
2200	264	356	619200	20.899	28.105	74.314	383	6978	6442	5905
2400	263	357	667200	21.511	29.125	76.711	375	6830	6305	5779
2600	262	358	715200	22.123	30.133	79.095	368	6699	6184	5668
2800	262	358	763200	22.738	31.131	81.469	362	6581	6075	5569
3000	261	359	811200	23.353	32.120	83.835	365	6476	5978	5479
3200	260	360	859200	23.969	33.102	86.194	351	6380	5889	5399
3600	259	361	955200	25.203	35.048	90.895	341	6214	5736	5258
4000	258	362	1051200	26.439	36.976	95.579	334	6074	5607	5140
4400	258	362	1147200	27.677	38.890	100.25	327	5955	5497	5039
4800	257	363	1243200	28.916	40.793	104.91	322	5852	5402	4951
5200	257	363	1339200	30.156	42.688	109.57	317	5762	5319	4875
5600	256	364	1435200	31.397	44.576	114.21	312	5683	5245	4808
6000	256	364	1531200	32.638	46.459	118.86	308	5612	5181	4749

续表

$b=240$（mm） $h_1=250$（mm） $h_2=250$（mm）										
b_f (mm)	y_1 (mm)	y_2 (mm)	A (mm^2)	W_1 ($\times10^6mm^3$)	W_2 ($\times10^6mm^3$)	I ($\times10^8mm^4$)	h_T (mm)	$[H_0]_{min}$(mm)		
								≥M7.5	M5	M2.5
1000	370	370	360000	24.270	24.270	89.800	553	10061	9287	8513
1200	370	370	408000	24.893	24.893	92.104	526	9571	8835	8098
1400	370	370	456000	25.516	25.516	94.408	504	9166	8461	7756
1600	370	370	504000	26.138	26.138	96.712	485	8824	8145	7466
1800	370	370	552000	26.761	26.761	99.016	469	8531	7875	7219
2000	370	370	600000	27.384	27.384	101.32	455	8278	7641	7004
2200	370	370	648000	28.006	28.006	103.62	443	8055	7436	6816
2400	370	370	696000	28.629	28.629	105.93	432	7859	7254	6650
2600	370	370	744000	29.252	29.252	108.23	422	7683	7092	6501
2800	370	370	792000	29.875	29.875	110.54	413	7525	6947	6368
3000	370	370	840000	30.497	30.497	112.84	406	7383	6815	6247
3200	370	370	888000	31.120	31.120	115.14	399	7254	6696	6138
3600	370	370	984000	32.365	32.365	119.75	386	7027	6487	5946
4000	370	370	1080000	33.611	33.611	124.36	376	6835	6310	5784
4400	370	370	1176000	34.856	34.856	128.97	367	6671	6158	5645
4800	370	370	1272000	36.102	36.102	133.58	359	6528	6026	5523
5200	370	370	1368000	37.347	37.347	138.18	352	6402	5910	5417
5600	370	370	1464000	38.592	38.592	142.79	346	6291	5807	5323
6000	370	370	1560000	39.838	39.838	147.40	340	6192	5716	5239

续表

b_f (mm)	y_1 (mm)	y_2 (mm)	A (mm^2)	W_1 ($\times 10^6 mm^3$)	W_2 ($\times 10^6 mm^3$)	I ($\times 10^8 mm^4$)	h_T (mm)	$[H_0]_{min}$(mm)		
$b = 370$ (mm)　$h_1 = 130$ (mm)　$h_2 = 250$ (mm)								≥ M7.5	M5	M2.5
1000	286	334	380600	25.169	29.362	84.023	520	9465	8737	8009
1200	282	338	428600	25.714	30.798	86.884	498	9070	8372	7674
1400	279	341	476600	26.276	32.141	89.633	480	8736	8064	7392
1600	276	344	524600	26.850	33.414	92.301	464	8449	7800	7150
1800	274	346	572600	27.433	34.633	94.908	451	8201	7570	6939
2000	272	348	620600	28.022	35.810	97.468	439	7983	7369	6755
2200	271	349	668600	28.617	36.953	99.991	428	7790	7191	6592
2400	269	351	716600	29.215	38.069	102.48	419	7618	7032	6446
2600	268	352	764600	29.817	39.162	104.95	410	7463	6889	6315
2800	267	353	812600	30.421	40.236	107.41	402	7323	6760	6197
3000	266	354	860600	31.027	41.294	109.84	395	7196	6643	6089
3200	265	355	908600	31.636	42.338	112.26	389	7081	6536	5991
3600	264	356	1004600	32.856	44.394	117.07	378	6876	6347	5818
4000	263	357	1100600	34.081	46.414	121.84	368	6702	6187	5671
4400	262	358	1196600	35.310	48.407	126.59	360	6552	6048	5544
4800	261	359	1292600	36.541	50.379	131.31	353	6420	5926	5433
5200	260	360	1388600	37.774	52.333	136.02	346	6305	5820	5335
5600	259	361	1484600	39.009	54.274	140.72	341	6202	5725	5248
6000	259	361	1580600	40.245	56.203	145.40	336	6110	5640	5170

续表

$b=370$（mm） $h_1=250$（mm） $h_2=250$（mm）

b_f (mm)	y_1 (mm)	y_2 (mm)	A (mm^2)	W_1 ($\times 10^6 mm^3$)	W_2 ($\times 10^6 mm^3$)	I ($\times 10^8 mm^4$)	h_T (mm)	$[H_0]_{min}$(mm)		
								≥M7.5	M5	M2.5
1000	370	370	425000	35.730	35.730	132.20	617	11235	10371	9506
1200	370	370	473000	36.353	36.353	134.51	590	10742	9916	9089
1400	370	370	521000	36.976	36.976	136.81	567	10322	9528	8734
1600	370	370	569000	37.598	37.598	139.11	547	9960	9194	8428
1800	370	370	617000	38.221	38.221	141.42	530	9644	8902	8160
2000	370	370	665000	38.844	38.844	143.72	515	9365	8644	7924
2200	370	370	713000	39.466	39.466	146.03	501	9116	8415	7714
2400	370	370	761000	40.089	40.089	148.33	489	8893	8209	7525
2600	370	370	809000	40.712	40.712	150.63	478	8692	8024	7355
2800	370	370	857000	41.335	41.335	152.94	468	8510	7855	7200
3000	370	370	905000	41.957	41.957	155.24	458	8343	7701	7059
3200	370	370	953000	42.580	42.580	157.55	450	8190	7560	6930
3600	370	370	1049000	43.825	43.825	162.15	435	7920	7311	6701
4000	370	370	1145000	45.071	45.071	166.76	422	7687	7096	6505
4400	370	370	1241000	46.316	46.316	171.37	411	7485	6910	6334
4800	370	370	1337000	47.562	47.562	175.98	402	7308	6746	6184
5200	370	370	1433000	48.807	48.807	180.59	393	7151	6601	6051
5600	370	370	1529000	50.052	50.052	185.19	385	7010	6471	5932
6000	370	370	1625000	51.298	51.298	189.80	378	6884	6355	5825

续表

$b=370$（mm）　$h_1=250$（mm）　$h_2=370$（mm）

b_f (mm)	y_1 (mm)	y_2 (mm)	A (mm²)	W_1 ($\times10^6$mm³)	W_2 ($\times10^6$mm³)	I ($\times10^8$mm⁴)	h_T (mm)	$[H_0]_{min}$(mm) ≥M7.5	M5	M2.5
1000	411	449	469400	46.083	50.421	207.06	735	13379	12350	11321
1200	407	453	517400	46.367	51.632	210.09	705	12836	11849	10861
1400	404	456	565400	46.685	52.751	212.99	679	12364	11412	10461
1600	401	459	613400	47.028	53.799	215.80	656	11948	11029	10110
1800	399	461	661400	47.391	54.789	218.53	636	11579	10688	9798
2000	397	463	709400	47.769	55.733	221.21	618	11249	10383	9518
2200	395	465	757400	48.159	56.639	223.84	602	10951	10108	9266
2400	394	466	805400	48.560	57.513	226.43	587	10681	9859	9038
2600	392	468	853400	48.969	58.361	228.99	573	10435	9632	8829
2800	391	469	901400	49.384	59.186	231.52	561	10209	9424	8638
3000	390	470	949400	49.805	59.991	234.03	550	10001	9232	8463
3200	389	471	997400	50.232	60.780	236.52	539	9809	9055	8300
3600	387	473	1093400	51.096	62.316	241.45	520	9466	8738	8010
4000	386	474	1189400	51.973	63.806	246.33	504	9167	8462	7757
4400	385	475	1285400	52.860	65.262	251.16	489	8904	8219	7534
4800	384	476	1381400	53.754	66.689	255.97	476	8671	8004	7337
5200	383	477	1477400	54.655	68.094	260.75	465	8463	7812	7161
5600	382	478	1573400	55.561	69.480	265.51	455	8275	7638	7002
6000	381	479	1669400	56.470	70.850	270.25	445	8105	7481	6858

续表

$b=370$（mm） $h_1=370$（mm） $h_2=370$（mm）										
b_f (mm)	y_1 (mm)	y_2 (mm)	A (mm^2)	W_1 ($\times10^6mm^3$)	W_2 ($\times10^6mm^3$)	I ($\times10^8mm^4$)	h_T (mm)	$[H_0]_{min}$(mm)		
								≥M7.5	M5	M2.5
1000	490	490	513800	60.706	60.706	297.46	842	15327	14148	12969
1200	490	490	561800	61.176	61.176	299.76	808	14714	13582	12450
1400	490	490	609800	61.646	61.646	302.07	779	14177	13087	11996
1600	490	490	657800	62.116	62.116	304.37	753	13702	12648	11594
1800	490	490	705800	62.587	62.587	306.67	730	13278	12257	11235
2000	490	490	753800	63.057	63.057	308.98	709	12897	11905	10913
2200	490	490	801800	63.527	63.527	311.28	690	12551	11586	10620
2400	490	490	849800	63.997	63.997	313.59	672	12237	11295	10354
2600	490	490	897800	64.467	64.467	315.89	657	11949	11029	10110
2800	490	490	945800	64.938	64.938	318.19	642	11684	10785	9886
3000	490	490	993800	65.408	65.408	320.50	629	11439	10559	9679
3200	490	490	1041800	65.878	65.878	322.80	616	11213	10350	9488
3600	490	490	1137800	66.818	66.818	327.41	594	10806	9974	9143
4000	490	490	1233800	67.759	67.759	332.02	574	10450	9646	8842
4400	490	490	1329800	68.699	68.699	336.63	557	10135	9355	8576
4800	490	490	1425800	69.640	69.640	341.23	541	9855	9097	8338
5200	490	490	1521800	70.580	70.580	345.84	528	9603	8864	8125
5600	490	490	1617800	71.521	71.521	350.45	515	9375	8654	7933
6000	490	490	1713800	72.461	72.461	355.06	504	9169	8463	7758

续表

$b=490$ (mm)　$h_1=370$ (mm)　$h_2=370$ (mm)										
b_f (mm)	y_1 (mm)	y_2 (mm)	A (mm^2)	W_1 ($\times10^6mm^3$)	W_2 ($\times10^6mm^3$)	I ($\times10^8mm^4$)	h_T (mm)	$[H_0]_{min}$(mm)		
								≥M7.5	M5	M2.5
1000	490	490	602600	79.632	79.632	390.20	891	16209	14962	13716
1200	490	490	650600	80.102	80.102	392.50	860	15646	14442	13239
1400	490	490	698600	80.572	80.572	394.80	832	15143	13978	12813
1600	490	490	746600	81.042	81.042	397.11	807	14691	13561	12431
1800	490	490	794600	81.513	81.513	399.41	785	14282	13183	12084
2000	490	490	842600	81.938	81.983	401.72	764	13909	12839	11769
2200	490	490	890600	82.453	82.453	404.02	745	13567	12524	11480
2400	490	490	938600	82.923	82.923	406.32	728	13254	12234	11215
2600	490	490	986600	83.393	83.393	408.63	712	12964	11967	10969
2800	490	490	1034600	83.864	83.864	410.93	698	12695	11719	10742
3000	490	490	1082600	84.334	84.334	413.24	684	12445	11488	10531
3200	490	490	1130600	84.804	84.804	415.54	671	12212	11273	10333
3600	490	490	1226600	85.744	85.744	420.15	648	11789	10882	9976
4000	490	490	1322600	86.685	86.685	424.76	627	11415	10537	9659
4400	490	490	1418600	87.625	87.625	429.36	609	11082	10230	9377
4800	490	490	1514600	88.566	88.566	433.97	592	10783	9953	9124
5200	490	490	1610600	89.506	89.506	438.58	578	10512	9703	8894
5600	490	490	1706600	90.446	90.446	443.19	564	10265	9476	8686
6000	490	490	1802600	91.387	91.387	447.80	552	10040	9268	8495

续表

$b=490$（mm） $h_1=370$（mm） $h_2=490$（mm）										
b_f (mm)	y_1 (mm)	y_2 (mm)	A (mm^2)	W_1 ($\times10^6mm^3$)	W_2 ($\times10^6mm^3$)	I ($\times10^8mm^4$)	h_T (mm)	$[H_0]_{min}$(mm)		
								≥M7.5	M5	M2.5
1000	539	561	661400	98.548	102.61	552.96	1012	18418	17002	15585
1200	536	564	709400	98.568	103.87	556.33	980	17839	16466	15094
1400	533	567	757400	98.637	105.04	559.57	951	17314	15982	14651
1600	530	570	805400	98.745	106.14	562.70	925	16837	15542	14247
1800	528	572	853400	98.886	107.17	565.73	901	16401	15139	13878
2000	526	574	901400	99.053	108.14	568.69	879	16000	14769	13538
2200	524	576	949400	99.243	109.07	571.58	859	15630	14427	13225
2400	522	578	997400	99.452	109.95	574.41	840	15287	14111	12935
2600	521	579	1045400	99.678	110.80	577.20	822	14968	13817	12665
2800	520	580	1093400	99.917	111.62	579.94	806	14670	13542	12413
3000	518	582	1141400	100.17	112.41	582.65	791	14392	13285	12178
3200	517	583	1189400	100.43	113.17	585.32	776	14131	13044	11957
3600	515	585	1285400	100.98	114.64	590.59	750	13654	12604	11553
4000	513	587	1381400	101.56	116.04	595.76	727	13229	12211	11193
4400	512	588	1477400	102.17	117.38	600.86	706	12846	11858	10870
4800	511	589	1573400	102.79	118.67	605.90	687	12500	11539	10577
5200	509	591	1669400	103.43	119.93	610.89	670	12185	11248	10311
5600	508	592	1765400	104.08	121.15	615.84	654	11897	10982	10067
6000	507	593	1861400	104.75	122.35	620.75	639	11633	10738	9843

4）等边角形截面砖砌体截面特征值（见表 5.3-9；图 5.3-6）。

说明：

计算公式：
$$A = h(2b_f - h) \tag{5-28}$$

$$y_1 = \frac{b_f^2 + b_f h - h^2}{2b_f - h}\cos 45° \tag{5-29}$$

$$y_2 = \frac{b_f^2 \cos 45°}{2b_f - b} \tag{5-30}$$

$$I = \frac{b_f h(b_f^2 + h^2)}{3} - \frac{b_f^4 h}{2(2b_f - h)} - \frac{h^4}{12} \tag{5-31}$$

$$i = \sqrt{\frac{I}{A}}$$

$$w_1 = \frac{I}{y_1}$$

$$w_2 = \frac{I}{y_2}$$

$$h_T = 3.5i$$

$$e_1 = y_1 - h\frac{\sqrt{2}}{2}$$

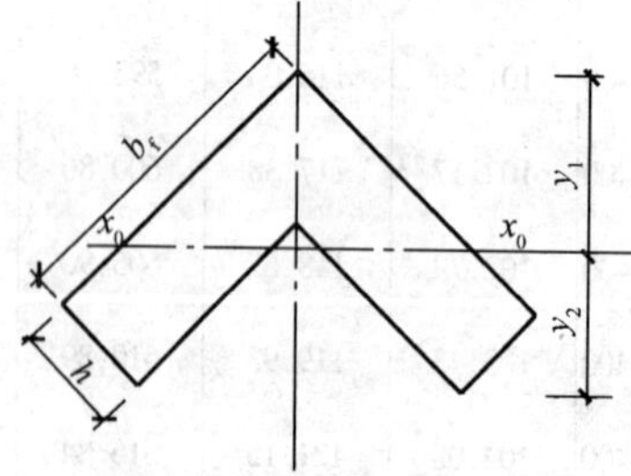

图 5.3-6　角形截面图

角形截面砖砌体截面特征值 表 5.3-9

h (mm)	b_f (mm)	y_1 (mm)	y_2 (mm)	A (mm^2)	W_1 ($\times 10^6 mm^3$)	W_2 ($\times 10^6 mm^3$)	I ($\times 10^8 mm^4$)	h_T (mm)	e_1 (mm)
240	370	238	194	120000	4.134	5.076	9.827	317	68
	490	287	229	177600	7.132	8.914	20.450	376	117
	620	336	272	240000	11.642	14.404	39.151	447	167
	740	381	312	297600	17.158	20.918	65.321	519	211
	870	428	357	360000	24.717	29.655	105.81	600	258
	1000	475	402	422400	33.996	40.197	161.50	684	305
	1200	547	471	518400	51.740	60.019	282.93	818	377
370	490	330	278	225700	11.335	13.431	37.382	450	68
	620	388	312	321900	17.748	22.019	68.793	512	126
	740	436	349	410700	25.072	31.340	109.33	571	174
	870	486	391	506900	34.929	43.467	169.81	641	225
	1000	535	434	603100	47.032	57.996	251.59	715	273
	1200	609	502	751100	70.405	85.420	428.46	836	347
	1400	681	570	899100	99.870	119.29	680.35	963	420
	1600	753	640	1047100	135.67	159.79	1022.1	1094	492
	1800	825	709	1195100	177.98	207.04	1468.5	1227	563
490	620	422	362	367500	24.067	28.055	101.68	582	76
	740	479	391	485100	33.834	41.403	161.93	639	132
	870	533	428	612500	46.077	57.412	245.82	701	187
	1000	585	468	739900	60.642	75.796	354.94	767	239
	1200	662	533	935900	88.397	109.75	585.10	875	315
	1400	736	600	1131900	123.35	151.41	908.43	992	390
	1600	810	668	1327900	166.04	201.31	1344.7	1114	463
	1800	883	737	1523900	216.82	259.77	1913.6	1240	536
	2000	955	806	1719900	275.94	326.98	2634.9	1370	608
	2200	1027	875	1915900	343.58	403.07	3528.0	1502	680
	2400	1099	945	2111900	419.89	488.12	4612.7	1636	752

5.3.2 一般构造要求

(1) 地面以上墙、柱所用材料最低强度等级，应符合表5.3-10的要求。

地面以上墙、柱所用材料最低强度等级 表5.3-10

序号	使用条件	砖	砌块	石材	砂浆
1	5层及5层以上房屋的墙	MU10	MU7.5	MU30	M5
2	承受振动的墙和柱				
3	层高大于6.0m的墙和柱				

注：对安全等级为一级或设计使用年限大于50年的房屋，墙、柱所用材料的最低强度等级应至少提高一级。

(2) 地面以下或防潮层以下的砌体，潮湿房间的墙所用材料的最低强度等级，应符合表5.3-11的要求。

地面以下或防潮层以下的砌体、潮湿房间墙所用材料的最低强度等级 表5.3-11

基土的潮湿程度	烧结普通砖、蒸压灰砂砖		混凝土砌块	石材	水泥砂浆
	严寒地区	一般地区			
稍潮湿的	MU10	MU10	MU7.5	MU30	M5
很潮湿的 含水饱和的	MU15 MU20	MU10 MU15	MU7.5 MU10	MU30 MU40	M7.5 M10

注：1. 在冻胀地区，地面以下或防潮层以下的砌体，不宜采用多孔砖，如采用时，其孔洞应用水泥砂浆灌实。当采用混凝土砌块砌体时，其孔洞应采用强度等级不低于Cb20的混凝土灌实；

2. 对安全等级为一级或设计使用年限大于50年的房屋，表中材料强度等级应至少提高一级。

(3) 砌体结构最小截面尺寸，应符合表5.3-12的要求。

砌体结构最小截面尺寸 **表 5.3-12**

序号	构件名称	截面尺寸
1	承重的独立砖柱	240mm × 370mm
2	毛石墙	厚度 350mm
3	毛料石柱	较小边长 400mm

注：当有振动的荷载时，墙、柱不宜采用毛石砌体。

(4) 梁和屋架的跨度大于表 5.3-13 所列数值，应在支承处砌体上设置混凝土或钢筋混凝土垫块；当墙中设有圈梁时，垫块与圈梁宜浇筑成整体。

梁和屋架设置垫块的条件 **表 5.3-13**

序　号	构件名称	砖　砌　体	砌块和料石砌体	毛石砌体
1	钢筋混凝土梁	跨度 4.8m	跨度 4.2m	跨度 3.9m
2	屋　　架	跨度 6m	跨度 6m	跨度 6m

(5) 当梁跨度大于或等于表 5.3-14 所列数值时，其支承处宜加设壁柱，或采取其他加强措施。

梁下设壁柱或采取其他加强措施的条件 **表 5.3-14**

序号	墙体材料	梁的跨度
1	240mm 厚的砖墙	6m
2	180mm 厚的砖墙	≥4.8m
3	砌块、料石墙	≥4.8m

(6) 预制钢筋混凝土板的支承长度，宜满足表 5.3-15 的要求。

预制钢筋混凝土板支承长度表 **表 5.3-15**

支　承　条　件	最小支承长度
直接支承在砌体墙上	100mm
支承在梁上或圈梁上	80mm

注：当利用板端伸出钢筋拉结和混凝土灌缝时，其支承长度可为 40mm，但板端缝宽不小于 80mm，灌缝混凝土不宜低于 C20。

（7）支承在墙、柱上的吊车梁、屋架及跨度大于或等于下列数值的预制梁的端部，应采用锚固件与墙、柱上的垫块锚固：

1）对砖砌体为9m;

2）对砌块和料石砌体为7.2m。

（8）直接从砖墙上挑出的悬挑式楼梯不宜用作交通量较大及运输生产设备和产品的楼梯（在地震区使用的规定见《建筑抗震

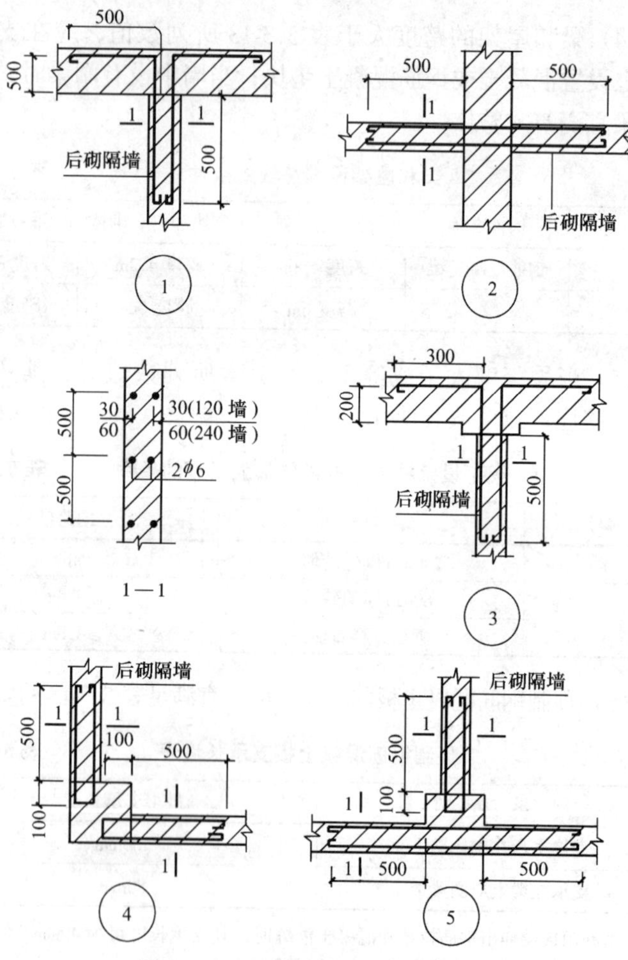

图5.3-7　后砌填充墙、隔墙的拉结

设计规范》(GB 50011—2001))。

(9)对于开敞式的结构，当屋盖自重不大时，由于风荷载对柱能产生很大的偏心距，一般不宜采用砖柱承重。

(10)填充墙、隔墙应分别采取措施与周边构件可靠连接(见图 5.3-7)。

(11)山墙处的壁柱宜砌至山墙顶部，屋面构件应与山墙可靠拉结。

(12)砌块砌体应分皮错缝搭砌，上下皮搭砌长度不得小于90mm。当搭砌长度不满足上述要求时，应在水平灰缝内设置不少于2ϕ4 的焊接钢筋网片(横向钢筋的间距不宜大于 200mm)，网片每端均应超过该垂直缝，其长度不得小于 300mm。

(13)砌块墙与后砌隔墙交接处，应沿墙高每 400mm 在水平灰缝内设置不小于2ϕ4、横筋间距不大于 200mm 的焊接钢筋网片(见图 5.3-8)。

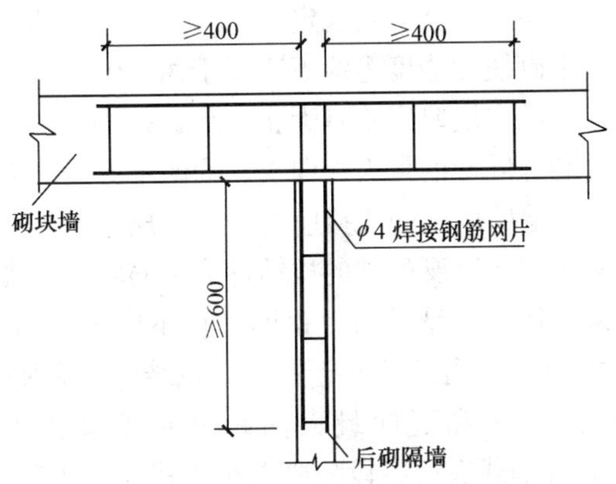

图 5.3-8 砌块墙与后砌隔墙交接处钢筋网片

(14)混凝土砌块房屋，宜将纵横墙交接处、距墙中心线每边不小于 300mm 范围内的孔洞，采用不低于 Cb20 灌孔混凝土灌实，灌实高度应为墙身全高。

(15)混凝土砌块墙体的下列部位，如未设圈梁或混凝土垫块，应采用不低于 Cb20 灌孔混凝土将孔洞灌实。

1）搁栅、檩条和钢筋混凝土楼板的支承面下，高度不应小于 200mm 的砌体；

2）屋架、梁等构件的支承面下，高度不应小于 600mm，长度不应小于 600mm 的砌体；

3）挑梁支承面下，距墙中心线每边不应小于 300mm，高度不应小于 600mm 的砌体。

（16）在砌体中留槽洞及埋设管道时，应遵守下列规定：

1）不应在截面长边小于 500mm 的承重墙体、独立柱内埋设管线；

2）不宜在墙体中穿行暗线或预留、开凿沟槽，无法避免时应采取必要的措施或按削弱后的截面验算墙体的承载力。

注：对受力较小或未灌孔的砌块砌体，允许在墙体的竖向孔洞中设置管线。

（17）夹心墙应符合下列规定：

1）混凝土砌块的强度等级不应低于 MU10；

2）夹心墙的夹层厚度不宜大于 100mm；

3）夹心墙外叶墙的最大横向支承间距不宜大于 9m；

（18）夹心墙叶墙间的连接应符合下列规定：

1）叶墙应用经防腐处理的拉结件或钢筋网片连接；

2）当采用环形拉结件时，钢筋直径不应小于 4mm；当为 Z 形拉结件时，钢筋直径不应小于 6mm。拉结件应沿竖向梅花型布置，拉结件的水平和竖向最大间距分别不宜大于 800mm 和 600mm；对有振动或有抗震设防要求时，其水平和竖向最大间距分别不宜大于 800mm 和 400mm；

3）当采用钢筋网片作拉结件时，网片横向钢筋的直径不应小于 4mm，其间距不应大于 400mm；网片的竖向间距不宜大于 600mm，对有振动或有抗震设防要求时，不宜大于 400mm；

4）拉结件在叶墙上的搁置长度，不应小于叶墙厚度的 2/3，并不应小于 60mm；

5）门窗洞口周边300mm范围内应附加间距不大于600mm的拉结件。

注：对安全等级为一级或设计使用年限大于50年的房屋，夹心墙叶墙间宜采用不锈钢拉结件。

5.3.3 防止或减轻墙体开裂的主要措施

（1）为防止或减轻房屋在正常使用条件下，由温差和砌体干缩引起的墙体竖向裂缝，应在墙体中设置伸缩缝。伸缩缝应设在因温度和收缩变形可能引起应力集中、砌体产生裂缝可能性最大的地方。伸缩缝的间距可通过计算确定，也可按表5.3-16采用。

砌体房屋伸缩缝的最大间距（m）　　表5.3-16

屋盖或楼盖类别		间　距
整体式或装配整体式钢筋混凝土结构	有保温层或隔热层的屋盖、楼盖	50
	无保温层或隔热层的屋盖	40
装配式无檩体系钢筋混凝土结构	有保温层或隔热层的屋盖、楼盖	60
	无保温层或隔热层的屋盖	50
装配式有檩体系钢筋混凝土结构	有保温层或隔热层的屋盖	75
	无保温层或隔热层的屋盖	60
瓦材屋盖、木屋盖或楼盖、轻钢屋盖		100

注：1. 对烧结普通砖、多孔砖、配筋砌块砌体房屋取表中数值；对石砌体、蒸压灰砂砖、蒸压粉煤灰砖和混凝土砌块房屋取表中数值乘以0.8的系数。当有实践经验并采取有效措施时，可不遵守本表规定；
2. 在钢筋混凝土屋面上挂瓦的屋盖应按钢筋混凝土屋盖采用；
3. 按本表设置的墙体伸缩缝，一般不能同时防止由于钢筋混凝土屋盖的温度变形和砌体干缩变形引起的墙体局部裂缝；
4. 层高大于5m的烧结普通砖、多孔砖、配筋砌块砌体结构单层房屋，其伸缩缝间距可按表中数值乘以1.3；
5. 温差较大且变化频繁地区和严寒地区不采暖的房屋及构筑物墙体的伸缩缝的最大间距，应按表中数值予以适当减小；
6. 墙体的伸缩缝应与结构的其他变形缝相重合，在进行立面处理时，必须保证缝隙的伸缩作用。

(2) 为了防止或减轻房屋顶层墙体的裂缝，可根据情况采取下列措施：

1) 屋面应设置保温、隔热层；

2) 屋面保温（隔热）层或屋面刚性面层及砂浆找平层应设置分隔缝，分隔缝间距不宜大于6m，并与女儿墙隔开，其缝宽不小于30mm；

3) 采用装配式有檩体系钢筋混凝土屋盖和瓦材屋盖；

4) 在钢筋混凝土屋面板与墙体圈梁的接触面处设置水平滑动层，滑动层可采用两层油毡夹滑石粉或橡胶片等；对于长纵墙，可只在其两端的2~3个开间内设置，对横墙可只在其两端各 $l/4$ 范围内设置（l 为横墙长度）；

5) 顶层屋面板下设置现浇钢筋混凝土圈梁，并沿内外墙拉通，房屋两端圈梁下的墙体内宜适当设置水平钢筋；

6) 顶层挑梁末端下墙体灰缝内设置3道焊接钢筋网片（纵向钢筋不宜少于2ϕ4，横向间距不宜大于200mm）或2ϕ6钢筋，钢筋网片或钢筋应自挑梁末端伸入两边墙体不小于1000mm（见图5.3-9）。

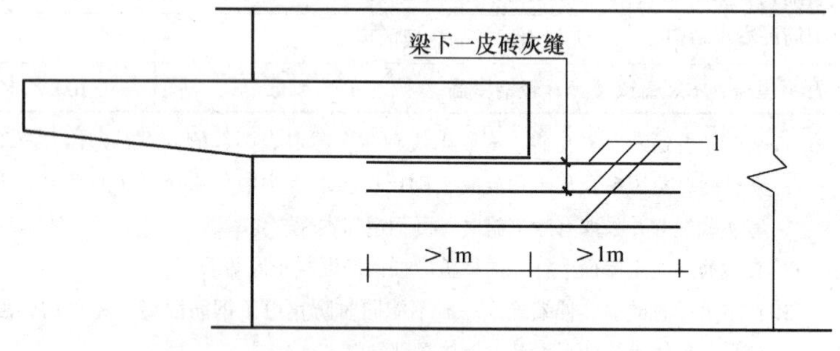

图5.3-9　顶层挑梁末端钢筋网片或钢筋

1—2ϕ4钢筋网片或2ϕ6钢筋

7) 顶层墙体有门窗等洞口时，在过梁上的水平灰缝内设置2~3道焊接钢筋网片或2ϕ6钢筋，并应伸入过梁两端墙内不小于600mm；

8）顶层及女儿墙砂浆强度等级不低于M5；

9）女儿墙应设置构造柱，构造柱间距不宜大于4m，构造柱应伸至女儿墙顶并与现浇钢筋混凝土压顶整浇在一起；

10）房屋顶层端部墙体内适当增设构造柱。

（3）为了防止或减轻房屋底层墙体裂缝，可根据情况采取下列措施：

1）增大基础圈梁的刚度；

2）在底层的窗台下墙体灰缝内设置3道焊接钢筋网片成2ϕ6钢筋，并伸入两边窗间墙内不小于600mm；

3）采用钢筋混凝土窗台板，窗台板嵌入窗间墙内不小于600mm。

（4）墙体转角处和纵横墙交接处宜沿竖向每隔400～500mm设拉结钢筋，其数量为每120mm墙厚不少于1ϕ6钢筋或焊接钢筋网片，埋入长度从墙的转角或交接处算起，每边不小于600mm。

（5）对灰砂砖、粉煤灰砖、混凝土砌块或其他非烧结砖，宜在各层门、窗过梁上方的水平灰缝内及窗台下第一和第二道水平灰缝内设置焊接钢筋网片或2ϕ6钢筋，焊接钢筋网片或钢筋应伸入两边窗间墙内不小于600mm。

当灰砂砖、粉煤灰砖、混凝土砌块或其他非烧结砖实体墙长大于5m时，宜在每层墙高度中部设置2～3道焊接钢筋网片或3ϕ6的通长水平钢筋，竖向间距宜为500mm。

（6）为了防止或减轻混凝土砌块房屋顶层两端和底层第一、第二开间门窗洞处的裂缝，可采取下列措施：

1）在门、窗洞口两侧不少于一个孔洞中设置不少于1ϕ12钢筋，钢筋应在楼层圈梁或基础锚固，并采用不低于Cb20灌孔混凝土灌实。

2）在门、窗洞口两边的墙体的水平灰缝中，设置长度不小于900mm、竖向间距为400mm的2ϕ4焊接钢筋网片；

3）在顶层和底层设置通长钢筋混凝土窗台梁，窗台梁的高度宜为块高的模数，纵筋不少于 4ϕ10，箍筋 ϕ6@200，Cb20 混凝土。

（7）当房屋刚度较大时，可在窗台下或窗台角处墙体内设置竖向控制缝。在墙体高度或厚度突然变化处也宜设置竖向控制缝，或采取其他可靠的防裂措施。

（8）灰砂砖、粉煤灰砖砌体宜采用粘结性好的砂浆砌筑，混凝土砌块砌体应用砌块专用砂浆砌筑。

（9）在复杂地层或压缩性较大的地基上，特别是在软弱的地基上建造建筑物，若处理不当，往往因地基的不均匀沉降而使建筑物的墙体开裂。

为防止墙体因地基不均匀沉降而出现裂缝，在房屋下列部位宜设置沉降缝：

1）建筑物平面的转折部位；

2）建筑物高度差异或荷载差异较大处；

3）在房屋长度超过表 5.3-16 规定的温度缝间距的房屋中部的适当部位；

4）地基土的压缩性有显著差异处；

5）建筑结构（或基础）类型不同处；

6）分期建筑的房屋交界处。

5.4　无筋砌体构件的承载力计算

5.4.1　受压构件承载力计算

（1）轴向力的偏心距 e 用下式计算

$$e = \frac{M}{N} \tag{5-33}$$

式中　M——弯矩设计值；

N——轴向力设计值。

偏心距 e 不应超过 $0.6y$。y 为截面重心到轴向力所在偏心方向截面边缘的距离。

（2）无筋砌体受压构件承载力计算公式

$$N \leqslant \varphi f A \tag{5-34}$$

式中　N——轴向力设计值；

φ——高厚比 β 和轴向力的偏心距 e 对受压构件承载力的影响系数，可按第 5.4.1 条（3）、（4）项规定采用；

f——砌体的抗压强度设计值，应按第 5.1.2 条采用；

A——截面面积，对各类砌体均应按毛截面计算。对带壁柱墙，其翼缘宽度可按第 5.3.1 条采用。

注：对矩形截面构件，当轴向力偏心方向的截面边长大于另一方向的边长时，除按偏心受压计算外，还应对较小边长方向按轴心受压进行验算。

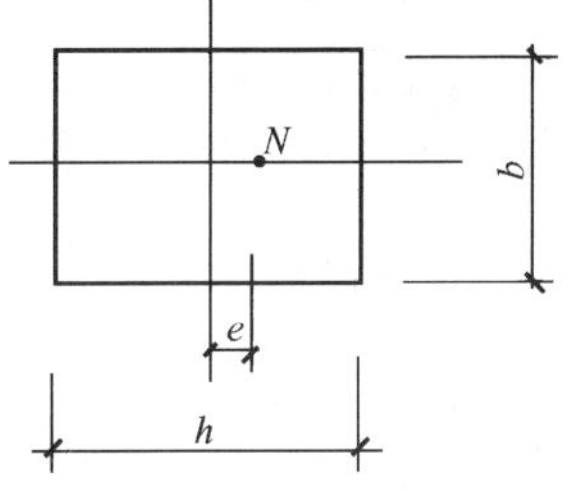

图 5.4-1　单向偏心受压

（3）无筋砌体矩形截面受压构件承载力影响系数 φ 计算公式。

1）轴心受压、单向偏心受压构件（见图 5.4-1）承载力的影响系数 φ，可按下列公式计算：

当 $\beta \leqslant 3$ 时

$$\varphi = \frac{1}{1 + 12\left(\frac{e}{h}\right)^2} \tag{5-35}$$

当 $\beta > 3$ 时

$$\varphi = \frac{1}{1 + 12\left[\frac{e}{h} + \sqrt{\frac{1}{12}\left(\frac{1}{\varphi_0} - 1\right)}\right]^2} \tag{5-36}$$

$$\varphi_0 = \frac{1}{1 + \alpha\beta^2} \tag{5-37}$$

式中　e——轴向力的偏心距；

h——矩形截面的轴向力偏心方向的边长；当为轴心受压

时为截面较小边长。计算 T 形截面的 φ 时，以折算厚度 h_T 代替公式中的 h。

φ_0——轴心受压构件的稳定系数；

α——与砂浆强度等级有关的系数，见表 5.4-1；

β——构件的高厚比。

与砂浆强度等级有关的系数 α 值　　　　**表 5.4-1**

砂浆强度等级	≥M5	M2.5	砂浆强度为 0 时
α	0.0015	0.002	0.009

计算影响系数 φ 值或查表 5.4-5 ~ 表 5.4-7 得 φ 值时，为了考虑不同种类砌体在受力性能上的差异，应先对构件高厚比乘上高厚比修正系数 γ_β，按下列公式确定：

对矩形截面
$$\beta = \gamma_\beta \frac{H_0}{h} \tag{5-38}$$

对 T 形截面
$$\beta = \gamma_\beta \frac{H_0}{h_T} \tag{5-39}$$

式中　γ_β——不同砌体材料的高厚比修正系数，按表 5.4-2 采用；

H_0——受压构件的计算高度，按 5.2.2 条确定；

h——矩形截面轴向力偏心方向的边长，当轴心受压时为截面较小边长；

h_T——T 形截面的折算厚度，可近似按 $3.5i$ 计算；

i——截面回转半径。

高厚比修正系数 γ_β　　　　**表 5.4-2**

砌体材料类别	γ_β
烧结普通砖、烧结多孔砖	1.0
混凝土及轻骨料混凝土砌块	1.1
蒸压灰砂砖、蒸压粉煤灰砖、细料石、半细料石	1.2
粗料石、毛石	1.5

注：对灌孔混凝土砌块，γ_β 取 1.0。

2）双向偏心受压构件（图 5.4-2）承载力的影响系数 φ，可

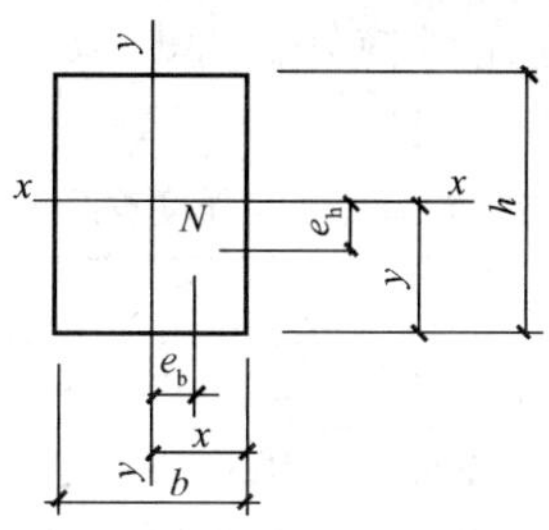

图 5.4-2　双向偏心受压

按下列公式计算：

$$\varphi = \frac{1}{1 + 12\left[\left(\frac{e_b + e_{ib}}{b}\right)^2 + \left(\frac{e_h + e_{ih}}{h}\right)^2\right]} \quad (5\text{-}40)$$

$$e_{ib} = \frac{b}{\sqrt{12}}\sqrt{\frac{1}{\varphi_0} - 1}\left(\frac{\frac{e_b}{b}}{\frac{e_b}{b} + \frac{e_h}{h}}\right) \quad (5\text{-}41)$$

$$e_{ih} = \frac{b}{\sqrt{12}}\sqrt{\frac{1}{\varphi_0} - 1}\left(\frac{\frac{e_h}{h}}{\frac{e_b}{b} + \frac{e_h}{h}}\right) \quad (5\text{-}42)$$

式中　e_b、e_h——轴向力在截面重心 x 轴、y 轴方向的偏心距，e_b、e_h 宜分别不大于 $0.5x$ 和 $0.5y$；

x、y——自截面重心沿 x 轴、y 轴至轴向力所在偏心方向截面边缘的距离；

e_{ib}、e_{ih}——轴向力 x 在截面重心 x 轴，y 轴方向的附加偏心距。

当一个方向的偏心率（e_b/b 或 e_h/h）不大于另一个方向的偏心率的 5%时，可简化按另一个方向的单向偏心受压确定承载力的影响系数。

（4）无筋砌体受压构件承载力影响系数 φ 值，见表 5.4-3 ~ 表 5.4-5。

说明：查表时应先对构件高厚比乘以修正系数 γ_β（见表5.4-2）。

影响系数 φ（砂浆强度等级≥M5）　　　　**表 5.4-3**

β	e/h 或 e/h_T										
	0.000	0.010	0.020	0.030	0.040	0.050	0.060	0.070	0.080	0.090	0.100
≤3	1.000	0.999	0.995	0.989	0.981	0.971	0.959	0.945	0.929	0.911	0.893
3.5	0.982	0.972	0.960	0.946	0.930	0.913	0.895	0.875	0.855	0.833	0.812
4.0	0.977	0.965	0.952	0.937	0.921	0.903	0.884	0.864	0.843	0.821	0.799
5.0	0.964	0.951	0.935	0.919	0.901	0.882	0.861	0.840	0.819	0.797	0.774
6.0	0.949	0.934	0.917	0.898	0.879	0.859	0.838	0.816	0.794	0.772	0.749
7.0	0.932	0.915	0.896	0.877	0.856	0.835	0.813	0.791	0.769	0.764	0.724
8.0	0.912	0.894	0.874	0.854	0.833	0.811	0.789	0.766	0.744	0.721	0.699
9.0	0.892	0.872	0.851	0.830	0.808	0.786	0.764	0.741	0.719	0.696	0.674
10.0	0.870	0.849	0.828	0.806	0.783	0.761	0.739	0.716	0.694	0.672	0.650
11.0	0.846	0.825	0.803	0.781	0.758	0.736	0.713	0.691	0.669	0.648	0.626
12.0	0.822	0.800	0.778	0.756	0.733	0.711	0.689	0.667	0.645	0.624	0.603
13.0	0.798	0.776	0.753	0.731	0.708	0.686	0.664	0.643	0.621	0.601	0.581
14.0	0.773	0.750	0.728	0.706	0.683	0.662	0.640	0.619	0.598	0.578	0.559
15.0	0.748	0.725	0.703	0.681	0.659	0.638	0.617	0.596	0.576	0.557	0.538
16.0	0.723	0.700	0.678	0.656	0.635	0.614	0.594	0.574	0.554	0.535	0.517
17.0	0.698	0.676	0.654	0.633	0.612	0.591	0.571	0.552	0.533	0.515	0.498
18.0	0.673	0.651	0.630	0.609	0.589	0.569	0.550	0.531	0.513	0.496	0.479
19.0	0.649	0.628	0.607	0.586	0.567	0.548	0.529	0.511	0.494	0.477	0.461
20.0	0.625	0.604	0.584	0.564	0.545	0.527	0.509	0.492	0.475	0.459	0.443
21.0	0.602	0.582	0.562	0.543	0.525	0.507	0.490	0.473	0.457	0.441	0.427
22.0	0.579	0.560	0.541	0.523	0.505	0.488	0.471	0.455	0.440	0.425	0.411
23.0	0.558	0.539	0.520	0.503	0.486	0.469	0.453	0.438	0.423	0.409	0.395
24.0	0.537	0.518	0.501	0.484	0.467	0.451	0.436	0.421	0.407	0.394	0.381
25.0	0.516	0.499	0.482	0.465	0.449	0.434	0.420	0.406	0.392	0.379	0.367
26.0	0.497	0.480	0.463	0.448	0.433	0.418	0.404	0.390	0.378	0.365	0.353
27.0	0.478	0.462	0.446	0.431	0.416	0.402	0.389	0.376	0.364	0.352	0.340
28.0	0.460	0.444	0.429	0.415	0.401	0.387	0.375	0.362	0.350	0.339	0.328
29.0	0.442	0.427	0.413	0.399	0.386	0.373	0.361	0.349	0.338	0.327	0.317
30.0	0.426	0.411	0.398	0.384	0.372	0.359	0.348	0.336	0.326	0.315	0.305

续表

β	e/h 或 e/h_T									
	0.110	0.120	0.130	0.140	0.150	0.160	0.170	0.180	0.190	0.200
≤3	0.873	0.853	0.831	0.810	0.787	0.765	0.743	0.720	0.698	0.676
3.5	0.789	0.767	0.745	0.722	0.700	0.678	0.656	0.635	0.614	0.593
4.0	0.777	0.755	0.732	0.710	0.687	0.665	0.644	0.623	0.602	0.582
5.0	0.752	0.729	0.707	0.685	0.663	0.641	0.620	0.600	0.580	0.560
6.0	0.727	0.704	0.682	0.660	0.639	0.618	0.597	0.577	0.558	0.539
7.0	0.702	0.679	0.658	0.636	0.615	0.595	0.575	0.555	0.537	0.518
8.0	0.677	0.655	0.634	0.613	0.592	0.573	0.553	0.534	0.516	0.499
9.0	0.653	0.631	0.610	0.590	0.570	0.551	0.532	0.514	0.497	0.480
10.0	0.629	0.608	0.588	0.568	0.549	0.530	0.512	0.495	0.478	0.462
11.0	0.606	0.585	0.566	0.547	0.528	0.510	0.493	0.476	0.460	0.444
12.0	0.583	0.563	0.544	0.526	0.508	0.491	0.474	0.458	0.442	0.427
13.0	0.561	0.542	0.524	0.506	0.489	0.472	0.456	0.441	0.426	0.411
14.0	0.540	0.522	0.504	0.487	0.470	0.454	0.439	0.424	0.410	0.396
15.0	0.519	0.502	0.485	0.468	0.452	0.437	0.422	0.408	0.394	0.381
16.0	0.500	0.483	0.466	0.450	0.435	0.421	0.406	0.393	0.380	0.367
17.0	0.481	0.464	0.449	0.433	0.419	0.405	0.391	0.378	0.366	0.354
18.0	0.462	0.447	0.432	0.417	0.403	0.390	0.377	0.364	0.353	0.341
19.0	0.445	0.430	0.415	0.402	0.388	0.375	0.363	0.351	0.340	0.329
20.0	0.428	0.414	0.400	0.387	0.374	0.362	0.350	0.338	0.328	0.317
21.0	0.412	0.398	0.385	0.372	0.360	0.348	0.337	0.326	0.316	0.306
22.0	0.397	0.384	0.371	0.359	0.347	0.336	0.325	0.315	0.305	0.295
23.0	0.382	0.369	0.357	0.346	0.335	0.324	0.314	0.304	0.294	0.285
24.0	0.368	0.356	0.344	0.333	0.323	0.312	0.303	0.293	0.284	0.275
25.0	0.355	0.343	0.332	0.321	0.311	0.301	0.292	0.283	0.274	0.266
26.0	0.342	0.331	0.320	0.310	0.300	0.291	0.282	0.273	0.265	0.257
27.0	0.329	0.319	0.309	0.299	0.290	0.281	0.272	0.264	0.256	0.249
28.0	0.318	0.308	0.298	0.289	0.280	0.271	0.263	0.255	0.248	0.241
29.0	0.307	0.297	0.288	0.279	0.270	0.262	0.254	0.247	0.240	0.233
30.0	0.294	0.285	0.276	0.268	0.260	0.254	0.246	0.239	0.232	0.225

续表

β	e/h 或 e/h_T									
	0.210	0.220	0.230	0.240	0.250	0.260	0.270	0.280	0.290	0.300
≤3	0.654	0.633	0.612	0.591	0.571	0.552	0.533	0.515	0.498	0.481
3.5	0.573	0.554	0.535	0.517	0.499	0.482	0.466	0.450	0.435	0.420
4.0	0.562	0.543	0.525	0.507	0.490	0.473	0.457	0.442	0.427	0.412
5.0	0.541	0.523	0.505	0.488	0.471	0.455	0.440	0.425	0.411	0.397
6.0	0.521	0.503	0.486	0.469	0.453	0.438	0.423	0.409	0.395	0.382
7.0	0.501	0.484	0.467	0.451	0.436	0.421	0.407	0.394	0.381	0.368
8.0	0.482	0.465	0.450	0.434	0.420	0.406	0.392	0.379	0.367	0.355
9.0	0.464	0.448	0.433	0.418	0.404	0.391	0.378	0.365	0.353	0.342
10.0	0.446	0.431	0.416	0.402	0.389	0.376	0.364	0.352	0.341	0.330
11.0	0.429	0.415	0.401	0.387	0.375	0.362	0.351	0.339	0.328	0.318
12.0	0.413	0.399	0.386	0.373	0.361	0.349	0.338	0.327	0.317	0.307
13.0	0.398	0.384	0.372	0.360	0.348	0.337	0.326	0.315	0.305	0.296
14.0	0.383	0.370	0.358	0.346	0.335	0.325	0.314	0.304	0.295	0.286
15.0	0.369	0.357	0.345	0.334	0.323	0.313	0.303	0.294	0.285	0.276
16.0	0.355	0.344	0.333	0.322	0.312	0.302	0.293	0.284	0.275	0.267
17.0	0.342	0.331	0.321	0.311	0.301	0.292	0.283	0.274	0.266	0.258
18.0	0.330	0.320	0.309	0.300	0.290	0.281	0.273	0.265	0.257	0.249
19.0	0.318	0.308	0.299	0.289	0.280	0.272	0.264	0.256	0.248	0.241
20.0	0.307	0.298	0.288	0.279	0.271	0.263	0.255	0.247	0.240	0.233
21.0	0.296	0.287	0.278	0.270	0.262	0.254	0.247	0.239	0.232	0.226
22.0	0.286	0.277	0.269	0.261	0.253	0.246	0.238	0.232	0.225	0.219
23.0	0.276	0.268	0.260	0.252	0.245	0.238	0.231	0.224	0.218	0.212
24.0	0.267	0.259	0.251	0.244	0.237	0.230	0.223	0.217	0.211	0.205

续表

β	e/h 或 e/h_T									
	0.210	0.220	0.230	0.240	0.250	0.260	0.270	0.280	0.290	0.300
25.0	0.258	0.250	0.243	0.236	0.229	0.223	0.216	0.210	0.204	0.199
26.0	0.250	0.242	0.235	0.228	0.222	0.216	0.210	0.204	0.198	0.193
27.0	0.241	0.234	0.228	0.221	0.215	0.209	0.203	0.198	0.192	0.187
28.0	0.234	0.227	0.220	0.214	0.208	0.202	0.197	0.192	0.186	0.182
29.0	0.226	0.220	0.213	0.208	0.202	0.196	0.191	0.186	0.181	0.176
30.0	0.219	0.213	0.207	0.201	0.196	0.190	0.185	0.180	0.176	0.171

影响系数 φ（砂浆强度等级 M2.5） **表 5.4-4**

β	e/h 或 e/h_T										
	0.000	0.010	0.020	0.030	0.040	0.050	0.060	0.070	0.080	0.090	0.100
≤3	1.000	0.999	0.995	0.989	0.981	0.971	0.959	0.945	0.929	0.911	0.893
3.5	0.976	0.965	0.952	0.937	0.920	0.902	0.774	0.752	0.729	0.707	0.685
4.0	0.969	0.956	0.942	0.926	0.909	0.890	0.744	0.721	0.699	0.677	0.655
5.0	0.952	0.938	0.921	0.903	0.884	0.864	0.682	0.661	0.639	0.618	0.598
6.0	0.933	0.916	0.898	0.878	0.858	0.837	0.624	0.603	0.583	0.563	0.544
7.0	0.911	0.892	0.872	0.852	0.831	0.809	0.568	0.549	0.530	0.512	0.495
8.0	0.887	0.867	0.846	0.824	0.802	0.780	0.517	0.499	0.482	0.466	0.450
9.0	0.861	0.840	0.818	0.796	0.774	0.751	0.470	0.454	0.439	0.424	0.410
10.0	0.833	0.812	0.789	0.767	0.745	0.722	0.428	0.413	0.400	0.386	0.373
11.0	0.805	0.783	0.761	0.738	0.716	0.693	0.390	0.377	0.364	0.353	0.341
12.0	0.776	0.754	0.731	0.709	0.687	0.665	0.356	0.344	0.333	0.322	0.312
13.0	0.747	0.725	0.703	0.681	0.659	0.637	0.325	0.315	0.305	0.295	0.286
14.0	0.718	0.696	0.674	0.652	0.631	0.610	0.298	0.288	0.280	0.271	0.263
15.0	0.690	0.668	0.646	0.625	0.604	0.584	0.273	0.265	0.257	0.249	0.242
16.0	0.661	0.640	0.619	0.598	0.578	0.559	0.251	0.244	0.237	0.230	0.224
17.0	0.634	0.613	0.592	0.573	0.553	0.534	0.232	0.225	0.219	0.213	0.207
18.0	0.607	0.587	0.567	0.548	0.529	0.511	0.214	0.208	0.203	0.197	0.192
19.0	0.581	0.561	0.542	0.524	0.506	0.489	0.198	0.193	0.188	0.183	0.178
20.0	0.556	0.537	0.519	0.501	0.484	0.467	0.184	0.179	0.175	0.170	0.166
21.0	0.531	0.513	0.496	0.479	0.463	0.447	0.171	0.167	0.163	0.159	0.155

续表

β	e/h 或 e/h_T										
	0.000	0.010	0.020	0.030	0.040	0.050	0.060	0.070	0.080	0.090	0.100
22.0	0.508	0.491	0.474	0.458	0.443	0.428	0.160	0.156	0.152	0.148	0.145
23.0	0.486	0.469	0.453	0.438	0.423	0.409	0.149	0.145	0.142	0.139	0.135
24.0	0.465	0.449	0.434	0.419	0.405	0.392	0.139	0.136	0.133	0.130	0.127
25.0	0.444	0.429	0.415	0.401	0.388	0.375	0.130	0.127	0.124	0.122	0.119
26.0	0.425	0.411	0.397	0.384	0.371	0.359	0.123	0.120	0.117	0.115	0.112
27.0	0.407	0.393	0.380	0.368	0.356	0.344	0.115	0.113	0.110	0.108	0.106
28.0	0.389	0.377	0.364	0.352	0.341	0.330	0.109	0.106	0.104	0.102	0.100
29.0	0.373	0.361	0.349	0.338	0.327	0.316	0.103	0.100	0.098	0.096	0.094
30.0	0.3571	0.3456	0.3348	0.3243	0.3133	0.3045	0.0978	0.0958	0.093	0.0913	0.0894

β	e/h 或 e/h_T									
	0.110	0.120	0.130	0.140	0.150	0.160	0.170	0.180	0.190	0.200
≤3	0.999	0.853	0.831	0.810	0.787	0.765	0.743	0.720	0.698	0.676
3.5	0.880	0.641	0.620	0.600	0.580	0.560	0.541	0.523	0.505	0.488
4.0	0.852	0.613	0.592	0.572	0.553	0.534	0.516	0.499	0.482	0.465
5.0	0.792	0.558	0.539	0.521	0.503	0.486	0.469	0.453	0.438	0.423
6.0	0.731	0.508	0.490	0.474	0.458	0.442	0.427	0.413	0.399	0.386
7.0	0.670	0.462	0.446	0.431	0.417	0.403	0.389	0.376	0.364	0.352
8.0	0.612	0.420	0.406	0.393	0.380	0.367	0.355	0.344	0.332	0.322
9.0	0.557	0.383	0.370	0.358	0.347	0.335	0.325	0.314	0.304	0.295
10.0	0.507	0.349	0.338	0.327	0.317	0.307	0.297	0.288	0.279	0.271
11.0	0.461	0.320	0.309	0.300	0.290	0.282	0.273	0.265	0.257	0.249
12.0	0.419	0.293	0.284	0.275	0.267	0.259	0.251	0.244	0.237	0.230
13.0	0.382	0.269	0.261	0.253	0.246	0.238	0.232	0.225	0.219	0.212
14.0	0.349	0.248	0.240	0.233	0.227	0.220	0.214	0.208	0.202	0.197
15.0	0.319	0.228	0.222	0.216	0.210	0.204	0.198	0.193	0.188	0.183
16.0	0.292	0.211	0.205	0.200	0.194	0.189	0.184	0.179	0.174	0.170
17.0	0.268	0.196	0.190	0.185	0.180	0.176	0.171	0.167	0.162	0.158
18.0	0.247	0.182	0.177	0.172	0.168	0.164	0.159	0.155	0.152	0.148
19.0	0.228	0.169	0.165	0.160	0.156	0.153	0.149	0.145	0.142	0.138
20.0	0.211	0.158	0.154	0.150	0.146	0.143	0.139	0.136	0.133	0.130

续表

β	e/h 或 e/h_T									
	0.110	0.120	0.130	0.140	0.150	0.160	0.170	0.180	0.190	0.200
21.0	0.195	0.147	0.144	0.140	0.137	0.134	0.131	0.128	0.125	0.122
22.0	0.181	0.138	0.134	0.131	0.128	0.125	0.123	0.120	0.117	0.115
23.0	0.169	0.129	0.126	0.123	0.121	0.118	0.115	0.113	0.110	0.108
24.0	0.157	0.121	0.119	0.116	0.113	0.111	0.109	0.106	0.104	0.102
25.0	0.146	0.114	0.111	0.109	0.107	0.104	0.102	0.100	0.098	0.096
26.0	0.138	0.108	0.105	0.103	0.101	0.099	0.097	0.095	0.093	0.091
27.0	0.129	0.101	0.099	0.097	0.095	0.093	0.092	0.090	0.088	0.086
28.0	0.121	0.096	0.094	0.092	0.090	0.088	0.087	0.085	0.083	0.082
29.0	0.114	0.091	0.089	0.087	0.086	0.084	0.082	0.081	0.079	0.078
30.0	0.107	0.086	0.084	0.083	0.081	0.080	0.078	0.077	0.075	0.074

β	e/h 或 e/h_T									
	0.210	0.220	0.230	0.240	0.250	0.260	0.270	0.280	0.290	0.300
≤3	0.654	0.633	0.612	0.591	0.571	0.552	0.533	0.515	0.498	0.481
3.5	0.471	0.455	0.440	0.425	0.411	0.397	0.384	0.371	0.359	0.347
4.0	0.449	0.434	0.420	0.406	0.392	0.379	0.367	0.355	0.343	0.332
5.0	0.409	0.395	0.382	0.370	0.358	0.346	0.335	0.324	0.314	0.304
6.0	0.373	0.361	0.349	0.338	0.327	0.316	0.306	0.297	0.288	0.279
7.0	0.341	0.330	0.319	0.309	0.299	0.290	0.281	0.273	0.264	0.256
8.0	0.312	0.302	0.292	0.283	0.275	0.266	0.258	0.251	0.243	0.236
9.0	0.286	0.277	0.269	0.260	0.253	0.245	0.238	0.231	0.225	0.218
10.0	0.263	0.255	0.247	0.240	0.233	0.226	0.220	0.214	0.208	0.202
11.0	0.242	0.235	0.228	0.222	0.215	0.209	0.203	0.198	0.193	0.187
12.0	0.223	0.217	0.211	0.205	0.199	0.194	0.189	0.184	0.179	0.174
13.0	0.206	0.201	0.195	0.190	0.185	0.180	0.175	0.171	0.167	0.162
14.0	0.191	0.186	0.181	0.177	0.172	0.168	0.163	0.159	0.155	0.151
15.0	0.178	0.173	0.169	0.164	0.160	0.156	0.152	0.149	0.145	0.142
16.0	0.166	0.161	0.157	0.153	0.150	0.146	0.143	0.139	0.136	0.133
17.0	0.154	0.151	0.147	0.143	0.140	0.137	0.134	0.130	0.127	0.125
18.0	0.144	0.141	0.138	0.134	0.131	0.128	0.125	0.122	0.120	0.117
19.0	0.135	0.132	0.129	0.126	0.123	0.120	0.118	0.115	0.113	0.110

续表

β	e/h 或 e/h_T									
	0.210	0.220	0.230	0.240	0.250	0.260	0.270	0.280	0.290	0.300
20.0	0.127	0.124	0.121	0.118	0.116	0.113	0.111	0.108	0.106	0.104
21.0	0.119	0.116	0.114	0.111	0.109	0.107	0.105	0.102	0.100	0.098
22.0	0.112	0.110	0.107	0.105	0.103	0.101	0.099	0.097	0.095	0.093
23.0	0.106	0.103	0.101	0.099	0.097	0.095	0.093	0.092	0.090	0.088
24.0	0.100	0.098	0.096	0.094	0.092	0.090	0.088	0.087	0.085	0.083
25.0	0.094	0.092	0.090	0.089	0.087	0.085	0.084	0.082	0.080	0.079
26.0	0.089	0.088	0.086	0.084	0.083	0.081	0.080	0.078	0.077	0.075
27.0	0.085	0.083	0.082	0.080	0.079	0.077	0.076	0.074	0.073	0.072
28.0	0.080	0.079	0.077	0.076	0.075	0.073	0.072	0.071	0.069	0.068
29.0	0.076	0.075	0.074	0.072	0.071	0.070	0.069	0.067	0.066	0.065
30.0	0.073	0.071	0.070	0.069	0.068	0.067	0.065	0.064	0.063	0.062

影响系数 φ（砂浆强度 0） **表 5.4-5**

β	e/h 或 e/h_T										
	0.000	0.010	0.020	0.030	0.040	0.050	0.060	0.070	0.080	0.090	0.100
≤3	1.000	0.999	0.995	0.989	0.981	0.971	0.959	0.945	0.929	0.911	0.893
3.5	0.901	0.882	0.861	0.840	0.819	0.797	0.774	0.752	0.729	0.707	0.685
4.0	0.874	0.854	0.832	0.811	0.788	0.766	0.744	0.721	0.699	0.677	0.655
5.0	0.816	0.794	0.772	0.749	0.727	0.705	0.682	0.661	0.639	0.618	0.598
6.0	0.755	0.733	0.710	0.688	0.666	0.645	0.624	0.603	0.583	0.563	0.544
7.0	0.694	0.672	0.650	0.629	0.608	0.588	0.568	0.549	0.530	0.512	0.495
8.0	0.635	0.614	0.593	0.573	0.554	0.535	0.517	0.499	0.482	0.466	0.450
9.0	0.578	0.559	0.540	0.522	0.504	0.487	0.470	0.454	0.439	0.424	0.410
10.0	0.526	0.508	0.491	0.474	0.458	0.443	0.428	0.413	0.400	0.386	0.373
11.0	0.479	0.462	0.447	0.432	0.417	0.403	0.390	0.377	0.364	0.353	0.341
12.0	0.436	0.421	0.407	0.393	0.380	0.368	0.356	0.344	0.333	0.322	0.312
13.0	0.397	0.384	0.371	0.359	0.347	0.336	0.325	0.315	0.305	0.295	0.286
14.0	0.362	0.350	0.339	0.328	0.317	0.307	0.298	0.288	0.280	0.271	0.263
15.0	0.331	0.320	0.310	0.300	0.291	0.282	0.273	0.265	0.257	0.249	0.242
16.0	0.303	0.293	0.284	0.276	0.267	0.259	0.251	0.244	0.237	0.230	0.224

续表

β	e/h 或 e/h_T										
	0.000	0.010	0.020	0.030	0.040	0.050	0.060	0.070	0.080	0.090	0.100
17.0	0.278	0.269	0.261	0.253	0.246	0.239	0.232	0.225	0.219	0.213	0.207
18.0	0.255	0.248	0.241	0.234	0.227	0.220	0.214	0.208	0.203	0.197	0.192
19.0	0.235	0.229	0.222	0.216	0.210	0.204	0.198	0.193	0.188	0.183	0.178
20.0	0.217	0.211	0.205	0.200	0.194	0.189	0.184	0.179	0.175	0.170	0.166
21.0	0.201	0.196	0.190	0.185	0.181	0.176	0.171	0.167	0.163	0.159	0.155
22.0	0.187	0.182	0.177	0.172	0.168	0.164	0.160	0.156	0.152	0.148	0.145
23.0	0.174	0.169	0.165	0.161	0.157	0.153	0.149	0.145	0.142	0.139	0.135
24.0	0.162	0.158	0.154	0.150	0.146	0.143	0.139	0.136	0.133	0.130	0.127
25.0	0.151	0.147	0.144	0.140	0.137	0.134	0.131	0.128	0.125	0.122	0.119
26.0	0.141	0.138	0.135	0.132	0.129	0.126	0.123	0.120	0.117	0.115	0.112
27.0	0.132	0.129	0.126	0.123	0.121	0.118	0.115	0.113	0.110	0.108	0.106
28.0	0.124	0.121	0.119	0.116	0.114	0.111	0.109	0.106	0.104	0.102	0.100
29.0	0.117	0.114	0.112	0.109	0.107	0.105	0.103	0.100	0.098	0.096	0.094
30.0	0.110	0.108	0.105	0.103	0.101	0.099	0.097	0.095	0.093	0.091	0.089

β	e/h 或 e/h_T									
	0.110	0.120	0.130	0.140	0.150	0.160	0.170	0.180	0.190	0.200
≤3	0.873	0.853	0.831	0.810	0.787	0.765	0.743	0.720	0.698	0.676
3.5	0.663	0.641	0.620	0.600	0.580	0.560	0.541	0.523	0.505	0.488
4.0	0.634	0.613	0.592	0.572	0.553	0.534	0.516	0.499	0.482	0.465
5.0	0.577	0.558	0.539	0.521	0.503	0.486	0.469	0.453	0.438	0.423
6.0	0.526	0.508	0.490	0.474	0.458	0.442	0.427	0.413	0.399	0.386
7.0	0.478	0.462	0.446	0.431	0.417	0.403	0.389	0.376	0.364	0.352
8.0	0.435	0.420	0.406	0.393	0.380	0.367	0.355	0.344	0.332	0.322
9.0	0.396	0.383	0.370	0.358	0.347	0.335	0.325	0.314	0.304	0.295
10.0	0.361	0.349	0.338	0.327	0.317	0.307	0.297	0.288	0.279	0.271
11.0	0.330	0.320	0.309	0.300	0.290	0.282	0.273	0.265	0.257	0.249
12.0	0.302	0.293	0.284	0.275	0.267	0.259	0.251	0.244	0.237	0.230
13.0	0.277	0.269	0.261	0.253	0.246	0.238	0.232	0.225	0.219	0.212
14.0	0.255	0.248	0.240	0.233	0.227	0.220	0.214	0.208	0.202	0.197
15.0	0.235	0.228	0.222	0.216	0.210	0.204	0.198	0.193	0.188	0.183

续表

β	e/h 或 e/h_T									
	0.110	0.120	0.130	0.140	0.150	0.160	0.170	0.180	0.190	0.200
16.0	0.217	0.211	0.205	0.200	0.194	0.189	0.184	0.179	0.174	0.170
17.0	0.201	0.196	0.190	0.185	0.180	0.176	0.171	0.167	0.162	0.158
18.0	0.187	0.182	0.177	0.172	0.168	0.164	0.159	0.155	0.152	0.148
19.0	0.173	0.169	0.165	0.160	0.156	0.153	0.149	0.145	0.142	0.138
20.0	0.162	0.158	0.154	0.150	0.146	0.143	0.139	0.136	0.133	0.130
21.0	0.151	0.147	0.144	0.140	0.137	0.134	0.131	0.128	0.125	0.122
22.0	0.141	0.138	0.134	0.131	0.128	0.125	0.123	0.120	0.117	0.115
23.0	0.132	0.129	0.126	0.123	0.121	0.118	0.115	0.113	0.110	0.108
24.0	0.124	0.121	0.119	0.116	0.113	0.111	0.109	0.106	0.104	0.102
25.0	0.117	0.114	0.112	0.109	0.107	0.105	0.102	0.100	0.098	0.096
26.0	0.110	0.108	0.105	0.103	0.101	0.099	0.097	0.095	0.093	0.091
27.0	0.104	0.101	0.099	0.097	0.095	0.093	0.092	0.090	0.088	0.086
28.0	0.098	0.096	0.094	0.092	0.090	0.088	0.087	0.085	0.083	0.082
29.0	0.093	0.091	0.089	0.087	0.086	0.084	0.082	0.081	0.079	0.078
30.0	0.088	0.086	0.084	0.083	0.081	0.080	0.078	0.077	0.075	0.074

β	e/h 或 e/h_T									
	0.210	0.220	0.230	0.240	0.250	0.260	0.270	0.280	0.290	0.300
≤3	0.654	0.633	0.612	0.591	0.571	0.552	0.533	0.515	0.498	0.481
3.5	0.471	0.455	0.440	0.425	0.411	0.397	0.384	0.371	0.359	0.347
4.0	0.449	0.434	0.420	0.406	0.392	0.379	0.367	0.355	0.343	0.332
5.0	0.409	0.395	0.382	0.370	0.358	0.346	0.335	0.324	0.314	0.304
6.0	0.373	0.361	0.349	0.338	0.327	0.316	0.306	0.297	0.288	0.279
7.0	0.341	0.330	0.319	0.309	0.299	0.290	0.281	0.273	0.264	0.256
8.0	0.312	0.302	0.292	0.283	0.275	0.266	0.258	0.251	0.243	0.236
9.0	0.286	0.277	0.269	0.260	0.253	0.245	0.238	0.231	0.225	0.218
10.0	0.263	0.255	0.247	0.240	0.233	0.226	0.220	0.214	0.208	0.202
11.0	0.242	0.235	0.228	0.222	0.215	0.209	0.203	0.198	0.193	0.187
12.0	0.223	0.217	0.211	0.205	0.199	0.194	0.189	0.184	0.179	0.174
13.0	0.206	0.201	0.195	0.190	0.185	0.180	0.175	0.171	0.167	0.162
14.0	0.191	0.186	0.181	0.177	0.172	0.168	0.163	0.159	0.155	0.151

续表

β	e/h 或 e/h_T									
	0.210	0.220	0.230	0.240	0.250	0.260	0.270	0.280	0.290	0.300
15.0	0.178	0.173	0.169	0.164	0.160	0.156	0.152	0.149	0.145	0.142
16.0	0.166	0.161	0.157	0.153	0.150	0.146	0.143	0.139	0.136	0.133
17.0	0.154	0.151	0.147	0.143	0.140	0.137	0.134	0.130	0.127	0.125
18.0	0.144	0.141	0.138	0.134	0.131	0.128	0.125	0.122	0.120	0.117
19.0	0.135	0.132	0.129	0.126	0.123	0.120	0.118	0.115	0.113	0.110
20.0	0.127	0.124	0.121	0.118	0.116	0.113	0.111	0.108	0.106	0.104
21.0	0.119	0.116	0.114	0.111	0.109	0.107	0.105	0.102	0.100	0.098
22.0	0.112	0.110	0.107	0.105	0.103	0.101	0.099	0.097	0.095	0.093
23.0	0.106	0.103	0.101	0.099	0.097	0.095	0.093	0.092	0.090	0.088
24.0	0.100	0.098	0.096	0.094	0.092	0.090	0.088	0.087	0.085	0.083
25.0	0.094	0.092	0.091	0.089	0.087	0.085	0.084	0.082	0.081	0.079
26.0	0.089	0.088	0.086	0.084	0.083	0.081	0.080	0.078	0.077	0.075
27.0	0.085	0.083	0.082	0.080	0.079	0.077	0.076	0.074	0.073	0.072
28.0	0.080	0.079	0.077	0.076	0.075	0.073	0.072	0.071	0.069	0.068
29.0	0.076	0.075	0.074	0.072	0.071	0.070	0.069	0.067	0.066	0.065
30.0	0.073	0.071	0.070	0.069	0.068	0.067	0.065	0.064	0.063	0.062

(5) 每米长砖墙受压承载力设计值 N，见附表 5.4-1 ~ 附表 5.4-5（为本书配套素材，可从中国建筑工业出版社网站下载）。

说明：

1) 计算公式

$$N = \varphi f A \tag{5-34}$$

2) 表中的砖墙砌体为烧结普通砖和烧结多孔砖，混合砂浆砌筑；

3) 墙宽按 1m 计算，如实际宽度为 b 时，则将表中数值乘以 b 后采用；

4) 使用本表时尚应考虑砌体强度调整系数 γ_a，即表中查得的受压承载力设计值 N 应根据实际情况乘以砌体强度调整系数 γ_a 后采用；

5) e、H_0 的单位为 mm；

6) 偏心距 e 不应超过 $0.6y_0$。

（6）矩形截面砖柱的受压承载力设计值 N，见附表 5.4-6～附表 5.4-15（为本书配套素材，可从中国建筑工业出版社网站下载。）

说明：

1）计算公式

$$N = \varphi f A \tag{5-34}$$

式中　A——矩形砖砌体截面面积。

2）表中的砖柱砌体为烧结普通砖和烧结多孔砖，混合砂浆砌筑；

3）使用本表时尚应考虑砌体强度调整系数 γ_a，即表中查得的受压承载力设计值 N 应根据实际情况乘以砌体强度调整系数 γ_a 后采用；

4）e、H_0 的单位为 mm；

5）偏心距 e 不应超过 $0.6y$。

（7）T 形截面砖砌体的受压承载力设计值 N，见附表 5.4-16～附表 5.4-57（为本书配套素材，可从中国建筑工业出版社网站下载）。

说明：

1）计算公式

$$N = \varphi f A \tag{5-34}$$

式中　A——T 形砖砌体截面面积（见图 5.4-3）。

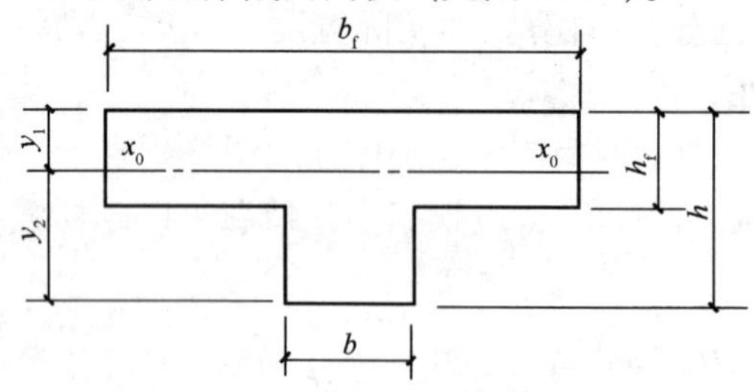

图 5.4-3　砖砌体 T 形截面

2）表中的砖砌体为烧结普通砖和烧结多孔砖，混合砂浆砌筑；

3）使用本表时尚应考虑砌体强度调整系数 γ_a，即表中查得的受压承载力设计值 N 应根据实际情况乘以砌体强度调整系数 γ_a 后采用；

4）表中 e、H_0、b_f、h_f、b、h、$0.6y_1$、$0.6y_2$ 的单位为 mm；

5）偏心距 e 不应超过 $0.6y$。

（8）十字形截面砖砌体的受压承载力设计值 N，见附表 5.4-58～附表 5.4-73（本书配套素材，可从中国建筑工业出版社网站下载）。

说明：

1）计算公式

$$N = \varphi f A \tag{5-34}$$

式中　A——十字形砖砌体截面面积（见图 5.4-4）。

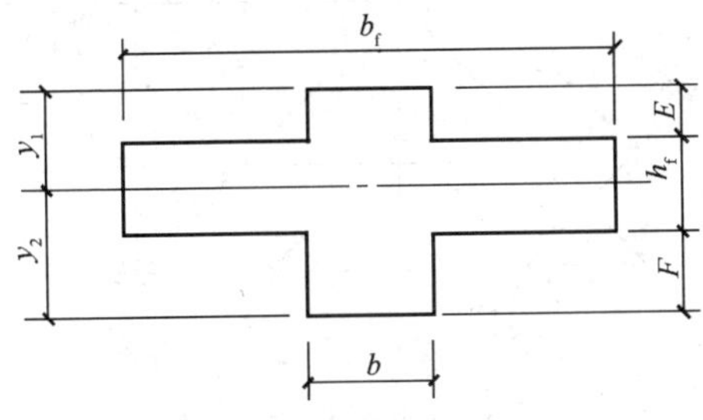

图 5.4-4　砖砌体十字形截面

2）表中的砖砌体为烧结普通砖和烧结多孔砖，混合砂浆砌筑；

3）使用本附表时尚应考虑砌体强度调整系数 γ_a，即表中查得的受压承载力设计值 N 应根据实际情况乘以砌体强度调整系数 γ_a 后采用；

4）表中 e、H_0、b_f、h_f、b、E、F、$0.6y_1$、$0.6y_2$ 的单位为 mm；

5）偏心距 e 不应超过 $0.6y$。

（9）等边角形截面砖砌体的受压承载力设计值 N，见附表 5.4-74～附表 5.4-88（本书配套素材，可从中国建筑工业出版社网站下载)。

说明：

1）计算公式

$$N = \varphi f A \tag{5-34}$$

式中　A——等边角形砖砌体截面面积（见图5.4-3）。

2）本附表中的砖砌体为烧结普通砖和烧结多孔砖，混合砂浆砌筑；

3）使用本附表时尚应考虑砌体强度调整系数 γ_a，即表中查得的受压承载力设计值 N 应根据实际情况乘以砌体强度调整系数 γ_a 后采用；

4）表中 e、H_0 的单位为mm；

5）偏心距 e 不应超过 $0.6y$。

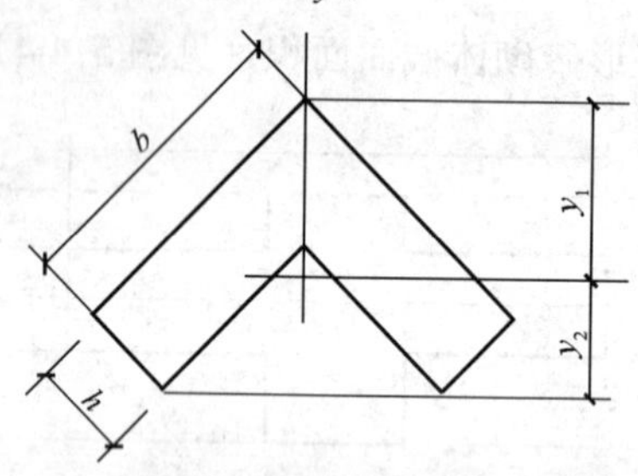

图5.4-5　等边角形砖砌体截面

5.4.2　轴心受拉构件砌体沿齿缝截面破坏时的受拉承载力

（1）计算公式

$$N_t = f_t A \tag{5-35}$$

式中　N_t——轴心拉力设计值；

f_t——砌体的轴心抗拉强度设计值，应按表5.1-11采用。

（2）每米长轴心受拉构件砖砌体沿齿缝截面破坏时受拉承载力设计值 N_t，见表5.4-6。

砖砌体沿齿缝受拉构件的承载力设计值 N_t（kN） 表 5.4-6

砂浆强度等级	h / f_t	180	240	370	490	620	740	870	1000
M2.5	0.09	16.20	21.60	33.30	44.10	55.80	66.60	78.30	90.00
M5	0.13	23.40	31.20	48.10	68.70	80.60	96.20	113.10	130.00
M7.5	0.16	28.80	38.40	59.20	78.40	99.20	118.40	139.20	160.00
≥M10	0.19	34.20	45.60	70.30	93.10	117.80	140.60	165.30	190.00

注：1. 使用本表时尚应考虑砌体强度调整系数 γ_a，即表中查得的承载力设计值 N_t 应根据实际情况乘以砌体强度调整系数 γ_a 后采用；
2. 墙厚 h 的单位为 mm，f_t 的单位为 MPa；
3. 本表中的砖砌体为烧结普通砖、烧结多孔砖。

5.4.3 受弯构件砌体承载力

（1）受弯构件砌体沿齿缝、沿通缝破坏时的受弯承载力计算

1）计算公式

$$M \leqslant f_{tm} W \tag{5-36}$$

式中 M——弯矩设计值；

f_{tm}——砌体弯曲抗拉强度设计值，应按表 5.1-11 采用；

W——截面抵抗矩。

2）每米长受弯构件砖砌体沿齿缝截面破坏时的受弯承载力设计值 M，见表 5.4-7。

每米长受弯构件砖砌体沿齿缝破坏时的受弯承载力设计值 M（kN·m） 表 5.4-7

砂浆强度等级	h / f_{tm}	180	240	370	490	620	740	870	1000
M2.5	0.17	0.92	1.63	3.88	6.80	10.89	15.52	21.44	28.33
M5	0.23	1.24	2.21	5.25	9.20	14.71	20.99	29.01	38.33
M7.5	0.29	1.57	2.78	6.62	11.60	18.58	26.48	36.58	48.33
≥M10	0.33	1.78	3.17	7.53	13.21	21.14	30.12	41.63	55.00

注：1. 使用本表时尚应考虑砌体强度调整系数 γ_a，即表中查得的承载力设计值 M 应根据实际情况乘以砌体强度调整系数 γ_a 后采用；
2. 墙厚 h 的单位为 mm，f_{tm} 的单位为 MPa；
3. 本表中的砖砌体是指烧结普通砖、烧结多孔砖，混合砂浆砌筑。

3）每米长受弯构件砖砌体沿通缝截面破坏时的受弯承载力设计值 M，见表 5.4-8。

每米长受弯构件砖砌体沿通缝破坏时的受弯承载力设计值 M（kN·m）　　表 5.4-8

砂浆强度等级	h / f_{tm}	180	240	370	490	620	740	870	1000
M2.5	0.08	0.43	0.77	1.82	3.20	5.12	7.30	10.09	13.33
M5	0.11	0.59	1.06	2.51	4.40	7.06	10.04	13.88	18.33
M7.5	0.14	0.75	1.34	3.19	5.60	8.97	12.78	17.66	23.33
≥M10	0.17	0.92	1.63	3.88	6.80	10.89	15.92	21.44	28.33

注：1. 使用本表时尚应考虑砌体强度调整系数 γ_a，即表中查得的承载力设计值 M 应根据实际情况乘以砌体强度调整系数 γ_a 后采用；
2. 墙厚 h 的单位为 mm，f_{tm}的单位为 MPa；
3. 本表中的砖砌体是指烧结普通砖、烧结多孔砖，混合砂浆砌筑。

（2）受弯构件的受剪承载力计算

1）计算公式

$$V \leqslant f_v bz \tag{5-37}$$

$$z = I/S \tag{5-38}$$

式中　V——剪力设计值；

f_v——砌体的抗剪强度设计值，应按表 5.1-11 采用；

b——截面宽度；

z——内力臂，当截面为矩形时取 $z = 2h/3$；

I——截面惯性矩；

S——截面面积矩；

h——截面高度。

2）每米长受弯构件砖砌体受剪承载力设计值 V，见表 5.4-9。

每米长受弯构件砖砌体受剪承载力设计值 V（kN）　　表 5.4-9

砂浆强度等级	h / f_v	180	240	370	490	620	740	870	1000
M2.5	0.08	9.60	12.80	19.73	26.13	33.07	39.41	46.40	53.33
M5	0.11	13.2	17.60	27.13	35.93	45.47	54.27	63.80	73.33
M7.5	0.14	16.80	22.40	34.53	45.73	57.87	69.07	81.20	93.33
≥M10	0.17	20.40	27.20	41.93	55.53	70.27	83.80	98.60	113.33

注：1. 使用本表时尚应考虑砌体强度调整系数 γ_a，即表中查得的承载力设计值 V 应根据实际情况乘以砌体强度调整系数 γ_a 后采用；
2. 墙厚 h 的单位为 mm，f_V 的单位为 MPa。
3. 本表中的砖砌体是指烧结普通砖、烧结多孔砖，混合砂浆砌筑。

5.4.4 受剪构件的承载力

(1) 沿通缝或沿阶梯形截面破坏时受剪构件的承载力应按下列公式计算：

$$V \leqslant (f_v + \alpha\mu\sigma_0)A \tag{5-39}$$

当 $\gamma_G = 1.2$ 时 $$\mu = 0.26 - 0.082\frac{\sigma_0}{f} \tag{5-40}$$

当 $\gamma_G = 1.35$ 时 $$\mu = 0.23 - 0.065\frac{\sigma_0}{f} \tag{5-41}$$

式中 V——截面剪力设计值；

A——水平截面面积。当有孔洞时，取净截面面积；

f_v——砌体抗剪强度设计值，对灌孔的混凝土砌块砌体，取 f_{VG}；

α——修正系数：

当 $\gamma_G = 1.2$ 时，砖砌体取 0.60；混凝土砌块砌体取 0.64；

当 $\gamma_G = 1.35$ 时，砖砌体取 0.64，混凝土砌块砌体取 0.66；

γ_G——结构重要性系数；

μ——剪压复合受力影响系数，α 与 μ 的乘积可查表 5.4-10；

σ_0——永久荷载设计值产生的水平截面平均压应力；

f——砌体的抗压强度设计值；

σ_0/f——轴压比，且不大于 0.8。

当 $\gamma_G = 1.2$ 及 $\gamma_G = 1.35$ 时 $\alpha\mu$ 值 **表 5.4-10**

γ_G	σ_0/f	0.1	0.2	0.3	0.4	0.5	0.6	0.7	0.8
1.2	砖砌体	0.15	0.15	0.14	0.14	0.13	0.13	0.12	0.12
	砌块砌体	0.16	0.16	0.15	0.15	0.14	0.13	0.13	0.12
1.35	砖砌体	0.14	0.14	0.13	0.13	0.13	0.12	0.12	0.11
	砌块砌体	0.15	0.14	0.14	0.13	0.13	0.13	0.12	0.12

(2) 每米长受剪构件砖砌体沿通缝、沿阶梯形截面破坏时的承载力设计值 V，见表 5.4-11。

每米长砖砌体沿通缝受剪构件的承载力设计值 V（kN）　表 5.4-11

砖强度等级	砂浆强度等级	h(mm) / σ_0 (MPa)	120	180	240	370	490	620	740	870
			$\gamma_G=1.2$							
MU10	M2.5	0.13	11.96	17.94	23.92	36.86	48.82	61.77	73.73	86.68
		0.20	13.87	19.64	26.18	40.36	53.44	67.61	80.70	94.88
		0.26	14.16	21.24	28.32	43.64	57.80	73.14	87.30	102.62
		0.32	15.22	22.82	30.44	46.92	62.13	78.62	93.83	110.32
		0.40	16.20	24.30	32.40	49.94	66.14	83.69	99.89	117.44
		0.46	17.19	25.78	34.38	53.00	70.19	88.81	106.00	124.62
		0.52	18.09	27.14	36.18	55.76	73.86	93.45	111.53	131.13
		0.58	19.01	28.52	38.02	58.60	77.62	98.20	117.21	137.80
		0.66	19.82	29.72	39.64	61.10	80.92	102.40	122.21	143.68
		0.72	20.67	31.00	41.34	63.72	84.40	106.79	127.45	149.84
		0.78	21.39	32.10	42.78	65.96	87.36	110.55	131.93	155.10
		0.84	22.18	33.26	44.34	68.36	90.54	114.56	136.74	160.76
		0.92	22.92	34.38	45.84	70.68	93.60	118.44	141.36	166.19
		0.98	23.52	35.28	47.04	72.52	96.06	121.54	145.06	170.54
		1.04	24.20	36.30	48.40	74.62	98.82	125.04	149.24	175.46
MU10	M5	0.15	15.92	23.88	31.84	49.08	65.00	82.24	98.16	115.41
		0.22	17.22	25.84	34.45	53.10	70.33	88.99	106.21	124.87
		0.30	18.46	27.68	36.91	56.91	75.36	95.36	113.81	133.81
		0.38	19.68	29.52	39.36	60.68	80.36	101.68	121.36	142.68
		0.46	20.81	31.22	41.63	64.18	84.99	107.54	128.35	150.90
		0.52	21.96	32.94	43.91	67.70	89.66	113.45	135.40	159.19
		0.60	22.99	34.49	45.98	70.89	93.88	118.79	141.78	166.69
		0.68	24.05	36.08	48.11	74.17	98.22	124.28	148.33	174.39
		0.76	24.99	37.49	49.98	77.05	102.04	129.12	154.11	181.18
		0.82	25.97	38.96	51.94	80.08	106.05	134.18	160.16	188.29
		0.90	26.81	40.21	53.62	82.66	109.47	138.51	165.32	194.36
		0.98	27.71	41.56	55.42	85.43	113.14	143.16	170.87	200.88
		1.06	28.57	42.86	57.14	88.10	116.67	147.62	176.19	207.15
		1.12	29.27	43.90	58.53	90.23	119.50	151.20	180.47	212.17
		1.20	30.05	45.07	60.10	92.65	122.70	155.25	185.30	217.85
MU10	M7.5	0.16	19.86	29.80	39.73	61.24	81.10	102.62	122.48	144.00
		0.26	21.34	32.02	42.68	65.80	87.14	110.26	131.61	154.72
		0.34	22.72	34.08	45.44	70.06	92.78	117.40	140.12	164.74
		0.42	24.46	36.70	48.93	75.43	98.90	126.40	150.87	177.38
		0.50	25.38	38.06	50.76	78.25	103.63	131.12	156.50	184.00
		0.60	26.68	40.02	53.35	82.25	108.92	137.82	164.50	193.40
		0.68	27.84	41.74	55.67	85.82	113.65	143.80	171.64	201.78
		0.76	29.04	43.56	58.08	89.53	118.57	150.02	179.06	210.52
		0.84	30.08	45.12	60.17	92.76	122.84	155.44	185.52	218.10
		0.94	31.20	46.80	62.40	96.19	127.39	161.18	192.38	226.18
		1.02	32.14	48.20	64.26	99.07	131.20	166.02	198.14	232.96
		1.10	33.16	49.74	66.31	102.22	135.38	171.29	204.44	240.36
		1.18	34.12	51.18	68.24	105.20	139.32	176.28	210.40	247.36
		1.26	34.90	52.36	69.81	107.63	142.54	180.35	215.26	253.08
		1.36	35.78	53.68	71.56	110.32	146.11	184.88	220.66	259.42

续表

砖强度等级	砂浆强度等级	$\gamma_G=1.2$								
		h(mm) / σ_0 (MPa)	120	180	240	370	490	620	740	870
MU10	M10	0.18	23.82	35.74	47.64	73.46	97.28	123.10	146.92	172.73
		0.28	25.48	38.22	50.96	78.56	104.04	131.64	157.12	184.72
		0.38	27.02	40.54	54.04	83.32	110.34	139.62	166.64	195.92
		0.48	28.58	42.86	57.14	88.10	116.68	147.62	176.20	207.16
		0.56	30.00	45.00	59.98	92.48	122.48	154.96	184.96	217.46
		0.66	31.44	47.16	62.88	96.94	128.38	162.46	193.90	227.96
		0.76	32.74	49.10	65.48	100.94	133.68	169.14	201.88	237.36
		0.86	34.08	51.12	68.16	105.10	139.18	176.10	210.18	247.12
		0.94	35.26	52.88	70.52	108.70	143.96	182.16	217.40	255.60
		1.04	36.50	54.74	73.00	112.54	149.04	188.58	225.08	264.62
		1.14	37.55	56.32	75.10	115.76	153.32	193.98	231.54	272.20
		1.22	38.69	58.04	77.38	119.28	157.98	199.88	238.58	280.48
		1.32	39.77	59.66	79.54	122.62	162.38	205.48	245.24	288.32
		1.42	40.65	60.98	81.30	125.34	165.98	210.02	250.66	294.70
		1.52	41.63	62.44	83.26	128.36	169.98	215.08	256.70	301.80
MU15	M2.5	0.16	12.50	18.74	25.00	38.54	51.04	64.58	77.08	90.62
		0.24	13.90	20.84	27.78	42.84	56.72	71.78	85.66	100.72
		0.32	15.20	22.82	30.42	46.88	62.10	78.56	93.78	110.24
		0.40	16.52	24.76	33.02	50.92	67.42	85.32	101.82	119.72
		0.48	17.72	26.58	35.44	54.64	72.36	91.56	100.28	128.48
		0.56	18.94	28.42	37.88	58.40	77.34	97.86	116.80	137.32
		0.64	20.04	30.06	40.10	61.80	81.86	103.56	123.62	145.32
		0.72	21.18	31.76	42.36	65.30	86.48	109.42	130.60	153.54
		0.80	22.18	33.26	44.36	68.38	90.56	114.58	136.76	160.78
		0.88	23.22	34.84	46.44	71.60	94.82	119.98	143.20	168.36
		0.96	24.12	36.18	48.24	74.36	98.48	124.60	148.72	174.84
		1.04	25.08	37.62	50.16	77.32	102.40	129.56	154.64	181.80
		1.12	26.00	39.00	52.00	80.16	106.16	134.32	160.32	188.48
		1.20	26.74	40.10	53.48	82.44	109.18	138.14	164.88	193.84
		1.28	27.58	41.36	55.14	85.02	112.58	142.46	170.02	199.90
MU15	M5	0.18	16.52	24.78	33.04	50.92	67.44	85.34	101.84	119.74
		0.28	18.12	27.18	36.24	55.86	73.98	93.60	111.72	131.34
		0.36	19.62	29.42	39.22	60.48	80.08	101.34	120.94	142.18
		0.46	21.12	31.68	42.22	65.10	86.22	109.10	130.20	153.08
		0.54	22.48	33.74	44.98	69.34	91.84	116.20	138.68	163.04
		0.64	23.90	35.84	47.78	73.66	97.56	123.44	147.34	173.22
		0.74	25.14	37.72	50.30	77.54	102.68	129.92	155.06	182.32
		0.82	26.46	39.68	52.90	81.56	108.00	136.66	163.10	191.76
		0.92	27.58	41.38	55.16	85.06	112.64	142.52	170.10	199.98
		1.00	28.78	43.18	57.58	88.76	117.56	148.74	177.52	208.72
		1.10	29.80	44.70	59.60	91.88	121.70	153.98	183.78	216.06
		1.20	30.90	46.36	61.82	95.30	126.20	159.68	190.60	224.08
		1.28	31.96	47.94	63.90	98.52	130.48	165.10	197.04	231.66
		1.38	32.80	49.22	65.22	101.16	133.96	169.50	202.30	237.84
		1.46	33.76	50.64	67.50	104.08	137.84	174.40	208.16	244.72

续表

砖强度等级	砂浆强度等级	σ_0 (MPa) \ h(mm)	120	180	240	370	490	620	740	870
			$\gamma_G = 1.2$							
MU15	M7.5	0.20	20.56	30.82	41.10	63.36	83.92	106.18	126.74	149.00
		0.32	22.36	33.54	44.72	68.94	91.30	115.54	137.90	162.12
		0.42	24.06	36.08	48.10	74.16	98.22	124.28	148.32	174.38
		0.52	25.76	38.62	51.50	79.40	105.16	133.04	158.80	186.70
		0.62	27.30	40.96	54.62	84.20	111.50	141.08	168.40	197.98
		0.72	28.90	43.34	57.78	89.08	117.98	149.28	178.18	209.48
		0.82	30.32	45.46	60.62	93.46	123.78	156.62	186.94	219.76
		0.94	31.78	47.68	63.58	98.00	129.80	164.24	196.02	230.46
		1.04	33.08	49.60	66.14	101.96	185.04	170.86	203.94	239.76
		1.14	34.44	51.64	68.86	106.16	140.60	177.90	212.32	249.64
		1.24	35.58	53.36	71.16	109.70	145.28	183.82	219.40	257.94
		1.34	36.82	55.24	73.66	113.56	150.38	190.28	227.10	267.00
		1.44	38.02	57.02	76.02	117.20	155.22	196.40	234.42	275.60
		1.56	38.98	58.46	77.96	120.18	159.16	201.38	240.36	282.58
		1.66	40.06	60.08	80.10	123.48	163.54	206.92	246.98	290.36
MU15	M10	0.24	24.58	36.88	49.18	75.80	100.40	127.02	151.62	178.24
		0.34	26.64	39.90	53.20	87.04	108.64	137.46	164.06	192.88
		0.46	28.50	42.74	56.98	87.86	116.36	147.22	175.72	206.58
		0.58	30.38	45.58	60.78	93.70	124.08	157.00	187.40	220.32
		0.70	32.12	48.18	64.26	99.06	131.18	165.98	198.10	232.92
		0.80	33.90	50.84	67.78	104.50	138.40	175.12	209.02	245.74
		0.92	35.48	53.22	70.96	109.40	144.88	183.32	218.80	257.22
		1.04	37.12	55.68	74.24	114.46	151.58	191.80	228.92	269.14
		1.16	38.56	57.84	77.12	118.88	157.44	199.20	237.76	279.54
		1.28	40.08	66.12	80.16	123.56	163.64	207.06	247.14	290.54
		1.38	41.36	62.04	82.72	127.52	168.88	213.68	255.04	299.84
		1.50	42.76	64.12	85.46	131.82	174.56	220.88	263.62	309.94
		1.62	44.08	66.02	88.14	135.90	179.96	227.72	271.78	319.52
		1.74	45.14	67.72	90.30	139.20	184.36	233.26	278.40	327.32
		1.84	46.34	69.52	92.70	142.90	189.24	239.46	285.80	336.00
MU15	M15	0.28	25.46	38.18	50.92	78.48	103.94	131.52	156.98	184.56
		0.42	27.90	41.84	55.78	86.00	113.90	144.10	172.00	202.22
		0.56	30.18	45.26	60.36	93.04	123.22	155.92	186.08	218.78
		0.70	32.46	48.70	64.92	100.08	132.56	167.72	200.18	235.34
		0.84	34.56	51.84	69.12	106.56	141.12	178.58	213.14	250.58
		0.98	36.70	55.04	73.40	113.14	149.84	189.90	226.30	266.04
		1.12	38.62	57.92	77.22	119.06	157.68	199.50	238.12	279.94

续表

砖强度等级	砂浆强度等级	$\gamma_G = 1.2$							
		h(mm) / σ_0(MPa)	120	180	240	370	490	620	740	870
MU15	M15	1.26	40.60	60.90	81.20	125.18	165.78	209.74	250.34	294.32
		1.40	42.32	63.50	84.66	130.52	172.84	218.70	261.04	306.88
		1:54	44.16	66.24	88.32	136.16	180.32	228.16	272.34	320.18
		1.68	45.72	68.56	91.42	140.94	186.66	236.18	281.88	331.40
		1.82	47.40	71.08	94.78	146.12	193.52	244.86	292.26	343.40
		1.96	49.00	73.48	97.98	151.06	200.06	253.12	302.12	355.20
		2.10	50.28	75.44	100.58	155.04	205.34	259.82	310.12	364.58
		2.24	51.74	77.60	103.48	159.52	211.26	267.30	319.04	375.10
MU10	M2.5	0.14	11.84	17.74	23.66	26.48	48.30	61.12	72.96	85.78
		0.20	12.90	19.34	25.80	39.78	52.68	66.64	79.54	93.52
		0.26	13.94	20.90	27.88	42.98	56.90	72.00	85.94	101.04
		0.32	14.94	22.42	29.88	46.08	61.02	77.20	92.14	108.34
		0.40	15.92	23.88	31.84	49.08	65.00	82.24	98.16	115.40
		0.46	16.86	25.30	33.72	52.00	68.86	87.12	103.98	122.24
		0.52	17.78	26.66	35.54	54.80	72.58	91.84	109.60	128.86
		0.58	18.58	27.88	37.18	57.30	75.30	96.02	114.62	134.74
		0.66	19.42	29.14	38.86	59.90	59.90	100.38	119.80	140.86
		0.72	20.24	30.36	40.48	62.40	62.40	104.56	124.80	146.74
		0.78	21.02	31.52	42.04	64.80	64.80	108.60	129.62	152.38
		0.84	21.76	32.66	43.54	67.12	67.12	112.46	134.24	157.82
		0.92	22.48	33.72	44.98	69.34	69.34	116.18	138.66	163.02
		0.98	23.18	34.76	46.34	71.44	71.44	119.72	142.90	168.00
		1.04	23.82	35.74	47.66	73.46	73.46	123.10	146.94	172.74
MU10	M5	0.16	15.78	23.66	31.54	48.64	64.42	81.50	97.28	114.36
		0.22	17.00	25.52	34.02	52.44	69.44	87.88	104.88	123.30
		0.30	18.20	27.30	36.40	56.12	74.34	94.06	112.26	131.98
		0.38	19.36	29.04	58.74	59.70	79.08	100.06	119.42	140.40
		0.46	20.50	30.74	40.98	63.18	83.66	105.86	126.36	148.56
		0.52	21.58	32.36	43.16	66.54	88.12	111.50	133.08	156.44
		0.60	22.64	33.94	45.26	69.78	92.42	116.94	139.56	164.08
		0.68	23.56	35.36	47.14	72.66	96.24	121.76	145.34	170.86
		0.76	24.54	36.82	49.08	75.66	100.20	126.80	151.34	177.92
		0.82	25.48	38.22	50.96	78.52	104.02	131.62	157.10	184.70
		0.90	26.38	39.56	52.76	81.32	107.70	136.28	162.66	191.22
		0.98	27.24	40.86	54.48	84.00	111.24	140.74	167.98	197.50
		1.06	28.06	42.10	56.14	86.54	114.62	145.02	173.08	203.50
		1.12	28.86	43.30	57.72	88.98	117.84	149.12	177.98	209.24
		1.20	29.62	44.42	59.24	91.32	120.94	153.02	182.64	216.72

续表

砖强度等级	砂浆强度等级	h(mm) / σ_0(MPa)	120	180	240	370	490	620	740	870
		$\gamma_G=1.2$								
MU10	M7.5	0.16	19.70	29.56	39.40	60.74	80.44	101.78	121.48	142.82
		0.26	21.10	31.64	42.20	65.06	86.14	109.00	130.10	152.96
		0.34	22.44	33.66	44.88	69.18	91.62	115.92	138.36	162.68
		0.42	23.76	35.64	47.50	73.24	97.00	122.74	146.48	172.22
		0.50	25.02	37.52	50.02	77.12	102.14	129.24	154.24	181.34
		0.60	26.24	39.38	52.50	86.94	107.18	135.62	161.86	190.30
		0.68	27.42	41.14	54.86	84.56	112.00	141.70	169.14	198.84
		0.76	28.48	42.74	56.98	87.84	116.34	147.20	175.68	206.54
		0.84	29.58	44.36	59.16	91.20	120.78	152.82	182.38	214.42
		0.94	30.64	45.96	61.28	94.46	125.10	158.30	188.94	222.12
		1.02	31.64	47.46	63.30	97.58	129.22	163.50	195.14	229.42
		1.10	32.62	48.94	65.26	100.60	133.22	168.56	201.20	236.54
		1.18	33.56	50.32	67.10	103.46	137.00	173.34	206.90	243.24
		1.26	34.46	51.68	68.90	106.22	140.68	178.00	212.44	249.76
		1.36	35.30	52.94	70.60	108.82	144.12	182.36	217.66	255.90
MU10	M10	0.18	23.64	35.46	47.28	72.90	96.54	122.16	145.80	171.42
		0.28	25.20	37.80	50.42	77.72	102.92	130.22	155.44	182.74
		0.38	26.70	40.06	53.42	82.34	109.04	137.98	164.68	193.62
		0.48	28.18	42.26	56.36	86.88	115.06	145.58	173.76	204.28
		0.56	29.58	44.38	59.18	91.22	120.80	152.86	182.44	214.50
		0.66	30.96	46.44	61.94	95.48	126.44	159.98	190.96	224.50
		0.76	32.28	48.42	64.56	99.54	131.82	166.80	199.08	234.06
		0.86	33.48	50.20	66.94	103.20	136.68	172.94	206.40	242.66
		0.94	34.68	52.04	69.38	106.96	141.64	179.22	213.92	251.50
		1.04	35.88	53.82	71.76	110.62	146.50	185.36	221.24	260.10
		1.14	37.00	55.50	74.00	114.08	151.10	191.18	228.18	268.26
		1.22	38.10	57.14	76.20	117.46	155.56	196.84	234.94	276.20
		1.32	39.14	58.70	78.26	120.66	159.80	202.20	241.32	283.72
		1.42	40.14	60.20	80.28	123.76	163.90	207.38	247.52	291.00
		1.52	41.08	61.62	87.16	126.68	167.76	212.26	253.36	297.80

砖强度等级	砂浆强度等级	h(mm) / σ_0(MPa)	120	180	240	370	490	620	740	870
		$\gamma_G=1.35$								
MU15	M2.5	0.16	12.34	18.52	24.70	38.06	50.42	63.78	76.14	89.50
		0.24	13.66	20.50	27.32	42.12	55.78	70.58	84.24	99.04
		0.32	14.94	22.40	29.88	46.06	61.00	77.18	92.12	108.30
		0.40	16.18	24.26	32.36	49.88	66.06	83.58	99.76	117.28

续表

砖强度等级	砂浆强度等级	$\gamma_G=1.35$							
		h(mm) / σ_0 (MPa)	120	180	240	370	490	620	740	870
MU15	M2.5	0.48	17.38	26.06	34.76	53.58	70.96	89.78	107.16	125.98
		0.56	18.54	27.80	37.08	57.16	75.70	95.78	114.32	134.40
		0.64	19.66	29.50	39.32	60.62	80.28	101.58	121.24	142.54
		0.72	20.66	30.98	41.32	63.70	84.36	106.74	127.40	149.78
		0.80	21.70	32.54	43.40	66.90	88.60	112.10	133.80	157.30
		0.88	22.70	34.04	45.38	69.98	92.66	117.26	139.94	164.54
		0.96	23.66	35.48	47.30	72.94	96.58	122.22	145.86	171.50
		1.04	24.58	36.86	49.16	75.78	100.36	126.98	151.56	178.18
		1.12	25.46	38.18	50.92	78.50	103.96	131.54	157.00	184.58
		1.20	26.30	39.46	52.60	81.10	107.40	135.90	162.20	190.70
		1.28	27.12	40.66	54.22	83.60	110.70	140.08	167.18	196.56
MU15	M5	0.18	16.34	25.52	32.68	56.38	66.72	84.42	100.76	118.46
		0.30	18.20	27.28	36.38	56.10	74.28	93.98	112.18	131.88
		0.36	19.30	28.96	38.62	59.52	78.82	99.74	119.04	139.96
		0.46	20.74	31.10	41.46	63.92	84.64	107.10	127.84	150.28
		0.54	22.10	33.14	44.18	68.12	90.22	114.16	136.24	160.18
		0.64	23.44	35.14	46.86	72.24	95.68	121.06	144.48	169.88
		0.74	24.70	37.06	49.42	76.18	100.88	127.66	152.36	179.12
		0.82	25.86	38.78	51.72	79.72	105.58	133.60	159.44	187.46
		0.92	27.04	40.56	54.08	83.36	110.40	139.68	166.72	196.00
		1.00	28.18	42.28	56.36	86.90	115.08	145.62	173.80	204.34
		1.10	29.28	43.92	58.54	90.26	119.54	151.26	180.82	212.24
		1.20	30.34	45.50	60.68	93.54	123.88	156.74	187.08	219.94
		1.28	31.34	47.00	62.68	96.62	127.96	161.92	193.26	227.20
		1.38	32.32	48.46	64.62	99.62	131.94	166.94	199.26	234.26
		1.46	33.22	49.84	66.46	102.46	135.68	171.68	204.90	240.90
MU15	M7.5	0.20	20.36	30.52	40.70	62.76	83.10	105.16	125.50	147.56
		0.32	22.06	33.10	44.12	68.02	96.08	113.98	136.06	159.96
		0.42	23.70	35.56	47.42	73.10	96.80	122.48	146.18	171.86
		0.52	25.32	37.98	50.04	78.06	103.38	130.80	156.12	183.54
		0.62	26.86	40.30	53.72	82.82	109.68	138.78	165.64	194.74
		0.72	28.38	42.56	56.74	87.48	115.84	146.58	174.96	205.70
		0.82	29.88	44.72	59.64	91.94	121.78	154.06	183.86	216.16
		0.94	31.12	46.68	62.24	95.94	127.06	160.76	191.88	225.58
		1.04	32.44	48.68	64.90	100.06	132.50	167.66	200.10	235.26
		1.14	33.74	50.62	67.50	104.06	137.80	174.36	208.12	244.68
		1.24	34.98	52.48	60.96	107.86	142.84	180.74	215.72	253.62
		1.34	36.18	54.28	72.36	111.56	147.74	186.94	223.12	262.32
		1.44	37.32	55.98	74.64	115.06	152.38	192.80	230.12	270.56
		1.56	38.42	57.62	76.84	118.46	156.88	198.50	236.92	278.52
		1.66	39.46	59.18	78.90	121.66	167.10	208.84	243.30	286.64
MU15	M10	0.24	24.36	36.54	48.72	75.12	99.48	125.88	150.24	176.64
		0.34	26.28	39.40	52.54	81.00	107.28	135.74	162.00	190.46
		0.46	28.10	42.16	56.22	86.66	114.76	145.22	173.32	203.78
		0.58	29.90	44.86	59.80	92.20	122.10	154.50	184.40	216.80
		0.70	30.62	47.44	63.26	97.52	129.14	163.40	195.04	229.30

续表

砖强度等级	砂浆强度等级	$\gamma_G = 1.35$								
		h(mm) / σ_0 (MPa)	120	180	240	370	490	620	740	870
MU15	M10	0.80	33.32	49.96	66.62	102.72	136.02	172.12	205.42	241.30
		0.92	34.92	52.38	69.86	107.68	124.62	180.44	215.38	253.20
		1.04	36.38	54.56	72.74	112.16	148.52	187.94	224.30	263.72
		1.16	37.86	56.80	75.72	116.74	154.62	195.62	233.50	274.52
		1.28	39.32	58.96	78.62	121.22	160.52	203.12	242.42	285.02
		1.38	40.70	61.04	81.38	125.46	166.16	210.24	250.92	295.02
		1.50	42.02	63.04	84.06	129.58	171.62	217.14	259.18	304.70
		1.62	43.30	64.94	86.60	133.50	176.80	223.70	267.00	313.90
		1.74	44.52	64.78	89.04	137.28	181.80	230.64	274.56	322.80
		1.84	45.68	68.52	91.36	140.84	186.52	236.02	281.70	331.18
MU15	M15	0.28	25.18	37.78	50.38	77.66	102.86	130.14	155.32	182.62
		0.42	27.48	41.24	54.98	84.76	112.24	142.02	169.52	199.30
		0.56	29.70	44.56	59.42	91.60	121.30	153.48	183.20	215.38
		0.70	31.88	47.82	63.76	98.28	130.16	164.68	196.57	231.10
		0.84	33.96	50.94	67.92	104.70	138.66	175.46	209.42	246.20
		0.98	36.00	53.98	71.98	110.98	146.98	185.96	221.96	260.94
		1.12	37.94	56.92	75.88	117.00	154.94	196.04	233.98	275.10
		1.26	39.70	59.54	79.38	122.38	162.04	205.08	244.76	287.77
		1.40	41.50	62.24	82.98	127.94	169.42	214.38	255.88	300.82
		1.54	43.24	64.86	86.48	133.32	176.56	223.42	266.66	313.50
		1.68	44.90	67.36	89.82	138.46	183.38	232.02	276.92	325.58
		1.82	46.52	69.78	93.04	143.44	189.96	240.36	286.88	337.28
		1.96	48.06	72.08	96.10	148.16	196.22	248.28	296.34	248.40
		2.10	49.54	74.30	99.06	152.74	202.26	255.92	305.46	359.12
		2.24	50.94	76.40	101.86	157.04	207.98	263.16	314.10	369.28

注：1. 使用本表时尚应考虑砌体强度调整系数 γ_a，即表中查得的承载力设计值 V 应根据实际情况乘以砌体强度调整系数 γ_a 后采用；
2. 墙厚 h 的单位为 mm，f_V 的单位为 MPa；
3. 本表中的砖砌体是指烧结普通砖、烧结多孔砖，混合砂浆砌筑。

5.4.5　局部受压

(1) 砌体截面中受局部均匀压力时的承载力

砌体截面中受局部均匀压力时的承载力应按下式计算：

$$N_l \leqslant \gamma f A_l \tag{5-42}$$

式中　N_l——局部受压面积上的轴向力设计值；

A_l——局部受压面积；

f——砌体的抗压强度设计值，可不考虑强度调整系数

γ_a 的影响；

γ——砌体局部抗压强度提高系数，可从表 5.4-13 查得或按下式计算：

$$\gamma = 1 + 0.35\sqrt{\frac{A_0}{A_l} - 1} \tag{5-43}$$

并且不大于表 5.4-12 所规定的最大值。

A_0——影响砌体局部抗压强度的计算面积，见表 5.4-12。

A_0 与 γ 最大值　　**表 5.4-12**

示　意　图	A_0	γ 最大值
		普通砖砌体
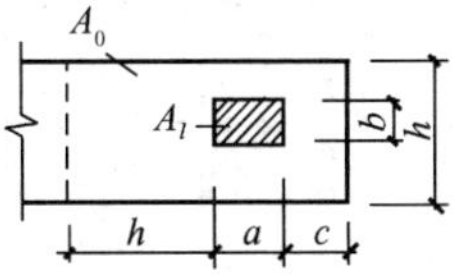	$h(a+c+h)$	≤2.5
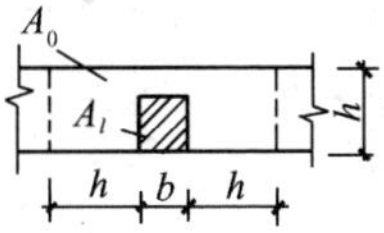	$h(b+2h)$	≤2.0
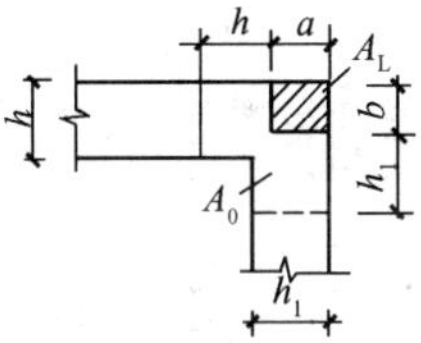	$(a+h)h+(b+h_1-h)h_1$	≤1.5
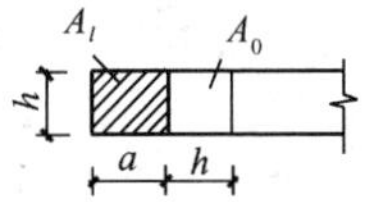	$h(a+h)$	<1.25

注：1. a、b 为矩形局部受压面积 A_l 的边长；

2. h、h_1 为墙厚或柱的较小边长；

3. c 为矩形局部受压面积的外边缘至构件边缘的较小距离，当大于 h 时，应取为 h；

4. 对多孔砖砌体和按本手册第 5.3.2（15）条的要求灌孔的砌块砌体，在前 3 种情况下，尚应符合 $\gamma \leqslant 1.5$。未灌孔混凝土砌块砌体，$\gamma = 1.0$。

砌体局部抗压强度提高系数 γ 表 5.4-13

A_0/A_l	1.00	1.05	1.10	1.15	1.20	1.25	1.30	1.35	1.40	1.45	1.50	1.55	1.60	1.65	1.70
γ	1.000	1.078	1.111	1.136	1.157	1.175	1.192	1.207	1.221	1.235	1.247	1.260	1.271	1.282	1.293
A_0/A_l	1.75	1.80	1.85	1.90	1.95	2.00	2.05	2.10	2.15	2.20	2.25	2.30	2.35	2.40	2.45
γ	1.303	1.313	1.323	1.332	1.341	1.350	1.359	1.367	1.375	1.383	1.391	1.399	1.407	1.414	1.421
A_0/A_l	2.50	2.55	2.60	2.65	2.70	2.75	2.80	2.85	2.90	2.95	3.00	3.1	3.2	3.3	3.4
γ	1.429	1.436	1.443	1.450	1.456	1.463	1.470	1.476	1.482	1.489	1.495	1.507	1.519	1.531	1.542
A_0/A_l	3.5	3.6	3.7	3.8	3.9	4.0	4.1	4.2	4.3	4.4	4.5	4.6	4.7	4.8	4.9
γ	1.553	1.564	1.575	1.586	1.596	1.606	1.616	1.626	1.636	1.645	1.655	1.664	1.673	1.682	1.691
A_0/A_l	5.0	5.1	5.2	5.3	5.4	5.5	5.6	5.7	5.8	5.9	6.0	6.1	6.2	6.3	6.4
γ	1.700	1.709	1.717	1.726	1.734	1.742	1.751	1.759	1.767	1.775	1.783	1.790	1.798	1.806	1.813
A_0/A_l	6.5	6.6	6.7	6.8	6.9	7.0	7.1	7.2	7.3	7.4	7.5	7.6	7.7	7.8	7.9
γ	1.821	1.828	1.836	1.843	1.850	1.857	1.864	1.871	1.878	1.885	1.892	1.899	1.906	1.913	1.919
A_0/A_l	8.0	8.1	8.2	8.3	8.4	8.5	8.6	8.7	8.8	8.9	9.0	9.1	9.2	9.3	9.4
γ	1.926	1.933	1.939	1.946	1.952	1.959	1.965	1.971	1.977	1.984	1.990	1.996	2.002	2.008	2.014
A_0/A_l	9.5	9.6	9.7	9.8	9.9	10.0	10.1	10.2	10.3	10.4	10.5	10.6	10.7	10.8	10.9
γ	2.020	2.026	2.032	2.038	2.044	2.050	2.056	2.062	2.067	2.073	2.079	2.084	2.090	2.096	2.101
A_0/A_l	11.0	11.1	11.2	11.3	11.4	11.5	11.6	11.7	11.8	11.9	12.0	12.1	12.2	12.3	12.4
γ	2.107	2.112	2.118	2.123	2.129	2.134	2.140	2.145	2.150	2.156	2.161	2.166	2.171	2.177	2.182
A_0/A_l	12.5	12.6	12.7	12.8	12.9	13.0	13.1	13.2	13.3	13.4	13.5	13.6	13.7	13.8	13.9
γ	2.187	2.192	2.197	2.202	2.207	2.212	2.217	2.222	2.227	2.232	2.237	2.242	2.247	2.252	2.257
A_0/A_l	14.0	14.1	14.2	14.3	14.4	14.5	14.6	14.7	14.8	14.9	15.0	15.1	15.2	15.3	15.4
γ	2.262	2.267	2.272	2.276	2.281	2.286	2.291	2.295	2.300	2.305	2.310	2.314	2.319	2.324	2.328
A_0/A_l	15.5	15.6	15.7	15.8	15.9	16.0	16.1	16.2	16.3	16.4	16.5	16.6	16.7	16.8	16.9
γ	2.333	2.337	2.342	2.346	2.351	2.356	2.360	2.365	2.369	2.373	2.378	2.382	2.387	2.391	2.396
A_0/A_l	17.0	17.1	17.2	17.3	17.4	17.5	17.6	17.7	17.8	17.9	18.0	18.1	18.2	18.3	18.4
γ	2.400	2.404	2.409	2.413	2.417	2.422	2.426	2.430	2.435	2.439	2.443	2.447	2.452	2.456	2.460
A_0/A_l	18.5	18.6	18.7	18.8	18.9	19.0	19.1	19.2	19.3	19.4					
γ	2.464	2.468	2.472	2.477	2.481	2.485	2.489	2.493	2.497	2.501					

(2) 梁端支承处砌体的局部受压承载力

1）计算公式：

$$\psi N_0 + N_l \leqslant \eta\gamma f A_l \tag{5-44}$$

$$\psi = 1.5 - 0.5\frac{A_0}{A_l} \tag{5-45}$$

$$N_0 = \sigma_0 A_l \tag{5-46}$$

$$A_l = a_0 b \tag{5-47}$$

$$a_0 = 10\sqrt{\frac{h_c}{f}} \tag{5-48}$$

式中 ψ——上部荷载的折减系数，当 A_0/A_l 大于等于3时，应取 ψ 等于0；

N_0——局部受压面积内上部轴向力设计值（N），作用于上部墙体的截面重心处；

N_l——梁端支承压力设计值（N）；

σ_0——上部平均压应力设计值（N/mm^2）；

η——梁端底面压应力图形的完整系数，可取0.7，对于过梁和墙梁可取1.0；

a_0——梁端有效支承长度（mm），当 a_0 大于 a 时，应取 a_0 等于 a；

a——梁端实际支承长度（mm）；

b——梁的截面宽度（mm）；

h_c——梁的截面高度（mm）；

f——砌体的抗压强度设计值（MPa）。

2）梁端支承处砖砌体的局部受压承载力设计值 $\eta\gamma f A_l$(kN)，见表5.4-14～表5.4-19。

说明：(A) 本表所指的梁端局部受压的受力方式见图5.4-6。

(B) 本表中数值按 $\eta = 0.7$ 计算所得，对于过梁和墙梁表中承载力设计值 N_l 乘以系数1.43后采用。

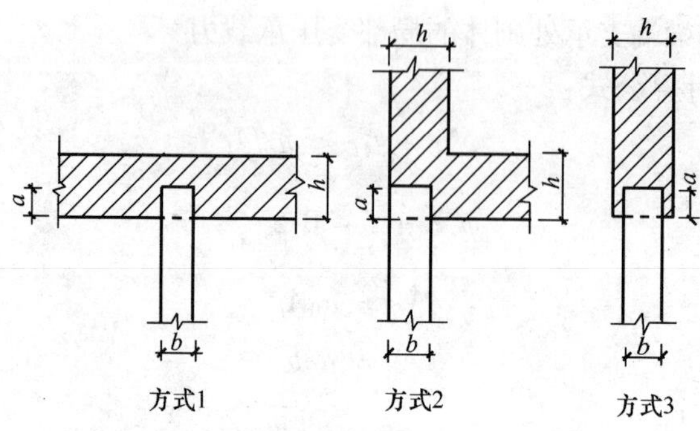

图 5.4-6　梁端局部受压的受力方式

（C）本表仅适用于梁的实际支承长度大于有效支承长度 a_0 的情况。

（D）a、b、h_c 的单位为 mm。

梁端砖砌体的局部受压承载力设计值 $\eta\gamma fA_l$（kN）

（图 5.4-6 方式 1，墙厚 $h=240$mm）　　**表 5.4-14**

b (mm)	h_c (mm)	MU10								
		M5			M7.5			M10		
		a_0	ψ	N_{LU}	a_0	ψ	N_{LU}	a_0	ψ	N_{LU}
120	250	129	0	32.51	122	0	34.64	115	0	35.36
	300	141	0	34.91	133	0	37.60	126	0	38.77
	350	153	0	36.93	144	0	39.82	136	0	41.37
180	300	141	0	48.00	133	0	51.81	126	0	53.93
	350	153	0	50.98	144	0	54.93	136	0	57.03
	400	163	0	53.42	154	0	57.71	145	0	59.78
200	350	153	0	55.54	144	0	59.83	136	0	62.11
	400	163	0	58.21	154	0	62.88	145	0	65.12
	450	173	0	60.85	163	0	65.58	154	0	68.09
	500	183	0	63.44	172	0	68.25	163	0	71.01
250	400	163	0	69.99	154	0	75.58	145	0	78.25
	450	173	0	73.17	163	0	78.85	154	0	81.84
	500	183	0	76.32	172	0	82.09	163	0	85.38
	550	191	0	78.81	180	0	84.93	170	0	88.12
300	450	173	0	85.29	163	0	91.90	154	0	75.37
	500	183	0	88.96	172	0	95.68	163	0	99.51
	550	191	0	91.87	180	0	99.00	170	0	102.70
	600	200	0	95.10	188	0	102.28	178	0	105.62
	650	208	0	97.95	196	0	105.54	185	0	109.43
	700	216	0	100.77	204	0	108.76	192	0	112.52

续表

b (mm)	h_c (mm)	MU15								
		M5			M7.5			M10		
		a_0	ψ	N_{LU}	a_0	ψ	N_{LU}	a_0	ψ	N_{LU}
120	250	117	0	35.97	110	0	38.25	104	0	40.36
	300	128	0	39.35	120	0	41.73	114	0	44.24
	350	138	0	41.81	130	0	45.21	123	0	47.73
180	300	128	0	54.55	120	0	58.87	114	0	63.29
	350	138	0	57.65	130	0	67.41	123	0	66.89
	400	148	0	60.69	139	0	65.55	132	0	70.43
200	350	138	0	62.78	130	0	67.96	123	0	70.43
	400	148	0	66.11	139	0	71.40	132	0	72.83
	450	157	0	69.07	147	0	74.41	140	0	76.70
	500	165	0	71.66	155	0	77.39	147	0	80.10
250	400	148	0	79.46	139	0	85.78	132	0	92.13
	450	157	0	83.03	147	0	89.42	140	0	96.24
	500	165	0	86.17	155	0	93.03	147	0	99.79
	550	173	0	89.27	163	0	96.58	154	0	103.31
300	450	157	0	96.75	147	0	104.19	140	0	112.11
	500	165	0	100.43	155	0	108.40	147	0	116.27
	550	173	0	104.05	163	0	112.56	154	0	120.38
	600	181	0	107.65	170	0	116.17	161	0	124.45
	650	188	0	110.76	177	0	119.74	168	0	128.49
	700	196	0	114.28	184	0	123.27	174	0	131.92

梁端砖砌体的局部受压承载力设计值 $\eta\gamma fA_l$（kN）

（图 5.4-6 方式 2，墙厚 $h=240$mm）　**表 5.4-15**

b (mm)	h_c (mm)	MU10								
		M5			M7.5			M10		
		a_0	ψ	N_{LU}	a_0	ψ	N_{LU}	a_0	ψ	N_{LU}
120	250	129	0	24.38	122	0	25.98	115	0	26.52
	300	141	0	26.65	133	0	28.32	126	0	29.05
	350	153	0	28.92	144	0	30.66	136	0	31.36
180	300	141	0	39.97	133	0	42.48	126	0	43.58
	350	153	0	43.38	144	0	46.00	136	0	47.04
	400	163	0	46.21	154	0	49.19	145	0	50.15

续表

b (mm)	h_c (mm)	MU10								
		M5			M7.5			M10		
		a_0	ψ	N_{LU}	a_0	ψ	N_{LU}	a_0	ψ	N_{LU}
200	350	153	0	48.20	144	0	51.11	136	0	52.26
	400	163	0	51.34	154	0	54.65	145	0	55.72
	450	173	0	54.50	163	0	57.85	154	0	59.18
	500	183	0	57.64	172	0	61.04	163	0	62.64
250	400	163	0	64.18	154	0	68.32	145	0	69.65
	450	173	0	68.12	163	0	72.31	154	0	73.98
	500	183	0	72.06	172	0	76.30	163	0	78.30
	550	191	0	75.21	180	0	79.85	170	0	81.66
300	450	173	0	81.74	163	0	86.77	154	0	88.77
	500	183	0	86.47	172	0	91.56	163	0	93.96
	550	191	0	90.25	180	0	95.82	170	0	98.00
	600	200	0.020	93.87	188	0	100.08	178	0	102.61
	650	208	0.062	96.84	196	0	104.34	185	0	106.64
	700	216	0.100	99.99	204	0	108.60	192	0	110.68

b (mm)	h_c (mm)	MU15								
		M5			M7.5			M10		
		a_0	ψ	N_{LU}	a_0	ψ	N_{LU}	a_0	ψ	N_{LU}
120	250	117	0	26.98	110	0	28.69	104	0	30.27
	300	128	0	29.51	120	0	31.30	114	0	33.18
	350	138	0	31.82	130	0	33.91	123	0	35.80
180	300	128	0	44.27	139	0	48.95	114	0	49.77
	350	138	0	47.73	130	0	50.86	123	0	53.70
	400	148	0	51.19	139	0	54.38	132	0	57.63
200	350	138	0	53.03	150	0	56.51	123	0	59.67
	400	148	0	56.88	159	0	60.42	132	0	64.03
	450	157	0	60.34	147	0	63.90	140	0	67.91
	500	165	0	63.41	155	0	67.38	147	0	71.31
250	400	148	0	71.10	139	0	75.53	132	0	80.04
	450	157	0	75.42	147	0	79.88	140	0	84.69
	500	165	0	79.26	155	0	84.22	147	0	89.14
	550	173	0	83.10	163	0	88.97	154	0	93.38
300	450	157	0	90.50	147	0	95.85	140	0	101.87
	500	165	0	95.11	155	0	101.07	147	0	106.96
	550	173	0	99.73	163	0	106.28	154	0	112.06
	600	181	0	104.34	170	0	110.85	161	0	117.15
	650	188	0	108.37	177	0	115.41	168	0	122.24
	700	196	0	110.64	184	0	119.98	174	0	126.61

梁端砖砌体的局部受压承载力设计值 $\eta\gamma f A_l$（kN）

（图 5.4-6 方式 3，墙厚 h = 240mm） **表 5.4-16**

b (mm)	h_c (mm)	MU10								
		M5			M7.5			M10		
		a_0	ψ	N_{LU}	a_0	ψ	N_{LU}	a_0	ψ	N_{LU}
120	250	129	0	20.32	122	0	21.65	115	0	22.82
	300	141	0	22.21	133	0	23.60	126	0	25.00
	350	153	0	24.10	144	0	25.55	136	0	26.99
180	300	141	0	33.31	133	0	35.40	126	0	37.51
	350	153	0	36.15	144	0	38.33	136	0	40.48
	400	163	0	38.51	154	0	40.99	145	0	43.16
200	350	153	0	40.16	144	0	42.56	136	0	44.98
	400	163	0.017	42.79	154	0	45.55	145	0	47.96
	450	173	0.068	45.41	163	0.017	48.21	154	0	50.94
	500	183	0.113	48.04	172	0.063	50.87	163	0.17	53.91
250	400	163	0.313	53.48	154	0.272	56.93	145	0.226	59.95
	450	173	0.345	56.77	163	0.313	60.26	154	0.272	63.67
	500	183	0.390	60.05	172	0.350	63.59	163	0.313	67.39
	550	191	0.417	62.67	180	0.380	66.54	170	0.342	70.28
	600	200	0.444	65.63	188	0.407	69.50	178	0.373	73.59
	650	208	0.466	68.25	196	0.432	72.46	185	0.393	76.49
	700	216	0.487	70.88	204	0.455	75.42	192	0.410	79.38

b (mm)	h_c (mm)	MU15								
		M5			M7.5			M10		
		a_0	ψ	N_{LU}	a_0	ψ	N_{LU}	a_0	ψ	N_{LU}
120	250	117	0	22.48	110	0	23.91	104	0	25.23
	300	128	0	24.60	120	0	26.08	114	0	27.65
	350	138	0	26.52	130	0	28.26	123	0	29.83
180	300	128	0	36.89	120	0	39.12	114	0	41.48
	350	138	0	39.78	130	0	42.38	123	0	44.75
	400	148	0	42.66	139	0	45.32	132	0	48.02
200	350	138	0	44.19	130	0	47.09	123	0	49.72
	400	148	0	47.40	139	0	50.35	132	0	53.36
	450	157	0	50.28	147	0	53.25	140	0	56.60
	500	165	0.027	52.84	155	0	56.15	147	0	59.42
250	400	148	0.242	59.25	139	0.191	62.94	132	0.147	66.70
	450	157	0.286	62.85	147	0.236	66.56	140	0.197	70.74
	500	165	0.322	66.05	155	0.277	70.18	147	0.236	74.28
	550	173	0.354	69.25	163	0.313	73.81	154	0.272	77.82
	600	181	0.384	72.46	170	0.342	76.98	161	0.304	81.36
	650	188	0.407	75.26	177	0.369	80.15	168	0.334	84.89
	700	196	0.432	78.46	184	0.394	83.32	174	0.358	87.92

梁端砖砌体的局部受压承载力设计值 $\eta\gamma fA_l$（kN）

（图 5.4-6 方式 1，墙厚 $h=370$mm）　表 5.4-17

b (mm)	h_c (mm)	MU10								
		M5			M7.5			M10		
		a_0	ψ	N_{LU}	a_0	ψ	N_{LU}	a_0	ψ	N_{LU}
120	250	129	0	32.51	122	0	34.64	115	0	36.51
	300	141	0	35.53	133	0	37.76	126	0	40.01
	350	153	0	38.56	144	0	40.88	136	0	43.10
180	300	141	0	53.30	133	0	56.64	126	0	60.01
	350	153	0	57.83	144	0	61.33	136	0	64.77
	400	163	0	61.61	154	0	65.59	145	0	69.06
200	350	153	0	64.26	144	0	68.14	136	0	71.97
	400	163	0	68.46	154	0	72.87	145	0	76.73
	450	173	0	72.66	163	0	77.13	154	0	81.50
	500	183	0	76.86	172	0	81.39	163	0	86.26
250	400	163	0	85.12	154	0	91.09	145	0	95.92
	450	173	0	88.85	163	0	95.90	154	0	101.87
	500	183	0	92.54	172	0	99.69	163	0	107.25
	550	191	0	95.46	180	0	103.02	170	0	110.55
300	450	173	0	102.80	163	0	110.91	154	0	119.04
	500	183	0	107.10	172	0	115.33	163	0	124.04
	550	191	0	110.51	180	0	119.22	170	0	127.89
	600	200	0	114.30	188	0	123.07	178	0	132.25
	650	208	0	117.65	196	0	126.89	185	0	136.02
	700	216	0	120.96	204	0	130.67	192	0	139.77
b (mm)	h_c (mm)	MU15								
		M5			M7.5			M10		
		a_0	ψ	N_{LU}	a_0	ψ	N_{LU}	a_0	ψ	N_{LU}
120	250	117	0	35.97	110	0	38.25	104	0	40.36
	300	128	0	39.35	120	0	41.73	114	0	44.24
	350	138	0	42.43	130	0	45.21	123	0	47.73
180	300	128	0	59.03	120	0	62.60	114	0	66.36
	350	138	0	63.64	130	0	67.81	123	0	71.60
	400	148	0	68.25	139	0	72.51	132	0	76.84
200	350	138	0	70.71	130	0	75.35	123	0	79.56
	400	148	0	75.84	139	0	80.56	132	0	85.38
	450	157	0	80.45	147	0	85.20	140	0	90.55
	500	165	0	84.55	155	0	59.84	147	0	95.08

续表

b (mm)	h_c (mm)	MU15								
		M5			M7.5			M10		
		a_0	ψ	N_{LU}	a_0	ψ	N_{LU}	a_0	ψ	N_{LU}
250	400	148	0	94.79	139	0	100.71	132	0	106.72
	450	157	0	100.56	147	0	106.50	140	0	113.15
	500	165	0	104.76	155	0	112.30	147	0	118.85
	550	173	0	108.49	163	0	117.46	154	0	124.51
300	450	157	0	116.58	147	0	126.06	140	0	135.82
	500	165	0	121.17	155	0	130.98	147	0	140.68
	550	173	0	125.42	163	0	135.85	154	0	145.49
	600	181	0	129.62	170	0	140.07	161	0	150.25
	650	188	0	133.27	177	0	144.25	168	0	154.97
	700	196	0	137.40	184	0	148.39	174	0	158.98

梁端砖砌体的局部受压承载力设计值 $\eta\gamma fA_l$（kN）

（图 5.4-6 方式 2，墙厚 $h=370$mm） **表 5.4-18**

b (mm)	h_c (mm)	MU10								
		M5			M7.5			M10		
		a_0	ψ	N_{LU}	a_0	ψ	N_{LU}	a_0	ψ	N_{LU}
120	250	129	0	24.38	122	0	25.98	115	0	27.39
	300	141	0	26.65	133	0	28.32	126	0	30.01
	350	153	0	28.92	144	0	30.66	136	0	32.39
180	300	141	0	39.97	133	0	42.48	126	0	45.01
	350	153	0	43.38	144	0	46.00	136	0	48.58
	400	163	0	46.21	154	0	49.19	145	0	51.80
200	350	153	0	48.20	144	0	51.11	136	0	53.98
	400	163	0	51.34	154	0	54.65	145	0	57.55
	450	173	0	54.50	163	0	57.85	154	0	61.12
	500	183	0	57.64	172	0	61.04	163	0	64.69
250	400	163	0	64.18	154	0	68.32	145	0	71.94
	450	173	0	68.12	163	0	72.31	154	0	76.40
	500	183	0	72.06	172	0	76.30	163	0	80.87
	550	191	0	75.21	180	0	79.85	170	0	84.34
300	450	173	0	81.74	163	0	86.77	154	0	91.68
	500	183	0	86.47	172	0	91.56	163	0	97.04
	550	191	0	90.25	180	0	95.82	170	0	101.21
	600	200	0	94.50	188	0	100.08	178	0	105.97
	650	208	0	98.28	196	0	104.34	185	0	110.14
	700	216	0	102.06	204	0	108.60	192	0	114.31

续表

b (mm)	h_c (mm)	MU15								
		M5			M7.5			M10		
		a_0	ψ	N_{LU}	a_0	ψ	N_{LU}	a_0	ψ	N_{LU}
120	250	117	0	26.98	110	0	28.69	104	0	30.27
	300	128	0	29.51	120	0	31.30	114	0	33.18
	350	138	0	31.82	130	0	33.91	123	0	35.80
180	300	128	0	44.27	120	0	46.95	114	0	49.77
	350	138	0	47.73	130	0	50.86	123	0	53.70
	400	148	0	51.19	139	0	54.38	132	0	57.63
200	350	13/8	0	53.03	130	0	56.51	123	0	59.67
	400	148	0	56.88	139	0	60.42	132	0	64.03
	450	157	0	60.34	147	0	63.90	140	0	67.91
	500	165	0	63.41	155	0	67.38	147	0	71.31
250	400	148	0	71.10	139	0	75.53	132	0	80.04
	450	157	0	75.42	147	0	79.88	140	0	84.89
	500	165	0	79.26	155	0	84.22	147	0	89.14
	550	173	0	83.10	163	0	88.57	154	0	93.38
300	450	157	0	90.50	147	0	95.85	140	0	101.87
	500	165	0	95.11	155	0	101.07	147	0	106.96
	550	173	0	99.73	163	0	106.28	154	0	112.06
	600	181	0	104.34	170	0	110.85	161	0	117.15
	650	188	0	108.37	177	0	115.41	168	0	122.24
	700	196	0	112.98	184	0	119.98	174	0	126.61

梁端砖砌体的局部受压承载力设计值 $\eta\gamma fA_l$（kN）

（图5.4-6方式3，墙厚 $h=370$mm）　　**表5.4-19**

b (mm)	h_c (mm)	MU10								
		M5			M7.5			M10		
		a_0	ψ	N_{LU}	a_0	ψ	N_{LU}	a_0	ψ	N_{LU}
120	250	129	0	20.32	122	0	21.65	115	0	22.82
	300	141	0	22.21	133	0	23.60	126	0	25.00
	350	153	0	24.10	144	0	25.55	136	0	26.99
180	300	141	0	33.31	133	0	35.40	126	0	37.51
	350	153	0	36.15	144	0	38.33	136	0	40.48
	400	163	0	38.51	154	0	40.99	145	0	43.16
200	350	153	0	40.16	144	0	42.59	136	0	44.98
	400	163	0	42.79	154	0	45.55	145	0	47.96
	450	173	0	45.41	163	0	48.21	154	0	50.94
	500	183	0	48.04	172	0	50.87	163	0	53.91

续表

b (mm)	h_c (mm)	MU10								
		M5			M7.5			M10		
		a_0	ψ	N_{LU}	a_0	ψ	N_{LU}	a_0	ψ	N_{LU}
250	400	163	0	53.48	154	0	56.93	145	0	59.95
	450	173	0	56.77	163	0	60.26	154	0	63.67
	500	183	0	60.05	172	0	63.59	163	0	67.39
	550	191	0	62.67	180	0	66.54	170	0	70.28
300	450	173	0	68.12	163	0	72.31	154	0	76.40
	500	183	0	72.06	172	0	76.30	163	0	80.87
	550	191	0	75.21	180	0	79.85	170	0	84.34
	600	200	0	78.75	188	0	83.40	178	0	88.31
	650	208	0	81.90	196	0	86.95	185	0	91.78
	700	216	0	85.05	204	0	90.50	192	0	95.26

b (mm)	h_c (mm)	MU15								
		M5			M7.5			M10		
		a_0	ψ	N_{LU}	a_0	ψ	N_{LU}	a_0	ψ	N_{LU}
120	250	117	0	22.48	110	0	23.91	104	0	25.23
	300	128	0	24.60	120	0	26.08	114	0	27.65
	350	138	0	26.52	130	0	28.26	123	0	29.83
180	300	128	0	36.89	120	0	39.12	114	0	41.48
	350	138	0	29.78	130	0	42.38	123	0	44.75
	400	148	0	42.66	139	0	45.41	132	0	48.02
200	350	138	0	44.19	130	0	47.09	123	0	49.72
	400	148	0	47.40	139	0	50.35	132	0	53.36
	450	157	0	50.28	147	0	53.25	140	0	56.60
	500	165	0	52.84	155	0	56.15	147	0	59.42
250	400	148	0	59.25	139	0	62.94	132	0	66.70
	450	157	0	62.85	147	0	66.56	140	0	70.74
	500	165	0	66.05	155	0	70.19	147	0	74.28
	550	173	0	69.25	163	0	73.81	154	0	77.82
300	450	157	0	75.42	147	0	79.88	140	0	84.89
	500	165	0	79.26	155	0	84.22	147	0	89.14
	550	173	0	83.10	163	0	88.57	154	0	93.38
	600	181	0	86.95	170	0	92.37	161	0	97.63
	650	188	0	90.31	177	0	96.18	168	0	101.87
	700	196	0	94.15	184	0	99.98	174	0	105.51

（3）在梁端设有刚性垫块的砌体局部受压承载力计算

1）计算公式：

$$N_0 + N_l \leqslant \varphi\gamma_1 f A_b \tag{5-49}$$

$$N_0 = \sigma_0 A_b \tag{5-50}$$

$$A_b = a_b b_b \tag{5-51}$$

式中　N_0——垫块面积 A_b 内上部轴向力设计值（N）；

φ——垫块上 N_0 及 N_l 合力的影响系数，应采用表 5.4-5 ~ 表 5.4-7 当 β 小于等于 3 时的 φ 值；

γ_1——垫块外砌体面积的有利影响系数，γ_1 应为 0.8γ，但不小于 1.0。γ 为砌体局部抗压强度提高系数，按公式（5-51）以 A_b 代替 A_l 计算得出；

A_b——垫块面积（mm）；

a_b——垫块伸入墙内的长度（mm）；

b_b——垫块的宽度（mm）。

2）刚性垫块的构造应符合下列规定：

（A）刚性垫块的高度不宜小于 180mm，自梁边算起的垫块挑出长度不宜大于垫块高度 t_b；

（B）在带壁柱墙的壁柱内设刚性垫块时（图 5.4-7），其计算面积应取壁柱范围内的面积，而不应计算翼缘部分，同时壁柱上垫块伸入翼墙内的长度不应小于 120mm；

（C）当现浇垫块与梁端整体浇筑时，垫块可在梁高范围内设置；

（D）按构造要求配置双层钢筋网的钢筋混凝土刚性垫块，其体积配筋率不应小于 0.05%，如果采用绑扎骨架时，应采用封闭式箍筋。

3）梁端设有刚性垫块时，刚性垫块上表面梁端有效支承长度 $a_{0,b}$ 应按下式计算：

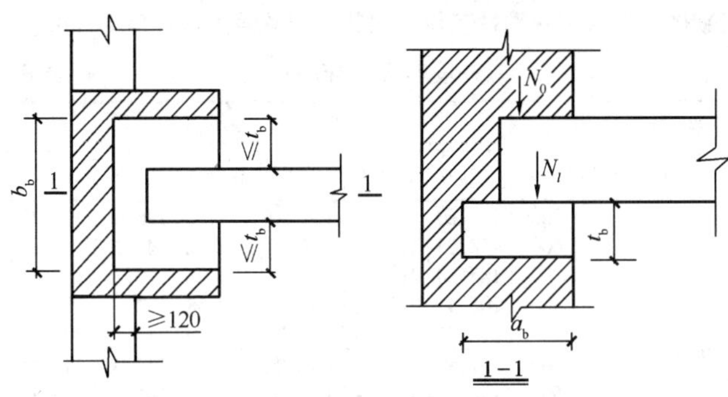

图 5.4-7 壁柱上设有垫块时梁端局部受压

$$a_{0,b} = \delta_1\sqrt{\frac{h}{f}} \tag{5-52}$$

式中 δ_1——刚性垫块的影响系数，可按表 5.4-20 采用。垫块上 N_l 作用点的位置可取 $0.4a_{0,b}$处。

系数 δ_1 值表 **表 5.4-20**

σ_0/f	0	0.2	0.4	0.6	0.8
δ_1	5.4	5.7	6.0	6.9	7.8

注：表中其间的数值可采用插入法求得。

4）梁端设置预制刚性垫块的砖砌体局部受压承载力设计值 $\varphi\gamma_1 fA_b$（kN），见表 5.4-21、表 5.4-22。梁端设置刚性垫块平面示意图见图 5.4-8。

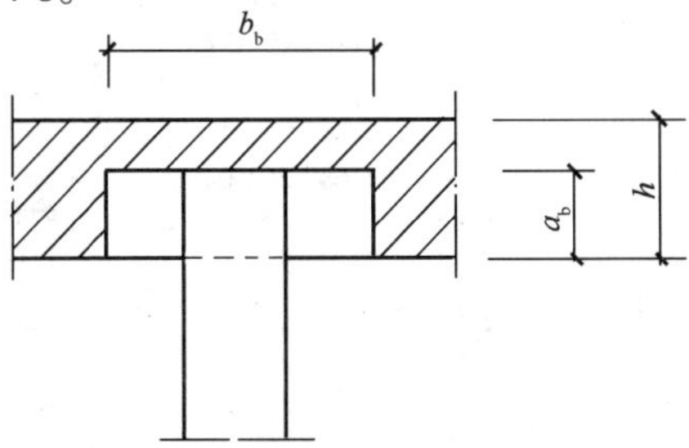

图 5.4-8 梁端设置刚性垫块平面示意图

砖墙砌体上设置预制刚性垫块的局部受压承载力设计值 $\varphi\gamma_1 fA_b$（kN）
（墙厚 h = 240mm）　表 5.4-21

砖强度等级	砂浆强度等级	a_b（mm）	b_b（mm）	e/a_b 0.000	0.001	0.025	0.050	0.075	0.100	0.125
MU10	M2.5	180	500	135.20	135.04	134.20	131.27	126.66	120.72	113.85
			600	158.83	158.64	157.65	154.21	148.79	141.82	133.75
			700	182.28	182.06	180.93	176.98	170.76	162.76	153.50
			800	205.56	205.31	204.04	199.58	192.57	183.54	173.10
			900	228.75	228.48	227.06	222.09	214.29	204.25	192.63
		240	500	167.59	167.39	166.35	162.71	157.00	149.64	141.13
			600	196.63	196.39	195.17	190.91	184.20	175.57	165.58
			700	225.37	225.10	223.70	218.81	211.13	201.23	189.78
			800	253.82	253.52	251.94	246.43	237.78	226.64	213.74
			900	282.06	281.72	279.97	273.85	264.23	251.85	237.52
MU10	M5	180	500	156.01	155.82	154.86	157.47	146.15	139.30	131.38
			600	183.27	183.05	181.91	177.94	171.69	163.64	154.33
			700	210.32	210.07	208.76	204.20	197.03	187.79	177.11
			800	237.19	236.91	235.43	230.29	222.20	211.79	199.74
			900	263.95	263.63	262.00	256.27	247.27	235.68	222.27
		240	500	193.37	193.14	191.94	187.74	181.15	172.66	162.84
			600	226.89	226.62	225.21	220.29	212.55	202.59	191.06
			700	260.04	259.73	258.12	252.47	243.61	232.19	218.98
			800	292.87	292.52	290.70	284.35	274.36	261.50	246.63
			900	325.46	325.07	323.05	315.99	304.89	290.60	274.07
MU10	M7.5	180	500	175.77	175.56	174.47	170.66	164.66	156.95	148.02
			600	206.48	206.23	204.95	200.47	193.43	184.37	173.88
			700	236.96	236.68	235.21	230.06	221.98	211.58	199.54
			800	267.23	266.91	265.25	259.45	250.34	238.61	225.03
			900	297.38	297.03	295.18	288.73	278.59	265.53	250.42
		240	500	217.87	217.61	216.26	211.53	204.10	194.54	183.47
			600	255.63	255.32	253.74	248.19	239.47	228.25	215.27
			700	292.98	292.63	290.81	284.45	274.46	261.60	246.72
			800	329.96	329.56	327.52	320.87	309.11	294.62	277.86
			900	366.68	366.24	363.97	356.01	343.51	327.41	308.78
MU10	M10	180	500	196.57	196.33	195.12	190.85	184.15	175.52	165.53
			600	230.92	230.64	229.21	224.20	216.33	206.19	194.46
			700	265.00	264.68	263.04	257.29	248.25	236.62	223.16
			800	298.86	298.50	296.65	290.16	279.97	266.85	251.67
			900	332.57	332.17	330.11	322.89	311.55	296.59	280.06
		240	500	243.65	243.36	241.85	236.56	228.25	217.56	205.18
			600	285.88	285.54	283.76	277.56	267.81	255.26	240.74
			700	327.65	327.26	325.23	318.12	306.94	292.56	275.91
			800	369.01	368.57	366.28	358.27	345.69	329.49	310.74
			900	410.08	409.59	407.05	398.15	384.16	366.16	345.33

续表

砖强度等级	砂浆强度等级	a_b (mm)	b_b (mm)	e/a_b						
				0.000	0.001	0.025	0.050	0.075	0.100	0.125
MU15	M2.5	180	500	166.41	166.21	165.18	161.57	155.89	148.59	140.13
			600	195.49	195.26	194.04	189.80	183.14	174.55	164.62
			700	224.34	224.07	222.68	217.81	210.16	200.31	188.92
			800	253.00	252.70	251.13	245.64	237.01	225.90	213.05
			900	281.54	281.20	279.46	273.35	263.75	251.39	237.08
		240	500	206.27	206.02	204.74	200.27	193.23	184.18	173.70
			600	242.01	241.72	240.22	234.97	226.71	216.09	203.80
			700	277.37	277.04	275.32	269.30	259.84	247.66	233.57
			800	312.39	312.02	310.08	303.20	292.65	278.93	263.06
			900	317.19	346.74	344.59	337.06	325.22	309.98	292.34
MU15	M5	180	500	190.33	190.10	188.92	184.79	178.30	199.64	160.28
			600	223.59	223.32	221.94	217.08	209.46	229.11	188.29
			700	256.59	256.28	254.69	249.12	240.37	258.38	216.07
			800	289.37	289.02	287.23	280.95	271.08	287.52	243.68
			900	322.01	321.62	319.63	312.64	301.66	210.65	271.16
		240	500	235.92	235.64	234.17	229.05	221.01	210.65	198.67
			600	276.80	276.47	274.75	268.75	259.31	247.15	233.09
			700	317.25	316.87	314.90	308.02	297.20	283.27	267.16
			800	357.30	356.87	354.66	346.90	334.72	319.03	300.88
			900	397.06	396.58	394.12	385.51	371.97	354.53	334.36
MU15	M7.5	180	500	215.29	215.03	213.70	209.03	201.68	192.23	181.30
			600	252.91	252.61	251.04	245.55	236.93	225.82	212.98
			700	290.24	289.89	288.09	281.79	271.90	259.16	244.41
			800	327.32	326.93	324.90	317.79	306.63	392.26	275.64
			900	364.25	363.81	361.55	353.65	341.23	325.24	306.73
		240	500	266.86	266.54	264.89	259.09	249.99	238.28	224.72
			600	313.10	312.72	310.78	303.99	293.31	279.57	263.66
			700	358.85	358.42	356.19	348.41	336.17	320.42	302.19
			800	404.16	403.68	401.17	392.40	378.62	360.87	340.34
			900	449.13	448.59	445.81	436.06	420.74	401.03	378.21
MU15	M10	180	500	240.25	239.96	238.47	233.26	225.07	214.52	202.31
			600	282.24	281.90	280.15	274.30	264.40	252.01	237.67
			700	323.89	323.50	321.49	314.46	303.42	289.20	272.75
			800	365.27	364.83	362.57	354.64	342.18	326.15	307.59
			900	406.48	405.99	403.47	394.65	380.79	362.95	392.30
		240	500	297.80	297.44	295.60	289.13	278.98	265.91	250.78
			600	349.41	348.99	346.82	339.24	327.33	311.99	294.24
			700	400.46	399.98	397.50	388.81	375.75	357.57	337.23
			800	451.02	450.48	447.68	437.90	422.52	402.72	379.80
			900	501.21	500.61	497.50	486.62	469.53	447.53	422.07

续表

砖强度等级	砂浆强度等级	a_b (mm)	b_b (mm)	e/a_b 0.150	0.175	0.200	0.225	0.250	0.275	0.300
MU10	M2.5	180	500	106.46	98.87	91.35	84.11	77.25	70.87	65.00
			600	125.06	116.15	107.32	98.81	90.76	83.26	76.37
			700	143.53	133.30	123.17	113.40	104.15	95.55	87.64
			800	161.86	150.33	138.90	127.88	117.46	107.75	98.83
			900	180.12	167.28	154.57	142.31	130.71	119.91	109.99
		240	500	131.96	122.56	113.24	104.26	95.76	87.85	80.58
			600	154.83	143.80	132.86	122.32	112.35	103.07	94.54
			700	177.46	164.81	152.28	140.20	126.78	118.14	108.36
			800	199.86	185.62	171.51	157.90	145.03	133.05	122.04
			900	222.09	206.27	190.59	175.47	161.17	147.86	135.61
MU10	M5	180	500	122.84	114.09	105.42	97.05	89.14	81.78	75.01
			600	144.31	134.03	123.84	144.01	104.72	96.07	88.12
			700	165.61	153.81	142.11	130.84	120.18	110.25	101.12
			800	186.76	173.46	160.27	147.56	135.53	124.33	114.04
			900	207.83	193.03	178.35	164.20	150.02	138.36	126.91
		240	500	152.26	141.41	130.66	120.30	110.49	101.36	92.97
			600	178.65	165.92	153.31	141.15	129.64	118.94	109.09
			700	204.76	190.17	175.71	161.77	148.59	136.31	125.03
			800	230.61	214.18	197.89	182.19	167.34	153.52	140.81
			900	256.27	238.01	219.91	202.47	185.97	170.61	156.48
MU10	M7.5	180	500	138.40	128.54	118.77	109.35	100.43	92.14	84.51
			600	162.58	151.00	139.52	128.45	117.98	108.24	99.28
			700	186.58	173.29	160.11	147.41	135.40	124.21	113.93
			800	210.42	195.43	180.57	166.24	152.70	140.08	128.48
			900	234.16	217.47	200.94	185.00	169.92	155.89	142.98
		240	500	171.55	159.33	147.21	135.54	124.49	114.21	109.75
			600	201.28	186.94	172.73	159.03	146.07	134.00	122.91
			700	230.69	214.26	197.97	182.26	167.41	153.58	140.86
			800	259.81	241.30	222.95	205.27	188.54	172.97	158.64
			900	288.72	268.15	247.77	228.11	209.52	192.21	176.30
MU10	M10	180	500	154.78	143.75	132.82	122.29	112.32	103.04	94.51
			600	181.83	168.87	156.03	143.66	131.95	121.05	111.03
			700	208.66	193.79	179.06	164.86	151.42	138.91	127.41
			800	235.32	218.56	201.94	185.92	170.77	156.66	143.69
			900	261.87	243.21	224.72	206.89	190.03	174.33	159.90
		240	500	191.85	178.18	164.63	151.57	139.22	127.72	117.15
			600	225.10	209.06	193.17	177.85	163.35	149.86	137.45
			700	257.99	239.61	221.39	203.83	187.22	171.75	157.53
			800	290.56	269.86	249.34	229.56	210.85	193.44	177.42
			900	322.90	299.89	277.09	255.11	234.32	214.96	197.17

续表

砖强度等级	砂浆强度等级	a_b (mm)	b_b (mm)	e/a_b						
				0.150	0.175	0.200	0.225	0.250	0.275	0.300
MU15	M2.5	180	500	131.03	121.70	112.44	103.52	95.09	87.23	80.01
			600	153.93	142.96	132.09	121.61	111.70	102.48	93.99
			700	176.64	164.06	151.59	139.56	128.19	117.60	107.86
			800	199.21	185.02	170.95	157.39	144.56	132.62	121.69
			900	221.68	205.89	190.24	175.15	160.87	147.58	135.36
		240	500	162.42	150.84	139.38	128.32	117.86	108.13	99.17
			600	190.56	176.98	163.53	150.55	138.28	126.86	116.36
			700	218.40	202.84	187.42	172.55	158.49	145.40	133.36
			800	245.98	228.45	211.08	194.34	178.50	163.75	150.20
			900	273.35	253.88	234.58	215.97	198.37	181.98	166.91
MU15	M5	180	500	149.86	139.19	128.60	118.40	108.75	99.77	91.51
			600	176.05	163.51	151.08	139.10	127.76	117.20	107.50
			700	202.04	187.64	173.38	159.62	146.62	134.50	123.37
			800	227.85	211.62	195.53	180.02	165.35	151.69	139.13
			900	253.55	235.49	217.58	200.32	184.00	168.80	154.82
		240	500	185.76	172.53	159.41	146.77	134.08	123.67	113.43
			600	217.95	202.42	157.03	172.20	158.16	145.10	133.09
			700	249.80	232.00	214.37	197.36	181.28	166.30	152.53
			800	281.34	261.29	241.43	222.28	204.16	187.30	171.79
			900	312.64	290.37	268.29	247.01	226.88	208.14	190.91
MU15	M7.5	180	500	169.52	157.44	145.47	133.93	123.02	112.86	103.51
			600	199.14	184.95	170.89	157.34	114.51	132.58	121.60
			700	228.53	212.25	196.12	180.56	165.84	152.14	139.55
			800	257.73	239.37	221.17	203.63	187.03	171.58	157.38
			900	286.81	266.38	246.12	226.60	208.13	190.94	175.13
		240	500	210.13	195.15	180.32	166.01	152.48	139.89	128.31
			600	246.53	228.97	211.56	194.78	178.90	164.13	150.54
			700	282.56	262.43	242.47	223.24	205.05	188.11	172.54
			800	318.24	295.56	273.09	251.43	230.94	211.86	194.32
			900	353.64	328.45	303.48	279.40	256.63	235.43	215.94
MU15	M10	180	500	189.17	175.69	162.34	149.46	137.28	125.94	115.51
			600	222.24	206.40	190.71	175.58	161.27	147.95	135.70
			700	255.03	236.86	218.85	201.49	185.07	169.78	155.73
			800	287.61	267.12	246.81	227.23	208.72	191.47	175.62
			900	320.60	297.26	274.66	252.87	232.26	213.08	195.44
		240	500	234.49	217.78	201.22	185.26	170.16	156.11	143.18
			600	275.13	255.52	236.10	217.37	199.65	183.16	168.00
			700	315.32	292.86	270.59	749.13	228.82	209.92	192.54
			800	355.13	329.83	304.75	280.58	257.71	236.45	216.85
			900	394.65	366.53	338.67	311.80	286.39	262.73	240.98

注：1. 本表中的砖砌体是指烧结普通砖、烧结多孔砖，混合砂浆砌筑；
2. 垫块厚度 t_b 尚应满足梁端垫块的构造要求。

砖墙砌体上设置预制刚性垫块的局部受压承载力设计值 $\varphi\gamma_1 fA_b$（kN）

（墙厚 $h=370$mm）　　表 5.4-22

砖强度等级	砂浆强度等级	a_b (mm)	b_b (mm)	e/a_b 0.000	0.001	0.025	0.050	0.075	0.100	0.125
MU10	M2.5	180	500	159.92	159.73	158.74	155.27	149.81	142.79	134.67
			600	186.82	186.60	185.44	181.38	175.01	166.81	157.32
			700	213.45	213.19	211.87	207.24	199.96	190.59	179.75
			800	239.90	239.61	238.12	232.92	224.74	214.21	202.02
			900	266.20	265.88	264.23	258.45	249.38	237.69	224.17
		240	500	198.20	197.96	196.73	192.43	185.67	176.97	166.90
			600	231.68	231.40	229.97	224.94	217.04	206.87	195.10
			700	264.83	264.51	262.87	257.12	248.09	236.47	223.01
			800	297.72	297.36	295.12	289.06	278.90	265.83	250.71
			900	330.39	329.99	327.94	320.78	309.51	259.01	278.22
		370	500	274.31	273.98	272.28	266.33	256.97	244.93	231.00
			600	320.63	320.24	318.26	311.30	300.37	286.29	270.00
			700	366.30	365.86	363.59	355.64	343.15	327.07	308.46
			800	411.47	410.98	408.42	399.50	385.47	367.40	346.50
			900	456.23	455.68	452.85	442.95	427.40	407.37	384.19
MU10	M5	180	500	184.52	184.30	183.15	179.15	172.86	164.76	155.38
			600	215.56	215.30	213.96	209.29	201.94	192.47	181.52
			700	246.29	245.99	244.47	239.12	230.73	219.91	207.40
			800	276.80	276.47	274.75	268.74	259.31	247.15	233.09
			900	307.15	306.78	304.88	298.21	287.74	274.25	258.65
		240	500	228.69	228.42	227.00	222.04	214.24	204.20	192.58
			600	267.32	267.00	265.34	259.54	250.43	238.69	225.11
			700	305.58	305.21	303.32	296.69	286.27	272.85	257.33
			800	343.53	343.12	340.99	333.53	321.82	306.74	289.29
			900	381.22	386.76	378.40	370.13	357.13	340.39	321.03
		370	500	316.52	316.14	314.18	307.31	296.52	282.62	266.54
			600	369.96	369.52	367.22	359.19	346.58	330.34	311.54
			700	422.65	422.14	419.52	410.35	395.94	377.38	355.91
			800	474.77	474.20	471.26	460.95	444.76	423.92	399.80
			900	526.42	525.79	522.52	511.10	493.15	470.04	443.30
MU10	M7.5	180	500	207.89	207.64	206.35	201.84	194.75	185.62	175.06
			600	242.86	242.57	241.06	235.79	227.51	216.85	204.51
			700	277.48	277.15	275.43	269.41	259.94	247.76	233.67
			800	311.87	311.50	309.56	302.79	292.16	278.47	262.63
			900	346.06	345.64	343.50	335.99	324.19	309.00	291.42
		240	500	257.66	257.35	255.75	250.16	241.38	230.06	216.98
			600	301.18	300.82	298.95	292.42	282.14	268.92	253.68
			700	344.28	343.87	341.73	334.26	322.52	307.41	289.92
			800	387.04	386.58	384.18	375.78	362.58	345.59	325.93
			900	429.51	428.99	426.33	417.01	402.36	383.51	361.69
		370	500	356.01	356.18	353.97	346.23	334.07	318.42	300.30
			600	416.82	416.32	413.71	404.09	390.48	372.18	351.00
			700	476.18	475.61	472.66	462.32	446.09	425.18	400.99
			800	534.91	534.27	530.95	515.34	501.10	477.62	450.45
			900	593.10	592.39	588.71	579.84	555.62	529.58	499.45

续表

砖强度等级	砂浆强度等级	a_b (mm)	b_b (mm)	e/a_b						
				0.000	0.001	0.025	0.050	0.075	0.100	0.125
MU10	M10	180	500	232.49	232.21	230.77	225.72	217.80	207.59	195.78
			600	271.60	271.27	269.59	263.70	254.43	242.51	228.71
			700	310.32	209.95	308.02	301.29	290.71	277.08	261.32
			800	348.77	348.35	346.19	338.62	326.73	311.42	298.70
			900	387.01	386.55	384.15	375.75	362.55	345.56	325.90
		240	500	288.15	287.80	286.02	279.76	269.94	257.29	242.65
			600	336.82	336.42	334.33	327.02	315.53	300.75	283.64
			700	385.02	384.56	382.17	373.82	360.69	343.78	324.23
			800	432.84	437.32	429.64	420.24	405.48	386.48	364.49
			900	480.34	479.76	476.79	466.36	449.98	428.90	404.49
		370	500	398.81	398.33	395.86	387.20	373.61	356.10	335.84
			600	466.15	465.59	462.70	452.59	436.69	416.23	392.54
			700	532.54	531.90	528.60	517.04	498.88	475.50	448.45
			800	598.21	597.49	593.78	580.80	560.40	534.14	503.75
			900	663.29	662.49	658.38	643.99	621.37	592.25	558.56
MU15	M2.5	180	500	196.82	196.58	195.36	191.09	184.38	175.74	165.74
			600	229.93	229.65	228.23	223.24	215.40	205.30	193.62
			700	262.70	262.38	260.76	255.06	246.10	234.56	221.22
			800	295.26	294.91	293.08	286.67	276.60	263.64	248.64
			900	327.63	327.24	325.21	318.10	306.92	292.54	275.90
		240	500	243.94	243.05	242.13	236.84	228.52	217.81	205.42
			600	285.14	284.80	283.03	276.84	267.12	254.60	240.12
			700	325.95	325.56	323.54	316.46	305.35	291.04	274.48
			800	366.43	365.99	363.72	355.77	343.27	327.19	308.57
			900	406.63	406.14	403.62	394.80	380.93	363.08	342.42
		370	500	337.62	337.21	335.12	327.80	316.28	301.46	284.31
			600	394.63	394.16	391.71	383.15	369.69	352.37	332.32
			700	450.83	450.29	447.49	437.71	422.34	402.55	379.64
			800	506.42	305.81	502.61	491.68	474.41	452.18	426.46
			900	561.52	560.85	557.36	545.18	526.03	501.38	472.86
MU15	M5	180	500	225.11	224.84	223.44	218.56	210.88	201.00	189.57
			600	262.98	262.66	261.03	255.33	246.36	234.81	221.38
			700	300.47	300.11	299.25	291.73	281.48	268.29	253.03
			800	337.70	337.29	335.20	327.87	316.36	301.53	284.38
			900	374.13	374.28	371.96	363.82	351.05	334.60	315.56
		240	500	279.00	278.67	276.94	270.88	261.37	249.12	234.95
			600	326.13	325.74	323.72	316.64	305.52	291.20	274.63
			700	372.80	372.35	370.04	361.95	349.24	332.87	319.93
			800	419.10	418.60	416.00	406.90	392.61	374.21	352.92
			900	465.09	464.53	461.65	451.56	435.70	415.28	391.65
		370	500	386.15	385.69	383.29	374.91	361.75	344.79	325.18
			600	451.35	450.81	448.01	438.22	422.82	403.01	380.08
			700	515.53	514.91	511.72	500.53	482.95	460.32	434.13
			800	579.22	578.52	574.93	562.36	542.61	517.19	487.76
			900	642.24	641.47	637.49	623.55	601.65	573.46	540.83

续表

砖强度等级	砂浆强度等级	a_b (mm)	b_b (mm)	e/a_b						
				0.000	0.001	0.025	0.050	0.075	0.100	0.125
MU15	M7.5	180	500	254.63	254.32	252.75	247.22	238.54	227.36	314.42
			600	297.47	297.11	295.27	288.81	278.67	265.61	250.50
			700	339.87	339.46	337.35	329.98	318.39	303.47	286.20
			800	381.99	381.53	379.16	370.87	357.85	341.08	321.67
			900	423.87	423.36	420.73	411.54	397.08	378.47	356.94
		240	500	315.59	315.21	313.25	306.41	295.64	281.79	265.76
			600	368.90	368.46	366.17	358.17	345.59	329.39	310.65
			700	421.69	421.18	418.57	409.42	395.04	376.53	355.11
			800	474.07	473.50	470.56	460.27	444.11	423.30	399.21
			900	526.08	525.45	522.19	510.77	492.83	469.74	443.01
		370	500	436.79	436.27	433.56	424.08	409.18	390.01	367.82
			600	510.55	509.94	506.77	495.69	478.28	455.87	429.93
			700	583.26	582.56	578.94	566.29	546.40	520.79	491.16
			800	655.18	654.39	650.33	636.11	613.77	585.01	551.73
			900	726.46	725.59	721.08	705.32	680.55	648.66	611.75
MU15	M10	180	500	284.16	283.82	282.06	275.89	266.20	253.73	239.29
			600	331.96	331.56	329.50	322.30	310.98	296.41	279.54
			700	379.28	378.82	376.47	368.24	355.31	338.66	319.39
			800	426.28	425.77	423.13	413.88	399.34	380.63	358.97
			900	473.01	472.44	459.51	459.24	443.12	422.35	398.32
		240	500	352.18	351.76	349.57	341.93	329.92	314.46	296.57
			600	411.68	411.19	408.63	399.70	385.66	367.59	366.68
			700	470.59	470.03	467.11	456.90	440.85	420.19	396.28
			800	529.03	528.40	525.12	513.64	495.60	472.37	445.50
			900	587.06	586.36	582.10	569.98	549.96	524.19	494.36
		370	500	467.44	466.88	463.98	453.84	437.90	417.38	393.63
			600	569.74	569.06	565.52	553.16	533.73	508.72	479.18
			700	650.88	650.10	646.06	631.94	609.74	581.17	548.11
			800	731.14	730.26	725.73	709.86	684.93	650.83	615.69
			900	810.69	809.72	804.69	787.10	759.45	723.87	682.68

砖强度等级	砂浆强度等级	a_b (mm)	b_b (mm)	e/a_b						
				0.150	0.175	0.200	0.225	0.250	0.275	0.300
MU10	M2.5	180	500	125.92	116.95	108.06	99.49	91.30	83.83	70.85
			600	147.10	136.62	126.23	116.22	106.75	97.93	89.82
			700	168.07	156.10	144.23	132.79	121.97	111.89	102.63
			800	188.90	175.44	162.10	149.24	137.08	125.76	115.34
			900	209.61	194.67	179.87	165.60	152.11	139.54	127.99
		240	500	156.06	144.94	133.92	123.30	113.25	103.90	95.29
			600	182.42	169.43	156.55	144.13	132.38	121.45	111.39
			700	208.53	193.67	178.95	164.75	151.32	138.82	127.33
			800	234.42	217.72	201.17	185.21	170.12	156.06	143.14
			900	260.15	241.61	223.24	205.54	188.78	173.19	158.85

续表

砖强度等级	砂浆强度等级	a_b (mm)	b_b (mm)	e/a_b						
				0.150	0.175	0.200	0.225	0.250	0.275	0.300
MU10	M2.5	370	500	215.99	200.60	185.35	170.65	156.74	143.79	131.89
			600	252.46	234.48	216.65	199.48	183.21	168.07	154.16
			700	288.42	267.88	247.51	227.88	209.30	192.01	176.12
			800	323.99	300.91	278.03	255.98	235.11	215.69	197.83
			900	359.24	333.64	308.27	283.82	260.69	239.16	219.36
MU10	M5	180	500	145.29	134.94	124.68	114.79	105.43	96.73	88.72
			600	169.73	157.64	145.65	134.10	123.17	113.00	103.64
			700	193.93	180.11	166.42	153.22	140.73	129.11	118.42
			800	217.95	202.42	187.03	172.20	158.16	145.10	133.09
			900	241.85	224.62	207.54	191.08	175.51	161.01	147.68
		240	500	180.07	167.24	154.53	142.27	130.67	119.88	109.95
			600	210.49	195.49	180.63	166.30	152.75	140.13	128.53
			700	240.61	223.47	206.48	190.10	174.61	160.19	146.92
			800	275.50	251.22	232.12	213.71	196.29	180.08	165.17
			900	300.17	278.79	257.59	337.16	217.83	199.84	183.29
		370	500	249.23	231.47	213.87	196.91	180.86	165.92	152.18
			600	291.31	270.55	249.98	230.15	211.40	193.93	177.88
			700	332.79	309.08	285.58	262.93	241.50	221.55	203.21
			800	373.83	347.20	320.80	295.35	271.28	248.87	228.27
			900	414.50	384.97	355.70	327.49	300.80	275.95	253.10
MU10	M7.5	180	500	163.69	152.03	140.47	129.33	118.79	108.98	99.95
			600	191.23	177.60	164.10	151.08	138.77	127.31	116.77
			700	218.99	202.92	187.49	172.62	158.55	145.46	133.41
			800	245.57	228.01	210.73	194.01	178.20	163.48	149.95
			900	272.49	253.07	233.83	215.28	197.74	181.40	166.39
		240	500	202.08	188.43	174.10	160.29	147.23	135.07	123.88
			600	237.15	220.25	203.51	187.36	172.09	157.88	144.81
			700	271.09	251.77	232.63	214.18	196.72	180.47	165.53
			800	304.76	283.04	261.52	240.78	221.15	202.89	186.09
			900	338.20	314.10	290.22	267.20	245.42	225.15	206.51
		370	500	280.79	260.79	240.96	221.85	203.77	186.93	171.46
			600	328.20	304.82	281.65	259.30	238.17	218.50	200.41
			700	374.94	348.23	321.75	296.23	272.09	249.61	228.95
			800	421.19	391.18	361.44	332.77	305.65	280.40	257.18
			900	467.01	433.73	400.76	368.97	338.90	310.90	285.16
MU10	M10	180	500	183.06	170.02	157.09	144.63	132.84	121.87	111.78
			600	213.86	198.62	183.52	168.96	155.19	142.37	130.59
			700	244.35	226.94	209.68	193.05	177.32	162.67	149.20
			800	274.62	255.06	235.66	216.97	199.29	182.83	167.69
			900	304.73	283.02	261.50	240.76	221.14	202.87	186.07
		240	500	226.89	210.72	194.70	179.26	164.65	151.05	138.54
			600	265.21	246.32	227.59	209.54	192.46	176.56	161.94
			700	303.24	281.64	260.23	239.58	220.06	201.88	185.17
			800	340.82	316.54	292.47	269.27	247.32	226.89	208.11
			900	378.06	351.31	324.60	298.85	274.49	251.82	230.97

续表

砖强度等级	砂浆强度等级	a_b (mm)	b_b (mm)	e/a_b						
				0.150	0.175	0.200	0.225	0.250	0.275	0.300
MU10	M10	370	500	314.02	391.65	269.48	248.10	227.88	209.06	191.75
			600	367.05	340.90	314.98	289.99	266.36	244.36	224.12
			700	419.32	389.46	359.84	331.29	304.29	279.16	256.04
			800	471.03	437.47	404.21	372.15	341.82	313.58	287.62
			900	522.27	485.06	448.19	412.63	379.00	347.70	318.91
MU15	M2.5	180	500	154.98	143.93	132.99	122.44	112.46	103.17	94.63
			600	181.05	168.15	155.36	143.04	131.38	120.53	110.55
			700	206.85	192.11	177.51	163.43	150.11	137.71	126.31
			800	232.49	215.92	199.51	183.68	168.71	154.78	141.96
			900	257.98	239.60	221.38	203.82	187.21	171.74	157.52
		240	500	192.08	178.39	164.83	151.76	139.39	127.87	117.29
			600	224.52	208.52	192.67	177.39	162.93	149.47	137.10
			700	256.65	238.37	220.24	202.77	186.25	170.86	156.72
			800	288.53	267.97	247.60	227.96	209.38	192.08	176.18
			900	320.18	297.37	274.76	252.96	232.35	213.16	195.51
		370	500	265.84	246.90	228.13	210.03	192.92	176.98	162.33
			600	310.73	288.59	266.65	245.50	225.49	206.87	189.74
			700	354.98	329.69	304.63	280.46	257.60	236.33	216.76
			800	398.76	370.34	342.19	315.04	289.37	265.47	243.49
			900	442.14	410.64	379.42	349.32	320.85	294.35	269.98
MU15	M5	180	500	175.25	164.62	152.11	140.04	128.63	118.00	108.23
			600	207.07	192.32	177.70	163.60	150.27	137.85	126.44
			700	236.59	219.73	203.03	186.92	171.69	157.51	144.47
			800	265.90	246.96	228.18	210.08	192.96	177.02	162.37
			900	295.06	274.04	253.21	233.12	214.12	196.43	180.17
		240	500	219.68	204.03	188.52	173.57	159.42	146.25	134.14
			600	256.79	238.50	220.37	202.89	186.35	170.96	156.80
			700	293.54	272.63	251.90	231.92	213.02	195.42	179.24
			800	330.00	306.49	283.19	260.72	239.47	219.69	201.50
			900	366.21	340.12	314.26	289.33	265.75	243.80	223.62
		370	500	304.05	282.39	260.92	240.22	220.65	202.42	185.66
			600	355.39	330.07	304.98	280.78	257.90	236.60	217.00
			700	405.93	377.00	348.34	320.71	294.57	270.24	247.87
			800	456.08	423.58	391.38	360.33	330.97	303.63	278.49
			900	505.70	469.67	433.96	399.54	366.98	336.66	308.79
MU15	M7.5	180	500	200.50	186.21	172.05	158.41	145.50	133.48	122.43
			600	234.23	217.54	201.00	185.06	169.97	155.93	143.02
			700	267.61	248.55	229.65	211.43	194.20	178.16	163.41
			800	300.78	279.35	258.11	237.64	218.27	200.24	183.66
			900	333.76	309.98	286.41	263.69	242.20	222.19	203.80
		240	500	248.50	230.79	213.24	196.33	180.33	165.43	151.74
			600	290.47	269.78	249.27	229.49	210.79	193.38	177.37
			700	332.04	308.38	284.94	262.33	240.95	221.05	202.75
			800	373.28	346.69	320.33	294.92	270.88	248.51	227.93
			900	414.24	384.72	355.47	327.27	300.60	275.77	252.94

续表

砖强度等级	砂浆强度等级	a_b (mm)	b_b (mm)	e/a_b						
				0.150	0.175	0.200	0.225	0.250	0.275	0.300
MU15	M7.5	370	500	343.93	319.42	295.44	271.73	249.58	228.97	210.01
			600	402.01	373.37	344.98	317.61	291.73	267.63	245.47
			700	459.26	426.54	394.11	362.85	333.27	305.74	280.43
			800	515.89	479.13	442.71	407.59	374.37	343.44	315.01
			900	572.01	531.26	490.87	451.93	415.10	380.81	349.28
MU15	M10	180	500	223.75	207.81	192.01	176.78	162.37	148.96	136.62
			600	261.39	242.76	224.31	206.51	189.68	174.01	159.61
			700	298.64	277.37	256.28	235.95	216.72	198.82	182.36
			800	335.65	311.74	288.04	265.19	243.58	223.46	204.96
			900	372.45	345.91	319.61	294.26	270.28	247.95	227.42
		240	500	277.31	257.55	237.97	219.09	201.24	184.61	169.33
			600	324.16	301.06	278.17	256.11	235.23	215.80	197.94
			700	370.54	344.14	317.98	292.75	268.90	246.68	226.26
			800	416.56	386.88	357.47	329.11	302.29	277.32	254.36
			900	462.25	429.32	396.68	365.21	335.45	307.74	282.26
		370	500	368.06	341.84	315.85	290.79	267.10	245.03	224.74
			600	448.61	416.65	384.97	354.44	325.55	298.66	273.93
			700	512.50	475.99	439.80	404.91	371.91	341.19	312.94
			800	575.70	534.68	494.03	454.84	417.77	383.26	351.53
			900	638.34	592.86	547.78	504.33	463.23	424.96	389.78

注：1. 本表中的砖砌体是指烧结普通砖、烧结多孔砖，混合砂浆砌筑；

2. 垫块厚度 t_b 尚应满足梁端垫块的构造要求。

5）在带壁柱的砖墙砌体的壁柱内设刚性垫块的局部受压承载力设计值 $\varphi\gamma_1 fA_b$，见表 5.4-23。壁柱内设有刚性垫块局部受压情况见图 5.4-9。

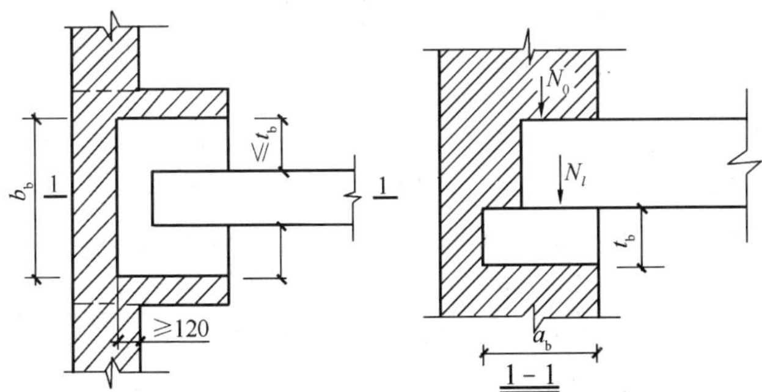

图 5.4-9 壁柱上设有垫块时梁端局部受压

砖墙砌体壁柱内设刚性垫块的局部受压

承载力设计值 $\varphi\gamma_1 fA_b$（kN）　　表 5.4-23

砖强度等级	砂浆强度等级	a_b（mm）	b_b（mm）	e/a_b						
				0.000	0.010	0.025	0.050	0.075	0.100	0.125
MU10	M2.5	370	370	177.97	177.76	176.65	172.79	166.72	158.90	149.87
			490	235.69	235.41	233.94	228.83	220.79	210.44	198.48
			620	298.22	297.86	296.00	289.53	279.36	266.27	251.13
		490	490	312.13	311.76	309.81	303.04	292.39	278.69	262.85
			620	394.94	394.47	392.00	383.44	369.97	352.63	332.58
			740	471.38	470.82	467.87	457.65	441.57	420.88	396.95
		620	620	499.72	499.12	496.00	485.17	468.12	446.18	420.82
			740	596.44	595.73	592.00	579.07	558.73	532.54	502.27
			870	701.22	700.38	696.00	680.80	656.88	626.09	590.50
MU10	M5	370	370	205.35	205.10	203.82	199.37	192.37	183.35	172.93
			490	271.95	271.62	269.93	264.03	254.75	242.81	229.01
			620	344.10	343.69	341.54	334.08	322.34	307.23	289.77
		490	490	360.15	359.72	357.47	349.66	337.38	321.56	303.28
			620	455.70	455.15	452.31	442.43	426.89	406.88	383.75
			740	543.90	543.25	539.85	528.06	509.51	485.63	458.02
		620	620	576.60	575.91	572.31	559.81	540.14	514.82	485.56
			740	688.20	687.38	683.08	668.16	644.68	614.46	579.54
			870	809.10	808.13	803.08	785.53	757.94	722.41	681.35
MU10	M7.5	370	370	231.36	231.08	229.64	224.62	216.73	206.57	194.83
			490	306.40	306.03	304.12	297.47	287.02	273.57	258.02
			620	387.69	387.22	384.80	376.39	363.17	346.15	326.47
		490	490	405.77	405.28	402.75	393.95	380.11	362.29	341.70
			620	513.42	512.81	509.60	498.47	480.96	458.41	432.36
			740	612.79	612.06	608.23	594.95	574.05	547.14	516.04
		620	620	649.64	648.86	644.80	630.71	608.56	580.03	547.06
			740	775.37	774.44	769.60	752.79	726.34	692.30	652.94
			870	911.59	910.49	904.80	885.03	853.94	813.92	767.65

续表

砖强度等级	砂浆强度等级	a_b (mm)	b_b (mm)	e/a_b						
				0.000	0.010	0.025	0.050	0.075	0.100	0.125
MU10	M10	370	370	258.74	258.43	256.81	251.20	242.38	231.02	217.89
			490	342.66	342.25	340.11	332.68	320.99	305.94	288.55
			620	433.57	433.05	430.34	420.94	406.15	387.11	365.11
		490	490	453.79	453.25	450.41	440.57	425.10	405.17	382.14
			620	574.18	573.49	569.91	557.46	537.88	512.66	483.52
			740	685.31	684.49	680.21	665.35	641.98	611.89	577.11
		620	620	726.52	725.65	721.11	705.36	680.58	648.68	611.80
			740	867.13	866.09	860.68	841.88	812.30	774.23	730.22
			870	1019.47	1018.24	1011.88	989.77	955.00	910.24	858.50
MU15	M2.5	370	370	219.04	218.78	217.41	212.66	205.19	195.57	184.45
			490	290.08	289.73	287.92	281.63	271.74	259.00	244.28
			620	367.04	366.60	364.31	356.35	343.83	327.71	309.09
		490	490	384.16	383.70	381.30	372.97	359.87	343.00	323.50
			620	486.08	485.50	482.46	471.92	455.34	434.00	409.33
			740	580.16	579.46	575.84	563.26	543.48	518.00	488.56
		620	620	615.04	614.30	610.46	597.13	576.15	549.14	517.93
			740	734.08	733.20	728.62	712.70	687.66	655.43	618.17
			870	863.04	862.01	856.62	837.90	808.47	770.57	726.77
MU15	M5	370	370	250.53	250.23	248.66	243.23	234.69	223.68	210.97
			490	331.78	331.38	329.31	322.12	310.80	296.23	279.39
			620	419.80	419.30	416.68	407.57	393.26	374.82	353.52
		490	490	439.38	438.86	436.11	426.59	411.60	392.31	370.01
			620	555.95	555.29	551.82	539.76	520.80	496.39	468.17
			740	663.56	662.76	658.62	644.23	621.60	592.46	558.79
		620	620	703.45	702.61	698.22	682.96	658.97	628.08	592.38
			740	839.60	838.60	833.35	815.15	786.51	749.65	707.03
			870	987.10	985.92	979.75	958.35	924.69	881.34	831.24
MU15	M7.5	370	370	283.38	283.04	281.27	275.13	265.46	253.02	238.64
			490	375.29	374.84	372.50	364.36	351.56	335.08	316.03
			620	474.86	474.29	471.32	461.03	444.83	423.98	399.88
		490	490	497.01	496.41	493.31	482.53	465.58	443.76	418.53
			620	628.87	628.11	624.18	610.55	589.10	561.49	529.57
			740	750.58	749.68	744.99	728.72	703.12	670.16	632.07
		620	620	795.71	794.75	789.78	772.53	745.39	710.45	670.07
			740	949.72	948.58	942.65	922.05	889.66	847.96	799.76
			870	1116.56	1115.22	1108.25	1084.04	1045.96	996.93	940.26

续表

砖强度等级	砂浆强度等级	a_b (mm)	b_b (mm)	e/a_b						
				0.000	0.010	0.025	0.050	0.075	0.100	0.125
MU15	M10	370	370	316.24	315.86	313.88	307.03	296.24	282.36	266.31
			490	418.80	418.30	415.69	406.60	392.32	373.93	352.68
			620	529.91	529.28	525.97	514.48	496.41	473.14	446.24
		490	490	554.63	553.97	550.50	538.48	519.56	495.21	467.06
			620	701.78	700.94	696.55	681.34	657.40	626.59	590.97
			740	837.61	836.60	831.37	813.21	784.64	747.86	705.35
		620	620	887.96	886.90	881.35	862.10	831.82	792.83	747.76
			740	1059.83	1058.56	1051.94	1028.96	992.81	946.28	892.49
			870	1246.01	1244.52	1236.74	1209.72	1167.23	1112.51	1049.27

砖强度等级	砂浆强度等级	a_b (mm)	b_b (mm)	e/a_b						
				0.150	0.175	0.200	0.225	0.250	0.275	0.300
MU10	M2.5	370	370	140.13	130.14	120.25	110.71	101.70	93.30	85.56
			490	185.58	172.35	159.25	146.62	134.68	123.56	113.31
			620	234.82	218.08	201.50	185.52	170.41	156.34	143.38
		490	490	245.77	228.25	210.90	194.17	178.36	163.63	150.06
			620	310.98	288.80	266.85	245.69	225.68	207.05	189.88
			740	371.17	344.70	318.50	293.24	269.36	247.12	226.63
		620	620	393.48	365.43	337.65	310.87	285.55	261.98	240.25
			740	469.64	436.15	403.00	371.04	340.82	312.68	286.75
			870	552.14	512.78	473.80	436.22	400.70	367.61	337.13
MU10	M5	370	370	161.69	150.16	138.75	127.74	117.34	107.65	98.73
			490	214.13	198.87	183.75	169.18	155.40	142.57	130.75
			620	270.94	251.63	232.50	214.06	196.63	180.39	165.43
		490	490	283.58	263.36	243.34	224.04	205.80	188.81	173.15
			620	358.82	333.24	307.91	283.48	260.40	238.90	219.09
			740	428.27	397.73	367.50	338.35	310.80	285.14	261.49
		620	620	454.02	421.65	389.59	358.69	329.49	302.28	277.21
			740	541.89	503.25	465.00	428.12	393.26	360.79	330.87
			870	637.09	591.66	546.69	503.33	462.34	424.17	388.99
MU10	M7.5	370	370	182.17	169.19	156.33	143.93	132.21	121.29	111.23
			490	241.26	224.06	207.03	190.60	175.08	160.63	147.31
			620	305.26	283.50	261.95	241.17	221.53	203.24	186.39
		490	490	319.50	296.72	274.17	252.42	231.87	212.72	195.08
			620	404.27	375.45	346.91	319.39	293.38	269.16	246.84
			740	482.51	448.11	414.05	381.21	350.17	321.26	294.61

续表

砖强度等级	砂浆强度等级	a_b (mm)	b_b (mm)	e/a_b						
				0.150	0.175	0.200	0.225	0.250	0.275	0.300
MU10	M7.5	620	620	511.52	475.05	438.94	404.13	371.22	340.57	312.33
			740	610.53	567.00	523.90	482.35	443.07	406.49	372.78
			870	717.78	666.61	615.94	567.08	520.91	477.90	438.26
MU10	M10	370	370	203.73	189.21	174.83	160.96	147.85	135.64	124.39
			490	269.81	250.57	231.53	213.16	195.80	179.64	164.74
			620	341.39	317.05	292.95	269.71	247.75	227.30	208.45
		490	490	357.31	331.84	306.61	282.29	259.31	237.90	218.17
			620	452.11	419.88	387.96	357.19	328.10	301.01	276.05
			740	539.62	501.14	463.05	462.32	391.61	359.27	329.48
		620	620	572.06	531.27	490.89	451.95	415.15	380.87	349.29
			740	682.78	634.10	585.90	539.43	495.50	454.59	416.89
			870	802.73	745.50	688.83	634.19	582.55	534.45	490.13
MU15	M2.5	370	370	172.47	160.18	148.00	136.26	125.17	114.83	105.31
			490	228.41	212.12	196.00	180.45	165.76	152.07	139.46
			620	289.01	268.40	248.00	228.33	209.74	192.42	176.46
		490	490	302.49	280.92	259.57	238.98	219.52	201.39	184.69
			620	382.74	355.45	328.43	302.38	277.76	254.83	233.69
			740	456.82	424.25	392.00	360.91	331.52	304.15	278.92
		620	620	484.28	449.76	415.57	382.61	351.45	322.43	295.69
			740	578.02	536.80	496.00	456.66	419.47	384.84	352.92
			870	679.56	631.11	583.14	536.88	493.17	452.45	414.92
MU15	M5	370	370	197.27	183.20	169.28	155.85	143.16	131.34	120.45
			490	261.24	242.62	224.18	206.39	189.59	173.93	159.51
			620	330.55	306.99	283.65	261.15	239.89	220.08	201.83
		490	490	345.97	321.30	296.88	273.33	251.08	230.34	211.24
			620	437.76	406.55	375.64	345.85	317.69	291.46	267.29
			740	522.49	485.23	448.35	412.79	379.18	347.87	319.02
		620	620	553.90	514.41	475.31	437.61	401.97	368.78	338.20
			740	661.11	613.97	567.30	522.30	479.77	440.16	403.66
			870	777.25	721.83	666.96	614.06	564.06	517.48	474.57
MU15	M7.5	370	370	223.14	207.23	191.48	176.29	161.93	148.56	136.24
			490	295.50	274.44	253.58	233.46	214.45	196.74	180.43
			620	373.90	347.25	320.85	295.40	271.35	248.94	228.30
		490	490	391.34	363.44	335.82	309.18	284.00	260.55	238.95
			620	495.17	459.87	424.91	391.21	359.35	329.68	302.34
			740	591.01	548.87	507.15	466.93	428.90	393.49	360.86

续表

砖强度等级	砂浆强度等级	a_b (mm)	b_b (mm)	e/a_b						
				0.150	0.175	0.200	0.225	0.250	0.275	0.300
MU15	M7.5	620	620	626.54	581.87	537.64	495.00	454.69	417.15	382.55
			740	747.81	694.49	641.70	590.80	542.69	497.89	456.59
			870	879.18	816.50	754.43	694.59	638.03	585.35	536.81
MU15	M10	370	370	249.01	231.25	213.68	196.73	180.71	165.79	152.04
			490	329.77	306.25	282.98	260.53	239.32	219.56	201.35
			620	417.26	387.51	358.05	329.65	302.81	277.81	254.77
		490	490	436.72	405.58	374.75	345.03	316.93	290.76	266.65
			620	552.58	513.18	474.17	436.58	401.02	367.90	337.39
			740	659.53	612.51	565.95	521.06	478.63	439.11	402.70
		620	620	699.18	649.33	599.98	552.39	507.41	465.51	426.91
			740	834.51	775.01	716.10	659.30	605.62	555.61	509.53
			870	981.11	911.16	841.90	775.13	712.01	653.22	599.05

注：1. 本表中的砖砌体是指烧结普通砖、烧结多孔砖，混合砂浆砌筑。
2. 本表是按 $\gamma_1=1.0$ 时的条件编制的，当 γ_1 值大于 1.0 时，表中的承载力设计值应乘以 γ_1 后采用；
3. 垫块厚度 t_b 尚应满足梁端垫块的构造要求；
4. 选用壁柱上的垫块时，宜采用垫块宽度与壁柱宽度相同（即 $b_b=b$）。

6）预制钢筋混凝土刚性垫块构造配筋表（见表 5.4-24）。

预制刚性垫块构造配筋选用表　　　表 5.4-24

垫块尺寸(mm)			采用焊接网	采用绑扎骨架		备　注
a_b	b_b	t_b	(上下各一层)	全部纵筋(上下各半)	箍　筋	
240	240,370,490	180	$\phi^b4@100$	$6\phi5$	$\phi^b4@100$	纵筋垂直于大梁方向
	620	240	$\phi^b4@80$	$6\phi6$	$\phi^b4@100$	
370	240,370,490	180	$\phi^b4@100$	$8\phi5$	$\phi^b4@100$	
	620	240	$\phi^b4@80$	$8\phi6$	$\phi^b4@100$	
490	240,370,490	180	$\phi^b4@100$	$10\phi5$	$\phi^b4@100$	
	620	240	$\phi^b4@80$	$10\phi6$	$\phi^b4@100$	

续表

垫块尺寸(mm)			采用焊接网	采用绑扎骨架		备 注
a_b	b_b	t_b	(上下各一层)	全部纵筋(上下各半)	箍 筋	
620	240	240	$\phi^b4@80$	$6\phi6$	$\phi^b4@100$	纵筋平行于大梁方向
	370	240	$\phi^b4@80$	$8\phi6$	$\phi^b4@100$	
	490	240	$\phi^b4@80$	$10\phi6$	$\phi^b4@100$	
740	240	300	$\phi^b5@100$	$8\phi6$	$\phi^b4@100$	
	370	300	$\phi^b5@100$	$12\phi6$	$\phi^b4@100$	
	490	300	$\phi^b5@100$	$14\phi6$	$\phi^b4@100$	
860	370	300	$\phi^b5@100$	$12\phi6$	$\phi^b4@100$	
	490	300	$\phi^b5@100$	$14\phi6$	$\phi^b4@100$	

7）梁端下设有长度大于 πh_0 的垫梁下的砌体局部受压（图 5.4-10）承载力应按下列公式计算：

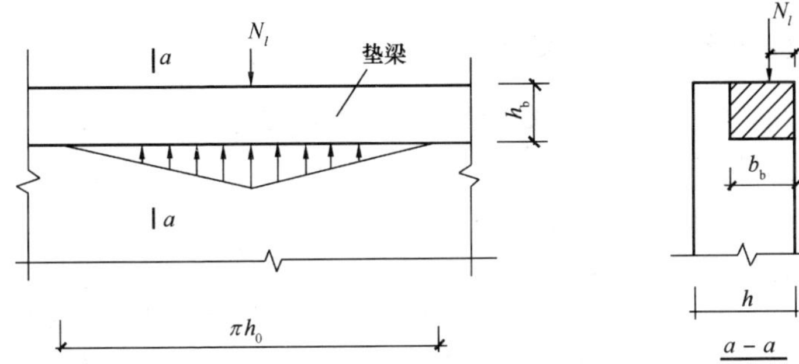

图 5.4-10 垫梁局部受压

$$N_0 + N_l \leqslant 2.4\delta_2 f b_b h_0 \tag{5-53}$$

$$N_0 = \pi b_b h_0 \sigma_0 / \alpha \tag{5-54}$$

$$h_0 = 2\sqrt[3]{\frac{E_b I_b}{Eh}} \tag{5-55}$$

式中　N_0——垫梁上部轴向力设计值（N）；

b_b——垫梁在墙厚方向的宽度（mm）；

δ_2——当荷载沿墙厚方向均匀分布时，δ_2 取 1.0，不均匀时 δ_2 可取 0.8；

h_0——垫梁折算高度（mm）；

E_b、I_b——分别为垫梁的混凝土弹性模量和截面惯性矩；

h_b——垫梁的高度（mm）；

E——砌体的弹性模量；

h——墙厚（mm）。

垫梁上梁端有效支承长度 a_0 可按公式（5-52）计算。

5.5　配筋砖砌体构件

5.5.1　网状配筋砖砌体构件

（1）网状配筋砖砌体构件的适用及控制条件和构造规定

1）适用及控制条件

当砖砌体受压构件截面尺寸受限制时，可采用网状配筋砖砌体，但应符合下列规定：

（A）偏心距超过截面核心范围，对于矩形截面即 $e/h>0.17$ 时，或偏心距虽未超过截面核心范围，但构件的高厚比 $\beta>16$ 时，不宜采用网状配筋砖砌体构件；

（B）对矩形截面构件，当轴向力偏心方向的截面边长大于另一方向的边长时，除按偏心受压计算外，还应对较小边长方向按轴心受压进行验算；

（C）当网状配筋砖砌体构件下端与无筋砌体交接时，尚应验算交接处无筋砌体的局部受压承载力。

2）构造规定

（A）网状配筋砖砌体中的体积配筋率不应小于0.1%，并不应大于1%；

（B）采用钢筋网时，钢筋的直径宜采用3~4mm；当采用连弯钢筋网时，钢筋的直径不应大于8mm；

（C）钢筋网中钢筋的间距不应大于120mm，并不应小于30mm；

（D）钢筋网的竖向间距，不应大于5皮砖，并不应大于400mm；

（E）网状配筋砖砌体所用的砂浆强度等级不应低于M7.5；钢筋网应设置在砌体的水平灰缝中，灰缝厚度应保证钢筋上下各至少有2mm厚的砂浆层；

（F）砌体内所用的钢筋网，不得用分离的单根钢筋代替；

（G）为便于检查砌体中钢筋是否遗漏，每一钢筋网的钢筋应有一根露出砌体外5mm。

（2）网状配筋砖砌体构件承载力计算

1）网状配筋砖砌体受压构件（见图5.5-1）的承载力应按下列公式计算：

$$N \leqslant \varphi_n f_n A \tag{5-56}$$

$$f_n = f + 2\left(1 - \frac{2e}{y}\right) \cdot \frac{\rho}{100} f_y \tag{5-57}$$

$$\rho = (V_s / V) 100 \tag{5-58}$$

式中 N——轴向力设计值；

φ_n——高厚比和配筋率以及轴向力的偏心距对网状配筋砖砌体受压构件承载力的影响系数；

f_n——网状配筋砖砌体的抗压强度设计值；

A——截面面积；

e——轴向力的偏心距；

ρ——体积配筋率，当采用截面面积为 A_s 的钢筋组成的方格网（见图 5.5-1a），网格尺寸为 a 和钢筋网的竖向尺寸为 s_n 时，$\rho=\frac{2A_s}{as_n}100$。常用的钢筋网配筋率见表 5.5-1；

V_s、V——分别为钢筋和砌体的体积；

f_y——钢筋的抗拉强度设计值，当 f_y 大于 320MPa 时，仍采用 320MPa；

y——截面重心到轴向力所在偏心方向边缘的距离。

注：当采用连弯钢筋网（见图 5.5-1b）时，网的钢筋方向应互相垂直，沿砌体高度交错设置。s_n 取同一方向网的间距。

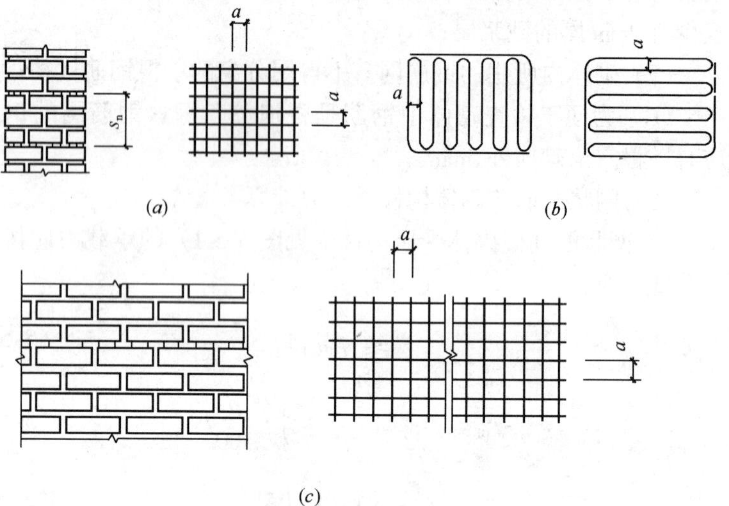

图 5.5-1　网状配筋砌体

（a）用方格网配筋的砖柱；（b）连弯钢筋网；（c）用方格网配筋的砖墙

网状配筋体积配筋率 ρ% 值　　　　表 5.5-1

s_n (mm)	ϕ3 网状配筋当钢筋间距 a（mm）							
	30	40	50	60	70	80	90	100
一砖 63	0.752	0.564	0.451	0.376	0.322	0.282	0.250	0.225

续表

s_n (mm)	ϕ3 网状配筋当钢筋间距 a（mm）							
	30	40	50	60	70	80	90	100
二砖 126	0.376	0.282	0.225	0.187	0.161	0.141	0.125	0.112
三砖 189	0.250	0.187	0.150	0.125	0.107	—	—	—
四砖 252	0.187	0.141	0.112	—	—	—	—	—
五砖 315	0.150	0.112	—	—	—	—	—	—

s_n (mm)	ϕ4 网状配筋当钢筋间距 a（mm）							
	30	40	50	60	70	80	90	100
一砖 65	—	0.970	0.775	0.647	0.554	0.484	0.430	0.388
二砖 130	0.647	0.484	0.388	0.323	0.277	0.242	0.215	0.194
三砖 195	0.430	0.323	0.258	0.215	0.185	0.162	0.143	0.129
四砖 260	0.323	0.242	0.194	0.162	0.138	0.121	0.107	—
五砖 325	0.258	0.194	0.155	0.129	0.110	—	—	—

2）网状配筋砖砌体矩形截面单向偏心受压构件图 5.5-2 承载力的影响系数 φ_n，可按下列公式计算或按表 5.5-2 采用。

$$\varphi_n = \frac{1}{1 + 12\left[\frac{e}{h} + \sqrt{\frac{1}{12}\left(\frac{1}{\varphi_{0n}} - 1\right)}\right]^2} \tag{5-59}$$

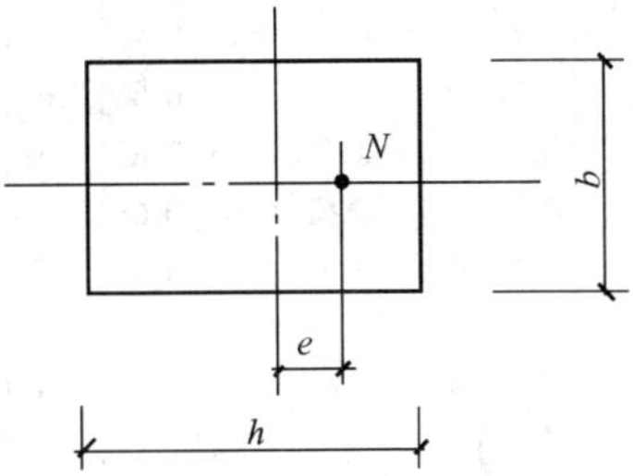

图 5.5-2 单向偏心受压

$$\varphi_{0n} = \frac{1}{1 + \frac{1 + 3\rho}{66\eta}\beta^2} \tag{5-60}$$

式中 φ_{0n}——网状配筋砖砌体受压构件的稳定系数；

ρ——配筋率（体积比）；

e——轴向力的偏心距；

h——矩形截面的轴向力偏心方向的边长。

3）网状配筋砖砌体的强度提高值 $2\left(1 - \frac{2e}{y}\right)\frac{\rho}{100}f_y$ 可按表 5.5-3～表 5.5-6 采用。

影响系数 φ_n 值计算表　　　表 5.5-2

ρ	$\frac{e}{h}$或$\frac{e}{h_T}$	β 4	5	6	7	8	9	10	11	12	13	14	15	16
0.1	0.00	0.97	0.95	0.93	0.91	0.89	0.86	0.84	0.81	0.78	0.75	0.72	0.70	0.67
	0.01	0.96	0.94	0.92	0.89	0.87	0.84	0.82	0.79	0.76	0.73	0.70	0.67	0.65
	0.02	0.94	0.92	0.90	0.87	0.85	0.82	0.79	0.76	0.74	0.71	0.68	0.65	0.62
	0.03	0.93	0.90	0.88	0.85	0.83	0.80	0.77	0.74	0.71	0.69	0.66	0.63	0.60
	0.04	0.91	0.89	0.86	0.83	0.81	0.78	0.75	0.72	0.69	0.66	0.64	0.61	0.58
	0.05	0.89	0.87	0.84	0.81	0.78	0.75	0.73	0.70	0.67	0.64	0.61	0.59	0.56
	0.06	0.87	0.84	0.82	0.79	0.76	0.73	0.70	0.68	0.65	0.62	0.59	0.57	0.54
	0.07	0.85	0.82	0.80	0.77	0.74	0.71	0.68	0.65	0.63	0.60	0.57	0.55	0.53
	0.08	0.83	0.80	0.77	0.74	0.72	0.69	0.66	0.63	0.61	0.58	0.56	0.53	0.51
	0.09	0.81	0.78	0.75	0.72	0.69	0.67	0.64	0.61	0.59	0.56	0.54	0.51	0.49
	0.10	0.79	0.76	0.73	0.70	0.67	0.64	0.62	0.59	0.57	0.54	0.52	0.50	0.47
	0.11	0.76	0.73	0.71	0.68	0.65	0.62	0.60	0.57	0.55	0.52	0.50	0.48	0.46
	0.12	0.74	0.71	0.68	0.66	0.63	0.60	0.58	0.55	0.53	0.51	0.48	0.46	0.44
	0.13	0.72	0.69	0.66	0.63	0.61	0.58	0.56	0.53	0.51	0.49	0.47	0.45	0.43
	0.14	0.70	0.67	0.64	0.61	0.59	0.56	0.54	0.51	0.49	0.47	0.45	0.43	0.41
	0.15	0.67	0.65	0.62	0.59	0.57	0.54	0.52	0.50	0.48	0.46	0.44	0.42	0.40
	0.16	0.65	0.62	0.60	0.57	0.55	0.52	0.50	0.48	0.46	0.44	0.42	0.40	0.39
	0.17	0.63	0.60	0.58	0.55	0.53	0.51	0.49	0.46	0.44	0.43	0.41	0.39	0.37
0.2	0.00	0.96	0.94	0.92	0.89	0.87	0.84	0.81	0.78	0.72	0.71	0.68	0.65	0.62
	0.01	0.95	0.93	0.90	0.88	0.85	0.82	0.78	0.75	0.72	0.69	0.66	0.63	0.60
	0.02	0.93	0.91	0.88	0.85	0.82	0.79	0.76	0.73	0.70	0.67	0.64	0.61	0.58
	0.03	0.92	0.89	0.86	0.83	0.80	0.77	0.74	0.71	0.68	0.65	0.62	0.59	0.56
	0.04	0.90	0.87	0.84	0.81	0.78	0.75	0.72	0.69	0.65	0.62	0.60	0.57	0.54
	0.05	0.88	0.85	0.82	0.79	0.76	0.73	0.69	0.66	0.63	0.60	0.58	0.55	0.52
	0.06	0.86	0.83	0.80	0.77	0.74	0.70	0.67	0.64	0.61	0.58	0.56	0.53	0.50
	0.07	0.84	0.81	0.78	0.74	0.71	0.68	0.65	0.62	0.59	0.56	0.54	0.51	0.49
	0.08	0.82	0.79	0.75	0.72	0.69	0.66	0.63	0.60	0.57	0.54	0.52	0.49	0.47
	0.09	0.80	0.76	0.73	0.70	0.67	0.64	0.61	0.58	0.55	0.53	0.50	0.48	0.45
	0.10	0.77	0.74	0.71	0.68	0.65	0.62	0.59	0.56	0.53	0.51	0.48	0.46	0.44
	0.11	0.75	0.72	0.69	0.66	0.63	0.60	0.57	0.54	0.52	0.49	0.47	0.45	0.42
	0.12	0.73	0.70	0.67	0.63	0.61	0.58	0.55	0.52	0.50	0.47	0.45	0.43	0.41
	0.13	0.71	0.67	0.64	0.61	0.59	0.56	0.53	0.51	0.48	0.46	0.44	0.42	0.40

续表

ρ	$\frac{e}{h}$或$\frac{e}{h_T}$	β												
		4	5	6	7	8	9	10	11	12	13	14	15	16
0.2	0.14	0.68	0.65	0.62	0.59	0.57	0.54	0.51	0.49	0.46	0.44	0.42	0.40	0.38
	0.15	0.66	0.63	0.60	0.57	0.55	0.52	0.50	0.47	0.45	0.43	0.41	0.39	0.37
	0.16	0.64	0.61	0.58	0.55	0.53	0.50	0.48	0.46	0.43	0.41	0.39	0.38	0.36
	0.17	0.62	0.59	0.56	0.54	0.51	0.49	0.46	0.44	0.42	0.40	0.38	0.36	0.35
0.3	0.00	0.96	0.93	0.91	0.88	0.85	0.81	0.78	0.74	0.71	0.68	0.64	0.61	0.58
	0.01	0.94	0.92	0.89	0.86	0.82	0.79	0.76	0.72	0.69	0.65	0.62	0.59	0.56
	0.02	0.93	0.90	0.87	0.84	0.80	0.77	0.73	0.70	0.67	0.63	.0.60	0.57	0.54
	0.03	0.91	0.88	0.85	0.81	0.78	0.75	0.71	0.68	0.64	0.61	0.58	0.55	0.52
	0.04	0.89	0.86	0.83	0.79	0.76	0.72	0.69	0.66	0.62	0.59	0.56	0.53	0.50
	0.05	0.87	0.84	0.80	0.77	0.74	0.70	0.67	0.63	0.60	0.57	0.54	0.51	0.49
	0.06	0.85	0.82	0.78	0.75	0.71	0.68	0.65	0.61	0.58	0.55	0.52	0.50	0.47
	0.07	0.83	0.79	0.76	0.72	0.69	0.66	0.62	0.59	0.56	0.53	0.51	0.48	0.45
	0.08	0.81	0.77	0.74	0.70	0.67	0.64	0.60	0.57	0.54	0.51	0.49	0.46	0.44
	0.09	0.78	0.75	0.71	0.68	0.65	0.61	0.58	0.55	0.52	0.50	0.47	0.45	0.42
	0.10	0.76	0.73	0.69	0.66	0.63	0.59	0.56	0.53	0.51	0.48	0.46	0.43	0.41
	0.11	0.74	0.70	0.67	0.64	0.60	0.57	0.54	0.52	0.49	0.46	0.44	0.42	0.40
	0.12	0.72	0.68	0.65	0.62	0.58	0.55	0.53	0.50	0.47	0.45	0.43	0.40	0.38
	0.13	0.69	0.66	0.63	0.60	0.57	0.54	0.51	0.48	0.46	0.43	0.41	0.39	0.37
	0.14	0.67	0.64	0.61	0.58	0.55	0.52	0.49	0.47	0.44	0.42	0.40	0.38	0.36
	0.15	0.65	0.62	0.59	0.56	0.53	0.50	0.47	0.45	0.43	0.40	0.38	0.36	0.35
	0.16	0.63	0.60	0.57	0.54	0.51	0.48	0.46	0.43	0.41	0.39	0.37	0.35	0.34
	0.17	0.61	0.58	0.55	0.52	0.49	0.47	0.44	0.42	0.40	0.38	0.36	0.34	0.32
0.4	0.00	0.95	0.92	0.89	0.86	0.83	0.79	0.75	0.71	0.69	0.64	0.61	0.57	0.54
	0.01	0.93	0.91	0.87	0.84	0.80	0.77	0.73	0.69	0.66	0.62	0.59	0.55	0.52
	0.02	0.92	0.89	0.85	0.82	0.78	0.74	0.71	0.67	0.63	0.60	0.57	0.54	0.51
	0.03	0.90	0.87	0.83	0.80	0.76	0.72	0.68	0.65	0.61	0.58	0.55	0.52	0.49
	0.04	0.88	0.85	0.81	0.77	0.74	0.70	0.66	0.63	0.59	0.56	0.53	0.50	0.47
	0.05	0.86	0.83	0.79	0.75	0.71	0.68	0.64	0.61	0.57	0.54	0.51	0.48	0.46
	0.06	0.84	0.80	0.77	0.73	0.69	0.66	0.62	0.59	0.55	0.52	0.49	0.47	0.44
	0.07	0.82	0.78	0.74	0.71	0.67	0.63	0.60	0.57	0.54	0.51	0.48	0.45	0.43
	0.08	0.80	0.76	0.72	0.68	0.65	0.61	0.58	0.55	0.52	0.49	0.46	0.44	0.41
	0.09	0.77	0.74	0.70	0.66	0.63	0.59	0.56	0.53	0.50	0.47	0.45	0.42	0.40

续表

ρ	$\frac{e}{h}$或$\frac{e}{h_T}$	β												
		4	5	6	7	8	9	10	11	12	13	14	15	16
0.4	0.10	0.75	0.71	0.68	0.64	0.61	0.57	0.54	0.51	0.48	0.46	0.43	0.41	0.38
	0.11	0.73	0.69	0.66	0.62	0.59	0.55	0.52	0.49	0.47	0.44	0.42	0.39	0.37
	0.12	0.71	0.67	0.63	0.60	0.57	0.53	0.51	0.48	0.45	0.43	0.40	0.38	0.36
	0.13	0.68	0.65	0.61	0.58	0.55	0.52	0.49	0.45	0.44	0.41	0.39	0.37	0.35
	0.14	0.66	0.63	0.59	0.56	0.53	0.50	0.47	0.45	0.42	0.40	0.38	0.36	0.34
	0.15	0.64	0.61	0.57	0.54	0.51	0.48	0.46	0.43	0.41	0.38	0.36	0.34	0.33
	0.16	0.62	0.59	0.55	0.52	0.49	0.47	0.44	0.42	0.39	0.37	0.35	0.33	0.32
	0.17	0.60	0.57	0.53	0.50	0.48	0.45	0.42	0.40	0.38	0.36	0.34	0.32	0.31
0.5	0.00	0.94	0.91	0.88	0.84	0.81	0.77	0.73	0.69	0.65	0.61	0.58	0.54	0.51
	0.01	0.93	0.90	0.86	0.82	0.78	0.74	0.71	0.67	0.63	0.59	0.56	0.52	0.49
	0.02	0.91	0.88	0.84	0.80	0.76	0.72	0.68	0.64	0.61	0.57	0.54	0.51	0.48
	0.03	0.89	0.86	0.82	0.78	0.74	0.70	0.66	0.62	0.59	0.55	0.52	0.49	0.46
	0.04	0.87	0.83	0.80	0.76	0.72	0.68	0.64	0.60	0.57	0.53	0.50	0.47	0.44
	0.05	0.85	0.81	0.77	0.73	0.69	0.66	0.62	0.58	0.55	0.52	0.49	0.46	0.43
	0.06	0.83	0.79	0.75	0.71	0.67	0.63	0.60	0.56	0.53	0.50	0.47	0.44	0.41
	0.07	0.81	0.77	0.73	0.69	0.65	0.61	0.58	0.54	0.51	0.48	0.45	0.43	0.40
	0.08	0.79	0.75	0.71	0.67	0.63	0.59	0.56	0.53	0.49	0.46	0.44	0.41	0.39
	0.09	0.76	0.72	0.68	0.65	0.61	0.57	0.54	0.51	0.48	0.45	0.42	0.40	0.37
	0.10	0.74	0.70	0.66	0.62	0.59	0.55	0.52	0.49	0.46	0.43	0.41	0.38	0.36
	0.11	0.72	0.68	0.64	0.60	0.57	0.54	0.50	0.47	0.45	0.42	0.39	0.37	0.35
	0.12	0.70	0.66	0.62	0.58	0.55	0.52	0.49	0.46	0.43	0.41	0.38	0.36	0.34
	0.13	0.67	0.64	0.60	0.56	0.53	0.50	0.47	0.44	0.42	0.39	0.37	0.35	0.33
	0.14	0.65	0.62	0.58	0.55	0.51	0.48	0.45	0.43	0.40	0.38	0.36	0.34	0.32
	0.15	0.63	0.59	0.56	0.53	0.50	0.47	0.44	0.41	0.39	0.37	0.35	0.33	0.31
	0.16	0.61	0.57	0.54	0.51	0.48	0.45	0.42	0.40	0.38	0.35	0.33	0.32	0.30
	0.17	0.59	0.56	0.52	0.49	0.46	0.43	0.41	0.39	0.36	0.34	0.32	0.31	0.29
0.6	0.00	0.94	0.91	0.87	0.83	0.79	0.75	0.70	0.66	0.62	0.58	0.55	0.51	0.48
	0.01	0.92	0.89	0.85	0.81	0.77	0.72	0.68	0.64	0.60	0.57	0.53	0.50	0.47
	0.02	0.90	0.87	0.83	0.79	0.74	0.70	0.66	0.62	0.58	0.55	0.51	0.48	0.45
	0.03	0.88	0.85	0.80	0.76	0.72	0.68	0.64	0.60	0.56	0.53	0.49	0.46	0.43
	0.04	0.86	0.82	0.78	0.74	0.70	0.66	0.62	0.58	0.54	0.51	0.48	0.45	0.42
	0.05	0.84	0.80	0.76	0.72	0.68	0.64	0.60	0.56	0.53	0.49	0.46	0.43	0.41

续表

ρ	$\frac{e}{h}$或$\frac{e}{h_T}$	β												
		4	5	6	7	8	9	10	11	12	13	14	15	16
0.6	0.06	0.82	0.78	0.74	0.70	0.65	0.62	0.58	0.54	0.51	0.48	0.45	0.42	0.39
	0.07	0.80	0.76	0.72	0.67	0.63	0.59	0.56	0.52	0.49	0.46	0.43	0.40	0.38
	0.08	0.78	0.73	0.69	0.65	0.61	0.57	0.54	0.51	0.47	0.44	0.42	0.39	0.37
	0.09	0.75	0.71	0.67	0.63	0.59	0.56	0.52	0.49	0.46	0.43	0.40	0.38	0.35
	0.10	0.73	0.69	0.65	0.61	0.57	0.54	0.50	0.47	0.44	0.41	0.39	0.37	0.34
	0.11	0.71	0.67	0.63	0.59	0.55	0.52	0.49	0.46	0.43	0.40	0.38	0.35	0.33
	0.12	0.69	0.65	0.61	0.57	0.53	0.50	0.47	0.44	0.41	0.39	0.36	0.34	0.32
	0.13	0.67	0.63	0.59	0.55	0.52	0.48	0.45	0.43	0.40	0.37	0.35	0.33	0.31
	0.14	0.64	0.60	0.57	0.53	0.50	0.47	0.44	0.41	0.39	0.36	0.34	0.32	0.30
	0.15	0.62	0.58	0.55	0.51	0.48	0.45	0.42	0.40	0.37	0.35	0.33	0.31	0.29
	0.16	0.60	0.56	0.53	0.50	0.47	0.44	0.41	0.38	0.36	0.34	0.32	0.30	0.28
	0.17	0.58	0.55	0.51	0.48	0.45	0.42	0.40	0.37	0.35	0.33	0.31	0.29	0.27
0.7	0.00	0.93	0.90	0.86	0.81	0.77	0.73	0.68	0.64	0.60	0.56	0.52	0.49	0.46
	0.01	0.91	0.88	0.84	0.79	0.75	0.70	0.66	0.62	0.58	0.54	0.51	0.47	0.44
	0.02	0.90	0.86	0.81	0.77	0.73	0.68	0.64	0.60	0.56	0.52	0.49	0.46	0.43
	0.03	0.88	0.83	0.79	0.75	0.70	0.66	0.62	0.58	0.54	0.50	0.47	0.44	0.41
	0.04	0.86	0.81	0.77	0.73	0.68	0.64	0.60	0.56	0.52	0.49	0.46	0.43	0.40
	0.05	0.83	0.79	0.75	0.70	0.66	0.62	0.58	0.54	0.50	0.47	0.44	0.41	0.38
	0.06	0.81	0.77	0.72	0.68	0.64	0.60	0.56	0.52	0.49	0.46	0.43	0.40	0.37
	0.07	0.79	0.75	0.70	0.66	0.62	0.58	0.54	0.50	0.47	0.44	0.41	0.38	0.36
	0.08	0.77	0.72	0.68	0.64	0.60	0.56	0.52	0.49	0.45	0.42	0.40	0.37	0.35
	0.09	0.75	0.70	0.66	0.62	0.58	0.54	0.50	0.47	0.44	0.41	0.38	0.36	0.34
	0.10	0.72	0.68	0.64	0.60	0.56	0.52	0.49	0.45	0.42	0.40	0.37	0.35	0.33
	0.11	0.70	0.66	0.62	0.58	0.54	0.50	0.47	0.44	0.41	0.38	0.36	0.34	0.32
	0.12	0.68	0.64	0.60	0.56	0.52	0.49	0.45	0.42	0.40	0.37	0.35	0.33	0.31
	0.13	0.66	0.62	0.58	0.54	0.50	0.47	0.44	0.41	0.38	0.36	0.34	0.32	0.30
	0.14	0.64	0.59	0.56	0.52	0.49	0.45	0.42	0.40	0.37	0.35	0.33	0.31	0.29
	0.15	0.61	0.57	0.54	0.50	0.47	0.44	0.41	0.38	0.36	0.34	0.32	0.30	0.28
	0.16	0.59	0.56	0.52	0.48	0.45	0.42	0.40	0.37	0.35	0.33	0.31	0.29	0.27
	0.17	0.57	0.54	0.50	0.47	0.44	0.41	0.38	0.36	0.34	0.31	0.30	0.28	0.26
0.8	0.00	0.92	0.89	0.84	0.80	0.75	0.71	0.66	0.62	0.58	0.54	0.50	0.47	0.43
	0.01	0.91	0.87	0.82	0.78	0.73	0.69	0.64	0.60	0.56	0.52	0.48	0.45	0.42

续表

ρ	$\frac{e}{h}$或$\frac{e}{h_T}$	β												
		4	5	6	7	8	9	10	11	12	13	14	15	16
0.8	0.02	0.89	0.85	0.80	0.76	0.71	0.66	0.62	0.58	0.54	0.50	0.47	0.43	0.41
	0.03	0.87	0.82	0.78	0.73	0.69	0.64	0.60	0.56	0.52	0.48	0.45	0.42	0.39
	0.04	0.85	0.80	0.76	0.71	0.67	0.62	0.58	0.54	0.50	0.47	0.44	0.41	0.38
	0.05	0.83	0.78	0.73	0.69	0.64	0.60	0.56	0.52	0.49	0.45	0.42	0.39	0.37
	0.06	0.80	0.76	0.71	0.67	0.62	0.58	0.54	0.50	0.47	0.44	0.41	0.38	0.35
	0.07	0.78	0.74	0.69	0.64	0.60	0.56	0.52	0.49	0.45	0.42	0.39	0.37	0.34
	0.08	0.76	0.71	0.67	0.62	0.58	0.54	0.50	0.47	0.44	0.41	0.38	0.35	0.33
	0.09	0.74	0.69	0.65	0.60	0.56	0.52	0.49	0.45	0.42	0.39	0.37	0.34	0.32
	0.10	0.71	0.67	0.62	0.58	0.54	0.51	0.47	0.44	0.41	0.38	0.36	0.33	0.31
	0.11	0.69	0.65	0.60	0.56	0.52	0.49	0.45	0.42	0.39	0.37	0.34	0.32	0.30
	0.12	0.67	0.63	0.58	0.54	0.51	0.47	0.44	0.41	0.38	0.36	0.33	0.31	0.29
	0.13	0.65	0.61	0.56	0.53	0.49	0.46	0.42	0.40	0.37	0.34	0.32	0.30	0.28
	0.14	0.63	0.59	0.55	0.51	0.47	0.44	0.41	0.38	0.36	0.33	0.31	0.29	0.27
	0.15	0.61	0.57	0.53	0.49	0.46	0.43	0.40	0.37	0.35	0.32	0.30	0.28	0.27
	0.16	0.59	0.55	0.51	0.47	0.44	0.41	0.38	0.36	0.33	0.31	0.29	0.27	0.26
	0.17	0.57	0.53	0.49	0.46	0.43	0.40	0.37	0.35	0.32	0.30	0.28	0.27	0.25
0.9	0.00	0.92	0.88	0.83	0.79	0.74	0.69	0.64	0.60	0.56	0.52	0.48	0.44	0.41
	0.01	0.90	0.86	0.81	0.76	0.72	0.67	0.62	0.58	0.54	0.50	0.46	0.43	0.40
	0.02	0.88	0.84	0.79	0.74	0.69	0.65	0.60	0.56	0.52	0.48	0.45	0.42	0.39
	0.03	0.86	0.82	0.77	0.72	0.67	0.63	0.58	0.54	0.50	0.47	0.43	0.40	0.37
	0.04	0.84	0.79	0.74	0.70	0.65	0.60	0.56	0.52	0.48	0.45	0.42	0.39	0.36
	0.05	0.82	0.77	0.72	0.67	0.63	0.58	0.54	0.50	0.47	0.43	0.40	0.38	0.35
	0.06	0.80	0.75	0.70	0.65	0.61	0.56	0.52	0.49	0.45	0.42	0.39	0.36	0.34
	0.07	0.77	0.73	0.68	0.63	0.59	0.55	0.51	0.47	0.44	0.41	0.38	0.35	0.33
	0.08	0.75	0.70	0.66	0.61	0.57	0.53	0.49	0.45	0.42	0.39	0.36	0.34	0.32
	0.09	0.73	0.68	0.63	0.59	0.55	0.51	0.47	0.44	0.41	0.38	0.35	0.33	0.31
	0.10	0.71	0.66	0.61	0.57	0.53	0.49	0.46	0.42	0.39	0.37	0.34	0.32	0.30
	0.11	0.68	0.64	0.59	0.55	0.51	0.47	0.44	0.41	0.38	0.35	0.33	0.31	0.29
	0.12	0.66	0.62	0.57	0.53	0.49	0.46	0.43	0.40	0.37	0.34	0.32	0.30	0.28
	0.13	0.64	0.60	0.55	0.51	0.48	0.44	0.41	0.38	0.36	0.33	0.31	0.29	0.27
	0.14	0.62	0.58	0.54	0.50	0.46	0.43	0.40	0.37	0.34	0.32	0.30	0.28	0.26
	0.15	0.60	0.56	0.52	0.48	0.45	0.41	0.38	0.36	0.33	0.31	0.29	0.27	0.25
	0.16	0.58	0.54	0.50	0.46	0.43	0.40	0.37	0.35	0.32	0.30	0.28	0.26	0.25
	0.17	0.56	0.52	0.48	0.45	0.42	0.39	0.36	0.34	0.31	0.29	0.27	0.26	0.24

续表

ρ	$\frac{e}{h}$或$\frac{e}{h_T}$	β												
		4	5	6	7	8	9	10	11	12	13	14	15	16
1.0	0.00	0.91	0.87	0.82	0.77	0.72	0.67	0.63	0.58	0.54	0.50	0.46	0.43	0.39
	0.01	0.89	0.85	0.80	0.75	0.70	0.65	0.60	0.56	0.52	0.48	0.44	0.41	0.38
	0.02	0.87	0.83	0.78	0.73	0.68	0.63	0.58	0.54	0.50	0.46	0.43	0.40	0.37
	0.03	0.85	0.81	0.76	0.71	0.66	0.61	0.56	0.52	0.48	0.45	0.41	0.38	0.36
	0.04	0.83	0.78	0.73	0.68	0.64	0.59	0.55	0.50	0.47	0.43	0.40	0.37	0.35
	0.05	0.81	0.76	0.71	0.66	0.61	0.57	0.53	0.49	0.45	0.42	0.39	0.36	0.33
	0.06	0.79	0.74	0.69	0.64	0.59	0.55	0.51	0.47	0.44	0.40	0.37	0.35	0.32
	0.07	0.77	0.72	0.67	0.62	0.57	0.53	0.49	0.46	0.42	0.39	0.36	0.34	0.31
	0.08	0.74	0.69	0.65	0.60	0.55	0.51	0.47	0.44	0.41	0.38	0.35	0.33	0.30
	0.09	0.72	0.67	0.62	0.58	0.54	0.50	0.46	0.42	0.39	0.37	0.34	0.32	0.29
	0.10	0.70	0.65	0.60	0.56	0.52	0.48	0.44	0.41	0.38	0.35	0.33	0.31	0.28
	0.11	0.68	0.63	0.58	0.54	0.50	0.46	0.43	0.40	0.37	0.34	0.32	0.30	0.28
	0.12	0.66	0.61	0.56	0.52	0.48	0.45	0.41	0.38	0.36	0.33	0.31	0.29	0.27
	0.13	0.63	0.59	0.54	0.50	0.47	0.43	0.40	0.37	0.35	0.32	0.30	0.28	0.26
	0.14	0.61	0.57	0.53	0.49	0.45	0.42	0.39	0.36	0.34	0.31	0.29	0.27	0.25
	0.15	0.59	0.55	0.51	0.47	0.44	0.40	0.37	0.35	0.33	0.30	0.28	0.26	0.24
	0.16	0.57	0.53	0.49	0.45	0.42	0.39	0.36	0.34	0.31	0.29	0.27	0.25	0.24
	0.17	0.55	0.51	0.47	0.44	0.41	0.38	0.35	0.33	0.30	0.28	0.26	0.25	0.23

网状配筋砖砌体抗压强度提高值 $2\left(1-\frac{2e}{y}\right)\frac{\rho}{100}f_y$（MPa）

（ϕ3 焊接网，$f_y = 320$MPa） **表 5.5-3**

s_n（mm）	a(mm) \ e/h	0.00	0.02	0.04	0.06	0.08	0.10	0.12	0.14	0.16	0.17
63 一皮砖	30	4.787	4.596	4.404	4.213	4.021	3.830	3.638	3.447	3.255	3.160
	40	3.590	3.447	3.303	3.160	3.016	2.872	2.729	2.585	2.441	2.370
	50	2.872	2.757	2.643	2.528	2.413	2.298	2.183	2.068	1.953	1.896
	60	2.394	2.298	2.202	2.106	2.011	1.915	1.819	1.723	1.628	1.580
	70	2.052	1.970	1.888	1.805	1.723	1.641	1.559	1.477	1.395	1.354
	80	1.795	1.723	1.652	1.580	1.508	1.436	1.364	1.293	1.221	1.185
	90	1.596	1.532	1.468	1.404	1.340	1.277	1.213	1.149	1.085	1.053
	100	1.436	1.379	1.321	1.264	1.206	1.149	1.091	1.034	0.977	0.948
	110	1.306	1.253	1.201	1.149	1.097	1.044	0.992	0.940	0.888	0.862
	120	1.197	1.149	1.101	1.053	1.005	0.957	0.910	0.862	0.814	0.790

续表

s_n（mm）	e/h a(mm)	0.00	0.02	0.04	0.06	0.08	0.10	0.12	0.14	0.16	0.17
	30	2.394	2.298	2.202	2.106	2.011	1.915	1.819	1.723	1.628	1.580
	40	1.795	1.723	1.652	1.580	1.508	1.436	1.364	1.293	1.221	1.185
	50	1.436	1.379	1.321	1.264	1.206	1.149	1.091	1.034	0.977	0.948
	60	1.197	1.149	1.101	1.053	1.005	0.957	0.910	0.862	0.814	0.790
126 二皮砖	70	1.026	0.985	0.944	0.903	0.862	0.821	0.780	0.739	0.698	0.677
	80	0.898	0.862	0.826	0.790	0.754	0.718	0.682	0.646	0.610	0.592
	90	0.798	0.766	0.734	0.702	0.670	0.638	0.606	0.574	0.543	0.527
	100	0.718	0.689	0.661	0.632	0.603	0.574	0.546	0.517	0.488	0.474
	110	0.653	0.627	0.601	0.574	0.548	0.522	0.496	0.470	0.444	0.431
	120										
	30	1.596	1.532	1.468	1.404	1.340	1.277	1.213	1.149	1.085	1.053
	40	1.197	1.149	1.101	1.053	1.005	0.957	0.910	0.862	0.814	0.790
	50	0.957	0.919	0.881	0.843	0.804	0.766	0.728	0.689	0.651	0.632
	60	0.798	0.766	0.734	0.702	0.670	0.638	0.606	0.574	0.543	0.527
189 三皮砖	70	0.684	0.657	0.629	0.602	0.574	0.547	0.520	0.492	0.465	0.451
	80										
	90										
	100										
	110										
	120										
	30	1.197	1.149	1.101	1.053	1.005	0.957	0.910	0.862	0.814	0.790
	40	0.898	0.862	0.826	0.790	0.754	0.718	0.682	0.646	0.610	0.592
	50	0.718	0.689	0.661	0.632	0.603	0.574	0.546	0.517	0.488	0.474
	60										
252 四皮砖	70										
	80										
	90										
	100										
	110										
	120										
	30	0.957	0.919	0.881	0.843	0.804	0.766	0.728	0.689	0.651	0.632
	40	0.718	0.689	0.661	0.632	0.603	0.574	0.546	0.517	0.488	0.474
	50										
	60										
315 五皮砖	70										
	80										
	90										
	100										
	110										
	120										

网状配筋砖砌体抗压强度提高值 $2\left(1-\frac{2e}{y}\right)\frac{\rho}{100}f_y$（MPa）

（ϕ4 焊接网，$f_y = 320$MPa）　　**表 5.5-4**

s_n（mm）	e/h ╲ a（mm）	0.00	0.02	0.04	0.06	0.08	0.10	0.12	0.14	0.16	0.17
65 一皮砖	30										
	40	6.187	5.939	5.692	5.444	5.197	4.949	4.702	4.454	4.207	4.083
	50	4.949	4.751	4.553	4.355	4.157	3.959	3.761	3.563	3.365	3.266
	60	4.124	3.959	3.794	3.629	3.464	3.299	3.135	2.970	2.805	2.722
	70	3.535	3.394	3.252	3.111	2.970	2.828	2.687	2.545	2.404	2.333
	80	3.093	2.970	2.846	2.722	2.598	2.475	2.351	2.227	2.103	2.042
	90	2.750	2.640	2.530	2.420	2.310	2.200	2.090	1.980	1.870	1.815
	100	2.475	2.376	2.277	2.178	2.079	1.980	1.881	1.782	1.683	1.633
	110	2.250	2.160	2.070	1.980	1.890	1.800	1.710	1.620	1.530	1.485
	120	2.062	1.980	1.897	1.815	1.732	1.650	1.567	1.485	1.402	1.361
130 二皮砖	30	4.124	3.959	3.794	3.629	3.464	3.299	3.135	2.970	2.805	2.722
	40	3.093	2.970	2.846	2.722	2.598	2.475	2.351	2.227	2.103	2.042
	50	2.475	2.376	2.277	2.178	2.079	1.980	1.881	1.782	1.683	1.633
	60	2.062	1.980	1.897	1.815	1.732	1.650	1.567	1.485	1.402	1.361
	70	1.768	1.697	1.626	1.555	1.485	1.414	1.343	1.273	1.202	1.167
	80	1.547	1.485	1.423	1.361	1.299	1.237	1.175	1.114	1.052	1.021
	90	1.375	1.320	1.265	1.210	1.155	1.100	1.045	0.990	0.935	0.907
	100	1.237	1.188	1.138	1.089	1.039	0.990	0.940	0.891	0.841	0.817
	110	1.125	1.080	1.035	0.990	0.945	0.900	0.855	0.810	0.765	0.742
	120	1.031	0.990	0.949	0.907	0.866	0.825	0.784	0.742	0.701	0.681
195 三皮砖	30	2.750	2.640	2.530	2.420	2.310	2.200	2.090	1.980	1.870	1.815
	40	2.062	1.980	1.897	1.815	1.732	1.650	1.567	1.485	1.402	1.361
	50	1.650	1.584	1.518	1.452	1.386	1.320	1.254	1.188	1.122	1.089
	60	1.375	1.320	1.265	1.210	1.155	1.100	1.045	0.990	0.935	0.907
	70	1.178	1.131	1.084	1.037	0.990	0.943	0.896	0.848	0.801	0.778
	80	1.031	0.990	0.949	0.907	0.866	0.825	0.784	0.742	0.701	0.681
	90	0.917	0.880	0.843	0.807	0.770	0.733	0.697	0.660	0.623	0.605
	100	0.825	0.792	0.759	0.726	0.693	0.660	0.627	0.594	0.561	0.544
	110	0.750	0.720	0.690	0.660	0.630	0.600	0.570	0.540	0.510	0.495
	120	0.687	0.660	0.632	0.605	0.577	0.550	0.522	0.495	0.467	0.454
260 四皮砖	30	2.062	1.980	1.897	1.815	1.732	1.650	1.567	1.485	1.402	1.361
	40	1.547	1.485	1.423	1.361	1.299	1.237	1.175	1.114	1.052	1.021
	50	1.237	1.188	1.138	1.089	1.039	0.990	0.940	0.891	0.841	0.817
	60	1.031	0.990	0.949	0.907	0.866	0.825	0.784	0.742	0.701	0.681
	70	0.884	0.848	0.813	0.778	0.742	0.707	0.672	0.636	0.601	0.583

续表

s_n（mm）	a（mm） \ e/h	0.00	0.02	0.04	0.06	0.08	0.10	0.12	0.14	0.16	0.17
260 四皮砖	80	0.773	0.742	0.711	0.681	0.650	0.619	0.588	0.557	0.526	0.510
	90	0.687	0.660	0.632	0.605	0.577	0.550	0.522	0.495	0.467	0.454
	100										
	110										
	120										
325 五皮砖	30	1.650	1.584	1.518	1.452	1.386	1.320	1.254	1.188	1.122	1.089
	40	1.237	1.188	1.138	1.089	1.039	0.990	0.940	0.891	0.841	0.817
	50	0.990	0.950	0.911	0.871	0.831	0.792	0.752	0.713	0.673	0.653
	60	0.825	0.792	0.759	0.726	0.693	0.660	0.627	0.594	0.561	0.544
	70	0.707	0.679	0.650	0.622	0.594	0.566	0.537	0.509	0.481	0.467
	80										
	90										
	100										
	110										
	120										

网状配筋砖砌体抗压强度提高值 $2\left(1-\frac{2e}{y}\right)\frac{\rho}{100}f_y$（MPa）

（ϕ3 绑扎网，$f_y=250$MPa）　　　　**表 5.5-5**

s_n（mm）	a（mm） \ e/h	0.00	0.02	0.04	0.06	0.08	0.10	0.12	0.14	0.16	0.17
63 一皮砖	30	3.740	3.590	3.441	3.291	3.142	2.992	2.842	2.693	2.543	2.468
	40	2.805	2.693	2.581	2.468	2.356	2.244	2.132	2.020	1.907	1.851
	50	2.244	2.154	2.064	1.975	1.885	1.795	1.705	1.616	1.526	1.481
	60	1.870	1.795	1.720	1.646	1.571	1.496	1.421	1.346	1.272	1.234
	70	1.603	1.539	1.475	1.411	1.346	1.282	1.218	1.154	1.090	1.058
	80	1.402	1.346	1.290	1.234	1.178	1.122	1.066	1.010	0.954	0.926
	90	1.247	1.197	1.147	1.097	1.047	0.997	0.947	0.898	0.848	0.823
	100	1.122	1.077	1.032	0.987	0.942	0.898	0.853	0.808	0.763	0.741
	110	1.020	0.979	0.938	0.898	0.857	0.816	0.775	0.734	0.694	0.673
	120	0.935	0.898	0.860	0.823	0.785	0.748	0.711	0.673	0.636	0.617
126 二皮砖	30	1.870	1.795	1.720	1.646	1.571	1.496	1.421	1.346	1.272	1.234
	40	1.402	1.346	1.290	1.234	1.178	1.122	1.066	1.010	0.954	0.926
	50	1.122	1.077	1.032	0.987	0.942	0.898	0.853	0.808	0.763	0.741

续表

s_n（mm）	a（mm） \ e/h	0.00	0.02	0.04	0.06	0.08	0.10	0.12	0.14	0.16	0.17
126 二皮砖	60	0.935	0.898	0.860	0.823	0.785	0.748	0.711	0.673	0.636	0.617
	70	0.801	0.769	0.737	0.705	0.673	0.641	0.609	0.577	0.545	0.529
	80	0.701	0.673	0.645	0.617	0.589	0.561	0.533	0.505	0.477	0.463
	90	0.623	0.598	0.573	0.549	0.524	0.499	0.474	0.449	0.424	0.411
	100	0.561	0.539	0.516	0.494	0.471	0.449	0.426	0.404	0.381	0.370
	110	0.510	0.490	0.469	0.449	0.428	0.408	0.388	0.367	0.347	0.337
	120										
189 三皮砖	30	1.247	1.197	1.147	1.097	1.047	0.997	0.947	0.898	0.848	0.823
	40	0.935	0.898	0.860	0.823	0.785	0.748	0.711	0.673	0.636	0.617
	50	0.748	0.718	0.688	0.658	0.628	0.598	0.568	0.539	0.509	0.494
	60	0.623	0.598	0.573	0.549	0.524	0.499	0.474	0.449	0.424	0.411
	70	0.534	0.513	0.492	0.470	0.449	0.427	0.406	0.385	0.363	0.353
	80										
	90										
	100										
	110										
	120										
252 四皮砖	30	0.935	0.898	0.860	0.823	0.785	0.748	0.711	0.673	0.636	0.617
	40	0.701	0.673	0.645	0.617	0.589	0.561	0.533	0.505	0.477	0.463
	50	0.561	0.539	0.516	0.494	0.471	0.449	0.426	0.404	0.381	0.370
	60										
	70										
	80										
	90										
	100										
	110										
	120										
315 五皮砖	30	0.748	0.718	0.688	0.658	0.628	0.598	0.568	0.539	0.509	0.494
	40	0.561	0.539	0.516	0.494	0.471	0.449	0.426	0.404	0.381	0.370
	50										
	60										
	70										
	80										
	90										
	100										
	110										
	120										

网状配筋砖砌体抗压强度提高值 $2\left(1-\frac{2e}{y}\right)\frac{\rho}{100}f_y$（MPa）

（ϕ4 绑扎网，$f_y=250$MPa） **表 5.5-6**

s_n（mm）	a（mm） \ e/h	0.00	0.02	0.04	0.06	0.08	0.10	0.12	0.14	0.16	0.17
65 一皮砖	30										
	40	4.833	4.640	4.447	4.253	4.060	3.867	3.673	3.480	3.287	3.190
	50	3.867	3.712	3.557	3.403	3.248	3.093	2.939	2.784	2.629	2.552
	60	3.222	3.093	2.964	2.835	2.707	2.578	2.449	2.320	2.191	2.127
	70	2.762	2.651	2.541	2.430	2.320	2.209	2.099	1.989	1.878	1.823
	80	2.417	2.320	2.223	2.127	2.030	1.933	1.837	1.740	1.643	1.595
	90	2.148	2.062	1.976	1.890	1.804	1.718	1.633	1.547	1.461	1.418
	100	1.933	1.856	1.779	1.701	1.624	1.547	1.469	1.392	1.315	1.276
	110	1.758	1.687	1.617	1.547	1.476	1.406	1.336	1.265	1.195	1.160
	120	1.611	1.547	1.482	1.418	1.353	1.289	1.224	1.160	1.096	1.063
130 二皮砖	30	3.222	3.093	2.964	2.835	2.707	2.578	2.449	2.320	2.191	2.127
	40	2.417	2.320	2.223	2.127	2.030	1.933	1.837	1.740	1.643	1.595
	50	1.933	1.856	1.779	1.701	1.624	1.547	1.469	1.392	1.315	1.276
	60	1.611	1.547	1.482	1.418	1.353	1.289	1.224	1.160	1.096	1.063
	70	1.381	1.326	1.270	1.215	1.160	1.105	1.049	0.994	0.939	0.911
	80	1.208	1.160	1.112	1.063	1.015	0.967	0.918	0.870	0.822	0.797
	90	1.074	1.031	0.988	0.945	0.902	0.859	0.816	0.773	0.730	0.709
	100	0.967	0.928	0.889	0.851	0.812	0.773	0.735	0.696	0.657	0.638
	110	0.879	0.844	0.808	0.773	0.738	0.703	0.668	0.633	0.598	0.580
	120	0.806	0.773	0.741	0.709	0.677	0.644	0.612	0.580	0.548	0.532
195 三皮砖	30	2.148	2.062	1.976	1.890	1.804	1.718	1.633	1.547	1.461	1.418
	40	1.611	1.547	1.482	1.418	1.353	1.289	1.224	1.160	1.096	1.063
	50	1.289	1.237	1.186	1.134	1.083	1.031	0.980	0.928	0.876	0.851
	60	1.074	1.031	0.988	0.945	0.902	0.859	0.816	0.773	0.730	0.709
	70	0.921	0.884	0.847	0.810	0.773	0.736	0.700	0.663	0.626	0.608
	80	0.806	0.773	0.741	0.709	0.677	0.644	0.612	0.580	0.548	0.532
	90	0.716	0.687	0.659	0.630	0.601	0.573	0.544	0.516	0.487	0.473
	100	0.644	0.619	0.593	0.567	0.541	0.516	0.490	0.464	0.438	0.425
	110	0.586	0.562	0.539	0.516	0.492	0.469	0.445	0.422	0.398	0.387
	120	0.537	0.516	0.494	0.473	0.451	0.430	0.408	0.387	0.365	0.354

续表

s_n (mm)	a (mm) \ e/h	0.00	0.02	0.04	0.06	0.08	0.10	0.12	0.14	0.16	0.17
260 四皮砖	30	1.611	1.547	1.482	1.418	1.353	1.289	1.224	1.160	1.096	1.063
	40	1.208	1.160	1.112	1.063	1.015	0.967	0.918	0.870	0.822	0.797
	50	0.967	0.928	0.889	0.851	0.812	0.773	0.735	0.696	0.657	0.638
	60	0.806	0.773	0.741	0.709	0.677	0.644	0.612	0.580	0.548	0.532
	70	0.690	0.663	0.635	0.608	0.580	0.552	0.525	0.497	0.470	0.456
	80	0.604	0.580	0.556	0.532	0.507	0.483	0.459	0.435	0.411	0.399
	90	0.537	0.516	0.494	0.473	0.451	0.430	0.408	0.387	0.365	0.354
	100										
	110										
	120										
325 五皮砖	30	1.289	1.237	1.186	1.134	1.083	1.031	0.980	0.928	0.876	0.851
	40	0.967	0.928	0.889	0.851	0.812	0.773	0.735	0.696	0.657	0.638
	50	0.773	0.742	0.711	0.681	0.650	0.619	0.588	0.557	0.526	0.510
	60	0.644	0.619	0.593	0.567	0.541	0.516	0.490	0.464	0.438	0.425
	70	0.552	0.530	0.508	0.486	0.464	0.442	0.420	0.398	0.376	0.365
	80										
	90										
	100										
	110										
	120										

5.5.2 组合砖砌体构件

（1）砖砌体和钢筋混凝土面层或钢筋砂浆面层的组合砌体构件

无筋砌体构件截面尺寸受到限制，或设计不经济及轴向力的偏心距超过无筋砌体偏压构件的限值时，宜采用组合砖砌体构件(见图 5.5-3)。

1）组合砖砌体承载力计算

对于砖墙与组合砌体一同砌筑的 T 形截面构件（图 5.3-3b），可按矩形截面组合砌体构件计算（图 5.3-3c）。但构件的高厚比 β 仍按 T 形截面考虑，其截面的翼缘宽度尚应符合第 5.3.1 条的规定。

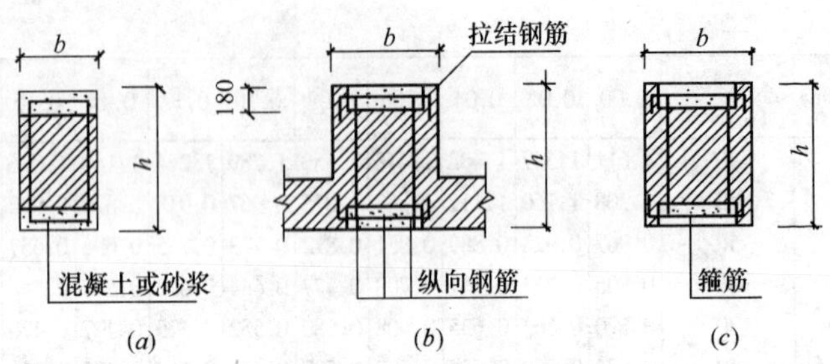

图 5.5-3　组合砖砌体构件截面

（A）组合砖砌体轴心受压构件的承载力应按下式计算：

$$N \leqslant \varphi_{com}(fA + f_c A_c + \eta_s f'_y A'_s) \quad (5\text{-}61)$$

式中　φ_{com}——组合砖砌体构件的稳定系数，可按表 5.5-7 采用；

A——砖砌体的截面面积；

f_c——混凝土或面层水泥砂浆的轴心抗压强度设计值；砂浆的轴心抗压强度设计值可取为同等强度等级混凝土的轴心抗压强度设计值的 70%，当砂浆为 M15 时，取 5.2MPa；当砂浆为 M10 时，取 3.5MPa；当砂浆为 M7.5 时，取 2.6MPa；

A_c——混凝土或砂浆面层的截面面积；

η_s——受压钢筋的强度系数，当为混凝土面层时，可取 1.0；当为砂浆面层时可取 0.9；

f'_y——钢筋的抗压强度设计值；

A'_s——受压钢筋的截面面积。

组合砖砌体构件的稳定系数 φ_{com}　　**表 5.5-7**

高厚比	配筋率 ρ（%）					
β	0	0.2	0.4	0.6	0.8	≥1.0
8	0.91	0.93	0.95	0.97	0.99	1.00
10	0.87	0.90	0.92	0.94	0.96	0.98
12	0.82	0.85	0.88	0.91	0.93	0.95
14	0.77	0.80	0.83	0.86	0.89	0.92

续表

高厚比 β	配 筋 率 ρ（%）					
	0	0.2	0.4	0.6	0.8	≥1.0
16	0.72	0.75	0.78	0.81	0.84	0.87
18	0.67	0.70	0.73	0.76	0.79	0.81
20	0.62	0.65	0.68	0.71	0.73	0.75
22	0.58	0.61	0.64	0.66	0.68	0.70
24	0.54	0.57	0.59	0.61	0.63	0.65
26	0.50	0.52	0.54	0.56	0.58	0.60
28	0.46	0.48	0.50	0.52	0.54	0.56

注：组合砖砌体构件截面的配筋率 $\rho = A'_s/bh$。

（B）组合砖砌体偏心受压构件（图 5.5-4）的承载力应按下列公式计算：

$$N \leqslant fA' + f_c A'_c + \eta_s f'_y A'_s - \sigma_s A_s \tag{5-62}$$

或 $$Ne_N \leqslant fS_s + f_c S_{c,s} + \eta_s f'_y A'_s (h_0 - a'_s) \tag{5-63}$$

此时受压区的高度 x 可按下列公式确定：

$$fS_N + f_c S_{c,N} + \eta_s f'_y A'_s e'_N - \sigma_s A_s e_N = 0 \tag{5-64}$$

$$e_N = e + e_a + (h/2 - a_s) \tag{5-65}$$

$$e'_N = e + e_a - (h/2 - a'_s) \tag{5-66}$$

$$e_a = \frac{\beta^2 h}{2200}(1 - 0.022\beta) \tag{5-67}$$

式中 σ_s——钢筋 A_s 的应力；

A_s——距轴向力 N 较远侧钢筋的截面面积；

A'——砖砌体受压部分的面积；

A'_c——混凝土或砂浆面层受压部分的面积；

S_s——砖砌体受压部分的面积对钢筋 A_s 重心的面积矩；

$S_{c,s}$——混凝土或砂浆面层受压部分的面积对钢筋 A_s 重心的面积矩；

S_N——砖砌体受压部分的面积对轴向力 N 作用点的面积矩；

$S_{c,N}$——混凝土或砂浆面层受压部分的面积对轴向力 N 作用点的面积矩；

e_N，e'_N——分别为钢筋 A_s 和 A'_s重心至轴向力 N 作用点的距离；

e——轴向力的初始偏心距，按荷载设计值计算，当 e 小于 $0.05h$ 时，应取 e 等于 $0.05h$；

e_a——组合砖砌体构件在轴向力作用下的附加偏心距；

h_0——组合砖砌体构件截面的有效高度，取 $h_0 = h - a_s$；

a_s，a'_s——分别为钢筋 A_s 和 A'_s重心至截面较近边的距离。

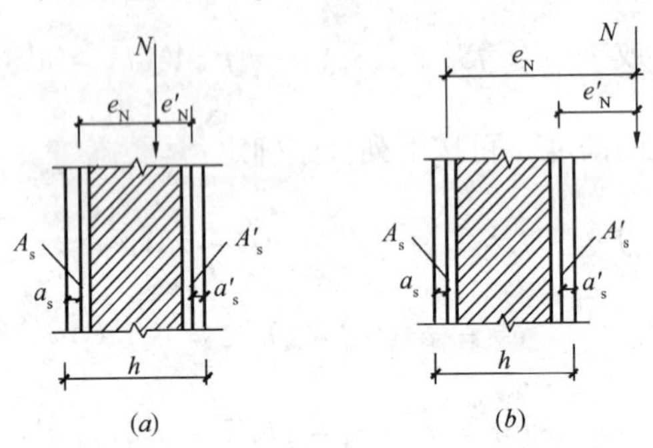

图 5.5-4　组合砖砌体偏心受压构件

（a）小偏心受压；（b）大偏心受压

（C）组合砖砌体钢筋 A_s 的应力（单位为 MPa，正值为拉应力，负值为压应力）应按下列规定计算：

小偏心受压时，即 $\xi > \xi_b$

$$\sigma_s = 650 - 800\xi \tag{5-68}$$

$$-f'_y \leqslant \sigma_s \leqslant f_y \tag{5-69}$$

大偏心受压时，即 $\xi \leqslant \xi_b$

$$\sigma_s = f_y \tag{5-70}$$

$$\xi = x/h_0 \tag{5-71}$$

式中 ξ——组合砖砌体构件截面的相对受压区高度；

f_y——钢筋的抗拉强度设计值。

组合砖砌体构件相对受压区高度的界限值 ξ_b，对于 HPB235 级钢筋，应取 0.55；对于 HRB335 级钢筋，应取 0.425。

2）组合砖砌体构件的构造要求

（A）面层混凝土强度等级宜采用 C20。面层水泥砂浆强度等级不宜低于 M10。砌筑砂浆的强度等级不宜低于 M7.5；

（B）竖向受力钢筋的混凝土保护层厚度不应小于表 5.5-8 中的规定。竖向受力钢筋距砖砌体表面的距离不应小于 5mm；

混凝土保护层最小厚度（mm） **表 5.5-8**

构件类别 \ 环境条件	室内正常环境	露天或室内潮湿环境
墙	15	25
柱	25	35

注：当面层为水泥砂浆时，对于柱，保护层厚度可减小 5mm。

（C）砂浆面层的厚度，可采用 30～45mm。当面层厚度大于 45mm 时，其面层宜采用混凝土；

（D）竖向受力钢筋宜采用 HPB235 钢筋，对于混凝土面层，亦可采用 HRB335 级钢筋。受压钢筋一侧的配筋率，对砂浆面层，不宜小于 0.1%；对混凝土面层，不宜小于 0.2%。受拉钢筋的配筋率，不应小于 0.1%。竖向受力钢筋的直径不应小于 8mm，钢筋的净间距，不应小于 30mm。

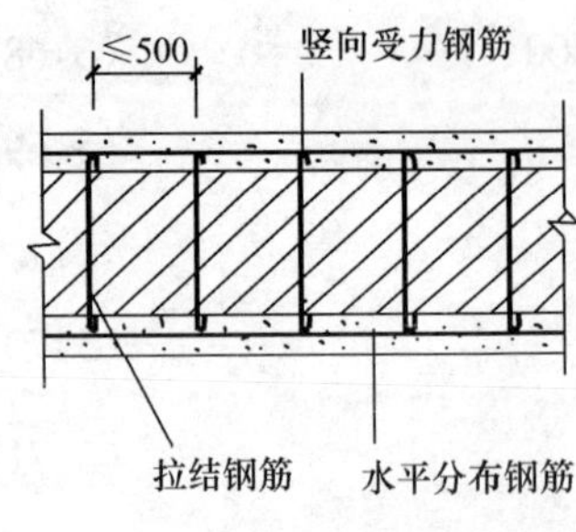

图 5.5-5　组合砖砌体墙的配筋

(E) 箍筋的直径不宜小于 4mm 及 0.2 倍的受压钢筋直径，并不宜大于 6mm。箍筋的间距不应大于 20 倍受压钢筋的直径及 500mm，并不应小于 120mm。

(F) 当组合砖砌体构件一侧的竖向受力钢筋多于 4 根时，应设置附加箍筋或拉结钢筋。

(G) 对于截面长短边相差较大时的构件，如墙体等，应采用穿通墙体的拉结钢筋作为箍筋，同时设置水平分布钢筋。水平分布钢筋的竖向间距及拉结钢筋的水平间距，均不应大于 500mm，见图 5.5-5；

(H) 组合砖砌体构件的顶部及底部以及牛腿部位，必须设置钢筋混凝土垫块。竖向受力钢筋伸入垫块的长度，必须满足锚固要求，见图 5.5-6。

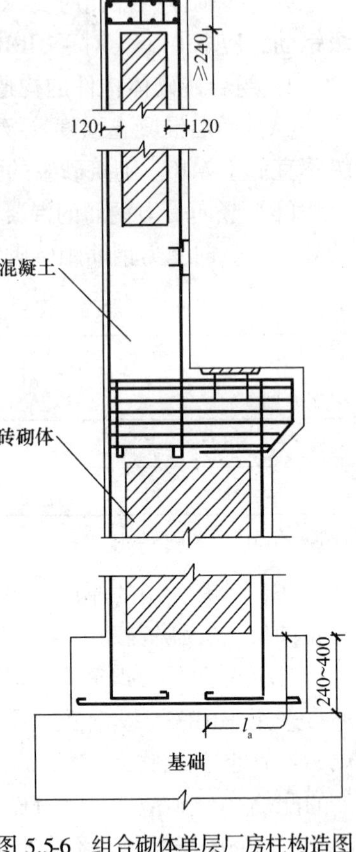

图 5.5-6　组合砌体单层厂房柱构造图

(2) 砖砌体和钢筋混凝土构造柱组合墙

1) 砖砌体和钢筋混凝土构造柱组成的组合砖墙（图 5.5-7）的轴心受压承载力应按下列公式计算：

$$N \leqslant \varphi_{\mathrm{com}}[fA_{\mathrm{n}} + \eta(f_{\mathrm{c}}A_{\mathrm{c}} + f'_{\mathrm{y}}A'_{\mathrm{s}})] \tag{5-72}$$

$$\eta = \left[\frac{1}{\dfrac{l}{b_{\mathrm{c}}} - 3}\right]^{\frac{1}{4}} \tag{5-73}$$

式中 φ_{com}——组合砖砌体的稳定系数，可按表 5.5-7 采用；

η——强度系数，当 l/b_c 小于 4 时取 l/b_c 等于 4，η 可按表 5.5-9 采用；

l——沿墙长方向构造柱的间距；

b_c——沿墙长方向构造柱的宽度；

A_n——砖砌体的净截面面积；

A_c——构造柱的截面面积；

f'_y——构造柱的纵向钢筋的强度设计值；

A'_s——构造柱内所有纵向钢筋的截面面积。

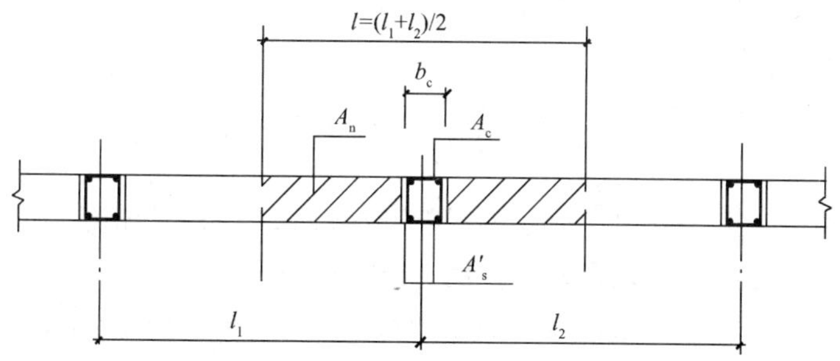

图 5.5-7 砖砌体和构造柱组合墙截面

强度系数 η 表 **表 5.5-9**

构造柱间距（m）	1	1.5	2.0	2.5	3.0	3.5	4.0
η	0.962	0.745	0.658	0.606	0.570	0.542	0.520

注：1. 表中数据按柱截面 240mm × 240mm 计算；

2. 其间数值按内插法求得。

2）砖砌体和钢筋混凝土构造柱组成的组合砖墙的偏心受压承载力计算

当组合砖墙的配筋率低于 0.2% 时，其平面外的偏心受压承载力可按下式计算：

$$N \leqslant \varphi[fA_n + \eta(f_cA_c + f'_yA'_s)] \quad (5\text{-}74)$$

式中 φ——组合砖墙的高厚比 β 和轴向力的偏心距 e 对受压构

件承载力的影响系数，可按无筋砌体构件的 φ 值计算或查表。

3）砖砌体和钢筋混凝土构造柱组成的组合砖墙中构造柱的承载力验算

在组合砖墙中的构造柱处无另外集中荷载的情况下，构造柱的承载力有较大富余，不需要进行承载力验算。但是在有另外的集中荷载时，构造柱应按分担的部分墙体荷载和外力集中荷载进行承载力验算。

$$N_c + F \leqslant 0.9\varphi_c(f_c A_c + f'_y A'_s) \tag{5-75}$$

$$N_c = \eta_c N \tag{5-76}$$

$$\eta_c = 1 - (1 + 0.5e^{-0.6l})/(1 + 2.5e^{-0.6l}) \tag{5-77}$$

式中　N_c——在组合砖墙上作用荷载 N 时，构造柱分担的荷载值；

F——在构造柱处作用的外加集中荷载；

η_c——在组合砖墙上作用荷载 N 时，构造柱的荷载分配系数，可按表 5.5-10 采用。

φ_c——钢筋混凝土轴心受压强度系数，可按《混凝土结构设计规范》（GB 50010）规定计算；

l——组合砖墙中构造柱的间距，当间距不等时可取平均值。

组合墙中构造柱的荷载分配系数 η_c　　表 5.5-10

构造柱间距（m）	1	1.5	2.0	2.5	3.0	3.5	4.0
η_c	0.48	0.4	0.35	0.29	0.23	0.19	0.15

4）砖砌体和钢筋混凝土构造柱组成的组合砖墙的材料和构造要求

（A）砂浆的强度等级不应低于 M5，构造柱的混凝土强度等级不宜低于 C20；

(B) 柱内竖向受力钢筋的混凝土保护层厚度应符合表 5.5-8 的规定;

(C) 构造柱的截面尺寸不宜小于 240mm × 240mm,其厚度不应小于墙厚,边柱、角柱的截面宽度宜适当加大。柱内竖向受力钢筋,对于中柱不宜小于 4ϕ12;对于边柱、角柱不宜小于 4ϕ14。构造柱的竖向受力钢筋的直径也不宜大于 ϕ16。其箍筋,一般部位宜采用 ϕ6、间距 200mm,楼层上下 500mm 范围内宜采用 ϕ6,间距 100mm。构造柱的竖向受力钢筋应在基础梁和楼层圈梁中锚固,并应符合受拉钢筋的锚固要求;

(D) 组合砖墙砌体结构房屋,应在纵横墙交接处、墙端部和较大洞口的洞边设置构造柱,其间距不宜大于 4m。各层洞口宜设置在相应位置,并宜上下对齐。

(E) 组合砖墙砌体结构房屋应在基础顶面、有组合墙的楼层处设置现浇钢筋混凝土圈梁。圈梁的截面高度不宜小于 240mm;纵向钢筋不宜小于 4ϕ12;纵向钢筋应伸入构造柱内,并应符合受拉钢筋的锚固要求。圈梁的箍筋宜采用 ϕ6、间距 200mm。

(F) 砖砌体与构造柱的连接处应砌成马牙槎,并应沿墙高每隔 500mm 设 2ϕ6 拉结钢筋,且每边伸入墙内不宜小于 600mm。

(G) 组合砖墙的施工程序应为先砌墙后浇混凝土构造柱。

5.6 圈梁、过梁及挑梁

5.6.1 圈梁

(1) 圈梁的设置规定

为了增强房屋的整体刚度,防止由于地基的不均匀沉降或较大振动荷载等对房屋引起的不利影响,可按表 5.6-1 的规定在墙中设置现浇钢筋混凝土圈梁。

圈梁的设置规定　表 5.6-1

序号	结构类型	设置规定
1	空旷的单层房屋如车间、仓库、食堂等	(1) 砖砌体房屋，檐口标高为 5～8m 时，应在檐口标高处设置圈梁一道，檐口标高大于 8m 时，应增加设置数量。 (2) 砌块及料石砌体房屋，檐口标高为 4～5m 时，应在檐口标高处设置圈梁一道，檐口标高大于 5m 时，应增加设置数量。 (3) 对有吊车或较大振动设备的单层工业房屋，除在檐口或窗顶标高处设置现浇钢筋混凝土圈梁外，尚应增加设置数量
2	多层砌体民用房屋，如宿舍、办公楼等	(1) 当层数为 3～4 层时，应在檐口标高处设置圈梁一道。 (2) 当层数超过 4 层时，应在所有纵横墙上隔层设置
3	多层砌体工业房屋	应每层设置现浇钢筋混凝土圈梁
4	设置墙梁的多层砌体房屋	应在托梁、墙梁顶面和檐口标高处设置现浇钢筋混凝土圈梁，其他楼层处应在所有纵横墙上每层设置

注：建筑在软弱地基或不均匀地基上的砌体房屋，或有抗震设防要求的房屋，除按本表规定设置圈梁外，尚应符合国家现行标准《建筑地基基础设计规范》(GB 50007) 和《建筑抗震设计规范》(GB 50011) 的规定。

(2) 圈梁的构造要求（表 5.6-2）

圈梁的构造要求　表 5.6-2

序号	项目	构造要求
1	截面尺寸	(1) 钢筋混凝土圈梁的宽度宜与墙厚相同，当墙厚 $h \geqslant 240$mm 时，其宽度不宜小于 $2h/3$。 (2) 圈梁的高度不应小于 120mm
2	配筋	(1) 圈梁的纵向钢筋不应小于 4ϕ10，箍筋间距不应大于 300mm。 (2) 当圈梁兼作过梁时，过梁部分的钢筋应按计算用量另行配置。 (3) 圈梁钢筋的绑扎接头搭接长度按受拉钢筋考虑

续表

序号	项 目	构 造 要 求
3	圈梁的平面闭合	圈梁宜连续地设在同一水平面上，并形成封闭状；当圈梁被门窗洞口截断时，应在洞口上部增设相同截面的附加圈梁，见图5.6-1。附加圈梁与圈梁的搭接长度不应小于其中到中垂直间距的2倍，且不得小于1m；附加圈梁按兼作过梁计算
4	圈梁的连接	纵横墙交接处的圈梁应有可靠的连接，其配筋构造见图5.6-2。刚弹性和弹性方案房屋，圈梁应与屋架、大梁等构件可靠连接
5	其 他	采用现浇钢筋混凝土楼（屋）盖的多层砌体结构房屋，当层数超过5层时，除在檐口标高处设置一道圈梁外，可隔层设置圈梁，并与楼（屋）盖面板一起现浇。未设置圈梁的楼面板嵌入墙内的长度不应小于120mm，并沿墙长配置不小于2ϕ10的纵向钢筋

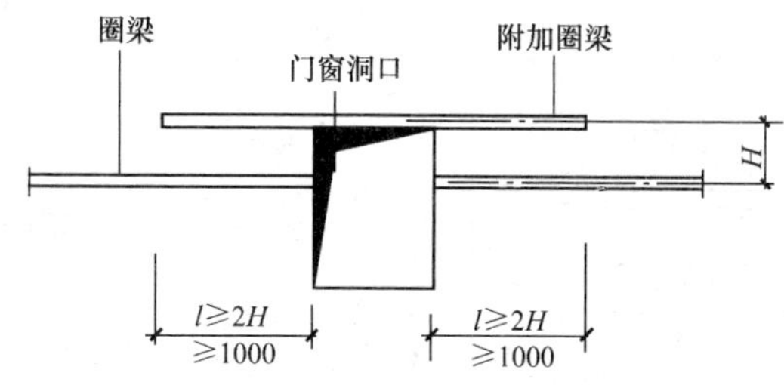

图5.6-1 圈梁被门窗洞口截断时的构造

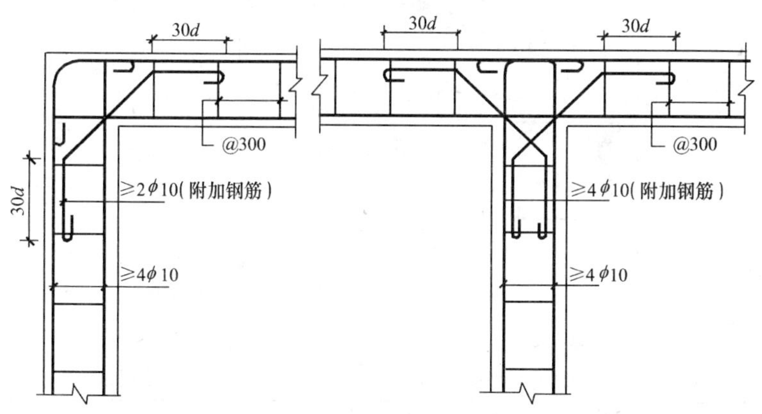

图5.6-2 圈梁在房屋转角及丁字交叉处的连接构造

5.6.2　过梁

(1) 适用范围

(A) 钢筋砖过梁的跨度不应超过 1.5m;

(B) 砖砌平拱的跨度不应超过 1.2m;

(C) 跨度超过上述限值的门窗洞口，以及有较大振动荷载或可能产生不均匀沉降的房屋的门窗洞口，应采用钢筋混凝土过梁。

(2) 过梁的设计计算

1) 过梁上的荷载取值，见表 5.6-3。

过梁上的荷载取值　　表 5.6-3

<table>
<tr><th>荷载类型</th><th>简　图</th><th>砌体种类</th><th colspan="2">荷　载　取　值</th></tr>
<tr><td rowspan="4">墙体荷载</td><td rowspan="4"> 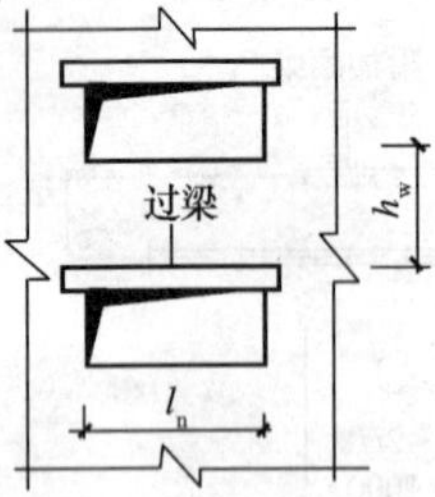过梁
h_w
l_n
注:h_w 为过梁上墙体高度</td><td rowspan="2">砖砌体</td><td>$h_w<\frac{l_n}{3}$</td><td>应按墙体的均布自重采用</td></tr>
<tr><td>$h_w\geqslant\frac{l_n}{3}$</td><td>应按高度为 $\frac{l_n}{3}$ 的墙体的均布自重采用</td></tr>
<tr><td rowspan="2">混凝土小砌块砌体</td><td>$h_w<\frac{l_n}{2}$</td><td>应按墙体的均布自重采用</td></tr>
<tr><td>$h_w\geqslant\frac{l_n}{2}$</td><td>应按高度为 $\frac{l_n}{2}$ 的墙体的均布自重采用</td></tr>
<tr><td rowspan="2">梁板荷载</td><td rowspan="2"> 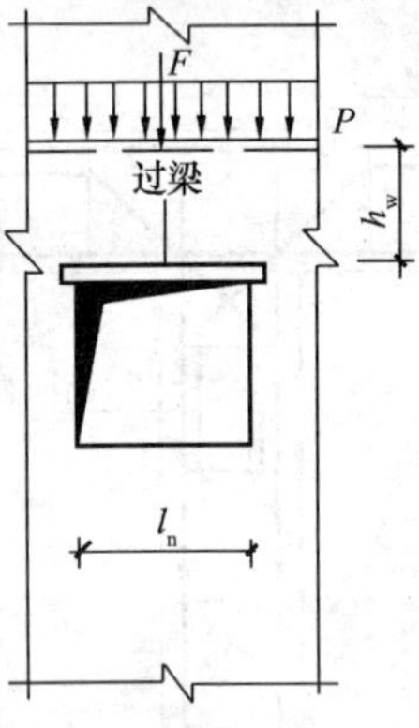F
P
过梁
h_w
l_n
注:h_w 为梁、板下墙体高度</td><td rowspan="2">砖砌体,混凝土小砌块砌体</td><td>$h_w<l_n$</td><td>应计入梁、板传来的荷载</td></tr>
<tr><td>$h_w\geqslant l_n$</td><td>可不考虑梁、板荷载</td></tr>
</table>

注：1. 墙体荷载的取值与梁、板的位置无关;
　　2. l_n 为过梁的净跨。

2）砖砌平拱的计算（图 5.6-3）

（a）受弯承载力可按下式计算

$$M \leqslant f_{tm} W \tag{5-78}$$

式中 M——按简支梁并取净跨计算的过梁跨中弯矩设计值；

f_{tm}——砌体沿齿缝截面的弯曲抗拉强度设计值，应按表 5.1-11 采用；

W——过梁的截面抵抗矩。

（b）受剪承载力可按下式计算

$$V \leqslant f_v bz \tag{5-79}$$

式中 V——按简支梁并取净跨计算的过梁支座剪力设计值；

f_v——砌体的抗剪强度设计值，应按表 5.1-11 采用；

b——过梁的截面宽度，取墙厚；

z——内力臂，取 $z = I/S = 2h/3$；

I——截面惯性矩；

S——截面面积矩；

h——过梁的截面计算高度。

（c）砖砌平拱的允许均布荷载设计值，见表 5.6-4。

砖砌平拱允许均布荷载设计值 [p]（kN/m）　　表 5.6-4

墙厚（mm）	240				370				490			
混合砂浆强度等级	M2.5	M5	M7.5	≥M10	M2.5	M5	M7.5	≥M10	M2.5	M5	M7.5	≥M10
[p]（kN/m）	6.04	8.18	10.31	11.73	9.32	12.61	15.90	18.09	12.34	16.70	21.05	23.96

注：1. 本表按受弯承载力公式计算的 p 值 $\left([p] = \frac{4}{27} bf_{tm}\right)$；

2. 平拱构造高度≥240mm，计算高度为 $\frac{1}{3} l_n$；

3. 砖的强度等级不应小于 MU10，当采用纯水泥砂浆砌筑时，[p] 值应乘以 0.80 后采用；

4. 过梁计算高度 $\frac{l_n}{3}$ 范围内不允许开洞，如有梁板荷载，则应在计算高度以上（当梁板荷载较大时不宜采用）。

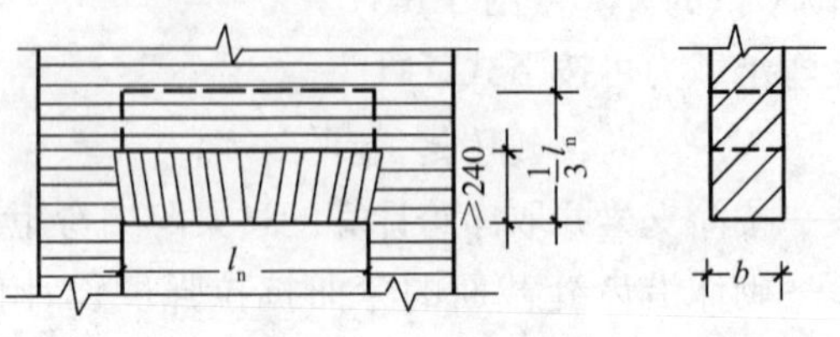

图 5.6-3　砖砌平拱

3）钢筋砖过梁的计算

受弯承载力可按下式计算

$$M \leqslant 0.85 h_0 f_y A_s \tag{5-80}$$

式中　M——按简支梁计算的跨中弯矩设计值；

f_y——钢筋的抗拉强度设计值；

A_s——受拉钢筋的截面面积；

h_0——过梁截面的有效高度（见图 5.6-4），$h_0 = h - \alpha_s$；

α_s——受拉钢筋重心至截面下边缘的距离；

h——过梁的截面计算高度，取过梁底面以上的墙体高度，但不大于 $l_n/3$；当考虑梁、板传来的荷载时，则按梁、板下的高度采用。

受剪承载力可按公式（5-79）计算。

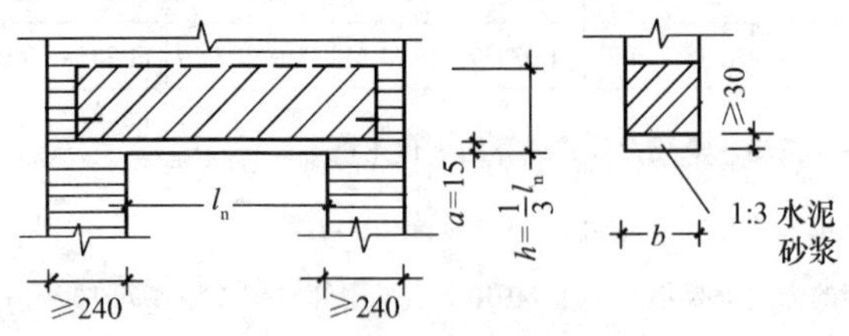

图 5.6-4　钢筋砖过梁

钢筋砖过梁的允许均布荷载设计值见表 5.6-5。

钢筋砖过梁允许均布荷载设计值 [q] (kN/m)　　表 5.6-5

墙厚 b (mm)	配　筋	混合砂浆强度等级	过梁净跨 l_n (m)				
			0.8	0.9	1.0	1.2	1.5
180	2ϕ5	M5 M7.5	8.8 11.2	8.8 11.2	8.8 11.2	8.8 11.2	8.8 11.2
	2ϕ6	M5 M7.5	8.8 11.2	8.8 11.2	8.8 11.2	8.8 11.2	8.8 11.2
240	3ϕ5	M5 M7.5	11.73 14.93	11.73 14.93	11.73 14.93	11.73 14.93	11.73 14.93
	3ϕ6	M5 M7.5	11.73 14.93	11.73 14.93	11.73 14.93	11.73 14.93	11.73 14.93
370	4ϕ5	M5 M7.5	18.09 23.02	18.09 23.02	18.09 23.02	18.09 23.02	18.09 23.02
	4ϕ6	M5 M7.5	18.09 23.02	18.09 23.02	18.09 23.02	18.09 23.02	18.09 23.02
490	5ϕ5	M5 M7.5	23.96 30.49	23.96 30.49	23.96 30.49	23.96 30.49	23.96 30.17
	5ϕ6	M5 M7.5	23.96 30.49	23.96 30.49	23.96 30.49	23.96 30.49	23.96 30.49

注：1. 表中允许均布荷载设计值 [q] 是按受弯承载力条件及受剪承载力条件所求得的 [q] 值的较小值；
2. 过梁计算高度按 $l_n/3$ 计算；
3. 钢筋重心至下边缘距离 $\alpha_s = 15$mm，采用 HPB235 钢筋；
4. 过梁计算高度 $h = l_n/3$ 范围内不允许开洞，当有梁板荷载时，梁板荷载应在计算高度以上（当梁板荷载较大时不宜采用）。

4）钢筋混凝土过梁，应按钢筋混凝土受弯构件计算。验算过梁下砌体局部受压承载力时，可不考虑上层荷载的影响。

钢筋混凝土过梁选用表见表 5.6-6。

钢筋混凝土过梁选用表　　　　表 5.6-6

过梁类型	净跨 l_n (m)	墙厚 b (mm)	荷载											
			$\frac{l_n}{3}$的墙重				$\frac{l_n}{3}$的墙重及均布外荷载 10kN/m				$\frac{l_n}{3}$的墙重及均布外荷载 15kN/m			
			梁高 h (mm)	主筋 HRB 335 级钢	主筋 HPB 235 级钢	分布筋或箍筋	梁高 h (mm)	主筋 HRB 335 级钢	主筋 HPB 235 级钢	分布筋或箍筋	梁高 h (mm)	主筋 HRB 335 级钢	主筋 HPB 235 级钢	分布筋或箍筋
	1.0	120	120	$2\phi6$	$2\phi6$	$\phi^l4@200$								
		180	120	$2\phi6$	$2\phi6$	$\phi^l4@200$	120	$2\phi8$	$2\phi10$	$\phi^l4@200$				
		240	120	$2\phi6$	$2\phi6$	$\phi^l4@200$	120	$2\phi8$	$2\phi10$	$\phi^l4@200$	120	$2\phi10$	$2\phi12$	$\phi^l4@200$
		370	120	$3\phi6$	$8\phi6$	$\phi^l4@200$	120	$3\phi8$	$3\phi10$	$\phi^l4@200$	120	$3\phi8$	$3\phi12$	$\phi^l4@200$
	1.2	120	120	$2\phi6$	$2\phi6$	$\phi^l4@200$								
		180	120	$2\phi6$	$2\phi6$	$\phi^l4@200$	120	$2\phi10$	$2\phi12$	$\phi^l4@200$				
		240	120	$2\phi6$	$2\phi6$	$\phi^l4@200$	120	$2\phi10$	$2\phi12$	$\phi^l4@200$				
		370	120	$3\phi6$	$3\phi6$	$\phi^l4@200$	120	$3\phi8$	$3\phi10$	$\phi^l4@200$				
	1.5	120	120	$2\phi6$	$2\phi6$	$\phi^l4@200$								
		180	120	$2\phi6$	$2\phi6$	$\phi^l4@200$								
		240	120	$2\phi6$	$2\phi8$	$\phi^l4@200$	120	$2\phi12$	$2\phi14$	$\phi^l4@200$				
		370	120	$3\phi6$	$3\phi8$	$\phi^l4@200$								

续表

过梁类型	净跨 l_n (m)	墙厚 b (mm)	荷载											
			$\frac{l_n}{3}$的墙重				$\frac{l_n}{3}$的墙重及均布外荷载 10kN/m				$\frac{l_n}{3}$的墙重及均布外荷载 15kN/m			
			梁高 h (mm)	主筋		分布筋或箍筋	梁高 h (mm)	主筋		分布筋或箍筋	梁高 h (mm)	主筋		分布筋或箍筋
				HRB 335 级钢	HPB 235 级钢			HRB 335 级钢	HPB 235 级钢			HRB 335 级钢	HPB 235 级钢	
	1.0	180									120	2ϕ10	2ϕ10	ϕ4@150
		240												
		370												
	1.2	180									120	2ϕ12	2ϕ14	ϕ4@150
		240									120	2ϕ12	2ϕ14	ϕ4@150
		370									120	3ϕ10	3ϕ12	ϕ4@150
	1.5	180					120	2ϕ12	2ϕ14	ϕ4@150	180	2ϕ12	2ϕ14	ϕ4@200
		240									180	2ϕ12	2ϕ14	ϕ4@200
		370					120	3ϕ10	3ϕ12	ϕ4@150	120	3ϕ12	3ϕ14	ϕ4@150
	1.8	180	180	2ϕ8	2ϕ8	ϕ4@200	180	2ϕ12	2ϕ14	ϕ4@200	180	2ϕ14	2ϕ16	ϕ4@150
		240	180	2ϕ8	2ϕ8	ϕ4@200	180	2ϕ12	2ϕ14	ϕ4@200	180	2ϕ14	2ϕ16	ϕ4@150
		370	180	3ϕ8	3ϕ8	ϕ4@200	180	3ϕ10	3ϕ12	ϕ4@200	180	3ϕ12	3ϕ14	ϕ4@150

续表

过梁类型	净跨 l_n (m)	墙厚 b (mm)	荷载											
			$\frac{l_n}{3}$的墙重				$\frac{l_n}{3}$的墙重及均布外荷载 10kN/m				$\frac{l_n}{3}$的墙重及均布外荷载 15kN/m			
			梁高 h (mm)	主筋 HRB 335 级钢	主筋 HPB 235 级钢	分布筋或箍筋	梁高 h (mm)	主筋 HRB 335 级钢	主筋 HPB 235 级钢	分布筋或箍筋	梁高 h (mm)	主筋 HRB 335 级钢	主筋 HPB 235 级钢	分布筋或箍筋
	2.1	180	180	2ϕ8	2ϕ8	ϕ4@200	180	2ϕ14	2ϕ16	ϕ4@200	240	2ϕ14	2ϕ16	ϕ4@150
		240	180	2ϕ8	2ϕ10	ϕ4@200	180	2ϕ14	2ϕ16	ϕ4@200	180	2ϕ16	2ϕ20	ϕ4@150
		370	180	3ϕ8	3ϕ10	ϕ4@200	180	3ϕ12	3ϕ14	ϕ4@200	180	3ϕ14	3ϕ16	ϕ4@150
B, b	2.4	180	180	2ϕ10	2ϕ10	ϕ4@200	240	2ϕ14	2ϕ16	ϕ4@200	240	2ϕ16	2ϕ18	ϕ4@150
		240	180	2ϕ10	2ϕ12	ϕ4@200	180	2ϕ16	2ϕ20	ϕ4@200	240	2ϕ16	2ϕ18	ϕ4@150
		370	180	3ϕ10	3ϕ12	ϕ4@200	180	3ϕ14	3ϕ16	ϕ4@200	180	3ϕ16	3ϕ20	ϕ4@150
	3.0	180	300	2ϕ10	2ϕ12	ϕ4@200								
		240	240	2ϕ12	2ϕ14	ϕ4@200								
		370	240	3ϕ12	3ϕ14	ϕ4@200								
	3.6	180	300	2ϕ12	2ϕ14	ϕ6@150								
		240	300	2ϕ14	2ϕ16	ϕ6@150								
		370	300	3ϕ14	3ϕ16	ϕ6@1500								

注：1. 墙体重量包括过梁自重及粉刷重量(按双面粉刷厚 40mm 考虑)；

2. 材料的强度等级：混凝土为 C20，主筋采用 HPB235 级或 HRB335 级钢筋，ϕ4、ϕ6 箍筋用 HPB235 级钢筋。

(3) 砖砌过梁的构造规定（图 5.6-7）

砖砌过梁构造规定 **表 5.6-7**

砖砌过梁类型	构造规定
砖砌平拱	(1) 在截面计算高度范围内的砖的强度等级不应低于 MU10；砂浆强度等级不宜低于 M5。 (2) 用竖砖砌筑部分的高度不应小于 240mm
钢筋砖过梁	(1) 在截面计算高度范围内的砖的强度等级不应低于 MU10；砂浆强度等级不宜低于 M5。 (2) 过梁底面砂浆层处的钢筋，其直径不应小于 5mm，间距不宜大于 120mm，钢筋伸入支座砌体内的长度不宜小于 240mm。 (3) 过梁底面砂浆层的厚度不宜小于 30mm，一般采用 1:3 水泥砂浆

5.6.3 挑梁

(1) 挑梁设计计算

本节所述挑梁设计计算方法仅适用于非地震区的悬挑构件，地震区的悬挑构件设计尚应遵守现行国家标准《建筑抗震设计规范》的规定。

1) 挑梁的抗倾覆验算

砌体墙中钢筋混凝土挑梁的抗倾覆应按下式验算：

$$M_{0v} \leqslant M_r \tag{5-81}$$

式中 M_{0v}——挑梁的荷载设计值对计算倾覆点产生的倾覆力矩；

M_r——挑梁的抗倾覆力矩设计值。

2) 挑梁的抗倾覆力矩设计值应按下式计算：

$$M_r = 0.8G_r(l_2 - x_0) \tag{5-82}$$

式中 G_r——挑梁的抗倾覆荷载，为挑梁尾端上部 45°扩展角的阴影范围（其水平长度为 l_3）内本层的砌体与楼面恒载标准值之和（图 5.6-5）。

l_2——G_r 作用点至墙外边缘的距离；

x_0——计算倾覆点至墙外边缘的距离。

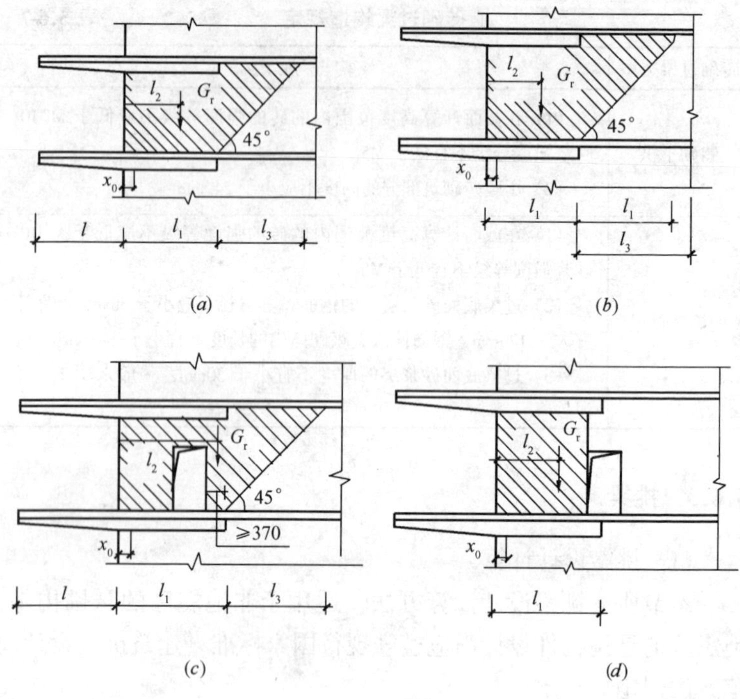

图 5.6-5　挑梁的抗倾覆荷载

（a）$l_3 \leqslant l_1$ 时；（b）$l_3 > l_1$ 时；（c）洞在 l_1 之内；（d）洞在 l_1 之外

3）挑梁计算倾覆点至墙外边缘的距离可按下列规定采用：

（A）当 $l_1 \geqslant 2.2h_b$ 时

$$x_0 = 0.3h_b \tag{5-83}$$

且不大于 $0.13l_1$。

（B）当 $l_1 < 2.2h_b$ 时

$$x_0 = 0.13l_1 \tag{5-84}$$

式中　l_1——挑梁埋入砌体墙中的长度（mm）；

h_b——挑梁的截面高度（mm）。

注：当挑梁下有构造柱时，计算倾覆点至墙外边缘的距离可取 $0.5x_0$。

4）挑梁下砌体的局部受压承载力，可按下式验算（见图 5.6-6）：

$$N_l \leqslant \eta\gamma f A_l \tag{5-85}$$

式中 N_l——挑梁下的支承压力，可取 $N_l=2R$，R 为挑梁的倾覆荷载设计值；常用挑梁允许的［R］见表 5.6-8 及表 5.6-9。

η——梁端底面压应力图形的完整系数，可取 0.7。

γ——砌体局部抗压强度提高系数，对图 5.6-6a 可取 1.25；对图 5.6-6b 可取 1.5。

A_l——挑梁下砌体局部受压面积，可取 $A_l=1.2bh_b$，b 为挑梁的截面宽度，h_b 为挑梁的截面高度。

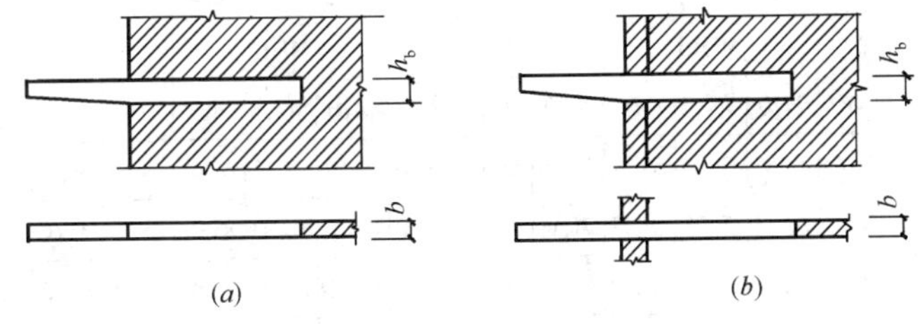

图 5.6-6 挑梁下砌体局部受压

（a）挑梁支承在一字墙；（b）挑梁支承在丁字墙

常用挑梁下小砌块砌体按局部承压验算允许的［R］值（kN） **表 5.6-8**

挑梁截面		图 5.6-6（a）					图 5.6-6（b）				
宽	高	MU10			MU7.5		MU10			MU7.5	
(mm)	(mm)	MU10	MU7.5	MU5	MU7.5	MU5	MU10	MU7.5	MU5	MU7.5	MU5
190	240	66.79	59.85	53.15	46.20	40.94	80.15	71.82	63.78	55.44	49.12
	300	83.49	74.81	66.43	57.76	51.17	100.19	89.78	79.72	69.31	61.41
	350	97.40	87.28	77.50	67.38	57.70	116.89	104.74	93.01	80.86	71.64
	400	111.32	99.75	88.58	77.01	68.23	133.58	119.70	106.29	92.41	81.87

续表

挑梁截面		图 5.6-6（*a*）					图 5.6-6（*b*）				
宽 (mm)	高 (mm)	MU10			MU7.5		MU10			MU7.5	
		MU10	MU7.5	MU5	MU7.5	MU5	MU10	MU7.5	MU5	MU7.5	MU5
240	240	84.37	75.60	67.13	58.36	51.71	101.24	90.72	80.56	70.04	62.05
	300	105.46	94.50	83.92	72.95	64.64	126.55	113.40	100.70	87.54	75.56
	350	123.04	110.25	97.90	85.11	75.41	147.65	132.20	117.48	102.14	90.49
	400	140.62	126.00	111.89	97.27	86.18	168.74	151.20	134.27	116.73	103.42

注：同表 5.6-9。

常用挑梁下砖砌体按局部承压验算允许的［*R*］值（kN）　　**表 5.6-9**

托梁截面		图 5.6-6（*a*）						图 5.6-6（*b*）					
宽 (mm)	高 (mm)	MU15			MU10			MU15			MU10		
		M10	M7.5	M5	M10	M7.5	M5	M10	M7.5	M5	M10	M7.5	M5
240	240	69.85	62.60	55.34	57.15	51.10	45.36	83.82	75.12	66.41	68.58	61.33	54.43
	300	87.32	78.25	69.17	71.44	63.88	36.70	104.18	93.90	83.01	85.73	76.66	68.64
	350	101.87	91.29	80.70	83.35	74.53	66.15	122.24	169.54	96.84	100.02	89.43	79.38
	400	116.42	104.33	92.23	95.26	85.18	75.60	139.71	125.19	110.68	114.31	102.21	90.72
370	240	107.69	96.50	85.31	88.11	78.79	69.93	129.23	115.80	102.38	105.73	94.54	83.92
	300	134.62	120.63	106.64	110.14	98.48	87.41	161.54	144.76	129.97	122.17	118.18	104.90
	350	157.05	140.73	124.42	128.50	114.90	101.98	188.46	168.88	149.30	154.20	137.88	122.38
	400	179.49	160.84	142.19	146.85	131.31	116.55	215.38	193.01	170.63	176.22	157.58	139.86

注：对图 5.6-6(*a*)，$[R]=\frac{1}{2}\times0.7\times1.25\times1.2\times bh_{b}f=0.525bh_{b}f$；对图 5.6-6(*b*)，$[R]=\frac{1}{2}\times0.7\times1.5\times1.2\times bh_{b}f=0.63bh_{b}f$。

5）挑梁的最大弯矩设计值 M_{max} 与最大剪力设计值 V_{max} 可按下列公式计算：

$$M_{max}=M_{0v}\tag{5-86}$$

$$V_{max}=V_{0}\tag{5-87}$$

式中 V_0——挑梁的荷载设计值在挑梁墙外边缘处截面产生的剪力。

(2) 挑梁的构造要求

1) 钢筋混凝土挑梁等悬挑构件应符合《混凝土结构设计规范》(GB 50010—2002) 的有关规定。

2) 尚应满足下列要求:

(A) 纵向受力钢筋至少应有 1/2 的钢筋面积伸入梁尾端，且不少于 2ϕ12。其余钢筋伸入支座的长度不应小于 $2l_1/3$;

(B) 挑梁埋入砌体长度 l_1 与挑出长度 l 之比宜大于 1.2; 当挑梁上无砌体时，l_1 与 l 之比宜大于 2。

(3) 钢筋混凝土雨篷板选用表 (见图 5.6-7、表 5.6-10)

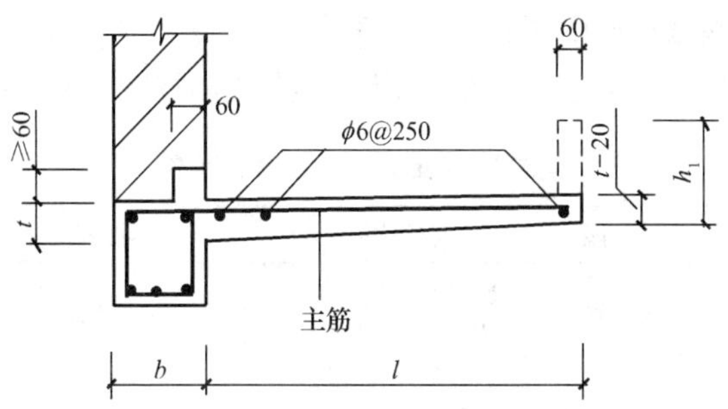

图 5.6-7 雨篷板截面

雨篷板选用表 **表 5.6-10**

挑出长度 l/mm			800	900	1000	1200	1500
板厚 t/mm			80	90	100	120	150
无边肋			ϕ8@200	ϕ8@200	ϕ8@200	ϕ8@200	ϕ8@150
有边肋	h_1/mm	300	ϕ8@160	ϕ8@160	ϕ8@160	ϕ8@160	ϕ10@200
		500	ϕ8@150	ϕ8@150	ϕ10@200	ϕ10@200	ϕ10@150
		800	ϕ10@150	ϕ10@150	ϕ10@150	ϕ10@130	ϕ12@150

注: 1. 混凝土强度等级为 C20，板主筋采用 HPB235 级钢筋;

2. 恒荷载: 板的自重，板面、边肋抹 20mm 厚水泥砂浆，板底抹 15mm 厚白灰砂浆;

活荷载: 无肋 0.7kN/m^2，有肋相当于$\frac{1}{2}$肋高; 或者板外边作用施工或检修集中荷载 1kN/m。

6 建筑抗震设计

6.1 一 般 规 定

6.1.1 建筑抗震设防分类及设防标准

建筑物根据使用功能的重要性分为甲、乙、丙、丁四个抗震设防类别，各抗震设防类别的建筑有相应的设防标准，见表6.1-1。

建筑抗震设防分类及设防标准 **表6.1-1**

建筑类别	使用功能	地震作用	抗震措施
甲类	重大建筑工程和地震时可能发生严重次生灾害的建筑	应高于本地区抗震设防烈度的要求，其值应按批准的地震安全性评价结果确定	当抗震设防烈度为6～8度时，应符合本地区抗震设防烈度提高一度的要求；当为9度时，应符合比9度抗震设防更高的要求
乙类	地震时使用功能不能中断或需尽快恢复的建筑	应符合本地区抗震设防烈度的要求	一般情况下，当抗震设防烈度为6～8度时，应符合本地区抗震设防烈度提高一度的要求；当为9度时，应符合比9度抗震设防更高的要求；对较小的乙类建筑，当其结构改用抗震性能较好的结构类型时，应允许仍按本地区抗震设防烈度的要求采取抗震措施
丙类	除甲、乙、丁类以外的一般建筑	应符合本地区抗震设防烈度的要求	应符合本地区抗震设防烈度的要求

续表

建筑类别	使用功能	地震作用	抗震措施
丁类	抗震次要建筑	一般情况下，仍应符合本地区抗震设防烈度的要求	应允许比本地区抗震设防烈度的要求适当降低，但抗震设防烈度为6度时不应降低

注：1. 建筑抗震设防类别的划分，应符合国家标准《建筑抗震设防分类标准》(GB 50223-2004)的规定；

2. 较小的乙类建筑指工矿企业的变电所、空压站、水泵房以及城市供水水源的泵房等。当这些小建筑为丙类建筑时，一般采用砖混结构；当为乙类建筑时，若改用抗震性能较好的钢筋混凝土结构或钢结构，则可仍按本地区设防烈度的规定采用抗震措施；

3. 抗震设防烈度为6度时，除有具体规定外，对乙、丙、丁类建筑可不进行地震作用计算。

6.1.2 建筑结构的规则性

建筑设计应符合抗震概念设计的要求，不应采用严重不规则的设计方案。

建筑及其抗侧力结构的平面布置宜规则、对称，并应具有良好的整体性；建筑的立面和竖向剖面宜规则，结构的侧向刚度宜均匀变化，竖向抗侧力构件的截面尺寸和材料强度宜自下而上逐渐减小，避免抗侧力结构的侧向刚度和承载力突变。

建筑平面不规则的类型见表6.1-2，竖向不规则的类型见表6.1-3。

平面不规则的类型　　表6.1-2

不规则类型	定　义
扭转不规则	楼层的最大弹性水平位移（或层间位移），大于该楼层两端弹性水平位移（或层间位移）平均值的1.2倍
凹凸不规则	结构平面凹进的一侧尺寸，大于相应投影方向总尺寸的30%
楼板局部不连续	楼板的尺寸和平面刚度急剧变化，例如，有效楼板宽度小于该层楼板典型宽度的50%，或开洞面积大于该层楼面面积的30%，或较大的楼层错层

竖向不规则的类型　　表 6.1-3

不规则类型	定　义
侧向刚度不规则	该层的侧向刚度小于相邻上一层的 70%，或小于其上相邻三个楼层侧向刚度平均值的 80%；除顶层外，局部收进的水平向尺寸大于相邻下一层的 25%
竖向抗侧力构件不连续	竖向抗侧力构件（柱、抗震墙、抗震支撑）的内力由水平转换构件（梁、桁架等）向下传递
楼层承载力突变	抗侧力结构的层间受剪承载力小于相邻上一楼层的 80%

6.1.3　结构材料的强度等级

结构材料性能指标，应符合下列最低要求，见表 6.1-4 ~ 表 6.1-6。

砌体结构材料　　表 6.1-4

材　料	烧结普通黏土砖和烧结多孔黏土砖	混凝土小型空心砌块	砌筑砂浆	
			烧结普通黏土砖和烧结多孔黏土砖	混凝土小型空心砌块
强度等级	MU10	MU7.5	M5	M7.5

混　凝　土　　表 6.1-5

构　件	框支梁、框支柱及抗震等级为一级的框架梁、柱、节点核芯区	构造柱、芯柱、圈梁及其他各类构件
强度等级	C30	C20

注：混凝土结构的混凝土强度等级，9 度时不宜超过 C60；8 度时不宜超过 C70。

钢　筋　　表 6.1-6

部　位	纵向受力钢筋	箍　筋
强度等级	HRB400 级和 HRB335 级热轧钢筋	HRB335、HRB400 和 HPB235 级热轧钢筋

注：1. 抗震等级为一、二级的框架结构，其纵向受力钢筋采用普通钢筋时，钢筋的抗拉强度实测值与屈服强度实测值的比值不应小于 1.25；且钢筋的屈服强度实测值与强度标准值的比值不应大于 1.3；

2. 普通钢筋宜优先采用延性、韧性和可焊性较好的钢筋。

6.1.4 对建筑抗震有利、不利与危险地段划分

建筑物所在场地的地质条件对建筑物的影响很大，宜选择对抗震有利地段，避开不利地段，当无法避开时应采取适当的抗震措施。不应在危险地段建造甲、乙、丙类建筑。

(1) 对建筑抗震有利、不利和危险的地段划分见表 6.1-7。

有利、不利和危险地段的划分 表 6.1-7

地段类别	地质、地形、地貌
有利地段	稳定基岩，坚硬土，开阔、平坦、密实、均匀的中硬土等
不利地段	软弱土，液化土，条状突出的山嘴，高耸孤立的山丘，非岩质的陡坡，河岸和边坡的边缘，平面分布上成因、岩性、状态明显不均匀的土层（如故河道、疏松的断层破碎带、暗埋的塘浜沟谷和半填半挖地基）等
危险地段	地震时可能发生滑坡、崩塌、地陷、地裂、泥石流等及发震断裂带上可能发生地表位错的部位

(2) 对建筑抗震不利和危险地段可能产生的震害，见表 6.1-8。

抗震不利和危险地段可能产生的震害 表 6.1-8

地质、地形、地貌	可能产生的震害
条状突出的山脊，孤凸的山丘，非岩质陡坡	(1) 岩土失稳；(2) 山坡与山顶地震作用加强，较坡脚下可高 1～3 度
软土、液化土	(1) 液化或震陷引起的地下结构上浮；(2) 地基、边坡失稳；(3) 侧向扩展与流滑
河岸与边坡边缘、海滨、古河道	(1) 地裂与边坡失稳；(2) 不均匀震陷
不均匀地基（断层破碎带、半填半挖地基、暗藏的塘坑等）	(1) 土层变化处地震作用增强且复杂；(2) 不均匀震陷
采空区	(1) 塌陷；(2) 地震反应异常
抗震危险地段	(1) 滑坡、地陷、地裂、崩塌、泥石流等；(2) 地表错位

6.1.5 建筑场地类别划分

(1) 建筑的场地类别，应根据土层等效剪切波速和场地覆盖

层厚度按表 6.1-9 划分。当有可靠的剪切波速和覆盖层厚度且其值处于表 6.1-9 所列场地类别的分界线附近时，应允许按插值方法确定地震作用计算所用的设计特征周期。

各类建筑场地的覆盖层厚度（m）　　表 6.1-9

等效剪切波速（m/s）	场地类别			
	Ⅰ	Ⅱ	Ⅲ	Ⅳ
$v_{se}>500$	0			
$500\geqslant v_{se}>250$	<5	≥5		
$250\geqslant v_{se}>140$	<3	3～50	>50	
$v_{se}\leqslant 140$	<3	3～15	>15～80	>80

（2）土层的等效剪切波速，应按下列公式计算：

$$v_{se}=d_0/t \tag{6-1}$$

$$t=\sum_{i=1}^{n}(d_i/v_{si}) \tag{6-2}$$

式中　v_{se}——土层等效剪切波速（m/s）；

d_0——计算深度(m),取覆盖层厚度和 20m 二者的较小值；

t——剪切波在地面至计算深度之间的传播时间；

d_i——计算深度范围内第 i 土层的厚度（m）；

v_{si}——计算深度范围内第 i 土层的剪切波速（m/s）；

n——计算深度范围内土层的分层数。

对浅层岩土分类时，应根据现场的实测波速来确定。对丁类建筑及层数不超过 10 层且高度不超过 30m 的丙类建筑，当无实测剪切波速时，可根据岩土名称和性状，按表 6.1-10 划分土的类型，再利用当地经验在表 6.1-10 的剪切波速范围内估计各土层的剪切波速。

（3）建筑场地覆盖层厚度的确定，应符合下列要求：

1）一般情况下，应按地面至剪切波速大于 500m/s 的土层顶面的距离确定。

土的类型划分和剪切波速范围　　表 6.1-10

土的类型	岩土名称和性状	土层剪切波速范围（m/s）
坚硬土或岩石	稳定岩石，密实的碎石土	$v_s > 500$
中硬土	中密、稍密的碎石土，密实、中密的砾、粗、中砂，$f_{ak} > 200$ 的粘性土和粉土，坚硬黄土	$500 \geqslant v_s > 250$
中软土	稍密的砾、粗、中砂，除松散外的细、粉砂，$f_{ak} \leqslant 200$ 的粘性土和粉土，$f_{ak} > 130$ 的填土，可塑黄土	$250 \geqslant v_s > 140$
软弱土	淤泥和淤泥质土，松散的砂，新近沉积的粘性土和粉土，$f_{ak} \leqslant 130$ 的填土，流塑黄土	$v_s \leqslant 140$

注：f_{ak}为由载荷试验等方法得到的地基承载力特征值（kPa）；v_s 为岩土剪切波速。

2）当地面 5m 以下存在剪切波速大于相邻上层土剪切波速 2.5 倍的土层，且其下卧岩土的剪切波速均不小于 400m/s 时，可按地面至该土层顶面的距离确定。

3）剪切波速大于 500m/s 的孤石、透镜体，应视同周围土层。

4）土层中的火山岩硬夹层，应视为刚体，其厚度应从覆盖土层中扣除。

6.1.6 发震断裂带避让措施

当场地内存在发震断裂时，应对断裂的工程影响进行评价，并应符合下列要求：

（1）对符合下列规定之一的情况，可忽略发震断裂错动对地面建筑的影响：

1）抗震设防裂度小于 8 度；

2）非全新世活动断裂；

3）抗震设防裂度为 8 度和 9 度时，前第四纪基岩隐伏断裂的土层覆盖厚度分别大于60m和90m。

(2) 对不符合上述规定的情况，应避开主断裂带。其避让距离不宜小于表6.1-11对发震断裂最小避让距离的规定。

发震断裂的最小避让距离 (m) **表6.1-11**

烈度	建筑抗震设防类别			
	甲	乙	丙	丁
8	专门研究	300m	200m	—
9	专门研究	500m	300m	—

注：避让距离指至主断裂带的水平距离，不考虑次生及分枝断裂。

6.1.7 可不进行天然地基及基础抗震验算的范围

下列建筑可不进行天然地基及基础的抗震承载力验算：

(1) 砌体房屋。

(2) 地基主要受力层范围内不存在软弱黏性土层的下列建筑：

1) 一般的单层厂房和单层空旷房屋；

2) 不超过8层且高度在25m以下的一般民用框架房屋；

3) 基础荷载与2) 项相当的多层框架厂房。

(3) 可不进行上部结构抗震验算的建筑。

注：软弱黏性土层指7度、8度和9度时，地基承载力特征值分别小于80、100和120kPa的土层。

6.1.8 地基抗震承载力调整系数

天然地基基础抗震验算时，应采用地震作用效应标准组合，且地基抗震承载力应取地基承载力特征值乘以地基抗震承载力调整系数，按式(6-3)计算。

$$f_{aE} = \zeta_a f_a \tag{6-3}$$

式中 f_{aE}——调整后的地基抗震承载力；

ζ_a——地基抗震承载力调整系数，应按表6.1-12采用；

f_a——深、宽修正后的地基承载力特征值，应按《建筑地基基础设计规范》(GB 50007—2002) 采用。

地基土抗震承载力调整系数 **表 6.1-12**

岩土名称和性状	ζ_a
岩石，密实的碎石土，密实的砾、粗、中砂，$f_{ak} \geqslant 300$ 的黏性土和粉土	1.5
中密、稍密的碎石土，中密和稍密的砾、粗、中砂，密实和中密的细、粉砂，$150 \leqslant f_{ak} < 300$ 的黏性土和粉土，坚硬黄土	1.3
稍密的细、粉砂，$100 \leqslant f_{ak} < 150$ 的黏性土和粉土，可塑黄土	1.1
淤泥，淤泥质土，松散的砂，杂填土，新近堆积黄土及流塑黄土	1.0

6.1.9 地基的液化等级和抗液化措施

(1) 地基的液化等级

对存在液化土层的地基，应探明各液化土层的深度和厚度，按式 (6-4) 计算每个钻孔的液化指数，并按表 6.1-13 综合划分地基的液化等级。

$$I_{lE} = \sum_{i=1}^{n}\left(1 - \frac{N_i}{N_{cri}}\right)d_i W_i \tag{6-4}$$

式中 I_{lE}——液化指数；

n——在判别深度范围内每一个钻孔标准贯入试验点的总数；

N_i、N_{cri}——分别为 i 点标准贯入锤击数的实测值和临界值，当实测值大于临界值时应取临界值的数值；

d_i——i 点所代表的土层厚度 (m)，可采用与该标准贯入试验点相邻的上、下两标准贯入试验点深度差的一半，但上界不高于地下水位深度，下界不深于液化深度；

W_i——i 土层单位土层厚度的层位影响权函数值（单位为 m^{-1}）。若判别深度为 15m，当该层中点深度不大于 5m 时应采用 10，等于 15m 时应采用零值，5～

15m时应按线性内插法取值；若判别深度20m，当该层中点深度不大于5m时应采用10，等于20m时应采用零值，5～20m时应按线性内插法取值。

液 化 等 级　　表6.1-13

液化等级	轻微	中等	严重
判别深度为15m时的液化指数	$0 < I_{IE} \leqslant 5$	$5 < I_{IE} \leqslant 15$	$I_{IE} > 15$
判别深度为20m时的液化指数	$0 < I_{IE} \leqslant 6$	$6 < I_{IE} \leqslant 18$	$I_{IE} > 18$

（2）地基的抗液化措施

地基抗液化措施，应根据建筑的抗震设防类别、地基的液化等级，结合具体情况综合确定，当液化土层较平坦且均匀时，宜按表6.1-14选用地基抗液化措施；尚可计入上部结构重力荷载对液化危害的影响，根据液化震陷量的估计适当调整抗液化措施。

不宜将未经处理的液化土层作为天然地基持力层。

抗 液 化 措 施　　表6.1-14

建筑抗震设防类别	地基的液化等级		
	轻微	中等	严重
乙类	部分消除液化沉陷，或对基础和上部结构处理	全部消除液化沉陷，或部分消除液化沉陷且对基础和上部结构处理	全部消除液化沉陷
丙类	基础和上部结构处理，亦可不采取措施	基础和上部结构处理，或更高要求的措施	全部消除液化沉陷，或部分消除液化沉陷且对基础和上部结构处理
丁类	可不采取措施	可不采取措施	基础和上部结构处理，或其他经济的措施

1）全部消除地基液化沉陷的措施，应符合下列要求：

（A）采用桩基时，桩端伸入液化深度以下稳定土层中的长度（不包括桩尖部分），应按计算确定，且对碎石土，砾、粗、中砂，坚硬黏性土和密实粉土尚不应小于0.5m，对其他非岩石土尚不宜小于1.5m。

（B）采用深基础时，基础底面应埋入液化深度以下的稳定土层中，其深度不应小于0.5m。

（C）采用加密法（如振冲、振动加密、挤密碎石桩、强夯等）加固时，应处理至液化深度下界；振冲或挤密碎石桩加固后，桩间土的标准贯入锤击数不宜小于《建筑抗震设计规范》（GB 50011—2001）（以下简称《抗震规范》）第4.3.4条规定的液化判别标准贯入锤击数临界值。

（D）用非液化土替换全部液化土层。

（E）采用加密法或换土法处理时，在基础边缘以外的处理宽度，应超过基础底面下处理深度的1/2且不小于基础宽度的1/5。

2）部分消除地基液化沉陷的措施，应符合下列要求：

（A）处理深度应使处理后的地基液化指数减少，当判别深度为15m时，其值不宜大于4；当判别深度为20m时，其值不宜大于5；对独立基础和条形基础，尚不应小于基础底面下液化土特征深度和基础宽度的较大值。

（B）采用振冲或挤密碎石桩加固后，桩间土的标准贯入锤击数不宜小于《抗震规范》第4.3.4条规定的液化判别标准贯入锤击数临界值。

（C）基础边缘以外的处理宽度，应超过基础底面下处理深度的1/2且不小于基础宽度的1/5。

3）减轻液化影响的基础和上部结构处理，可综合采用下列各项措施：

（A）选择合适的基础埋置深度。

（B）调整基础底面积，减少基础偏心。

（C）加强基础的整体性和刚度，如采用箱基、筏基或钢筋混凝土交叉条形基础，加设基础圈梁等。

(D) 减轻荷载，增强上部结构的整体刚度和均匀对称性，合理设置沉降缝，避免采用对不均匀沉降敏感的结构形式等。

(E) 管道穿过建筑处应预留足够尺寸或采用柔性接头等。

4) 常用的液化地基加固方法见表6.1-15。

液化地基加固方法　　表6.1-15

原理	方法名称	有效深度	效果	污染问题	在我国应用情况
加密	振冲法	一般15m以内	N值提高到15~20	有排泥水及水平振动	应用广，但因城市环保要求提高，今后可能在应用上受限制
	挤密砂石桩	一般小于18~20m	N值提高到20~30	有竖向振动	同上
	爆破		相对密度可提高至70%~80%	巨大冲击	常用于水工结构的地基处理
	强夯加密	10m以内	细砂以上的粗粒砂中应用效果好	巨大冲击	常用，但环保要求高的场所不宜用
	振夯辗压	2~3m 0.5m	易行，可以很密	无 无	浅层加密 浅层加密
置换	换土	3m以内	易行	无	浅层处理
	强夯置换	可达15m	对可液化粉土施行	振动	已用于高速公路，厂房、机场、油罐等液化地基处理，同时有加密效果
土性改良	灌浆加固	由钻孔深度定		无	用于已有建筑
	深层搅拌	一般20m以内	易行，但宜布置成格栅式	无	有应用于城市，代替振冲与挤密桩，但设计不规范
抑制孔压增长	排水桩法	一般15m以内	需经计算确定桩距	无	已用于既有建筑液化地基加固
	压盖法	5~6m以内	需经计算确定桩距	无	(同上)

续表

原 理	方法名称	有效深度	效 果	污染问题	在我国应用情况
抑制喷冒	覆盖法	5~6m以内	需经计算确定桩距	无	(同上)
降低水位	井点降水	降低水位~5m	取决于土的渗透性	对周围建筑可能有影响	需长期降水，或至少在临震预报时降水，国外有应用先例
	深层降水	降低水位15m以上	取决于土的净透性	对周围建筑可能有影响	需长期降水，或至少在临震预报时降水，国外有应用先例
抑制剪应变	地下墙或板桩		墙需刚性，方有效果	无	国外有应用，国内情况不明

6.1.10 两阶段抗震分析的划分

(1) 两阶段抗震分析的要点（见表6.1-16）。

两阶段抗震分析 **表6.1-16**

	分析的结构类型	分析目的	分析要求
第一阶段设计	各类结构	多遇地震下承载力验算	(1) 多遇地震作用取值的确定（50年超越概率63.2%）； (2) 结构抗震分析简图的确定和内力分析； (3) 结构抗震承载能力极限状态验算
	侧移刚度较小的结构（框架、填充墙框架、框-墙、框支层等）	多遇地震下防止结构和非结构构件破坏	(1) 多遇地震下弹性变形计算； (2) 层间变形正常使用极限状态验算
第二阶段设计	1. 应进行弹塑性分析验算的结构： (1) 7~9度的框架、填充墙框架；	罕遇地震下防止结构倒塌	(1) 预估的罕遇地震取值的确定（50年超越概率2~3%）； (2) 结构弹塑性变形计算；

续表

	分析的结构类型	分析目的	分析要求
第二阶段设计	(2) 8度Ⅲ、Ⅳ类场地和9度的高大钢筋混凝土柱厂房； (3) 高度大于150m的钢结构； (4) 甲类建筑和9度时的乙类建筑中的钢筋混凝土结构和钢结构； (5) 隔震和消能减震结构 2. 宜进行弹塑性分析验算的结构： (1)《规范》规定的竖向不规则类型的高层建筑结构； (2) 7度Ⅲ、Ⅳ类场地和8度时乙类建筑中的钢筋混凝土和钢结构； (3) 板柱抗震墙结构和底部框-墙结构； (4) 高度不大于150m的高层钢结构	罕遇地震下防止结构倒塌	(3) 结构薄弱部位的确定； (4) 层间弹塑性变形限值的验算； (5) 对隔震和消能减震结构防止系统失效导致结构倒塌

(2) 地震不起控制作用的结构（见表6.1-17），不需进行抗震分析，但需符合抗震构造有关规定的要求。

地震不起控制作用的结构　　表6.1-17

结构类型	烈度	场地	范围
各类结构	6度	Ⅰ~Ⅲ类	全部
	6度	Ⅳ类	(1) $H \leqslant 40$m的框架；(2) $H \leqslant 60$m的其他高层建筑；(3) 其他单层和多层建筑
单跨和等高多跨单层厂房	7度	Ⅰ、Ⅱ类	(1) $H_c \leqslant 10$m，结构单元两端均有山墙的单跨及等高多跨厂房（锯齿形厂房除外）； (2) 柱顶标高不超过4.5m，且结构单元两端均有山墙的砖柱厂房； (3) $H_c \leqslant 6.6$m，两侧设有厚度≥240mm，开洞截面面积≤50%的外纵墙，结构单元两端均有山墙的单跨砖柱厂房，可不进行纵向抗震验算

续表

结构类型	烈度	场地	范　围
木结构	7~9度	Ⅰ~Ⅳ类	全部
生土结构	7~8度	Ⅰ~Ⅳ类	全部

6.1.11　地震作用的方向

在地震中，建筑物是在空间内作任意方向的随机运动。因此，地震作用对建筑物可能来自任意方向，但在实际计算时，根据结构的特点予以简化。《抗震规范》规定，各类建筑结构的地震作用方向，应符合表6.1-18的规定。

结构的地震作用方向　　表6.1-18

结构类型	地震作用方向
有两个正交主轴的结构	一般情况下可分别考虑两个主轴方向的水平地震作用
有斜交抗侧力构件（当交角大于15°时）的结构	分别考虑平行于各抗侧力构件方向的水平地震作用，或同时考虑两个正交水平方向的地震作用
质量和刚度明显不对称的结构	应考虑双向水平地震作用下的扭转影响
大跨度结构和长悬臂结构构件	8度和9度时，考虑竖向地震作用
高层建筑	9度时，同时考虑竖向地震作用和某个主轴或斜向的水平地震作用
隔震结构	7度时只考虑水平地震作用，8度和9度时，同时考虑水平和竖向地震作用

6.1.12　各类建筑结构的抗震计算方法

各类建筑结构的抗震计算方法见表6.1-19。计算罕遇地震下结构的变形，可采用简化的弹塑性分析方法或弹塑性时程分析法。

抗震分析方法的适用范围　表 6.1-19

<table>
<tr><th colspan="2">分析方法</th><th>适用范围</th></tr>
<tr><td rowspan="6">水平地震作用</td><td>底部剪力法</td><td>(1) $H\leqslant 40$m 以剪切变形为主，且质量和刚度沿高度分布比较均匀的结构；
(2) 近似于单质点体系的结构</td></tr>
<tr><td>两个主轴方向的振型分解反应谱法</td><td>(1) 一般不考虑扭转的结构，当抗侧力构件为斜交时，需沿斜向进行抗震分析；
(2) 规则结构，不考虑平动和扭转耦联时，平行于地震作用方向的两个边榀的地震作用乘以增大系数</td></tr>
<tr><td>平扭耦联的振型分解反应谱法</td><td>(1) 平面和竖向不规则类型的结构，考虑单向或双向水平地震作用下扭转耦联；
(2) 不对称的多层剪切型结构，可用扭转效应系数法或其他有效简化方法</td></tr>
<tr><td>线性时程分析法</td><td>(1) 特别不规则的结构；
(2) 甲类结构；
(3) $H\geqslant H_0$ 的高层建筑
<table><tr><td>烈度、场地</td><td>8 度Ⅰ、Ⅱ类场地和 7 度</td><td>8 度Ⅲ、Ⅳ类场地</td><td>9 度</td></tr><tr><td>H_0</td><td>100m</td><td>80m</td><td>60m</td></tr></table></td></tr>
<tr><td>结构和地基相互作用简化分析</td><td>8 度和 9 度时，建造于Ⅲ、Ⅳ类场地，采用箱基、刚性较好的筏基和桩箱联合基础的钢筋混凝土高层建筑，当结构自振周期在 1.2 至 5 倍特征周期范围内时，可采用《抗震规范》简化方法考虑地基与结构动力相互作用</td></tr>
<tr><td>❶考虑不同基础所在不同场地类型的反应谱差异和水平地震地面运动的非一致性</td><td>(1) 同一建筑的不同基础下场地类型相差一类以上时，宜采用综合不同类型场地效应的反应谱；
(2) 平面尺寸大于 150m 的大型场馆，宜考虑不同基础处地面运动的差异，差异来自场地类型不同以及波传播的行波效应和失相干（decoherance）效应</td></tr>
<tr><td rowspan="3">竖向地震作用</td><td>总竖向地震作用法</td><td>9 度时的高层建筑</td></tr>
<tr><td>地震作用系数法</td><td>平板网架和大于 24m 跨的屋架</td></tr>
<tr><td>静力法</td><td>其他长悬臂和大跨度结构</td></tr>
</table>

注：1. 表示 H 为建筑总高度；

2. ❶本栏《抗震规范》未作规定，但对大型场馆的设计，宜予考虑。

6.1.13 可变荷载的组合值系数

计算地震作用时，建筑的重力荷载代表值应取结构和构配件自重标准值和各可变荷载组合值之和。各可变荷载组合值系数，应按表 6.1-20 采用。

组合值系数 **表 6.1-20**

可变荷载种类		组合值系数
雪荷载		0.5
屋面积灰荷载		0.5
屋面活荷载		不计入
按实际情况计算的楼面活荷载		1.0
按等效均布荷载计算的楼面活荷载	藏书库、档案库	0.8
	其他民用建筑	0.5
吊车悬吊物重力	硬钩吊车	0.3
	软钩吊车	不计入

注：硬钩吊车的吊重较大时，组合值系数应按实际情况采用。

6.1.14 设计基本地震加速度、设计特征周期和地震影响系数

（1）抗震设防烈度和设计基本地震加速度值的对应关系，见表 6.1-21。设计基本地震加速度为 0.15g 和 0.30g 地区内的建筑，除另有规定外，应分别按抗震设防烈度 7 度和 8 度的要求进行抗震设计。

抗震设防烈度和设计基本地震加速度值的对应关系 表 6.1-21

抗震设防烈度	6	7	8	9
设计基本地震加速度值	0.05g	0.10（0.15）g	0.20（0.30）g	0.40g

注：g 为重力加速度。

（2）建筑的设计特征周期应根据其所在地的设计地震分组和场地类别确定（见表 6.1-22）。计算 8、9 度罕遇地震作用时，特

征周期应增加 0.05s。

特征周期值（s）　　表 6.1-22

设计地震分组	场地类别			
	Ⅰ	Ⅱ	Ⅲ	Ⅳ
第一组	0.25	0.35	0.45	0.65
第二组	0.30	0.40	0.55	0.75
第三组	0.35	0.45	0.65	0.90

注：一般把“设计特征周期”简称为“特征周期”。

（3）建筑结构的地震影响系数应根据烈度、场地类别、设计地震分组和结构自振周期以及阻尼比确定。其水平地震影响系数最大值应按表 6.1-23 采用。

注：1. 周期大于 6.0s 的建筑结构所采用的地震影响系数应专门研究；
2. 已编制抗震设防区划的城市，应允许按批准的设计地震动参数采用相应的地震影响系数。

水平地震影响系数最大值　　表 6.1-23

地震影响	6 度	7 度	8 度	9 度
多遇地震	0.04	0.08（0.12）	0.16（0.24）	0.32
罕遇地震	—	0.50（0.72）	0.90（1.20）	1.40

注：括号中数值分别用于设计基本地震加速度为 $0.15g$ 和 $0.30g$ 的地区

建筑结构地震影响系数曲线（见图 6.1-1）的阻尼调整和形状参数应符合下列要求：

1）除有专门规定外，建筑结构的阻尼比应取 0.05，地震影响系数曲线的阻尼调整系数应按 1.0 采用，形状参数应符合下列规定：

（A）直线上升段，周期小于 0.1s 的区段。

（B）水平段，自 0.1s 至特征周期区段，应取最大值（α_{max}）。

（C）曲线下降段，自特征周期至 5 倍特征周期区段，衰减指数应取 0.9。

（D）直线下降段，自 5 倍特征周期至 6s 区段，下降斜率调

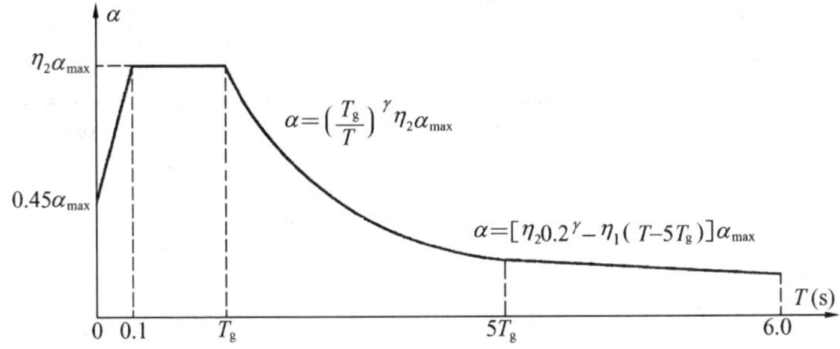

图 6.1-1 地震影响系数曲线

α—地震影响系数；α_{max}—地震影响系数最大值；

η_1—直线下降段的下降斜率调整系数；γ—衰减指数；

T_g—特征周期；η_2—阻尼调整系数；T—结构自振周期

整系数应取 0.02。

2）当建筑结构的阻尼比按有关规定不等于 0.05 时，地震影响系数曲线的阻尼调整系数和形状参数应符合下列规定：

（A）曲线下降段的衰减指数应按下式确定：

$$\gamma = 0.9 + \frac{0.05 - \zeta}{0.5 + 5\zeta} \tag{6-5}$$

式中 γ——曲线下降段的衰减指数；

ζ——阻尼比。

（B）直线下降段的下降斜率调整系数应按下式确定：

$$\eta_1 = 0.02 + (0.05 - \zeta)/8 \tag{6-6}$$

式中 η_1——直线下降段的下降斜率调整系数，小于 0 时取 0。

（C）阻尼调整系数应按下式确定：

$$\eta_2 = 1 + \frac{0.05 - \zeta}{0.06 + 1.7\zeta} \tag{6-7}$$

式中 η_2——阻尼调整系数，当小于 0.55 时应取 0.55。

（D）不同阻尼比的有关调整系数见表 6.1-24。

地震影响系数　　表 6.1-24

ζ	η_2	γ	η_1
0.01	1.52	0.97	0.025
0.02	1.32	0.95	0.024
0.05	1.00	0.90	0.020
0.10	0.78	0.85	0.014
0.20	0.63	0.80	0.001
0.30	0.56	0.78	0.000

6.1.15　水平地震作用分析的反应谱法

（1）底部剪力法

底部剪力法是计算规则结构水平地震作用的简化方法，一般适用于多层砌体房屋，底部一、二层为钢筋混凝土框架-抗震墙砖房、内框架砖房，规则的中低层钢筋混凝土框架和框架-抗震墙房屋，单层工业厂房以及可以简化为单质量体系的建筑。

采用底部剪力法时，各楼层可仅取一个自由度，结构的水平地震作用标准值，应按下列方法确定（图 6.1-2）。

1）总水平地震作用标准值（图 6.1-25）：

总水平地震作用标准值　　表 6.1-25

<table>
<tr><td>公　式</td><td colspan="4">$F_{Ek}=\alpha_1 G_{eq}$　　(6-8)</td></tr>
<tr><td>F_{Ek}
α_1

G_{eq}</td><td colspan="4">结构总水平地震作用标准值；
相应于结构基本自振周期 T_1 的水平地震影响系数，按第 6.1.14 条项次（3）确定；对多层砌体房屋、底部框架和多层内框架砖房，不计算基本自振周期，取 $\alpha_1=\alpha_{max}$；
结构等效总重力荷载：</td></tr>
<tr><td></td><td>结构类型</td><td>单层或集中为单质点的结构</td><td>一般多层</td><td>不等高单层厂房</td></tr>
<tr><td></td><td>G_{eq}</td><td>G_E</td><td>$0.85G_E$</td><td>$0.9\sim0.95G_E$</td></tr>
</table>

2）水平地震作用沿高度分布（见表 6.1-26）。

水平地震作用沿高度分布 **表 6.1-26**

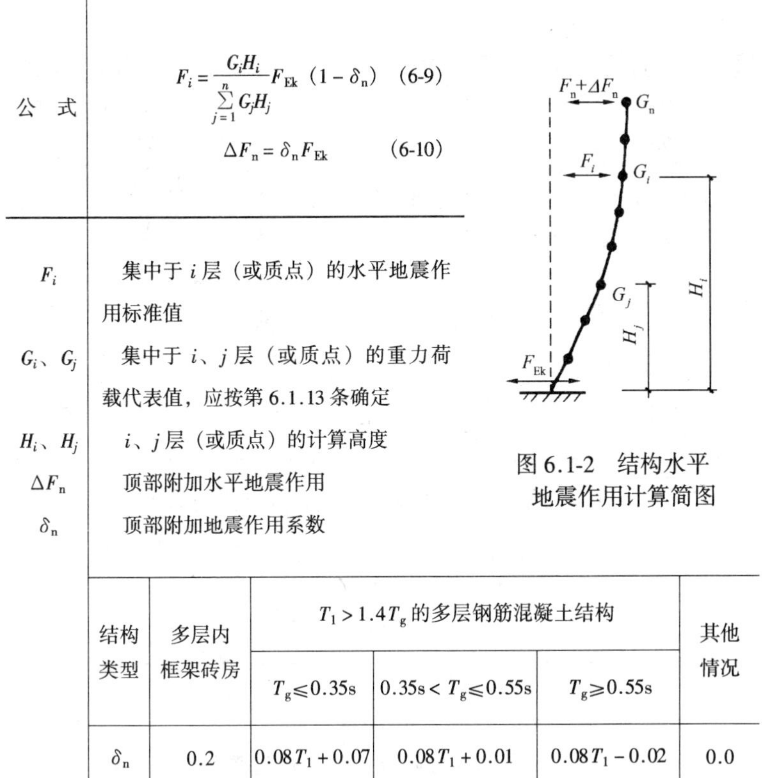

公 式	$$F_i=\frac{G_iH_i}{\sum_{j=1}^{n}G_jH_j}F_{\mathrm{Ek}}(1-\delta_n)\quad(6\text{-}9)$$ $$\Delta F_n=\delta_n F_{\mathrm{Ek}}\quad(6\text{-}10)$$
F_i	集中于 i 层（或质点）的水平地震作用标准值
G_i、G_j	集中于 i、j 层（或质点）的重力荷载代表值，应按第 6.1.13 条确定
H_i、H_j	i、j 层（或质点）的计算高度
ΔF_n	顶部附加水平地震作用
δ_n	顶部附加地震作用系数

图 6.1-2 结构水平地震作用计算简图

结构类型	多层内框架砖房	$T_1>1.4T_g$ 的多层钢筋混凝土结构			其他情况
		$T_g\leqslant0.35$s	0.35s $<T_g\leqslant0.55$s	$T_g\geqslant0.55$s	
δ_n	0.2	$0.08T_1+0.07$	$0.08T_1+0.01$	$0.08T_1-0.02$	0.0

（2）平动的振型分解反应谱法

平动的振型分解反应谱法是无扭转结构抗震分析的基本方法。它把结构同一方向各阶平动振型作为广义坐标系，每个振型是一个等效单自由度体系，可按反应谱理论确定每一个振型的地震作用并求得相应的地震作用效应（弯矩、剪力、轴向力和位移、变形等），再根据随机振动过程的耦合理论，用平方和平方根的组合（SRSS）得到整个结构的地震作用效应。

1）各阶振型的地震作用标准值（表 6.1-27；图 6.1-3）

各阶振型的地震作用标准值　　**表 6.1-27**

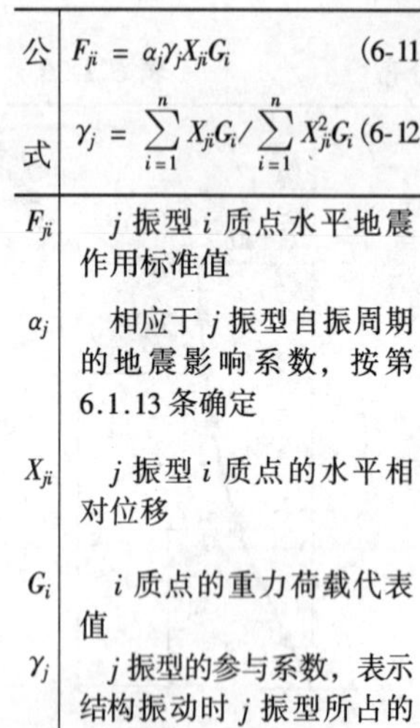

公式	$F_{ji}=\alpha_j\gamma_j X_{ji}G_i$　(6-11) $\gamma_j=\sum_{i=1}^{n}X_{ji}G_i/\sum_{i=1}^{n}X_{ji}^2G_i$　(6-12)
F_{ji}	j 振型 i 质点水平地震作用标准值
α_j	相应于 j 振型自振周期的地震影响系数，按第 6.1.13 条确定
X_{ji}	j 振型 i 质点的水平相对位移
G_i	i 质点的重力荷载代表值
γ_j	j 振型的参与系数，表示结构振动时 j 振型所占的比重

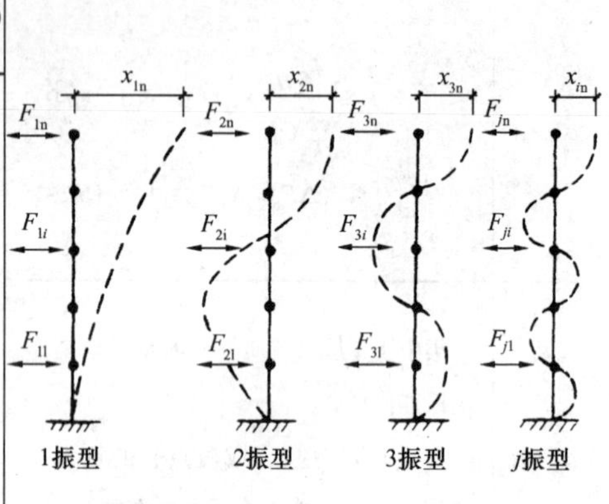

图 6.1-3　结构水平地震作用计算简图

2）各阶振型地震作用效应的组合（表 6.1-28）

各阶振型地震作用效应的组合　　**表 6.1-28**

公式	$$S_{Ek}=\sqrt{\sum_{j=1}^{m}S_j^2}$$　(6-13)		
S_{Ek}	水平地震作用标准值的效应		
S_j	j 振型水平地震作用标准值的效应		
m	振型数，工程上只考虑前若干个振型的组合就可满足精度要求		
	情　况	一般情况	$T_1>1.5$s 或房屋高宽比（H/B）>5
	m	2～3	适当增加取 5～7

注：地震作用效应（内力和变形）的组合不同于水平地震作用的组合，不可用 $F_i=\sqrt{\sum F_{ji}^2}$ 作为 i 质点的水平地震作用，再按弹性力学方法求得地震内力和位移。

（3）扭转耦联的振型分解反应谱法

扭转耦联的振型分解反应谱法，是不对称结构抗震分析的基本方法。它与平动的振型分解反应谱法不同之处是：扭转耦联振型有平移分量也有转角分量；各阶振型地震作用效应的组合，需采用完全二次项平方根法组合（CQC 法）。

1）各阶扭转振型的地震作用标准值（表 6.1-29、图 6.1-4）

楼层考虑质心在两个正交的水平移动和绕质心的转角共 3 个自由度。

各阶扭转振型的地震作用标准值　　表 6.1-29

公式	$F_{xji} = \alpha_j \gamma_{tj} X_{ji} G_i$　（6-14） $F_{yji} = \alpha_j \gamma_{tj} Y_{ji} G_i$　（6-15） $F_{tji} = \alpha_j \gamma_{tj} \gamma_i^2 \varphi_{ji} G_i$　（6-16）
F_{xji} F_{yji} F_{tji}	分别为 j 振型 i 楼层的 x 方向、y 方向和转角方向的地震作用标准值
α_j	对应于 j 振型自振周期的地震影响系数，按 6.1.13 条确定
X_{ji}	j 振型 i 层质心在 x 方向的水平相对位移
Y_{ji}	j 振型 i 层质心在 y 方向的水平相对位移
φ_{ji}	j 振型 i 层的相对扭转角
G_i	i 质点的重力荷载代表值
γ_i	i 层转动半径，可取 i 层绕质心的转动惯量除以该层质量的商的正二次方根
γ_{tj}	计入扭转的 j 振型的参与系数按下式计算
	当仅取 x 方向地震作用时 $\gamma_{tj} = \sum_{i=1}^{n} X_{ji} G_i / \sum_{i=1}^{n} (X_{ji}^2 + Y_{ji}^2 + \varphi_{ji}^2 \gamma_i^2) G_i$　（6-17） 当仅取 y 方向地震作用时 $\gamma_{tj} = \sum_{j=1}^{n} Y_{ji} G_i / \sum_{i=1}^{n} (X_{ji}^2 + Y_{ji}^2 + \varphi_{ji}^2 \gamma_i^2) G_i$　（6-18） 当取与 x 方向斜交的地震作用时 $\gamma_{tj} = \gamma_{xj} \cos\theta + \gamma_{yj} \sin\theta$　（6-19）
γ_{xj} γ_{yj}	分别由式（6-17）、（6-18）求得的参与系数
θ	地震作用方向与 x 方向的夹角

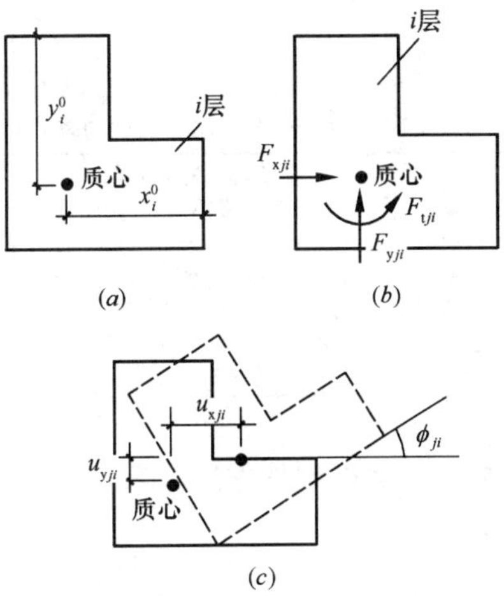

图 6.1-4　每楼层三向地震作用
（a）质心位置；（b）i 层第 j 振型三个地震作用；（c）质心位移

2）各阶扭转振型地震作用效应的组合（表 6.1-30）

各阶扭转振型地震作用效应的组合　　表 6.1-30

公　式	单向水平地震作用时： $$S_{Ek}=\sqrt{\sum_{j=1}^{m}\sum_{k=1}^{m}\rho_{jk}S_kS_j} \quad (6\text{-}20)$$ $$\rho_{jk}=\frac{8\zeta_j\zeta_k(1+\lambda_T)\lambda_T^{1.5}}{(1-\lambda_T^2)^2+4\zeta_j\zeta_k(1+\lambda_T)^2\lambda_T} \quad (6\text{-}21)$$ 双向水平地震作用时： $$S_{Ek}=\sqrt{S_x^2+(0.85S_y)^2} \quad (6\text{-}22)$$ 或 $$S_{Ek}=\sqrt{S_y^2+(0.85S_x)^2} \quad (6\text{-}23)$$ 取（6-22）、(6-23）中的较大值
S_k、S_j	k、j 扭转振型的地震作用效应
λ_T	k 振型与 j 振型的自振周期比
m	扭转振型数，可取前 9～15 个
ρ_{jk}	j 振型与 k 振型的耦联系数
ζ_j、ζ_k	分别为 j、k 振型的阻尼比
S_x、S_y	分别为 x 向、y 向单向水平地震作用按式（6-20）计算的扭转效应
S_{Ek}	地震作用标准值的扭转效应

6.1.16　竖向地震作用计算

（1）高层建筑的竖向地震作用（图 6.1-5）

1）总竖向地震作用标准值（表 6.1-31）

总竖向地震作用标准值　　表 6.1-31

公　式	$F_{Evk}=\alpha_{vmax}G_{eq}$ $=0.4875\alpha_{max}G_E$　　（6-24）
α_{vmax} G_{eq}	竖向地震影响系数最大值，取水平地震影响系数的 α_{max} 的 0.65 倍 结构等效总重力荷载，取总重力荷载代表值 G_E 的 0.75 倍

2）竖向地震作用沿高度分布（表 6.1-32）

竖向地震作用沿高度分布　　表 6.1-32

公　式	$F_{vi}=F_{Evk}G_iH_i/\Sigma G_jH_j$　　（6-25）
G_i、G_j	集中于 i、j 质点处的重力荷载代表值
H_i、H_j	集中质点 i、j 的计算高度

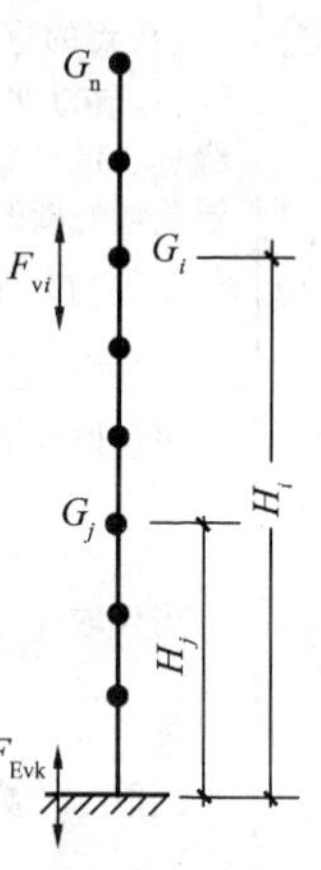

图 6.1-5　结构竖向地震作用计算简图

3）楼层内竖向地震作用的效应分配（表 6.1-33、表 6.1-34）

楼层的竖向地震内力 N_{Evi} **表 6.1-33**

公　式	$$N_{Evi}=\gamma_{Ev}\sum_{j=i}^{n}F_{vj} \quad (6\text{-}26)$$ $$\eta_{vi}=N_{Evi}/G_i \quad (6\text{-}27)$$
F_{vi}	楼层 i 的竖向地震作用
η_{vi}	楼层 i 的竖向地震作用效应系数
γ_{Ev}	竖向地震作用分项系数，应按表 6.1-38 采用

楼层内各构件的竖向地震内力 **表 6.1-34**

	构件名称	计算方法
1	柱、墙等竖向构件的竖向地震轴力 N_{Ev}	$N_{Ev}=\eta_{vi}N_G$ (6-28) N_G 为柱、墙对应于重力荷载代表值的轴向力
2	梁、板等水平构件的竖向地震内力	取均布荷载 $\eta_{vi}q_E$、集中荷载 $\eta_{vi}F_v$ 计算相应的内力 q_E、F_v 为组成重力荷载代表值的均布荷载和集中荷载

注：高层建筑楼层内各构件的竖向地震内力按本表确定后，宜再乘以增大系数 1.5。

(2) 大跨度结构的竖向地震作用

平板型网架和跨度大于 24m 屋架竖向地震作用标准值，宜取其重力荷载代表值和竖向地震作用系数的乘积见表 6.1-35。

大跨度结构竖向地震作用标准值 F_{Evk} **表 6.1-35**

公式	$F_{Evk}=\zeta_v G_E$ (6-29)				
ζ_v	屋架和平板型网架的竖向地震作用系数，根据烈度和场地类别取值：				
	结构类型	烈　度	Ⅰ类场地	Ⅱ类场地	Ⅲ、Ⅳ类场地
	平板型网架、钢屋架	8	可不计算（0.10）	0.08（0.12）	0.10（0.15）
		9	0.15	0.15	0.20
	钢筋混凝土屋架	8	0.10（0.15）	0.13（0.19）	0.13（0.19）
		9	0.20	0.25	0.25

注：括号内数值分别用于设计基本地震加速度为 $0.15g$ 和 $0.30g$ 的地区。

6.1.17　截面抗震验算

(1) 结构构件的地震作用效应和其他荷载效应的基本组合，应按表 6.1-36 计算。

一般表达式　　表 6.1-36

公　式	$S=\gamma_G S_{GE}+\gamma_{Eh}S_{Ehk}+\gamma_{Ev}S_{Evk}+\psi_w\gamma_w S_{wk}$ (6-30)
S	结构构件内力组合的设计值，包括组合的弯矩、轴向力和剪力设计值
γ_G	重力荷载分项系数，一般情况应采用 1.2，当重力荷载效应对构件承载能力有利时，不应大于 1.0（见表 6.1-37）
γ_{Eh}、γ_{Ev}	分别为水平、竖向地震作用分项系数，按表 6.1-38 采用
γ_w	风荷载分项系数，应采用 1.4
S_{GE}	重力荷载代表值的效应，有吊车时，尚应包括悬吊物重力标准值的效应
S_{Ehk}	水平地震作用标准值的效应，尚应乘以相应的增大系数或调整系数
S_{Evk}	竖向地震作用标准值的效应，尚应乘以相应的增大系数或调整系数
S_{wk}	风荷载标准值的效应
ψ_w	风荷载组合值系数，一般结构取 0.0，风荷载起控制作用的高层建筑应采用 0.2

(2) 结构构件截面抗震验算时 $\gamma_G=1.0$ 的情况（见表 6.1-37）。

抗震设计中，$\gamma_G=1.0$ 的情况　　表 6.1-37

抗震设计中需考虑重力荷载的构(部)件	验算以下项目时，$\gamma_G=1.0$	抗震设计中需考虑重力荷载的构(部)件	验算以下项目时，$\gamma_G=1.0$
混凝土柱 混凝土抗震墙 混凝土竖向构件 梁柱节点核心区	大偏心受压验算 偏心受压验算 偏压时斜截面受剪验算 受剪验算	抗震墙施工缝 砌体构件 砌体柱	受剪验算 平均正应力计算 偏压时偏心距计算

(3) 地震作用分项系数（见表 6.1-38）。

地震作用分项系数 **表 6.1-38**

地 震 作 用	γ_{Eh}	γ_{Ev}
仅计算水平地震作用	1.3	0.0
仅计算竖向地震作用	0.0	1.3
同时计算水平与竖向地震作用	1.3	0.5

(4) 结构构件的截面抗震验算，应采用下列设计表达式：

$$S \leqslant R/\gamma_{RE} \tag{6-31}$$

式中 γ_{RE}——承载力抗震调整系数，除另有规定外，应按表 6.1-39 采用；

R——结构构件承载力设计值。

承载力抗震调整系数 **表 6.1-39**

材 料	结构构件	受力状态	γ_{RE}
钢	柱，梁		0.75
	支撑		0.80
	节点板件，连接螺栓		0.85
	连接焊缝		0.90
砌体	两端均有构造柱、芯柱的抗震墙	受剪	0.9
	其他抗震墙	受剪	1.0
混凝土	梁	受弯	0.75
	轴压比小于 0.15 的柱	偏压	0.75
	轴压比不小于 0.15 的柱	偏压	0.80
	抗 震 墙	偏压	0.85
	各类构件	受剪、偏拉	0.85

注：当仅计算竖向地震作用时，各类结构构件承载力抗震调整系数均宜采用 1.0。

6.1.18 结构抗震变形验算的一般要求

(1) 结构在多遇地震作用下弹性层间变形验算的一般要求（见表 6.1-40）。

结构在多遇地震作用下弹性层间变形验算的一般要求　　表 6.1-40

<table>
<tr><td>设计阶段和极限状态</td><td colspan="5">结构弹性变形验算，指多遇地震下结构层间变形正常使用极限状态验算</td></tr>
<tr><td>验算范围</td><td colspan="5">钢筋混凝土框架、框架-抗震墙、板柱-抗震墙、框架-核心筒、抗震墙、筒中筒、钢筋混凝土框支层、多高层钢结构</td></tr>
<tr><td>验算目的</td><td colspan="5">1. 避免填充墙出现连通裂缝，控制框架柱开裂
2. 抗震墙有较小的适度的开裂</td></tr>
<tr><td rowspan="2">多遇地震作用取值</td><td>烈度</td><td>6 度</td><td>7 度</td><td>8 度</td><td>9 度</td></tr>
<tr><td>α_{max}</td><td>0.04</td><td>0.08（0.12）</td><td>0.16（0.24）</td><td>0.32</td></tr>
<tr><td>作用效应组合</td><td colspan="5">按正常使用极限状态，地震作用分项系数和各有关荷载的分项系数 γ_G、γ_w 均取 1.0，即
$$S = S_{GE} + S_{Ehk} + \psi_w S_{wk} \quad (6\text{-}31)$$</td></tr>
<tr><td rowspan="9">验算方法</td><td colspan="5">容许弹性层间位移验算
$$\Delta u_e \leqslant [\theta_e]\ h \quad (6\text{-}32)$$</td></tr>
<tr><td>Δu_e</td><td colspan="4">多遇地震作用标准值产生的楼层内最大的弹性层间位移</td></tr>
<tr><td>h</td><td colspan="4">层高</td></tr>
<tr><td>$[\theta_e]$</td><td colspan="4">弹性层间位移角限值，如下：</td></tr>
<tr><td colspan="4">钢筋混凝土框架</td><td>1/550</td></tr>
<tr><td colspan="4">钢筋混凝土框架-抗震墙、板柱-抗震墙、框架-核心筒</td><td>1/800</td></tr>
<tr><td colspan="4">钢筋混凝土抗震墙、筒中筒</td><td>1/1000</td></tr>
<tr><td colspan="4">钢筋混凝土框支层</td><td>1/1000</td></tr>
<tr><td colspan="4">多、高层钢结构</td><td>1/300</td></tr>
<tr><td>计算模型</td><td colspan="5">可采用与结构内力分析相同的模型，假定基础固定，构件刚度取弹性刚度</td></tr>
<tr><td>计算方法</td><td colspan="5">结构力学的位移计算方法</td></tr>
</table>

（2）结构在罕遇地震作用下薄弱层（部位）弹塑性变形验算

的一般要求（见表 6.1-41）。

结构在罕遇地震作用下薄弱层（部位）弹塑性变形验算的一般要求　　表 6.1-41

<table>
<tr><td>设计阶段和极限状态</td><td colspan="4">结构弹塑性变形验算，指罕遇地震下结构层间变形不超过弹塑性层间位移角限值，属变形能力极限状态验算</td></tr>
<tr><td>验算范围</td><td colspan="4">《抗震规范》要求对下列结构应进行薄弱层的弹塑性变形验算：
1. 8 度Ⅲ、Ⅳ类场地和 9 度时，高大的单层钢筋混凝土柱厂房的横向排架；
2. 7～9 度时楼层屈服强度系数小于 0.5 的钢筋混凝土框架结构；
3. 高度大于 150m 的钢结构；
4. 甲类建筑和 9 度时乙类建筑中的钢筋混凝土结构和钢结构；
5. 采用隔震和消能减震设计的结构。
《抗震规范》要求对下列结构宜进行薄弱层的弹塑性变形验算：
1.《抗震规范》规定的高度范围和竖向不规则类型的高层建筑结构；
2. 7 度Ⅲ、Ⅳ类场地和 8 度时乙类建筑中的钢筋混凝土结构和钢结构；
3. 板柱-抗震墙结构和底部框架砖房；
4. 高度不大于 150m 的其他高层钢结构</td></tr>
<tr><td>验算目的</td><td colspan="4">防止结构在罕遇地震时倒塌</td></tr>
<tr><td rowspan="2">罕遇地震作用取值</td><td>烈度</td><td>7 度</td><td>8 度</td><td>9 度</td></tr>
<tr><td>α_{max}</td><td>0.50（0.72）</td><td>0.90（1.20）</td><td>1.40</td></tr>
<tr><td>作用效应组合</td><td colspan="4">只考虑罕遇地震下的弹塑性层间变形，不考虑其他荷载下产生的变形；地震作用分项系数取 1.0，其他荷载组合值系数取 0</td></tr>
<tr><td rowspan="9">验算方法</td><td colspan="4">容许弹塑性层间位移验算
$$\Delta u_p \leqslant [\theta_p]\ h \qquad (6\text{-}33)$$</td></tr>
<tr><td>Δu_p
h
$[\theta_p]$</td><td colspan="3">罕遇地震作用下薄弱层的弹塑性层间位移
层高
弹塑性层间位移角限值</td></tr>
<tr><td rowspan="7">$[\theta_p]$</td><td colspan="2">单层钢筋混凝土柱排架</td><td>1/30</td></tr>
<tr><td colspan="2">钢筋混凝土框架</td><td>1/50</td></tr>
<tr><td colspan="2">底部框架砖房中的框架-抗震墙</td><td>1/100</td></tr>
<tr><td colspan="2">钢筋混凝土框架-抗震墙、板柱-抗震墙、框架-核心筒</td><td>1/100</td></tr>
<tr><td colspan="2">钢筋混凝土抗震墙、筒中筒</td><td>1/120</td></tr>
<tr><td colspan="2">多、高层钢结构</td><td>1/50</td></tr>
</table>

续表

设计阶段和极限状态	结构弹塑性变形验算，指罕遇地震下结构层间变形不超过弹塑性层间位移角限值，属变形能力极限状态验算
计算模型	可根据结构的规则性、软件的功能，采用合理的计算模型，如层间模型、空间杆系模型等
计算方法	1．弹塑性时程分析法 2．非线性静力分析法 3．弹塑性位移增大系数法

6.1.19　中国地震烈度表

1999年中国地震局颁发了《中国地震烈度表（1999）》，该表沿用国际上通用的12度分级标准。其内容见表6.1-42。

中国地震烈度表（1999）　**表6.1-42**

烈度	在地面上人的感觉	房屋震害程度		其他震害现象	物理参量	
		震害现象	平均震害指数		峰值加速度（m/s^2）	峰值速度/(m/s)
1	无感					
2	室内个别静止中的人有感觉					
3	室内少数静止中的人有感觉	门、窗轻微作响		悬挂物微动		
4	室内多数人、室外少数人有感觉、少数人梦中惊醒	门、窗作响		悬挂物明显摆动，器皿作响		

续表

烈度	在地面上人的感觉	房屋震害程度		其他震害现象	物理参量	
		震害现象	平均震害指数		峰值加速度（m/s^2）	峰值速度/（m/s）
5	室内普遍、室外多数人有感觉，多数人梦中惊醒	门窗、屋顶、屋架颤动作响，灰土掉落，抹灰出现微细裂缝，有檐瓦掉落，个别屋顶烟囱掉砖		不稳定器物摇动或翻倒	0.31（0.22~0.44）	0.03（0.02~0.04）
6	人站立不稳，少数人惊逃户外	损坏——墙体出现裂缝，檐瓦掉落，少数屋顶烟囱裂缝、掉落	0~0.1	河岸和松软土出现裂缝，饱和砂层出现喷砂冒水，有的独立砖烟囱轻度裂缝	0.63（0.45~0.89）	0.06（0.05~0.09）
7	大多数人惊逃户外，骑自行车人有感觉，行驶中的汽车驾乘人员有感觉	轻度破坏——局部破坏、开裂，小修或不需要修理可继续使用	0.11~0.30	河岸出现塌方，饱和砂层常见喷砂冒水，松软土地上地裂缝较多，大多数独立砖烟囱中等破坏	1.25（0.90~1.77）	0.13（0.10~0.18）

续表

烈度	在地面上人的感觉	房屋震害程度		其他震害现象	物理参量	
		震害现象	平均震害指数		峰值加速度(m/s^2)	峰值速度/(m/s)
8	多数人摇晃颠簸行走困难	中等破坏——结构破坏需要修复才能使用	0.31～0.50	干硬土上亦有裂缝，大多数独立砖烟囱严重破坏，树梢折断；房屋破坏导致人畜伤亡	2.50 (1.78～3.53)	0.25 (0.19～0.35)
9	行动的人摔倒	严重破坏——结构严重破坏，局部倒塌，修复困难	0.51～0.70	干硬土上出现许多地方有裂缝，基岩可能出现裂缝、错动；常见滑坡塌方，独立砖烟囱出现倒塌	5.00 (3.54～7.07)	0.50 (0.36～0.71)
10	骑自行车的人会摔倒，处不稳状态的人会摔出，有抛起感	大多数倒塌	0.71～0.90	山崩和地震断裂出现，基岩上拱桥破坏，大多数独立砖烟囱从根部破坏或倒毁	10.00 (7.08～14.14)	1.00 (0.72～1.41)

续表

<table>
<tr><th rowspan="2">烈度</th><th rowspan="2">在地面上人的感觉</th><th colspan="2">房屋震害程度</th><th rowspan="2">其他震害现象</th><th colspan="2">物理参量</th></tr>
<tr><th>震害现象</th><th>平均震害指数</th><th>峰值加速度（m/s²）</th><th>峰值速度/(m/s)</th></tr>
<tr><td>11</td><td></td><td>普遍倒塌</td><td>0.91~1.00</td><td>地震断裂延续很长；大量山崩滑坡</td><td></td><td></td></tr>
<tr><td>12</td><td></td><td></td><td></td><td>地面剧烈变化，山河改观</td><td></td><td></td></tr>
</table>

注：1. 1~5度以地面上人的感觉为主；6~10度以房屋震害为主，人的感觉仅供参考；12度以地表现象为主；
2. 在高楼上人的感觉要比地面上人的感觉明显，应适当降低评定值；
3. 表中房屋为单层或数层、未经抗震设计或未加固的砖混和砖木房屋。对于质量特别差或特别好的房屋，可根据具体情况，对表中各烈度相应的震害程度和震害指数予以提高或降低；
4. 表中震害指数是从各类房屋的震害调查和统计中得出的，反映破坏程度的数字指标，0表示无震害，1表示倒塌，平均震害指数可以在调查区内用普查或随机抽查方法确定；
5. 凡有地面强震记录资料的地方，表列物理参量可作为综合评定烈度和制定建设工程抗震设防要求的依据；
6. 在农村可以自然村为单位，在城镇可以分区进行烈度的评定，面积以 $1km^2$ 左右为宜；
7. 表中数量词：个别为10%以下；少数为10%~50%；大多数为70%~90%；普遍为90%以上。

6.1.20 全国主要城镇抗震设防烈度、设计基本地震加速度和设计地震分组

表6.1-43仅提供我国抗震设防区各县级及县级以上城镇的中心地区建筑工程抗震设计时所采用的抗震设防烈度、设计基本地震加速度值和所属的设计地震分组。

注：表6.1-43一般把“设计地震第一、二、三组”简称为“第一组、第二组、第三组。”

全国主要城镇抗震设防烈度、设计基本地震加速度和设计地震分组　表 6.1-43

省别	抗震设防烈度	设计基本地震加速度值	设计地震分组	地区名称
首都和直辖市	8度	0.20g	一	北京（除昌平、门头沟外的11个市辖区），平谷，大兴，延庆，宁河，汉沽
	7度	0.15g	一	密云，怀柔，昌平，门头沟，天津（除汉沽、大港外的12个市辖区），蓟县，宝坻，静海
		0.10g	一	大港，上海（除金山外的15个市辖区），南汇，奉贤
	6度	0.05g	一	崇明，金山，重庆（14个市辖区），巫山，奉节，云阳，忠县，丰都，长寿，壁山，合川，铜梁，大足，荣昌，永川，江津，綦江，南川，黔江，石柱，巫溪*
河北省	8度	0.20g	一	廊坊（2个市辖区），唐山（5个市辖区），三河，大厂，香河，丰南，丰润，怀来，涿鹿
	7度	0.15g	一	邯郸（4个市辖区），邯郸县，文安，任丘，河间，大城，涿州，高碑店，涞水，固安，永清，玉田，迁安，卢龙，滦县，滦南，唐海，乐亭，宣化，蔚县，阳原，成安，磁县，临漳，大名，宁晋
	7度	0.10g	一	石家庄（6个市辖区），保定（3个市辖区），张家口（4个市辖区），沧州（2个市辖区），衡水，邢台（2个市辖区），霸州，雄县，易县，沧县，张北，万全，怀安，兴隆，迁西，抚宁，昌黎，青县，献县，广宗，平乡，鸡泽，隆尧，新河，曲周，肥乡，馆陶，广平，高邑，内丘，邢台县，赵县，武安，涉县，赤城，涞源，定兴，容城，徐水，安新，高阳，博野，蠡县，肃宁，深泽，安平，饶阳，魏县，藁城，栾城，晋州，深州，武强，辛集，冀州，任县，柏乡，巨鹿，南和，沙河，临城，泊头，永年，崇礼，南宫*
			二	秦皇岛（海港、北戴河），清苑，遵化，安国

续表

省别	抗震设防烈度	设计基本地震加速度值	设计地震分组	地区名称
河北省	6度	0.05g	一	正定，围场，尚义，灵寿，无极，平山，鹿泉，井陉，元氏，南皮，吴桥，景县，东光
			二	承德（除鹰手营子外的2个市辖区），隆化，承德县，宽城，青龙，阜平，满城，顺平，唐县，望都，曲阳，定州，行唐，赞皇，黄骅，海兴，孟村，盐山，阜城，故城，清河，山海关，沽源，新乐，武邑，枣强，威县
			三	丰宁，滦平，鹰手营子，平泉，临西，邱县
山西省	8度	0.20g	一	太原（6个市辖区），临汾，忻州，祁县，平遥，古县，代县，原平，定襄，阳曲，太古，介休，灵石，汾西，霍州，洪洞，襄汾，晋中，浮山，永济，清徐
	7度	0.15g	一	大同（4个市辖区），朔州（朔城区），大同县，怀仁，浑源，广灵，应县，山阴，灵丘，繁峙，五台，古交，交城，文水，汾阳，曲沃，孝义，侯马，新绛，稷山，绛县，河津，闻喜，翼城，万荣，临猗，夏县，运城，芮城，平陆，沁源*，宁武*
	7度	0.10g	一	长治（2个市辖区），阳泉（3个市辖区），长治县，阳高，天镇，左云，右玉，神池，寿阳，昔阳，安泽，乡宁，垣曲，沁水，平定，和顺，黎城，潞城，壶关
			二	平顺，榆社，武乡，娄烦，交口，隰县，蒲县，吉县，静乐，盂县，沁县，陵川，平鲁
	6度	0.05g	二	偏关，河曲，保德，兴县，临县，方山，柳林
			三	晋城，离石，左权，襄垣，屯留，长子，高平，阳城，泽洲，五寨，岢岚，岚县，中阳，石楼，永和，大宁

续表

省别	抗震设防烈度	设计基本地震加速度值	设计地震分组	地区名称
内蒙自治区	8度	0.30g	一	土默特右旗，达拉特旗*
		0.20g	一	包头（除白云矿区外的5个市辖区），呼和浩特（4个市辖区），土默特左旗，乌海（3个市辖区），杭锦后旗，磴口，宁城，托克托*
	7度	0.15g	一	喀喇沁旗，五原，乌拉特前旗，临河，固阳，武川，凉城，和林格尔，赤峰（红山*，元宝山区）
			二	阿拉善左旗
		0.10g	一	集宁，清水河，开鲁，傲汉旗，乌拉特后旗，卓资，察右前旗，丰镇，扎兰屯，乌特拉中旗，赤峰（松山区），通辽*
			三	东胜，准格尔旗
	6度	0.05g	一	满洲里，新巴尔虎右旗，莫力达瓦旗，阿荣旗，扎赉特旗，翁牛特旗，兴和，商都，察右后旗，科左中旗，科左后旗，奈曼旗，库伦旗，乌审旗，苏尼特右旗
			二	达尔罕茂明安联合旗，阿拉善右旗，鄂托克旗，鄂托克前旗，白云
			三	伊金霍洛旗，杭锦旗，四王子旗，察右中旗
辽宁省	8	0.20g		普兰店，东港
	7	0.15g		营口（4个市辖区），丹东（3个市辖区），海城，大石桥，瓦房店，盖州，金州
		0.10g		沈阳（9个市辖区），鞍山（4个市辖区），大连（除金州外的5个市辖区），朝阳（2个市辖区），辽阳（5个市辖区），抚顺（除顺城外的3个市辖区），铁岭（2个市辖区），盘锦（2个市辖区），盘山，朝阳县，辽阳县，岫岩，铁岭县，凌源，北票，建平，开原，抚顺县，灯塔，台安，大洼，辽中

续表

省别	抗震设防烈度	设计基本地震加速度值	设计地震分组	地区名称
辽宁省	6	0.05*g*		本溪（4个市辖区），阜新（5个市辖区），锦州（3个市辖区），葫芦岛（3个市辖区），昌图，西丰，法库，彰武，铁法，阜新县，康平，新民，黑山，北宁，义县，喀喇沁，凌海，兴城，绥中，建昌，宽甸，凤城，庄河，长海，顺城
	注：全省县级及县级以上设防城镇的设计地震分组，除兴城、绥中、建昌、南票（为葫芦岛市的一个市辖区）为第二组外，其余均为第一组			
吉林省	8	0.20*g*		前郭尔罗斯，松原
	7	0.15*g*		大安*
		0.10*g*		长春（6个市辖区），吉林（除丰满外的3个市辖区），白城，乾安，舒兰，九台，永吉*
	6	0.05*g*		四平（2个市辖区），辽源（2个市辖区），镇赉，洮南，延吉，汪清，图们，珲春，龙井，和龙，安图，蛟河，桦甸，梨树，磐石，东丰，辉南，梅河口，东辽，榆树，靖宇，抚松，长岭，通榆，德惠，农安，伊通，公主岭，扶余，丰满
	注：全省县级及县级以上设防城镇的设计地震分组，均为第一组			
黑龙江省	7	0.10*g*		绥化，萝北，泰来
	6	0.05*g*		哈尔滨（7个市辖区），齐齐哈尔（7个市辖区），大庆（5个市辖区），鹤岗（6个市辖区），牡丹江（4个市辖区），鸡西（6个市辖区），佳木斯（5个市辖区）七台河（3个市辖区），伊春（伊春区，乌马河区），鸡东，望奎，穆棱，绥芬河，东宁，宁安，五大连池，嘉荫，汤原，桦南，桦川，依兰，勃利，通河，方正，木兰，巴彦，延寿，尚志，宾县，安达，明水，绥棱，庆安，兰西，肇东，肇州，肇源，呼兰，阿城，双城，五常，讷河，北安，甘南，富裕，龙江，黑河，青冈*，海林*
	注：全省县级及县级以上设防城镇的设计地震分组，均为第一组			

续表

省别	抗震设防烈度	设计基本地震加速度值	设计地震分组	地区名称
江苏省	8	0.30g	一	宿迁，宿豫*
		0.20g	一	新沂，邳州，睢宁
	7	0.15g	一	扬州（3个市辖区），镇江（2个市辖区），东海，沭阳，泗洪，江都，大丰
		0.10g	一	南京（11个市辖区），淮安（除楚州外的3个市辖区），徐州（5个市辖区），铜山，沛县，常州（4个市辖区），泰州（2个市辖区），赣榆，泗阳，盱眙，射阳，江浦，武进，盐城，盐都，东台，海安，姜堰，如皋，如东，扬中，仪征，兴化，高邮，六合，句容，丹阳，金坛，丹徒，溧阳，溧水，昆山，太仓
			三	连云港（4个市辖区），灌云
	6	0.05g	一	南通（2个市辖区），无锡（6个市辖区），苏州（6个市辖区），通州，宜兴，江阴，洪泽，建湖，常熟，吴江，靖江，泰兴，张家港，海门，启东，高淳，丰县
			二	响水，滨海，阜宁，宝应，金湖
			三	灌南，涟水，楚州
浙江省	7	0.10g		岱山，嵊泗，舟山（2个市辖区）
	6	0.05g		杭州（6个市辖区），宁波（5个市辖区），湖州，嘉兴（2个市辖区），温州（3个市辖区），绍兴，绍兴县，长兴，安吉，临安，奉化，鄞县，象山，德清，嘉善，平湖，海盐，桐乡，余杭，海宁，萧山，上虞，慈溪，余姚，瑞安，富阳，平阳，苍南，乐清，永嘉，泰顺，景宁，云和，庆元，洞头
	注：全省县级及县级以上设防城镇的设计地震分组，均为第一组			
安徽省	7	0.15g	一	五河，泗县
		0.10g	一	合肥（4个市辖区），蚌埠（4个市辖区），阜阳（3个市辖区），淮南（5个市辖区），枞阳，怀远，长丰，六安（2个市辖区），灵璧，霍山，固镇，凤阳，明光，定远，肥东，肥西，舒城，庐江，桐城，涡阳，安庆（3个市辖区）*，铜陵县*

续表

省别	抗震设防烈度	设计基本地震加速度值	设计地震分组	地区名称
安徽省	6	0.05g	一	铜陵（3个市辖区），芜湖（4个市辖区），马鞍山（4个市辖区），滁州（2个市辖区），巢湖，芜湖县，砀山，萧县，亳州，界首，太和，临泉，阜南，利辛，蒙城，凤台，寿县，颖上，霍丘，金寨，天长，来安，全椒，含山，和县，当涂，无为，繁昌，池州，岳西，潜山，太湖，怀宁，望江，东至，宿松，南陵，宣城，郎溪，广德，泾县，青阳，石台
			二	濉溪，淮北
			三	宿州
福建省	8	0.20g	一	金门*
	7	0.15g	一	厦门（7个市辖区），漳州（2个市辖区），晋江，石狮，龙海，长泰，漳浦，东山，诏安
			二	泉州（4个市辖区）
		0.10g	一	福州（除马尾外的4个市辖区），安溪，南靖，华安，平和，云霄
			二	莆田（2个市辖区），长乐，福清，莆田县，平谭，惠安，南安，马尾
	6	0.05g	一	三明（2个市辖区），政和，屏南，霞浦，福鼎，福安，柘荣，寿宁，周宁，松溪，宁德，古田，罗源，沙县，尤溪，闽清，闽侯，南平，大田，漳平，龙岩，永定，泰宁，宁化，长汀，武平，建宁，将乐，明溪，清流，连城，上杭，永安，建瓯
			二	连江，永泰，德化，永春，仙游
江西省	7	0.10g		寻乌，会昌
	6	0.05g		南昌（5个市辖区），九江（2个市辖区），南昌县，进贤，余干，九江县，彭泽，湖口，星子，瑞昌，德安，都昌，武宁，修水，靖安，铜鼓，宜丰，宁都，石城，瑞金，安远，定南，龙南，全南，大余
	注：全省县级及县级以上设防城镇的设计地震分组，均为第一组			

续表

省别	抗震设防烈度	设计基本地震加速度值	设计地震分组	地区名称
山东省	8	0.20g	一	郯城，临沭，莒南，莒县，沂水，安丘，阳谷
	7	0.15g	一	临沂（3个市辖区），潍坊（4个市辖市），菏泽，东明，聊城，苍山，沂南，昌邑，昌乐，青州，临驹，诸城，五莲，长岛，蓬莱，龙口，莘县，甄城，寿光*
		0.10g	一	烟台（4个市辖区），威海，枣庄（5个市辖区），淄博（除博山外的4个市辖区），平原，高唐，茌平，东阿，平阴，梁山，郓城，定陶，巨野，成武，曹县，广饶，博兴，高青，桓台，文登，沂源，蒙阴，费县，微山，禹城，冠县，莱芜（2个市辖区）*，单县*，夏津*
			二	东营（2个市辖区），招远，新泰，栖霞，莱州，日照，平度，高密，垦利，博山，滨州*，平邑*
	6	0.05g	一	德州，宁阳，陵县，曲阜，邹城，鱼台，乳山，荣成，兖州
			二	济南（5个市辖区），青岛（7个市辖区），泰安（2个市辖区），济宁（2个市辖区），武城，乐陵，庆云，无棣，阳信，宁津，沾化，利津，惠民，商河，临邑，济阳，齐河，邹平，章丘，泗水，莱阳，海阳，金乡，滕州，莱西，即墨
			三	胶南，胶州，东平，汶上，嘉祥，临清，长清，肥城
河南省	8	0.20g	一	新乡（4个市辖区），新乡县，安阳（4个市辖区），安阳县，鹤壁（3个市辖区），原阳，延津，汤阴，淇县，卫辉，获嘉，范县，辉县
	7	0.15g	一	郑州（4个市辖区），濮阳，濮阳县，长桓，封丘，修武，武陟，内黄，浚县，滑县，台前，南乐，清丰，灵宝，三门峡，陕县，林州*
		0.10g	一	洛阳（6个市辖区），焦作（4个市辖区），开封（5个市辖区），南阳（2个市辖区），开封县，许昌县，沁阳，博爱，孟州，孟津，巩义，偃师，济源，新密，新郑，民权，兰考，长葛，温县，荥阳，中牟，杞县*，许昌*

续表

省别	抗震设防烈度	设计基本地震加速度值	设计地震分组	地区名称
河南省	6	0.05g	一	商丘（2个市辖区），信阳（2个市辖区），平顶山（4个市辖区），漯河，登封，义马，虞城，夏邑，通许，尉氏，叶县，宁陵，柘城，新安，宜阳，嵩县，汝阳，伊川，禹州，郏县，宝丰，襄城，郾城，鄢陵，扶沟，太康，鹿邑，郸城，沈丘，项城，淮阳，周口，商水，上蔡，临颍，西华，西平，栾川，内乡，镇平，唐河，邓州，新野，社旗，平舆，新县，驻马店，泌阳，汝南，桐柏，淮滨，息县，正阳，遂平，光山，罗山，潢川，商城，固始，南召，舞阳*
			二	汝州，睢县，永城
			三	卢氏，洛宁，渑池
湖北省	7	0.10g		竹溪，竹山，房县
	6	0.05g		武汉（13个市辖区），荆州（2个市辖区），荆门，襄樊（2个市辖区），襄阳，十堰（2个市辖区），宜昌（4个市辖区），宜昌县，黄石（4个市辖区），恩施，咸宁，麻城，团风，罗田，英山，黄冈，鄂州，浠水，蕲春，黄梅，武穴，郧西，丹江口，谷城，老河口，宜城，南漳，保康，神农架，钟祥，沙洋，远安，兴山，巴东，秭归，当阳，建始，利川，公安，宣恩，咸丰，长阳，宜都，枝江，松滋，江陵，石首，监利，洪湖，孝感，应城，云梦，天门，仙桃，红安，安陆，潜江，嘉鱼，大冶，通山，赤壁，崇阳，通城，郧县，五峰*，京山*
	注：全省县级及县级以上设防城镇的设计地震分组，均为第一组			
湖南省	7	0.15g		常德（2个市辖区）
		0.10g		岳阳（3个市辖区），岳阳县，汨罗，湘阴，临澧，澧县，津市，桃源，安乡，汉寿
	6	0.05g		长沙（5个市辖区），长沙县，益阳（2个市辖区），张家界（2个市辖区），邵阳（3个市辖区），郴州（2个市辖区），邵阳县，泸溪，沅陵，娄底，宜章，资兴，平江，宁乡，新化，冷水江，涟源，双峰，新邵，邵东，隆回，石门，慈利，华容，南县，临湘，沅江，桃江，望城，溆浦，会同，靖州，韶山，江华，宁远，道县，临武，湘乡*，安化*，中方*，洪江*
	注：全省县级及县级以上设防城镇的设计地震分组，均为第一组			

续表

省别	抗震设防烈度	设计基本地震加速度值	设计地震分组	地区名称
广东省	8	0.20*g*		汕头（5个市辖区），澄海，潮安，南澳，徐闻，潮州*
	7	0.15*g*		揭阳，揭东，潮阳，饶平
		0.10*g*		广州（除花都外的9个市辖区），深圳（6个市辖区），湛江（4个市辖区），汕尾，海丰，普宁，惠来，阳江，阳东，阳西，茂名，化州，廉江，遂溪，吴川，丰顺，南海，顺德，中山，珠海，斗门，电白，雷州，佛山（2个市辖区）*，江门（2个市辖区）*，新会*，陆丰*
	6	0.05*g*		韶关（3个市辖区），肇庆（2个市辖区），花都，河源，揭西，东源，梅州，东莞，清远，清新，南雄，仁化，始兴，乳源，曲江，英德，佛冈，龙门，龙川，平远，大埔，从化，梅县，兴宁，五华，紫金，陆河，增城，博罗，惠州，惠东，三水，四会，云浮，云安，高要，高明，鹤山，封开，郁南，罗定，信宜，新兴，开平，恩平，台山，阳春，高州，翁源，连平，和平，蕉岭，惠阳，新丰*
	注：全省县级及县级以上设防城镇的设计地震分组，均为第一组			
广西自治区	7	0.15*g*		灵山，田东
		0.10*g*		玉林，兴业，横县，北流，百色，田阳，平果，隆安，浦北，博白，乐业*
	6	0.05*g*		南宁（6个市辖区），桂林（5个市辖区），柳州（5个市辖区），梧州（3个市辖区），钦州（2个市辖区），贵港（2个市辖区），防城港（2个市辖区），北海（2个市辖区），兴安，灵川，临桂，永福，鹿寨，天峨，东兰，巴马，都安，大化，马山，融安，象州，武宣，桂平，平南，上林，宾阳，武鸣，大新，扶绥，邕宁，东兴，合浦，钟山，贺州，藤县，苍梧，容县，岑溪，陆川，凤山，凌云，田林，隆林，西林，德保，靖西，那坡，天等，崇左，上思，龙州，宁明，融水，凭祥，全州
	注：全自治区县级及县级以上设防城镇的设计地震分组，均为第一组			

续表

省别	抗震设防烈度	设计基本地震加速度值	设计地震分组	地区名称
海南省	8	0.30g		海口（3个市辖区），琼山
		0.20g		文昌，定安
	7	0.15g		澄迈
		0.10g		临高，琼海，儋州，屯昌
	6	0.05g		三亚，万宁，琼中，昌江，白沙，保亭，陵水，东方，乐东，通什
	注：全省县级及县级以上设防城镇的设计地震分组，均为第一组			
四川省	9	不小于0.40g	一	康定，西昌
	8	0.30g	一	冕宁*
		0.20g	一	松潘，道孚，泸定，甘孜，炉霍，石棉，喜德，普格，宁南，德昌，理塘
			二	九寨沟
	7	0.15g	一	宝兴，茂县，巴塘，德格，马边，雷波
			二	越西，雅江，九龙，平武，木里，盐源，会东，新龙
			三	天全，荥经，汉源，昭觉，布拖，丹巴，芦山，甘洛
		0.10g	一	成都（除龙泉驿、清白江的5个市辖区），乐山（除金口河外的3个市辖区），自贡（4个市辖区），宜宾，宜宾县，北川，安县，绵竹，汶川，都江堰，双流，新津，青神，峨边，沐川，屏山，理县，得荣，新都*
			二	攀枝花（3个市辖区），江油，什邡，彭州，郫县，温江，大邑，崇州，邛崃，蒲江，彭山，丹棱，眉山，洪雅，夹江，峨嵋山，若尔盖，色达，壤塘，马尔康，石渠，白玉，金川，黑水，盐边，米易，乡城，稻城，金口河，朝天区*
			三	青川，雅安，名山，美姑，金阳，小金，会理

续表

省别	抗震设防烈度	设计基本地震加速度值	设计地震分组	地区名称
四川省	6	0.05*g*	一	泸州（3个市辖区），内江（2个市辖区），德阳，宣汉，达州，达县，大竹，邻水，渠县，广安，华蓥，隆昌，富顺，泸县，南溪，江安，长宁，高县，珙县，兴文，叙永，古蔺，金堂，广汉，简阳，资阳，仁寿，资中，犍为，荣县，威远，南江，通江，万源，巴中，苍溪，阆中，仪陇，西充，南部，盐亭，三台，射洪，大英，乐至，旺苍，龙泉驿，清白江
			二	绵阳（2个市辖区），梓潼，中江，阿坝，筠连，井研
			三	广元（除朝天区外的2个市辖区），剑阁，罗江，红原
贵州省	7	0.10*g*	一	望谟
			二	威宁
	6	0.05*g*	一	贵阳（除白云外的5个市辖区），凯里，毕节，安顺，都匀，六盘水，黄平，福泉，贵定，麻江，清镇，龙里，平坝，纳雍，织金，水城，普定，六枝，镇宁，惠水，长顺，关岭，紫云，罗甸，兴仁，贞丰，安龙，册亨，金沙，印江，赤水，习水，思南*
			二	赫章，普安，晴隆，兴义
			三	盘县
云南省	9	不小于0.40*g*	一	寻甸，东川
			二	澜沧
	8	0.30*g*	一	剑川，嵩明，宜良，丽江，鹤庆，永胜，潞西，龙陵，石屏，建水
			二	耿马，双江，沧源，勐海，西盟，孟连
		0.20*g*	一	石林，玉溪，大理，永善，巧家，江川，华宁，峨山，通海，洱源，宾川，弥渡，祥云，会泽，南涧
			二	昆明（除东川外的4个市辖区），思茅，保山，马龙，呈贡，澄江，晋宁，易门，漾濞，巍山，云县，腾冲，施甸，瑞丽，梁河，安宁，凤庆*，陇川*
			三	景洪，永德，镇康，临沧

续表

省别	抗震设防烈度	设计基本地震加速度值	设计地震分组	地区名称
云南省	7	0.15g	一	中甸，泸水，大关，新平*
			二	沾益，个旧，红河，元江，禄丰，双柏，开远，盈江，永平，昌宁，宁蒗，南华，楚雄，勐腊，华坪，景东*
			三	曲靖，弥勒，陆良，富民，禄劝，武定，兰坪，云龙，景谷，普洱
		0.10g	一	盐津，绥江，德钦，水富，贡山
			二	昭通，彝良，鲁甸，福贡，永仁，大姚，元谋，姚安，牟定，墨江，绿春，镇沅，江城，金平
			三	富源，师宗，泸西，蒙自，元阳，维西，宣威
	6	0.05g	一	威信，镇雄，广南，富宁，西畴，麻栗坡，马关
			二	丘北，砚山，屏边，河口，文山
			三	罗平
西藏自治区	9	不小于0.40g	二	当雄，墨脱
	8	0.30g	一	申扎
			二	米林，波密
		0.20g	一	普兰，聂拉木，萨嘎
			二	拉萨，堆龙德庆，尼木，仁布，尼玛，洛隆，隆子，错那，曲松
			三	那曲，林芝（八一镇），林周
	7	0.15g	一	札达，吉隆，拉孜，谢通门，亚东，洛扎，昂仁
			二	日土，江孜，康马，白朗，扎囊，措美，桑日，加查，边坝，八宿，丁青，类乌齐，乃东，琼结，贡嘎，朗县，达孜，日喀则*，噶尔*
			三	南木林，班戈，浪卡子，墨竹工卡，曲水，安多，聂荣

续表

省别	抗震设防烈度	设计基本地震加速度值	设计地震分组	地区名称
西藏自治区	7	0.10g	一	改则，措勤，仲巴，定结，芒康
			二	昌都，定日，萨迦，岗巴，巴青，工布江达，索县，比如，嘉黎，察雅，左贡，察隅，江达，贡觉
	6	0.05g	一	革吉
陕西省	8	0.20g	一	西安（8个市辖区），渭南，华县，华阴，潼关，大荔
			二	陇县
	7	0.15g	一	咸阳（3个市辖区），宝鸡（2个市辖区），高陵，千阳，岐山，凤翔，扶风，周至，眉县，宝鸡县，三原，富平，澄城，蒲城，泾阳，礼泉，长安，户县，蓝田，韩城，合阳，武功，兴平
			二	凤县
		0.10g	一	安康，平利，乾县，洛南
			二	白水，耀县，淳化，麟游，永寿，商州，铜川（2个市辖区）*，柞水*
			三	太白，留坝，勉县，略阳
	6	0.05g	一	延安，清涧，神木，佳县，米脂，绥德，安塞，延川，延长，定边，吴旗，志丹，甘泉，富县，商南，旬阳，紫阳，镇巴，白河，岚皋，镇坪，子长*
			二	府谷，吴堡，洛川，黄陵，旬邑，洋县，西乡，石泉，汉阴，宁陕，汉中，南郑，城固
			三	宁强，宜川，黄龙，宜君，长武，彬县，佛坪，镇安，丹凤，山阳
甘肃省	9	不小于0.40g	一	古浪
	8	0.30g	一	天水（2个市辖区），礼县，西和

续表

省别	抗震设防烈度	设计基本地震加速度值	设计地震分组	地区名称
甘肃省	8	0.20g	一	宕昌，文县，肃北，武都
			二	兰州（5个市辖区），成县，舟曲，徽县，康县，武威，永登，天祝，景泰，靖远，陇西，武山，秦安，清水，甘谷，漳县，会宁，静宁，庄浪，张家川，通渭，华亭
	7	0.15g	一	康乐，嘉峪关，玉门，酒泉，高台，临泽，肃南
			二	白银（2个市辖区），永靖，岷县，东乡，和政，广河，临谭，卓尼，迭部，临洮，渭源，皋兰，崇信，榆中，定西，金昌，两当，阿克塞，民乐，永昌
			三	平凉
		0.10g	一	张掖，合作，玛曲，金塔，积石山
			二	敦煌，安西，山丹，临夏，临夏县，夏河，碌曲，泾川，灵台
			三	民勤，镇原，环县
	6	0.05g	二	华池，正宁，庆阳，合水，宁县
			三	西峰
青海省	8	0.20g	一	玛沁
			二	玛多，达日
	7	0.15g	一	祁连，玉树
			二	甘德，门源
		0.10g	一	乌兰，治多，称多，杂多，囊谦
			二	西宁（4个市辖区），同仁，共和，德令哈，海晏，湟源，湟中，平安，民和，化隆，贵德，尖扎，循化，格尔木，贵南，同德，河南，曲麻莱，久治，班玛，天峻，刚察
			三	大通，互助，乐都，都兰，兴海
	6	0.05g	二	泽库

续表

省别	抗震设防烈度	设计基本地震加速度值	设计地震分组	地区名称
宁夏回族自治区	8	0.30g	一	海原
		0.20g	一	银川（3个市辖区），石嘴山（3个市辖区），吴忠，惠农，平罗，贺兰，永宁，青铜峡，泾源，灵武，陶乐，固原
			二	西吉，中卫，中宁，同心，隆德
	7	0.15g	三	彭阳
	6	0.15g	三	盐池
新疆自治区	9	不小于0.40g	二	乌恰，塔什库尔干
	8	0.30g	二	阿图什，喀什，疏附
		0.20g	一	乌鲁木齐（7个市辖区），乌鲁木齐县，温宿，阿克苏，柯坪，米泉，乌苏，特克斯，库车，巴里坤，青河，富蕴，乌什*
			二	尼勒克，新源，巩留，精河，奎屯，沙湾，玛纳斯，石河子，独山子
			三	疏勒，伽师，阿克陶，英吉沙
	7	0.15g	一	库尔勒，新和，轮台，和静，焉耆，博湖，巴楚，昌吉，拜城，阜康*，木垒*
			二	伊宁，伊宁县，霍城，察布查尔，呼图壁
			三	岳普湖
		0.10g	一	吐鲁番，和田，和田县，吉木萨尔，洛浦，奇台，伊吾，鄯善，托克逊，和硕，尉犁，墨玉，策勒，哈密
			二	克拉玛依（克拉玛依区），博乐，温泉，阿合奇，阿瓦提，沙雅
			三	莎车，泽普，叶城，麦盖堤，皮山
	6	0.05g	一	于田，哈巴河，塔城，额敏，福海，和布克赛尔，乌尔禾
			二	阿勒泰，托里，民丰，若羌，布尔津，吉木乃，裕民，白碱滩
			三	且末

续表

省别	抗震设防烈度	设计基本地震加速度值	设计地震分组	地区名称
港澳特区和台湾省	9	不小于0.40g	一	台中
			二	苗栗，云林，嘉义，花莲
	8	0.30g	二	台北，桃园，台南，基隆，宜兰，台东，屏东
		0.20g	二	高雄，澎湖
	7	0.15g	一	香港
		0.10g	一	澳门

注：带星号*的城镇，指该城镇的中心位于本设防区和较低设防区的分界线。

6.2 多层和高层钢筋混凝土结构

6.2.1 现浇钢筋混凝土房屋适用最大高度

现浇钢筋混凝土房屋适用的最大高度应符合表 6.2-1 的要求。平面和竖向均不规则的结构或建造于Ⅳ类场地的结构，适用的最大高度应适当降低。

现浇钢筋混凝土房屋适用的最大高度（m）　　表 6.2-1

结构类型	烈度			
	6	7	8	9
框　架	60	55	45	25
框架-抗震墙	130	120	100	50
抗震墙	140	120	100	60
部分框支抗震墙	120	100	80	不应采用
框架-核心筒	150	130	100	70
筒中筒	180	150	120	80
板柱-抗震墙	40	35	30	不应采用

注：1. 房屋高度指室外地面到主要屋面板板顶的高度（不包括局部突出屋顶部分）；
2. 框架-核心筒结构指周边稀柱框架与核心筒组成的结构；
3. 部分框支抗震墙结构指首层或底部两层框支抗震墙结构；
4. 甲类建筑应按本地区的设防烈度提高一度确定房屋最大高度，9 度设防烈度时应专门研究；乙、丙类建筑可按本地区抗震设防烈度确定适用的最大高度；
5. 超过表内高度的房屋，应进行专门研究和论证，采取有效的加强措施。

6.2.2 现浇钢筋混凝土房屋的抗震等级

钢筋混凝土房屋应根据设防烈度、结构类型和房屋高度采用不同的抗震等级。丙类建筑的抗震等级应按表 6.2-2 确定。

现浇钢筋混凝土房屋的抗震等级　　表 6.2-2

<table>
<tr><th colspan="3" rowspan="2">结构类型</th><th colspan="7">烈度</th></tr>
<tr><th colspan="2">6</th><th colspan="2">7</th><th colspan="2">8</th><th>9</th></tr>
<tr><td rowspan="3">框架结构</td><td colspan="2">高度（m）</td><td>≤30</td><td>>30</td><td>≤30</td><td>>30</td><td>≤30</td><td>>30</td><td>≤25</td></tr>
<tr><td colspan="2">框架</td><td>四</td><td>三</td><td>三</td><td>二</td><td>二</td><td>一</td><td>一</td></tr>
<tr><td colspan="2">剧场、体育馆等大跨度公共建筑</td><td colspan="2">三</td><td colspan="2">二</td><td colspan="2">一</td><td>一</td></tr>
<tr><td rowspan="3">框架-抗震墙结构</td><td colspan="2">高度（m）</td><td>≤60</td><td>>60</td><td>≤60</td><td>>60</td><td>≤60</td><td>>60</td><td>≤50</td></tr>
<tr><td colspan="2">框架</td><td>四</td><td>三</td><td>三</td><td>二</td><td>二</td><td>一</td><td>一</td></tr>
<tr><td colspan="2">抗震墙</td><td colspan="2">三</td><td colspan="2">二</td><td>一</td><td>一</td><td>一</td></tr>
<tr><td rowspan="2">抗震墙结构</td><td colspan="2">高度（m）</td><td>≤80</td><td>>80</td><td>≤80</td><td>>80</td><td>≤80</td><td>>80</td><td>≤60</td></tr>
<tr><td colspan="2">抗震墙</td><td>四</td><td>三</td><td>三</td><td>二</td><td>二</td><td>一</td><td>一</td></tr>
<tr><td rowspan="2">部分框支抗震墙结构</td><td colspan="2">抗震墙</td><td>三</td><td>二</td><td colspan="2">二</td><td>一</td><td rowspan="2"></td><td rowspan="2"></td></tr>
<tr><td colspan="2">框支层框架</td><td colspan="2">二</td><td>二</td><td>一</td><td>一</td></tr>
<tr><td rowspan="4">筒体结构</td><td rowspan="2">框架-核心筒</td><td>框架</td><td colspan="2">三</td><td colspan="2">二</td><td colspan="2">一</td><td>一</td></tr>
<tr><td>核心筒</td><td colspan="2">二</td><td colspan="2">二</td><td colspan="2">一</td><td>一</td></tr>
<tr><td rowspan="2">筒中筒</td><td>外筒</td><td colspan="2">三</td><td colspan="2">二</td><td colspan="2">一</td><td>一</td></tr>
<tr><td>内筒</td><td colspan="2">三</td><td colspan="2">二</td><td colspan="2">一</td><td>一</td></tr>
<tr><td rowspan="2">板柱-抗震墙结构</td><td colspan="2">板柱的柱</td><td colspan="2">三</td><td colspan="2">二</td><td colspan="2">一</td><td rowspan="2"></td></tr>
<tr><td colspan="2">抗震墙</td><td colspan="2">二</td><td colspan="2">二</td><td colspan="2">二</td></tr>
</table>

注：1. 建筑场地为Ⅰ类时，除 6 度外可按表内降低一度所对应的抗震等级采取抗震构造措施，但相应的计算要求不应降低；

2. 接近或等于高度分界时，应允许结合房屋不规则程度及场地、地基条件确定抗震等级；

3. 部分框支抗震墙结构中，抗震墙加强部位以上的一般部位，应允许按抗震墙结构确定其抗震等级。

钢筋混凝土房屋抗震等级的确定，尚应符合下列要求：

(1) 框架-抗震墙结构，在基本振型地震作用下，若框架部分承受的地震倾覆力矩大于结构总地震倾覆力矩的 50%，其框架部分的抗震等级应按框架结构确定，最大适用高度可比框架结构适当增加。

(2) 裙房与主楼相连，除应按裙房本身确定外，不应低于主楼的抗震等级；主楼结构在裙房顶层及相邻上下各一层应适当加强抗震构造措施。裙房与主楼分离时，应按裙房本身确定抗震等级。

(3) 当地下室顶板作为上部结构的嵌固部位时，地下一层的抗震等级应与上部结构相同，地下一层以下的抗震等级可根据具体情况采用三级或更低等级。地下室中无上部结构的部分，可根据具体情况采用三级或更低等级。

(4) 抗震设防类别为甲、乙、丁类的建筑，应按表 6.2-3 调整设防烈度后，再按表 6.2-2 确定抗震等级。

按建筑类别及场地调整后用于确定抗震等级的烈度　　表 6.2-3

建筑类别	场地	设防烈度			
		6	7	8	9
甲、乙类	Ⅰ	6	7	8	9
	Ⅱ、Ⅲ、Ⅳ	7	8	9	9❶
丙类	Ⅰ	6	6	7	8
	Ⅱ、Ⅲ、Ⅳ	6	7	8	9
丁类	Ⅰ	6	6	7^-	8^-
	Ⅱ、Ⅲ、Ⅳ	6	7^-或8^-	9^-	

注：1. Ⅰ类场地按调整后的抗震烈度，由表 6.2-2 确定抗震等级中的抗震构造措施，但内力调整的抗震等级仍与Ⅱ、Ⅲ、Ⅳ类场地相同；

2. 7^-，8^-表示抗震等级及抗震构造措施可以适当降低，可按表 6.2-2 内$\leqslant$30m 对应的抗震等级；

3. ❶表示比 9 度一级更有效的抗震措施，主要考虑合理的建筑平面及体型、有利的结构体系和更严格的抗震措施。具体要求应进行专门研究。

6.2.3　防震缝

当建筑平面过长、结构单元的结构体系不同、高度或刚度相差过大以及各结构单元的地基条件有较大差异时，应考虑设防震缝，其最小宽度应符合下列要求：

(1) 框架结构房屋的防震缝宽度，当高度不超过 15m 时可采用 70mm；超过 15m 时，6 度、7 度、8 度和 9 度相应每增加高度 5m、4m、3m 和 2m，宜加宽 20mm（见图 6.2-1）。

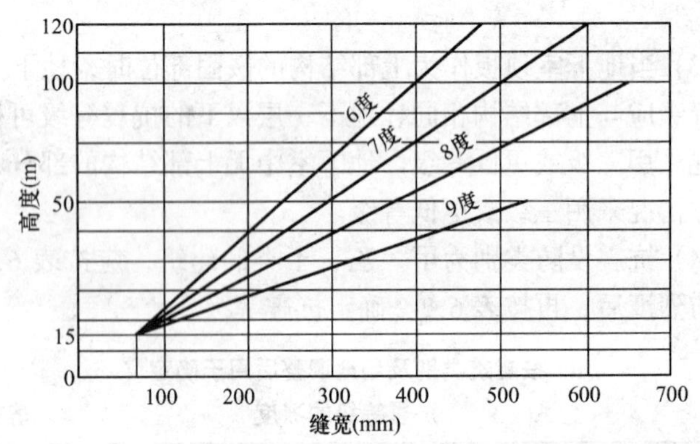

图 6.2-1　防震缝最小宽度（框架结构）

(2) 框架-抗震墙结构房屋的防震缝宽度可采用框架结构规定数值的 70%；抗震墙结构房屋的防震缝宽度可采用框架结构规定数值的 50%，且均不小于 70mm。

(3) 防震缝两侧结构类型不同时，宜按需要较宽防震缝的结构类型和较低房屋高度确定缝宽。

6.2.4　抗震墙之间楼、屋盖的长宽比

框架-抗震墙和板柱-抗震墙结构中，抗震墙之间无大洞口的楼、屋盖的长宽比，不宜超过表 6.2-4 的规定；超过时，应计入楼盖平面内变形的影响。

抗震墙之间楼、屋盖的长宽比　　表 6.2-4

楼、屋盖类型	烈　度			
	6	7	8	9
现浇、叠合梁板	4	4	3	2
装配式楼盖	3	3	2.5	不宜采用
框支层和板柱-抗震墙的现浇梁板	2.5	2.5	2	不应采用

6.2.5　有抗震设防要求的钢筋混凝土构件钢筋最小锚固及搭接长度

有抗震设防要求的钢筋混凝土结构构件，其纵向受力钢筋的最小锚固长度 l_{aE}和搭接接头的最小搭接长度 l_{lE}，应符合表 6.2-5 的要求。

纵向钢筋锚固及搭接长度　　表 6.2-5

抗震等级	钢筋最小锚固长度 l_{aE}	钢筋最小搭接长度 l_{lE}	
		同一连接区段内搭接钢筋面积百分率（%）	
		≤25	50
一、二	$1.15l_a$	$1.2l_{aE}$	$1.4l_{aE}$
三	$1.05l_a$		
四	$1.0l_a$		

注：l_a——非抗震设防纵向受拉钢筋的最小锚固长度，见钢筋混凝土部分。

6.2.6　框架结构抗震构造措施

（1）柱轴压比限值

柱轴压比 $N/(f_cA)$ 不宜超过表 6.2-6 的规定；建造于Ⅳ类场地且较高的高层建筑，柱轴压比限值应适当减小。

框架柱轴压比限值　　表 6.2-6

结构体系	抗震等级		
	一级	二级	三级
框架结构	0.7	0.8	0.9
框架-剪力墙结构、筒体结构	0.75	0.85	0.95
部分框支剪力墙结构	0.6	0.7	—

注：1. 轴压比 $N/(f_cA)$ 指考虑地震作用组合的框架柱和框支柱轴向压力设计值 N 与柱全截面面积 A 和混凝土轴心抗压强度设计值 f_c 乘积之比值；对不进行地震作用计算的结构，取无地震作用组合的轴力设计值；

2. 当混凝土强度等级为 C65～C70 时，轴压比限值宜按表中数值减小 0.05；混凝土强度等级为 C75～C80 时，轴压比限值宜按表中数值减小 0.10；

3. 剪跨比 $\lambda \leqslant 2$ 的柱，其轴压比限值应按表中数值减小 0.05；对剪跨比 $\lambda < 1.5$ 的柱，轴压比限值应专门研究并采取特殊构造措施；

4. 沿柱全高采用井字复合箍，且箍筋间距不大于 100mm、肢距不大于 200mm、直径不小于 12mm，或沿柱全高采用复合螺旋箍，且螺距不大于 100mm、肢距不大于 200mm、直径不小于 12mm，或沿柱全高采用连续复合矩形螺旋箍，且螺距不大于 80mm、肢距不大于 200mm、直径不小于 10mm 时，轴压比限值均可按表中数值增加 0.10；上述三种箍筋的配箍特征值 λ_v 均应按增大的轴压比由表 6.2-11、表 6.2-18、表 6.2-25 确定；

5. 当柱截面中部设置由附加纵向钢筋形成的芯柱，且附加纵向钢筋的总面积不少于柱截面面积的 0.8%时，其轴压比限值可按表中数值增加 0.05。此项措施与注 4 的措施同时采用时，轴压比限值可按表中数值增加 0.15，但箍筋的配箍特征值 λ_v 仍可按轴压比增加 0.10 的要求确定；

6. 柱经采用上述加强措施后，其最终的轴压比限值不应大于 1.05。

（2）框架梁、柱截面尺寸

1）梁的截面尺寸，宜符合下列各项要求：

（A）截面宽度不宜小于 200mm；

（B）截面高宽比不宜大于 4；

（C）净跨与截面高度之比不宜小于 4。

2）采用梁宽大于柱宽的扁梁时，楼板应现浇，梁中线宜与柱中线重合，扁梁应双向布置，且不宜用于一级框架结构。扁梁的截面尺寸应符合下列要求（见图 6.2-2），并应满足现行有关规范对挠度和裂缝宽度的规定：

$$b_b \leqslant 2b_c \quad (6\text{-}34)$$

$$b_b \leqslant b_c + h_b \quad (6\text{-}35)$$

$$h_b \geqslant 16d \quad (6\text{-}36)$$

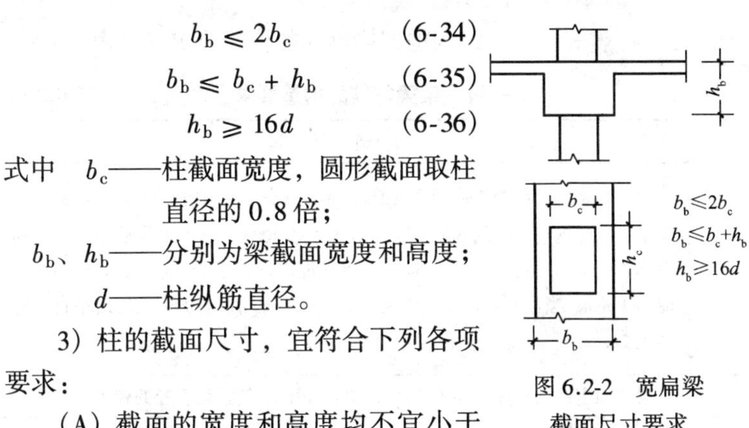

图 6.2-2 宽扁梁截面尺寸要求

式中 b_c——柱截面宽度，圆形截面取柱直径的 0.8 倍；

b_b、h_b——分别为梁截面宽度和高度；

d——柱纵筋直径。

3）柱的截面尺寸，宜符合下列各项要求：

（A）截面的宽度和高度均不宜小于 300mm，圆柱直径不小于 350mm；

（B）剪跨比宜大于 2；

（C）截面长边与短边的边长之比不宜大于 3。

（3）框架结构钢筋配置的构造要求

1）抗震等级为一级的框架结构

（A）一级的框架梁纵向钢筋的构造要求（见表 6.2-7）。

一级框架梁纵向钢筋的构造要求　　表 6.2-7

序 号	构 造 要 求（表 6.2-12）		
1	受拉钢筋最小配筋率（%）	支 座	跨 中
		0.4 和 $80f_t/f_y$ 二者较大者	0.3 和 $65f_t/f_y$ 二者较大者
2	梁端纵向受拉钢筋的配筋率不应大于 2.5%，且计入受压钢筋的梁端受压区高度和有效高度之比不应大于 0.25；当混凝土强度等级大于 C50 时，梁端纵向受拉钢筋的配筋率不应大于 3%（HRB335 级钢筋）和 2.6%（HRB400 级钢筋）		
3	梁端截面的受压和受拉纵向配筋量的比值，除按计算确定外，不应小于 0.5		
4	沿梁全长顶面和底面的配筋不应少于 2ϕ14，且分别不少于梁两端顶面和底面纵向配筋中较大截面面积的 1/4		
5	框架梁内贯通中柱的每根纵向钢筋直径，对于矩形截面柱，不宜大于柱在该方向截面尺寸的 1/20；对于圆形截面柱，不宜大于纵向钢筋所在位置柱截面弦长的 1/20		

(B) 抗震等级为一级的框架梁箍筋的构造要求(见表 6.2-8)。

一级框架梁箍筋的构造要求 **表 6.2-8**

序号	构造要求
1	梁端加密区长度为 2 倍梁高($2h_b$)和 500mm 二者中的较大者,箍筋最大间距为纵向钢筋直径的 6 倍、梁高的 1/4 和 100mm 三者中的最小者,箍筋最小直径为 10mm;当梁端纵向受拉钢筋配筋率大于 2%时,箍筋最小直径应为 12mm;当混凝土强度等级大于 C50 时,梁端箍筋加密区的最小直径应增大 2mm
2	梁端加密区的箍筋肢距不宜大于 200mm 和 20 倍箍筋直径的较大者
3	非加密区的箍筋最大间距不宜大于加密区箍筋间距的 2 倍
4	第一个箍筋应设置在距节点边缘不大于 50mm 处
5	沿梁全长箍筋的配筋率 ρ_{sv}不应小于 $0.3f_t/f_{yv}$

(C) 抗震等级为一级的框架柱纵向钢筋的构造要求(见表 6.2-9)。

一级框架柱纵向钢筋的构造要求 **表 6.2-9**

序号	构造要求(表 6.2-13)
1	宜对称配置
2	柱截面边长大于 400mm 者,纵向钢筋间距不宜大于 200mm
3	柱纵向最小总配筋率:中柱和边柱不应小于 1.0%,角柱和框支柱不应小于 1.2%,同时每一侧配筋率不应小于 0.2%;对建造于Ⅳ类场地上较高的高层建筑,中柱和边柱不应小于 1.1%,角柱和框支柱不应小于 1.3%;当混凝土强度等级大于 C60 时,上述最小总配筋率应增大 0.1%
4	柱总配筋率不应大于 5%,剪跨比不大于 2 的柱,每侧纵向配筋率不宜大于 1.2%
5	边柱、角柱及抗震墙端柱在地震作用组合产生小偏心受拉时,柱内纵筋总截面面积计算值应增加 25%
6	柱纵向钢筋的绑扎接头应避开柱端的箍筋加密区

(D) 抗震等级为一级的框架柱箍筋的构造要求(见表 6.2-10)。

一级框架柱箍筋的构造要求　表 6.2-10

<table>
<tr><th>序 号</th><th colspan="2">构 造 要 求</th></tr>
<tr><td>1</td><td>柱的箍筋加密区范围</td><td>①柱端，取截面高度（圆柱直径）、柱净高 1/6 和 500mm 三者的最大者；
②底层柱，柱根不小于柱净高的 1/3；当有刚性地面时，除柱端外尚应取刚性地面上下各 500mm；
③剪跨比不大于 2 的柱和因填充墙等形成的柱净高与柱截面高度之比不大于 4 的柱，取全高
④框支柱、角柱，取全高；</td></tr>
<tr><td>2</td><td colspan="2">柱箍筋加密区的箍筋间距应为 6 倍柱纵向钢筋最小直径和 100mm 的较小者；框支柱和剪跨比不大于 2 的柱，箍筋间距不应大于 100mm；箍筋最小直径为 $\phi10$</td></tr>
<tr><td>3</td><td colspan="2">柱箍筋加密区箍筋肢距不宜大于 200mm；至少每隔一根纵向钢筋宜在两个方向有箍筋或拉筋约束；采用拉筋复合箍时，拉筋宜紧靠纵向钢筋并勾住箍筋</td></tr>
</table>

(E) 抗震等级为一级的框架柱加密区的体积配箍率，不应小于 0.8%，计算复合箍的体积配箍率时，应扣除重叠部分的箍筋体积；柱加密区的箍筋最小配箍特征值宜按表 6.2-11 采用。

一级框架柱箍筋加密区的箍筋最小配箍特征值　表 6.2-11

箍筋形式	柱轴压比						
	≤0.3	0.4	0.5	0.6	0.7	0.8	0.9
普通箍、复合箍	0.10	0.11	0.13	0.15	0.17	0.20	0.23
螺旋箍、复合或连续复合矩形螺旋箍	0.08	0.09	0.11	0.13	0.15	0.18	0.21

注：1. 普通箍指单个矩形箍和单个圆形箍，复合箍指由矩形、多边形、圆形箍或拉筋组成的箍筋；复合螺旋箍指由螺旋箍与矩形、多边形、圆形箍或拉筋组成的箍筋；连续复合矩形螺旋箍指全部螺旋箍为同一根钢筋加工而成的箍筋；
2. 框支柱宜采用复合螺旋箍或井字复合箍，其最小配箍特征值应比表内数值增加 0.02，且体积配箍率不应小于 1.5%；
3. 剪跨比不大于 2 的柱宜采用复合螺旋箍或井字复合箍，其体积配箍率不应小于 1.2%，9 度时不应小于 1.5%；
4. 计算复合螺旋箍的体积配箍率时，其非螺旋箍的箍筋体积应乘以换算系数 0.8；
5. 混凝土强度等级高于 C60 时，箍筋宜采用复合箍、复合螺旋箍或连续复合矩形螺旋箍；当轴压比不大于 0.6 时，其加密区的最小配箍特征值宜按表中数值增加 0.02；当轴压比大于 0.6 时，宜按表中数值增加 0.03。

(F) 抗震等级为一级的框架柱非加密区的体积配箍率，不应小于0.4%，箍筋间距不应大于10倍纵向钢筋直径。

(G) 抗震等级为一级的框架节点核芯区的箍筋间距宜为6倍柱纵向钢筋最小直径和100mm的较小者，箍筋最小直径为10mm。节点核芯区配箍特征值不宜小于0.12且体积配箍率不宜小于0.6%。柱剪跨比不大于2的框架节点核芯区配箍特征值不宜小于核芯区上、下柱端的较大配箍特征值。

框架梁纵筋配筋率控制值　　表6.2-12

受拉筋最小配筋率（%）		最大配筋率（%）
支　座	跨　中	受拉钢筋
0.4	0.3	2.5

注：1. 混凝土不宜低于C30；梁、柱纵向钢筋宜采用HRB400级和HRB335级；箍筋宜采用HRB335、HRB400和HPB235级热轧钢筋；
2. 柱纵向钢筋的接头和钢筋锚固长度按图6.2-11规定采用；
3. 图6.2-3L_1值取柱边至梁负弯矩的零弯矩点再加$20d$，且应满足《混凝土结构设计规范》(GB 50010－2002) 第10.2.3条规定；
4. 框架梁承受较大竖向荷载且跨中钢筋较多时，可采用弯起钢筋。锚入柱内的弯起钢筋。当能有效的承受负弯矩时应计入受拉钢筋截面面积之内；
5. 顶层框架梁净跨 $l_n>8$m且荷载较大时，梁端宜加支托；
6. 当顶层柱角纵向钢筋不能弯折锚入梁内时，应将钢筋锚入现浇板或预制板现浇叠合层内；
7. 穿过中柱的梁底部钢筋出现受拉时，应按搭接考虑。

框架柱配筋率控制值　　表6.2-13

最小总配筋率（%）		最大总配筋率（%）
中、边柱	角　　柱	HRB335、HRB400级钢筋
1.0	1.2	宜≤5

注：1. 剪跨比不大于2的短柱，纵向受拉钢筋配筋率宜≤1.2%（H_n为柱净高）；
2. Ⅳ类场地较高的高层建筑最小配筋率应增加0.1；
3. 当混凝土强度等级大于C60时，最小配筋率应增加0.1。

(H) 抗震等级为一级的现浇框架纵向钢筋构造图（图6.2-3）。

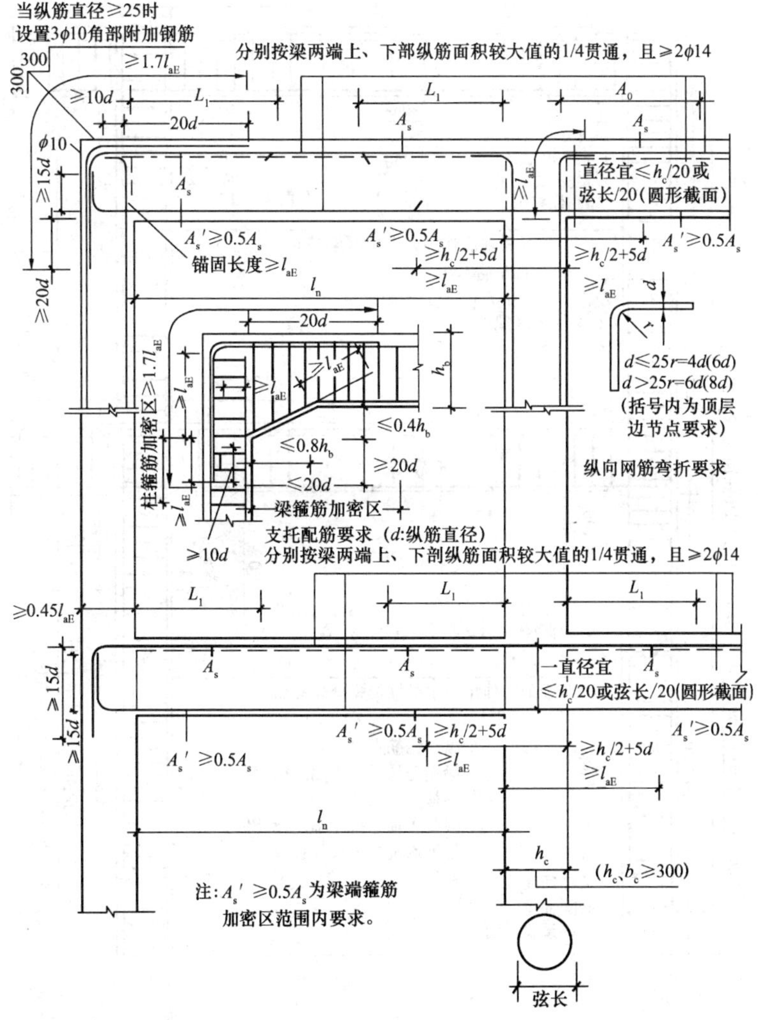

图 6.2-3 一级抗震等级现浇框架纵向钢筋构造图

(Ⅰ) 抗震等级为一级的现浇框架箍筋构造图（如图 6.2-4）。

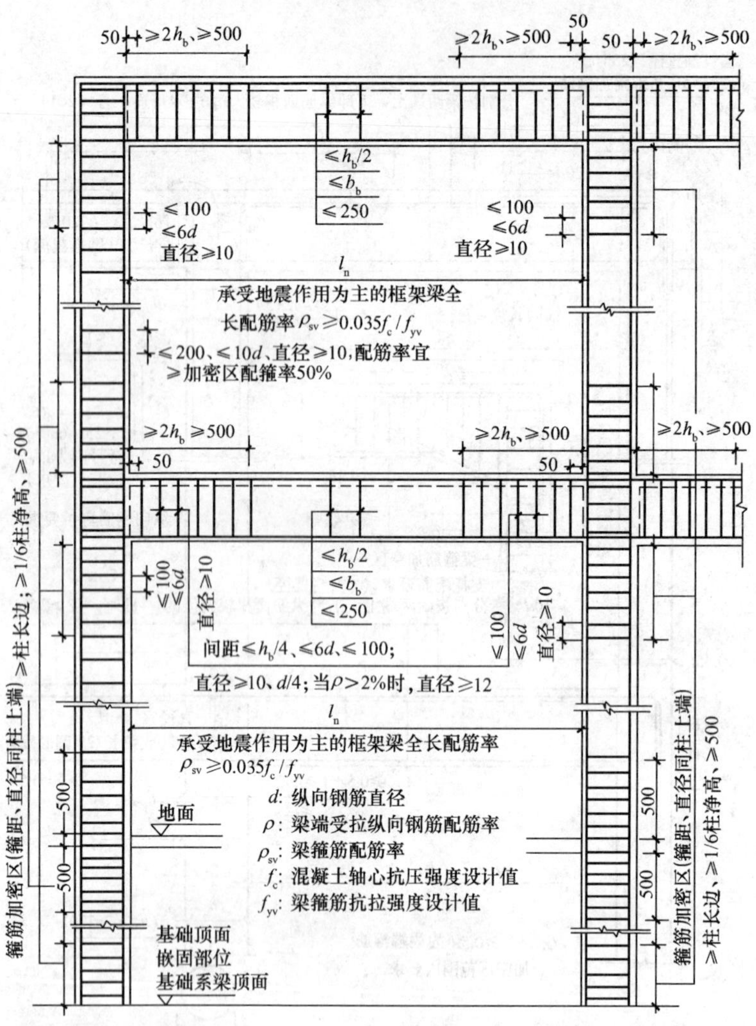

图 6.2-4　一级抗震等级现浇框架箍筋构造图（一）

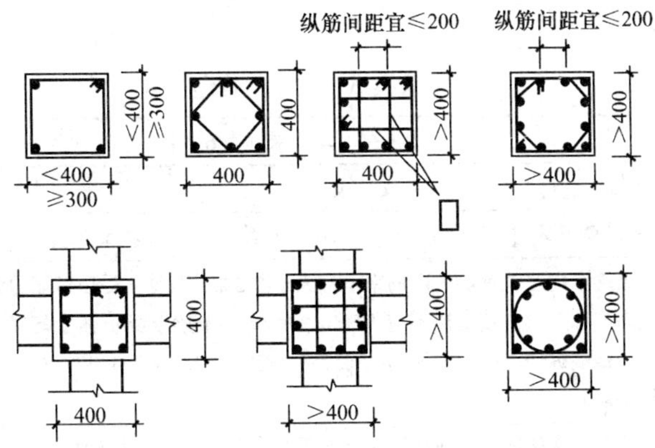

柱箍筋构造要求

注：

1. 箍筋的间距和直径除符合本图构造要求时，尚需满足计算要求；
2. 箍筋采用 HRB335、HRB400 和 HPB235 级热轧钢筋；
3. 柱端加密区箍筋最小配箍特征值宜按表 6.2-11 要求采用，箍筋肢距宜≤200；
4. 柱每隔一根纵向钢筋宜在两个方向有箍筋约束；
5. 节点核芯区箍筋最大间距和最小直径宜按本图柱加密区箍筋要求采用。节点核芯区配箍特征值不宜小于 0.12 且体积配箍率宜≥0.6%；当柱剪跨比不大于 2 时，节点核芯区配箍特征值不宜小于核芯区上、下柱端的较大配箍特征值；
6. 梁内配有计算需要纵向受压钢筋每层多于 3 根时，非加密区也应设置复合箍筋。梁宽≤400、且受压钢筋每层不多于 4 根时，可不设置复合箍筋；
7. 承受弯、剪、扭的梁，其箍筋和纵向钢筋配筋率及构造要求应参照《混凝土结构设计规范》（GB 50010－2002）第 10.2.12 条规定设计；
8. 剪跨比不大于 2 的短柱（包括嵌砌填充墙形成的短柱，H_n 为柱净高）体积配箍率宜≥1.2%，9 度时不应小于 1.5%沿柱全高箍距≤100。角柱沿柱全高箍距≤100。

图 6.2-4　一级抗震等级现浇框架箍筋构造图（二）

2）抗震等级为二级的框架结构

（A）抗震等级为二级的框架梁纵向钢筋的构造要求（见表6.2-14）。

二级框架梁纵向钢筋的构造要求 **表6.2-14**

序号	构造要求（表6.2-19）		
1	受拉钢筋最小配筋率（%）	支座	跨中
		0.3和$65f_t/f_y$二者较大者	0.25和$55f_t/f_y$二者较大者
2	梁端纵向受拉钢筋的配筋率不应大于2.5%，且计入受压钢筋的梁端受压区高度和有效高度之比不应大于0.35；当框架梁混凝土强度等级大于C50时，梁端纵向受拉钢筋不应大于3%（HRB335级钢筋）和2.6%（HRB400级钢筋）		
3	梁端截面的底面和顶面纵向配筋量的比值，除按计算确定外，不应小于0.3		
4	沿梁全长顶面和底面的配筋不应少于2ϕ14，且不少于梁两端顶面和底面纵向配筋中较大截面面积的1/4		
5	框架梁内贯通中柱的每根纵向直径，对于矩形截面柱，不宜大于该方向截面尺寸的1/20；对于圆形截面柱，不宜大于纵向钢筋所在位置柱截面弦长的1/20		

（B）抗震等级为二级的框架梁箍筋的构造要求（见表6.2-15）。

二级框架梁箍筋的构造要求 **表6.2-15**

序号	构造要求
1	梁端加密区长度为1.5倍梁高（$1.5h_b$）和500mm二者中的较大者，箍筋最大间距为纵向钢筋直径的8倍，梁高的1/4和100mm三者中的最小者，箍筋最小直径为8mm；当梁端纵向受拉钢筋配筋率大于2%时，箍筋最小直径应为10mm；当混凝土强度等级大于C50时，梁端箍筋加密区的最小直径应增大2mm
2	梁端加密区的箍筋肢距不宜大于250mm和20倍箍筋直径的较大者
3	非加密区的箍筋最大间距不宜大于加密区箍筋间距的2倍
4	第一个箍筋应设置在距节点边缘不大于50mm处
5	沿梁全长箍筋的配筋率不应小于$0.28f_t/f_{yv}$

(C) 抗震等级为二级的框架柱纵向钢筋的构造要求(见表6.2-16)。

二级框架柱纵向钢筋的构造要求　　表6.2-16

序号	构造要求(表6.2-20)
1	宜对称配置
2	柱截面边长大于400mm者,纵向钢筋间距不宜大于200mm
3	柱纵向最小总配筋率:中柱和边柱不应小于0.8%,角柱和框支柱不应小于1.0%,同时每一侧配筋率不应小于0.2%;对建造于Ⅳ类场地上较高的高层建筑,中柱和边柱不应小于0.9%,角柱和框支柱不应小于1.1%;当混凝土强度大于C60时,上述最小配筋率应增大0.1%
4	柱总配筋率不应大于5%
5	边柱、角柱及抗震墙端柱在地震作用组合产生小偏心受拉时,柱内纵筋总截面面积计算值应增加25%
6	柱纵向钢筋的绑扎接头应避开柱端的箍筋加密区

(D) 抗震等级为二级的框架柱箍筋的构造要求(见表6.2-17)。

二级框架柱箍筋的构造要求　　表6.2-17

序号	构造要求	
1	柱的箍筋加密区范围	(1) 柱端,取截面高度(圆柱直径)、柱净高1/6和500mm三者的最大者 (2) 底层柱,柱根不小于柱净高的1/3;当有刚性地面时,除柱端外尚应取刚性地面上下各500mm (3) 剪跨比不大于2的柱和因填充墙等形成的柱净高与柱截面高度之比不大于4的柱,取全高 (4) 框支柱、角柱,取全高
2	柱箍筋加密区的箍筋间距应为8倍柱纵向钢筋最小直径和100mm的较小者;框支柱和剪跨比不大于2的柱,箍筋间距不应大于100mm;箍筋最小直径为$\phi8$;当箍筋直径不小于$\phi10$、肢距不大于200mm(除柱根外)时,箍筋最大间距允许采用150mm	

续表

序号	构造要求
3	柱箍筋加密区箍筋肢距不宜大于250mm和20倍箍筋直径的较大值；至少每隔一根纵向钢筋宜在两个方向有箍筋或拉筋约束；采用拉筋复合箍时，拉筋宜紧靠纵向钢筋并勾住箍筋

（E）抗震等级为二级的框架柱加密区的体积配箍率不应小于0.6%，计算复合箍的体积配箍率时，应扣除重叠部分的箍筋体积；柱加密区的箍筋最小配箍特征值宜按表6.2-18采用。

二级框架柱箍筋加密区的箍筋最小配箍特征值　　表6.2-18

箍筋形式	柱轴压比								
	≤0.3	0.4	0.5	0.6	0.7	0.8	0.9	1.0	1.05
普通箍、复合箍	0.08	0.09	0.11	0.13	0.15	0.17	0.19	0.22	0.24
螺旋箍、复合或连续复合矩形螺旋箍	0.06	0.07	0.09	0.11	0.13	0.15	0.17	0.20	0.22

注：1. 普通箍指单个矩形箍和单个圆形箍，复合箍指由矩形、多边形、圆形箍或拉筋组成的箍筋；复合螺旋箍指由螺旋箍与矩形、多边形、圆形箍或拉筋组成的箍筋；连续复合矩形螺旋箍指全部螺旋箍为同一根钢筋加工而成的箍筋；

2. 框支柱宜采用复合螺旋箍或井字复合箍，其最小配箍特征值应比表内数值增加0.02，且体积配箍率不应小于1.5%；

3. 剪跨比不大于2的柱宜采用复合螺旋箍或井字复合箍，其体积配箍率不应小于1.2%；

4. 计算复合螺旋箍的体积配箍率时，其非螺旋箍的箍筋体积应乘以换算系数0.8；

5. 混凝土强度等级高于C60时，箍筋宜采用复合箍、复合螺旋箍或连续复合矩形螺旋箍；当轴压比不大于0.6时，其加密区的最小配箍特征值宜按表中数值增加0.02；当轴压比大于0.6时，宜按表中数值增加0.03。

（F）抗震等级为二级的框架柱非加密区的体积配箍率不应小于0.3%；箍筋间距不应大于10倍纵向钢筋直径。

(G) 抗震等级为二级的框架节点核芯区的箍筋间距宜为8倍柱纵向钢筋最小直径和100mm的较小者，箍筋最小直径为$\phi 8$；节点核芯区配箍特征值不宜小于0.10，且体积配箍率不宜小于0.5%。柱剪跨比不大于2的框架节点核芯区配箍特征值不宜小于核芯区上、下柱端的较大配箍特征值。

框架梁纵筋配筋率控制值 **表6.2-19**

受拉筋最小配筋率（%）		最大配筋率（%）
支 座	跨 中	受拉钢筋
0.3	0.25	2.5

注：1. 混凝土不应低于C20；梁、柱纵向钢筋宜采用HRB400级和HRB335级；箍筋宜采用HRB335、HRB400和HPB235级热轧钢筋；

2. 柱纵向钢筋的接头和钢筋锚固长度按图6.2-11规定采用；

3. 图6.2-5L_1值取柱边至梁负弯矩的零弯矩点再加20d，且应满足《混凝土结构设计规范》(GB 50010－2002) 第10.2.3条规定；

4. 框架梁承受较大竖向荷载且跨中钢筋较多时，可采用弯起钢筋。锚入柱内的弯起钢筋，当能有效的承受负弯矩时应计入受拉钢筋截面面积之内；

5. 当顶层柱角纵向钢筋不能弯折锚入梁内时，应将钢筋锚入现浇板或预制板现浇叠合层内；

6. 顶层框架跨度及荷载较大时，边柱节点纵向钢筋的配筋构造宜按一级抗震等级构造要求采用；

7. 穿过中柱的梁底部钢筋出现受拉时应按搭接考虑。

框架柱配筋率控制值 **表6.2-20**

最小总配筋率（%）		最大总配筋率（%）
中、边柱	角 柱	HRB335，HRB400级钢筋
0.8	1.0	宜≤5

注：1. 柱截面一侧配筋率不应小于0.2%；

2. Ⅳ类场地较高的高层建筑最小配筋率应增加0.1；

3. 当混凝土强度等级大于C60时，最小配筋率应增加0.1。

（H）抗震等级为二级的现浇框架纵向钢筋构造图（见图6.2-5）。

（I）抗震等级为二级的现浇框架箍筋构造图（见图 6.2-6）。

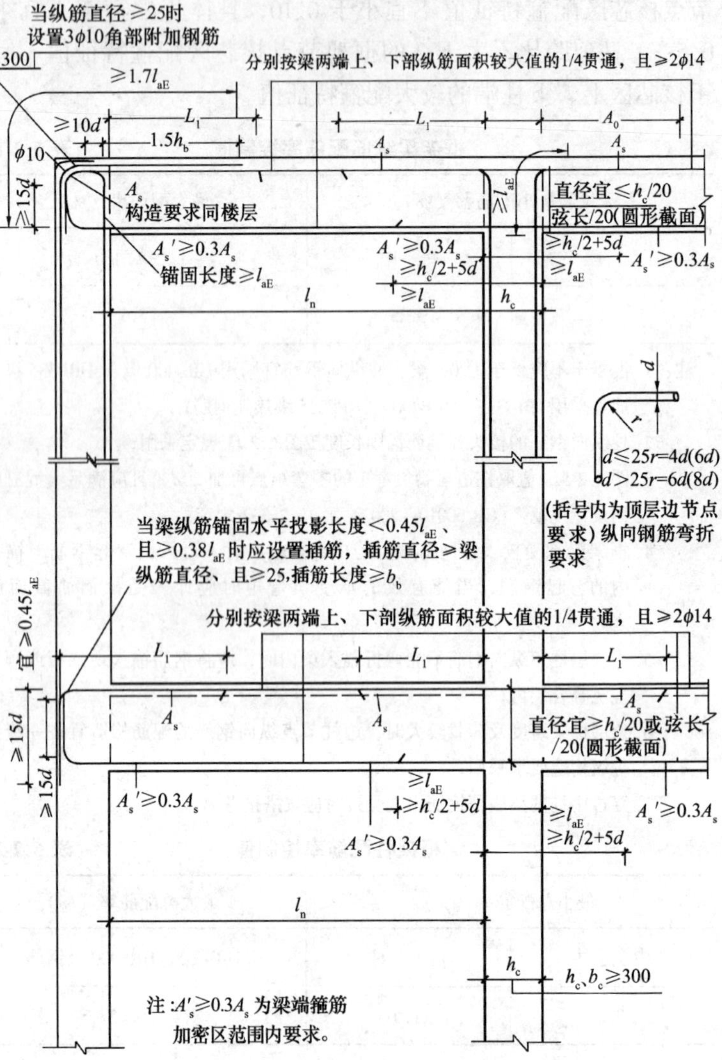

当纵筋直径≥25时
设置3ϕ10角部附加钢筋
300
300
分别按梁两端上、下部纵筋面积较大值的1/4贯通，且≥2ϕ14
≥$1.7l_{aE}$
≥10d
L_1
1.5h_b
L_1
A_0
ϕ10
A_s
A_s
≥15d
A_s
构造要求同楼层
≥l_{aE}
直径宜≤h_c/20
弦长/20(圆形截面)
A_s'≥0.3A_s
锚固长度≥l_{aE}
A_s'≥0.3A_s
≥h_c/2+5d
≥l_{aE}
≥h_c/2+5d
≥l_{aE}
A_s'≥0.3A_s
l_n
h_c
d
r
d≤25r=4d(6d)
d>25r=6d(8d)
(括号内为顶层边节点要求)纵向钢筋弯折要求
当梁纵筋锚固水平投影长度<0.45l_{aE}、且≥0.38l_{aE}时应设置插筋，插筋直径≥梁纵筋直径、且≥25,插筋长度≥b_b
宜≥0.45l_{aE}
分别按梁两端上、下剖纵筋面积较大值的1/4贯通，且≥2ϕ14
L_1
L_1
L_1
A_s
≥15d
A_s
A_s
直径宜≥h_c/20或弦长/20(圆形截面)
≥15d
≥l_{aE}
A_s'≥0.3A_s
≥h_c/2+5d
≥l_{aE}
A_s'≥0.3A_s
≥h_c/2+5d
A_s'≥0.3A_s
l_n
h_c
h_c、b_c≥300
注：A'_s≥0.3A_s为梁端箍筋加密区范围内要求。

图 6.2-5　二级抗震等级现浇框架纵向钢筋构造图

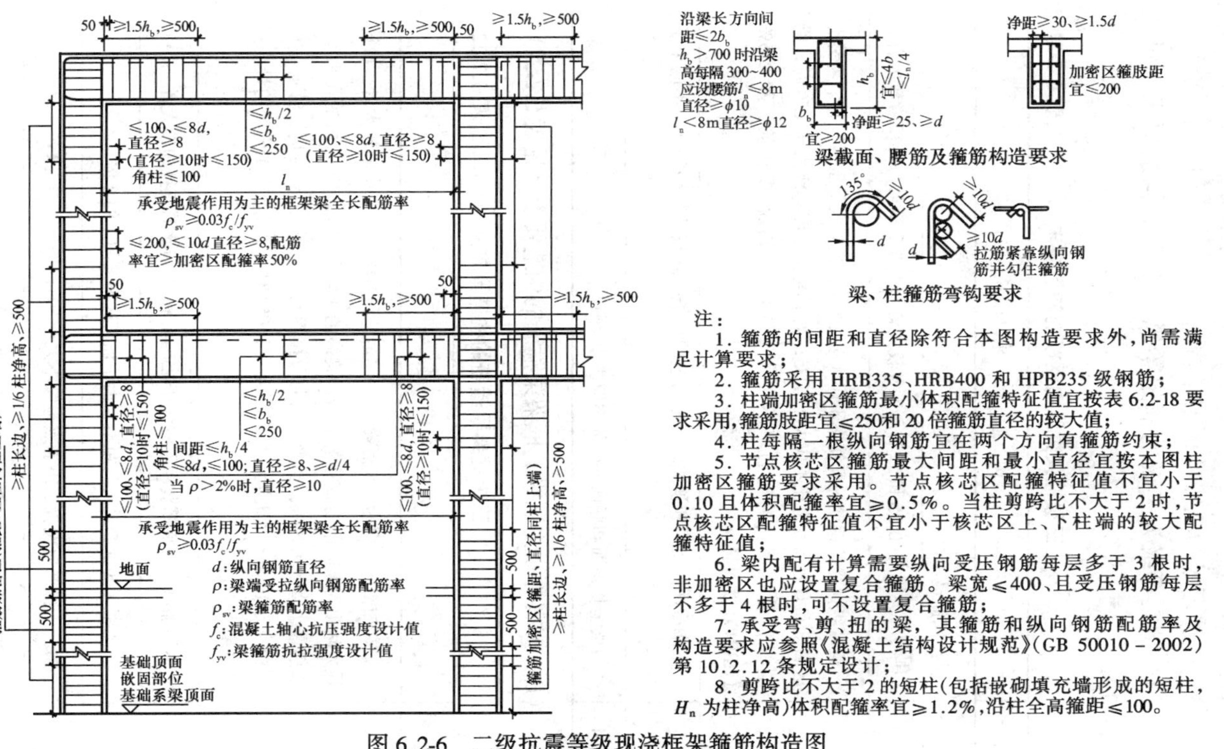

注：

1. 箍筋的间距和直径除符合本图构造要求外，尚需满足计算要求；

2. 箍筋采用 HRB335、HRB400 和 HPB235 级钢筋；

3. 柱端加密区箍筋最小体积配箍特征值宜按表 6.2-18 要求采用，箍筋肢距宜≤250和 20 倍箍筋直径的较大值；

4. 柱每隔一根纵向钢筋宜在两个方向有箍筋约束；

5. 节点核芯区箍筋最大间距和最小直径宜按本图柱加密区箍筋要求采用。节点核芯区配箍特征值不宜小于 0.10 且体积配箍率宜≥0.5%。当柱剪跨比不大于 2 时，节点核芯区配箍特征值不宜小于核芯区上、下柱端的较大配箍特征值；

6. 梁内配有计算需要纵向受压钢筋每层多于 3 根时，非加密区也应设置复合箍筋。梁宽≤400、且受压钢筋每层不多于 4 根时，可不设置复合箍筋；

7. 承受弯、剪、扭的梁，其箍筋和纵向钢筋配筋率及构造要求应参照《混凝土结构设计规范》(GB 50010－2002）第 10.2.12 条规定设计；

8. 剪跨比不大于 2 的短柱(包括嵌砌填充墙形成的短柱，H_n 为柱净高)体积配箍率宜≥1.2%，沿柱全高箍距≤100。

图 6.2-6　二级抗震等级现浇框架箍筋构造图

3）抗震等级为三级的框架结构

（A）抗震等级为三级的框架梁纵向钢筋的构造要求（见表6.2-21）。

三级框架梁纵向钢筋的构造要求　　表6.2-21

序号	构造要求（表6.2-26）		
1	受拉钢筋最小配筋率（%）	支座	跨中
		0.25和$55f_t/f_y$二者较大者	0.2和$45f_t/f_y$二者较大者
2	梁端纵向受拉钢筋的配筋率不应大于2.5%，且计入受压钢筋的梁端受压区高度和有效高度之比不应大于0.35；当混凝土强度等级大于C50时，梁端纵向受拉钢筋的配筋率不应大于3%（HRB335级钢筋）和2.6%（HRB400级钢筋）		
3	梁端截面的底面和顶面纵向配筋量的比值，除按计算确定外，不应小于0.3		
4	沿梁全长顶面和底面的配筋不应少于2ϕ12		

（B）抗震等级为三级的框架梁箍筋的构造要求（见表6.2-22）。

三级框架梁箍筋的构造要求　　表6.2-22

序号	构造要求
1	梁端加密区长度为1.5倍梁高（$1.5h_b$）和500mm二者中的较大者，箍筋最大间距为纵向钢筋直径的8倍，梁高的1/4和150mm三者中的最小者，箍筋最小直径为8mm；当梁端纵向受拉钢筋配筋率大于2%时，箍筋最小直径应为10mm；当混凝土强度等级大于C50时，梁端箍筋加密区的最小直径应增大2mm
2	梁端加密区的箍筋肢距不宜大于250mm和20倍箍筋直径的较大者
3	非加密区的箍筋最大间距不宜大于加密区箍筋间距的2倍
4	第一个箍筋应设置在距节点边缘不大于50mm处
5	沿梁全长箍筋的配筋率不应小于$0.26f_t/f_{yv}$

（C）抗震等级为三级的框架柱纵向钢筋的构造要求（见表6.2-23）。

三级框架柱纵向钢筋的构造要求　　表6.2-23

序号	构造要求（表6.2-27）
1	宜对称配置
2	柱截面边长大于400mm者，纵向钢筋间距不宜大于200mm
3	柱纵向最小总配筋率：中柱和边柱不应小于0.7%，角柱和框支柱不应小于0.9%，同时每一侧配筋率不应小于0.2%；对建造于Ⅳ类场地上较高的高层建筑，中柱和边柱不应小于0.8%，角柱和框支柱不应小于1.0%；当混凝土强度等级大于C60时，上述最小总配筋率应增大0.1%
4	柱总配筋率不应大于5%
5	边柱、角柱及抗震墙端柱在地震作用组合产生小偏心受拉时，柱内纵筋总截面面积计算值应增加25%
6	柱纵向钢筋的绑扎接头应避开柱端的箍筋加密区

（D）抗震等级为三级的框架柱箍筋的构造要求（见表6.2-24）。

三级框架柱箍筋的构造要求　　表6.2-24

序号	构造要求	
1	柱的箍筋加密区范围	（1）柱端，取截面高度（圆柱直径）、柱净高1/6和500mm三者的最大者 （2）底层柱，柱根不小于柱净高的1/3；当有刚性地面时，除柱端外尚应取刚性地面上下各500mm （3）剪跨比不大于2的柱和因填充墙等形成的柱净高与柱截面高度之比不大于4的柱，取全高 （4）框支柱，取全高
2	柱箍筋加密区的箍筋最大间距应为8倍柱纵向钢筋最小直径和150mm（柱根100mm）的较小者；框支柱和剪跨比不大于2的柱，箍筋间距不应大于100mm；箍筋最小直径为$\phi8$；柱的截面尺寸不大于400mm时，箍筋最小直径允许采用$\phi6$	

续表

序号	构造要求
3	柱箍筋加密区箍筋肢距不宜大于250mm和20倍箍筋直径的较大值；至少每隔一根纵向钢筋宜在两个方向有箍筋或拉筋约束；采用拉筋复合箍时，拉筋宜紧靠纵向钢筋并勾住箍筋

(E) 抗震等级为三级的框架柱加密区的体积配箍率，不应小于0.4%，计算复合箍的体积配箍率时，应扣除重叠部分的箍筋体积；柱加密区的箍筋最小配箍特征值宜按表6.2-25采用。

三级框架柱箍筋加密区的箍筋最小配箍特征值　　表6.2-25

箍筋形式	柱轴压比								
	≤0.3	0.4	0.5	0.6	0.7	0.8	0.9	1.0	1.05
普通箍、复合箍	0.06	0.07	0.09	0.11	0.13	0.15	0.17	0.20	0.22
螺旋箍、复合或连续复合矩形螺旋箍	0.05	0.06	0.07	0.09	0.11	0.13	0.15	0.18	0.20

注：1. 普通箍指单个矩形箍和单个圆形箍，复合箍指由矩形、多边形、圆形箍或拉筋组成的箍筋；复合螺旋箍指由螺旋箍与矩形、多边形、圆形箍或拉筋组成的箍筋；连续复合矩形螺旋箍指全部螺旋箍为同一根钢筋加工而成的箍筋；

2. 框支柱宜采用复合螺旋箍或井字复合箍，其最小配箍特征值应比表内数值增加0.02，且体积配箍率不应大于1.5%；

3. 剪跨比不大于2的柱宜采用复合螺旋箍或井字复合箍，其体积配箍率不应小于1.2%；

4. 计算复合螺旋箍的体积配箍率时，其非螺旋箍的箍筋体积应乘以换算系数0.8；

5. 混凝土强度等级高于C60时，箍筋宜采用复合箍、复合螺旋箍或连续复合矩形螺旋箍；当轴压比不大于0.6时，其加密区的最小配箍特征值宜按表中数值增加0.02；当轴压比大于0.6时，宜按表中数值增加0.03。

(F) 抗震等级为三级的框架柱非加密区的体积配箍率，不应小于0.2%，箍筋间距不应大于15倍纵向钢筋直径。

(G) 抗震等级为三级的框架节点核芯区的箍筋间距宜为 8 倍柱纵向钢筋最小直径和 150mm 的较小者，箍筋最小直径为 $\phi8$；节点核芯区配箍特征值不宜小于 0.08 且体积配箍率不宜小于 0.4%。柱剪跨比不大于 2 的框架节点核芯区配箍特征值不宜小于核芯区上、下柱端的较大配箍特征值。

框架梁纵筋配筋率控制值 **表 6.2-26**

受拉筋最小配筋率（%）		最大配筋率（%）
支 座	跨 中	受拉钢筋
0.25	0.2	2.5

注：1. 混凝土不应低于 C20。梁、柱纵向钢筋宜采用 HRB400 级和 HRB335 级；箍筋宜采用 HRB335、HRB400 和 HPB235 级热轧钢筋；
2. 柱纵向钢筋的接头和钢筋锚固长度按图 6.2-11 规定采用；
3. 图 6.2-7L_1 值取柱边至梁负弯矩的零弯矩点再加 20d，且应满足《混凝土结构设计规范》(GB 50010－2002) 第 10.2.3 条规定；
4. 框架梁承受较大竖向荷载且跨中钢筋较多时，可采用弯起钢筋。锚入柱内的弯起钢筋，当能有效的承受负弯矩时应计入受拉钢筋截面面积之内；
5. 当顶层柱角纵向钢筋不能弯折锚入梁内时，应将钢筋锚入现浇板或预制板现浇叠合层内。当预制楼板无现浇叠合层时，应按图示要求另设附加钢筋；
6. 穿过中柱的梁底部钢筋出现受拉时应按搭接考虑。

框架柱配筋率控制值 **表 6.2-27**

最小总配筋率（%）		最大总配筋率（%）
中、边柱	角 柱	HRB335、HRB400 级钢筋
0.7	0.9	宜≤5

注：1. 柱截面每一侧配筋率不应小于 0.2%。
2. Ⅳ类场地较高的高层建筑最小配筋率应增加 0.1。
3. 当混凝土强度等级大于 C60 时，最小配筋率应增加 0.1。

(H) 抗震等级为三级的现浇框架纵向钢筋构造图（见图6.2-7）。

(I) 抗震等级为三级的现浇框架箍筋构造图（见图6.2-8）。

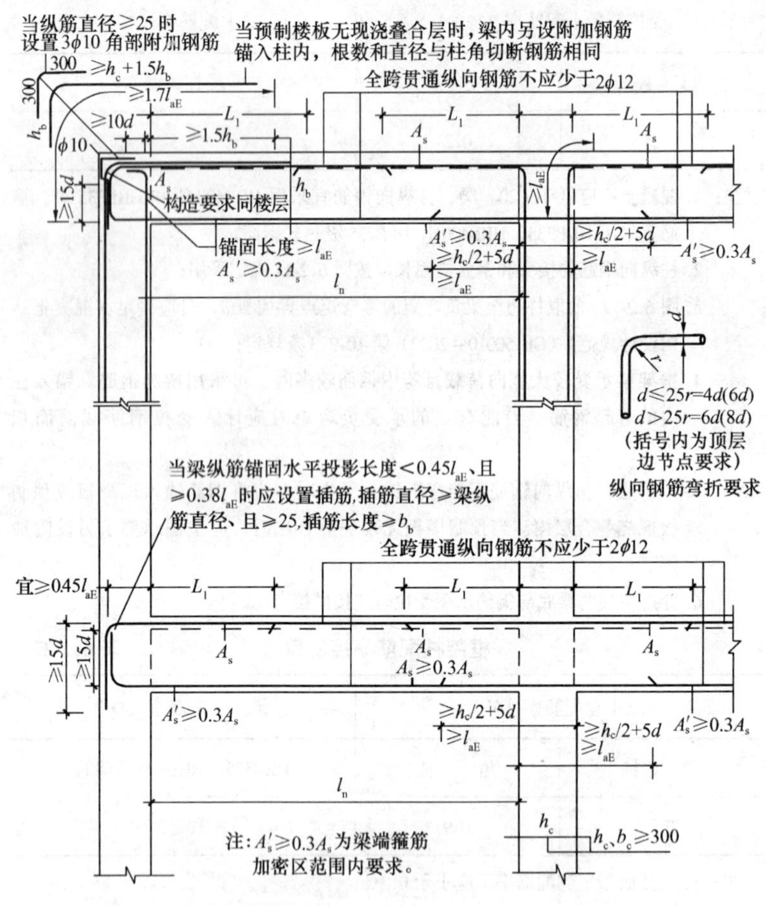

图 6.2-7　三级抗震等级现浇框架纵向钢筋构造图

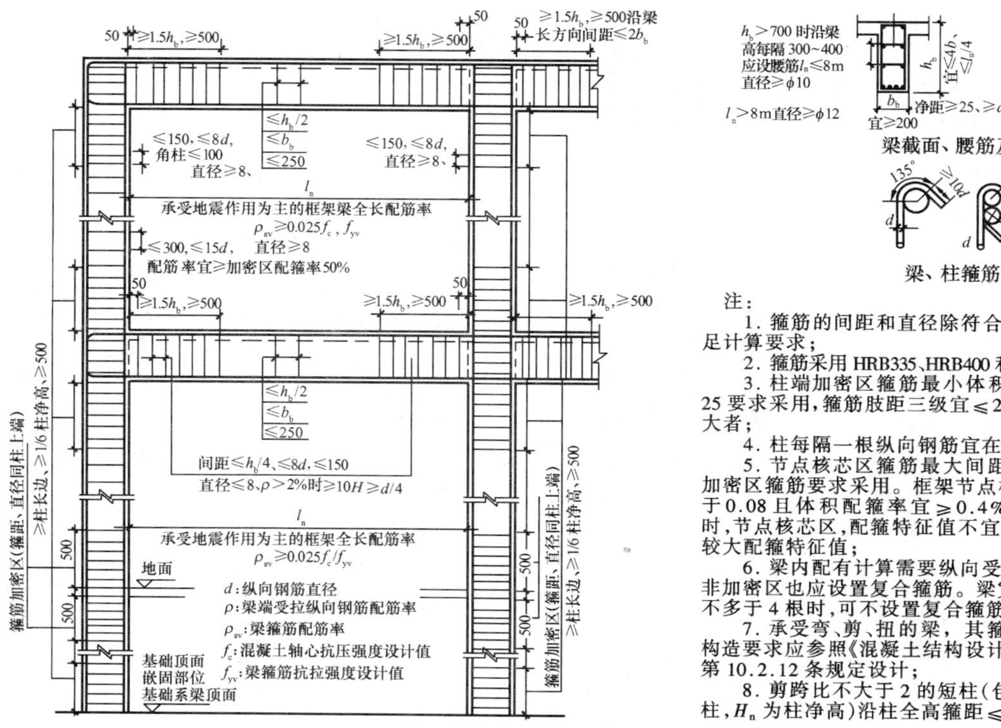

注：

1. 箍筋的间距和直径除符合本图构造要求外，尚需满足计算要求；

2. 箍筋采用 HRB335、HRB400 和 HPB235 级热轧钢筋；

3. 柱端加密区箍筋最小体积配箍特征值宜按表 6.2-25 要求采用，箍筋肢距三级宜⩽250 和 20 倍箍筋直径的较大者；

4. 柱每隔一根纵向钢筋宜在两个方向有箍筋约束；

5. 节点核芯区箍筋最大间距和最小直径宜按本图柱加密区箍筋要求采用。框架节点核芯区配箍特征值不宜小于0.08且体积配箍率宜⩾0.4%。当柱剪跨比不大于2时，节点核芯区，配箍特征值不宜小于核芯区上，下柱端的较大配箍特征值；

6. 梁内配有计算需要纵向受压钢筋每层多于3根时，非加密区也应设置复合箍筋。梁宽⩽400、且受压钢筋每层不多于4根时，可不设置复合箍筋；

7. 承受弯、剪、扭的梁，其箍筋和纵向钢筋配筋率及构造要求应参照《混凝土结构设计规范》(GB 50010-2002)第10.2.12条规定设计；

8. 剪跨比不大于2的短柱(包括嵌砌填充墙形成的短柱，H_n 为柱净高)沿柱全高箍距⩽100。

图 6.2-8 三级抗震等级现浇框架箍筋构造图

4）抗震等级为四级的框架结构

（A）抗震等级为四级的框架梁纵向钢筋的构造要求（见表6.2-28）。

四级框架梁纵向钢筋的构造要求　　　表 6.2-28

序 号	构 造 要 求（表 6.2-32）		
1	受拉钢筋最小配筋率（%）	支 座	跨 中
		0.25 和 $55f_t/f_y$ 二者较大者	0.2 和 $45f_t/f_y$ 二者较大者
2	梁端纵向受拉钢筋的配筋率不应大于 2.5%；当混凝土强度等级大于 C50 时，梁端纵向受拉钢筋的配筋率不宜大于 3%（HRB335 级钢筋）和 2.6%（HRB400 级钢筋）		
3	沿梁全长顶面和底面纵向配筋不应少于 2ϕ12		

（B）抗震等级为四级的框架梁箍筋的构造要求（见表 6.2-29）。

四级框架梁箍筋的构造要求　　　表 6.2-29

序 号	构 造 要 求
1	梁端加密区长度为 1.5 倍梁高（$1.5h_b$）和 500mm 二者中的较大者，箍筋最大间距为纵向钢筋直径的 8 倍、梁高的 1/4 和 150mm 三者中的最小者，箍筋最小直径为 6mm；当梁端纵向受拉钢筋配筋率大于 2% 时，箍筋最小直径为 8mm；当混凝土强度等级大于 C50 时，梁端箍筋加密区的最小直径应增加 2mm
2	梁端加密区的箍筋肢距不宜大于 300mm
3	非加密区的箍筋最大间距不宜大于加密区箍筋间距的 2 倍
4	第一个箍筋应设置在距节点边缘不大于 50mm 处
5	沿梁全长箍筋的配筋率不应小于 $0.26f_t/f_{yv}$

（C）抗震等级为四级的框架柱纵向钢筋的构造要求（见表6.2-30）。

四级框架柱纵向钢筋的构造要求　　　表 6.2-30

序 号	构 造 要 求（表 6.2-33）
1	宜对称配置
2	柱截面边长大于 400mm 者，纵向钢筋间距不宜大于 200mm

续表

序号	构造要求
3	柱纵向最小总配筋率：中柱和边柱不应小于0.6%，角柱和框支柱不应小于0.8%，同时每一侧配筋率不应小于0.2%；对建造于Ⅳ类场地上较高的高层建筑，中柱和边柱不应小于0.7%，角柱和框支柱不应小于0.9%；当混凝土强度等级大于C60时，柱纵向钢筋最小总配筋率应增加0.1%
4	柱总配筋率不应大于5%
5	边柱、角柱及抗震墙端柱在地震作用组合产生小偏心受拉时，柱内纵筋总截面面积计算值应增加25%

（D）抗震等级为四级的框架柱箍筋的构造要求（见表6.2-31）。

四级框架柱箍筋的构造要求　　表6.2-31

序号	构造要求	
1	柱的箍筋加密区范围	（1）柱端，取截面高度（圆柱直径）、柱净高1/6和500mm三者的最大者 （2）底层柱，柱根不小于柱净高的1/3；当有刚性地面时，除柱端外尚应取刚性地面上下各500mm （3）剪跨比不大于2的柱和因填充墙等形成的柱净高与柱截面高度之比不大于4的柱，取全高 （4）框支柱，取全高
2	柱箍筋加密区的箍筋最大间距应为8倍柱纵向钢筋最小直径和150mm（柱根100mm）的较小者；框支柱和剪跨比不大于2的柱，箍筋间距不应大于100mm；箍筋最小直径为$\phi6$（柱根$\phi8$）；框架柱剪跨比不大于2时，箍筋直径不应小于$\phi8$	
3	柱箍筋加密区箍筋肢距不宜大于300mm；至少每隔一根纵向钢筋宜在两个方向有箍筋或拉筋约束；采用拉筋复合箍时，拉筋宜紧靠纵向钢筋并勾住箍筋	

（E）抗震等级为四级的框架柱加密区的体积配箍率不应小于0.4%，计算复合箍的体积配箍率时，应扣除重叠部分的箍筋

体积。

(F) 抗震等级为四级的框架柱非加密区的体积配箍率不应小于0.2%；箍筋间距不应大于15倍纵向钢筋直径。

(G) 抗震等级为四级的框架节点核芯区的箍筋间距宜为8倍柱纵向钢筋最小直径和150mm的较小者，箍筋最小直径为$\phi 6$。

(H) 抗震等级为四级的现浇框架纵向钢筋构造图（见图6.2-9）。

框架梁纵筋配筋率控制值　　表6.2-32

受拉筋最小配筋率（%）		最大配筋率（%）
支　座	跨　中	受拉钢筋
0.25	0.2	2.5

注：1. 混凝土不应低于C20；梁、柱纵向钢筋宜采用HRB400级和HRB335级；箍筋宜采用HRB335、HRB400和HPB235级热轧钢筋；

2. 柱纵向钢筋的接头和钢筋锚固长度按图6.2-11规定采用；

3. 图6.2-9L_1值取柱边至梁负弯矩的零弯矩点再加$20d$，且应满足《混凝土结构设计规范》(GB 50010－2002)第10.2.3条规定；

4. 框架梁承受较大竖向荷载且跨中钢筋较多时，可采用弯起钢筋。锚入柱内的弯起钢筋，当能有效的承受负弯矩时应计入受拉钢筋截面面积之内；

5. 当顶层柱角纵向钢筋不能弯折锚入梁内时，应将钢筋锚入现浇板或预制板现浇叠合层内。当预制楼板无现浇叠合层时，应按图示要求另设附加钢筋。

框架柱配筋率控制值　　表6.2-33

最小总配筋率（%）		最大总配筋率（%）
中、边柱	角　　柱	HRB335、HRB400级钢筋
0.6	0.8	宜≤5

注：1. 柱截面每一侧配筋率不应小于0.2%。

2. Ⅳ类场地较高的高层建筑最小配筋率应增加0.1。

3. 当混凝土强度等级大于C60时，最小配筋率应增加0.1。

(I) 抗震等级为四级的现浇框架箍筋构造图（见图6.2-10）。

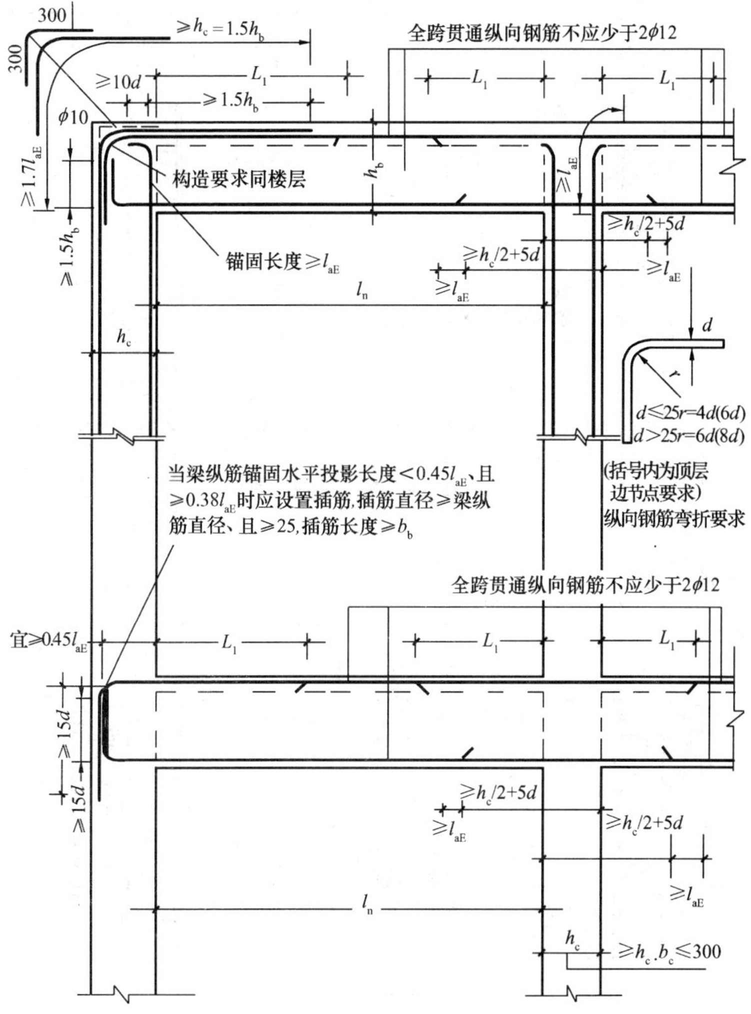

图 6.2-9　四级抗震等级现浇框架纵向钢筋构造图

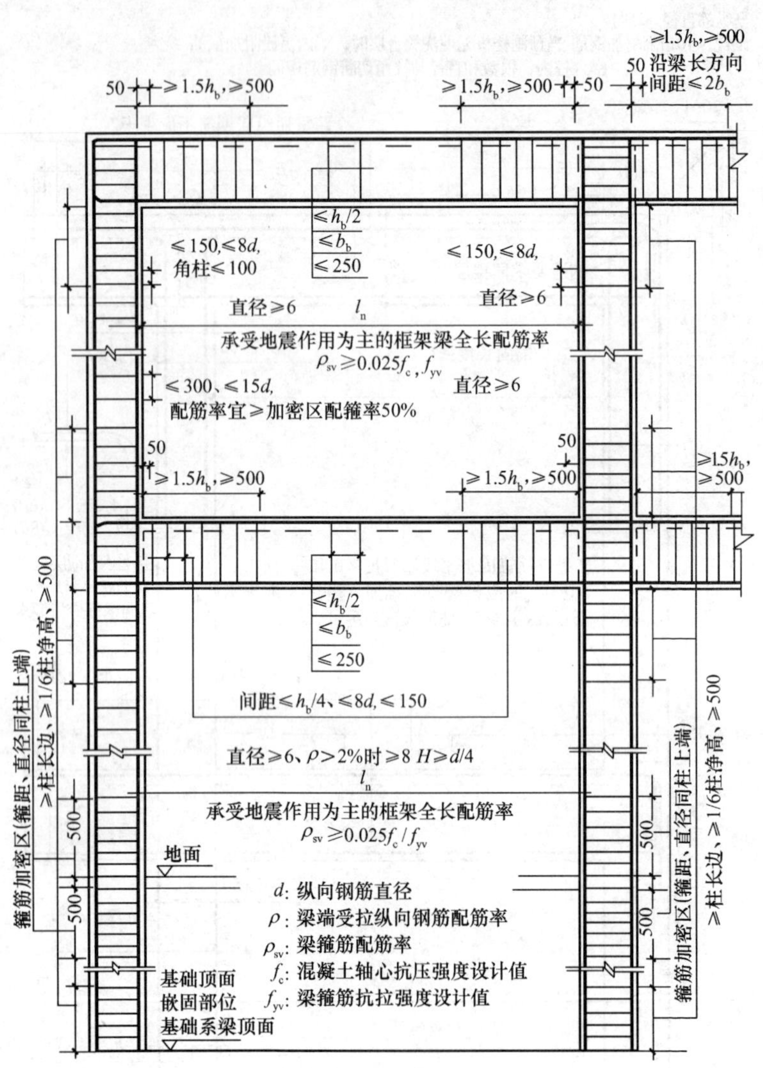

图 6.2-10　四级抗震等级现浇框架箍筋构造图（一）

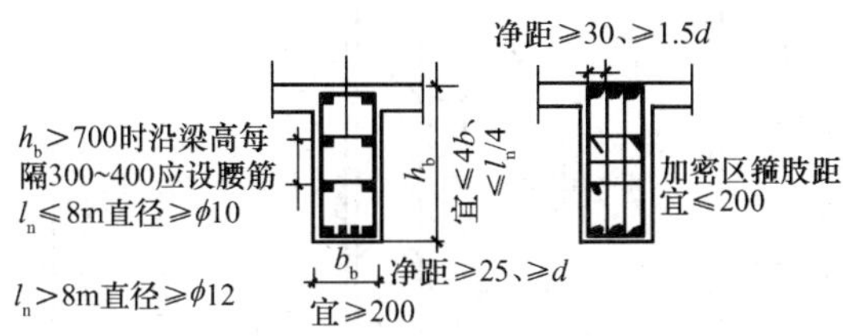

梁截面、腰筋及箍筋构造要求

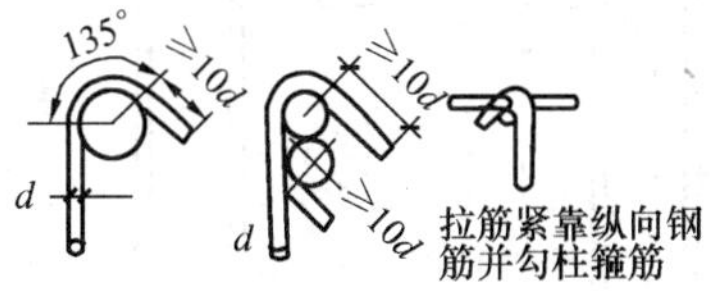

梁、柱箍筋弯钩要求

注:

1. 箍筋的间距和直径除符合本图构造要求外，尚需满足计算要求；
2. 箍筋采用 HRB335、HRB400 和 HPB235 级热轧钢筋；
3. 柱端加密区箍筋肢距宜≤300；
4. 柱每隔一根纵向钢筋宜在两个方向有箍筋约束；
5. 节点核芯区箍筋最大间距和最小直径宜按本图柱加密区箍筋要求采用；
6. 梁内配有计算需要纵向受压钢筋每层多于 3 根时，非加密区也应设置复合箍筋。梁宽≤400、且受压钢筋每层不多于 4 根时，可不设置复合箍筋；
7. 承受弯、剪、扭的梁。其箍筋和纵向钢筋配筋率及构造要求应参照《混凝土结构设计规范》(GB 50010－2002) 第 10.2.12 条规定设计；
8. 剪跨比不大于 2 的短柱（包括嵌砌填充墙形成的短柱，H_n 为柱净高）沿柱全高箍距≤100。

图 6.2-10 四级抗震等级现浇框架箍筋构造图（二）

5）现浇框架柱纵向钢筋连接构造图（见图 6.2-11）。

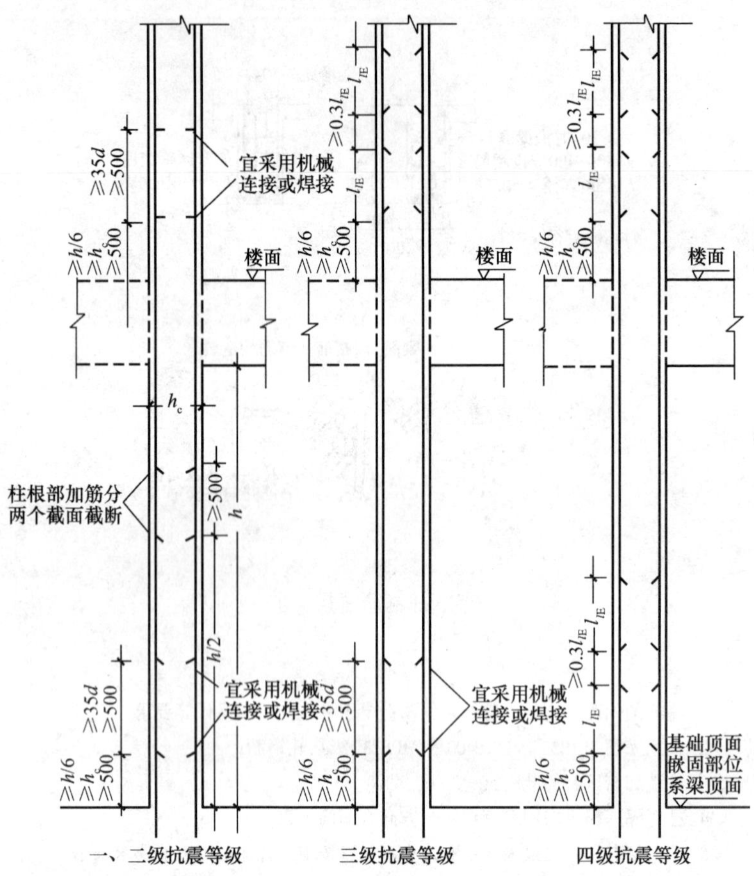

图 6.2-11　现浇框架柱纵向钢筋连接构造图

注：

1. 一、二、三级抗震等级框架底层柱根部弯矩增大后的配筋，按图示分两个截面截断；
2. 柱纵向钢筋总数为 4 根时，可在同一截面连接。多于 4 根时，同一截面钢筋接头不宜多于总根数的 50%；
3. 三、四级抗震等级框架柱纵向钢筋直径 > 22mm 时，宜采用机械连接或焊接；
4. 偏心受拉柱纵向钢筋应采用机械连接或焊接；
5. 当钢筋采用机械连接时，接头的质量、适用范围、构造要求等，应符合专门的规定；
6. 搭接接头范围内，箍筋间距应≤5d 且应≤100（d 为柱纵向钢筋直径）；
7. 有多层地下的情况，当地下室顶板作为上部结构的嵌固部位时，地下一层的抗震等级应与上部结构相同，地下一层以下的抗震等级可采用三级或四级。

6.2.7 方形柱和圆形柱的组合轴压力设计值 N 的限值

框架柱和框支柱的组合轴压力设计值 N 的限值，可用下式计算：

$$N \leqslant \lambda_N f_c A \tag{6-37}$$

式中 N——柱组合轴压力设计值；

λ_N——柱轴压比；

f_c——混凝土抗压强度设计值；

A——柱截面面积。

方形柱和圆形柱的组合轴压力设计值 N 的限值（见表 6.2-34 和表 6.2-35）

方形柱的组合轴压力设计值 N 的限值（kN）　　表 6.2-34

柱截面尺寸 $b\times h$（mm）	柱截面面积 A（mm^2）$\times10^2$	混凝土强度等级	轴压比 λ_N								
			0.60	0.70	0.75	0.80	0.85	0.90	0.95	1.00	1.05
300×300	900	C20	518	605	648	691	734	778	821	864	907
		C25	643	750	803	857	910	964	1017	1071	1125
		C30	772	901	965	1030	1094	1158	1223	1287	1351
		C35	902	1052	1127	1202	1278	1353	1428	1503	1578
		C40	1031	1203	1289	1375	1461	1547	1633	1719	1805
		C45	1145	1336	1431	1526	1622	1717	1813	1908	2003
		C50	1247	1455	1559	1663	1767	1871	1975	2079	2183
		C55	1366	1594	1708	1822	1935	2049	2163	2277	2391
		C60	1485	1733	1856	1980	2104	2228	2351	2475	2599
		C65	1604	1871	2005	2138	2272	2406	2539	2673	
		C70	1717	2003	2147	2290	2433	2576	2719	2862	
		C75	1825	2129	2282	2434	2586	2738	2890		
		C80	1939	2262	2423	2585	2746	2908	3069		

续表

柱截面尺寸 $b \times h$（mm）	柱截面面积 A（mm^2）$\times 10^2$	混凝土强度等级	轴压比 λ_N								
			0.60	0.70	0.75	0.80	0.85	0.90	0.95	1.00	1.05
350×350	1225	C20	706	823	882	941	1000	1058	1117	1176	1235
		C25	875	1020	1093	1166	1239	1312	1385	1458	1531
		C30	1051	1226	1314	1401	1489	1577	1664	1752	1839
		C35	1227	1432	1534	1637	1739	1841	1943	2046	2148
		C40	1404	1638	1755	1872	1989	2106	2223	2340	2457
		C45	1558	1818	1948	2078	2207	2337	2467	2597	2727
		C50	1698	1981	2122	2264	2405	2547	2688	2830	2971
		C55	1860	2169	2324	2479	2634	2789	2944	3099	3254
		C60	2021	2358	2527	2695	2863	3032	3200	3369	3537
		C65	2183	2547	2729	2911	3093	3274	3456	3638	
		C70	2337	2727	2922	3116	3311	3506	3701	3896	
		C75	2484	2898	3105	3312	3519	3726	3933		
		C80	2639	3078	3298	3518	3738	3958	4178		
400×400	1600	C20	922	1075	1152	1229	1306	1382	1459	1536	1613
		C25	1142	1333	1428	1523	1618	1714	1809	1904	1999
		C30	1373	1602	1716	1830	1945	2059	2174	2288	2402
		C35	1603	1870	2004	2138	2271	2405	2538	2672	2806
		C40	1834	2139	2292	2445	2598	2750	2903	3056	3209
		C45	2035	2374	2544	2714	2883	3053	3222	3392	3562
		C50	2218	2587	2772	2957	3142	3326	3511	3696	3881
		C55	2429	2834	3036	3238	3441	3643	3846	4048	4250
		C60	2640	3080	3300	3520	3740	3960	4180	4400	4620
		C65	2851	3326	3564	3802	4039	4277	4514	4752	
		C70	3053	3562	3816	4070	4325	4579	4834	5088	
		C75	3245	3786	4056	4326	4597	4867	5138		
		C80	3446	4021	4308	4595	4882	5170	5457		

续表

柱截面尺寸 $b \times h$ (mm)	柱截面面积 A (mm²) ×10²	混凝土强度等级	轴压比 λ_N								
			0.60	0.70	0.75	0.80	0.85	0.90	0.95	1.00	1.05
450×450	2025	C20	1166	1361	1458	1555	1652	1750	1847	1944	2041
		C25	1446	1687	1807	1928	2048	2169	2289	2410	2530
		C30	1737	2027	2172	2317	2461	2606	2751	2896	3041
		C35	2029	2367	2536	2705	2874	3044	3213	3382	3551
		C40	2321	2707	2901	3094	3288	3481	3674	3868	4061
		C45	2576	3005	3220	3434	3649	3864	4078	4293	4508
		C50	2807	3274	3508	3742	3976	4210	4444	4678	4912
		C55	3074	3586	3842	4099	4355	4611	4867	5123	5379
		C60	3341	3898	4177	4455	4733	5012	5290	5569	5847
		C65	3609	4210	4511	4811	5112	5413	5714	6014	
		C70	3864	4508	4830	5152	5474	5796	6118	6440	
		C75	4107	4791	5133	5476	5818	6160	6502		
		C80	4362	5089	5452	5816	6179	6543	6906		
500×500	2500	C20	1440	1680	1800	1920	2040	2160	2280	2400	2520
		C25	1785	2083	2231	2380	2529	2677	2826	2975	3124
		C30	2145	2503	2681	2860	3039	3218	3396	3575	3754
		C35	2505	2923	3131	3340	3549	3758	3966	4175	4384
		C40	2865	3343	3581	3820	4059	4298	4536	4775	5014
		C45	3180	3710	3975	4240	4505	4770	5035	5300	5565
		C50	3465	4043	4331	4620	4909	5198	5486	5775	6064
		C55	3795	4428	4744	5060	5376	5692	6009	6325	6641
		C60	4125	4813	5156	5500	5844	6188	6531	6875	7219
		C65	4455	5198	5569	5940	6311	6683	7054	7425	
		C70	4770	5565	5963	6360	6758	7155	7552	7950	
		C75	5070	5915	6338	6760	7183	7605	8027		
		C80	5385	6283	6731	7180	7629	8078	8526		

续表

柱截面尺寸 $b\times h$（mm）	柱截面面积 A（mm^2）$\times10^2$	混凝土强度等级	轴压比 λ_N								
			0.60	0.70	0.75	0.80	0.85	0.90	0.95	1.00	1.05
550×550	3025	C20	1742	2033	2178	2323	2468	2614	2759	2904	3049
		C25	2160	2520	2700	2880	3060	3240	3420	3600	3780
		C30	2595	3028	3244	3461	3677	3893	4109	4326	4542
		C35	3031	3536	3789	4041	4294	4547	4799	5052	5304
		C40	3467	4044	4333	4622	4911	5200	5489	5778	6067
		C45	3848	4489	4810	5130	5451	5772	6092	6413	6734
		C50	4193	4891	5241	5590	5940	6289	6638	6988	7337
		C55	4592	5357	5740	6123	6505	6888	7271	7653	8036
		C60	4991	5823	6239	6655	7071	7487	7903	8319	8735
		C65	5391	6289	6738	7187	7637	8086	8535	8984	
		C70	5772	6734	7215	7696	8177	8658	9139	9620	
		C75	6135	7157	7668	8180	8691	9202	9713		
		C80	6516	7602	8145	8688	9231	9774	10317		
600×600	3600	C20	2074	2419	2592	2765	2938	3110	3283	3456	3629
		C25	2570	2999	3213	3427	3641	3856	4070	4284	4498
		C30	3089	3604	3861	4118	4376	4633	4891	5148	5405
		C35	3607	4208	4509	4810	5110	5411	5711	6012	6313
		C40	4126	4813	5157	5501	5845	6188	6532	6876	7220
		C45	4579	5342	5724	6106	6487	6869	7250	7632	8014
		C50	4990	5821	6237	6653	7069	7484	7900	8316	8732
		C55	5465	6376	6831	7286	7742	8197	8653	9108	9563
		C60	5940	6930	7425	7920	8415	8910	9405	9900	10395
		C65	6415	7484	8019	8554	9088	9623	10157	10692	
		C70	6869	8014	8586	9158	9731	10303	10876	11448	
		C75	7301	8518	9126	9734	10343	10951	11560		
		C80	7754	9047	9693	10339	10985	11632	12278		

续表

柱截面尺寸 $b \times h$ (mm)	柱截面面积 A (mm^2) $\times 10^2$	混凝土强度等级	轴压比 λ_N								
			0.60	0.70	0.75	0.80	0.85	0.90	0.95	1.00	1.05
650×650	4225	C20	2434	2839	3042	3245	3448	3650	3853	4056	4259
		C25	3017	3519	3771	4022	4274	4525	4776	5028	5279
		C30	3625	4229	4531	4833	5135	5438	5740	6042	6344
		C35	4233	4939	5292	5645	5997	6350	6703	7056	7409
		C40	4842	5649	6052	6456	6859	7263	7666	8070	8473
		C45	5374	6270	6718	7166	7613	8061	8509	8957	9405
		C50	5856	6832	7320	7808	8296	8784	9272	9760	10248
		C55	6414	7482	8017	8551	9086	9620	10155	10689	11224
		C60	6971	8133	8714	9295	9876	10457	11038	11619	12200
		C65	7529	8784	9411	10039	10666	11293	11921	12548	
		C70	8061	9405	10077	10748	11420	12092	12764	13436	
		C75	8568	9996	10710	11424	12138	12852	13566		
		C80	9101	10617	11376	12134	12893	13651	14409		
700×700	4900	C20	2822	3293	3528	3763	3998	4234	4469	4704	4939
		C25	3499	4082	4373	4665	4956	5248	5539	5831	6123
		C30	4204	4905	5255	5606	5956	6306	6657	7007	7357
		C35	4910	5728	6137	6546	6956	7365	7774	8183	8592
		C40	5615	6551	7019	7487	7955	8423	8891	9359	9827
		C45	6223	7272	7791	8310	8830	9349	9869	10388	10907
		C50	6791	7923	8489	9055	9621	10187	10753	11319	11885
		C55	7438	8678	9298	9918	10537	11157	11777	12397	13017
		C60	8085	9433	10106	10780	11454	12128	12801	13475	14149
		C65	8732	10187	10915	11642	12370	13098	13825	14553	
		C70	9349	10907	11687	12466	13245	14024	14803	15582	
		C75	9937	11593	12422	13250	14078	14906	15734		
		C80	10555	12314	13193	14073	14952	15832	16711		

续表

柱截面尺寸 $b\times h$ (mm)	柱截面面积 A (mm²) $\times10^2$	混凝土强度等级	轴压比 λ_N								
			0.60	0.70	0.75	0.80	0.85	0.90	0.95	1.00	1.05
750×750	5625	C20	3240	3780	4050	4320	4590	4860	5130	5400	5670
		C25	4016	4686	5020	5355	5690	6024	6359	6694	7028
		C30	4826	5631	6033	6435	6837	7239	7642	8044	8446
		C35	5636	6576	7045	7515	7985	8454	8924	9394	9863
		C40	6446	7521	8058	8595	9132	9669	10207	10744	11281
		C45	7155	8348	8944	9540	10136	10733	11329	11925	12521
		C50	7796	9096	9745	10395	11045	11694	12344	12994	13643
		C55	8539	9962	10673	11385	12097	12808	13520	14231	14943
		C60	9281	10828	11602	12375	13148	13922	14695	15469	16242
		C65	10024	11694	12530	13365	14200	15036	15871	16706	
		C70	10733	12521	13416	14310	15204	16099	16993	17888	
		C75	11408	13309	14259	15210	16161	17111	18062		
		C80	12116	14136	15145	16155	17165	18174	19184		
800×800	6400	C20	3686	4301	4608	4915	5222	5530	5837	6144	6451
		C25	4570	5331	5712	6093	6474	6854	7235	7616	7997
		C30	5491	6406	6864	7322	7779	8237	8694	9152	9610
		C35	6413	7482	8016	8550	9085	9619	10154	10688	11222
		C40	7334	8557	9168	9779	10390	11002	11613	12224	12835
		C45	8141	9498	10176	10854	11533	12211	12890	13568	14246
		C50	8870	10349	11088	11827	12566	13306	14045	14784	15523
		C55	9715	11334	12144	12954	13763	14573	15382	16192	17002
		C60	10560	12320	13200	14080	14960	15840	16720	17600	18480
		C65	11405	13306	14256	15206	16157	17107	18058	19008	
		C70	12211	14246	15264	16282	17299	18317	19334	20352	
		C75	12979	15142	16224	17306	18387	19469	20550		
		C80	13786	16083	17232	18381	19530	20678	21827		

续表

柱截面尺寸 $b\times h$ (mm)	柱截面面积 A (mm^2) $\times10^2$	混凝土强度等级	轴压比 λ_N								
			0.60	0.70	0.75	0.80	0.85	0.90	0.95	1.00	1.05
850×850	7225	C20	4162	4855	5202	5549	5896	6242	6589	6936	7283
		C25	5159	6018	6448	6878	7308	7738	8168	8598	9028
		C30	6199	7232	7749	8265	8782	9299	9815	10332	10848
		C35	7239	8446	9049	9653	10256	10859	11462	12066	12669
		C40	8280	9660	10350	11040	11730	12420	13110	13800	14490
		C45	9190	10722	11488	12254	13019	13785	14551	15317	16083
		C50	10014	11683	12517	13352	14186	15021	15855	16690	17524
		C55	10968	12795	13709	14623	15537	16451	17365	18279	19193
		C60	11921	13908	14902	15895	16888	17882	18875	19869	20862
		C65	12875	15021	16094	17167	18240	19312	20385	21458	
		C70	13785	16083	17232	18380	19529	20678	21827	22976	
		C75	14652	17094	18315	19536	20757	21978	23199		
		C80	15563	18156	19453	20750	22047	23344	24641		
900×900	8100	C20	4666	5443	5832	6221	6610	6998	7387	7776	8165
		C25	5783	6747	7229	7711	8193	8675	9157	9639	10121
		C30	6950	8108	8687	9266	9846	10425	11004	11583	12162
		C35	8116	9469	10145	10822	11498	12174	12851	13527	14203
		C40	9283	10830	11603	12377	13150	13924	14697	15471	16245
		C45	10303	12020	12879	13738	14596	15455	16313	17172	18031
		C50	11227	13098	14033	14969	15904	16840	17775	18711	19647
		C55	12296	14345	15370	16394	17419	18444	19468	20493	21518
		C60	13365	15593	16706	17820	18934	20048	21161	22275	23389
		C65	14434	16840	18043	19246	20448	21651	22854	24057	
		C70	15455	18031	19319	20606	21894	23182	24470	25758	
		C75	16427	19165	20534	21902	23271	24640	26009		
		C80	17447	20355	21809	23263	24717	26171	27625		

续表

柱截面尺寸 $b\times h$（mm）	柱截面面积 A（mm^2）$\times10^2$	混凝土强度等级	轴压比 λ_N								
			0.60	0.70	0.75	0.80	0.85	0.90	0.95	1.00	1.05
		C20	5198	6065	6498	6931	7364	7798	8231	8664	9097
		C25	6444	7518	8055	8592	9129	9666	10203	10740	11277
		C30	7743	9034	9679	10325	10970	11615	12260	12906	13551
		C35	9043	10550	11304	12057	12811	13565	14318	15072	15825
		C40	10343	12066	12928	13790	14652	15514	16376	17238	18100
		C45	11480	13393	14350	15306	16263	17220	18176	19133	20090
950×950		C50	12509	14593	15636	16678	17721	18763	19805	20848	21890
		C55	13700	15983	17125	18267	19408	20550	21692	22833	23975
		C60	14891	17373	18614	19855	21096	22337	23578	24819	26060
		C65	16083	18763	20103	21443	22784	24124	25464	26804	
		C70	17220	20090	21525	22960	24395	25830	27265	28700	
		C75	18303	21353	22878	24404	25929	27454	28979		
		C80	19440	22680	24300	25920	27540	29160	30780		
		C20	5760	6720	7200	7680	8160	8640	9120	9600	10080
		C25	7140	8330	8925	9520	10115	10710	11305	11900	12495
		C30	8580	10010	10725	11440	12155	12870	13585	14300	15015
		C35	10020	11690	12525	13360	14195	15030	15865	16700	17535
		C40	11460	13370	14325	15280	16235	17190	18145	19100	20055
		C45	12720	14840	15900	16960	18020	19080	20140	21200	22260
1000×1000		C50	13860	16170	17325	18480	19635	20790	21945	23100	24255
		C55	15180	17710	18975	20240	21505	22770	24035	25300	26565
		C60	16500	19250	20625	22000	23375	24750	26125	27500	28875
		C65	17820	20790	22275	23760	25245	26730	28215	29700	
		C70	19080	22260	23850	25440	27030	28620	30210	31800	
		C75	20280	23660	25350	27040	28730	30420	32110		
		C80	21540	25130	26925	28720	30515	32310	34105		

圆形柱的组合轴压力设计值 N 的限值（kN）　　表 6.2-35

柱截面直径 D（mm）	柱截面面积 A（mm^2）	混凝土强度等级	轴压比 λ_N 0.60	0.70	0.75	0.80	0.85	0.90	0.95	1.00	1.05
350	96211.3	C20	554	647	693	739	785	831	877	924	970
		C25	687	801	859	916	973	1030	1088	1145	1202
		C30	825	963	1032	1101	1169	1238	1307	1376	1445
		C35	964	1125	1205	1285	1366	1446	1526	1607	1687
		C40	1103	1286	1378	1470	1562	1654	1746	1838	1930
		C45	1224	1428	1530	1632	1734	1836	1938	2040	2142
		C50	1333	1556	1667	1778	1889	2000	2111	2222	2334
		C55	1460	1704	1826	1947	2069	2191	2312	2434	2556
		C60	1587	1852	1984	2117	2249	2381	2514	2646	2778
		C65	1714	2000	2143	2286	2429	2572	2715	2857	
		C70	1836	2142	2295	2448	2601	2754	2907	3060	
		C75	1951	2276	2439	2602	2764	2927	3089		
		C80	2072	2418	2590	2763	2936	3109	3281		
400	1256637	C20	724	844	905	965	1025	1086	1146	1206	1267
		C25	897	1047	1122	1196	1271	1346	1421	1495	1570
		C30	1078	1258	1348	1438	1527	1617	1707	1797	1887
		C35	1259	1469	1574	1679	1784	1889	1994	2099	2204
		C40	1440	1680	1800	1920	2040	2160	2280	2400	2520
		C45	1598	1865	1998	2131	2264	2398	2531	2664	2797
		C50	1742	2032	2177	2322	2467	2613	2758	2903	3048
		C55	1908	2226	2384	2543	2702	2861	3020	3179	3338
		C60	2073	2419	2592	2765	2937	3110	3283	3456	3629
		C65	2239	2613	2799	2986	3172	3359	3546	3732	
		C70	2398	2797	2997	3197	3397	3596	3796	3996	
		C75	2548	2973	3186	3398	3610	3823	4035		
		C80	2707	3158	3383	3609	3835	4060	4286		

续表

柱截面直径 D (mm)	柱截面面积 A (mm^2)	混凝土强度等级	轴压比 λ_N								
			0.60	0.70	0.75	0.80	0.85	0.90	0.95	1.00	1.05
450	1590431	C20	916	1069	1145	1221	1298	1374	1450	1527	1603
		C25	1136	1325	1419	1514	1609	1703	1798	1893	1987
		C30	1365	1592	1706	1819	1933	2047	2161	2274	2388
		C35	1594	1859	1992	2125	2258	2390	2523	2656	2789
		C40	1823	2126	2278	2430	2582	2734	2886	3038	3190
		C45	2023	2360	2529	2697	2866	3035	3203	3372	3540
		C50	2204	2572	2755	2939	3123	3307	3490	3674	3858
		C55	2414	2817	3018	3219	3420	3621	3823	4024	4225
		C60	2624	3062	3280	3499	3718	3936	4155	4374	4592
		C65	2834	3307	3543	3779	4015	4251	4487	4724	
		C70	3035	3540	3793	4046	4299	4552	4805	5058	
		C75	3225	3763	4032	4301	4569	4838	5107		
		C80	3426	3997	4282	4568	4853	5139	5424		
500	156349.5	C20	1131	1319	1414	1508	1602	1696	1791	1885	1979
		C25	1402	1636	1752	1869	1986	2103	2220	2337	2453
		C30	1685	1965	2106	2246	2387	2527	2667	2808	2948
		C35	1967	2295	2459	2623	2787	2951	3115	3279	3443
		C40	2250	2625	2813	3000	3188	3375	3563	3750	3938
		C45	2498	2914	3122	3330	3538	3746	3954	4163	4371
		C50	2721	3175	3402	3629	3855	4082	4309	4536	4762
		C55	2981	3477	3726	3974	4222	4471	4719	4968	5216
		C60	3240	3780	4050	4320	4590	4860	5130	5400	5670
		C65	3499	4082	4374	4665	4957	5248	5540	5832	
		C70	3746	4371	4683	4995	5307	5620	5932	6244	
		C75	3982	4646	4977	5309	5641	5973	6305		
		C80	4229	4934	5287	5639	5992	6344	6697		

续表

柱截面直径 D（mm）	柱截面面积 A（mm^2）	混凝土强度等级	轴压比 λ_N								
			0.60	0.70	0.75	0.80	0.85	0.90	0.95	1.00	1.05
550	237583.0	C20	1368	1597	1711	1825	1939	2053	2167	2281	2395
		C25	1696	1979	2120	2262	2403	2545	2686	2827	2969
		C30	2038	2378	2548	2718	2888	3058	3228	3397	3567
		C35	2381	2777	2976	3174	3372	3571	3769	3968	4166
		C40	2723	3176	3403	3630	3857	4084	4311	4538	4765
		C45	3022	3526	3778	4029	4281	4533	4785	5037	5289
		C50	3293	3842	4116	4391	4665	4939	5214	5488	5763
		C55	3607	4208	4508	4809	5109	5410	5710	6011	6311
		C60	3920	4573	4900	5227	5554	5880	6207	6534	6860
		C65	4234	4939	5292	5645	5998	6351	6703	7056	
		C70	4533	5289	5666	6044	6422	6800	7177	7555	
		C75	4818	5621	6023	6424	6826	7227	7629		
		C80	5118	5970	6397	6823	7250	7676	8103		
600	282743.3	C20	1629	1900	2036	2171	2307	2443	2579	2714	2850
		C25	2019	2355	2523	2692	2860	3028	3196	3365	3533
		C30	2426	2830	3032	3235	3437	3639	3841	4043	4245
		C35	2833	3305	3541	3777	4014	4250	4486	4722	4958
		C40	3240	3780	4050	4320	4590	4860	5130	5400	5670
		C45	3596	4196	4496	4795	5095	5395	5694	5994	6294
		C50	3919	4572	4899	5225	5552	5878	6205	6531	6858
		C55	4292	5007	5365	5723	6080	6438	6796	7153	7511
		C60	4665	5443	5832	6220	6609	6998	7387	7775	8164
		C65	5038	5878	6298	6718	7138	7558	7978	8397	
		C70	5395	6294	6743	7193	7643	8092	8542	8991	
		C75	5734	6690	7168	7645	8123	8601	9079		
		C80	6090	7105	7613	8120	8628	9135	9643		

续表

柱截面直径 D（mm）	柱截面面积 A（mm^2）	混凝土强度等级	轴压比 λ_N								
			0.60	0.70	0.75	0.80	0.85	0.90	0.95	1.00	1.05
650	331830.7	C20	1911	2230	2389	2548	2708	2867	3026	3186	3345
		C25	2369	2764	2962	3159	3356	3554	3751	3949	4146
		C30	2847	3322	3559	3796	4033	4271	4508	4745	4982
		C35	3325	3879	4156	4433	4710	4987	5264	5542	5819
		C40	3803	4437	4753	5070	5387	5704	6021	6338	6655
		C45	4221	4924	5276	5628	5980	6331	6683	7035	7387
		C50	4599	5366	5749	6132	6515	6899	7282	7665	8049
		C55	5037	5877	6296	6716	7136	7556	7976	8395	8815
		C60	5475	6388	6844	7300	7757	8213	8669	9125	9582
		C65	5913	6899	7392	7884	8377	8870	9363	9855	
		C70	6331	7387	7914	8442	8969	9497	10025	10552	
		C75	6730	7851	8412	8973	9533	10094	10655		
		C80	7148	8339	8935	9530	10126	10721	11317		
700	384845.1	C20	2217	2586	2771	2956	3140	3325	3510	3695	3879
		C25	2748	3206	3435	3664	3893	4122	4351	4580	4809
		C30	3302	3852	4127	4403	4678	4953	5228	5503	5778
		C35	3856	4499	4820	5142	5463	5784	6106	6427	6748
		C40	4410	5145	5513	5880	6248	6615	6983	7351	7718
		C45	4895	5711	6119	6527	6935	7343	7751	8159	8567
		C50	5334	6223	6667	7112	7556	8001	8445	8890	9334
		C55	5842	6816	7302	7789	8276	8763	9250	9737	10223
		C60	6350	7408	7937	8467	8996	9525	10054	10583	11112
		C65	6858	8001	8572	9144	9715	10287	10858	11430	
		C70	7343	8567	9179	9790	10402	11014	11626	12238	
		C75	7805	9105	9756	10406	11057	11707	12357		
		C80	8290	9671	10362	11053	11744	12434	13125		

续表

柱截面直径 D（mm）	柱截面面积 A（mm^2）	混凝土强度等级	轴压比 λ_N								
			0.60	0.70	0.75	0.80	0.85	0.90	0.95	1.00	1.05
750	441786.5	C20	2545	2969	3181	3393	3605	3817	4029	4241	4453
		C25	3154	3680	3943	4206	4469	4732	4994	5257	5520
		C30	3791	4422	4738	5054	5370	5686	6002	6318	6633
		C35	4427	5164	5533	5902	6271	6640	7009	7378	7747
		C40	5063	5907	6329	6750	7172	7594	8016	8438	8860
		C45	5620	6556	7024	7493	7961	8429	8898	9366	9834
		C50	6123	7144	7654	8164	8674	9185	9695	10205	10716
		C55	6706	7824	8383	8942	9501	10059	10618	11177	11736
		C60	7289	8504	9112	9719	10327	10934	11542	12149	12757
		C65	7873	9185	9841	10497	11153	11809	12465	13121	
		C70	8429	9834	10537	11239	11941	12644	13346	14049	
		C75	8959	10453	11199	11946	12693	13439	14186		
		C80	9516	11102	11895	12688	13481	14274	15067		
800	502654.8	C20	2895	3378	3619	3860	4102	4343	4584	4825	5067
		C25	3589	4187	4486	4785	5084	5383	5683	5982	6281
		C30	4313	5032	5391	5750	6110	6469	6829	7188	7547
		C35	5037	5876	6296	6715	7135	7555	7975	8394	8814
		C40	5760	6720	7201	7681	8161	8641	9121	9601	10081
		C45	6394	7459	7992	8525	9058	9591	10123	10656	11189
		C50	6967	8128	8708	9289	9870	10450	11031	11611	12192
		C55	7630	8902	9538	10174	10810	11445	12081	12717	13353
		C60	8294	9676	10367	11058	11750	12441	13132	13823	14514
		C65	8957	10450	11197	11943	12690	13436	14182	14929	
		C70	9591	11189	11988	12788	13587	14386	15185	15984	
		C75	10194	11893	12742	13592	14441	15291	16140		
		C80	10827	12632	13534	14436	15339	16241	17143		

续表

柱截面直径 D（mm）	柱截面面积 A（mm^2）	混凝土强度等级	轴压比 λ_N								
			0.60	0.70	0.75	0.80	0.85	0.90	0.95	1.00	1.05
850	567450.2	C20	3269	3813	4086	4358	4630	4903	5175	5448	5720
		C25	4052	4727	5064	5402	5740	6077	6415	6753	7090
		C30	4869	5680	6086	6492	6897	7303	7709	8115	8520
		C35	5686	6633	7107	7581	8055	8529	9003	9476	9950
		C40	6503	7587	8129	8671	9213	9754	10296	10838	11380
		C45	7218	8421	9022	9624	10225	10827	11428	12030	12631
		C50	7865	9176	9831	10486	11142	11797	12453	13108	13764
		C55	8614	10050	10767	11485	12203	12921	13639	14356	15074
		C60	9363	10923	11704	12484	13264	14044	14825	15605	16385
		C65	10112	11797	12640	13483	14325	15168	16011	16853	
		C70	10827	12631	13534	14436	15338	16240	17143	18045	
		C75	11508	13426	14385	15344	16303	17262	18221		
		C80	12223	14260	15279	16297	17316	18334	19353		
900	636172.5	C20	3664	4275	4580	4886	5191	5497	5802	6107	6413
		C25	4542	5299	5678	6056	6435	6813	7192	7570	7949
		C30	5458	6368	6823	7278	7733	8188	8642	9097	9552
		C35	6374	7437	7968	8499	9030	9562	10093	10624	11155
		C40	7291	8506	9113	9721	10328	10936	11543	12151	12758
		C45	8092	9441	10115	10789	11464	12138	12813	13487	14161
		C50	8817	10287	11022	11756	12491	13226	13961	14696	15430
		C55	9657	11267	12071	12876	13681	14486	15290	16095	16900
		C60	10497	12246	13121	13996	14871	15745	16620	17495	18369
		C65	11337	13226	14171	15115	16060	17005	17950	18894	
		C70	12138	14161	15173	16184	17196	18207	19219	20230	
		C75	12902	15052	16127	17202	18277	19352	20427		
		C80	13703	15987	17129	18271	19413	20555	21697		

续表

柱截面直径 D（mm）	柱截面面积 A（mm^2）	混凝土强度等级	轴压比 λ_N								
			0.60	0.70	0.75	0.80	0.85	0.90	0.95	1.00	1.05
950	708821.9	C20	4083	4763	5104	5444	5784	6124	6464	6805	7145
		C25	5061	5904	6326	6748	7170	7591	8013	8435	8857
		C30	6082	7095	7602	8109	8616	9123	9629	10136	10643
		C35	7102	8286	8878	9470	10062	10654	11245	11837	12429
		C40	8123	9477	10154	10831	11508	12185	12862	13538	14215
		C45	9016	10519	11270	12022	12773	13524	14276	15027	15778
		C50	9824	11462	12280	13099	13918	14736	15555	16374	17192
		C55	10760	12553	13450	14347	15243	16140	17037	17933	18830
		C60	11696	13645	14619	15594	16569	17543	18518	19493	20467
		C65	12631	14736	15789	16842	17894	18947	19999	21052	
		C70	13524	15778	16905	18032	19159	20286	21414	22541	
		C75	14375	16771	17969	19167	20364	21562	22760		
		C80	15268	17813	19085	20357	21630	22902	24174		
1000	785398.3	C20	4524	5278	5655	6032	6409	6786	7163	7540	7917
		C25	5608	6542	7010	7477	7944	8412	8879	9346	9814
		C30	6739	7862	8423	8985	9547	10108	10670	11231	11793
		C35	7870	9181	9837	10493	11149	11805	12460	13116	13772
		C40	9001	10501	11251	12001	12751	13501	14251	15001	15751
		C45	9990	11655	12488	13320	14153	14985	15818	16650	17483
		C50	10886	12700	13607	14514	15421	16328	17236	18143	19050
		C55	11922	13909	14903	15896	16890	17884	18877	19871	20864
		C60	12959	15119	16199	17279	18359	19439	20519	21598	22678
		C65	13996	16328	17495	18661	19827	20994	22160	23326	
		C70	14985	17483	18732	19981	21229	22478	23727	24976	
		C75	15928	18583	19910	21237	22564	23892	25219		
		C80	16917	19737	21147	22557	23966	25376	26786		

6.2.8　柱箍筋体积配箍率（%）和最小配箍特征值对应的体积配箍率

（1）方形柱箍筋体积配箍率（%）

1）箍筋形式：

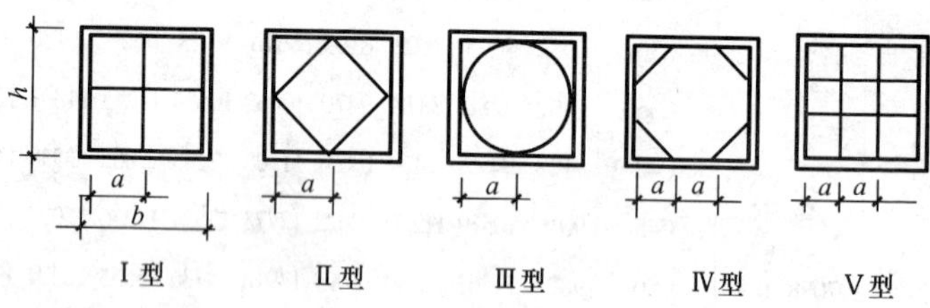

图 6.2-12　方形柱箍筋形式

2）间距 100mm，不同形式箍筋的体积配箍率 ρ_v（%）（见表 6.2-36）。

间距 100mm，不同形式箍筋的体积配箍率 ρ_v（%）　　表 6.2-36

箍筋直径		φ8（φ6）					φ10					φ12				
箍筋形式		Ⅰ	Ⅱ	Ⅲ	Ⅳ	Ⅴ	Ⅰ	Ⅱ	Ⅲ	Ⅳ	Ⅴ	Ⅰ	Ⅱ	Ⅲ	Ⅳ	Ⅴ
柱截面尺寸 b = h（mm）	300	1.21 (0.68)	1.37 (0.77)	1.44 (0.81)	—	—	1.88	2.14	2.24	—	—	—	—	—	—	—
	350	1.01 (0.57)	1.14 (0.64)	1.20 (0.67)	—	—	1.57	1.79	1.87	—	—	—	—	—	—	—
	400	0.86 (0.50)	0.98 (0.55)	1.03 (0.58)	0.85 (0.48)	1.15 (0.65)	1.35	1.53	1.60	1.32	1.79	1.94	2.21	2.31	—	—
	450	0.75	0.86	0.90	0.74	1.01	1.18	1.34	1.40	1.16	1.57	1.70	1.93	2.02	1.66	2.26
	500	0.67	0.76	0.80	0.66	0.89	1.05	1.19	1.25	1.03	0.40	1.51	1.72	1.79	1.48	2.01
	550	—	—	—	0.58	0.80	—	—	—	0.92	1.26	—	—	—	1.33	1.81
	600	—	—	—	0.54	0.73	—	—	—	0.84	1.14	—	—	—	1.21	1.65
	650	—	—	—	0.49	0.67	—	—	—	0.77	1.05	—	—	—	1.11	1.51
	700	—	—	—	0.46	0.62	—	—	—	0.71	0.97	—	—	—	1.02	1.39

注：1. 单方箍的 ρ_v 为Ⅰ型箍 ρ_v 的 2/3；

2. 间距 s 大于 100mm 时，其体积配箍率为表中数值的 100/s 倍。

3）间距 100mm，不同拉筋肢数的 V 型箍筋体积配筋率 ρ_v（%）（见表 6.2-37）。

间距 100mm，不同拉筋肢数的 V 型箍筋体积配筋率 ρ_v（%） **表 6.2-37**

箍筋直径		φ8				φ10				φ12			
拉筋肢数		3	4	5	6	3	4	5	6	3	4	5	6
柱截面尺寸 b = h（mm）	600	0.91	1.10	—	—	1.43	1.71	—	—	2.06	2.47	—	—
	650	0.84	1.01	—	—	1.31	1.57	—	—	1.89	2.26	—	—
	700	0.77	0.93	1.08	—	1.21	1.45	1.69	—	1.74	2.09	2.44	—
	800	0.67	0.80	0.94	—	1.05	1.26	1.47	—	1.51	1.81	2.11	—
	900	0.59	0.71	0.83	0.95	0.92	1.11	1.29	1.48	1.33	1.60	1.86	2.13
	1000	—	0.64	0.74	0.85	—	0.99	1.16	1.32	—	1.43	1.67	1.90
	1100	—	0.57	0.67	0.77	—	0.90	1.05	1.20	—	1.29	1.51	1.72
	1200	—	—	0.61	0.70	—	—	0.96	1.09	—	—	1.38	1.57

（2）圆形柱螺旋箍体积配箍率 ρ_v（%），（见表 6.2-38）。

圆形柱螺旋箍体积配箍率 ρ_v（%） **表 6.2-38**

箍筋直径		φ8				φ10				φ12				φ14			
箍筋间距（mm）		40	60	80	100	40	60	80	100	40	60	80	100	40	60	80	100
柱截面直径 D（mm）	400	1.44	0.96	0.72	0.57	2.24	1.50	1.12	0.90	3.23	2.15	1.62	1.29	4.40	2.93	2.20	1.76
	450	1.26	0.84	0.63	0.50	1.96	1.31	0.98	0.79	2.83	1.89	1.41	1.13	3.85	2.57	1.92	1.54
	500	1.12	0.75	0.56	0.45	1.74	1.16	0.87	0.70	2.51	1.68	1.26	1.01	3.42	2.28	1.71	1.37
	550	1.01	0.67	0.50	0.40	1.57	1.05	0.79	0.63	2.26	1.51	1.13	0.90	3.08	2.05	1.54	1.23
	600	0.91	0.61	0.45	0.37	1.43	0.95	0.71	0.57	2.06	1.37	1.03	0.82	2.80	1.87	1.40	1.12
	650	0.84	0.56	0.42	0.34	1.31	0.87	0.65	0.52	1.89	1.26	0.94	0.75	2.57	1.71	1.28	1.03
	700	0.77	0.52	0.39	—	1.21	0.81	0.60	0.48	1.74	1.16	0.87	0.70	2.37	1.58	1.18	0.95
	800	0.67	0.45	0.34	—	1.05	0.70	0.52	0.42	1.51	1.01	0.75	0.60	2.05	1.37	1.03	0.82
	900	0.59	0.39	—	—	0.92	0.62	0.46	0.37	1.33	0.89	0.67	0.53	1.81	1.21	0.91	0.72
	1000	0.53	0.35	—	—	0.83	0.55	0.41	0.33	1.19	0.79	0.60	0.48	1.62	1.08	0.81	0.65
	1100	0.48	0.32	—	—	0.75	0.50	0.37	—	1.08	0.72	0.54	0.43	1.47	0.98	0.73	0.59
	1200	0.43	0.29	—	—	0.71	0.48	0.34	—	0.98	0.66	0.49	0.39	1.34	0.89	0.67	0.54
	1300	—	—	—	—	0.63	0.42	0.31	—	0.90	0.60	0.45	0.36	1.23	0.82	0.62	0.49
	1400	—	—	—	—	0.58	0.39	—	—	0.84	0.56	0.42	0.33	1.14	0.76	0.57	0.46
	1500	—	—	—	—	0.54	0.36	—	—	0.78	0.52	0.39	—	1.06	0.71	0.53	0.42

(3) 箍筋最小配箍特征值对应不同混凝土强度的柱箍筋体积配筋率 ρ_v（%）（见表 6.2-39）。

$$\rho_v = \lambda_v f_c / f_{yv} \tag{6-38}$$

式中 ρ_v——柱箍筋加密区体积配箍率，一级抗震等级不应小于 0.8%，二级抗震等级不应小于 0.6%，三、四级抗震等级不应小于 0.4%；

λ_v——最小配箍特征值；

f_c——混凝土轴心抗压强度设计值，强度等级低于 C35 时，应按 C35 计算；

f_{yv}——箍筋或拉筋抗拉强度设计值，超过 360N/mm^2 时，应取 360N/mm^2 计算。

不同混凝土强度等级的箍筋最小配箍特征值对应的箍筋体积配箍率　　表 6.2-39

λ_v	ρ_v（%）									
	≤C35	C40	C45	C50	C55	C60	C65	C70	C75	C80
0.05	0.40	0.45	0.50	0.55	0.60	0.65	0.71	0.76	0.80	0.85
0.06	0.48	0.55	0.61	0.66	0.72	0.79	0.85	0.91	0.97	1.03
0.07	0.56	0.64	0.71	0.77	0.84	0.92	0.99	1.06	1.13	1.20
0.08	0.64	0.73	0.81	0.88	0.96	1.05	1.13	1.21	1.29	1.37
0.09	0.72	0.82	0.91	0.99	1.08	1.18	1.27	1.36	1.45	1.54
0.10	0.80	0.91	1.01	1.10	1.20	1.31	1.41	1.51	1.61	1.71
0.11	0.87	1.00	1.11	1.21	1.33	1.44	1.56	1.67	1.77	1.88
0.12	0.95	1.09	1.21	1.32	1.45	1.57	1.70	1.82	1.93	2.05
0.13	1.03	1.18	1.31	1.43	1.57	1.70	1.84	1.97	2.09	2.22
0.14	1.11	1.27	1.41	1.54	1.69	1.83	1.98	2.12	2.25	2.39
0.15	1.19	1.36	1.51	1.65	1.81	1.96	2.12	2.27	2.41	2.56

续表

λ_v	ρ_v（%）									
	≤C35	C40	C45	C50	C55	C60	C65	C70	C75	C80
0.16	1.27	1.46	1.62	1.76	1.93	2.10	2.26	2.42	2.58	2.74
0.17	1.35	1.55	1.72	1.87	2.05	2.23	2.40	2.57	2.74	2.91
0.18	1.43	1.64	1.82	1.98	2.17	2.36	2.55	2.73	2.90	3.08
0.19	1.51	1.73	1.92	2.09	2.29	2.49	2.69	2.88	3.06	3.25
0.20	1.59	1.82	2.02	2.20	2.41	2.62	2.83	3.03	3.22	3.42
0.21	1.67	1.91	2.12	2.31	2.53	2.75	2.97	3.18	3.38	3.59
0.22	1.75	2.00	2.22	2.42	2.65	2.88	3.11	3.33	3.54	3.76
0.23	1.83	2.09	2.32	2.53	2.77	3.01	3.25	3.48	3.70	3.93
0.24	1.91	2.18	2.42	2.64	2.89	3.14	3.39	3.63	3.86	4.10

注：表中箍筋为 HPB235；当箍筋为 HRB335 时，表中数值应乘以 0.7。

6.2.9 抗震墙结构抗震构造措施

（1）抗震墙的厚度、墙肢轴压比和墙体配筋的一般要求（见表 6.2-40）。

抗震墙的厚度、墙肢轴压比和墙体配筋的一般要求　　表 6.2-40

项 次	项 目	要 求
1	墙体厚度	（1）一、二级抗震等级应不小于 160mm 且不应小于层高的 1/20，三、四级抗震等级不应小于 140mm 且不应小于层高的 1/25。 （2）底部加强部位的墙厚，一、二级抗震等级不宜小于 200mm 且不宜小于层高的 1/16；无端柱或翼墙时不应小于层高的1/12

续表

项次	项目	要求
2	墙肢轴压比	一、二级抗震等级的抗震墙底部加强部位在重力荷载代表值作用下，墙肢的轴压比 $N/(f_cA)$，宜满足下列规定：一级（9度）时不宜超过0.4，一级（8度）时不宜超过0.5，二级不宜超过0.6。其中 A 为墙肢截面面积
3	墙体配筋	（1）抗震墙厚度大于140mm时，竖向和横向分布钢筋应双排布置；双排分布钢筋间拉筋的间距不应大于600mm，直径不应小于6mm；在底部加强部位，边缘构件以外的拉筋间距应适当加密。 （2）抗震墙竖向、横向分布钢筋的配筋，应符合下列要求： 1）一、二、三级抗震墙的竖向和横向分布钢筋最小配筋率均不应小于0.25%；四级抗震墙不应小于0.20%；钢筋最大间距不应大于300mm，最小直径不应小于8mm； 2）部分框支抗震墙结构的抗震墙底部加强部位，纵向及横向分布钢筋配筋率均不应小于0.3%，钢筋间距不应大于200mm。 （3）抗震墙竖向、横向分布钢筋的钢筋直径不宜大于墙厚的1/10。 （4）抗震墙的墙肢长度不大于墙厚的3倍时，应按柱的要求进行设计，箍筋应沿全高加密。 （5）一、二级抗震墙跨高比不大于2且墙厚不小于200mm的连梁，除普通箍筋外宜另设斜向交叉构造钢筋，如图6.2-13。 （6）顶层连梁的纵向钢筋锚固长度范围内，应设置箍筋，如图6.2-14

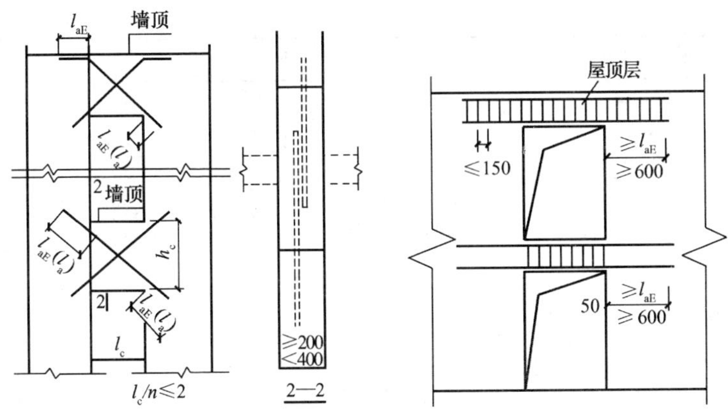

图 6.2-13 连梁斜向交叉钢筋构造　　图 6.2-14 一般门洞连梁配筋示意

(2) 抗震墙两端和洞口两侧应设置边缘构件，并应符合下列要求（表 6.2-41 ~ 表 6.2-44、图 6.2-15、图 6.2-16）。

抗震墙的边缘构件要求　　表 6.2-41

项 次	项 目	要 求
1	边缘构件的设置	抗震墙两端和洞口两侧应设置边缘构件，并应符合下列要求 (1) 抗震墙结构，一、二级抗震墙底部加强部位及相邻的上一层应设置约束边缘构件且应符合本表项次 2 的要求，但墙肢底截面在重力荷载代表值作用下的轴压比小于表 6.2-42 的规定值时可按本表项次 3 的要求设置构造边缘构件 (2) 部分框支抗震墙结构，一、二级落地抗震墙底部加强部位及相邻的上一层的两端应设置符合约束边缘构件要求的翼墙或端柱，洞口两侧应设置约束边缘构件；不落地抗震墙应在底部加强部位及相邻的上一层的墙肢两端设置约束边缘构件 (3) 一、二级抗震墙的其他部位和三、四级抗震墙，均应按本表项次 3 的要求设置构造边缘构件

续表

项次	项　目	要　求
2	约束边缘构件要求	抗震墙设置的约束边缘构件包括暗柱、端柱和翼墙（图6.2-14），约束边缘构件沿墙肢的长度和配箍特征值，应符合表6.2-43的要求，一、二级抗震等级抗震墙约束边缘构件在设置箍筋范围内（图6.2-15中的阴影部分）的纵向钢筋配筋率，分别应不小于1.2%、1.0%
3	构造边缘构件要求	抗震墙的构造边缘构件（暗柱、端柱、翼墙和转角墙）的范围，应按图6.2-16采用，构造边缘构件的配筋除应满足计算要求外，尚应符合表6.2-44的要求

抗震墙设置构造边缘构件的最大轴压比　　表6.2-42

等级或烈度	一级（9度）	一级（8度）	二　级
轴压比	0.1	0.2	0.3

约束边缘构件范围 l_c 及其配箍特征值 λ_v　　表6.2-43

项　目	一级（9度）	一级（8度）	二　级
λ_v	0.2	0.2	0.2
l_c（暗柱）	$0.25h_w$	$0.20h_w$	$0.20h_w$
l_c（有翼墙或端柱）	$0.20h_w$	$0.15h_w$	$0.15h_w$

注：1. 抗震墙的翼墙长度小于其3倍厚度或端柱截面边长小于2倍墙厚时，视为无翼墙、无端柱；

2. l_c 为约束边缘构件沿墙肢长度，不应小于表内数值、$1.5b_w$ 和450mm三者的最大值；有翼墙或端柱时尚不应小于翼墙厚度或端柱沿墙肢方向截面高度加300mm；

3. λ_v 为约束边缘构件的配箍特征值，计算配箍率时，箍筋或拉筋抗拉强度设计值超过360N/mm^2，应按360N/mm^2 计算；箍筋或拉筋沿竖向间距，一级不宜大于100mm，二级不宜大于150mm；

4. h_w 为抗震墙墙肢长度。

抗震墙构造边缘构件的配筋要求　　表 6.2-44

抗震等级	底部加强部位			其他部位		
	纵向钢筋最小量（取较大值）	箍筋		纵向钢筋最小量	拉筋	
		最小直径（mm）	沿竖向最大间距（mm）		最小直径（mm）	沿竖向最大间距（mm）
一	$0.010A_c$，6ϕ16	8	100	6ϕ14	8	150
二	$0.008A_c$，6ϕ14	8	150	6ϕ12	8	200
三	$0.005A_c$，4ϕ12	6	150	4ϕ12	6	200
四	$0.005A_c$，4ϕ12	6	200	4ϕ12	6	250

注：1. A_c 为计算边缘构件纵向构造钢筋的暗柱或端柱面积，即图 6.2-16 抗震墙截面的阴影部分；

2. 对其他部位，拉筋的水平间距不应大于纵筋间距的 2 倍，转角处宜用箍筋；

3. 当端柱承受集中荷载时，其纵向钢筋、箍筋直径和间距应满足柱的相应要求。

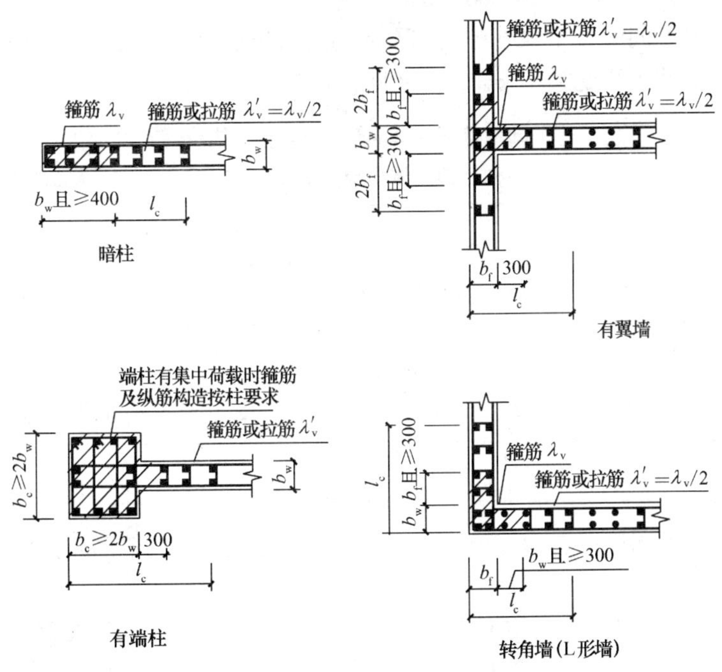

图 6.2-15　抗震墙的约束边缘构件

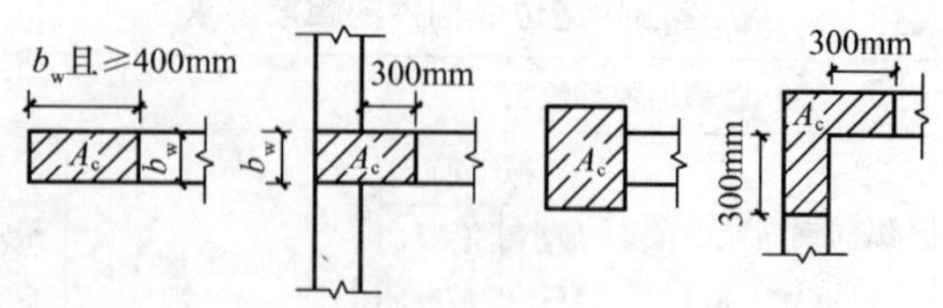

图 6.2-16 抗震墙的构造边缘构件范围

（3）约束边缘构件箍筋体积配箍率 ρ_v 按下式计算：

$$\rho_v \geqslant \lambda_v f_c / f_{yv} \tag{6-39}$$

式中 λ_v——配箍特征值；

f_c——混凝土轴心抗压强度设计值；

f_{yv}——箍筋或拉筋抗拉强度设计值，超过 360N/mm² 时，应取 360N/mm² 计算。

不同混凝土强度等级和不同箍筋或拉筋时，约束边缘构件所需箍筋体积配箍率 ρ_v（%）（见表 6.2-45）。

配箍特征值 $\lambda_v = 0.2$ 时，约束边缘构件箍筋体积配箍率 ρ_v（%）　　表 6.2-45

箍筋或拉筋钢种类	混凝土强度等级						
	C20	C25	C30	≤C35	C40	C45	C50
HPB235	0.91	1.13	1.36	1.59	1.82	2.02	2.20
HRB335	0.64	0.79	0.95	1.11	1.27	1.41	1.54
HRB400	0.53	0.66	0.75	0.93	1.06	1.18	1.28

不同墙厚、约束边缘构件沿墙肢长度及不同的箍筋或拉筋形式时，箍筋体积配箍率 ρ_v（%）（见表 6.2-46）。

为了发挥约束边缘构件的作用，每个箍筋的长边不大于短边的 3 倍，当约束边缘构件沿墙肢的长度 l_c 较长而设两个箍筋时，相邻两个箍筋应至少相互搭接 1/3 长边的距离（见图 6.2-17）。

约束边缘构件箍筋体积配箍率 ρ_v（%） **表 6.2-46**

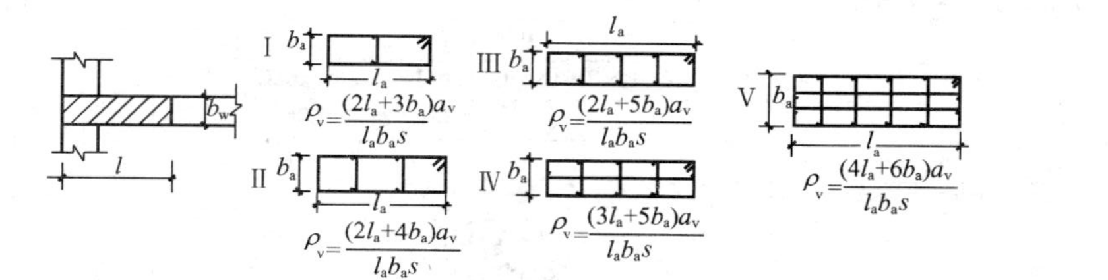

b_w（mm）			160	180	200	220	250	300	350	400	450	500	550	600	650	700	750	800
b_a（mm）			130	150	170	190	220	270	320	370	420	470	520	570	620	670	720	770
l（mm）			460	480	500	520	550	600	650	700	750	800	850	900	950	1000	1050	1100
l_a（mm）			440	460	480	500	530	580	630	680	730	780	830	880	930	980	1030	1080
箍筋			箍筋体积配箍率 ρ_v（%）															
直径	间距 s（mm）	型式																
$\phi 8$	100	Ⅰ	1.116	0.998	0.906	0.831	0.742	0.632										
		Ⅱ			1.010	0.931	0.836	0.719	0.633	0.567	0.515	0.472						
		Ⅲ					0.931	0.806	0.713	0.641	0.584	0.536						
	150	Ⅰ	0.744	0.665	0.604	0.554	0.494	0.422										
		Ⅱ			0.674	0.621	0.557	0.479	0.422	0.378	0.343	0.314						
		Ⅲ					0.621	0.537	0.475	0.428	0.389	0.357						

续表

箍筋			箍筋体积配箍率 ρ_v（%）															
直径	间距 s（mm）	型式																
φ10	100	Ⅰ	1.744	1.559	1.415	1.298	1.159	0.988										
		Ⅱ			1.578	1.455	1.307	1.123	0.990	0.886	0.804	0.737						
		Ⅲ					1.455	1.259	1.114	1.002	0.912	0.838						
		Ⅳ								1.214	1.099	1.005	0.926	0.860	0.802	0.752	0.709	0.670
		Ⅴ												1.087	1.013	0.950	0.894	0.844
	150	Ⅰ	1.163	1.039	0.943	0.865	0.772	0.659										
		Ⅱ			1.052	0.970	0.871	0.750	0.660	0.591	0.536	0.491						
		Ⅲ					0.970	0.839	0.743	0.668	0.608	0.558						
		Ⅳ								0.810	0.733	0.670	0.617	0.573	0.535	0.502	0.472	0.446
		Ⅴ												0.724	0.676	0.633	0.596	0.563
φ12	100	Ⅰ	2.511	2.246	2.037	1.869	1.668	1.423										
		Ⅱ			2.273	2.095	1.882	1.618	1.425	1.277	1.158	1.061						
		Ⅲ					2.095	1.813	1.604	1.443	1.313	1.206						
		Ⅳ								1.749	1.583	1.447	1.334	1.238	1.155	1.083	1.020	0.964
		Ⅴ												1.565	1.459	1.368	1.287	1.216
	150	Ⅰ	1.674	1.497	1.358	1.246	1.112	0.948										
		Ⅱ			1.515	1.397	1.255	1.079	0.950	0.851	0.772	0.707						
		Ⅲ					1.397	1.209	1.070	0.962	0.875	0.804						
		Ⅳ								1.166	1.055	0.965	0.889	0.825	0.770	0.722	0.680	0.643
		Ⅴ												1.043	0.973	0.912	0.858	0.811

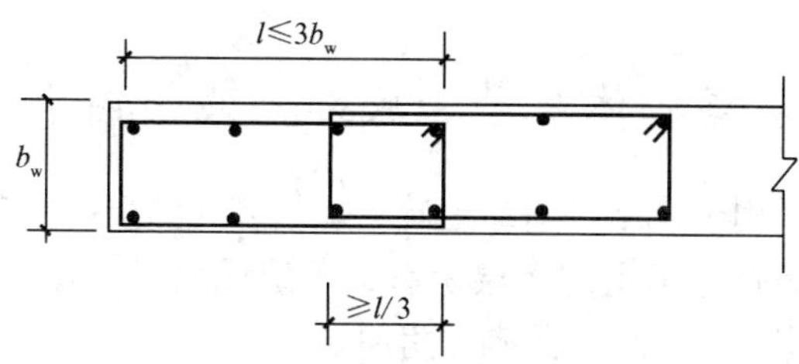

图 6.2-17 约束边缘构件箍筋

6.2.10 框架-抗震墙结构抗震构造措施

框架-抗震墙结构抗震构造措施见表 6.2-47。

框架-抗震墙结构的构造措施 **表 6.2-47**

项 次	项 目	要 求
1	截面要求	(1) 抗震墙底部加强区高度，可取墙肢总高度的 1/8 和底部二层两者中的较大值，且不大于 15m； (2) 抗震墙的混凝土强度等级不应低于 C20，抗震墙底部加强部位的端柱和紧靠抗震墙洞口的端柱宜按柱箍筋加密区的要求沿全高加密箍筋。边框梁可保留框架梁，亦可做成宽度与墙厚相同的暗梁，暗梁截面高度可取墙厚的 2 倍或与框架梁等高； (3) 框架-抗震墙结构采用装配式楼板时，应每层设配筋现浇层； (4) 抗震墙应进行斜截面受剪、偏心受压或偏心受拉、竖向荷载轴心受压的承载力验算； (5) 框架-抗震墙结构中的框架部分的截面设计和构造措施除本节有关规定外，尚应符合前述对框架的有关要求，抗震墙部分的截面设计和构造措施除本节有关规定外，尚应符合前述对抗震墙的有关要求
2	墙的厚度	抗震墙的厚度不应小于 160mm 且不应小于层高的 1/20，底部加强部位的抗震墙厚度不应小于 200mm 且不应小于层高的 1/16，抗震墙的周边应设置梁（或暗梁）和端柱组成的边框；端柱截面宜与同层框架柱相同，并应满足前述的对框架柱的要求
3	墙的配筋	(1) 抗震墙的竖向和横向分布钢筋，配筋率均应不小于 0.25%，并应双排布置，拉筋间距应不大于 600mm，直径应不小于 6mm； (2) 抗震墙底部加强部位的端柱和紧靠抗震墙洞口的端柱宜按柱箍筋加密区的要求沿全高加密箍筋
4	其他构造要求	框架-抗震墙结构的其他抗震构造措施，应符合前述对框架和抗震墙的有关要求

6.3　多层砌体房屋和底部框架、内框架房屋

本节适用于烧结普通黏土砖、烧结多孔黏土砖、混凝土小型空心砌块等砌体承重的多层房屋，底层或底部两层框架-抗震墙和多层的多排柱内框架砖砌体房屋。

注：1. 本节中“普通砖、多孔砖、小砌块”即“烧结普通黏土砖、烧结多孔黏土砖、混凝土小型空心砌块”的简称。采用其他烧结砖、蒸压砖的砌体房屋，砌体的材料性能应有可靠的试验数据；当砌体抗剪强度不低于黏土砖砌体时，可按本节黏土砖房屋的相应规定执行；

2. 6、7 度采用蒸压灰砂砖和蒸压粉煤灰砖砌体的房屋，当砌体的抗剪强度不低于黏土砖砌体的 70%时，房屋的层数应比黏土砖房屋减少一层，高度应减少 3m，且钢筋混凝土构造柱应按增加一层的层数所对应的黏土砖房屋设置，其他要求可按黏土砖房屋的相应规定执行。

6.3.1　多层砌体房屋的层数和高度限值

各类多层砌体房屋的层数和总高度不应超过表 6.3-1 的规定。

房屋的层数和总高度限值（m）　　**表 6.3-1**

房屋类别		最小墙厚度（mm）	烈度							
			6		7		8		9	
			高度	层数	高度	层数	高度	层数	高度	层数
多层砌体	普通砖	240	24	8	21	7	18	6	12	4
	多孔砖	240	21	7	21	7	18	6	12	4
	多孔砖	190	21	7	18	6	15	5	—	—
	小砌块	190	21	7	21	7	18	6	—	—
底部框架-抗震墙		240	22	7	22	7	19	6	—	—
多排柱内框架		240	16	5	16	5	13	4	—	—

注：1. 房屋的总高度指室外地面到主要屋面板板顶或檐口的高度，半地下室从地下室室内地面算起，全地下室和嵌固条件好的半地下室应允许从室外地面算起；对带阁楼的坡屋面应算到山尖墙的 1/2 高度处；

2. 室内外高差大于 0.6m 时，房屋总高度应允许比表中数据适当增加，但不应多于 1m；

3. 本表小砌块砌体房屋不包括配筋混凝土小型空心砌块砌体房屋；

4. 对医院、教学楼等及横墙较少的多层砌体房屋，总高度应比本表的规定降低 3m，层数相应减少一层；各层横墙很少的多层砌体房屋，还应根据具体情况再适当降低总高度和减少层数。横墙较少指同一楼层内开间大于 4.20m 的房间占该层总面积的 40%以上；

5. 横墙较少的多层砖砌体住宅楼，当按规定采取加强措施并满足抗震承载力要求时，其高度和层数应允许仍按本表的规定采用。

6.3.2 多层砌体房屋的层高限值

普通砖、多孔砖和小砌块砌体承重房屋的层高，不应超过3.6m，底层可能稍有突破，但应采取相应的措施予以加强。底部框架-抗震墙房屋的底部和内框架房屋的层高不应超过4.5m。

6.3.3 多层砌体房屋的最大高宽比限值

多层砌体房屋总高度与总宽度的最大比值，宜符合表6.3-2的要求。

房屋最大高宽比　　表6.3-2

烈　度	6	7	8	9
最大高宽比	2.5	2.5	2.0	1.5

注：1. 单面走廊房屋的总宽度不包括走廊宽度；
2. 建筑平面接近正方形时，其高宽比宜适当减小。

6.3.4 房屋抗震横墙最大间距

房屋抗震横墙的间距，不应超过表6.3-3的要求。

房屋抗震横墙最大间距（m）　　表6.3-3

<table>
<tr><th colspan="2" rowspan="2">房 屋 类 别</th><th colspan="4">烈　度</th></tr>
<tr><th>6</th><th>7</th><th>8</th><th>9</th></tr>
<tr><td rowspan="3">多层砌体</td><td>现浇或装配整体式钢筋混凝土楼、屋盖</td><td>18</td><td>18</td><td>15</td><td>11</td></tr>
<tr><td>装配式钢筋混凝土楼、屋盖</td><td>15</td><td>15</td><td>11</td><td>7</td></tr>
<tr><td>木楼、屋盖</td><td>11</td><td>11</td><td>7</td><td>4</td></tr>
<tr><td rowspan="2">底部框架-抗震墙</td><td>上部各层</td><td colspan="3">同多层砌体房屋</td><td>—</td></tr>
<tr><td>底层或底部两层</td><td>21</td><td>18</td><td>15</td><td>—</td></tr>
<tr><td colspan="2">多排柱内框架</td><td>25</td><td>21</td><td>18</td><td>—</td></tr>
</table>

注：1. 多层砌体房屋的顶层，最大横墙间距应允许适当放宽；
2. 表中木楼、屋盖的规定，不适用于小砌块砌体房屋。

6.3.5 房屋的局部尺寸限值

房屋中砌体墙段的局部尺寸限值，宜符合表6.3-4的要求。

房屋的局部尺寸限值（m） 表 6.3-4

部 位	6度	7度	8度	9度
承重窗间墙最小宽度	1.0	1.0	1.2	1.5
承重外墙尽端至门窗洞边的最小距离	1.0	1.0	1.2	1.5
非承重外墙尽端至门窗洞边的最小距离	1.0	1.0	1.0	1.0
内墙阳角至门窗洞边的最小距离	1.0	1.0	1.5	2.0
无锚固女儿墙（非出入口处）的最大高度	0.5	0.5	0.5	0.0

注：1. 局部尺寸不足时应采取局部加强措施弥补；
2. 出入口处的女儿墙应有锚固；
3. 多层多排柱内框架房屋的纵向窗间墙宽度，不应小于 1.5m。

6.3.6 防震缝的设置

多层砌体房屋有下列情况之一时宜设置防震缝，缝两侧均应设置墙体，缝宽应根据烈度和房屋高度确定，可采用 50～100mm：

（1）房屋立面高差在 6m 以上；

（2）房屋有错层，且楼板高差较大；

（3）各部分结构刚度、质量截然不同。

6.3.7 多层黏土砖房抗震构造措施

（1）多层普通砖、多孔砖房的钢筋混凝土构造柱，应满足表 6.3-5 的要求。

钢筋混凝土构造柱抗震构造要求 表 6.3-5

项次	项 目	要 求
1	设置要求	多层普通砖、多孔砖房，应按下列要求设置现浇钢筋混凝土构造柱（以下简称构造柱）： （1）构造柱设置部位，一般情况下应符合表 6.3-6 的要求； （2）外廊式和单面走廊式的多层房屋，应根据房屋增加一层后的层数，按表 6.3-6 的要求设置构造柱，且单面走廊两侧的纵墙均应按外墙处理； （3）教学楼、医院等横墙较少的房屋，应根据房屋增加一层后的层数，按表 6.3-6 的要求设置构造柱；当教学楼、医院等横墙较少的房屋为外廊式或单面走廊式时，应按上述（2）中的要求设置构造柱，但 6 度不超过四层、7 度不超过三层和 8 度不超过二层时，应按增加二层后的层数对待

续表

项次	项　　目	要　　求
2	构造要求	构造柱的截面及配筋应符合下列要求： (1) 构造柱的最小截面可采用 240mm×180mm； (2) 纵向钢筋宜采用 4ϕ12，箍筋间距不宜大于 250mm，且在柱上下端宜适当加密； (3) 7 度时超过六层、8 度时超过五层和 9 度时，构造柱纵向钢筋宜采用 4ϕ14，箍筋间距应不大于 200mm； (4) 房屋四角的构造柱可适当加大截面及配筋； (5) 构造柱应沿房屋全高设置，沿高度方向可以变化截面和配筋，但构造柱沿高度方向不应中断； (6) 构造柱的竖向钢筋末端应做成弯钩，接头可以采用绑扎，其搭接长度宜为 35 倍钢筋直径，在搭接接头长度范围内的箍筋间距应不大于 100mm，钢筋的搭接接头宜错开
3	构造柱与墙的拉接	构造柱与墙的连接处应砌成马牙槎，每一马牙槎高度不宜超过 300mm，并应沿墙高每隔 500mm 设 2ϕ6 拉结钢筋，每边伸入墙内不宜小于 1m（如图 6.3-1、图 6.3-2 所示）
4	构造柱与圈梁的连接	(1) 构造柱与圈梁连接处，构造柱的纵筋应穿过圈梁，保证构造柱纵筋上下贯通； (2) 构造柱应与圈梁连接：隔层设置圈梁的房屋，应在无圈梁的楼层增设配筋砖带，仅在外墙四角设置构造柱时，在外墙上应伸过一个开间，其他情况应在外纵墙和相应横墙上拉通，其截面高度应不小于四皮砖，砂浆强度等级不应低于 M5（如图 6.3-3 所示）； (3) 在构造柱与圈梁相交的节点处，应适当加密构造柱的箍筋，加密范围在圈梁上、下均应不小于 450mm 或 $H/6$（H 为层高），箍筋间距不宜大于 100mm； (4) 圈梁钢筋应伸入构造柱内，并有可靠锚固。伸入顶层圈梁的构造柱钢筋长度应不小于 35d； (5) 构造柱应与每层圈梁连接（如图 6.3-4 所示）
5	构造柱与进深梁的连接	(1) 当构造柱设置在无横墙的进深梁墙垛时，应将构造柱与进深梁连接。构造柱与现浇钢筋混凝土进深梁连接节点构造可按图 6.3-5（a）采用；构造柱与预制装配式进深梁连接的节点构造可按图 6.3-5（b）采用；当使用预制装配式叠合梁时，连接的节点构造可按图 6.3-5（c）采用；

续表

项次	项　目	要　求
5	构造柱与进深梁的连接	(2) 与构造柱连接的进深梁跨度宜小于 6.6m。对截面高度大于 300mm 的进深梁，在梁端各 1.5 倍进深梁截面高度范围内宜加密箍筋。梁端进行局部抗压计算时，宜按砌体抗压强度考虑。当进深梁跨度大于 6.6m 时，应考虑构造柱处节点约束弯矩对墙体的不利影响； (3) 当预制进深梁的宽度大于构造柱的宽度时，构造柱的纵向钢筋可弯曲绕过进深梁，伸入上柱与上柱钢筋搭接（如图 6.3-5（*d*）所示）
6	构造柱与女儿墙的连接	当女儿墙较矮时，构造柱可不通到女儿墙顶；当女儿墙高度大于 500mm 时，下层构造柱必须通到女儿墙顶，并与女儿墙压顶圈梁相连接（如图 6.3-6 所示）
7	构造柱与基础的连接	(1) 构造柱可不单独设置基础，但应伸入室外地面以下 500mm，或与埋深小于 500mm 的基础圈梁相连（如图 6.3-7 所示）； (2) 当墙体附近有管沟时，构造柱埋置深度宜深于沟底； (3) 带半地下室房屋设置构造柱的埋置深度应深于半地下室地面
8	构造柱间距要求	房屋高度和层数接近表 6.3-1 的限值时，纵、横墙内构造柱间距尚应符合下列要求： (1) 横墙内的构造柱间距不宜大于层高的 2 倍；下部 1/3 楼层的构造柱间距适当减小； (2) 当外纵墙开间大于 3.9m 时，应另设加强措施。内纵墙的构造柱间距不宜大于 4.2m； (3) 对外纵墙开间大于 3.9m 时，应另设加强措施，如在墙体交接处适当增大构造柱配筋，或在洞口两侧加构造柱等； (4) 对横墙较少的房屋，其构造柱设置应加强： 1）在所有纵横墙交接处、横墙的中部均应设置构造柱； 2）在横墙内的柱距不宜大于层高； 3）在纵墙内的柱距不宜大于 4.2； 4）构造柱的截面应为 240mm×240mm，配筋宜符合表 6.3-7 的要求
9	大洞口两侧的构造柱	墙体中有较大洞口的两侧增设构造柱时，构造柱应与墙体连接，构造柱的上下端应锚固在圈梁上，钢筋的锚固长度不小于 20*d*。当洞口有现浇过梁时，过梁钢筋应与洞口侧边构造柱钢筋相连；当洞口有预制过梁，预制过梁伸入洞口两侧构造柱内时，构造柱的主筋不应被切断

续表

项次	项　目	要　求
10	斜交抗震墙交接处的构造柱	斜交抗震墙交接处应增设构造柱，构造柱有效截面面积不小于240mm×180mm，在斜交抗震墙段内设置的构造柱间距不宜大于抗震墙层间高度
11	楼梯间墙体构造柱	（1）楼梯间墙体的构造柱应与每层圈梁有可靠连接，在休息平台标高处宜配置墙体水平钢筋与构造柱相连； （2）楼梯间顶层楼板标高处和屋面标高处应有封闭圈梁与构造柱相连接。8、9度时，应在层高中部增设拉结钢筋或拉结圈梁
12	无横墙的纵墙处的构造柱	（1）对于纵墙承重的多层砖房，当需要在无横墙处的纵墙中设置构造柱时，应在楼板处预留相应构造柱宽度的板缝，并与构造柱混凝土同时浇灌，做成现浇混凝土带。现浇混凝土带的纵向钢筋不少于4ϕ12，箍筋间距不宜大于200mm； （2）当横墙间距较大，楼盖为短向板通过进深梁支承在纵墙上时，纵墙上的梁下构造柱应按组合砖柱设计
13	局部尺寸不满足要求时的构造柱	当房屋的局部尺寸难以满足规范规定的要求时， （1）若已设构造柱，则可对已设构造柱增大截面和配筋，如承担有局部荷载作用时，则应进行强度验算； （2）若原部位未设置构造柱，则可增设构造柱来满足要求

砖房构造柱设置要求　　表 6.3-6

房屋层数				设置部位	
6度	7度	8度	9度		
四、五	三、四	二、三		外墙四角，错层部位横墙与外纵墙交接处，大房间内外墙交接处，较大洞口两侧	7、8度时，楼、电梯间的四角；隔15m或单元横墙与外纵墙交接处
六、七	五	四	二		隔开间横墙（轴线）与外墙交接处，山墙与内纵墙交接处；7～9度时，楼、电梯间的四角

续表

<table>
<tr><th colspan="4">房 屋 层 数</th><th colspan="2" rowspan="2">设 置 部 位</th></tr>
<tr><th>6度</th><th>7度</th><th>8度</th><th>9度</th></tr>
<tr><td>八</td><td>六、七</td><td>五、六</td><td>三、四</td><td>外墙四角，错层部位横墙与外纵墙交接处，大房间内外墙交接处，较大洞口两侧</td><td>内墙（轴线）与外墙交接处，内墙的局部较小墙垛处；7~9度时，楼、电梯间的四角；9度时内纵墙与横墙（轴线）交接处</td></tr>
</table>

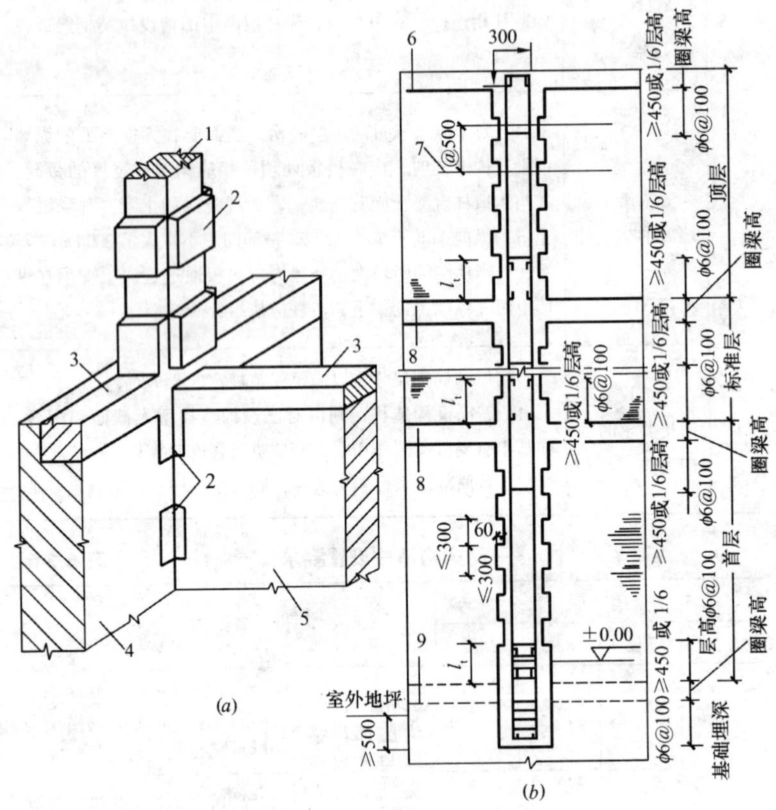

图 6.3-1 构造柱截面

（*a*）构造柱示意图；（*b*）构造柱立面示意图

1—构造柱；2—马牙槎；3—圈梁；4—纵墙；5—横墙；6—屋盖圈梁；7—拉结筋 2ϕ6；8—楼盖圈梁；9—基础圈梁

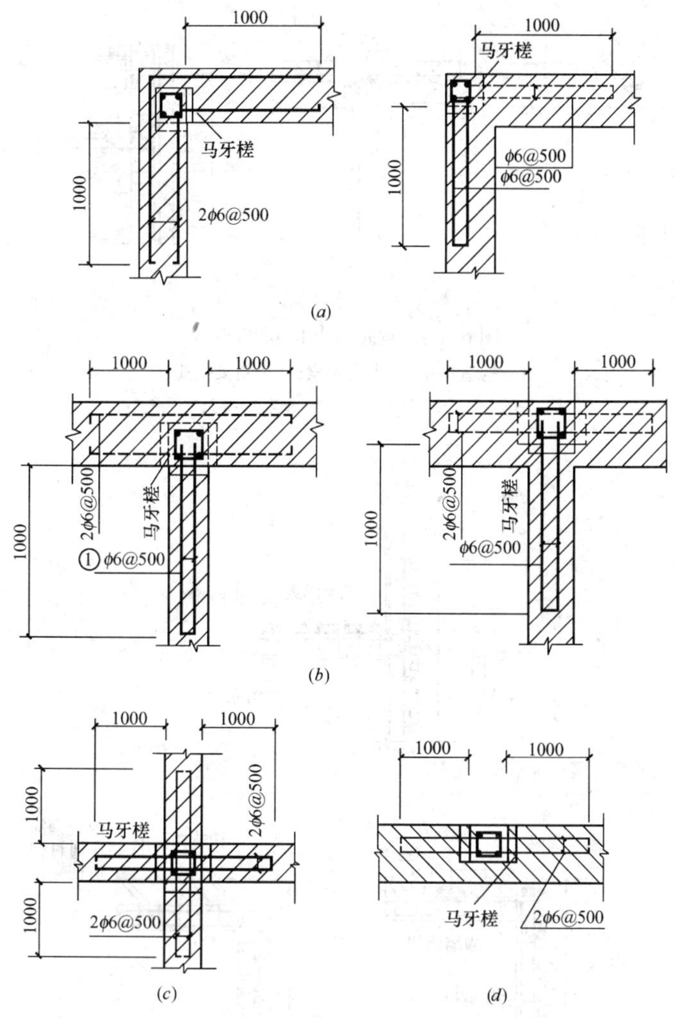

图 6.3-2 构造柱与墙体的连接

（*a*）构造柱与 L 型墙体的连接；（*b*）构造柱与 T 型墙体的连接；（*c*）构造柱与十字型墙体的连接；（*d*）构造柱与一字型墙体的连接

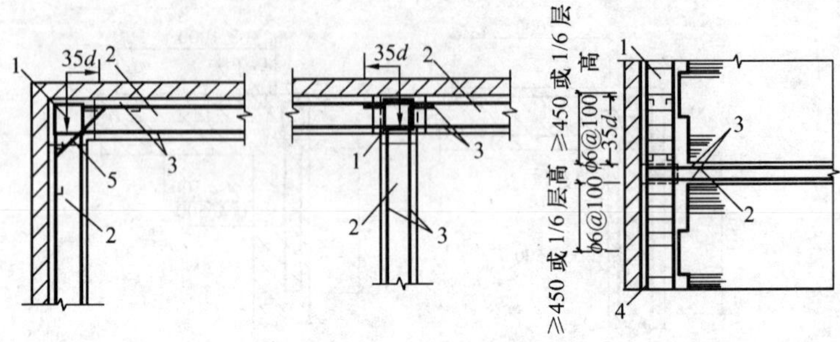

图 6.3-3　构造柱与圈梁的连接

1—构造柱；2—板底圈梁；3—圈梁钢筋；

4—φ6@250；5—1φ10（6、7、8度），1φ12（9度）

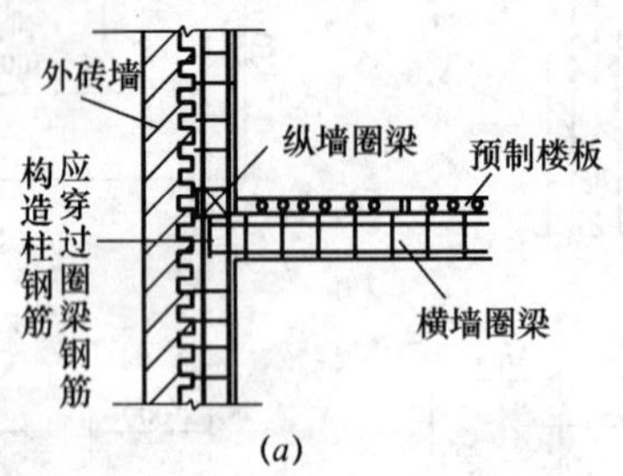

(*a*)

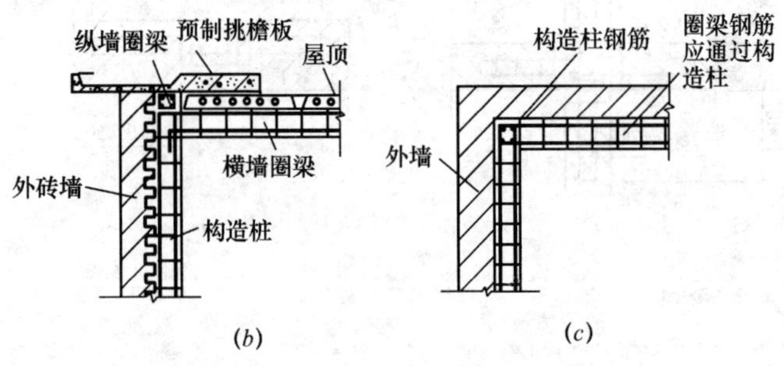

(*b*)　　(*c*)

图 6.3-4　构造柱与圈梁连接

（*a*）外墙剖面；（*b*）转角平面；（*c*）屋面圈梁

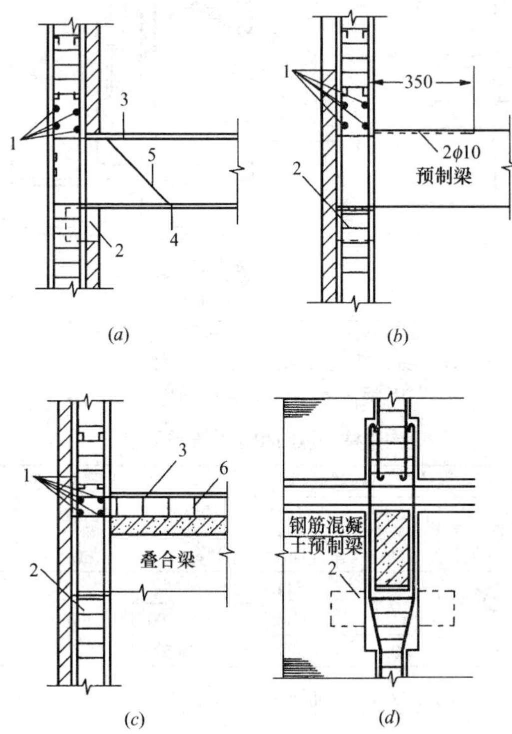

图 6.3-5 构造柱与进深梁的连接

1—圈梁钢筋；2—梁垫；3—架立钢筋；4—梁受力钢筋；5—弯起筋；6—箍筋

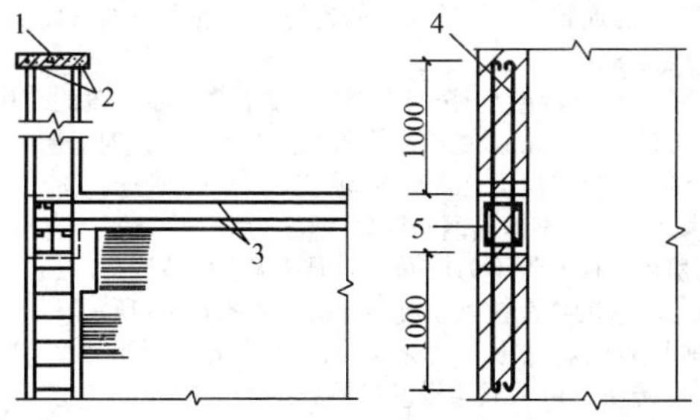

图 6.3-6 构造柱与女儿墙的连接

1—压顶圈梁；2—4ϕ12 弯折后埋入压顶圈梁内 500mm；

3—圈梁纵筋；4—女儿墙；5—ϕ6@250

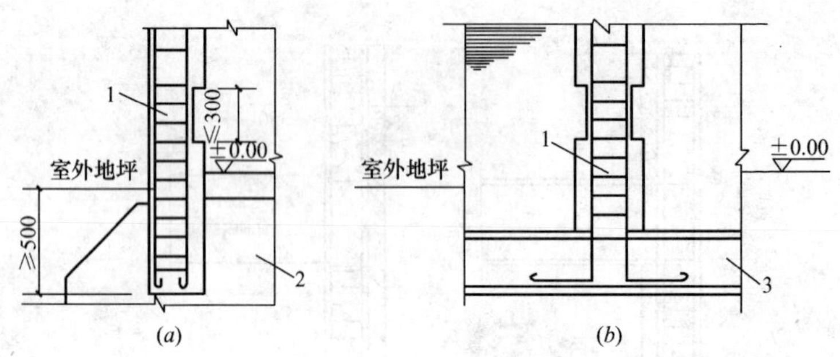

图 6.3-7 构造柱的基础

(a) 构造柱纵向钢筋伸入室外地面下 500mm；(b) 构造柱纵向钢筋与基础圈梁相连

1—构造柱；2—基础；3—基础圈梁

增设构造柱的纵筋和箍筋设置要求　　表 6.3-7

位置	纵向钢筋			箍筋		
	最大配筋率（%）	最小配筋率（%）	最小直径（mm）	加密区范围（mm）	加密区间距（mm）	最小直径（mm）
角柱	1.8	0.8	14	全高	100	6
边柱			14	上端 700		
中柱	1.4	0.6	12	下端 500		

(2) 多层黏土砖房屋的其他抗震构造措施（见表 6.3-8)。

多层黏土砖房屋的其他抗震构造措施　　表 6.3-8

项次	项目	要求
1	圈梁	(1) 多层普通砖、多孔砖房屋的现浇钢筋混凝土圈梁设置应符合下列要求： 1) 装配式钢筋混凝土楼（屋）盖，或木楼（屋）盖的砖房，横墙承重时应按表 6.3-9 的要求设置圈梁；纵墙承重时每层均应设置圈梁，且抗震横墙上的圈梁间距应比表内要求适当加密； 2) 现浇或装配整体式钢筋混凝土楼（屋）盖与墙体有可靠连接的房屋，应允许不另设圈梁，但楼板沿墙体周边应加强配筋并应与相应的构造柱钢筋可靠连接（如图 6.3-8 所示）； 3) 地基为软弱黏土、液化土、新近填土或严重不均匀土时的多层砖房，可采取增设基础圈梁的加强措施； 4) 圈梁必须采用现浇的钢筋混凝土圈梁，不应采用预制装配式钢筋混凝土圈梁。 (2) 多层普通砖、多孔砖房屋的现浇钢筋混凝土圈梁构造应符合下列要求：

续表

项次	项　目	要　　求
1	圈梁	1）圈梁应闭合，遇有洞口圈梁不能连续通过时，应在洞口上下采用搭接圈梁（如图6.3-9所示），搭接长度应不小于2倍上下圈梁的高差，且每侧伸过洞口边缘应不小于1000mm； 2）圈梁宜与预制板设在同一标高处或紧靠板底（如图6.3-10所示）； 3）圈梁在表6.3-9要求的间距内无横墙时，应利用梁或板缝中配筋替代圈梁（如图6.3-11所示）； 4）圈梁的截面高度不应小于120mm，配筋应符合表6.3-10的要求；当在本表前面所述地基中增设基础圈梁时，截面高度应不小于180mm，配筋不应少于4ϕ12； 5）当圈梁兼作过梁时，应增加过梁所需的钢筋面积，圈梁中钢筋不宜兼作过梁中的钢筋； 6）混凝土的强度等级可采用C20
2	墙体的拉结	7度时长度大于7.2m的大房间及8度和9度时，外墙转角及内外墙交接处，应沿墙高每隔500mm配置2ϕ6拉结钢筋，并且每边伸入墙内不宜小于1m（如图6.3-12和图6.3-13所示）
3	楼梯间的构造要求	（1）楼梯间墙的圈梁设置必须与楼梯间墙的构造柱连接； （2）8度和9度时，顶层楼梯间横墙和外墙应沿墙高每隔500mm设2ϕ6通长钢筋（如图6.3-14所示）；9度时其他各层楼梯间墙体应在休息平台或楼层半高处设置60mm厚的钢筋混凝土带或配筋砖带，其砂浆强度等级不应低于M7.5，纵向钢筋不应少于2ϕ10（如图6.3-15所示）； （3）8度和9度时，楼梯间及门厅内墙阳角处的大梁支承长度应不小于500mm，并应与圈梁连接； （4）装配式楼梯段应与平台板的梁可靠连接，不应采用墙中悬挑式踏步或踏步竖肋插入墙体的楼梯，不应采用无筋砖砌栏板； （5）突出屋顶的楼梯间、电梯间，构造柱应伸到顶部，并与顶部圈梁连接，内外墙交接处应沿墙高每隔500mm设2ϕ6拉结钢筋，且每边伸入墙内应不小于1m（如图6.3-16）； （6）宜尽量做成板式楼梯或边梁式楼梯，不论预制或现浇楼梯，都不应插入墙体而削弱楼梯间的墙体截面
4	楼、屋盖构造	多层普通砖、多孔砖房屋的楼屋盖应符合下列要求： （1）现浇钢筋混凝土楼板或屋面板伸进纵、横墙内的长度，均应不小于120mm（如图6.3-17（a）所示）； （2）装配式钢筋混凝土楼板或屋面板，当圈梁未设在板的同一标高时，板端伸进外墙的长度不应小于120mm，伸进内墙的长度不应小于100mm，在梁上不应小于80mm（如图6.3-17（*b*）、（*c*）、（*d*）、（*e*）所示）；

续表

项次	项　目	要　求
4	楼、屋盖构造	（3）当板的跨度大于4.8m并与外墙平行时，靠外墙的预制板侧边应与墙或圈梁拉结（如图6.3-18所示）； （4）房屋端部大房间的楼盖，8度时房屋的屋盖和9度时房屋的楼、屋盖，当圈梁设在板底时，钢筋混凝土预制板应相互拉结，并应与梁、墙或圈梁拉结（如图6.3-19所示）； （5）楼（屋）盖的钢筋混凝土梁或屋架应与墙、柱（包括构造柱）或圈梁可靠连接，梁与砖柱的连接不应削弱柱截面，各层独立砖柱顶部应在两个方向均有可靠连接（如图6.3-20、图6.3-21、图6.3-22所示）； （6）坡屋顶房屋的屋架应与顶层圈梁可靠连接（如图6.3-23所示），檩条或屋面板应与墙及屋架可靠连接（如图6.3-24所示），房屋出入口处的檐口瓦应与屋面构件锚固（如图6.3-25所示）；8度和9度时，顶层内纵墙顶宜增砌支承山墙的踏步墙垛（如图6.3-26所示）
5	房屋的加强措施	横墙较少的多层普通砖、多孔砖住宅楼的总高度和层数接近或达到表6.3-1规定限值，应采取下列措施： （1）房屋的最大开间尺寸不宜大于6.6m； （2）同一结构单元内横墙错位数量不宜超过横墙总数的1/3，且连续错位不宜多于两道；错位的墙体交接处均应增设构造柱，且楼板、屋面板应采用现浇钢筋混凝土板； （3）横墙和内纵墙上洞口的宽度不宜大于1.5m。外纵墙上洞口的宽度不宜大于2.1m或开间尺寸的一半；且内外墙上洞口位置不应影响内外纵墙与横墙的整体连接； （4）所有纵横墙均应在楼板、屋盖标高处设置加强的现浇钢筋混凝土圈梁，圈梁的截面高度不宜小于150mm，上下纵筋各不应少于3ϕ10，箍筋不小于ϕ6，间距不大于300mm； （5）对构造柱的加强措施参见第6.3.7条1）内容； （6）同一结构单元的楼、屋面板应设置在同一标高处； （7）房屋底层和顶层的窗台标高处，宜设置沿纵横墙通长的水平现浇钢筋混凝土带，其截面高度不小于60 mm，宽度不小于240 mm，纵向钢筋不少于3ϕ6（如图6.3-27所示）
6	门窗洞口处过梁	门窗洞处不应采用无筋砖过梁；过梁支承长度，6~8度时应不小于240mm，9度时应不小于360mm
7	预制阳台	预制阳台应与圈梁和楼板的现浇板带可靠连接
8	烟道、垃圾道	烟道、垃圾道等不应削弱墙体横截面积，否则应采取加强措施，不宜采用无竖向配筋的附墙烟囱和出屋面烟囱
9	挑檐	不宜采用无锚固的钢筋混凝土预制挑檐，并尽量减小悬挑长度

续表

项次	项目	要求
10	基础	(1) 坡积土、冲填土、高压缩性黄土、饱和松软的黏性土、砂土、粉土及杂填土等作为天然地基时，除采取措施消除地基不均匀沉陷因素外，尚应在外墙及所有承重墙下设置基础圈梁，以增强抵抗不均匀沉陷的能力和加强房屋的整体性； (2) 同一结构单元的基础（或桩承台），宜采用同一类型的基础，底面宜埋置在同一标高上，否则应增设基础圈梁并应按 1:2 的台阶逐步放坡
11	水平配筋墙体	当墙体的抗剪强度不满足抗震要求又不宜增加墙体厚度时，可采用水平配筋墙体，即在墙体灰缝中配置水平钢筋。水平配筋墙体应满足下列要求： (1) 材料要求配筋墙体的砖的强度等级不宜低于 MU10，砂浆强度等级不宜小于 M5，钢筋可采用 I 级钢、冷拔钢丝或冷轧螺纹钢筋； (2) 水平配筋宜采用 ϕ6 以下的细钢筋，横向分布筋间距 200 ~ 300mm。纵向钢筋的根数，墙厚 240mm 时宜不超过 3 根，370mm 时不超过 4 根； (3) 水平筋两端宜伸入相邻垂直墙体，伸入长度不宜小于 300mm，遇有构造柱时，应伸入构造柱内不少于 180mm，当无条件伸入时，可在墙端将钢筋弯折锚固； (4) 水平钢筋的配筋率，即墙体竖向截面上的水平钢筋总面积与墙体竖向总面积之比不应大于 0.17%，不应低于 0.07%

砖房现浇钢筋混凝土圈梁设置要求　　表 6.3-9

序号	墙类	烈度		
		6、7	8	9
1	外墙和内纵墙	屋盖处及每层楼盖处	屋盖处及每层楼盖处	屋盖处及每层楼盖处
2	内横墙	屋盖处及每层楼盖处；屋盖处间距不应大于 7m；楼盖处间距不应大于 15m；构造柱对应部位	屋盖处及每层楼盖处；屋盖处沿所有横墙，且间距不应大于 7m；楼盖处间距不应大于 7m；构造柱对应部位	屋盖处及每层楼盖处；各层所有横墙

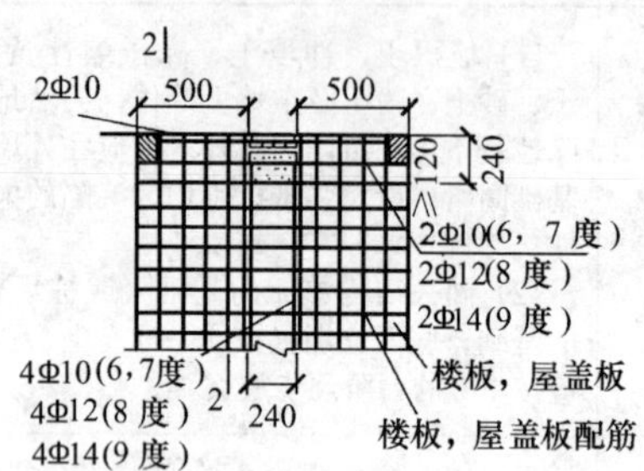

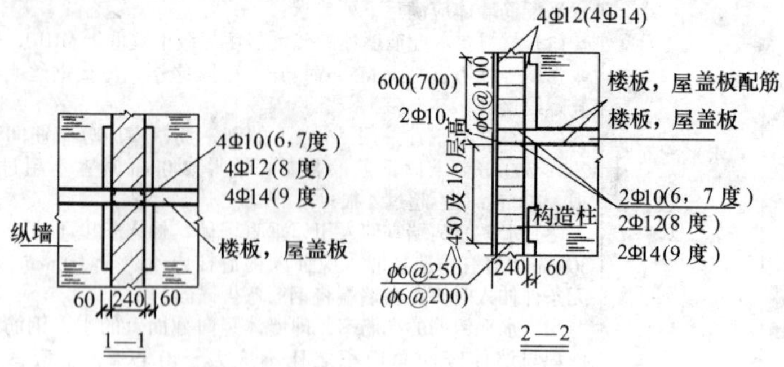

图 6.3-8　不另设圈梁的构造措施

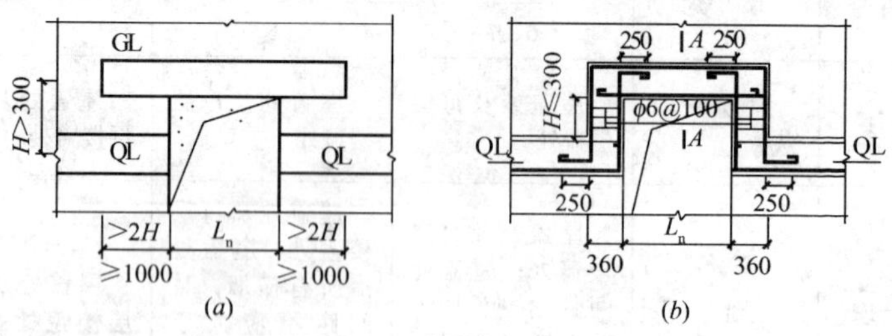

图 6.3-9　洞口处圈梁搭接示意图

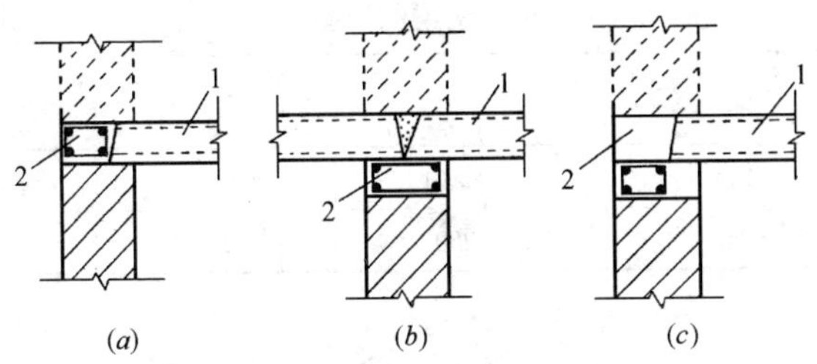

图 6.3-10 圈梁与预制板的位置

（a）板侧圈梁；（b）板底圈梁；（c）高低圈梁

1—预制板；2—圈梁

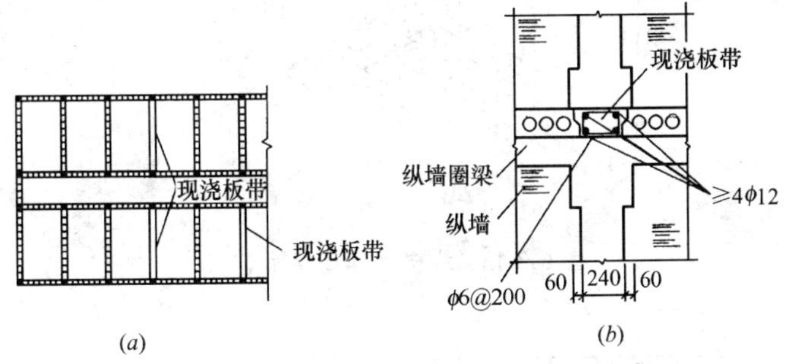

图 6.3-11 板缝中配筋

（a）平面示意图；（b）剖面图

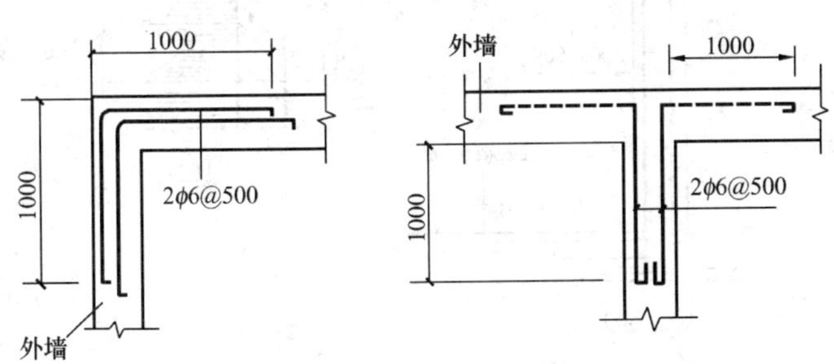

图 6.3-12 墙体的拉结

砖房圈梁配筋要求　　表 6.3-10

序　号	配　筋	烈　度		
		6、7	8	9
1	最小纵筋	4ϕ10	4ϕ12	4ϕ14
2	最大箍筋间距/(mm)	250	200	150

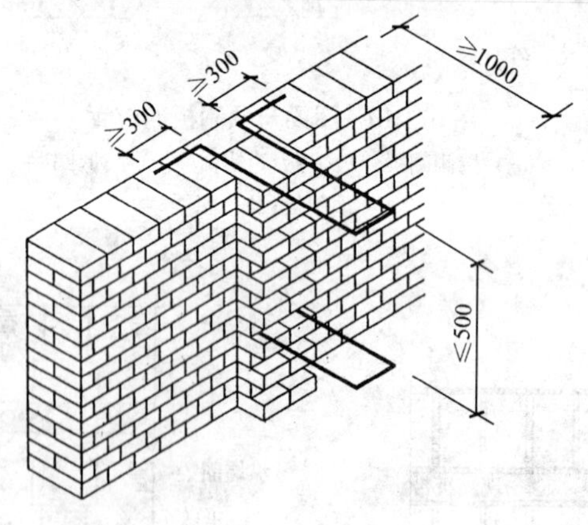

图 6.3-13　纵横墙体连接示意图

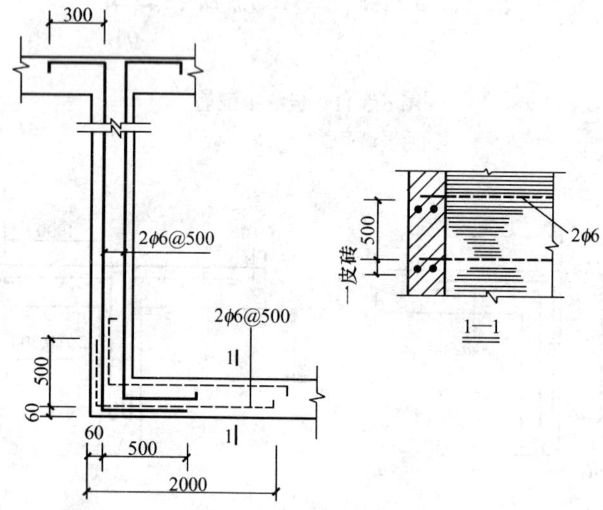

图 6.3-14　楼梯间横墙和外墙设置通长钢筋

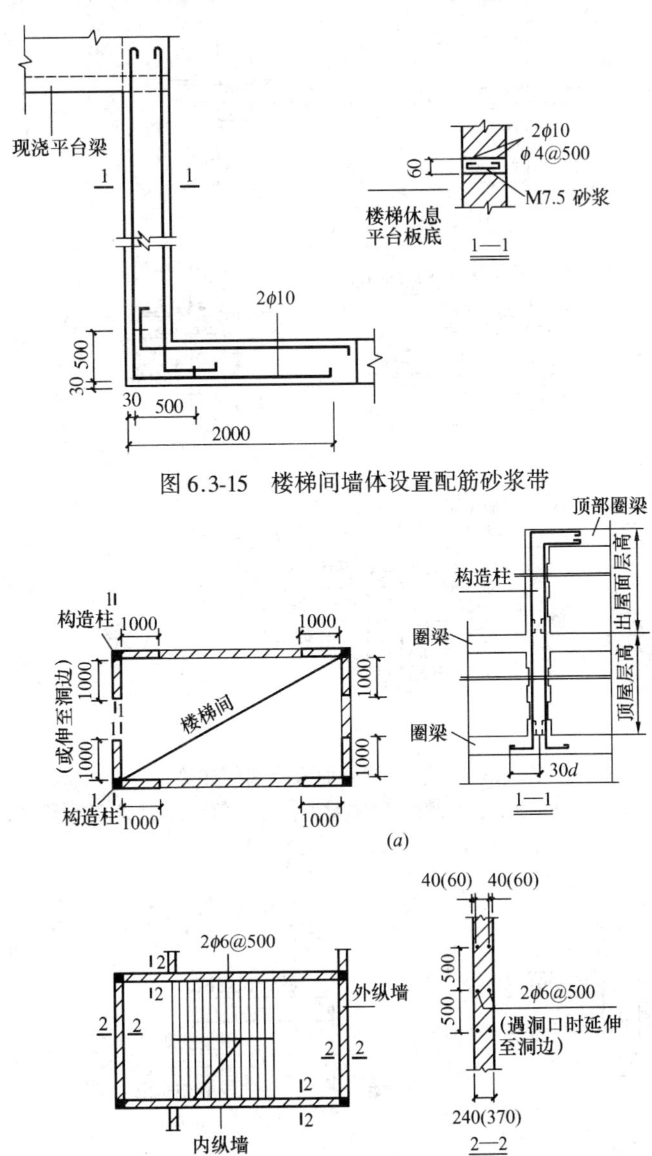

图 6.3-16　楼梯间墙体配筋

（*a*）突出屋顶楼梯间配筋平面图；（*b*）顶层楼梯间墙体配筋平面图

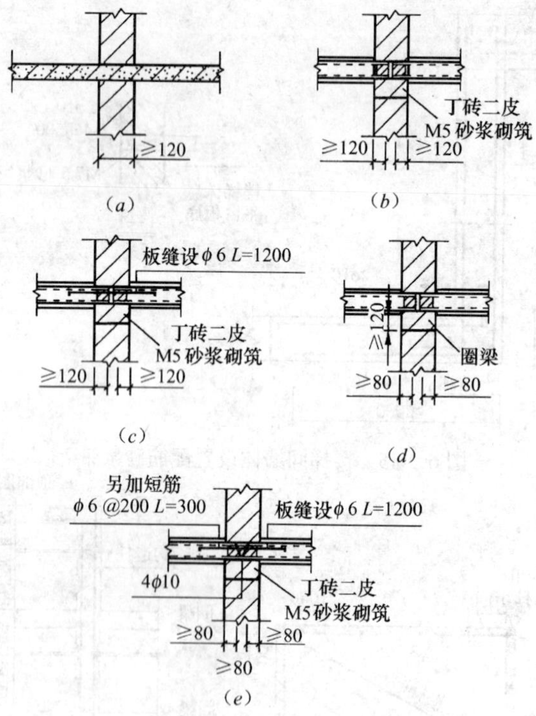

图 6.3-17　楼（屋）面板与墙的连接

（a）现浇板；（b）预制板直接搁置；（c）板间加拉结筋；（d）设底板圈梁；（e）设板间圈梁

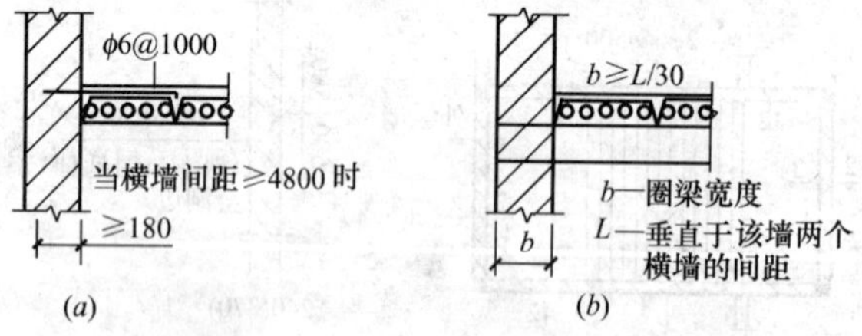

图 6.3-18　墙与混凝土预制板的连接

（a）设板侧拉结筋；（b）设现浇圈梁

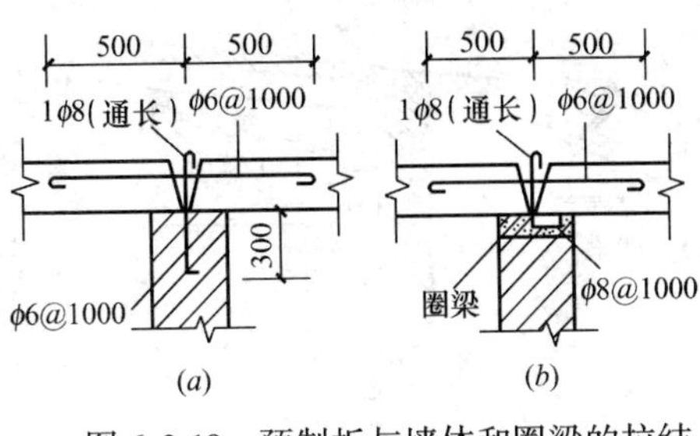

图 6.3-19　预制板与墙体和圈梁的拉结

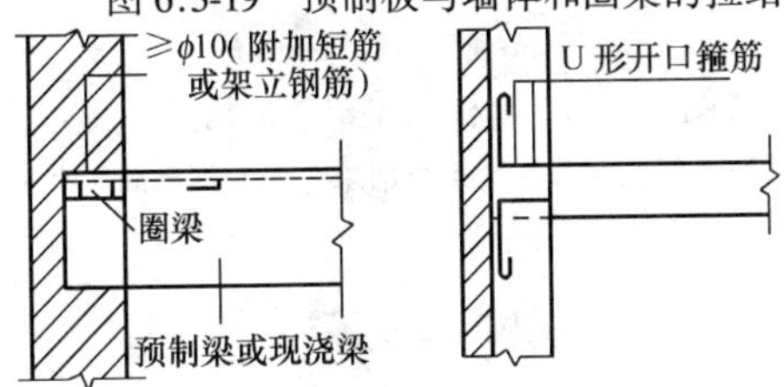

图 6.3-20　梁与圈梁的锚拉

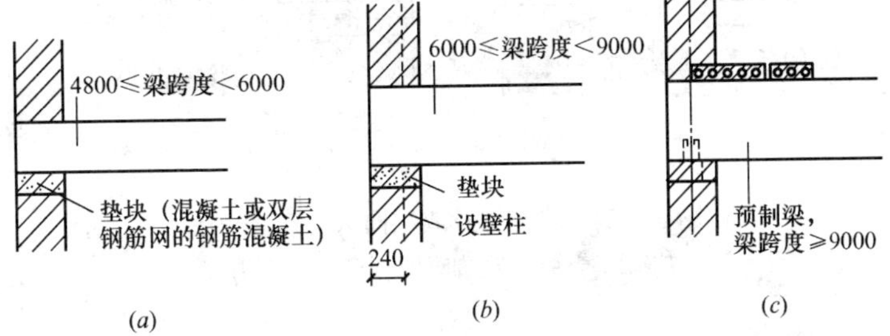

图 6.3-21　墙柱上搁置钢筋混凝土梁

（*a*）梁下设垫块；（*b*）梁下设垫块与壁柱；（*c*）梁端与墙上垫块连接

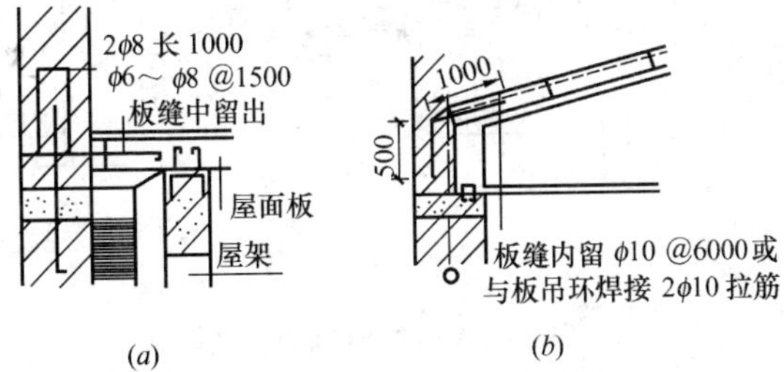

图 6.3-22　墙柱上搁置钢筋混凝土屋架

（*a*）加板缝拉结筋；（*b*）加板缝拉结筋

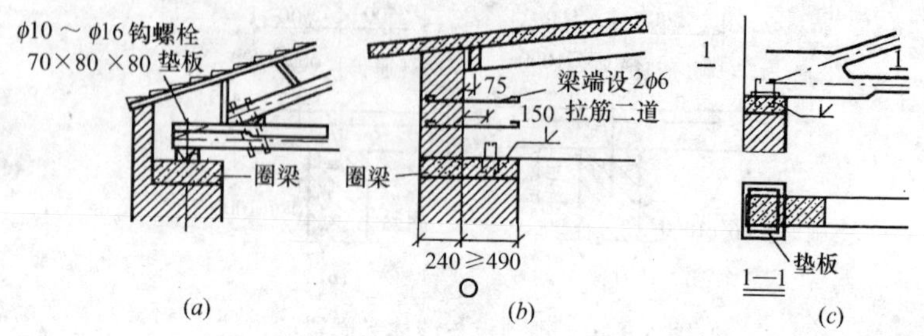

图 6.3-23　墙柱与屋架连接构造

（a）木屋架；（b）钢筋混凝土屋面梁；（c）钢筋混凝土屋架

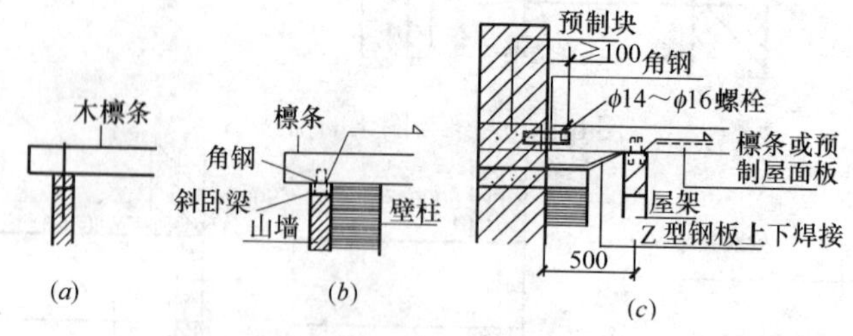

图 6.3-24　墙与檩条或屋面板的连接构造

（a）加锚固螺栓；（b）加角钢焊接；（c）加连接件

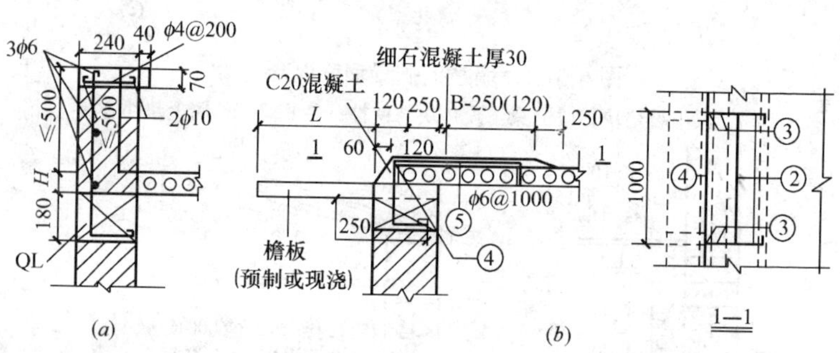

图 6.3-25　房屋出入口处檐口的加强措施

（a）有女儿墙屋盖；（b）无女儿墙屋盖

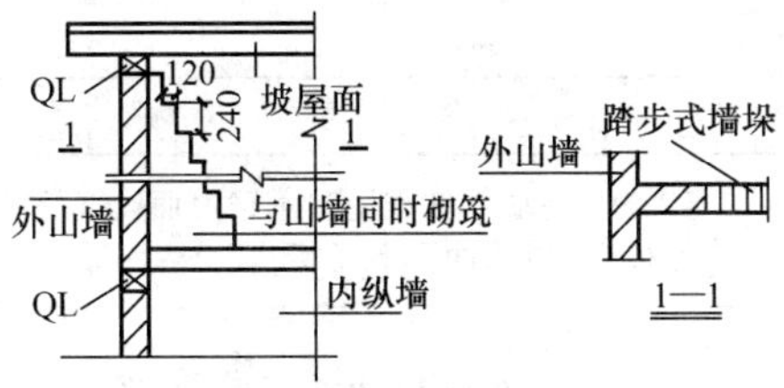

图 6.3-26 顶层踏步式山墙支承

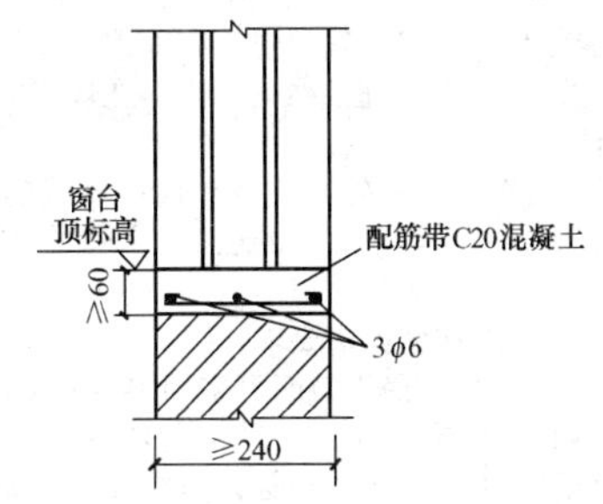

图 6.3-27 窗台加强大样图

6.3.8 多层砌块房屋抗震构造措施

多层砌块房屋抗震构造措施见表 6.3-11。

多层砌块房屋的抗震构造措施 **表 6.3-11**

项次	项 目	要 求
1	对芯柱的要求	(1) 芯柱的设置要求： 小砌块房屋应按表 6.3-12 的要求设置钢筋混凝土芯柱，对医院、教学楼等横墙较少的房屋，应根据房屋增加一层厚的层数，按表 6.3-12 的要求设置芯柱（如图 6.3-28 所示）。 (2) 小砌块房屋的芯柱，应符合下列构造要求： 1) 小砌块房屋芯柱截面不宜小于 120mm × 120mm; 2) 芯柱混凝土强度等级，不应低于 C20; 3) 芯柱的竖向插筋应贯通墙身且与圈梁连接；插筋不应小于 1ϕ12，7 度时超过五层、8 度时超过四层和 9 度时，插筋不应小于 1ϕ14; 4) 芯柱应伸入室外地面下 500mm 或与埋深小于 500mm 的基础圈梁相连;

续表

项次	项　　目	要　　求
1	对芯柱的要求	5）为提高墙体抗震受剪承载力而设置的芯柱，宜在墙体内均匀布置，最大净距不宜大于2.0m
2	对构造柱的要求	（1）混凝土小砌块房屋中用来替代芯柱的构造柱的设置部位和数量，一般情况下，应符合下列各项规定： 1）内廊房屋：横墙较多的住宅、旅馆和办公楼等建筑，与横墙较少的医院、教学楼、实验楼等建筑，应分别按照表6.3-13中所列不同房屋层数的要求，在规定部位设置钢筋混凝土构造柱； 2）偏廊房屋：外廊式或单面内廊式的多层房屋，应根据房屋实际层数增加一层后的层数，按表6.3-13的要求设置钢筋混凝土构造柱。此外，单面内廊两侧的纵墙，均应按外墙对待。 （2）构造柱的构造要求 1）构造柱的最小截面可采用190mm×190mm，纵向钢筋宜采用4ϕ12，房屋层数较多时，宜采用6ϕ12（如图6.3-29所示），箍筋间距不宜大于250mm，且在柱上下端宜适当加密；7度时超过五层、8度时超过四层和9度时，构造柱纵向钢筋宜采用4ϕ14，房屋层数较多时，宜采用6ϕ14（如图6.3-30所示），箍筋间距应不大于200mm；外墙转角的构造柱可适当加大截面及配筋； 2）构造柱与砌块墙连接处应砌成马牙槎，与构造柱相邻的砌块孔洞，6度时宜填实，7度时应填实，8度时应填实并插筋；沿墙高每隔600mm应设拉结钢筋网片，每边伸入墙内不宜小于1m（如图6.3-29（*c*）、图6.3-30（*c*）所示）； 3）构造柱与圈梁连接处，构造柱的纵筋应穿过圈梁，保证构造柱纵筋上下贯通； 4）构造柱可不单独设置基础，但应伸入室外地面下500mm，或与埋深小于500mm的基础圈梁相连； 5）门洞侧边的构造柱及其拉结钢筋（如图6.3-31所示）； 6）构造柱应采用不低于C20混凝土浇筑。 （3）纵向筋的搭接和锚固应符合下列要求： 1）当砌块墙楼房屋盖处的圈梁采用C20混凝土时，构造柱顶端，纵向钢筋伸入屋盖圈梁内的锚固长度应不小于40d（如图6.3-32所示）； 2）构造柱若采用C20混凝土浇筑，纵向钢筋在基础面和楼层圈梁面以上进行搭接时，搭接长度应不小于48d（如图6.3-33所示）； 3）构造柱底端，竖向钢筋锚入地下圈梁（C20混凝土）或基础（C20混凝土）内的长度，应不小于50d（如图6.3-34所示）

续表

项次	项　目	要　　求
3	对圈梁的设置要求	小砌块房屋圈梁的设置应符合表 6.3-14 的要求。圈梁宽度应不小于 190mm，截面高度应不小于 120mm，配筋不应少于 4ϕ12，箍筋应不大于 200mm
4	钢筋网片设置	小砌块房屋墙体交接处或芯柱与墙体连接处应设置拉结钢筋网片，网片可采用直径 4mm 的钢筋点焊而成，沿墙高每隔 600mm 设置，每边伸入墙内不宜小于 1m
5	现浇钢筋混凝土带设置	小砌块房屋的层数，6 度时七层、7 度时超过五层、8 度时超过四层，在底层和顶层的窗台标高处，沿纵横墙应设置通长的水平现浇钢筋混凝土带；其截面高度不小于 60mm，纵筋不少于 2ϕ10，并应有分布拉结钢筋；其混凝土强度等级应不低于 C20
6	其他抗震构造措施	小砌块房屋的其他抗震构造措施，应符合多层黏土砖房的有关抗震要求

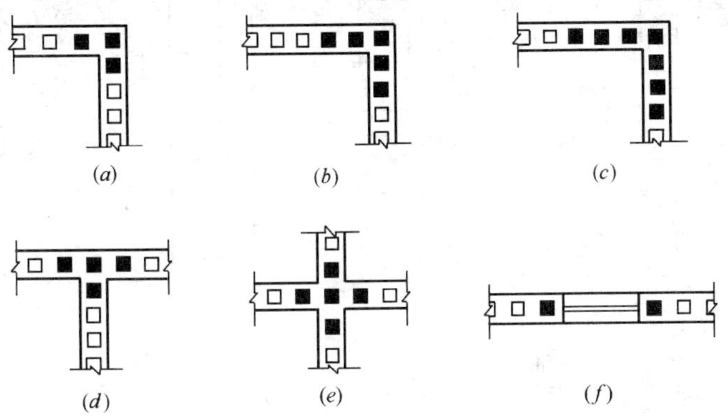

图 6.3-28　芯柱平面示意图

（*a*）外墙转角（填实 3 个孔）；（*b*）外墙转角（填实 5 个孔）；（*c*）外墙转角（填实 7 个孔）；（*d*）内外墙交接处（填实 4 个孔）；（*e*）内墙交接处（填实 5 个孔）；（*f*）洞口两侧（各填实 1 个孔）

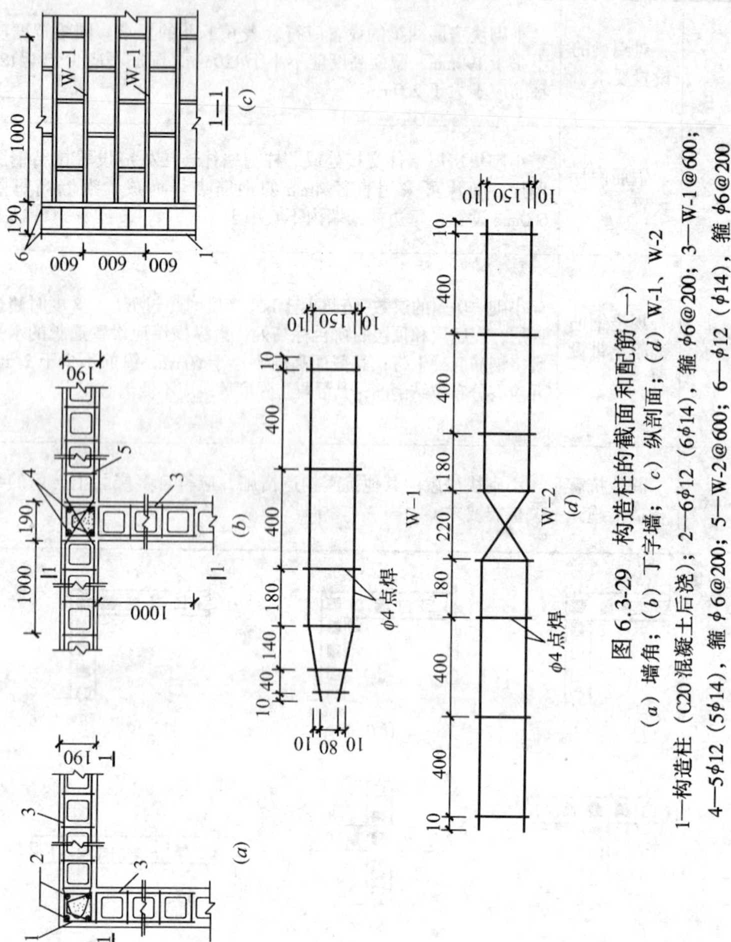

图 6.3-29　构造柱的截面和配筋(一)

（*a*）墙角；（*b*）丁字墙；（*c*）纵剖面；（*d*）W-1、W-2

1—构造柱（C20 混凝土后浇）；2—6φ12（6φ14），箍 φ6@200；3—W-1@600；
4—5φ12（5φ14），箍 φ6@200；5—W-2@600；6—φ12（φ14），箍 φ6@200

小砌块房屋芯柱设置要求　　表 6.3-12

<table>
<tr><th colspan="3">房屋层数</th><th rowspan="2">设　置　部　位</th><th rowspan="2">设　置　数　量</th></tr>
<tr><th>6度</th><th>7度</th><th>8度</th></tr>
<tr><td>四、五</td><td>三、四</td><td>二、三</td><td>外墙转角，楼梯间四角；大房间内外墙交接处；隔15m或单元横墙与外纵墙交接处</td><td rowspan="2">外墙转角，灌实3个孔；内外墙交接处，灌实4个孔</td></tr>
<tr><td>六</td><td>五</td><td>四</td><td>外墙转角，楼梯间四角，大房间内外墙交接处，山墙与内纵墙交接处，隔开间横墙（轴线）与外纵墙交接处</td></tr>
<tr><td>七</td><td>六</td><td>五</td><td>外墙转角，楼梯间四角；各内墙（轴线）与外纵墙交接处；8、9度时，内纵墙与横墙（轴线）交接处和洞口两侧</td><td>外墙转角，灌实5个孔；内外墙交接处，灌实4个孔；内墙交接处，灌实4～5个孔；洞口两侧各灌实1个孔</td></tr>
<tr><td></td><td>七</td><td>六</td><td>同上；
横墙内芯柱间距不宜大于2m</td><td>外墙转角，灌实7个孔；内外墙交接处，灌实5个孔；内墙交接处，灌实4～5个孔：洞口两侧各灌实1个孔</td></tr>
</table>

注：外墙转角、内外墙交接处、楼电梯间四角等部位，应允许采用钢筋混凝土构造柱替代部分芯柱。

混凝土小砌块楼房的构造柱设置要求　　表 6.3-13

<table>
<tr><th rowspan="2">横墙数量</th><th colspan="3">房 屋 层 数</th><th rowspan="2">构造柱设置部位</th></tr>
<tr><th>6度</th><th>7度</th><th>8度</th></tr>
<tr><td>较多</td><td>四、五</td><td>三、四</td><td>二、三</td><td rowspan="2">①外墙转角；②楼梯间四角；③大房间内外墙交接处</td></tr>
<tr><td>较少</td><td>三、四</td><td>二、三</td><td>二</td></tr>
<tr><td>较多</td><td>六</td><td>五</td><td>四</td><td rowspan="2">①外墙转角；②楼梯间四角；③大房间内外墙交接处；④山墙与内纵墙交接处；⑤隔开间横墙（轴线）与外纵墙交接处</td></tr>
<tr><td>较少</td><td>五</td><td>四</td><td>三</td></tr>
<tr><td>较多</td><td>七</td><td>六、七</td><td>五、六</td><td rowspan="2">①外墙转角；②楼梯间四角；③各片内墙（轴线）与外墙交接处；④8度时，内纵墙与横墙（轴线）交接处，门洞两侧</td></tr>
<tr><td>较少</td><td>六、七</td><td>五、六</td><td>四、五</td></tr>
</table>

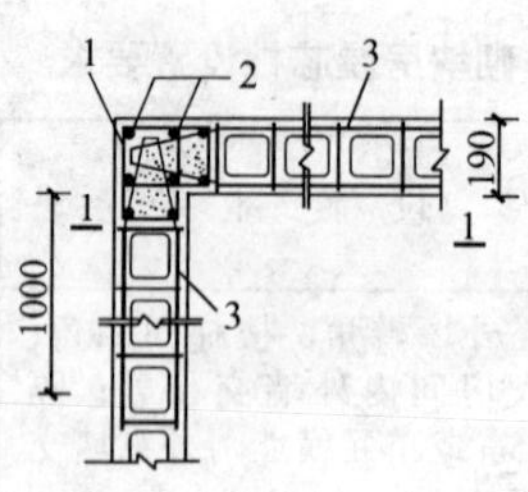

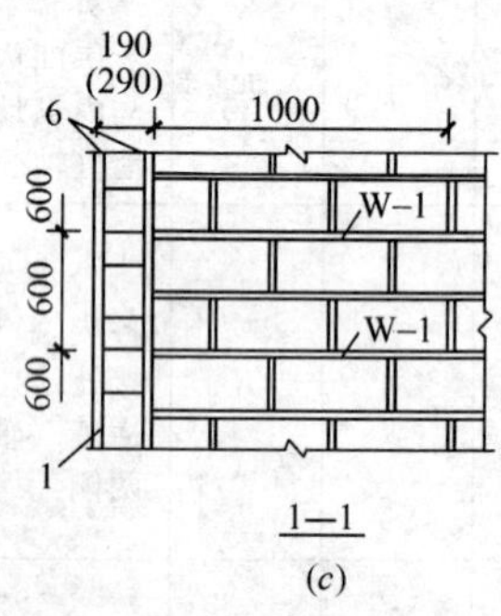

图 6.3-30　构造柱的截面和配筋（二）

（*a*）墙角；（*b*）丁字墙；（*c*）纵剖面

1—构造柱（C20 混凝土后浇）；2—6ϕ12（6ϕ14），箍 ϕ6@200；

3—W-1@600；4—5ϕ12（5ϕ12），箍 ϕ6@200；

5—W-2@600；6—ϕ12（ϕ14），箍 ϕ6@200

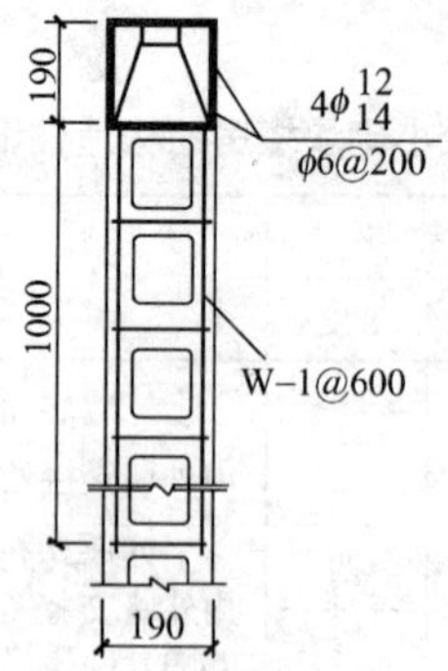

图 6.3-31　门洞侧边的构造柱

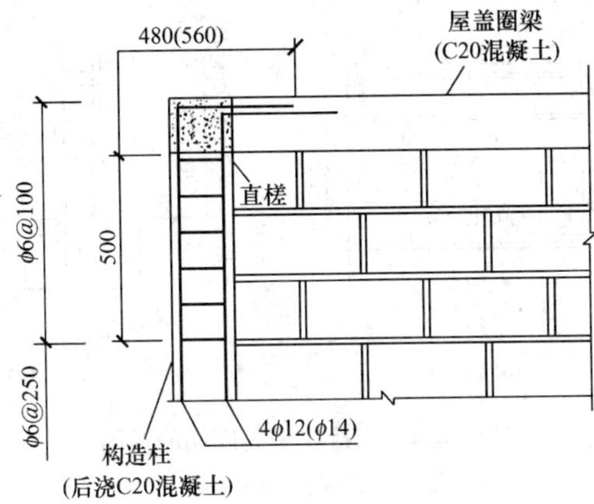

图 6.3-32 构造柱竖筋顶端的锚固

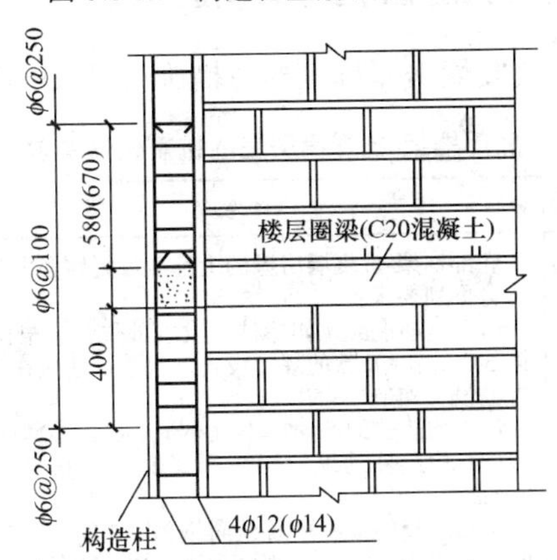

图 6.3-33 构造柱竖筋的搭接

小砌块房屋现浇钢筋混凝土圈梁设置要求 **表 6.3-14**

序号	墙类	烈度	
		6、7度	8度
1	外墙和内纵墙	屋盖处及每层楼盖处	屋盖处及每层楼盖处
2	内横墙	同上；屋盖处沿所有横墙 楼盖处间距应不大于 7m 构造柱对应部位	屋盖处及每层楼盖处；各层所有横墙

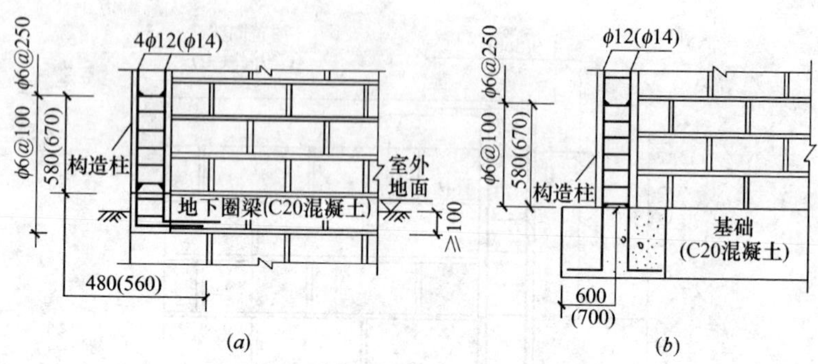

图 6.3-34　构造柱竖筋底端的锚固

（a）锚入地下圈梁；（b）锚入基础

6.3.9　底部框架-抗震墙房屋抗震构造措施

底部框架-抗震墙房屋抗震构造措施（见表 6.3-15）。

底部框架-抗震墙房屋的抗震构造要求　　表 6.3-15

项次	项　目	要　求
1	构造柱的要求	底部框架-抗震墙房屋的上部应设置钢筋混凝土构造柱，并应符合下列要求： （1）钢筋混凝土构造柱的设置部位，应根据房屋的总层数按第 6.3.7 节 1）款的规定设置。过渡层还应在底部框架柱对应位置处设置构造柱； （2）构造柱的截面，不宜小于 240mm × 240mm； （3）构造柱的纵向钢筋不宜少于 4ϕ14，箍筋间距不宜大于 200mm； （4）过渡层构造柱的纵向钢筋，7 度时不宜少于 4ϕ16，8 度时不宜少于 6ϕ16。一般情况下，纵向钢筋应锚入下部的框架柱内；当纵向钢筋锚固在框架梁内时，框架梁的相应位置应加强（如图 6.3-35 所示）； （5）构造柱应与每层圈梁连接，或与现浇楼板可靠拉结（如图 6.3-36 所示）； （6）上部抗震墙的中心线宜同底部的框架梁、抗震墙的轴线相重合；构造柱宜与框架柱上下贯通
2	楼盖的要求	（1）过渡层的底板应采用现浇钢筋混凝土板，板厚不应小于 120mm；并应少开洞、开小洞，当洞口尺寸大于 800mm 时，洞口周边应设置边梁； （2）其他楼层，采用装配式钢筋混凝土楼板时均应设现浇圈梁，采用现浇钢筋混凝土楼板时应允许不另设圈梁，但楼板沿墙体周边应加强配筋并应与相应的构造柱可靠连接

续表

项次	项　目	要　求
3	托墙梁的要求	（1）梁的截面宽度应不小于 300mm，梁的截面高度应不小于跨度的 1/10； （2）箍筋的直径不应小于 8mm，间距不应大于 200mm；梁端在 1.5 倍梁高且不小于 1/5 梁净跨范围内，以及上部墙体的洞口处和洞口两侧各 500mm 且不小于梁高的范围内，箍筋间距不应大于 100mm（如图 6.3-37、图 6.3-38 所示）； （3）沿梁高应设腰筋，数量不应少于 2ϕ14，间距应不大于 200mm； （4）梁的主筋和腰筋应接受拉钢筋的要求锚固在柱内，且支座上部的纵向钢筋在柱内的锚固长度应符合钢筋混凝土框支梁的有关要求（如图 6.3-38 所示）
4	底部钢筋混凝土抗震墙的要求	（1）抗震墙周边应设置梁（或暗梁）和边框柱（或框架柱）组成的边框；边框梁的截面宽度不宜小于墙板厚度的 1.5 倍，截面高度不宜小于墙板厚度的 2.5 倍；边框柱的截面高度不宜小于墙板厚度的 2 倍； （2）抗震墙墙板的厚度不宜小于 160mm，且不应小于墙板净高的 1/20；抗震墙宜开设洞口形成若干墙段，各墙段的高宽比不宜小于 2； （3）抗震墙的竖向和横向分布钢筋配筋率均不应小于 0.25%，并应采用双排布置；双排分布钢筋间拉筋的间距不应大于 600mm，直径不应小于 6mm； （4）抗震墙的边缘构件可按钢筋混凝土抗震墙结构关于一般部位的规定设置； （5）墙板的竖向和横向分布钢筋伸入柱、梁和基础内的锚固长度应不小于 l_{aE}； （6）墙板上开设的门、窗洞口（≤800mm）四周应配置补强钢筋，每一方向补强钢筋的截面面积不应小于被洞口截断的同方向的钢筋截面面积之和，并每一侧不少于 4ϕ10
5	底层普通砖抗震墙	（1）墙厚不应小于 240mm，砌筑砂浆强度等级不应低于 M10，应先砌墙后浇框架； （2）沿框架柱每隔 500mm 配置 2ϕ6 拉结钢筋，并沿砖墙全长设置，在墙体半高处尚应设置与框架柱相连的钢筋混凝土水平系梁； （3）墙长大于 5m 时，应在墙内增设钢筋混凝土构造柱； （4）宜沿砖墙全长配置一定数量的水平钢筋，配筋量根据承载力计算确定，但不得少于 0.07%，即按墙厚度每半砖设置一根 ϕ6 钢筋，竖向间距不大于 500mm（如图 6.3-39 所示）。水平钢筋锚入框架柱内的长度应不少于受拉钢筋的搭接长度 l_a（如图 6.3-40 所示）

续表

项次	项　目	要　求
6	材料要求	底部框架-抗震墙房屋的材料强度等级，应符合下列要求： (1) 框架柱（宜采用正方形，其截面尺寸不宜小于 400mm × 400mm)、抗震墙和托墙梁的混凝土强度等级，不应低于 C30; (2) 过渡层墙体的砌筑砂浆强度等级，不应低于 M7.5
7	基础的要求	(1) 当基础持力层范围内的地基为岩石、中密以上的碎石土、中密以上的中砂、粗砂、砾砂或坚硬的土时，可采用独立基础； (2) 其他类型地基土宜采用条形基础或格形基础。当地基为液化的砂土、粉土或土质比较松软时，对于条形基础应在垂直方向增设拉梁，拉梁的截面不小于 300mm × 300mm，纵向钢筋不少于 4ϕ12; (3) 地基土承载力很低时，应采用筏板基础； (4) 地基承载力不足时可采取采用人工地基、延伸抗震墙、抗震墙下设置两端挑出的加长基础梁的加强措施（如图 6.3-41 所示）
8	其他抗震构造措施	底部框架抗震墙房屋的其他抗震构造措施，应符合多层黏土砖房的有关的要求

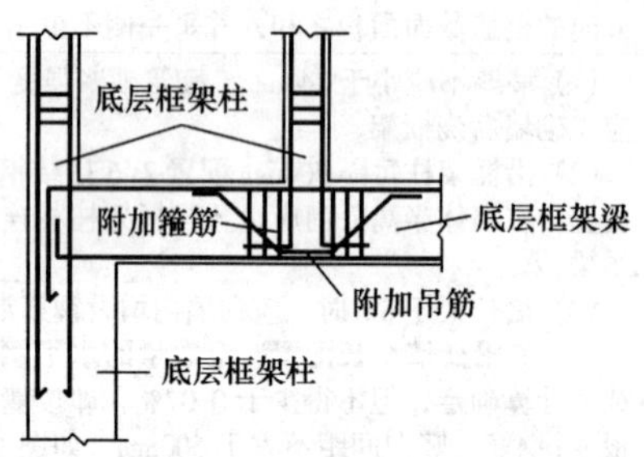

图 6.3-35　构造柱锚入底部框架柱（梁）内大样图

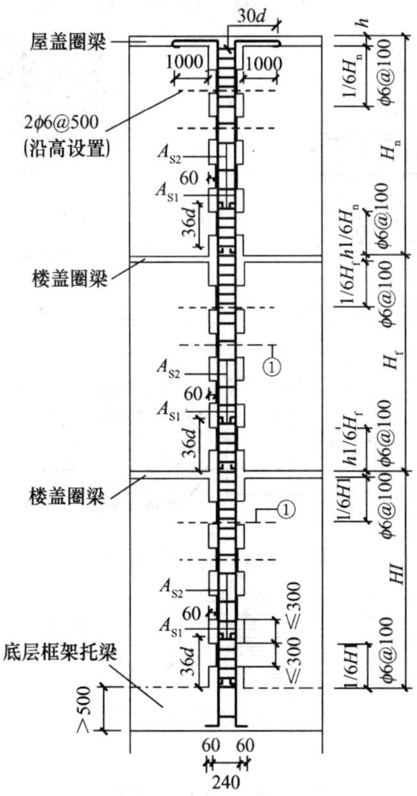

图 6.3-36　构造柱立面

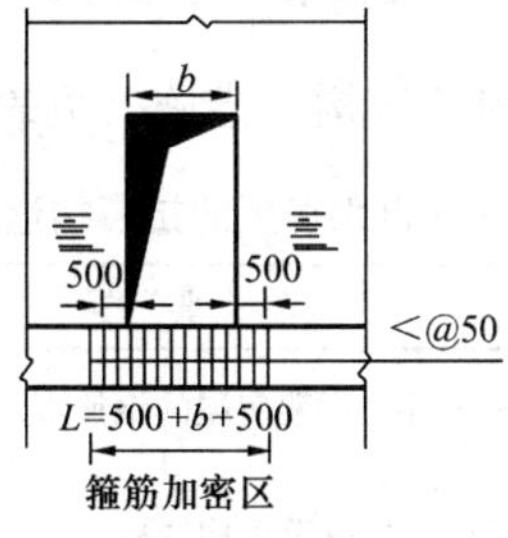

图 6.3-37　箍筋加密区

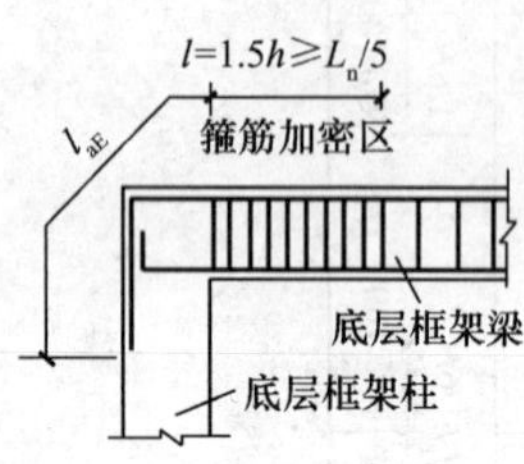

图 6.3-38　钢筋混凝土托梁立面

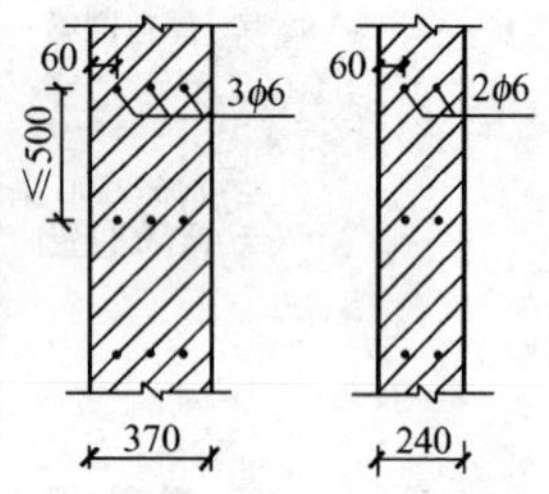

图 6.3-39　砖抗震墙的配筋

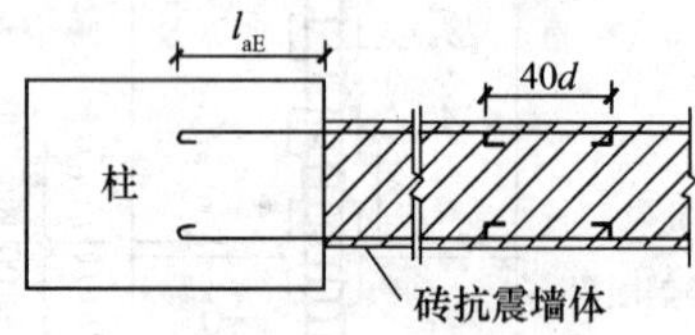

图 6.3-40　水平钢筋锚固

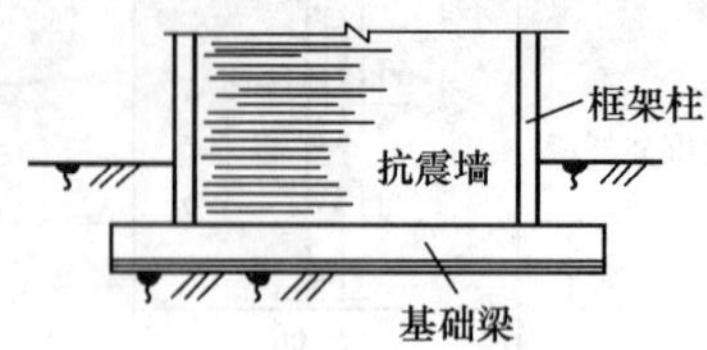

图 6.3-41　加长的基础梁

6.3.10　多排柱内框架房屋抗震构造措施

多排柱内框架房屋抗震构造措施（见表 6.3-16）。

多排柱内框架房屋的抗震构造措施　　表 6.3-16

项次	项　目	要　求
1	构造柱的要求	多层多排柱内框架房屋的钢筋混凝土构造柱设置，应符合下列要求： (1) 下列部位应设置构造柱： 1) 外墙四角和楼梯间、电梯间四角；楼梯休息平台梁的支承部位；

续表

项次	项　　目	要　　求
1	构造柱的要求	2）抗震墙两端及未设置组合柱的外纵墙、外横墙上对应于中间柱列轴线的部位。 （2）构造柱的截面，不宜小于 240mm×240mm； （3）构造柱的纵向钢筋不宜少于 4ϕ14，箍筋间距不宜大于 200mm； （4）构造柱应与每层的圈梁连接，或与现浇楼板可靠拉接； （5）墙端构造柱在各楼层的上下端应适当加密，箍筋间距宜取 100～200mm，墙中构造柱宜沿全高加密箍筋
2	楼盖、屋盖	多层多排柱内框架房屋的楼盖、屋盖，应采用现浇或装配整体式钢筋混凝土板。采用现浇钢筋混凝土楼板时应允许不设圈梁，但楼板沿墙体周边应加强配筋并应与相应的构造柱可靠连接
3	内框架梁	多排柱内框架梁在外纵墙、外横墙上的搁置长度应不小于 300mm，且梁端应与圈梁或组合柱、构造柱连接
4	圈梁	（1）多层内框架砖房采用装配式钢筋混凝土楼、屋盖的楼层，均应设置圈梁；采用现浇或装配整体式钢筋混凝土板时，可不另设圈梁，但楼板应与相应的构造柱用钢筋可靠连接； （2）当为软弱地基时，应沿所有内外砖墙在基础墙内设置一道圈梁； （3）圈梁可以设在预制板的侧边或者板的底面。对于现浇内框架的房屋，一般采用板底圈梁。砖墙上的圈梁和框架的梁、柱一次浇筑，然后安放预制楼板。对于采用预制梁现浇柱框架的房屋，可采用板底或板侧圈梁。采用板侧圈梁时，承托预制板的内墙的厚度应不小于 370mm，以使圈梁有足够的宽度； （4）圈梁的截面高度不宜小于 180mm。圈梁的宽度，对于板底圈梁，应与砖墙同宽；对于板侧圈梁，外墙上应不小于 240mm，内墙上应不小于 200mm； （5）圈梁的纵向钢筋不小于 4ϕ12，箍筋间距不宜大于 200mm； （6）圈梁与构造柱的连接，应将圈梁纵向钢筋伸入节点内，其长度应不小于受拉钢筋锚固长度 l_{aE}； （7）当内外墙交接处无构造柱，其内横墙上的圈梁纵向钢筋的锚固（如图 6.3-42 所示）

续表

项次	项　目	要　求
5	组合砖柱的要求	(1) 组合砖柱的设置应符合下列要求： 1) 7度且层数多于三层的内框架砖房，当横墙间距很大时，外纵墙承重窗间墙的砖壁柱位置宜设置组合砖柱（如图6.3-43所示）； 2) 8度且横墙间距大于18m时，外纵墙承重窗间墙的砖壁柱位置宜设置组合砖柱。 (2) 组合砖柱的构造要求： 1) 组合砖柱每侧的混凝土面一般采用250mm×125mm，壁柱的截面宽度为490mm（如图6.3-44所示）； 2) 组合砖柱中砖和砂浆的强度等级分别不宜低于MU10和M7.5，混凝土强度宜采用C20； 3) 纵向受拉钢筋的配筋率不应低于0.1%，且每侧钢筋不少于2ϕ12，受力钢筋直径应不小于8mm； 4) 箍筋直径不宜小于4mm，并不宜大于6mm；箍筋的间距不应大于370mm宜取250～370mm。组合砖柱的上下端，和底层混凝土地坪面以上，500mm范围内的箍筋间距应加密，其间距宜取125mm（如图6.3-45、图6.3-46所示）； 5) 组合砖柱的混凝土部分，砌墙时预留缺口，并在砌墙的砌筑过程中埋好箍筋，砌好一个楼层的砖墙后，一次浇灌混凝土
6	组合砖柱的底端锚固	内框架砖房中的组合砖柱，底端应延伸到房屋的基础底面，形成自己的基础。 (1) 若砖墙采用刚性基础，当基础采用混凝土垫层时，应在垫层内埋设与组合砖柱钢筋搭接用的锚固钢筋，并在砌筑砖墙大放脚时，在锚筋处先预留竖槽，后浇灌混凝土（如图6.3-47（*a*）所示）； (2) 当基础采用灰土或三合土垫层时，应在垫层之上另做钢筋混凝土垫块，并预埋组合砖柱钢筋搭接用的锚固钢筋（如图6.3-47（*b*）所示），图中 l_a 为受拉钢筋最小锚固长度
7	水平配筋带	当房屋层高大于4m时，砖墙厚度应不小于370mm，而且沿墙全长每隔4m左右设置构造柱；沿墙高每隔1.5m左右设置一层配筋带，厚35～60mm，内设2ϕ10通长钢筋，用C15混凝土或砌墙用M5级以上砂浆浇制（如图6.3-48所示）
8	其他构造措施	其他抗震构造措施应符合多层黏土砖房相关的部分抗震构造措施

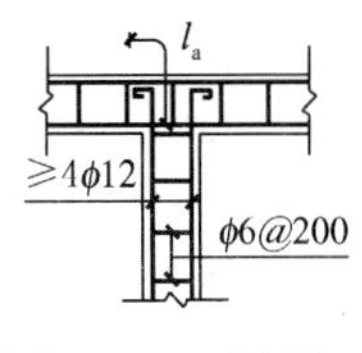

图 6.3-42 圈梁 T 节点构造

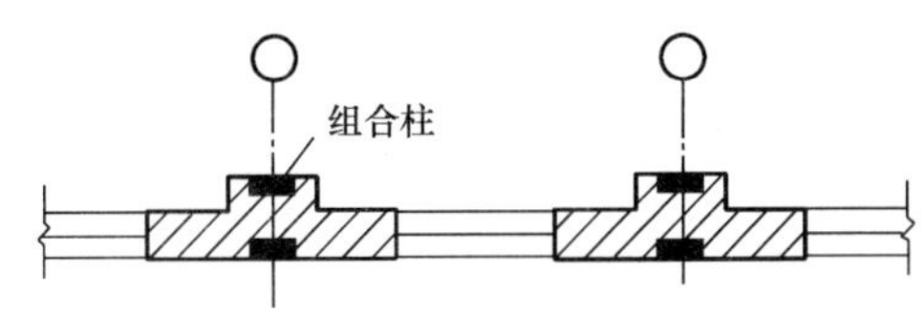

图 6.3-43 组合砖柱的布置

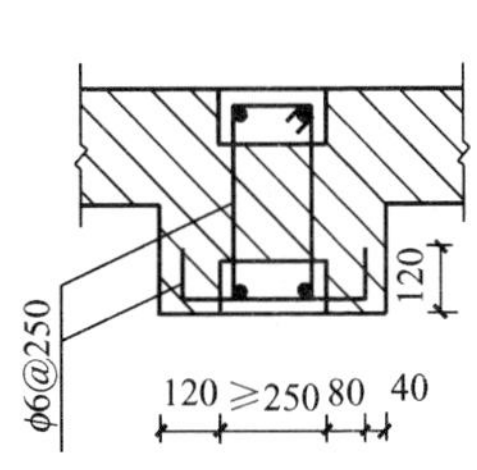

图 6.3-44 组合砖柱

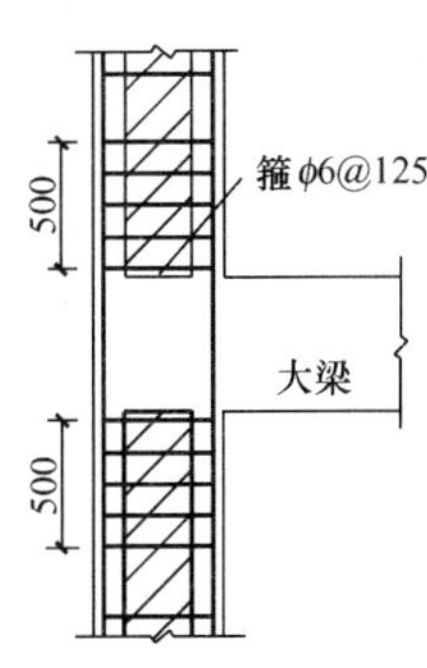

图 6.3-45 组合砖柱上下端的箍筋

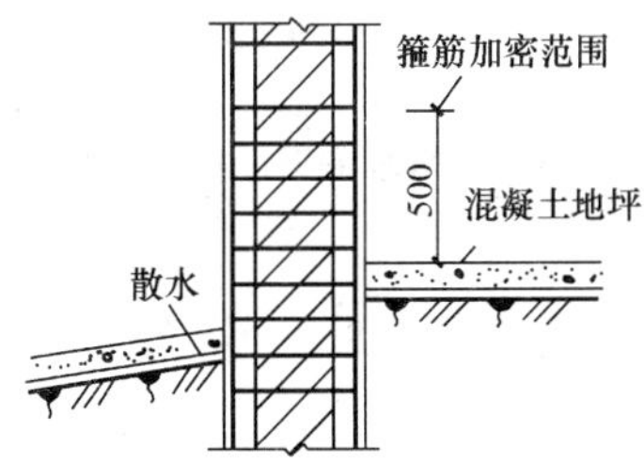

图 6.3-46 混凝土地坪处的箍筋

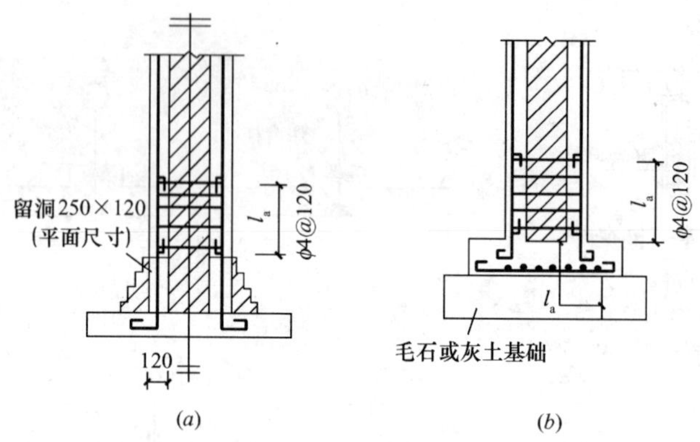

图 6.3-47　组合砖柱的基础

（a）混凝土基础；（b）灰土或毛石基础

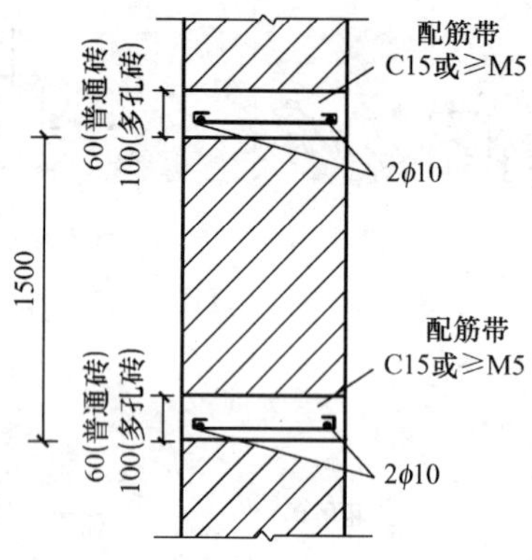

图 6.3-48　墙内水平钢筋混凝土配筋带

6.4　配筋混凝土小型空心砌块抗震墙房屋

6.4.1　一般要求

（1）配筋混凝土小型空心砌块抗震墙房屋的最大高度应符合表 6.4-1 的规定，对横墙较少或建造于 Ⅳ 类场地的房屋，适用的最大高度应适当降低。

配筋混凝土小型空心砌块抗震墙房屋适用的最大高度（m） 表 6.4-1

最小墙厚（mm）	6度	7度	8度
190	54	45	30

注：1. 房屋高度超过表内高度时，应根据专门研究，采取有效的加强措施；
2. 房屋高度指室外地面至檐口的高度。

（2）配筋混凝土小型空心砌块抗震墙房屋的总高度与总宽度的比值不宜超过表 6.4-2 的规定。

配筋混凝土小型空心砌块抗震墙房屋的最大高宽比 表 6.4-2

烈 度	6度	7度	8度
最大高宽比	5	4	3

（3）配筋混凝土小型空心砌块抗震墙房屋应根据抗震设防分类、抗震设防裂度和房屋高度采用不同的抗震等级，并应符合相应的计算和构造措施要求。丙类建筑的抗震等级宜按表 6.4-3 确定。

配筋小型空心砌块抗震墙房屋的抗震等级 表 6.4-3

烈 度	6度		7度		8度	
高度（m）	≤24	>24	≤24	>24	≤24	>24
抗震等级	四	三	三	二	二	一

注：1. 接近或等于高度分界时，可结合房屋不规则程度及和场地、地基条件确定抗震等级；
2. 当配筋混凝土小型空心砌块抗震墙结构为底部大空间时，其抗震等级宜按表中规定适当提高一级。

（4）房屋应避免采用不规则建筑结构方案，并应符合下列要求：

1）平面形状宜简单、规则，凹凸不宜过大；竖向布置宜规则、均匀，避免过大的外挑和内收。

2）纵横向抗震墙宜拉通对直，每个墙段不宜太长，每个独立墙段的总高度与墙段长度之比不宜小于 2；门洞口宜上下对齐，成列布置。

3）房屋抗震横墙的最大间距，应符合表 6.4-4 的要求。

抗震横墙的最大间距　　表 6.4-4

烈　度	6 度	7 度	8 度
最大间距（m）	15	15	11

（5）房屋宜选用规则、合理的建筑结构方案尽可能不设防震缝，当需要设防震缝时，其最小宽度应符合下列要求：

当房屋高度不超过 20m 时，可采用 70mm；当超过 20m 时，6 度、7 度、8 度相应每增加 6m、5m 和 4m，宜加宽 20mm。

6.4.2　抗震构造措施

配筋混凝土小型空心砌块抗震墙房屋的抗震构造措施（见表 6.4-5、表 6.4-6）。

配筋混凝土小型空心砌块抗震墙房屋抗震构造措施　表 6.4-5

项次	项　目	要　求
1	灌芯混凝土	配筋小型空心砌块抗震墙房屋的灌芯混凝土，应采用坍落度大、流动性和和易性好，并与砌块结合良好的混凝土，灌芯混凝土的强度等级不应低于 C20
2	配筋要求	（1）配筋小型空心砌块房屋的墙段底部（高度不小于房屋高度的 1/6 且不小于二层的高度），应按加强部位配置水平和竖向钢筋。 （2）配筋小型空心砌块抗震墙横向和竖向分布钢筋的配置，应符合下列要求： 1）竖向钢筋可采用单排布置，最小直径 12mm；其最大间距 600mm，顶层和底层应适应减小； 2）水平钢筋宜双排布置，最小直径 8mm；其最大间距 600mm，顶层和底层应不大于 400mm； 3）竖向、横向的分布钢筋的最小配筋率，一级抗震均不应小于 0.13%；二级抗震的一般部位不应小于 0.10%，加强部位不宜小于 0.13%；三、四级抗震均不应小于 0.10%。 （3）配筋小型空心砌块抗震墙内竖向和横向分布钢筋的搭接长度不应小于 48 倍钢筋直径，锚固长度不应小于 42 倍钢筋直径

续表

项次	项　　目	要　　求
3	抗震墙轴压比	配筋小型空心砌块抗震墙在重力荷载代表值下的轴压比，一级抗震不宜大于0.5，二、三级抗震不宜大于0.6
4	边缘构件设置	配筋小型空心砌块抗震墙的压应力大于0.5倍灌芯小型砌块砌体抗压强度设计值（f_{gc}）时，在墙端应设置长度不小于3倍墙厚的边缘构件，其最小配筋应符合表6.4-6的要求
5	抗震墙连梁构造	配筋小型空心砌块抗震墙连梁的抗震构造，应符合下列要求： (1) 连梁的纵向钢筋锚入墙内的长度，一、二级不应小于1.15倍锚固长度，三级不应小于1.05倍锚固长度，四级不应小于锚固长度且不应小于600mm； (2) 连梁的箍筋设置，沿梁全长均应符合框架梁端箍筋加密区的构造要求； (3) 顶层连梁的纵向钢筋锚固长度范围内，应设置间距不大于200mm的箍筋，直径与该连梁的箍筋直径相同； (4) 跨高比不大于2.5的连梁，自梁顶面下200mm至梁底面上200mm的范围内应增设水平分布钢筋，其间距不大于200mm；每层分布筋的数量，一级抗震不少于2ϕ12，二～四级抗震不少于2ϕ10；水平分布筋伸入墙内的长度，不应小于30倍钢筋直径和300mm； (5) 配筋小型空心砌块抗震墙的连梁内不宜开洞。需要开洞时应符合下列要求： 1) 在跨中梁高1/3处预埋外径不大于200mm的钢套管； 2) 洞口上下的有效高度不应小于1/3梁高，且不小于200mm； 3) 洞口处应配置补强钢筋，被洞口削弱的截面应进行受剪承载力验算
6	楼盖的构造要求	(1) 配筋小型空心砌块房屋的楼、屋盖宜采用现浇钢筋混凝土板；抗震等级为四级时，也可采用装配整体式钢筋混凝土楼盖。 (2) 各楼层均应设置现浇钢筋混凝土圈梁，其混凝土强度等级应为砌块强度等级的2倍；现浇楼板的圈梁截面高度不宜小于200mm，装配整体式楼板的板底圈梁截面高度不宜小于120mm；其纵向钢筋直径不应小于砌体的水平分布筋直径，箍筋直径不应小于ϕ8，间距不大于200mm

配筋小型空心砌块抗震墙边缘构件的配筋要求　　表 6.4-6

抗震等级	加强部位纵向钢筋最小量	一般部位纵向钢筋最小量	箍筋最小直径	箍筋最大间距
一	3ϕ20	3ϕ18	ϕ8	200mm
二	3ϕ18	3ϕ16	ϕ8	200mm
三	3ϕ16	3ϕ14	ϕ8	200mm
四	3ϕ14	3ϕ12	ϕ8	200mm

附录 几个常用数据表

非法定计量单位与法定计量单位的换算关系表 **附表-1**

量的名称	非法定计量单位		法定计量单位		单位换算关系
	名 称	符号	名 称	符号	
力、重力	千克力 吨 力	kgf tf	牛顿 千牛顿	N kN	1kgf = 9.80665N 1tf = 9.80665kN
力矩、弯矩、扭矩	千克力米 吨力米	kgf·m tf·m	牛顿米 千牛顿米	N·m kN·m	1kgf·m = 9.80665 N·m 1tf·m = 9.80665 kN·m
应力、材料强度	千克力每平方毫米 千克力每平方厘米	kgf/mm^2 kgf/cm^2	牛顿每平方毫米（兆帕斯卡） 牛顿每平方毫米（兆帕斯卡）	N/mm^2（MPa） N/mm^2（MPa）	$1kgf/mm^2 = 9.80665$ N/mm^2（MPa） $1kgf/cm^2 = 0.0980665$ N/mm^2（MPa）
弹性模量变形模量	千克力每平方厘米	kgf/cm^2	牛顿每平方毫米（兆帕斯卡）	N/mm^2（MPa）	$1kgf/cm^2 = 0.0980665$ N/mm^2（MPa）

注：非法定计量单位与法定计量单位量值的换算，规范取近似的整数换算值。例如：1kgf = 10N，$1kgf/cm^2 = 0.1N/mm^2$（MPa），本书同。

每米板宽内的钢筋截面面积表 **附表-2**

钢筋间距（mm）	当钢筋直径（mm）为下列数值时的钢筋截面面积（mm^2）													
	3	4	5	6	6/8	8	8/10	10	10/12	12	12/14	14	14/16	16
70	101	179	281	404	561	719	920	1121	1369	1616	1908	2199	2536	2872
75	94.3	167	262	377	524	671	859	1047	1277	1508	1780	2053	2367	2681
80	88.4	157	245	354	491	629	805	981	1198	1414	1669	1924	2218	2513

续表

钢筋间距（mm）	当钢筋直径（mm）为下列数值时的钢筋截面面积（mm^2）													
	3	4	5	6	6/8	8	8/10	10	10/12	12	12/14	14	14/16	16
85	83.2	148	231	333	462	592	758	924	1127	1331	1571	1811	2088	2365
90	78.5	140	218	314	437	559	716	872	1064	1257	1484	1710	1972	2234
95	74.5	132	207	298	414	529	678	826	1008	1190	1405	1620	1868	2116
100	70.6	126	196	283	393	503	644	785	958	1131	1335	1539	1775	2011
110	64.2	114	178	257	357	457	585	714	871	1028	1214	1399	1614	1828
120	58.9	105	163	236	327	419	537	654	798	942	1112	1283	1480	1676
125	56.5	100	157	226	314	402	515	628	766	905	1068	1232	1420	1608
130	54.4	96.6	151	218	302	387	495	604	737	870	1027	1184	1366	1547
140	50.5	89.7	140	202	281	359	460	561	684	808	954	1100	1268	1436
150	47.1	83.8	131	189	262	335	429	523	639	754	890	1026	1183	1340
160	44.1	78.5	123	177	246	314	403	491	599	707	834	962	1110	1257
170	41.5	73.9	115	166	231	296	379	462	564	665	786	906	1044	1183
180	39.2	69.8	109	157	218	279	358	436	532	628	742	855	985	1117
190	37.2	66.1	103	149	207	265	339	413	504	595	702	810	934	1058
200	35.3	62.8	98.2	141	196	251	322	393	479	565	668	770	888	1005
220	32.1	57.1	89.3	129	178	228	292	357	436	514	607	700	807	914
240	29.4	52.4	81.9	118	164	209	268	327	399	471	556	641	740	838
250	28.3	50.2	78.5	113	157	201	258	314	385	452	534	616	710	804
260	27.2	48.3	75.5	109	151	193	248	302	368	435	514	592	682	773
280	25.2	44.9	70.1	101	140	180	230	281	342	404	477	550	634	718
300	23.6	41.9	65.5	94	131	168	215	262	320	377	445	513	592	670
320	22.1	39.2	61.4	88	123	157	201	245	299	353	417	481	554	628

注：表中钢筋直径中的6/8、8/10、…等系指两种直径的钢筋间隔放置。

钢筋的截面面积、质量、周边长度、弯钩长度及排成一行时的最小梁宽度表 附表-3

直径 (mm)	截面面积 A_s（mm²）及钢筋排成一行时的最小梁宽度 b（mm）															每米质量 (kg)	周边长度 (mm)	弯钩长度 (mm)	
	一根	二根	三根		四根		五根		六根		七根		八根		九根				
	A_s	A_s	A_s	b	A_s	b	A_s	b	A_s	b	A_s	b	A_s	b	A_s			$6.25d$	$12.5d$
2.5	4.9	9.8	14.7		19.6		24.5		29.4		34.4		39.2		44.1	0.039	7.9		
3	7.1	14.1	21.2		28.3		35.3		42.4		49.5		56.5		63.6	0.055	9.4		
4	12.6	25.1	37.7		50.2		62.8		75.4		87.9		100.5		113	0.099	12.6		
5	19.6	39	59		79		98		118		138		157		177	0.154	15.7		
6	28.3	57	85		113		142		170		198		226		255	0.222	18.9	40	80
8	50.3	101	151		201		252		302		352		402		453	0.395	25.1	60	100
10	78.5	157	236		314		393		471		550		628		707	0.617	31.4	70	130
12	113.1	226	339	150	452	200/180	565	250/220	678		791		904		1017	0.888	37.7	80	150
14	153.9	308	461	180/150	615	200/180	769	250/220	923		1077		1230		1387	1.208	44.0	90	180
16	201.1	402	603	180/150	804	220/200	1005	300/250	1206	350/300	1407		1608		1809	1.578	50.3	110	200
18	254.5	509	763	180	1017	220/200	1272	300/250	1526	350/300	1780	400/350	2036		2290	1.998	56.5	120	230
20	314.2	628	941	180	1256	220	1570	300/250	1884	350/300	2200	400/350	2513	450/400	2827	2.466	62.8	130	250
22	380.1	760	1140	200/180	1520	250/220	1900	300	2281	350	2661	450/400	3041	500/400	3421	2.984	69.1	140	280

续表

直径 (mm)	截面面积 A_s (mm²) 及钢筋排成一行时的最小梁宽度 b (mm)															每米质量 (kg)	周边长度 (mm)	弯钩长度 (mm)	
	一根	二根	三根		四根		五根		六根		七根		八根		九根				
	A_s	A_s	A_s	b	A_s	b	A_s	b	A_s	b	A_s	b	A_s	b	A_s			6.25d	12.5d
25	490.9	982	1473	200/180	1964	300/250	2454	350/300	2945	400/350	3436	450/400	3927	550/450	4418	3.85	78.5	170	310
28	615.3	1232	1847	250/200	2463	300/300	3079	400/350	3695	450/400	4310	500/450	4926	600/500	5542	4.83	88	180	350
30	706.9	1413	2121	250/220	2827	350/300	3534	400/350	4241	500/450	4948	550/500	5655	650/550	6362	5.55	94.3	200	380
32	804.3	1609	2418	300/250	3217	350/300	4021	450/400	4826	500/450	5630	600/500	6434	700/550	7238	6.31	100.5	210	400
36	1017.9	2036	3054		4072	400/350	5089	500/400	6107	600/500	7215	650/550	8143	750/650	9161	7.99	113.1	240	450
40	1256.1	2513	3770		5027	450/400	6283	550/450	7540	650/550	8796	700/600	10053	850/700	11310	9.865	126	260	500

注：1. b 值中分子系指梁上面钢筋排成一行时，分母系指梁下面钢筋排成一行时的最小梁宽度；

2. 表中梁的混凝土保护层为25mm；

3. 当梁的上部钢筋较密时，为保证振动棒插入并有效工作，梁截面宜适当加宽。

钢绞线、钢丝、公称直径、公称截面面积及理论重量　　附表-4

名　　称	种　　类	公称直径（mm）	公称截面面积（mm^2）	理论重量（kg/m）
钢绞线	1×3	8.6	37.4	0.295
		10.8	59.3	0.465
		12.9	85.4	0.671
	1×7 标准型	9.5	54.8	0.432
		11.1	74.2	0.580
		12.7	98.7	0.774
		15.2	139.0	1.101
钢丝		4.0	12.57	0.099
		5.0	19.63	0.154
		6.0	28.27	0.222
		7.0	38.48	0.302
		8.0	50.26	0.394
		9.0	63.62	0.499

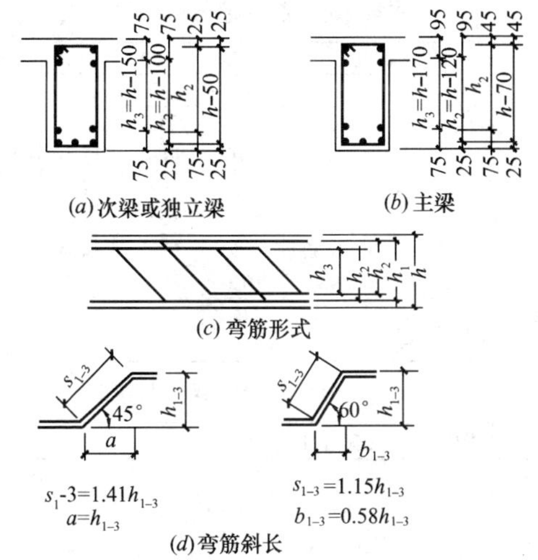

附图

梁弯起钢筋长度表（各符号含义参见附图）

主梁 45°弯起钢筋长度表　　附表-5

h	400	450	500	550	600	650	700	750	800	900	1000	1100	1200
h_1	330	380	430	480	530	580	630	680	730	830	930	1030	1130
s_1		535	610	680	750	820	890	960	1030	1170	1310	1450	1590
h_2		330	380	430	480	530	580	630	680	780	880	980	1080
s_2		465	535	610	680	750	820	890	960	1100	1240	1380	1520
h_3			330	380	430	480	530	580	630	730	830	930	1030
s_3			465	535	610	640	750	820	890	1030	1170	1310	1450

次梁或独立梁 60°弯起钢筋长度表　　附表-6

h	800	900	1000	1100	1200	1300	1400	1500	1600
h_1	750	850	950	1050	1150	1250	1350	1450	1550
b_1	435	490	550	610	665	725	780	840	900
s_1	860	980	1090	1210	1330	1440	1550	1670	1790
h_2	700	800	900	1000	1100	1200	1300	1400	1500
b_2	410	465	520	580	640	700	755	810	870
s_2	810	920	1010	1150	1270	1380	1500	1610	1730
h_3	650	750	850	950	1050	1150	1250	1350	1450
b_3	380	435	490	550	610	670	725	780	840
s_3	750	860	980	1090	1210	1320	1440	1550	1670

主梁 60°弯起钢筋长度表　　附表-7

h	800	900	1000	1100	1200	1300	1400	1500	1600
h_1	730	830	930	1030	1130	1230	1330	1430	1530
b_1	420	480	540	600	655	715	770	830	890
s_1	840	955	1070	1180	1300	1420	1530	1645	1760
h_2	680	780	880	980	1080	1180	1280	1380	1480
b_2	395	450	510	570	630	685	740	800	860
s_2	780	900	1010	1130	1240	1360	1470	1590	1700
h_3	630	730	830	930	1030	1130	1230	1330	1430
b_3	365	420	480	540	600	655	715	770	830
s_3	725	840	955	1070	1180	1300	1420	1530	1650

次梁或独立梁 45°弯起钢筋长度表　　附表-8

h	300	350	400	450	500	550	600	650	700	750	800	900	1000	1100	1200
h_1	250	300	350	400	450	500	550	600	650	700	750	850	950	1050	1150
s_1	350	425	490	565	635	705	775	845	915	990	1060	1200	1340	1480	1620
h_2			300	350	400	450	500	550	600	650	700	800	900	1000	1100
s_2			420	490	565	635	705	775	845	915	990	1130	1280	1410	1550
h_3					350	400	450	500	550	600	650	750	850	950	1050
s_3					490	565	635	705	775	845	915	1060	1200	1340	1480

梁内选用钢筋组合表　　　　附表-9

A_s (mm^2)	配　筋
157	2φ10
226	2φ12；3φ10；1φ14+1φ10
267	1φ14+1φ12；1φ12+2φ10
308	2φ14；2φ12+1φ10；
	1φ14+2φ10；4φ10
339	3φ12；1φ14+1φ16
402	2φ16；1φ14+2φ12；
	2φ14+1φ10；1φ18+1φ14；
421	2φ14+1φ12；2φ12+1φ16；
461	3φ14；4φ12；1φ18+1φ16；
509	2φ18；2φ14+1φ16；2φ16+1φ12
534	2φ14+2φ12
556	2φ16+1φ14；2φ14+1φ18；
	5φ12
603	3φ16
628	2φ20；4φ14；2φ16+2φ12
657	2φ16+1φ18；2φ18+1φ14
678	6φ12；3φ14+2φ12
710	2φ18+1φ16；2φ16+1φ20；
	2φ16+2φ14
741	2φ16+3φ12；4φ14+1φ12；
	2φ18+2φ12
760	2φ22；3φ18；2φ16+1φ22；
	5φ14；2φ14+4φ12
804	4φ16；7φ12
823	2φ18+1φ20；1φ16+2φ20；
	2φ18+2φ14；3φ16+2φ12
854	2φ20+2φ12；3φ16+1φ18；
	2φ16+4φ12；4φ14+2φ12
883	2φ20+1φ18；2φ18+1φ22；
	8φ12；2φ14+5φ12
941	3φ20；6φ14；2φ18+2φ16；
	3φ16+2φ14；3φ16+3φ12
982	2φ25；2φ18+3φ14；
	2φ16+5φ12；4φ14+3φ12
1017	4φ18；5φ16；1φ18+2φ22；
	2φ20+1φ22；2φ20+2φ16
1074	1φ20+2φ22；3φ18+2φ14；
	7φ14；3φ16+3φ14
1119	2φ20+1φ25；3φ22；
	2φ20+2φ18；2φ18+3φ16
1165	3φ18+2φ16；4φ18+1φ14
1206	6φ16；2φ20+3φ16；
	8φ14；3φ18+3φ14
1256	4φ20；2φ22+1φ25；
	5φ18；2φ22+2φ18
1296	2φ25+1φ20；4φ18+1φ20；
	2φ18+4φ16；4φ18+2φ14
1362	2φ25+1φ22；3φ20+2φ16；
	3φ18+3φ16
1388	7φ16；2φ20+2φ22；
	2φ20+3φ18；

续表

A_s (mm²)	配　　筋
1473	3φ25；3φ20+2φ18； 2φ25+2φ18；
1520	4φ22；2φ22+3φ18； 6φ18；3φ20+3φ16
1570	5φ20；3φ18+4φ16； 5φ18+2φ14
1610	2φ25+2φ20；3φ22+2φ18； 2φ20+4φ18；8φ16
1701	2φ22+3φ20；3φ20+3φ18； 2φ16+5φ18；
1768	3φ22+2φ20；4φ20+2φ18； 2φ25+2φ22；7φ18
1834	4φ22+1φ20；4φ20+3φ16； 4φ18+4φ16
1900	5φ22；3φ18+3φ22； 6φ20；2φ25+3φ20
1964	4φ25；4φ18+3φ20； 5φ20+2φ16
2036	8φ18；4φ20+2φ22； 4φ20+3φ18
2101	3φ25+2φ20；2φ25+3φ22； 3φ22+3φ20
2200	7φ20；3φ25+2φ22； 4φ18+3φ22
2281	6φ22；4φ25+1φ20； 4φ20+4φ18

A_s (mm²)	配　　筋
2414	3φ25+3φ20；4φ25+1φ22； 4φ20+3φ22
2454	5φ25；2φ25+4φ22； 4φ18+4φ22；8φ20
2613	3φ25+3φ22；4φ25+2φ20； 7φ22
2724	4φ25+2φ22；3φ25+4φ20； 4φ20+4φ22
2827	9φ20；2φ25+5φ22
2945	6φ25；3φ25+4φ22
3041	8φ22；3φ25+5φ20
3104	4φ25+3φ22；5φ25+2φ20
3220	4φ25+4φ20；5φ25+2φ22
3436	7φ25；4φ25+4φ22；9φ22
3573	6φ25+2φ20；5φ25+3φ22
3705	6φ25+2φ22；5φ25+4φ20
3927	8φ25
4025	5φ25+5φ20
4355	5φ25+5φ22
4418	9φ25；6φ25+4φ22
4687	8φ25+2φ22
4909	10φ25
5183	8φ25+4φ20
5400	11φ25
5636	7φ25+7φ20
5891	12φ25
6165	10φ25+4φ20
6382	13φ25
6651	12φ25+2φ22
6873	14φ25

附表-10

一种直径及两种直径钢筋组合时的钢筋面积（mm^2）

直径（mm）		0	5	直径（mm）	1	2	3	4	5
12	1	113	679	10	192	270	349	427	506
	2	226	792		305	383	462	540	619
	3	339	905		418	496	575	653	732
	4	452	1018		531	609	688	767	845
	5	565	1131		644	723	801	880	958
14	1	154	924	12	267	380	493	606	719
	2	308	1078		421	534	647	760	873
	3	462	1232		575	688	801	914	1027
	4	616	1385		729	842	955	1068	1181
	5	770	1539		883	996	1109	1222	1335
16	1	201	1206	14	355	509	663	817	971
	2	402	1407		556	710	864	1018	1172
	3	603	1608		757	911	1065	1219	1373
	4	804	1810		958	1112	1266	1420	1574
	5	1005	2011		1159	1313	1467	1621	1775
18	1	254	1527	16	456	657	858	1059	1260
	2	509	1781		710	911	1112	1313	1514
	3	763	2036		964	1166	1367	1568	1769
	4	1018	2290		1219	1420	1621	1822	2023
	5	1272	2545		1473	1674	1876	2077	2278

例：

求 4ϕ18、3ϕ14 组合钢筋的面积，自本页第一栏 ϕ18 四根一行横查至 ϕ14，在 3ϕ14 栏得总面积为 1480mm^2

直径（mm）	1	2	3	4	5
10	232	311	390	468	547
	386	465	543	622	701
	540	619	697	776	855
	694	773	851	930	1008
	848	927	1005	1084	1162
12	314	427	540	653	767
	515	628	741	855	968
	716	829	942	1056	1169
	917	1030	1144	1257	1370
	1118	1232	1345	1458	1571
14	408	562	716	870	1024
	663	817	971	1125	1279
	917	1071	1225	1379	1533
	1172	1326	1480	1634	1788
	1426	1580	1734	1888	2042

续表

20	1	314	1885	18	569	823	1018	1332	1587	16	515	716	917	1118	1319
	2	628	2200		883	1137	1392	1646	1900		829	1030	1232	1433	1634
	3	942	2513		1197	1451	1706	1960	2215		1144	1345	1546	1747	1948
	4	1257	2827		1511	1766	2020	2275	2529		1458	1659	1860	2061	2262
	5	1571	3142		1825	2080	2334	2589	2843		1772	1973	2174	2375	2576
22	1	380	2280	20	694	1008	1322	1636	1951	18	635	889	1144	1398	1652
	2	760	2660		1074	1389	1703	2017	2331		1015	1269	1534	1778	2033
	3	1140	3040		1455	1769	2083	2397	2711		1395	1649	1904	2158	2413
	4	1520	3420		1835	2149	2463	2777	3091		1775	2029	2284	2538	2793
	5	1900	3800		2215	2529	2843	3157	3471		2155	2410	2664	2919	3173
25	1	491	2945	22	871	1251	1631	2011	2392	20	805	1119	1433	1748	2162
	2	982	3436		1361	1742	2122	2502	2882		1296	1610	1924	2238	2553
	3	1473	3927		1853	2233	2613	2993	3373		1787	2101	2415	2729	3043
	4	1963	4418		2344	2724	3104	3484	3864		2278	2592	2906	3220	3534
	5	2454	4909		2835	3215	3595	3975	4355		2769	3083	3397	3711	4025
28	1	616	3695	25	1107	1597	2088	2579	3070	22	996	1376	1756	2136	2516
	2	1232	4310		1722	2213	2704	3195	3686		1612	1992	2372	2752	3132
	3	1847	4926		2338	2829	3320	3811	4302		2227	2608	2988	3368	3748
	4	2463	5542		2954	3445	3936	4427	4917		2843	3223	3603	3984	4364
	5	3079	6158		3570	4061	4551	5042	5533		3459	3839	4219	4599	4979

参 考 文 献

1 陈基发，沙志国．建筑结构荷载设计手册．第2版．北京：中国建筑工业出版社，2004

2 中华人民共和国国家标准．建筑抗震设计规范（GB 50011—2001）．北京：中国建筑工业出版社，2001

3 中华人民共和国国家标准．建筑结构荷载规范（GB 50009—2001）．北京：中国建筑工业出版社，2002

4 《建筑结构静力计算手册》编写组．建筑结构静力计算手册．第2版．北京：中国建筑工业出版社，1998

5 中华人民共和国行业标准．物资仓库设计规范（SBJ 09—95）

6 中华人民共和国国家标准．冷库设计规范（GB 50072—2001）．北京：中国计划出版社，2001

7 中华人民共和国国家标准．人民防空地下室设计规范（限内部发行）（GB 50038—2005）．北京：中国建筑标准设计研究院，2005

8 中国工程建设标准化协会标准．高效燃煤锅炉房设计规程（CECS 150：2003）．北京：中国工程建设标准化协会，2003

9 建设部工程质量安全监督与行业发展司，中国建筑标准设计研究院．全国民用建筑工程设计技术措施（结构分册）．北京：中国建筑标准设计研究院，2003

10 中华人民共和国国家标准．煤炭工业矿井设计规范（GB 50215—2005）．北京：中国计划出版社，2006

11 中华人民共和国国家标准．露天煤矿工程设计规范（GB 50197—2005）．北京：中国计划出版社，2005

12 李国胜编著．简明高层钢筋混凝土结构设计手册．第2版．北京：中国建筑工业出版社，2003

13 中华人民共和国国家标准．砌体结构设计规范（GB 50003—2001）．北京：中国建筑工业出版社，2002

14 中华人民共和国国家标准．钢结构设计规范（GB 50017—2003）．北京：中国建筑工业出版社，2003

15 中华人民共和国行业标准．高层民用建筑钢结构技术规程（JGJ 99—98）．北京：中国建筑工业出版社，1998

16　中国有色工程设计研究总院．混凝土结构构造手册．第3版．北京：中国建筑工业出版社，2003
17　吴德安．混凝土结构计算手册．第3版．北京：中国建筑工业出版社，2002
18　中华人民共和国行业标准．公路工程地质勘察规范（JTJ 064—98）．北京：人民交通出版社，2000
19　中华人民共和国国家标准．混凝土结构设计规范（GB 50010—2002）．北京：中国建筑工业出版社，2002
20　中国工程建设标准化协会标准．现浇混凝土空心楼盖结构技术规程（CECS 175：2004）．北京：中国计划出版社，2004
21　中南建筑设计院．混凝土结构计算图表．北京：中国建筑工业出版社，2002
22　薛伟辰编著．现代预应力结构设计（按新规范编写）．北京：中国建筑工业出版社，2003
23　吕志涛，孟少平编著．现代预应力设计．北京：中国建筑工业出版社，1998
24　中华人民共和国国家标准．建筑地基基础设计规范（GB 50007—2002）．北京：中国建筑工业出版社，2002
25　顾晓鲁等主编．地基与基础．第3版．北京：中国建筑工业出版社，2003
26　中华人民共和国行业标准．建筑桩基技术规范（JGJ 94—94）．北京：中国建筑工业出版社，1999
27　中华人民共和国国家标准．岩土工程勘察规范（GB 50021—2001）．北京：中国建筑工业出版社，2002
28　中华人民共和国行业标准．建筑地基处理技术规范（JGJ 79—2002）．北京：中国建筑工业出版社，2002
29　唐业清主编．简明地基基础设计施工手册．北京：中国建筑工业出版社，2003
30　赵明华等．土力学地基与基础疑难释义—附解题指导．第2版．北京：中国建筑工业出版社，2003
31　侯兆霞主编：基础工程．北京：中国建材工业出版社，2004
32　中华人民共和国国家标准．建筑地基基础工程施工质量验收规范（GB 50202—2002）．北京：中国计划出版社，2002

33 中华人民共和国行业标准．高层建筑混凝土结构技术规程（JGJ 3—2002、J 186—2002）．北京：中国建筑工业出版社，2002
34 本书编委会．简明抗震结构设计施工资料集成．北京：中国电力出版社，2005
35 王茂编．简明砌体结构设计手册．北京：机械工业出版社，2003
36 龚思礼主编．建筑抗震设计手册．第 2 版．北京：中国建筑工业出版社，2002
37 苑振芳主编．砌体结构设计手册．第 3 版．北京：中国建筑工业出版社，2002